개념+유형

개념편

공통수학1

개념과 유형이 하나로

visang

개발 조아라, 정흥래, 전수정, 장윤정
저자 이성기, 한세기
디자인 정세연, 뮤제오, 안상현

발행일 2023년 10월 1일
펴낸날 2023년 10월 1일
펴낸곳 (주)비상교육
펴낸이 양태회
신고번호 제2002-000048호
출판사업총괄 최대찬
개발총괄 채진희
개발책임 최진형
디자인책임 김재훈
영업책임 이지웅
품질책임 석진안
마케팅책임 이은진
대표전화 1544-0554
주소 경기도 과천시 과천대로2길 54(갈현동, 그라운드브이)

교육기업대상
5년 연속 수상
초중고 교과서
부문 1위

한국산업의
브랜드파워 1위
중고등교재
부문 1위

2022 국가브랜드대상
9년 연속 수상
교과서 부문 1위
중·고등 교재 부문 1위

DESIGN
AWARD
2019, 22-24

2019~2022
A' DESIGN AWARD
4년 연속 수상
GOLD · SILVER
BRONZE · IRON

2022~2024
GDA 수상
GOLD · WINNER
SPECIAL MENTION

2022 reddot
WINNER

세상이 변해도
배움의 즐거움은
변함없도록

시대는 빠르게 변해도
배움의 즐거움은
변함없어야 하기에

어제의 비상은
남다른 교재부터
결이 다른 콘텐츠
전에 없던 교육 플랫폼까지

변함없는 혁신으로
교육 문화 환경의 새로운 전형을
실현해왔습니다.

비상은 오늘, 다시 한번
새로운 교육 문화 환경을 실현하기 위한
또 하나의 혁신을 시작합니다.

오늘의 내가 어제의 나를 초월하고
오늘의 교육이 어제의 교육을 초월하여
배움의 즐거움을 지속하는 혁신,

바로, 메타인지 기반 완전 학습을.

상상을 실현하는 교육 문화 기업 비상

메타인지 기반 완전 학습
초월을 뜻하는 meta와 생각을 뜻하는 인지가 결합한 메타인지는
자신이 알고 모르는 것을 스스로 구분하고 학습계획을 세우도록 하는
궁극의 학습 능력입니다. 비상의 메타인지 기반 완전 학습 시스템은
잠들어 있는 메타인지를 깨워 공부를 100% 내 것으로 만들도록 합니다.

개념^{PLUS}유형

개념편 공통수학1

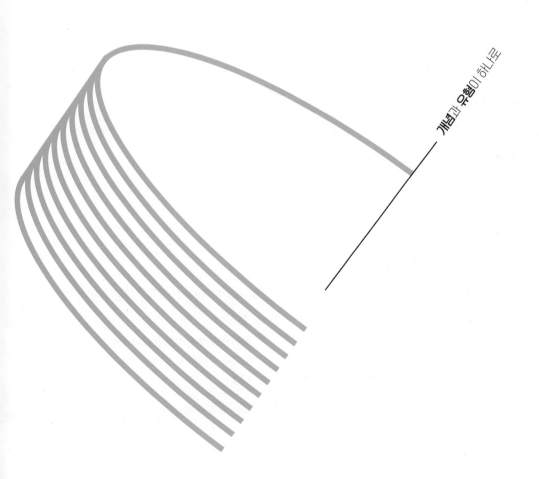

개념과 유형이 하나로

STRUCTURE 구성과 특징

개념편 개념을 **완벽**하게 이해할 수 있습니다!

개념 정리

한 번에 학습할 수 있는 효과적인 분량으로 구성
하여 중요한 개념을 보다 쉽게 이해할 수 있도록
하였습니다.

필수 예제

시험에 출제되는 꼭 필요한 문제를 풀이 방법과
함께 제시하여 학교 내신에 대비할 수 있도록 하
였습니다.

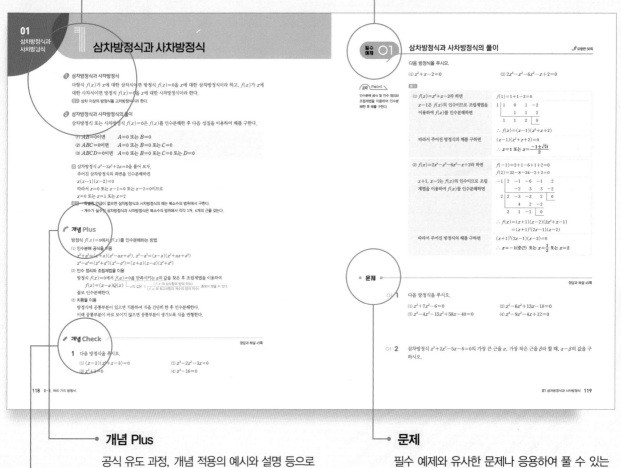

개념 Plus

공식 유도 과정, 개념 적용의 예시와 설명 등으로
구성하였습니다.

개념 Check

개념을 바로 적용할 수 있는 간단한 문제로 구성
하여 배운 내용을 확인할 수 있도록 하였습니다.

문제

필수 예제와 유사한 문제나 응용하여 풀 수 있는
문제로 구성하여 실력을 키울 수 있도록 하였습
니다.

유형편 실전 문제를 **유형별**로 풀어볼 수 있습니다!

연습문제

각 소단원을 정리할 수 있는 기본 문제와
실력 문제로 구성하였습니다.

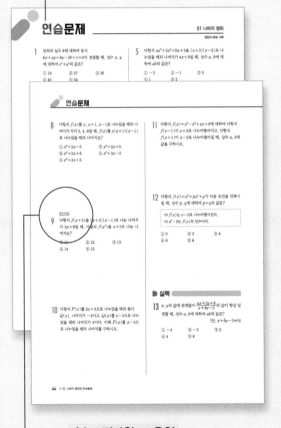

유형별 문제

개념편의 필수 예제를 보충하고 더 많은 유형의
문제를 풀어볼 수 있습니다.

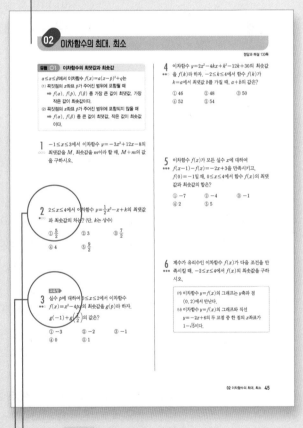

수능, 평가원, 교육청

수능, 평가원, 교육청 기출 문제로 수능에
대한 감각을 익힐 수 있도록 하였습니다.

난도

문항마다 ○○○, ●○○, ●●○, ●●● 의 4단계로 난도
를 표시하였습니다.

수능, 평가원, 교육청

수능, 평가원, 교육청 기출 문제로 수능에 대한
감각을 익힐 수 있도록 하였습니다.

CONTENTS 차례

개념과 유형이 하나로!
가장 효과적인 수학 공부 방법을 제시합니다.

I. 다항식

1 다항식

01 다항식의 연산

다항식의 덧셈과 뺄셈

① 다항식

(1) **다항식**: 한 개 또는 두 개 이상의 항의 합으로 이루어진 식

(2) **다항식에 대한 용어**

① **항**: 다항식을 이루고 있는 각각의 단항식

② **상수항**: 특정한 문자를 포함하지 않는 항

③ **계수**: 항에서 특정한 문자를 제외한 나머지 부분

④ **항의 차수**: 항에서 특정한 문자가 곱해진 개수

⑤ **다항식의 차수**: 다항식에서 차수가 가장 높은 항의 차수

⑥ **동류항**: 특정한 문자에 대한 차수가 같은 항

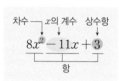

② 다항식의 정리

(1) **내림차순**: 한 문자에 대하여 차수가 높은 항부터 낮은 항의 순서로 나타내는 것

(2) **오름차순**: 한 문자에 대하여 차수가 낮은 항부터 높은 항의 순서로 나타내는 것

예 다항식 $5xy+3x^2-y^2+4x+1$을 x에 대하여 내림차순과 오름차순으로 각각 정리하면

(1) 내림차순: $3x^2+(5y+4)x-y^2+1$

(2) 오름차순: $-y^2+1+(5y+4)x+3x^2$

③ 다항식의 덧셈과 뺄셈

다항식의 덧셈과 뺄셈은 괄호가 있는 경우 괄호를 풀고, 동류항끼리 모아서 계산한다.

이때 뺄셈은 빼는 식의 각 항의 부호를 바꾸어 더하는 것과 같다.

예 $(x^2-3x+2)-(4x^2-x+5)=x^2-3x+2-4x^2+x-5$　◀ 괄호를 푼다.

$=(1-4)x^2+(-3+1)x+(2-5)$　◀ 동류항끼리 모아서 계산한다.

$=-3x^2-2x-3$

④ 다항식의 덧셈에 대한 성질

세 다항식 A, B, C에 대하여

(1) **교환법칙**: $A+B=B+A$

(2) **결합법칙**: $(A+B)+C=A+(B+C)$

참고 다항식의 덧셈에 대한 결합법칙이 성립하므로 $(A+B)+C$, $A+(B+C)$를 간단히 $A+B+C$로 나타낼 수 있다.

✎ 개념 Check

정답과 해설 2쪽

1 다항식 $2x^2+xy-3y^2-5x+y-2$를 y에 대하여 내림차순과 오름차순으로 각각 정리하시오.

2 두 다항식 $A=2x^2-3x+1$, $B=x^2+2x+4$에 대하여 다음을 계산하시오.

(1) $A+B$　　　　　　(2) $A-B$　　　　　　(3) $2A-3B$

다음 물음에 답하시오.

(1) 세 다항식 $A=x^2+xy-y^2$, $B=3x^2-5xy$, $C=2xy-y^2$에 대하여 $-2A+B-2(B-3C)$를 계산하시오.

(2) 두 다항식 $A=4x^2+3xy-y^2$, $B=x^2-2xy-5y^2$에 대하여 $2A+3X=X-4B$를 만족시키는 다항식 X를 구하시오.

공략 Point

(1) 계산하려는 식을 먼저 정리한 후 주어진 다항식을 대입하여 동류항끼리 계산한다.

(2) 구하는 다항식 X를 A, B에 대한 식으로 나타낸 후 주어진 다항식을 대입하여 동류항끼리 계산한다.

풀이

(1) $-2A+B-2(B-3C)$를 정리하면	$-2A+B-2(B-3C)$ $=-2A+B-2B+6C$ $=-2A-B+6C$
$A=x^2+xy-y^2$, $B=3x^2-5xy$, $C=2xy-y^2$을 대입하면	$=-2(x^2+xy-y^2)-(3x^2-5xy)+6(2xy-y^2)$
괄호를 풀면	$=-2x^2-2xy+2y^2-3x^2+5xy+12xy-6y^2$
동류항끼리 모아서 계산하면	$=\mathbf{-5x^2+15xy-4y^2}$

(2) $2A+3X=X-4B$를 정리하여 X를 A, B로 나타내면	$3X-X=-2A-4B$, $2X=-2A-4B$ $\therefore X=-A-2B$
$A=4x^2+3xy-y^2$, $B=x^2-2xy-5y^2$을 대입하면	$=-(4x^2+3xy-y^2)-2(x^2-2xy-5y^2)$
괄호를 풀면	$=-4x^2-3xy+y^2-2x^2+4xy+10y^2$
동류항끼리 모아서 계산하면	$=\mathbf{-6x^2+xy+11y^2}$

● **문제** ●

정답과 해설 2쪽

01-1 세 다항식 $A=2x^2-x+1$, $B=x^2+2x-1$, $C=3x^2-x$에 대하여 $2(A+B)-3(B-C)$를 계산하시오.

01-2 두 다항식 $A=x^2-2xy-2y^2$, $B=2x^2+xy-y^2$에 대하여 $A-2(X-B)=3A$를 만족시키는 다항식 X를 구하시오.

01-3 두 다항식 A, B에 대하여 $A+B=3x^2-3xy$, $A-B=x^2-xy+2$일 때, $A-2B$를 계산하시오.

2 다항식의 곱셈

① 지수법칙

a, b는 실수, m, n은 자연수일 때, 다음 지수법칙이 성립한다.

(1) $a^m \times a^n = a^{m+n}$　　　　(2) $(a^m)^n = a^{mn}$　　　　(3) $(ab)^n = a^n b^n$

(4) $\left(\dfrac{b}{a}\right)^n = \dfrac{b^n}{a^n}$ (단, $a \neq 0$)　　　(5) $a^m \div a^n = \begin{cases} a^{m-n} & (m > n일 때) \\ 1 & (m = n일 때) \\ \dfrac{1}{a^{n-m}} & (m < n일 때) \end{cases}$ (단, $a \neq 0$)

② 다항식의 곱셈

다항식의 곱셈은 분배법칙과 지수법칙을 이용하여 식을 전개한 다음 동류항끼리 모아서 계산한다.

예 $(2x+3y)(x+2y) = \underset{①}{2x^2} + \underset{②}{4xy} + \underset{③}{3xy} + \underset{④}{6y^2}$　◀ 분배법칙과 지수법칙을 이용하여 전개한다.

$\qquad\qquad\qquad\quad = 2x^2 + 7xy + 6y^2$　◀ 동류항끼리 모아서 계산한다.

참고 괄호를 풀어 하나의 다항식으로 나타내는 것을 전개한다고 한다.

③ 다항식의 곱셈에 대한 성질

세 다항식 A, B, C에 대하여

(1) 교환법칙: $AB = BA$

(2) 결합법칙: $(AB)C = A(BC)$

(3) 분배법칙: $A(B+C) = AB + AC$, $(A+B)C = AC + BC$

참고 다항식의 곱셈에 대한 결합법칙이 성립하므로 $(AB)C$, $A(BC)$를 간단히 ABC로 나타낼 수 있다.

④ 곱셈 공식

다항식의 곱을 전개할 때, 다음과 같은 곱셈 공식을 이용하면 편리하다.

(1) $(a+b)^2 = a^2 + 2ab + b^2$

$\quad (a-b)^2 = a^2 - 2ab + b^2$ 　　┐

(2) $(a+b)(a-b) = a^2 - b^2$ 　　　　│ 중학교에서 배운 곱셈 공식

(3) $(x+a)(x+b) = x^2 + (a+b)x + ab$ │

(4) $(ax+b)(cx+d) = acx^2 + (ad+bc)x + bd$ ┘

(5) $(a+b+c)^2 = a^2 + b^2 + c^2 + 2ab + 2bc + 2ca$

(6) $(a+b)^3 = a^3 + 3a^2b + 3ab^2 + b^3$

$\quad (a-b)^3 = a^3 - 3a^2b + 3ab^2 - b^3$

(7) $(a+b)(a^2-ab+b^2) = a^3 + b^3$

$\quad (a-b)(a^2+ab+b^2) = a^3 - b^3$

(8) $(x+a)(x+b)(x+c) = x^3 + (a+b+c)x^2 + (ab+bc+ca)x + abc$

(9) $(a+b+c)(a^2+b^2+c^2-ab-bc-ca) = a^3 + b^3 + c^3 - 3abc$

(10) $(a^2+ab+b^2)(a^2-ab+b^2) = a^4 + a^2b^2 + b^4$

개념 Plus

곱셈 공식

곱셈 공식 (1)~(4)는 중학교에서 이미 학습한 것이므로 곱셈 공식 (5)~(10)이 성립함을 확인해 보자.

(5) $(a+b+c)^2=\{(a+b)+c\}^2=(a+b)^2+2(a+b)c+c^2$ ◀ 곱셈 공식 (1) 이용
$=a^2+2ab+b^2+2ac+2bc+c^2$ ◀ 곱셈 공식 (1) 이용
$=a^2+b^2+c^2+2ab+2bc+2ca$

(6) $(a+b)^3=(a+b)^2(a+b)=(a^2+2ab+b^2)(a+b)$ ◀ 곱셈 공식 (1) 이용
$=a^3+a^2b+2a^2b+2ab^2+ab^2+b^3$
$=a^3+3a^2b+3ab^2+b^3$

(7) $(a+b)(a^2-ab+b^2)=a^3-a^2b+ab^2+a^2b-ab^2+b^3$
$=a^3+b^3$

(8) $(x+a)(x+b)(x+c)=\{x^2+(a+b)x+ab\}(x+c)$ ◀ 곱셈 공식 (3) 이용
$=x^3+cx^2+(a+b)x^2+(a+b)cx+abx+abc$
$=x^3+(a+b+c)x^2+(ab+bc+ca)x+abc$

(9) $(a+b+c)(a^2+b^2+c^2-ab-bc-ca)$
$=a^3+ab^2+ac^2-a^2b-abc-a^2c+a^2b+b^3+bc^2-ab^2-b^2c-abc+a^2c+b^2c+c^3-abc-bc^2-ac^2$
$=a^3+b^3+c^3-3abc$

(10) $(a^2+ab+b^2)(a^2-ab+b^2)=\{(a^2+b^2)+ab\}\{(a^2+b^2)-ab\}$
$=(a^2+b^2)^2-(ab)^2$ ◀ 곱셈 공식 (2) 이용
$=a^4+2a^2b^2+b^4-a^2b^2$ ◀ 곱셈 공식 (1) 이용
$=a^4+a^2b^2+b^4$

개념 Check

정답과 해설 2쪽

1 다음 식을 간단히 하시오.

(1) $(4x^2y)^3\div(-2xy^2)^2\times 2xy$

(2) $(-2a^3b)^2\div\left(-\dfrac{1}{4}a^4b^5\right)\times\left(\dfrac{1}{2}ab^3\right)^3$

2 다음 식을 전개하시오.

(1) $(x-2)(2x^2-3x+4)$

(2) $(x+y-2)(3x-2y+5)$

3 다음 식을 전개하시오.

(1) $(x+2y)^2$

(2) $\left(a-\dfrac{b}{2}\right)^2$

(3) $(2x+3y)(2x-3y)$

(4) $(a-7)(a+2)$

(5) $(2x+5)(3x+4)$

(6) $(a-2b)(2a-b)$

다항식의 전개식에서 계수 구하기

유형편 4쪽

다항식 $(2x^3+5x^2-4)(x^2-x+3)$의 전개식에서 다음을 구하시오.

(1) x^3의 계수

(2) x^4의 계수

공략 Point

계수를 구해야 하는 항이 나오
는 부분만 선택하여 전개한다.

풀이

(1) $(2x^3+5x^2-4)(x^2-x+3)$에서

x^3항이 나오는 부분만 전개하면

$2x^3 \times 3 + 5x^2 \times (-x) = 6x^3 - 5x^3$
$= x^3$

따라서 x^3의 계수는   **1**

(2) $(2x^3+5x^2-4)(x^2-x+3)$에서

x^4항이 나오는 부분만 전개하면

$2x^3 \times (-x) + 5x^2 \times x^2 = -2x^4 + 5x^4$
$= 3x^4$

따라서 x^4의 계수는   **3**

● **문제** ●

정답과 해설 2쪽

02-1 다항식 $(x^4-2x^2+x-3)(x^3+4x^2-5x+1)$의 전개식에서 x^3의 계수를 구하시오.

02-2 다항식 $(3x^2-4x-1)(x^2+kx+2)$의 전개식에서 x의 계수가 -3일 때, 상수 k의 값을 구하시오.

02-3 다항식 $(1+2x-3x^2+4x^3+x^4)^2$의 전개식에서 x^2의 계수를 a, x^3의 계수를 b라 할 때, $a-b$의 값을 구하시오.

곱셈 공식을 이용한 식의 전개

유형편 5쪽

다음 식을 전개하시오.

(1) $(x+y-z)^2$ (2) $(2x+3)^3$

(3) $(x+3)(x^2-3x+9)$ (4) $(x+1)(x+2)(x+3)$

공략 Point

적당한 곱셈 공식을 이용하여 주어진 식을 전개한다.

풀이

(1) 곱셈 공식을 이용하여 전개하면

$(x+y-z)^2$
$=\{x+y+(-z)\}^2$
$=x^2+y^2+(-z)^2+2xy+2y\times(-z)+2\times(-z)\times x$ ◀ 곱셈 공식 (5)
$=x^2+y^2+z^2+2xy-2yz-2zx$

(2) 곱셈 공식을 이용하여 전개하면

$(2x+3)^3=(2x)^3+3\times(2x)^2\times3+3\times2x\times3^2+3^3$ ◀ 곱셈 공식 (6)
$=8x^3+36x^2+54x+27$

(3) 곱셈 공식을 이용하여 전개하면

$(x+3)(x^2-3x+9)=(x+3)(x^2-3\times x+3^2)$ ◀ 곱셈 공식 (7)
$=x^3+3^3$
$=x^3+27$

(4) 곱셈 공식을 이용하여 전개하면

$(x+1)(x+2)(x+3)$
$=x^3+(1+2+3)x^2+(1\times2+2\times3+3\times1)x+1\times2\times3$ ◀ 곱셈 공식 (8)
$=x^3+6x^2+11x+6$

● **문제** ●

정답과 해설 3쪽

03-1 다음 식을 전개하시오.

(1) $(a-b-c)^2$ (2) $(2x-3y+z)^2$

(3) $(a+2b)^3$ (4) $(3x-2)^3$

(5) $(4x+3y)(16x^2-12xy+9y^2)$ (6) $(2x-1)(4x^2+2x+1)$

(7) $(x-1)(x+2)(x+4)$ (8) $(x+1)(x-2)(x-5)$

03-2 다음 식을 전개하시오.

(1) $(x+y-z)(x^2+y^2+z^2-xy+yz+zx)$ (2) $(a^2+2ab+4b^2)(a^2-2ab+4b^2)$

(3) $(a-1)(a+1)(a^2+1)(a^4+1)$ (4) $(x-2)^2(x^2+2x+4)^2$

공통부분이 있는 식의 전개

유형편 6쪽

다음 식을 전개하시오.

(1) $(x^2+2x-2)(x^2+2x+3)$

(2) $(x+1)(x+2)(x+3)(x+4)$

공략 Point

(1) 공통부분을 한 문자로 치환한 후 전개한다.
(2) 네 일차식의 곱의 꼴은 공통부분이 생기도록 두 개씩 짝을 지어 전개한 후 치환한다.

풀이

(1) $x^2+2x=X$로 놓고 전개하면	$(x^2+2x-2)(x^2+2x+3)$ $=(X-2)(X+3)$ $=X^2+X-6$
$X=x^2+2x$를 대입하여 전개하면	$=(x^2+2x)^2+(x^2+2x)-6$ $=x^4+4x^3+4x^2+x^2+2x-6$ $=\boldsymbol{x^4+4x^3+5x^2+2x-6}$
(2) 공통부분이 생기도록 두 일차식의 상수항의 합이 같게 짝을 지어 전개하면	$(x+1)(x+2)(x+3)(x+4)$ $=\{(x+1)(x+4)\}\{(x+2)(x+3)\}$ $\quad\quad\ \ \underset{\text{합: 5}}{\underline{\qquad}}\quad\quad\ \underset{\text{합: 5}}{\underline{\qquad}}$ $=(\underline{x^2+5x}+4)(\underline{x^2+5x}+6)$
$x^2+5x=X$로 놓고 전개하면	$=(X+4)(X+6)$ $=X^2+10X+24$
$X=x^2+5x$를 대입하여 전개하면	$=(x^2+5x)^2+10(x^2+5x)+24$ $=x^4+10x^3+25x^2+10x^2+50x+24$ $=\boldsymbol{x^4+10x^3+35x^2+50x+24}$

● **문제** ●

정답과 해설 3쪽

04-1 다음 식을 전개하시오.

(1) $(x^2-x+1)(x^2-x-4)$

(2) $(x^2+3x+1)(x^2+3x+3)$

(3) $(x^2-x+2)(x^2+x+2)$

(4) $(a+b-c)(a-b+c)$

04-2 다음 식을 전개하시오.

(1) $(x+1)(x+2)(x-2)(x-3)$

(2) $(x-2)(x+2)(x+5)(x+9)$

3 곱셈 공식의 변형

① 곱셈 공식의 변형

문자의 합과 곱의 값이 주어질 때, 다음과 같은 곱셈 공식의 변형을 이용하면 여러 가지 식의 값을 편리하게 구할 수 있다.

(1) $a^2+b^2=(a+b)^2-2ab=(a-b)^2+2ab$

(2) $a^3+b^3=(a+b)^3-3ab(a+b)$

   $a^3-b^3=(a-b)^3+3ab(a-b)$

(3) $a^2+b^2+c^2=(a+b+c)^2-2(ab+bc+ca)$

(4) $a^2+b^2+c^2-ab-bc-ca=\dfrac{1}{2}\{(a-b)^2+(b-c)^2+(c-a)^2\}$

   $a^2+b^2+c^2+ab+bc+ca=\dfrac{1}{2}\{(a+b)^2+(b+c)^2+(c+a)^2\}$

(5) $a^3+b^3+c^3=(a+b+c)(a^2+b^2+c^2-ab-bc-ca)+3abc$

참고 (1) $x^2+\dfrac{1}{x^2}=\left(x+\dfrac{1}{x}\right)^2-2=\left(x-\dfrac{1}{x}\right)^2+2$

(2) $x^3+\dfrac{1}{x^3}=\left(x+\dfrac{1}{x}\right)^3-3\left(x+\dfrac{1}{x}\right)$, $x^3-\dfrac{1}{x^3}=\left(x-\dfrac{1}{x}\right)^3+3\left(x-\dfrac{1}{x}\right)$

개념 Plus

곱셈 공식의 변형 (4) 유도 과정

$a^2+b^2+c^2-ab-bc-ca=\dfrac{1}{2}(2a^2+2b^2+2c^2-2ab-2bc-2ca)$

$=\dfrac{1}{2}\{(a^2-2ab+b^2)+(b^2-2bc+c^2)+(c^2-2ca+a^2)\}$

$=\dfrac{1}{2}\{(a-b)^2+(b-c)^2+(c-a)^2\}$

개념 Check

정답과 해설 4쪽

1 $x+y=3$, $xy=2$일 때, 다음 식의 값을 구하시오.

(1) x^2+y^2 (2) x^3+y^3

2 $x-y=-4$, $xy=3$일 때, 다음 식의 값을 구하시오.

(1) x^2+y^2 (2) x^3-y^3

3 $x+\dfrac{1}{x}=3$일 때, 다음 식의 값을 구하시오.

(1) $x^2+\dfrac{1}{x^2}$ (2) $x^3+\dfrac{1}{x^3}$

다음 물음에 답하시오.

(1) $x+y=3$, $x^2+y^2=29$일 때, x^3+y^3의 값을 구하시오.

(2) $x^2+\dfrac{1}{x^2}=2$일 때, $x^3+\dfrac{1}{x^3}$의 값을 구하시오. (단, $x>0$)

공략 Point

(1) a^3+b^3
$=(a+b)^3-3ab(a+b)$

(2) $x^3+\dfrac{1}{x^3}$
$=\left(x+\dfrac{1}{x}\right)^3-3\left(x+\dfrac{1}{x}\right)$

풀이

(1) $(x+y)^2=x^2+y^2+2xy$이므로

$3^2=29+2xy$, $2xy=-20$

$\therefore xy=-10$

$x^3+y^3=(x+y)^3-3xy(x+y)$에
$x+y=3$, $xy=-10$을 대입하면

$x^3+y^3=(x+y)^3-3xy(x+y)$
$=3^3-3\times(-10)\times3$
$=\mathbf{117}$

(2) $\left(x+\dfrac{1}{x}\right)^2=x^2+\dfrac{1}{x^2}+2$이므로

$\left(x+\dfrac{1}{x}\right)^2=2+2=4$

그런데 $x>0$에서 $x+\dfrac{1}{x}>0$이므로

$x+\dfrac{1}{x}=2$

$x^3+\dfrac{1}{x^3}=\left(x+\dfrac{1}{x}\right)^3-3\left(x+\dfrac{1}{x}\right)$에
$x+\dfrac{1}{x}=2$를 대입하면

$x^3+\dfrac{1}{x^3}=\left(x+\dfrac{1}{x}\right)^3-3\left(x+\dfrac{1}{x}\right)$
$=2^3-3\times2$
$=\mathbf{2}$

● **문제** ●

정답과 해설 4쪽

05-1 다음 물음에 답하시오.

(1) $x+y=1$, $x^3+y^3=37$일 때, x^2+y^2의 값을 구하시오.

(2) $x-\dfrac{1}{x}=2\sqrt{3}$일 때, $x^3+\dfrac{1}{x^3}$의 값을 구하시오. (단, $x>0$)

05-2 $x=2+\sqrt{2}$, $y=2-\sqrt{2}$일 때, $\dfrac{x^2}{y}-\dfrac{y^2}{x}$의 값을 구하시오.

05-3 $x^2-3x-1=0$일 때, $x^3-\dfrac{1}{x^3}$의 값을 구하시오.

곱셈 공식의 변형 – 문자가 3개인 경우 (1)

🖉 유형편 7쪽

$a+b+c=2$, $ab+bc+ca=-1$, $abc=-2$일 때, 다음 식의 값을 구하시오.

(1) $a^2+b^2+c^2$ (2) $a^3+b^3+c^3$

공략 Point

(1) $a^2+b^2+c^2$
$=(a+b+c)^2$
$\qquad -2(ab+bc+ca)$

(2) $a^3+b^3+c^3$
$=(a+b+c)(a^2+b^2+c^2$
$\qquad -ab-bc-ca)$
$\qquad\qquad +3abc$

풀이

(1) $a^2+b^2+c^2=(a+b+c)^2-2(ab+bc+ca)$에
$a+b+c=2$, $ab+bc+ca=-1$을 대입하면

$a^2+b^2+c^2$
$=(a+b+c)^2-2(ab+bc+ca)$
$=2^2-2\times(-1)$
$=\mathbf{6}$

(2) $a^3+b^3+c^3$
$=(a+b+c)(a^2+b^2+c^2-ab-bc-ca)+3abc$
에 $a+b+c=2$, $ab+bc+ca=-1$, $abc=-2$,
$a^2+b^2+c^2=6$을 대입하면

$a^3+b^3+c^3$
$=(a+b+c)(a^2+b^2+c^2-ab-bc-ca)$
$\qquad\qquad +3abc$
$=2\times\{6-(-1)\}+3\times(-2)$
$=\mathbf{8}$

● 문제 ●

정답과 해설 4쪽

06-1 $a+b+c=3$, $ab+bc+ca=-1$, $abc=-3$일 때, 다음 식의 값을 구하시오.

(1) $a^2+b^2+c^2$ (2) $a^3+b^3+c^3$

06-2 $a+b+c=4$, $ab+bc+ca=0$, $abc=-8$일 때, $a^2b^2+b^2c^2+c^2a^2$의 값을 구하시오.

06-3 $a+b+c=1$, $a^2+b^2+c^2=9$, $abc=-2$일 때, $\dfrac{1}{a}+\dfrac{1}{b}+\dfrac{1}{c}$의 값을 구하시오.

곱셈 공식의 변형 – 문자가 3개인 경우 (2)

✎ 유형편 7쪽

다음 물음에 답하시오.

(1) $a-b=2$, $b-c=3$일 때, $a^2+b^2+c^2-ab-bc-ca$의 값을 구하시오.

(2) $a+b+c=2$, $a^2+b^2+c^2=14$, $abc=-6$일 때, $(a+b)(b+c)(c+a)$의 값을 구하시오.

공략 Point

(1) $a^2+b^2+c^2-ab-bc-ca$
$=\frac{1}{2}\{(a-b)^2+(b-c)^2$
$\qquad +(c-a)^2\}$

(2) $a^2+b^2+c^2$
$=(a+b+c)^2$
$\qquad -2(ab+bc+ca)$

풀이

(1) $a-b=2$, $b-c=3$을 변끼리 더하여 a, c에 대한 식을 얻으면	$a-c=5$ $\quad\therefore c-a=-5$
$a^2+b^2+c^2-ab-bc-ca$ $=\frac{1}{2}\{(a-b)^2+(b-c)^2+(c-a)^2\}$ 에 $a-b=2$, $b-c=3$, $c-a=-5$를 대입하면	$a^2+b^2+c^2-ab-bc-ca$ $=\frac{1}{2}\{(a-b)^2+(b-c)^2+(c-a)^2\}$ $=\frac{1}{2}\times\{2^2+3^2+(-5)^2\}$ $=\mathbf{19}$
(2) $a^2+b^2+c^2$ $=(a+b+c)^2-2(ab+bc+ca)$ 에 $a^2+b^2+c^2=14$, $a+b+c=2$를 대입하면	$14=2^2-2(ab+bc+ca)$ $\therefore ab+bc+ca=-5$
$a+b+c=2$에서	$a+b=2-c$, $b+c=2-a$, $c+a=2-b$
이를 구하는 식에 대입하면	$(a+b)(b+c)(c+a)$ $=(2-c)(2-a)(2-b)$
곱셈 공식을 이용하여 전개하면	$=2^3+(-c-a-b)\times2^2+(ca+ab+bc)\times2-abc$ $=8-4(a+b+c)+2(ab+bc+ca)-abc$
$a+b+c=2$, $ab+bc+ca=-5$, $abc=-6$을 대입하면	$=8-4\times2+2\times(-5)-(-6)$ $=\mathbf{-4}$

● **문제** ●

정답과 해설 5쪽

07-1 $a-b=-6$, $c-b=-3$일 때, $a^2+b^2+c^2-ab-bc-ca$의 값을 구하시오.

07-2 $a+b+c=1$, $(a+b)(b+c)(c+a)=-12$, $abc=3$일 때, $a^2+b^2+c^2$의 값을 구하시오.

곱셈 공식의 활용 – 도형

✐유형편 8쪽

오른쪽 그림과 같은 직육면체의 모든 모서리의 길이의 합이 28이고 대각선의 길이가 5일 때, 이 직육면체의 겉넓이를 구하시오.

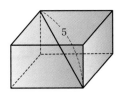

공략 Point

주어진 도형에서 선분의 길이를 문자로 놓고 주어진 조건을 이용하여 식을 세운 후 곱셈 공식을 이용한다.

풀이

직육면체의 가로의 길이, 세로의 길이, 높이를 각각 a, b, c라 하면 모든 모서리의 길이의 합이 28이므로	$4(a+b+c)=28$ $\therefore a+b+c=7$
또 대각선의 길이가 5이므로	$\sqrt{a^2+b^2+c^2}=5$
양변을 제곱하면	$a^2+b^2+c^2=25$
$a^2+b^2+c^2=(a+b+c)^2-2(ab+bc+ca)$이므로	$25=7^2-2(ab+bc+ca)$ $\therefore ab+bc+ca=12$
따라서 구하는 직육면체의 겉넓이는	$2(ab+bc+ca)=\mathbf{24}$

● **문제** ●

정답과 해설 5쪽

08-1 오른쪽 그림과 같이 반지름의 길이가 5인 원에 둘레의 길이가 28인 직사각형이 내접할 때, 직사각형의 넓이를 구하시오.

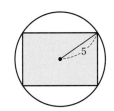

08-2 모든 모서리의 길이의 합이 48이고 겉넓이가 94인 직육면체의 대각선의 길이를 구하시오.

08-3 오른쪽 그림과 같이 사각형 ABCD의 두 대각선 AC, BD가 점 O에서 수직으로 만나고, $\overline{OA}=\overline{OD}$이다. $\overline{OA}+\overline{OB}+\overline{OC}=12$, $\overline{AB}^2+\overline{BC}^2+\overline{CD}^2=192$일 때, 세 삼각형 OAB, OBC, OCD의 넓이의 합을 구하시오.

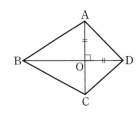

다항식의 나눗셈

❶ 다항식의 나눗셈

두 다항식을 각각 내림차순으로 정리한 후 자연수의 나눗셈과 같은 방법으로 계산한다.

예 $(2x^3+7x^2+12x+3) \div (x^2+2x+2)$를 계산해 보자.

$$
\begin{array}{r}
2x+3 \qquad \blacktriangleleft \ \text{몫} \\
x^2+2x+2\overline{)2x^3+7x^2+12x+3} \\
\underline{2x^3+4x^2+\ 4x} \qquad \longleftarrow (x^2+2x+2) \times 2x \\
3x^2+\ 8x+3 \\
\underline{3x^2+\ 6x+6} \qquad \longleftarrow (x^2+2x+2) \times 3 \\
2x-3 \qquad \blacktriangleleft \ \text{나머지}
\end{array}
$$

따라서 다항식 $2x^3+7x^2+12x+3$을 x^2+2x+2로 나누었을 때의 몫은 $2x+3$, 나머지는 $2x-3$이다.

❷ 다항식의 나눗셈에 대한 등식

> 다항식 A를 다항식 $B(B \neq 0)$로 나누었을 때의 몫을 Q, 나머지를 R라 하면
> $A=BQ+R$ (단, R는 상수 또는 (R의 차수)<(B의 차수))
> 특히 $R=0$이면 A는 B로 나누어떨어진다고 한다.
>
> $$
> \begin{array}{r}
> Q \\
> B\overline{)A} \\
> \underline{BQ} \\
> A-BQ=R
> \end{array}
> $$

예 다항식 $2x^3+7x^2+12x+3$을 x^2+2x+2로 나누었을 때의 몫이 $2x+3$, 나머지가 $2x-3$이므로

$$2x^3+7x^2+12x+3=(x^2+2x+2)\underbrace{(2x+3)}_{\text{몫}}+\underbrace{(2x-3)}_{\text{나머지}}$$

❸ 조립제법

다항식을 일차식으로 나눌 때, 직접 나눗셈을 하지 않고 계수와 상수항을 이용하여 몫과 나머지를 구하는 방법을 **조립제법**이라 한다.

예 조립제법을 이용하여 $(2x^3-3x^2+x+5) \div (x-2)$의 몫과 나머지를 구해 보자.

$$(2x^3 \qquad -3x^2 \qquad +x \qquad +5) \div (x-②)$$

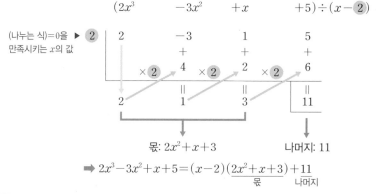

➡ $2x^3-3x^2+x+5=(x-2)\underbrace{(2x^2+x+3)}_{\text{몫}}+\underbrace{11}_{\text{나머지}}$

참고 특정한 차수의 항이 없을 때는 그 항의 계수를 0으로 쓴다.

$$
(x^3+x^2-2) \div (x-1) \Rightarrow
\begin{array}{r|rrrr}
1 & 1 & 1 & 0 & -2 \\
& & 1 & 2 & 2 \\
\hline
& 1 & 2 & 2 & 0
\end{array}
$$

개념 Plus

다항식 $f(x)$를 $x+\dfrac{b}{a}$와 $ax+b\,(a\neq0)$로 나누었을 때의 몫과 나머지의 관계

다항식 $f(x)$를 $x+\dfrac{b}{a}$로 나누었을 때의 몫을 $Q(x)$, 나머지를 R라 하면

$$f(x)=\left(x+\dfrac{b}{a}\right)Q(x)+R=(ax+b)\times\dfrac{1}{a}Q(x)+R$$

따라서 다항식 $f(x)$를 $ax+b$로 나누었을 때의 몫은 $\dfrac{1}{a}Q(x)$, 나머지는 R이다.

➡ (1) 다항식 $f(x)$를 $ax+b$로 나누었을 때의 몫은 $f(x)$를 $x+\dfrac{b}{a}$로 나누었을 때의 몫의 $\dfrac{1}{a}$배이다.

　　(2) 다항식 $f(x)$를 $ax+b$로 나누었을 때의 나머지는 $f(x)$를 $x+\dfrac{b}{a}$로 나누었을 때의 나머지와 같다.

개념 Check

정답과 해설 5쪽

1 다음 나눗셈에서 □ 안에 알맞은 것을 써넣고, 몫과 나머지를 구하시오.

(1)
$$
\begin{array}{r}
\boxed{}+9 \\
x-1{\overline{\smash{\big)}\,2x^2+7x-\ 6}} \\
\underline{2x^2-\boxed{}} \\
\boxed{}-\ 6 \\
\underline{9x-\boxed{}} \\
\boxed{}
\end{array}
$$

몫: _____
나머지: _____

(2)
$$
\begin{array}{r}
\boxed{}-1 \\
x^2+x+2{\overline{\smash{\big)}\,3x^3+2x^2-6x-\ 5}} \\
\underline{3x^3+\boxed{}+\boxed{}} \\
-\boxed{}-\boxed{}-\ 5 \\
\underline{-\ x^2-\boxed{}-\boxed{}} \\
-\boxed{}-\boxed{}
\end{array}
$$

몫: _____
나머지: _____

2 다음은 조립제법을 이용하여 나눗셈의 몫과 나머지를 구하는 과정이다. □ 안에 알맞은 것을 써넣고, 몫과 나머지를 구하시오.

(1) $(x^3-3x^2-2x+1)\div(x+1)$

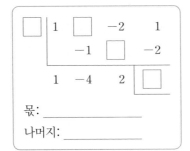

몫: _____
나머지: _____

(2) $(2x^4-9x^3+7x^2+8)\div(x-3)$

$$
\begin{array}{r|rrrrr}
3 & 2 & -9 & \boxed{} & \boxed{} & 8 \\
  &   & \boxed{} & -9 & \boxed{} & -18 \\
\hline
  & 2 & \boxed{} & -2 & -6 & \boxed{}
\end{array}
$$

몫: _____
나머지: _____

다항식의 나눗셈 유형편 9쪽

다음 나눗셈의 몫과 나머지를 구하시오.

(1) $(2x^3+x^2+6x+1) \div (2x+1)$ (2) $(3x^4+4x^3+8x) \div (x^2+2x-1)$

공략 Point

각 다항식을 내림차순으로 정리한 후 자연수의 나눗셈과 같은 방법으로 직접 나눗셈을 한다. 이때 나머지가 상수가 되거나 나머지의 차수가 나누는 식의 차수보다 낮아질 때까지 나눈다.

풀이

(1) $(2x^3+x^2+6x+1) \div (2x+1)$을 하면

$$
\begin{array}{r}
x^2 +3 \\
2x+1 \overline{)\, 2x^3+x^2+6x+1} \\
\underline{2x^3+x^2 } \\
6x+1 \\
\underline{6x+3} \\
-2
\end{array}
$$

따라서 구하는 몫과 나머지는 **몫: x^2+3, 나머지: -2**

(2) $(3x^4+4x^3+8x) \div (x^2+2x-1)$을 하면

$$
\begin{array}{r}
3x^2-2x +7 \\
x^2+2x-1 \overline{)\, 3x^4+4x^3 + 8x} \\
\underline{3x^4+6x^3-3x^2 } \\
-2x^3+3x^2+ 8x \\
\underline{-2x^3-4x^2+ 2x} \\
7x^2+ 6x \\
\underline{7x^2+14x-7} \\
- 8x+7
\end{array}
$$

따라서 구하는 몫과 나머지는 **몫: $3x^2-2x+7$, 나머지: $-8x+7$**

● **문제** ●

정답과 해설 6쪽

09-1 다음 나눗셈의 몫과 나머지를 구하시오.

(1) $(3x^3-4x^2-5x+7) \div (3x-1)$ (2) $(x^4-x^3-9x^2+2) \div (x^2-3x+1)$

09-2 다항식 $4x^4-5x^3+3x^2-4x+1$을 x^2-x+1로 나누었을 때의 몫을 $Q(x)$, 나머지를 $R(x)$라 할 때, $Q(2)+R(1)$의 값을 구하시오.

다항식 $x^3-5x^2-11x+25$를 다항식 A로 나누었을 때의 몫이 x^2+x-5, 나머지가 -5일 때, 다항식 A를 구하시오.

공략 Point

다항식 A를 다항식 $B\,(B\neq0)$로 나누었을 때의 몫을 Q, 나머지를 R라 하면
➡ $A=BQ+R$
(단, R는 상수 또는 (R의 차수)<(B의 차수))

풀이

$x^3-5x^2-11x+25$를 A로 나누었을 때의 몫이 x^2+x-5, 나머지가 -5이므로	$x^3-5x^2-11x+25=A(x^2+x-5)-5$ $A(x^2+x-5)=x^3-5x^2-11x+30$ $\therefore A=(x^3-5x^2-11x+30)\div(x^2+x-5)$
$(x^3-5x^2-11x+30)\div(x^2+x-5)$를 하면	$$\begin{array}{r} x-6 \\ x^2+x-5\overline{)x^3-5x^2-11x+30} \\ \underline{x^3+\ x^2-\ 5x} \\ -6x^2-\ 6x+30 \\ \underline{-6x^2-\ 6x+30} \\ 0 \end{array}$$
따라서 구하는 다항식 A는	$x-6$

● **문제** ●

정답과 해설 6쪽

10-1 다항식 $3x^4-5x^2+4x-7$을 다항식 A로 나누었을 때의 몫이 x^2-2, 나머지가 $4x-5$일 때, 다항식 A를 구하시오.

10-2 다항식 $2x^4-5x^3+x^2+1$을 다항식 A로 나누었을 때의 몫이 $2x^2-3x-4$, 나머지가 $-x+5$일 때, 다항식 A의 x의 계수를 구하시오.

10-3 다항식 $f(x)$를 x^2-2x+2로 나누었을 때의 몫이 $2x+3$, 나머지가 $5x-2$일 때, $f(x)$를 x^2+x+3으로 나누었을 때의 나머지를 구하시오.

몫과 나머지의 변형

✏️ 유형편 10쪽

다항식 $f(x)$를 $2x-4$로 나누었을 때의 몫을 $Q(x)$, 나머지를 R라 할 때, 다음 물음에 답하시오.

(1) 다항식 $f(x)$를 $x-2$로 나누었을 때의 몫과 나머지를 구하시오.

(2) 다항식 $xf(x)$를 $x-2$로 나누었을 때의 몫과 나머지를 구하시오.

공략 Point

주어진 다항식을
$$A=BQ+R$$
꼴로 나타낸 후 식을 변형한다.

풀이

$f(x)$를 $2x-4$로 나누었을 때의 몫이 $Q(x)$, 나머지가 R이므로	$f(x)=(2x-4)Q(x)+R$ ...... ㉠
(1) ㉠의 식을 변형하면	$f(x)=(2x-4)Q(x)+R$ $\quad=2(x-2)Q(x)+R$ $\quad=(x-2)\times 2Q(x)+R$
따라서 $f(x)$를 $x-2$로 나누었을 때의 몫과 나머지는	**몫: $2Q(x)$, 나머지: R**
(2) ㉠의 양변에 x를 곱하면	$xf(x)=x(2x-4)Q(x)+Rx$ $\quad=2x(x-2)Q(x)+R(x-2)+2R$ $\quad=(x-2)\{2xQ(x)+R\}+2R$
따라서 $xf(x)$를 $x-2$로 나누었을 때의 몫과 나머지는	**몫: $2xQ(x)+R$, 나머지: $2R$**

● **문제** ●

정답과 해설 6쪽

11-1 다항식 $f(x)$를 $x-\dfrac{1}{5}$로 나누었을 때의 몫을 $Q(x)$, 나머지를 R라 할 때, $f(x)$를 $5x-1$로 나누었을 때의 몫과 나머지를 구하시오.

11-2 다항식 $f(x)$를 $x+1$로 나누었을 때의 몫을 $Q(x)$, 나머지를 R라 할 때, 다항식 $xf(x)$를 $x+1$로 나누었을 때의 몫과 나머지를 구하시오.

조립제법

유형편 10쪽

조립제법을 이용하여 다음 나눗셈의 몫과 나머지를 구하시오.

(1) $(x^3-7x+1)\div(x+1)$

(2) $(2x^3-5x^2+7x-4)\div(2x-3)$

공략 Point

다항식을 일차식으로 나누었을 때의 몫과 나머지를 구할 때는 조립제법을 이용한다.

풀이

(1) $x+1=0$을 만족시키는 x의 값은	$x=-1$
조립제법을 이용하여 $(x^3-7x+1)\div(x+1)$을 하면	$\begin{array}{r} -1 \,\vert\begin{array}{rrrr} 1 & 0 & -7 & 1 \\ & -1 & 1 & 6 \\ \hline 1 & -1 & -6 & \vert\ 7 \end{array}\end{array}$
따라서 구하는 몫과 나머지는	몫: x^2-x-6, 나머지: 7

(2) $2x-3=0$을 만족시키는 x의 값은	$x=\dfrac{3}{2}$
조립제법을 이용하여 $(2x^3-5x^2+7x-4)\div\left(x-\dfrac{3}{2}\right)$ 을 하면	$\begin{array}{r} \frac{3}{2}\,\vert\begin{array}{rrrr} 2 & -5 & 7 & -4 \\ & 3 & -3 & 6 \\ \hline 2 & -2 & 4 & \vert\ 2 \end{array}\end{array}$
$2x^3-5x^2+7x-4$를 $x-\dfrac{3}{2}$으로 나누었을 때의 몫은 $2x^2-2x+4$, 나머지는 2이므로	$2x^3-5x^2+7x-4=\left(x-\dfrac{3}{2}\right)(2x^2-2x+4)+2$ $=2\left(x-\dfrac{3}{2}\right)(x^2-x+2)+2$ $=(2x-3)(x^2-x+2)+2$
따라서 구하는 몫과 나머지는	몫: x^2-x+2, 나머지: 2

문제

정답과 해설 7쪽

12-1 조립제법을 이용하여 다음 나눗셈의 몫과 나머지를 구하시오.

(1) $(x^3+2x^2-2x-1)\div(x-1)$

(2) $(2x^3-x+10)\div(x+2)$

(3) $(2x^3-x^2-4x-4)\div(2x+3)$

(4) $(4x^3-6x^2+2x+1)\div(2x-1)$

12-2 오른쪽은 조립제법을 이용하여 다항식 $2x^3-3x^2-5x-6$을 $x-3$으로 나누었을 때의 몫과 나머지를 구하는 과정이다. 이때 $a+b+c+d$의 값을 구하시오.

$\begin{array}{r} a\,\vert\begin{array}{rrrr} 2 & -3 & -5 & -6 \\ & 6 & c & 12 \\ \hline 2 & b & 4 & \vert\ d \end{array}\end{array}$

연습문제

1 두 다항식 $A=3x^2-4xy-y^2$, $B=4x^2-3xy-2y^2$에 대하여 $2(3A-4B)+3(-A+2B)$를 계산하면?

① $-x^2-6xy-3y^2$ ② $-x^2+6xy+y^2$

③ $x^2-6xy+y^2$ ④ x^2-xy+y^2

⑤ $2x^2-6xy-y^2$

2 두 다항식 A, B에 대하여
$$A+B=2x^2+3x-7,\ A-2B=5x^2-6x-1$$
일 때, $3(X+B)=2(X-2A-B)$를 만족시키는 다항식 X는?

① $-17x^2-15x+30$ ② $-7x^2-15x+30$

③ $-7x^2+15x+20$ ④ $7x^2+9x+20$

⑤ $7x^2+15x+30$

3 다항식 $(x^2+ax+2)(x^2+bx-3)$의 전개식에서 x^3의 계수가 9, x의 계수가 -2일 때, x^2의 계수를 구하시오. (단, a, b는 상수)

4 보기에서 옳은 것만을 있는 대로 고른 것은?

> **보기**
> ㄱ. $(a-2b-3c)^2$
> $=a^2+4b^2+9c^2-4ab+12bc-6ca$
> ㄴ. $(a-b)^2(a+b)^2(a^2+b^2)^2=a^8-2a^4b^4+b^8$
> ㄷ. $(2a-3b)^3=8a^3+36a^2b-54ab^2-27b^3$
> ㄹ. $(a-b-1)(a^2+b^2+ab+a-b+1)$
> $=a^3-b^3-3ab-1$

① ㄱ, ㄴ   ② ㄴ, ㄷ   ③ ㄴ, ㄹ

④ ㄱ, ㄴ, ㄹ   ⑤ ㄱ, ㄷ, ㄹ

5 다항식
$$(x-y)(x+y)(x^2-xy+y^2)(x^2+xy+y^2)$$
을 전개하시오.

교육청

6 $(3x+ay)^3$의 전개식에서 x^2y의 계수가 54일 때, 상수 a의 값을 구하시오.

7 다항식 $(x+3)(x+1)(x-2)(x-4)$를 전개한 식이 $x^4-2x^3+ax^2+bx+24$일 때, 상수 a, b에 대하여 $b-a$의 값은?

① 19   ② 21   ③ 23

④ 25   ⑤ 27

정답과 해설 7쪽

교육청

8 $x+y=\sqrt{2}$, $xy=-2$일 때, $\dfrac{x^2}{y}+\dfrac{y^2}{x}$의 값은?

① $-5\sqrt{2}$ ② $-4\sqrt{2}$ ③ $-3\sqrt{2}$

④ $-2\sqrt{2}$ ⑤ $-\sqrt{2}$

9 $a+b=3$, $a^2+b^2=7$일 때, $a^3+b^3+a^4+b^4$의 값을 구하시오.

10 $\left(x-\dfrac{3}{x}\right)^2+\left(3x+\dfrac{1}{x}\right)^2=20$일 때,

$x+x^4+\dfrac{1}{x}+\dfrac{1}{x^4}$의 값은? (단, $x>0$)

① 2   ② 4   ③ 6

④ 8   ⑤ 10

11 $(3+1)(3^2+1)(3^4+1)(3^8+1)=\dfrac{1}{a}(3^b-1)$일 때, 자연수 a, b에 대하여 $b-a$의 값을 구하시오.

12 다음 그림과 같은 직육면체의 겉넓이가 128이고 $\overline{BG}^2+\overline{GD}^2+\overline{BD}^2=136$일 때, 이 직육면체의 모든 모서리의 길이의 합을 구하시오.

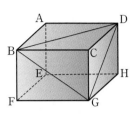

13 다항식 $2x^3-x^2+5x+1$을 x^2-x+2로 나누었을 때의 몫을 $Q(x)$, 나머지를 $R(x)$라 할 때, $Q(x)+R(x)=ax+b$이다. 이때 상수 a, b에 대하여 $a+b$의 값은?

① 1   ② 2   ③ 3

④ 4   ⑤ 5

14 다항식 $12x^3+24x^2-15x+14$를 다항식 A로 나누었을 때의 몫이 $2x+5$, 나머지가 $-4x+4$이다. 다항식 A를 $2x+1$로 나누었을 때의 몫을 $Q(x)$, 나머지를 R라 할 때, $Q(2)+R$의 값을 구하시오.

교육청

15 다음은 조립제법을 이용하여 다항식 $2x^3+3x+4$ 를 일차식 $x-a$로 나누었을 때, 나머지를 구하는 과정을 나타낸 것이다.

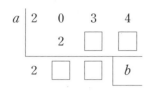

위 과정에 들어갈 두 상수 a, b에 대하여 $a+b$의 값은?

① 8   ② 9   ③ 10
④ 11   ⑤ 12

실력

16 $a+b=-2$, $ab=1$, $x+y=3$, $xy=-1$이고 $m=ax+by$, $n=bx+ay$라 할 때, m^3+n^3의 값을 구하시오.

17 $a+b+c=0$, $a^2+b^2+c^2=3$일 때, $a^4+b^4+c^4$의 값은?

① $\dfrac{1}{2}$ ② $\dfrac{3}{2}$ ③ $\dfrac{5}{2}$

④ $\dfrac{7}{2}$ ⑤ $\dfrac{9}{2}$

18 $a+b+c=-1$, $ab+bc+ca=-9$, $a^3+b^3+c^3=-1$일 때,
$$ab(a+b)+bc(b+c)+ca(c+a)$$
의 값은?

① -18 ② -16 ③ -14
④ -12 ⑤ -10

19 $x^2+x-3=0$일 때, $2x^3+x^2-7x+7$의 값을 구하시오.

20 다항식 $f(x)$를 $x-a$로 나누었을 때의 몫을 $Q(x)$, 나머지를 R라 할 때, 다항식 $x^2f(x)$를 $x-a$로 나누었을 때의 몫은?

① $xQ(x)$ ② $x^2Q(x)$
③ $x^2Q(x)+R$ ④ $x^2Q(x)+(x+a)R$
⑤ $x^2Q(x)+(x-a)R$

I. 다항식

2 나머지 정리와 인수분해

항등식

① 항등식

(1) **항등식**: 등식의 문자에 어떤 값을 대입하여도 항상 성립하는 등식

(2) **방정식**: 등식의 문자에 어떤 값을 대입하였을 때 참이 되기도 하고 거짓이 되기도 하는 등식

예 (1) $(x+1)^2 = x^2 + 2x + 1$은 x에 어떤 값을 대입하여도 항상 등식이 성립하므로 항등식이다.

　(2) $x(x-1) = 0$은 x에 0 또는 1을 대입하였을 때에만 등식이 성립하므로 방정식이다.

참고 'x에 대한 항등식'을 나타내는 여러 가지 표현

　① 모든 x에 대하여 성립하는 등식

　② 임의의 x에 대하여 성립하는 등식

　③ x의 값에 관계없이 항상 성립하는 등식

　④ 어떤 x의 값에 대하여도 항상 성립하는 등식

② 항등식의 성질

(1) ① $ax^2 + bx + c = 0$이 x에 대한 항등식이면 $a=0$, $b=0$, $c=0$이다.

　② $a=0$, $b=0$, $c=0$이면 $ax^2 + bx + c = 0$은 x에 대한 항등식이다.

(2) ① $ax^2 + bx + c = a'x^2 + b'x + c'$이 x에 대한 항등식이면 $a=a'$, $b=b'$, $c=c'$이다.

　② $a=a'$, $b=b'$, $c=c'$이면 $ax^2 + bx + c = a'x^2 + b'x + c'$은 x에 대한 항등식이다.

③ 미정계수법

항등식의 뜻과 성질을 이용하여 등식에서 미지의 계수와 상수항을 정하는 방법을 **미정계수법**이라 한다.

(1) **계수비교법**: 항등식의 양변의 동류항의 계수를 비교하여 미정계수를 정하는 방법

(2) **수치대입법**: 항등식의 문자에 적당한 수를 대입하여 미정계수를 정하는 방법

예 등식 $3x + b = ax + 2$가 x에 대한 항등식일 때, 상수 a, b의 값을 구해 보자.

[계수비교법] $3x + b = ax + 2$에서 양변의 동류항의 계수끼리 비교하면 $a=3$, $b=2$

[수치대입법] 양변에 $x=0$을 대입하면 $b=2$

　　　　　　양변에 $x=1$을 대입하면 $3+b=a+2$ 　　∴ $a=3$

④ 다항식의 나눗셈과 항등식

x에 대한 다항식 A를 다항식 $B\,(B \neq 0)$로 나누었을 때의 몫을 Q, 나머지를 R라 하면

$$A = BQ + R \text{ (단, } R \text{는 상수 또는 } (R \text{의 차수}) < (B \text{의 차수}))$$

는 x에 대한 항등식이다.

예 다항식 $x^4 + x^2 + 3x - 4$를 $x^2 - 1$로 나누었을 때의 몫은 $x^2 + 2$, 나머지는 $3x - 2$이므로

$$x^4 + x^2 + 3x - 4 = (x^2 - 1)(x^2 + 2) + 3x - 2$$

이 등식의 우변을 전개하면 좌변과 같으므로 이 등식은 x에 대한 항등식이다.

$$\begin{array}{r} x^2 + 2 \\ x^2 - 1 \overline{)\, x^4 + x^2 + 3x - 4} \\ \underline{x^4 - x^2} \\ 2x^2 + 3x - 4 \\ \underline{2x^2 \quad\;\; - 2} \\ 3x - 2 \end{array}$$

개념 Plus

항등식의 성질에 대한 설명

(1) $ax^2+bx+c=0$이 x에 대한 항등식이면 x에 어떤 값을 대입하여도 항상 등식이 성립하므로

$x=0$을 대입하면 $c=0$ $\qquad\cdots\cdots$ ㉠

$x=-1$을 대입하면 $a-b+c=0$ $\qquad\cdots\cdots$ ㉡

$x=1$을 대입하면 $a+b+c=0$ $\qquad\cdots\cdots$ ㉢

㉠, ㉡, ㉢에서 $a=0$, $b=0$, $c=0$

또 $a=0$, $b=0$, $c=0$이면 등식 $ax^2+bx+c=0$에서

(좌변)$=0\times x^2+0\times x+0=0$, (우변)$=0$

이므로 이 등식은 x에 대한 항등식이다.

(2) $ax^2+bx+c=a'x^2+b'x+c'$에서

$(a-a')x^2+(b-b')x+(c-c')=0$

이 등식이 x에 대한 항등식이면 (1)에 의하여

$a-a'=0$, $b-b'=0$, $c-c'=0$

$\therefore a=a'$, $b=b'$, $c=c'$

또 $a=a'$, $b=b'$, $c=c'$이면 등식 $ax^2+bx+c=a'x^2+b'x+c'$에서 (좌변)=(우변)이므로 이 등식은 x에 대한 항등식이다.

개념 Check

정답과 해설 10쪽

1 보기에서 항등식인 것만을 있는 대로 고르시오.

보기

ㄱ. $2x-1=1-2x$ $\qquad\qquad$ ㄴ. $3x-2x=x$

ㄷ. $3(1+2x)=3+x$ $\qquad\qquad$ ㄹ. $(x+2)^2-4=x^2+4x$

2 다음 등식이 x에 대한 항등식일 때, 상수 a, b, c의 값을 구하시오.

(1) $(a-1)x^2+(b+2)x+4-c=0$ $\qquad$ (2) $3x^2+ax+b=cx^2+x+5$

3 등식 $a(x-1)+b(x+2)=x+5$가 x에 대한 항등식일 때, 다음 미정계수법을 이용하여 상수 a, b의 값을 구하시오.

(1) 계수비교법 $\qquad\qquad\qquad\qquad$ (2) 수치대입법

항등식의 뜻과 성질

유형편 12쪽

등식 $kx-ax+3a-4k-2=0$에 대하여 다음 물음에 답하시오.

(1) 주어진 등식이 임의의 실수 x에 대하여 성립할 때, 상수 a, k의 값을 구하시오.

(2) 주어진 등식이 k의 값에 관계없이 항상 성립할 때, 상수 a, x의 값을 구하시오.

공략 Point

x에 대한 항등식은 $\square x+\triangle=0$ 꼴로, k에 대한 항등식은 $\bigcirc k+\stackrel{.}{\Leftrightarrow}=0$ 꼴로 정리한다.

풀이

(1) 임의의 실수 x에 대하여 성립하므로	주어진 등식은 x에 대한 항등식이다.
등식의 좌변을 x에 대하여 정리하면	$(k-a)x+3a-4k-2=0$
이 등식이 x에 대한 항등식이므로	$k-a=0$, $3a-4k-2=0$
두 식을 연립하여 풀면	$a=-2$, $k=-2$

(2) k의 값에 관계없이 항상 성립하므로	주어진 등식은 k에 대한 항등식이다.
등식의 좌변을 k에 대하여 정리하면	$(x-4)k-ax+3a-2=0$
이 등식이 k에 대한 항등식이므로	$x-4=0$, $-ax+3a-2=0$
	$\therefore a=-2$, $x=4$

● **문제** ●

정답과 해설 10쪽

01-1 등식 $(k-2)x+(3-k)y+2k-3=0$이 k의 값에 관계없이 항상 성립할 때, 상수 x, y의 값을 구하시오.

01-2 모든 실수 x, y에 대하여 등식 $(2x-3y)a+(2y-x)b-x-2y=0$이 성립할 때, 상수 a, b의 값을 구하시오.

01-3 x에 대한 이차방정식 $x^2+(k+1)x-(k+3)m+n=0$이 k의 값에 관계없이 항상 1을 근으로 가질 때, 상수 m, n에 대하여 $m+n$의 값을 구하시오.

미정계수법

유형편 12쪽

다음 등식이 x에 대한 항등식일 때, 상수 a, b, c의 값을 구하시오.

(1) $(x-2)(ax+3)=2x^2+bx+c$

(2) $a(x-1)(x+2)+bx(x-1)+cx(x+2)=x^2-3x-4$

공략 Point

(1) 식이 간단하여 전개하기 쉬운 경우에는 양변을 내림차순으로 정리하여 계수비교법을 이용한다.

(2) 적당한 값을 대입하면 식이 간단해지거나, 식이 복잡하여 전개하기 어려운 경우에는 수치대입법을 이용한다.

풀이

(1) 주어진 등식의 좌변을 전개한 후 x에 대하여 내림차순으로 정리하면	$ax^2+(3-2a)x-6=2x^2+bx+c$
이 등식이 x에 대한 항등식이므로	$a=2,\ 3-2a=b,\ -6=c$ $\therefore\ \boldsymbol{a=2,\ b=-1,\ c=-6}$

(2) 주어진 등식이 x에 대한 항등식이므로 양변에 $x=1$을 대입하면	$c\times1\times3=1-3-4$ $3c=-6$ $\therefore\ \boldsymbol{c=-2}$
양변에 $x=-2$를 대입하면	$b\times(-2)\times(-3)=4+6-4$ $6b=6$ $\therefore\ \boldsymbol{b=1}$
양변에 $x=0$을 대입하면	$a\times(-1)\times2=-4$ $-2a=-4$ $\therefore\ \boldsymbol{a=2}$

● **문제** ●

정답과 해설 10쪽

02-1 다음 등식이 x의 값에 관계없이 항상 성립할 때, 상수 a, b, c의 값을 구하시오.

(1) $(2x-3)(x^2+ax+b)=2x^3-x^2+cx-6$

(2) $ax(x+1)+b(x+1)(x-2)+cx(x-2)=x^2+2x+4$

02-2 다항식 $f(x)$에 대하여 등식 $(x+1)(x^2-2)f(x)=x^4+ax^2+b$가 x에 대한 항등식일 때, 상수 a, b의 값을 구하시오.

02-3 모든 실수 x에 대하여 등식 $(2x^2-x+3)^3=a_0+a_1x+a_2x^2+\cdots+a_6x^6$이 성립할 때, 상수 a_0, a_1, a_2, $\cdots$, a_6에 대하여 $a_0+a_1+a_2+\cdots+a_6$의 값을 구하시오.

다음 물음에 답하시오.

(1) 다항식 x^3+ax^2+bx+3을 x^2-1로 나누었을 때의 나머지가 $-4x+5$일 때, 상수 a, b의 값을 구하시오.

(2) 다항식 x^3+ax^2+7x+b가 x^2+3x+4로 나누어떨어질 때, 상수 a, b의 값을 구하시오.

공략 Point

주어진 조건을 이용하여 $A=BQ+R$ 꼴의 항등식으로 나타낸 후 미정계수법을 이용한다.
이때 나누는 다항식이 인수분해되면 수치대입법을 이용하고 인수분해되지 않으면 몫에 대한 식을 세운 후 계수비교법을 이용한다.

풀이

(1) x^3+ax^2+bx+3을 x^2-1, 즉 $(x+1)(x-1)$로 나누었을 때의 몫을 $Q(x)$라 하면 나머지가 $-4x+5$이므로	$x^3+ax^2+bx+3=(x+1)(x-1)Q(x)-4x+5$
이 등식이 x에 대한 항등식이므로 양변에 $x=-1$을 대입하면	$-1+a-b+3=4+5$ $\therefore a-b=7$ ...... ㉠
양변에 $x=1$을 대입하면	$1+a+b+3=-4+5$ $\therefore a+b=-3$ ...... ㉡
㉠, ㉡을 연립하여 풀면	$a=2, b=-5$

(2) 삼차식을 이차식으로 나누었을 때의 몫은 일차식이고, 삼차식과 이차식의 최고차항의 계수가 모두 1이므로 몫을 $x+c$ (c는 상수)라 하자. ◀ 몫의 최고차항의 계수도 1이다.

x^3+ax^2+7x+b를 x^2+3x+4로 나누었을 때의 몫이 $x+c$, 나머지가 0이므로	$x^3+ax^2+7x+b=(x^2+3x+4)(x+c)$
이 등식의 우변을 전개한 후 x에 대하여 내림차순으로 정리하면	$x^3+ax^2+7x+b=x^3+(c+3)x^2+(3c+4)x+4c$
이 등식이 x에 대한 항등식이므로	$a=c+3, 7=3c+4, b=4c$ $\therefore a=4, b=4, c=1$

● **문제** ●

정답과 해설 10쪽

03-**1** 다항식 x^3+ax^2+b를 x^2-2x로 나누었을 때의 나머지가 $2x+3$일 때, 상수 a, b의 값을 구하시오.

03-**2** 다항식 $2x^3+ax^2+bx+5$가 x^2+x+5로 나누어떨어질 때, 상수 a, b에 대하여 $a+b$의 값을 구하시오.

조립제법과 항등식

유형편 14쪽

등식 $2x^3+x^2-2x+1=a(x-1)^3+b(x-1)^2+c(x-1)+d$가 x에 대한 항등식일 때, 상수 a, b, c, d의 값을 구하시오.

공략 Point

다항식 $f(x)$를 $x-a$로 나누는 조립제법을 몫에 대하여 연속으로 이용하면 $f(x)$를 $x-a$에 대하여 내림차순으로 정리할 수 있다.

풀이

다항식 $2x^3+x^2-2x+1$을 $x-1$로 나누는 조립제법을 몫에 대하여 연속으로 이용하면	$\begin{array}{r} 1\,\underline{)}\ \ 2\quad 1\quad -2\quad 1 \\ \qquad\quad 2\quad 3\quad\ \ 1 \\ \hline 1\,\underline{)}\ \ 2\quad 3\quad\ \ 1\quad \boxed{2}\ \blacktriangleleft d \\ \qquad\quad 2\quad 5 \\ \hline 1\,\underline{)}\ \ 2\quad 5\quad \boxed{6}\ \blacktriangleleft c \\ \qquad\quad 2 \\ \hline a\ \blacktriangleright\ 2\quad \boxed{7}\ \blacktriangleleft b \end{array}$
조립제법에 의하여	$2x^3+x^2-2x+1$ $=(x-1)(2x^2+3x+1)+2$ $=(x-1)\{(x-1)(2x+5)+6\}+2$ $=(x-1)^2(2x+5)+6(x-1)+2$ $=(x-1)^2\{(x-1)\times 2+7\}+6(x-1)+2$ $=2(x-1)^3+7(x-1)^2+6(x-1)+2$
따라서 a, b, c, d의 값은	$a=2,\ b=7,\ c=6,\ d=2$

● **문제** ●

정답과 해설 11쪽

04-1 등식 $x^3-3x^2-4x+1=a(x+1)^3+b(x+1)^2+c(x+1)+d$가 x에 대한 항등식일 때, 상수 a, b, c, d에 대하여 $abcd$의 값을 구하시오.

04-2 다항식 $f(x)=x^3-x^2+4$에 대하여 다음 물음에 답하시오.

(1) 등식 $f(x)=(x-2)^3+a(x-2)^2+b(x-2)+c$가 x에 대한 항등식일 때, 상수 a, b, c의 값을 구하시오.

(2) (1)의 결과를 이용하여 $f(2.1)$의 값을 구하시오.

2 나머지 정리와 인수 정리

❶ 나머지 정리

다항식을 일차식으로 나누었을 때의 나머지를 구할 때, 직접 나눗셈을 하지 않고 다음과 같이 항등식의 성질을 이용하여 구할 수 있다. 이때 이 성질을 **나머지 정리**라 한다.

> (1) 다항식 $f(x)$를 일차식 $x-\alpha$로 나누었을 때의 나머지를 R라 하면
> $$R=f(\alpha) \qquad ◀ \ x-\alpha=0 \text{을 만족시키는 } x \text{의 값 대입}$$
> (2) 다항식 $f(x)$를 일차식 $ax+b$로 나누었을 때의 나머지를 R라 하면
> $$R=f\left(-\frac{b}{a}\right) \qquad ◀ \ ax+b=0 \text{을 만족시키는 } x \text{의 값 대입}$$

❷ 인수 정리

나머지 정리에 의하여 다음과 같은 인수 정리가 성립한다.

> 다항식 $f(x)$에 대하여
> (1) $f(x)$가 일차식 $x-\alpha$로 나누어떨어지면 $f(\alpha)=0$이다. ◀ $x-\alpha$는 $f(x)$의 인수이다.
> (2) $f(\alpha)=0$이면 $f(x)$는 일차식 $x-\alpha$로 나누어떨어진다.

개념 Plus

나머지 정리 유도 과정

(1) 다항식 $f(x)$를 일차식 $x-\alpha$로 나누었을 때의 몫을 $Q(x)$, 나머지를 R라 하면
$$f(x)=(x-\alpha)Q(x)+R$$
이 등식이 x에 대한 항등식이므로 양변에 $x=\alpha$를 대입하면
$$f(\alpha)=0\times Q(\alpha)+R \qquad \therefore \ R=f(\alpha)$$

(2) 다항식 $f(x)$를 일차식 $ax+b$로 나누었을 때의 몫을 $Q(x)$, 나머지를 R라 하면
$$f(x)=(ax+b)Q(x)+R$$
이 등식이 x에 대한 항등식이므로 양변에 $x=-\dfrac{b}{a}$를 대입하면
$$f\left(-\frac{b}{a}\right)=0\times Q\left(-\frac{b}{a}\right)+R \qquad \therefore \ R=f\left(-\frac{b}{a}\right)$$

개념 Check

정답과 해설 11쪽

1 다항식 $8x^3+4x^2-2x-3$을 다음 일차식으로 나누었을 때의 나머지를 구하시오.

(1) $x+1$ (2) $2x-1$

2 다항식 $2x^2+3x+a$가 $x+1$로 나누어떨어질 때, 상수 a의 값을 구하시오.

나머지 정리 - 일차식으로 나누는 경우

유형편 15쪽

다음 물음에 답하시오.

(1) 다항식 $f(x)=3x^3+2x^2+ax+4$를 $x+1$로 나누었을 때의 나머지가 1일 때, $f(x)$를 $x-1$로 나누었을 때의 나머지를 구하시오. (단, a는 상수)

(2) 다항식 x^3+ax^2+bx+4를 $x+2$로 나누었을 때의 나머지가 6이고, $x+3$으로 나누었을 때의 나머지가 -5일 때, 상수 a, b의 값을 구하시오.

공략 Point

다항식 $f(x)$를 $x-a$로 나누었을 때의 나머지는 나머지 정리에 의하여 $f(a)$이다.

풀이

(1) 나머지 정리에 의하여 $f(-1)=1$에서	$f(-1)=1$
	$-3+2-a+4=1$ $\therefore a=2$
따라서 $f(x)=3x^3+2x^2+2x+4$이 므로 $f(x)$를 $x-1$로 나누었을 때의 나머지는 나머지 정리에 의하여	$f(1)=3+2+2+4=\mathbf{11}$
(2) $f(x)=x^3+ax^2+bx+4$라 하면 나머지 정리에 의하여	$f(-2)=6, f(-3)=-5$
$f(-2)=6$에서	$-8+4a-2b+4=6$ $\therefore 2a-b=5$ ……㉠
$f(-3)=-5$에서	$-27+9a-3b+4=-5$ $\therefore 3a-b=6$ ……㉡
㉠, ㉡을 연립하여 풀면	$a=\mathbf{1}, b=\mathbf{-3}$

● **문제** ●

정답과 해설 11쪽

05-1 다음 물음에 답하시오.

(1) 다항식 $f(x)=x^4-ax^3+3x^2-2ax-5$를 $x-2$로 나누었을 때의 나머지가 -1일 때, $f(x)$를 $x+1$로 나누었을 때의 나머지를 구하시오. (단, a는 상수)

(2) 다항식 $-x^3+ax^2+bx-3$을 $x-1$로 나누었을 때의 나머지가 2이고, $x-3$으로 나누었을 때의 나머지가 12일 때, 상수 a, b의 값을 구하시오.

05-2 다항식 x^3+2x^2-ax+2를 $x+1$로 나누었을 때의 나머지와 $x-2$로 나누었을 때의 나머지가 서로 같을 때, 이 다항식을 $x-3$으로 나누었을 때의 나머지를 구하시오. (단, a는 상수)

05-3 다항식 $f(x)$를 $x-2$로 나누었을 때의 나머지가 5이고, 다항식 $g(x)$를 $x-2$로 나누었을 때의 나머지가 -1일 때, 다항식 $3f(x)+4g(x)$를 $x-2$로 나누었을 때의 나머지를 구하시오.

나머지 정리 – 이차식으로 나누는 경우

유형편 15쪽

다항식 $f(x)$를 $x+1$, $x-3$으로 나누었을 때의 나머지가 각각 3, -1일 때, $f(x)$를 $(x+1)(x-3)$으로 나누었을 때의 나머지를 구하시오.

공략 Point

다항식을 이차식으로 나누었을 때의 나머지는 일차 이하의 다항식이므로 나머지를 $ax+b$ $(a, b$는 상수$)$로 놓는다.

풀이

$f(x)$를 $x+1$, $x-3$으로 나누었을 때의 나머지가 각각 3, -1이므로 나머지 정리에 의하여	$f(-1)=3$, $f(3)=-1$
$f(x)$를 $(x+1)(x-3)$으로 나누었을 때의 몫을 $Q(x)$, 나머지를 $ax+b$ $(a, b$는 상수$)$라 하면	$f(x)=(x+1)(x-3)Q(x)+ax+b$ ⋯⋯ ㉠
㉠의 양변에 $x=-1$을 대입하면	$f(-1)=-a+b$ $\therefore -a+b=3$ ⋯⋯ ㉡
㉠의 양변에 $x=3$을 대입하면	$f(3)=3a+b$ $\therefore 3a+b=-1$ ⋯⋯ ㉢
㉡, ㉢을 연립하여 풀면	$a=-1$, $b=2$
따라서 구하는 나머지는	$-x+2$

● **문제** ●

정답과 해설 12쪽

06-1 다항식 $f(x)$를 $x+1$, $x-1$로 나누었을 때의 나머지가 각각 4, 2이다. $f(x)$를 x^2-1로 나누었을 때의 나머지를 $R(x)$라 할 때, $R(2)$의 값을 구하시오.

06-2 다항식 $f(x)$를 $x+3$, $x-1$로 나누었을 때의 나머지가 각각 4, 2일 때, 다항식 $(x^2+3x+2)f(x)$를 x^2+2x-3으로 나누었을 때의 나머지를 구하시오.

06-3 다항식 $f(x)$에 대하여 다항식 $(x-2)f(x)$를 $x+2$로 나누었을 때의 나머지가 4이고, 다항식 $(3x-1)f(x)$를 $x-2$로 나누었을 때의 나머지가 15이다. 이때 $f(x)$를 x^2-4로 나누었을 때의 나머지를 구하시오.

나머지 정리 – 삼차식으로 나누는 경우

유형편 16쪽

다항식 $f(x)$를 $(x+1)^2$으로 나누었을 때의 나머지가 $2x-1$이고, $x-2$로 나누었을 때의 나머지가 -6이다. 이때 $f(x)$를 $(x+1)^2(x-2)$로 나누었을 때의 나머지를 구하시오.

공략 Point

다항식 $f(x)$를 삼차식 $(x+\alpha)^2(x-\beta)$로 나누었을 때의 나머지는 이차 이하의 다항식이므로 나머지를 ax^2+bx+c (a, b, c는 상수)로 놓는다. 이때 $f(x)$를 $(x+\alpha)^2$으로 나누었을 때의 나머지가 $a'x+b'$이면
$$ax^2+bx+c$$
$$=a(x+\alpha)^2+a'x+b'$$
임을 이용한다.

풀이

$f(x)$를 $(x+1)^2(x-2)$로 나누었을 때의 몫을 $Q(x)$, 나머지를 ax^2+bx+c (a, b, c는 상수)라 하면	$f(x)=(x+1)^2(x-2)Q(x)+ax^2+bx+c$ $\underbrace{\quad}_{(x+1)^2\text{으로 나누어떨어진다.}}$ ...... ㉠
이때 $f(x)$를 $(x+1)^2$으로 나누었을 때의 나머지 $2x-1$은 ax^2+bx+c를 $(x+1)^2$으로 나누었을 때의 나머지와 같으므로	$ax^2+bx+c=a(x+1)^2+2x-1$ ...... ㉡
㉡을 ㉠에 대입하면	$f(x)=(x+1)^2(x-2)Q(x)+a(x+1)^2+2x-1$
한편 $f(x)$를 $x-2$로 나누었을 때의 나머지가 -6이므로 나머지 정리에 의하여	$f(2)=-6$
$f(2)=-6$에서	$9a+3=-6$ $\therefore a=-1$
따라서 구하는 나머지는 ㉡에서	$-(x+1)^2+2x-1=-x^2-2$

문제

정답과 해설 12쪽

07-1 다항식 $f(x)$를 $(x+1)(x-3)$으로 나누었을 때의 나머지가 $x+2$이고, $x-1$로 나누었을 때의 나머지가 -9이다. 이때 $f(x)$를 $(x^2-1)(x-3)$으로 나누었을 때의 나머지를 구하시오.

07-2 다항식 $f(x)$를 x^2-x+1로 나누었을 때의 나머지가 $2x-3$이고, $x+1$로 나누었을 때의 나머지가 1이다. $f(x)$를 $(x^2-x+1)(x+1)$로 나누었을 때의 나머지를 $R(x)$라 할 때, $R(1)$의 값을 구하시오.

필수예제 08 $f(ax+b)$를 $x-a$로 나누는 경우

유형편 16쪽

다항식 $f(x)$를 $(x+1)(x-5)$로 나누었을 때의 나머지가 $3x+1$일 때, 다항식 $f(3x-4)$를 $x-3$으로 나누었을 때의 나머지를 구하시오.

공략 Point

다항식 $f(ax+b)$를 $x-a$로 나누었을 때의 나머지는 나머지 정리에 의하여 $f(aa+b)$이다.

풀이

$f(3x-4)$를 $x-3$으로 나누었을 때의 나머지는 나머지 정리에 의하여	$f(3\times3-4)=f(5)$
$f(x)$를 $(x+1)(x-5)$로 나누었을 때의 몫을 $Q(x)$라 하면 나머지가 $3x+1$이므로	$f(x)=(x+1)(x-5)Q(x)+3x+1$
따라서 구하는 나머지는	$f(5)=15+1=\mathbf{16}$

● **문제** ●

정답과 해설 12쪽

08-1 다항식 $f(x)$를 $x-5$로 나누었을 때의 나머지가 3일 때, 다항식 $(x^2+1)f(x^2+1)$을 $x+2$로 나누었을 때의 나머지를 구하시오.

08-2 다항식 $f(x)$를 $(x+1)(x-4)$로 나누었을 때의 나머지가 $-2x+4$일 때, 다항식 $f(3-x)$를 $x+1$로 나누었을 때의 나머지를 구하시오.

08-3 다항식 $f(x)$를 x^2-3x+2로 나누었을 때의 나머지가 $2x-1$일 때, 다항식 $xf(3x+4)$를 $3x+2$로 나누었을 때의 나머지를 구하시오.

다음 물음에 답하시오.

(1) 다항식 $f(x)$를 $x+2$로 나누었을 때의 몫이 $Q(x)$, 나머지가 1이고, $Q(x)$를 $x-3$으로 나누었을 때의 나머지가 -2이다. 이때 $f(x)$를 $x-3$으로 나누었을 때의 나머지를 구하시오.

(2) 다항식 $x^{20}+2x^9+x$를 $x-1$로 나누었을 때의 몫을 $Q(x)$라 할 때, $Q(x)$를 $x+1$로 나누었을 때의 나머지를 구하시오.

공략 Point

다항식 $f(x)$를 다항식 $g(x)$로 나누었을 때의 몫을 $Q(x)$라 하면 $Q(x)$를 $x-a$로 나누었을 때의 나머지는 $Q(a)$이다.

풀이

(1) $f(x)$를 $x+2$로 나누었을 때의 몫이 $Q(x)$, 나머지가 1이므로	$f(x)=(x+2)Q(x)+1$ ····· ㉠
$Q(x)$를 $x-3$으로 나누었을 때의 나머지가 -2이므로 나머지 정리에 의하여	$Q(3)=-2$
$f(x)$를 $x-3$으로 나누었을 때의 나머지는 $f(3)$이므로 ㉠의 양변에 $x=3$을 대입하면	$f(3)=5Q(3)+1$ $=5\times(-2)+1=\mathbf{-9}$
(2) $f(x)=x^{20}+2x^9+x$라 하면 $f(x)$를 $x-1$로 나누었을 때의 나머지는 나머지 정리에 의하여	$f(1)=1+2+1=4$
$x^{20}+2x^9+x$를 $x-1$로 나누었을 때의 몫이 $Q(x)$, 나머지가 4이므로	$x^{20}+2x^9+x=(x-1)Q(x)+4$ ····· ㉠
$Q(x)$를 $x+1$로 나누었을 때의 나머지는 $Q(-1)$이므로 ㉠의 양변에 $x=-1$을 대입하면	$1-2-1=-2Q(-1)+4$ $\therefore Q(-1)=\mathbf{3}$

● **문제** ●

정답과 해설 13쪽

09-**1** 다항식 $f(x)$를 $x+3$으로 나누었을 때의 몫이 $Q(x)$, 나머지가 -2이고, $Q(x)$를 $x-2$로 나누었을 때의 나머지가 1이다. 이때 $f(x)$를 $x-2$로 나누었을 때의 나머지를 구하시오.

09-**2** 다항식 $f(x)$를 $x+1$로 나누었을 때의 몫이 $Q(x)$, 나머지가 2이고, $x-1$로 나누었을 때의 나머지가 4이다. 이때 $Q(x)$를 $x-1$로 나누었을 때의 나머지를 구하시오.

09-**3** 다항식 $x^{12}+x^4-3x^3+2x$를 $x+1$로 나누었을 때의 몫을 $Q(x)$라 할 때, $Q(x)$를 $x-1$로 나누었을 때의 나머지를 구하시오.

다음 물음에 답하시오.

(1) 다항식 $f(x)=x^3-x^2+ax+3$이 $x-1$로 나누어떨어질 때, 상수 a의 값을 구하시오.

(2) 다항식 $f(x)=x^3+ax^2+bx+3$이 $(x+3)(x-1)$로 나누어떨어질 때, 상수 a, b의 값을 구하시오.

공략 Point

$f(a)=0$을 나타내는 표현

(1) $f(x)$를 $x-a$로 나누었을 때의 나머지는 0이다.

(2) $f(x)$가 $x-a$로 나누어떨어진다.

(3) $x-a$는 $f(x)$의 인수이다.

(4) $f(x)=(x-a)Q(x)$
(단, $Q(x)$는 몫)

풀이

(1) $f(x)$가 $x-1$로 나누어떨어지므로 인수 정리에 의하여	$f(1)=0$
$f(1)=0$에서	$1-1+a+3=0$ ∴ $a=-3$
(2) $f(x)$가 $(x+3)(x-1)$로 나누어떨어지므로 $f(x)$는 $x+3$, $x-1$로 각각 나누어떨어진다. 따라서 인수 정리에 의하여	$f(-3)=0$, $f(1)=0$
$f(-3)=0$에서	$-27+9a-3b+3=0$ ∴ $3a-b=8$ ······ ㉠
$f(1)=0$에서	$1+a+b+3=0$ ∴ $a+b=-4$ ······ ㉡
㉠, ㉡을 연립하여 풀면	$a=1$, $b=-5$

● **문제** ●

정답과 해설 13쪽

10-1 다음 물음에 답하시오.

(1) 다항식 $f(x)=x^4+ax^2+bx-2$가 $x+1$, $x-2$로 각각 나누어떨어질 때, 상수 a, b의 값을 구하시오.

(2) 다항식 $f(x)=x^3-3x^2+ax+b$가 x^2+x-2로 나누어떨어질 때, 상수 a, b의 값을 구하시오.

10-2 다항식 $f(x)=x^3-4x^2+x+a$가 $x-3$을 인수로 가질 때, 다항식 $xf(x)$를 $x+2$로 나누었을 때의 나머지를 구하시오. (단, a는 상수)

10-3 다항식 $x^{99}-ax^2+bx-1$이 x^2-1로 나누어떨어질 때, 상수 a, b에 대하여 ab의 값을 구하시오.

1 임의의 실수 k에 대하여 등식
$kx+xy+ky-3k+1=0$이 성립할 때, 상수 x, y에 대하여 x^3+y^3의 값은?

① 18   ② 27   ③ 36
④ 45   ⑤ 54

2 교육청▶
등식 $x(x+1)+2(x+1)=x^2+ax+b$가 x에 대한 항등식일 때, 두 상수 a, b에 대하여 $a-b$의 값은?

① 1   ② 2   ③ 3
④ 4   ⑤ 5

3 다항식 $f(x)$가 모든 실수 x에 대하여 등식
$x^3+ax^2+bx+2=(x^2-2x-1)f(x)+2x+5$
를 만족시킬 때, 상수 a, b에 대하여 $a-b$의 값을 구하시오.

4 등식
$$(4x^2+5x+3)^5$$
$$=a_{10}x^{10}+a_9x^9+a_8x^8+\cdots+a_1x+a_0$$
이 x의 값에 관계없이 항상 성립할 때, 상수 a_0, a_1, a_2, $\cdots$, a_{10}에 대하여 $a_0-a_1+a_2-\cdots+a_{10}$의 값을 구하시오.

5 다항식 ax^3+2x^2+bx+3을 $(x+3)(x-2)$로 나누었을 때의 나머지가 $4x+9$일 때, 상수 a, b에 대하여 ab의 값은?

① -2 ② -1 ③ 0
④ 1   ⑤ 2

6 교육청▶
다항식 $P(x)=x^3+x^2+x+1$을 $x-k$로 나눈 나머지와 $x+k$로 나눈 나머지의 합이 8이다. $P(x)$를 $x-k^2$으로 나눈 나머지를 구하시오.
(단, k는 상수이다.)

7 두 다항식 $f(x)$, $g(x)$를 $x+1$로 나누었을 때의 나머지가 각각 2, 3이고, $x-3$으로 나누었을 때의 나머지가 각각 1, -2이다. 다항식 $f(x)g(x)$를 x^2-2x-3으로 나누었을 때의 나머지를 $R(x)$라 할 때, $R(-2)$의 값은?

① 2   ② 4   ③ 6
④ 8   ⑤ 10

8 다항식 $f(x)$를 x, $x+1$, $x-1$로 나누었을 때의 나머지가 각각 5, 4, 8일 때, $f(x)$를 $x(x+1)(x-1)$로 나누었을 때의 나머지는?

① x^2+2x-5 ② x^2+2x+5

③ x^2+2x+6 ④ x^2+3x-5

⑤ x^2+3x+5

교육청

9 다항식 $f(x+3)$을 $(x+2)(x-1)$로 나눈 나머지가 $3x+8$일 때, 다항식 $f(x^2)$을 $x+2$로 나눈 나머지는?

① 11   ② 12   ③ 13

④ 14   ⑤ 15

10 다항식 $P(x)$를 $2x+3$으로 나누었을 때의 몫이 $Q(x)$, 나머지가 -2이고, $Q(x)$를 $x-3$으로 나누었을 때의 나머지가 4이다. 이때 $P(x)$를 $x-3$으로 나누었을 때의 나머지를 구하시오.

11 다항식 $f(x)=x^3-x^2+ax+b$에 대하여 다항식 $f(x-1)$이 $x+2$로 나누어떨어지고, 다항식 $f(x+1)$이 $x-2$로 나누어떨어질 때, 상수 a, b의 값을 구하시오.

12 다항식 $f(x)=x^4+px^2+q$가 다음 조건을 만족시킬 때, 상수 p, q에 대하여 $p+q$의 값은?

> (가) $f(x)$는 $x-2$로 나누어떨어진다.
> (나) x^2-2는 $f(x)$의 인수이다.

① 0   ② 2   ③ 4

④ 6   ⑤ 8

▶ 실력

13 x, y의 값에 관계없이 $\dfrac{ax+2y+6}{x+by-3}$의 값이 항상 일정할 때, 상수 a, b에 대하여 ab의 값은?

(단, $x+by-3 \neq 0$)

① -4 ② -2 ③ 2

④ 4   ⑤ 8

14 모든 실수 x에 대하여 등식
$$(1+x+x^2)^3 = a_0 + a_1 x + a_2 x^2 + \cdots + a_6 x^6$$
이 성립할 때, $a_0 + a_2 + a_4 + a_6$의 값은?
(단, a_0, a_1, a_2, $\cdots$, a_6은 상수)

① 11 ② 12 ③ 13
④ 14 ⑤ 15

15 모든 실수 x에 대하여 등식
$$27x^3 + 9x^2 - 9x - 4$$
$$= a(3x-1)^3 + b(3x-1)^2 + c(3x-1) + d$$
가 성립할 때, 상수 a, b, c, d에 대하여 $ab - cd$의 값을 구하시오.

교육청

16 두 다항식 $f(x)$, $g(x)$가 모든 실수 x에 대하여 다음 조건을 만족시킬 때, $g(x)$를 $x-4$로 나눈 나머지는?

(가) $g(x) = x^2 f(x)$
(나) $g(x) + (3x^2 + 4x)f(x) = x^3 + ax^2 + 2x + b$
(단, a, b는 상수이다.)

① 16 ② 18 ③ 20
④ 22 ⑤ 24

17 다항식 $f(x)$를 $x^2 - 1$로 나누었을 때의 나머지가 $2x + 4$이고, $x - 2$로 나누었을 때의 나머지가 5이다. $f(x)$를 $(x^2 - 1)(x - 2)$로 나누었을 때의 나머지가 $ax^2 + bx + c$일 때, 상수 a, b, c에 대하여 abc의 값을 구하시오.

18 $120^{25} + 120^{15} + 120^5$을 121로 나누었을 때의 나머지를 구하시오.

교육청

19 최고차항의 계수가 1인 x에 대한 삼차다항식 $P(x)$가 서로 다른 세 자연수 a, b, c에 대하여 $P(a) = P(b) = P(c) = 0$, $P(0) = -6$을 만족시킬 때, 다항식 $P(x)$를 $x - 6$으로 나눈 나머지는?

① 30 ② 40 ③ 50
④ 60 ⑤ 70

인수분해

1 **인수분해**

(1) **인수분해**: 하나의 다항식을 두 개 이상의 다항식의 곱으로 나타내는 것

(2) **인수**: 곱을 이루는 각각의 다항식

$$x^2-3x+2 \xrightleftharpoons[\text{전개}]{\text{인수분해}} \underset{\text{인수}}{(x-1)}\underset{\text{인수}}{(x-2)}$$

2 **인수분해 공식**

인수분해는 다항식의 곱의 전개 과정을 거꾸로 생각한 것이므로 곱셈 공식의 좌변과 우변을 바꾸면 다음과 같은 인수분해 공식을 얻을 수 있다.

(1) $ma+mb=m(a+b)$

(2) $a^2+2ab+b^2=(a+b)^2$, $a^2-2ab+b^2=(a-b)^2$

(3) $a^2-b^2=(a+b)(a-b)$ 중학교에서 배운 인수분해 공식

(4) $x^2+(a+b)x+ab=(x+a)(x+b)$

(5) $acx^2+(ad+bc)x+bd=(ax+b)(cx+d)$

(6) $a^2+b^2+c^2+2ab+2bc+2ca=(a+b+c)^2$

(7) $a^3+3a^2b+3ab^2+b^3=(a+b)^3$

    $a^3-3a^2b+3ab^2-b^3=(a-b)^3$

(8) $a^3+b^3=(a+b)(a^2-ab+b^2)$

    $a^3-b^3=(a-b)(a^2+ab+b^2)$

(9) $a^3+b^3+c^3-3abc=(a+b+c)(a^2+b^2+c^2-ab-bc-ca)$

                     $=\dfrac{1}{2}(a+b+c)\{(a-b)^2+(b-c)^2+(c-a)^2\}$

(10) $a^4+a^2b^2+b^4=(a^2+ab+b^2)(a^2-ab+b^2)$

예 (6) $x^2+y^2+9+2xy+6y+6x=x^2+y^2+3^2+2\times x\times y+2\times y\times 3+2\times 3\times x$

                          $=(x+y+3)^2$

(7) $x^3+9x^2+27x+27=x^3+3\times x^2\times 3+3\times x\times 3^2+3^3=(x+3)^3$

(8) $x^3-8=x^3-2^3=(x-2)(x^2+x\times 2+2^2)=(x-2)(x^2+2x+4)$

(9) $x^3+y^3+8-6xy=x^3+y^3+2^3-3\times x\times y\times 2$

               $=(x+y+2)(x^2+y^2+2^2-x\times y-y\times 2-2\times x)$

               $=(x+y+2)(x^2+y^2-xy-2x-2y+4)$

(10) $x^4+x^2+1=x^4+x^2\times 1^2+1^4$

            $=(x^2+x\times 1+1^2)(x^2-x\times 1+1^2)$

            $=(x^2+x+1)(x^2-x+1)$

참고 인수분해는 특별한 언급이 없으면 계수가 유리수인 범위까지 하고, 더 이상 인수분해할 수 없을 때까지 인수분해한다.

      예를 들어 x^2-9는 $(x+3)(x-3)$으로 인수분해하지만 x^2-3은 $(x+\sqrt{3})(x-\sqrt{3})$으로 인수분해하지 않는다.

      또 x^4-1은 $(x^2+1)(x^2-1)$에서 $(x^2+1)(x+1)(x-1)$까지 인수분해한다.

주의 $x^2-y^2-1=(x+y)(x-y)-1$과 같이 나타내는 것은 인수분해가 아니다.

개념 Plus

인수분해 공식

인수분해 공식 (1)~(8), (10)은 곱셈 공식을 거꾸로 생각한다.

(9) $a^3+b^3+c^3-3abc=(a+b+c)(a^2+b^2+c^2-ab-bc-ca)$에서

$$a^2+b^2+c^2-ab-bc-ca=\frac{1}{2}(2a^2+2b^2+2c^2-2ab-2bc-2ca)$$

$$=\frac{1}{2}\{(a^2-2ab+b^2)+(b^2-2bc+c^2)+(c^2-2ca+a^2)\}$$

$$=\frac{1}{2}\{(a-b)^2+(b-c)^2+(c-a)^2\} \quad \blacktriangleleft \text{인수분해 공식 (2) 이용}$$

$$\therefore a^3+b^3+c^3-3abc=\frac{1}{2}(a+b+c)\{(a-b)^2+(b-c)^2+(c-a)^2\}$$

개념 Check

정답과 해설 16쪽

1 다음 식을 인수분해하시오.

(1) $(a-b)x+(b-a)y$

(2) $ax^2-ax+x-1$

(3) $m(a+b)-m+a+b-1$

(4) $(a-1)xy+(1-a)y$

2 다음 식을 인수분해하시오.

(1) $9x^2+12x+4$

(2) $16y^2-8y+1$

(3) a^2-4

(4) $4x^2-9y^2$

(5) $a^2+5ab-6b^2$

(6) $ax^2+(a^2+5)x+5a$

3 다항식 $9a^2(x-y)+4b^2(y-x)$를 인수분해하시오.

공식을 이용한 인수분해　　　　　　　　　　🖊 유형편 19쪽

다음 식을 인수분해하시오.

(1) $x^2+4y^2+9z^2+4xy-12yz-6zx$

(2) $x^3-6x^2+12x-8$

(3) $8x^3-y^3$

공략 Point

적당한 인수분해 공식을 이용하
여 주어진 식을 인수분해한다.

풀이

(1) 인수분해 공식을 이용
하여 인수분해하면

$x^2+4y^2+9z^2+4xy-12yz-6zx$
$=x^2+(2y)^2+(-3z)^2+2\times x\times 2y+2\times 2y\times(-3z)$
$\qquad\qquad\qquad\qquad\qquad\qquad +2\times(-3z)\times x$
$=(x+2y-3z)^2$　　　◀ 인수분해 공식 (6)

(2) 인수분해 공식을 이용
하여 인수분해하면

$x^3-6x^2+12x-8=x^3-3\times x^2\times 2+3\times x\times 2^2-2^3$
$\qquad\qquad\qquad\qquad =(x-2)^3$　　　◀ 인수분해 공식 (7)

(3) 인수분해 공식을 이용
하여 인수분해하면

$8x^3-y^3=(2x)^3-y^3$
$\qquad\qquad =(2x-y)\{(2x)^2+2x\times y+y^2\}$
$\qquad\qquad =(2x-y)(4x^2+2xy+y^2)$　　　◀ 인수분해 공식 (8)

● **문제** ●

정답과 해설 16쪽

$\bigcirc 1\text{-}\mathbf{1}$　다음 식을 인수분해하시오.

(1) $a^2+b^2+4c^2-2ab+4bc-4ca$

(2) $4x^2+9y^2+1+12xy-4x-6y$

(3) $x^3+6x^2y+12xy^2+8y^3$

(4) $-8a^3+36a^2b-54ab^2+27b^3$

(5) $27a^3+8b^3$

(6) $64x^3-125y^3$

$\bigcirc 1\text{-}\mathbf{2}$　다음 식을 인수분해하시오.

(1) $a^3+b^3+3ab-1$

(2) $81x^4+9x^2+1$

공식을 이용한 인수분해 – 식 변형

✏️ 유형편 19쪽

다음 식을 인수분해하시오.

(1) $4x^2 - 4y^2 - 4x + 1$

(2) $(x+y)^6 - x^6$

공략 Point

인수분해 공식을 바로 적용할 수 없는 경우에는 인수분해 공식을 적용할 수 있는 형태로 식을 변형한다.

풀이

(1) 인수분해 공식을 적용할 수 있도록 식을 변형한 후 인수분해하면

$$4x^2 - 4y^2 - 4x + 1 = (4x^2 - 4x + 1) - 4y^2$$
$$= (2x-1)^2 - (2y)^2$$
$$= (2x-1+2y)(2x-1-2y)$$
$$= \mathbf{(2x+2y-1)(2x-2y-1)}$$

(2) 인수분해 공식을 적용할 수 있도록 식을 변형한 후 인수분해하면

$$(x+y)^6 - x^6 = \{(x+y)^3\}^2 - (x^3)^2$$
$$= \{(x+y)^3 + x^3\}\{(x+y)^3 - x^3\}$$
$$= (x+y+x)\{(x+y)^2 - (x+y) \times x + x^2\}$$
$$\times (x+y-x)\{(x+y)^2 + (x+y) \times x + x^2\}$$
$$= (2x+y)(x^2 + 2xy + y^2 - x^2 - xy + x^2)$$
$$\times y(x^2 + 2xy + y^2 + x^2 + xy + x^2)$$
$$= \mathbf{y(2x+y)(x^2 + xy + y^2)(3x^2 + 3xy + y^2)}$$

다른 풀이

(2) 인수분해 공식을 적용할 수 있도록 식을 변형한 후 인수분해하면

$$(x+y)^6 - x^6$$
$$= \{(x+y)^2\}^3 - (x^2)^3$$
$$= \{(x+y)^2 - x^2\}\{(x+y)^4 + (x+y)^2 \times x^2 + x^4\}$$
$$= (x^2 + 2xy + y^2 - x^2)$$
$$\times \{(x+y)^2 + (x+y) \times x + x^2\}\{(x+y)^2 - (x+y) \times x + x^2\}$$
$$= \mathbf{y(2x+y)(3x^2 + 3xy + y^2)(x^2 + xy + y^2)}$$

문제

정답과 해설 17쪽

○2-**1** 다음 식을 인수분해하시오.

(1) $9x^2 - y^2 - 6x + 1$

(2) $2xy + z^2 - x^2 - y^2$

(3) $a^6 - b^6$

(4) $(x-y)^4 - (x+y)^4$

○2-**2** 다음 식을 인수분해하시오.

(1) $a^3 + b^3 - ab(a+b)$

(2) $x^4 - y^4 + x^2z^2 - y^2z^2$

복잡한 식의 인수분해

❶ 공통부분이 있는 식의 인수분해

공통부분이 있는 식은 치환을 이용하여 다음과 같은 순서로 인수분해한다.

> (1) 공통부분을 X로 치환하여 주어진 식을 X에 대한 식으로 나타낸 후 인수분해한다.
> (2) X에 원래의 식을 대입한다. 이때 더 이상 인수분해할 수 없을 때까지 인수분해한다.

> 예 다항식 $(x^2-2x)^2+3(x^2-2x)+2$를 인수분해하여 보자.
> $x^2-2x=X$로 놓으면
> $$(x^2-2x)^2+3(x^2-2x)+2=X^2+3X+2=(X+2)(X+1)$$
> $$=(x^2-2x+2)(x^2-2x+1) \quad \blacktriangleleft X=x^2-2x \text{ 대입}$$
> $$=(x^2-2x+2)(x-1)^2$$

❷ x^4+ax^2+b 꼴인 식의 인수분해

차수가 짝수인 항과 상수항으로만 이루어진 다항식은 다음과 같은 방법으로 인수분해한다.

> x^4+ax^2+b에서 $x^2=X$로 치환하여 X^2+aX+b로 나타낼 때
> (1) X^2+aX+b가 인수분해되는 경우
> ➡ X^2+aX+b를 인수분해한 후 $X=x^2$을 대입하여 정리한다.
> (2) X^2+aX+b가 인수분해되지 않는 경우
> ➡ x^4+ax^2+b에 적당한 이차식을 더하거나 빼서 A^2-B^2 꼴로 변형한 후 인수분해한다.

> 예 (1) 다항식 x^4-5x^2+4를 인수분해하여 보자.
> $x^2=X$로 놓으면
> $$x^4-5x^2+4=X^2-5X+4=(X-1)(X-4)$$
> $$=(x^2-1)(x^2-4) \quad \blacktriangleleft X=x^2 \text{ 대입}$$
> $$=(x+1)(x-1)(x+2)(x-2)$$
> (2) 다항식 x^4-3x^2+1을 인수분해하여 보자.
> 주어진 식을 변형하여 A^2-B^2 꼴을 만들면
> $$x^4-3x^2+1=(x^4-2x^2+1)-x^2=(x^2-1)^2-x^2$$
> $$=(x^2-1+x)(x^2-1-x)=(x^2+x-1)(x^2-x-1)$$

❸ 여러 개의 문자를 포함한 식의 인수분해

여러 개의 문자를 포함한 식은 다음과 같은 순서로 인수분해한다.

> (1) 차수가 가장 낮은 문자에 대하여 내림차순으로 정리한다. 이때 차수가 모두 같으면 어느 한 문자에 대하여 내림차순으로 정리한다.
> (2) 공통인수로 묶거나 공식을 이용하여 인수분해한다.

> 예 다항식 $-x^3+x^2y-x+y$를 인수분해하여 보자.
> 차수가 가장 낮은 문자 y에 대하여 내림차순으로 정리하여 인수분해하면
> $$-x^3+x^2y-x+y=(x^2+1)y-x^3-x=(x^2+1)y-(x^2+1)x=(x^2+1)(y-x)$$

④ 인수 정리를 이용한 인수분해

삼차 이상의 다항식 $f(x)$는 인수 정리를 이용하여 인수를 찾은 후 조립제법을 이용하여 다음과 같은 순서로 인수분해한다.

(1) $f(\alpha)=0$을 만족시키는 상수 α의 값을 구한다. ◀ 인수 정리에 의하여 $x-\alpha$는 $f(x)$의 인수이다.

이때 α의 값은 $\pm\dfrac{(f(x)\text{의 상수항의 양의 약수})}{(f(x)\text{의 최고차항의 계수의 양의 약수})}$ 중에서 찾는다.

(2) 조립제법을 이용하여 $f(x)$를 $x-\alpha$로 나누었을 때의 몫 $Q(x)$를 구하여
$f(x)=(x-\alpha)Q(x)$로 나타낸다.

(3) $Q(x)$를 더 이상 인수분해할 수 없을 때까지 인수분해한다.

예 다항식 $f(x)=x^3-4x^2+x+6$을 인수분해하여 보자.

$f(\alpha)=0$을 만족시키는 α의 값은 ±1, ±2, ±3, ±6 중에서 찾을 수 있다.

이때 $f(-1)=-1-4-1+6=0$이므로 인수 정리에 의하여 $x+1$은 $f(x)$의 인수이다.

따라서 조립제법을 이용하여 $f(x)$를 $x+1$로 나누었을 때의 몫을 구하면

x^2-5x+6이므로 다음과 같이 인수분해할 수 있다.

$$\begin{array}{r|rrrr} -1 & 1 & -4 & 1 & 6 \\ & & -1 & 5 & -6 \\ \hline & 1 & -5 & 6 & 0 \end{array}$$

$$\begin{aligned} f(x) &= x^3-4x^2+x+6 \\ &= (x+1)(x^2-5x+6) \\ &= (x+1)(x-2)(x-3) \end{aligned}$$

✔ 개념 Check

정답과 해설 17쪽

1 다음 식을 치환을 이용하여 인수분해하시오.

(1) $(x+1)^2-(x+1)-2$

(2) $(x+y)^2-4(x+y)-5$

2 다항식 $x^2y-x^3z+yz-xz^2$을 y에 대하여 내림차순으로 정리하여 인수분해하시오.

3 다음은 다항식 x^3-7x+6을 인수 정리를 이용하여 인수분해하는 과정이다. ☐ 안에 알맞은 것을 써넣으시오.

$f(x)=x^3-7x+6$이라 하면 $f(1)=\boxed{}$이므로 $\boxed{}$은 $f(x)$의 인수이다.

따라서 다항식 $f(x)$를 조립제법을 이용하여 인수분해하면

$f(x)=(x-1)(\boxed{})$

$\quad\ =(x-1)(x+3)(\boxed{})$

$$\begin{array}{r|rrrr} 1 & 1 & 0 & -7 & 6 \\ & & 1 & 1 & -6 \\ \hline & 1 & 1 & -6 & 0 \end{array}$$

공통부분이 있는 식의 인수분해

✐유형편 20쪽

다음 식을 인수분해하시오.

(1) $(x^2+2x+3)(x^2+2x-8)+18$

(2) $(x^2-3x)^2-2x^2+6x-8$

(3) $(x+1)(x+2)(x-3)(x-4)+6$

공략 Point

공통부분을 한 문자로 치환하여 인수분해한다. 이때 공통부분이 바로 보이지 않는 경우에는 적당한 항을 묶거나 두 일차식의 상수항의 합이 같게 짝을 지어 전개하여 공통부분을 만든 후 인수분해한다.

풀이

(1) $x^2+2x=X$로 놓고 전개한 후 인수분해하면	$(x^2+2x+3)(x^2+2x-8)+18$ $=(X+3)(X-8)+18$ $=X^2-5X-6$ $=(X+1)(X-6)$
$X=x^2+2x$를 대입하여 인수분해하면	$=(x^2+2x+1)(x^2+2x-6)$ $=\boldsymbol{(x+1)^2(x^2+2x-6)}$

(2) 공통부분이 생기도록 항을 묶으면	$(x^2-3x)^2-2x^2+6x-8$ $=(x^2-3x)^2-2(\underline{x^2-3x})-8$
$x^2-3x=X$로 놓고 인수분해하면	$=X^2-2X-8$ $=(X+2)(X-4)$
$X=x^2-3x$를 대입하여 인수분해하면	$=(x^2-3x+2)(x^2-3x-4)$ $=\boldsymbol{(x-1)(x-2)(x+1)(x-4)}$

(3) 공통부분이 생기도록 두 일차식의 상수항의 합이 같게 짝을 지어 전개하면	$(x+1)(x+2)(x-3)(x-4)+6$ $=\{(x+1)(x-3)\}\{(x+2)(x-4)\}+6$ 합: -2 합: -2 $=(x^2-2x-3)(x^2-2x-8)+6$
$x^2-2x=X$로 놓고 전개한 후 인수분해하면	$=(X-3)(X-8)+6$ $=X^2-11X+30$ $=(X-5)(X-6)$
$X=x^2-2x$를 대입하면	$=\boldsymbol{(x^2-2x-5)(x^2-2x-6)}$

● **문제** ●

정답과 해설 18쪽

O3-1 다음 식을 인수분해하시오.

(1) $(x^2-4x-5)(x^2-4x+4)+8$

(2) $2x^2(x+2)^2+3x^2+6x+1$

(3) $(x-1)(x+1)(x+3)(x+5)-9$

x^4+ax^2+b 꼴인 식의 인수분해

유형편 20쪽

다음 식을 인수분해하시오.

(1) x^4-2x^2-63

(2) x^4+2x^2+9

공략 Point

$x^2=X$로 치환하여 인수분해 하거나 주어진 식에 적당한 이차식을 더하거나 빼서 A^2-B^2 꼴로 변형한 후 인수 분해한다.

풀이

(1) $x^2=X$로 놓고 인수분해하면

$$x^4-2x^2-63=X^2-2X-63$$
$$=(X+7)(X-9)$$

$X=x^2$을 대입하여 인수분해하면

$$=(x^2+7)(x^2-9)$$
$$=\boldsymbol{(x^2+7)(x+3)(x-3)}$$

(2) 주어진 식에 $4x^2$을 더하고 빼서 A^2-B^2 꼴로 나타내면

$$x^4+2x^2+9=(x^4+6x^2+9)-4x^2$$
$$=(x^2+3)^2-(2x)^2$$

인수분해하면

$$=(x^2+3+2x)(x^2+3-2x)$$
$$=\boldsymbol{(x^2+2x+3)(x^2-2x+3)}$$

● **문제** ●

정답과 해설 18쪽

04-1 다음 식을 인수분해하시오.

(1) x^4+x^2-20

(2) $2x^4+x^2-3$

(3) x^4-6x^2+1

(4) x^4+3x^2+4

04-2 다항식 x^4+4가 $(x^2+2x+a)(x^2+bx+c)$로 인수분해될 때, 상수 a, b, c에 대하여 $a+b+c$의 값을 구하시오.

여러 개의 문자를 포함한 식의 인수분해

유형편 21쪽

다음 식을 인수분해하시오.

(1) $x^3-x^2y-2xy+y^2-1$

(2) $bc(b-c)+ca(c-a)+ab(a-b)$

공략 Point

차수가 가장 낮은 문자에 대하여 내림차순으로 정리한 후 인수분해한다. 이때 차수가 모두 같으면 어느 한 문자에 대하여 내림차순으로 정리한 후 인수분해한다.

풀이

(1) 차수가 가장 낮은 문자 y에 대하여 내림차순으로 정리하면

$$x^3-x^2y-2xy+y^2-1$$
$$=y^2-(x^2+2x)y+x^3-1$$

y에 대한 상수항을 인수분해한 후 전체를 다시 인수분해하면

$$=y^2-(x^2+2x)y+(x-1)(x^2+x+1)$$

$$
\begin{array}{llll}
y & \longrightarrow & -(x-1) & -(x-1)y \\
y & \longrightarrow & -(x^2+x+1) & \underline{+)-(x^2+x+1)y} \\
& & & -(x^2+2x)y
\end{array}
$$

$$=\{y-(x-1)\}\{y-(x^2+x+1)\}$$
$$=(y-x+1)(y-x^2-x-1)$$
$$=\boldsymbol{(x-y-1)(x^2+x-y+1)}$$

(2) 문자 a, b, c의 차수가 같으므로 a에 대하여 내림차순으로 정리하면

$$bc(b-c)+ca(c-a)+ab(a-b)$$
$$=b^2c-bc^2+ac^2-a^2c+a^2b-ab^2$$
$$=(b-c)a^2-(b^2-c^2)a+b^2c-bc^2$$

a에 대한 일차항과 상수항을 인수분해한 후 공통인수로 묶으면

$$=(\underline{b-c})a^2-(b+c)(\underline{b-c})a+bc(\underline{b-c})$$
$$=(b-c)\{a^2-(b+c)a+bc\}$$

a에 대한 이차식을 인수분해하면

$$=(b-c)(a-b)(a-c)$$
$$=\boldsymbol{(a-b)(a-c)(b-c)}$$

● **문제** ●

정답과 해설 18쪽

05-1 다음 식을 인수분해하시오.

(1) $2y^2+2xy+x-y-1$

(2) $x^2+4y^2+4xy-4x-8y-5$

(3) $a^3-a^2b+ab^2+ac^2-b^3-bc^2$

(4) $a^2(b+c)+b^2(c+a)+c^2(a+b)+2abc$

05-2 다항식 $x^2+4xy+3y^2-3x-7y+2$를 인수분해하면 $(x+ay-1)(x+by+c)$일 때, 상수 a, b, c에 대하여 abc의 값을 구하시오.

인수 정리를 이용한 인수분해

유형편 22쪽

다음 식을 인수분해하시오.

(1) x^3-3x+2 (2) $x^4-3x^3+3x^2+x-6$

공략 Point

다항식 $f(x)$에 대하여 인수 정리를 이용한 인수분해는 다음과 같은 순서로 한다.

(1) $f(a)=0$을 만족시키는 상수 a의 값을 구한다.

(2) 조립제법을 이용하여 $f(x)$를 $x-a$로 나누었을 때의 몫을 구한 후 식으로 나타낸다.

(3) 몫이 인수분해되면 인수분해한다.

풀이

(1) $f(x)=x^3-3x+2$라 하면

$x-1$은 $f(x)$의 인수이므로 조립제법을 이용하여 $f(x)$를 인수분해하면

$f(1)=1-3+2=0$

x^3-3x+2
$=(x-1)(x^2+x-2)$
$=(x-1)(x+2)(x-1)$
$=(x+2)(x-1)^2$

$$\begin{array}{r|rrrr} 1 & 1 & 0 & -3 & 2 \\ & & 1 & 1 & -2 \\ \hline & 1 & 1 & -2 & 0 \end{array}$$

(2) $f(x)=x^4-3x^3+3x^2+x-6$
이라 하면

$x+1$, $x-2$는 $f(x)$의 인수이므로 조립제법을 이용하여 $f(x)$를 인수분해하면

$f(-1)=1+3+3-1-6=0$
$f(2)=16-24+12+2-6=0$

$x^4-3x^3+3x^2+x-6$
$=(x+1)(x-2)(x^2-2x+3)$

$$\begin{array}{r|rrrrr} -1 & 1 & -3 & 3 & 1 & -6 \\ & & -1 & 4 & -7 & 6 \\ \hline 2 & 1 & -4 & 7 & -6 & 0 \\ & & 2 & -4 & 6 & \\ \hline & 1 & -2 & 3 & 0 & \end{array}$$

● **문제** ●

정답과 해설 19쪽

06-1 다음 식을 인수분해하시오.

(1) x^3+2x^2-7x+4 (2) $x^3+5x^2-2x-24$

(3) $x^4+x^3-3x^2-x+2$ (4) $2x^4-x^3-14x^2+19x-6$

06-2 다항식 $f(x)=x^4+ax^3+bx^2-2x-3$이 $x-1$, $x+1$을 인수로 가질 때, $f(x)$를 인수분해하시오. (단, a, b는 상수)

인수분해의 활용 – 식의 값과 수의 계산

✏️ 유형편 23쪽

다음 물음에 답하시오.

(1) $x=3+\sqrt{2}$, $y=3-\sqrt{2}$일 때, $(x-1)y^2+(y+1)x^2$의 값을 구하시오.

(2) $\dfrac{321^3+1}{320\times321+1}$의 값을 구하시오.

공략 Point

(1) 주어진 식을 인수분해한 후 조건을 이용하여 두 문자의 합, 차, 곱을 대입하여 식의 값을 구한다.

(2) 적당한 수를 문자로 치환하고 이 문자에 대한 식을 인수분해한 후 값을 구한다.

풀이

(1) 주어진 식을 인수분해하면	$\begin{aligned}(x-1)y^2+(y+1)x^2&=xy^2-y^2+x^2y+x^2\\&=(y+1)x^2+y^2x-y^2\\&=(x+y)\{(y+1)x-y\}\\&=(x+y)(xy+x-y)\quad\cdots\cdots\text{㉠}\end{aligned}$
$x+y$, $x-y$, xy의 값을 구하면	$\begin{aligned}x+y&=(3+\sqrt{2})+(3-\sqrt{2})=6\\x-y&=(3+\sqrt{2})-(3-\sqrt{2})=2\sqrt{2}\\xy&=(3+\sqrt{2})(3-\sqrt{2})=7\end{aligned}$
㉠에 식의 값을 대입하면	$\begin{aligned}(x-1)y^2+(y+1)x^2&=(x+y)(xy+x-y)\\&=6\times(7+2\sqrt{2})=\mathbf{42+12\sqrt{2}}\end{aligned}$
(2) $321=x$로 놓고 인수분해하면	$\begin{aligned}\dfrac{321^3+1}{320\times321+1}&=\dfrac{x^3+1}{(x-1)x+1}\\&=\dfrac{(x+1)(x^2-x+1)}{x^2-x+1}\\&=x+1\end{aligned}$
$x=321$을 대입하면	$=321+1=\mathbf{322}$

● **문제** ●

정답과 해설 19쪽

07-1 다음 물음에 답하시오.

(1) $x=\dfrac{1+\sqrt{2}}{2}$, $y=\dfrac{1-\sqrt{2}}{2}$일 때, $x^2+2xy+y^2-x^2y-xy^2$의 값을 구하시오.

(2) $\dfrac{107^3-3\times107^2+3\times107-1}{106^2}$의 값을 구하시오.

07-2 $\dfrac{30^8-1}{30^4+1}-\dfrac{30^8+30^4+1}{30^4+30^2+1}$의 값을 구하시오.

08 인수분해의 활용 – 삼각형의 모양 판단

유형편 24쪽

삼각형의 세 변의 길이 a, b, c에 대하여 $ab(a+b)-bc(b+c)-ca(c-a)=0$이 성립할 때, 이 삼각형은 어떤 삼각형인지 말하시오.

공략 Point

삼각형의 세 변의 길이가 a, b, c일 때
(1) $a=b$ 또는 $b=c$ 또는
$c=a$
➡ 이등변삼각형
(2) $a=b=c$
➡ 정삼각형
(3) $a^2=b^2+c^2$
➡ 빗변의 길이가 a인 직각삼각형

풀이

주어진 조건에서 문자 a, b, c의 차수가 같으므로 좌변을 a에 대하여 내림차순으로 정리하여 인수분해하면	$ab(a+b)-bc(b+c)-ca(c-a)$ $=a^2b+ab^2-b^2c-bc^2-ac^2+a^2c$ $=(b+c)a^2+(b^2-c^2)a-b^2c-bc^2$ $=(\underline{b+c})a^2+(\underline{b+c})(b-c)a-bc(\underline{b+c})$ $=(b+c)\{a^2+(b-c)a-bc\}$ $=(b+c)(a+b)(a-c)=0$
이때 a, b, c는 삼각형의 세 변의 길이이므로	$b+c>0$, $a+b>0$ $\therefore a-c=0$
따라서 주어진 조건을 만족시키는 삼각형은	**$a=c$인 이등변삼각형**

● **문제** ●

정답과 해설 20쪽

08-1 삼각형의 세 변의 길이 a, b, c에 대하여 $a(a^2+ab-c^2)+b(b^2+ab-c^2)=0$이 성립할 때, 이 삼각형은 어떤 삼각형인지 말하시오.

08-2 삼각형의 세 변의 길이 a, b, c에 대하여 $a^3+b^3+c^3=3abc$가 성립할 때, 이 삼각형은 어떤 삼각형인지 말하시오.

연습문제

1 보기에서 옳은 것만을 있는 대로 고른 것은?

보기

ㄱ. $ax-ay+2bx-2by+cx-cy$
$\quad =(x-y)(a+2b+c)$

ㄴ. $a^6-a^4+2a^3-2a^2=a^2(a+1)(a^3+a^2+2)$

ㄷ. $27x^3-y^3=(3x-y)(9x^2+6xy+y^2)$

ㄹ. $x^3-8y^3+6xy+1$
$\quad =(x-2y+1)(x^2+4y^2+2xy-x+2y+1)$

① ㄱ, ㄴ　　② ㄱ, ㄷ　　③ ㄱ, ㄹ
④ ㄴ, ㄷ　　⑤ ㄷ, ㄹ

2 다항식 $16x^4+36x^2+81$을 인수분해하면 $(4x^2+ax+9)(4x^2+bx+9)$일 때, 상수 a, b에 대하여 ab의 값은?

① -36　　② -6　　③ -1
④ 6　　⑤ 36

3 다항식 $x^2-4y^2+9z^2-6xz$를 인수분해하시오.

4 다항식 $(x^2+x)(x^2+x+1)-6$이 $(x+2)(x-1)(x^2+ax+b)$로 인수분해될 때, 두 상수 a, b에 대하여 $a+b$의 값은?

① 1　　② 2　　③ 3
④ 4　　⑤ 5

5 다항식 $(x^2+3x+2)(x^2-5x+6)-60$을 인수분해하면 $(x+3)(x+a)(x^2+bx+c)$일 때, 상수 a, b, c에 대하여 $a+b+c$의 값을 구하시오.

6 다음 중 다항식 x^4-10x^2+9의 인수가 <u>아닌</u> 것은?

① $x+1$　　② $x+3$　　③ x^2+9
④ x^2-4x+3　　⑤ x^2+2x-3

7 다항식 x^4+5x^2+9를 인수분해하면 $(x^2+x+a)(x^2+bx+c)$일 때, 상수 a, b, c에 대하여 abc의 값을 구하시오.

8 교육청
x, y에 대한 이차식 $x^2+kxy-3y^2+x+11y-6$ 이 x, y에 대한 두 일차식의 곱으로 인수분해되도록 하는 자연수 k의 값을 구하시오.

9 다항식 $x^4-x^3+ax^2+bx-3$은 $x+1$로 나누어떨어지고, $x-1$로 나누었을 때의 나머지가 -12일 때, 이 다항식을 인수분해하시오. (단, a, b는 상수)

10 교육청
그림과 같이 세 모서리의 길이가 각각 x, x, $x+3$ 인 직육면체 모양에 한 모서리의 길이가 1인 정육면체 모양의 구멍이 두 개 있는 나무 블록이 있다. 세 정수 a, b, c에 대하여 이 나무 블록의 부피를 $(x+a)(x^2+bx+c)$로 나타낼 때, $a \times b \times c$의 값은? (단, $x>1$)

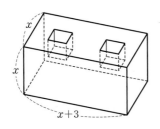

① -5 ② -4 ③ -3
④ -2 ⑤ -1

11 $a+b=4$, $a+c=3$일 때,
$ab(a+b)-ac(a+c)+bc(b-c)$의 값은?

① 9   ② 10   ③ 11
④ 12   ⑤ 13

12 교육청
2 이상의 네 자연수 a, b, c, d에 대하여
$$(14^2+2\times14)^2-18\times(14^2+2\times14)+45$$
$$=a\times b\times c\times d$$
일 때, $a+b+c+d$의 값은?

① 56   ② 58   ③ 60
④ 62   ⑤ 64

13 교육청
$\sqrt{10\times13\times14\times17+36}$의 값을 구하시오.

정답과 해설 22쪽

▶ 실력

14 다항식 $(x+1)(x-1)(x-2)(x-4)-a$가 x에 대한 이차식의 완전제곱식으로 인수분해될 때, 상수 a의 값을 구하시오.

15 다항식 $x^4-5x^3+6x^2-5x+1$이 x^2의 계수가 1인 두 이차식의 곱으로 인수분해될 때, 이 두 이차식의 합은?

① $2x^2-3x$ ② $2x^2-3x+2$

③ $2x^2-4x+3$ ④ $2x^2-5x$

⑤ $2x^2-5x+2$

16 다항식 $x^4+ax^3+11x^2+11x+b$가 $(x+1)^2f(x)$로 인수분해될 때, 상수 a, b에 대하여 $a+b+f(1)$의 값은?

① 17   ② 18   ③ 19

④ 20   ⑤ 21

교육청

17 자연수 n에 대하여 가로의 길이가 $n^3+7n^2+14n+8$, 세로의 길이가 n^2+4n+3인 직사각형 모양의 바닥이 있다. 한 변의 길이가 $n+1$인 정사각형 모양의 타일로 이 바닥 전체를 겹치지 않게 빈틈없이 깔려고 한다. 이때 필요한 타일의 개수는?

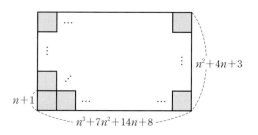

① $(n+2)(n+3)$

② $(n+3)(n+4)$

③ $(n+1)(n+2)(n+3)$

④ $(n+1)(n+2)(n+4)$

⑤ $(n+2)(n+3)(n+4)$

18 7^6-1이 두 자리의 자연수 n으로 나누어떨어질 때, 자연수 n의 개수를 구하시오.

19 둘레의 길이가 36인 삼각형의 세 변의 길이 a, b, c가 다음 조건을 만족시킬 때, a, b, c의 값을 구하시오.

> (가) $b^2+ca-ba-c^2=0$
>
> (나) $3b+5c=5a$

1 복소수와 이차방정식

복소수의 뜻과 사칙연산

❶ 허수단위 i

제곱하여 -1이 되는 새로운 수를 기호로 i와 같이 나타낸다.

이때 i를 **허수단위**라 한다.

$$i^2=-1, \ i=\sqrt{-1}$$

참고 허수단위 i는 imaginary number(허수)의 첫 글자이다.

❷ 복소수

(1) 임의의 실수 a, b에 대하여 $\boldsymbol{a+bi}$ 꼴로 나타내어지는 수를 **복소수**라

하고, 이때 a를 **실수부분**, b를 **허수부분**이라 한다.

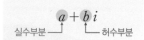

주의 복소수 $a+bi$에서 허수부분은 bi가 아니라 b이다.

(2) 실수가 아닌 복소수 $a+bi\,(b \neq 0)$를 **허수**라 하고, 실수부분이 0인 허수 $bi\,(b \neq 0)$를 **순허수**라 한다.

복소수 $a+bi\,(a,\ b$는 실수$)$는 다음과 같이 분류할 수 있다.

$$\text{복소수 } a+bi \begin{cases} \text{실수 } a \qquad (b=0) \quad \blacktriangleleft (\text{실수})^2 \geq 0 \\ \text{허수 } a+bi\ (b\neq 0) \begin{cases} \text{순허수 } bi \qquad\qquad (a=0,\ b\neq 0) \quad \blacktriangleleft (\text{순허수})^2 < 0 \\ \text{순허수가 아닌 허수 } a+bi\ (a\neq 0,\ b\neq 0) \end{cases} \end{cases}$$

참고 · 허수에서는 대소 관계가 정의되지 않는다.

· $0i=0$으로 정하면 임의의 실수 a는 $a=a+0i$로 나타낼 수 있으므로 실수도 복소수이다.

예 (1) $2+3i$의 실수부분은 2, 허수부분은 3이다.

(2) $-3i$는 $0-3i$로 나타낼 수 있으므로 실수부분은 0, 허수부분은 -3이다.

(3) 5는 $5+0i$로 나타낼 수 있으므로 실수부분은 5, 허수부분은 0이다.

❸ 복소수가 서로 같을 조건

두 복소수 $a+bi$, $c+di\,(a,\ b,\ c,\ d$는 실수$)$의 실수부분과 허수부분이 각각 서로 같을 때, 즉 $a=c$, $b=d$일 때, 두 복소수는 서로 같다고 한다.

$a,\ b,\ c,\ d$가 실수일 때

(1) $a=c$, $b=d$이면 $a+bi=c+di$

(2) $a+bi=c+di$이면 $a=c$, $b=d$

예 실수 x, y에 대하여 $x+3i=2+yi$이면 $x=2$, $y=3$

참고 $a,\ b$가 실수일 때

(1) $a=0$, $b=0$이면 $a+bi=0$

(2) $a+bi=0$이면 $a=0$, $b=0$

❹ 켤레복소수

복소수 $a+bi\,(a,\ b$는 실수$)$에서 허수부분의 부호를 바꾼 복소수 $a-bi$

를 복소수 $a+bi$의 **켤레복소수**라 하고, 기호로 $\overline{\boldsymbol{a+bi}}$와 같이 나타낸다.

$$\overline{a+bi}=a-bi$$

예 $\overline{1+2i}=1-2i,\ \overline{3-2i}=3+2i,\ \overline{5i}=-5i,\ \overline{6}=6$

참고 복소수 z의 켤레복소수를 $\bar{z}$로 나타내고 'z 바(bar)'라 읽는다.

⑤ 복소수의 사칙연산

(1) **덧셈과 뺄셈**

허수단위 i를 문자처럼 생각하여 실수부분은 실수부분끼리, 허수부분은 허수부분끼리 계산한다.

(2) **곱셈**

허수단위 i를 문자처럼 생각하고, 분배법칙을 이용하여 전개한 후 $i^2 = -1$임을 이용한다.

(3) **나눗셈**

분모의 켤레복소수를 분모, 분자에 각각 곱하여 계산한다.

a, b, c, d가 실수일 때

(1) $(a+bi)+(c+di)=(a+c)+(b+d)i$

$\quad (a+bi)-(c+di)=(a-c)+(b-d)i$

(2) $(a+bi)(c+di)=(ac-bd)+(ad+bc)i$　◀ $bi \times di = bdi^2 = -bd$

(3) $\dfrac{a+bi}{c+di}=\dfrac{(a+bi)(c-di)}{(c+di)(c-di)}=\dfrac{ac+bd}{c^2+d^2}+\dfrac{bc-ad}{c^2+d^2}i$ (단, $c+di \neq 0$)

예 (1) $(3+5i)+(1+3i)=(3+1)+(5+3)i=4+8i$

$\quad (3+5i)-(1+3i)=(3-1)+(5-3)i=2+2i$

(2) $(3+5i)(1+3i)=3+9i+5i+15i^2=3+9i+5i-15=-12+14i$

(3) $\dfrac{3+5i}{1+3i}=\dfrac{(3+5i)(1-3i)}{(1+3i)(1-3i)}=\dfrac{3-9i+5i-15i^2}{1-9i^2}=\dfrac{3-9i+5i+15}{1+9}=\dfrac{18-4i}{10}=\dfrac{9}{5}-\dfrac{2}{5}i$

참고 복소수의 나눗셈에서 분모가 순허수이면 분모, 분자에 i를 각각 곱하여 계산한다.

예를 들어 $\dfrac{1+2i}{3i}=\dfrac{(1+2i)i}{3i \times i}=\dfrac{i+2i^2}{3i^2}=\dfrac{-2+i}{-3}=\dfrac{2}{3}-\dfrac{1}{3}i$와 같이 계산한다.

⑥ 복소수의 덧셈과 곱셈에 대한 성질

세 복소수 z_1, z_2, z_3에 대하여

(1) **교환법칙**: $z_1+z_2=z_2+z_1$, $z_1z_2=z_2z_1$

(2) **결합법칙**: $(z_1+z_2)+z_3=z_1+(z_2+z_3)$, $(z_1z_2)z_3=z_1(z_2z_3)$

(3) **분배법칙**: $z_1(z_2+z_3)=z_1z_2+z_1z_3$, $(z_1+z_2)z_3=z_1z_3+z_2z_3$

⑦ 켤레복소수의 성질

두 복소수 z_1, z_2와 그 켤레복소수 $\overline{z_1}$, $\overline{z_2}$에 대하여

(1) $\overline{(\overline{z_1})}=z_1$

(2) $z_1+\overline{z_1}$, $z_1\overline{z_1}$는 실수이다.

(3) $\overline{z_1}=z_1$이면 z_1은 실수이다.

　거꾸로 z_1이 실수이면 $\overline{z_1}=z_1$이다.

(4) $\overline{z_1}=-z_1$이면 z_1은 순허수 또는 0이다.

　거꾸로 z_1이 순허수 또는 0이면 $\overline{z_1}=-z_1$이다.

(5) $\overline{z_1+z_2}=\overline{z_1}+\overline{z_2}$, $\overline{z_1-z_2}=\overline{z_1}-\overline{z_2}$

(6) $\overline{z_1z_2}=\overline{z_1} \times \overline{z_2}$, $\overline{\left(\dfrac{z_1}{z_2}\right)}=\dfrac{\overline{z_1}}{\overline{z_2}}$ (단, $z_2 \neq 0$)

개념 Plus

켤레복소수의 성질

$z_1=a+bi$, $z_2=c+di$ $(a, b, c, d$는 실수$)$라 하면

(1) $\overline{(\overline{z_1})}=\overline{(\overline{a+bi})}=\overline{a-bi}=a+bi=z_1$

(2) $z_1+\overline{z_1}=a+bi+\overline{a+bi}=a+bi+(a-bi)=2a$이므로 $z_1+\overline{z_1}$는 실수이다.

$z_1\overline{z_1}=(a+bi)\overline{(a+bi)}=(a+bi)(a-bi)=a^2+b^2$이므로 $z_1\overline{z_1}$는 실수이다.

(3) $\overline{z_1}=z_1$이면 $a-bi=a+bi$에서 $b=0$이므로 $z_1=a$이다. 즉, z_1은 실수이다.

거꾸로 z_1이 실수이면 $b=0$이므로 $\overline{z_1}=\overline{a}=a=z_1$이다.

(4) $\overline{z_1}=-z_1$이면 $a-bi=-(a+bi)$에서 $a=0$이므로 $z_1=bi$이다. 즉, z_1은 순허수 또는 0이다.

거꾸로 z_1이 순허수 또는 0이면 $a=0$이므로 $\overline{z_1}=\overline{bi}=-bi=-z_1$이다. $\overset{\llcorner b\neq 0일\ 때}{}$ $\overset{\llcorner b=0일\ 때}{}$

(5) $\overline{z_1+z_2}=\overline{(a+bi)+(c+di)}=\overline{(a+c)+(b+d)i}=(a+c)-(b+d)i$

$\overline{z_1}+\overline{z_2}=\overline{a+bi}+\overline{c+di}=(a-bi)+(c-di)=(a+c)-(b+d)i$

따라서 $\overline{z_1+z_2}=\overline{z_1}+\overline{z_2}$이다.

같은 방법으로 $\overline{z_1-z_2}=\overline{z_1}-\overline{z_2}$가 성립함을 확인할 수 있다.

(6) $\overline{z_1z_2}=\overline{(a+bi)(c+di)}=\overline{(ac-bd)+(ad+bc)i}=(ac-bd)-(ad+bc)i$

$\overline{z_1}\times\overline{z_2}=\overline{a+bi}\times\overline{c+di}=(a-bi)(c-di)=(ac-bd)-(ad+bc)i$

따라서 $\overline{z_1z_2}=\overline{z_1}\times\overline{z_2}$이다.

같은 방법으로 $\overline{\left(\dfrac{z_1}{z_2}\right)}=\dfrac{\overline{z_1}}{\overline{z_2}}$ $(z_2\neq 0)$가 성립함을 확인할 수 있다.

개념 Check

정답과 해설 23쪽

1 다음 복소수의 실수부분과 허수부분을 차례대로 구하시오.

(1) $5-2i$ (2) $i-1$

(3) $\sqrt{3}$ (4) $-4i$

2 보기에서 허수와 순허수를 각각 고르시오.

보기

ㄱ. $-2+3i$ ㄴ. $-i$ ㄷ. -5 ㄹ. $\dfrac{1+\sqrt{3}i}{2}$

3 다음 등식을 만족시키는 실수 x, y의 값을 구하시오.

(1) $2+xi=y-5i$ (2) $(x-1)+(3-y)i=0$

4 다음 복소수의 켤레복소수를 구하시오.

(1) $4+2i$ (2) $-1+\sqrt{5}i$

(3) $-3i$ (4) -7

복소수의 사칙연산

다음을 계산하시오.

(1) $(2-5i)+(4+3i)$

(2) $(1+3i)(2+2i)$

(3) $(3-i)^2+(1+i)^2$

(4) $\dfrac{1-i}{2i}+\dfrac{1+2i}{1-i}$

공략 Point

복소수의 사칙연산은 허수단위 i를 문자처럼 생각하여 계산하고, $i^2=-1$임을 이용한다. 특히 분모가 허수이면 분모의 켤레복소수를 분모, 분자에 각각 곱하여 분모를 실수가 되게 한다.

풀이

(1) 복소수의 덧셈을 이용하여 정리하면

$$(2-5i)+(4+3i)=\mathbf{6-2i}$$

(2) 복소수의 곱셈을 이용하여 정리하면

$$(1+3i)(2+2i)=2+2i+6i+6i^2$$
$$=2+2i+6i-6$$
$$=\mathbf{-4+8i}$$

(3) 복소수의 곱셈을 이용하여 정리하면

$$(3-i)^2+(1+i)^2=9-6i+i^2+1+2i+i^2$$
$$=9-6i-1+1+2i-1$$
$$=\mathbf{8-4i}$$

(4) 복소수의 나눗셈을 이용하여 정리하면

$$\frac{1-i}{2i}+\frac{1+2i}{1-i}=\frac{(1-i)i}{2i\times i}+\frac{(1+2i)(1+i)}{(1-i)(1+i)}$$
$$=\frac{i-i^2}{2i^2}+\frac{1+i+2i+2i^2}{1-i^2}$$
$$=\frac{i+1}{-2}+\frac{1+i+2i-2}{1+1}$$
$$=\frac{-i-1}{2}+\frac{-1+3i}{2}$$
$$=\frac{-2+2i}{2}=\mathbf{-1+i}$$

● **문제** ●

정답과 해설 23쪽

01-1 다음을 계산하시오.

(1) $(2-3i)-(7-i)$

(2) $(5+3i)(4-i)$

(3) $(1-4i)^2+\dfrac{2+4i}{1-3i}$

(4) $\dfrac{2(1+\sqrt{3}i)}{1-\sqrt{3}i}+\dfrac{\sqrt{3}-i}{i}$

01-2 $(1+2i)(\overline{2i+3})+\dfrac{2i}{1-i}$를 $a+bi\,(a,\,b$는 실수$)$ 꼴로 나타낼 때, ab의 값을 구하시오.

복소수가 실수 또는 순허수가 될 조건

유형편 27쪽

다음 물음에 답하시오.

(1) 복소수 $(1+i)x^2-3x-2-4i$가 실수일 때, 실수 x의 값을 구하시오.

(2) 복소수 $x^2+(i-2)x+i-3$이 순허수일 때, 실수 x의 값을 구하시오.

공략 Point

복소수 $z=a+bi$ (a, b는 실수)에 대하여

(1) z가 실수이면 ➡ $b=0$

(2) z가 순허수이면
➡ $a=0$, $b\neq0$

(3) z^2이 실수이면 z는 실수 또는 순허수이므로
➡ $b=0$ 또는 $a=0$, $b\neq0$
∴ $a=0$ 또는 $b=0$

(4) z^2이 양수이면 z는 0이 아닌 실수이므로 ➡ $a\neq0$, $b=0$

(5) z^2이 음수이면 z는 순허수이므로 ➡ $a=0$, $b\neq0$

풀이

(1) 주어진 복소수를 (실수부분)+(허수부분)i 꼴로 정리하면	$\begin{aligned}&(1+i)x^2-3x-2-4i\\&=(x^2-3x-2)+(x^2-4)i\end{aligned}$
주어진 복소수가 실수이면 (허수부분)=0이므로	$x^2-4=0$, $x^2=4$ ∴ $x=-2$ 또는 $x=2$
(2) 주어진 복소수를 (실수부분)+(허수부분)i 꼴로 정리하면	$\begin{aligned}&x^2+(i-2)x+i-3\\&=(x^2-2x-3)+(x+1)i\end{aligned}$
주어진 복소수가 순허수이면 (실수부분)=0, (허수부분)$\neq0$이므로	$x^2-2x-3=0$, $x+1\neq0$
$x^2-2x-3=0$에서	$(x+1)(x-3)=0$ ∴ $x=-1$ 또는 $x=3$ ····· ㉠
$x+1\neq0$에서	$x\neq-1$ ····· ㉡
㉠, ㉡에서	$x=3$

● **문제** ●

정답과 해설 23쪽

02-1 다음 물음에 답하시오.

(1) 복소수 $(1-3i)(x-i)$가 실수일 때, 실수 x의 값을 구하시오.

(2) 복소수 $(1+i)x^2-(4+5i)x+3+6i$가 순허수일 때, 실수 x의 값을 구하시오.

02-2 복소수 $z=x(x+1-i)-2(1+i)$에 대하여 z^2이 음수가 되도록 하는 실수 x의 값을 α, 그때의 z의 값을 β라 할 때, $\alpha^2-\beta^2$의 값을 구하시오.

02-3 복소수 $z=6(x+i)-x(1-i)^2$에 대하여 z^2이 실수일 때, 실수 x의 값을 모두 구하시오.

다음 등식을 만족시키는 실수 x, y의 값을 구하시오.

(1) $(1+2i)x+(1+i)y=1+3i$

(2) $\dfrac{x}{2+i}+\dfrac{y}{2-i}=4-4i$

공략 Point

두 복소수가 서로 같으면 실수부분은 실수부분끼리, 허수부분은 허수부분끼리 서로 같음을 이용하여 식을 세운다.

풀이

(1) 주어진 식의 좌변을 (실수부분)+(허수부분)i 꼴로 정리하면	$(1+2i)x+(1+i)y=(x+y)+(2x+y)i$
따라서 주어진 등식은	$(x+y)+(2x+y)i=1+3i$
복소수가 서로 같을 조건에 의하여	$x+y=1$, $2x+y=3$
두 식을 연립하여 풀면	$\boldsymbol{x=2,\ y=-1}$

(2) 주어진 식의 좌변을 (실수부분)+(허수부분)i 꼴로 정리하면	$\dfrac{x}{2+i}+\dfrac{y}{2-i}=\dfrac{x(2-i)+y(2+i)}{(2+i)(2-i)}$ $=\dfrac{(2x+2y)+(-x+y)i}{4+1}$ $=\dfrac{2x+2y}{5}+\dfrac{-x+y}{5}i$
따라서 주어진 등식은	$\dfrac{2x+2y}{5}+\dfrac{-x+y}{5}i=4-4i$
복소수가 서로 같을 조건에 의하여	$\dfrac{2x+2y}{5}=4$, $\dfrac{-x+y}{5}=-4$ $\therefore\ x+y=10,\ x-y=20$
두 식을 연립하여 풀면	$\boldsymbol{x=15,\ y=-5}$

● **문제** ●

정답과 해설 23쪽

03-1 다음 등식을 만족시키는 실수 x, y의 값을 구하시오.

(1) $(1+i)x+(1-i)y=2-6i$

(2) $\dfrac{x}{1+i}+\dfrac{y}{1-i}=\dfrac{5}{2+i}$

03-2 등식 $(x+i)(\overline{1+4i})=2+3yi$를 만족시키는 실수 x, y의 값을 구하시오.

다음 물음에 답하시오.

(1) $x=1+i$, $y=1-i$일 때, x^2+xy+y^2의 값을 구하시오.

(2) $x=\dfrac{1+\sqrt{7}i}{2}$일 때, x^3-x^2+6x-4의 값을 구하시오.

공략 Point

(1) 서로 켤레복소수인 두 복소수 x, y가 주어진 경우
➡️ 구해야 하는 식을 $x+y$, xy를 포함한 식으로 변형한다.

(2) $x=a+bi$ (a, b는 실수)가 주어진 경우
➡️ $x-a=bi$의 양변을 제곱하여 $(x-a)^2=-b^2$임을 이용한다.

풀이

(1) x와 y는 서로 켤레복소수이므로 $x+y$, xy의 값을 구하면	$x+y=(1+i)+(1-i)=2$ $xy=(1+i)(1-i)=1+1=2$
따라서 구하는 식의 값은	$x^2+xy+y^2=(x+y)^2-xy$ $\qquad\qquad\quad =2^2-2=\mathbf{2}$
(2) $x=\dfrac{1+\sqrt{7}i}{2}$를 변형하면	$2x-1=\sqrt{7}i$
양변을 제곱하여 정리하면	$4x^2-4x+1=-7$ $\therefore\ x^2-x+2=0$
따라서 구하는 식의 값은	$x^3-x^2+6x-4=x(x^2-x+2)+4x-4=4x-4$ $\qquad\qquad\qquad\qquad =4\times\dfrac{1+\sqrt{7}i}{2}-4=\mathbf{-2+2\sqrt{7}i}$

● **문제** ●

정답과 해설 24쪽

04-1 다음 물음에 답하시오.

(1) $x=1+\sqrt{2}i$, $y=1-\sqrt{2}i$일 때, $\dfrac{y}{x}+\dfrac{x}{y}$의 값을 구하시오.

(2) $x=\dfrac{3-i}{2}$일 때, $2x^3-6x^2+3x+5$의 값을 구하시오.

04-2 $x=\dfrac{1+\sqrt{3}i}{1-\sqrt{3}i}$일 때, x^4+x^3-x+1의 값을 구하시오.

켤레복소수의 성질을 이용한 식의 값

유형편 29쪽

$\alpha=-3+2i$, $\beta=2-5i$일 때, $\alpha\bar{\alpha}+\beta\bar{\beta}+\bar{\alpha}\beta+\alpha\bar{\beta}$의 값을 구하시오.

(단, $\bar{\alpha}$, $\bar{\beta}$는 각각 α, β의 켤레복소수)

공략 Point

두 복소수 z_1, z_2와 그 켤레복소수 $\bar{z_1}$, $\bar{z_2}$에 대하여
$$\overline{z_1+z_2}=\bar{z_1}+\bar{z_2},$$
$$\overline{z_1-z_2}=\bar{z_1}-\bar{z_2}$$
임을 이용할 수 있도록 식을 변형한다.

풀이

값을 구해야 하는 식을 정리하면	$\begin{aligned}\alpha\bar{\alpha}+\beta\bar{\beta}+\bar{\alpha}\beta+\alpha\bar{\beta}&=\alpha(\bar{\alpha}+\bar{\beta})+\beta(\bar{\alpha}+\bar{\beta})\\&=(\alpha+\beta)(\bar{\alpha}+\bar{\beta})\\&=(\alpha+\beta)(\overline{\alpha+\beta})\end{aligned}$
$\alpha+\beta$의 값을 구하면	$\begin{aligned}\alpha+\beta&=(-3+2i)+(2-5i)\\&=-1-3i\end{aligned}$
$\alpha+\beta$의 켤레복소수를 구하면	$\overline{\alpha+\beta}=-1+3i$
따라서 구하는 식의 값은	$\begin{aligned}\alpha\bar{\alpha}+\beta\bar{\beta}+\bar{\alpha}\beta+\alpha\bar{\beta}&=(\alpha+\beta)(\overline{\alpha+\beta})\\&=(-1-3i)(-1+3i)\\&=1+9=\mathbf{10}\end{aligned}$

● **문제** ●

정답과 해설 24쪽

05-**1** $\alpha=3+5i$, $\beta=1+2i$일 때, $\alpha\bar{\alpha}-\alpha\bar{\beta}-\bar{\alpha}\beta+\beta\bar{\beta}$의 값을 구하시오.

(단, $\bar{\alpha}$, $\bar{\beta}$는 각각 α, β의 켤레복소수)

05-**2** 두 복소수 z_1, z_2에 대하여 $\bar{z_1}+\bar{z_2}=1+2i$, $\bar{z_1}\times\bar{z_2}=2+i$일 때, $(z_1-3)(z_2-3)$의 값을 구하시오. (단, $\bar{z_1}$, $\bar{z_2}$는 각각 z_1, z_2의 켤레복소수)

조건을 만족시키는 복소수

유형편 29쪽

복소수 z와 그 켤레복소수 $\bar{z}$에 대하여 등식 $(2-i)\bar{z}+iz=4+2i$가 성립할 때, 복소수 z를 구하시오.

공략 Point

복소수 z에 대한 등식이 주어진 경우 $z=a+bi$(a, b는 실수)로 놓고 등식에 대입한 후 복소수가 서로 같을 조건을 이용한다.

풀이

$z=a+bi$(a, b는 실수)라 하면	$\bar{z}=a-bi$
주어진 등식에 $z=a+bi$, $\bar{z}=a-bi$를 대입하면	$(2-i)(a-bi)+i(a+bi)=4+2i$
이 식의 좌변을 (실수부분)+(허수부분)i 꼴로 정리하면	$(2-i)(a-bi)+i(a+bi)$ $=2a-2bi-ai-b+ai-b$ $=(2a-2b)-2bi$
따라서 주어진 등식은	$(2a-2b)-2bi=4+2i$
복소수가 서로 같을 조건에 의하여	$2a-2b=4$, $-2b=2$ $\therefore a=1$, $b=-1$
따라서 구하는 복소수 z는	$1-i$

● **문제** ●

정답과 해설 24쪽

06-1 복소수 z와 그 켤레복소수 $\bar{z}$에 대하여 등식 $(1+i)z+3i\bar{z}=2+i$가 성립할 때, 복소수 z를 구하시오.

06-2 복소수 z와 그 켤레복소수 $\bar{z}$에 대하여 $z-\bar{z}=2i$, $z\bar{z}=5$가 성립할 때, 복소수 z를 모두 구하시오.

06-3 복소수 z와 그 켤레복소수 $\bar{z}$에 대하여 등식 $z(\bar{z}-2)=7+4i$가 성립할 때, 복소수 z를 모두 구하시오.

2 i의 거듭제곱, 음수의 제곱근

① i의 거듭제곱

자연수 n에 대하여 i^n의 값은 i, -1, $-i$, 1이 반복되어 나타나므로 i의 거듭제곱은 다음과 같은 규칙을 갖는다.

$$i^{4k+1}=i,\ i^{4k+2}=-1,\ i^{4k+3}=-i,\ i^{4k+4}=1 \ \text{(단, } k\text{는 음이 아닌 정수)}$$

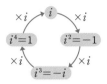

② 음수의 제곱근

$a>0$일 때

(1) $\sqrt{-a}=\sqrt{a}\,i$　　　　　　　　(2) $-a$의 제곱근: $\pm\sqrt{a}\,i$　◀ $(\sqrt{a}\,i)^2=a\times i^2=-a$, $(-\sqrt{a}\,i)^2=a\times i^2=-a$

③ 음수의 제곱근의 성질

(1) $a<0$, $b<0$이면 $\sqrt{a}\sqrt{b}=-\sqrt{ab}$

　　$a>0$, $b<0$이면 $\dfrac{\sqrt{a}}{\sqrt{b}}=-\sqrt{\dfrac{a}{b}}$　　(1)을 제외한 경우에는 $\sqrt{a}\sqrt{b}=\sqrt{ab}$, $\dfrac{\sqrt{a}}{\sqrt{b}}=\sqrt{\dfrac{a}{b}}$ $(b\neq0)$

(2) $\sqrt{a}\sqrt{b}=-\sqrt{ab}$이면 $a<0$, $b<0$ 또는 $a=0$ 또는 $b=0$

　　$\dfrac{\sqrt{a}}{\sqrt{b}}=-\sqrt{\dfrac{a}{b}}$이면 $a>0$, $b<0$ 또는 $a=0$, $b\neq0$

개념 Plus

음수의 제곱근의 성질에 대한 설명

(1) $a<0$, $b<0$이면 $-a>0$, $-b>0$이므로 $\sqrt{a}\sqrt{b}=\sqrt{-a}\,i\times\sqrt{-b}\,i=\sqrt{-a\times(-b)}\,i^2=-\sqrt{ab}$

　　$a>0$, $b<0$이면 $-b>0$이므로 $\dfrac{\sqrt{a}}{\sqrt{b}}=\dfrac{\sqrt{a}}{\sqrt{-b}\,i}=\dfrac{\sqrt{a}\,i}{\sqrt{-b}\,i^2}=-\sqrt{\dfrac{a}{-b}}\,i=-\sqrt{\dfrac{a}{b}}$

개념 Check

정답과 해설 25쪽

1 다음을 간단히 하시오.

(1) i^{53}　　　　　　(2) i^{100}　　　　　　(3) $(-i)^{83}$　　　　　　(4) $(-i)^{130}$

2 다음 수를 허수단위 i를 사용하여 나타내시오.

(1) $\sqrt{-4}$　　　　　(2) $-\sqrt{-18}$　　　　　(3) $\sqrt{-\dfrac{1}{16}}$　　　　　(4) $-\sqrt{-\dfrac{9}{25}}$

3 다음을 계산하시오.

(1) $\sqrt{5}\sqrt{-8}$　　　　(2) $\sqrt{-2}\sqrt{-8}$　　　　(3) $\dfrac{\sqrt{108}}{\sqrt{-75}}$　　　　(4) $\dfrac{\sqrt{-72}}{\sqrt{18}}$

i의 거듭제곱

✏️ **유형편** 30쪽

다음 식을 간단히 하시오.

(1) $1+i+i^2+i^3+i^4+\cdots+i^{100}$

(2) $\left(\dfrac{1+i}{1-i}\right)^{100}$

 Point

(1) k가 음이 아닌 정수일 때,
$i^{4k+1}=i$, $i^{4k+2}=-1$,
$i^{4k+3}=-i$, $i^{4k+4}=1$

(2) 복소수 z의 거듭제곱은 z를 간단히 한 후 i의 거듭제곱을 이용하여 구한다.

풀이

(1) $i+i^2+i^3+i^4$을 계산하면	$i+i^2+i^3+i^4=i-1-i+1=0$
주어진 식을 정리하면	$1+i+i^2+i^3+i^4+\cdots+i^{100}$ $=1+(i+i^2+i^3+i^4)+i^4(i+i^2+i^3+i^4)+\cdots+i^{96}(i+i^2+i^3+i^4)$ $=1+0+0+\cdots+0=\mathbf{1}$
(2) $\dfrac{1+i}{1-i}$를 간단히 하면	$\dfrac{1+i}{1-i}=\dfrac{(1+i)^2}{(1-i)(1+i)}=\dfrac{1+2i-1}{1+1}=i$
주어진 식을 정리하면	$\left(\dfrac{1+i}{1-i}\right)^{100}=i^{100}=(i^4)^{25}=\mathbf{1}$

Point

복소수 z의 거듭제곱에서 z^2을 계산하면 간단해지는 경우는 이를 이용한다.

다른 풀이

(2) $z=\dfrac{1+i}{1-i}$라 하면	$z^2=\left(\dfrac{1+i}{1-i}\right)^2=\dfrac{1+2i-1}{1-2i-1}=-1$
주어진 식을 정리하면	$\left(\dfrac{1+i}{1-i}\right)^{100}=z^{100}=(z^2)^{50}=(-1)^{50}=\mathbf{1}$

● **문제** ●

정답과 해설 25쪽

07-1 다음 식을 간단히 하시오.

(1) $1+i+i^2+i^3+i^4+\cdots+i^{81}$

(2) $\dfrac{1}{i}+\dfrac{1}{i^2}+\dfrac{1}{i^3}+\dfrac{1}{i^4}+\cdots+\dfrac{1}{i^{102}}$

(3) $\left(\dfrac{1-i}{1+i}\right)^{123}$

(4) $(1+i)^{16}$

07-2 $1+2i+3i^2+4i^3+\cdots+100i^{99}+101i^{100}$을 간단히 하시오.

07-3 복소수 $z=\dfrac{1+i}{\sqrt{2}}$에 대하여 등식 $z^n=1$을 만족시키는 자연수 n의 최솟값을 구하시오.

음수의 제곱근의 계산

유형편 31쪽

$$\frac{\sqrt{-4}\sqrt{-6}}{\sqrt{-2}}+\sqrt{-5^2}\times\frac{\sqrt{-3}}{\sqrt{(-5)^2}}+\frac{\sqrt{-18}}{\sqrt{-6}}$$ 을 계산하시오.

공략 Point

(1) $a<0$, $b<0$이면
$\Rightarrow \sqrt{a}\sqrt{b}=-\sqrt{ab}$

(2) $a>0$, $b<0$이면
$\Rightarrow \dfrac{\sqrt{a}}{\sqrt{b}}=-\sqrt{\dfrac{a}{b}}$

풀이

주어진 식을 정리하여 계산하면

$$\frac{\sqrt{-4}\sqrt{-6}}{\sqrt{-2}}+\sqrt{-5^2}\times\frac{\sqrt{-3}}{\sqrt{(-5)^2}}+\frac{\sqrt{-18}}{\sqrt{-6}}$$

$$=\frac{-\sqrt{24}}{\sqrt{-2}}+\sqrt{-25}\times\frac{\sqrt{-3}}{\sqrt{25}}+\sqrt{\frac{-18}{-6}}$$

$$=-\left(-\sqrt{\frac{24}{-2}}\right)+\frac{-\sqrt{75}}{\sqrt{25}}+\sqrt{3}$$

$$=\sqrt{-12}-\sqrt{3}+\sqrt{3}$$

$$=2\sqrt{3}i$$

공략 Point

$a>0$일 때 $\sqrt{-a}$를 $\sqrt{a}i$로 변형한 후 식을 계산한다.

다른 풀이

주어진 식을 i를 이용하여 나타내면

$$\frac{\sqrt{-4}\sqrt{-6}}{\sqrt{-2}}+\sqrt{-5^2}\times\frac{\sqrt{-3}}{\sqrt{(-5)^2}}+\frac{\sqrt{-18}}{\sqrt{-6}}$$

$$=\frac{\sqrt{4}i\times\sqrt{6}i}{\sqrt{2}i}+\sqrt{5^2}i\times\frac{\sqrt{3}i}{\sqrt{5^2}}+\frac{\sqrt{18}i}{\sqrt{6}i}$$

정리하여 계산하면

$$=\sqrt{12}i-\sqrt{3}+\sqrt{3}$$

$$=2\sqrt{3}i$$

● **문제** ●

정답과 해설 25쪽

08-1 다음을 계산하시오.

(1) $\sqrt{-3}\sqrt{-12}+\sqrt{-2}\sqrt{2}+\dfrac{\sqrt{12}}{\sqrt{-3}}+\dfrac{\sqrt{-50}}{\sqrt{-2}}$

(2) $(\sqrt{5}+\sqrt{-5})(2\sqrt{5}-\sqrt{-5})+\sqrt{-6}\sqrt{-6}+\dfrac{\sqrt{28}}{\sqrt{-7}}$

08-2 $a>0$일 때, 다음 식을 간단히 하시오.

$$\frac{\sqrt{2a}\sqrt{-2a}+\sqrt{-2a}\sqrt{-2a}}{2a}+\frac{\sqrt{a}}{\sqrt{-a}}+\frac{\sqrt{a^2}}{\sqrt{(-a)^2}}$$

음수의 제곱근의 성질

유형편 31쪽

0이 아닌 두 실수 a, b에 대하여 $\dfrac{\sqrt{a}}{\sqrt{b}}=-\sqrt{\dfrac{a}{b}}$일 때, $\sqrt{(a-b)^2}-\sqrt{b^2}$을 간단히 하시오.

공략 Point

0이 아닌 두 실수 a, b에 대하여
(1) $\sqrt{a}\sqrt{b}=-\sqrt{ab}$이면
　➡ $a<0$, $b<0$
(2) $\dfrac{\sqrt{a}}{\sqrt{b}}=-\sqrt{\dfrac{a}{b}}$이면
　➡ $a>0$, $b<0$

풀이

0이 아닌 두 실수 a, b에 대하여 $\dfrac{\sqrt{a}}{\sqrt{b}}=-\sqrt{\dfrac{a}{b}}$ 이므로 a, b의 부호는	$a>0$, $b<0$
따라서 $a-b$의 부호는	$a-b>0$
주어진 식을 간단히 하면	$\sqrt{(a-b)^2}-\sqrt{b^2}=\lvert a-b\rvert-\lvert b\rvert$ $=(a-b)-(-b)$ $=a-b+b$ $=\boldsymbol{a}$

● **문제** ●

정답과 해설 26쪽

O9-1 0이 아닌 두 실수 a, b에 대하여 $\sqrt{a}\sqrt{b}=-\sqrt{ab}$일 때, $\sqrt{(a+b)^2}-\sqrt{a^2}$을 간단히 하시오.

O9-2 0이 아닌 세 실수 a, b, c에 대하여 $\dfrac{\sqrt{b}}{\sqrt{a}}=-\sqrt{\dfrac{b}{a}}$, $abc>0$일 때, $\lvert a\rvert-\lvert b\rvert+\sqrt{(b-c)^2}$을 간단히 하시오.

O9-3 1이 아닌 실수 a에 대하여 $\dfrac{\sqrt{4-a}}{\sqrt{1-a}}=-\sqrt{\dfrac{4-a}{1-a}}$일 때, $\lvert a-1\rvert+\lvert a-4\rvert$를 간단히 하시오.

연습문제

1 다음 중 옳지 <u>않은</u> 것은?

① $\sqrt{-25}=5i$이다.

② i의 실수부분은 0이다.

③ -4의 허수부분은 0이다.

④ 제곱하여 -1이 되는 수는 $\pm i$이다.

⑤ $a+bi=0$이면 $a=b=0$이다.

2 다음 중 옳은 것은?

① $3i-(2+5i)=-2-i$

② $(1+3i)-(-2+i)=3+4i$

③ $(4-i)(-2+3i)=-11+14i$

④ $\dfrac{5i}{1+2i}=2+i$

⑤ $\dfrac{1-2i}{1-i}=3-i$

교육청▶

3 복소수 $\dfrac{a+3i}{2-i}$의 실수부분과 허수부분의 합이 3일 때, 실수 a의 값은? (단, $i=\sqrt{-1}$)

① 1 ② 2 ③ 3

④ 4 ⑤ 5

4 복소수 $z=(a+2i)(1+3i)+a(-4+ai)$에 대하여 z^2이 양수일 때, 실수 a의 값을 구하시오.

5 0이 아닌 복소수 $z=(3x^2-2x-1)+(x^2-1)i$에 대하여 $z=-\bar{z}$가 성립할 때, 실수 x의 값을 구하시오. (단, $\bar{z}$는 z의 켤레복소수)

6 등식 $\dfrac{x}{1-3i}+\dfrac{y}{1+3i}=-2+3i$를 만족시키는 실수 x, y에 대하여 xy의 값은?

① -50 ② -25 ③ 25

④ 50 ⑤ 75

교육청▶

7 $x=1-2i$, $y=1+2i$일 때, $x^3y+xy^3-x^2-y^2$의 값은? (단, $i=\sqrt{-1}$)

① -24 ② -22 ③ -20

④ -18 ⑤ -16

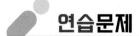

8 $x=\dfrac{1+2i}{1-i}$ 일 때, $2x^3+4x^2+7x+9$의 값은?

① 3   ② 4   ③ 5

④ 6   ⑤ 7

9 두 복소수 α, β에 대하여
$$\alpha+\beta=3+2i,\ \alpha\beta=2-3i$$
일 때, $\dfrac{1}{\bar{\alpha}}+\dfrac{1}{\bar{\beta}}$의 값을 구하시오.

(단, $\bar{\alpha}$, $\bar{\beta}$는 각각 α, β의 켤레복소수)

10 0이 아닌 복소수 z와 그 켤레복소수 $\bar{z}$에 대하여 보기에서 항상 실수인 것만을 있는 대로 고른 것은?

┌─ 보기 ──────────────────────┐
ㄱ. $z-\bar{z}$ ㄴ. $z\bar{z}$

ㄷ. $\dfrac{\bar{z}}{z}$ ㄹ. $\dfrac{1}{z}+\dfrac{1}{\bar{z}}$
└──────────────────────────┘

① ㄱ, ㄴ   ② ㄱ, ㄷ   ③ ㄱ, ㄹ

④ ㄴ, ㄷ   ⑤ ㄴ, ㄹ

교육청

11 복소수 $z=a+bi$ (a, b는 0이 아닌 실수)에 대하여
$$i z=\bar{z}$$
일 때, 보기에서 옳은 것만을 있는 대로 고른 것은?

(단, $i=\sqrt{-1}$이고, $\bar{z}$는 z의 켤레복소수이다.)

┌─ 보기 ──────────────────────┐
ㄱ. $z+\bar{z}=-2b$

ㄴ. $i\bar{z}=-z$

ㄷ. $\dfrac{\bar{z}}{z}+\dfrac{z}{\bar{z}}=0$
└──────────────────────────┘

① ㄱ   ② ㄷ   ③ ㄱ, ㄴ

④ ㄴ, ㄷ   ⑤ ㄱ, ㄴ, ㄷ

12 복소수 z와 그 켤레복소수 $\bar{z}$에 대하여 등식
$$z\bar{z}+3(z-\bar{z})=4-12i$$
가 성립할 때, 복소수 z를 구하시오.

13 등식
$$\frac{1}{i}+\frac{2}{i^2}+\frac{3}{i^3}+\frac{4}{i^4}+\cdots+\frac{20}{i^{20}}=a+bi$$
를 만족시키는 실수 a, b에 대하여 $a+b$의 값은?

① 8   ② 12   ③ 16

④ 20   ⑤ 24

14 $f(x)=x^{1520}-1$에 대하여 $f\left(\dfrac{\sqrt{2}}{1+i}\right)+f\left(\dfrac{1+i}{1-i}\right)$의 값은?

① $-i$ ② -1 ③ 0

④ 1 ⑤ i

15 $\sqrt{-1}\sqrt{-5}+\dfrac{\sqrt{10}}{\sqrt{-2}}\times\sqrt{(-3)^2}+\dfrac{\sqrt{-15}}{\sqrt{-3}}$ 를 계산하시오.

16 0이 아닌 세 실수 a, b, c에 대하여 $\sqrt{a}\sqrt{b}=-\sqrt{ab}$, $\dfrac{\sqrt{c}}{\sqrt{b}}=-\sqrt{\dfrac{c}{b}}$일 때, $\sqrt{(a+b)^2}-|c-b|-|2a|$를 간단히 하면?

① $-3a-c$ ② $-a-c$ ③ $a-c$

④ $a-2b+c$ ⑤ $3a+c$

▶ 실력

17 0이 아닌 두 복소수 α, β에 대하여 $\alpha\bar{\alpha}=\beta\bar{\beta}=4$, $\alpha+\beta=i$일 때, $\alpha\beta$의 값은?

(단, $\bar{\alpha}$, $\bar{\beta}$는 각각 α, β의 켤레복소수)

① -4 ② -2 ③ 2

④ 4 ⑤ 6

18 실수가 아닌 복소수 z에 대하여 $2z+\dfrac{1}{z}$이 실수일 때, $z\bar{z}$의 값을 구하시오. (단, $\bar{z}$는 z의 켤레복소수)

교육청
19 100 이하의 자연수 n에 대하여
$$(1-i)^{2n}=2^n i$$
를 만족시키는 모든 n의 개수를 구하시오.

(단, $i=\sqrt{-1}$이다.)

이차방정식

❶ 이차방정식

$ax^2+bx+c=0$(a, b, c는 상수, $a\neq0$)과 같이 나타낼 수 있는 방정식을 x에 대한 이차방정식이라 한다.

[참고] '이차방정식 $ax^2+bx+c=0$'이라 하면 $a\neq0$이라는 뜻을 포함하고 있는 것으로 생각한다.

❷ 이차방정식의 풀이

(1) 인수분해를 이용한 풀이

x에 대한 이차방정식이 $(ax-b)(cx-d)=0$ 꼴로 변형되면

$$x=\frac{b}{a} \text{ 또는 } x=\frac{d}{c}$$

[예] 이차방정식 $6x^2-19x+15=0$을 풀어 보자.

주어진 이차방정식의 좌변을 인수분해하면

$$(2x-3)(3x-5)=0$$

$$\therefore x=\frac{3}{2} \text{ 또는 } x=\frac{5}{3}$$

(2) 근의 공식을 이용한 풀이

계수가 실수인 x에 대한 이차방정식 $ax^2+bx+c=0$의 근은

$$x=\frac{-b\pm\sqrt{b^2-4ac}}{2a}$$

특히 이차방정식 $ax^2+2b'x+c=0$의 근은

$$x=\frac{-b'\pm\sqrt{b'^2-ac}}{a}$$

이때 $b^2-4ac\geq0$이면 $\sqrt{b^2-4ac}$는 실수, $b^2-4ac<0$이면 $\sqrt{b^2-4ac}$는 허수이다.

따라서 계수가 실수인 이차방정식은 복소수 범위에서 반드시 근을 갖는다.

이때 실수인 근을 **실근**, 허수인 근을 **허근**이라 한다.

[예] 이차방정식 $3x^2+2x+1=0$을 풀어 보자.

주어진 이차방정식의 좌변이 유리수 범위에서 인수분해되지 않으므로 근의 공식에 의하여

$$x=\frac{-1\pm\sqrt{1^2-3\times1}}{3}=\frac{-1\pm\sqrt{2}i}{3}$$

[참고] 계수가 실수인 이차방정식은 복소수 범위에서 반드시 두 개의 근을 갖는다. 특히 두 실근이 서로 같을 때, 이 근을 중근이라 한다.

❸ 절댓값 기호를 포함한 방정식의 풀이

절댓값 기호를 포함한 방정식은 절댓값 기호 안의 식의 값이 0이 되는 x의 값을 기준으로 x의 값의 범위를 나눈 후

$$|x|=\begin{cases} -x & (x<0) \\ x & (x\geq0) \end{cases}, \quad |x-a|=\begin{cases} -(x-a) & (x<a) \\ x-a & (x\geq a) \end{cases}$$

임을 이용하여 절댓값 기호를 없앤 후 방정식을 푼다.

[참고] 범위를 나누어 방정식의 해를 구할 때, 해당 범위에 속하는 해만 택한다.

예 방정식 $x^2-2|x-2|-4=0$을 풀어 보자.

주어진 방정식에서 절댓값 기호 안의 식의 값이 0이 되는 x의 값은 $x=2$

$x=2$를 기준으로 범위를 나누어 풀면

(i) $x<2$일 때

$\quad$ $|x-2|=-(x-2)$이므로 주어진 방정식은

$\quad$ $x^2+2(x-2)-4=0$, $x^2+2x-8=0$

$\quad$ $(x+4)(x-2)=0$ $\quad$ $\therefore$ $x=-4$ 또는 $x=2$

$\quad$ 그런데 $x<2$이므로 $x=-4$

(ii) $x\geq2$일 때

$\quad$ $|x-2|=x-2$이므로 주어진 방정식은

$\quad$ $x^2-2(x-2)-4=0$, $x^2-2x=0$

$\quad$ $x(x-2)=0$ $\quad$ $\therefore$ $x=0$ 또는 $x=2$

$\quad$ 그런데 $x\geq2$이므로 $x=2$

(i), (ii)에서 주어진 방정식의 해는

$x=-4$ 또는 $x=2$

개념 Plus

근의 공식 유도 과정

x에 대한 이차방정식 $ax^2+bx+c=0$에서

$$ax^2+bx=-c$$

$a\neq0$이므로 양변을 a로 나누면

$$x^2+\frac{b}{a}x=-\frac{c}{a}$$

좌변을 완전제곱식으로 나타내기 위하여 양변에 $\left(\dfrac{b}{2a}\right)^2$을 더하면

$$x^2+\frac{b}{a}x+\left(\frac{b}{2a}\right)^2=-\frac{c}{a}+\left(\frac{b}{2a}\right)^2$$

$$\left(x+\frac{b}{2a}\right)^2=\frac{b^2-4ac}{4a^2}$$

$$x+\frac{b}{2a}=\pm\frac{\sqrt{b^2-4ac}}{2a}$$

$$\therefore x=\frac{-b\pm\sqrt{b^2-4ac}}{2a}$$

특히 x의 계수 b가 짝수, 즉 $b=2b'$ 꼴이면 $b^2-4ac=(2b')^2-4ac=4(b'^2-ac)$이므로

$$x=\frac{-b\pm\sqrt{b^2-4ac}}{2a}=\frac{-2b'\pm2\sqrt{b'^2-ac}}{2a}=\frac{-b'\pm\sqrt{b'^2-ac}}{a}$$

개념 Check

정답과 해설 28쪽

1 다음 이차방정식을 푸시오.

(1) $x^2-8x+15=0$ $\qquad$ (2) $9x^2-6x+1=0$

(3) $x^2-3x+1=0$ $\qquad$ (4) $4x^2-2x+1=0$

다음 이차방정식을 푸시오.

(1) $2(x+1)^2=3(2x-1)$

(2) $(\sqrt{2}-1)x^2-(\sqrt{2}+1)x+2=0$

공략 Point

주어진 이차방정식을 정리한 후 인수분해 또는 근의 공식을 이용하여 푼다. 이때 이차항의 계수가 무리수인 경우에는 이차항의 계수를 유리화한 후 푼다.

풀이

(1) 양변을 각각 전개하여 정리하면

$$2x^2+4x+2=6x-3$$
$$2x^2-2x+5=0$$

근의 공식을 이용하면

$$x=\frac{-(-1)\pm\sqrt{(-1)^2-2\times5}}{2}=\frac{1\pm3i}{2}$$

(2) 이차항의 계수를 유리수로 만들기 위하여 양변에 $\sqrt{2}+1$을 곱하면

$$(\sqrt{2}+1)(\sqrt{2}-1)x^2-(\sqrt{2}+1)^2x+2(\sqrt{2}+1)=0$$
$$x^2-(3+2\sqrt{2})x+2\sqrt{2}+2=0$$

좌변을 인수분해하면

$$(x-1)\{x-(2\sqrt{2}+2)\}=0$$
$$\therefore\ x=1\ \text{또는}\ x=2\sqrt{2}+2$$

● **문제** ●

정답과 해설 28쪽

01-1 다음 이차방정식을 푸시오.

(1) $3(x+2)(x+3)=2x(x+7)+11$

(2) $(\sqrt{3}-2)x^2+x+3-\sqrt{3}=0$

01-2 이차방정식 $2x-7=(2-x)^2$의 해가 $x=p\pm\sqrt{q}i$일 때, 유리수 p, q에 대하여 $p+q$의 값을 구하시오. (단, $i=\sqrt{-1}$)

01-3 이차방정식 $(\sqrt{2}+1)x^2-(3+\sqrt{2})x+\sqrt{2}=0$의 두 근을 α, β라 할 때, $\alpha-\beta$의 값을 구하시오. (단, $\alpha>\beta$)

필수 예제 02

다음 물음에 답하시오.

(1) 이차방정식 $x^2+ax+12=0$의 한 근이 2일 때, 상수 a의 값과 다른 한 근을 차례대로 구하시오.

(2) x에 대한 이차방정식 $3(k-1)x^2+2x-k^2+3=0$의 한 근이 -1일 때, 상수 k의 값과 다른 한 근을 차례대로 구하시오.

공략 Point

이차방정식의 한 근 a가 주어지면 주어진 이차방정식에 $x=a$를 대입하여 미정계수를 구한다.

풀이

(1) 이차방정식 $x^2+ax+12=0$의 한 근이 2이므로 $x=2$를 대입하면	$4+2a+12=0$ $\therefore a=-8$
$a=-8$을 주어진 이차방정식에 대입하여 풀면	$x^2-8x+12=0$, $(x-2)(x-6)=0$ $\therefore x=2$ 또는 $x=6$
따라서 다른 한 근은	**6**

(2) $3(k-1)x^2+2x-k^2+3=0$이 이차방정식이므로	$3(k-1)\neq0$ $\therefore k\neq1$
이 이차방정식의 한 근이 -1이므로 $x=-1$을 대입하면	$3(k-1)-2-k^2+3=0$ $k^2-3k+2=0$, $(k-1)(k-2)=0$ $\therefore k=1$ 또는 $k=2$
그런데 $k\neq1$이므로	$k=2$
$k=2$를 주어진 이차방정식에 대입하여 풀면	$3x^2+2x-1=0$, $(x+1)(3x-1)=0$ $\therefore x=-1$ 또는 $x=\dfrac{1}{3}$
따라서 다른 한 근은	$\dfrac{1}{3}$

● 문제 ●

정답과 해설 29쪽

02-1 다음 물음에 답하시오.

(1) 이차방정식 $3x^2-2x+k=0$의 한 근이 2일 때, 다른 한 근을 구하시오. (단, k는 상수)

(2) 이차방정식 $mx^2-3x-4m-1=0$의 한 근이 3일 때, 상수 m의 값과 다른 한 근을 차례대로 구하시오.

02-2 x에 대한 이차방정식 $(m+2)x^2+x-(m^2-3)=0$의 두 근이 n, 1일 때, 상수 m, n에 대하여 $m+5n$의 값을 구하시오.

절댓값 기호를 포함한 방정식의 풀이

유형편 33쪽

다음 방정식을 푸시오.

(1) $x^2+3|x|-4=0$

(2) $x^2+|x-3|=9$

공략 Point

절댓값 기호 안의 식의 값이 0이 되는 x의 값을 기준으로 x의 값의 범위를 나누어 절댓값 기호를 없앤 후 푼다.

풀이

(1) 절댓값 기호 안의 식의 값이 0이 되는 값인 $x=0$을 기준으로 범위를 나누면	(i) $x<0$ (ii) $x\geq0$
(i) $x<0$일 때 $\|x\|=-x$이므로	$x^2-3x-4=0$, $(x+1)(x-4)=0$ $\therefore x=-1$ 또는 $x=4$
그런데 $x<0$이므로	$x=-1$
(ii) $x\geq0$일 때 $\|x\|=x$이므로	$x^2+3x-4=0$, $(x+4)(x-1)=0$ $\therefore x=-4$ 또는 $x=1$
그런데 $x\geq0$이므로	$x=1$
(i), (ii)에서 주어진 방정식의 해는	**$x=-1$ 또는 $x=1$**

(2) 절댓값 기호 안의 식의 값이 0이 되는 값인 $x=3$을 기준으로 범위를 나누면	(i) $x<3$ (ii) $x\geq3$
(i) $x<3$일 때 $\|x-3\|=-(x-3)$이므로	$x^2-(x-3)=9$, $x^2-x-6=0$ $(x+2)(x-3)=0$ $\therefore x=-2$ 또는 $x=3$
그런데 $x<3$이므로	$x=-2$
(ii) $x\geq3$일 때 $\|x-3\|=x-3$이므로	$x^2+(x-3)=9$, $x^2+x-12=0$ $(x+4)(x-3)=0$ $\therefore x=-4$ 또는 $x=3$
그런데 $x\geq3$이므로	$x=3$
(i), (ii)에서 주어진 방정식의 해는	**$x=-2$ 또는 $x=3$**

● **문제** ●

정답과 해설 29쪽

03-**1** 다음 방정식을 푸시오.

(1) $x^2+|x|-6=0$

(2) $x^2-3|x-1|-7=0$

03-**2** 방정식 $|x+1|^2-3|x+1|-4=0$의 모든 근의 합을 구하시오.

가우스 기호를 포함한 방정식의 풀이

실수 x에 대하여 x보다 크지 않은 최대의 정수를 $[x]$로 나타내고, $[\ \ ]$를 가우스 기호라 한다.

예를 들어 $[3.1]$이면 3.1보다 크지 않은 정수는 3, 2, 1, …이고 이 중에서 최대의 정수는 3이므로 $[3.1]=3$이다.

또 $[-2.5]$이면 -2.5보다 크지 않은 정수는 -3, -4, -5, …이고 이 중에서 최대의 정수는 -3이므로

$[-2.5]=-3$이다.

따라서 다음이 성립한다.

> 정수 n에 대하여
> (1) $n \le x < n+1$이면 $[x]=n$
> (2) $[x]=n$이면 $n \le x < n+1$

가우스 기호를 포함한 방정식은 정수 단위로 x의 값의 범위를 나누어 풀거나 $[x]$를 하나의 문자로 생각하여 인수분해한 후 푼다.

---

(1) **x의 값의 범위가 주어진 경우**

정수 단위로 x의 값의 범위를 나누고, $n \le x < n+1$ (n은 정수)이면 $[x]=n$임을 이용하여 각 범위에서 방정식의 해를 구한다.

예 $1 < x < 3$일 때, 방정식 $x^2-[x]-2=0$을 푸시오. (단, $[x]$는 x보다 크지 않은 최대의 정수)

풀이 $1 < x < 3$이므로 정수 단위로 x의 값의 범위를 나누어 풀면

　(i) $1 < x < 2$일 때

　　$[x]=1$이므로 $x^2-1-2=0$

　　$x^2=3$　∴ $x=-\sqrt{3}$ 또는 $x=\sqrt{3}$

　　그런데 $1 < x < 2$이므로 $x=\sqrt{3}$

　(ii) $2 \le x < 3$일 때

　　$[x]=2$이므로 $x^2-2-2=0$

　　$x^2=4$　∴ $x=-2$ 또는 $x=2$

　　그런데 $2 \le x < 3$이므로 $x=2$

　(i), (ii)에서 주어진 방정식의 해는

　$x=\sqrt{3}$ 또는 $x=2$

(2) **인수분해가 가능한 경우**

$[x]$를 하나의 문자로 생각하고 좌변을 인수분해하여 $[x]$의 값을 구한 후 $[x]=n$ (n은 정수)이면 $n \le x < n+1$임을 이용한다.

예 방정식 $[x]^2-6[x]-7=0$을 푸시오. (단, $[x]$는 x보다 크지 않은 최대의 정수)

풀이 $[x]^2-6[x]-7=0$에서

　$([x]+1)([x]-7)=0$

　∴ $[x]=-1$ 또는 $[x]=7$

　∴ $-1 \le x < 0$ 또는 $7 \le x < 8$

이차방정식의 판별식

① 이차방정식의 판별식

계수가 실수인 이차방정식 $ax^2+bx+c=0$의 근 $x=\dfrac{-b\pm\sqrt{b^2-4ac}}{2a}$는 근호 안의 식 b^2-4ac의 부호에 따라 실근인지 허근인지 판별할 수 있다.

이때 b^2-4ac를 이차방정식 $ax^2+bx+c=0$의 **판별식**이라 하고 기호 D로 나타낸다. 즉,

$$D=b^2-4ac$$

특히 이차방정식 $ax^2+2b'x+c=0$의 근 $x=\dfrac{-b'\pm\sqrt{b'^2-ac}}{a}$는 근호 안의 식이 b'^2-ac이므로 판별식은 $\dfrac{D}{4}=b'^2-ac$로 나타낸다.

참고 판별식 D는 Discriminant(판별식)의 첫 글자이다.

② 이차방정식의 근의 판별

> 계수가 실수인 이차방정식 $ax^2+bx+c=0$의 판별식을 $D=b^2-4ac$라 할 때
> (1) $D>0$이면 서로 다른 두 실근을 갖는다. ⎤ 실근을 가질 조건: $D\geq0$
> (2) $D=0$이면 중근(서로 같은 두 실근)을 갖는다. ⎦
> (3) $D<0$이면 서로 다른 두 허근을 갖는다.

참고 이차방정식 $ax^2+2b'x+c=0$의 판별식 $\dfrac{D}{4}=b'^2-ac$에서도 같은 방법으로 근을 판별할 수 있다.

즉, $\dfrac{D}{4}>0$이면 서로 다른 두 실근, $\dfrac{D}{4}=0$이면 중근, $\dfrac{D}{4}<0$이면 서로 다른 두 허근을 갖는다.

예 (1) 이차방정식 $x^2-3x-5=0$의 근을 판별해 보자.

주어진 이차방정식의 판별식을 D라 하면 $D=(-3)^2-4\times1\times(-5)=29>0$

따라서 서로 다른 두 실근을 갖는다.

(2) 이차방정식 $x^2+8x+16=0$의 근을 판별해 보자.

주어진 이차방정식의 판별식을 D라 하면 x의 계수가 짝수이므로 $\dfrac{D}{4}=4^2-1\times16=0$

따라서 중근을 갖는다.

(3) 이차방정식 $3x^2+3x+1=0$의 근을 판별해 보자.

주어진 이차방정식의 판별식을 D라 하면 $D=3^2-4\times3\times1=-3<0$

따라서 서로 다른 두 허근을 갖는다.

③ 이차식이 완전제곱식이 될 조건

이차식 ax^2+bx+c가 완전제곱식이면 이차방정식 $ax^2+bx+c=0$이 중근을 가지므로 $b^2-4ac=0$이다.
또 이차식 ax^2+bx+c에서 $b^2-4ac=0$이면 ax^2+bx+c는 완전제곱식이다.

예 이차식 x^2+kx+9가 완전제곱식일 때, 실수 k의 값을 구해 보자.

주어진 이차식이 완전제곱식이면 이차방정식 $x^2+kx+9=0$이 중근을 가지므로 이 이차방정식의 판별식을 D라 하면

$$D=k^2-4\times1\times9=0$$

$k^2=36$ $\quad\therefore k=-6$ 또는 $k=6$

개념 Plus

판별식의 부호에 따라 이차방정식의 근이 실근인지 허근인지 결정되는 이유

계수가 실수인 이차방정식 $ax^2+bx+c=0$의 두 근을

$$\alpha=\frac{-b+\sqrt{b^2-4ac}}{2a},\ \beta=\frac{-b-\sqrt{b^2-4ac}}{2a}$$

라 하면 $2a$, $-b$는 실수이므로 $\sqrt{b^2-4ac}$의 값에 따라 α, β가 실근인지 허근인지 결정된다.

$D=b^2-4ac$라 하면

(1) $D>0$일 때

$\sqrt{b^2-4ac}$는 0이 아닌 실수이므로

$$\alpha=-\frac{b}{2a}+\frac{\sqrt{b^2-4ac}}{2a},\ \beta=-\frac{b}{2a}-\frac{\sqrt{b^2-4ac}}{2a}$$

따라서 서로 다른 두 실근을 갖는다.

(2) $D=0$일 때

$\sqrt{b^2-4ac}=0$이므로

$$\alpha=\beta=-\frac{b}{2a}$$

따라서 서로 같은 두 실근(중근)을 갖는다.

(3) $D<0$일 때

$\sqrt{b^2-4ac}$는 허수이므로

$$\alpha=-\frac{b}{2a}+\frac{\sqrt{-b^2+4ac}}{2a}i,\ \beta=-\frac{b}{2a}-\frac{\sqrt{-b^2+4ac}}{2a}i$$

따라서 서로 다른 두 허근을 갖는다.

이차식이 완전제곱식이 될 조건

이차식 ax^2+bx+c를 변형하면

$$ax^2+bx+c=a\left(x+\frac{b}{2a}\right)^2-\frac{b^2-4ac}{4a}$$

이 이차식이 완전제곱식이 되려면 $-\dfrac{b^2-4ac}{4a}=0$, 즉 $b^2-4ac=0$이어야 한다.

또 이차식 ax^2+bx+c에서 $b^2-4ac=0$이면

$$ax^2+bx+c=a\left(x+\frac{b}{2a}\right)^2$$

따라서 이차식 ax^2+bx+c는 완전제곱식이다.

개념 Check

정답과 해설 30쪽

1 다음 이차방정식의 근을 판별하시오.

(1) $x^2+3x-1=0$

(2) $x^2+2x+1=0$

(3) $x^2-2x+3=0$

x에 대한 이차방정식 $x^2+2(k+2)x+k^2+5k=0$이 다음과 같은 근을 갖도록 하는 실수 k의 값 또는 범위를 구하시오.

(1) 서로 다른 두 실근 　　　　(2) 중근 　　　　(3) 서로 다른 두 허근

공략 Point

계수가 실수인 이차방정식
$ax^2+bx+c=0$의 판별식을
$D=b^2-4ac$라 할 때
(1) $D>0$이면
　➡ 서로 다른 두 실근
(2) $D=0$이면
　➡ 중근
(3) $D<0$이면
　➡ 서로 다른 두 허근

풀이

이차방정식 $x^2+2(k+2)x+k^2+5k=0$의 판별식을 D라 하면 x의 계수가 짝수이므로	$\dfrac{D}{4}=(k+2)^2-(k^2+5k)=-k+4$
(1) 주어진 이차방정식이 서로 다른 두 실근을 가지려면 $D>0$이어야 하므로	$-k+4>0$ 　　$\therefore \ \boldsymbol{k<4}$
(2) 주어진 이차방정식이 중근을 가지려면 $D=0$이어야 하므로	$-k+4=0$ 　　$\therefore \ \boldsymbol{k=4}$
(3) 주어진 이차방정식이 서로 다른 두 허근을 가지려면 $D<0$이어야 하므로	$-k+4<0$ 　　$\therefore \ \boldsymbol{k>4}$

● **문제** ●

정답과 해설 30쪽

04-1 x에 대한 이차방정식 $x^2-2ax+a^2+a-1=0$이 다음과 같은 근을 갖도록 하는 실수 a의 값 또는 범위를 구하시오.

(1) 서로 다른 두 실근 　　　　(2) 중근 　　　　(3) 서로 다른 두 허근

04-2 x에 대한 이차방정식 $x^2-(2a+1)x+a^2+2=0$이 실근을 갖도록 하는 실수 a의 값의 범위를 구하시오.

04-3 이차방정식 $(k+2)x^2+2kx+k-4=0$이 서로 다른 두 실근을 갖도록 하는 실수 k의 값의 범위를 구하시오.

필수예제 05 이차방정식의 판별식의 활용

유형편 34쪽

다음 물음에 답하시오.

(1) x에 대한 이차식 $x^2+(2k+1)x+k^2+2k$가 완전제곱식일 때, 실수 k의 값을 구하시오.

(2) x에 대한 이차방정식 $x^2-2(k-a)x+k^2+a^2-b+1=0$이 실수 k의 값에 관계없이 항상 중근을 가질 때, 실수 a, b의 값을 구하시오.

공략 Point

판별식 $D=0$을 이용하는 경우
(1) 이차식이 완전제곱식일 때
(2) 이차방정식이 중근을 가질 때

풀이

(1) 주어진 이차식이 완전제곱식이면	이차방정식 $x^2+(2k+1)x+k^2+2k=0$이 중근을 갖는다.
이 이차방정식의 판별식을 D라 하면 $D=0$이므로	$D=(2k+1)^2-4(k^2+2k)=0$ $-4k+1=0$ $\therefore k=\dfrac{1}{4}$
(2) 이차방정식 $x^2-2(k-a)x+k^2+a^2-b+1=0$의 판별식을 D라 하면 $D=0$이므로	$\dfrac{D}{4}=\{-(k-a)\}^2-(k^2+a^2-b+1)=0$ $\therefore -2ak+b-1=0$
이 등식이 k에 대한 항등식이므로	$-2a=0$, $b-1=0$ $\therefore \boldsymbol{a=0, \ b=1}$

● **문제** ●

정답과 해설 30쪽

05-1 다음 물음에 답하시오.

(1) 이차식 $x^2-(k+3)x+2k+3$이 완전제곱식일 때, 실수 k의 값을 모두 구하시오.

(2) x에 대한 이차방정식 $x^2-2(k+a)x+(k+1)^2+a^2-b-3=0$이 실수 k의 값에 관계없이 항상 중근을 가질 때, 실수 a, b의 값을 구하시오.

05-2 x에 대한 이차식 $3x^2-2(a+3)x+a^2+2a-3$이 $3(x-k)^2$으로 인수분해될 때, 양수 a, k에 대하여 $a-k$의 값을 구하시오.

1 이차방정식 $2x^2+4x+3=0$의 해가 $x=a\pm bi$일 때, 실수 a, b에 대하여 $a+b^2$의 값은?

(단, $i=\sqrt{-1}$)

① $-\dfrac{3}{2}$ ② $-\dfrac{1}{2}$ ③ 0

④ $\dfrac{1}{2}$ ⑤ $\dfrac{3}{2}$

2 x에 대한 이차방정식 $(a-1)x^2-(a^2+1)x+2(a+1)=0$의 한 근이 2일 때, 다른 한 근을 구하시오. (단, a는 상수)

교육청▶

3 x에 대한 이차방정식 $x^2+k(2p-3)x-(p^2-2)k+q+2=0$이 실수 k의 값에 관계없이 항상 1을 근으로 가질 때, 두 상수 p, q에 대하여 $p+q$의 값은?

① -5 ② -2 ③ 1

④ 4 ⑤ 7

4 실수 a, b에 대하여 연산 $\odot$를
$$a\odot b=ab-a-b$$
라 할 때, 방정식 $x\odot x=|2\odot x|$를 푸시오.

5 보기에서 실근을 갖는 이차방정식인 것만을 있는 대로 고른 것은?

┌ 보기 ┐
ㄱ. $x^2-x+1=0$ ㄴ. $3x^2+5x+2=0$
ㄷ. $2x^2+6x+5=0$ ㄹ. $3x^2+2\sqrt{6}x+2=0$

① ㄱ, ㄷ   ② ㄱ, ㄹ   ③ ㄴ, ㄷ
④ ㄴ, ㄹ   ⑤ ㄷ, ㄹ

교육청▶

6 x에 대한 이차방정식 $x^2+2(k-2)x+k^2-24=0$이 서로 다른 두 실근을 갖도록 하는 모든 자연수 k의 개수를 구하시오.

7 x에 대한 이차방정식 $x^2+2kx+k^2+2k-6=0$이 허근을 갖고, 이차방정식 $x^2-2kx+3k+10=0$이 중근을 갖도록 하는 실수 k의 값은?

① -5 ② -2 ③ 2
④ 3 ⑤ 5

8 x에 대한 이차방정식 $x^2-2ax+b^2+1=0$이 중근을 가질 때, 이차방정식 $x^2+4ax+2b+1=0$의 근을 판별하시오. (단, a, b는 실수)

9 0이 아닌 두 실수 a, b에 대하여 $\dfrac{\sqrt{b}}{\sqrt{a}}=-\sqrt{\dfrac{b}{a}}$일 때, 다음 중 항상 서로 다른 두 실근을 갖는 이차방정식은?

① $x^2+ax+b=0$ ② $x^2+ax-b=0$
③ $x^2+bx-a=0$ ④ $ax^2+bx-1=0$
⑤ $bx^2+ax+1=0$

▶ 실력

10 방정식 $x^2=\sqrt{x^2}+|x-1|+2$의 모든 근의 합은?

① -3 ② -2 ③ -1
④ $-2+\sqrt{2}$ ⑤ $-1+\sqrt{2}$

11 이차방정식 $ax^2+2(a+1)x-k(a-2)=0$이 중근을 갖도록 하는 실수 a가 오직 하나뿐일 때, 양수 k의 값을 구하시오.

12 x에 대한 이차방정식
$x^2+2(2a+k)x-ak^2+bk+c+k=0$이 실수 k의 값에 관계없이 항상 중근을 가질 때, 실수 a, b, c에 대하여 abc의 값은?

① -20 ② -12 ③ 0
④ 12 ⑤ 20

13 삼각형의 세 변의 길이 a, b, c에 대하여 두 이차식 $(b+c)x^2-2ax+b-c$, ax^2+8x+c가 모두 완전제곱식일 때, 이 삼각형의 넓이를 구하시오.

이차방정식의 근과 계수의 관계

1 이차방정식의 근과 계수의 관계

> 이차방정식 $ax^2+bx+c=0$의 두 근을 α, β라 하면
>
> $$\alpha+\beta=-\frac{b}{a},\ \alpha\beta=\frac{c}{a}$$

예 이차방정식 $3x^2-2x+6=0$의 두 근을 α, β라 하면

$$\alpha+\beta=-\frac{-2}{3}=\frac{2}{3},\ \alpha\beta=\frac{6}{3}=2$$

2 두 수를 근으로 하는 이차방정식

> 두 수 α, β를 근으로 하고 x^2의 계수가 1인 이차방정식은
>
> $$(x-\alpha)(x-\beta)=0 \implies x^2-\underset{\text{두 근의 합}}{(\alpha+\beta)}x+\underset{\text{두 근의 곱}}{\alpha\beta}=0$$

예 두 수 2, 3을 근으로 하고 x^2의 계수가 1인 이차방정식은

$x^2-(2+3)x+2\times 3=0$

$\therefore\ x^2-5x+6=0$

3 이차식의 인수분해

계수가 실수인 이차식은 복소수의 범위에서 항상 두 일차식의 곱으로 인수분해할 수 있다.
따라서 이차식 ax^2+bx+c는 다음과 같이 인수분해할 수 있다.

> 이차방정식 $ax^2+bx+c=0$의 두 근을 α, β라 하면
>
> $$ax^2+bx+c=a(x-\alpha)(x-\beta)$$

예 이차식 x^2+2x+4를 복소수의 범위에서 인수분해하여 보자.

이차방정식 $x^2+2x+4=0$의 해는 $x=-1\pm\sqrt{3}i$이므로

$x^2+2x+4=\{x-(-1-\sqrt{3}i)\}\{x-(-1+\sqrt{3}i)\}=(x+1+\sqrt{3}i)(x+1-\sqrt{3}i)$

4 이차방정식의 켤레근의 성질

이차방정식 $ax^2+bx+c=0$에서

(1) a, b, c가 유리수일 때, 한 근이 $p+q\sqrt{m}$이면 다른 한 근은 $p-q\sqrt{m}$이다.

(단, p, q는 유리수, $q\neq 0$, $\sqrt{m}$은 무리수)

(2) a, b, c가 실수일 때, 한 근이 $p+qi$이면 다른 한 근은 $p-qi$이다. (단, p, q는 실수, $q\neq 0$, $i=\sqrt{-1}$)

예 (1) 계수가 유리수인 이차방정식의 한 근이 $1+\sqrt{2}$이면 다른 한 근은 $1-\sqrt{2}$이다.

(2) 계수가 실수인 이차방정식의 한 근이 $3-i$이면 다른 한 근은 $3+i$이다.

참고 $q\neq 0$일 때, $p+q\sqrt{m}$과 $p-q\sqrt{m}$, $p+qi$와 $p-qi$를 각각 켤레근이라 한다.

이차방정식의 근과 계수의 관계 유도 과정

이차방정식 $ax^2+bx+c=0$의 두 근 α, β를

$$\alpha=\frac{-b+\sqrt{b^2-4ac}}{2a},\ \beta=\frac{-b-\sqrt{b^2-4ac}}{2a}$$

라 하면 두 근의 합과 곱은

$$\alpha+\beta=\frac{-b+\sqrt{b^2-4ac}}{2a}+\frac{-b-\sqrt{b^2-4ac}}{2a}=\frac{-2b}{2a}=-\frac{b}{a}$$

$$\alpha\beta=\frac{-b+\sqrt{b^2-4ac}}{2a}\times\frac{-b-\sqrt{b^2-4ac}}{2a}=\frac{4ac}{4a^2}=\frac{c}{a}$$

이차방정식의 근을 이용한 이차식의 인수분해

이차방정식 $ax^2+bx+c=0$의 두 근을 α, β라 하면 근과 계수의 관계에 의하여

$$\alpha+\beta=-\frac{b}{a},\ \alpha\beta=\frac{c}{a}$$

따라서 이차식 ax^2+bx+c는 다음과 같이 인수분해할 수 있다.

$$\begin{aligned}ax^2+bx+c&=a\left(x^2+\frac{b}{a}x+\frac{c}{a}\right)\\&=a\{x^2-(\alpha+\beta)x+\alpha\beta\}\\&=a(x-\alpha)(x-\beta)\end{aligned}$$

이차방정식의 켤레근의 성질에 대한 설명

이차방정식 $ax^2+bx+c=0$의 두 근 α, β를

$$\alpha=-\frac{b}{2a}+\frac{\sqrt{b^2-4ac}}{2a},\ \beta=-\frac{b}{2a}-\frac{\sqrt{b^2-4ac}}{2a}$$

라 하면
(1) a, b, c가 유리수이고, $\sqrt{b^2-4ac}$가 무리수이면
➡ $\alpha=p+q\sqrt{m}$, $\beta=p-q\sqrt{m}$ 꼴이다. (단, p, q는 유리수, $q\neq0$, $\sqrt{m}$은 무리수)
(2) a, b, c가 실수이고, $\sqrt{b^2-4ac}$가 허수이면
➡ $\alpha=p+qi$, $\beta=p-qi$ 꼴이다. (단, p, q는 실수, $q\neq0$, $i=\sqrt{-1}$)

개념 Check

정답과 해설 32쪽

1 다음 이차방정식의 두 근의 합과 곱을 차례대로 구하시오.

(1) $x^2-2x-2=0$ (2) $2x^2+3x-1=0$

2 다음 두 수를 근으로 하고 x^2의 계수가 1인 이차방정식을 구하시오.

(1) -3, 2 (2) $2+i$, $2-i$ (단, $i=\sqrt{-1}$)

3 다음 이차식을 복소수의 범위에서 인수분해하시오.

(1) x^2-2x+2 (2) x^2+2x+6

이차방정식의 근과 계수의 관계

유형편 35쪽

이차방정식 $x^2+4x-2=0$의 두 근을 α, β라 할 때, 다음 식의 값을 구하시오.

(1) $\alpha^2+\beta^2$

(2) $\dfrac{\beta}{\alpha^2}+\dfrac{\alpha}{\beta^2}$

(3) $(\alpha^2+5\alpha-1)(\beta^2+5\beta-1)$

공략 Point

이차방정식 $ax^2+bx+c=0$
의 두 근을 α, β라 하면
➡ $\alpha+\beta=-\dfrac{b}{a}$, $\alpha\beta=\dfrac{c}{a}$

풀이

이차방정식 $x^2+4x-2=0$의 두 근이 α, β이
므로 근과 계수의 관계에 의하여

$\alpha+\beta=-4$, $\alpha\beta=-2$

(1) 주어진 식의 값을 구하면

$\alpha^2+\beta^2=(\alpha+\beta)^2-2\alpha\beta$
$=(-4)^2-2\times(-2)=\mathbf{20}$

(2) 주어진 식의 값을 구하면

$\dfrac{\beta}{\alpha^2}+\dfrac{\alpha}{\beta^2}=\dfrac{\alpha^3+\beta^3}{\alpha^2\beta^2}=\dfrac{(\alpha+\beta)^3-3\alpha\beta(\alpha+\beta)}{(\alpha\beta)^2}$

$=\dfrac{(-4)^3-3\times(-2)\times(-4)}{(-2)^2}=\mathbf{-22}$

(3) α, β가 이차방정식 $x^2+4x-2=0$의 두 근
이므로

주어진 식의 값을 구하면

$\alpha^2+4\alpha-2=0$, $\beta^2+4\beta-2=0$
$\therefore \alpha^2=-4\alpha+2$, $\beta^2=-4\beta+2$

$(\alpha^2+5\alpha-1)(\beta^2+5\beta-1)$
$=(-4\alpha+2+5\alpha-1)(-4\beta+2+5\beta-1)$
$=(\alpha+1)(\beta+1)=\alpha\beta+\alpha+\beta+1$
$=-2+(-4)+1=\mathbf{-5}$

● **문제** ●

정답과 해설 32쪽

01-1 이차방정식 $x^2-2x-2=0$의 두 근을 α, β라 할 때, 다음 식의 값을 구하시오.

(1) $(\alpha-1)(\beta-1)$

(2) $(\alpha-\beta)^2$

(3) $\alpha^3+\beta^3$

(4) $\dfrac{\beta}{\alpha}+\dfrac{\alpha}{\beta}$

01-2 이차방정식 $x^2-3x+1=0$의 두 근을 α, β $(\alpha>\beta)$라 할 때, 다음 식의 값을 구하시오.

(1) $\alpha-\beta$

(2) $\sqrt{\alpha}+\sqrt{\beta}$

01-3 이차방정식 $x^2-5x+1=0$의 두 근을 α, β라 할 때, $(\alpha^2-3\alpha+2)(\beta^2-3\beta+2)$의 값을 구하
시오.

두 근이 주어진 이차방정식

🖊 유형편 36쪽

다음 물음에 답하시오.

(1) 이차방정식 $x^2 - ax + b = 0$의 두 근이 -2, 6일 때, 이차방정식 $ax^2 + (a-b)x + ab = 0$의 두 근의 합을 구하시오. (단, a, b는 상수)

(2) 이차방정식 $x^2 + ax + b = 0$의 두 근이 α, β이고, 이차방정식 $x^2 + (a-2)x + 1 = 0$의 두 근이 $\alpha + \beta$, $\alpha\beta$일 때, 상수 a, b의 값을 구하시오.

공략 Point

근과 계수의 관계를 이용하여
식을 세운다.

풀이

(1) 이차방정식 $x^2 - ax + b = 0$의 두 근이 -2, 6 이므로 근과 계수의 관계에 의하여	$-2 + 6 = a$, $-2 \times 6 = b$ $\therefore a = 4$, $b = -12$
따라서 이차방정식 $ax^2 + (a-b)x + ab = 0$ 의 두 근의 합은	$-\dfrac{a-b}{a} = -\dfrac{4-(-12)}{4} = -4$

(2) 이차방정식 $x^2 + ax + b = 0$의 두 근이 α, β 이므로 근과 계수의 관계에 의하여	$\alpha + \beta = -a$, $\alpha\beta = b$ ...... ㉠
이차방정식 $x^2 + (a-2)x + 1 = 0$의 두 근이 $\alpha + \beta$, $\alpha\beta$이므로 근과 계수의 관계에 의하여	$(\alpha+\beta) + \alpha\beta = -a+2$, $(\alpha+\beta)\alpha\beta = 1$
이 두 식에 ㉠을 각각 대입하여 풀면	$-a + b = -a + 2$, $-a \times b = 1$ $\therefore a = -\dfrac{1}{2}$, $b = 2$

● **문제** ●

정답과 해설 33쪽

02-1 이차방정식 $ax^2 + x + b = 0$의 두 근이 -1, 2일 때, 이차방정식 $bx^2 + ax + a + b = 0$의 두 근의 곱을 구하시오. (단, a, b는 상수)

02-2 이차방정식 $x^2 - ax + b = 0$의 두 근이 α, β이고, 이차방정식 $x^2 - (a-3)x + a + 4 = 0$의 두 근이 $\alpha + \beta$, $\alpha\beta$일 때, 상수 a, b의 값을 구하시오.

02-3 이차방정식 $x^2 + bx + a = 0$의 두 근이 α, β이고, 이차방정식 $x^2 - bx - a + 2 = 0$의 두 근이 $\alpha + 2$, $\beta + 2$일 때, 상수 a, b에 대하여 $a + b$의 값을 구하시오.

두 근의 조건이 주어진 이차방정식

유형편 37쪽

이차방정식 $x^2-(k+1)x-2k=0$의 두 근의 차가 5일 때, 상수 k의 값을 모두 구하시오.

공략 Point

두 근의 조건에 따라 다음과 같이 두 근을 적당한 문자로 놓고 근과 계수의 관계를 이용하여 식을 세운다.
(1) 두 근의 차가 k
➡ $\alpha,\ \alpha+k$
(2) 두 근이 연속인 정수
➡ $\alpha,\ \alpha+1$
(3) 두 근의 비가 $m:n$
➡ $m\alpha,\ n\alpha\,(\alpha\neq0)$
(4) 한 근이 다른 근의 k배
➡ $\alpha,\ k\alpha\,(\alpha\neq0)$

풀이

이차방정식 $x^2-(k+1)x-2k=0$의 두 근의 차가 5이므로	두 근을 $\alpha,\ \alpha+5$로 놓을 수 있다.
근과 계수의 관계에 의하여 두 근의 합은	$\alpha+(\alpha+5)=k+1$ $2\alpha+5=k+1$ $\quad\therefore \alpha=\dfrac{k}{2}-2$ $\quad\cdots\cdots$ ㉠
두 근의 곱은	$\alpha(\alpha+5)=-2k$ $\quad\cdots\cdots$ ㉡
㉡에 ㉠을 대입하여 k의 값을 구하면	$\left(\dfrac{k}{2}-2\right)\left(\dfrac{k}{2}+3\right)=-2k$ $k^2+10k-24=0,\ (k+12)(k-2)=0$ $\therefore k=-12$ 또는 $k=2$

다른 풀이

이차방정식 $x^2-(k+1)x-2k=0$의 두 근을 $\alpha,\ \beta$라 하면 근과 계수의 관계에 의하여	$\alpha+\beta=k+1,\ \alpha\beta=-2k$ $\quad\cdots\cdots$ ㉠
$|\alpha-\beta|=5$이므로 양변을 제곱하면	$(\alpha-\beta)^2=25$ $\therefore (\alpha+\beta)^2-4\alpha\beta=25$ $\quad\cdots\cdots$ ㉡
㉡에 ㉠을 대입하여 k의 값을 구하면	$(k+1)^2-4\times(-2k)=25$ $k^2+10k-24=0,\ (k+12)(k-2)=0$ $\therefore k=-12$ 또는 $k=2$

● **문제** ●

정답과 해설 33쪽

03-1 이차방정식 $x^2-(a+5)x+6a=0$의 두 근이 연속인 정수일 때, 상수 a의 값을 모두 구하시오.

03-2 이차방정식 $x^2+mx+135=0$의 두 근의 비가 $5:3$일 때, 자연수 m의 값을 구하시오.

03-3 이차방정식 $2x^2+3x+a=0$의 한 근이 다른 근의 2배일 때, 이차방정식 $x^2+3ax-2a+1=0$의 두 근의 합을 구하시오. (단, a는 상수)

이차방정식 $f(x)=0$의 근을 이용하여 $f(ax+b)=0$의 근 구하기

유형편 38쪽

이차방정식 $f(x)=0$의 두 근의 합이 9, 두 근의 곱이 -1일 때, 이차방정식 $f(3x)=0$의 두 근의 합과 곱을 구하시오.

공략 Point

이차방정식 $f(x)=0$의 두 근을 α, β라 하면 $f(\alpha)=0$, $f(\beta)=0$이므로 이차방정식 $f(ax+b)=0$의 두 근은

$$x=\frac{\alpha-b}{a} \ \text{또는} \ x=\frac{\beta-b}{a}$$

풀이

이차방정식 $f(x)=0$의 두 근을 α, β라 하면	$f(\alpha)=0$, $f(\beta)=0$
두 근의 합이 9, 두 근의 곱이 -1이므로	$\alpha+\beta=9$, $\alpha\beta=-1$
이차방정식 $f(3x)=0$의 두 근을 구하면	$3x=\alpha$ 또는 $3x=\beta$
	$\therefore x=\dfrac{\alpha}{3}$ 또는 $x=\dfrac{\beta}{3}$
이차방정식 $f(3x)=0$의 두 근의 합은	$\dfrac{\alpha}{3}+\dfrac{\beta}{3}=\dfrac{\alpha+\beta}{3}=\dfrac{9}{3}=3$
이차방정식 $f(3x)=0$의 두 근의 곱은	$\dfrac{\alpha}{3}\times\dfrac{\beta}{3}=\dfrac{\alpha\beta}{9}=-\dfrac{1}{9}$

● **문제** ●

정답과 해설 34쪽

04-1 이차방정식 $f(x)=0$의 두 근의 합이 6, 두 근의 곱이 3일 때, 이차방정식 $f(2x)=0$의 두 근의 합과 곱을 구하시오.

04-2 이차방정식 $f(x)=0$의 두 근의 합이 6일 때, 이차방정식 $f(4x-1)=0$의 두 근의 합을 구하시오.

04-3 이차방정식 $f(x)=0$의 두 근의 합이 4, 두 근의 곱이 2일 때, 이차방정식 $f(3x-1)=0$의 두 근의 곱을 구하시오.

두 수를 근으로 하는 이차방정식

🖉 유형편 39쪽

이차방정식 $x^2-3x+6=0$의 두 근을 α, β라 할 때, 다음 물음에 답하시오.

(1) $\alpha+\beta$, $\alpha\beta$를 두 근으로 하고 x^2의 계수가 1인 이차방정식을 구하시오.

(2) $\dfrac{1}{\alpha}$, $\dfrac{1}{\beta}$을 두 근으로 하고 x^2의 계수가 6인 이차방정식을 구하시오.

공략 Point

α, β를 두 근으로 하고 x^2의 계수가 $a\,(a\neq0)$인 이차방정식은
$a\{x^2-(\alpha+\beta)x+\alpha\beta\}=0$

풀이

이차방정식 $x^2-3x+6=0$의 두 근이 α, β이므로 근과 계수의 관계에 의하여	$\alpha+\beta=3$, $\alpha\beta=6$
(1) 두 근 $\alpha+\beta$, $\alpha\beta$의 합은	$(\alpha+\beta)+\alpha\beta=3+6=9$
두 근 $\alpha+\beta$, $\alpha\beta$의 곱은	$(\alpha+\beta)\alpha\beta=3\times6=18$
따라서 구하는 이차방정식은	$x^2-9x+18=0$
(2) 두 근 $\dfrac{1}{\alpha}$, $\dfrac{1}{\beta}$의 합은	$\dfrac{1}{\alpha}+\dfrac{1}{\beta}=\dfrac{\alpha+\beta}{\alpha\beta}=\dfrac{3}{6}=\dfrac{1}{2}$
두 근 $\dfrac{1}{\alpha}$, $\dfrac{1}{\beta}$의 곱은	$\dfrac{1}{\alpha}\times\dfrac{1}{\beta}=\dfrac{1}{\alpha\beta}=\dfrac{1}{6}$
따라서 구하는 이차방정식은	$6\left(x^2-\dfrac{1}{2}x+\dfrac{1}{6}\right)=0$ $\therefore\ 6x^2-3x+1=0$

다른 풀이

(1) $\alpha+\beta$, $\alpha\beta$, 즉 3, 6을 두 근으로 하고 x^2의 계수가 1인 이차방정식은	$(x-3)(x-6)=0$ $\therefore\ x^2-9x+18=0$

● **문제** ●

정답과 해설 34쪽

05-1 이차방정식 $x^2-x+2=0$의 두 근을 α, β라 할 때, 다음 물음에 답하시오.

(1) $\alpha+\beta$, $\alpha\beta$를 두 근으로 하고 x^2의 계수가 1인 이차방정식을 구하시오.

(2) $\dfrac{\beta}{\alpha}$, $\dfrac{\alpha}{\beta}$를 두 근으로 하고 x^2의 계수가 2인 이차방정식을 구하시오.

05-2 이차방정식 $x^2+2x+3=0$의 두 근을 α, β라 하자. α^3+1, β^3+1을 두 근으로 하고 x^2의 계수가 1인 이차방정식이 $x^2+ax+b=0$일 때, 상수 a, b에 대하여 $a-b$의 값을 구하시오.

필수예제 O6 이차방정식의 켤레근의 성질

다음 물음에 답하시오.

(1) 이차방정식 $x^2+ax+b=0$의 한 근이 $2-\sqrt{2}$일 때, 유리수 a, b의 값을 구하시오.

(2) 이차방정식 $x^2-ax+b=0$의 한 근이 $1-2i$일 때, 실수 a, b의 값을 구하시오. (단, $i=\sqrt{-1}$)

공략 Point

켤레근의 성질을 이용하여 다른 한 근을 구한 후 근과 계수의 관계를 이용하여 미정계수를 구한다.

풀이

(1) 계수가 유리수이므로 $2-\sqrt{2}$가 근이면 다른 한 근은	$2+\sqrt{2}$
이차방정식 $x^2+ax+b=0$에서 근과 계수의 관계에 의하여	$(2-\sqrt{2})+(2+\sqrt{2})=-a$, $(2-\sqrt{2})(2+\sqrt{2})=b$ $\therefore a=-4$, $b=2$
(2) 계수가 실수이므로 $1-2i$가 근이면 다른 한 근은	$1+2i$
이차방정식 $x^2-ax+b=0$에서 근과 계수의 관계에 의하여	$(1-2i)+(1+2i)=a$, $(1-2i)(1+2i)=b$ $\therefore a=2$, $b=5$

● **문제** ●

O6-**1** 다음 물음에 답하시오.

(1) 이차방정식 $x^2+ax-b=0$의 한 근이 $3+2\sqrt{2}$일 때, 유리수 a, b의 값을 구하시오.

(2) 이차방정식 $x^2+ax+b=0$의 한 근이 $3+i$일 때, 실수 a, b의 값을 구하시오. (단, $i=\sqrt{-1}$)

O6-**2** 이차방정식 $x^2+px+1=0$의 한 근이 $q-\sqrt{3}$일 때, 유리수 p, q의 값을 구하시오. (단, $q>0$)

O6-**3** 이차방정식 $x^2+ax+b=0$의 한 근이 $\dfrac{3}{1+\sqrt{2}i}$일 때, 이차방정식 $x^2-bx-a+1=0$을 푸시오.

(단, a, b는 실수, $i=\sqrt{-1}$)

03 이차방정식의 근과 계수의 관계 **97**

1 이차방정식 $x^2-3x-2=0$의 두 근을 α, β라 할 때, 다음 중 옳지 <u>않은</u> 것은?

① $\alpha+\beta=3$

② $(\alpha-3)(\beta-3)=-2$

③ $(\alpha-\beta)^2=17$

④ $\alpha^3+\beta^3+4\alpha\beta=37$

⑤ $\dfrac{1}{1+\alpha}+\dfrac{1}{1+\beta}=2$

2 이차방정식 $x^2-x-3=0$의 두 근을 α, β라 할 때, 다항식 $f(x)=x^2-2x$에 대하여 $\beta f(\alpha)+\alpha f(\beta)$의 값을 구하시오.

3 이차방정식 $x^2+x-1=0$의 두 근을 α, β라 할 때, $(1+\alpha+\alpha^2+\alpha^3)(1+\beta+\beta^2+\beta^3)$의 값은?

① -5　　　② -4　　　③ -3

④ -2　　　⑤ -1

4 이차방정식 $x^2-ax+b=0$의 두 근이 -6, 2일 때, 이차방정식 $ax^2+2x+b=0$의 두 근의 곱을 구하시오. (단, a, b는 상수)

5 이차방정식 $x^2+ax+b=0$의 두 근이 α, β이고, 이차방정식 $x^2-(2a+1)x+2=0$의 두 근이 $\alpha-1$, $\beta-1$일 때, 상수 a, b에 대하여 a^2+b^2의 값을 구하시오.

교육청 ▶

6 x에 대한 이차방정식 $x^2-ax-4=0$의 두 근을 α, β라 하자. $\dfrac{\alpha}{\beta}+\dfrac{\beta}{\alpha}=-6$일 때, 양수 a의 값은?

① 3　　　② 4　　　③ 5

④ 6　　　⑤ 7

7 x에 대한 이차방정식 $x^2+(k^2-5k+4)x-k+2=0$의 두 실근의 절댓값이 같고 부호가 서로 다를 때, 이차방정식 $x^2+(k+3)x+3=0$의 두 근의 합은?

(단, k는 상수)

① -7　　　② -6　　　③ -5

④ -4　　　⑤ -3

8 x에 대한 이차방정식 $x^2-(k^2-4k)x+27=0$의 한 실근이 다른 실근의 제곱과 같을 때, 양수 k의 값은?

① 2   ② 3   ③ 4
④ 5   ⑤ 6

9 이차방정식 $x^2+ax+b=0$을 푸는데 태윤이는 b를 잘못 보고 풀어서 두 근 $3+2i$, $3-2i$를 얻었고, 혜영이는 a를 잘못 보고 풀어서 두 근 $4+i$, $4-i$를 얻었다. 원래의 이차방정식을 푸시오.
(단, a, b는 상수, $i=\sqrt{-1}$)

10 이차방정식 $x^2-6x-1=0$의 두 근을 α, β라 할 때, $\alpha^2+\dfrac{1}{\beta}$, $\beta^2+\dfrac{1}{\alpha}$을 두 근으로 하고 x^2의 계수가 1인 이차방정식은?

① $x^2-44x+5=0$ ② $x^2-32x+5=0$
③ $x^2-32x+6=0$ ④ $x^2+32x+6=0$
⑤ $x^2+44x+6=0$

11 이차방정식 $2x^2-x+2=0$의 두 근을 α, β라 할 때, $(\alpha-1)(\beta-1)$, $\dfrac{\beta}{\alpha}+\dfrac{\alpha}{\beta}$를 두 근으로 하는 이차방정식은 $8x^2+ax+b=0$이다. 이때 상수 a, b에 대하여 $a-b$의 값은?

① 19   ② 20   ③ 21
④ 22   ⑤ 23

12 이차식 x^2-2x+5를 복소수의 범위에서 인수분해하면? (단, $i=\sqrt{-1}$)

① $(x+2+2i)(x+2-2i)$
② $(x+1+2i)(x+1-2i)$
③ $(x+1+i)(x+1-i)$
④ $(x-1+2i)(x-1-2i)$
⑤ $(x-2+2i)(x-2-2i)$

13 이차방정식 $x^2-ax+b=0$의 한 근이 $\dfrac{3+i}{1+i}$일 때, 실수 a, b에 대하여 ab의 값은? (단, $i=\sqrt{-1}$)

① 16   ② 20   ③ 24
④ 28   ⑤ 32

14 0이 아닌 실수 m, n에 대하여 이차방정식 $x^2+mx+n=0$의 한 근이 $-1+2i$이다. $\dfrac{1}{m}$, $\dfrac{1}{n}$을 두 근으로 하는 이차방정식이 $x^2+ax+b=0$일 때, 상수 a, b에 대하여 $a+b$의 값은? (단, $i=\sqrt{-1}$)

① $-\dfrac{6}{5}$　　② -1　　③ $-\dfrac{4}{5}$

④ $-\dfrac{3}{5}$　　⑤ $-\dfrac{2}{5}$

17 x^2의 계수가 1인 이차식 $f(x)$가 다음 조건을 만족시킬 때, 이차방정식 $f(x)=0$은?

> ㈎ 이차방정식 $f(3x)=0$의 두 근의 합은 3이다.
> ㈏ 이차방정식 $f(2x-1)=0$의 두 근의 곱은 4이다.

① $x^2-3x+4=0$　　② $x^2-3x+8=0$
③ $x^2-9x+4=0$　　④ $x^2-9x+6=0$
⑤ $x^2-9x+8=0$

▶ 실력

15 이차방정식 $x^2-2x-4=0$의 두 근을 α, β라 하자. 이차식 $f(x)$에 대하여 $f(\alpha)=f(\beta)=3$, $f(1)=-2$일 때, $f(x)$를 구하시오.

18 (교육청) 이차방정식 $x^2-4x+2=0$의 두 실근을 α, β $(\alpha<\beta)$라 하자. 그림과 같이 $\overline{AB}=\alpha$, $\overline{BC}=\beta$인 직각삼각형 ABC에 내접하는 정사각형의 넓이와 둘레의 길이를 두 근으로 하는 x에 대한 이차방정식이 $4x^2+mx+n=0$일 때, 두 상수 m, n에 대하여 $m+n$의 값은? (단, 정사각형의 두 변은 선분 AB와 선분 BC 위에 있다.)

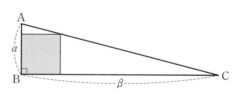

① -11　　② -10　　③ -9
④ -8　　⑤ -7

16 이차방정식 $2x^2-4x+k=0$의 두 실근의 절댓값의 합이 4일 때, 상수 k의 값은?

① -9　　② -8　　③ -7
④ -6　　⑤ -5

2 이차방정식과 이차함수

이차방정식과 이차함수의 관계

❶ 이차함수의 그래프와 x축의 위치 관계

(1) 이차함수 $y=ax^2+bx+c$의 그래프와 x축의 교점의 x좌표는 이차방정식 $ax^2+bx+c=0$의 실근과 같다. ◀ 이차함수 $y=ax^2+bx+c$의 그래프와 x축의 교점의 개수는 이차방정식 $ax^2+bx+c=0$의 실근의 개수와 같다.

(2) 이차함수 $y=ax^2+bx+c$의 그래프와 x축의 위치 관계는 이차방정식 $ax^2+bx+c=0$의 판별식 D의 부호에 따라 다음과 같다.

		$D>0$	$D=0$	$D<0$
$ax^2+bx+c=0$의 근		서로 다른 두 실근	중근	서로 다른 두 허근
$y=ax^2+bx+c$의 그래프	$a>0$			
	$a<0$			
$y=ax^2+bx+c$의 그래프와 x축의 위치 관계		서로 다른 두 점에서 만난다.	한 점에서 만난다(접한다).	만나지 않는다.

❷ 이차함수의 그래프와 직선의 위치 관계

(1) 이차함수 $y=ax^2+bx+c$의 그래프와 직선 $y=mx+n$의 교점의 x좌표는 이차방정식 $ax^2+bx+c=mx+n$, 즉 $ax^2+(b-m)x+c-n=0$의 실근과 같다.

(2) 이차함수 $y=ax^2+bx+c$의 그래프와 직선 $y=mx+n$의 위치 관계는 이차방정식 $ax^2+(b-m)x+c-n=0$의 판별식 D의 부호에 따라 다음과 같다.

	$D>0$	$D=0$	$D<0$
$y=ax^2+bx+c\,(a>0)$의 그래프와 직선 $y=mx+n$의 위치 관계	서로 다른 두 점에서 만난다.	한 점에서 만난다(접한다).	만나지 않는다.

개념 Check

정답과 해설 38쪽

1 다음 이차함수의 그래프와 x축의 위치 관계를 말하시오.

(1) $y=x^2-4x+2$　　　　(2) $y=-x^2+4x-4$　　　　(3) $y=x^2-3x+3$

2 이차함수 $y=-x^2+x-1$의 그래프와 다음 직선의 교점의 개수를 구하시오.

(1) $y=2x-3$　　　　(2) $y=-5x+8$　　　　(3) $y=2x+4$

이차함수의 그래프와 x축의 교점

✎유형편 42쪽

이차함수 $y=x^2+ax+b$의 그래프가 오른쪽 그림과 같을 때, 상수 a, b에 대하여 $a-b$의 값을 구하시오.

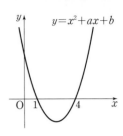

공략 Point

이차함수 $y=f(x)$의 그래프와 x축의 교점의 x좌표는 이차방정식 $f(x)=0$의 실근과 같다.

풀이

이차함수 $y=x^2+ax+b$의 그래프와 x축의 교점의 x좌표가 1, 4이므로	1, 4는 이차방정식 $x^2+ax+b=0$의 두 근이다.
근과 계수의 관계에 의하여	$1+4=-a$, $1\times4=b$ $\therefore a=-5$, $b=4$
따라서 구하는 값은	$a-b=-9$

● **문제** ●

정답과 해설 38쪽

01-1 이차함수 $y=-x^2+ax+b$의 그래프가 오른쪽 그림과 같을 때, 상수 a, b에 대하여 $a+2b$의 값을 구하시오.

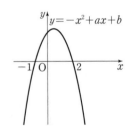

01-2 이차함수 $y=3x^2+3x+a$의 그래프가 x축과 두 점 $(-2, 0)$, $(b, 0)$에서 만날 때, 상수 a, b에 대하여 $b-a$의 값을 구하시오.

01-3 이차함수 $y=x^2+ax-3$의 그래프와 x축의 두 교점 사이의 거리가 4일 때, 양수 a의 값을 구하시오.

이차함수의 그래프와 x축의 위치 관계

유형편 43쪽

이차함수 $y=x^2+2(k-4)x+k^2$의 그래프와 x축의 위치 관계가 다음과 같도록 하는 상수 k의 값 또는 범위를 구하시오.

(1) 서로 다른 두 점에서 만난다.

(2) 한 점에서 만난다.

(3) 만나지 않는다.

공략 Point

이차함수 $y=f(x)$의 그래프와 x축의 위치 관계는 이차방정식 $f(x)=0$의 판별식을 D라 할 때

(1) 서로 다른 두 점에서 만나면 $D>0$

(2) 한 점에서 만나면 $D=0$

(3) 만나지 않으면 $D<0$

풀이

이차함수의 식과 $y=0$을 연립한 이차방정식은	$x^2+2(k-4)x+k^2=0$
이 이차방정식의 판별식을 D라 하면	$\dfrac{D}{4}=(k-4)^2-k^2=-8k+16$
(1) 이차함수의 그래프와 x축이 서로 다른 두 점에서 만나려면 $D>0$이어야 하므로	$-8k+16>0$ $\quad\therefore \boldsymbol{k<2}$
(2) 이차함수의 그래프와 x축이 한 점에서 만나려면 $D=0$이어야 하므로	$-8k+16=0$ $\quad\therefore \boldsymbol{k=2}$
(3) 이차함수의 그래프와 x축이 만나지 않으려면 $D<0$이어야 하므로	$-8k+16<0$ $\quad\therefore \boldsymbol{k>2}$

● **문제** ●

정답과 해설 38쪽

O2-**1** 이차함수 $y=x^2-2x+k$의 그래프와 x축의 위치 관계가 다음과 같도록 하는 상수 k의 값 또는 범위를 구하시오.

(1) 서로 다른 두 점에서 만난다.

(2) 접한다.

(3) 만나지 않는다.

O2-**2** 이차함수 $y=x^2-kx+k$의 그래프는 x축에 접하고, 이차함수 $y=-2x^2+3x-k$의 그래프는 x축과 만나지 않을 때, 상수 k의 값을 구하시오.

이차함수의 그래프와 직선의 교점

✐유형편 43쪽

이차함수 $y=-x^2+b$의 그래프와 직선 $y=ax+1$이 오른쪽 그림과 같이
두 점에서 만날 때, 상수 a, b에 대하여 $a+b$의 값을 구하시오.

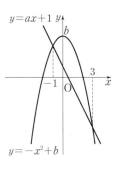

공략 Point

이차함수 $y=f(x)$의 그래프
와 직선 $y=g(x)$의 교점의
x좌표는 이차방정식
$f(x)=g(x)$의 실근과 같다.

풀이

이차함수 $y=-x^2+b$의 그래프와 직선 $y=ax+1$
의 교점의 x좌표가 -1, 3이므로
근과 계수의 관계에 의하여

-1, 3은 이차방정식 $-x^2+b=ax+1$, 즉
$x^2+ax-b+1=0$의 두 근이다.

$-1+3=-a$, $-1\times3=-b+1$

$\therefore a=-2$, $b=4$

따라서 구하는 값은

$a+b=2$

● **문제** ●

정답과 해설 39쪽

○3-**1** 이차함수 $y=x^2+ax-5$의 그래프와 직선 $y=x+b$의 두 교점의 x좌표의 합이 3, 곱이 -4일
때, 상수 a, b에 대하여 ab의 값을 구하시오.

○3-**2** 이차함수 $y=2x^2-ax+2$의 그래프와 직선 $y=-2x+b$가 오른쪽
그림과 같이 두 점에서 만날 때, 상수 a, b에 대하여 $a+b$의 값을 구하
시오.

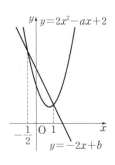

○3-**3** 이차함수 $y=-2x^2+x+k$의 그래프와 직선 $y=-x+5$가 두 점 A, B에서 만난다. 점 A의 x
좌표가 -2일 때, 점 B의 좌표를 구하시오. (단, k는 상수)

이차함수 $y=x^2-4x+2$의 그래프와 직선 $y=-x+k$의 위치 관계가 다음과 같도록 하는 상수 k의 값 또는 범위를 구하시오.

(1) 서로 다른 두 점에서 만난다.
(2) 한 점에서 만난다.
(3) 만나지 않는다.

공략 Point

이차함수 $y=f(x)$의 그래프와 직선 $y=g(x)$의 위치 관계는 이차방정식 $f(x)=g(x)$의 판별식을 D라 할 때
(1) 서로 다른 두 점에서 만나면 $D>0$
(2) 한 점에서 만나면 $D=0$
(3) 만나지 않으면 $D<0$

풀이

이차함수의 식과 직선의 식을 연립한 이차방정식은	$x^2-4x+2=-x+k$ $\therefore x^2-3x-k+2=0$
이 이차방정식의 판별식을 D라 하면	$D=9-4(-k+2)=4k+1$

(1) 이차함수의 그래프와 직선이 서로 다른 두 점에서 만나려면 $D>0$이어야 하므로	$4k+1>0$ $\quad \therefore \boldsymbol{k>-\dfrac{1}{4}}$
(2) 이차함수의 그래프와 직선이 한 점에서 만나려면 $D=0$이어야 하므로	$4k+1=0$ $\quad \therefore \boldsymbol{k=-\dfrac{1}{4}}$
(3) 이차함수의 그래프와 직선이 만나지 않으려면 $D<0$이어야 하므로	$4k+1<0$ $\quad \therefore \boldsymbol{k<-\dfrac{1}{4}}$

● **문제** ●

정답과 해설 39쪽

04-1 이차함수 $y=-x^2+2x+k$의 그래프에 대하여 다음을 구하시오.

(1) 직선 $y=3x-2$와 서로 다른 두 점에서 만나도록 하는 상수 k의 값의 범위
(2) 직선 $y=x+2k$와 접하도록 하는 상수 k의 값
(3) 직선 $y=-2x-k+1$과 만나지 않도록 하는 상수 k의 값의 범위

04-2 이차함수 $y=x^2+4x-a$의 그래프와 직선 $y=2x+2$가 적어도 한 점에서 만나도록 하는 상수 a의 값의 범위를 구하시오.

연습문제

1 이차함수 $y=2x^2+ax-3$의 그래프가 오른쪽 그림과 같을 때, 상수 a, b에 대하여 $2ab$의 값은?

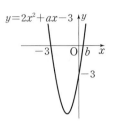

① -1　　　② 1
③ 3　　　　④ 5
⑤ 7

2 이차함수 $y=f(x)$의 그래프가 오른쪽 그림과 같을 때, 방정식 $f(x+1)=0$의 모든 실근의 합을 구하시오.

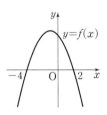

교육청 ▶
3 두 상수 a, b에 대하여 이차함수 $y=x^2+ax+b$의 그래프가 점 $(1, 0)$에서 x축과 접할 때, 이차함수 $y=x^2+bx+a$의 그래프가 x축과 만나는 두 점 사이의 거리는?

① 1　　　　② 2　　　　③ 3
④ 4　　　　⑤ 5

4 이차함수 $y=x^2-2(k+1)x+k^2$의 그래프와 x축이 만나지 않도록 하는 정수 k의 최댓값을 구하시오.

5 이차함수 $y=x^2+2ax+am+m+b$의 그래프가 실수 m의 값에 관계없이 항상 x축에 접할 때, 상수 a, b에 대하여 ab의 값은?

① -2　　　② -1　　　③ 0
④ 1　　　　⑤ 2

6 이차함수 $y=2x^2+3x+1$의 그래프와 직선 $y=ax+b$의 두 교점의 x좌표가 각각 -2, 3일 때, 상수 a, b에 대하여 $a+b$의 값은?

① 12　　　　② 14　　　　③ 16
④ 18　　　　⑤ 20

7 이차함수 $y=x^2+px+q$의 그래프는 직선 $y=2x+1$과 서로 다른 두 점에서 만난다. 이 중 한 교점의 x좌표가 $3+\sqrt{5}$일 때, 유리수 p, q에 대하여 $p+q$의 값을 구하시오.

정답과 해설 40쪽

 교육청

8 이차함수 $y=x^2+5x+9$의 그래프와 직선 $y=x+k$가 만나지 않도록 하는 모든 자연수 k의 개수는?

① 1   ② 2   ③ 3

④ 4   ⑤ 5

9 이차함수 $y=x^2+ax+a+2$의 그래프가 직선 $y=-x+1$과 직선 $y=5x+4$에 동시에 접하도록 하는 상수 a의 값은?

① 3   ② 4   ③ 5

④ 6   ⑤ 7

▶ 실력

10 방정식 $|x^2-4|=k$가 서로 다른 네 실근을 가질 때, 정수 k의 개수는?

① 2   ② 3   ③ 4

④ 5   ⑤ 6

교육청

11 그림과 같이 이차함수 $y=x^2$의 그래프와 직선 $y=x+k$가 만나는 두 점을 각각 A, B라 하고, 점 A와 B에서 x축에 내린 수선의 발을 각각 C, D라 하자. 삼각형 AOC의 넓이를 S_1, 삼각형 DOB의 넓이를 S_2라 할 때, $S_1-S_2=20$을 만족시키는 양수 k의 값을 구하시오. (단, O는 원점이고, 두 점 A, B는 각각 제1사분면과 제2사분면 위에 있다.)

12 오른쪽 그림과 같이 폭이 4 m, 높이가 4 m인 포물선 모양의 조형물이 지면과 만나는 두 지점을 각각 A, B라 하자. 지점 A에 높이가 $\dfrac{25}{4}$ m인 가로등이 지면과 수직으로 설치되어 있고, 이 가로등의 불빛에 의하여 생기는 조형물의 그림자의 끝을 C라 할 때, 두 지점 A, C 사이의 거리를 구하시오.
(단, 조형물과 가로등의 두께는 무시한다.)

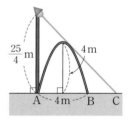

2
차함수의
대, 최소

이차함수의 최대, 최소

① 이차함수의 최대, 최소

함수의 함숫값 중에서 가장 큰 값을 그 함수의 최댓값, 가장 작은 값을 그 함수의 최솟값이라 한다.

(1) 실수 전체의 범위에서의 이차함수의 최대, 최소

이차함수 $y=ax^2+bx+c$의 최대, 최소는 이차함수의 식을 $y=a(x-p)^2+q$ 꼴로 변형하여 구한다.

① $a>0$일 때 ➡ $x=p$에서 최솟값 q를 갖고, 최댓값은 없다.

② $a<0$일 때 ➡ $x=p$에서 최댓값 q를 갖고, 최솟값은 없다.

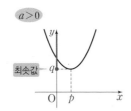
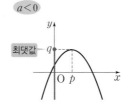

(2) 제한된 범위에서의 이차함수의 최대, 최소

$\alpha \le x \le \beta$에서 이차함수 $f(x)=a(x-p)^2+q$의 최대, 최소는 다음과 같다.

① 꼭짓점의 x좌표가 $\alpha \le x \le \beta$에 포함될 때   ◀ $\alpha \le p \le \beta$

➡ $f(\alpha)$, $f(p)$, $f(\beta)$ 중 가장 큰 값이 최댓값, 가장 작은 값이 최솟값이다.

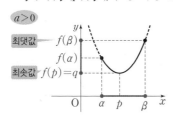
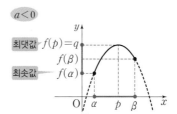

② 꼭짓점의 x좌표가 $\alpha \le x \le \beta$에 포함되지 않을 때   ◀ $p<\alpha$ 또는 $p>\beta$

➡ $f(\alpha)$, $f(\beta)$ 중 큰 값이 최댓값, 작은 값이 최솟값이다.

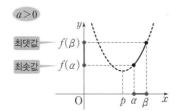
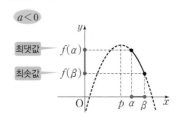

✎ 개념 Check

정답과 해설 41쪽

1 다음 이차함수의 최댓값과 최솟값을 구하시오.

(1) $y=(x-3)^2-4$ (2) $y=-2(x+1)^2+3$

(3) $y=3x^2+6x+4$ (4) $y=-x^2+4x-1$

이차함수의 최댓값과 최솟값

🖊️유형편 45쪽

다음 이차함수의 최댓값과 최솟값을 구하시오.

(1) $y=x^2-2x-3 \ (0 \le x \le 3)$　　　　　(2) $y=-x^2-10x-21 \ (-4 \le x \le -2)$

공략 Point

이차함수의 식을
$y=a(x-p)^2+q$ 꼴로 변형
한 후 꼭짓점의 x좌표 p가 주
어진 범위에 포함되는지 확인
한다.

풀이

(1) 주어진 이차함수의 식을 변형하면 꼭짓점의 x좌표 1이 $0 \le x \le 3$에 포함되므로 최댓값과 최솟값을 구하면	$y=x^2-2x-3=(x-1)^2-4$ $x=3$일 때, **최댓값 0** $x=1$일 때, **최솟값 −4**	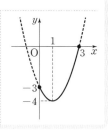
(2) 주어진 이차함수의 식을 변형하면 꼭짓점의 x좌표 −5가 $-4 \le x \le -2$에 포함되지 않으므로 최댓값과 최솟값을 구하면	$y=-x^2-10x-21=-(x+5)^2+4$ $x=-4$일 때, **최댓값 3** $x=-2$일 때, **최솟값 −5**	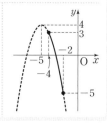

● **문제** ●

정답과 해설 41쪽

01-1 다음 이차함수의 최댓값과 최솟값을 구하시오.

(1) $y=x^2+4x \ (-3 \le x \le 1)$　　　　　(2) $y=-2x^2+8x-1 \ (-1 \le x \le 1)$

01-2 이차함수 $y=-2x^2+4x-5$가 $-2 \le x \le 4$에서 최댓값 a를 갖고 $-3 \le x \le 0$에서 최댓값 b를 가질 때, $a+b$의 값을 구하시오.

01-3 이차함수 $y=x^2+4x-a^2+4a+7$이 $-4 \le x \le 0$에서 최솟값 $f(a)$를 가질 때, $f(a)$의 최댓값을 구하시오. (단, a는 실수)

필수예제 02 최댓값 또는 최솟값이 주어졌을 때, 미정계수 구하기 ✎유형편 46쪽

다음 물음에 답하시오. (단, k는 상수)

(1) $-4 \leq x \leq -1$에서 이차함수 $y = x^2 + 6x + k$의 최솟값이 1일 때, 이 함수의 최댓값을 구하시오.

(2) $2 \leq x \leq 4$에서 이차함수 $y = -x^2 + 2x + k$의 최댓값이 3일 때, 이 함수의 최솟값을 구하시오.

공략 Point

이차함수의 식을 $y = a(x-p)^2 + q$ 꼴로 변형한 후 주어진 최댓값 또는 최솟값을 이용하여 미정계수를 구한다.

풀이

(1) 주어진 이차함수의 식을 변형하면	$y = x^2 + 6x + k = (x+3)^2 + k - 9$	
꼭짓점의 x좌표 -3이 $-4 \leq x \leq -1$에 포함되므로	$x = -3$일 때 최솟값 $k-9$를 갖는다.	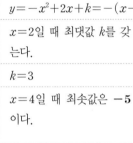
이때 주어진 조건에서 최솟값이 1이므로	$k - 9 = 1$ $\therefore k = 10$	
따라서 함수 $y = (x+3)^2 + 1$의 최댓값을 구하면	$x = -1$일 때 최댓값은 **5**이다.	

(2) 주어진 이차함수의 식을 변형하면	$y = -x^2 + 2x + k = -(x-1)^2 + k + 1$	
꼭짓점의 x좌표 1이 $2 \leq x \leq 4$에 포함되지 않으므로	$x = 2$일 때 최댓값 k를 갖는다.	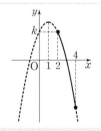
이때 주어진 조건에서 최댓값이 3이므로	$k = 3$	
따라서 함수 $y = -(x-1)^2 + 4$의 최솟값을 구하면	$x = 4$일 때 최솟값은 **-5**이다.	

● **문제** ●

정답과 해설 42쪽

02-1 다음 물음에 답하시오. (단, k는 상수)

(1) $3 \leq x \leq 5$에서 이차함수 $y = x^2 - 4x + k$의 최댓값이 2일 때, 이 함수의 최솟값을 구하시오.

(2) $-3 \leq x \leq 0$에서 이차함수 $y = -3x^2 - 6x + k$의 최댓값이 11일 때, 이 함수의 최솟값을 구하시오.

02-2 $1 \leq x \leq a$에서 이차함수 $y = -3x^2 + 12x - 5$의 최댓값이 b이고 최솟값이 -5일 때, $a+b$의 값을 구하시오. (단, $a > 2$)

공통부분이 있는 함수의 최댓값과 최솟값

유형편 47쪽

$-1 \le x \le 2$에서 함수 $y = (x^2 - 2x)^2 - 4(x^2 - 2x) + 3$의 최댓값과 최솟값을 구하시오.

공략 Point

공통부분을 t로 놓고 t의 값의 범위를 구한 후 이 범위에서 t에 대한 함수의 최댓값과 최솟값을 구한다.

풀이

$x^2 - 2x = t$로 놓으면	$t = x^2 - 2x = (x-1)^2 - 1$ ······ ㉠
$-1 \le x \le 2$에서 ㉠은 $x = -1$일 때 최댓값 3을 갖고, $x = 1$일 때 최솟값 -1을 가지므로 t의 값의 범위는	$-1 \le t \le 3$

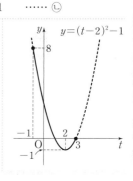

주어진 함수를 t에 대한 함수로 나타내면	$y = t^2 - 4t + 3 = (t-2)^2 - 1$ ······ ㉡
따라서 $-1 \le t \le 3$에서 ㉡의 최댓값과 최솟값을 구하면	$t = -1$일 때, **최댓값 8** $t = 2$일 때, **최솟값 -1**

문제

정답과 해설 42쪽

O3-1 다음 함수의 최댓값과 최솟값을 구하시오.

(1) $y = (x^2 + 4x + 1)^2 - 2(x^2 + 4x + 1) - 1$

(2) $y = -2(x^2 - 6x + 12)^2 + 4(x^2 - 6x + 12) + 16 \ (1 \le x \le 3)$

O3-2 $0 \le x \le 3$에서 함수 $y = (x^2 - 2x)^2 + 6(x^2 - 2x + 1) + 2$가 $x = a$에서 최솟값 b를 가질 때, ab의 값을 구하시오.

필수예제 04 조건을 만족시키는 이차식의 최댓값과 최솟값

유형편 47쪽

$0 \le x \le 2$이고 $x+y=3$인 실수 x, y에 대하여 $2x+y^2$의 최댓값과 최솟값을 구하시오.

공략 Point

주어진 등식을 최댓값과 최솟값을 구해야 하는 이차식에 대입하여 범위가 주어진 문자에 대한 이차식으로 나타낸 후 주어진 범위에서 이차함수의 최대, 최소를 이용한다.

풀이

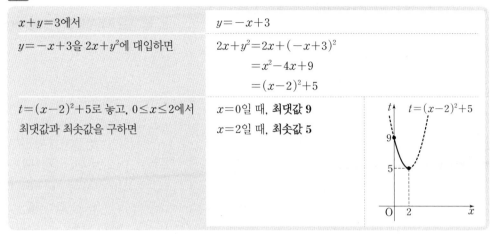

$x+y=3$에서	$y=-x+3$
$y=-x+3$을 $2x+y^2$에 대입하면	$2x+y^2=2x+(-x+3)^2$
	$\quad\quad\quad =x^2-4x+9$
	$\quad\quad\quad =(x-2)^2+5$
$t=(x-2)^2+5$로 놓고, $0 \le x \le 2$에서 최댓값과 최솟값을 구하면	$x=0$일 때, **최댓값 9** $x=2$일 때, **최솟값 5**

문제

정답과 해설 42쪽

04-1 $-1 \le x \le 1$이고 $x+y=1$인 실수 x, y에 대하여 $2x^2+2y^2$의 최댓값과 최솟값을 구하시오.

04-2 $3 \le y \le 6$이고 $x+2y=5$인 실수 x, y에 대하여 x^2+y^2+1의 최댓값을 M, 최솟값을 m이라 할 때, $M-m$의 값을 구하시오.

04-3 $-1 \le x \le 3$에서 이차함수 $y=x^2-4x+3$의 그래프 위를 움직이는 점 (a, b)에 대하여 $2a-b$의 최댓값과 최솟값을 구하시오.

이차함수의 최댓값과 최솟값의 활용

유형편 48쪽

오른쪽 그림과 같이 직사각형 ABCD에서 두 꼭짓점 B, C는 x축 위에 있고, 두 꼭짓점 A, D는 이차함수 $y=-x^2+6x$의 그래프 위에 있다. 이때 직사각형 ABCD의 둘레의 길이의 최댓값을 구하시오.

(단, 점 A는 제1사분면 위의 점이다.)

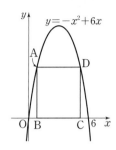

공략 Point

문제의 상황에 맞게 변수를 정하고 이차함수의 식을 세운 후 조건을 만족시키는 범위에서 최댓값과 최솟값을 구한다.

풀이

주어진 이차함수의 식을 변형하면	$y=-x^2+6x=-(x-3)^2+9$
점 B의 좌표를 $(a, 0)\ (0<a<3)$이라 하면	A$(a, -a^2+6a)$, C$(6-a, 0)$
두 선분 AB, BC의 길이는	$\overline{AB}=-a^2+6a$, $\overline{BC}=6-2a$
직사각형 ABCD의 둘레의 길이를 l이라 하면	$l=2(\overline{AB}+\overline{BC})$ $=2(-a^2+6a+6-2a)$ $=-2a^2+8a+12$ $=-2(a-2)^2+20$
$0<a<3$에서 최댓값을 구하면	$a=2$일 때 최댓값은 20이다.
따라서 직사각형 ABCD의 둘레의 길이의 최댓값은	**20**

● **문제** ●

정답과 해설 43쪽

O5-**1** 오른쪽 그림과 같이 직선 $y=-x+6$ 위의 한 점 P에서 x축, y축에 내린 수선의 발을 각각 Q, R라 할 때, 직사각형 ROQP의 넓이의 최댓값을 구하시오. (단, 점 P는 제1사분면 위의 점이고, O는 원점이다.)

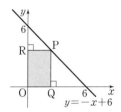

O5-**2** 오른쪽 그림과 같이 길이가 28 m인 철망으로 직사각형 모양의 닭장을 만들려고 한다. 벽에는 철망을 사용하지 않을 때, 이 닭장의 최대 넓이를 구하시오. (단, 철망의 두께는 무시한다.)

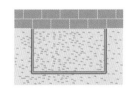

1 $-2 \le x \le 3$에서 이차함수 $y=(x+1)^2-2$의 최댓값을 M, 최솟값을 m이라 할 때, $M+m$의 값은?

① 10 ② 12 ③ 14
④ 16 ⑤ 18

2 이차함수 $y=2x^2-4ax+3$의 최솟값은 1이고, $1 \le x \le 3$에서 이차함수 $y=-x^2-2ax+1$의 최댓값은 M일 때, 양수 a에 대하여 $a+M$의 값을 구하시오.

3 $0 \le x \le 3$에서 이차함수 $y=3x^2-6x+k$의 최솟값이 -8일 때, 이 함수의 최댓값은? (단, k는 상수)

① 2 ② 4 ③ 6
④ 8 ⑤ 10

4 $4 \le x \le 6$에서 이차함수 $y=-2x^2+12x+k$의 최댓값과 최솟값의 합이 -4일 때, 최댓값과 최솟값의 곱을 구하시오. (단, k는 상수)

5 $1 \le x \le 4$에서 함수 $y=-(x^2-4x+1)^2-4(x^2-4x+1)+3$의 최댓값과 최솟값의 합은?

① 1 ② 3 ③ 5
④ 7 ⑤ 9

6 $0 \le x \le 5$이고 $2x+y=3$인 실수 x, y에 대하여 y^2-x^2의 최댓값을 M, 최솟값을 m이라 할 때, $M-m$의 값은?

① 21 ② 23 ③ 25
④ 27 ⑤ 29

정답과 해설 44쪽

7 그림과 같이 이차함수 $y=x^2-3x+2$의 그래프가 y축과 만나는 점을 A, x축과 만나는 점을 각각 B, C라 하자. 점 $P(a,\,b)$가 점 A에서 이차함수 $y=x^2-3x+2$의 그래프를 따라 점 B를 거쳐 점 C 까지 움직일 때, $a+b+3$의 최댓값과 최솟값의 합을 구하시오.

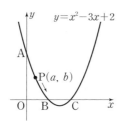

8 어느 가게에서 사탕 한 개의 가격이 100원일 때, 하루에 400개씩 팔린다고 한다. 이 사탕 한 개의 가격을 x원 올리면 판매량이 $2x$개 줄어든다고 할 때, 사탕의 하루 총 판매 금액이 최대가 되도록 하는 사탕한 개의 가격은?

① 100원　　② 150원　　③ 200원

④ 250원　　⑤ 300원

실력

9 $-2\le x\le3$에서 함수 $y=x^2-2|x|-1$의 최댓값을 M, 최솟값을 m이라 할 때, Mm의 값은?

① -8　　② -4　　③ -2

④ 2　　⑤ 4

10 $0\le x\le2$에서 정의된 이차함수 $f(x)=x^2-2ax+2a^2$의 최솟값이 10일 때, 함수 $f(x)$의 최댓값을 구하시오. (단, a는 양수이다.)

11 그림과 같이 $\angle A=90°$이고 $\overline{AB}=6$인 직각이등변 삼각형 ABC가 있다. 변 AB 위의 한 점 P에서 변 BC에 내린 수선의 발을 Q라 하고, 점 P를 지나고 변 BC와 평행한 직선이 변 AC와 만나는 점을 R라 하자. 사각형 PQCR의 넓이의 최댓값을 구하시오. (단, 점 P는 꼭짓점 A와 꼭짓점 B가 아니다.)

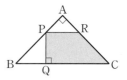

Ⅱ. 방정식과 부등식

3 여러 가지 방정식

삼차방정식과 사차방정식

❶ 삼차방정식과 사차방정식

다항식 $f(x)$가 x에 대한 삼차식이면 방정식 $f(x)=0$을 x에 대한 삼차방정식이라 하고, $f(x)$가 x에 대한 사차식이면 방정식 $f(x)=0$을 x에 대한 사차방정식이라 한다.

[참고] 삼차 이상의 방정식을 고차방정식이라 한다.

❷ 삼차방정식과 사차방정식의 풀이

삼차방정식 또는 사차방정식 $f(x)=0$은 $f(x)$를 인수분해한 후 다음 성질을 이용하여 해를 구한다.

(1) $AB=0$이면　　　$A=0$ 또는 $B=0$
(2) $ABC=0$이면　　$A=0$ 또는 $B=0$ 또는 $C=0$
(3) $ABCD=0$이면　$A=0$ 또는 $B=0$ 또는 $C=0$ 또는 $D=0$

[예] 삼차방정식 $x^3-3x^2+2x=0$을 풀어 보자.
주어진 삼차방정식의 좌변을 인수분해하면
$x(x-1)(x-2)=0$
따라서 $x=0$ 또는 $x-1=0$ 또는 $x-2=0$이므로
$x=0$ 또는 $x=1$ 또는 $x=2$

[참고] • 특별한 언급이 없으면 삼차방정식과 사차방정식의 해는 복소수의 범위에서 구한다.
• 계수가 실수인 삼차방정식과 사차방정식은 복소수의 범위에서 각각 3개, 4개의 근을 갖는다.

〔 개념 Plus

방정식 $f(x)=0$에서 $f(x)$를 인수분해하는 방법

(1) 인수분해 공식을 이용
$x^3+a^3=(x+a)(x^2-ax+a^2)$, $x^3-a^3=(x-a)(x^2+ax+a^2)$
$x^4-a^4=(x^2+a^2)(x^2-a^2)=(x+a)(x-a)(x^2+a^2)$

(2) 인수 정리와 조립제법을 이용
방정식 $f(x)=0$에서 $f(\alpha)=0$을 만족시키는 α의 값을 찾은 후 조립제법을 이용하여
$f(x)=(x-\alpha)Q(x)$ └ α의 값은 $\pm\dfrac{(f(x)의 \ 상수항의 \ 양의 \ 약수)}{(f(x)의 \ 최고차항의 \ 계수의 \ 양의 \ 약수)}$ 중에서 찾을 수 있다.
꼴로 인수분해한다.

(3) 치환을 이용
방정식에 공통부분이 있으면 치환하여 식을 간단히 한 후 인수분해한다.
이때 공통부분이 바로 보이지 않으면 공통부분이 생기도록 식을 변형한다.

✎ 개념 Check

정답과 해설 45쪽

1　다음 방정식을 푸시오.

(1) $(x-2)(x^2+x-3)=0$ 　　　　　　　(2) $x^3-2x^2-3x=0$
(3) $x^3+1=0$ 　　　　　　　　　　　　(4) $x^4-16=0$

삼차방정식과 사차방정식의 풀이

유형편 50쪽

다음 방정식을 푸시오.

(1) $x^3+x-2=0$

(2) $2x^4-x^3-6x^2-x+2=0$

공략 Point

인수분해 공식 및 인수 정리와 조립제법을 이용하여 인수분해한 후 해를 구한다.

풀이

(1) $f(x)=x^3+x-2$라 하면

$x-1$은 $f(x)$의 인수이므로 조립제법을 이용하여 $f(x)$를 인수분해하면

$f(1)=1+1-2=0$

$$\begin{array}{r|rrrr} 1 & 1 & 0 & 1 & -2 \\ & & 1 & 1 & 2 \\ \hline & 1 & 1 & 2 & 0 \end{array}$$

$\therefore f(x)=(x-1)(x^2+x+2)$

따라서 주어진 방정식의 해를 구하면

$(x-1)(x^2+x+2)=0$

$\therefore x=1$ 또는 $x=\dfrac{-1\pm\sqrt{7}i}{2}$

(2) $f(x)=2x^4-x^3-6x^2-x+2$라 하면

$f(-1)=2+1-6+1+2=0$
$f(2)=32-8-24-2+2=0$

$x+1$, $x-2$는 $f(x)$의 인수이므로 조립제법을 이용하여 $f(x)$를 인수분해하면

$$\begin{array}{r|rrrr} -1 & 2 & -1 & -6 & -1 & 2 \\ & & -2 & 3 & 3 & -2 \\ \hline 2 & 2 & -3 & -3 & 2 & 0 \\ & & 4 & 2 & -2 & \\ \hline & 2 & 1 & -1 & 0 \end{array}$$

$\therefore f(x)=(x+1)(x-2)(2x^2+x-1)$
$\qquad =(x+1)^2(2x-1)(x-2)$

따라서 주어진 방정식의 해를 구하면

$(x+1)^2(2x-1)(x-2)=0$

$\therefore x=-1$(중근) 또는 $x=\dfrac{1}{2}$ 또는 $x=2$

● **문제** ●

정답과 해설 45쪽

01-1 다음 방정식을 푸시오.

(1) $x^3+7x^2-6=0$

(2) $x^3-6x^2+13x-10=0$

(3) $x^4-4x^3-15x^2+58x-40=0$

(4) $x^4-9x^2-4x+12=0$

01-2 삼차방정식 $x^3+2x^2-5x-6=0$의 가장 큰 근을 α, 가장 작은 근을 β라 할 때, $\alpha-\beta$의 값을 구하시오.

공통부분이 있는 사차방정식의 풀이

유형편 50쪽

다음 사차방정식을 푸시오.

(1) $(x^2-6x)(x^2-6x+1)-56=0$

(2) $(x+3)(x+1)(x-2)(x-4)+9=0$

공략 Point

공통부분을 한 문자로 치환하여 인수분해한 후 해를 구한다. 이때 공통부분이 바로 보이지 않는 경우에는 적당한 항을 묶거나 두 일차식의 상수항의 합이 같게 짝을 지어 전개하여 공통부분을 만든 후 인수분해한다.

풀이

(1) $x^2-6x=t$로 놓으면 주어진 방정식은	$t(t+1)-56=0$, $t^2+t-56=0$
좌변을 인수분해하면	$(t+8)(t-7)=0$ ∴ $t=-8$ 또는 $t=7$
(i) $t=-8$일 때	$x^2-6x+8=0$, $(x-2)(x-4)=0$ ∴ $x=2$ 또는 $x=4$
(ii) $t=7$일 때	$x^2-6x-7=0$, $(x+1)(x-7)=0$ ∴ $x=-1$ 또는 $x=7$
(i), (ii)에서 주어진 방정식의 해는	$x=-1$ 또는 $x=2$ 또는 $x=4$ 또는 $x=7$

(2) 두 일차식의 상수항의 합이 같게 짝을 지어 전개하면	$\{(x+3)(x-4)\}\{(x+1)(x-2)\}+9=0$ $(x^2-x-12)(x^2-x-2)+9=0$
$x^2-x=t$로 놓으면	$(t-12)(t-2)+9=0$, $t^2-14t+33=0$
좌변을 인수분해하면	$(t-3)(t-11)=0$ ∴ $t=3$ 또는 $t=11$
(i) $t=3$일 때	$x^2-x-3=0$ ∴ $x=\dfrac{1\pm\sqrt{13}}{2}$
(ii) $t=11$일 때	$x^2-x-11=0$ ∴ $x=\dfrac{1\pm3\sqrt{5}}{2}$
(i), (ii)에서 주어진 방정식의 해는	$x=\dfrac{1\pm\sqrt{13}}{2}$ 또는 $x=\dfrac{1\pm3\sqrt{5}}{2}$

● **문제** ●

정답과 해설 46쪽

02-1 다음 사차방정식을 푸시오.

(1) $(x^2+3x+4)(x^2+3x-3)=8$

(2) $(x^2+2x)^2+2x^2+4x-3=0$

(3) $x(x-2)(x-3)(x-5)+8=0$

(4) $(x-1)(x-2)(x+2)(x+3)=60$

02-2 사차방정식 $(x^2-x-1)^2-2(x^2-x)-13=0$의 두 실근의 곱을 구하시오.

$x^4+ax^2+b=0$ 꼴의 사차방정식의 풀이

유형편 51쪽

다음 사차방정식을 푸시오.

(1) $x^4-x^2-6=0$ (2) $x^4+x^2+1=0$

공략 Point

$x^2=t$로 치환하여

(1) 좌변이 인수분해되면 인수분해한 후 $t=x^2$을 대입하여 해를 구한다.

(2) 좌변이 인수분해되지 않으면 사차방정식의 좌변에 적당한 이차식을 더하거나 빼서 $A^2-B^2=0$ 꼴로 변형한 후 인수분해하여 해를 구한다.

풀이

(1) $x^2=t$로 놓으면 주어진 방정식은	$t^2-t-6=0$
좌변을 인수분해하면	$(t+2)(t-3)=0$
	$\therefore t=-2$ 또는 $t=3$
$t=x^2$을 대입하여 해를 구하면	$x^2=-2$ 또는 $x^2=3$
	$\therefore x=\pm\sqrt{2}i$ 또는 $x=\pm\sqrt{3}$
(2) 주어진 방정식의 좌변에 x^2을 더하고 빼서 $A^2-B^2=0$ 꼴로 변형하면	$(x^4+2x^2+1)-x^2=0$
	$(x^2+1)^2-x^2=0$
인수분해하여 해를 구하면	$(x^2+x+1)(x^2-x+1)=0$
	$\therefore x=\dfrac{-1\pm\sqrt{3}i}{2}$ 또는 $x=\dfrac{1\pm\sqrt{3}i}{2}$

● **문제** ●

정답과 해설 46쪽

O3-**1** 다음 사차방정식을 푸시오.

(1) $x^4-2x^2-3=0$ (2) $x^4-6x^2+1=0$

O3-**2** 사차방정식 $x^4+5x^2-14=0$의 두 실근을 α, β라 할 때, $\alpha-\beta$의 값을 구하시오. (단, $\alpha>\beta$)

O3-**3** 사차방정식 $x^4+4=0$을 푸시오.

필수 예제 UP 04 계수가 대칭인 사차방정식의 풀이

유형편 51쪽

사차방정식 $x^4-5x^3-4x^2-5x+1=0$을 푸시오.

공략 Point

$ax^4+bx^3+cx^2+bx+a=0$ 꼴의 사차방정식은 양변을 x^2으로 나눈 후 $x+\dfrac{1}{x}=t$로 치환하여 푼다.

풀이

$x\neq0$이므로 주어진 방정식의 양변을 x^2으로 나누면	$x^2-5x-4-\dfrac{5}{x}+\dfrac{1}{x^2}=0$ $x^2+\dfrac{1}{x^2}-5\left(x+\dfrac{1}{x}\right)-4=0$ $\left(x+\dfrac{1}{x}\right)^2-5\left(x+\dfrac{1}{x}\right)-6=0$
$x+\dfrac{1}{x}=t$로 놓으면	$t^2-5t-6=0$
좌변을 인수분해하면	$(t+1)(t-6)=0$ $\quad\therefore\ t=-1$ 또는 $t=6$
(i) $t=-1$일 때	$x+\dfrac{1}{x}+1=0,\ x^2+x+1=0$ $\therefore\ x=\dfrac{-1\pm\sqrt{3}i}{2}$
(ii) $t=6$일 때	$x+\dfrac{1}{x}-6=0,\ x^2-6x+1=0$ $\therefore\ x=3\pm2\sqrt{2}$
(i), (ii)에서 주어진 방정식의 해는	$x=3\pm2\sqrt{2}$ 또는 $x=\dfrac{-1\pm\sqrt{3}i}{2}$

● **문제** ●

정답과 해설 47쪽

04-1 사차방정식 $x^4+7x^3+14x^2+7x+1=0$을 푸시오.

04-2 사차방정식 $2x^4-7x^3+10x^2-7x+2=0$의 두 허근의 합을 구하시오.

근이 주어진 삼차·사차방정식

유형편 52쪽

삼차방정식 $x^3-3x^2-ax+2=0$의 한 근이 2일 때, 나머지 두 근을 구하시오. (단, a는 상수)

공략 Point

방정식의 한 근 a가 주어지면 주어진 방정식에 $x=a$를 대입하여 미정계수를 구한다.

풀이

삼차방정식 $x^3-3x^2-ax+2=0$의 한 근이 2 이므로 $x=2$를 대입하면	$8-12-2a+2=0$ $\therefore a=-1$
$a=-1$을 주어진 방정식에 대입하면	$x^3-3x^2+x+2=0$
이 방정식의 한 근이 2이므로 조립제법을 이용하여 좌변을 인수분해하면	$\begin{array}{r|rrrr} 2 & 1 & -3 & 1 & 2 \\ & & 2 & -2 & -2 \\ \hline & 1 & -1 & -1 & 0 \end{array}$ $\therefore (x-2)(x^2-x-1)=0$
주어진 방정식의 해를 구하면	$x=2$ 또는 $x=\dfrac{1\pm\sqrt{5}}{2}$
따라서 나머지 두 근은	$\dfrac{1-\sqrt{5}}{2},\ \dfrac{1+\sqrt{5}}{2}$

● **문제** ●

정답과 해설 47쪽

05-1 삼차방정식 $x^3+kx^2-(3k+2)x-5=0$의 한 근이 1일 때, 나머지 두 근을 구하시오.
(단, k는 상수)

05-2 삼차방정식 $x^3+ax^2+(a+1)x+4a=0$의 서로 다른 세 근이 2, a, β일 때, $a+a+\beta$의 값을 구하시오. (단, a는 상수)

05-3 사차방정식 $x^4+ax^3+2x^2-5x-b=0$의 두 근이 -1, 1일 때, 나머지 두 근의 곱을 구하시오.
(단, a, b는 상수)

근의 조건이 주어진 삼차방정식

유형편 52쪽

삼차방정식 $x^3+(3k-1)x-3k=0$이 중근을 갖도록 하는 실수 k의 값을 모두 구하시오.

공략 Point

삼차방정식을
$(x-\alpha)(ax^2+bx+c)=0$
(a는 실수) 꼴로 인수분해한 후
$ax^2+bx+c=0$의 판별식을
D라 할 때, 이 삼차방정식이
(1) 실근만을 가지면
  ➡ $D \geq 0$
(2) 중근을 가지면
  ➡ $ax^2+bx+c=0$의 한 근이 $x=\alpha$이거나 $D=0$
(3) 허근을 가지면
  ➡ $D < 0$

풀이

$f(x)=x^3+(3k-1)x-3k$라 하면 $x-1$은 $f(x)$의 인수이므로 조립제법을 이용하여 $f(x)$를 인수분해하면	$f(1)=1+3k-1-3k=0$

$$\begin{array}{r|rrrr} 1 & 1 & 0 & 3k-1 & -3k \\ & & 1 & 1 & 3k \\ \hline & 1 & 1 & 3k & 0 \end{array}$$

$$\therefore f(x)=(x-1)(x^2+x+3k)$$

이때 주어진 방정식이 중근을 가지려면	이차방정식 $x^2+x+3k=0$이 1을 근으로 갖거나 중근을 가져야 한다.
(i) $x^2+x+3k=0$이 1을 근으로 갖는 경우 $x=1$을 대입하면	$1+1+3k=0$ $\quad \therefore k=-\dfrac{2}{3}$
(ii) $x^2+x+3k=0$이 중근을 갖는 경우 이 이차방정식의 판별식을 D라 하면	$D=1-12k=0$ $\quad \therefore k=\dfrac{1}{12}$
(i), (ii)에서 실수 k의 값은	$-\dfrac{2}{3}, \ \dfrac{1}{12}$

● **문제** ●

정답과 해설 48쪽

06-1 삼차방정식 $x^3-8x^2+3(a+4)x-6a=0$의 근이 모두 실수가 되도록 하는 실수 a의 값의 범위를 구하시오.

06-2 삼차방정식 $x^3+(1-k)x^2-k^2=0$이 허근을 갖도록 하는 실수 k의 값의 범위를 구하시오.

06-3 삼차방정식 $x^3+10x^2+2(m+8)x+4m=0$이 중근과 다른 한 실근을 갖도록 하는 모든 실수 m의 값의 합을 구하시오.

삼차방정식의 활용

유형편 53쪽

정육면체의 가로의 길이, 세로의 길이를 각각 $2\,cm$씩 줄이고, 높이를 $3\,cm$ 늘여서 직육면체를 만들었더니 그 부피가 $396\,cm^3$가 되었다. 처음 정육면체의 한 모서리의 길이를 구하시오.

공략 Point

주어진 상황에 맞게 미지수를 정하여 방정식을 세우고 해를 구한 후 문제의 조건에 맞는 것만 택한다.

풀이

처음 정육면체의 한 모서리의 길이를 $x\,cm$라 하면 새로 만든 직육면체의 부피가 $396\,cm^3$이므로	$(x-2)(x-2)(x+3)=396$ $x^3-x^2-8x-384=0$
$f(x)=x^3-x^2-8x-384$라 하면	$f(8)=512-64-64-384=0$
$x-8$은 $f(x)$의 인수이므로 조립제법을 이용하여 $f(x)$를 인수분해하면	$\begin{array}{r|rrrr} 8 & 1 & -1 & -8 & -384 \\ & & 8 & 56 & 384 \\ \hline & 1 & 7 & 48 & 0 \end{array}$ $\therefore f(x)=(x-8)(x^2+7x+48)$
즉, 삼차방정식은	$(x-8)(x^2+7x+48)=0$
그런데 $x>2$이므로	$x=8$
따라서 처음 정육면체의 한 모서리의 길이는	**$8\,cm$**

● **문제** ●

정답과 해설 49쪽

07-1 가로의 길이가 $20\,cm$, 세로의 길이가 $16\,cm$인 직사각형 모양의 종이가 있다. 오른쪽 그림과 같이 종이의 네 귀퉁이에서 한 변의 길이가 $x\,cm$인 정사각형을 잘라 내고 점선을 따라 접었더니 부피가 $420\,cm^3$인 뚜껑 없는 직육면체 모양의 상자가 되었을 때, 자연수 x의 값을 구하시오.

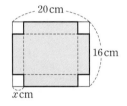

07-2 밑면의 반지름의 길이와 높이가 같은 원기둥 모양의 수족관에 $320\pi\,m^3$의 물을 부었더니 수족관의 위에서부터 $3\,m$를 남기고 물이 채워졌을 때, 수족관의 높이를 구하시오. (단, 수족관의 두께는 생각하지 않는다.)

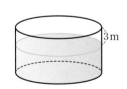

2 삼차방정식의 근과 계수의 관계

❶ 삼차방정식의 근과 계수의 관계

삼차방정식 $ax^3+bx^2+cx+d=0$의 세 근을 α, β, γ라 하면

$$\alpha+\beta+\gamma=-\frac{b}{a}, \quad \alpha\beta+\beta\gamma+\gamma\alpha=\frac{c}{a}, \quad \alpha\beta\gamma=-\frac{d}{a}$$

예 삼차방정식 $2x^3-3x^2+2x+5=0$의 세 근을 α, β, γ라 하면

$$\alpha+\beta+\gamma=-\frac{-3}{2}=\frac{3}{2}, \ \alpha\beta+\beta\gamma+\gamma\alpha=\frac{2}{2}=1, \ \alpha\beta\gamma=-\frac{5}{2}$$

❷ 세 수를 근으로 하는 삼차방정식

세 수 α, β, γ를 근으로 하고 x^3의 계수가 1인 삼차방정식은

$$(x-\alpha)(x-\beta)(x-\gamma)=0 \implies x^3-\underset{\text{세 근의 합}}{(\alpha+\beta+\gamma)}x^2+\underset{\text{두 근끼리의 곱의 합}}{(\alpha\beta+\beta\gamma+\gamma\alpha)}x-\underset{\text{세 근의 곱}}{\alpha\beta\gamma}=0$$

예 세 수 1, 2, 3을 근으로 하고 x^3의 계수가 1인 삼차방정식은

$$x^3-(1+2+3)x^2+(1\times2+2\times3+3\times1)x-1\times2\times3=0$$
$$\therefore \ x^3-6x^2+11x-6=0$$

❸ 삼차방정식의 켤레근의 성질

삼차방정식 $ax^3+bx^2+cx+d=0$에서

(1) a, b, c, d가 유리수일 때, 한 근이 $p+q\sqrt{m}$이면 $p-q\sqrt{m}$도 근이다.

(단, p, q는 유리수, $q\neq0$, $\sqrt{m}$은 무리수)

(2) a, b, c, d가 실수일 때, 한 근이 $p+qi$이면 $p-qi$도 근이다. (단, p, q는 실수, $q\neq0$, $i=\sqrt{-1}$)

예 (1) 계수가 유리수인 삼차방정식의 한 근이 $2+\sqrt{3}$이면 $2-\sqrt{3}$도 근이다.

(2) 계수가 실수인 삼차방정식의 한 근이 $3-i$이면 $3+i$도 근이다.

참고 (1) 계수가 유리수인 삼차방정식이 켤레근 $p+q\sqrt{m}$, $p-q\sqrt{m}$을 가지면 나머지 한 근은 유리수이다.

(2) 계수가 실수인 삼차방정식이 켤레근 $p+qi$, $p-qi$를 가지면 나머지 한 근은 실수이다.

📂 개념 Plus

삼차방정식의 근과 계수의 관계 유도 과정

삼차방정식 $ax^3+bx^2+cx+d=0$의 세 근을 α, β, γ라 하면 삼차식 ax^3+bx^2+cx+d는 $x-\alpha$, $x-\beta$, $x-\gamma$를 인수로 가지므로

$$ax^3+bx^2+cx+d=a(x-\alpha)(x-\beta)(x-\gamma)$$

이때 $a\neq0$이므로 양변을 a로 나누고 우변을 전개하면

$$x^3+\frac{b}{a}x^2+\frac{c}{a}x+\frac{d}{a}=x^3-(\alpha+\beta+\gamma)x^2+(\alpha\beta+\beta\gamma+\gamma\alpha)x-\alpha\beta\gamma$$

이 등식은 x에 대한 항등식이므로 양변의 동류항의 계수를 비교하면

$$\alpha+\beta+\gamma=-\frac{b}{a}, \ \alpha\beta+\beta\gamma+\gamma\alpha=\frac{c}{a}, \ \alpha\beta\gamma=-\frac{d}{a}$$

삼차방정식 $x^3+2x^2-x-1=0$의 세 근을 α, β, γ라 할 때, 다음 식의 값을 구하시오.

(1) $(\alpha-1)(\beta-1)(\gamma-1)$

(2) $\alpha^2+\beta^2+\gamma^2$

공략 Point

삼차방정식
$ax^3+bx^2+cx+d=0$의 세
근을 α, β, γ라 하면

➡ $\alpha+\beta+\gamma=-\dfrac{b}{a}$

$\alpha\beta+\beta\gamma+\gamma\alpha=\dfrac{c}{a}$

$\alpha\beta\gamma=-\dfrac{d}{a}$

풀이

삼차방정식 $x^3+2x^2-x-1=0$의 세 근이 α, β, γ이므로 근과 계수의 관계에 의하여	$\alpha+\beta+\gamma=-2$, $\alpha\beta+\beta\gamma+\gamma\alpha=-1$, $\alpha\beta\gamma=1$
(1) 주어진 식의 값을 구하면	$(\alpha-1)(\beta-1)(\gamma-1)$ $=\alpha\beta\gamma-(\alpha\beta+\beta\gamma+\gamma\alpha)+(\alpha+\beta+\gamma)-1$ $=1-(-1)+(-2)-1=\mathbf{-1}$
(2) 주어진 식의 값을 구하면	$\alpha^2+\beta^2+\gamma^2=(\alpha+\beta+\gamma)^2-2(\alpha\beta+\beta\gamma+\gamma\alpha)$ $=(-2)^2-2\times(-1)=\mathbf{6}$

● **문제** ●

정답과 해설 49쪽

08-**1** 삼차방정식 $2x^3-6x^2-5x+4=0$의 세 근의 합을 m, 세 근의 곱을 n이라 할 때, $m+n$의 값을 구하시오.

08-**2** 삼차방정식 $x^3+x^2+3x-2=0$의 세 근을 α, β, γ라 할 때, 다음 식의 값을 구하시오.

(1) $(\alpha+1)(\beta+1)(\gamma+1)$

(2) $\alpha^3+\beta^3+\gamma^3$

(3) $\dfrac{1}{\alpha}+\dfrac{1}{\beta}+\dfrac{1}{\gamma}$

(4) $\dfrac{\gamma}{\alpha\beta}+\dfrac{\alpha}{\beta\gamma}+\dfrac{\beta}{\gamma\alpha}$

08-**3** 삼차방정식 $x^3-7x^2+ax+b=0$의 세 근의 비가 $1:2:4$일 때, 상수 a, b의 값을 구하시오.

세 수를 근으로 하는 삼차방정식

🖊유형편 54쪽

삼차방정식 $x^3-3x^2-2x-1=0$의 세 근을 α, β, γ라 할 때, $\alpha+1$, $\beta+1$, $\gamma+1$을 세 근으로 하고 x^3의 계수가 1인 삼차방정식을 구하시오.

공략 Point

α, β, γ를 근으로 하고 x^3의 계수가 1인 삼차방정식은
$x^3-(\alpha+\beta+\gamma)x^2$
$+(\alpha\beta+\beta\gamma+\gamma\alpha)x-\alpha\beta\gamma$
$=0$

풀이

삼차방정식 $x^3-3x^2-2x-1=0$의 세 근이 α, β, γ이므로 근과 계수의 관계에 의하여	$\alpha+\beta+\gamma=3$, $\alpha\beta+\beta\gamma+\gamma\alpha=-2$, $\alpha\beta\gamma=1$
세 근 $\alpha+1$, $\beta+1$, $\gamma+1$의 합은	$(\alpha+1)+(\beta+1)+(\gamma+1)$ $=(\alpha+\beta+\gamma)+3$ $=3+3=6$
세 근 $\alpha+1$, $\beta+1$, $\gamma+1$의 두 근끼리의 곱의 합은	$(\alpha+1)(\beta+1)+(\beta+1)(\gamma+1)+(\gamma+1)(\alpha+1)$ $=(\alpha\beta+\beta\gamma+\gamma\alpha)+2(\alpha+\beta+\gamma)+3$ $=-2+2\times3+3=7$
세 근 $\alpha+1$, $\beta+1$, $\gamma+1$의 곱은	$(\alpha+1)(\beta+1)(\gamma+1)$ $=\alpha\beta\gamma+(\alpha\beta+\beta\gamma+\gamma\alpha)+(\alpha+\beta+\gamma)+1$ $=1+(-2)+3+1=3$
따라서 구하는 삼차방정식은	$x^3-6x^2+7x-3=0$

● **문제** ●

정답과 해설 49쪽

09-1 삼차방정식 $x^3+2x^2-x+3=0$의 세 근을 α, β, γ라 할 때, $\dfrac{1}{\alpha}$, $\dfrac{1}{\beta}$, $\dfrac{1}{\gamma}$을 세 근으로 하고 x^3의 계수가 3인 삼차방정식을 구하시오.

09-2 삼차방정식 $x^3+x-3=0$의 세 근을 α, β, γ라 할 때, $\alpha+\beta$, $\beta+\gamma$, $\gamma+\alpha$를 세 근으로 하고 x^3의 계수가 1인 삼차방정식을 구하시오.

필수 예제 10 삼차방정식의 켤레근의 성질

✍ 유형편 55쪽

다음 물음에 답하시오.

(1) 삼차방정식 $x^3+ax^2+bx-4=0$의 한 근이 $3+\sqrt{5}$일 때, 유리수 a, b의 값을 구하시오.

(2) 삼차방정식 $x^3+ax+b=0$의 한 근이 $1+i$일 때, 실수 a, b의 값을 구하시오. (단, $i=\sqrt{-1}$)

공략 Point

삼차방정식의 켤레근의 성질을 이용하여 주어진 근의 켤레근인 다른 한 근을 구한 후 근과 계수의 관계를 이용하여 나머지 한 근을 구한다.

풀이

(1) 계수가 유리수이므로 $3+\sqrt{5}$가 근이면 다른 한 근은	$3-\sqrt{5}$
나머지 한 근을 α라 하면 삼차방정식 $x^3+ax^2+bx-4=0$에서 근과 계수의 관계에 의하여 세 근의 곱은	$(3+\sqrt{5})(3-\sqrt{5})\alpha=4$ $4\alpha=4$ ∴ $\alpha=1$
즉, 세 근이 $3+\sqrt{5}$, $3-\sqrt{5}$, 1이므로 세 근의 합은	$(3+\sqrt{5})+(3-\sqrt{5})+1=-a$ ∴ $\boldsymbol{a=-7}$
두 근끼리의 곱의 합은	$(3+\sqrt{5})(3-\sqrt{5})+(3-\sqrt{5})\times1+1\times(3+\sqrt{5})=b$ ∴ $\boldsymbol{b=10}$
(2) 계수가 실수이므로 $1+i$가 근이면 다른 한 근은	$1-i$
나머지 한 근을 α라 하면 삼차방정식 $x^3+ax+b=0$에서 근과 계수의 관계에 의하여 세 근의 합은	$(1+i)+(1-i)+\alpha=0$ ∴ $\alpha=-2$
즉, 세 근이 $1+i$, $1-i$, -2이므로 두 근끼리의 곱의 합은	$(1+i)(1-i)+(1-i)\times(-2)+(-2)\times(1+i)=a$ ∴ $\boldsymbol{a=-2}$
세 근의 곱은	$(1+i)(1-i)\times(-2)=-b$ ∴ $\boldsymbol{b=4}$

● **문제** ●

정답과 해설 50쪽

10-1 삼차방정식 $x^3+2x^2+ax+b=0$의 한 근이 $-2+3i$일 때, 실수 a, b의 값을 구하시오.
(단, $i=\sqrt{-1}$)

10-2 삼차방정식 $x^3+ax^2+bx+6=0$의 한 근이 $2-\sqrt{2}$이고 나머지 두 근 중 유리수인 근을 c라 할 때, $a+b+c$의 값을 구하시오. (단, a, b는 유리수)

방정식 $x^3=1$의 허근의 성질

① 방정식 $x^3=1$의 허근의 성질

(1) 방정식 $x^3=1$의 한 허근을 ω라 하면 다음이 성립한다. (단, $\overline{\omega}$는 ω의 켤레복소수)

    ① $\omega^3=1$, $\omega^2+\omega+1=0$

    ② $\omega+\overline{\omega}=-1$, $\omega\overline{\omega}=1$

    ③ $\omega^2=\overline{\omega}=\dfrac{1}{\omega}$

(2) 방정식 $x^3=-1$의 한 허근을 ω라 하면 다음이 성립한다. (단, $\overline{\omega}$는 ω의 켤레복소수)

    ① $\omega^3=-1$, $\omega^2-\omega+1=0$

    ② $\omega+\overline{\omega}=1$, $\omega\overline{\omega}=1$

    ③ $\omega^2=-\overline{\omega}=-\dfrac{1}{\omega}$

참고 ω는 그리스 문자로 '오메가(omega)'라 읽는다.

개념 Plus

방정식 $x^3=1$의 허근의 성질 유도 과정

(1) 방정식 $x^3=1$의 한 허근이 ω이므로

    $\omega^3=1$

  $x^3=1$에서 $x^3-1=0$, $(x-1)(x^2+x+1)=0$

    $\therefore\ x=1$ 또는 $x^2+x+1=0$

  이때 ω는 허근이므로 이차방정식 $x^2+x+1=0$의 근이다.

    $\therefore\ \omega^2+\omega+1=0$

(2) 이차방정식 $x^2+x+1=0$의 한 허근이 ω이므로 다른 한 근은 $\overline{\omega}$이다.

  따라서 이차방정식의 근과 계수의 관계에 의하여

    $\omega+\overline{\omega}=-1$, $\omega\overline{\omega}=1$

(3) $\omega^3=1$에서 $\omega^2=\dfrac{1}{\omega}$

  $\omega\overline{\omega}=1$에서 $\overline{\omega}=\dfrac{1}{\omega}$

    $\therefore\ \omega^2=\overline{\omega}=\dfrac{1}{\omega}$

개념 Check

정답과 해설 50쪽

1 방정식 $x^3=1$의 한 허근을 ω라 할 때, 다음 식의 값을 구하시오. (단, $\overline{\omega}$는 ω의 켤레복소수)

  (1) ω^{12}

  (2) $\omega^5+\omega^4+\omega^3$

  (3) $\dfrac{\omega\overline{\omega}}{\omega+\overline{\omega}}$

  (4) $(\omega+1)(\overline{\omega}+1)$

방정식 $x^3=1$의 허근의 성질

유형편 56쪽

방정식 $x^3=1$의 한 허근을 ω라 할 때, 다음 식의 값을 구하시오. (단, $\overline{\omega}$는 ω의 켤레복소수)

(1) $1+\omega^2+\omega^4+\omega^6+\omega^8+\omega^{10}+\omega^{12}$

(2) $\omega+\dfrac{1}{\omega}+\overline{\omega}+\dfrac{1}{\overline{\omega}}$

공략 Point

$\omega^3=1$, $\omega^2+\omega+1=0$임을 이용하여 주어진 식의 차수를 낮추거나 주어진 식을 간단히 한 후 $\omega+\overline{\omega}=-1$, $\omega\overline{\omega}=1$임을 이용하여 식의 값을 구한다.

풀이

$x^3=1$에서 $x^3-1=0$이므로	$(x-1)(x^2+x+1)=0$
(1) ω는 방정식 $x^3=1$의 한 허근이므로	$\omega^3=1$, $\omega^2+\omega+1=0$
따라서 주어진 식의 값을 구하면	$1+\omega^2+\omega^4+\omega^6+\omega^8+\omega^{10}+\omega^{12}$ $=1+\omega^2+\omega^3\times\omega+(\omega^3)^2+(\omega^3)^2\times\omega^2+(\omega^3)^3\times\omega+(\omega^3)^4$ $=1+(\omega^2+\omega+1)+(\omega^2+\omega+1)$ $=1+0+0=\mathbf{1}$
(2) 이차방정식 $x^2+x+1=0$의 한 허근이 ω이면 다른 한 근은 $\overline{\omega}$이므로 근과 계수의 관계에 의하여	$\omega+\overline{\omega}=-1$, $\omega\overline{\omega}=1$
따라서 주어진 식의 값을 구하면	$\omega+\dfrac{1}{\omega}+\overline{\omega}+\dfrac{1}{\overline{\omega}}=\omega+\overline{\omega}+\dfrac{\omega+\overline{\omega}}{\omega\overline{\omega}}$ $\qquad\qquad\qquad\quad =-1+\dfrac{-1}{1}=\mathbf{-2}$

● **문제** ●

정답과 해설 50쪽

11-1 방정식 $x^3-1=0$의 한 허근을 ω라 할 때, 다음 식의 값을 구하시오. (단, $\overline{\omega}$는 ω의 켤레복소수)

(1) $\omega+\omega^2+\omega^3+\omega^4+\cdots+\omega^{200}$

(2) $(1+\omega^{1000})(1+\omega^{1001})(1+\omega^{1002})$

(3) $\dfrac{2\omega\overline{\omega}}{\omega^2+\overline{\omega}^2}$

(4) $\dfrac{\omega}{1-\omega}+\dfrac{\overline{\omega}}{1-\overline{\omega}}$

11-2 방정식 $x^3=-1$의 한 허근을 ω라 할 때, $\dfrac{\omega^{17}}{1+\omega^{16}}-\dfrac{\omega^{16}}{1-\omega^{17}}$의 값을 구하시오.

1 삼차방정식 $x^3-2x^2-5x+6=0$의 세 실근 α, β, $\gamma\,(\alpha<\beta<\gamma)$에 대하여 $\alpha+\beta+2\gamma$의 값은?

① 3   ② 4   ③ 5

④ 6   ⑤ 7

2 사차방정식 $2x^4+x^3-9x^2-4x+4=0$의 모든 양의 근의 합을 구하시오.

3 삼차방정식 $2x^3+x^2+2x+3=0$의 한 허근을 α라 할 때, $4\alpha^2-2\alpha+7$의 값은?

① 1   ② 3   ③ 5

④ 7   ⑤ 9

4 다음 중 사차방정식
$(x+5)(x+3)(x+1)(x-1)+15=0$의 근이 아닌 것은?

① -4 ② $-2-\sqrt{6}$ ③ 0

④ $-2+\sqrt{6}$ ⑤ 4

5 사차방정식 $x^4-5x^2+4=0$의 네 근 중 가장 큰 근과 가장 작은 근의 곱을 구하시오.

6 삼차방정식 $x^3+ax^2-3x-1=0$의 한 근이 -1일 때, 나머지 두 근 중 큰 근을 구하시오.
(단, a는 상수)

7 x에 대한 삼차방정식 $x^3+(k-1)x^2-k=0$의 한 허근을 z라 할 때, $z+\bar{z}=-2$이다. 실수 k의 값은? (단, $\bar{z}$는 z의 켤레복소수이다.)

① $\dfrac{3}{2}$ ② 2   ③ $\dfrac{5}{2}$

④ 3   ⑤ $\dfrac{7}{2}$

8 삼차방정식 $x^3-8x^2+(a+12)x-2a=0$의 서로 다른 실근이 한 개뿐일 때, 정수 a의 최솟값을 구하시오.

9 사차방정식 $x^4+x^3+(k-1)x^2-x-k=0$이 서로 다른 네 실근을 갖도록 하는 정수 k의 최댓값은?

① -3　　② -2　　③ -1
④ 0　　⑤ 1

10 오른쪽 그림과 같이 한 모서리의 길이가 x인 정육면체에서 밑면의 가로의 길이가 5, 세로의 길이가 4, 높이가 x인 직육면체 모양의 구멍을 파내었더니 남은 부분의 부피가 처음 정육면체의 부피의 $\dfrac{1}{2}$보다 12만큼 작았다. 이때 x의 값을 구하시오.

(단, $x>5$)

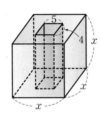

11 삼차방정식 $x^3+2x^2+5x+3=0$의 세 근을 α, β, γ라 할 때, $\dfrac{\beta+\gamma}{\alpha}+\dfrac{\gamma+\alpha}{\beta}+\dfrac{\alpha+\beta}{\gamma}$의 값은?

① $\dfrac{1}{12}$　　② $\dfrac{1}{6}$　　③ $\dfrac{1}{4}$
④ $\dfrac{1}{3}$　　⑤ $\dfrac{5}{12}$

12 삼차식 $f(x)=x^3-4x^2-10x+9$가 서로 다른 세 실수 a, b, c에 대하여
$$f(a)=f(b)=f(c)=-3$$
을 만족시킬 때, $a^2+b^2+c^2$의 값을 구하시오.

13 삼차방정식 $x^3+ax^2+bx+6=0$의 한 근이 1이고, 나머지 두 근의 제곱의 합이 13일 때, 상수 a, b에 대하여 $a-b$의 값을 구하시오. (단, $a\neq0$)

14 삼차방정식 $x^3-2x^2+4x+3=0$의 세 근을 α, β, γ라 할 때, 다음 중 $\alpha-2$, $\beta-2$, $\gamma-2$를 세 근으로 하는 삼차방정식은?

① $x^3-4x^2+8x-11=0$
② $x^3+4x^2+8x+11=0$
③ $x^3+8x^2-4x+5=0$
④ $2x^3-8x^2-4x+5=0$
⑤ $2x^3+4x^2-8x+11=0$

15 삼차방정식 $ax^3+bx^2+cx+2=0$의 두 근이 -1, $3-2\sqrt{2}$일 때, 유리수 a, b, c에 대하여 abc의 값을 구하시오.

16 삼차방정식 $x^3+ax^2+9x+b=0$의 한 근이 $\dfrac{3}{1+\sqrt{2}i}$이고 나머지 두 근 중 실수인 근을 α라 할 때, $ab+\alpha$의 값은? (단, a, b는 실수)

① 39   ② 42   ③ 45
④ 48   ⑤ 51

17 방정식 $x^3=1$의 한 허근을 ω라 할 때, 다음 중 옳지 <u>않은</u> 것은? (단, $\overline{\omega}$는 ω의 켤레복소수)

① $(1+\omega)^3=-1$ ② $\omega^2\overline{\omega}+\omega\overline{\omega}^2=-1$

③ $\dfrac{1}{\omega}+\dfrac{1}{\omega^2}=1$ ④ $\omega^{500}+\dfrac{1}{\omega^{500}}=-1$

⑤ $\omega+\omega^2+\omega^3+\omega^4+\cdots+\omega^{101}=-1$

▶ 실력

18 사차방정식 $x^4+2x^3-x^2+2x+1=0$의 한 허근을 α라 할 때, $\alpha+\dfrac{1}{\alpha}$의 값을 구하시오.

19 삼차방정식 $x^3-3x^2+(k+2)x-k=0$의 서로 다른 세 실근이 직각삼각형의 세 변의 길이가 될 때, 상수 k의 값은?

① $\dfrac{7}{8}$ ② $\dfrac{15}{16}$ ③ 1

④ $\dfrac{17}{16}$ ⑤ $\dfrac{9}{8}$

20 삼차식 $f(x)=x^3-ax^2+bx-c$가 다음 조건을 만족시킬 때, 실수 a, b, c에 대하여 $a+b+c$의 값을 구하시오. (단, $i=\sqrt{-1}$)

> (가) $1-i$는 삼차방정식 $f(x)=0$의 근이다.
> (나) $f(x)$를 $x-1$로 나누었을 때의 나머지는 6이다.

21 방정식 $x^3=1$의 한 허근을 ω라 하고 자연수 n에 대하여 $f(n)=\dfrac{\omega^n}{1+\omega^{2n}}$이라 할 때,
$$f(1)+f(2)+f(3)+f(4)+\cdots+f(19)$$
의 값을 구하시오.

미지수가 2개인 연립이차방정식

① 미지수가 2개인 연립이차방정식

$\begin{cases} x-y=3 \\ x^2+y^2=5 \end{cases}$, $\begin{cases} x^2-y^2=0 \\ 4x^2-3xy+y^2=16 \end{cases}$ 과 같이 미지수가 2개인 연립방정식에서 차수가 가장 높은 방정식이

이차방정식일 때, 이 연립방정식을 미지수가 2개인 연립이차방정식이라 한다.

② 일차방정식과 이차방정식으로 이루어진 연립이차방정식의 풀이

일차방정식과 이차방정식으로 이루어진 연립이차방정식은 다음과 같은 순서로 푼다.

> (1) 일차방정식을 한 미지수에 대하여 정리한다.
> (2) (1)의 식을 이차방정식에 대입하여 한 미지수의 값을 구한다.
> (3) (2)에서 구한 미지수를 일차방정식에 대입하여 다른 미지수의 값을 구한다.

> 예 연립방정식 $\begin{cases} x-y=3 \\ x^2+y^2=5 \end{cases}$ 를 풀어 보자.
>
> $x-y=3$에서 $y=x-3$
> 이를 $x^2+y^2=5$에 대입하면
> $x^2+(x-3)^2=5$, $2x^2-6x+4=0$
> $x^2-3x+2=0$, $(x-1)(x-2)=0$
> $\therefore x=1$ 또는 $x=2$
> 이를 각각 $y=x-3$에 대입하면
> $x=1$일 때 $y=-2$, $x=2$일 때 $y=-1$
> 따라서 주어진 연립방정식의 해는
> $\begin{cases} x=1 \\ y=-2 \end{cases}$ 또는 $\begin{cases} x=2 \\ y=-1 \end{cases}$

③ 두 이차방정식으로 이루어진 연립이차방정식의 풀이

두 이차방정식으로 이루어진 연립이차방정식은 다음과 같은 순서로 푼다.

> (1) 두 이차방정식 중 인수분해되는 것을 인수분해하여 두 일차방정식을 얻는다.
> (2) (1)에서 얻은 식을 나머지 이차방정식에 각각 대입하여 한 미지수의 값을 구한다.
> (3) (2)에서 구한 미지수를 (1)에서 얻은 식에 대입하여 다른 미지수의 값을 구한다.

> 예 연립방정식 $\begin{cases} x^2-y^2=0 \\ 4x^2-3xy+y^2=16 \end{cases}$ 을 풀어 보자.
>
> $x^2-y^2=0$에서 $(x+y)(x-y)=0$ $\therefore x=-y$ 또는 $x=y$
> (i) $x=-y$일 때
> $x=-y$를 $4x^2-3xy+y^2=16$에 대입하면
> $4y^2+3y^2+y^2=16$, $8y^2=16$
> $y^2=2$ $\therefore y=-\sqrt{2}$ 또는 $y=\sqrt{2}$
>   이를 각각 $x=-y$에 대입하면
> $y=-\sqrt{2}$일 때 $x=\sqrt{2}$, $y=\sqrt{2}$일 때 $x=-\sqrt{2}$

(ii) $x=y$일 때

$x=y$를 $4x^2-3xy+y^2=16$에 대입하면

$4y^2-3y^2+y^2=16$, $2y^2=16$

$y^2=8$ ∴ $y=-2\sqrt{2}$ 또는 $y=2\sqrt{2}$

이를 각각 $x=y$에 대입하면

$y=-2\sqrt{2}$일 때 $x=-2\sqrt{2}$, $y=2\sqrt{2}$일 때 $x=2\sqrt{2}$

(i), (ii)에서 주어진 연립방정식의 해는

$$\begin{cases} x=\sqrt{2} \\ y=-\sqrt{2} \end{cases} 또는 \begin{cases} x=-\sqrt{2} \\ y=\sqrt{2} \end{cases} 또는 \begin{cases} x=-2\sqrt{2} \\ y=-2\sqrt{2} \end{cases} 또는 \begin{cases} x=2\sqrt{2} \\ y=2\sqrt{2} \end{cases}$$

❹ 대칭식으로 이루어진 연립이차방정식의 풀이

$$\begin{cases} x+y+xy=7 \\ x^2+y^2=10 \end{cases}, \begin{cases} xy=3 \\ x^2+3xy+y^2=19 \end{cases}$$ 와 같이 x, y에 대한 대칭식으로 이루어진 연립이차방정식은 다음과 같은 순서로 푼다.

(1) $x+y=u$, $xy=v$로 놓고 주어진 연립방정식을 u, v에 대한 연립방정식으로 변형한다.

(2) (1)의 연립방정식을 풀어 u, v의 값을 구한다.

(3) x, y는 이차방정식 $t^2-ut+v=0$의 두 근임을 이용하여 x, y의 값을 구한다.

참고 x, y를 서로 바꾸어 대입해도 원래의 식과 같아지는 식을 대칭식이라 한다.

예 연립방정식 $\begin{cases} xy=3 \\ x^2+3xy+y^2=19 \end{cases}$ 를 풀어 보자.

$x^2+3xy+y^2=19$에서

$(x+y)^2+xy=19$

$x+y=u$, $xy=v$로 놓으면 주어진 연립방정식은

$\begin{cases} v=3 \\ u^2+v=19 \end{cases}$

$v=3$을 $u^2+v=19$에 대입하면

$u^2+3=19$, $u^2=16$

∴ $u=-4$ 또는 $u=4$

(i) $u=-4$, $v=3$일 때

$x+y=-4$, $xy=3$이고 x, y는 이차방정식 $t^2+4t+3=0$의 두 근이다.

$t^2+4t+3=0$에서

$(t+3)(t+1)=0$

∴ $t=-3$ 또는 $t=-1$

(ii) $u=4$, $v=3$일 때

$x+y=4$, $xy=3$이고 x, y는 이차방정식 $t^2-4t+3=0$의 두 근이다.

$t^2-4t+3=0$에서

$(t-1)(t-3)=0$

∴ $t=1$ 또는 $t=3$

(i), (ii)에서 주어진 연립방정식의 해는

$$\begin{cases} x=-3 \\ y=-1 \end{cases} 또는 \begin{cases} x=-1 \\ y=-3 \end{cases} 또는 \begin{cases} x=1 \\ y=3 \end{cases} 또는 \begin{cases} x=3 \\ y=1 \end{cases}$$

필수 예제 01 일차방정식과 이차방정식으로 이루어진 연립이차방정식의 풀이

 유형편 57쪽

연립방정식 $\begin{cases} x-y=2 \\ x^2-xy+y^2=7 \end{cases}$ 을 푸시오.

공략 Point

일차방정식을 한 문자에 대하여 정리한 후 이차방정식에 대입하여 푼다.

풀이

$x-y=2$에서	$y=x-2$ ⋯⋯ ㉠
㉠을 $x^2-xy+y^2=7$에 대입하면	$x^2-x(x-2)+(x-2)^2=7$
	$x^2-2x-3=0,\ (x+1)(x-3)=0$
	$\therefore\ x=-1$ 또는 $x=3$ ⋯⋯ ㉡
㉡을 각각 ㉠에 대입하면	$x=-1$일 때, $y=-3$
	$x=3$일 때, $y=1$
따라서 주어진 연립방정식의 해는	$\begin{cases} x=-1 \\ y=-3 \end{cases}$ 또는 $\begin{cases} x=3 \\ y=1 \end{cases}$

● 문제 ●

정답과 해설 55쪽

01-1 다음 연립방정식을 푸시오.

(1) $\begin{cases} 2x-y=1 \\ 3x^2-y^2=2 \end{cases}$
(2) $\begin{cases} x-y=3 \\ x^2+2xy+y^2=1 \end{cases}$

01-2 연립방정식 $\begin{cases} x-2y=3 \\ x^2+2y^2=99 \end{cases}$ 를 만족시키는 양수 x, y에 대하여 $x-y$의 값을 구하시오.

01-3 연립방정식 $\begin{cases} 3x-y-1=0 \\ x^2-3xy+y^2=5 \end{cases}$ 를 만족시키는 x, y에 대하여 $x+y$의 최댓값을 구하시오.

연립방정식 $\begin{cases} x^2-4xy+3y^2=0 \\ x^2-3xy+4y^2=8 \end{cases}$ 을 푸시오.

공략 Point

두 이차방정식 중 인수분해되는 것을 인수분해하여 두 일차방정식을 얻고, 그 식을 나머지 이차방정식에 각각 대입하여 미지수가 1개인 방정식으로 바꾸어 푼다.

풀이

$x^2-4xy+3y^2=0$의 좌변을 인수분해하면	$(x-y)(x-3y)=0$ $\therefore x=y$ 또는 $x=3y$
(i) $x=y$일 때 $x=y$를 $x^2-3xy+4y^2=8$에 대입하면	$y^2-3y^2+4y^2=8,\ y^2=4$ $\therefore y=-2$ 또는 $y=2$
이를 각각 $x=y$에 대입하면	$y=-2$일 때, $x=-2$ $y=2$일 때, $x=2$
(ii) $x=3y$일 때 $x=3y$를 $x^2-3xy+4y^2=8$에 대입하면	$9y^2-9y^2+4y^2=8,\ y^2=2$ $\therefore y=-\sqrt{2}$ 또는 $y=\sqrt{2}$
이를 각각 $x=3y$에 대입하면	$y=-\sqrt{2}$일 때, $x=-3\sqrt{2}$ $y=\sqrt{2}$일 때, $x=3\sqrt{2}$
(i), (ii)에서 주어진 연립방정식의 해는	$\begin{cases} x=-2 \\ y=-2 \end{cases}$ 또는 $\begin{cases} x=2 \\ y=2 \end{cases}$ 또는 $\begin{cases} x=-3\sqrt{2} \\ y=-\sqrt{2} \end{cases}$ 또는 $\begin{cases} x=3\sqrt{2} \\ y=\sqrt{2} \end{cases}$

● **문제** ●

정답과 해설 56쪽

02-1 다음 연립방정식을 푸시오.

(1) $\begin{cases} x^2-2xy-3y^2=0 \\ x^2+y^2=10 \end{cases}$ 　　(2) $\begin{cases} x^2-4y^2=0 \\ x^2+xy-3y^2=3 \end{cases}$

02-2 연립방정식 $\begin{cases} x^2+xy-2y^2=0 \\ x^2+2xy-y^2=8 \end{cases}$ 을 만족시키는 실수 x, y의 순서쌍 (x, y)를 모두 구하시오.

02-3 연립방정식 $\begin{cases} x^2-3xy+2y^2=0 \\ x^2+y^2+3x+1=0 \end{cases}$ 을 만족시키는 x, y에 대하여 $x+y$의 최솟값을 구하시오.

연립방정식 $\begin{cases} x+y+xy=-5 \\ x^2+y^2-x-y=12 \end{cases}$ 를 푸시오.

공략 Point

$x+y=u$, $xy=v$로 놓고 u, v의 값을 구한 후 x, y는 이차방정식 $t^2-ut+v=0$의 두 근임을 이용한다.

풀이

$x^2+y^2-x-y=12$에서	$(x+y)^2-2xy-(x+y)=12$
주어진 연립방정식에서 $x+y=u$, $xy=v$로 놓으면	$\begin{cases} u+v=-5 & \cdots\cdots ㉠ \\ u^2-2v-u=12 & \cdots\cdots ㉡ \end{cases}$
㉠에서	$v=-u-5$ $\cdots\cdots ㉢$
㉢을 ㉡에 대입하면	$u^2-2(-u-5)-u=12$ $u^2+u-2=0$, $(u+2)(u-1)=0$ $\therefore u=-2$ 또는 $u=1$
이를 각각 ㉢에 대입하면	$u=-2$일 때, $v=-3$ $u=1$일 때, $v=-6$
(ⅰ) $u=-2$, $v=-3$일 때	$x+y=-2$, $xy=-3$
x, y는 이차방정식 $t^2+2t-3=0$의 두 근이므로	$(t+3)(t-1)=0$ $\therefore t=-3$ 또는 $t=1$
(ⅱ) $u=1$, $v=-6$일 때	$x+y=1$, $xy=-6$
x, y는 이차방정식 $t^2-t-6=0$의 두 근이므로	$(t+2)(t-3)=0$ $\therefore t=-2$ 또는 $t=3$
(ⅰ), (ⅱ)에서 주어진 연립방정식의 해는	$\begin{cases} x=-3 \\ y=1 \end{cases}$ 또는 $\begin{cases} x=1 \\ y=-3 \end{cases}$ 또는 $\begin{cases} x=-2 \\ y=3 \end{cases}$ 또는 $\begin{cases} x=3 \\ y=-2 \end{cases}$

● **문제** ●

정답과 해설 57쪽

03-1 연립방정식 $\begin{cases} x+y-xy=13 \\ 3(x+y)+xy=-9 \end{cases}$ 를 푸시오.

03-2 연립방정식 $\begin{cases} xy+x+y=11 \\ x^2+y^2=13 \end{cases}$ 의 정수인 해를 구하시오.

해의 조건이 주어진 연립이차방정식

유형편 59쪽

연립방정식 $\begin{cases} x+y=a \\ 2x^2+y^2=6 \end{cases}$ 이 오직 한 쌍의 해를 갖도록 하는 양수 a의 값을 구하시오.

공략 Point

일차방정식을 이차방정식에 대입하여 한 문자에 대한 이차방정식을 얻은 후 판별식을 이용하여 해의 조건을 만족시키는 미정계수를 구한다.

풀이

$x+y=a$에서	$y=-x+a$ ...... ㉠
㉠을 $2x^2+y^2=6$에 대입하면	$2x^2+(-x+a)^2=6$
	$3x^2-2ax+a^2-6=0$ ...... ㉡
연립방정식이 오직 한 쌍의 해를 가지려면 이차방정식 ㉡이 중근을 가져야 하므로 ㉡의 판별식을 D라 하면	$\dfrac{D}{4}=a^2-3(a^2-6)=0$
	$-2a^2+18=0,\ a^2=9$
	$\therefore a=-3$ 또는 $a=3$
그런데 a는 양수이므로	$a=3$

● **문제** ●

정답과 해설 57쪽

04-1 연립방정식 $\begin{cases} y=x+a \\ x^2+y^2=a \end{cases}$ 가 오직 한 쌍의 해를 갖도록 하는 양수 a의 값을 구하시오.

04-2 연립방정식 $\begin{cases} x+y=1 \\ x^2+2xy+a=2 \end{cases}$ 가 오직 한 쌍의 해 $x=\alpha$, $y=\beta$를 가질 때, $\alpha-\beta$의 값을 구하시오. (단, a는 실수)

04-3 연립방정식 $\begin{cases} x-y=2 \\ x^2+xy-a=0 \end{cases}$ 이 실근을 갖도록 하는 정수 a의 최솟값을 구하시오.

필수예제 05 연립이차방정식의 활용

✎ 유형편 59쪽

대각선의 길이가 $13\,\text{m}$인 직사각형 모양의 화단이 있다. 이 화단의 가로의 길이를 $2\,\text{m}$ 줄이고, 세로의 길이를 $1\,\text{m}$ 늘였을 때의 넓이는 처음 화단의 넓이와 같다고 한다. 이때 처음 화단의 둘레의 길이를 구하시오.

공략 Point

주어진 상황에 맞게 미지수를 정하여 연립이차방정식을 세우고 해를 구한 후 문제의 조건에 맞는 것만 택한다.

풀이

처음 화단의 가로의 길이를 $x\,\text{m}$, 세로의 길이를 $y\,\text{m}$라 하면 대각선의 길이가 $13\,\text{m}$이므로	$x^2+y^2=13^2$ $\therefore x^2+y^2=169$ $\quad$ ……… ㉠
화단의 가로의 길이를 $2\,\text{m}$ 줄이고, 세로의 길이를 $1\,\text{m}$ 늘였을 때의 넓이는 처음 화단의 넓이와 같으므로	$(x-2)(y+1)=xy$ $xy+x-2y-2=xy$ $\therefore x=2y+2$ $\quad$ ……… ㉡
㉡을 ㉠에 대입하면	$(2y+2)^2+y^2=169,\ 5y^2+8y-165=0$ $(5y+33)(y-5)=0$ $\therefore y=-\dfrac{33}{5}$ 또는 $y=5$
그런데 $y>0$이므로	$y=5$
$y=5$를 ㉡에 대입하면	$x=12$
따라서 처음 화단의 둘레의 길이는	$2(x+y)=2\times(12+5)=\mathbf{34(m)}$

● **문제** ●

정답과 해설 57쪽

05-1 넓이가 $28\,\text{m}^2$인 직사각형 모양의 밭의 대각선의 길이가 $\sqrt{65}\,\text{m}$일 때, 이 밭의 긴 변의 길이를 구하시오.

05-2 반지름의 길이가 서로 다른 두 원이 있다. 두 원의 둘레의 길이의 합은 20π이고, 넓이의 합은 58π일 때, 두 원 중 작은 원의 반지름의 길이를 구하시오.

05-3 길이의 차가 $12\,\text{m}$인 철사 2개를 각각 구부려서 정사각형 2개를 만들면 그 넓이의 차는 $24\,\text{m}^2$이다. 이때 두 철사 중 짧은 것의 길이를 구하시오. (단, 철사의 두께는 무시한다.)

두 이차방정식으로 이루어진 연립이차방정식에서 두 이차방정식이 모두 인수분해되지 않는 경우

두 이차방정식으로 이루어진 연립이차방정식에서 두 이차방정식이 모두 인수분해되지 않는 경우는 두 이차방정식에서 이차항 또는 상수항을 소거하여 구할 수 있다.

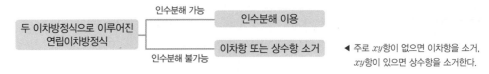

◀ 주로 xy항이 없으면 이차항을 소거, xy항이 있으면 상수항을 소거한다.

(1) 이차항을 소거하는 연립이차방정식의 풀이

① 이차항을 소거하여 일차방정식을 얻는다.

② ①에서 얻은 일차방정식과 주어진 이차방정식을 연립하여 푼다.

예 연립방정식 $\begin{cases} 3x^2-5x+2y=4 & \cdots\cdots \text{㉠} \\ 2x^2+3x-5y=9 & \cdots\cdots \text{㉡} \end{cases}$ 를 푸시오.

풀이 $2\times$㉠$-3\times$㉡을 하면 $-19x+19y=-19$ ∴ $y=x-1$ ◀ 이차항을 소거하여 얻은 일차방정식

이를 ㉡에 대입하면 $2x^2+3x-5(x-1)=9$

$x^2-x-2=0$, $(x+1)(x-2)=0$ ∴ $x=-1$ 또는 $x=2$

이를 각각 $y=x-1$에 대입하면

$x=-1$일 때 $y=-2$, $x=2$일 때 $y=1$

따라서 주어진 연립방정식의 해는 $\begin{cases} x=-1 \\ y=-2 \end{cases}$ 또는 $\begin{cases} x=2 \\ y=1 \end{cases}$

(2) 상수항을 소거하는 연립이차방정식의 풀이

① 상수항을 소거하여 인수분해되는 이차방정식을 얻는다.

② ①에서 얻은 인수분해되는 이차방정식과 다른 이차방정식을 연립하여 푼다.

예 연립방정식 $\begin{cases} x^2-xy-2y^2=40 & \cdots\cdots \text{㉠} \\ x^2+2xy+2y^2=20 & \cdots\cdots \text{㉡} \end{cases}$ 을 푸시오.

풀이 $2\times$㉡$-$㉠을 하면 $x^2+5xy+6y^2=0$ ◀ 상수항을 소거하여 얻은 이차방정식

좌변을 인수분해하면 $(x+3y)(x+2y)=0$ ∴ $x=-3y$ 또는 $x=-2y$

(ⅰ) $x=-3y$일 때

$x=-3y$를 ㉠에 대입하면 $9y^2+3y^2-2y^2=40$

$y^2=4$ ∴ $y=-2$ 또는 $y=2$

이를 각각 $x=-3y$에 대입하면

$y=-2$일 때 $x=6$, $y=2$일 때 $x=-6$

(ⅱ) $x=-2y$일 때

$x=-2y$를 ㉠에 대입하면 $4y^2+2y^2-2y^2=40$

$y^2=10$ ∴ $y=-\sqrt{10}$ 또는 $y=\sqrt{10}$

이를 각각 $x=-2y$에 대입하면

$y=-\sqrt{10}$일 때 $x=2\sqrt{10}$, $y=\sqrt{10}$일 때 $x=-2\sqrt{10}$

(ⅰ), (ⅱ)에서 주어진 연립방정식의 해는

$\begin{cases} x=-6 \\ y=2 \end{cases}$ 또는 $\begin{cases} x=6 \\ y=-2 \end{cases}$ 또는 $\begin{cases} x=-2\sqrt{10} \\ y=\sqrt{10} \end{cases}$ 또는 $\begin{cases} x=2\sqrt{10} \\ y=-\sqrt{10} \end{cases}$

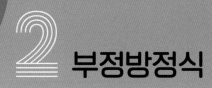

부정방정식

① 부정방정식

방정식의 개수가 미지수의 개수보다 적으면 그 해가 무수히 많아 해를 정할 수 없는 경우가 있는데 이러한 방정식을 부정방정식이라 한다.

부정방정식은 해에 대한 정수 조건 또는 실수 조건이 주어지면 그 해가 유한개로 정해질 수도 있다.

예 방정식 $2x+y=10$은 미지수가 2개이고 방정식이 1개이므로 다음과 같이 해가 무수히 많다.

$$\begin{cases} x=-1 \\ y=12 \end{cases} \text{또는} \begin{cases} x=0 \\ y=10 \end{cases} \text{또는} \begin{cases} x=1 \\ y=8 \end{cases} \text{또는} \begin{cases} x=\sqrt{2} \\ y=10-2\sqrt{2} \end{cases} \text{또는} \begin{cases} x=i \\ y=10-2i \end{cases} \text{또는} \cdots$$

그런데 x, y가 자연수라는 조건이 주어지면 $y=10-2x>0$이므로 $x<5$

즉, x는 5보다 작은 자연수이므로 주어진 방정식의 x에 1부터 4까지의 자연수를 각각 대입하여 자연수 x, y의 순서쌍 (x, y)를 모두 구하면 $(1, 8), (2, 6), (3, 4), (4, 2)$

따라서 해는 유한개로 정해진다.

② 부정방정식의 풀이

(1) 정수 조건이 있는 부정방정식의 풀이

(일차식)×(일차식)=(정수) 꼴로 변형한 후 약수와 배수의 성질을 이용한다.

예 방정식 $xy=4$를 만족시키는 정수 x, y의 순서쌍 (x, y)를 구해 보자.

4의 양의 약수는 1, 2, 4이므로 곱하여 4가 되는 정수 x, y의 순서쌍 (x, y)는

$(-4, -1), (-2, -2), (-1, -4), (1, 4), (2, 2), (4, 1)$

(2) 실수 조건이 있는 부정방정식의 풀이

방법1 $A^2+B^2=0$ 꼴로 변형한 후 A, B가 실수이면 $A=0, B=0$임을 이용한다.

방법2 한 문자에 대하여 내림차순으로 정리한 후 이차방정식의 판별식 D가 $D \geq 0$임을 이용한다.

예 방정식 $x^2+4x+y^2+4=0$을 만족시키는 실수 x, y의 값을 구해 보자.

[방법 1] 주어진 방정식을 $A^2+B^2=0$ 꼴로 변형하면 $(x^2+4x+4)+y^2=0, (x+2)^2+y^2=0$

x, y는 실수이므로 $x+2=0, y=0$ ∴ $x=-2, y=0$

[방법 2] 주어진 방정식을 x에 대한 이차방정식으로 생각할 때 실근을 가져야 하므로 판별식을 D라 하면

$$\frac{D}{4}=4-(y^2+4) \geq 0, y^2 \leq 0 \qquad \therefore y=0 \ (\because y\text{는 실수})$$

이를 주어진 방정식에 대입하면 $x^2+4x+4=0, (x+2)^2=0$ ∴ $x=-2$

개념 Check

정답과 해설 58쪽

1 방정식 $3x+4y=24$를 만족시키는 자연수 x, y의 순서쌍 (x, y)를 구하시오.

2 방정식 $(x-1)(y+1)=-3$을 만족시키는 정수 x, y의 순서쌍 (x, y)를 모두 구하시오.

3 방정식 $(x+2)^2+(y-3)^2=0$을 만족시키는 실수 x, y의 값을 구하시오.

정수 조건이 있는 부정방정식의 풀이

유형편 60쪽

다음 물음에 답하시오.

(1) 방정식 $2x+xy+y=7$을 만족시키는 양의 정수 x, y의 값을 구하시오.

(2) 이차방정식 $x^2-2ax+2a+4=0$의 두 근이 모두 정수일 때, 양수 a의 값을 구하시오.

공략 Point

(1) 주어진 방정식을
(일차식)×(일차식)=(정수)
꼴로 변형한 후 약수와 배수의 성질을 이용한다.

(2) 근과 계수의 관계를 이용하여 얻은 식을
(일차식)×(일차식)=(정수)
꼴로 변형한 후 부정방정식을 푼다.

풀이

(1) $2x+xy+y=7$에서	$x(y+2)+(y+2)-2=7$
	$(x+1)(y+2)=9$ ······ ㉠
x, y가 양의 정수이므로 $x\geq1$, $y\geq1$에서	$x+1\geq2$, $y+2\geq3$
㉠을 만족시키는 양의 정수 $x+1$, $y+2$의 값은	$x+1=3$, $y+2=3$
따라서 x, y의 값은	$x=2$, $y=1$

(2) 주어진 방정식의 정수인 두 근을 α, β $(\alpha\leq\beta)$라 하면 근과 계수의 관계에 의하여	$\alpha+\beta=2a$, $\alpha\beta=2a+4$
$2a=\alpha+\beta$를 $\alpha\beta=2a+4$에 대입하면	$\alpha\beta=\alpha+\beta+4$, $\alpha\beta-\alpha-\beta=4$
	$\alpha(\beta-1)-(\beta-1)-1=4$
	$(\alpha-1)(\beta-1)=5$
α, β가 정수이면 $\alpha-1$, $\beta-1$도 정수이고 $\alpha-1\leq\beta-1$이므로 $\alpha-1$, $\beta-1$의 값은	(i) $\alpha-1=-5$, $\beta-1=-1$
	(ii) $\alpha-1=1$, $\beta-1=5$
(i) $\alpha-1=-5$, $\beta-1=-1$일 때	$\alpha=-4$, $\beta=0$
(ii) $\alpha-1=1$, $\beta-1=5$일 때	$\alpha=2$, $\beta=6$
$\alpha+\beta=2a$에서 $a=\dfrac{\alpha+\beta}{2}$이므로	$a=-2$ 또는 $a=4$
그런데 a는 양수이므로	$a=4$

● **문제** ●

정답과 해설 58쪽

06-1 다음 방정식을 만족시키는 양의 정수 x, y의 순서쌍 (x, y)를 모두 구하시오.

(1) $xy-3x-3y+6=0$
(2) $\dfrac{1}{x}+\dfrac{1}{y}=\dfrac{1}{2}$

06-2 이차방정식 $x^2-(m+1)x-m-4=0$의 두 근이 모두 정수일 때, 모든 상수 m의 값을 구하시오.

실수 조건이 있는 부정방정식의 풀이

유형편 60쪽

다음 방정식을 만족시키는 실수 x, y의 값을 구하시오.

(1) $x^2+y^2-2x+4y+5=0$

(2) $2x^2+2xy+y^2+2x+2y+1=0$

공략 Point

$A^2+B^2=0$ 꼴로 변형하여 A, B가 실수이면 $A=0$, $B=0$임을 이용한다.

풀이

(1) 주어진 방정식을 $A^2+B^2=0$ 꼴로 변형하면	$(x^2-2x+1)+(y^2+4y+4)=0$ $(x-1)^2+(y+2)^2=0$
x, y가 실수이므로	$x-1=0$, $y+2=0$ $\therefore$ $\boldsymbol{x=1}$, $\boldsymbol{y=-2}$
(2) 주어진 방정식을 $A^2+B^2=0$ 꼴로 변형하면	$x^2+x^2+2xy+2x+y^2+2y+1=0$ $x^2+\{x^2+2x(y+1)+(y+1)^2\}=0$ $x^2+(x+y+1)^2=0$
x, y가 실수이므로	$x=0$, $x+y+1=0$ $\therefore$ $\boldsymbol{x=0}$, $\boldsymbol{y=-1}$

공략 Point

한 문자에 대하여 내림차순으로 정리한 후 이차방정식의 판별식 D가 $D \geq 0$임을 이용한다.

다른 풀이

(1) 주어진 방정식의 좌변을 x에 대하여 내림차순으로 정리하면	$x^2-2x+y^2+4y+5=0$ $\quad$ ……… ㉠
이때 x가 실수이면 x에 대한 이차방정식 ㉠은 실근을 가지므로 ㉠의 판별식을 D라 하면	$\dfrac{D}{4}=(-1)^2-(y^2+4y+5) \geq 0$ $y^2+4y+4 \leq 0$ $\quad \therefore (y+2)^2 \leq 0$
y는 실수이므로	$y=-2$
$y=-2$를 ㉠에 대입하면	$x^2-2x+1=0$, $(x-1)^2=0$ $\quad \therefore x=1$
(2) 주어진 방정식의 좌변을 x에 대하여 내림차순으로 정리하면	$2x^2+2(y+1)x+y^2+2y+1=0$ $\quad$ ……… ㉠
이때 x가 실수이면 x에 대한 이차방정식 ㉠은 실근을 가지므로 ㉠의 판별식을 D라 하면	$\dfrac{D}{4}=(y+1)^2-2(y^2+2y+1) \geq 0$ $y^2+2y+1 \leq 0$ $\quad \therefore (y+1)^2 \leq 0$
y는 실수이므로	$y=-1$
$y=-1$을 ㉠에 대입하면	$2x^2=0$ $\quad \therefore x=0$

● **문제** ●

정답과 해설 59쪽

07-1 다음 방정식을 만족시키는 실수 x, y의 값을 구하시오.

(1) $x^2+5y^2-4xy-6y+9=0$

(2) $x^2-2xy+2y^2-2x+6y+5=0$

1 연립방정식 $\begin{cases} x-3y=1 \\ x^2-4xy+5y^2=13 \end{cases}$ 을 만족시키는 x, y에 대하여 xy의 최댓값을 구하시오.

4 연립방정식 $\begin{cases} x^2-5xy+4y^2=0 \\ x^2+2y^2=18 \end{cases}$ 을 만족시키는 정수 x, y에 대하여 xy의 값은?

① -6 ② -4 ③ -1

④ 1 ⑤ 4

2 교육청 ▶

x, y에 대한 두 연립방정식

$\begin{cases} 3x+y=a \\ 2x+2y=1 \end{cases}$, $\begin{cases} x^2-y^2=-1 \\ x-y=b \end{cases}$

의 해가 일치할 때, 두 상수 a, b에 대하여 ab의 값은?

① 1 ② 2 ③ 3

④ 4 ⑤ 5

5 연립방정식 $\begin{cases} 3x^2+8xy-3y^2=0 \\ x^2+y^2=10 \end{cases}$ 을 만족시키는 실수 x, y에 대하여 점 (x, y)를 꼭짓점으로 하는 사각형의 넓이는?

① 16 ② 20 ③ 24

④ 28 ⑤ 32

3 연립방정식 $\begin{cases} 2x^2-5xy+2y^2=0 \\ x^2-3xy+2y^2=6 \end{cases}$ 을 만족시키는 양수 x, y에 대하여 $x+y$의 값을 구하시오.

6 연립방정식 $\begin{cases} x^2+xy-2y^2=0 \\ 2x^2-xy+2y^2=a \end{cases}$ 의 한 쌍의 해가 $x=2$, $y=b$일 때, 상수 a, b에 대하여 ab의 최댓값을 구하시오.

7 연립방정식

$$\begin{cases} x+y+xy=8 \\ 2x+2y-xy=4 \end{cases}$$

의 해를 $x=\alpha$, $y=\beta$라 할 때, $\alpha^2+\beta^2$의 값은?

① 8   ② 10   ③ 12

④ 14   ⑤ 16

8 연립방정식 $\begin{cases} x+y+2xy=-13 \\ x^2+y^2-3(x+y)=16 \end{cases}$ 을 만족시키는

정수 x, y에 대하여 $x-y$의 값을 구하시오.

(단, $x>y$)

9 연립방정식 $\begin{cases} x+y=k \\ x^2+2x+y=1 \end{cases}$ 이 오직 한 쌍의 해

$x=\alpha$, $y=\beta$를 가질 때, $k+\alpha-\beta$의 값은?

(단, k는 실수)

① -1 ② 0 ③ $\dfrac{1}{4}$

④ $\dfrac{1}{2}$ ⑤ $\dfrac{5}{4}$

10 밑면의 가로의 길이와 높이가 같은 직육면체가 있다. 직육면체의 모든 모서리의 길이의 합은 20이고 옆면의 넓이의 합은 12일 때, 이 직육면체의 밑면의 가로의 길이와 세로의 길이의 합을 구하시오.

11 한 변의 길이가 13인 마름모의 넓이가 120일 때, 마름모의 두 대각선 중 긴 대각선의 길이는?

① 18   ② 20   ③ 22

④ 24   ⑤ 26

12 방정식 $xy-2x-2y+3=0$을 만족시키는 정수 x, y에 대하여 $x-y$의 값은?

① -6 ② -2 ③ 0

④ 2 ⑤ 6

13 이차방정식 $x^2+(m+3)x+2m+7=0$의 두 근이 모두 정수일 때, 모든 정수 m의 값의 합은?

① 2   ② 4   ③ 6

④ 8   ⑤ 10

14 방정식 $2x^2+9y^2+6xy-2x+1=0$을 만족시키는 실수 x, y에 대하여 $3xy$의 값은?

① -3 ② -2 ③ -1

④ 0   ⑤ 1

▶ **실력**

15 실수 x, y에 대하여
$$[x, y]=\begin{cases} 2y & (x \geq y) \\ x & (x < y) \end{cases}, \langle x, y \rangle = \begin{cases} x & (x \geq y) \\ -2y & (x < y) \end{cases}$$
라 하자. 연립방정식 $\begin{cases} x+y=2[x, y]+2 \\ x^2+xy+y^2=2\langle x, y \rangle +5 \end{cases}$
를 만족시키는 정수인 해가 $x=\alpha$, $y=\beta$일 때, $|\alpha-\beta|$의 최댓값을 구하시오.

교육청

16 연립방정식
$$\begin{cases} x^2-y^2=6 \\ (x+y)^2-2(x+y)=3 \end{cases}$$
을 만족시키는 양수 x, y에 대하여 $20xy$의 값을 구하시오.

17 연립방정식 $\begin{cases} x^2+y^2=2a^2-16a+16 \\ xy=a^2 \end{cases}$ 을 만족시키는 x, y가 모두 실수일 때, 자연수 a의 값은?

① 1   ② 2   ③ 3

④ 4   ⑤ 5

교육청

18 그림과 같이 삼각형 ABC에서 변 BC 위의 점 D에 대하여 $\overline{AD}=6$, $\overline{BD}=8$이고, $\angle BAD=\angle BCA$ 이다. $\overline{AC}=\overline{CD}-1$일 때, 삼각형 ABC의 둘레의 길이를 구하시오.

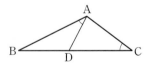

Ⅱ. 방정식과 부등식

4 여러 가지 부등식

일차부등식

① 부등식

(1) 부등식

부등호 $>$, $<$, $\geq$, $\leq$를 사용하여 수 또는 식의 값의 대소 관계를 나타낸 식을 부등식이라 한다.

(2) 부등식의 해

미지수를 포함한 부등식에서 그 부등식을 참이 되게 하는 미지수의 값 또는 범위를 부등식의 해라 하고, 부등식의 해를 모두 구하는 것을 부등식을 푼다고 한다.

(3) 부등식의 기본 성질

실수 a, b, c에 대하여

① $a > b$, $b > c$이면 $a > c$

② $a > b$이면 $a + c > b + c$, $a - c > b - c$

③ $a > b$, $c > 0$이면 $ac > bc$, $\dfrac{a}{c} > \dfrac{b}{c}$ ◀ 부등호의 방향 그대로

④ $a > b$, $c < 0$이면 $ac < bc$, $\dfrac{a}{c} < \dfrac{b}{c}$ ◀ 부등호의 방향 반대로

참고 허수는 대소 관계를 생각할 수 없으므로 부등식에 포함된 모든 문자는 실수로 생각한다.

② 일차부등식

(1) 일차부등식

부등식의 모든 항을 좌변으로 이항하여 정리하였을 때,

$$ax + b > 0, \ ax + b < 0, \ ax + b \geq 0, \ ax + b \leq 0 \ (a, \ b는 \ 상수, \ a \neq 0)$$

과 같이 좌변이 x에 대한 일차식으로 나타내어지는 부등식을 x에 대한 일차부등식이라 한다.

(2) 부등식 $ax > b$의 풀이

x에 대한 부등식 $ax > b$의 해는 다음과 같다.

① $a > 0$일 때, $x > \dfrac{b}{a}$ ◀ 부등호의 방향 그대로

② $a < 0$일 때, $x < \dfrac{b}{a}$ ◀ 부등호의 방향 반대로

③ $a = 0$일 때, $\begin{cases} b \geq 0이면 \ 해는 \ 없다. & ◀ \ 0 \times x > (0 \ 또는 \ 양수) \\ b < 0이면 \ 해는 \ 모든 \ 실수이다. & ◀ \ 0 \times x > (음수) \end{cases}$

🖊 개념 Check

정답과 해설 63쪽

1 $a > 0 > b$일 때, 보기에서 옳은 것만을 있는 대로 고르시오.

┌─ 보기 ─────────────────────────────
ㄱ. $a + 1 > b + 1$ ㄴ. $a - 3 < b - 3$

ㄷ. $a^2 > ab$ ㄹ. $\dfrac{a}{b} < 1$
─────────────────────────────────────

부등식 $ax>b$의 풀이

✏️ 유형편 62쪽

다음 물음에 답하시오.

(1) 부등식 $ax+2>2x+a$를 푸시오. (단, a는 상수)

(2) 부등식 $ax+9<3x+a^2$의 해가 $x>4$일 때, 상수 a의 값을 구하시오.

공략 Point

(1) 부등식 $ax>b$는 x의 계수 a가 $a>0$, $a=0$, $a<0$인 경우로 나누어 푼다.

(2) 부등식 $ax<b$의 해가 주어진 경우 주어진 부등식의 부등호와 해의 부등호의 방향을 확인하여 x의 계수 a의 부호를 판단한다.
① 방향이 같으면 ➡ $a>0$
② 방향이 다르면 ➡ $a<0$

풀이

(1) $ax+2>2x+a$를 $Ax>B$ 꼴로 변형하면	$(a-2)x>a-2$
(i) $a-2>0$, 즉 $a>2$일 때	$x>1$
(ii) $a-2=0$, 즉 $a=2$일 때	$0 \times x>0$이므로 해는 없다.
(iii) $a-2<0$, 즉 $a<2$일 때	$x<1$
(i), (ii), (iii)에서 주어진 부등식의 해는	$\begin{cases} a>2일\ 때,\ x>1 \\ a=2일\ 때,\ 해는\ 없다. \\ a<2일\ 때,\ x<1 \end{cases}$

(2) $ax+9<3x+a^2$을 $Ax<B$ 꼴로 변형하면	$(a-3)x<a^2-9$ $\therefore (a-3)x<(a+3)(a-3)$ ...... ㉠
이 부등식의 해가 $x>4$이므로	$a-3<0$
㉠의 양변을 $a-3$으로 나누면	$x>a+3$
이 부등식이 $x>4$와 일치하므로	$a+3=4$ $\therefore a=1$

● **문제** ●

정답과 해설 63쪽

01-1 부등식 $ax-2a\leq4x-8$을 푸시오. (단, a는 상수)

01-2 부등식 $ax+1>a^2-x$의 해가 $x<-6$일 때, 상수 a의 값을 구하시오.

01-3 부등식 $(a+2b)x+a-b\geq0$의 해가 $x\leq2$일 때, 부등식 $b(2x-1)\geq3a$를 푸시오.
(단, a, b는 상수)

2 연립일차부등식

① 연립부등식

(1) 연립부등식

두 개 이상의 부등식을 한 쌍으로 묶어 나타낸 것을 **연립부등식**이라 하고, 미지수가 1개인 일차부등식 두 개를 한 쌍으로 묶어 나타낸 연립부등식을 연립일차부등식이라 한다.

(2) 연립부등식의 해

두 개 이상의 부등식의 공통인 해를 연립부등식의 해라 하고, 연립부등식의 해를 구하는 것을 연립부등식을 푼다고 한다.

② 연립일차부등식의 풀이

연립일차부등식은 다음과 같은 순서로 푼다.

> (1) 각 부등식을 푼다.
> (2) 각 부등식의 해를 하나의 수직선 위에 나타낸 후 공통부분을 찾아 연립부등식의 해를 구한다.

참고 • $a < b$일 때

(1) $\begin{cases} x > a \\ x > b \end{cases}$의 해는 $x > b$

(2) $\begin{cases} x < a \\ x < b \end{cases}$의 해는 $x < a$

(3) $\begin{cases} x > a \\ x < b \end{cases}$의 해는 $a < x < b$

• $A < B < C$ 꼴의 부등식은 연립부등식 $\begin{cases} A < B \\ B < C \end{cases}$ 꼴로 고쳐서 푼다. 이때 $\begin{cases} A < B \\ A < C \end{cases}$ 또는 $\begin{cases} A < C \\ B < C \end{cases}$ 꼴로 고쳐서 풀지 않도록 주의한다.

개념 Plus

해가 특수한 연립일차부등식

(1) 해가 한 개인 경우

$\begin{cases} x \le a \\ x \ge a \end{cases}$의 해는 $x = a$ ➡

(2) 해가 없는 경우 (단, $a < b$)

① $\begin{cases} x \le a \\ x > b \end{cases}$ ➡

② $\begin{cases} x \le a \\ x > a \end{cases}$ ➡

③ $\begin{cases} x < a \\ x > a \end{cases}$ ➡

개념 Check

정답과 해설 63쪽

1 다음 연립부등식을 푸시오.

(1) $\begin{cases} x > 3 \\ x > 6 \end{cases}$

(2) $\begin{cases} x < 2 \\ x < 5 \end{cases}$

(3) $\begin{cases} x > -2 \\ x \le 3 \end{cases}$

필수예제 02 연립일차부등식의 풀이

다음 부등식을 푸시오.

(1) $\begin{cases} -2x+1<-1 \\ 3x-2\le x+2 \end{cases}$

(2) $3x+2<5x+6\le 2(x+9)$

공략 Point

(1) 각 일차부등식의 해를 하나의 수직선 위에 나타내어 공통부분을 구한다.

(2) $A<B<C$ 꼴의 부등식은 연립부등식 $\begin{cases} A<B \\ B<C \end{cases}$ 꼴로 고쳐서 푼다.

풀이

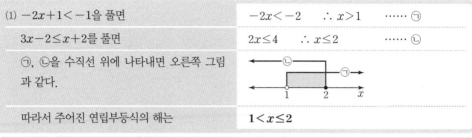

(1) $-2x+1<-1$을 풀면	$-2x<-2$ $\quad \therefore x>1$ $\quad$ …… ㉠
$3x-2\le x+2$를 풀면	$2x\le 4$ $\quad \therefore x\le 2$ $\quad$ …… ㉡
㉠, ㉡을 수직선 위에 나타내면 오른쪽 그림과 같다.	
따라서 주어진 연립부등식의 해는	$\boldsymbol{1<x\le 2}$

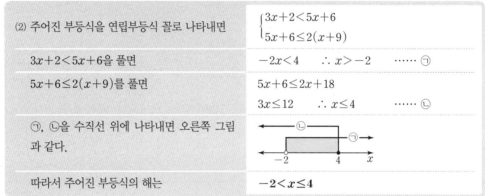

(2) 주어진 부등식을 연립부등식 꼴로 나타내면	$\begin{cases} 3x+2<5x+6 \\ 5x+6\le 2(x+9) \end{cases}$
$3x+2<5x+6$을 풀면	$-2x<4$ $\quad \therefore x>-2$ $\quad$ …… ㉠
$5x+6\le 2(x+9)$를 풀면	$5x+6\le 2x+18$ $3x\le 12$ $\quad \therefore x\le 4$ $\quad$ …… ㉡
㉠, ㉡을 수직선 위에 나타내면 오른쪽 그림과 같다.	
따라서 주어진 부등식의 해는	$\boldsymbol{-2<x\le 4}$

문제

정답과 해설 63쪽

02-1 다음 연립부등식을 푸시오.

(1) $\begin{cases} 3x-1<5 \\ 4x-5<2x-3 \end{cases}$

(2) $\begin{cases} 2(x+1)\ge x-3 \\ 3x-2<-2(x+6) \end{cases}$

(3) $\begin{cases} 5x-6(x-3)>3(1-x)-1 \\ 0.2x\le 0.3x+\dfrac{1}{2} \end{cases}$

(4) $\begin{cases} \dfrac{x+2}{3}-\dfrac{x-3}{4}>2 \\ \dfrac{3x-2}{5}\le 5 \end{cases}$

02-2 다음 부등식을 푸시오.

(1) $6x-3\le 4x+1<9x+11$

(2) $2(x-4)+x<-x\le x-2$

필수예제 03 해가 특수한 연립일차부등식

다음 연립부등식을 푸시오.

(1) $\begin{cases} 2x+6 \leq 2 \\ 5-5x \leq 9-3x \end{cases}$

(2) $\begin{cases} 4x-5 > 7 \\ 2x+3 \geq 3x+2 \end{cases}$

공략 Point

연립부등식에서 각 일차부등식의 해를 수직선 위에 나타내었을 때

(1) 공통부분이 한 점인 경우
➡ 해가 한 개이다.

(2) 공통부분이 없는 경우
➡ 해는 없다.

풀이

(1) $2x+6 \leq 2$를 풀면

$2x \leq -4$ ∴ $x \leq -2$ …… ㉠

$5-5x \leq 9-3x$를 풀면

$-2x \leq 4$ ∴ $x \geq -2$ …… ㉡

㉠, ㉡을 수직선 위에 나타내면 오른쪽 그림과 같다.

따라서 주어진 연립부등식의 해는

$x = -2$

(2) $4x-5 > 7$을 풀면

$4x > 12$ ∴ $x > 3$ …… ㉠

$2x+3 \geq 3x+2$를 풀면

$-x \geq -1$ ∴ $x \leq 1$ …… ㉡

㉠, ㉡을 수직선 위에 나타내면 오른쪽 그림과 같다.

따라서 주어진 연립부등식의

해는 없다.

● **문제** ●

정답과 해설 64쪽

03-1 다음 부등식을 푸시오.

(1) $\begin{cases} 3x-2 \leq 1 \\ 2x+5 \leq 4x+3 \end{cases}$

(2) $\begin{cases} 2x-3 < 5x+3 \\ 6x+7 < x-3 \end{cases}$

(3) $\begin{cases} 5x-1 \geq 6x \\ 13x+1 \geq 2x-10 \end{cases}$

(4) $\begin{cases} 8x+3 \leq 6x+1 \\ 2x-5 \geq 1-x \end{cases}$

(5) $\begin{cases} 2(x+1) \geq 5x-7 \\ 0.7x+1 > 3.1 \end{cases}$

(6) $x+5 \leq 4x-1 \leq 2x+3$

해가 주어진 연립일차부등식

✏️ 유형편 64쪽

연립부등식 $\begin{cases} 2x+a < x+3 \\ 3x-1 \geq 2x+b \end{cases}$ 의 해가 $-1 \leq x < 2$일 때, 상수 a, b의 값을 구하시오.

공략 Point

연립부등식의 해가 주어진 경우에는 각 일차부등식의 해를 구한 후 주어진 해와 비교한다.

풀이

$2x+a < x+3$을 풀면	$x < -a+3$
$3x-1 \geq 2x+b$를 풀면	$x \geq b+1$
주어진 연립부등식의 해가 $-1 \leq x < 2$이므로	$-a+3=2$, $b+1=-1$
	$\therefore a=1,\ b=-2$

● 문제 ●

정답과 해설 65쪽

04-1 연립부등식 $\begin{cases} 5x+a > x-11 \\ -2(x+2) \geq x+a \end{cases}$ 의 해가 $b < x \leq 1$일 때, 상수 a, b에 대하여 ab의 값을 구하시오.

04-2 부등식 $3x-a < 2x-7 \leq 4x-b$의 해가 $-3 \leq x < 2$일 때, 상수 a, b에 대하여 $a-b$의 값을 구하시오.

04-3 연립부등식 $\begin{cases} 6x-13 \geq 4x+a \\ 2(x-2) \leq x+b \end{cases}$ 의 해가 $x=5$일 때, 상수 a, b에 대하여 $b-a$의 값을 구하시오.

필수예제 05 해를 갖거나 갖지 않을 조건이 주어진 연립일차부등식

✎ 유형편 65쪽

다음 물음에 답하시오.

(1) 연립부등식 $\begin{cases} x-3\geq 2x-a \\ 5-4x\leq 3x-9 \end{cases}$ 가 해를 갖도록 하는 상수 a의 값의 범위를 구하시오.

(2) 연립부등식 $\begin{cases} x+a>3x-5 \\ 3x-2\geq x+6 \end{cases}$ 이 해를 갖지 않도록 하는 상수 a의 값의 범위를 구하시오.

공략 Point

연립부등식에서 각 일차부등식의 해를 구한 후 다음을 이용한다.

(1) 해를 갖는 경우
➡ 공통부분이 있도록 해를 수직선 위에 나타낸다.

(2) 해를 갖지 않는 경우
➡ 공통부분이 없도록 해를 수직선 위에 나타낸다.

풀이

(1) $x-3\geq 2x-a$를 풀면	$-x\geq -a+3$ $\therefore x\leq a-3$ ……… ㉠
$5-4x\leq 3x-9$를 풀면	$-7x\leq -14$ $\therefore x\geq 2$ ……… ㉡
주어진 연립부등식이 해를 갖도록 ㉠, ㉡을 수직선 위에 나타내면 오른쪽 그림과 같다.	
따라서 a의 값의 범위는	$a-3\geq 2$ ◀ $a-3=2$일 때도 공통부분이 있으므로 연립부등식이 해를 갖는다. $\therefore a\geq 5$

(2) $x+a>3x-5$를 풀면	$-2x>-a-5$ $\therefore x<\dfrac{a+5}{2}$ ……… ㉠
$3x-2\geq x+6$을 풀면	$2x\geq 8$ $\therefore x\geq 4$ ……… ㉡
주어진 연립부등식이 해를 갖지 않도록 ㉠, ㉡을 수직선 위에 나타내면 오른쪽 그림과 같다.	
따라서 a의 값의 범위는	$\dfrac{a+5}{2}\leq 4, a+5\leq 8$ ◀ $\dfrac{a+5}{2}=4$일 때도 공통부분이 없으므로 연립부등식이 해를 갖지 않는다. $\therefore a\leq 3$

문제

정답과 해설 65쪽

05-1 연립부등식 $\begin{cases} 3(4-x)>-x \\ 2x+4\leq 5x+a \end{cases}$ 가 해를 갖도록 하는 상수 a의 값의 범위를 구하시오.

05-2 연립부등식 $\begin{cases} x+1\geq \dfrac{2x+a}{3} \\ 5x-2<3x-4 \end{cases}$ 가 해를 갖지 않도록 하는 상수 a의 최솟값을 구하시오.

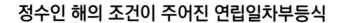

필수 예제 06 정수인 해의 조건이 주어진 연립일차부등식

🖊 유형편 65쪽

다음 물음에 답하시오.

(1) 연립부등식 $\begin{cases} x+2>a \\ 7-x\geq 2(x-1) \end{cases}$ 을 만족시키는 정수 x가 3개일 때, 상수 a의 값의 범위를 구하시오.

(2) 연립부등식 $\begin{cases} 2x+4\leq 3x+2 \\ 5x+1<4x+a \end{cases}$ 를 만족시키는 모든 정수 x의 값의 합이 5일 때, 상수 a의 값의 범위를 구하시오.

공략 Point

연립부등식의 정수인 해의 개수나 합이 주어진 경우에는 각 일차부등식의 해를 구한 후 공통부분이 주어진 조건의 정수를 포함하도록 수직선 위에 나타낸다.

풀이

(1) $x+2>a$를 풀면	$x>a-2$ ····· ㉠
$7-x\geq 2(x-1)$을 풀면	$7-x\geq 2x-2$, $-3x\geq -9$ $\therefore$ $x\leq 3$ ····· ㉡
주어진 연립부등식을 만족시키는 정수 x가 3개가 되도록 ㉠, ㉡을 수직선 위에 나타내면 오른쪽 그림과 같다.	
따라서 a의 값의 범위는	$0\leq a-2<1$ $\therefore$ $\mathbf{2\leq a<3}$

(2) $2x+4\leq 3x+2$를 풀면	$-x\leq -2$ $\therefore$ $x\geq 2$ ····· ㉠
$5x+1<4x+a$를 풀면	$x<a-1$ ····· ㉡
주어진 연립부등식을 만족시키는 정수 x의 값의 합이 5가 되도록 ㉠, ㉡을 수직선 위에 나타내면 오른쪽 그림과 같다. ⌐2+3=5	
따라서 a의 값의 범위는	$3<a-1\leq 4$ $\therefore$ $\mathbf{4<a\leq 5}$

● **문제** ●

정답과 해설 65쪽

06-1 부등식 $3x-2<x+4<2x-a$를 만족시키는 정수 x가 2개일 때, 상수 a의 값의 범위를 구하시오.

06-2 연립부등식 $\begin{cases} 2(x-3)<3x-8 \\ a-x\geq x \end{cases}$ 를 만족시키는 모든 정수 x의 값의 합이 12일 때, 상수 a의 값의 범위를 구하시오.

연립일차부등식의 활용

유형편 66쪽

상자에 사과를 나누어 담는데 한 상자에 4개씩 담으면 사과가 16개 남고, 한 상자에 6개씩 담으면 사과가 2개 이상 4개 미만으로 남는다. 이때 상자의 개수를 구하시오.

공략 Point

문제의 상황에 맞게 미지수를 정한 후 연립일차부등식을 세운다.

풀이

상자의 개수를 x라 하면 사과의 개수는	$4x+16$
한 상자에 사과를 6개씩 담으면 2개 이상 4개 미만의 사과가 남으므로	$6x+2 \leq 4x+16 < 6x+4$
이 부등식을 연립부등식 꼴로 나타내면	$\begin{cases} 6x+2 \leq 4x+16 \\ 4x+16 < 6x+4 \end{cases}$
$6x+2 \leq 4x+16$을 풀면	$2x \leq 14$ $\quad \therefore x \leq 7$ $\quad \cdots\cdots$ ㉠
$4x+16 < 6x+4$를 풀면	$-2x < -12$ $\quad \therefore x > 6$ $\quad \cdots\cdots$ ㉡
㉠, ㉡의 공통부분은	$6 < x \leq 7$
이때 상자의 개수는 자연수이므로	**7**

문제

정답과 해설 66쪽

O7-1 가로의 길이가 세로의 길이의 2배보다 5 cm만큼 짧은 직사각형이 있다. 이 직사각형의 둘레의 길이가 110 cm 이상 140 cm 이하일 때, 세로의 길이의 범위를 구하시오.

O7-2 두 종류의 아이스크림 A, B를 각각 1개씩 만드는 데 필요한 우유와 설탕의 양은 오른쪽 표와 같다. 우유 640 mL와 설탕 130 g으로 10개의 아이스크림을 만들려고 할 때, 만들 수 있는 아이스크림 A의 최대 개수를 구하시오.

	우유(단위: mL)	설탕(단위: g)
A	70	10
B	50	15

O7-3 어느 학교에서 수학여행을 가서 학생들에게 방을 배정하는데 한 방에 7명씩 배정하면 학생이 14명 남고, 9명씩 배정하면 학생이 4명 이상 6명 미만으로 남는다. 이때 방의 개수를 구하시오.

③ 절댓값 기호를 포함한 일차부등식

❶ 절댓값 기호를 포함한 일차부등식의 풀이

(1) 절댓값의 성질을 이용하여 풀기

절댓값의 성질을 이용하여 다음과 같은 간단한 부등식을 풀 수 있다.

$a>0$, $b>0$일 때

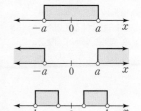

① $|x|<a$이면 ◀ 원점으로부터의 거리가 a보다 작은 x의 값의 범위

　　$-a<x<a$

② $|x|>a$이면 ◀ 원점으로부터의 거리가 a보다 큰 x의 값의 범위

　　$x<-a$ 또는 $x>a$

③ $a<|x|<b$이면 ◀ 원점으로부터의 거리가 a보다 크고 b보다 작은 x의 값의 범위

　　$-b<x<-a$ 또는 $a<x<b$ (단, $a<b$)

예 부등식 $|x+1|\leq4$를 풀어 보자.

　　$|x+1|\leq4$에서 $-4\leq x+1\leq4$　　∴ $-5\leq x\leq3$

(2) 구간을 나누어 풀기

절댓값 기호를 포함한 부등식은 다음과 같은 순서로 푼다.

① 절댓값 기호 안의 식의 값이 0이 되는 x의 값을 기준으로 x의 값의 범위를 나눈다.

② 각 범위에서 절댓값 기호를 없앤 후 일차부등식을 푼다. 이때 해당 범위를 만족시키는 것만 해이다.

③ ②에서 구한 해를 합한 x의 값의 범위를 구한다.

예 부등식 $|x|+2x>6$을 풀어 보자.

주어진 부등식에서 절댓값 기호 안의 식의 값이 0이 되는 x의 값인 $x=0$을 기준으로 범위를 나누어 풀면

(i) $x<0$일 때, $|x|=-x$이므로 $-x+2x>6$　　∴ $x>6$

　　그런데 $x<0$이므로 해는 없다.

(ii) $x\geq0$일 때, $|x|=x$이므로 $x+2x>6$, $3x>6$　　∴ $x>2$

　　그런데 $x\geq0$이므로 $x>2$

(i), (ii)에서 주어진 부등식의 해는 $x>2$

참고 절댓값 기호를 2개 포함한 부등식 $|x-a|+|x-b|<c$ $(a<b, c>0)$는 절댓값 기호 안의

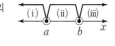

식의 값이 0이 되는 x의 값인 $x=a$, $x=b$를 기준으로

　　(i) $x<a$　　(ii) $a\leq x<b$　　(iii) $x\geq b$

와 같이 범위를 나눈다.

✏ 개념 Check

정답과 해설 66쪽

1 다음 부등식을 푸시오.

　(1) $|x|<5$　　　　　　　　　　　　(2) $|x|\geq5$

　(3) $|x-2|\leq5$　　　　　　　　　　(4) $|x-2|>5$

절댓값 기호를 포함한 일차부등식의 풀이

🖊 유형편 66쪽

다음 부등식을 푸시오.

(1) $1 \leq |2x+3| \leq 5$

(2) $|x+2|+|x-3| < 9$

공략 Point

(1) $a < |x| < b$
$\Rightarrow -b < x < -a$
또는 $a < x < b$
(단, $0 < a < b$)

(2) 절댓값 기호 안의 식의 값이 0이 되는 x의 값을 기준으로 범위를 나누어 절댓값 기호를 없앤 후 푼다.

풀이

(1) $1 \leq |2x+3| \leq 5$에서 $\quad -5 \leq 2x+3 \leq -1$ 또는 $1 \leq 2x+3 \leq 5$

(i) $-5 \leq 2x+3 \leq -1$에서 $\quad -8 \leq 2x \leq -4 \quad \therefore -4 \leq x \leq -2$

(ii) $1 \leq 2x+3 \leq 5$에서 $\quad -2 \leq 2x \leq 2 \quad \therefore -1 \leq x \leq 1$

(i), (ii)에서 주어진 부등식의 해는 $\quad \boldsymbol{-4 \leq x \leq -2}$ 또는 $\boldsymbol{-1 \leq x \leq 1}$

(2) 절댓값 기호 안의 식의 값이 0이 되는 값인 $x=-2$, $x=3$을 기준으로 범위를 나누면 $\quad$ (i) $x < -2$ $\quad$ (ii) $-2 \leq x < 3$ $\quad$ (iii) $x \geq 3$

(i) $x < -2$일 때
$|x+2| = -(x+2)$, $|x-3| = -(x-3)$이므로 $\quad -(x+2)-(x-3) < 9$
$-2x < 8 \quad \therefore x > -4$

그런데 $x < -2$이므로 $\quad -4 < x < -2$

(ii) $-2 \leq x < 3$일 때
$|x+2| = x+2$, $|x-3| = -(x-3)$이므로 $\quad (x+2)-(x-3) < 9$
$0 \times x < 4$이므로 해는 모든 실수

그런데 $-2 \leq x < 3$이므로 $\quad -2 \leq x < 3$

(iii) $x \geq 3$일 때
$|x+2| = x+2$, $|x-3| = x-3$이므로 $\quad (x+2)+(x-3) < 9$
$2x < 10 \quad \therefore x < 5$

그런데 $x \geq 3$이므로 $\quad 3 \leq x < 5$

(i), (ii), (iii)에서 주어진 부등식의 해는 $\quad \boldsymbol{-4 < x < 5}$

문제

정답과 해설 66쪽

O8-1 다음 부등식을 푸시오.

(1) $|6-5x| > 1$

(2) $5 < |4x-3| < 9$

(3) $|3x+2| < 4x$

(4) $4x-9 < |2x+3|$

O8-2 다음 부등식을 푸시오.

(1) $2|x+1| - |x-1| < 5$

(2) $|7-x| + |x-9| < 20$

1 부등식 $ax < 2a + bx$의 해가 $x > 1$일 때, 부등식 $(a-b)x + 3a + b > 0$을 푸시오. (단, a, b는 상수)

2 부등식 $a^2x - 1 > x + 3a$가 해를 갖지 않을 때, 상수 a의 값은?

① -1 ② $-\dfrac{1}{3}$ ③ $\dfrac{1}{3}$

④ 1 ⑤ 2

3 연립부등식 $\begin{cases} 3(x-2) \geq -15 \\ \dfrac{4-x}{2} \leq 4 - x \end{cases}$ 의 해가 $\alpha \leq x \leq \beta$일 때, $\alpha\beta$의 값은?

① -12 ② -10 ③ -8

④ -6 ⑤ -4

4 부등식 $x - 1 \leq 2(1-x) \leq \dfrac{5-5x}{3}$를 풀면?

① $x \leq 1$ ② $x = 1$ ③ $x \geq 1$

④ $1 \leq x \leq 2$ ⑤ 해는 없다.

5 교육청

x에 대한 연립부등식
$$\begin{cases} x - 1 > 8 \\ 2x - 16 \leq x + a \end{cases}$$
의 해가 $b < x \leq 28$일 때, 두 상수 a, b에 대하여 $a + b$의 값을 구하시오.

6 연립부등식 $\begin{cases} 3x - 4 < \dfrac{x+a}{2} \\ 4x + b \leq 3 - 2x \end{cases}$ 의 해를 수직선 위에 나타내면 다음 그림과 같을 때, 상수 a, b에 대하여 $b - a$의 값을 구하시오.

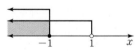

7 연립부등식 $\begin{cases} 3(x-1)\leq a+4 \\ \dfrac{5x-b}{7}\geq 1 \end{cases}$ 의 해가 $x=3$일 때, 상수 a, b에 대하여 ab의 값은?

① 8   ② 12   ③ 16
④ 20   ⑤ 24

8 연립부등식 $\begin{cases} x+3\leq 3a \\ -3x+1\leq 2x+16 \end{cases}$ 이 해를 갖지 않도록 하는 정수 a의 최댓값은?

① -3 ② -2 ③ -1
④ 0   ⑤ 1

9 x에 대한 연립부등식
$$3x-1<5x+3\leq 4x+a$$
를 만족시키는 정수 x의 개수가 8이 되도록 하는 자연수 a의 값을 구하시오.

10 다음 조건을 만족시키는 자연수를 구하시오.

> ㈎ 어떤 자연수에서 1을 뺀 후 5배하면 5보다 크다.
> ㈏ 어떤 자연수에서 4를 뺀 것은 4에서 어떤 자연수를 뺀 것보다 작다.

11 x에 대한 부등식 $|x-7|\leq a+1$을 만족시키는 모든 정수 x의 개수가 9가 되도록 하는 자연수 a의 값은?

① 1   ② 2   ③ 3
④ 4   ⑤ 5

12 부등식 $|2x+2|\leq x+10$을 만족시키는 x의 최댓값을 M, 최솟값을 m이라 할 때, $M+m$의 값은?

① 3   ② 4   ③ 5
④ 6   ⑤ 7

13 부등식 $|x+3|+2|x-5|<10$을 만족시키는 정수 x의 개수는?

① 1   ② 2   ③ 3

④ 4   ⑤ 5

14 부등식 $2\sqrt{x^2-2x+1}+|x+1|\leq6$의 해를 $\alpha\leq x\leq\beta$라 할 때, $\beta-\alpha$의 값은?

① $\dfrac{11}{3}$ ② 4   ③ $\dfrac{13}{3}$

④ $\dfrac{14}{3}$ ⑤ 5

▶ 실력

15 부등식 $4x-b\leq x+2a\leq5x+a$를 연립부등식 $\begin{cases}4x-b\leq x+2a\\4x-b\leq5x+a\end{cases}$ 로 잘못 고쳐서 풀었더니 해가 $-5\leq x\leq2$가 되었다. 이때 처음 부등식의 해를 구하시오. (단, a, b는 상수)

16 길이가 30 cm인 끈의 양 끝을 각각 $3x$ cm만큼 자른 후 세 조각의 끈을 세 변으로 하는 삼각형을 만들려고 한다. 삼각형을 만들 수 있는 x의 값의 범위가 $\alpha<x<\beta$일 때, $\alpha\beta$의 값을 구하시오.

(단, 끈의 굵기는 무시한다.)

17 어느 학교 학생 전체가 긴 의자에 앉는데 한 의자에 7명씩 앉으면 학생이 5명 남고, 8명씩 앉으면 의자가 5개 남는다. 다음 중 의자의 개수가 될 수 없는 것은?

① 45   ② 47   ③ 49

④ 51   ⑤ 53

18 부등식 $||x+2|+|x-1||\leq4$를 만족시키는 모든 정수 x의 값의 합은?

① -2 ② -1 ③ 0

④ 1   ⑤ 2

이차부등식

① 이차부등식

부등식의 모든 항을 좌변으로 이항하여 정리하였을 때,

$$ax^2+bx+c>0, \ ax^2+bx+c<0,$$
$$ax^2+bx+c\geq0, \ ax^2+bx+c\leq0 \ (a\neq0, \ a, \ b, \ c는 상수)$$

과 같이 좌변이 x에 대한 이차식으로 나타내어지는 부등식을 x에 대한 이차부등식이라 한다.

② 이차부등식과 이차함수의 관계

이차부등식의 해와 이차함수의 그래프 사이에는 다음과 같은 관계가 성립한다.

> (1) 이차부등식 $ax^2+bx+c>0$의 해
> ➡ 이차함수 $y=ax^2+bx+c$에서 $y>0$인 x의 값의 범위
> ➡ 이차함수 $y=ax^2+bx+c$의 그래프가 x축보다 위쪽에 있는 부분의 x의 값의 범위
> (2) 이차부등식 $ax^2+bx+c<0$의 해
> ➡ 이차함수 $y=ax^2+bx+c$에서 $y<0$인 x의 값의 범위
> ➡ 이차함수 $y=ax^2+bx+c$의 그래프가 x축보다 아래쪽에 있는 부분의 x의 값의 범위
>
>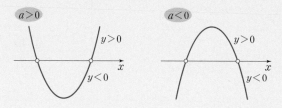

참고 이차부등식 $ax^2+bx+c\geq0$, $ax^2+bx+c\leq0$의 해는 이차함수 $y=ax^2+bx+c$의 그래프와 x축의 교점의 x좌표를 포함하여 생각한다.

③ 이차부등식의 해

이차방정식 $ax^2+bx+c=0 \ (a>0)$의 판별식을 D라 할 때, 이차함수 $y=ax^2+bx+c$의 그래프를 이용하여 이차부등식의 해를 구하면 다음과 같다.

	$D>0$	$D=0$	$D<0$
$ax^2+bx+c=0$의 해	서로 다른 두 실근 α, β	중근 α	서로 다른 두 허근
$y=ax^2+bx+c$의 그래프			
$ax^2+bx+c>0$의 해	$x<\alpha$ 또는 $x>\beta$	$x\neq\alpha$인 모든 실수	모든 실수
$ax^2+bx+c\geq0$의 해	$x\leq\alpha$ 또는 $x\geq\beta$	모든 실수	모든 실수
$ax^2+bx+c<0$의 해	$\alpha<x<\beta$	없다.	없다.
$ax^2+bx+c\leq0$의 해	$\alpha\leq x\leq\beta$	$x=\alpha$	없다.

참고 $a<0$인 경우에는 주어진 부등식의 양변에 -1을 곱하여 x^2의 계수를 양수로 바꾸어 푼다.

개념 Plus

부등식 $f(x) > g(x)$, $f(x) < g(x)$의 해

두 함수 $y = f(x)$, $y = g(x)$의 그래프가 오른쪽 그림과 같을 때

(1) 부등식 $f(x) > g(x)$의 해
➡ 함수 $y = f(x)$의 그래프가 함수 $y = g(x)$의 그래프보다 위쪽에 있는 부분의 x의 값의 범위

(2) 부등식 $f(x) < g(x)$의 해
➡ 함수 $y = f(x)$의 그래프가 함수 $y = g(x)$의 그래프보다 아래쪽에 있는 부분의 x의 값의 범위

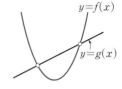

참고 부등식 $f(x) \geq g(x)$, $f(x) \leq g(x)$의 해는 두 함수 $y = f(x)$, $y = g(x)$의 그래프의 교점의 x좌표를 포함하여 생각한다.

개념 Check

정답과 해설 70쪽

1 이차함수 $y = f(x)$의 그래프가 오른쪽 그림과 같을 때, 다음 이차부등식의 해를 구하시오.

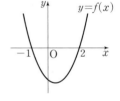

(1) $f(x) < 0$

(2) $f(x) \leq 0$

(3) $f(x) > 0$

(4) $f(x) \geq 0$

2 이차함수 $y = f(x)$의 그래프가 오른쪽 그림과 같을 때, 다음 이차부등식의 해를 구하시오.

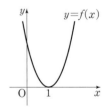

(1) $f(x) < 0$

(2) $f(x) \leq 0$

(3) $f(x) > 0$

(4) $f(x) \geq 0$

3 이차함수 $y = f(x)$의 그래프가 오른쪽 그림과 같을 때, 다음 이차부등식의 해를 구하시오.

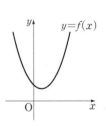

(1) $f(x) < 0$

(2) $f(x) \leq 0$

(3) $f(x) > 0$

(4) $f(x) \geq 0$

그래프를 이용한 부등식의 풀이

📝 유형편 68쪽

이차함수 $y=f(x)$의 그래프와 직선 $y=g(x)$가 오른쪽 그림과 같을 때, 다음 부등식의 해를 구하시오.

(1) $f(x)>g(x)$ (2) $f(x)g(x)<0$

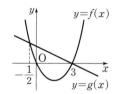

공략 Point

주어진 이차함수의 그래프와 직선의 위치 관계를 파악하여 부등식의 해를 구한다.

풀이

(1) 부등식 $f(x)>g(x)$의 해는 이차함수 $y=f(x)$의 그래프가 직선 $y=g(x)$보다 위쪽에 있는 부분의 x의 값의 범위이므로 $x<-\dfrac{1}{2}$ 또는 $x>3$

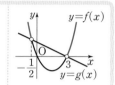

(2) $f(x)g(x)<0$이면 $f(x)>0,\ g(x)<0$ 또는 $f(x)<0,\ g(x)>0$

  (i) $f(x)>0,\ g(x)<0$일 때

    $f(x)>0$을 만족시키는 x의 값의 범위는 $x<0$ 또는 $x>3$ …… ㉠

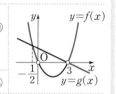

    $g(x)<0$을 만족시키는 x의 값의 범위는 $x>3$ …… ㉡

    ㉠, ㉡의 공통부분은 $x>3$

  (ii) $f(x)<0,\ g(x)>0$일 때

    $f(x)<0$을 만족시키는 x의 값의 범위는 $0<x<3$ …… ㉢

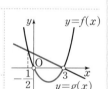

    $g(x)>0$을 만족시키는 x의 값의 범위는 $x<3$ …… ㉣

    ㉢, ㉣의 공통부분은 $0<x<3$

  (i), (ii)에서 구하는 부등식의 해는   **$0<x<3$ 또는 $x>3$**

● **문제** ●

정답과 해설 70쪽

01-1 두 이차함수 $y=f(x)$, $y=g(x)$의 그래프가 오른쪽 그림과 같을 때, 다음 부등식의 해를 구하시오.

(1) $f(x)\leq g(x)$ (2) $f(x)g(x)>0$

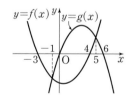

01-2 이차함수 $y=ax^2+bx+c$의 그래프와 직선 $y=mx+n$이 오른쪽 그림과 같을 때, 이차부등식 $ax^2+(b-m)x+c-n<0$의 해를 구하시오.

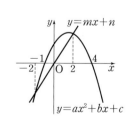

이차부등식의 풀이

유형편 68쪽

다음 이차부등식을 푸시오.

(1) $x^2 - 4x + 3 < 0$ (2) $-x^2 + 4x - 4 < 0$ (3) $x^2 + 2x - 3 \geq 2x^2$

공략 Point

이차부등식의 모든 항을 좌변으로 이항하여 정리한 후 좌변이 인수분해되면 인수분해하여 해를 구하고, 인수분해되지 않으면 $a(x-p)^2 + q$ 꼴로 변형하여 해를 구한다.

풀이

(1) $x^2 - 4x + 3 < 0$의 좌변을 인수분해하면	$(x-1)(x-3) < 0$	
주어진 부등식의 해는 오른쪽 그래프에서 $y < 0$인 부분의 x의 값의 범위이므로	$1 < x < 3$	$y = x^2 - 4x + 3$

(2) 부등식의 양변에 -1을 곱하면	$x^2 - 4x + 4 > 0$	
이 부등식의 좌변을 인수분해하면	$(x-2)^2 > 0$	
주어진 부등식의 해는 오른쪽 그래프에서 $y > 0$인 부분의 x의 값의 범위이므로	$x \neq 2$인 모든 실수	$y = x^2 - 4x + 4$

(3) 주어진 부등식을 정리하면	$x^2 - 2x + 3 \leq 0$	
이 부등식의 좌변이 인수분해되지 않으므로 $a(x-p)^2 + q$ 꼴로 변형하면	$(x-1)^2 + 2 \leq 0$	
주어진 부등식의 해는 오른쪽 그래프에서 $y \leq 0$인 부분의 x의 값의 범위이므로	해는 없다.	$y = x^2 - 2x + 3$

● **문제** ●

정답과 해설 71쪽

02-1 다음 이차부등식을 푸시오.

(1) $x^2 - 7x + 12 \geq 0$ (2) $-x^2 + 7 > -6x$

(3) $x^2 + 8x + 16 > 0$ (4) $4x^2 \leq 12x - 9$

(5) $x^2 + 4x + 6 > 0$ (6) $-2x^2 + 8x \geq 9$

02-2 다음 부등식을 푸시오.

(1) $x^2 - 3|x| - 4 \geq 0$ (2) $x^2 - 2x - 3 < 3|x-1|$

이차부등식의 활용

유형편 69쪽

어느 상점에서 자전거 한 대의 가격이 10만 원이면 한 달 동안 100대가 판매되고, 자전거 한 대의 가격을 x만 원 인상하면 한 달 판매량이 $4x$대 줄어든다고 한다. 자전거의 한 달 판매액이 1200만 원 이상이 되도록 할 때, 자전거 한 대의 최소 가격을 구하시오.

공략 Point

주어진 상황에 맞게 이차부등식을 세우고 해를 구한 후 문제의 조건에 맞는지 확인한다.

풀이

자전거 한 대의 가격을 x만 원 인상했을 때, 자전거 한 대의 가격은	$(10+x)$만 원
이때 판매량은 $4x$대가 줄어들므로 한 달 판매량은	$(100-4x)$대
한 달 판매액이 1200만 원 이상이 되어야 하므로	$(10+x)(100-4x) \geq 1200$ $-4x^2+60x-200 \geq 0,\ x^2-15x+50 \leq 0$ $(x-5)(x-10) \leq 0 \qquad \therefore 5 \leq x \leq 10$
따라서 자전거 한 대의 최소 가격은	$10+5=\mathbf{15}$(만 원)

● **문제** ●

정답과 해설 71쪽

03-1 지면에서 초속 40 m로 똑바로 위로 쏘아 올린 물체의 t초 후의 지면으로부터의 높이를 h m라 하면 $h=40t-5t^2$인 관계가 성립한다고 한다. 이 물체의 높이가 60 m 이상인 시간은 몇 초 동안인지 구하시오.

03-2 둘레의 길이가 36인 직사각형의 넓이가 56 이상일 때, 이 직사각형의 가로의 길이의 범위를 구하시오.

03-3 어느 빵집에서 빵 한 개의 가격이 600원이면 하루에 100개가 판매되고, 빵 한 개의 가격을 20원씩 내릴 때마다 하루 판매량이 10개씩 늘어난다고 한다. 빵의 하루 판매액이 75000원 이상이 되도록 할 때, 빵 한 개의 최대 가격을 구하시오.

plus 특강

가우스 기호를 포함한 부등식의 풀이

실수 x에 대하여 x보다 크지 않은 최대의 정수를 $[x]$로 나타내고, $[\ \ ]$를 가우스 기호라 한다는 것은 83쪽에서 이미 공부하였다.

또 다음이 성립하는 것도 확인하였다.

> 정수 n에 대하여
> (1) $n \le x < n+1$이면 $[x] = n$
> (2) $[x] = n$이면 $n \le x < n+1$

이와 같은 성질을 이용하면 가우스 기호를 포함한 부등식을 풀 수 있다.

(1) $[x]$가 포함된 경우

$[x]$를 하나의 문자로 생각하고 좌변을 인수분해하여 정수 $[x]$의 값을 구한 후 $[x]=n$(n은 정수)이면
$n \le x < n+1$임을 이용한다.

예 부등식 $2[x]^2-13[x]+15<0$을 푸시오. (단, $[x]$는 x보다 크지 않은 최대의 정수)

풀이 $2[x]^2-13[x]+15<0$에서

$(2[x]-3)([x]-5)<0$

$\therefore \dfrac{3}{2} < [x] < 5$

그런데 $[x]$는 정수이므로

$[x]=2$ 또는 $[x]=3$ 또는 $[x]=4$

(i) $[x]=2$이면 $2 \le x < 3$

(ii) $[x]=3$이면 $3 \le x < 4$

(iii) $[x]=4$이면 $4 \le x < 5$

(i), (ii), (iii)에서 부등식의 해는 $2 \le x < 5$

(2) $[x+n]$(n은 정수) 꼴이 포함된 경우

$[x+n]=[x]+n$(n은 정수)임을 이용하여 주어진 부등식을 정리한 후 (1)과 같은 방법으로 푼다.

예 부등식 $[x]^2+[x+6]-8<0$을 푸시오. (단, $[x]$는 x보다 크지 않은 최대의 정수)

풀이 $[x]^2+[x+6]-8<0$에서

$[x]^2+([x]+6)-8<0$

$[x]^2+[x]-2<0$

$([x]+2)([x]-1)<0$

$\therefore -2 < [x] < 1$

그런데 $[x]$는 정수이므로

$[x]=-1$ 또는 $[x]=0$

(i) $[x]=-1$이면 $-1 \le x < 0$

(ii) $[x]=0$이면 $0 \le x < 1$

(i), (ii)에서 부등식의 해는 $-1 \le x < 1$

2 이차부등식의 해의 조건

❶ 이차부등식의 작성

(1) 해가 $\alpha < x < \beta$이고 x^2의 계수가 1인 이차부등식은
$$(x-\alpha)(x-\beta) < 0 \implies x^2-(\alpha+\beta)x+\alpha\beta < 0$$
(2) 해가 $x < \alpha$ 또는 $x > \beta \, (\alpha < \beta)$이고 x^2의 계수가 1인 이차부등식은
$$(x-\alpha)(x-\beta) > 0 \implies x^2-(\alpha+\beta)x+\alpha\beta > 0$$

❷ 이차부등식이 항상 성립할 조건

이차방정식 $ax^2+bx+c=0$의 판별식을 D라 할 때, 모든 실수 x에 대하여 주어진 이차부등식이 성립할 조건은 다음과 같다.

(1) $ax^2+bx+c>0 \implies a>0,\ D<0$
(2) $ax^2+bx+c\geq0 \implies a>0,\ D\leq0$
(3) $ax^2+bx+c<0 \implies a<0,\ D<0$
(4) $ax^2+bx+c\leq0 \implies a<0,\ D\leq0$

> **참고** 이차부등식이 해를 갖지 않을 조건은 다음과 같이 이차부등식이 항상 성립할 조건으로 바꾸어 생각한다.
> (1) $ax^2+bx+c>0$의 해가 없다. $\implies ax^2+bx+c\leq0$이 항상 성립한다.
> (2) $ax^2+bx+c\geq0$의 해가 없다. $\implies ax^2+bx+c<0$이 항상 성립한다.

개념 Plus

이차부등식이 항상 성립할 조건에 대한 설명

모든 실수 x에 대하여 주어진 이차부등식이 성립할 조건을 이차함수 $y=ax^2+bx+c$의 그래프의 개형으로 설명하면 다음과 같다.

$ax^2+bx+c>0$	$ax^2+bx+c\geq0$	$ax^2+bx+c<0$	$ax^2+bx+c\leq0$
그래프가 아래로 볼록하고 x축보다 위쪽에 있어야 한다.	그래프가 아래로 볼록하고 x축에 접하거나 x축보다 위쪽에 있어야 한다.	그래프가 위로 볼록하고 x축보다 아래쪽에 있어야 한다.	그래프가 위로 볼록하고 x축에 접하거나 x축보다 아래쪽에 있어야 한다.
$\implies a>0,\ D<0$	$\implies a>0,\ D\leq0$	$\implies a<0,\ D<0$	$\implies a<0,\ D\leq0$

개념 Check

정답과 해설 72쪽

1 해가 다음과 같고 x^2의 계수가 1인 이차부등식을 구하시오.

(1) $-3 < x < 2$ (2) $x < -1$ 또는 $x > 4$

해가 주어진 이차부등식

✎ 유형편 70쪽

다음 물음에 답하시오.

(1) 이차부등식 $ax^2-2x-b<0$의 해가 $x<-2$ 또는 $x>1$일 때, 상수 a, b의 값을 구하시오.

(2) 이차부등식 $ax^2+bx+c\le0$의 해가 $-3\le x\le-2$일 때, 이차부등식 $cx^2+bx-a\ge0$을 푸시오. (단, a, b, c는 상수)

공략 Point

이차부등식의 해가 주어진 경우에는 주어진 해를 이용하여 x^2의 계수가 1인 이차부등식을 구하고, 이 이차부등식과 주어진 부등식의 x^2의 계수와 부등호의 방향을 비교한 후 적당한 수를 곱하여 두 부등식이 일치하도록 한다.

풀이

(1) 해가 $x<-2$ 또는 $x>1$이고 x^2의 계수가 1인 이차부등식은	$(x+2)(x-1)>0$ $\therefore x^2+x-2>0$ ...... ㉠
㉠과 주어진 이차부등식 $ax^2-2x-b<0$의 부등호의 방향이 다르므로	$a<0$
㉠의 양변에 a를 곱하면	$ax^2+ax-2a<0$
이 부등식이 $ax^2-2x-b<0$과 일치하므로	$-2=a$, $-b=-2a$ $\therefore a=-2$, $b=-4$

(2) 해가 $-3\le x\le-2$이고 x^2의 계수가 1인 이차부등식은	$(x+3)(x+2)\le0$ $\therefore x^2+5x+6\le0$ ...... ㉠
㉠과 주어진 이차부등식 $ax^2+bx+c\le0$의 부등호의 방향이 같으므로	$a>0$
㉠의 양변에 a를 곱하면	$ax^2+5ax+6a\le0$
이 부등식이 $ax^2+bx+c\le0$과 일치하므로	$b=5a$, $c=6a$ ...... ㉡
㉡을 $cx^2+bx-a\ge0$에 대입하면	$6ax^2+5ax-a\ge0$
$a>0$이므로 양변을 a로 나누어 해를 구하면	$6x^2+5x-1\ge0$, $(x+1)(6x-1)\ge0$ $\therefore x\le-1$ 또는 $x\ge\dfrac{1}{6}$

● **문제** ●

정답과 해설 72쪽

04-1 이차부등식 $ax^2+bx+6\le0$의 해가 $x\le-1$ 또는 $x\ge6$일 때, 상수 a, b에 대하여 ab의 값을 구하시오.

04-2 이차부등식 $ax^2+bx+c>0$의 해가 $-1<x<3$일 때, 이차부등식 $2bx^2-cx+a<0$을 푸시오. (단, a, b, c는 상수)

모든 실수에 대하여 항상 성립하는 이차부등식

유형편 71쪽

모든 실수 x에 대하여 다음 부등식이 성립하도록 하는 상수 a의 값의 범위를 구하시오.

(1) $x^2+ax+4>0$

(2) $ax^2+2ax+5>0$

공략 Point

모든 실수 x에 대하여 부등식 $ax^2+bx+c>0$이 성립할 조건은 주어진 부등식이 이차부등식이 아닌 경우와 이차부등식인 경우로 나누어서 생각한다.

(1) $a=0$일 때, $b=0$, $c>0$
(2) $a\neq0$일 때, $a>0$, $D<0$

풀이

(1) 이차방정식 $x^2+ax+4=0$의 판별식을 D라 하면	$D=a^2-16<0$, $(a+4)(a-4)<0$ $\therefore -4<a<4$
(2) (i) $a=0$일 때 이 부등식은 모든 실수 x에 대하여 성립하므로	$0\times x^2+0\times x+5>0$에서 $5>0$ $a=0$
(ii) $a\neq0$일 때 모든 실수 x에 대하여 주어진 부등식이 성립하려면 이차함수 $y=ax^2+2ax+5$의 그래프가 아래로 볼록해야 하므로	$a>0$ ······ ㉠
또 이차방정식 $ax^2+2ax+5=0$의 판별식을 D라 하면	$\dfrac{D}{4}=a^2-5a<0$, $a(a-5)<0$ $\therefore 0<a<5$ ······ ㉡
㉠, ㉡의 공통부분은	$0<a<5$
(i), (ii)에서 a의 값의 범위는	$0\leq a<5$

● **문제** ●

정답과 해설 72쪽

05-1 모든 실수 x에 대하여 이차부등식 $ax^2+6x+a-8\leq0$이 성립하도록 하는 상수 a의 값의 범위를 구하시오.

05-2 모든 실수 x에 대하여 부등식 $(a-4)x^2+2(a-4)x+1\geq0$이 성립하도록 하는 상수 a의 값의 범위를 구하시오.

05-3 이차함수 $y=x^2-2ax+a$의 그래프가 직선 $y=4x-2a^2$보다 항상 위쪽에 있도록 하는 상수 a의 값의 범위를 구하시오.

해를 갖거나 갖지 않을 조건이 주어진 이차부등식

유형편 72쪽

다음 물음에 답하시오.

(1) 이차부등식 $ax^2+2ax-3>0$이 해를 갖도록 하는 상수 a의 값의 범위를 구하시오.

(2) 이차부등식 $ax^2+6x-a-10>0$이 해를 갖지 않도록 하는 상수 a의 값의 범위를 구하시오.

공략 Point

(1) 이차부등식
 $ax^2+bx+c>0$이 해를 갖는 경우
 ➡ $a>0$, $a<0$인 경우로 나누어 구한다.

(2) 이차부등식
 $ax^2+bx+c>0$이 해를 갖지 않는 경우
 ➡ $ax^2+bx+c\leq0$이 항상 성립한다.
 ➡ $a<0$, $b^2-4ac\leq0$

풀이

(1) (i) $a>0$일 때 　　　주어진 이차부등식은 항상 해를 가지므로	$a>0$
(ii) $a<0$일 때 　이차방정식 $ax^2+2ax-3=0$의 판별식을 D라 하면	$\dfrac{D}{4}=a^2+3a>0$ $a(a+3)>0$ $\therefore\ a<-3$ 또는 $a>0$
그런데 $a<0$이므로	$a<-3$
(i), (ii)에서 a의 값의 범위는	**$a<-3$ 또는 $a>0$**
(2) 이차부등식 $ax^2+6x-a-10>0$이 해를 갖지 않으려면 모든 실수 x에 대하여 $ax^2+6x-a-10\leq0$이 성립해야 하므로	$a<0$ 　　　　 …… ㉠
또 이차방정식 $ax^2+6x-a-10=0$의 판별식을 D라 하면	$\dfrac{D}{4}=9-a(-a-10)\leq0$ $a^2+10a+9\leq0$, $(a+9)(a+1)\leq0$ $\therefore\ -9\leq a\leq-1$ 　…… ㉡
㉠, ㉡의 공통부분은	**$-9\leq a\leq-1$**

● **문제** ●

정답과 해설 72쪽

06-1 이차부등식 $ax^2+(a-3)x+a-3\leq0$이 해를 갖도록 하는 상수 a의 최댓값을 구하시오.

06-2 이차부등식 $ax^2+2(a-2)x+1\leq0$이 해를 갖지 않도록 하는 상수 a의 값의 범위를 구하시오.

제한된 범위에서 항상 성립하는 이차부등식

유형편 72쪽

다음 이차부등식이 주어진 범위에서 항상 성립하도록 하는 상수 a의 값의 범위를 구하시오.

(1) $x^2-6x+a^2-7>0$ $(0\leq x\leq 5)$

(2) $x^2-ax+3a-27\leq 0$ $(-3\leq x\leq 0)$

공략 Point

제한된 범위에서 항상 성립하는 이차부등식은 이차함수의 그래프를 그린 후 주어진 범위에서 최솟값(또는 최댓값)의 부호와 경계에서의 함숫값의 부호를 확인한다.

풀이

(1) $f(x)=x^2-6x+a^2-7$이라 하면	$f(x)=x^2-6x+a^2-7$ $\quad\quad=(x-3)^2+a^2-16$
$0\leq x\leq 5$에서 이차부등식 $f(x)>0$이 항상 성립하려면 이차함수 $y=f(x)$의 그래프가 오른쪽 그림과 같아야 하므로	$f(3)>0$ ◀ (최솟값)>0
$f(3)>0$에서	$a^2-16>0$, $(a+4)(a-4)>0$ $\therefore$ **$a<-4$ 또는 $a>4$**

(2) $f(x)=x^2-ax+3a-27$이라 할 때, $-3\leq x\leq 0$에서 이차부등식 $f(x)\leq 0$이 항상 성립하려면 이차함수 $y=f(x)$의 그래프가 오른쪽 그림과 같아야 하므로	$f(-3)\leq 0$, $f(0)\leq 0$ (경계에서의 함숫값)≤ 0
$f(-3)\leq 0$에서	$9+3a+3a-27\leq 0$, $6a\leq 18$ $\therefore a\leq 3$ ····· ㉠
$f(0)\leq 0$에서	$3a-27\leq 0$, $3a\leq 27$ $\therefore a\leq 9$ ····· ㉡
㉠, ㉡의 공통부분은	**$a\leq 3$**

● **문제** ●

정답과 해설 73쪽

07-1 $-1\leq x\leq 6$에서 이차부등식 $x^2-8x-a^2+20\geq 0$이 항상 성립하도록 하는 상수 a의 값의 범위를 구하시오.

07-2 $-2\leq x\leq 2$에서 이차부등식 $a^2x^2+ax<-3x+4a^2+6$이 항상 성립하도록 하는 정수 a의 개수를 구하시오.

연습문제

1 두 이차함수 $y=f(x)$, $y=g(x)$의 그래프가 다음 그림과 같을 때, 부등식 $f(x)-g(x)>0$의 해는?

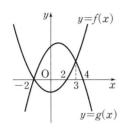

① $x<-2$ 또는 $x>2$

② $x<-2$ 또는 $x>3$

③ $x<-2$ 또는 $x>4$

④ $-2<x<3$

⑤ $-2<x<4$

2 다음 이차부등식 중 해가 <u>없는</u> 것은?

① $x^2-2x-35<0$

② $x^2-6x+9>0$

③ $2x^2-2x>-5$

④ $4x-1>4x^2$

⑤ $-9x^2+4x-1\geq-2x$

3 이차부등식 $(x+3)(x-5)\leq-7$의 해가 부등식 $|x-a|\leq b$의 해와 같을 때, 상수 a, b에 대하여 ab의 값을 구하시오. (단, $b>0$)

4 부등식 $x^2-2x-5<|x-1|$을 만족시키는 정수 x의 개수는?

① 4   ② 5   ③ 6

④ 7   ⑤ 8

5 오른쪽 그림과 같이 가로, 세로의 길이가 각각 25 m, 15 m인 직사각형 모양의 땅에 폭이 일정한 도로를 만들려고 한다. 도로를 제외한 땅의 넓이가 200 m² 이상이 되도록 할 때, 도로의 최대 폭을 구하시오.

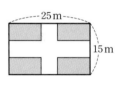

6 이차부등식 $x^2+ax-15\geq0$의 해가 $x\leq b$ 또는 $x\geq5$일 때, 상수 a, b에 대하여 $a-b$의 값은?

(단, $b<5$)

① -5 ② -2 ③ 1

④ 4   ⑤ 7

7 이차부등식 $ax^2+5x+b>0$의 해가 $2<x<3$일 때, 이차부등식 $bx^2+ax+1<0$을 풀면?

(단, a, b는 상수)

① $x<\dfrac{1}{2}$　　　　② $-\dfrac{1}{2}<x<\dfrac{1}{3}$

③ $-\dfrac{1}{3}<x<1$　　　④ $x<-\dfrac{1}{2}$ 또는 $x>\dfrac{1}{3}$

⑤ $x<\dfrac{1}{3}$ 또는 $x>1$

8 이차함수 $y=x^2+ax+b$의 그래프가 직선 $y=-2x+1$보다 위쪽에 있는 부분의 x의 값의 범위가 $x<-2$ 또는 $x>3$일 때, 상수 a, b에 대하여 $a-b$의 값은?

① -8　　　② -2　　　③ 2

④ 4　　　⑤ 8

9 이차부등식 $f(x)<0$의 해가 $-3<x<6$일 때, 부등식 $f(3-x)<0$을 만족시키는 모든 정수 x의 값의 합을 구하시오.

10 이차부등식 $x^2-(a+3)x+2a+6\leq0$의 해가 오직 한 개일 때, 모든 상수 a의 값의 합을 구하시오.

11 모든 실수 x에 대하여 부등식
$$(a-1)x^2-2(a-1)x+5>0$$
이 성립하도록 하는 정수 a의 개수를 구하시오.

12 이차함수 $y=-x^2-x+2m$의 그래프가 직선 $y=x+m-3$보다 항상 아래쪽에 있도록 하는 상수 m의 값의 범위를 구하시오.

13 이차부등식 $x^2-6x+5\leq k(x-a)$가 실수 k의 값에 관계없이 항상 해를 갖도록 하는 실수 a의 값의 범위가 $\alpha\leq a\leq\beta$일 때, $\alpha+\beta$의 값은?

① 2　　　② 3　　　③ 4

④ 5　　　⑤ 6

14 이차부등식 $ax^2-2(a-3)x+4<0$이 해를 갖지 않도록 하는 상수 a의 값의 범위를 구하시오.

교육청

15 $3\leq x\leq 5$인 실수 x에 대하여 부등식
$$x^2-4x-4k+3\leq 0$$
이 항상 성립하도록 하는 상수 k의 최솟값은?

① 1   ② 2   ③ 3
④ 4   ⑤ 5

실력

16 어느 쿠킹 클래스에서 한 달 수강료를 $x\%$ 인상하면 회원 수는 $0.5x\%$ 감소한다고 한다. 이 쿠킹 클래스의 한 달 수입이 8% 이상 증가하도록 하는 x의 최댓값과 최솟값의 합은?

① 80   ② 90   ③ 100
④ 110   ⑤ 120

교육청

17 이차다항식 $P(x)$가 다음 조건을 만족시킬 때, $P(-1)$의 값은?

> (가) 부등식 $P(x)\geq -2x-3$의 해는 $0\leq x\leq 1$이다.
> (나) 방정식 $P(x)=-3x-2$는 중근을 가진다.

① -3 ② -4 ③ -5
④ -6 ⑤ -7

교육청

18 x에 대한 이차부등식
$$x^2-(n+5)x+5n\leq 0$$
을 만족시키는 정수 x의 개수가 3이 되도록 하는 모든 자연수 n의 값의 합은?

① 8   ② 9   ③ 10
④ 11   ⑤ 12

19 $0<x<1$인 모든 실수 x에 대하여 이차함수 $f(x)=x^2-2kx+3$이 항상 양의 값을 가질 때, 상수 k의 값의 범위를 구하시오.

연립이차부등식

❶ 연립이차부등식

연립부등식 $\begin{cases} x < 6-x \\ x^2-5x \leq -4 \end{cases}$, $\begin{cases} x^2+2x \geq 4x-1 \\ -2x^2 < -6 \end{cases}$ 과 같이 연립부등식을 이루는 부등식 중 차수가 가장 높

은 부등식이 이차부등식일 때, 이 연립부등식을 연립이차부등식이라 한다.

❷ 연립이차부등식의 풀이

연립이차부등식은 다음과 같은 순서로 푼다.

> (1) 각 부등식을 푼다.
> (2) 각 부등식의 해를 하나의 수직선 위에 나타낸 후 공통부분을 찾아 연립부등식의 해를 구한다.

예 연립부등식 $\begin{cases} x < 6-x \\ x^2-5x \leq -4 \end{cases}$ 를 풀어 보자.

$x < 6-x$를 풀면

$2x < 6$ ∴ $x < 3$ ······ ㉠

$x^2-5x \leq -4$를 풀면

$x^2-5x+4 \leq 0$, $(x-1)(x-4) \leq 0$

∴ $1 \leq x \leq 4$ ······ ㉡

㉠, ㉡을 수직선 위에 나타내면 오른쪽 그림과 같으므로 주어진 연립부등식의

해는

$1 \leq x < 3$

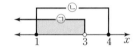

참고 · $A < B < C$ 꼴의 부등식은 연립부등식 $\begin{cases} A < B \\ B < C \end{cases}$ 꼴로 고쳐서 푼다.

· 연립부등식을 이루는 각 부등식의 해의 공통부분이 없으면 연립부등식의 해는 없다.

✏ **개념 Check**

정답과 해설 76쪽

1 연립부등식 $\begin{cases} (x+7)(x-4) < 0 \\ x(x+4) > 0 \end{cases}$ 에 대하여 다음 물음에 답하시오.

(1) 이차부등식 $(x+7)(x-4) < 0$의 해를 구하시오.

(2) 이차부등식 $x(x+4) > 0$의 해를 구하시오.

(3) (1), (2)에서 구한 해를 각각 아래 수직선 위에 나타내시오.

$$\xleftarrow{\hspace{5cm}}_{\hspace{3cm}x}$$

(4) 연립부등식 $\begin{cases} (x+7)(x-4) < 0 \\ x(x+4) > 0 \end{cases}$ 의 해를 구하시오.

연립이차부등식의 풀이

📝 유형편 73쪽

다음 연립부등식을 푸시오.

(1) $\begin{cases} |x-1|>3 \\ x^2-2x-24\le 0 \end{cases}$

(2) $\begin{cases} x^2-x-6\ge 0 \\ 2x^2-7x-15<0 \end{cases}$

공략 Point

각 부등식의 해를 하나의 수직선 위에 나타내어 공통부분을 구한다.

풀이

(1) $|x-1|>3$을 풀면	$x-1<-3$ 또는 $x-1>3$ $\therefore x<-2$ 또는 $x>4$ ...... ㉠
$x^2-2x-24\le 0$을 풀면	$(x+4)(x-6)\le 0$ $\therefore -4\le x\le 6$ ...... ㉡
㉠, ㉡을 수직선 위에 나타내면 오른쪽 그림과 같다.	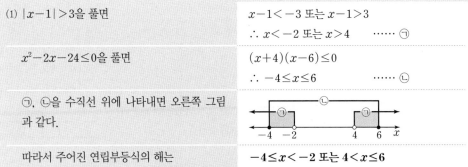
따라서 주어진 연립부등식의 해는	$-4\le x<-2$ 또는 $4<x\le 6$

(2) $x^2-x-6\ge 0$을 풀면	$(x+2)(x-3)\ge 0$ $\therefore x\le -2$ 또는 $x\ge 3$ ...... ㉠
$2x^2-7x-15<0$을 풀면	$(2x+3)(x-5)<0$ $\therefore -\dfrac{3}{2}<x<5$ ...... ㉡
㉠, ㉡을 수직선 위에 나타내면 오른쪽 그림과 같다.	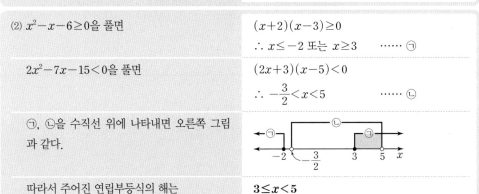
따라서 주어진 연립부등식의 해는	$3\le x<5$

● **문제** ●

정답과 해설 76쪽

01-1 다음 연립부등식을 푸시오.

(1) $\begin{cases} 2(x-1)<-x+4 \\ -x^2<3x+2 \end{cases}$

(2) $\begin{cases} |2x+3|\le 4 \\ x^2+6x+5>0 \end{cases}$

(3) $\begin{cases} x^2>1 \\ x^2+3x\le 4 \end{cases}$

(4) $\begin{cases} x^2+8x+7>0 \\ x^2+|x|-6\le 0 \end{cases}$

해 또는 해의 조건이 주어진 연립이차부등식

유형편 73쪽

연립부등식 $\begin{cases} x^2-5x+6>0 \\ x^2-(a+4)x+4a\leq0 \end{cases}$ 의 해가 $3<x\leq4$일 때, 상수 a의 값의 범위를 구하시오.

공략 Point

연립부등식의 해가 주어진 경우에는 각 부등식의 해의 공통부분이 주어진 해와 일치하도록 수직선 위에 나타낸다.

풀이

$x^2-5x+6>0$을 풀면	$(x-2)(x-3)>0$ $\therefore x<2$ 또는 $x>3$ ······ ㉠
$x^2-(a+4)x+4a\leq0$을 풀면	$(x-a)(x-4)\leq0$ $\therefore \begin{cases} a<4일\ 때,\ a\leq x\leq4 \\ a=4일\ 때,\ x=4 \\ a>4일\ 때,\ 4\leq x\leq a \end{cases}$ ······ ㉡
㉠, ㉡의 공통부분이 $3<x\leq4$가 되도록 수직선 위에 나타내면 오른쪽 그림과 같다.	
따라서 ㉡은 $a\leq x\leq4$이고 a의 값의 범위는	$2\leq a\leq3$

문제

정답과 해설 77쪽

02-1 연립부등식 $\begin{cases} x^2-3x\leq0 \\ x^2+(a-1)x-a>0 \end{cases}$ 의 해가 $1<x\leq3$일 때, 상수 a의 값의 범위를 구하시오.

02-2 연립부등식 $\begin{cases} x^2+x-2>0 \\ 2x^2+(2a+7)x+7a\leq0 \end{cases}$ 을 만족시키는 정수 x의 값이 -3뿐일 때, 상수 a의 값의 범위를 구하시오.

02-3 연립부등식 $\begin{cases} x^2-9x+14<0 \\ 3|x-a|<8 \end{cases}$ 이 해를 갖지 않도록 하는 음수 a의 값의 범위를 구하시오.

연립이차부등식의 활용

✎유형편 74쪽

세 변의 길이가 $x-1$, x, $x+1$인 삼각형이 둔각삼각형이 되도록 하는 자연수 x의 값을 구하시오.

공략 Point

주어진 조건에 맞게 연립이차
부등식을 세운다.

풀이

삼각형의 변의 길이는 양수이므로	$x-1>0$ $\therefore x>1$ ····· ㉠
삼각형의 가장 긴 변의 길이는 나머지 두 변의 길이의 합보다 작아야 하므로	$x+1<(x-1)+x$ $\therefore x>2$ ····· ㉡
둔각삼각형이 되려면 가장 긴 변의 길이의 제곱이 나머지 두 변의 길이의 제곱의 합보다 커야 하므로	$(x+1)^2>(x-1)^2+x^2$ $x^2-4x<0$, $x(x-4)<0$ $\therefore 0<x<4$ ····· ㉢
㉠, ㉡, ㉢을 수직선 위에 나타내면 오른쪽 그림과 같으므로 x의 값의 범위는	$2<x<4$ 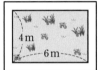
따라서 자연수 x의 값은	**3**

문제

정답과 해설 77쪽

O3-1 오른쪽 그림과 같이 가로의 길이가 $6\,\mathrm{m}$, 세로의 길이가 $4\,\mathrm{m}$인 직사각형 모양의 화단을 만들고 그 화단의 둘레에 폭이 일정한 보행자 통로를 만들려고 한다. 보행자 통로의 넓이가 $56\,\mathrm{m}^2$ 이상 $144\,\mathrm{m}^2$ 이하가 되도록 할 때, 보행자 통로의 폭의 범위를 구하시오.

O3-2 세 변의 길이가 x, $x+1$, $x+2$인 삼각형이 예각삼각형이 되도록 하는 x의 값의 범위를 구하시오.

이차방정식의 실근의 조건

① 이차방정식의 실근의 부호

계수가 실수인 이차방정식 $ax^2+bx+c=0$의 두 실근을 α, β, 판별식을 D라 하면

(1) 두 근이 모두 양수 ➡ $D\geq0$, $\alpha+\beta>0$, $\alpha\beta>0$

(2) 두 근이 모두 음수 ➡ $D\geq0$, $\alpha+\beta<0$, $\alpha\beta>0$

(3) 두 근이 서로 다른 부호 ➡ $\alpha\beta<0$

참고 • 두 근이 서로 다른 부호이면 $\alpha\beta=\dfrac{c}{a}<0$에서 $ac<0$이므로 항상 $D=b^2-4ac>0$이다. 즉, 두 근이 서로 다른 부호이면 항상 $D>0$이므로 판별식 D의 부호를 조사하지 않아도 된다.
• 부호가 서로 다른 두 근의 절댓값에 대한 조건이 주어진 경우
  ① 절댓값이 같을 때 ➡ $\alpha+\beta=0$, $\alpha\beta<0$
  ② 양수인 근의 절댓값이 더 클 때 ➡ $\alpha+\beta>0$, $\alpha\beta<0$
  ③ 음수인 근의 절댓값이 더 클 때 ➡ $\alpha+\beta<0$, $\alpha\beta<0$

② 이차방정식의 실근의 위치

계수가 실수인 이차방정식 $ax^2+bx+c=0$의 두 실근은 이차함수 $y=ax^2+bx+c$의 그래프와 x축의 교점의 x좌표와 같으므로 이차함수의 그래프를 이용하여 이차방정식의 실근의 위치를 판별할 수 있다.
즉, 이차방정식 $ax^2+bx+c=0\,(a>0)$의 판별식을 D, $f(x)=ax^2+bx+c$라 할 때, 이차함수 $y=f(x)$의 그래프를 그린 후 다음 세 조건

　　(ⅰ) 판별식 D의 부호　　(ⅱ) 경계에서의 함숫값의 부호　　(ⅲ) 축의 위치
　　　　　　　　　　　　　　　　　　　　　　　　　　　　　　└ 직선 $x=-\dfrac{b}{2a}$

를 조사하여 실근의 위치를 판별할 수 있다.

두 근이 모두 p보다 크다.	두 근이 모두 p보다 작다.	두 근 사이에 p가 있다.	두 근이 모두 p, q 사이에 있다. (단, $p<q$)
(ⅰ) $D\geq0$ (ⅱ) $f(p)>0$ (ⅲ) $-\dfrac{b}{2a}>p$	(ⅰ) $D\geq0$ (ⅱ) $f(p)>0$ (ⅲ) $-\dfrac{b}{2a}<p$	$f(p)<0$	(ⅰ) $D\geq0$ (ⅱ) $f(p)>0$, $f(q)>0$ (ⅲ) $p<-\dfrac{b}{2a}<q$

참고 • 두 근 사이에 p가 있는 경우 $a>0$, $f(p)<0$이면 이차함수 $y=f(x)$의 그래프는 반드시 $x=p$의 좌우에서 x축과 만나므로 판별식 D의 부호를 조사하지 않아도 된다. 또 축의 위치에 관계없이 두 근 사이에 p가 존재하므로 축의 위치를 조사하지 않아도 된다.
• 이차방정식의 실근의 부호 조건은 실근의 위치 조건에서 $p=0$인 경우와 같다.
  (1) 두 근이 모두 양수 ➡ 두 근이 모두 0보다 크다.
  (2) 두 근이 모두 음수 ➡ 두 근이 모두 0보다 작다.
  (3) 두 근이 서로 다른 부호 ➡ 두 근 사이에 0이 있다.

이차방정식의 실근의 부호 ✍유형편 75쪽

이차방정식 $x^2+2kx+3k+4=0$이 다음을 만족시킬 때, 실수 k의 값의 범위를 구하시오.

(1) 두 근이 모두 양수   (2) 두 근이 모두 음수   (3) 두 근이 서로 다른 부호

공략 Point

이차방정식의 실근의 부호가
주어지면
(i) 판별식의 부호
(ii) 두 근의 합의 부호
(iii) 두 근의 곱의 부호
를 조사한다.

풀이

이차방정식 $x^2+2kx+3k+4=0$의 두 실근을 α, β, 판별식을 D라 하면	$\alpha+\beta=-2k$, $\alpha\beta=3k+4$ $\dfrac{D}{4}=k^2-(3k+4)=k^2-3k-4=(k+1)(k-4)$
(1) (i) $D\geq0$이어야 하므로	$(k+1)(k-4)\geq0$ $\therefore$ $k\leq-1$ 또는 $k\geq4$ ······ ㉠
(ii) $\alpha+\beta>0$이어야 하므로	$-2k>0$ $\therefore$ $k<0$ ······ ㉡
(iii) $\alpha\beta>0$이어야 하므로	$3k+4>0$ $\therefore$ $k>-\dfrac{4}{3}$ ······ ㉢
㉠, ㉡, ㉢을 수직선 위에 나타내면 오른쪽 그림과 같으므로 k의 값의 범위는	$-\dfrac{4}{3}<k\leq-1$
(2) (i) $D\geq0$이어야 하므로	$(k+1)(k-4)\geq0$ $\therefore$ $k\leq-1$ 또는 $k\geq4$ ······ ㉠
(ii) $\alpha+\beta<0$이어야 하므로	$-2k<0$ $\therefore$ $k>0$ ······ ㉡
(iii) $\alpha\beta>0$이어야 하므로	$3k+4>0$ $\therefore$ $k>-\dfrac{4}{3}$ ······ ㉢
㉠, ㉡, ㉢을 수직선 위에 나타내면 오른쪽 그림과 같으므로 k의 값의 범위는	$k\geq4$
(3) $\alpha\beta<0$이어야 하므로	$3k+4<0$ $\therefore$ $k<-\dfrac{4}{3}$

● 문제 ●

정답과 해설 78쪽

04-1 이차방정식 $x^2-2(2k+1)x+k+2=0$이 다음을 만족시킬 때, 실수 k의 값의 범위를 구하시오.

(1) 두 근이 모두 양수   (2) 두 근이 모두 음수   (3) 두 근이 서로 다른 부호

04-2 x에 대한 이차방정식 $x^2+(a^2-4)x+a^2-2a-3=0$의 두 근의 부호가 서로 다르고 절댓값이 같을 때, 실수 a의 값을 구하시오.

이차방정식의 실근의 위치

유형편 76쪽

이차방정식 $x^2+2kx-k+6=0$의 두 근이 모두 1보다 클 때, 실수 k의 값의 범위를 구하시오.

공략 Point

이차방정식의 실근의 위치가
주어지면
(i) 판별식의 부호
(ii) 경계에서의 함숫값의 부호
(iii) 축의 위치
를 조사한다.

풀이

$f(x)=x^2+2kx-k+6$이라 할 때, 이차함수 $y=f(x)$의 그래프의 축의 방정식은 $x=-k$ 이므로 이차방정식 $f(x)=0$의 두 근이 모두 1보다 크려면 $y=f(x)$의 그래프는 오른쪽 그림과 같아야 한다.	
(i) 이차방정식 $f(x)=0$의 판별식을 D라 하면	$\dfrac{D}{4}=k^2-(-k+6)\geq0$ $k^2+k-6\geq0$, $(k+3)(k-2)\geq0$ $\therefore k\leq-3$ 또는 $k\geq2$ ...... ㉠
(ii) $f(1)>0$에서	$1+2k-k+6>0$ $\therefore k>-7$ ...... ㉡
(iii) $-k>1$에서	$k<-1$ ...... ㉢
㉠, ㉡, ㉢을 수직선 위에 나타내면 오른쪽 그림과 같으므로 k의 값의 범위는	$-7<k\leq-3$

● **문제** ●

정답과 해설 78쪽

05-1 x에 대한 이차방정식 $x^2-(a-2)x+a^2-1=0$의 두 근 사이에 -3이 있을 때, 실수 a의 값의 범위를 구하시오.

05-2 이차방정식 $x^2-6kx-4k+5=0$의 두 근이 모두 1보다 작을 때, 실수 k의 값의 범위를 구하시오.

05-3 이차방정식 $x^2-ax+2=0$의 두 근이 모두 -2와 2 사이에 있을 때, 실수 a의 값의 범위를 구하시오.

연습문제

교육청

1 연립부등식 $\begin{cases} |x-1| \leq 3 \\ x^2-8x+15>0 \end{cases}$ 을 만족시키는 정수 x의 개수는?

① 1   ② 2   ③ 3
④ 4   ⑤ 5

2 연립부등식 $\begin{cases} x^2+4x-5>0 \\ 2x^2-3x-14 \leq 0 \end{cases}$ 을 만족시키는 모든 정수 x의 값의 합을 구하시오.

3 연립부등식 $\begin{cases} x^2+3 \geq 4x \\ x^2-7x \leq -10 \end{cases}$ 의 해가 이차부등식 $ax^2+bx-15 \geq 0$의 해와 같을 때, 상수 a, b에 대하여 $a+b$의 값은?

① 1   ② 3   ③ 5
④ 7   ⑤ 9

4 연립부등식 $\begin{cases} x^2-10x+a>0 \\ x^2-9x+b \leq 0 \end{cases}$ 의 해가 $2 \leq x < 4$ 또는 $6 < x \leq 7$일 때, 상수 a, b에 대하여 $a-b$의 값은?

① 4   ② 6   ③ 8
④ 10   ⑤ 12

교육청

5 연립부등식
$$\begin{cases} |x-k| \leq 5 \\ x^2-x-12>0 \end{cases}$$
을 만족시키는 모든 정수 x의 값의 합이 7이 되도록 하는 정수 k의 값은?

① -2 ② -1 ③ 0
④ 1   ⑤ 2

6 연립부등식 $\begin{cases} x^2+x-20 \leq 0 \\ x^2-6kx-7k^2>0 \end{cases}$ 이 해를 갖도록 하는 양의 정수 k의 개수를 구하시오.

정답과 해설 80쪽

7 다음 조건을 만족시키는 직사각형 모양의 출입문을 만들려고 할 때, 출입문의 가로의 길이의 범위를 구하시오.

> (개) 출입문의 둘레의 길이는 18 m이다.
> (내) 출입문의 가로의 길이는 세로의 길이의 2배보다 길다.
> (대) 출입문의 넓이는 14 m² 이상이다.

8 x에 대한 이차방정식 $x^2 - kx - k(k-1) = 0$은 서로 다른 두 실근을 갖고, 이차방정식 $(2-k)x^2 + 2kx + 1 = 0$은 허근을 갖도록 하는 정수 k의 값을 구하시오.

9 x에 대한 이차방정식 $x^2 - (a^2 - 5a - 6)x - a + 2 = 0$의 두 근의 부호가 서로 다르고 음수인 근의 절댓값이 양수인 근보다 클 때, 실수 a의 값의 범위를 구하시오.

10 이차방정식 $x^2 + 2(k-2)x - k + 2 = 0$의 두 근이 모두 -1과 4 사이에 있을 때, 정수 k의 개수를 구하시오.

▶ **실력**

11 연립부등식 $\begin{cases} x^2 - x - 6 < 0 \\ x^2 - (a+1)x + a < 0 \end{cases}$ 을 만족시키는 정수 x가 오직 한 개 존재하도록 하는 상수 a의 값의 범위를 구하시오.

교육청

12 그림과 같이 $\overline{AC} = \overline{BC} = 12$인 직각이등변삼각형 ABC가 있다. 빗변 AB 위의 점 P에서 변 BC와 변 AC에 내린 수선의 발을 각각 Q, R라 할 때, 직사각형 PQCR의 넓이는 두 삼각형 APR와 PBQ의 각각의 넓이보다 크다. $\overline{QC} = a$일 때, 모든 자연수 a의 값의 합을 구하시오.

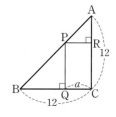

13 이차방정식 $x^2 - (a-1)x + a + 8 = 0$의 서로 다른 두 근 중 한 근만이 이차방정식 $x^2 - 5x + 6 = 0$의 두 근 사이에 있도록 하는 정수 a의 개수는?

① 2   ② 3   ③ 4
④ 5   ⑤ 6

1 경우의 수

합의 법칙과 곱의 법칙

① 사건과 경우의 수

(1) 사건

같은 조건에서 반복할 수 있는 실험이나 관찰에서 나타나는 결과를 사건이라 한다.

(2) 경우의 수

어떤 사건이 일어나는 모든 경우의 가짓수를 경우의 수라 한다.

예 주사위 한 개를 던질 때, <u>홀수의 눈이 나오는 경우</u>는 <u>1, 3, 5의 3가지</u>이다.
　　　　　　　　　　　　　　사건　　　　　　　　　　　　　　　　경우의 수

참고 경우의 수를 구할 때는 빠짐없이, 중복되지 않도록 구하는 것이 중요하다.

② 합의 법칙

일반적으로 경우의 수를 구할 때, 다음과 같은 **합의 법칙**이 성립한다.

> 두 사건 A, B가 동시에 일어나지 않을 때, 사건 A와 사건 B가 일어나는 경우의 수가 각각 m, n
> 이면 사건 A 또는 사건 B가 일어나는 경우의 수는
>
> $$m+n$$

예 오른쪽 그림과 같이 두 지점 A, B 사이에 배편이 a, b, c의 3가지, 항공편이 p, q의
2가지일 때, 배편 또는 항공편을 이용하여 A 지점에서 B 지점으로 가는 경우의 수
는 합의 법칙에 의하여
$$3+2=5$$

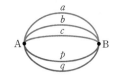

참고 • '또는', '이거나' 등의 표현이 있으면 합의 법칙을 이용한다.

　　• 합의 법칙은 어느 두 사건도 동시에 일어나지 않는 세 사건 이상에 대해서도 성립한다.

　　• 사건 A가 일어나는 경우의 수가 m, 사건 B가 일어나는 경우의 수가 n, 두 사건 A, B가 동시에 일어나는 경우의 수
　　가 l일 때, 사건 A 또는 사건 B가 일어나는 경우의 수는
$$m+n-l$$

③ 곱의 법칙

일반적으로 경우의 수를 구할 때, 다음과 같은 **곱의 법칙**이 성립한다.

> 두 사건 A, B에 대하여 사건 A가 일어나는 경우의 수가 m, 그 각각에 대하여 사건 B가 일어나는
> 경우의 수가 n이면 두 사건 A, B가 동시에 일어나는 경우의 수는
>
> $$m \times n$$

예 오른쪽 그림과 같이 A 지점에서 B 지점으로 가는 길이 a, b, c의 3가지, B 지점
에서 C 지점으로 가는 길이 p, q의 2가지일 때, A 지점에서 B 지점을 거쳐 C
지점으로 가는 경우의 수는 곱의 법칙에 의하여
$$3 \times 2=6$$

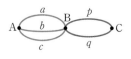

참고 • '그리고', '동시에' 등의 표현이 있으면 곱의 법칙을 이용한다.

　　• 곱의 법칙은 두 사건이 잇달아 일어나는 경우에도 성립한다.

　　• 곱의 법칙은 동시에 일어나는 세 사건 이상에 대해서도 성립한다.

개념 Plus

수형도 또는 순서쌍을 이용하는 경우의 수

특별한 규칙이 없을 때의 경우의 수는 중복되거나 빠짐없이 모든 경우를 일일이 나열하여 구한다.
이때 수형도 또는 순서쌍을 이용하면 편리하다.

(1) 수형도: 사건이 일어나는 모든 경우를 나뭇가지 모양의 그림으로 나타낸 것

(2) 순서쌍: 사건이 일어나는 경우를 순서대로 짝 지어 만든 쌍

세 문자 a, b, c를 일렬로 나열하는 경우를 수형도와 순서쌍으로 나타내어 보면 다음과 같다.

$$
\begin{array}{cc}
\text{수형도} & \text{순서쌍} \\
\end{array}
$$

$$
a \Big\langle \begin{array}{l} b - c \\ c - b \end{array} \quad \begin{array}{l} \rightarrow \quad (a, b, c) \\ \rightarrow \quad (a, c, b) \end{array}
$$

$$
b \Big\langle \begin{array}{l} a - c \\ c - a \end{array} \quad \begin{array}{l} \rightarrow \quad (b, a, c) \\ \rightarrow \quad (b, c, a) \end{array}
$$

$$
c \Big\langle \begin{array}{l} a - b \\ b - a \end{array} \quad \begin{array}{l} \rightarrow \quad (c, a, b) \\ \rightarrow \quad (c, b, a) \end{array}
$$

개념 Check

정답과 해설 82쪽

1 집에서 학교로 가는 버스 노선이 6가지, 지하철 노선이 3가지 있을 때, 버스 노선 또는 지하철 노선 중에서 하나를 택하는 경우의 수를 구하시오.

2 1부터 10까지의 자연수가 각각 하나씩 적힌 10장의 카드 중에서 1장을 뽑을 때, 다음을 구하시오.

    (1) 3의 배수 또는 4의 배수가 적힌 카드를 뽑는 경우의 수

    (2) 5의 배수 또는 홀수가 적힌 카드를 뽑는 경우의 수

3 햄버거 5종류와 탄산음료 3종류 중에서 햄버거와 탄산음료를 각각 1개씩 구매하는 경우의 수를 구하시오.

4 오른쪽 그림과 같이 세 지점 A, B, C를 연결하는 도로가 있다. A 지점에서 B 지점을 거쳐 C 지점까지 가는 경우의 수를 구하시오.

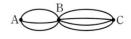

합의 법칙

유형편 78쪽

서로 다른 두 개의 주사위를 동시에 던질 때, 나오는 두 눈의 수의 합이 4의 배수 또는 5의 배수인 경우의 수를 구하시오.

공략 Point

두 사건 A, B가 동시에 일어나지 않을 때, 사건 A와 사건 B가 일어나는 경우의 수가 각각 m, n이면 사건 A 또는 사건 B가 일어나는 경우의 수는

➡ $m+n$

풀이

(i) 두 눈의 수의 합이 4의 배수인 경우는	두 눈의 수의 합이 4 또는 8 또는 12인 경우이다.
두 눈의 수의 합이 4인 경우는	$(1, 3)$, $(2, 2)$, $(3, 1)$의 3가지
두 눈의 수의 합이 8인 경우는	$(2, 6)$, $(3, 5)$, $(4, 4)$, $(5, 3)$, $(6, 2)$의 5가지
두 눈의 수의 합이 12인 경우는	$(6, 6)$의 1가지
따라서 두 눈의 수의 합이 4의 배수인 경우의 수는	$3+5+1=9$
(ii) 두 눈의 수의 합이 5의 배수인 경우는	두 눈의 수의 합이 5 또는 10인 경우이다.
두 눈의 수의 합이 5인 경우는	$(1, 4)$, $(2, 3)$, $(3, 2)$, $(4, 1)$의 4가지
두 눈의 수의 합이 10인 경우는	$(4, 6)$, $(5, 5)$, $(6, 4)$의 3가지
따라서 두 눈의 수의 합이 5의 배수인 경우의 수는	$4+3=7$
(i), (ii)에서 구하는 경우의 수는	$9+7=\mathbf{16}$

● **문제** ●

정답과 해설 82쪽

O1-1 서로 다른 두 개의 주사위를 동시에 던질 때, 나오는 두 눈의 수의 차가 3 이상인 경우의 수를 구하시오.

O1-2 1부터 8까지의 자연수가 각각 하나씩 적힌 8개의 공이 들어 있는 주머니에서 1개씩 세 번 공을 꺼낼 때, 꺼낸 공에 적힌 세 수의 합이 5 이하인 경우의 수를 구하시오.

(단, 꺼낸 공은 다시 넣는다.)

O1-3 1부터 100까지의 자연수 중에서 5 또는 7로 나누어떨어지는 수의 개수를 구하시오.

방정식, 부등식을 만족시키는 순서쌍의 개수

✎ 유형편 78쪽

자연수 x, y, z에 대하여 방정식 $x+2y+3z=10$을 만족시키는 순서쌍 (x, y, z)의 개수를 구하시오.

공략 Point

$ax+by+cz=d$ (a, b, c, d 는 상수) 꼴의 방정식에서 자연수인 해의 개수는 x, y, z 중에서 계수의 절댓값이 가장 큰 문자에 1, 2, 3, …을 차례대로 대입하여 구한다.

풀이

x, y, z가 자연수이므로	$x \geq 1$, $y \geq 1$, $z \geq 1$
주어진 방정식에서 z의 계수가 가장 크므로 z가 될 수 있는 자연수를 구하면	$3z < 10$ ∴ $z=1$ 또는 $z=2$ 또는 $z=3$
(i) $z=1$일 때, $x+2y=7$이므로 순서쌍 (x, y)는	$(5, 1)$, $(3, 2)$, $(1, 3)$의 3개
(ii) $z=2$일 때, $x+2y=4$이므로 순서쌍 (x, y)는	$(2, 1)$의 1개
(iii) $z=3$일 때, $x+2y=1$이므로 순서쌍 (x, y)는	없다.
(i), (ii), (iii)에서 구하는 순서쌍 (x, y, z)의 개수는	$3+1=\mathbf{4}$

문제

정답과 해설 82쪽

02-1 자연수 x, y, z에 대하여 방정식 $2x+3y+z=13$을 만족시키는 순서쌍 (x, y, z)의 개수를 구하시오.

02-2 자연수 x, y에 대하여 부등식 $2x+y \leq 5$를 만족시키는 순서쌍 (x, y)의 개수를 구하시오.

02-3 한 개의 가격이 각각 100원, 500원, 1000원인 학용품 3종류가 있다. 한 종류씩은 반드시 포함하여 5000원어치의 학용품을 사는 경우의 수를 구하시오.

곱의 법칙

유형편 79쪽

다음 물음에 답하시오.

(1) 십의 자리의 숫자는 짝수이고 일의 자리의 숫자는 소수인 두 자리의 자연수의 개수를 구하시오.

(2) 다항식 $(a+b)(p+q)+(x+y+z)(m+n)$을 전개할 때 생기는 항의 개수를 구하시오.

공략 Point

사건 A가 일어나는 경우의 수가 m, 그 각각에 대하여 사건 B가 일어나는 경우의 수가 n이면 두 사건 A, B가 동시에 일어나는 경우의 수는

➡ $m \times n$

풀이

(1) 십의 자리에 올 수 있는 숫자는	2, 4, 6, 8의 4가지
일의 자리에 올 수 있는 숫자는	2, 3, 5, 7의 4가지
따라서 구하는 자연수의 개수는	$4 \times 4 = \mathbf{16}$

(2) $(a+b)(p+q)$를 전개하면 a, b에 p, q를 각각 곱하여 항이 만들어지므로 항의 개수는	$2 \times 2 = 4$
$(x+y+z)(m+n)$을 전개하면 x, y, z에 m, n을 각각 곱하여 항이 만들어지므로 항의 개수는	$3 \times 2 = 6$
이때 곱해지는 각 항이 모두 서로 다른 문자이므로 구하는 항의 개수는	$4 + 6 = \mathbf{10}$

● **문제** ●

정답과 해설 83쪽

O3-**1**   백의 자리의 숫자는 소수이고 십의 자리의 숫자는 홀수인 세 자리의 자연수 중에서 짝수의 개수를 구하시오.

O3-**2**   다음 다항식을 전개할 때 생기는 항의 개수를 구하시오.

(1) $(a+b)(p+q)(x+y+z)$

(2) $(a+b)(p+q)-(x+y)(m+n)$

약수의 개수

📝 유형편 79쪽

72의 양의 약수의 개수를 구하시오.

공략 Point

자연수 N이 $N=p^aq^br^c$ (p, q, r는 서로 다른 소수, a, b, c는 자연수) 꼴로 소인수분해 될 때, 자연수 N의 양의 약수의 개수

➡ $(a+1)(b+1)(c+1)$

풀이

72를 소인수분해하면	$72=2^3\times3^2$
2^3의 양의 약수는	1, 2, 2^2, 2^3의 4개
3^2의 양의 약수는	1, 3, 3^2의 3개
2^3의 양의 약수와 3^2의 양의 약수에서 각각 하나씩 택하여 곱한 것이 72의 양의 약수이므로 구하는 약수의 개수는	$4\times3=12$

● 문제 ●

정답과 해설 83쪽

04-1 400의 양의 약수의 개수를 구하시오.

04-2 120과 420의 양의 공약수의 개수를 구하시오.

04-3 2250의 홀수인 양의 약수의 개수를 구하시오.

도로망에서의 경우의 수

유형편 80쪽

오른쪽 그림과 같이 네 지점 A, B, C, D를 연결하는 도로가 있다.
A 지점에서 C 지점으로 가는 경우의 수를 구하시오.

(단, 같은 지점은 두 번 이상 지나지 않는다.)

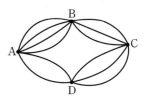

공략 Point

(1) 연이어 갈 수 있는 도로
➡ 곱의 법칙 이용
(2) 연이어 갈 수 없는 도로
➡ 합의 법칙 이용

풀이

A 지점에서 C 지점으로 가는 경우는	A → B → C 또는 A → D → C
(i) A → B → C로 가는 경우의 수는	$4 \times 3 = 12$
(ii) A → D → C로 가는 경우의 수는	$2 \times 3 = 6$
(i), (ii)에서 구하는 경우의 수는	$12 + 6 = 18$

● **문제** ●

정답과 해설 83쪽

05-1 오른쪽 그림과 같이 세 지점 A, B, C를 연결하는 도로가 있다. A 지
점에서 C 지점으로 가는 경우의 수를 구하시오.

(단, 같은 지점은 두 번 이상 지나지 않는다.)

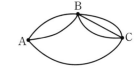

05-2 오른쪽 그림과 같이 네 지점 A, B, C, D를 연결하는 도로가 있다.
A 지점에서 C 지점으로 가는 경우의 수를 구하시오.

(단, 같은 지점은 두 번 이상 지나지 않는다.)

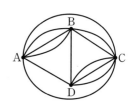

05-3 오른쪽 그림과 같이 네 지점 A, P, B, Q를 연결하는 도로가 있다.
지원이와 민정이가 동시에 A 지점에서 출발하여 중간 지점인 P
지점 또는 Q 지점을 거쳐 B 지점으로 가는 경우의 수를 구하시오.

(단, 두 사람은 서로 다른 중간 지점을 통과한다.)

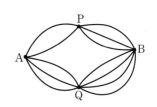

필수 예제 06 색칠하는 경우의 수

📖 유형편 81쪽

오른쪽 그림과 같은 5개의 영역 A, B, C, D, E를 서로 다른 5가지 색으로 칠하려고 한다. 같은 색을 중복하여 사용해도 좋으나 인접한 영역은 서로 다른 색을 칠하는 경우의 수를 구하시오.

(단, 각 영역에는 한 가지 색만 칠한다.)

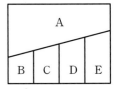

공략 Point

가장 많은 영역과 인접하고 있는 영역에 색칠하는 경우의 수를 먼저 구한다.

풀이

가장 많은 영역과 인접한 A에 칠할 수 있는 색은	5가지
B에 칠할 수 있는 색은 A에 칠한 색을 제외한	$5-1=4$(가지)
C에 칠할 수 있는 색은 A와 B에 칠한 색을 제외한	$5-2=3$(가지)
D에 칠할 수 있는 색은 A와 C에 칠한 색을 제외한	$5-2=3$(가지)
E에 칠할 수 있는 색은 A와 D에 칠한 색을 제외한	$5-2=3$(가지)
따라서 구하는 경우의 수는	$5\times4\times3\times3\times3=\mathbf{540}$

● **문제** ●

정답과 해설 84쪽

06-1 오른쪽 그림과 같은 4개의 영역 A, B, C, D를 서로 다른 4가지 색으로 칠하려고 한다. 같은 색을 중복하여 사용해도 좋으나 인접한 영역은 서로 다른 색을 칠하는 경우의 수를 구하시오.

(단, 각 영역에는 한 가지 색만 칠한다.)

06-2 오른쪽 그림과 같은 4개의 영역 A, B, C, D를 서로 다른 4가지 색으로 칠하려고 한다. 같은 색을 중복하여 사용해도 좋으나 인접한 영역은 서로 다른 색을 칠하는 경우의 수를 구하시오.

(단, 각 영역에는 한 가지 색만 칠한다.)

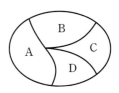

지불 방법의 수와 지불 금액의 수

유형편 81쪽

1000원짜리 지폐 1장, 500원짜리 동전 2개, 100원짜리 동전 4개의 일부 또는 전부를 사용하여 지불할 때, 다음을 구하시오. (단, 0원을 지불하는 경우는 제외한다.)

(1) 지불할 수 있는 방법의 수
(2) 지불할 수 있는 금액의 수

공략 Point

(1) **지불 방법의 수**
단위가 다른 화폐가 각각 p개, q개, r개일 때,
$(p+1)(q+1)(r+1)-1$

(2) **지불 금액의 수**
다른 종류의 화폐 각각으로 만들 수 있는 금액이 중복되면 중복되는 것 중 큰 단위의 화폐를 작은 단위의 화폐로 바꾸어 생각한다.

풀이

(1) 1000원짜리 지폐 1장으로 지불할 수 있는 방법은	0장, 1장의 2가지
500원짜리 동전 2개로 지불할 수 있는 방법은	0개, 1개, 2개의 3가지
100원짜리 동전 4개로 지불할 수 있는 방법은	0개, 1개, 2개, 3개, 4개의 5가지
이때 0원을 지불하는 1가지 경우를 빼주어야 하므로 지불할 수 있는 방법의 수는	$2 \times 3 \times 5 - 1 = \mathbf{29}$

(2) 1000원짜리 지폐 1장으로 만들 수 있는 금액은	0원, 1000원의 2가지 ⋯⋯ ㉠
500원짜리 동전 2개로 만들 수 있는 금액은	0원, 500원, 1000원의 3가지 ⋯⋯ ㉡
100원짜리 동전 4개로 만들 수 있는 금액은	0원, 100원, 200원, 300원, 400원의 5가지
그런데 ㉠, ㉡에서 1000원을 만들 수 있는 경우가 중복되므로 1000원짜리 지폐 1장을 500원짜리 동전 2개로 바꾸어 생각하면	지불할 수 있는 금액의 수는 500원짜리 동전 4개와 100원짜리 동전 4개로 지불할 수 있는 금액의 수와 같다.
500원짜리 동전 4개로 지불할 수 있는 금액은	0원, 500원, 1000원, 1500원, 2000원의 5가지
100원짜리 동전 4개로 지불할 수 있는 금액은	0원, 100원, 200원, 300원, 400원의 5가지
이때 0원을 지불하는 1가지 경우를 빼주어야 하므로 지불할 수 있는 금액의 수는	$5 \times 5 - 1 = \mathbf{24}$

문제

정답과 해설 84쪽

07-1 10원짜리 동전 3개, 50원짜리 동전 3개, 100원짜리 동전 2개의 일부 또는 전부를 사용하여 지불할 때, 다음을 구하시오. (단, 0원을 지불하는 경우는 제외한다.)

(1) 지불할 수 있는 방법의 수
(2) 지불할 수 있는 금액의 수

1 서로 다른 두 개의 주사위를 동시에 던질 때, 나오는 두 눈의 수의 합이 소수인 경우의 수는?

① 13   ② 15   ③ 17
④ 19   ⑤ 21

2 오른쪽 그림과 같이 일정한 간격으로 9개의 점이 놓여 있을 때, 이 중에서 4개의 점을 꼭짓점으로 하는 직사각형의 개수는?

① 8   ② 10   ③ 12
④ 14   ⑤ 16

3 자연수 x, y, z에 대하여 방정식 $x+5y+2z=17$을 만족시키는 순서쌍 (x, y, z)의 개수는?

① 8   ② 9   ③ 10
④ 11   ⑤ 12

4 자연수 x, y에 대하여 부등식 $3 \leq x+y \leq 6$을 만족시키는 순서쌍 (x, y)의 개수를 구하시오.

5 50원, 100원, 500원짜리 동전만 사용할 수 있는 자동판매기에서 600원짜리 음료수 1개를 뽑는 경우의 수는?

① 3   ② 9   ③ 12
④ 15   ⑤ 18

6 서로 다른 두 개의 주사위를 동시에 던져서 나오는 두 눈의 수를 각각 a, b라 할 때, 이차방정식 $x^2+ax+b=0$이 실근을 갖도록 하는 순서쌍 (a, b)의 개수를 구하시오.

7 다항식 $(a+b+c)(x+y)^2$을 전개할 때 생기는 항의 개수는?

① 6   ② 9   ③ 12
④ 15   ⑤ 20

8 백의 자리의 숫자는 짝수, 십의 자리의 숫자는 홀수, 일의 자리의 숫자는 소수인 세 자리의 자연수의 개수는?

① 64　　　　② 80　　　　③ 100

④ 125　　　　⑤ 150

9 십의 자리의 숫자와 일의 자리의 숫자의 합이 짝수인 두 자리의 자연수의 개수를 구하시오.

10 서로 다른 세 개의 주사위를 동시에 던질 때, 나오는 세 눈의 수의 곱이 짝수인 경우의 수를 구하시오.

11 150의 양의 약수 중에서 3의 배수인 것의 개수는?

① 3　　　　② 4　　　　③ 5

④ 6　　　　⑤ 7

12 자연수 n에 대하여 10^n이 나타내는 수 중에서 양의 약수가 25개인 수를 구하시오.

13 다음 그림과 같이 세 지점 A, B, C를 연결하는 도로가 있다. A 지점에서 출발하여 B 지점과 C 지점을 한 번씩만 거쳐서 다시 A 지점으로 돌아오는 경우의 수는?

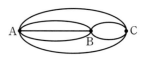

① 6　　　　② 12　　　　③ 18

④ 24　　　　⑤ 30

14 오른쪽 그림과 같은 4개의 영역 A, B, C, D를 서로 다른 4가지 색으로 칠하려고 한다. 같은 색을 중복하여 사용해도 좋으나 인접한 영역은 서로 다른 색을 칠하는 경우의 수를 구하시오.

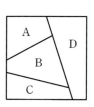

(단, 각 영역에는 한 가지 색만 칠한다.)

교육청

15 그림과 같이 크기가 같은 6개의 정사각형에 1부터 6까지의 자연수가 하나씩 적혀 있다. 서로 다른 4가지 색의 일부 또는

1	2	3
4	5	6

전부를 사용하여 다음 조건을 만족시키도록 6개의 정사각형에 색을 칠하는 경우의 수는?

(단, 한 정사각형에 한 가지 색만을 칠한다.)

> (가) 1이 적힌 정사각형과 6이 적힌 정사각형에는 같은 색을 칠한다.
> (나) 변을 공유하는 두 정사각형에는 서로 다른 색을 칠한다.

① 72   ② 84   ③ 96
④ 108   ⑤ 120

16 100원짜리 동전 1개, 50원짜리 동전 3개, 10원짜리 동전 2개의 일부 또는 전부를 사용하여 지불할 수 있는 방법의 수를 a, 지불할 수 있는 금액의 수를 b 라 할 때, $a+b$의 값을 구하시오.

(단, 0원을 지불하는 경우는 제외한다.)

실력

교육청

17 장미 8송이, 카네이션 6송이, 백합 8송이가 있다. 이 중 1송이를 골라 꽃병 A에 꽂고, 이 꽃과는 다른 종류의 꽃들 중 꽃병 B에 꽂을 꽃 9송이를 고르는 경우의 수를 구하시오.

(단, 같은 종류의 꽃은 서로 구분하지 않는다.)

18 서로 다른 세 개의 주사위를 동시에 던져서 나오는 세 눈의 수를 각각 a, b, c라 할 때, $a+b+c+abc$ 의 값이 홀수가 되는 경우의 수를 구하시오.

19 오른쪽 그림과 같은 정육면체의 모서리를 따라 꼭짓점 A에서 출발하여 꼭짓점 G까지 최단 거리로 가는 경우의 수는?

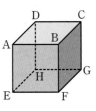

① 3   ② 4   ③ 5
④ 6   ⑤ 7

20 오른쪽 그림과 같은 도로망에서 B 지점과 D 지점 사이에 도로를 추가하여 A 지점에서 출발하여 C 지점으로 가는 경우의 수

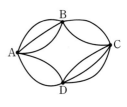

가 90이 되도록 하려고 한다. 이때 추가해야 하는 도로의 개수를 구하시오. (단, 같은 지점은 두 번 이상 지나지 않고, 도로끼리는 서로 만나지 않는다.)

순열

① 순열

서로 다른 n개에서 $r\,(0<r\leq n)$개를 택하여 일렬로 나열하는 것을 n개에서 r개를 택하는 **순열**이라 하고, 이 순열의 수를 기호로

$$_n\mathrm{P}_r$$

와 같이 나타낸다.

예 • 3개의 숫자 1, 2, 3에서 서로 다른 2개의 숫자를 택하여 만든 두 자리의 자연수의 개수 ➡ $_3\mathrm{P}_2$
　　　　서로 다른 3개에서　　　　　　2개를 택하여　　　　　　일렬로 나열하기

　　• 25명의 반 학생 중에서 5명을 뽑아 일렬로 세우는 경우의 수 ➡ $_{25}\mathrm{P}_5$
　　　서로 다른 25개에서　　5개를 택하여　　일렬로 나열하기

참고 $_n\mathrm{P}_r$에서 P는 순열을 뜻하는 Permutation의 첫 글자이다.

② 순열의 수

서로 다른 n개에서 r개를 택하는 순열의 수는

$$_n\mathrm{P}_r=\underbrace{n(n-1)(n-2)\times\cdots\times(n-r+1)}_{n\text{부터 1씩 작아지는 수 }r\text{개 곱하기}} \ (\text{단, } 0<r\leq n)$$

예 • 서로 다른 3개에서 2개를 택하는 순열의 수는
$$_3\mathrm{P}_2=\underbrace{3\times(3-1)}_{2\text{개}}=3\times2=6$$

　　• 서로 다른 5개에서 3개를 택하는 순열의 수는
$$_5\mathrm{P}_3=\underbrace{5\times(5-1)\times(5-2)}_{3\text{개}}=5\times4\times3=60$$

③ 계승

(1) n의 계승

　1부터 n까지의 자연수를 차례대로 곱한 것을 n의 **계승**이라 하고, 기호로

$$n!$$

과 같이 나타낸다. 즉,

$$n!=n(n-1)(n-2)\times\cdots\times3\times2\times1$$

이때 $0!=1$로 정한다.

(2) $n!$을 이용한 순열의 수

① $_n\mathrm{P}_n=n!,\ _n\mathrm{P}_0=1$

② $_n\mathrm{P}_r=\dfrac{n!}{(n-r)!}$ (단, $0\leq r\leq n$)

예 • $_4\mathrm{P}_4=4!=4\times3\times2\times1=24$

　　• $_4\mathrm{P}_2=\dfrac{4!}{(4-2)!}=\dfrac{4!}{2!}=4\times3=12$

참고 $n!$은 'n 팩토리얼(factorial)' 또는 'n의 계승'이라 읽는다.

순열의 수

서로 다른 n개에서 r개를 택한 후 순서를 생각하여 일렬로 나열할 때, 첫 번째 자리에 올 수 있는 것은 n가지, 그 각각에 대하여 두 번째 자리에 올 수 있는 것은 첫 번째 자리에 놓인 것을 제외한 $(n-1)$가지, 세 번째 자리에 올 수 있는 것은 앞의 두 자리에 놓인 것을 제외한 $(n-2)$가지, $\cdots$, r번째 자리에 올 수 있는 것은 앞의 $(r-1)$개의 자리에 놓인 것을 제외한 $\{n-(r-1)\}$가지이다.

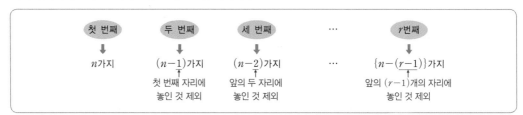

따라서 곱의 법칙에 의하여
$$_n\mathrm{P}_r=n(n-1)(n-2)\times\cdots\times(n-r+1)$$

$n!$을 이용한 순열의 수

순열의 수 $_n\mathrm{P}_r$를 $0<r<n$일 때 계승을 이용하여 나타내면
$$\begin{aligned}_n\mathrm{P}_r&=n(n-1)(n-2)\times\cdots\times(n-r+1)\\&=\frac{n(n-1)(n-2)\times\cdots\times(n-r+1)(n-r)(n-r-1)\times\cdots\times3\times2\times1}{(n-r)(n-r-1)\times\cdots\times3\times2\times1}\\&=\frac{n!}{(n-r)!}\quad\cdots\cdots\;\bigcirc\end{aligned}$$
$r=0$일 때
$$_n\mathrm{P}_0=\frac{n!}{(n-0)!}=\frac{n!}{n!}=1$$
즉, $\bigcirc$은 $r=0$일 때도 성립한다.
$r=n$일 때, $0!=1$이므로
$$_n\mathrm{P}_n=\frac{n!}{(n-n)!}=\frac{n!}{0!}=n!$$
즉, $\bigcirc$은 $r=n$일 때도 성립한다.
따라서 $_n\mathrm{P}_r$는 $0\le r\le n$일 때,
$$_n\mathrm{P}_r=\frac{n!}{(n-r)!}$$

개념 Check

정답과 해설 88쪽

1 다음 값을 구하시오.

(1) $_3\mathrm{P}_1$ (2) $_{10}\mathrm{P}_2$ (3) $_6\mathrm{P}_4$ (4) $_7\mathrm{P}_0$

2 다음 값을 구하시오.

(1) $1!$ (2) $3!$ (3) $5!$ (4) $7!$

$_nP_r$의 계산

🖊 유형편 82쪽

다음 등식을 만족시키는 자연수 n 또는 r의 값을 구하시오.

(1) $_nP_2=90$ (2) $_6P_r=120$ (3) $_{n+2}P_4=56\times{}_nP_2$

공략 Point

• $_nP_r=n(n-1)(n-2)$
$\times\cdots\times(n-r+1)$
(단, $0<r\leq n$)

• $_nP_r=\dfrac{n!}{(n-r)!}$
(단, $0\leq r\leq n$)

풀이

(1) $_nP_2=90$에서	$n(n-1)=90$
$90=10\times9$이므로	$n(n-1)=10\times9$
	$\therefore n=\mathbf{10}$
(2) $120=6\times5\times4$이므로	$120=6\times5\times4={}_6P_3$
	$\therefore r=\mathbf{3}$
(3) $_{n+2}P_4=56\times{}_nP_2$에서	$(n+2)(n+1)n(n-1)=56n(n-1)$
이때 $n\geq2$이므로 양변을 $n(n-1)$로 나누면	$(n+2)(n+1)=56$
$56=8\times7$이므로	$(n+2)(n+1)=8\times7$
	$\therefore n=\mathbf{6}$

● **문제** ●

정답과 해설 88쪽

01-1 다음 등식을 만족시키는 자연수 n 또는 r의 값을 구하시오.

(1) $_nP_3=12n$ (2) $_7P_r\times3!=1260$

(3) $_nP_3:{}_nP_2=4:1$ (4) $_nP_3+3\times{}_nP_2=5\times{}_{n+1}P_2$

01-2 부등식 $_6P_r\geq4\times{}_6P_{r-1}$을 만족시키는 모든 자연수 r의 값의 합을 구하시오.

01-3 다음 등식이 성립함을 증명하시오.

(1) $_nP_r=n\times{}_{n-1}P_{r-1}$ (단, $1\leq r\leq n$)

(2) $_nP_r={}_{n-1}P_r+r\times{}_{n-1}P_{r-1}$ (단, $1\leq r<n$)

순열의 수

유형편 82쪽

다음을 구하시오.

(1) 6명의 학생을 일렬로 세우는 경우의 수
(2) 6명의 학생 중에서 4명을 뽑아 일렬로 세우는 경우의 수
(3) 6명의 학생 중에서 반장 1명과 부반장 1명을 뽑는 경우의 수

공략 Point

서로 다른 n개에서 r개를 택하여 일렬로 나열하는 경우의 수
➡ $_n\mathrm{P}_r$

풀이

(1) 서로 다른 6개에서 6개를 택하는 순열의 수와 같으므로

$$_6\mathrm{P}_6=6!=6\times5\times4\times3\times2\times1=\mathbf{720}$$

(2) 서로 다른 6개에서 4개를 택하는 순열의 수와 같으므로

$$_6\mathrm{P}_4=6\times5\times4\times3=\mathbf{360}$$

(3) 서로 다른 6개에서 2개를 택하는 순열의 수와 같으므로

$$_6\mathrm{P}_2=6\times5=\mathbf{30}$$

● **문제** ●

정답과 해설 89쪽

O2-**1**　7개의 문자 a, b, c, d, e, f, g 중에서 3개를 택하여 일렬로 나열하는 경우의 수를 구하시오.

O2-**2**　10명의 후보 중에서 반장 1명, 부반장 1명, 서기 1명을 뽑는 경우의 수를 구하시오.

O2-**3**　서로 다른 n장의 카드를 일렬로 나열하는 경우의 수가 24일 때, n의 값을 구하시오.

이웃할 때의 순열의 수

유형편 83쪽

여자 4명과 남자 3명을 일렬로 세울 때, 여자 4명이 서로 이웃하도록 세우는 경우의 수를 구하시오.

공략 Point

이웃하는 것을 한 묶음으로 생각하여 나열한 후 묶음 안에서 이웃하는 것끼리 자리를 바꾸는 경우를 생각한다.

풀이

여자 4명을 한 묶음으로 생각하여 남자 3명과 함께 일렬로 세우는 경우의 수는	$4! = 24$
여자 4명이 자리를 바꾸는 경우의 수는	$4! = 24$
따라서 구하는 경우의 수는	$24 \times 24 = 576$

$$\overset{4!}{\boxed{여\ 여\ 여\ 여}\ 남\ 남\ 남}$$

● **문제** ●

정답과 해설 89쪽

03-1 pencil에 있는 6개의 문자를 일렬로 나열할 때, 모음끼리 서로 이웃하도록 나열하는 경우의 수를 구하시오.

03-2 서로 다른 3권의 수학책과 서로 다른 4권의 영어책을 책꽂이에 일렬로 꽂을 때, 수학책끼리 서로 이웃하도록 꽂는 경우의 수를 구하시오.

03-3 어느 고등학교의 1학년 1반 학생 3명, 2반 학생 4명, 3반 학생 2명을 일렬로 세울 때, 같은 반 학생끼리 서로 이웃하도록 세우는 경우의 수를 구하시오.

03-4 여학생 2명과 남학생 n명을 일렬로 세울 때, 여학생 2명이 서로 이웃하도록 세우는 경우의 수가 240이다. 이때 n의 값을 구하시오.

**필수
예제 04** **이웃하지 않을 때의 순열의 수** ✏️유형편 84쪽

다음을 구하시오.

(1) 남자 3명과 여자 4명을 일렬로 세울 때, 남자끼리는 서로 이웃하지 않도록 세우는 경우의 수
(2) 남자 4명과 여자 4명을 일렬로 세울 때, 남자와 여자를 교대로 세우는 경우의 수

공략 Point

(1) 이웃해도 되는 것을 먼저 나열한 후 그 사이사이와 양 끝에 이웃하지 않는 것을 나열한다.
(2) 남자가 맨 앞에 오는 경우와 여자가 맨 앞에 오는 경우를 생각한다.

풀이

(1) 이웃해도 되는 여자 4명을 먼저 일렬로 세우고, 그 사이사이와 양 끝의 5개의 자리에 남자 3명을 세우면 된다.	
여자 4명을 일렬로 세우는 경우의 수는	$4!=24$
여자 사이사이와 양 끝의 5개의 자리 중에서 3개의 자리에 남자 3명을 세우는 경우의 수는	$_5P_3=60$
따라서 구하는 경우의 수는	$24 \times 60 = \mathbf{1440}$

(2) 남자와 여자가 각각 4명으로 같으므로 남자와 여자를 교대로 세우는 경우는	남자가 맨 앞에 오거나 여자가 맨 앞에 오는 2가지가 있다.
각각의 경우에 대하여 남자 4명을 일렬로 세우는 경우의 수는	$4!=24$
여자 4명을 일렬로 세우는 경우의 수는	$4!=24$
따라서 구하는 경우의 수는	$2 \times 24 \times 24 = \mathbf{1152}$

● **문제** ●

정답과 해설 89쪽

04-1 농구 선수 2명과 배구 선수 3명을 일렬로 세울 때, 농구 선수끼리는 서로 이웃하지 않도록 세우는 경우의 수를 구하시오.

04-2 orange에 있는 6개의 문자를 일렬로 나열할 때, 자음과 모음을 교대로 나열하는 경우의 수를 구하시오.

04-3 선생님 3명과 학생 4명이 7인 8각 경기를 하려고 한다. 선생님과 학생을 교대로 세우는 것이 경기의 규칙이라 할 때, 선생님과 학생을 교대로 세우는 경우의 수를 구하시오.

제한 조건이 있을 때의 순열의 수

유형편 84쪽

visang에 있는 6개의 문자를 일렬로 나열할 때, 다음을 구하시오.

(1) v가 맨 처음에, g가 맨 마지막에 오도록 나열하는 경우의 수

(2) v와 g 사이에 문자가 2개만 오도록 나열하는 경우의 수

(3) 적어도 한쪽 끝에 모음이 오도록 나열하는 경우의 수

공략 Point

(1) 정해진 문자는 고정시키고 나머지 문자를 일렬로 나열하는 경우의 수를 구한다.

(2) 두 문자 사이에 정해진 개수만큼 문자를 나열한 후 이를 한 묶음으로 생각하여 나머지 문자와 함께 나열하는 경우를 생각한다.

(3) (적어도 ~인 경우의 수)
  =(모든 경우의 수)−
   (모두 ~가 아닌 경우의 수)

풀이

(1) v를 맨 처음에, g를 맨 마지막에 고정시키고 그 사이에 나머지 i, s, a, n의 4개의 문자를 일렬로 나열하는 경우의 수이므로	$4!=24$	v□□□□g 4!

(2) i, s, a, n의 4개의 문자 중에서 2개를 택하여 v와 g 사이에 일렬로 나열하는 경우의 수는	${}_4P_2=12$	
v와 g의 자리를 바꾸는 경우의 수는	$2!=2$	v★★g□□ ${}_4P_2$ 2! 3!
v★★g를 한 묶음으로 생각하여 나머지 2개의 문자와 함께 일렬로 나열하는 경우의 수는	$3!=6$	
따라서 구하는 경우의 수는	$12\times2\times6=144$	

(3) 6개의 문자를 일렬로 나열하는 경우의 수에서 양 끝에 자음만 오도록 나열하는 경우의 수를 빼면 된다.		자□□□□자 자□□□□모 모□□□□자 모□□□□모 } 적어도 한쪽 끝에 모음이 오는 경우
(i) 6개의 문자를 일렬로 나열하는 경우의 수는	$6!=720$	
(ii) 양 끝에 자음인 v, s, n, g의 4개의 문자 중에서 2개를 택하여 나열하는 경우의 수는	${}_4P_2=12$	
나머지 자리에 4개의 문자를 일렬로 나열하는 경우의 수는	$4!=24$	자□□□□자 ${}_4P_2$ 4!
따라서 양 끝에 자음만 오도록 나열하는 경우의 수는	$12\times24=288$	
(i), (ii)에서 구하는 경우의 수는	$720-288=432$	

● **문제** ●

정답과 해설 89쪽

O5-1 special에 있는 7개의 문자를 일렬로 나열할 때, 다음을 구하시오.

(1) s가 맨 처음에, l이 맨 마지막에 오도록 나열하는 경우의 수

(2) s와 l 사이에 문자가 3개만 오도록 나열하는 경우의 수

(3) 적어도 한쪽 끝에 자음이 오도록 나열하는 경우의 수

순열을 이용한 자연수의 개수

✏️ 유형편 86쪽

5개의 숫자 0, 1, 2, 3, 4에서 서로 다른 3개의 숫자를 택하여 세 자리의 자연수를 만들 때, 다음을 구하시오.

(1) 세 자리의 자연수의 개수   (2) 짝수의 개수

공략 Point

(1) 맨 앞자리에는 0이 올 수 없음에 유의한다.

(2) 여러 가지 수의 특징에 맞게 수를 배열한다.
- 짝수 ➡ 일의 자리의 숫자가 0 또는 짝수
- 홀수 ➡ 일의 자리의 숫자가 홀수
- 3의 배수 ➡ 모든 자리의 숫자의 합이 3의 배수
- 4의 배수 ➡ 끝의 두 자리의 수가 4의 배수
- 5의 배수 ➡ 일의 자리의 숫자가 0 또는 5

풀이

(1) 백의 자리에는 0이 올 수 없으므로 백의 자리에 올 수 있는 숫자는	1, 2, 3, 4의 4가지	백 십 일 ↑ ↓ 4 $_4P_2$
십의 자리와 일의 자리에 백의 자리에 온 숫자를 제외한 4개의 숫자 중에서 2개를 택하여 일렬로 나열하는 경우의 수는	$_4P_2=12$	
따라서 구하는 자연수의 개수는	$4 \times 12 = 48$	

(2) 짝수이려면 일의 자리에 올 수 있는 숫자는	0, 2, 4	
(ⅰ) 일의 자리의 숫자가 0인 경우 백의 자리와 십의 자리에 0을 제외한 4개의 숫자 중에서 2개를 택하여 일렬로 나열하는 경우의 수는	$_4P_2=12$	백 십 0 $_4P_2$
(ⅱ) 일의 자리의 숫자가 2 또는 4인 경우 백의 자리에는 0과 일의 자리에 온 숫자를 제외한 3개의 숫자가 올 수 있고, 십의 자리에는 백의 자리에 온 숫자와 일의 자리에 온 숫자를 제외한 3개의 숫자가 올 수 있으므로 그 경우의 수는	$2 \times (3 \times 3) = 18$ □□2, □□4 꼴의 2가지	백 십 2 ↑ ↑ 3 3 백 십 4 ↑ ↑ 3 3
(ⅰ), (ⅱ)에서 구하는 짝수의 개수는	$12+18=30$	

● **문제** ●

정답과 해설 90쪽

O6-1 5개의 숫자 0, 1, 2, 3, 4에서 서로 다른 4개의 숫자를 택하여 네 자리의 자연수를 만들 때, 다음을 구하시오.

(1) 네 자리의 자연수의 개수   (2) 홀수의 개수

O6-2 다음과 같이 주어진 6장의 숫자 카드에서 4장을 택하여 네 자리의 자연수를 만들 때, 다음을 구하시오.

(1) 1 2 3 4 5 6 을 사용하여 만든 4의 배수의 개수

(2) 0 1 2 3 4 5 를 사용하여 만든 5의 배수의 개수

사전식 배열에서 특정한 위치 찾기

📝 유형편 86쪽

5개의 문자 A, B, C, D, E를 모두 한 번씩만 사용하여 만든 문자열을 사전식으로 배열할 때, 다음 물음에 답하시오.

⑴ BDAEC는 몇 번째로 나타나는지 구하시오.
⑵ 75번째로 나타나는 문자열을 구하시오.

공략 Point

문자를 사전식으로 배열하거나 숫자를 크기순으로 나열할 때, 맨 앞 자리부터 고정시켜서 차례대로 순열의 수를 구해 본다.

풀이

⑴ A□□□□ 꼴인 문자열의 개수는	$4! = 24$
BA□□□, BC□□□ 꼴인 문자열의 개수는	$2 \times 3! = 12$
BD로 시작하는 문자열을 순서대로 나열하면	BDACE, BDAEC, ⋯
따라서 BD□□□ 꼴인 문자열에서 BDAEC는 두 번째이므로 BDAEC가 나타나는 순서는	$24 + 12 + 2 = 38$(번째)

⑵ A□□□□ 꼴인 문자열의 개수는	$4! = 24$
B□□□□ 꼴인 문자열의 개수는	$4! = 24$
C□□□□ 꼴인 문자열의 개수는	$4! = 24$
이때 $24 + 24 + 24 = 72$이므로 75번째로 나타나는 문자열은	D□□□□ 꼴인 문자열 중에서 세 번째
D로 시작하는 문자열을 순서대로 나열하면	DABCE, DABEC, DACBE, ⋯
따라서 75번째로 나타나는 문자열은	**DACBE**

● **문제** ●

정답과 해설 90쪽

07-1 5개의 자음 ㄱ, ㄴ, ㄷ, ㄹ, ㅁ을 모두 한 번씩만 사용하여 만든 문자열을 사전식으로 배열할 때, ㄷㄱㅁㄹㄴ은 몇 번째로 나타나는지 구하시오.

07-2 5개의 숫자 1, 2, 3, 4, 5를 모두 사용하여 만든 다섯 자리의 자연수를 작은 수부터 순서대로 나열할 때, 100번째 수를 구하시오.

연습문제

1 부등식 $_n\mathrm{P}_3 + 12 \times {}_{n-1}\mathrm{P}_2 - {}_n\mathrm{P}_4 < 0$을 만족시키는 자연수 n의 최솟값은?

① 5   ② 6   ③ 7
④ 8   ⑤ 9

2 여학생 5명과 남학생 4명이 있다. 여학생 중에서 4명을 뽑아 일렬로 세우는 경우의 수를 a, 여학생과 남학생 중에서 3명을 뽑아 일렬로 세우는 경우의 수를 b라 할 때, $a+b$의 값을 구하시오.

3 여학생 2명과 남학생 5명이 순서를 정하여 차례대로 뜀틀 넘기를 할 때, 여학생 2명이 연이어 뜀틀 넘기를 하게 되는 경우의 수는?

① 240   ② 720   ③ 1440
④ 2880   ⑤ 5040

4 한국 선수 5명과 중국 선수 5명을 일렬로 세울 때, 서로 다른 나라 선수끼리 교대로 세우는 경우의 수를 구하시오.

교육청

5 숫자 1, 2, 3, 4, 5가 하나씩 적혀 있는 5장의 카드가 있다. 이 5장의 카드를 모두 일렬로 나열할 때, 짝수가 적혀 있는 카드끼리 서로 이웃하지 않도록 나열하는 경우의 수는?

① 24   ② 36   ③ 48
④ 60   ⑤ 72

교육청

6 1학년 학생 2명과 2학년 학생 4명이 있다. 이 6명의 학생이 일렬로 나열된 6개의 의자에 다음 조건을 만족시키도록 모두 앉는 경우의 수는?

> (가) 1학년 학생끼리는 이웃하지 않는다.
> (나) 양 끝에 있는 의자에는 모두 2학년 학생이 앉는다.

① 96   ② 120   ③ 144
④ 168   ⑤ 192

7 dream에 있는 5개의 문자를 일렬로 나열할 때, 적어도 한쪽 끝에 모음이 오도록 나열하는 경우의 수를 구하시오.

8 선생님 2명과 학생 4명을 일렬로 세워 사진을 찍을 때, 선생님 사이에 적어도 2명의 학생을 세우는 경우의 수는?

① 252   ② 270   ③ 288

④ 306   ⑤ 324

9 5개의 숫자 0, 1, 2, 3, 4에서 서로 다른 3개의 숫자를 택하여 세 자리의 자연수를 만들 때, 3의 배수의 개수를 구하시오.

10 6개의 숫자 0, 1, 2, 3, 4, 5에서 서로 다른 4개의 숫자를 택하여 네 자리의 자연수를 만들 때, 2300보다 작은 자연수의 개수를 구하시오.

11 6개의 문자 a, b, c, d, e, f를 모두 한 번씩만 사용하여 만든 문자열을 사전식으로 배열할 때, 363번째로 나타나는 문자열은?

① $bcadef$ ② $cabedf$ ③ $cfabde$

④ $dabcfe$ ⑤ $dabecf$

▶ **실력**

12 일렬로 놓여 있는 똑같은 의자 8개에 어른 3명과 아이 3명이 앉을 때, 아이들끼리 서로 이웃하도록 앉는 경우의 수는? (단, 두 사람 사이에 빈 의자가 있는 경우는 이웃하지 않는 것으로 한다.)

① 120   ② 360   ③ 720

④ 1440   ⑤ 2160

13 4쌍의 부부가 일렬로 놓여 있는 8개의 의자에 앉을 수 있도록 자리를 배정하려고 한다. 부부끼리는 서로 이웃하게 앉되 남녀가 교대로 앉도록 자리를 배정하는 경우의 수는?

① 48   ② 50   ③ 52

④ 54   ⑤ 56

교육청▶

14 9개의 숫자 1, 2, 3, 4, 5, 6, 7, 8, 9 중에서 서로 다른 3개의 숫자를 택하여 다음 조건을 만족시키도록 세 자리 자연수를 만들려고 한다.

> 각 자리의 수 중 어떤 두 수의 합도 9가 아니다.

예를 들어 217은 조건을 만족시키지 않는다. 조건을 만족시키는 세 자리 자연수의 개수를 구하시오.

조합

1 조합

서로 다른 n개에서 순서를 생각하지 않고 $r\,(0<r\leq n)$개를 택하는 것을 n개에서 r개를 택하는 **조합**이라 하고, 이 조합의 수를 기호로

$$_n\mathrm{C}_r$$

와 같이 나타낸다.

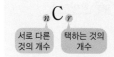

예 3개의 문자 a, b, c에서 2개의 문자를 택하는 경우의 수 ➡ $_3\mathrm{C}_2$
 <u>서로 다른 3개에서</u> <u>순서를 생각하지 않고 2개를 택하기</u>

참고 $_n\mathrm{C}_r$에서 C는 조합을 뜻하는 Combination의 첫 글자이다.

2 조합의 수

(1) 서로 다른 n개에서 r개를 택하는 조합의 수는 $_n\mathrm{C}_0=1$로 정하면

$$_n\mathrm{C}_r=\frac{_n\mathrm{P}_r}{r!}=\frac{n!}{r!(n-r)!}\;(\text{단, }0\leq r\leq n)$$

(2) 서로 다른 n개에서 r개를 택하는 것은 서로 다른 n개에서 택하지 않고 남아 있을 $(n-r)$개를 택하는 것과 같으므로

$$_n\mathrm{C}_r=_n\mathrm{C}_{n-r}\;(\text{단, }0\leq r\leq n)$$

예 서로 다른 6개에서 4개를 택하는 조합의 수는
$$_6\mathrm{C}_4=_6\mathrm{C}_2=\frac{_6\mathrm{P}_2}{2!}=\frac{6\times5}{2\times1}=15$$

☎ 개념 Plus

조합의 수

서로 다른 n개에서 $r\,(0<r\leq n)$개를 택하는 조합의 수는 $_n\mathrm{C}_r$이고, 그 각각에 대하여 택한 r개를 일렬로 나열하는 순열의 수는 $r!$이므로

$$_n\mathrm{C}_r\times r!=_n\mathrm{P}_r\qquad\therefore\;_n\mathrm{C}_r=\frac{_n\mathrm{P}_r}{r!}=\frac{n!}{r!(n-r)!}\;(\text{단, }0<r\leq n)$$

이때 $0!=1$, $_n\mathrm{P}_0=1$이므로 $_n\mathrm{C}_0=1$로 정하면 위의 식은 $r=0$일 때도 성립한다.

$_n\mathrm{C}_r=_n\mathrm{C}_{n-r}$의 증명

$0\leq r\leq n$일 때, $_n\mathrm{C}_{n-r}=\dfrac{n!}{(n-r)!\{n-(n-r)\}!}=\dfrac{n!}{(n-r)!\,r!}=_n\mathrm{C}_r$

✎ 개념 Check

정답과 해설 92쪽

1 다음 값을 구하시오.

(1) $_4\mathrm{C}_4$ (2) $_5\mathrm{C}_0$ (3) $_7\mathrm{C}_2$ (4) $_6\mathrm{C}_5$

$_nC_r$의 계산

유형편 87쪽

다음 등식을 만족시키는 자연수 n의 값을 구하시오.

(1) $_nC_4 = {}_nC_6$ 　　　　　(2) $_{n+2}C_n = 15$ 　　　　　(3) $_nC_2 + {}_{n-1}C_2 = {}_{n+2}C_2$

공략 Point

$0 \le r \le n$일 때

- $_nC_r = \dfrac{_nP_r}{r!} = \dfrac{n!}{r!(n-r)!}$
- $_nC_r = {}_nC_{n-r}$

풀이

(1) $_nC_4 = {}_nC_{n-4}$이므로 $_nC_{n-4} = {}_nC_6$에서	$n-4 = 6$ 　　$\therefore n = \mathbf{10}$
(2) $_{n+2}C_n = {}_{n+2}C_{(n+2)-n}$이므로 $_{n+2}C_2 = 15$에서	$\dfrac{(n+2)(n+1)}{2 \times 1} = 15$ $(n+2)(n+1) = 30 = 6 \times 5$ 　　$\therefore n = \mathbf{4}$
(3) $_nC_2 + {}_{n-1}C_2 = {}_{n+2}C_2$에서	$\dfrac{n(n-1)}{2 \times 1} + \dfrac{(n-1)(n-2)}{2 \times 1} = \dfrac{(n+2)(n+1)}{2 \times 1}$ $n^2 - 7n = 0,\ n(n-7) = 0$ $\therefore n = \mathbf{7}\ (\because n \ge 3)$

● **문제** ●

정답과 해설 92쪽

01-1 다음 등식을 만족시키는 자연수 n의 값을 구하시오.

(1) $_nC_2 = 10$ 　　　　　　　　　　(2) $_nC_5 = {}_nC_4$

(3) $_{n+3}C_n = 120$ 　　　　　　　　(4) $_{n+2}C_3 = 2 \times {}_nC_2 + {}_{n+1}C_{n-1}$

01-2 등식 $_nP_2 + 4 \times {}_nC_3 = {}_nP_3$을 만족시키는 자연수 n의 값을 구하시오.

01-3 다음 등식이 성립함을 증명하시오.

(1) $r \times {}_nC_r = n \times {}_{n-1}C_{r-1}$ (단, $1 \le r \le n$)

(2) $_nC_r = {}_{n-1}C_{r-1} + {}_{n-1}C_r$ (단, $1 \le r < n$)

조합의 수

유형편 87쪽

남학생 7명과 여학생 5명이 있을 때, 다음을 구하시오.

(1) 9명의 학생을 뽑는 경우의 수
(2) 남학생 2명과 여학생 3명을 뽑는 경우의 수
(3) 성별이 모두 같은 4명의 학생을 뽑는 경우의 수

공략 Point

서로 다른 n개에서 r를 택하는 경우의 수
➡ $_nC_r$

풀이

(1) 12명의 학생 중에서 9명을 뽑는 경우의 수는 | $_{12}C_9 = {}_{12}C_3 = \dfrac{12 \times 11 \times 10}{3 \times 2 \times 1} = \textbf{220}$

(2) 남학생 7명 중에서 2명을 뽑는 경우의 수는 | $_7C_2 = \dfrac{7 \times 6}{2 \times 1} = 21$

여학생 5명 중에서 3명을 뽑는 경우의 수는 | $_5C_3 = {}_5C_2 = \dfrac{5 \times 4}{2 \times 1} = 10$

따라서 구하는 경우의 수는 | $21 \times 10 = \textbf{210}$

(3) 남학생 7명 중에서 4명을 뽑는 경우의 수는 | $_7C_4 = {}_7C_3 = \dfrac{7 \times 6 \times 5}{3 \times 2 \times 1} = 35$

여학생 5명 중에서 4명을 뽑는 경우의 수는 | $_5C_4 = {}_5C_1 = 5$

따라서 구하는 경우의 수는 | $35 + 5 = \textbf{40}$

● **문제** ●

정답과 해설 93쪽

O2-**1** 서로 다른 10송이의 꽃 중에서 8송이를 택하는 경우의 수를 구하시오.

O2-**2** 서로 다른 종류의 우유 5가지, 서로 다른 종류의 주스 8가지를 판매하고 있는 가게에서 서로 다른 우유 2가지와 주스 2가지를 구매하는 경우의 수를 구하시오.

O2-**3** 서로 다른 n개의 사탕과 서로 다른 2개의 초콜릿 중에서 3개를 택하는 경우의 수가 84일 때, n의 값을 구하시오.

제한 조건이 있을 때의 조합의 수

유형편 88쪽

축구 선수 5명과 배구 선수 6명 중에서 5명을 뽑을 때, 다음을 구하시오.

(1) 특정한 축구 선수 2명을 포함하여 뽑는 경우의 수

(2) 축구 선수와 배구 선수를 각각 적어도 1명씩 포함하여 뽑는 경우의 수

공략 Point

(1) 특정한 것을 포함하는 경우의 수는 특정한 것을 이미 뽑았다고 생각하고 나머지에서 더 필요한 것을 뽑는 경우의 수와 같다.

(2) (적어도 ~인 경우의 수)
  =(모든 경우의 수)−
   (모두 ~가 아닌 경우의 수)

풀이

(1) 특정한 축구 선수 2명을 이미 뽑았다고 생각하고 나머지 선수 9명 중에서 3명을 뽑는 경우의 수이므로

$$_9C_3 = \frac{9 \times 8 \times 7}{3 \times 2 \times 1} = 84$$

(2) 모든 선수 11명 중에서 5명을 뽑는 경우의 수에서 5명을 모두 축구 선수만 뽑거나 모두 배구 선수만 뽑는 경우의 수를 빼면 된다.

(i) 11명 중에서 5명을 뽑는 경우의 수는

$$_{11}C_5 = \frac{11 \times 10 \times 9 \times 8 \times 7}{5 \times 4 \times 3 \times 2 \times 1} = 462$$

(ii) 5명을 모두 축구 선수만 뽑거나 모두 배구 선수만 뽑는 경우의 수는

$$_5C_5 + {_6}C_5 = {_5}C_5 + {_6}C_1$$
$$= 1 + 6 = 7$$

(i), (ii)에서 구하는 경우의 수는

$$462 - 7 = 455$$

● **문제** ●

정답과 해설 93쪽

03-1 남학생 7명과 여학생 5명 중에서 4명을 뽑을 때, 다음을 구하시오.

(1) 특정한 여학생 1명을 포함하여 뽑는 경우의 수

(2) 남학생과 여학생을 각각 적어도 1명씩 포함하여 뽑는 경우의 수

03-2 A, B 두 사람을 포함한 10명의 동아리 회원 중에서 4명을 뽑을 때, A와 B 중에서 1명만 포함하여 뽑는 경우의 수를 구하시오.

03-3 서로 다른 4권의 소설책과 서로 다른 5권의 만화책 중에서 4권을 고를 때, 소설책을 적어도 2권 포함하여 고르는 경우의 수를 구하시오.

남학생 5명과 여학생 3명이 있을 때, 다음을 구하시오.

(1) 남학생 2명, 여학생 2명을 뽑아 일렬로 세우는 경우의 수
(2) 남학생 4명, 여학생 2명을 뽑아 여학생 2명이 서로 이웃하도록 일렬로 세우는 경우의 수

공략 Point

서로 다른 n개 중에서 r개를 택하여 일렬로 나열하는 경우의 수
➡ $_nC_r \times r!$

풀이

(1) 남학생 5명 중에서 2명, 여학생 3명 중에서 2명을 뽑는 경우의 수는	$_5C_2 \times {}_3C_2 = {}_5C_2 \times {}_3C_1 = \dfrac{5 \times 4}{2 \times 1} \times 3 = 30$
뽑은 4명을 일렬로 세우는 경우의 수는	$4! = 24$
따라서 구하는 경우의 수는	$30 \times 24 = \mathbf{720}$

(2) 남학생 5명 중에서 4명, 여학생 3명 중에서 2명을 뽑는 경우의 수는	$_5C_4 \times {}_3C_2 = {}_5C_1 \times {}_3C_1 = 5 \times 3 = 15$
여학생 2명을 한 묶음으로 생각하여 남학생 4명과 함께 일렬로 세우는 경우의 수는	$5! = 120$
여학생 2명이 자리를 바꾸는 경우의 수는	$2! = 2$
따라서 구하는 경우의 수는	$15 \times 120 \times 2 = \mathbf{3600}$

● **문제** ●

정답과 해설 94쪽

04-1 어른 4명과 아이 6명이 있을 때, 다음을 구하시오.

(1) 어른 3명, 아이 2명을 뽑아 일렬로 세우는 경우의 수
(2) 어른 2명, 아이 3명을 뽑아 어른 2명이 서로 이웃하도록 일렬로 세우는 경우의 수

04-2 6개의 숫자 1, 2, 3, 4, 5, 6에서 서로 다른 3개의 숫자를 택하여 세 자리의 자연수를 만들 때, 숫자 1은 포함하고 숫자 2는 포함하지 않는 자연수의 개수를 구하시오.

04-3 혜선이와 미림이를 포함한 8명 중에서 4명을 뽑아 일렬로 세울 때, 혜선이와 미림이가 모두 포함되고 이 두 명이 서로 이웃하도록 세우는 경우의 수를 구하시오.

직선 또는 삼각형의 개수

유형편 90쪽

오른쪽 그림과 같이 반원 위에 8개의 점이 있을 때, 다음을 구하시오.

(1) 2개의 점을 이어서 만들 수 있는 서로 다른 직선의 개수

(2) 3개의 점을 꼭짓점으로 하는 삼각형의 개수

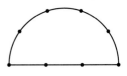

공략 Point

어느 세 점도 한 직선 위에 있지 않은 서로 다른 n개의 점에 대하여

(1) 2개의 점을 이어서 만들 수 있는 서로 다른 직선의 개수 ➡ $_nC_2$

(2) 3개의 점을 꼭짓점으로 하는 삼각형의 개수 ➡ $_nC_3$

풀이

(1) 8개의 점 중에서 2개를 택하는 경우의 수는

$$_8C_2 = \frac{8 \times 7}{2 \times 1} = 28$$

한 직선 위에 있는 4개의 점 중에서 2개를 택하는 경우의 수는

$$_4C_2 = \frac{4 \times 3}{2 \times 1} = 6$$

그런데 한 직선 위에 있는 점으로는 1개의 직선만 만들 수 있으므로 구하는 직선의 개수는

$$28 - 6 + 1 = \mathbf{23}$$

(2) 8개의 점 중에서 3개를 택하는 경우의 수는

$$_8C_3 = \frac{8 \times 7 \times 6}{3 \times 2 \times 1} = 56$$

한 직선 위에 있는 4개의 점 중에서 3개를 택하는 경우의 수는

$$_4C_3 = {_4C_1} = 4$$

그런데 한 직선 위에 있는 점으로는 삼각형을 만들 수 없으므로 구하는 삼각형의 개수는

$$56 - 4 = \mathbf{52}$$

● **문제** ●

정답과 해설 94쪽

05-**1** 오른쪽 그림과 같이 반원 위에 10개의 점이 있을 때, 다음을 구하시오.

(1) 2개의 점을 이어서 만들 수 있는 서로 다른 직선의 개수

(2) 3개의 점을 꼭짓점으로 하는 삼각형의 개수

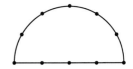

05-**2** 오른쪽 그림과 같이 정삼각형 위에 같은 간격으로 놓인 12개의 점 중에서 3개의 점을 꼭짓점으로 하는 삼각형의 개수를 구하시오.

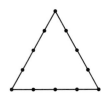

05-**3** 오른쪽 그림과 같은 육각형에서 대각선의 개수를 구하시오.

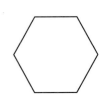

사각형의 개수

✐ 유형편 90쪽

오른쪽 그림과 같이 서로 평행한 4개의 직선과 서로 평행한 6개의 직선이
만날 때, 이 직선으로 만들 수 있는 평행사변형의 개수를 구하시오.

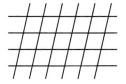

공략 Point

서로 평행한 m개의 직선과 서로 평행한 n개의 직선이 만날 때, 이 평행한 직선으로 만들 수 있는 평행사변형의 개수
➡ $_mC_2 \times _nC_2$

풀이

가로 방향의 4개의 직선 중에서 2개를 택하는 경우의 수는	$_4C_2 = \dfrac{4 \times 3}{2 \times 1} = 6$
세로 방향의 6개의 직선 중에서 2개를 택하는 경우의 수는	$_6C_2 = \dfrac{6 \times 5}{2 \times 1} = 15$
따라서 구하는 평행사변형의 개수는	$6 \times 15 = \textbf{90}$

문제

정답과 해설 94쪽

06-1 오른쪽 그림과 같이 서로 평행한 두 직선 위에 9개의 점이 있을 때, 4개의 점을 꼭짓점으로 하는 사각형의 개수를 구하시오.

06-2 오른쪽 그림과 같이 서로 평행한 5개의 직선과 서로 평행한 7개의 직선이 만날 때, 이 직선으로 만들 수 있는 평행사변형의 개수를 구하시오.

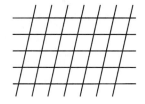

06-3 오른쪽 그림과 같이 서로 수직으로 만나는 가로줄과 세로줄이 일정한 간격으로 배열되어 있는 도형이 있다. 이 도형의 선으로 만들 수 있는 사각형 중에서 다음을 구하시오.

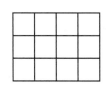

(1) 정사각형의 개수
(2) 정사각형이 아닌 직사각형의 개수

조합을 이용하여 조 나누기(분할)

4명의 학생 A, B, C, D를 2개의 조로 나누는 경우의 수를 구해 보자.

(1) 1명, 3명의 2개의 조로 나누는 경우의 수

A, B, C, D 중에서 1명을 뽑고, 나머지 3명 중에서 3명을 뽑으면 되므로

$$_4C_1 \times _3C_3 = 4 \times 1 = 4$$

A – BCD   B – ACD

C – ABD   D – ABC

(2) 2명, 2명의 2개의 조로 나누는 경우의 수

A, B, C, D 중에서 2명을 뽑고, 나머지 2명 중에서 2명을 뽑는 경우의 수는

$$_4C_2 \times _2C_2$$

이때 같은 조가 2!개씩 있으므로 구하는 경우의 수는

$$_4C_2 \times _2C_2 \times \frac{1}{2!} = 6 \times 1 \times \frac{1}{2} = 3$$

AB – CD $\overset{\text{같다.}}{\longleftrightarrow}$ CD – AB

AC – BD $\longleftrightarrow$ BD – AC

AD – BC $\longleftrightarrow$ BC – AD

---

(1) 서로 다른 n개를 p개, q개, r개$(p+q+r=n)$의 3묶음으로 나누는 경우의 수는

① p, q, r가 모두 다른 수이면 ➡ $_nC_p \times _{n-p}C_q \times _rC_r$

② p, q, r 중에서 어느 두 수가 같으면 ➡ $_nC_p \times _{n-p}C_q \times _rC_r \times \frac{1}{2!}$

③ p, q, r가 모두 같은 수이면 ➡ $_nC_p \times _{n-p}C_q \times _rC_r \times \frac{1}{3!}$

(2) n묶음으로 나누어 n명에게 나누어 주는 경우의 수는

(n묶음으로 나누는 경우의 수)$\times n!$

예 **1.** 9명의 학생을 다음과 같이 3개의 조로 나누는 경우의 수를 구하시오.

(1) 2명, 3명, 4명   (2) 2명, 2명, 5명   (3) 3명, 3명, 3명

풀이 (1) $_9C_2 \times _7C_3 \times _4C_4 = 36 \times 35 \times 1 = 1260$

(2) $_9C_2 \times _7C_2 \times _5C_5 \times \frac{1}{2!} = 36 \times 21 \times 1 \times \frac{1}{2} = 378$

(3) $_9C_3 \times _6C_3 \times _3C_3 \times \frac{1}{3!} = 84 \times 20 \times 1 \times \frac{1}{6} = 280$

2. 6명의 학생이 2명씩 짝을 지어 서로 다른 3곳으로 봉사 활동을 가는 경우의 수를 구하시오.

풀이 6명을 2명씩 3개의 조로 나누는 경우의 수는 $_6C_2 \times _4C_2 \times _2C_2 \times \frac{1}{3!} = 15 \times 6 \times 1 \times \frac{1}{6} = 15$

3개의 조가 봉사 활동을 가는 장소를 정하는 경우의 수는 $3! = 6$

따라서 구하는 경우의 수는 $15 \times 6 = 90$

3. 6개의 팀이 오른쪽 그림과 같은 토너먼트 방식으로 시합을 할 때, 대진표를 작성하는 경우의 수를 구하시오.

풀이 6개의 팀 중에서 부전승으로 올라가는 2개의 팀을 뽑고, 나머지 4개의 팀을 2팀, 2팀으로 나누는 경우의 수는

$$_6C_2 \times \left(_4C_2 \times _2C_2 \times \frac{1}{2!} \right) = 15 \times \left(6 \times 1 \times \frac{1}{2} \right) = 45$$

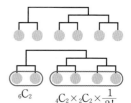

$_6C_2$ $_4C_2 \times _2C_2 \times \frac{1}{2!}$

1 등식 $3 \times {}_n\text{C}_3 = 4 \times {}_n\text{P}_2$를 만족시키는 자연수 n의 값을 구하시오.

평가원

2 어느 학교 동아리 회원은 1학년이 6명, 2학년이 4명이다. 이 동아리에서 7명을 뽑을 때, 1학년에서 4명, 2학년에서 3명을 뽑는 경우의 수를 구하시오.

3 하진이네 반 학생 10명을 2명, 3명, 5명의 세 모둠으로 나누는 경우의 수는?

① 840   ② 1575   ③ 2520
④ 3600   ⑤ 5400

4 축구 대회에 참가한 n개의 팀이 다른 팀과 모두 한 번씩 경기를 하였더니 경기 수가 120회였을 때, n의 값은?

① 10   ② 12   ③ 14
④ 16   ⑤ 18

교육청

5 9개의 숫자 0, 0, 0, 1, 1, 1, 1, 1, 1을 0끼리는 어느 것도 이웃하지 않도록 일렬로 나열하여 만들 수 있는 아홉 자리의 자연수의 개수는?

① 12   ② 14   ③ 16
④ 18   ⑤ 20

교육청

6 $c < b < a < 10$인 자연수 a, b, c에 대하여 백의 자리의 수, 십의 자리의 수, 일의 자리의 수가 각각 a, b, c인 세 자리의 자연수 중 500보다 크고 700보다 작은 모든 자연수의 개수는?

① 12   ② 14   ③ 16
④ 18   ⑤ 20

7 가수 7명과 모델 6명 중에서 4명을 뽑을 때, 가수와 모델을 각각 적어도 1명씩 포함하여 뽑는 경우의 수를 구하시오.

8 2명의 부모님을 포함한 6명의 가족 중에서 4명을 뽑아 일렬로 세울 때, 부모님을 모두 포함하여 세우는 경우의 수를 구하시오.

정답과 해설 96쪽

9 오른쪽 그림과 같이 서로 평행한 두 직선 위에 10개의 점이 있다. 2개의 점을 이어서 만들 수 있는 서로 다른 직선의 개수를 m, 3개의 점을 꼭짓점으로 하는 삼각형의 개수를 n이라 할 때, $m+n$의 값을 구하시오.

10 오른쪽 그림과 같은 팔각형에서 대각선의 개수는?

① 8   ② 12
③ 20   ④ 28
⑤ 32

◗ 실력

평가원

11 이틀 동안 진행하는 어느 축제에 모두 다섯 개의 팀이 참가하여 공연한다. 매일 두 팀 이상이 공연하도록 다섯 팀의 공연 날짜와 공연 순서를 정하는 경우의 수는? (단, 공연은 한 팀씩 하고, 축제 기간 중 각 팀은 1회만 공연한다.)

① 180   ② 210   ③ 240
④ 270   ⑤ 300

12 오른쪽 그림과 같은 7단의 계단을 한 걸음에 한 단 또는 두 단씩 차례대로 올라갈 때, 계단을 오르는 경우의 수는?

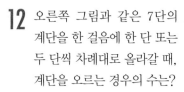

① 7   ② 17   ③ 21
④ 33   ⑤ 45

13 오른쪽 그림과 같이 각각 평행한 4개, 3개, 2개의 직선이 있다. 이 직선으로 만들 수 있는 사각형 중 평행사변형이 아닌 사다리꼴의 개수를 구하시오.

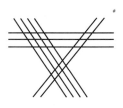

14 오른쪽 그림과 같이 원 위에 같은 간격으로 놓인 12개의 점 중에서 4개의 점을 이어서 만들 수 있는 직사각형의 개수를 구하시오.

Ⅳ. 행렬

1 행렬

행렬

1 행렬의 뜻

(1) 행렬

여러 개의 수나 문자를 직사각형 모양으로 배열하여 괄호로 묶어 나타낸 것을 **행렬**이라 한다.

(2) 성분

행렬을 구성하고 있는 각각의 수나 문자를 그 행렬의 **성분**이라 한다.

(3) 행과 열

① 행렬의 성분을 가로로 배열한 줄을 **행**이라 하고, 위에서부터 차
례대로 제1행, 제2행, 제3행, …이라 한다.

② 행렬의 성분을 세로로 배열한 줄을 **열**이라 하고, 왼쪽에서부터
차례대로 제1열, 제2열, 제3열, …이라 한다.

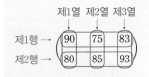

예 두 가게 A, B의 밀가루, 소금, 설탕 재고량이 오른쪽 표와 같을
때, 이 표에서 수만 뽑아 양쪽에 괄호로 묶어 나타내면 다음과 같
은 행렬을 만들 수 있다.

$$\begin{pmatrix} 15 & 12 & 25 \\ 20 & 10 & 21 \end{pmatrix}$$

(단위: kg)

	밀가루	소금	설탕
A	15	12	25
B	20	10	21

이때 15, 12, 25, 20, 10, 21은 각각 이 행렬의 성분이고, 가게 A만의 밀가루, 소금, 설탕 재고량을 행렬로 나
타내면 $(15 \quad 12 \quad 25)$, 두 가게 A, B의 밀가루 재고량을 행렬로 나타내면 $\begin{pmatrix} 15 \\ 20 \end{pmatrix}$이다.

2 $m \times n$ 행렬

m개의 행과 n개의 열로 이루어진 행렬을 **$m \times n$ 행렬**이라 한다.

행의 개수 ┘ └ 열의 개수

특히 행의 개수와 열의 개수가 서로 같은 행렬을 정사각행렬이라 하고, $n \times n$ 행렬을 n차 정사각행렬이라
한다.

예 • $\begin{pmatrix} -2 & 3 & 1 \\ 1 & 4 & 5 \end{pmatrix}$는 행이 2개, 열이 3개이므로 2×3 행렬이다.

• $(0 \quad 1 \quad -2 \quad 3)$은 행이 1개, 열이 4개이므로 1×4 행렬이다.

• $\begin{pmatrix} 21 & -10 \\ 17 & 48 \end{pmatrix}$은 행이 2개, 열이 2개이므로 2×2 행렬, 즉 이차정사각행렬이다.

참고 $m \times n$ 행렬은 'm by n 행렬', 'm행 n열의 행렬'이라 읽는다.

3 행렬의 성분

행렬 A의 제i행과 제j열이 만나는 위치에 있는 성분을 행렬 A의 (i, j)
성분이라 하고, 기호로 a_{ij}와 같이 나타낸다.

이때 행렬 A를 간단히 $A = (a_{ij})$로 나타낼 수 있다.

예를 들어 2×3 행렬 A를 기호 a_{ij}를 사용하여 나타내면 다음과 같다.

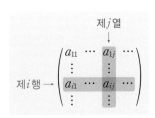

$$A = \begin{pmatrix} a_{11} & a_{12} & a_{13} \\ a_{21} & a_{22} & a_{23} \end{pmatrix} \text{ 또는 } A = (a_{ij}) \text{ (단, } i=1, 2, j=1, 2, 3)$$

예 행렬 $A=\begin{pmatrix} -2 & 3 & 1 \\ 1 & 4 & 5 \end{pmatrix}$에 대하여

- 행렬 A의 $\underset{a_{12}}{(1,\,2)}$ 성분은 제1행과 제2열이 만나는 수이므로 3이다.
- 행렬 A의 $\underset{a_{23}}{(2,\,3)}$ 성분은 제2행과 제3열이 만나는 수이므로 5이다.

참고 일반적으로 행렬은 알파벳의 대문자 A, B, C, $\cdots$를 사용하여 나타내고, 행렬의 성분은 소문자 a, b, c, $\cdots$를 사용하여 나타낸다.

④ 서로 같은 행렬

(1) 서로 같은 꼴인 행렬

두 행렬 A, B의 행의 개수와 열의 개수가 각각 같을 때, 두 행렬 A, B는 서로 같은 꼴이라 한다.

(2) 서로 같은 행렬

두 행렬 A, B가 서로 같은 꼴이고 대응하는 성분이 각각 같을 때, 두 행렬 A, B는 서로 같다고 하고, 기호로 $A=B$와 같이 나타낸다.

두 이차정사각행렬에 대하여 행렬이 서로 같을 조건은 다음과 같다.

> 두 행렬 $A=\begin{pmatrix} a_{11} & a_{12} \\ a_{21} & a_{22} \end{pmatrix}$, $B=\begin{pmatrix} b_{11} & b_{12} \\ b_{21} & b_{22} \end{pmatrix}$에 대하여 $A=B$이면
> $a_{11}=b_{11}$, $a_{12}=b_{12}$, $a_{21}=b_{21}$, $a_{22}=b_{22}$

예 등식 $\begin{pmatrix} a & b \\ 0 & 1 \end{pmatrix}=\begin{pmatrix} 1 & 3 \\ c & d \end{pmatrix}$를 만족시키는 실수 a, b, c, d의 값을 구해 보자.

두 행렬이 서로 같으려면 두 행렬의 대응하는 성분이 각각 같아야 하므로
$a=1$, $b=3$, $c=0$, $d=1$

참고 · 두 행렬 A, B가 서로 같지 않을 때, 기호로 $A \neq B$와 같이 나타낸다.
· 세 행렬 A, B, C에 대하여 $A=B$, $B=C$이면 $A=C$이다.

✔ 개념 Check

정답과 해설 97쪽

1 행렬 $A=\begin{pmatrix} -2 & 3 & 1 \\ 1 & 4 & 5 \\ 6 & -4 & 0 \end{pmatrix}$에서 $A=(a_{ij})$일 때, 다음을 구하시오.

(1) 제2행의 성분   (2) 제3열의 성분

(3) $(1,\,3)$ 성분   (4) $(2,\,1)$ 성분

(5) a_{22} (6) a_{31}

2 등식 $\begin{pmatrix} 3a & 0 \\ -2 & b+1 \end{pmatrix}=\begin{pmatrix} 6 & 0 \\ c & 2 \end{pmatrix}$를 만족시키는 실수 a, b, c의 값을 구하시오.

행렬의 (i, j) 성분

유형편 92쪽

행렬 A의 (i, j) 성분 a_{ij}가 다음과 같을 때, 행렬 A를 구하시오.

(1) $a_{ij}=2i-j$ (단, $i=1, 2, j=1, 2, 3$)

(2) $a_{ij}=\begin{cases} i & (i>j) \\ j+1 & (i \leq j) \end{cases}$ (단, $i=1, 2, 3, j=1, 2, 3$)

공략 Point

성분 a_{ij}를 나타내는 식에 $i=1, 2, \cdots, j=1, 2, \cdots$를 각각 대입하여 모든 성분을 구한 후 행렬로 나타낸다.

풀이

(1) $a_{ij}=2i-j$에 $i=1, 2,$ $j=1, 2, 3$을 각각 대입하면

$a_{11}=2\times1-1=1, a_{12}=2\times1-2=0, a_{13}=2\times1-3=-1$

$a_{21}=2\times2-1=3, a_{22}=2\times2-2=2, a_{23}=2\times2-3=1$

따라서 구하는 행렬은

$A=\begin{pmatrix} a_{11} & a_{12} & a_{13} \\ a_{21} & a_{22} & a_{23} \end{pmatrix}=\begin{pmatrix} 1 & 0 & -1 \\ 3 & 2 & 1 \end{pmatrix}$

(2) $i>j$이면 $a_{ij}=i$이므로

$a_{21}=2, a_{31}=3, a_{32}=3$

$i \leq j$이면 $a_{ij}=j+1$이므로

$a_{11}=1+1=2, a_{12}=2+1=3, a_{13}=3+1=4$

$a_{22}=2+1=3, a_{23}=3+1=4, a_{33}=3+1=4$

따라서 구하는 행렬은

$A=\begin{pmatrix} a_{11} & a_{12} & a_{13} \\ a_{21} & a_{22} & a_{23} \\ a_{31} & a_{32} & a_{33} \end{pmatrix}=\begin{pmatrix} 2 & 3 & 4 \\ 2 & 3 & 4 \\ 3 & 3 & 4 \end{pmatrix}$

문제

정답과 해설 97쪽

01-1 2×3 행렬 A의 (i, j) 성분 a_{ij}가 $a_{ij}=ij-2$일 때, 행렬 A를 구하시오.

01-2 행렬 A의 (i, j) 성분 a_{ij}가 $a_{ij}=\begin{cases} 2i & (i \neq j) \\ j & (i=j) \end{cases}$ $(i=1, 2, 3, j=1, 2)$일 때, 행렬 A를 구하시오.

01-3 삼차정사각행렬 A의 (i, j) 성분 a_{ij}가 $a_{ij}=\begin{cases} (-1)^{i+j} & (i \geq j) \\ 2^i & (i<j) \end{cases}$일 때, 행렬 A를 구하시오.

행렬의 활용

✎ 유형편 93쪽

세 도시 P_1, P_2, P_3 사이를 화살표 방향으로 통행하도록 연결한 도로망이 오른쪽 그림과 같다. 도시 P_i에서 도시 P_j로 바로 가는 도로의 수를 a_{ij}라 할 때, a_{ij}를 (i, j) 성분으로 하는 행렬을 구하시오. (단, $i=1, 2, 3$, $j=1, 2, 3$)

공략 Point

주어진 조건에 따라 행렬의 각 성분을 구한 후 행렬로 나타낸다.

풀이

도시 P_1에서 도시 P_1로 가는 도로는 없으므로	$a_{11}=0$
도시 P_1에서 도시 P_2로 가는 도로의 수는 1이므로	$a_{12}=1$
도시 P_1에서 도시 P_3으로 가는 도로는 없으므로	$a_{13}=0$
도시 P_2에서 도시 P_1로 가는 도로의 수는 1이므로	$a_{21}=1$
도시 P_2에서 도시 P_2로 가는 도로는 없으므로	$a_{22}=0$
도시 P_2에서 도시 P_3으로 가는 도로의 수는 2이므로	$a_{23}=2$
도시 P_3에서 도시 P_1로 가는 도로의 수는 1이므로	$a_{31}=1$
도시 P_3에서 도시 P_2로 가는 도로는 없으므로	$a_{32}=0$
도시 P_3에서 도시 P_3으로 가는 도로의 수는 1이므로	$a_{33}=1$

따라서 구하는 행렬은

$$\begin{pmatrix} 0 & 1 & 0 \\ 1 & 0 & 2 \\ 1 & 0 & 1 \end{pmatrix}$$

문제

정답과 해설 97쪽

02-1 세 건물 A_1, A_2, A_3을 화살표 방향으로 통행하도록 연결한 도로망이 오른쪽 그림과 같다. 건물 A_i에서 건물 A_j로 바로 가는 도로의 수를 a_{ij}라 할 때, a_{ij}를 (i, j) 성분으로 하는 행렬을 구하시오. (단, $i=1, 2, 3$, $j=1, 2, 3$)

02-2 오른쪽 표는 노선 번호가 1, 2, 3인 세 버스가 정차하는 정류장을 조사하여 나타낸 것이다. 행렬 A의 (i, j) 성분 a_{ij}가

$$a_{ij}=\begin{cases} 1 & (i\text{번 버스가 정류장 } P_j\text{에 정차하는 경우}) \\ 0 & (i\text{번 버스가 정류장 } P_j\text{에 정차하지 않는 경우}) \end{cases}$$

일 때, 행렬 A를 구하시오. (단, $i=1, 2, 3$, $j=1, 2, 3$)

정류장	정차하는 버스
P_1	1, 3
P_2	2, 3
P_3	1, 2, 3

다음 두 행렬 A, B에 대하여 $A=B$일 때, 실수 a, b, c의 값을 구하시오.

(1) $A=\begin{pmatrix} a-b & c \\ 0 & 4a \end{pmatrix}$, $B=\begin{pmatrix} 2 & 2a \\ 0 & 3-b \end{pmatrix}$

(2) $A=\begin{pmatrix} a^2-1 & b \\ c+1 & a^2-a \end{pmatrix}$, $B=\begin{pmatrix} 3 & 2c \\ 2 & bc \end{pmatrix}$

공략 Point

두 행렬이 서로 같으면 대응하는 성분이 각각 같음을 이용하여 식을 세운다.

풀이

(1) 두 행렬이 서로 같으면 대응하는 성분이 각각 같으므로	$a-b=2$ ⋯⋯ ㉠ $c=2a$ ⋯⋯ ㉡ $4a=3-b$ ⋯⋯ ㉢
㉠, ㉢을 연립하여 풀면	$a=1$, $b=-1$
$a=1$을 ㉡에 대입하면	$c=2$

(2) 두 행렬이 서로 같으면 대응하는 성분이 각각 같으므로	$a^2-1=3$ ⋯⋯ ㉠ $b=2c$ ⋯⋯ ㉡ $c+1=2$ ⋯⋯ ㉢ $a^2-a=bc$ ⋯⋯ ㉣
㉠에서	$a^2=4$ ∴ $a=-2$ 또는 $a=2$ ⋯⋯ ㉤
㉢에서	$c=1$
$c=1$을 ㉡에 대입하면	$b=2$
$b=2$, $c=1$을 ㉣에 대입하면	$a^2-a=2$, $a^2-a-2=0$, $(a+1)(a-2)=0$ ∴ $a=-1$ 또는 $a=2$ ⋯⋯ ㉥
㉤, ㉥을 모두 만족시키는 a의 값은	$a=2$

● **문제** ●

정답과 해설 98쪽

○3-**1**   등식 $\begin{pmatrix} a & -b \\ 3c & bd-1 \end{pmatrix}=\begin{pmatrix} 2c+1 & 2 \\ 2a & 1 \end{pmatrix}$을 만족시키는 실수 a, b, c, d에 대하여 $a+b+c+d$의 값을 구하시오.

○3-**2**   두 행렬 $A=\begin{pmatrix} x^2 & xy \\ -2 & y^2 \end{pmatrix}$, $B=\begin{pmatrix} 1 & z \\ x+y & 9 \end{pmatrix}$에 대하여 $A=B$일 때, 실수 x, y, z에 대하여 $x-2y+z$의 값을 구하시오.

행렬의 덧셈, 뺄셈과 실수배

① 행렬의 덧셈과 뺄셈

같은 꼴인 두 행렬 A, B에 대하여 행렬 A와 행렬 B의 대응하는 각 성분을 더한 것을 성분으로 하는 행렬을 행렬 A와 행렬 B의 합이라 하고, 기호로 $A+B$와 같이 나타낸다.

또 행렬 A의 각 성분에서 그에 대응하는 행렬 B의 성분을 뺀 것을 성분으로 하는 행렬을 행렬 A와 행렬 B의 차라 하고, 기호로 $A-B$와 같이 나타낸다.

두 이차정사각행렬의 합과 차는 다음과 같다.

두 행렬 $A=\begin{pmatrix} a_{11} & a_{12} \\ a_{21} & a_{22} \end{pmatrix}$, $B=\begin{pmatrix} b_{11} & b_{12} \\ b_{21} & b_{22} \end{pmatrix}$에 대하여

$$A+B=\begin{pmatrix} a_{11}+b_{11} & a_{12}+b_{12} \\ a_{21}+b_{21} & a_{22}+b_{22} \end{pmatrix},\ A-B=\begin{pmatrix} a_{11}-b_{11} & a_{12}-b_{12} \\ a_{21}-b_{21} & a_{22}-b_{22} \end{pmatrix}$$

예 두 행렬 $A=\begin{pmatrix} -2 & 3 \\ 5 & -1 \end{pmatrix}$, $B=\begin{pmatrix} 4 & -1 \\ 2 & 1 \end{pmatrix}$에 대하여

$$A+B=\begin{pmatrix} -2 & 3 \\ 5 & -1 \end{pmatrix}+\begin{pmatrix} 4 & -1 \\ 2 & 1 \end{pmatrix}$$
$$=\begin{pmatrix} -2+4 & 3+(-1) \\ 5+2 & -1+1 \end{pmatrix}=\begin{pmatrix} 2 & 2 \\ 7 & 0 \end{pmatrix}$$
$$A-B=\begin{pmatrix} -2 & 3 \\ 5 & -1 \end{pmatrix}-\begin{pmatrix} 4 & -1 \\ 2 & 1 \end{pmatrix}$$
$$=\begin{pmatrix} -2-4 & 3-(-1) \\ 5-2 & -1-1 \end{pmatrix}=\begin{pmatrix} -6 & 4 \\ 3 & -2 \end{pmatrix}$$

② 행렬의 덧셈에 대한 성질

실수의 덧셈과 같이 행렬의 덧셈에서도 다음이 성립한다.

같은 꼴인 세 행렬 A, B, C에 대하여
(1) $A+B=B+A$ ◀ 교환법칙
(2) $(A+B)+C=A+(B+C)$ ◀ 결합법칙

참고 $(A+B)+C$, $A+(B+C)$를 간단히 $A+B+C$로 나타낼 수 있다.

③ 영행렬

(1) $(0\ \ 0)$, $\begin{pmatrix} 0 \\ 0 \end{pmatrix}$, $\begin{pmatrix} 0 & 0 \\ 0 & 0 \end{pmatrix}$, $\begin{pmatrix} 0 & 0 & 0 \\ 0 & 0 & 0 \end{pmatrix}$과 같이 행렬의 성분이 모두 0인 행렬을 영행렬이라 하고, 일반적으로 기호 O로 나타낸다.

(2) 행렬 A와 영행렬 O가 같은 꼴일 때,
$$A+O=A,\ A-O=A,\ A-A=O$$
가 성립한다.

참고 실수의 덧셈과 뺄셈에서 임의의 실수 x와 0에 대하여 $x+0=x$, $x-0=x$, $x-x=0$이 성립하는 것과 같다.

④ 행렬의 실수배

임의의 실수 k에 대하여 행렬 A의 각 성분을 k배한 것을 성분으로 하는 행렬을 행렬 A의 k배라 하고, 기호로 kA와 같이 나타낸다.

이차정사각행렬의 실수배는 다음과 같다.

행렬 $A = \begin{pmatrix} a_{11} & a_{12} \\ a_{21} & a_{22} \end{pmatrix}$와 실수 k에 대하여

$$kA = \begin{pmatrix} ka_{11} & ka_{12} \\ ka_{21} & ka_{22} \end{pmatrix}$$

예 행렬 $A = \begin{pmatrix} 3 & -2 \\ 1 & 4 \end{pmatrix}$에 대하여

$$3A = \begin{pmatrix} 3 \times 3 & 3 \times (-2) \\ 3 \times 1 & 3 \times 4 \end{pmatrix} = \begin{pmatrix} 9 & -6 \\ 3 & 12 \end{pmatrix}, \quad -2A = \begin{pmatrix} -2 \times 3 & -2 \times (-2) \\ -2 \times 1 & -2 \times 4 \end{pmatrix} = \begin{pmatrix} -6 & 4 \\ -2 & -8 \end{pmatrix}$$

참고 $1A = A$, $0A = O$가 성립한다.

⑤ 행렬의 실수배에 대한 성질

같은 꼴인 두 행렬 A, B와 실수 k, l에 대하여
(1) $(kl)A = k(lA)$ ◀ 결합법칙
(2) $(k+l)A = kA + lA$, $k(A+B) = kA + kB$ ◀ 분배법칙

개념 Plus

행렬의 등식에서의 계산

행렬의 등식에서도 다항식의 이항과 같은 방법으로 계산할 수 있다.
같은 꼴인 세 행렬 A, B, X에 대하여

$$X + A = B$$

가 성립할 때, 양변에서 A를 빼면

$$X + A - A = B - A$$

$A - A = O$이므로 $X + O = B - A$
$X + O = X$이므로 $X = B - A$
따라서 $X + A = B$는 $X = B - A$와 같이 계산할 수 있다.

개념 Check

정답과 해설 98쪽

1 다음을 계산하시오.

(1) $\begin{pmatrix} 1 \\ 3 \end{pmatrix} + \begin{pmatrix} 2 \\ 5 \end{pmatrix}$

(2) $\begin{pmatrix} 1 & -1 \\ 2 & 1 \end{pmatrix} + \begin{pmatrix} 3 & 2 \\ 0 & -2 \end{pmatrix}$

(3) $\begin{pmatrix} 3 & 4 & -3 \\ 2 & 1 & 4 \end{pmatrix} - \begin{pmatrix} -2 & 1 & 2 \\ 1 & 5 & 1 \end{pmatrix}$

(4) $\begin{pmatrix} 4 & 1 \\ 2 & -2 \\ 3 & 0 \end{pmatrix} - \begin{pmatrix} 1 & 3 \\ -1 & 4 \\ -2 & 1 \end{pmatrix}$

행렬의 덧셈, 뺄셈과 실수배 (1)

유형편 94쪽

다음 물음에 답하시오.

(1) 두 행렬 $A=\begin{pmatrix} 1 & -3 \\ 2 & 1 \end{pmatrix}$, $B=\begin{pmatrix} 4 & 1 \\ -1 & 0 \end{pmatrix}$에 대하여 $3(2A+B)-2(A-B)$를 구하시오.

(2) 두 행렬 $A=\begin{pmatrix} -6 & -2 \\ 2 & 4 \end{pmatrix}$, $B=\begin{pmatrix} -9 & -1 \\ 5 & -2 \end{pmatrix}$에 대하여 $3X-A=X+2(2A-B)$를 만족 시키는 행렬 X를 구하시오.

공략 Point

(1) 행렬의 실수배에 대한 성질을 이용하여 주어진 식을 간단히 한 후 주어진 행렬을 대입한다.

(2) 주어진 등식에서 다항식의 이항과 같은 방법으로 X를 A, B에 대한 식으로 나타낸 후 주어진 행렬을 대입한다.

풀이

(1) $3(2A+B)-2(A-B)$를 간단히 하면	$3(2A+B)-2(A-B)$ $=6A+3B-2A+2B$ $=4A+5B$
$A=\begin{pmatrix} 1 & -3 \\ 2 & 1 \end{pmatrix}$, $B=\begin{pmatrix} 4 & 1 \\ -1 & 0 \end{pmatrix}$을 대입하여 계산하면	$=4\begin{pmatrix} 1 & -3 \\ 2 & 1 \end{pmatrix}+5\begin{pmatrix} 4 & 1 \\ -1 & 0 \end{pmatrix}$ $=\begin{pmatrix} 4 & -12 \\ 8 & 4 \end{pmatrix}+\begin{pmatrix} 20 & 5 \\ -5 & 0 \end{pmatrix}$ $=\begin{pmatrix} \mathbf{24} & \mathbf{-7} \\ \mathbf{3} & \mathbf{4} \end{pmatrix}$
(2) $3X-A=X+2(2A-B)$를 X에 대하여 정리하면	$3X-A=X+4A-2B$, $2X=5A-2B$ $\therefore X=\dfrac{1}{2}(5A-2B)=\dfrac{5}{2}A-B$
$A=\begin{pmatrix} -6 & -2 \\ 2 & 4 \end{pmatrix}$, $B=\begin{pmatrix} -9 & -1 \\ 5 & -2 \end{pmatrix}$를 대입하여 계산하면	$=\dfrac{5}{2}\begin{pmatrix} -6 & -2 \\ 2 & 4 \end{pmatrix}-\begin{pmatrix} -9 & -1 \\ 5 & -2 \end{pmatrix}$ $=\begin{pmatrix} -15 & -5 \\ 5 & 10 \end{pmatrix}-\begin{pmatrix} -9 & -1 \\ 5 & -2 \end{pmatrix}$ $=\begin{pmatrix} \mathbf{-6} & \mathbf{-4} \\ \mathbf{0} & \mathbf{12} \end{pmatrix}$

● **문제** ●

정답과 해설 98쪽

04-1 두 행렬 $A=\begin{pmatrix} 2 & -1 \\ 1 & 2 \end{pmatrix}$, $B=\begin{pmatrix} -1 & 2 \\ 3 & 1 \end{pmatrix}$에 대하여 다음을 구하시오.

(1) $A-2B-(2A-3B)$ (2) $2(A-B)+3(A+2B)-(A+6B)$

04-2 두 행렬 $A=\begin{pmatrix} 1 & -2 \\ -3 & 2 \end{pmatrix}$, $B=\begin{pmatrix} -3 & -1 \\ 0 & 2 \end{pmatrix}$에 대하여 $5A+2X=2(3B-2A)-X$를 만족 시키는 행렬 X를 구하시오.

행렬의 덧셈, 뺄셈과 실수배 (2) – 연립

유형편 95쪽

두 이차정사각행렬 A, B에 대하여 $A+B=\begin{pmatrix} 1 & -2 \\ -2 & 1 \end{pmatrix}$, $3A+B=\begin{pmatrix} 1 & 2 \\ 2 & 1 \end{pmatrix}$ 일 때, 행렬 A, B를 각각 구하시오.

공략 Point

A, B에 대한 연립일차방정식처럼 생각하여 푼다.

풀이

주어진 두 식을 변끼리 빼면	$(A+B)-(3A+B)=\begin{pmatrix} 1 & -2 \\ -2 & 1 \end{pmatrix}-\begin{pmatrix} 1 & 2 \\ 2 & 1 \end{pmatrix}$
	$-2A=\begin{pmatrix} 0 & -4 \\ -4 & 0 \end{pmatrix}$
	$\therefore A=-\dfrac{1}{2}\begin{pmatrix} 0 & -4 \\ -4 & 0 \end{pmatrix}$
	$=\begin{pmatrix} \mathbf{0} & \mathbf{2} \\ \mathbf{2} & \mathbf{0} \end{pmatrix}$
$A=\begin{pmatrix} 0 & 2 \\ 2 & 0 \end{pmatrix}$을 $A+B=\begin{pmatrix} 1 & -2 \\ -2 & 1 \end{pmatrix}$에 대입하면	$\begin{pmatrix} 0 & 2 \\ 2 & 0 \end{pmatrix}+B=\begin{pmatrix} 1 & -2 \\ -2 & 1 \end{pmatrix}$
	$\therefore B=\begin{pmatrix} 1 & -2 \\ -2 & 1 \end{pmatrix}-\begin{pmatrix} 0 & 2 \\ 2 & 0 \end{pmatrix}$
	$=\begin{pmatrix} \mathbf{1} & \mathbf{-4} \\ \mathbf{-4} & \mathbf{1} \end{pmatrix}$

● **문제** ●

정답과 해설 99쪽

05-1 두 이차정사각행렬 A, B에 대하여 $A+B=\begin{pmatrix} 3 & 1 \\ 2 & -1 \end{pmatrix}$, $A-B=\begin{pmatrix} -5 & 1 \\ 0 & 3 \end{pmatrix}$ 일 때, 행렬 A, B를 각각 구하시오.

05-2 두 이차정사각행렬 A, B에 대하여 $A-3B=\begin{pmatrix} 0 & 3 \\ 2 & 1 \end{pmatrix}$, $2A-B=\begin{pmatrix} 5 & 6 \\ 4 & 7 \end{pmatrix}$ 일 때, 행렬 $A+B$ 를 구하시오.

행렬의 덧셈, 뺄셈과 실수배 (3) – 행렬이 서로 같을 조건

유형편 96쪽

두 행렬 $A=\begin{pmatrix} 0 & 1 \\ 1 & 0 \end{pmatrix}$, $B=\begin{pmatrix} -1 & 1 \\ 1 & -1 \end{pmatrix}$에 대하여 행렬 $\begin{pmatrix} 1 & 3 \\ 3 & 1 \end{pmatrix}$을 $xA+yB$ 꼴로 나타낼 때, 실수 x, y의 값을 구하시오.

공략 Point

나타낼 행렬을 C라 할 때, 행렬이 서로 같을 조건을 이용하여 $xA+yB=C$를 만족시키는 실수 x, y의 값을 구한다.

풀이

$xA+yB=\begin{pmatrix} 1 & 3 \\ 3 & 1 \end{pmatrix}$을 만족시키므로 좌변에 두 행렬 A, B를 대입하여 정리하면	$x\begin{pmatrix} 0 & 1 \\ 1 & 0 \end{pmatrix}+y\begin{pmatrix} -1 & 1 \\ 1 & -1 \end{pmatrix}=\begin{pmatrix} 1 & 3 \\ 3 & 1 \end{pmatrix}$ $\begin{pmatrix} 0 & x \\ x & 0 \end{pmatrix}+\begin{pmatrix} -y & y \\ y & -y \end{pmatrix}=\begin{pmatrix} 1 & 3 \\ 3 & 1 \end{pmatrix}$ $\therefore \begin{pmatrix} -y & x+y \\ x+y & -y \end{pmatrix}=\begin{pmatrix} 1 & 3 \\ 3 & 1 \end{pmatrix}$
행렬이 서로 같을 조건에 의하여	$-y=1,\ x+y=3$ $\therefore \boldsymbol{x=4},\ \boldsymbol{y=-1}$

문제

정답과 해설 99쪽

06-1 등식 $\begin{pmatrix} a & 3 \\ b & 4 \end{pmatrix}+\begin{pmatrix} -1 & 2 \\ c & 6 \end{pmatrix}=\begin{pmatrix} b & 3 \\ 2 & a \end{pmatrix}+\begin{pmatrix} -3 & c \\ 4 & 8 \end{pmatrix}$을 만족시키는 실수 a, b, c에 대하여 abc의 값을 구하시오.

06-2 두 행렬 $A=\begin{pmatrix} 2 & 3 \\ 3 & 5 \end{pmatrix}$, $B=\begin{pmatrix} 4 & 3 \\ 2 & 1 \end{pmatrix}$에 대하여 행렬 $\begin{pmatrix} -2 & 3 \\ 5 & 13 \end{pmatrix}$을 $xA+yB$ 꼴로 나타낼 때, 실수 x, y에 대하여 $x-y$의 값을 구하시오.

06-3 세 행렬 $A=\begin{pmatrix} 3 & 1 \\ -1 & 2 \end{pmatrix}$, $B=\begin{pmatrix} -2 & a \\ 2 & 1 \end{pmatrix}$, $C=\begin{pmatrix} 17 & -13 \\ -11 & 2 \end{pmatrix}$에 대하여 $xA+yB=C$일 때, 실수 a의 값을 구하시오. (단, x, y는 실수)

1 행렬 $A = \begin{pmatrix} 5 & -1 \\ 1 & 4 \\ -4 & 2 \end{pmatrix}$에 대하여 $A = (a_{ij})$일 때, 보기에서 옳은 것만을 있는 대로 고른 것은?

┌─ 보기 ─────────────────────────
ㄱ. 2×3 행렬이다.
ㄴ. 제2열의 성분은 1, 4이다.
ㄷ. $i = 1$인 모든 성분의 합은 4이다.
ㄹ. $i = j$인 모든 성분의 곱은 20이다.
└────────────────────────────────

① ㄱ, ㄴ   ② ㄱ, ㄷ   ③ ㄴ, ㄷ

④ ㄴ, ㄹ   ⑤ ㄷ, ㄹ

교육청

2 이차정사각행렬 A의 (i, j) 성분 a_{ij}를

$$a_{ij} = \begin{cases} 3i + j & (i가\ 홀수일\ 때) \\ 3i - j & (i가\ 짝수일\ 때) \end{cases}$$

로 정의하자. 이때 행렬 A의 모든 성분의 합은?

① 12   ② 15   ③ 18

④ 21   ⑤ 24

3 행렬 A의 (i, j) 성분 a_{ij}가
$$a_{ij} = (i^2 - 1)(j + k) \quad (i = 1, 2, \ j = 1, 2, 3)$$
일 때, 행렬 A의 모든 성분의 합이 27이다. 이때 실수 k의 값을 구하시오.

4 오른쪽 그림과 같은 세 도형 P_1, P_2, P_3이 있다. 삼차정사각행렬 A의 (i, j) 성분 a_{ij}가 다음을 만족시킬 때, 행렬 A는?

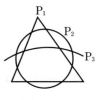

┌──────────────────────────────
(가) $i = j$일 때, $a_{ij} = 0$
(나) $i \neq j$일 때, a_{ij}는 도형 P_i와 도형 P_j의 교점의 개수이다.
└──────────────────────────────

① $\begin{pmatrix} 0 & 4 & 2 \\ 4 & 0 & 2 \\ 2 & 2 & 0 \end{pmatrix}$ ② $\begin{pmatrix} 0 & 6 & 2 \\ 6 & 0 & 2 \\ 2 & 2 & 0 \end{pmatrix}$

③ $\begin{pmatrix} 0 & 6 & 6 \\ 2 & 0 & 2 \\ 2 & 2 & 0 \end{pmatrix}$ ④ $\begin{pmatrix} 0 & 8 & 2 \\ 8 & 0 & 4 \\ 2 & 4 & 0 \end{pmatrix}$

⑤ $\begin{pmatrix} 2 & 6 & 0 \\ 6 & 0 & 2 \\ 0 & 2 & 2 \end{pmatrix}$

5 두 행렬 $\begin{pmatrix} 5x & xy \\ 1 & 2y+3 \end{pmatrix}$, $\begin{pmatrix} x^2+6 & -2 \\ 1 & y^2 \end{pmatrix}$이 서로 같을 때, 실수 x, y에 대하여 $x - y$의 값을 구하시오.

6 두 행렬 $A = \begin{pmatrix} 1 & -2 \\ -4 & 5 \end{pmatrix}$, $B = \begin{pmatrix} 2 & 0 \\ 1 & -3 \end{pmatrix}$에 대하여 $3(A+2B) - 2(2A+B) + 5A - B$의 모든 성분의 합을 구하시오.

[수능]

7 두 행렬 $A=\begin{pmatrix} 1 & -2 \\ 3 & 0 \end{pmatrix}$, $B=\begin{pmatrix} 2 & 0 \\ 1 & -1 \end{pmatrix}$에 대하여 $A=2B-X$를 만족시키는 행렬 X는?

① $\begin{pmatrix} 3 & 2 \\ -1 & -2 \end{pmatrix}$ ② $\begin{pmatrix} 3 & -2 \\ 1 & 2 \end{pmatrix}$

③ $\begin{pmatrix} -1 & -2 \\ 3 & 2 \end{pmatrix}$ ④ $\begin{pmatrix} -2 & -1 \\ 2 & 3 \end{pmatrix}$

⑤ $\begin{pmatrix} -3 & 1 \\ -2 & 2 \end{pmatrix}$

8 두 행렬 $A=\begin{pmatrix} 5 & -3 \\ 2 & -4 \end{pmatrix}$, $B=\begin{pmatrix} -2 & 0 \\ 7 & 1 \end{pmatrix}$과 두 행렬 X, Y가
$$X-Y=2A,\ X+2Y=B$$
를 만족시킬 때, 행렬 $X+Y$를 구하시오.

9 이차방정식 $x^2-ax+b=0$의 두 근을 α, β라 할 때, 등식 $\alpha\begin{pmatrix} 1 & a \\ 0 & \beta \end{pmatrix}+\beta\begin{pmatrix} 1 & \beta \\ 0 & a \end{pmatrix}=\begin{pmatrix} 3 & 29 \\ 0 & 2\alpha\beta \end{pmatrix}$를 만족시키는 실수 a, b에 대하여 $3a-b$의 값을 구하시오.

10 세 행렬 $A=\begin{pmatrix} 1 & a \\ 2 & b \end{pmatrix}$, $B=\begin{pmatrix} 5 & 3 \\ 4 & -7 \end{pmatrix}$, $C=\begin{pmatrix} -1 & b \\ 0 & a \end{pmatrix}$에 대하여 $xA+yC=B$일 때, 실수 a, b, x, y에 대하여 $a+b+x+y$의 값은?

① 1 ② 3 ③ 5
④ 7 ⑤ 9

▶ 실력

11 다음 조건을 만족시키는 삼차정사각행렬 A의 개수는?

(가) 행렬 A의 (i, j) 성분 a_{ij}에 대하여 $a_{ij}=-a_{ji}$
(나) 행렬 A의 모든 성분은 정수이고, 모든 성분의 제곱의 합은 6이다.

① 4 ② 6 ③ 8
④ 10 ⑤ 12

12 행렬 $A=\begin{pmatrix} 0 & 4 & 2 \\ 3 & 0 & 1 \\ 2 & 2 & 0 \end{pmatrix}$의 (i, j) 성분 a_{ij}는 세 도시 P_1, P_2, P_3에 대하여 도시 P_i에서 도시 P_j로 가는 직항 노선의 수를 나타낸다. 이때 도시 P_1에서 출발하여 나머지 두 도시를 거쳐 다시 도시 P_1로 돌아오는 경우의 수를 구하시오.

행렬의 곱셈

① 행렬의 곱셈

두 행렬 A, B에 대하여 행렬 A의 열의 개수와 행렬 B의 행의 개수가 같을 때, 행렬 A의 제i행의 성분과 행렬 B의 제j열의 성분을 각각 차례대로 곱하여 더한 값을 (i, j) 성분으로 하는 행렬을 두 행렬 A, B의 곱이라 하고, 기호로 AB와 같이 나타낸다.

이때 행렬 A가 $m \times k$ 행렬, 행렬 B가 $k \times n$ 행렬이면 두 행렬의 곱 AB는 $m \times n$ 행렬이다.

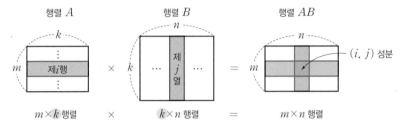

즉, 두 행렬 A, B의 곱 AB는 행렬 A의 열의 개수와 행렬 B의 행의 개수가 같을 때만 정의된다.

[예] 두 행렬 $A = (1 \quad 2)$, $B = \begin{pmatrix} 3 & 4 \\ 5 & 6 \end{pmatrix}$에 대하여 행렬 A는 1×2 행렬, 행렬 B는 2×2 행렬이므로 곱 AB는 1×2 행렬로 정의되지만 곱 BA는 정의되지 않는다.

② 행렬의 곱셈의 계산

(1) 1×2 행렬과 2×1 행렬의 곱은 1×1 행렬이고, 다음과 같이 계산한다.

$$(a \quad b)\begin{pmatrix} x \\ y \end{pmatrix} = (ax + by)$$

이때 1×1 행렬 $(ax + by)$는 괄호를 없애고 간단히 $ax + by$로 쓴다.

[예] $(2 \quad 3)\begin{pmatrix} 1 \\ 4 \end{pmatrix} = 2 \times 1 + 3 \times 4 = 14$

(2) 1×2 행렬과 2×2 행렬의 곱은 1×2 행렬이고, 다음과 같이 계산한다.

$$(a \quad b)\begin{pmatrix} x & y \\ z & w \end{pmatrix} = (ax + bz \quad ay + bw)$$

[예] $(2 \quad 3)\begin{pmatrix} 1 & 4 \\ 5 & 6 \end{pmatrix} = (2 \times 1 + 3 \times 5 \quad 2 \times 4 + 3 \times 6) = (17 \quad 26)$

(3) 2×1 행렬과 1×2 행렬의 곱은 2×2 행렬이고, 다음과 같이 계산한다.

$$\begin{pmatrix} a \\ b \end{pmatrix}(x \quad y) = \begin{pmatrix} ax & ay \\ bx & by \end{pmatrix}$$

[예] $\begin{pmatrix} 1 \\ 2 \end{pmatrix}(3 \quad 4) = \begin{pmatrix} 1 \times 3 & 1 \times 4 \\ 2 \times 3 & 2 \times 4 \end{pmatrix} = \begin{pmatrix} 3 & 4 \\ 6 & 8 \end{pmatrix}$

(4) 2×2 행렬과 2×1 행렬의 곱은 2×1 행렬이고, 다음과 같이 계산한다.

$$\begin{pmatrix} a & b \\ c & d \end{pmatrix}\begin{pmatrix} x \\ y \end{pmatrix}=\begin{pmatrix} ax+by \\ cx+dy \end{pmatrix}$$

예 $\begin{pmatrix} 2 & 3 \\ -1 & 5 \end{pmatrix}\begin{pmatrix} 1 \\ 4 \end{pmatrix}=\begin{pmatrix} 2 \times 1+3 \times 4 \\ -1 \times 1+5 \times 4 \end{pmatrix}=\begin{pmatrix} 14 \\ 19 \end{pmatrix}$

(5) 2×2 행렬과 2×2 행렬의 곱은 2×2 행렬이고, 다음과 같이 계산한다.

$$\begin{pmatrix} a & b \\ c & d \end{pmatrix}\begin{pmatrix} x & y \\ z & w \end{pmatrix}=\begin{pmatrix} ax+bz & ay+bw \\ cx+dz & cy+dw \end{pmatrix}$$

예 $\begin{pmatrix} 2 & 1 \\ 3 & 4 \end{pmatrix}\begin{pmatrix} 5 & 7 \\ 6 & 8 \end{pmatrix}=\begin{pmatrix} 2 \times 5+1 \times 6 & 2 \times 7+1 \times 8 \\ 3 \times 5+4 \times 6 & 3 \times 7+4 \times 8 \end{pmatrix}=\begin{pmatrix} 16 & 22 \\ 39 & 53 \end{pmatrix}$

❸ 행렬의 거듭제곱

정사각행렬 A와 자연수 m, n에 대하여

(1) $AA=A^2$, $A^2A=A^3$, $A^3A=A^4$, $\cdots$, $A^{n-1}A=A^n$ (단, $n \geq 2$)

(2) $A^m A^n=A^{m+n}$, $(A^m)^n=A^{mn}$

예 행렬 $A=\begin{pmatrix} 1 & 2 \\ 0 & 1 \end{pmatrix}$에 대하여 두 행렬 A^2, A^3을 구해 보자.

$A^2=AA=\begin{pmatrix} 1 & 2 \\ 0 & 1 \end{pmatrix}\begin{pmatrix} 1 & 2 \\ 0 & 1 \end{pmatrix}=\begin{pmatrix} 1 \times 1+2 \times 0 & 1 \times 2+2 \times 1 \\ 0 \times 1+1 \times 0 & 0 \times 2+1 \times 1 \end{pmatrix}=\begin{pmatrix} 1 & 4 \\ 0 & 1 \end{pmatrix}$

$A^3=A^2A=\begin{pmatrix} 1 & 4 \\ 0 & 1 \end{pmatrix}\begin{pmatrix} 1 & 2 \\ 0 & 1 \end{pmatrix}=\begin{pmatrix} 1 \times 1+4 \times 0 & 1 \times 2+4 \times 1 \\ 0 \times 1+1 \times 0 & 0 \times 2+1 \times 1 \end{pmatrix}=\begin{pmatrix} 1 & 6 \\ 0 & 1 \end{pmatrix}$

주의 행렬의 거듭제곱은 정사각행렬에 대해서만 성립한다.

✎ 개념 Check

정답과 해설 102쪽

1 다음을 계산하시오.

(1) $(3 \quad 2)\begin{pmatrix} 4 \\ 1 \end{pmatrix}$

(2) $(2 \quad -1)\begin{pmatrix} -3 \\ 1 \end{pmatrix}$

(3) $\begin{pmatrix} 3 \\ 0 \end{pmatrix}(1 \quad 4)$

(4) $\begin{pmatrix} -1 \\ 5 \end{pmatrix}(4 \quad -2)$

(5) $(1 \quad 2)\begin{pmatrix} 1 & 0 \\ 4 & -2 \end{pmatrix}$

(6) $(2 \quad -3)\begin{pmatrix} -1 & 1 \\ -2 & 3 \end{pmatrix}$

(7) $\begin{pmatrix} 1 & 3 \\ 4 & -2 \end{pmatrix}\begin{pmatrix} 2 \\ 0 \end{pmatrix}$

(8) $\begin{pmatrix} 3 & -2 \\ 0 & -1 \end{pmatrix}\begin{pmatrix} 3 \\ -1 \end{pmatrix}$

(9) $\begin{pmatrix} 1 & 2 \\ 2 & 4 \end{pmatrix}\begin{pmatrix} 2 & -1 \\ 0 & 1 \end{pmatrix}$

(10) $\begin{pmatrix} 1 & -1 \\ -2 & 1 \end{pmatrix}\begin{pmatrix} 3 & -1 \\ 2 & -1 \end{pmatrix}$

두 행렬 $A = \begin{pmatrix} 5 & -3 \\ 2 & -4 \end{pmatrix}$, $B = \begin{pmatrix} 2 & -1 \\ 1 & 3 \end{pmatrix}$에 대하여 다음을 구하시오.

(1) $A(A+B)$ (2) $AB - BA$

공략 Point

두 이차정사각행렬의 곱셈은 다음과 같이 계산한다.
$$\begin{pmatrix} a & b \\ c & d \end{pmatrix}\begin{pmatrix} x & y \\ z & w \end{pmatrix}$$
$$= \begin{pmatrix} ax+bz & ay+bw \\ cx+dz & cy+dw \end{pmatrix}$$

풀이

(1) $A+B$를 구하면

$$A+B = \begin{pmatrix} 5 & -3 \\ 2 & -4 \end{pmatrix} + \begin{pmatrix} 2 & -1 \\ 1 & 3 \end{pmatrix} = \begin{pmatrix} 7 & -4 \\ 3 & -1 \end{pmatrix}$$

따라서 $A(A+B)$를 구하면

$$A(A+B) = \begin{pmatrix} 5 & -3 \\ 2 & -4 \end{pmatrix} \begin{pmatrix} 7 & -4 \\ 3 & -1 \end{pmatrix} = \begin{pmatrix} \mathbf{26} & \mathbf{-17} \\ \mathbf{2} & \mathbf{-4} \end{pmatrix}$$

(2) AB를 구하면

$$AB = \begin{pmatrix} 5 & -3 \\ 2 & -4 \end{pmatrix} \begin{pmatrix} 2 & -1 \\ 1 & 3 \end{pmatrix} = \begin{pmatrix} 7 & -14 \\ 0 & -14 \end{pmatrix}$$

BA를 구하면

$$BA = \begin{pmatrix} 2 & -1 \\ 1 & 3 \end{pmatrix} \begin{pmatrix} 5 & -3 \\ 2 & -4 \end{pmatrix} = \begin{pmatrix} 8 & -2 \\ 11 & -15 \end{pmatrix}$$

따라서 $AB - BA$를 구하면

$$AB - BA = \begin{pmatrix} 7 & -14 \\ 0 & -14 \end{pmatrix} - \begin{pmatrix} 8 & -2 \\ 11 & -15 \end{pmatrix} = \begin{pmatrix} \mathbf{-1} & \mathbf{-12} \\ \mathbf{-11} & \mathbf{1} \end{pmatrix}$$

● **문제** ●

정답과 해설 102쪽

01-1   두 행렬 $A = \begin{pmatrix} 1 & 0 \\ 2 & 1 \end{pmatrix}$, $B = \begin{pmatrix} 3 & 1 \\ -1 & 2 \end{pmatrix}$에 대하여 다음을 구하시오.

(1) $(2A-B)A$ (2) $AB + 2BA$

01-2   등식 $\begin{pmatrix} 2 & -1 \\ 2a & 3 \end{pmatrix}\begin{pmatrix} 1 & 0 \\ 4 & -1 \end{pmatrix} = \begin{pmatrix} -2 & b+5 \\ 10 & 3-c \end{pmatrix}$를 만족시키는 실수 a, b, c에 대하여 $a+b+c$의 값을 구하시오.

행렬의 거듭제곱

유형편 98쪽

다음 물음에 답하시오.

(1) 행렬 $A=\begin{pmatrix} 1 & 0 \\ 2 & 1 \end{pmatrix}$에 대하여 행렬 A^{16}을 구하시오.

(2) 행렬 $A=\begin{pmatrix} 0 & 2 \\ 0 & 2 \end{pmatrix}$에 대하여 행렬 A^{30}을 구하시오.

공략 Point

$A^2=AA$, $A^3=A^2A$, ⋯를 차례대로 구한 후 규칙을 찾는다.

풀이

(1) A^2, A^3, A^4, ⋯을 차례대로 구하면

$A^2=AA=\begin{pmatrix} 1 & 0 \\ 2 & 1 \end{pmatrix}\begin{pmatrix} 1 & 0 \\ 2 & 1 \end{pmatrix}=\begin{pmatrix} 1 & 0 \\ 4 & 1 \end{pmatrix}$

$A^3=A^2A=\begin{pmatrix} 1 & 0 \\ 4 & 1 \end{pmatrix}\begin{pmatrix} 1 & 0 \\ 2 & 1 \end{pmatrix}=\begin{pmatrix} 1 & 0 \\ 6 & 1 \end{pmatrix}$

$A^4=A^3A=\begin{pmatrix} 1 & 0 \\ 6 & 1 \end{pmatrix}\begin{pmatrix} 1 & 0 \\ 2 & 1 \end{pmatrix}=\begin{pmatrix} 1 & 0 \\ 8 & 1 \end{pmatrix}$

⋮

$(2, 1)$ 성분만 2씩 커지므로 자연수 n에 대하여

$A^n=\begin{pmatrix} 1 & 0 \\ 2n & 1 \end{pmatrix}$

따라서 구하는 행렬은

$A^{16}=\begin{pmatrix} 1 & 0 \\ 2\times 16 & 1 \end{pmatrix}=\begin{pmatrix} \mathbf{1} & \mathbf{0} \\ \mathbf{32} & \mathbf{1} \end{pmatrix}$

(2) A^2을 구하면

$A^2=AA=\begin{pmatrix} 0 & 2 \\ 0 & 2 \end{pmatrix}\begin{pmatrix} 0 & 2 \\ 0 & 2 \end{pmatrix}$

$=\begin{pmatrix} 0 & 4 \\ 0 & 4 \end{pmatrix}=2\begin{pmatrix} 0 & 2 \\ 0 & 2 \end{pmatrix}=2A$

A^3, A^4, ⋯을 A를 사용하여 나타내면

$A^3=A^2A=(2A)A=2A^2=2(2A)=2^2A$

$A^4=A^3A=(2^2A)A=2^2A^2=2^2(2A)=2^3A$

⋮

2배씩 커지므로 자연수 n에 대하여

$A^n=2^{n-1}A$ (단, $n\geq 2$)

따라서 구하는 행렬은

$A^{30}=2^{29}A=2^{29}\begin{pmatrix} 0 & 2 \\ 0 & 2 \end{pmatrix}=\begin{pmatrix} \mathbf{0} & \mathbf{2^{30}} \\ \mathbf{0} & \mathbf{2^{30}} \end{pmatrix}$

● **문제** ●

정답과 해설 102쪽

O2-**1** 행렬 $A=\begin{pmatrix} 1 & -3 \\ 0 & 1 \end{pmatrix}$에 대하여 행렬 A^{10}의 모든 성분의 합을 구하시오.

O2-**2** 행렬 $A=\begin{pmatrix} 1 & 3 \\ 1 & 3 \end{pmatrix}$에 대하여 $A^5=kA$를 만족시키는 실수 k의 값을 구하시오.

행렬의 곱셈의 실생활에의 활용

유형편 99쪽

오른쪽 [표 1]은 두 과일 가게 P, Q에서 판매하는 사과와 오렌지의 개당 가격, [표 2]는 갑과 을이 구입한 사과와 오렌지의 개수를 나타낸 것이다. [표 1], [표 2]를 각각 행렬

$A=\begin{pmatrix} 1200 & 1000 \\ 800 & 1500 \end{pmatrix}$, $B=\begin{pmatrix} 3 & 4 \\ 5 & 2 \end{pmatrix}$로 나타낼

(단위: 원)

	사과	오렌지
P	1200	1000
Q	800	1500

[표 1]

(단위: 개)

	갑	을
사과	3	4
오렌지	5	2

[표 2]

때, $AB=\begin{pmatrix} a & b \\ c & d \end{pmatrix}$이다. 갑과 을이 가게 P에서 사과와 오렌지를 구입하고 지불한 금액의 합과 을이 두 가게 P, Q에서 사과와 오렌지를 구입하고 지불한 금액의 합을 각각 a, b, c, d를 이용하여 나타내시오.

공략 Point

행렬 AB를 구한 후 행렬의 각 성분이 의미하는 것이 무엇인지 파악한다.

풀이

AB를 구하면	$AB=\begin{pmatrix} 1200 & 1000 \\ 800 & 1500 \end{pmatrix}\begin{pmatrix} 3 & 4 \\ 5 & 2 \end{pmatrix}$ $=\begin{pmatrix} 1200\times3+1000\times5 & 1200\times4+1000\times2 \\ 800\times3+1500\times5 & 800\times4+1500\times2 \end{pmatrix}$
$AB=\begin{pmatrix} a & b \\ c & d \end{pmatrix}$이므로	$a=$(갑이 가게 P에서 사과와 오렌지를 구입하고 지불한 금액) $b=$(을이 가게 P에서 사과와 오렌지를 구입하고 지불한 금액) $c=$(갑이 가게 Q에서 사과와 오렌지를 구입하고 지불한 금액) $d=$(을이 가게 Q에서 사과와 오렌지를 구입하고 지불한 금액)
갑과 을이 가게 P에서 사과와 오렌지를 구입하고 지불한 금액의 합은	$a+b$
을이 두 가게 P, Q에서 사과와 오렌지를 구입하고 지불한 금액의 합은	$b+d$

● **문제** ●

정답과 해설 103쪽

03-**1** 오른쪽 [표 1]은 두 문구점 P, Q에서 판매하는 연필과 볼펜의 개당 가격, [표 2]는 갑과 을이 구입한 연필과 볼펜의 개수를 나타낸 것이다. [표 1], [표 2]를 각각 행렬

$A=\begin{pmatrix} 400 & 500 \\ 350 & 600 \end{pmatrix}$, $B=\begin{pmatrix} 6 & 4 \\ 3 & 5 \end{pmatrix}$로 나타낼

(단위: 원)

	연필	볼펜
P	400	500
Q	350	600

[표 1]

(단위: 개)

	갑	을
연필	6	4
볼펜	3	5

[표 2]

때, $AB=\begin{pmatrix} a & b \\ c & d \end{pmatrix}$이다. 다음 중 갑과 을이 문구점 Q에서 연필과 볼펜을 구입하고 지불한 금액의 합은?

① $a+b$ ② $a+c$ ③ $b+c$ ④ $b+d$ ⑤ $c+d$

행렬의 곱셈에 대한 성질

❶ 행렬의 곱셈에 대한 성질

합과 곱이 정의되는 세 행렬 A, B, C에 대하여

(1) $AB \neq BA$　　　◀ 일반적으로 곱셈에 대한 교환법칙이 성립하지 않는다.

(2) $(AB)C = A(BC)$　　　　　　　　　　◀ 결합법칙

(3) $A(B+C) = AB + AC$, $(A+B)C = AC + BC$　◀ 분배법칙

(4) $k(AB) = (kA)B = A(kB)$ (단, k는 실수)

참고 $(AB)C$, $A(BC)$를 간단히 ABC로 나타낼 수 있다.

🎵 개념 Plus

행렬의 곱셈에서 주의해야 할 연산

(1) 일반적으로 행렬의 연산에서 곱셈에 대한 교환법칙은 성립하지 않는다.

　　즉, 두 행렬 A, B에 대하여 $AB \neq BA$이다.

　　예 두 행렬 $A = \begin{pmatrix} 0 & 1 \\ 0 & 0 \end{pmatrix}$, $B = \begin{pmatrix} 0 & 0 \\ 0 & 1 \end{pmatrix}$에 대하여

$$AB = \begin{pmatrix} 0 & 1 \\ 0 & 0 \end{pmatrix}\begin{pmatrix} 0 & 0 \\ 0 & 1 \end{pmatrix} = \begin{pmatrix} 0 & 1 \\ 0 & 0 \end{pmatrix}, \quad BA = \begin{pmatrix} 0 & 0 \\ 0 & 1 \end{pmatrix}\begin{pmatrix} 0 & 1 \\ 0 & 0 \end{pmatrix} = \begin{pmatrix} 0 & 0 \\ 0 & 0 \end{pmatrix}$$

$$\therefore AB \neq BA$$

① $(AB)^2 \neq A^2 B^2$

　➡ $(AB)^2 = (AB)(AB) = ABAB$

② $(A+B)^2 \neq A^2 + 2AB + B^2$

　➡ $(A+B)^2 = (A+B)(A+B) = A^2 + AB + BA + B^2$

③ $(A-B)^2 \neq A^2 - 2AB + B^2$

　➡ $(A-B)^2 = (A-B)(A-B) = A^2 - AB - BA + B^2$

④ $(A+B)(A-B) \neq A^2 - B^2$

　➡ $(A+B)(A-B) = A^2 - AB + BA - B^2$

(2) 두 행렬 A, B에 대하여 $AB = O$이면 $A = O$ 또는 $B = O$는 일반적으로 성립하지 않는다.

　　즉, $A \neq O$, $B \neq O$이지만 $AB = O$인 경우가 있다.

　　예 두 행렬 $A = \begin{pmatrix} 1 & 2 \\ 3 & 6 \end{pmatrix}$, $B = \begin{pmatrix} -2 & 2 \\ 1 & -1 \end{pmatrix}$에 대하여 $A \neq O$, $B \neq O$이지만

$$AB = \begin{pmatrix} 1 & 2 \\ 3 & 6 \end{pmatrix}\begin{pmatrix} -2 & 2 \\ 1 & -1 \end{pmatrix} = \begin{pmatrix} 0 & 0 \\ 0 & 0 \end{pmatrix} = O$$

(3) 세 행렬 A, B, C에 대하여 $A \neq O$일 때, $AB = AC$이면 $B = C$는 일반적으로 성립하지 않는다.

　　즉, $A \neq O$일 때, $AB = AC$이지만 $B \neq C$인 경우가 있다.

　　예 세 행렬 $A = \begin{pmatrix} 0 & 1 \\ 0 & 1 \end{pmatrix}$, $B = \begin{pmatrix} 2 & 2 \\ 1 & 1 \end{pmatrix}$, $C = \begin{pmatrix} -2 & -2 \\ 1 & 1 \end{pmatrix}$에 대하여

$$AB = \begin{pmatrix} 0 & 1 \\ 0 & 1 \end{pmatrix}\begin{pmatrix} 2 & 2 \\ 1 & 1 \end{pmatrix} = \begin{pmatrix} 1 & 1 \\ 1 & 1 \end{pmatrix}, \quad AC = \begin{pmatrix} 0 & 1 \\ 0 & 1 \end{pmatrix}\begin{pmatrix} -2 & -2 \\ 1 & 1 \end{pmatrix} = \begin{pmatrix} 1 & 1 \\ 1 & 1 \end{pmatrix}$$

　　따라서 $AB = AC$이지만 $B \neq C$이다.

행렬의 곱셈에 대한 성질 (1)

유형편 100쪽

세 행렬 $A=\begin{pmatrix} 1 & -2 \\ 0 & 1 \end{pmatrix}$, $B=\begin{pmatrix} -1 & 0 \\ 0 & 1 \end{pmatrix}$, $C=\begin{pmatrix} 0 & 1 \\ -2 & 3 \end{pmatrix}$에 대하여 다음을 구하시오.

(1) $AB+3AC$

(2) $A(B+C)-(C+A)B+C(A+B)$

공략 Point

공통인 행렬을 묶어서 계산하거나 복잡한 식을 간단히 한 후 계산한다. 이때 곱셈에 대한 교환법칙이 성립하지 않음에 유의한다.

풀이

(1) $3AC=A(3C)$이므로

$AB+3AC=AB+A(3C)=A(B+3C)$ ····· ㉠

$B+3C$를 구하면

$B+3C=\begin{pmatrix} -1 & 0 \\ 0 & 1 \end{pmatrix}+3\begin{pmatrix} 0 & 1 \\ -2 & 3 \end{pmatrix}=\begin{pmatrix} -1 & 3 \\ -6 & 10 \end{pmatrix}$

따라서 ㉠에서

$AB+3AC=A(B+3C)$

$=\begin{pmatrix} 1 & -2 \\ 0 & 1 \end{pmatrix}\begin{pmatrix} -1 & 3 \\ -6 & 10 \end{pmatrix}=\begin{pmatrix} \mathbf{11} & \mathbf{-17} \\ \mathbf{-6} & \mathbf{10} \end{pmatrix}$

(2) 구하는 식을 정리하면

$A(B+C)-(C+A)B+C(A+B)$
$=AB+AC-CB-AB+CA+CB$
$=AC+CA$ ····· ㉠

AC를 구하면

$AC=\begin{pmatrix} 1 & -2 \\ 0 & 1 \end{pmatrix}\begin{pmatrix} 0 & 1 \\ -2 & 3 \end{pmatrix}=\begin{pmatrix} 4 & -5 \\ -2 & 3 \end{pmatrix}$

CA를 구하면

$CA=\begin{pmatrix} 0 & 1 \\ -2 & 3 \end{pmatrix}\begin{pmatrix} 1 & -2 \\ 0 & 1 \end{pmatrix}=\begin{pmatrix} 0 & 1 \\ -2 & 7 \end{pmatrix}$

따라서 ㉠에서

$A(B+C)-(C+A)B+C(A+B)=AC+CA$

$=\begin{pmatrix} 4 & -5 \\ -2 & 3 \end{pmatrix}+\begin{pmatrix} 0 & 1 \\ -2 & 7 \end{pmatrix}$

$=\begin{pmatrix} \mathbf{4} & \mathbf{-4} \\ \mathbf{-4} & \mathbf{10} \end{pmatrix}$

● **문제** ●

정답과 해설 103쪽

04-**1** 세 행렬 $A=\begin{pmatrix} 2 & -1 \\ 1 & 3 \end{pmatrix}$, $B=\begin{pmatrix} 3 & 4 \\ 1 & -2 \end{pmatrix}$, $C=\begin{pmatrix} 1 & 1 \\ -2 & 0 \end{pmatrix}$에 대하여 다음을 구하시오.

(1) $CAC-BAC$

(2) $A(B+C)+B(A+C)-(A+B)C$

04-**2** 두 행렬 $A=\begin{pmatrix} -2 & 1 \\ 1 & 0 \end{pmatrix}$, $B=\begin{pmatrix} 1 & -1 \\ 3 & -2 \end{pmatrix}$에 대하여 $X+AB^2=ABA$를 만족시키는 행렬 X를 구하시오.

행렬의 곱셈에 대한 성질 (2)

유형편 100쪽

두 행렬 $A=\begin{pmatrix} 1 & 2 \\ 2 & 3 \end{pmatrix}$, $B=\begin{pmatrix} 1 & x \\ y & -1 \end{pmatrix}$ 이 $(A+B)^2=A^2+2AB+B^2$을 만족시킬 때, 실수 x, y에 대하여 $x+y$의 값을 구하시오.

공략 **Point**

주어진 등식에서 괄호가 있는 쪽을 전개하여 간단히 한 후 행렬이 서로 같을 조건을 이용하여 식을 세운다.

풀이

행렬의 곱셈에서 교환법칙이 성립하지 않으므로	$(A+B)^2=(A+B)(A+B)$ $\qquad\qquad =A^2+AB+BA+B^2$
$(A+B)^2=A^2+2AB+B^2$에서	$A^2+AB+BA+B^2=A^2+2AB+B^2$ $AB+BA=2AB$ $\therefore AB=BA$ ...... ㉠
AB를 구하면	$AB=\begin{pmatrix} 1 & 2 \\ 2 & 3 \end{pmatrix}\begin{pmatrix} 1 & x \\ y & -1 \end{pmatrix}=\begin{pmatrix} 1+2y & x-2 \\ 2+3y & 2x-3 \end{pmatrix}$
BA를 구하면	$BA=\begin{pmatrix} 1 & x \\ y & -1 \end{pmatrix}\begin{pmatrix} 1 & 2 \\ 2 & 3 \end{pmatrix}=\begin{pmatrix} 1+2x & 2+3x \\ y-2 & 2y-3 \end{pmatrix}$
㉠에서 $AB=BA$이므로	$\begin{pmatrix} 1+2y & x-2 \\ 2+3y & 2x-3 \end{pmatrix}=\begin{pmatrix} 1+2x & 2+3x \\ y-2 & 2y-3 \end{pmatrix}$
행렬이 서로 같을 조건에 의하여	$x-2=2+3x$, $2+3y=y-2$ $\therefore x=-2$, $y=-2$
따라서 구하는 값은	$x+y=\mathbf{-4}$

● **문제** ●

정답과 해설 103쪽

05-1 두 행렬 $A=\begin{pmatrix} 1 & 2 \\ 2 & x \end{pmatrix}$, $B=\begin{pmatrix} 1 & 3 \\ y & 4 \end{pmatrix}$가 $(A-B)^2=A^2-2AB+B^2$을 만족시킬 때, 실수 x, y의 값을 구하시오.

05-2 두 행렬 $A=\begin{pmatrix} 2 & 0 \\ 1 & 1 \end{pmatrix}$, $B=\begin{pmatrix} x & y \\ 2 & -1 \end{pmatrix}$이 $(A+B)(A-B)=A^2-B^2$을 만족시킬 때, 실수 x, y에 대하여 $x+y$의 값을 구하시오.

3 단위행렬

❶ 단위행렬

(1) $\begin{pmatrix} 1 & 0 \\ 0 & 1 \end{pmatrix}$, $\begin{pmatrix} 1 & 0 & 0 \\ 0 & 1 & 0 \\ 0 & 0 & 1 \end{pmatrix}$과 같이 왼쪽 위에서 오른쪽 아래로 내려가는 대각선 위의 성분이 모두 1이고, 그 외의 성분은 모두 0인 n차 정사각행렬을 n차 단위행렬이라 하고, 일반적으로 기호 E로 나타낸다.

(2) n차 정사각행렬 A와 n차 단위행렬 E에 대하여

$$AE = EA = A$$

가 성립한다.

> 참고 • 실수의 곱셈에서 임의의 실수 x와 1에 대하여 $x \times 1 = 1 \times x = x$가 성립하는 것과 같다.
> • 행렬 A와 단위행렬 E의 연산에서 단위행렬 E는 행렬 A와 같은 꼴로 생각한다.

❷ 단위행렬의 거듭제곱

n차 정사각행렬 A와 n차 단위행렬 E에 대하여 $AE = EA = A$가 성립하므로 $A = E$일 때

$$E^2 = E$$

따라서 자연수 n에 대하여

$$E^3 = E^2 E = EE = E$$
$$E^4 = E^3 E = EE = E$$
$$\vdots$$
$$\therefore E^n = E$$

즉, 단위행렬 E의 거듭제곱은 항상 단위행렬 자신이 된다.

🎵 개념 Plus

단위행렬

이차정사각행렬 $A = \begin{pmatrix} a & b \\ c & d \end{pmatrix}$와 단위행렬 $E = \begin{pmatrix} 1 & 0 \\ 0 & 1 \end{pmatrix}$에 대하여

$$AE = \begin{pmatrix} a & b \\ c & d \end{pmatrix}\begin{pmatrix} 1 & 0 \\ 0 & 1 \end{pmatrix} = \begin{pmatrix} a & b \\ c & d \end{pmatrix} = A$$

$$EA = \begin{pmatrix} 1 & 0 \\ 0 & 1 \end{pmatrix}\begin{pmatrix} a & b \\ c & d \end{pmatrix} = \begin{pmatrix} a & b \\ c & d \end{pmatrix} = A$$

따라서 $AE = EA = A$를 만족시킨다.

✏ 개념 Check

정답과 해설 104쪽

1 이차단위행렬 E에 대하여 다음을 구하시오.

(1) E^2 (2) $(3E)^2$ (3) $(-E)^2$ (4) $(-2E)^3$

단위행렬

✐유형편 101쪽

행렬 $A=\begin{pmatrix} 1 & -1 \\ 0 & 2 \end{pmatrix}$에 대하여 $(A+E)(A^2-A+E)$의 모든 성분의 합을 구하시오.

(단, E는 단위행렬)

공략 Point

행렬 A와 단위행렬 E에 대하여 $AE=EA=A$가 성립함을 이용하여 주어진 식을 간단히 한 후 계산한다.

풀이

$(A+E)(A^2-A+E)$를 간단히 하면	$(A+E)(A^2-A+E)$ $=A^3-A^2+AE+EA^2-EA+E^2$ $=A^3-A^2+A+A^2-A+E$ $=A^3+E$ $\quad\cdots\cdots$ ㉠
A^3을 구하면	$A^2=AA=\begin{pmatrix} 1 & -1 \\ 0 & 2 \end{pmatrix}\begin{pmatrix} 1 & -1 \\ 0 & 2 \end{pmatrix}=\begin{pmatrix} 1 & -3 \\ 0 & 4 \end{pmatrix}$ $A^3=A^2A=\begin{pmatrix} 1 & -3 \\ 0 & 4 \end{pmatrix}\begin{pmatrix} 1 & -1 \\ 0 & 2 \end{pmatrix}=\begin{pmatrix} 1 & -7 \\ 0 & 8 \end{pmatrix}$
㉠에서	$(A+E)(A^2-A+E)=A^3+E$ $\qquad\qquad\qquad\qquad\quad=\begin{pmatrix} 1 & -7 \\ 0 & 8 \end{pmatrix}+\begin{pmatrix} 1 & 0 \\ 0 & 1 \end{pmatrix}=\begin{pmatrix} 2 & -7 \\ 0 & 9 \end{pmatrix}$
따라서 구하는 모든 성분의 합은	$2+(-7)+0+9=\mathbf{4}$

● **문제** ●

정답과 해설 104쪽

06-1 행렬 $A=\begin{pmatrix} 2 & 0 \\ 0 & 1 \end{pmatrix}$에 대하여 $(2A+E)(4A^2-2A+E)$를 구하시오. (단, E는 단위행렬)

06-2 행렬 $A=\begin{pmatrix} 1 & 3 \\ 2 & 0 \end{pmatrix}$에 대하여 $(A-E)(A^2+A+E)-(A+E)(A-E)$를 구하시오.

(단, E는 단위행렬)

06-3 이차정사각행렬 A에 대하여 $A^2=\begin{pmatrix} 1 & -2 \\ 1 & 0 \end{pmatrix}$일 때, $(A^2-A+E)(A^2+A+E)$의 모든 성분의 합을 구하시오. (단, E는 단위행렬)

단위행렬을 이용한 행렬의 거듭제곱

유형편 102쪽

행렬 $A=\begin{pmatrix} 2 & 7 \\ -1 & -3 \end{pmatrix}$에 대하여 행렬 A^{100}의 모든 성분의 합을 구하시오.

공략 Point

$A^2=AA$, $A^3=A^2A$, $\cdots$를 차례대로 구하여 단위행렬 E 꼴이 나오는 경우를 찾는다.

풀이

A^2, A^3, A^4, $\cdots$을 차례대로 구하면

$A^2=AA=\begin{pmatrix} 2 & 7 \\ -1 & -3 \end{pmatrix}\begin{pmatrix} 2 & 7 \\ -1 & -3 \end{pmatrix}=\begin{pmatrix} -3 & -7 \\ 1 & 2 \end{pmatrix}$

$A^3=A^2A=\begin{pmatrix} -3 & -7 \\ 1 & 2 \end{pmatrix}\begin{pmatrix} 2 & 7 \\ -1 & -3 \end{pmatrix}=\begin{pmatrix} 1 & 0 \\ 0 & 1 \end{pmatrix}=E$

$A^4=A^3A=EA=A$

$\vdots$

$A^3=E$이므로 A^{100}을 구하면

$A^{100}=(A^3)^{33}A=EA=A=\begin{pmatrix} 2 & 7 \\ -1 & -3 \end{pmatrix}$

따라서 A^{100}의 모든 성분의 합은

$2+7+(-1)+(-3)=\mathbf{5}$

● **문제** ●

정답과 해설 104쪽

07-**1** 행렬 $A=\begin{pmatrix} -3 & 7 \\ -1 & 2 \end{pmatrix}$에 대하여 $A^n=E$를 만족시키는 자연수 n의 최솟값을 구하시오.

(단, E는 단위행렬)

07-**2** 행렬 $A=\begin{pmatrix} 1 & 0 \\ 0 & -1 \end{pmatrix}$에 대하여 행렬 $A^{100}+A^{101}$을 구하시오.

07-**3** 행렬 $A=\begin{pmatrix} 3 & -7 \\ 1 & -3 \end{pmatrix}$에 대하여 $A^{200}=2^nE$를 만족시키는 자연수 n의 값을 구하시오.

(단, E는 단위행렬)

케일리-해밀턴 정리

이차정사각행렬 $A=\begin{pmatrix} a & b \\ c & d \end{pmatrix}$와 이차단위행렬 E, 2×2 영행렬 O에 대하여

$$A^2-(a+d)A+(ad-bc)E=O$$

가 성립한다. 이를 케일리-해밀턴 정리라 한다.

예를 들어 행렬 $A=\begin{pmatrix} 1 & -3 \\ -1 & 2 \end{pmatrix}$에 대하여 케일리-해밀턴 정리에 의하여

$$A^2-(1+2)A+\{1\times 2-(-3)\times(-1)\}E=O$$
$$\therefore A^2-3A-E=O$$

이를 이용하면 행렬의 거듭제곱을 포함한 식을 직접 계산하지 않고 간단히 할 수 있다.

⑴ **행렬의 거듭제곱**

케일리-해밀턴 정리를 이용하면 A^2을 A, E에 대한 식으로 나타낼 수 있으므로 이를 이용하여 행렬의 곱셈을 계산하지 않고 행렬의 거듭제곱에 대한 규칙을 찾을 수 있다.

例 행렬 $A=\begin{pmatrix} 2 & 7 \\ -1 & -3 \end{pmatrix}$에 대하여 행렬 A^{100}을 케일리-해밀턴 정리를 이용하여 구하시오.

풀이 $A=\begin{pmatrix} 2 & 7 \\ -1 & -3 \end{pmatrix}$에서 케일리-해밀턴 정리에 의하여

$$A^2-\{2+(-3)\}A+\{2\times(-3)-7\times(-1)\}E=O$$
$$A^2+A+E=O$$

양변에 $A-E$를 곱하면

$$(A-E)(A^2+A+E)=(A-E)O$$
$$A^3-E=O \quad \therefore A^3=E$$
$$\therefore A^{100}=(A^3)^{33}A=EA=A=\begin{pmatrix} 2 & 7 \\ -1 & -3 \end{pmatrix}$$

⑵ **행렬의 식 간단히 하기**

케일리-해밀턴 정리를 이용하면 행렬에 대한 고차식의 차수를 낮추어 식을 간단히 할 수 있다.

例 행렬 $A=\begin{pmatrix} 3 & -1 \\ 2 & -1 \end{pmatrix}$에 대하여 $A^5-2A^4-2A^2-A+E$를 케일리-해밀턴 정리를 이용하여 구하시오.

(단, E는 단위행렬)

풀이 $A=\begin{pmatrix} 3 & -1 \\ 2 & -1 \end{pmatrix}$에서 케일리-해밀턴 정리에 의하여

$$A^2-\{3+(-1)\}A+\{3\times(-1)-(-1)\times 2\}E=O$$
$$A^2-2A-E=O \quad \therefore A^2-2A=E$$
$$\begin{aligned} \therefore A^5-2A^4-2A^2-A+E &= A^3(A^2-2A)-2A^2-A+E \\ &= A^3E-2A^2-A+E=A^3-2A^2-A+E \\ &= A(A^2-2A)-A+E \\ &= AE-A+E=A-A+E \\ &= E=\begin{pmatrix} 1 & 0 \\ 0 & 1 \end{pmatrix} \end{aligned}$$

1 다음 중 행렬의 곱이 정의되지 <u>않는</u> 것은?

① $(1 \quad 2)\begin{pmatrix} 3 \\ 4 \end{pmatrix}$ ② $\begin{pmatrix} 1 \\ 2 \end{pmatrix}(3 \quad 4)$

③ $\begin{pmatrix} 1 \\ 2 \end{pmatrix}\begin{pmatrix} 3 & 4 \\ 5 & 6 \end{pmatrix}$ ④ $\begin{pmatrix} 1 & 2 \\ 3 & 4 \end{pmatrix}\begin{pmatrix} 5 \\ 6 \end{pmatrix}$

⑤ $\begin{pmatrix} 1 & 2 \\ 3 & 4 \end{pmatrix}\begin{pmatrix} 5 & 6 \\ 7 & 8 \end{pmatrix}$

2 두 행렬 $A=\begin{pmatrix} 2 & 1 \\ 6 & 3 \end{pmatrix}$, $B=\begin{pmatrix} 3 & -2 \\ -2 & 4 \end{pmatrix}$에 대하여 행렬 $3AB-2BA$의 모든 성분의 합은?

① -4 ② 0 ③ 6
④ 12 ⑤ 20

3 이차정사각행렬 A의 (i, j) 성분 a_{ij}와 이차정사각행렬 B의 (i, j) 성분 b_{ij}를 각각
$$a_{ij}=i-j+1, \ b_{ij}=i+j+1 \ (i=1, 2, j=1, 2)$$
라 할 때, 행렬 AB의 $(2, 2)$ 성분을 구하시오.

4 두 행렬 $A=\begin{pmatrix} a & 2 \\ 3 & -1 \end{pmatrix}$, $B=\begin{pmatrix} -1 & b \\ c & 1 \end{pmatrix}$에 대하여 $AB=O$일 때, 실수 a, b, c에 대하여 $a-bc$의 값은? (단, O는 영행렬)

① -5 ② -2 ③ 2
④ 5 ⑤ 8

5 행렬 $A=\begin{pmatrix} 2 & -3 \\ 2 & -3 \end{pmatrix}$에 대하여 다음 중 $A^{30}+A^{31}+A^{32}$과 같은 행렬은?

① $-2A$ ② $-A$ ③ A
④ $2A$ ⑤ $3A$

6 행렬 $A=\begin{pmatrix} 1 & 0 \\ 3 & 1 \end{pmatrix}$과 자연수 n에 대하여 A^n의 $(2, 1)$의 성분을 a_n이라 할 때, $a_n>100$을 만족시키는 n의 최솟값을 구하시오.

7 두 체육 용품 가게 A, B에서 판매하는 축구공과 농구공의 판매 가격은 다음 [표 1]과 같고, 지난 3월과 4월에 가게 A에서 판매된 축구공과 농구공의 수량은 [표 2]와 같다.

(단위: 원)

	A	B
축구공	17000	15000
농구공	14000	16000

[표 1]

(단위: 개)

	축구공	농구공
3월	37	46
4월	89	92

[표 2]

[표 1], [표 2]를 각각 행렬 $X=\begin{pmatrix} 17000 & 15000 \\ 14000 & 16000 \end{pmatrix}$, $Y=\begin{pmatrix} 37 & 46 \\ 89 & 92 \end{pmatrix}$로 나타낼 때, 다음 중 행렬 YX의 $(2, 1)$ 성분이 나타내는 것은?

① 가게 A의 3월의 축구공과 농구공의 판매 총액
② 가게 A의 4월의 축구공과 농구공의 판매 총액
③ 가게 A의 3월과 4월의 축구공의 판매 총액
④ 가게 A의 3월과 4월의 농구공의 판매 총액
⑤ 가게 A의 3월과 4월의 축구공과 농구공의 판매 총액

8 두 행렬 $A=\begin{pmatrix} 1 & -2 \\ 3 & 1 \end{pmatrix}$, $B=\begin{pmatrix} 1 & 2 \\ 2 & -3 \end{pmatrix}$에 대하여 $(A+B)^2-(A-B)^2$의 모든 성분의 합을 구하시오.

9 두 행렬 $A=\begin{pmatrix} a & -2 \\ 3 & -1 \end{pmatrix}$, $B=\begin{pmatrix} 1 & 2 \\ b & 4 \end{pmatrix}$가 $(A-2B)^2=A^2-4AB+4B^2$을 만족시킬 때, 실수 a, b에 대하여 $a-b$의 값은?

① 5 ② 6 ③ 7
④ 8 ⑤ 9

10 행렬 $A=\begin{pmatrix} 0 & 1 \\ 1 & 0 \end{pmatrix}$이 $(3A+E)^2=xA+yE$를 만족시킬 때, 실수 x, y에 대하여 $x+y$의 값을 구하시오. (단, E는 단위행렬)

교육청

11 행렬 $A=\begin{pmatrix} -2 & 3 \\ -1 & 2 \end{pmatrix}$에 대하여 등식 $A^{2012}\begin{pmatrix} p \\ q \end{pmatrix}=\begin{pmatrix} -2 \\ 3 \end{pmatrix}$이 성립할 때, 두 실수 p, q의 합 $p+q$의 값은?

① -5 ② -1 ③ 0
④ 1 ⑤ 5

실력

12 어느 관광지의 두 지점 1, 2 사이를 화살표 방향으로 관광하는 코스가 다음 그림과 같다. i 지점에서 j 지점으로 가는 코스의 수를 a_{ij} $(i=1, 2, j=1, 2)$ 라 할 때, a_{ij}를 (i, j) 성분으로 하는 행렬 A에 대하여 다음 중 i 지점을 출발하여 두 코스를 이어 관광하고 j 지점에서 관광을 마치는 경우의 수를 (i, j) 성분으로 하는 행렬은?
(단, 같은 코스를 두 번 관광하는 경우도 포함한다.)

① $2A$　　　　② A^2　　　　③ $2A^2$
④ $A+A^2$　　⑤ $2(A+A^2)$

13 이차정사각행렬 A에 대하여 $A\begin{pmatrix} 2a \\ b \end{pmatrix} = \begin{pmatrix} 2 \\ -1 \end{pmatrix}$,

$A\begin{pmatrix} 4a-c \\ 2b+d \end{pmatrix} = \begin{pmatrix} -4 \\ 1 \end{pmatrix}$일 때, $A\begin{pmatrix} c \\ -d \end{pmatrix}$는?

(단, a, b, c, d는 실수)

① $\begin{pmatrix} -8 \\ -3 \end{pmatrix}$　　② $\begin{pmatrix} 0 \\ -1 \end{pmatrix}$　　③ $\begin{pmatrix} 0 \\ 0 \end{pmatrix}$

④ $\begin{pmatrix} 1 \\ -8 \end{pmatrix}$　　⑤ $\begin{pmatrix} 8 \\ -3 \end{pmatrix}$

14 행렬 $A = \begin{pmatrix} -4 & -3 \\ 7 & 5 \end{pmatrix}$일 때,

$E+A^2+A^4+A^6+\cdots+A^{100}$을 간단히 하면?

① E　　　　② A　　　　③ O
④ $-A$　　　⑤ $-2A$

15 두 이차정사각행렬 A, B가 $A+B=E$, $AB=E$를 만족시킬 때, $A^{2012}+B^{2012}$과 같은 행렬은?
(단, E는 단위행렬이다.)

① $-2E$　　② $-E$　　③ E
④ $2E$　　　⑤ $3E$

16 두 이차정사각행렬 A, B에 대하여 보기에서 옳은 것만을 있는 대로 고른 것은?
(단, O는 영행렬, E는 단위행렬)

┌─ 보기 ─────────────────────────
ㄱ. $AB+BA=O$이면 $A^2B=BA^2$이다.
ㄴ. $A^2=A$이면 $(A+E)^3=-(A-E)^3$이다.
　　　　　　　　　　　　　　　(단, $A \neq O$)
ㄷ. $A+B=E$, $AB=O$이면 $A^2+B^2=E$이다.
└────────────────────────────

① ㄱ　　　　② ㄴ　　　　③ ㄱ, ㄷ
④ ㄴ, ㄷ　　⑤ ㄱ, ㄴ, ㄷ

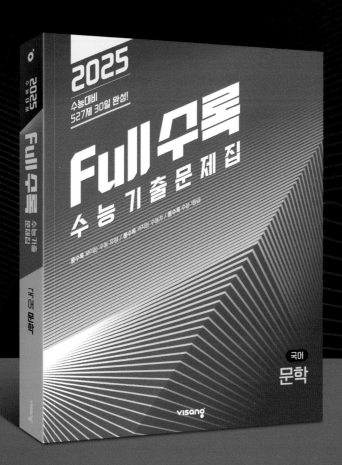

문제부터 해설까지 자세하게!

Full수록

풀수록 커지는 수능 실력! 풀수록 1등급!

• 최신 **수능 트렌드** 완벽 반영!
• 한눈에 파악하는 **기출 경향과 유형별 문제!**
• 상세한 **지문 분석** 및 **직관적인 해설!**
• 완벽한 **일차별 학습 플래닝!**

수능기출 | 국어 영역, 영어 영역, 수학 영역, 사회탐구 영역, 과학탐구 영역
고1 모의고사 | 국어 영역, 영어 영역

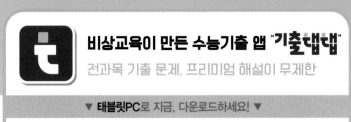

비상교육이 만든 수능기출 앱 "기출탭탭"

전과목 기출 문제, 프리미엄 해설이 무제한

▼ 태블릿PC로 지금, 다운로드하세요! ▼

품질혁신코드 VS01QI24_3

✚ 개념·플러스·유형·시리즈   개념과 유형이 하나로! 가장 효과적인 수학 공부 방법을 제시합니다.

비상교재
누리집에
방문해보세요

http://book.visang.com/

발간 이후에 발견되는 오류 비상교재 누리집 〉 학습자료실 〉 고등교재 〉 정오표
본 교재의 정답 비상교재 누리집 〉 학습자료실 〉 고등교재 〉 정답·해설

품질혁신코드 VS01QI24_3

개념 PLUS 유형

2022 개정 교육과정

유형편

공통수학 1

개념과 유형이 하나로

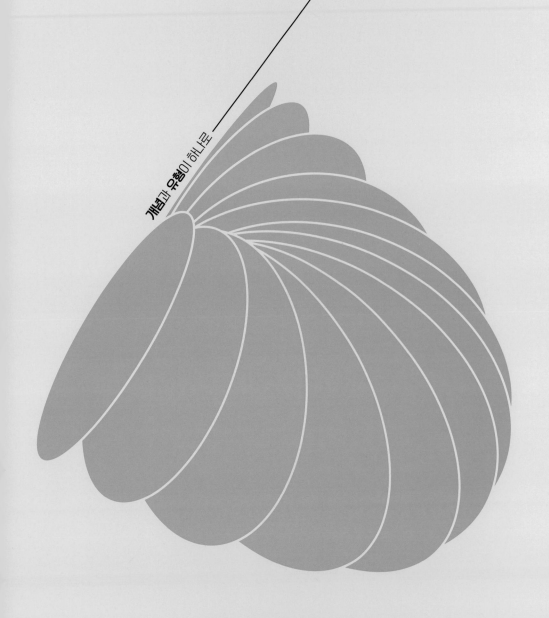

visang

개념＋유형

유형편 공통수학1

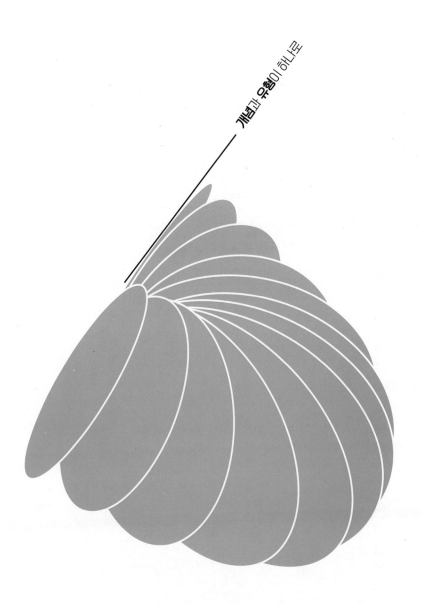

개념과 유형이 하나로

CONTENTS 차례

개념과 유형이 하나로
개념+유형

I. 다항식

1 다항식

01 다항식의 연산

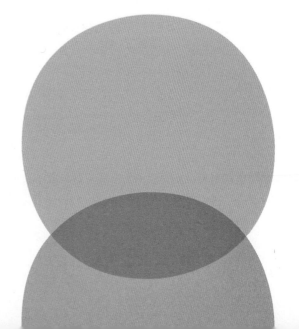

다항식의 덧셈과 뺄셈은 다음과 같은 순서로 한다.
(1) 괄호가 있는 경우 괄호를 푼다.
(2) 동류항끼리 모아서 계산한다.

교육청

1 두 다항식 $A=x^2-2xy+y^2$, $B=x^2+2xy+y^2$에
○○○ 대하여 $A+B$를 간단히 하면?

① x^2+y^2 ② $2x^2+2y^2$
③ $3x^2+3y^2$ ④ $2x^2-2xy+2y^2$
⑤ $2x^2+2xy+2y^2$

2 세 다항식 $A=-3x^3-x^2+7$, $B=x^2-3x$,
●○○ $C=3x^3-2x$에 대하여
$$A+B-2(B-2C)=ax^3+bx^2+cx+d$$
일 때, 상수 a, b, c, d에 대하여 $ab-cd$의 값을 구하시오.

3 두 다항식 $A=2x^2+3xy+y^2$, $B=x^2+4xy+y^2$
●○○ 에 대하여 $2(X-2A)=X-3B$를 만족시키는 다항식 X는?

① $3x^2+5y^2$ ② $3x^2+xy+2y^2$
③ $5x^2+y^2$ ④ $5x^2+xy+2y^2$
⑤ $5x^2+3xy-y^2$

4 두 다항식 A, B에 대하여 $2A+B=x^2-xy+y^2$,
●●○ $A-B=2x^2+4xy-7y^2$일 때, $2A-3B$를 계산하시오.

다항식의 전개식에서 특정 항의 계수를 구할 때, 구해야 하는 항이 나오는 부분만 선택하여 전개한다.

예 다항식 $(x^2+x-2)(x+1)$의 전개식에서 x^2항은
$$x^2\times1+x\times x=2x^2$$
따라서 x^2의 계수는 2이다.

교육청

5 다항식 $(x+4)(2x^2-3x+1)$의 전개식에서 x^2의
●○○ 계수를 구하시오.

6 다항식 $(1+x+2x^2+3x^3+\cdots+10x^{10})^2$의 전개
●●○ 식에서 x^4의 계수를 구하시오.

7 다항식 $(x^3+2x^2+kx-1)^2$의 전개식에서 x^2의 계
●●○ 수가 5일 때, 양수 k의 값을 구하시오.

8 두 다항식 A, B에 대하여 연산 $\langle A, B\rangle$를
●●○ $\langle A, B\rangle=A^2-AB+B^2$이라 할 때,
$\langle x^2-3, x^2+x-1\rangle$의 전개식에서 x의 계수는?

① -3 ② -2 ③ -1
④ 0 ⑤ 1

유형 03 곱셈 공식을 이용한 식의 전개

(1) $(a+b+c)^2=a^2+b^2+c^2+2ab+2bc+2ca$

(2) $(a+b)^3=a^3+3a^2b+3ab^2+b^3$
$(a-b)^3=a^3-3a^2b+3ab^2-b^3$

(3) $(a+b)(a^2-ab+b^2)=a^3+b^3$
$(a-b)(a^2+ab+b^2)=a^3-b^3$

(4) $(x+a)(x+b)(x+c)$
$=x^3+(a+b+c)x^2+(ab+bc+ca)x+abc$

(5) $(a+b+c)(a^2+b^2+c^2-ab-bc-ca)$
$=a^3+b^3+c^3-3abc$

(6) $(a^2+ab+b^2)(a^2-ab+b^2)=a^4+a^2b^2+b^4$

9 다음 중 옳지 <u>않은</u> 것은?

① $(x-1)(x^2+x+1)=x^3-1$

② $(x-1)(x+2)(x-3)=x^3-2x^2-5x+6$

③ $(x^2+x+1)(x^2-x+1)=x^4+x^2+1$

④ $(x-y-1)^2=x^2+y^2-2xy-2x-2y+1$

⑤ $(x-y+2)(x^2+y^2+xy-2x+2y+4)$
$=x^3-y^3+6xy+8$

10 다항식 $(3x-4)^3$을 전개한 식이
$27x^3+ax^2+bx+c$일 때, 상수 a, b, c에 대하여
$a+b-c$의 값을 구하시오.

11 다항식
$(2x+y)(4x^2-2xy+y^2)$
$-(x-3y)(x^2+3xy+9y^2)$
을 간단히 하시오.

12 $(x+a)^3+x(x-4)$의 전개식에서 x^2의 계수가 10
일 때, 상수 a의 값을 구하시오.

13 다항식 $(2x-y)^3(2x+y)^3$의 전개식에서 서로 다
른 항의 개수를 a, x^4y^2의 계수를 b, x^2y^4의 계수를
c라 할 때, $a+b+c$의 값은?

① -48 ② -32 ③ -16

④ 0   ⑤ 16

14 $x^3=2$일 때,
$(x+1)(x-1)(x^2+x+1)(x^2-x+1)$의 값은?

① 1   ② 3   ③ 5

④ 7   ⑤ 9

15 다항식 $(x+a)^2(4x-1)^3$의 전개식에서 x의 계수
가 52, x^2의 계수가 -241일 때, x^4의 계수를 구하
시오. (단, a는 상수)

유형 04 공통부분이 있는 식의 전개

(1) 공통부분을 한 문자로 치환한 후 전개한다.

(2) (일차식)×(일차식)×(일차식)×(일차식) 꼴

➡ 공통부분이 생기도록 두 개씩 짝을 지어 전개한 후 치환한다.

---

16 다항식 $(x-2y+z)(x+2y-z)$를 전개하면?

① $x^2-4y^2-z^2-4xy$

② $x^2-4y^2-z^2+4yz$

③ $x^2-4y^2-z^2+2xy-2yz-zx$

④ $x^2+4y^2+z^2-2xy+4yz-2zx$

⑤ $x^2+4y^2+z^2+4xy+4yz-zx$

17 다항식 $(x^2-x+1)(x^2-3x+1)$을 전개한 식이 $x^4+ax^3+bx^2+cx+1$일 때, 상수 a, b, c에 대하여 abc의 값을 구하시오.

18 다항식 $(x-1)(x+1)(x+3)(x+5)$를 전개하면?

① $x^4-14x^3+8x^2+8x-15$

② $x^4-14x^3+16x^2+8x-15$

③ $x^4-14x^3+24x^2+8x-15$

④ $x^4+8x^3-24x^2-8x-15$

⑤ $x^4+8x^3+14x^2-8x-15$

유형 05 곱셈 공식의 변형 – 문자가 2개인 경우

(1) $a^2+b^2=(a+b)^2-2ab=(a-b)^2+2ab$

(2) $a^3+b^3=(a+b)^3-3ab(a+b)$

   $a^3-b^3=(a-b)^3+3ab(a-b)$

(3) $x^2+\dfrac{1}{x^2}=\left(x+\dfrac{1}{x}\right)^2-2=\left(x-\dfrac{1}{x}\right)^2+2$

(4) $x^3+\dfrac{1}{x^3}=\left(x+\dfrac{1}{x}\right)^3-3\left(x+\dfrac{1}{x}\right)$

   $x^3-\dfrac{1}{x^3}=\left(x-\dfrac{1}{x}\right)^3+3\left(x-\dfrac{1}{x}\right)$

---

19 $x=\sqrt{5}+1$, $y=\sqrt{5}-1$일 때, x^3-y^3의 값을 구하시오.

20 $2x+\dfrac{3}{x}=6$일 때, $8x^3+\dfrac{27}{x^3}$의 값을 구하시오.

21 $x^4-11x^2+1=0$일 때, $x^4+x-\dfrac{1}{x}+\dfrac{1}{x^4}$의 값을 구하시오. (단, $0<x<1$)

교육청▶

22 $x+y=2$, $x^2+y^2=6$을 만족시키는 두 실수 x, y에 대하여 x^7+y^7의 값은?

① 34   ② 82   ③ 198

④ 478   ⑤ 1054

유형 O6 곱셈 공식의 변형 – 문자가 3개인 경우 (1)

(1) $a^2+b^2+c^2=(a+b+c)^2-2(ab+bc+ca)$

(2) $a^3+b^3+c^3$
$=(a+b+c)(a^2+b^2+c^2-ab-bc-ca)+3abc$

23 $a+b+c=-1$, $\dfrac{1}{a}+\dfrac{1}{b}+\dfrac{1}{c}=-1$, $abc=4$일 때, $a^2+b^2+c^2$의 값은?

① 7 ② 8 ③ 9
④ 10 ⑤ 11

24 $a+b+c=2$, $a^2+b^2+c^2=14$, $abc=-6$일 때, $a^2b^2+b^2c^2+c^2a^2$의 값은?

① 36 ② 41 ③ 45
④ 49 ⑤ 52

25 $a+b+c=4$, $a^2+b^2+c^2=6$, $a^3+b^3+c^3=10$일 때, abc의 값을 구하시오.

유형 O7 ^{UP} 곱셈 공식의 변형 – 문자가 3개인 경우 (2)

(1) $a-b$, $b-c$의 값이 주어진 경우 두 식을 더하여 $a-c$의 값을 구한 후 다음을 이용하여 식의 값을 구한다.

$a^2+b^2+c^2-ab-bc-ca$
$=\dfrac{1}{2}\{(a-b)^2+(b-c)^2+(c-a)^2\}$

(2) $a+b+c=k$인 경우 $a+b=k-c$, $b+c=k-a$, $c+a=k-b$를 $(a+b)(b+c)(c+a)$에 대입한 후 전개하여 식의 값을 구한다.

26 $x+y=2$, $x+z=3$일 때, $x^2+y^2+z^2+xy-yz+zx$의 값을 구하시오.

27 $a+b+c=3$, $a^2+b^2+c^2=7$, $abc=-1$일 때, $(a+b)(b+c)(c+a)$의 값은?

① 1 ② 2 ③ 3
④ 4 ⑤ 5

28 $\dfrac{1}{x}+\dfrac{1}{y}+\dfrac{1}{z}=2$, $xyz=8$, $(x+y)(y+z)(z+x)=136$일 때, $x^2+y^2+z^2$의 값은?

① 49 ② 50 ③ 51
④ 52 ⑤ 53

유형 08 곱셈 공식의 활용 – 수

(1) 복잡한 수의 계산은 반복되는 수를 문자로 치환한 후 곱셈 공식을 이용한다.

(2) 곱셈 공식을 이용할 수 있도록 식을 변형하거나 하나의 수를 두 수의 합 또는 차로 나타낸다.

교육청

29 $2016 \times 2019 \times 2022 = 2019^3 - 9a$가 성립할 때, 상
●○○ 수 a의 값은?

① 2018   ② 2019   ③ 2020

④ 2021   ⑤ 2022

30 곱셈 공식을 이용하여 $\dfrac{512(511^2-510)-1}{511^3}$을 계산
●●○ 하면?

① 1   ② $\dfrac{512}{511}$ ③ $\dfrac{511}{510}$

④ 511   ⑤ 512

31 $\left(1+\dfrac{1}{2}\right)\left(1+\dfrac{1}{2^2}\right)\left(1+\dfrac{1}{2^4}\right)\left(1+\dfrac{1}{2^8}\right)=2-\dfrac{1}{2^n}$을
●●○ 만족시키는 자연수 n의 값을 구하시오.

32 $3 \times 5 \times 17 \times 257 + 1 = 2^n$을 만족시키는 자연수 n
●●● 의 값을 구하시오.

유형 09 곱셈 공식의 활용 – 도형

주어진 도형에서 선분의 길이를 문자로 놓고 주어진 둘레의 길이, 넓이 등을 이용하여 식을 세운 후 곱셈 공식을 이용한다.

교육청

33 그림과 같이 $\angle C = 90°$인 직각삼각형 ABC가 있
●●○ 다. $\overline{AB} = 2\sqrt{6}$이고 삼각형 ABC의 넓이가 3일 때, $\overline{AC}^3 + \overline{BC}^3$의 값을 구하시오.

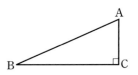

34 모든 모서리의 길이의 합이 40이고 겉넓이가 64인
●●○ 직육면체의 대각선의 길이를 구하시오.

35 다음 그림과 같이 선분 AB 위의 점 C에 대하여 두
●●○ 선분 AC, BC를 각각 한 모서리로 하는 두 정육면체가 있다. $\overline{AB} = 5\sqrt{2}$이고 두 정육면체의 부피의 합이 $70\sqrt{2}$일 때, 두 정육면체의 겉넓이의 합을 구하시오.

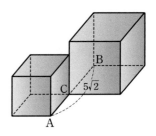

유형 10 다항식의 나눗셈

다항식의 나눗셈은 각 다항식을 내림차순으로 정리한 후 자연수의 나눗셈과 같은 방법으로 계산한다. 이때 나머지가 상수가 되거나 나머지의 차수가 나누는 식의 차수보다 낮아질 때까지 나눈다.

36 다음은 다항식 x^3-x^2-4를 $x+1$로 나누는 과정을
○○○ 나타낸 것이다. 이때 상수 a, b, c, d에 대하여 $a+b+c+d$의 값을 구하시오.

$$
\begin{array}{r}
x^2+ax+2 \\
x+1\overline{)x^3-\ x^2\qquad\ -4} \\
\underline{x^3+\ x^2\qquad\qquad} \\
bx^2 \\
\underline{-2x^2-2x} \\
2x-c \\
\underline{2x+2} \\
d
\end{array}
$$

37 다항식 x^4+3x^2-2x+1을 x^2-x-1로 나누었을
●○○ 때의 몫을 $Q(x)$, 나머지를 $R(x)$라 할 때, $Q(-1)+R(1)$의 값은?

① -15 ② -5 ③ 7
④ 10 ⑤ 15

38 다항식 x^3+2x^2+3x+a가 x^2+x+2로 나누어떨
●●○ 어질 때, 상수 a의 값은?

① -2 ② -1 ③ 0
④ 1 ⑤ 2

유형 11 다항식의 나눗셈에 대한 등식

다항식 A를 다항식 $B\,(B\neq0)$로 나누었을 때의 몫을 Q, 나머지를 R라 하면
$$A=BQ+R$$
        (단, R는 상수 또는 (R의 차수)<(B의 차수))

39 다항식 $4x^3-3x^2+5x-2$를 다항식 A로 나누었을
●○○ 때의 몫이 $4x-3$, 나머지가 $x+1$일 때, 다항식 A를 구하시오.

40 가로의 길이가 x^2+x-6인 직사각형의 넓이가
●●○ x^3+2x^2-5x-6일 때, 이 직사각형의 세로의 길이를 구하시오.

41 다항식 $f(x)$를 x^2-x-2로 나누었을 때의 몫이
●●○ $2x+6$, 나머지가 $2x-7$일 때, $f(x)$를 $2x-2$로 나누었을 때의 몫과 나머지를 구하시오.

42 $x^2-4x+2=0$일 때, $2x^4-8x^3+3x^2+4x+1$의
●●● 값은?

① -1 ② 0 ③ 1
④ 2 ⑤ 3

유형 12 　몫과 나머지의 변형

다항식 $f(x)$를 $x+\dfrac{b}{a}$ $(a\neq0)$로 나누었을 때의 몫을 $Q(x)$, 나머지를 R라 하면

$$f(x)=\left(x+\frac{b}{a}\right)Q(x)+R$$
$$=\frac{1}{a}(ax+b)Q(x)+R$$
$$=(ax+b)\times\frac{1}{a}Q(x)+R$$

➡ 다항식 $f(x)$를 $ax+b$로 나누었을 때의 몫은 $\dfrac{1}{a}Q(x)$, 나머지는 R이다.

43 다항식 $f(x)$를 $x-2$로 나누었을 때의 몫을 $Q(x)$, 나머지를 R라 하고, $f(x)$를 $2x-4$로 나누었을 때의 몫을 $Q'(x)$, 나머지를 R'이라 하자. 이때 $\dfrac{Q(x)}{Q'(x)}+\dfrac{R}{R'}$의 값을 구하시오.

44 다항식 $f(x)$를 $2x-1$로 나누었을 때의 몫을 $Q(x)$, 나머지를 R라 할 때, 다항식 $xf(x)$를 $x-\dfrac{1}{2}$로 나누었을 때의 몫과 나머지를 차례대로 나열한 것은?

① $\dfrac{1}{2}xQ(x)+R$, $\dfrac{1}{2}R$

② $\dfrac{1}{2}xQ(x)+R$, $2R$

③ $xQ(x)$, R

④ $2xQ(x)+R$, $\dfrac{1}{2}R$

⑤ $2xQ(x)+R$, $2R$

유형 13 　조립제법

다항식을 일차식으로 나누었을 때의 몫과 나머지를 구할 때는 조립제법을 이용하면 편리하다.

예 조립제법을 이용하여 $(x^3-3x+1)\div(x-2)$의 몫과 나머지를 구하면

$$\rightarrow x^3-3x+1=\underbrace{(x-2)(x^2+2x+1)}_{\text{몫}}+\underbrace{3}_{\text{나머지}}$$

45 다음은 조립제법을 이용하여 다항식 x^3-2x^2+5를 $x+1$로 나누었을 때의 몫과 나머지를 구하는 과정이다. 이때 $a+b+c+d+e$의 값은?

$$
\begin{array}{r|rrrr}
a & 1 & -2 & b & 5 \\
& & c & 3 & -3 \\
\hline
& 1 & -3 & d & \,e \\
\end{array}
$$

① 3 　　　② 4 　　　③ 5
④ 6 　　　⑤ 7

46 다음은 조립제법을 이용하여 다항식 $f(x)$를 $3x+2$로 나누었을 때의 몫과 나머지를 구하는 과정이다. 이때 몫과 나머지를 차례대로 나열한 것은?

$$
\begin{array}{r|rrrr}
-\dfrac{2}{3} & 3 & -1 & 4 & -2 \\
& & -2 & 2 & -4 \\
\hline
& 3 & -3 & 6 & \,-6 \\
\end{array}
$$

① x^2-x+2, -6 　② x^2-x+2, -4
③ x^2-x+2, -2 　④ $3x^2-3x+6$, -6
⑤ $3x^2-3x+6$, -2

I. 다항식

2 나머지 정리와 인수분해

유형 01 항등식의 뜻과 성질

주어진 등식이 x에 대한 항등식이면 x에 어떤 값을 대입하여도 항상 성립한다.

이때 여러 개의 문자를 포함한 등식이 x에 대한 항등식이면 $\square x + \triangle = 0$ 꼴로 정리한 후 $\square = 0$, $\triangle = 0$임을 이용한다.

---

1 다음 중 x에 대한 항등식인 것은?

① $3x + 1 = 1$

② $3x + 4 = 3 + 4x$

③ $2(x+4) + 3x = 5(x+1) + 3$

④ $(x+1)(x-1) = x^2 + 1$

⑤ $(x-3)^2 = x^2 + 6x + 9$

---

2 임의의 실수 k에 대하여 등식

$$(2k+3)x + (3k-1)y + 5k - 9 = 0$$

이 성립할 때, 상수 x, y에 대하여 $x+y$의 값은?

① -2 ② -1 ③ 0

④ 1 ⑤ 2

---

3 등식 $ax - 4ab + bx - 6x + 16 = 0$이 x의 값에 관계없이 항상 성립할 때, 양수 a, b에 대하여 $(\sqrt{a} + \sqrt{b})^2$의 값을 구하시오.

유형 02 미정계수법 – 계수비교법

항등식의 양변을 한 문자에 대한 내림차순으로 정리한 후 동류항의 계수를 비교한다.

참고 양변이 내림차순으로 정리되어 있거나 식이 간단하여 전개하기 쉬운 경우에 이용하면 편리하다.

교육청

4 등식 $x^2 + (a-1)x - 1 = x^2 + 2x + b$가 x에 대한 항등식일 때, 두 상수 a, b에 대하여 $a+b$의 값은?

① 1 ② 2 ③ 3

④ 4 ⑤ 5

---

5 임의의 실수 x에 대하여 등식

$$x^3 - ax^2 - bx + 8 = (x^2 + 2x - 1)(x - c)$$

가 성립할 때, 상수 a, b, c에 대하여 $a+b+c$의 값을 구하시오.

---

6 $x - y = 1$을 만족시키는 모든 실수 x, y에 대하여 등식

$$x^3 + 3x - 14 = y^3 + ay^2 + by + c$$

가 성립할 때, 상수 a, b, c에 대하여 $a+b-c$의 값을 구하시오.

유형 03 미정계수법 – 수치대입법

항등식의 문자에 적당한 수를 대입한다.

참고 식이 복잡하여 전개하기 어렵거나 적당한 수를 대입하면 식이 간단해지는 경우에 이용하면 편리하다.

교육청

7
●○○ 등식 $a(x+1)^2+b(x-1)^2=5x^2-2x+5$가 x에 대한 항등식일 때, 두 상수 a, b의 곱 ab의 값은?

① 4 ② 6 ③ 8
④ 10 ⑤ 12

교육청

8
●○○ x의 값에 관계없이 등식

$$3x^2+ax+4=bx(x-1)+c(x-1)(x-2)$$

가 항상 성립할 때, $a+b+c$의 값은?

(단, a, b, c는 상수이다.)

① -6 ② -5 ③ -4
④ -3 ⑤ -2

9
●●○ 다항식 $P(x)$가 모든 실수 x에 대하여 등식

$$x^{10}+x^5-3x=(x^2-1)P(x)+ax+b$$

를 만족시킬 때, 상수 a, b에 대하여 a^2+b^2의 값을 구하시오.

유형 04 항등식에서 계수의 합 구하기

다항식 $f(x)=a_0+a_1x+a_2x^2+\cdots+a_nx^n$에 대하여

(1) $x=1$을 대입
➡ $f(1)=a_0+a_1+a_2+\cdots+a_n$

(2) $x=-1$을 대입
➡ $f(-1)=a_0-a_1+a_2-\cdots+(-1)^na_n$

예 등식 $(1+x-x^2)^5=a_0+a_1x+a_2x^2+\cdots+a_{10}x^{10}$에서

양변에 $x=1$을 대입하면

$1=a_0+a_1+a_2+a_3+\cdots+a_{10}$ ...... ㉠

양변에 $x=-1$을 대입하면

$-1=a_0-a_1+a_2-a_3+\cdots+a_{10}$ ...... ㉡

㉠+㉡을 하면 $0=2(a_0+a_2+\cdots+a_{10})$

∴ $a_0+a_2+\cdots+a_{10}=0$

또 ㉠-㉡을 하면 $2=2(a_1+a_3+\cdots+a_9)$

∴ $a_1+a_3+\cdots+a_9=1$

10
●●● 등식 $(1-2x-x^2)^7=a_0+a_1x+a_2x^2+\cdots+a_{14}x^{14}$이 x에 대한 항등식일 때, 상수 a_0, a_1, a_2, $\cdots$, a_{14}에 대하여 $a_0-a_1+a_2-a_3+\cdots+a_{14}$의 값을 구하시오.

11
●●● 등식 $(x^2-3x-2)^4=a_0+a_1x+a_2x^2+\cdots+a_8x^8$이 x에 대한 항등식일 때, $a_1+a_3+a_5+a_7$의 값을 구하시오. (단, a_0, a_1, a_2, $\cdots$, a_8은 상수)

12
●●● 등식

$$(-2x^2+4x-1)^5=a_0+a_1(x-1)+a_2(x-1)^2$$
$$+\cdots+a_{10}(x-1)^{10}$$

이 x에 대한 항등식일 때, $a_2+a_4+a_6+a_8+a_{10}$의 값을 구하시오. (단, a_0, a_1, a_2, $\cdots$, a_{10}은 상수)

다항식의 나눗셈을 항등식으로 나타낸 후 미정계수법을
이용한다.

➡ x에 대한 다항식 A를 다항식 $B\,(B\neq0)$로 나누었을
때의 몫을 Q, 나머지를 R라 하면

$$A=BQ+R$$

는 x에 대한 항등식이다.

(단, R는 상수 또는 (R의 차수)<(B의 차수))

교육청

13 다항식 x^3+2를 $(x+1)(x-2)$로 나누었을 때의
●○○ 나머지를 $ax+b$라 할 때, $a+b$의 값을 구하시오.
(단, a, b는 상수이다.)

14 다항식 x^3+ax^2+bx-6을 x^2-3x-4로 나누었
●○○ 을 때의 나머지가 2일 때, 상수 a, b에 대하여 ab의
값을 구하시오.

15 다음 조건을 만족시키는 다항식 $f(x)$를
●●○ x^2-4x+3으로 나누었을 때의 나머지를 $R(x)$라
할 때, $R(2)$의 값을 구하시오.

> (가) $f(1)=0$
> (나) 모든 실수 x에 대하여
> $$f(x+2)=f(x)+2x+4$$

16 다항식 $f(x^2)$을 $f(x)$로 나누었을 때의 몫이
●●○ x^2-3x+8, 나머지가 $-12x-28$일 때, $f(-1)$의
값을 구하시오.

다항식 $f(x)$를 $x-\alpha$에 대하여 내림차순으로 정리하려면
$f(x)$를 $x-\alpha$로 나누는 조립제법을 몫에 대하여 연속으
로 이용해야 한다.

예 등식 $x^3-3x^2+4=a(x-1)^3+b(x-1)^2+c(x-1)+d$를
만족시키는 상수 a, b, c, d의 값을 구해 보자.

따라서 $x^3-3x^2+4=(x-1)^3-3(x-1)+2$이므로
$a=1$, $b=0$, $c=-3$, $d=2$

17 등식
●●○
$$x^3-8x^2+17x-5$$
$$=a(x-2)^3+b(x-2)^2+c(x-2)+d$$
가 x에 대한 항등식일 때, 상수 a, b, c, d에 대하
여 $ad+bc$의 값은?

① 11 ② 13 ③ 15
④ 17 ⑤ 19

18 x의 값에 관계없이 등식
●●●
$$16x^3+28x^2+22x+11$$
$$=a(2x+1)^3+b(2x+1)^2+c(2x+1)+d$$
가 항상 성립할 때, 상수 a, b, c, d에 대하여
$a-b-c+d$의 값은?

① 3 ② 5 ③ 7
④ 9 ⑤ 11

유형 O7 나머지 정리 – 일차식으로 나누는 경우

다항식 $f(x)$를
(1) 일차식 $x-a$로 나누었을 때의 나머지는 $f(a)$
(2) 일차식 $ax+b$로 나누었을 때의 나머지는 $f\left(-\dfrac{b}{a}\right)$

교육청

19 다항식 x^3+x^2+x+1을 $2x-1$로 나눈 나머지는?

① $\dfrac{9}{8}$ ② $\dfrac{11}{8}$ ③ $\dfrac{13}{8}$

④ $\dfrac{15}{8}$ ⑤ $\dfrac{17}{8}$

20 다항식 $f(x)=x^3+ax-3$을 $x-2$로 나누었을 때의 나머지가 3일 때, $f(x)$를 $x+1$로 나누었을 때의 나머지는? (단, a는 상수)

① -3 ② -2 ③ 1
④ 2 ⑤ 3

교육청

21 최고차항의 계수가 1인 이차다항식 $P(x)$가 다음 조건을 만족시킬 때, $P(4)$의 값은?

> (가) $P(x)$를 $x-1$로 나누었을 때의 나머지는 1이다.
> (나) $xP(x)$를 $x-2$로 나누었을 때의 나머지는 2이다.

① 6 ② 7 ③ 8
④ 9 ⑤ 10

유형 O8 나머지 정리 – 이차식으로 나누는 경우

다항식을 이차식으로 나누었을 때의 나머지는 일차 이하의 다항식이므로 나머지를 $ax+b(a,\ b$는 상수)로 놓고 항등식을 세운다.

22 다항식 $f(x)$를 $x+4$, $x-2$로 나누었을 때의 나머지가 각각 8, 2일 때, $f(x)$를 x^2+2x-8로 나누었을 때의 나머지는?

① $-x+4$ ② $-x+7$ ③ $x+3$
④ $2x+4$ ⑤ $3x-1$

23 모든 실수 x에 대하여 $f(3+x)=f(3-x)$를 만족시키는 다항식 $f(x)$를 $x-5$로 나누었을 때의 나머지가 4이다. 이때 $f(x)$를 $(x-1)(x-5)$로 나누었을 때의 나머지를 구하시오.

24 다항식 $f(x)$를 $x+1$로 나누었을 때의 나머지가 8이고, x^2-4로 나누었을 때의 나머지가 $2x-5$이다. $f(x)$를 x^2-x-2로 나누었을 때의 나머지를 $R(x)$라 할 때, $f(-2)+R(1)$의 값은?

① -7 ② -4 ③ -1
④ 2 ⑤ 5

UP
유형 09 **나머지 정리 – 삼차식으로 나누는 경우**

다항식 $f(x)$를 삼차식으로 나누었을 때의 나머지는 이차 이하의 다항식이므로 나머지를 ax^2+bx+c (a, b, c는 상수)로 놓고 항등식을 세운다.

25 다항식 $f(x)$를 $x(x-3)$으로 나누었을 때의 나머지가 $-2x+2$이고, $(x+2)(x-3)$으로 나누었을 때의 나머지가 $-4x+8$이다. $f(x)$를 $x(x+2)(x-3)$으로 나누었을 때의 나머지를 $R(x)$라 할 때, $R(x)$를 $x-1$로 나누었을 때의 나머지는?

① -2 ② -1 ③ 0
④ 1 ⑤ 2

26 다항식 $f(x)$를 x^2+1로 나누었을 때의 나머지가 $x+1$이고, $x-1$로 나누었을 때의 나머지가 4이다. $f(x)$를 $(x^2+1)(x-1)$로 나누었을 때의 나머지를 $R(x)$라 할 때, $R(2)$의 값은?

① 5 ② 6 ③ 7
④ 8 ⑤ 9

27 다항식 $f(x)$를 $(x-2)^2$으로 나누었을 때의 나머지가 $3x-5$이고, $(x+1)^3$으로 나누었을 때의 나머지가 $(x-1)^2$이다. $f(x)$를 $(x+1)^2(x-2)$로 나누었을 때의 나머지를 $R(x)$라 할 때, $R(x)$를 $x+2$로 나누었을 때의 나머지를 구하시오.

유형 10 **$f(ax+b)$를 $x-\alpha$로 나누는 경우**

다항식 $f(ax+b)$를 $x-\alpha$로 나누었을 때의 나머지는
$$f(a\alpha+b)$$ ◀ $x=\alpha$를 대입

28 다항식 $f(x)$를 $x+1$로 나누었을 때의 나머지가 3일 때, 다항식 $f(2x-7)$을 $x-3$으로 나누었을 때의 나머지는?

① -9 ② -3 ③ -1
④ 1 ⑤ 3

29 다항식 $f(x)$를 $x-2$로 나누었을 때의 나머지가 2일 때, 다항식 $(x^2+2)f(x^2-2)$를 $x+2$로 나누었을 때의 나머지는?

① -12 ② -6 ③ 6
④ 12 ⑤ 24

30 다항식 $f(x)$를 x^2-2x-3으로 나누었을 때의 나머지가 $x-1$일 때, 다항식 $xf(4x+5)$를 $2x+3$으로 나누었을 때의 나머지는?

① -3 ② -2 ③ 1
④ 2 ⑤ 3

유형 11 몫을 $x-\alpha$로 나누는 경우

다항식 $f(x)$를 $x-\alpha$로 나누었을 때의 몫을 $Q(x)$라 할 때, $Q(x)$를 $x-\beta$로 나누었을 때의 나머지는 다음과 같은 순서로 구한다.

(1) 다항식의 나눗셈을 항등식으로 나타낸다.

➡ $f(x)=(x-\alpha)Q(x)+f(\alpha)$

(2) (1)의 식의 양변에 $x=\beta$를 대입하여 $Q(\beta)$의 값을 구한다.

➡ $f(\beta)=(\beta-\alpha)Q(\beta)+f(\alpha)$

31 다항식 $f(x)$를 $x-2$로 나누었을 때의 몫이 $Q(x)$, 나머지가 3이다. $f(x)$를 $x-3$으로 나누었을 때의 나머지가 2일 때, $Q(x)$를 $x-3$으로 나누었을 때의 나머지는?

① -2 ② -1 ③ 1

④ 2   ⑤ 3

32 다항식 $x^{16}+3x^7-x^3$을 $x+1$로 나누었을 때의 몫을 $Q(x)$라 할 때, $Q(x)$를 $x-1$로 나누었을 때의 나머지를 구하시오.

교육청

33 다항식 $P(x)$를 $x-2$로 나누었을 때의 몫이 $Q(x)$, 나머지는 3이고, 다항식 $Q(x)$를 $x-1$로 나누었을 때의 나머지는 2이다. $P(x)$를 $(x-1)(x-2)$로 나누었을 때의 나머지를 $R(x)$라 하자. $R(3)$의 값은?

① 5   ② 7   ③ 9

④ 11   ⑤ 13

유형 12 ᵁᴾ 나머지 정리를 이용한 수의 나눗셈

자연수 A를 자연수 B로 나누었을 때의 나머지는 A를 x에 대한 다항식 $f(x)$로, B를 x에 대한 일차식 $x+\alpha$로 놓고 항등식으로 나타낸 후 $x=-\alpha$를 대입하여 구한다. 이때 나머지는 0보다 크거나 같고 나누는 수 B보다 작아야 함에 주의한다.

예 50^{99}을 51로 나누었을 때의 나머지를 구해 보자.

$50=x$로 놓으면 $51=x+1$

x^{99}을 $x+1$로 나누었을 때의 몫을 $Q(x)$, 나머지를 R라 하면

$x^{99}=(x+1)Q(x)+R$

양변에 $x=-1$을 대입하면 $R=-1$

그런데 $0\le$(나머지)<51이어야 하므로

$50^{99}=51Q(50)-1=51\{Q(50)-1\}+50$

따라서 구하는 나머지는 50이다.

34 99^{30}을 98로 나누었을 때의 나머지는?

① 1   ② 3   ③ 5

④ 7   ⑤ 9

35 123^9을 121로 나누었을 때의 나머지를 구하시오.

36 $8^{79}+8^{80}+8^{81}$을 9로 나누었을 때의 나머지는?

① 0   ② 1   ③ 2

④ 7   ⑤ 8

정답과 해설 116쪽

유형 13 　인수 정리

(1) 다항식 $f(x)$가 일차식 $x-a$로 나누어떨어지면
　① $f(a)=0$
　② $x-a$는 $f(x)$의 인수이다.
　③ $f(x)=(x-a)Q(x)$ (단, $Q(x)$는 몫)
(2) 다항식 $f(x)$가 $(x-a)(x-\beta)$로 나누어떨어지면
　$f(x)$는 $x-a$, $x-\beta$로 각각 나누어떨어지므로
　　$f(a)=0$, $f(\beta)=0$
참고 다항식 $f(ax+b)$가 $(x-a)(x-\beta)$로 나누어떨어지면
　　$f(aa+b)=0$, $f(a\beta+b)=0$

---

37 $x-2$가 다항식 $3x^3+2kx^2-kx-12$의 인수일 때,
상수 k의 값은?

① -4　　　② -2　　　③ 0
④ 2　　　　⑤ 4

38 다항식 $x^3+ax^2+bx-12$가 $x+1$, $x-3$으로 각각 나누어떨어질 때, 상수 a, b에 대하여 $a+b$의 값을 구하시오.

39 다항식 $f(x)=x^3+ax^2+bx+3$에 대하여 다항식 $f(2x-1)$이 x^2-1로 나누어떨어질 때, 상수 a, b에 대하여 $a-b$의 값은?

① 5　　　　② 6　　　③ 7
④ 8　　　　⑤ 9

40 다항식 $f(x)=x^2+ax+b$가 다음 조건을 만족시킬 때, 상수 a, b에 대하여 a^2+b^2의 값을 구하시오.

⟮㉮⟯ 다항식 $(x+1)f(x)$를 $x+2$로 나누었을 때의 나머지는 -5이다.
⟮㉯⟯ 다항식 $(x-2)f(x)$는 $x-3$으로 나누어떨어진다.

41 삼차식 $P(x)$에 대하여 $P(x)+2x$는 $(x-1)^2$으로 나누어떨어지고, $4-P(x)$는 x^2-4로 나누어떨어진다. $P(x)$를 $x-3$으로 나누었을 때의 나머지는?

① 32　　　② 34　　　③ 36
④ 38　　　⑤ 40

42 최고차항의 계수가 1인 삼차식 $f(x)$가 $f(2)=f(4)=f(8)=3$을 만족시킬 때, $f(9)$의 값은?

① 36　　　② 38　　　③ 40
④ 42　　　⑤ 44

유형 O1 공식을 이용한 인수분해

(1) $a^2+b^2+c^2+2ab+2bc+2ca=(a+b+c)^2$

(2) $a^3+3a^2b+3ab^2+b^3=(a+b)^3$

  $a^3-3a^2b+3ab^2-b^3=(a-b)^3$

(3) $a^3+b^3=(a+b)(a^2-ab+b^2)$

  $a^3-b^3=(a-b)(a^2+ab+b^2)$

(4) $a^3+b^3+c^3-3abc$

  $=(a+b+c)(a^2+b^2+c^2-ab-bc-ca)$

(5) $a^4+a^2b^2+b^4=(a^2+ab+b^2)(a^2-ab+b^2)$

1 다음 중 옳지 <u>않은</u> 것은?

① $a^2+4b^2+4-4ab-4a+8b=(a-2b-2)^2$

② $a^3+3a^2+3a+1=(a+1)^3$

③ $8a^3-12a^2b+6ab^2-b^3=(2a-b)^3$

④ $64a^3+b^3=(4a+b)(16a^2-4ab+b^2)$

⑤ $x^3-27=(x+3)(x^2-3x+9)$

2 다항식 $8x^3+y^3-27z^3+18xyz$를 인수분해하면?

① $(2x+y-3z)^3$

② $(2x-y-3z)(4x^2+y^2+9z^2+2xy-3yz+6zx)$

③ $(2x+y-3z)(4x^2+y^2+9z^2-4xy+6yz+12zx)$

④ $(2x+y-3z)(4x^2+y^2+9z^2-2xy+3yz+6zx)$

⑤ $(2x+y-3z)(4x^2+y^2+9z^2+2xy-3yz-6zx)$

교육청 ▶

3 다항식 x^4+4x^2+16이
$(x^2+ax+b)(x^2-cx+d)$로 인수분해될 때,
$a+b+c+d$의 값은? (단, a, b, c, d는 양수이다.)

① 12   ② 14   ③ 16

④ 18   ⑤ 20

유형 O2 공식을 이용한 인수분해 – 식 변형

인수분해 공식을 바로 적용할 수 없는 경우에는 인수분해
공식을 적용할 수 있는 형태로 식을 변형한다.

4 다항식 $x(x+2y)-(x^2-1)y^2$을 인수분해하면?

① $(x-xy+y)^2$

② $(x+xy+y)^2$

③ $(x-y)(x+xy+y)$

④ $(x+y)(x-xy+y)$

⑤ $(x+xy+y)(x-xy+y)$

5 다음 중 다항식 x^6-64의 인수가 <u>아닌</u> 것은?

① $x-2$ ② x^2-2x+4 ③ x^2-4

④ x^2+4 ⑤ x^3+8

6 다음 중 다항식 $x^3+8y^3-3xy(x+2y)$의 인수인
것은?

① $x-2y$ ② $x-y$ ③ $x+y$

④ $x+3y$ ⑤ $x+4y$

유형 $\bigcirc 3$ **공통부분이 있는 식의 인수분해**

(1) 공통부분을 한 문자로 치환하여 인수분해한 후 원래의 식을 대입한다.
(2) $(x+a)(x+b)(x+c)(x+d)+k$ 꼴
➡ 공통부분이 생기도록 두 일차식의 상수항의 합이 같게 짝을 지어 전개한 후 공통부분을 치환하여 인수분해한다.

교육청 ▶

7 다항식 $(x^2+1)^2+3(x^2+1)+2$가
●○○ $(x^2+a)(x^2+b)$로 인수분해될 때, 두 상수 a, b에 대하여 $a+b$의 값은?

① 1   ② 2   ③ 3
④ 4   ⑤ 5

8 다항식 $(x^2-4x+1)(x^2-4x+7)+8$을 인수분
●○○ 해하면 $(x-1)(x+a)(x^2+bx+c)$일 때, 상수 a, b, c에 대하여 $a+b+c$의 값을 구하시오.

9 다항식 $(x+1)(x+2)(x+4)(x-1)+9$가
●●○ $(x^2+ax+b)^2$으로 인수분해될 때, 상수 a, b에 대하여 ab의 값을 구하시오.

10 다항식 $(x^2+3x+2)(x^2+9x+20)-10$을 인수
●●○ 분해하면 $(x^2+ax+10)(x^2+bx+c)$일 때, 상수 a, b, c에 대하여 $a+b+c$의 값을 구하시오.

유형 $\bigcirc 4$ **x^4+ax^2+b 꼴인 식의 인수분해**

x^4+ax^2+b에서 $x^2=X$로 치환하여 X^2+aX+b로 나타낼 때
(1) X^2+aX+b가 인수분해되는 경우
➡ X^2+aX+b를 인수분해한 후 $X=x^2$을 대입하여 정리한다.
(2) X^2+aX+b가 인수분해되지 않는 경우
➡ x^4+ax^2+b에 적당한 이차식을 더하거나 빼서 A^2-B^2 꼴로 변형한 후 인수분해한다.

교육청 ▶

11 다항식 x^4-x^2-12가 $(x-a)(x+a)(x^2+b)$로
●○○ 인수분해될 때, 두 양수 a, b에 대하여 $a+b$의 값은?

① 4   ② 5   ③ 6
④ 7   ⑤ 8

12 다항식 x^4-18x^2+81을 인수분해하면
●○○ $(x+a)^2(x+b)^2$일 때, 상수 a, b에 대하여 $a-b$의 값을 구하시오. (단, $a>b$)

교육청 ▶

13 다항식 x^4+7x^2+16이
●●○ $$(x^2+ax+b)(x^2-ax+b)$$
로 인수분해될 때, 두 양수 a, b에 대하여 $a+b$의 값은?

① 5   ② 6   ③ 7
④ 8   ⑤ 9

14 다항식 x^4+64가 x^2의 계수가 1인 두 이차식의 곱
●●○ 으로 인수분해될 때, 이 두 이차식의 합을 구하시오.

유형 05 여러 개의 문자를 포함한 식의 인수분해

여러 개의 문자를 포함한 식의 인수분해는 다음과 같은 순서로 한다.
(1) 차수가 가장 낮은 문자에 대하여 내림차순으로 정리한다. 이때 차수가 모두 같으면 어느 한 문자에 대하여 내림차순으로 정리한다.
(2) 공통부분으로 묶거나 공식을 이용하여 인수분해한다.

15 다항식 $2x^2-3xy-2y^2+7x+11y-15$를 인수분
●●○ 해하면 $(2x+y+a)(x+by+c)$일 때, 상수 a, b, c에 대하여 abc의 값은?

① -30 ② -12 ③ -6
④ 12 ⑤ 30

16 다항식 $x^2-y^2-z^2+2yz+x+y-z$를 인수분해하
●●○ 면?

① $(x-y+z)(x-y+z-1)$
② $(x-y+z)(x+y-z-1)$
③ $(x+y-z)(x-y+z+1)$
④ $(x+y-z)(x+y-z+1)$
⑤ $(x+y+z)(x-y-z-1)$

17 다음 중 다항식 $(a+b)c^3-(a^2+ab+b^2)c^2+a^2b^2$
●●○ 의 인수인 것은?

① $a+b$ ② $b+c$ ③ $a+b+c$
④ a^2+b^2 ⑤ $ab+bc+ca$

유형 06 순환하는 꼴인 식의 인수분해

세 문자의 차수가 같으면서 순환하는 꼴인 식은 한 문자에 대하여 내림차순으로 정리한 후 인수분해한다.

18 다음 중 다항식
●●○ $a(b^2-c^2)+b(c^2-a^2)+c(a^2-b^2)$
의 인수인 것은?

① a ② $a-b$ ③ $a+b$
④ $a+c$ ⑤ $b+c$

19 다항식 $(a+b)(b+c)(c+a)+abc$를 인수분해하
●●○ 면?

① $(a-b-c)(ab+bc+ca)$
② $(a-b-c)(abc+a+b+c)$
③ $(a+b+c)(ab-bc-ca)$
④ $(a+b+c)(ab+bc+ca)$
⑤ $(a+b+c)(abc-a-b-c)$

20 $a\neq b$, $b\neq c$, $c\neq a$일 때,
●●○ $\dfrac{a^2(b-c)+b^2(c-a)+c^2(a-b)}{(a-b)(b-c)(c-a)}$를 간단히 하면?

① -1 ② 0 ③ 1
④ $-a-b-c$ ⑤ $a+b+c$

유형 O7 인수 정리를 이용한 인수분해

삼차 이상의 다항식 $f(x)$는 인수 정리를 이용하여 다음과 같은 순서로 인수분해한다.

(1) $f(\alpha)=0$을 만족시키는 상수 α의 값을 구한다. 이때 α의 값은 $\pm\dfrac{(f(x)의\ 상수항의\ 양의\ 약수)}{(f(x)의\ 최고차항의\ 계수의\ 양의\ 약수)}$ 중에서 찾는다.

(2) 조립제법을 이용하여 $f(x)$를 $x-\alpha$로 나누었을 때의 몫 $Q(x)$를 구하여 $f(x)=(x-\alpha)Q(x)$로 나타낸다.

(3) $Q(x)$를 더 이상 인수분해할 수 없을 때까지 인수분해한다.

교육청

21 다항식 $2x^3-3x^2-12x-7$을 인수분해하면 $(x+a)^2(bx+c)$일 때, $a+b+c$의 값은?
(단, a, b, c는 상수이다.)

① -6 ② -5 ③ -4
④ -3 ⑤ -2

22 다음 중 다항식 $x^4+2x^3+x^2-4$의 인수가 <u>아닌</u> 것은?

① $x-1$ ② $x+2$ ③ x^2+x-2
④ x^2+x+2 ⑤ x^2-x+2

23 두 다항식 x^3-x^2-x+10, x^3-2x+a가 모두 일 차식 $x+b$를 인수로 가질 때, 상수 a, b에 대하여 $a+b$의 값을 구하시오.

24 부피가 $(x^3+x^2-5x+3)\pi$인 직원기둥이 있다. 이 직원기둥의 높이와 밑면의 반지름의 길이가 각각 최고차항의 계수가 1인 x에 대한 일차식으로 나타내어질 때, 이 직원기둥의 겉넓이는? (단, $x>1$)

① $4(x^2-x)\pi$ ② $4(x^2-1)\pi$
③ $4x^2\pi$ ④ $4(x^2+1)\pi$
⑤ $4(x^2+x)\pi$

25 다항식 $x^3-3ax^2-a^2x+3a^3$이 x의 계수가 1인 세 일차식의 곱으로 인수분해될 때, 세 일차식의 합은 $3x-12$이다. 이때 상수 a의 값은?

① -2 ② -1 ③ 1
④ 3 ⑤ 4

26 x^2의 계수가 1인 두 이차식 $f(x)$, $g(x)$에 대하여
$$f(x)g(x)=x^4+3x^3-3x^2-11x-6,$$
$$f(-3)\neq0,\ g(2)\neq0$$
일 때, $f(1)$의 값은?

① -4 ② -2 ③ 0
④ 2 ⑤ 4

유형 08 계수가 대칭인 사차식의 인수분해

계수가 대칭인 x에 대한 사차식은 가운데 항이 상수가 되도록 x^2으로 묶은 후 $x+\dfrac{1}{x}$에 대한 식을 인수분해한다.

27 다항식 $x^4+3x^3-2x^2+3x+1$을 인수분해하면 $(x^2+ax+b)(x^2+cx+b)$일 때, 정수 a, b, c에 대하여 $a^2+b^2+c^2$의 값은?

① 16   ② 17   ③ 18
④ 19   ⑤ 20

28 다음 중 다항식 $x^4+2x^3-x^2+2x+1$의 인수인 것은?

① x^2-x-1 ② x^2+x-1
③ x^2+2x+1 ④ x^2+3x-1
⑤ x^2+3x+1

29 다항식 $x^4-4x^3-3x^2-4x+1$이 x^2의 계수가 1인 두 이차식의 곱으로 인수분해될 때, 이 두 이차식을 각각 $f(x)$, $g(x)$라 하자. 이때 $f(2)+g(2)$의 값을 구하시오.

유형 09 인수분해의 활용 – 식의 값 구하기

주어진 식을 인수분해한 후 조건을 대입하여 식의 값을 구한다.

30 $x=1+\sqrt{3}$, $y=1-\sqrt{3}$일 때, $x^3-x^2y-xy^2+y^3$의 값은?

① 18   ② 20   ③ 22
④ 24   ⑤ 26

31 $a-b=2-\sqrt{3}$, $b-c=2+\sqrt{3}$일 때, $ab(a-b)-ac(a-c)+bc(b-c)$의 값은?

① -3 ② -2 ③ 1
④ 3   ⑤ 4

32 양수 a, b, c가 $a^3+b^3+c^3=3abc$를 만족시킬 때, $\dfrac{2b}{a}+\dfrac{3c}{b}+\dfrac{4a}{c}$의 값을 구하시오.

유형 10 인수분해의 활용 – 수의 계산

적당한 수를 문자로 치환하고 이 문자에 대한 식을 인수분해한 후 수를 대입하여 값을 구한다.

교육청

33 $101^3 - 3 \times 101^2 + 3 \times 101 - 1$의 값은?

① 10^5 ② 3×10^5 ③ 10^6

④ 3×10^6 ⑤ 10^7

34 $\dfrac{999^3 - 1}{1000 \times 999 + 1}$의 값을 구하시오.

교육청

35 1이 아닌 두 자연수 a, $b(a < b)$에 대하여

$$11^4 - 6^4 = a \times b \times 157$$

로 나타낼 때, $a + b$의 값은?

① 21   ② 22   ③ 23

④ 24   ⑤ 25

36 $\sqrt{10 \times 11 \times 12 \times 13 + 1}$의 값은?

① 129   ② 130   ③ 131

④ 132   ⑤ 133

UP 유형 11 인수분해의 활용 – 삼각형의 모양 판단

삼각형의 세 변의 길이가 a, b, c일 때
(1) $a = b$ 또는 $b = c$ 또는 $c = a$ ➡ 이등변삼각형
(2) $a = b = c$ ➡ 정삼각형
(3) $a^2 = b^2 + c^2$ ➡ 빗변의 길이가 a인 직각삼각형

37 삼각형의 세 변의 길이 a, b, c에 대하여

$$(b + c)(a^2 - bc) - a(b^2 - c^2) = 0$$

이 성립할 때, 이 삼각형은 어떤 삼각형인가?

① $a = b$인 이등변삼각형
② $b = c$인 이등변삼각형
③ $c = a$인 이등변삼각형
④ 빗변의 길이가 a인 직각삼각형
⑤ 빗변의 길이가 b인 직각삼각형

38 $x - a$가 다항식 $x^3 - bx^2 + (b^2 - c^2)x - b^3 + bc^2$의 인수일 때, 세 변의 길이가 a, b, c인 삼각형은 어떤 삼각형인가? (단, $a \neq b$)

① $b = c$인 이등변삼각형
② $c = a$인 이등변삼각형
③ 빗변의 길이가 a인 직각삼각형
④ 빗변의 길이가 b인 직각삼각형
⑤ 빗변의 길이가 c인 직각삼각형

Ⅱ. 방정식과 부등식

1 복소수와 이차방정식

01 복소수의 뜻과 사칙연산

유형 01 복소수의 뜻

(1) 임의의 실수 a, b에 대하여 $a+bi$ 꼴로 나타내어지는 수를 복소수라 하고, 이때 a를 실수부분, b를 허수부분이라 한다.

(2) 복소수 $a+bi$를 분류하면 다음과 같다.

① 실수 a $(b=0)$

② 허수 $a+bi$ $(b\neq0)$ $\begin{cases} \text{순허수 } bi\,(a=0,\ b\neq0) \\ \text{순허수가 아닌 허수 } a+bi \\ \qquad\qquad (a\neq0,\ b\neq0) \end{cases}$

1 다음 복소수 중에서 실수부분과 허수부분의 합이 3인 것은?

① $-3i$ ② $-1-2i$ ③ $1-2i$
④ $2-i$ ⑤ 3

2 복소수 $a+bi$ (a, b는 실수)에 대하여 보기에서 옳은 것만을 있는 대로 고르시오.

보기
ㄱ. 실수부분은 a, 허수부분은 bi이다.
ㄴ. $a=0$이면 순허수이다.
ㄷ. $b=0$이면 실수이다.

3 다음 복소수 중 실수의 개수를 a, 순허수의 개수를 b, 순허수가 아닌 허수의 개수를 c라 할 때, $a-b+c$의 값을 구하시오.

$$\sqrt{3}-\frac{i}{2},\quad 2-2i,\quad 2-3\sqrt{5},\quad 0,$$
$$-7i,\quad -3+\sqrt{3}i,\quad \frac{\pi}{2}-1,\quad \frac{1+\sqrt{2}}{3}i$$

유형 02 복소수의 사칙연산

a, b, c, d가 실수일 때

(1) $(a+bi)+(c+di)=(a+c)+(b+d)i$
$(a+bi)-(c+di)=(a-c)+(b-d)i$

(2) $(a+bi)(c+di)=(ac-bd)+(ad+bc)i$

(3) $\dfrac{a+bi}{c+di}=\dfrac{ac+bd}{c^2+d^2}+\dfrac{bc-ad}{c^2+d^2}i$ (단, $c+di\neq0$)

4 다음 중 옳지 <u>않은</u> 것은?

① $(-1+4i)+(3i-1)=-2+7i$
② $(-2+3i)-(3+i)=-5+2i$
③ $(2i-3)^2=5-12i$
④ $(2-3i)(3+i)=9-7i$
⑤ $\dfrac{7-i}{i-1}=4-3i$

교육청
5 복소수 $z=2-3i$에 대하여 $(1+2i)\bar{z}$의 값은? (단, $i=\sqrt{-1}$이고, $\bar{z}$는 z의 켤레복소수이다.)

① $-4+7i$ ② $-4+4i$ ③ $3-4i$
④ $3+7i$ ⑤ $7-4i$

6 두 복소수 $z=3+i$, $w=2-i$에 대하여 $\dfrac{1}{z}+\dfrac{1}{\bar{w}}=a+bi$일 때, 실수 a, b에 대하여 $a-b$의 값을 구하시오. (단, $\bar{w}$는 w의 켤레복소수)

7 두 복소수 α, β에 대하여 연산 $\odot$를 $\alpha\odot\beta=\alpha\beta+(\alpha+\beta)i$라 할 때, $(1+i)\odot(2-3i)$를 계산하시오.

유형 03 복소수가 실수 또는 순허수가 될 조건

복소수 $z=a+bi$ (a, b는 실수)에 대하여

(1) z가 실수이면 ➡ $b=0$

(2) z가 순허수이면 ➡ $a=0$, $b\neq0$

(3) z^2이 실수이면 z는 실수 또는 순허수이므로
   ➡ $a=0$ 또는 $b=0$

(4) z^2이 양수이면 z는 0이 아닌 실수이므로
   ➡ $a\neq0$, $b=0$

(5) z^2이 음수이면 z는 순허수이므로 ➡ $a=0$, $b\neq0$

8 복소수 $i(a-i)^2-8i$가 실수일 때, 양수 a의 값을 구하시오.

9 복소수 $z=(1+i)a-2a+3-i$가 순허수가 되도록 하는 실수 a의 값을 α, 그때의 z의 값을 β라 할 때, $\alpha+\beta^2$의 값은?

① -4 ② -1 ③ 1

④ 4 ⑤ 7

10 복소수 $z=6+5i+k(2-5i)$에 대하여 z^2이 실수일 때, 모든 실수 k의 값의 합을 구하시오.

11 복소수 $z=(2-k-i)^2$에 대하여 z를 제곱하면 음수 x가 될 때, x의 값은?

① -6 ② -5 ③ -4

④ -3 ⑤ -2

유형 04 복소수가 서로 같을 조건

a, b, c, d가 실수일 때

(1) $a=c$, $b=d$이면 $a+bi=c+di$
   $a+bi=c+di$이면 $a=c$, $b=d$

(2) $a=0$, $b=0$이면 $a+bi=0$
   $a+bi=0$이면 $a=0$, $b=0$

12 등식 $(3-2i)x+(i-1)y=7-5i$를 만족시키는 실수 x, y에 대하여 x^2+y^2의 값은?

① 2 ② 5 ③ 10

④ 13 ⑤ 20

교육청

13 $(3+ai)(2-i)=13+bi$를 만족시키는 두 실수 a, b에 대하여 $a+b$의 값을 구하시오.

(단, $i=\sqrt{-1}$이다.)

14 등식 $|x-y|+(x+y)i-2=0$을 만족시키는 실수 x, y에 대하여 xy의 값을 구하시오.

15 등식 $x^2+y^2i+2x-2(1+i)-3yi=\overline{1-2i}$를 만족시키는 실수 x, y에 대하여 다음 중 x^2+y^2의 값이 될 수 없는 것은?

① 2 ② 10 ③ 15

④ 17 ⑤ 25

유형 O5 **복소수가 주어질 때의 식의 값**

(1) 두 복소수 x, y가 서로 켤레복소수인 경우
→ 구해야 하는 식을 $x+y$, xy를 포함한 식으로 변형한다.

(2) $x=a+bi$(a, b는 실수)가 주어진 경우
→ $x-a=bi$의 양변을 제곱하여 $(x-a)^2=-b^2$임을 이용한다.

교육청

16 $x=-2+3i$, $y=2+3i$일 때, $x^3+x^2y-xy^2-y^3$ 의 값은? (단, $i=\sqrt{-1}$)

① 144   ② 150   ③ 156
④ 162   ⑤ 168

17 $x=\dfrac{1+\sqrt{7}i}{2}$, $y=\dfrac{1-\sqrt{7}i}{2}$일 때, $\dfrac{y^2}{x}+\dfrac{x^2}{y}$의 값은?

① $-\dfrac{5}{2}$ ② -2 ③ $-\dfrac{3}{2}$
④ -1 ⑤ $-\dfrac{1}{2}$

18 $x=\dfrac{3-i}{1+i}$일 때, x^3-2x^2+6x+5의 값은?

① $1-i$ ② $2-2i$ ③ $2+i$
④ $4+2i$ ⑤ $6-2i$

유형 O6 **켤레복소수의 성질**

두 복소수 z_1, z_2와 그 켤레복소수 $\overline{z_1}$, $\overline{z_2}$에 대하여
(1) $z_1+\overline{z_1}$, $z_1\overline{z_1}$는 실수이다.
(2) $\overline{z_1}=z_1$이면 z_1은 실수이다.
 z_1이 실수이면 $\overline{z_1}=z_1$이다.
(3) $\overline{z_1}=-z_1$이면 z_1은 순허수 또는 0이다.
 z_1이 순허수 또는 0이면 $\overline{z_1}=-z_1$이다.

19 0이 아닌 복소수 z에 대하여 $\overline{z}$는 z의 켤레복소수일 때, 다음 중 항상 실수인 것이 <u>아닌</u> 것은?

① $z^2+\overline{z}^2$
② $z^3+\overline{z}^3$
③ $(z+1)^2-(\overline{z}+1)^2$
④ $(2z+1)(\overline{z}+1)-z$
⑤ $(z^2+\overline{z}+1)+(\overline{z}^2+z+1)$

20 실수가 아닌 두 복소수 z, w가 $z+\overline{w}=0$을 만족시킬 때, 보기에서 항상 실수인 것만을 있는 대로 고른 것은? (단, $\overline{z}$, $\overline{w}$는 각각 z, w의 켤레복소수)

┌ 보기 ─────────────────
ㄱ. $z+w$ ㄴ. zw

ㄷ. $\dfrac{\overline{z}}{w}$ ㄹ. $i(z-\overline{w})$
└─────────────────────

① ㄱ, ㄴ   ② ㄴ, ㄷ   ③ ㄷ, ㄹ
④ ㄱ, ㄴ, ㄹ   ⑤ ㄱ, ㄷ, ㄹ

유형 07 켤레복소수의 성질을 이용한 식의 값

두 복소수 z_1, z_2와 그 켤레복소수 $\overline{z_1}$, $\overline{z_2}$에 대하여
(1) $\overline{(\overline{z_1})}=z_1$
(2) $\overline{z_1+z_2}=\overline{z_1}+\overline{z_2}$, $\overline{z_1-z_2}=\overline{z_1}-\overline{z_2}$
(3) $\overline{z_1 z_2}=\overline{z_1}\times\overline{z_2}$, $\overline{\left(\dfrac{z_1}{z_2}\right)}=\dfrac{\overline{z_1}}{\overline{z_2}}$ (단, $z_2\neq0$)

21
●○○
$\alpha=3+i$, $\beta=1-3i$일 때, $\alpha\overline{\alpha}+\overline{\alpha}\beta+\alpha\overline{\beta}+\beta\overline{\beta}$의 값을 구하시오.
(단, $\overline{\alpha}$, $\overline{\beta}$는 각각 α, β의 켤레복소수)

22
●○○
두 복소수 z_1, z_2에 대하여 $\overline{z_1}-\overline{z_2}=2+5i$, $\overline{z_1}\times\overline{z_2}=6-3i$일 때, $(z_1-2)(z_2+2)$의 값은?
(단, $\overline{z_1}$, $\overline{z_2}$는 각각 z_1, z_2의 켤레복소수)
① $5-7i$ ② $5-6i$ ③ $6-7i$
④ $6-5i$ ⑤ $6-3i$

23
●●○
복소수 α에 대하여 $\alpha+\overline{\alpha}=1$, $\alpha\overline{\alpha}=2$이고 $z=\dfrac{\alpha+1}{\alpha-1}$이라 할 때, $z\overline{z}$의 값을 구하시오.
(단, $\overline{\alpha}$, $\overline{z}$는 각각 α, z의 켤레복소수)

24
●●●
두 복소수 α, β에 대하여 $\overline{\alpha}\beta=3$, $\beta+\dfrac{3}{\beta}=-4i$일 때, $\overline{\alpha}+\dfrac{3}{\alpha}$의 값을 구하시오.
(단, $\overline{\alpha}$, $\overline{\beta}$는 각각 α, β의 켤레복소수)

유형 08 조건을 만족시키는 복소수

복소수 z를 포함한 등식이 주어진 경우
➡ $z=a+bi$ (a, b는 실수)로 놓고 주어진 등식에 대입한 후 복소수가 서로 같을 조건을 이용하여 a, b의 값을 구한다.

25
●○○
복소수 z와 그 켤레복소수 $\overline{z}$에 대하여 등식 $4iz+(2-i)\overline{z}=4i-1$이 성립할 때, 복소수 z는?
① $2-i$ ② $2+i$ ③ $2+2i$
④ $3+i$ ⑤ $3+2i$

26
●●○
복소수 z와 그 켤레복소수 $\overline{z}$에 대하여 등식 $\overline{z+iz}=z+1+4i$가 성립할 때, $z\overline{z}$의 값은?
① -5 ② -1 ③ 1
④ 3 ⑤ 5

27
●●○
복소수 z와 그 켤레복소수 $\overline{z}$에 대하여
$$z+\overline{z}=4,\ z\overline{z}=5$$
일 때, z^2-4z의 값을 구하시오.

28
●●○
0이 아닌 복소수 z와 그 켤레복소수 $\overline{z}$에 대하여 등식 $\overline{(z+2)(\overline{z-1})}+3\overline{z}+2=0$이 성립하고 복소수 z의 실수부분과 허수부분이 같을 때, z^2의 값을 구하시오.

유형 09 *i*의 거듭제곱

i, $i^2=-1$, $i^3=-i$, $i^4=1$, $i^5=i$, ⋯이므로 음이 아닌 정수 k에 대하여
$$i^{4k+1}=i,\ i^{4k+2}=-1,\ i^{4k+3}=-i,\ i^{4k+4}=1$$

29 $1-i+i^2-i^3+\cdots+i^{100}$을 간단히 하시오.
●○○

30 등식 $2i+4i^2+6i^3+8i^4+\cdots+100i^{50}=a+bi$가
●●○ 성립할 때, 실수 a, b에 대하여 $a-b$의 값은?

① -102 ② -52 ③ -2
④ 52 ⑤ 102

31 다음 중 n이 자연수일 때,
●●○ $$1+\frac{1}{i}+\frac{1}{i^2}+\frac{1}{i^3}+\cdots+\frac{1}{i^n}$$
의 값이 될 수 <u>없는</u> 것은?

① $-i$ ② 0 ③ 1
④ $1-i$ ⑤ $1+i$

32 $f(n)=i^n+(-i)^n$이라 할 때, $f(n)=-2$를 만족
●●● 시키는 50 이하의 자연수 n의 개수를 구하시오.

유형 10 복소수의 거듭제곱

복소수 z의 거듭제곱은 z 또는 z^2을 간단히 한 후 i의 거듭
제곱을 이용하여 구한다.
➡ $\dfrac{1+i}{1-i}=i$, $\dfrac{1-i}{1+i}=-i$, $(1+i)^2=2i$, $(1-i)^2=-2i$

33 자연수 n에 대하여 $f(n)=\left(\dfrac{1+i}{1-i}\right)^n$이라 할 때,
●●○ $1+f(1)+f(2)+f(3)+\cdots+f(96)$의 값은?

① $-i$ ② -1 ③ 0
④ 1 ⑤ i

34 $(1+i)^{30}+(1-i)^{30}$을 간단히 하면?
●●○ ① 0 ② 2^{15} ③ 2^{16}
④ 2^{30} ⑤ 2^{31}

35 n이 자연수일 때, $\left(\dfrac{1+i}{\sqrt{2}}\right)^{2n}-\left(\dfrac{\sqrt{2}}{1-i}\right)^{2n}$을 간단히
●●○ 하면?

① $-2i$ ② -2 ③ 0
④ 2 ⑤ $2i$

36 복소수 z와 그 켤레복소수 $\bar{z}$에 대하여 등식
●●● $(1+i)z+i\bar{z}=1+i$가 성립할 때, z^n이 양수가 되
도록 하는 자연수 n의 최솟값을 구하시오.

유형 **11** 음수의 제곱근의 계산

(1) $a>0$일 때, $\sqrt{-a}=\sqrt{a}i$

(2) $a<0$, $b<0$이면 $\sqrt{a}\sqrt{b}=-\sqrt{ab}$

   $a>0$, $b<0$이면 $\dfrac{\sqrt{a}}{\sqrt{b}}=-\sqrt{\dfrac{a}{b}}$

37 다음 중 옳은 것은?

① $\sqrt{-2}\sqrt{5}=-\sqrt{10}$ ② $\sqrt{-2}\sqrt{-5}=\sqrt{10}$

③ $\dfrac{\sqrt{5}}{\sqrt{-2}}=-\sqrt{\dfrac{5}{2}}$ ④ $\dfrac{\sqrt{-5}}{\sqrt{2}}=\sqrt{-\dfrac{5}{2}}$

⑤ $\dfrac{\sqrt{-5}}{\sqrt{-2}}=\sqrt{-\dfrac{5}{2}}$

교육청▶

38 $(\sqrt{2}+\sqrt{-2})^2$의 값은? (단, $i=\sqrt{-1}$)

① $-4i$ ② $-2i$ ③ 0

④ $2i$ ⑤ $4i$

39 등식 $(1-2i)x+(1+i)y=-3$을 만족시키는 실수 x, y에 대하여 $\sqrt{3x}\sqrt{y}+\dfrac{\sqrt{12x}}{\sqrt{y}}$의 값은?

① $-2\sqrt{6}$ ② $-\sqrt{6}$ ③ 0

④ $\sqrt{6}$ ⑤ $2\sqrt{6}$

40 $z=\sqrt{-10}\times\sqrt{\dfrac{1}{5}}-\dfrac{\sqrt{6}}{\sqrt{-3}}$일 때, z^4의 값을 구하시오.

유형 **12** 음수의 제곱근의 성질

(1) $\sqrt{a}\sqrt{b}=-\sqrt{ab}$이면 $a<0$, $b<0$ 또는 $a=0$ 또는 $b=0$

(2) $\dfrac{\sqrt{a}}{\sqrt{b}}=-\sqrt{\dfrac{a}{b}}$이면 $a>0$, $b<0$ 또는 $a=0$, $b\neq0$

41 다음 조건을 만족시키는 자연수 m, n의 개수를 각각 M, N이라 할 때, MN의 값을 구하시오.

(가) $\sqrt{m-7}\sqrt{-6}=-\sqrt{6(7-m)}$

(나) $\dfrac{\sqrt{3}}{\sqrt{n-6}}=-\sqrt{\dfrac{3}{n-6}}$

42 0이 아닌 두 실수 a, b에 대하여 $\sqrt{a}\sqrt{b}=-\sqrt{ab}$일 때, 보기에서 옳은 것만을 있는 대로 고른 것은?

┌─ 보기 ─

ㄱ. $\sqrt{a^2b}=-a\sqrt{b}$ ㄴ. $\sqrt{-a}\sqrt{-b}=-\sqrt{ab}$

ㄷ. $\dfrac{\sqrt{a}}{\sqrt{b}}=\sqrt{\dfrac{a}{b}}$ ㄹ. $\dfrac{\sqrt{-a}}{\sqrt{b}}=-\sqrt{\dfrac{a}{b}}$

① ㄱ, ㄴ   ② ㄱ, ㄷ   ③ ㄱ, ㄹ

④ ㄴ, ㄷ   ⑤ ㄴ, ㄹ

43 0이 아닌 세 실수 a, b, c에 대하여

$$\sqrt{a}\sqrt{b}=-\sqrt{ab}, \quad \dfrac{\sqrt{c}}{\sqrt{b}}=-\sqrt{\dfrac{c}{b}}$$

일 때, $\dfrac{\sqrt{-a}}{\sqrt{a}}+\dfrac{\sqrt{b}}{\sqrt{-b}}-\dfrac{\sqrt{c-b}}{\sqrt{b-c}}$를 간단히 하면?

① $-3i$ ② $-i$ ③ 0

④ i ⑤ $3i$

유형 01 이차방정식의 풀이

(1) 이차방정식 $(ax-b)(cx-d)=0$의 근
$\Rightarrow x=\dfrac{b}{a}$ 또는 $x=\dfrac{d}{c}$

(2) 계수가 실수인 이차방정식 $ax^2+bx+c=0$의 근
$\Rightarrow x=\dfrac{-b\pm\sqrt{b^2-4ac}}{2a}$

1 이차방정식 $x^2-2x+4=0$의 해가 $x=a\pm\sqrt{b}i$일 때, 유리수 a, b에 대하여 $a+b$의 값은?
(단, $i=\sqrt{-1}$)

① 2   ② 4   ③ 6
④ 8   ⑤ 10

2 이차방정식 $(\sqrt{3}-1)x^2-(2-\sqrt{3})x-\sqrt{3}=0$의 두 근을 α, β라 할 때, $\alpha+2\beta$의 값을 구하시오.
(단, $\alpha>\beta$)

3 복소수 a, b에 대하여 연산 $\circ$를
$a\circ b=a+b-ab$
라 할 때, 방정식 $(x\circ x)+(2\circ x)-4=0$을 푸시오.

유형 02 한 근이 주어진 이차방정식

이차방정식의 한 근이 주어진 경우 주어진 한 근을 이차방정식에 대입하여 미정계수를 구한 후 다른 한 근을 구한다.

4 x에 대한 이차방정식 $x^2+2ax-3a^2=0$의 한 근이 1일 때, 다른 한 근을 α라 하자. 이때 $a+\alpha$의 값을 구하시오. (단, $a>0$)

5 x에 대한 이차방정식 $(a-1)x^2+x+a^2-3=0$의 한 근이 2일 때, 다른 한 근은? (단, a는 상수)

① -2 ② $-\dfrac{11}{6}$ ③ $-\dfrac{5}{3}$
④ $-\dfrac{3}{2}$ ⑤ $-\dfrac{4}{3}$

6 이차방정식 $ax^2+x+b=0$의 두 근이 1, m이고 이차방정식 $bx^2+x+a=0$의 두 근이 $-\dfrac{1}{2}$, n일 때, $m-n$의 값은? (단, a, b, m, n은 실수)

① -3 ② -2 ③ -1
④ 1   ⑤ 2

유형 03 절댓값 기호를 포함한 방정식의 풀이

절댓값 기호를 포함한 방정식은 절댓값 기호 안의 식의 값이 0이 되는 x의 값을 기준으로 x의 값의 범위를 나눈 후

$$|A| = \begin{cases} -A & (A < 0) \\ A & (A \geq 0) \end{cases}$$

임을 이용하여 푼다.

7 방정식 $x^2 - 2|x-1| - 1 = 0$의 모든 근의 곱은?
●○○
① -3 ② -1 ③ 0
④ 1 ⑤ 3

8 방정식 $|x+2|^2 + |x+2| - 20 = 0$의 두 근을 α, β
●●○ 라 할 때, $\alpha - \beta$의 값은? (단, $\alpha > \beta$)

① 2 ② 4 ③ 6
④ 8 ⑤ 10

9 방정식 $|x+1| + \sqrt{(x-1)^2} = 4 - 2x^2$의 모든 근의
●●● 합을 구하시오.

유형 04 이차방정식의 근의 판별

계수가 실수인 이차방정식 $ax^2 + bx + c = 0$의 판별식을 $D = b^2 - 4ac$라 할 때
(1) $D > 0$ ➡ 서로 다른 두 실근 ⎤ $D \geq 0$이면
(2) $D = 0$ ➡ 중근(서로 같은 두 실근) ⎦ 실근을 갖는다.
(3) $D < 0$ ➡ 서로 다른 두 허근

10 x에 대한 이차방정식 $x^2 + 2(1-2m)x + 4m^2 = 0$
●○○ 이 서로 다른 두 실근을 갖도록 하는 실수 m의 값의 범위는?

① $m > -\dfrac{1}{4}$ ② $m < \dfrac{1}{4}$ ③ $m \leq \dfrac{1}{4}$
④ $m > 4$ ⑤ $m \leq 4$

교육청▶

11 x에 대한 이차방정식 $x^2 - kx + k - 1 = 0$이 중근 α
●●○ 를 가질 때, $k + \alpha$의 값은? (단, k는 상수이다.)

① 1 ② 2 ③ 3
④ 4 ⑤ 5

12 이차방정식 $x^2 - 3x + a = 0$이 서로 다른 두 실근을
●●● 갖도록 하는 정수 a의 최댓값을 M, 이차방정식 $x^2 - 6x + 3b + 1 = 0$이 서로 다른 두 허근을 갖도록 하는 정수 b의 최솟값을 m이라 할 때, $M + m$의 값은?

① 3 ② 4 ③ 5
④ 6 ⑤ 7

유형 05 계수가 문자인 이차방정식의 근의 판별

계수가 실수인 이차방정식 $ax^2+bx+c=0$에 대하여 실수의 성질을 이용하여 b^2-4ac의 부호를 조사하면 근을 판별할 수 있다.

13 실수 a, b, c에 대하여 $b=a+c$일 때, 이차방정식
●●○ $4ax^2+2bx+c=0$의 근을 판별하시오.

14 x에 대한 이차방정식 $x^2-ax+\dfrac{b^2}{4}-1=0$이 중근
●●○ 을 가질 때, 이차방정식 $x^2+2ax-2b-7=0$의 근을 판별하시오. (단, a, b는 실수)

15 이차방정식 $ax^2-2bx-a+2b-\dfrac{c}{a}=0$에 대하여
●●○ 보기에서 옳은 것만을 있는 대로 고른 것은?
(단, a, b, c는 실수)

┌ 보기 ─────────────────────
│ ㄱ. $c>0$이면 서로 다른 두 실근을 갖는다.
│ ㄴ. $c=0$이면 중근을 갖는다.
│ ㄷ. $a=b$, $c<0$이면 서로 다른 두 허근을 갖는다.
└──────────────────────────

① ㄱ   ② ㄴ   ③ ㄱ, ㄷ
④ ㄴ, ㄷ   ⑤ ㄱ, ㄴ, ㄷ

UP
유형 06 이차방정식의 판별식의 활용

(1) 계수가 실수인 이차식 ax^2+bx+c가 완전제곱식이면
 ➡ 이차방정식 $ax^2+bx+c=0$이 중근을 갖는다.
 ➡ $b^2-4ac=0$
(2) k의 값에 관계없이 항상 중근을 가지면
 ➡ 판별식을 이용하여 세운 등식이 k에 대한 항등식임을 이용한다.

16 x에 대한 이차식 $x^2-2(1-k)x+k^2-3k+2$가
●●○ 완전제곱식일 때, 실수 k의 값을 구하시오.

교육청
17 x에 대한 이차방정식
●●○ $x^2-2(m+a)x+m^2+m+b=0$이 실수 m의 값에 관계없이 항상 중근을 가질 때, $12(a+b)$의 값은? (단, a, b는 상수이다.)

① 9   ② 10   ③ 11
④ 12   ⑤ 13

18 이차식 $(a+b)x^2+2cx+a-b$가 완전제곱식일 때,
●●● a, b, c를 세 변의 길이로 하는 삼각형은 어떤 삼각형인가?

① 정삼각형
② 예각삼각형
③ 둔각삼각형
④ $a=b$인 이등변삼각형
⑤ 빗변의 길이가 a인 직각삼각형

정답과 해설 127쪽

유형 01 이차방정식의 근과 계수의 관계 (1)

이차방정식 $ax^2+bx+c=0$의 두 근을 α, β라 하면

➡ $\alpha+\beta=-\dfrac{b}{a}$, $\alpha\beta=\dfrac{c}{a}$

교육청

1 이차방정식 $x^2+6x+7=0$의 두 근을 α, β라 할 때, $\alpha^2+\beta^2$의 값은?

① 14   ② 16   ③ 18

④ 20   ⑤ 22

2 이차방정식 $x^2-4x+1=0$의 두 근을 α, β라 할 때, $\dfrac{\alpha^2}{\beta}+\dfrac{\beta^2}{\alpha}$의 값은?

① 40   ② 46   ③ 52

④ 58   ⑤ 64

3 이차방정식 $x^2+2x-4=0$의 두 근을 α, β라 할 때, $\dfrac{\beta}{\alpha-1}+\dfrac{\alpha}{\beta-1}$의 값을 구하시오.

4 이차방정식 $x^2-6x+4=0$의 두 근을 α, β라 할 때, $\sqrt{\alpha}+\sqrt{\beta}$의 값을 구하시오.

유형 02 이차방정식의 근과 계수의 관계 (2)

이차방정식 $ax^2+bx+c=0$의 두 근이 α, β이면
$$a\alpha^2+b\alpha+c=0,\ a\beta^2+b\beta+c=0$$
임을 이용하여 구하는 식의 차수를 낮춘 후 근과 계수의 관계를 이용한다.

5 이차방정식 $x^2+7x+1=0$의 두 근을 α, β라 할 때, $\alpha^2-7\beta$의 값을 구하시오.

6 이차방정식 $x^2-2x+5=0$의 두 근을 α, β라 할 때, $(\alpha^2-3\alpha+7)(\beta^2-\beta+3)$의 값은?

① -2 ② -3 ③ -4

④ -5 ⑤ -6

7 이차방정식 $x^2+x-3=0$의 두 근을 α, β라 할 때, $\dfrac{\alpha^2}{3+\beta-\alpha^2}+\dfrac{\beta^2}{3+\alpha-\beta^2}$의 값을 구하시오.

8 이차방정식 $x^2-6x+1=0$의 두 근을 α, β라 할 때, $\sqrt{\alpha^2+1}+\sqrt{\beta^2+1}$의 값은?

① $2\sqrt{3}$ ② $2\sqrt{6}$ ③ $3\sqrt{3}$

④ $4\sqrt{3}$ ⑤ $3\sqrt{6}$

유형 03 **두 근이 주어진 이차방정식**

두 이차방정식의 근이 주어진 경우 각각 근과 계수의 관계를 이용하여 식을 세운 후 미정계수를 구한다.

9 이차방정식 $ax^2+2x+b=0$의 두 근이 -1, $\dfrac{1}{3}$일 때, 이차방정식 $bx^2+ax+a-b=0$의 두 근의 곱은? (단, a, b는 상수)

① -4 ② -2 ③ 2

④ 4 ⑤ 8

10 이차방정식 $8x^2-2x+a=0$의 두 근이 α, β이고, 이차방정식 $4x^2-bx+2=0$의 두 근이 $\alpha+\beta$, $\alpha\beta$일 때, 상수 a, b에 대하여 $a+b$의 값은?

① 10 ② 15 ③ 20

④ 25 ⑤ 30

11 이차방정식 $x^2-ax+b=0$의 두 근이 α, β이고, 이차방정식 $x^2+bx+a=0$의 두 근이 $\dfrac{\beta}{\alpha}$, $\dfrac{\alpha}{\beta}$일 때, 상수 a, b에 대하여 a^2+b^2의 값은?

① 2 ② 4 ③ 7

④ 10 ⑤ 12

유형 04 **근의 관계식이 주어진 이차방정식**

이차방정식의 두 근 α, β에 대한 관계식이 주어지면 주어진 식을 $\alpha+\beta$, $\alpha\beta$에 대한 식으로 변형한 후 근과 계수의 관계를 이용하여 미정계수를 구한다.

12 이차방정식 $x^2+kx+1-2k=0$의 두 근을 α, β라 할 때, $\alpha^2+\beta^2=0$을 만족시키는 모든 상수 k의 값의 합은?

① -4 ② -2 ③ 0

④ 2 ⑤ 4

13 이차방정식 $x^2-ax+b=0$의 두 근을 α, β라 할 때, $(\alpha+1)(\beta+1)=1$, $(2\alpha+1)(2\beta+1)=-1$을 만족시키는 상수 a, b에 대하여 a^2+b^2의 값은?

① 1 ② 2 ③ 3

④ 4 ⑤ 5

교육청▶
14 x에 대한 이차방정식 $x^2-3x+k=0$의 두 근을 α, β라 할 때, $\dfrac{1}{\alpha^2-\alpha+k}+\dfrac{1}{\beta^2-\beta+k}=\dfrac{1}{4}$을 만족시키는 실수 k의 값을 구하시오.

유형 05 두 근의 조건이 주어진 이차방정식

주어진 조건에 따라 두 근을 다음과 같이 놓고 근과 계수의 관계를 이용하여 식을 세운다.

(1) 두 근의 차가 k ➡ α, $\alpha+k$

(2) 두 근이 연속인 정수 ➡ α, $\alpha+1$

(3) 두 근의 비가 $m:n$ ➡ $m\alpha$, $n\alpha\,(\alpha\neq0)$

(4) 한 근이 다른 근의 k배 ➡ α, $k\alpha\,(\alpha\neq0)$

(5) 절댓값이 같고 서로 다른 부호

➡ α, $-\alpha\,(\alpha\neq0)$

➡ 두 근의 합은 0, 곱은 음수

15 이차방정식 $x^2+mx+m-1=0$의 한 근이 다른 근의 3배일 때, 정수 m의 값은?

① -4　　　② -3　　　③ 1

④ 3　　　⑤ 4

16 이차방정식 $x^2-mx+m+5=0$의 두 근이 연속인 정수일 때, 양수 m의 값을 구하시오.

17 이차방정식 $x^2-(k+1)x+k=0$의 두 근의 비가 $2:3$일 때, 모든 상수 k의 값의 곱은?

① $\dfrac{2}{3}$　　　② 1　　　③ $\dfrac{3}{2}$

④ 2　　　⑤ $\dfrac{9}{4}$

18 x에 대한 이차방정식 $x^2+(m^2+m-2)x+m+1=0$의 두 실근의 절댓값이 같고 부호가 서로 다를 때, 상수 m의 값은?

① -2　　　② -1　　　③ $-\dfrac{1}{2}$

④ 1　　　⑤ 2

19 x에 대한 이차방정식 $x^2+(1-2m)x+3m^2+8m-10=0$의 두 근의 차가 3일 때, 모든 상수 m의 값의 합은?

① $-\dfrac{9}{2}$　　　② -4　　　③ $-\dfrac{7}{2}$

④ -3　　　⑤ $-\dfrac{5}{2}$

20 이차방정식 $kx^2-(k-1)x-3k=0$의 두 실근의 절댓값의 비가 $1:3$일 때, 정수 k의 값은?

① -2　　　② -1　　　③ 1

④ 2　　　⑤ 3

유형 06 잘못 보고 푼 이차방정식

이차방정식의 계수를 잘못 보고 푼 경우
➡ 바르게 보고 푼 계수를 확인한 후 이차방정식의 근과
계수의 관계를 이용하여 미정계수를 구한다.

21
A, B 두 사람이 x^2의 계수가 1인 이차방정식을 푸
는데 A는 x의 계수를 잘못 보고 풀었고, B는 상
수항을 잘못 보고 풀었다. A가 얻은 근이 $2-\sqrt{3}$,
$2+\sqrt{3}$이고, B가 얻은 근이 -1, 4일 때, 원래의 이
차방정식을 구하시오.

22
민지와 은주가 이차방정식 $x^2+ax+b=0$을 푸는
데 민지는 a를 잘못 보고 풀어서 두 근 -2, 6을 얻
었고, 은주는 b를 잘못 보고 풀어서 두 근 $-2-2\sqrt{3}i$,
$-2+2\sqrt{3}i$를 얻었다. 원래의 이차방정식의 올바른
두 근 중 양수인 근은? (단, a, b는 상수, $i=\sqrt{-1}$)

① 1   ② 2   ③ 3
④ 4   ⑤ 5

23
이차방정식 $ax^2+bx+c=0$을 푸는데 근의 공식을
$x=\dfrac{-b\pm\sqrt{b^2-ac}}{a}$로 잘못 적용하여 풀었더니 두
근 -4, 2를 얻었다. 원래의 이차방정식의 두 근을
α, β라 할 때, $\alpha^2+\beta^2$의 값을 구하시오.
(단, a, b, c는 실수)

유형 07 이차방정식 $f(x)=0$의 근을 이용하여
$f(ax+b)=0$의 근 구하기

이차방정식 $f(x)=0$의 두 근을 α, β라 하면
$$f(\alpha)=0, \ f(\beta)=0$$
따라서 이차방정식 $f(ax+b)=0$의 두 근을 구하면
$$ax+b=\alpha \ \text{또는} \ ax+b=\beta$$
$$\therefore x=\frac{\alpha-b}{a} \ \text{또는} \ x=\frac{\beta-b}{a}$$

24
이차방정식 $f(x)=0$의 두 근 α, β에 대하여
$\alpha+\beta=7$, $\alpha\beta=-3$일 때, 이차방정식
$f(3x+1)=0$의 두 근의 곱은?

① -1 ② 1   ③ 2
④ 3   ⑤ 4

교육청 ▶
25
x에 대한 이차방정식 $f(x)=0$의 두 근의 합이 16
일 때, x에 대한 이차방정식 $f(2020-8x)=0$의
두 근의 합을 구하시오.

26
이차방정식 $f(2x-3)=0$의 두 근의 합이 3일 때,
이차방정식 $f(x)=0$의 두 근의 합은?

① 0   ② $\dfrac{3}{2}$ ③ 3
④ $\dfrac{9}{2}$ ⑤ 6

유형 08 두 수를 근으로 하는 이차방정식

α, β를 두 근으로 하고 x^2의 계수가 1인 이차방정식은
$$(x-\alpha)(x-\beta)=0 \Rightarrow x^2-(\alpha+\beta)x+\alpha\beta=0$$

27 이차방정식 $x^2+4x+5=0$의 두 근을 α, β라 할 때, 다음 중 $\alpha+\beta$, $\alpha\beta$를 두 근으로 하고 x^2의 계수가 1인 이차방정식은?

① $x^2-9x+20=0$ ② $x^2-x-20=0$
③ $x^2-x+20=0$ ④ $x^2+x-20=0$
⑤ $x^2+9x+20=0$

28 이차방정식 $x^2-3x+1=0$의 두 근을 α, β라 할 때, $\alpha+\dfrac{1}{\alpha}$, $\beta+\dfrac{1}{\beta}$ 을 두 근으로 하고 x^2의 계수가 1인 이차방정식을 구하시오.

29 오른쪽 그림과 같이 삼각형 ABC가 변 AB를 지름으로 하는 원에 내접하고 있다. $\overline{AB}=10$이고, 꼭짓점 C에서 변 AB에 내린 수선의 발을 H라 하면 $\overline{AH}=a$, $\overline{BH}=b$, $\overline{CH}=4$일 때, a, b를 두 근으로 하고 x^2의 계수가 1인 이차방정식을 구하시오.

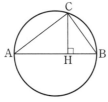

유형 09 이차식의 인수분해

이차방정식 $ax^2+bx+c=0$의 두 근을 α, β라 하면
$$\Rightarrow ax^2+bx+c=a(x-\alpha)(x-\beta)$$

30 이차식 x^2+2x+9를 복소수의 범위에서 인수분해 하면? (단, $i=\sqrt{-1}$)

① $(x-2+3i)(x-2-3i)$
② $(x+1+2\sqrt{2})(x+1-2\sqrt{2})$
③ $(x+1+\sqrt{2}i)(x+1-\sqrt{2}i)$
④ $(x+1+2\sqrt{2}i)(x+1-2\sqrt{2}i)$
⑤ $(x+1+3i)(x+1-3i)$

31 이차식 x^2+2x+2가 복소수의 범위에서 x의 계수가 1인 두 일차식의 곱으로 인수분해될 때, 두 일차식의 합은? (단, $i=\sqrt{-1}$)

① $2x-2$ ② $2x$ ③ $2x+2$
④ $2x-2i$ ⑤ $2x+2i$

32 이차식 $\dfrac{1}{2}x^2+3x+6$을 복소수의 범위에서 인수분해하면 $\dfrac{1}{2}(x+a+bi)(x+a-bi)$이다. 이때 양수 a, b에 대하여 $a+b^2$의 값은? (단, $i=\sqrt{-1}$)

① 2   ② 3   ③ 4
④ 6   ⑤ 8

(1) 계수가 유리수인 이차방정식의 한 근이 $p+q\sqrt{m}$이면 다른 한 근은 $p-q\sqrt{m}$이다.

(단, p, q는 유리수, $q \neq 0$, $\sqrt{m}$은 무리수)

(2) 계수가 실수인 이차방정식의 한 근이 $p+qi$이면 다른 한 근은 $p-qi$이다. (단, p, q는 실수, $q \neq 0$, $i=\sqrt{-1}$)

교육청

33 x에 대한 이차방정식 $2x^2+ax+b=0$의 한 근이
●○○ $2-i$일 때, $b-a$의 값은?

(단, a, b는 실수이고, $i=\sqrt{-1}$이다.)

① 12   ② 14   ③ 16

④ 18   ⑤ 20

34 이차방정식 $x^2-6x+a=0$의 한 근이 $b-\sqrt{2}$일 때,
●○○ 유리수 a, b에 대하여 $a+b$의 값을 구하시오.

35 이차방정식 $x^2-(a+b)x-ab=0$의 한 근이
●●○ $\dfrac{2+4i}{1-i}$일 때, 실수 a, b에 대하여 a^2+b^2의 값은?

(단, $i=\sqrt{-1}$)

① 8   ② 12   ③ 16

④ 20   ⑤ 24

36 이차방정식 $x^2+ax+b=0$의 한 근이 $2-\sqrt{3}i$일 때,
●●○ 실수 a, b를 두 근으로 하는 이차방정식이
$x^2+mx+n=0$이다. 이때 상수 m, n에 대하여
$m-n$의 값을 구하시오. (단, $i=\sqrt{-1}$)

37 이차방정식 $ax^2+bx+c=0$의 b를 잘못 보고 풀었
●●○ 더니 한 근이 $4+2\sqrt{2}$가 나왔고, c를 잘못 보고 풀었
더니 한 근이 $-3+\sqrt{2}$가 나왔다. 처음 이차방정식
을 풀면? (단, a, b, c는 유리수)

① $x=-4\pm\sqrt{10}$

② $x=-4$ 또는 $x=-2$

③ $x=1$ 또는 $x=7$

④ $x=2$ 또는 $x=4$

⑤ $x=4\pm\sqrt{10}$

38 다항식 $f(x)=x^2+px+q$가 다음 조건을 만족시
●●● 킬 때, 실수 p, q에 대하여 $p+q$의 값은?

> ㈎ 다항식 $f(x)$를 $x-4$로 나누었을 때의 나머지
> 는 4이다.
> ㈏ 이차방정식 $f(x)=0$의 한 근은 $k-2i$이다.
> (단, k는 실수, $i=\sqrt{-1}$)

① 8   ② 10   ③ 12

④ 14   ⑤ 16

Ⅱ. 방정식과 부등식

2 이차방정식과 이차함수

유형 01 이차함수의 그래프와 x축의 교점

이차함수 $y=ax^2+bx+c$의 그래프와 x축의 교점의 x좌표는 이차방정식 $ax^2+bx+c=0$의 실근과 같다.

➡ 이차함수의 그래프와 x축의 교점의 x좌표가 α, β이면 이차방정식의 근과 계수의 관계에 의하여

$$\alpha+\beta=-\frac{b}{a},\ \alpha\beta=\frac{c}{a}$$

교육청

1 이차함수 $y=2x^2+ax-1$의 그래프가 x축과 만나는 두 점의 x좌표의 합이 -1일 때, 상수 a의 값은?

① -2 ② -1 ③ 0

④ 1 ⑤ 2

2 이차함수 $y=x^2+ax+b$의 그래프와 x축의 두 교점의 x좌표가 각각 -1, $\frac{3}{2}$일 때, 상수 a, b에 대하여 $a-b$의 값은?

① -1 ② 0 ③ 1

④ 2 ⑤ 3

3 이차함수 $y=2x^2-ax-5$의 그래프가 x축과 두 점 $(-1, 0)$, $(b, 0)$에서 만날 때, 상수 a, b에 대하여 $a+2b$의 값을 구하시오.

4 이차함수 $y=-x^2+ax+2a-1$의 그래프와 x축의 두 교점의 x좌표의 합이 3일 때, 이차함수 $y=x^2-(a-1)x-a^2+1$의 그래프와 x축의 두 교점 사이의 거리를 구하시오. (단, a는 상수)

5 이차함수 $y=x^2+2kx+2k+1$의 그래프와 x축의 두 교점 사이의 거리가 $2\sqrt{2}$일 때, 양수 k의 값을 구하시오.

6 이차함수 $y=ax^2+bx+c$의 그래프가 두 점 $(0, -4)$, $(-1-\sqrt{5}, 0)$을 지날 때, 유리수 a, b, c에 대하여 $a+b+c$의 값은?

① -4 ② -3 ③ -2

④ -1 ⑤ 1

7 이차함수 $y=f(x)$의 그래프가 오른쪽 그림과 같을 때, 방정식 $f(3x+2)=0$의 모든 실근의 합을 구하시오.

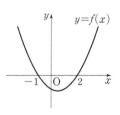

유형 02 **이차함수의 그래프와 x축의 위치 관계**

이차함수 $y=ax^2+bx+c$의 그래프와 x축의 위치 관계는 이차방정식 $ax^2+bx+c=0$의 판별식을 D라 할 때

(1) $D>0$이면 서로 다른 두 점에서 만난다.

(2) $D=0$이면 한 점에서 만난다(접한다).

(3) $D<0$이면 만나지 않는다.

8 다음 이차함수의 그래프 중 x축과 만나지 <u>않는</u> 것은?

① $y=x^2-2x+1$

② $y=x^2-3x-6$

③ $y=2x^2-12x+16$

④ $y=3x^2-3x+7$

⑤ $y=3x^2-18x+27$

교육청

9 이차함수 $y=x^2-5x+k$의 그래프와 x축이 서로 다른 두 점에서 만나도록 하는 자연수 k의 최댓값은?

① 4 　　② 6 　　③ 8

④ 10 　　⑤ 12

10 이차함수 $y=-x^2+3x-2k$의 그래프는 x축과 서로 다른 두 점에서 만나고, 이차함수 $y=x^2+2kx+4k-3$의 그래프는 x축과 접할 때, 상수 k의 값은?

① -5 　　② -3 　　③ -1

④ 1 　　⑤ 3

유형 03 **이차함수의 그래프와 직선의 교점**

이차함수 $y=ax^2+bx+c$의 그래프와 직선 $y=mx+n$의 교점의 x좌표는 이차방정식 $ax^2+(b-m)x+c-n=0$의 실근과 같다.

➡ 이차함수의 그래프와 직선의 교점의 x좌표가 α, β이면 이차방정식의 근과 계수의 관계에 의하여

$$\alpha+\beta=-\frac{b-m}{a},\ \alpha\beta=\frac{c-n}{a}$$

11 이차함수 $y=x^2-2x-7$의 그래프와 직선 $y=2x+5$의 두 교점의 좌표를 $(a,\ b)$, $(c,\ d)$라 할 때, $ac+bd$의 값을 구하시오.

교육청

12 곡선 $y=2x^2-5x+a$와 직선 $y=x+12$가 서로 다른 두 점에서 만나고 두 교점의 x좌표의 곱이 -4일 때, 상수 a의 값은?

① 3 　　② 4 　　③ 5

④ 6 　　⑤ 7

13 이차함수 $y=2x^2+ax-1$의 그래프와 직선 $y=3x+b$의 두 교점의 x좌표가 각각 -1, 3일 때, 상수 a, b에 대하여 $a+b$의 값을 구하시오.

14 이차함수 $y=x^2-(a+1)x-2$의 그래프와 직선 $y=-4x+1$의 두 교점의 x좌표의 차가 4일 때, 모든 상수 a의 값의 합을 구하시오.

01 이차방정식과 이차함수의 관계

정답과 해설 132쪽

유형 04 이차함수의 그래프와 직선의 위치 관계

이차함수 $y=ax^2+bx+c$의 그래프와 직선 $y=mx+n$의
위치 관계는 이차방정식 $ax^2+(b-m)x+c-n=0$의 판
별식을 D라 할 때

(1) $D>0$이면 서로 다른 두 점에서 만난다.
(2) $D=0$이면 한 점에서 만난다(접한다).
(3) $D<0$이면 만나지 않는다.

15 이차함수 $y=x^2-3x+2k$의 그래프와 직선
●○○ $y=3x+k$가 서로 다른 두 점에서 만나도록 하는
정수 k의 최댓값은?

① 6   ② 7   ③ 8

④ 9   ⑤ 10

16 이차함수 $y=x^2+2(m+2)x+m^2$의 그래프와 직
●○○ 선 $y=-2x-3$이 만나도록 하는 상수 m의 값의
범위를 구하시오.

17 직선 $y=ax-6$이 직선 $y=2x+3$에 평행하고 이차
●●○ 함수 $y=x^2-4x+b$의 그래프에 접할 때, 상수 a, b
에 대하여 $a+b$의 값은?

① -5 ② -2 ③ 0

④ 2   ⑤ 5

18 점 $(-1, 0)$을 지나고 기울기가 m인 직선이 곡선
●●○ $y=x^2+x+4$에 접할 때, 양수 m의 값은?

① $\dfrac{3}{2}$ ② 2   ③ $\dfrac{5}{2}$

④ 3   ⑤ $\dfrac{7}{2}$

19 직선 $y=2x+k$는 이차함수 $y=x^2+x+3$의 그래
●●○ 프와 만나지 않고, 이차함수 $y=x^2+kx-k+9$의
그래프와 접할 때, 상수 k의 값을 구하시오.

20 x에 대한 이차함수 $y=x^2-4kx+4k^2+k$의 그래
●●○ 프와 직선 $y=2ax+b$가 실수 k의 값에 관계없이
항상 접할 때, $a+b$의 값은? (단, a, b는 상수이다.)

① $\dfrac{1}{8}$ ② $\dfrac{3}{16}$ ③ $\dfrac{1}{4}$

④ $\dfrac{5}{16}$ ⑤ $\dfrac{3}{8}$

21 방정식 $x^2-3|x|-x+k=0$이 서로 다른 세 실근
●●● 을 갖도록 하는 모든 상수 k의 값의 합은?

① -1 ② 0   ③ 1

④ 2   ⑤ 3

02 이차함수의 최대, 최소

이차함수의 최댓값과 최솟값

$\alpha \leq x \leq \beta$에서 이차함수 $f(x)=a(x-p)^2+q$는

(1) 꼭짓점의 x좌표 p가 주어진 범위에 포함될 때
→ $f(\alpha)$, $f(p)$, $f(\beta)$ 중 가장 큰 값이 최댓값, 가장 작은 값이 최솟값이다.

(2) 꼭짓점의 x좌표 p가 주어진 범위에 포함되지 않을 때
→ $f(\alpha)$, $f(\beta)$ 중 큰 값이 최댓값, 작은 값이 최솟값이다.

1 $-1 \leq x \leq 3$에서 이차함수 $y=-3x^2+12x-8$의 최댓값을 M, 최솟값을 m이라 할 때, $M+m$의 값을 구하시오.

2 $2 \leq x \leq 4$에서 이차함수 $y=\dfrac{1}{2}x^2-x+k$의 최댓값과 최솟값의 차는? (단, k는 상수)

① $\dfrac{5}{2}$ ② 3 ③ $\dfrac{7}{2}$

④ 4 ⑤ $\dfrac{9}{2}$

교육청

3 실수 p에 대하여 $0 \leq x \leq 2$에서 이차함수 $f(x)=x^2-4px$의 최솟값을 $g(p)$라 하자. $g(-1)+g\left(\dfrac{1}{2}\right)$의 값은?

① -3 ② -2 ③ -1

④ 0 ⑤ 1

4 이차함수 $y=2x^2-4kx+k^2-12k+30$의 최솟값을 $f(k)$라 하자. $-2 \leq k \leq 4$에서 함수 $f(k)$가 $k=a$에서 최댓값 b를 가질 때, $a+b$의 값은?

① 46 ② 48 ③ 50

④ 52 ⑤ 54

5 이차함수 $f(x)$가 모든 실수 x에 대하여 $f(x-1)-f(x)=-2x+3$을 만족시키고, $f(0)=-1$일 때, $0 \leq x \leq 4$에서 함수 $f(x)$의 최댓값과 최솟값의 합은?

① -7 ② -4 ③ -1

④ 2 ⑤ 5

6 계수가 유리수인 이차함수 $f(x)$가 다음 조건을 만족시킬 때, $-2 \leq x \leq 4$에서 $f(x)$의 최솟값을 구하시오.

㈎ 이차함수 $y=f(x)$의 그래프는 y축과 점 $(0, 2)$에서 만난다.

㈏ 이차함수 $y=f(x)$의 그래프와 직선 $y=-2x+6$의 두 교점 중 한 점의 x좌표가 $1-\sqrt{5}$이다.

유형 02 **최댓값 또는 최솟값이 주어졌을 때, 미정계수 구하기**

이차함수의 식을 $y=a(x-p)^2+q$ 꼴로 변형한 후 주어진 최댓값 또는 최솟값을 이용하여 미정계수를 구한다.

⎡교육청⎤

7 $-2 \le x \le 3$일 때, 이차함수 $f(x)=2x^2-4x+k$의
●○○ 최솟값은 1이고 최댓값은 M이다. $k+M$의 값을 구하시오. (단, k는 상수이다.)

8 $-1 \le x \le 1$에서 이차함수 $y=x^2-4x+a$의 최댓값
●●○ 과 최솟값의 곱이 9일 때, 양수 a의 값을 구하시오.

9 $-1 \le x \le 2$에서 이차함수 $y=-ax^2+2ax+b$의
●●○ 최댓값이 8, 최솟값이 -8일 때, 상수 a, b에 대하여 $a-b$의 값은? (단, $a>0$)

① -3 ② -1 ③ 0
④ 3 ⑤ 5

10 $0 \le x \le a$에서 이차함수 $y=3x^2-6x+2$의 최댓값
●●○ 이 11이고 최솟값이 b일 때, $a+b$의 값을 구하시오. (단, $a>0$)

11 이차함수 $f(x)=x^2+ax+b$가 다음 조건을 만족
●●○ 시킬 때, $-2 \le x \le 5$에서 함수 $f(x)$의 최댓값을 구하시오. (단, a, b는 상수)

⎡ (가) $f(-1)=f(3)$
⎣ (나) 함수 $f(x)$의 최솟값은 -4이다.

⎡교육청⎤

12 이차함수 $f(x)$가 다음 조건을 만족시킨다.
●●○

⎡ (가) x에 대한 방정식 $f(x)=0$의 두 근은 -2와 4
⎢ 이다.
⎢ (나) $5 \le x \le 8$에서 이차함수 $f(x)$의 최댓값은 80
⎣ 이다.

$f(-5)$의 값을 구하시오.

⎡교육청⎤

13 양수 a에 대하여 $0 \le x \le a$에서 이차함수
●●● $f(x)=x^2-8x+a+6$
의 최솟값이 0이 되도록 하는 모든 a의 값의 합은?

① 11 ② 12 ③ 13
④ 14 ⑤ 15

공통부분이 있는 함수의 최댓값과 최솟값은 다음과 같은 순서로 구한다.

(1) 공통부분을 t로 놓고 t의 값의 범위를 구한다.

(2) 치환한 함수의 식을 $y=a(t-p)^2+q$ 꼴로 변형한다.

(3) (1)에서 구한 범위에서 함수 $y=a(t-p)^2+q$의 최댓값과 최솟값을 구한다.

14 함수 $y=-(x^2+2x)^2+2(x^2+2x)+3$의 최댓값은?

① 1   ② 2   ③ 3

④ 4   ⑤ 5

15 $0\le x\le 3$에서 함수

$y=2(x^2-2x+1)^2-4(x^2-2x+2)-1$의 최댓값과 최솟값의 합은?

① -2 ② 0   ③ 2

④ 4   ⑤ 6

16 $-1\le x\le 1$에서 함수

$y=(4x^2+4x)^2-6(4x^2+4x)+k$의 최솟값이 2일 때, 상수 k의 값을 구하시오.

조건을 만족시키는 이차식의 최댓값과 최솟값은 다음과 같은 순서로 구한다.

(1) 주어진 등식을 한 문자에 대하여 정리한다.

(2) (1)의 식을 최댓값과 최솟값을 구해야 하는 이차식에 대입하여 범위가 주어진 문자에 대한 이차식으로 나타낸다.

(3) 제한된 범위에서 이차함수의 최대, 최소를 이용하여 최댓값과 최솟값을 구한다.

17 $0\le x\le 4$이고 $x+y=4$인 실수 x, y에 대하여 x^2+xy+y^2의 최댓값과 최솟값의 합은?

① 28   ② 30   ③ 32

④ 34   ⑤ 36

교육청

18 직선 $y=-\dfrac{1}{4}x+1$이 y축과 만나는 점을 A, x축과 만나는 점을 B라 하자. 점 $P(a, b)$가 점 A에서 직선 $y=-\dfrac{1}{4}x+1$을 따라 점 B까지 움직일 때, a^2+8b의 최솟값은?

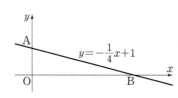

① 5   ② $\dfrac{17}{3}$ ③ $\dfrac{19}{3}$

④ 7   ⑤ $\dfrac{23}{3}$

19 지면으로부터의 높이가 5 m인 건물의 옥상에서 초속 30 m로 지면과 수직 방향으로 쏘아 올린 물 로켓의 t초 후의 지면으로부터의 높이를 h m라 하면 $h=-5t^2+30t+5$일 때, 물 로켓을 쏘아 올린 지 2초 이상 5초 이하에서 물 로켓의 최고 높이와 최소 높이의 차를 구하시오.

교육청

20 이차함수 $f(x)=x^2-2ax+5a$의 그래프의 꼭짓점을 A라 하고, 점 A에서 x축에 내린 수선의 발을 B라 하자. $0<a<5$일 때, $\overline{OB}+\overline{AB}$의 최댓값은? (단, O는 원점이고, a는 $a\neq0$, $a\neq5$인 실수이다.)

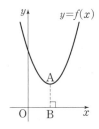

① 5   ② 6   ③ 7

④ 8   ⑤ 9

21 오른쪽 그림과 같이 밑면의 반지름의 길이가 2이고 높이가 16인 원기둥이 있다. 밑면의 넓이가 매초 2π씩 늘어나고 높이가 매초 1씩 줄어든다고 할 때, 이 원기둥의 부피의 최댓값을 구하시오.

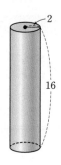

22 오른쪽 그림과 같이 길이가 18 m인 철망을 이용하여 담장 옆에 칸막이가 있는 직사각형 모양의 우리를 만들려고 한다. 세 우리의 넓이의 비는 1 : 1 : 2이고 담장에는 철망을 사용하지 않을 때, 우리 전체의 넓이의 최댓값은? (단, 철망의 두께는 무시한다.)

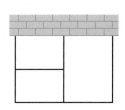

① 12 m²   ② 15 m²   ③ 18 m²

④ 21 m²   ⑤ 24 m²

23 오른쪽 그림과 같이 밑변의 길이가 20이고 높이가 20인 삼각형에 내접하는 직사각형이 있다. 직사각형의 한 변이 삼각형의 밑변 위에 있을 때, 이 직사각형의 넓이의 최댓값을 구하시오.

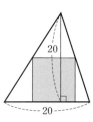

3 여러 가지 방정식

유형 01 삼차방정식과 사차방정식의 풀이

방정식 $f(x)=0$에서 인수분해 공식 및 인수 정리와 조립제법을 이용하여 $f(x)$를 인수분해한 후 해를 구한다.

1 삼차방정식 $x^3-9x^2+13x+23=0$의 모든 양의
○○○ 근의 곱을 구하시오.

2 사차방정식 $x^4+2x^3+x^2-2x-2=0$의 모든 실근
○○○ 의 합은?

　① -2 　　② -1 　　③ 0

　④ 1 　　⑤ 2

교육청

3 삼차방정식
●○○ 　　$x^3+2x^2-3x-10=0$
의 서로 다른 두 허근을 α, β라 할 때, $\alpha^3+\beta^3$의 값
은?

　① -2 　　② -3 　　③ -4

　④ -5 　　⑤ -6

4 사차방정식 $x^4-3x^3+3x^2+x-6=0$의 서로 다른
●○○ 두 실근을 α, β, 서로 다른 두 허근을 γ, δ라 할 때,
$\alpha+\beta+\gamma^2+\delta^2$의 값을 구하시오.

유형 02 공통부분이 있는 사차방정식의 풀이

공통부분을 한 문자로 치환한 후 인수분해하여 푼다.
이때 공통부분이 바로 보이지 않으면 공통부분이 생기도록
식을 변형한다.
참고 (일차식)×(일차식)×(일차식)×(일차식)$+k$(k는 상수) 꼴
　➡ 두 일차식의 상수항의 합이 같게 짝을 지어 전개한 후 공
　　통부분을 치환한다.

5 사차방정식 $(x^2-x)^2-5(x^2-x)+6=0$의 모든
●○○ 실근의 합을 구하시오.

6 사차방정식 $(x^2+2x-2)(x^2+2x-6)+3=0$의
●○○ 모든 음의 근의 합은?

　① $-4-\sqrt{6}$ 　　② -6 　　③ $-1-2\sqrt{6}$

　④ -5 　　⑤ $-2-\sqrt{6}$

7 사차방정식 $(x+1)(x+2)^2(x+3)=20$의 두 실
●●○ 근의 곱을 a, 두 허근의 곱을 b라 할 때, $b-a$의 값
을 구하시오.

교육청

8 방정식 $(x^2-4x+3)(x^2-6x+8)=120$의 한 허
●●○ 근을 ω라 할 때, $\omega^2-5\omega$의 값은?

　① -16 　　② -14 　　③ -12

　④ -10 　　⑤ -8

유형 03 $x^4+ax^2+b=0$ 꼴의 사차방정식의 풀이

$x^4+ax^2+b=0$에서 $x^2=t$로 치환하여 $t^2+at+b=0$으로 나타낼 때

(1) 좌변이 인수분해되는 경우
➡ 좌변을 인수분해하여 t의 값을 구한 후 t에 x^2을 대입하여 푼다.

(2) 좌변이 인수분해되지 않는 경우
➡ $x^4+ax^2+b=0$의 좌변에 적당한 이차식을 더하거나 빼서 $A^2-B^2=0$ 꼴로 변형한 후 인수분해하여 푼다.

9 사차방정식 $x^4+9x^2-36=0$의 모든 실근의 곱은?

① -9 ② -3 ③ 3
④ 9 ⑤ 12

10 사차방정식 $x^4-8x^2+4=0$의 가장 큰 근을 α, 가장 작은 근을 β라 할 때, $\alpha+\beta$의 값은?

① $-4-2\sqrt{3}$ ② $-2-\sqrt{3}$ ③ -2
④ $2-2\sqrt{3}$ ⑤ 0

11 사차방정식 $x^4+4x^2+16=0$의 네 근을 α, β, γ, δ라 할 때, $\dfrac{1}{\alpha}+\dfrac{1}{\beta}+\dfrac{1}{\gamma}+\dfrac{1}{\delta}$의 값을 구하시오.

UP 유형 04 계수가 대칭인 사차방정식의 풀이

사차방정식 $ax^4+bx^3+cx^2+bx+a=0$은 다음과 같은 순서로 푼다.

(1) 가운데 항이 상수가 되도록 양변을 x^2으로 나눈다.
(2) $x^2+\dfrac{1}{x^2}=\left(x+\dfrac{1}{x}\right)^2-2$임을 이용하여 식을 변형한다.
(3) $x+\dfrac{1}{x}=t$로 치환한 후 t에 대한 이차방정식을 푼다.
(4) $t=x+\dfrac{1}{x}$을 대입하여 해를 구한다.

12 사차방정식 $x^4-3x^3+2x^2-3x+1=0$의 실근은?

① $\dfrac{-2\pm\sqrt{5}}{2}$ ② $-2\pm\sqrt{5}$ ③ $1\pm\sqrt{5}$
④ $\dfrac{3\pm\sqrt{5}}{2}$ ⑤ $3\pm\sqrt{5}$

13 사차방정식 $2x^4+3x^3-x^2+3x+2=0$의 서로 다른 두 허근을 α, β라 할 때, $\dfrac{\beta}{\alpha}+\dfrac{\alpha}{\beta}$의 값을 구하시오.

14 사차방정식 $x^4+6x^3+11x^2+6x+1=0$의 한 근을 α라 할 때, $\left|\alpha-\dfrac{1}{\alpha}\right|$의 값은?

① $\sqrt{5}$ ② $\sqrt{6}$ ③ $\sqrt{7}$
④ $2\sqrt{2}$ ⑤ 3

유형 05 근이 주어진 삼차·사차방정식

방정식 $f(x)=0$의 한 근이 α이면 $f(\alpha)=0$임을 이용하여 미정계수를 구한 후 방정식을 푼다.

15 삼차방정식 $x^3-(a+1)x+2a-1=0$의 한 근이
●○○ 1이고 나머지 두 근이 α, β일 때, $a+\alpha+\beta$의 값을 구하시오. (단, a는 상수)

교육청▶

16 x에 대한 사차방정식 $x^4-x^3+ax^2+x+6=0$의
●○○ 한 근이 -2일 때, 네 실근 중 가장 큰 것을 b라 하자. $a+b$의 값은? (단, a는 상수이다.)

① -7 ② -6 ③ -5
④ -4 ⑤ -3

17 삼차방정식 $x^3+ax^2+(a-3)x+b=0$의 두 근이
●●○ -2, 3일 때, 나머지 한 근은? (단, a, b는 상수)

① -3 ② -1 ③ 1
④ 2 ⑤ 4

18 사차방정식 $x^4-6x^3+ax^2+bx-2=0$의 두 근이
●●○ -1, 2일 때, 나머지 두 근의 곱을 구하시오.
(단, a, b는 상수)

유형 06 근의 조건이 주어진 삼차방정식

삼차방정식을 $(x-\alpha)(ax^2+bx+c)=0$(a는 실수) 꼴로 인수분해한 후 이차방정식 $ax^2+bx+c=0$의 판별식을 D라 할 때, 이 삼차방정식이

(1) 실근만을 가지면 ➡ $D \geq 0$
(2) 중근을 가지면
  ➡ $ax^2+bx+c=0$의 한 근이 $x=\alpha$이거나 $D=0$
(3) 허근을 가지면 ➡ $D<0$

19 삼차방정식 $x^3+x^2+2(k-1)x-2k=0$의 근이
●○○ 모두 실수가 되도록 하는 실수 k의 값의 범위를 구하시오.

20 삼차방정식 $x^3-4x^2+(3k-1)x-6k+10=0$이
●○○ 한 실근과 두 허근을 갖도록 하는 정수 k의 최솟값은?

① 1 ② 2 ③ 3
④ 4 ⑤ 5

21 삼차방정식 $x^3-7x^2+(a+6)x-a=0$이 서로 다
●●○ 른 세 실근을 갖도록 하는 자연수 a의 개수를 구하시오.

교육청▶

22 삼차방정식
●●○ $x^3-5x^2+(a+4)x-a=0$
의 서로 다른 실근의 개수가 2가 되도록 하는 모든 실수 a의 값의 합을 구하시오.

유형 O7 **삼차방정식의 활용**

삼차방정식의 활용 문제는 다음과 같은 순서로 푼다.
(1) 문제의 상황에 맞게 구하는 것을 x로 놓은 후 방정식을 세운다.
(2) 방정식을 푼다.
(3) 문제의 조건에 맞는 해만 택한다.

23 가로의 길이와 세로의 길이가 각각 3, 2이고 높이가 1인 직육면체의 모든 모서리의 길이를 각각 같은 길이만큼 늘여서 새로 만든 직육면체의 부피가 원래 직육면체의 부피의 20배가 되도록 할 때, 새로운 직육면체의 가로의 길이를 구하시오.

24 원기둥 모양의 두 그릇 A, B가 있다. 그릇 A는 밑면의 지름의 길이와 높이가 같고, 그릇 B는 높이가 A와 같지만 밑면의 반지름의 길이가 A보다 2 cm만큼 길다. 그릇 A에 물을 가득 담아서 이미 물이 16π cm^{3}만큼 들어 있는 그릇 B에 부었더니 반이 찼다고 할 때, 그릇 A의 높이를 구하시오.

25 정육면체 모양의 쌓기나무를 이용하여 오른쪽 그림과 같은 입체도형을 만들었더니 부피가 a cm^3, 겉넓이가 b cm^{2}였다. $b-a=45$일 때, 쌓기나무 한 개의 한 모서리의 길이를 구하시오.
(단, 쌓기나무의 모서리의 길이는 자연수이다.)

유형 O8 **삼차방정식의 근과 계수의 관계**

삼차방정식 $ax^3+bx^2+cx+d=0$의 세 근을 α, β, γ라 하면

$$\Rightarrow \alpha+\beta+\gamma=-\frac{b}{a}$$

$$\alpha\beta+\beta\gamma+\gamma\alpha=\frac{c}{a}$$

$$\alpha\beta\gamma=-\frac{d}{a}$$

26 삼차방정식 $x^3+x^2+2x+3=0$의 세 근을 α, β, γ라 할 때, $\dfrac{\alpha+\beta}{\alpha\beta}+\dfrac{\beta+\gamma}{\beta\gamma}+\dfrac{\gamma+\alpha}{\gamma\alpha}$의 값은?

① $-\dfrac{4}{3}$ ② $-\dfrac{2}{3}$ ③ $\dfrac{1}{3}$

④ $\dfrac{2}{3}$ ⑤ $\dfrac{4}{3}$

27 삼차방정식 $2x^3-3x^2+4x+2=0$의 세 근을 α, β, γ라 할 때, $\alpha^2\beta^2+\beta^2\gamma^2+\gamma^2\alpha^2$의 값은?

① -7 ② -5 ③ -3
④ 5 ⑤ 7

28 삼차방정식 $x^3-5x-6=0$의 세 근을 α, β, γ라 할 때, $\alpha^3+\beta^3+\gamma^3$의 값은?

① -18 ② -6 ③ 6
④ 18 ⑤ 30

29 삼차방정식 $x^3-2x^2+3x-4=0$의 세 근을 α, β, γ라 할 때, $(\alpha+\beta)(\beta+\gamma)(\gamma+\alpha)$의 값을 구하시오.

30 삼차방정식 $x^3+ax^2+x-2=0$의 세 근을 α, β, γ라 할 때, $(\alpha+1)(\beta+1)(\gamma+1)=1$이 성립한다. 이때 $\alpha^2+\beta^2+\gamma^2$의 값을 구하시오. (단, a는 상수)

31 삼차방정식 $x^3+ax^2+bx-60=0$이 연속하는 세 정수를 근으로 가질 때, 상수 a, b에 대하여 $a+b$의 값을 구하시오.

32 삼차방정식 $2x^3-5x^2-2ax+8=0$의 세 근 중 두 근이 이차방정식 $x^2-2x-2b=0$의 근일 때, 상수 a, b에 대하여 $a-b$의 값은?

① -7 ② -1 ③ 3
④ 6 ⑤ 9

유형 09 세 수를 근으로 하는 삼차방정식

α, β, γ를 근으로 하고 x^3의 계수가 1인 삼차방정식은
$$x^3-(\alpha+\beta+\gamma)x^2+(\alpha\beta+\beta\gamma+\gamma\alpha)x-\alpha\beta\gamma=0$$

33 삼차방정식 $x^3+x^2+2=0$의 세 근을 α, β, γ라 할 때, $\alpha\beta$, $\beta\gamma$, $\gamma\alpha$를 세 근으로 하고 x^3의 계수가 1인 삼차방정식은?

① $x^3+2x^2+4=0$ ② $x^3+2x^2-4=0$
③ $x^3+2x+4=0$ ④ $x^3+2x-4=0$
⑤ $x^3-2x-4=0$

34 삼차방정식 $x^3-3x^2-2x+4=0$의 세 근을 α, β, γ라 할 때, $\dfrac{1}{\alpha\beta}$, $\dfrac{1}{\beta\gamma}$, $\dfrac{1}{\gamma\alpha}$을 세 근으로 하는 삼차방정식은 $ax^3+bx^2+cx-1=0$이다. 이때 상수 a, b, c에 대하여 $a+b+c$의 값을 구하시오.

35 삼차방정식 $x^3+2x+1=0$의 세 근을 α, β, γ라 할 때, $\dfrac{\beta+\gamma}{\alpha^2}$, $\dfrac{\gamma+\alpha}{\beta^2}$, $\dfrac{\alpha+\beta}{\gamma^2}$를 세 근으로 하고 x^3의 계수가 1인 삼차방정식을 구하시오.

유형 10 **유형 10 삼차방정식의 켤레근의 성질**

(1) 계수가 유리수인 삼차방정식의 한 근이 $p+q\sqrt{m}$이면 $p-q\sqrt{m}$도 근이다.
　　　　　　(단, p, q는 유리수, $q\neq0$, $\sqrt{m}$은 무리수)

(2) 계수가 실수인 삼차방정식의 한 근이 $p+qi$이면 $p-qi$도 근이다. (단, p, q는 실수, $q\neq0$, $i=\sqrt{-1}$)

36 삼차방정식 $ax^3+x^2+bx+c=0$의 두 근이 $1-\sqrt{2}$, 2일 때, 유리수 a, b, c에 대하여 $\dfrac{b+c}{a}$의 값을 구하시오.

37 삼차방정식 $x^3-5x^2+ax+b=0$의 한 근이 $2-\sqrt{3}$일 때, 나머지 두 근의 곱은? (단, a, b는 유리수)

① $-2-\sqrt{3}$ ② -2 ③ 0
④ $2+\sqrt{3}$ ⑤ $4+2\sqrt{3}$

38 삼차방정식 $x^3+x+k=0$의 한 근이 $\dfrac{1+\sqrt{7}i}{2}$이고 나머지 두 근 중 실근을 α라 할 때, $k+\alpha$의 값은?
　　　　　　　　　　　(단, k는 실수, $i=\sqrt{-1}$)

① 1 ② 2 ③ 3
④ 5 ⑤ 7

39 삼차방정식 $x^3-mx^2+(2m+4)x-2m+4=0$의 한 근이 $4-2\sqrt{2}$일 때, 유리수 m의 값은?

① 0 ② 1 ③ 2
④ 5 ⑤ 10

40 삼차방정식 $x^3-4x^2+ax+b=0$의 두 근이 $1-i$, c일 때, a, b, c를 세 근으로 하고 x^3의 계수가 1인 삼차방정식은? (단, a, b, c는 실수, $i=\sqrt{-1}$)

① $x^3-4x^2-20x+48=0$
② $x^3-4x^2+10x-48=0$
③ $x^3-2x^2-10x+24=0$
④ $x^3+2x^2-10x-24=0$
⑤ $x^3+4x^2+20x+48=0$

교육청▶
41 세 실수 a, b, c에 대하여 한 근이 $1+\sqrt{3}i$인 방정식 $x^3+ax^2+bx+c=0$과 이차방정식 $x^2+ax+2=0$이 공통인 근 m을 가질 때, m의 값은? (단, $i=\sqrt{-1}$)

① 2 ② 1 ③ 0
④ -1 ⑤ -2

유형 11 **방정식 $x^3=1$의 허근의 성질**

(1) 방정식 $x^3=1$의 한 허근을 ω라 하면 다음이 성립한다.

(단, $\overline{\omega}$는 ω의 켤레복소수)

① $\omega^3=1$, $\omega^2+\omega+1=0$

② $\omega+\overline{\omega}=-1$, $\omega\overline{\omega}=1$

③ $\omega^2=\overline{\omega}=\dfrac{1}{\omega}$

(2) 방정식 $x^3=-1$의 한 허근을 ω라 하면 다음이 성립한다. (단, $\overline{\omega}$는 ω의 켤레복소수)

① $\omega^3=-1$, $\omega^2-\omega+1=0$

② $\omega+\overline{\omega}=1$, $\omega\overline{\omega}=1$

③ $\omega^2=-\overline{\omega}=-\dfrac{1}{\omega}$

42 방정식 $x^3=1$의 한 허근을 ω라 할 때, 다음 중 그 값이 나머지 넷과 <u>다른</u> 하나는?

(단, $\overline{\omega}$는 ω의 켤레복소수)

① $\omega^2+\omega$ ② $\omega+\overline{\omega}$ ③ $\omega+\dfrac{1}{\omega}$

④ $\omega^2+\dfrac{1}{\omega}$ ⑤ $\omega^2+\dfrac{1}{\omega^2}$

43 방정식 $x^3=-1$의 한 허근을 ω라 할 때,

$\dfrac{\omega^2}{\omega^2+1}+\dfrac{\overline{\omega}^2}{\overline{\omega}^2+1}$의 값을 구하시오.

(단, $\overline{\omega}$는 ω의 켤레복소수)

44 삼차방정식 $x^3=1$의 한 허근을 ω라 할 때, $(\omega^2-2\omega+1)^{60}+(\omega^2-\omega-1)^{60}$의 값은?

① 0 ② 1 ③ 2

④ 2^{60} ⑤ $3^{60}+2^{60}$

45 방정식 $x^3+1=0$의 한 허근을 ω라 할 때, $\omega^4-2\omega^3+3\omega^2-4\omega+5=a\omega+b$를 만족시키는 실수 a, b에 대하여 $b-a$의 값을 구하시오.

46 이차방정식 $x^2+x+1=0$의 한 허근 ω에 대하여 $z=\dfrac{\omega^3+2\omega}{\omega^3+3\omega}$라 할 때, $z\overline{z}$의 값을 구하시오.

(단, $\overline{z}$는 z의 켤레복소수)

47 방정식 $x^3-1=0$의 한 허근을 ω라 할 때, 보기에서 옳은 것만을 있는 대로 고른 것은?

> 보기
> ㄱ. $\dfrac{\omega}{\omega+1}-\dfrac{1}{\omega^2}=-1$
> ㄴ. $(\omega^3+1)(\omega^2+1)(\omega+1)=2$
> ㄷ. $\dfrac{1}{\omega+1}+\dfrac{1}{\omega^2+1}+\dfrac{1}{\omega^3+1}+\cdots+\dfrac{1}{\omega^{20}+1}=9$

① ㄱ ② ㄴ ③ ㄷ

④ ㄱ, ㄴ ⑤ ㄴ, ㄷ

48 방정식 $x^3=1$의 한 허근을 ω라 할 때, $\omega^{4n}+(\omega+1)^{4n}+1=0$을 만족시키는 40 이하의 자연수 n의 개수를 구하시오.

정답과 해설 142쪽

유형 01 일차방정식과 이차방정식으로 이루어진 연립이차방정식의 풀이

일차방정식과 이차방정식으로 이루어진 연립이차방정식은 다음과 같은 순서로 푼다.
(1) 일차방정식을 한 미지수에 대하여 정리한다.
(2) (1)의 식을 이차방정식에 대입하여 한 미지수의 값을 구한다.
(3) (2)에서 구한 미지수를 일차방정식에 대입하여 다른 미지수의 값을 구한다.

교육청

1 연립방정식
$$\begin{cases} x-y+1=0 \\ x^2-2y^2-2=0 \end{cases}$$
의 해를 $x=\alpha$, $y=\beta$라 할 때, $\alpha+\beta$의 값은?

① -5 ② -4 ③ -3
④ -2 ⑤ -1

2 연립방정식 $\begin{cases} 2x-y=4 \\ x^2+2xy-2y^2=13 \end{cases}$ 을 만족시키는 x, y에 대하여 $x-y$의 최댓값을 구하시오.

3 두 연립방정식 $\begin{cases} x-y=4 \\ xy=a \end{cases}$, $\begin{cases} \dfrac{1}{x}+\dfrac{1}{y}=b \\ x^2+y^2=10 \end{cases}$ 이 공통인 해를 가질 때, 상수 a, b에 대하여 모든 ab의 값의 합은?

① -1 ② 0 ③ 1
④ 2 ⑤ 3

유형 02 두 이차방정식으로 이루어진 연립이차방정식의 풀이

두 이차방정식으로 이루어진 연립이차방정식은 다음과 같은 순서로 푼다.
(1) 두 이차방정식 중 인수분해되는 것을 인수분해하여 두 일차방정식을 얻는다.
(2) (1)에서 얻은 식을 나머지 이차방정식에 각각 대입하여 한 미지수의 값을 구한다.
(3) (2)에서 구한 미지수를 (1)에서 얻은 식에 대입하여 다른 미지수의 값을 구한다.

4 연립방정식 $\begin{cases} 3x^2-8xy-3y^2=0 \\ x^2+3y^2=12 \end{cases}$ 를 만족시키는 정수 x, y의 순서쌍 (x, y)를 모두 구하시오.

교육청

5 연립방정식
$$\begin{cases} x^2-3xy+2y^2=0 \\ x^2-y^2=9 \end{cases}$$
의 해를
$$\begin{cases} x=\alpha_1 \\ y=\beta_1 \end{cases} \text{ 또는 } \begin{cases} x=\alpha_2 \\ y=\beta_2 \end{cases}$$
라 하자. $\alpha_1<\alpha_2$일 때, $\beta_1-\beta_2$의 값은?

① $-2\sqrt{3}$ ② $-2\sqrt{2}$ ③ $2\sqrt{2}$
④ $2\sqrt{3}$ ⑤ 4

6 연립방정식 $\begin{cases} 2x^2+3xy-2y^2=0 \\ x^2+xy=12 \end{cases}$ 를 만족시키는 자연수 x, y에 대하여 $x+y$의 값을 구하시오.

7 연립방정식 $\begin{cases} x^2-xy-6y^2=0 \\ x^2+2xy-3y^2=24 \end{cases}$ 를 만족시키는 실수 x, y에 대하여 xy의 값은?

① 4   ② 6   ③ 8

④ 10   ⑤ 12

8 연립방정식 $\begin{cases} x^2+y^2=25 \\ 12x^2+7xy-12y^2=0 \end{cases}$ 을 만족시키는 x, y에 대하여 $x+y$의 최댓값은?

① -1 ② 3   ③ 4

④ 7   ⑤ 25

9 두 연립방정식

$$\begin{cases} ax^2+by^2=-8 \\ 2x^2-xy+y^2=16 \end{cases}, \begin{cases} 6x^2-5xy+y^2=0 \\ ax^2-by^2=28 \end{cases}$$

이 공통인 해를 가질 때, 정수 a, b에 대하여 ab의 값을 구하시오.

유형 03 대칭식으로 이루어진 연립이차방정식의 풀이

대칭식으로 이루어진 연립이차방정식은 다음과 같은 순서로 푼다.

(1) $x+y=u$, $xy=v$로 놓고 주어진 연립방정식을 u, v에 대한 연립방정식으로 변형한다.

(2) (1)의 연립방정식을 풀어 u, v의 값을 구한다.

(3) x, y는 이차방정식 $t^2-ut+v=0$의 두 근임을 이용하여 x, y의 값을 구한다.

➡ $t^2-ut+v=0$의 해가 $t=\alpha$ 또는 $t=\beta$이면
　$x=\alpha$, $y=\beta$ 또는 $x=\beta$, $y=\alpha$

10 연립방정식 $\begin{cases} x^2+y^2=17 \\ xy=4 \end{cases}$ 를 만족시키는 자연수 x, y의 순서쌍 (x, y)의 개수는?

① 0   ② 1   ③ 2

④ 3   ⑤ 4

11 연립방정식 $\begin{cases} xy+x+y=-1 \\ x^2+3xy+y^2=5 \end{cases}$ 를 만족시키는 x, y에 대하여 다음 중 $x-y$의 값이 될 수 있는 것은?

① -8 ② -6 ③ -4

④ -2 ⑤ 0

12 연립방정식 $\begin{cases} 2x+2y+xy=-7 \\ x^2+y^2+x+y=20 \end{cases}$ 을 만족시키는 정수 x, y에 대하여 x^2-y^2의 최댓값을 구하시오.

유형 O4 해의 조건이 주어진 연립이차방정식

일차방정식을 이차방정식에 대입하여 한 문자에 대한 이차
방정식을 얻은 후 판별식을 이용하여 해의 조건을 만족시
키는 미정계수를 구한다.
특히 대칭식으로 이루어진 연립이차방정식은 x, y를 두 근
으로 하는 t에 대한 이차방정식을 세운 후 같은 방법으로
푼다.

교육청

13 x, y에 대한 연립방정식
○○○
$$\begin{cases} 2x+y=1 \\ x^2-ky=-6 \end{cases}$$
이 오직 한 쌍의 해를 갖도록 하는 양수 k의 값은?

① 1 　　　② 2 　　　③ 3
④ 4 　　　⑤ 5

14 연립방정식 $\begin{cases} x+y=-2a+1 \\ xy=a^2+1 \end{cases}$ 이 실근을 가질 때,
●●○
다음 중 실수 a의 값이 될 수 있는 것은?

① -1 　　　② $-\dfrac{1}{2}$ 　　　③ 0
④ 1 　　　⑤ $\dfrac{3}{2}$

15 연립방정식 $\begin{cases} x+y=2k-1 \\ xy+x+y=k^2-2k \end{cases}$ 가 실근을 갖지
●●●
않도록 하는 정수 k의 최댓값은?

① -1 　　　② 0 　　　③ 1
④ 2 　　　⑤ 4

유형 O5 연립이차방정식의 활용

연립이차방정식의 활용 문제는 다음과 같은 순서로 푼다.
(1) 문제의 상황에 맞게 미지수를 정한 후 연립이차방정식
　을 세운다.
(2) 연립이차방정식을 푼다.
(3) 문제의 조건에 맞는 해만 택한다.

16 지름의 길이가 25인 원에 둘레의 길이가 62인 직사
●●○ 각형이 내접하고 있다. 이때 직사각형의 가로의 길
이는? (단, 가로의 길이가 세로의 길이보다 길다.)

① 7 　　　② 12 　　　③ 16
④ 24 　　　⑤ 26

17 오른쪽 그림에서 사각형
●●● A, B, C, D가 모두 정사
각형이고, A의 한 변의 길
이와 B의 한 변의 길이의
합이 8이다. 두 정사각형
A, D의 넓이의 차가 24일 때, 정사각형 A의 한 변
의 길이를 구하시오.

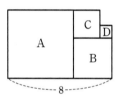

18 오른쪽 그림과 같이 대각선의
●●● 길이가 $12\sqrt{2}+12$인 정사각형
에 내접하는 두 원이 서로 외
접한다. 두 원의 넓이의 합이
80π일 때, 두 원 중 작은 원
의 반지름의 길이를 구하시오.

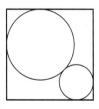

유형 **06**   정수 조건이 있는 부정방정식의 풀이

(일차식)×(일차식)=(정수) 꼴로 변형한 후 약수와 배수의
성질을 이용한다.

19 방정식 $xy-2x-y+3=0$을 만족시키는 정수 x,
●○○ y에 대하여 $x+y$의 값은?

① 2   ② 3   ③ 4

④ 5   ⑤ 6

20 방정식 $\dfrac{4}{m}+\dfrac{2}{n}=1$을 만족시키는 자연수 m, n에
●●○ 대하여 $m+n$의 최댓값을 구하시오.

21 이차방정식 $x^2-2px+5p=0$의 두 근이 모두 자연
●●○ 수일 때, 정수 p의 최솟값은?

① 1   ② 3   ③ 5

④ 7   ⑤ 9

22 오른쪽 그림과 같은 사각형
●●○ ABCD에서 $\overline{AD}=5$,
$\overline{BC}=7$, $\angle A=\angle C=90°$이
다. $\overline{AB}=a$, $\overline{CD}=b$라 할 때,
자연수 a, b에 대하여 모든
ab의 값의 합을 구하시오.

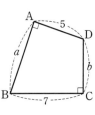

유형 **07**   실수 조건이 있는 부정방정식의 풀이

방법1 $A^2+B^2=0$ 꼴로 변형한 후 A, B가 실수이면
$A=0$, $B=0$임을 이용한다.

방법2 한 문자에 대하여 내림차순으로 정리한 후 이차방
정식의 판별식 D가 $D\geq0$임을 이용한다.

23 방정식 $(x+2y-1)^2+(x-y+2)^2=0$을 만족시
●○○ 키는 실수 x, y에 대하여 xy의 값은?

① -2 ② -1 ③ 0

④ 1   ⑤ 2

24 방정식 $x^2+2x+y^2-4y+5=0$을 만족시키는 실
●○○ 수 x, y에 대하여 x^2+y^2의 값을 구하시오.

25 방정식 $2x^2+4y^2+4xy+2x+1=0$을 만족시키는
●○○ 실수 x, y에 대하여 $x+y$의 값은?

① -1 ② $-\dfrac{1}{2}$ ③ 0

④ $\dfrac{1}{2}$ ⑤ 1

26 방정식 $x^2+2xy+2y^2-4x-10y+13=0$을 만족
●●○ 시키는 실수 x, y의 값을 구하시오.

Ⅱ. 방정식과 부등식

4 여러 가지 부등식

유형 01 부등식 $ax>b$의 풀이

x에 대한 부등식 $ax>b$의 해는

(1) $a>0$일 때, $x>\dfrac{b}{a}$

(2) $a<0$일 때, $x<\dfrac{b}{a}$

(3) $a=0$일 때, $\begin{cases} b\geq 0$이면 해는 없다. \\ b<0$이면 해는 모든 실수이다. \end{cases}$

---

1 $a<b$일 때, x에 대한 부등식 $ax-7b>bx-7a$를
●○○ 푸시오.

2 부등식 $a^2x-a\geq 16x+3$의 해가 모든 실수일 때,
●○○ 상수 a의 값을 구하시오.

3 부등식 $(a+b)x+a-b<0$의 해가 $x>\dfrac{1}{2}$일 때,
●●○ 부등식 $bx+3a+4b>0$을 풀면? (단, a, b는 상수)

① $x<-5$ ② $x<-3$ ③ $x<3$

④ $x>-5$ ⑤ $x>3$

4 부등식 $(a-b)x+2a-3b\leq 0$이 해를 갖지 않을
●●○ 때, 부등식 $2ax-5b+a>0$을 푸시오.
(단, a, b는 상수)

유형 02 연립일차부등식의 풀이

연립일차부등식은 다음과 같은 순서로 푼다.

(1) 각 일차부등식을 푼다.

(2) 각 부등식의 해를 수직선 위에 나타낸다.

(3) 공통부분을 찾아 연립부등식의 해를 구한다.

참고 $A<B<C$ 꼴의 부등식은 연립부등식 $\begin{cases} A<B \\ B<C \end{cases}$ 꼴로 고쳐서 푼다.

교육청

5 연립부등식 $\begin{cases} x+3<3x \\ 3x+4<2x+8 \end{cases}$ 의 해가 $a<x<b$일
○○○ 때, ab의 값은?

① 6   ② 7   ③ 8

④ 9   ⑤ 10

6 부등식 $5x-4\leq 3x-2<10x+12$를 풀면?
●○○
① $x<-2$ ② $x\leq 1$

③ $x>2$ ④ $-2<x\leq 1$

⑤ $1\leq x<2$

7 연립부등식 $\begin{cases} 3x+8>x-4 \\ 2(x-3)\leq x+3 \end{cases}$ 을 만족시키는 정수
●○○ x의 개수를 구하시오.

---

8 부등식 $4x-3<6(x-1)<7x-2$를 만족시키는 정수 x의 최솟값을 구하시오.

연립부등식에서 각 일차부등식의 해를 수직선 위에 나타 내었을 때
(1) 공통부분이 한 점이면 ➡ 해가 한 개이다.
(2) 공통부분이 없으면 ➡ 해는 없다.

9 연립부등식 $\begin{cases} x-1<1-\dfrac{2-x}{2} \\ \dfrac{2x+1}{3} \geq \dfrac{x}{2} \end{cases}$ 의 해가 $\alpha \leq x < \beta$ 일 때, $\beta - \alpha$의 값은?

① 1   ② 2   ③ 3
④ 4   ⑤ 5

12 연립부등식 $\begin{cases} 4x+8 \leq 3(x+3) \\ x-4 > -3x+8 \end{cases}$ 을 풀면?

① $x=1$ ② $x=2$ ③ $x \leq 1$
④ $x>3$ ⑤ 해는 없다.

13 보기에서 해가 없는 연립부등식인 것만을 있는 대로 고른 것은?

보기

ㄱ. $\begin{cases} 2x \leq 4 \\ x+3 > 2 \end{cases}$ ㄴ. $\begin{cases} -2x+1 < -5 \\ x-1 < 2 \end{cases}$

ㄷ. $\begin{cases} \dfrac{1}{2}x+3 \leq \dfrac{5}{2} \\ 3+x \leq 2x \end{cases}$ ㄹ. $\begin{cases} -4x+2 \geq 2 \\ 2x-9 \geq x-9 \end{cases}$

① ㄱ, ㄷ   ② ㄱ, ㄹ   ③ ㄴ, ㄷ
④ ㄴ, ㄹ   ⑤ ㄴ, ㄷ, ㄹ

10 연립부등식 $\begin{cases} x-3 < \dfrac{2}{3}x-1 \\ 1-0.6x \geq 0.1x+1.7 \end{cases}$ 을 만족시키는 x의 최댓값을 구하시오.

11 연립부등식 $\begin{cases} \dfrac{2x+1}{3}-1 \leq \dfrac{3x+2}{2} \\ 0.4x+1 > 0.5(x+1)+0.2 \end{cases}$ 를 만족시키는 모든 정수 x의 값의 합은?

① -2 ② -1 ③ 0
④ 1   ⑤ 2

14 부등식 $\dfrac{x-9}{3} \leq x+1 \leq \dfrac{x}{2}-2$의 해가 일차방정식 $ax-4=2$의 해와 같을 때, 상수 a의 값을 구하시오.

유형 O4 해가 주어진 연립일차부등식

각 일차부등식의 해를 구한 후 주어진 연립부등식의 해와 비교한다.

➡ $\begin{cases} x > A \\ x < B \end{cases}$의 해가 $a < x < b$이면 $A = a$, $B = b$

15 연립부등식 $\begin{cases} 5x - 3 \leq 2x + 3 \\ 3(x+2) > 2x + a \end{cases}$의 해를 수직선 위에 나타내면 다음 그림과 같을 때, 상수 a의 값을 구하시오.

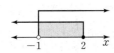

16 연립부등식 $\begin{cases} 6x - 5 \leq 2x + 7 \\ x + 7 > -3x + a \end{cases}$의 해가 $-2 < x \leq b$ 일 때, 상수 a, b에 대하여 $a + b$의 값은?

① -2　　② 0　　③ 2
④ 4　　⑤ 6

17 부등식 $7x + a < 5(x+2) < 6x + b$의 해가 $4 < x < 7$ 일 때, 상수 a, b에 대하여 ab의 값은?

① -24　　② -12　　③ -6
④ 12　　⑤ 24

18 연립부등식 $\begin{cases} \dfrac{2x+a}{3} \geq \dfrac{3}{2}x - \dfrac{5}{3} \\ 7x + 14 \leq 9x + b \end{cases}$의 해가 $x = 6$일 때, 상수 a, b에 대하여 $a - b$의 값을 구하시오.

19 연립부등식 $\begin{cases} 2x + 3 < 3x + a \\ -x + 2a + 4 < x + 2 \end{cases}$의 해가 $x > 4$일 때, 모든 상수 a의 값의 합은?

① 1　　② 2　　③ 3
④ 4　　⑤ 5

20 연립부등식 $\begin{cases} ax + b \leq 0 \\ cx - d > 0 \end{cases}$의 해를 수직선 위에 나타내면 다음 그림과 같을 때, 연립부등식 $\begin{cases} ax - b \geq 0 \\ -cx + d < -4c \end{cases}$를 풀면? (단, a, b, c, d는 상수)

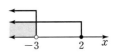

① $x \leq -2$　　② $-2 \leq x < 1$
③ $-2 < x \leq 1$　　④ $-1 \leq x < 2$
⑤ $x > 1$

각 일차부등식의 해를 구한 후 이를 주어진 해의 조건에
맞게 수직선 위에 나타낸다.

(1) 연립부등식이 해를 갖는 경우

➡ 공통부분이 있도록 해를 수직선 위에 나타낸다.

(2) 연립부등식이 해를 갖지 않는 경우

➡ 공통부분이 없도록 해를 수직선 위에 나타낸다.

21 연립부등식 $\begin{cases} 3x+5>2x+a \\ 4x\leq 2x-6 \end{cases}$ 이 해를 갖지 않도록

하는 상수 a의 값의 범위는?

① $a\geq 2$ ② $a>1$ ③ $a\geq 1$

④ $a>-2$ ⑤ $a\geq -2$

22 연립부등식 $\begin{cases} \dfrac{2-3x}{2}\geq a \\ 4x-5\geq x+7 \end{cases}$ 이 해를 갖지 않도록 하

는 정수 a의 최솟값을 구하시오.

23 부등식 $5x+a\leq 3x-2<10x+12$가 해를 갖도록
하는 정수 a의 최댓값은?

① -1 ② 1 ③ 3

④ 5 ⑤ 7

각 일차부등식의 해를 구한 후 이를 주어진 정수인 해의
조건을 만족시키도록 수직선 위에 나타낸다.

(1) 연립부등식을 만족시키는 정수인 해가 n개이면

➡ 공통부분이 n개의 정수를 포함하도록 수직선 위에
나타낸다.

(2) 연립부등식을 만족시키는 정수인 해의 합이 주어지면

➡ 공통부분에 포함되는 정수의 합이 조건을 만족시키
도록 수직선 위에 나타낸다.

교육청

24 x에 대한 연립부등식

$$\begin{cases} x+2>3 \\ 3x<a+1 \end{cases}$$

을 만족시키는 모든 정수 x의 값의 합이 9가 되도
록 하는 자연수 a의 최댓값은?

① 10 ② 11 ③ 12

④ 13 ⑤ 14

25 연립부등식 $\begin{cases} 2x-5<5x+1 \\ 3(x+1)\leq 2x+a \end{cases}$ 를 만족시키는 자연

수 x가 1과 2뿐일 때, 정수 a의 값을 구하시오.

26 연립부등식 $\begin{cases} 8x-1<8+5x \\ \dfrac{a-3x}{2}\leq 4 \end{cases}$ 를 만족시키는 정수 x

가 1개뿐일 때, 상수 a의 값의 범위는?

① $9\leq a<12$ ② $9<a\leq 12$

③ $11\leq a<14$ ④ $11<a\leq 14$

⑤ $13\leq a<16$

유형 07 **연립일차부등식의 활용**

연립일차부등식의 활용 문제는 다음과 같은 순서로 푼다.
(1) 문제의 상황에 맞게 미지수를 정한 후 연립일차부등식을 세운다.
(2) 연립일차부등식을 푼다.
(3) 구한 해가 문제의 조건에 맞는지 확인한다.

27 연속하는 세 정수가 있다. 세 정수의 합은 30보다
○○○ 크고, 작은 두 수의 합에서 가장 큰 수를 뺀 값이 9보다 크지 않다고 할 때, 세 정수 중 가장 작은 수를 구하시오.

28 20 %의 소금물 200 g에 5 %의 소금물을 섞어서
●●○ 10 % 이상 15 % 미만의 소금물을 만들려고 한다. 이때 섞어야 하는 5 %의 소금물의 양의 범위는?

① 80 g 초과 380 g 이하
② 90 g 초과 390 g 이하
③ 100 g 초과 400 g 이하
④ 110 g 초과 410 g 이하
⑤ 120 g 초과 420 g 이하

29 학생들에게 초콜릿을 나누어 주는데 학생 한 명에
●●● 게 5개씩 주면 초콜릿이 13개 남고, 7개씩 주면 학생 3명은 받지 못할 때, 학생은 최대 몇 명인지 구하시오.

유형 08 **절댓값 기호를 포함한 일차부등식의 풀이 – 절댓값의 성질 이용**

절댓값의 성질을 이용하여 다음과 같이 절댓값 기호를 없앤 후 푼다. (단, $c>0$, $d>0$, $c<d$)
(1) $|ax+b|<c$ ➡ $-c<ax+b<c$
(2) $|ax+b|>c$ ➡ $ax+b<-c$ 또는 $ax+b>c$
(3) $c<|ax+b|<d$
➡ $-d<ax+b<-c$ 또는 $c<ax+b<d$

30 부등식 $|x+4|>3$의 해가 $x<\alpha$ 또는 $x>\beta$일 때,
○○○ $\alpha\beta$의 값은?

① -7　　② -1　　③ 1
④ 7　　⑤ 14

교육청
31 부등식 $|2x-1|\leq5$를 만족시키는 모든 정수 x의
●○○ 개수는?

① 2　　② 4　　③ 6
④ 8　　⑤ 10

교육청
32 연립부등식 $\begin{cases} 2x+5\leq9 \\ |x-3|\leq7 \end{cases}$을 만족시키는 정수 x의
●○○ 개수를 구하시오.

33 부등식 $|ax+3|<b$의 해가 $-2<x<1$일 때, 양
●●○ 수 a, b에 대하여 $a+b$의 값을 구하시오.

유형 09 절댓값 기호를 포함한 일차부등식의 풀이
　　　　 – 구간을 나누어 풀기

절댓값 기호를 포함한 부등식은 절댓값 기호 안의 식의 값
이 0이 되는 값을 기준으로 범위를 나누어 푼다.

(1) $|ax-b| < cx+d \, (a \neq 0)$ 꼴의 부등식

➡ x의 값의 범위를 $x < \dfrac{b}{a}$, $x \geq \dfrac{b}{a}$로 나누어 푼다.

(2) $|x-a| + |x-b| < c \, (a < b, \, c > 0)$ 꼴의 부등식

➡ x의 값의 범위를 $x < a$, $a \leq x < b$, $x \geq b$로 나누어
푼다.

참고 제곱근을 포함한 부등식은 $\sqrt{A^2} = |A|$임을 이용한다.

34 부등식 $|x-1| > 3x-5$를 풀면?
●○○
① $x < 1$　　　② $x < \dfrac{3}{2}$　　　③ $x < 2$

④ $1 < x < 2$　　⑤ $1 \leq x < 2$

교육청
35 부등식 $x > |3x+1| - 7$을 만족시키는 모든 정수
●○○ x의 값의 합은?

① -2　　　② -1　　　③ 0

④ 1　　　　⑤ 2

교육청
36 x에 대한 부등식 $|3x-1| < x+a$의 해가
●●○ $-1 < x < 3$일 때, 양수 a의 값은?

① 4　　　② $\dfrac{17}{4}$　　　③ $\dfrac{9}{2}$

④ $\dfrac{19}{4}$　　　⑤ 5

37 부등식 $|x| + |x-2| < 6$의 해가 $\alpha < x < \beta$일 때,
●●○ $\beta - \alpha$의 값을 구하시오.

38 부등식 $|2x-3| + 2|2x+1| \geq 5$를 만족시키는 자
●●○ 연수 x의 최솟값은?

① 1　　　② 2　　　③ 3

④ 4　　　⑤ 5

39 부등식 $|x+1| + \sqrt{x^2-4x+4} \leq x+3$의 해는?
●●○
① $-2 \leq x \leq 2$　　　② $-1 \leq x \leq 3$

③ $0 \leq x \leq 4$　　　④ $x \leq -1$ 또는 $x \geq 3$

⑤ $x \leq 0$ 또는 $x \geq 4$

40 부등식 $3|x+2| + |x-2| \leq a$가 해를 갖도록 하
●●● 는 상수 a의 값의 범위를 구하시오.

유형 01 그래프를 이용한 부등식의 풀이

(1) 부등식 $f(x)>g(x)$의 해
➡ 함수 $y=f(x)$의 그래프가 함수 $y=g(x)$의 그래프
보다 위쪽에 있는 부분의 x의 값의 범위

(2) 부등식 $f(x)<g(x)$의 해
➡ 함수 $y=f(x)$의 그래프가 함수 $y=g(x)$의 그래프
보다 아래쪽에 있는 부분의 x의 값의 범위

1 두 이차함수 $y=f(x)$,
○○○ $y=g(x)$의 그래프가 오른
쪽 그림과 같을 때, 부등식
$f(x)<g(x)$의 해는?

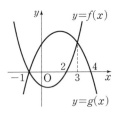

① $x<-1$ 또는 $x>3$

② $-1<x<3$

③ $x<2$ 또는 $x>4$

④ $2<x<3$

⑤ $2<x<4$

2 이차함수 $y=ax^2+bx+c$의 그래프와 직선
●○○ $y=mx+n$이 다음 그림과 같을 때, 이차부등식
$ax^2+(b-m)x+c-n\geq0$의 해를 구하시오.

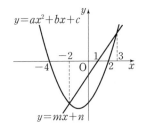

3 두 이차함수 $y=f(x)$,
●○○ $y=g(x)$의 그래프가 오른
쪽 그림과 같을 때, 부등식
$f(x)g(x)>0$의 해를 구
하시오.

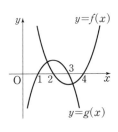

유형 02 이차부등식의 풀이

이차부등식 $f(x)>0$, $f(x)<0$의 해는 이차방정식
$f(x)=0$의 판별식 D에 대하여 다음을 이용하여 $y=f(x)$
의 그래프를 생각한 후 구한다.

(1) $D>0$ 또는 $D=0$이면
➡ $f(x)$를 실수 범위에서 인수분해한다.

(2) $D<0$이면
➡ $f(x)$를 $a(x-p)^2+q$ 꼴로 변형한다.

참고 절댓값 기호를 포함한 이차부등식은 절댓값 기호 안의 식의
값이 0이 되는 x의 값을 기준으로 범위를 나누어 푼다.

4 이차부등식 $x^2+4x>x+10$의 해가 $x<\alpha$ 또는
○○○ $x>\beta$일 때, $\alpha+\beta$의 값은?

① -5 ② -4 ③ -3

④ -2 ⑤ -1

5 이차부등식 $-x^2+4x-2\geq0$을 풀면?
○○○
① $x\leq2-\sqrt{2}$

② $x\leq2-\sqrt{2}$ 또는 $x\geq2+\sqrt{2}$

③ $2-\sqrt{2}\leq x\leq2+\sqrt{2}$

④ $4-\sqrt{2}\leq x\leq4+\sqrt{2}$

⑤ $x\geq4+\sqrt{2}$

6 이차부등식 $(x+2)(x-1)<4x+16$을 만족시키
●○○ 는 정수 x의 개수를 구하시오.

7 보기에서 해가 없는 이차부등식인 것만을 있는 대로 고른 것은?

┌ 보기 ┐
ㄱ. $x^2+2x+1<0$ ㄴ. $x^2-4x+4\geq0$
ㄷ. $x^2+16>8x$ ㄹ. $x^2-3x-5>3x^2$

① ㄱ   ② ㄱ, ㄴ   ③ ㄱ, ㄹ
④ ㄴ, ㄷ   ⑤ ㄱ, ㄷ, ㄹ

8 일차부등식 $ax-b<0$의 해가 $x<\dfrac{1}{9}$일 때, 이차부등식 $ax^2-2ax+9b\leq0$을 푸시오.

(단, a, b는 상수)

9 이차함수 $y=f(x)$의 그래프가 오른쪽 그림과 같을 때, 부등식 $f(x)>4$의 해를 구하시오.

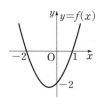

10 부등식 $x^2-4|x|-5<0$의 해가 $a<x<b$일 때, $b-a$의 값은?

① -2 ② 2 ③ 6
④ 10 ⑤ 14

이차부등식의 활용 문제는 다음과 같은 순서로 푼다.
(1) 문제의 상황에 맞게 미지수를 정한 후 이차부등식을 세운다.
(2) 이차부등식을 푼다.
(3) 구한 해가 문제의 조건에 맞는지 확인한다.

11 지면으로부터의 높이가 $20\,\mathrm{m}$인 건물에서 초속 $25\,\mathrm{m}$로 똑바로 위로 쏘아 올린 물체의 t초 후의 지면으로부터의 높이를 $h\,\mathrm{m}$라 하면 $h=20+25t-5t^2$인 관계가 성립한다고 한다. 이 물체의 높이가 $40\,\mathrm{m}$ 이상인 시간은 몇 초 동안인지 구하시오.

12 가로의 길이와 세로의 길이가 각각 $5\,\mathrm{cm}$, $9\,\mathrm{cm}$인 직사각형이 있다. 이 직사각형의 가로의 길이를 $x\,\mathrm{cm}$만큼 늘이고 세로의 길이를 $x\,\mathrm{cm}$만큼 줄여서 만든 직사각형의 넓이가 $13\,\mathrm{cm}^2$ 이상이 되도록 할 때, x의 최댓값을 구하시오.

교육청

13 어느 라면 전문점에서 라면 한 그릇의 가격이 2000원이면 하루에 200그릇이 판매되고, 라면 한 그릇의 가격을 100원씩 내릴 때마다 하루 판매량이 20그릇씩 늘어난다고 한다. 하루의 라면 판매액의 합계가 442000원 이상이 되기 위한 라면 한 그릇의 가격의 최댓값은?

① 1500원   ② 1600원   ③ 1700원
④ 1800원   ⑤ 1900원

유형 04 해가 주어진 이차부등식

(1) 해가 $\alpha < x < \beta$이고 x^2의 계수가 1인 이차부등식
→ $(x-\alpha)(x-\beta)<0$

(2) 해가 $x<\alpha$ 또는 $x>\beta$ $(\alpha<\beta)$이고 x^2의 계수가 1인 이차부등식
→ $(x-\alpha)(x-\beta)>0$

교육청

14 x에 대한 부등식 $x^2+ax+b\leq0$의 해가
○○○ $-2\leq x\leq4$일 때, ab의 값을 구하시오.
(단, a, b는 상수이다.)

15 이차부등식 $2x^2+2ax-b\geq0$의 해가 $x\leq-4$ 또는
●○○ $x\geq a$일 때, 상수 a, b에 대하여 $b-a$의 값을 구하시오. (단, $a>-4$)

16 이차부등식 $x^2+ax+b\leq0$의 해가 $x=-3$일 때,
●●○ 이차부등식 $bx^2-ax-24<0$을 만족시키는 모든 정수 x의 값의 합은? (단, a, b는 상수)

① -1 ② 0 ③ 1
④ 2 ⑤ 3

17 이차부등식 $ax^2+bx+c>0$의 해가 $2<x<3$일
●●○ 때, 이차부등식 $cx^2+4ax+2b>0$을 푸시오.
(단, a, b, c는 상수)

유형 05 부등식 $f(x)<0$의 해를 이용하여 부등식 $f(ax+b)<0$의 해 구하기

이차부등식 $f(x)<0$의 해가 $\alpha<x<\beta$이면
$f(x)=p(x-\alpha)(x-\beta)\,(p>0)$와 같이 식을 세운 후
$f(ax+b)=p(ax+b-\alpha)(ax+b-\beta)$
임을 이용하여 부등식 $f(ax+b)<0$의 해를 구할 수 있다.

18 이차함수 $y=f(x)$의 그래프
●●○ 가 오른쪽 그림과 같을 때, 부등식 $f\left(\dfrac{x+1}{3}\right)\leq0$을 푸시오.

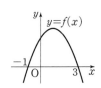

19 이차부등식 $f(x)>0$의 해가 $x<-3$ 또는 $x>4$
●●○ 일 때, 부등식 $f(-x)<0$을 푸시오.

20 이차부등식 $f(x)<0$의 해가 $-2<x<6$일 때, 부
●●○ 등식 $f(3x+1)<0$을 만족시키는 정수 x의 개수를 구하시오.

21 이차부등식 $f(x)\geq0$의 해가 $1\leq x\leq5$일 때, 다음
●●○ 중 부등식 $f(1004-x)\leq0$을 만족시키는 x의 값이 될 수 <u>없는</u> 것은?

① 997 ② 999 ③ 1001
④ 1003 ⑤ 1005

유형 06 정수인 해의 조건이 주어진 이차부등식

이차부등식을 만족시키는 정수인 해의 개수 또는 합이 주어진 경우

➡ 주어진 이차부등식의 해를 구한 후 이 해가 조건을 만족시키도록 수직선 위에 나타낸다.

22 이차부등식 $x^2-(2a+3)x+a(a+3)\leq0$을 만족시키는 모든 정수 x의 값의 합이 10일 때, 양의 정수 a의 값은?

① 1 　　② 2 　　③ 3
④ 4 　　⑤ 5

23 이차부등식 $x^2-ax+2a<6x-4a$를 만족시키는 정수 x가 4개가 되도록 하는 모든 자연수 a의 값의 합을 구하시오.

24 이차부등식 $x^2-(4a-3)x-12a\leq0$을 만족시키는 정수 x가 6개가 되도록 하는 정수 a의 값은?

① -6 　　② -4 　　③ -2
④ 2 　　⑤ 4

유형 07 모든 실수에 대하여 항상 성립하는 이차부등식

이차방정식 $ax^2+bx+c=0$의 판별식을 D라 할 때, 모든 실수 x에 대하여

(1) $ax^2+bx+c>0$이 성립한다. ➡ $a>0,\ D<0$
(2) $ax^2+bx+c\geq0$이 성립한다. ➡ $a>0,\ D\leq0$
(3) $ax^2+bx+c<0$이 성립한다. ➡ $a<0,\ D<0$
(4) $ax^2+bx+c\leq0$이 성립한다. ➡ $a<0,\ D\leq0$

교육청▶

25 모든 실수 x에 대하여 부등식
$$x^2-2kx+2k+15\geq0$$
이 성립하도록 하는 정수 k의 개수는?

① 7 　　② 9 　　③ 11
④ 13 　　⑤ 15

26 모든 실수 x에 대하여 이차부등식 $ax^2-3ax-6\leq0$이 성립하도록 하는 모든 정수 a의 값의 합을 구하시오.

27 모든 실수 x에 대하여 $\sqrt{x^2+2kx-k+2}$가 실수가 되도록 하는 상수 k의 최댓값을 구하시오.

28 모든 실수 x에 대하여 부등식
$$(m-3)x^2+2(m-3)x-4<0$$
이 성립하도록 하는 상수 m의 값의 범위를 구하시오.

유형 08 해를 갖거나 갖지 않을 조건이 주어진
이차부등식

(1) 이차부등식 $ax^2+bx+c>0$이 해를 가질 조건
  ① $a>0$이면 ➡ 이차부등식은 항상 해를 갖는다.
  ② $a<0$이면 ➡ $b^2-4ac>0$
(2) 이차부등식 $ax^2+bx+c>0$이 해를 갖지 않을 조건
  ➡ 이차부등식 $ax^2+bx+c\leq0$의 해는 모든 실수이다.
  ➡ $a<0$, $b^2-4ac\leq0$

교육청 ▷

29 x에 대한 이차부등식 $x^2+8x+(a-6)<0$이 해
●○○ 를 갖지 않도록 하는 실수 a의 최솟값을 구하시오.

30 이차부등식 $-x^2+2(a+3)x+a-3\geq0$이 해를
●○○ 갖도록 하는 상수 a의 값의 범위를 구하시오.

31 이차부등식 $ax^2+4x+a>0$이 해를 갖도록 하는
●●○ 상수 a의 값의 범위를 구하시오.

32 부등식 $ax^2-2ax-3>0$이 해를 갖지 않도록 하는
●●○ 정수 a의 개수는?
  ① 1   ② 2   ③ 3
  ④ 4   ⑤ 5

유형 09 제한된 범위에서 항상 성립하는 이차부등식

(1) $\alpha\leq x\leq\beta$에서 이차부등식 $f(x)>0$이 항상 성립한다.
  ➡ $\alpha\leq x\leq\beta$에서 ($f(x)$의 최솟값)>0이다.
(2) $\alpha\leq x\leq\beta$에서 이차부등식 $f(x)<0$이 항상 성립한다.
  ➡ $\alpha\leq x\leq\beta$에서 ($f(x)$의 최댓값)<0이다.

33 $1\leq x\leq2$에서 이차부등식 $-x^2+3x+2k\leq0$이 항
●○○ 상 성립하도록 하는 상수 k의 값의 범위는?
  ① $k\leq-\dfrac{9}{8}$ ② $k\leq-1$ ③ $k>-1$
  ④ $k>1$ ⑤ $k\geq\dfrac{9}{8}$

34 이차부등식 $x^2-10x+24\leq0$을 만족시키는 실수 x
●●○ 에 대하여 이차부등식 $x^2-6x-a^2+17\geq0$이 항상
성립하도록 하는 정수 a의 개수를 구하시오.

35 $-1<x<3$에서 이차함수 $y=-x^2+kx+2k$의 그
●●○ 래프가 직선 $y=-x+1$보다 위쪽에 있을 때, 상수
k의 최솟값은?
  ① $\dfrac{7}{5}$ ② $\dfrac{11}{5}$ ③ 3
  ④ $\dfrac{19}{5}$ ⑤ $\dfrac{23}{5}$

정답과 해설 155쪽

유형 01 연립이차부등식의 풀이

연립이차부등식은 다음과 같은 순서로 푼다.
(1) 각 부등식의 해를 구한다.
(2) (1)에서 구한 해의 공통부분을 구한다.

1 연립부등식 $\begin{cases} 3x+2 < 5x+12 \\ 2x^2+2x > 12 \end{cases}$ 를 푸시오.

○○○

교육청

2 연립부등식

○●○ $$\begin{cases} x^2-x-56 \leq 0 \\ 2x^2-3x-2 > 0 \end{cases}$$

을 만족시키는 정수 x의 개수를 구하시오.

3 부등식 $2x+1 < x^2-6x+8 \leq 15$의 해가 $\alpha \leq x < \beta$

●○○ 일 때, $\alpha\beta$의 값은?

① -7 ② -1 ③ 1

④ 7 ⑤ 14

4 연립부등식 $\begin{cases} x^2+2|x|-35 \geq 0 \\ |x-2| < 6 \end{cases}$ 을 만족시키는 모

●●○ 든 정수 x의 값의 합은?

① 5 ② 11 ③ 18

④ 26 ⑤ 35

유형 02 해가 주어진 연립이차부등식

각 부등식의 해의 공통부분이 주어진 해와 일치하도록 수
직선 위에 나타낸다.

5 연립부등식 $\begin{cases} x^2-2x-3 \geq 0 \\ x^2-(a+2)x+2a < 0 \end{cases}$ 의 해가

●○○ $-2 < x \leq -1$일 때, 상수 a의 값은?

① -2 ② -1 ③ 0

④ 1 ⑤ 2

6 이차부등식 $3x^2+4x+1 < 0$의 해와 연립부등식

●●○ $\begin{cases} 6x^2-x-1 > 0 \\ x^2+(1-a)x-a < 0 \end{cases}$ 의 해가 같을 때, 상수 a의

최댓값과 최솟값의 합을 구하시오.

7 연립부등식 $\begin{cases} x^2+(a+b)x+ab > 0 \\ x^2-(a+c)x+ac \leq 0 \end{cases}$ 의 해가

●●○ $-2 \leq x < 1$ 또는 $2 < x \leq 3$일 때, 상수 a, b, c에

대하여 abc의 값은? (단, $a < b < c$)

① -6 ② -2 ③ 2

④ 4 ⑤ 6

유형 ○3 **해의 조건이 주어진 연립이차부등식**

각 부등식의 해를 구한 후 이를 주어진 해의 조건을 만족시키도록 수직선 위에 나타낸다.

8 연립부등식 $\begin{cases} x^2-5x-14>0 \\ x^2-2(a+3)x+a^2+6a\leq 0 \end{cases}$ 이 해를 갖지 않도록 하는 정수 a의 최댓값을 구하시오.

9 연립부등식 $\begin{cases} x^2+x-6<0 \\ x^2-(a+5)x+5a\geq 0 \end{cases}$ 을 만족시키는 정수 x의 값이 -2뿐일 때, 상수 a의 값의 범위를 구하시오.

교육청

10 x에 대한 연립부등식
$$\begin{cases} x^2-2x-3\geq 0 \\ x^2-(5+k)x+5k\leq 0 \end{cases}$$
을 만족시키는 정수 x의 개수가 5가 되도록 하는 모든 정수 k의 값의 곱은?

① -36 ② -30 ③ -24
④ -18 ⑤ -12

유형 ○4 **연립이차부등식의 활용**

연립이차부등식의 활용 문제는 다음과 같은 순서로 푼다.
⑴ 문제의 상황에 맞게 미지수를 정한 후 연립이차부등식을 세운다.
⑵ 연립이차부등식을 푼다.
⑶ 구한 해가 문제의 조건에 맞는지 확인한다.

11 둘레의 길이가 24인 직사각형의 넓이가 27 이상이고 가로의 길이가 세로의 길이보다 길거나 같도록 가로의 길이와 세로의 길이를 정할 때, 가로의 길이의 범위를 구하시오.

12 오른쪽 그림과 같이 직사각형 ABCD의 변 위에 $\overline{AE}=\overline{AF}=\overline{BF}$, $\overline{ED}=3$을 만족시키는 두 점 E, F와 $\overline{AD}/\!/\overline{FH}$, $\overline{AB}/\!/\overline{EG}$를 만족시키는 두 점 H, G가 있다.

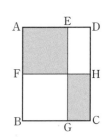

이때 색칠한 부분의 둘레의 길이가 42 이하이고 넓이가 18 이상이 되도록 하는 선분 AE의 길이의 최댓값을 구하시오.

13 세 변의 길이가 $2x-1$, x, $2x+1$인 삼각형이 둔각삼각형이 되도록 하는 x의 값의 범위는?

① $1<x<3$ ② $1<x<5$
③ $1<x<7$ ④ $2<x<8$
⑤ $2<x<9$

유형 05 이차방정식의 근의 판별

이차방정식 $ax^2+bx+c=0$의 판별식을 D라 할 때, 다음을 이용하여 이차부등식을 세운다.

(1) 서로 다른 두 실근을 갖는다. ➡ $D>0$

(2) 중근을 갖는다. ➡ $D=0$

(3) 서로 다른 두 허근을 갖는다. ➡ $D<0$

14 이차방정식 $x^2+ax+a=0$은 허근을 갖고, 이차방정식 $x^2+ax-a+3=0$은 실근을 갖도록 하는 실수 a의 값의 범위는?

① $-6\leq a<0$ ② $-6\leq a<4$

③ $0<a\leq 2$ ④ $0<a<4$

⑤ $2\leq a<4$

15 이차함수 $y=x^2+ax+16$의 그래프는 x축과 만나지 않고, 이차함수 $y=x^2-2ax+16$의 그래프는 x축과 서로 다른 두 점에서 만나도록 하는 정수 a의 개수는?

① 4 ② 6 ③ 8

④ 10 ⑤ 12

16 이차방정식 $x^2+2ax+3a+4=0$은 실근을 갖고, 부등식 $(a+2)x^2-2(a+2)x+7\geq 0$은 모든 실수 x에 대하여 성립하도록 하는 모든 정수 a의 값의 합을 구하시오.

유형 06 이차방정식의 실근의 부호

이차방정식 $ax^2+bx+c=0$의 두 실근을 α, β, 판별식을 D라 하면

(1) 두 근이 모두 양수 ➡ $D\geq 0$, $\alpha+\beta>0$, $\alpha\beta>0$

(2) 두 근이 모두 음수 ➡ $D\geq 0$, $\alpha+\beta<0$, $\alpha\beta>0$

(3) 두 근이 서로 다른 부호 ➡ $\alpha\beta<0$

17 이차방정식 $x^2-2(k+1)x+4=0$의 서로 다른 두 근이 모두 양수일 때, 실수 k의 값의 범위는?

① $k<-3$ ② $k\leq -3$ ③ $k\geq -1$

④ $k\geq 1$ ⑤ $k>1$

18 이차방정식 $x^2+(k-1)x+k+2=0$의 두 근이 모두 음수일 때, 실수 k의 최솟값은?

① -2 ② 1 ③ 3

④ 4 ⑤ 7

19 x에 대한 이차방정식 $x^2+4(m-1)x+m^2-m-6=0$의 두 근의 부호가 서로 다를 때, 정수 m의 개수를 구하시오.

20 x에 대한 이차방정식 $x^2-(k^2-2k-8)x-k+3=0$의 두 근의 부호가 서로 다르고 양수인 근이 음수인 근의 절댓값보다 클 때, 정수 k의 최솟값을 구하시오.

유형 07 **이차방정식의 실근의 위치**

이차방정식 $ax^2+bx+c=0\,(a>0)$의 판별식을 D라 하고, $f(x)=ax^2+bx+c$라 할 때

(1) 두 근이 모두 p보다 크다.

➡ $D\ge0$, $f(p)>0$, $-\dfrac{b}{2a}>p$ ◀ 축의 방정식 $x=-\dfrac{b}{2a}$

(2) 두 근이 모두 p보다 작다.

➡ $D\ge0$, $f(p)>0$, $-\dfrac{b}{2a}<p$

(3) 두 근 사이에 p가 있다.

➡ $f(p)<0$

(4) 두 근이 모두 p, q 사이에 있다. (단, $p<q$)

➡ $D\ge0$, $f(p)>0$, $f(q)>0$, $p<-\dfrac{b}{2a}<q$

21 x에 대한 이차방정식 $x^2-3x+a^2-2=0$의 두 근 사이에 2가 있을 때, 실수 a의 값의 범위를 구하시오.

22 이차방정식 $x^2-2ax+4a+5=0$의 두 근이 모두 1보다 작을 때, 정수 a의 개수를 구하시오.

23 이차방정식 $x^2+2(k+2)x-k-2=0$의 서로 다른 두 실근이 모두 -2보다 클 때, 실수 k의 값의 범위는?

① $k<-3$

② $-3<k<-2$

③ $-\dfrac{6}{5}<k<0$

④ $k<-3$ 또는 $-2<k<-\dfrac{6}{5}$

⑤ $k<-3$ 또는 $-2<k<0$

24 이차방정식 $x^2-4kx+3k+1=0$의 두 근이 모두 -1과 1 사이에 있을 때, 실수 k의 최댓값을 구하시오.

25 이차방정식 $x^2-(k+1)x-4k=0$의 두 근을 α, β라 할 때, $-1<\alpha<0$, $2<\beta<3$이 되도록 하는 실수 k의 값의 범위가 $p<k<q$이다. 이때 $p+q$의 값을 구하시오.

26 이차방정식 $x^2-3x+a+2=0$의 서로 다른 두 근 중 한 근만이 이차방정식 $x^2-7x+12=0$의 두 근 사이에 있도록 하는 실수 a의 값의 범위는?

① $-7<a<-2$

② $-7<a<-1$

③ $-6<a<-3$

④ $-6<a<-2$

⑤ $-4<a<-2$

27 이차방정식 $x^2-2(a+2)x-a=0$이 $-2\le x\le2$에서 실근을 갖도록 하는 실수 a의 값의 범위가 $a\le\alpha$ 또는 $a\ge\beta$일 때, $\alpha\beta$의 값은?

① 3

② 4

③ 5

④ 6

⑤ 7

1 경우의 수

유형 01 합의 법칙

두 사건 A, B가 동시에 일어나지 않을 때, 사건 A와 사건 B가 일어나는 경우의 수가 각각 m, n이면

(사건 A 또는 사건 B가 일어나는 경우의 수)$=m+n$

1 서로 다른 두 개의 주사위를 동시에 던질 때, 나오는 두 눈의 수의 합이 8의 약수인 경우의 수를 구하시오.

2 서로 다른 두 개의 주사위를 동시에 던질 때, 나오는 두 눈의 수의 차가 2 미만인 경우의 수는?

① 12   ② 14   ③ 16
④ 18   ⑤ 20

3 1부터 5까지의 자연수가 각각 하나씩 적힌 5개의 공이 들어 있는 주머니에서 1개씩 세 번 공을 꺼낼 때, 꺼낸 공에 적힌 세 수의 곱이 4 또는 5인 경우의 수를 구하시오. (단, 꺼낸 공은 다시 넣는다.)

4 1부터 100까지의 자연수 중에서 3과 5로 모두 나누어떨어지지 않는 수의 개수는?

① 32   ② 48   ③ 53
④ 69   ⑤ 74

유형 02 방정식, 부등식을 만족시키는 순서쌍의 개수

방정식 $ax+by+cz=d$ 또는 부등식 $ax+by+cz \leq d$를 만족시키는 자연수 x, y, z의 순서쌍 (x, y, z)의 개수는 x, y, z 중에서 계수의 절댓값이 가장 큰 문자에 1, 2, 3, …을 차례대로 대입하여 구한다.

참고 음이 아닌 정수의 순서쌍의 개수를 구할 때는 주어진 방정식 또는 부등식의 계수의 절댓값이 가장 큰 문자에 0, 1, 2, …를 차례대로 대입한다.

5 자연수 x, y, z에 대하여 방정식 $2x+y+z=8$을 만족시키는 순서쌍 (x, y, z)의 개수는?

① 5   ② 7   ③ 9
④ 11   ⑤ 13

6 음이 아닌 정수 x, y에 대하여 부등식 $2x+5y \leq 15$를 만족시키는 순서쌍 (x, y)의 개수는?

① 18   ② 19   ③ 20
④ 21   ⑤ 22

7 이차함수 $y=2x^2-ax+b$의 그래프가 x축과 만나지 않도록 하는 5 이하의 자연수 a, b의 순서쌍 (a, b)의 개수를 구하시오.

유형 03 곱의 법칙

두 사건 A, B에 대하여 사건 A가 일어나는 경우의 수가 m, 그 각각에 대하여 사건 B가 일어나는 경우의 수가 n이면

(두 사건 A, B가 동시에 일어나는 경우의 수)$=m \times n$

8 4종류의 모자, 5종류의 바지, 2종류의 신발 중에서
○○○ 모자, 바지, 신발을 각각 1개씩 구매하는 경우의 수를 구하시오.

9 다항식 $(a+b)(x+y+z)(p+q+r)$를 전개할
●○○ 때 생기는 항의 개수를 구하시오.

평가원

10 다음 조건을 만족시키는 두 자리의 자연수의 개수
●○○ 는?

> ㈎ 2의 배수이다.
> ㈏ 십의 자리의 수는 6의 약수이다.

① 16   ② 20   ③ 24
④ 28   ⑤ 32

11 서로 다른 세 개의 주사위를 동시에 던질 때, 적어
●●○ 도 하나의 주사위에서 3의 배수의 눈이 나오는 경우의 수는?

① 27   ② 64   ③ 108
④ 152   ⑤ 189

유형 04 약수의 개수

자연수 N이 $N=p^a q^b r^c$ (p, q, r는 서로 다른 소수, a, b, c는 자연수) 꼴로 소인수분해될 때, N의 양의 약수의 개수
➡ $(a+1)(b+1)(c+1)$

12 360의 양의 약수의 개수는?
●○○
① 12   ② 18   ③ 24
④ 30   ⑤ 36

13 120과 320의 양의 공약수의 개수는?
●●○
① 8   ② 9   ③ 10
④ 11   ⑤ 12

14 180의 양의 약수 중에서 짝수의 개수를 a, 3의 배
●●○ 수의 개수를 b라 할 때, $a+b$의 값은?

① 20   ② 21   ③ 22
④ 23   ⑤ 24

15 $2^4 \times 3^3 \times 7^n$의 양의 약수의 개수가 80일 때, 자연수
●●○ n의 값을 구하시오.

유형 05 수형도를 이용하는 경우의 수

특별한 규칙이 없을 때의 경우의 수는 중복되거나 빠짐없이 모든 경우를 나열하여 구한다. 이때 수형도를 이용하면 편리하다.

16 4명의 학생이 보고서를 작성한 후 각자 다른 한 명의 보고서를 보려고 한다. 자신의 보고서는 자신이 보지 않는다고 할 때, 보고서를 보는 경우의 수는?

① 3 ② 6 ③ 9
④ 12 ⑤ 15

17 5개의 숫자 1, 2, 3, 4, 5를 일렬로 나열하여 다섯 자리의 자연수 $a_1a_2a_3a_4a_5$를 만들 때,

$$a_2=2, \ a_k \neq k \, (k=1, 3, 4, 5)$$

를 만족시키는 자연수의 개수를 구하시오.

18 5명의 학생 A, B, C, D, E가 가방을 운동장에 모아 놓고 농구를 한 후 임의로 가방을 하나씩 들었을 때, 1명만 자신의 가방을 드는 경우의 수는?

① 40 ② 45 ③ 50
④ 55 ⑤ 60

유형 06 도로망에서의 경우의 수

(1) 연이어 갈 수 있는 도로이면 곱의 법칙을 이용한다.
(2) 연이어 갈 수 없는 도로이면 합의 법칙을 이용한다.

19 오른쪽 그림과 같이 집, 도서관, 편의점 사이를 연결하는 도로가 있다. 집에서 출발하여 도서관에 갔다가 편의점을 들러 집으로 돌아오는 경우의 수를 구하시오. (단, 같은 지점은 두 번 이상 지나지 않는다.)

20 오른쪽 그림과 같이 네 지점 A, B, C, D를 연결하는 도로가 있다. B 지점에서 D 지점으로 가는 경우의 수를 구하시오.
(단, 같은 지점은 두 번 이상 지나지 않는다.)

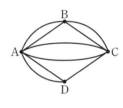

21 오른쪽 그림과 같이 세 지점 A, B, C를 연결하는 도로가 있다. A 지점에서 출발하여 C 지점으로 갔다가 한 번 지나간 길은 다시 지나지 않고 A 지점으로 돌아오는 경우의 수를 구하시오.
(단, 같은 지점은 두 번 이상 지나지 않는다.)

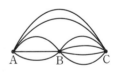

유형 07 색칠하는 경우의 수

색칠하는 경우의 수는 다음과 같은 순서로 구한다.
(1) 가장 많은 영역과 인접하고 있는 영역에 색칠하는 경우의 수를 먼저 구한다.
(2) 서로 같은 색을 칠할 수 있는 영역은 같은 색을 칠하는 경우와 다른 색을 칠하는 경우로 나누어 생각한다.
(3) 곱의 법칙을 이용하여 경우의 수를 구한다.

22 오른쪽 그림과 같은 5개의 영역 A, B, C, D, E를 서로 다른 5가지 색으로 칠하려고 한다. 같은 색을 중복하여 사용해도 좋으나 인접한 영역은 서로 다른 색을 칠하는 경우의 수를 구하시오.
　　　　(단, 각 영역에는 한 가지 색만 칠한다.)

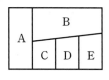

23 오른쪽 그림과 같은 5개의 영역 A, B, C, D, E를 서로 다른 4가지 색으로 칠하려고 한다. 같은 색을 중복하여 사용해도 좋으나 인접한 영역은 서로 다른 색을 칠하는 경우의 수를 구하시오.
　　　　(단, 각 영역에는 한 가지 색만 칠한다.)

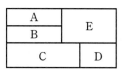

24 오른쪽 그림과 같이 5개의 영역으로 나누어진 도형을 서로 다른 3가지 색으로 칠하려고 한다. 같은 색을 중복하여 사용해도 좋으나 인접한 영역은 서로 다른 색을 칠하는 경우의 수를 구하시오.
　　　　(단, 각 영역에는 한 가지 색만 칠한다.)

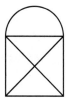

유형 08 지불 방법의 수와 지불 금액의 수

(1) 지불 방법의 수
　　단위가 다른 화폐가 각각 p개, q개, r개일 때
　　➡ $(p+1)(q+1)(r+1)-1$
　　　　　　　　└ 0원을 지불하는 경우 제외
(2) 지불 금액의 수
　　다른 종류의 화폐 각각으로 지불할 수 있는 금액이 중복되는 경우 큰 단위의 화폐를 작은 단위의 화폐로 바꾸어 생각한다.

25 10원짜리 동전 4개, 100원짜리 동전 3개, 500원짜리 동전 2개의 일부 또는 전부를 사용하여 지불할 수 있는 방법의 수는?
　　　　(단, 0원을 지불하는 경우는 제외한다.)

① 9　　　　② 23　　　　③ 24
④ 59　　　　⑤ 60

26 1000원짜리 지폐 3장, 5000원짜리 지폐 2장, 10000원짜리 지폐 3장의 일부 또는 전부를 사용하여 지불할 수 있는 금액의 수를 구하시오.
　　　　(단, 0원을 지불하는 경우는 제외한다.)

27 1000원짜리 지폐 1장, 500원짜리 동전 4개, 100원짜리 동전 3개의 일부 또는 전부를 사용하여 지불할 수 있는 방법의 수를 a, 지불할 수 있는 금액의 수를 b라 할 때, $a+b$의 값을 구하시오.
　　　　(단, 0원을 지불하는 경우는 제외한다.)

유형 01 $_nP_r$의 계산

$$_nP_r=n(n-1)(n-2)\times\cdots\times(n-r+1)\,(\text{단, } 0<r\le n)$$
$$=\frac{n!}{(n-r)!}\,(\text{단, } 0\le r\le n)$$

1 등식 $_5P_r\times4!=1440$을 만족시키는 자연수 r의 값
ooo 을 구하시오.

2 등식 $_{2n}P_3=52\times{_nP_2}$를 만족시키는 자연수 n의 값
●oo 은?

① 5   ② 6   ③ 7

④ 8   ⑤ 9

3 등식 $_{n+1}P_3-4\times{_nP_2}-10\times{_{n-1}P_1}=0$을 만족시키
●oo 는 자연수 n의 값은?

① 2   ② 3   ③ 4

④ 5   ⑤ 6

4 부등식 $_5P_r\le12\times{_5P_{r-2}}$를 만족시키는 자연수 r의
●●o 개수를 구하시오.

유형 02 순열의 수

(1) 서로 다른 n개에서 r개를 택하여 일렬로 나열하는 경우의 수 ➡ $_nP_r$

(2) 서로 다른 n개를 모두 일렬로 나열하는 경우의 수 ➡ $_nP_n=n!$

5 축구 시합에서 4명의 선수가 승부차기를 할 때, 순
ooo 서를 정하는 경우의 수를 구하시오.

6 다섯 개의 숫자 1, 3, 5, 7, 9 중에서 서로 다른 4개
ooo 를 사용하여 만들 수 있는 네 자리의 비밀번호의 개
수는?

① 24   ② 60   ③ 120

④ 180   ⑤ 625

7 서로 다른 n권의 책 중에서 3권을 택하여 책꽂이에
●oo 일렬로 꽂는 경우의 수가 210일 때, n의 값을 구하
시오.

8 학급 문고에 있는 서로 다른 5권의 문학 영역의 책
●oo 과 서로 다른 4권의 과학 영역의 책 중에서 같은 영
역의 책으로만 2권을 골라 순서대로 읽는 경우의
수는?

① 20   ② 32   ③ 72

④ 120   ⑤ 240

유형 03 이웃할 때의 순열의 수

서로 다른 n개 중에서 r개가 서로 이웃하도록 나열하는 경우의 수는 다음과 같은 순서로 구한다.

(1) 이웃하는 것을 한 묶음으로 생각하여 일렬로 나열하는 경우의 수를 구한다. ➡ $(n-r+1)!$

(2) 묶음 안에서 이웃하는 것끼리 자리를 바꾸는 경우의 수를 구한다. ➡ $r!$

(3) (1), (2)에서 구한 경우의 수를 곱한다.
➡ $(n-r+1)! \times r!$

9 A, B를 포함한 농구 선수 5명을 일렬로 세울 때, A와 B가 서로 이웃하도록 세우는 경우의 수는?

① 4   ② 12   ③ 24

④ 48   ⑤ 60

10 1학년 학생 5명과 2학년 학생 3명을 일렬로 세울 때, 2학년 학생 3명이 서로 이웃하도록 세우는 경우의 수는?

① 24   ② 60   ③ 120

④ 720   ⑤ 4320

11 야구 선수 n명과 축구 선수 5명을 일렬로 세울 때, 축구 선수끼리 서로 이웃하도록 세우는 경우의 수가 2880이다. 이때 n의 값은?

① 3   ② 4   ③ 5

④ 6   ⑤ 7

12 서로 다른 2권의 수학 영역 교재, 서로 다른 4권의 영어 영역 교재, 서로 다른 2권의 국어 영역 교재를 책꽂이에 일렬로 꽂을 때, 같은 영역의 교재끼리 서로 이웃하도록 꽂는 경우의 수를 구하시오.

교육청

13 7개의 문자 c, h, e, e, r, u, p를 모두 일렬로 나열할 때, 2개의 문자 e가 서로 이웃하게 되는 경우의 수를 구하시오.

14 1학년 학생 2명, 2학년 학생 2명, 3학년 학생 2명을 3명씩 두 줄로 세워 사진을 찍으려고 한다. 1학년 학생끼리 같은 줄에 서로 이웃하도록 세우고, 2학년 학생끼리 같은 줄에 서로 이웃하도록 세우는 경우의 수를 구하시오.

15 일렬로 놓여 있는 7개의 똑같은 의자에 남학생 2명과 여학생 3명이 앉을 때, 남학생끼리 서로 이웃하도록 앉는 경우의 수를 구하시오. (단, 두 학생 사이에 빈 의자가 있는 경우는 이웃하지 않는 것으로 한다.)

이웃하지 않을 때의 순열의 수

서로 다른 n개 중에서 r개가 서로 이웃하지 않도록 나열하는 경우의 수는 다음과 같은 순서로 구한다.

(1) 이웃해도 되는 것을 일렬로 나열하는 경우의 수를 구한다.
➡ $(n-r)!$

(2) 이웃해도 되는 것의 사이사이와 양 끝에 이웃하지 않는 것을 나열하는 경우의 수를 구한다. ➡ $_{n-r+1}P_r$

(3) (1), (2)에서 구한 경우의 수를 곱한다.
➡ $(n-r)! \times {}_{n-r+1}P_r$

16 friend에 있는 6개의 문자를 일렬로 나열할 때, 모
●○○ 음끼리 서로 이웃하지 않도록 나열하는 경우의 수를 구하시오.

17 남학생 3명과 여학생 3명을 일렬로 세울 때, 남학
●○○ 생과 여학생을 교대로 세우는 경우의 수는?

① 36 ② 48 ③ 72
④ 108 ⑤ 144

18 축구 선수 2명, 야구 선수 2명, 농구 선수 3명을 일
●●○ 렬로 세울 때, 축구 선수끼리는 서로 이웃하고 야구 선수끼리는 서로 이웃하지 않도록 세우는 경우의 수를 구하시오.

19 일렬로 놓여 있는 9개의 똑같은 접시에 서로 다른
●●● 종류의 빵 4개를 올려 놓을 때, 어느 두 개의 빵도 서로 이웃하지 않도록 올려 놓는 경우의 수는?
(단, 한 개의 접시에 한 개의 빵만 올려 놓는다.)

① 6 ② 30 ③ 120
④ 360 ⑤ 720

제한 조건이 있을 때의 순열의 수

제한 조건이 있을 때의 순열의 수는 다음과 같은 순서로 구한다.

(1) 특정한 자리를 고정시키고, 그 자리에 나열하는 경우의 수를 구한다.

(2) 특정한 자리를 제외한 나머지 자리에 나열하는 경우의 수를 구한다.

(3) (1), (2)에서 구한 경우의 수를 곱한다.

20 은혜를 포함한 6명의 학생이 달리기 시합을 할 때,
●○○ 은혜가 4등을 하는 경우의 수는?

① 2 ② 6 ③ 24
④ 120 ⑤ 720

21 delight에 있는 7개의 문자를 일렬로 나열할 때,
●○○ 양 끝에 자음이 오도록 나열하는 경우의 수를 구하시오.

22 남자 4명과 여자 2명을 일렬로 세울 때, 여자는 양
●○○ 끝에 세우지 않는 경우의 수는?

① 48 ② 96 ③ 144
④ 288 ⑤ 576

교육청

23 할머니, 아버지, 어머니, 아들, 딸로 구성된 5명의 가
●○○ 족이 있다. 이 가족이 그림과 같이 번호가 적힌 5개
의 의자에 모두 앉을 때, 아버지, 어머니가 모두 홀
수 번호가 적힌 의자에 앉는 경우의 수는?

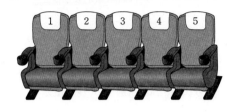

① 28　　　　② 30　　　　③ 32
④ 34　　　　⑤ 36

24 남학생 3명과 여학생 4명을 일렬로 세울 때, 같은
●○○ 성별의 학생을 양 끝에 세우는 경우의 수를 구하시
오.

25 times에 있는 5개의 문자를 일렬로 나열할 때, t와
●○○ s 사이에 i만 오도록 나열하는 경우의 수를 구하시
오.

26 cabinet에 있는 7개의 문자를 일렬로 나열할 때, c
●●○ 와 t 사이에 2개의 모음만 오도록 나열하는 경우의
수를 구하시오.

유형 06 **'적어도'의 조건이 있을 때의 순열의 수**

(사건 A가 적어도 한 번 일어나는 경우의 수)
＝(모든 경우의 수)－(사건 A가 일어나지 않는 경우의 수)

27 7개의 문자 A, B, C, D, E, F, G가 각각 하나씩
●○○ 적힌 7장의 카드 중에서 3장을 뽑아 일렬로 나열할
때, 적어도 하나는 모음이 적힌 카드가 놓이도록 나
열하는 경우의 수를 구하시오.

28 5개의 숫자 1, 2, 3, 4, 5가 각각 하나씩 적힌 5장
●●○ 의 카드를 일렬로 나열할 때, 홀수가 적힌 카드가
적어도 2개는 서로 이웃하도록 나열하는 경우의 수
는?

① 72　　　　② 84　　　　③ 96
④ 108　　　　⑤ 120

29 일렬로 놓여 있는 7개의 똑같은 의자에 학생 2명이
●●○ 앉을 때, 두 학생 사이에 적어도 하나의 빈 의자가
있도록 하는 경우의 수를 구하시오.

30 서로 다른 6개의 알파벳을 일렬로 나열할 때, 적어
●●○ 도 한쪽 끝에 자음이 오도록 나열하는 경우의 수는
576이다. 이때 6개의 알파벳 중에서 자음의 개수를
구하시오.

유형 O7 순열을 이용한 자연수의 개수

주어진 조건에 따라 기준이 되는 자리에 오는 숫자를 먼저 정하고 나머지 자리에는 남은 숫자를 나열한다. 이때 맨 앞 자리에는 0이 올 수 없음에 유의한다.

참고 서로 다른 n개의 숫자에서 서로 다른 k개를 택하여 만들 수 있는 k자리의 자연수의 개수는
- 숫자에 0이 포함되지 않은 경우 ➡ $_nP_k$
- 숫자에 0이 포함된 경우 ➡ $(n-1) \times _{n-1}P_{k-1}$

31 6개의 숫자 0, 1, 2, 3, 4, 5에서 서로 다른 5개의
●○○ 숫자를 택하여 만들 수 있는 다섯 자리의 자연수의 개수를 구하시오.

32 5개의 숫자 0, 1, 2, 3, 4를 모두 사용하여 만들 수
●●○ 있는 다섯 자리의 자연수 중에서 짝수의 개수를 구하시오.

33 5개의 숫자 1, 2, 3, 4, 5에서 서로 다른 3개의 숫
●●○ 자를 택하여 만들 수 있는 세 자리의 자연수 중에서 3의 배수가 아닌 것의 개수를 구하시오.

34 5개의 숫자 0, 1, 2, 3, 4에서 서로 다른 3개의 숫
●●○ 자를 택하여 만들 수 있는 세 자리의 자연수 중에서 백의 자리의 숫자가 일의 자리의 숫자보다 큰 자연수의 개수는?

① 10   ② 20   ③ 30
④ 40   ⑤ 50

유형 O8 사전식 배열에서 특정한 위치 찾기

문자를 사전식으로 배열하거나 숫자를 크기순으로 나열할 때, 맨 앞 자리부터 고정시켜서 차례대로 순열의 수를 구해 본다.

35 5개의 숫자 1, 2, 3, 4, 5를 모두 사용하여 만든 다
●●○ 섯 자리의 자연수를 작은 수부터 순서대로 나열할 때, 24351은 몇 번째 수인지 구하시오.

36 6개의 문자 A, B, C, D, E, F를 모두 한 번씩
●●○ 만 사용하여 만든 문자열을 사전식으로 배열할 때, 267번째로 나타나는 문자열은?

① AFEDBC   ② BFDCAE
③ CADEFB   ④ CBADFE
⑤ CBAEDF

37 5개의 숫자 0, 1, 2, 3, 4를 모두 사용하여 만든 다
●●○ 섯 자리의 자연수 중에서 56번째로 큰 수는?

① 23401   ② 23410   ③ 24103
④ 24301   ⑤ 24310

03 조합

유형 01 $_nC_r$의 계산

$$_nC_r = \frac{_nP_r}{r!} = \frac{n!}{r!(n-r)!} \ (단, \ 0 \le r \le n)$$

1 등식 $_nC_2 + _{n+1}C_3 = 2 \times _nP_2$를 만족시키는 자연수 n의 값은?

① 5   ② 6   ③ 7
④ 8   ⑤ 9

2 x에 대한 이차방정식 $5x^2 + _nC_r x - 2 \times _nP_r = 0$의 두 근이 -4, 2가 되도록 하는 자연수 n, r에 대하여 nr의 값을 구하시오.

3 보기에서 옳은 것만을 있는 대로 고른 것은?

┌ 보기 ┐
ㄱ. $_nP_r = r! \times _nC_r$ (단, $0 \le r \le n$)
ㄴ. $r \times _nC_{r-1} = n \times _{n-1}C_{r-1}$ (단, $1 \le r \le n$)
ㄷ. $_nC_r \times _rC_k = _nC_k \times _{n-k}C_{r-k}$ (단, $0 \le k \le r \le n$)

① ㄱ   ② ㄷ   ③ ㄱ, ㄴ
④ ㄱ, ㄷ   ⑤ ㄱ, ㄴ, ㄷ

유형 02 조합의 수

서로 다른 n개에서 순서를 생각하지 않고 r개를 택하는 경우의 수 ➡ $_nC_r$

4 어느 날 급식에 밥 2종류, 반찬 6종류, 국 3종류가 나왔을 때, 밥 1종류, 반찬 3종류, 국 1종류를 고르는 경우의 수는?

① 40   ② 60   ③ 80
④ 100   ⑤ 120

5 A 학교 학생 5명과 B 학교 학생 9명으로 이루어진 글짓기 동아리에서 대회에 나갈 대표 3명을 뽑을 때, 같은 학교 학생으로만 뽑는 경우의 수를 구하시오.

6 어느 피자 가게에서는 서로 다른 5개의 토핑 중에서 원하는 토핑을 선택하여 주문할 수 있다고 한다. 이때 토핑을 선택하는 경우의 수를 구하시오.
(단, 토핑은 1개 이상 선택해야 한다.)

7 어느 옷가게에서 판매하는 셔츠와 바지의 가짓수가 같다. 이 옷가게에서 셔츠와 바지의 구분 없이 3가지를 고르는 경우의 수가 셔츠 중에서 3가지를 고르는 경우의 수의 10배일 때, 이 옷가게에서 셔츠 1가지와 바지 2가지를 고르는 경우의 수를 구하시오.
(단, 셔츠와 바지의 종류는 각각 3가지 이상이다.)

유형 03 제한 조건이 있을 때의 조합의 수

(1) 서로 다른 n개에서 특정한 k개를 포함하여 r개를 뽑는 경우의 수
  ➡ k개는 고정시키고 나머지 $(n-k)$개 중에서 $(r-k)$개를 뽑는 경우의 수와 같으므로 $_{n-k}\mathrm{C}_{r-k}$

(2) 서로 다른 n개에서 특정한 k개를 제외하고 r개를 뽑는 경우의 수
  ➡ k개를 제외한 $(n-k)$개 중에서 r개를 뽑는 경우의 수와 같으므로 $_{n-k}\mathrm{C}_r$

(3) n개 중에서 $a<b<c$를 만족시키는 a, b, c를 정하는 경우의 수
  ➡ n개 중에서 3개를 뽑아 크기가 작은 순서대로 a, b, c로 정하면 되므로 $_n\mathrm{C}_3$

8 A, B 두 학생을 포함한 9명의 학생 중에서 4명을 뽑을 때, A, B를 모두 포함하여 뽑는 경우의 수는?
●○○

① 9   ② 14   ③ 21
④ 28   ⑤ 32

9 1부터 9까지의 자연수가 각각 하나씩 적힌 9개의 공이 들어 있는 주머니에서 동시에 3개의 공을 꺼낼 때, 5가 적힌 공은 반드시 꺼내고 짝수가 적힌 공은 꺼내지 않는 경우의 수를 구하시오.
●○○

10 노란색 색종이를 포함한 색이 서로 다른 n장의 색종이 중에서 3장을 뽑을 때, 노란색 색종이를 반드시 포함하여 뽑는 경우의 수가 15이다. 이때 n의 값을 구하시오.
●●○

11 자연수 a, b, c에 대하여 부등식 $1 \le a < b < c \le 7$을 만족시키는 모든 순서쌍 (a, b, c)의 개수는?
●●○

① 10   ② 15   ③ 20
④ 30   ⑤ 35

12 1부터 8까지의 자연수가 각각 하나씩 적혀 있는 8장의 카드 중에서 동시에 5장의 카드를 선택하려고 한다. 선택한 카드에 적혀 있는 수의 합이 짝수인 경우의 수는?
●●○

① 24   ② 28   ③ 32
④ 36   ⑤ 40

13 그림과 같이 9개의 칸으로 나누어진 정사각형의 각 칸에 1부터 9까지의 자연수가 적혀 있다. 이 9개의 숫자 중 다음 조건을 만족시키도록 2개의 숫자를 선택하려고 한다.
●●●

1	2	3
4	5	6
7	8	9

(가) 선택한 2개의 숫자는 서로 다른 가로줄에 있다.
(나) 선택한 2개의 숫자는 서로 다른 세로줄에 있다.

예를 들어 숫자 1과 5를 선택하는 것은 조건을 만족시키지만 숫자 3과 9를 선택하는 것은 조건을 만족시키지 않는다. 조건을 만족시키도록 2개의 숫자를 선택하는 경우의 수는?

① 9   ② 12   ③ 15
④ 18   ⑤ 21

유형 04 '적어도'의 조건이 있을 때의 조합의 수

(사건 A가 적어도 한 번 일어나는 경우의 수)
=(모든 경우의 수)−(사건 A가 일어나지 않는 경우의 수)

14 남학생 5명과 여학생 5명 중에서 4명을 뽑을 때, 여학생을 적어도 1명은 포함하여 뽑는 경우의 수는?

① 190   ② 195   ③ 200
④ 205   ⑤ 210

15 1학년 학생 6명과 2학년 학생 8명 중에서 3명을 뽑아 진로 탐색 활동을 하려고 할 때, 1학년 학생과 2학년 학생을 각각 적어도 1명씩 포함하여 뽑는 경우의 수는?

① 36   ② 72   ③ 144
④ 288   ⑤ 576

16 회원이 10명인 볼링 동호회에서 운영진 3명을 뽑을 때, 남자 회원을 적어도 1명은 포함하여 뽑는 경우의 수가 110이다. 이때 남자 회원 수를 구하시오.

17 1부터 10까지의 자연수가 각각 하나씩 적힌 10장의 카드 중에서 5장을 택할 때, 짝수가 적힌 카드를 적어도 2장은 택하는 경우의 수를 구하시오.

유형 05 뽑아서 나열하는 경우의 수

서로 다른 n개 중에서 r개를 택하여 일렬로 나열하는 경우의 수

➡ $_nC_r \times r!$

18 서로 다른 6권의 국어책과 서로 다른 4권의 수학책 중에서 2권의 국어책과 2권의 수학책을 택하여 책꽂이에 일렬로 꽂는 경우의 수는?

① 1190   ② 1200   ③ 1440
④ 1890   ⑤ 2160

19 7개의 문자 a, b, c, d, e, f, g 중에서 a, b를 포함한 4개의 문자를 택하여 일렬로 나열하는 경우의 수는?

① 240   ② 252   ③ 264
④ 276   ⑤ 288

20 A, B 두 사람을 포함한 8명 중에서 5명을 뽑아 일렬로 세울 때, A, B를 모두 포함하고 이 두 명이 서로 이웃하도록 세우는 경우의 수는?

① 940   ② 950   ③ 960
④ 970   ⑤ 980

정답과 해설 168쪽

유형 06 **직선 또는 삼각형의 개수**

어느 세 점도 한 직선 위에 있지 않은 서로 다른 n개의 점에 대하여

(1) 2개의 점을 이어서 만들 수 있는 직선의 개수 ➡ $_nC_2$

(2) 3개의 점을 꼭짓점으로 하는 삼각형의 개수 ➡ $_nC_3$

참고 한 직선 위에 있는 서로 다른 3개의 점으로는 삼각형을 만들 수 없다.

21
●○○
서로 다른 n개의 점 중에서 어느 세 점도 한 직선 위에 있지 않을 때, 이 점 중에서 2개의 점을 이어서 만들 수 있는 서로 다른 직선의 개수는 66이다. 이때 n의 값은?

① 8   ② 9   ③ 10
④ 11   ⑤ 12

22
●●○
오른쪽 그림과 같이 원 위에 같은 간격으로 놓인 8개의 점 중에서 3개의 점을 꼭짓점으로 하는 직각삼각형의 개수를 구하시오.

23
●●○
다음 그림과 같이 같은 간격으로 놓인 15개의 점 중에서 3개의 점을 꼭짓점으로 하는 삼각형의 개수를 구하시오.

유형 07 **사각형의 개수**

서로 평행한 m개의 직선과 서로 평행한 n개의 직선이 만날 때, 이 직선으로 만들 수 있는 평행사변형의 개수

➡ 서로 평행한 m개의 직선과 서로 평행한 n개의 직선 중에서 각각 2개를 택하면 되므로 $_mC_2 \times _nC_2$

24
●○○
오른쪽 그림과 같이 서로 평행한 6개의 직선과 서로 평행한 5개의 직선이 만날 때, 이 평행한 직선으로 만들 수 있는 평행사변형의 개수를 구하시오.

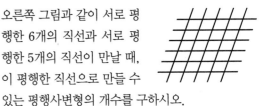

25
●●○
오른쪽 그림과 같이 반원 위에 있는 9개의 점 중에서 4개의 점을 꼭짓점으로 하는 사각형의 개수는?

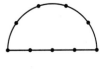

① 81   ② 92   ③ 116
④ 121   ⑤ 126

26
●●○
오른쪽 그림과 같이 9개의 정사각형을 이어 붙인 도형에서 찾을 수 있는 정사각형이 아닌 직사각형의 개수를 구하시오.

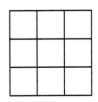

27
●●○
오른쪽 그림과 같이 사다리꼴 위에 있는 10개의 점 중에서 4개의 점을 꼭짓점으로 하는 사각형의 개수를 구하시오.

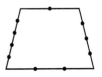

IV. 행렬

1 행렬

유형 01 행렬의 (i, j) 성분

행렬 $A=(a_{ij})$의 (i, j) 성분
➡ 행렬 A의 제i행과 제j열이 만나는 위치에 있는 성분
➡ a_{ij}를 나타내는 식에 $i=1, 2, \cdots, j=1, 2, \cdots$를 대입한 값

1 4×2 행렬 A의 (i, j) 성분 a_{ij}가 $a_{ij}=i+j^2-ij$일 때, $a_{12}+a_{22}+a_{31}+a_{42}$의 값을 구하시오.

교육청

2 이차정사각행렬 A의 (i, j) 성분 a_{ij}가 아래와 같이 정의될 때, 행렬 A의 모든 성분의 합은?

$$a_{ij}=\begin{cases} i-1 & (i>j) \\ i+j & (i=j) \\ i-2j & (i<j) \end{cases}$$

① 1   ② 2   ③ 3
④ 4   ⑤ 5

3 행렬 $A=\begin{pmatrix} 2 & 4 & -3 \\ 3 & -1 & 4 \end{pmatrix}$에 대하여 $A=(a_{ij})$일 때, 다음 중 옳은 것은?

① 3×2 행렬이다.
② $(2, 1)$ 성분은 4이다.
③ $a_{12}+a_{23}=7$
④ $i=j$인 모든 성분의 합은 8이다.
⑤ $i+j=3$을 만족시키는 모든 성분의 곱은 12이다.

4 이차정사각행렬 A의 (i, j) 성분 a_{ij}가 $a_{ij}=2i-j+1$일 때, 이차정사각행렬 B의 (i, j) 성분 b_{ij}는 $b_{ij}=a_{ji}$를 만족시킨다. 이때 행렬 B는?

① $\begin{pmatrix} 1 & 2 \\ 3 & 4 \end{pmatrix}$ ② $\begin{pmatrix} 1 & 3 \\ 2 & 4 \end{pmatrix}$ ③ $\begin{pmatrix} 2 & 1 \\ 4 & 3 \end{pmatrix}$

④ $\begin{pmatrix} 2 & 4 \\ 1 & 3 \end{pmatrix}$ ⑤ $\begin{pmatrix} 3 & 4 \\ 1 & 2 \end{pmatrix}$

5 행렬 A의 (i, j) 성분 a_{ij}가

$$a_{ij}=\begin{cases} i^2-j^2 & (i\geq j) \\ -a_{ji} & (i<j) \end{cases} \quad (i=1, 2, 3, j=1, 2, 3)$$

일 때, 행렬 A의 제1행의 모든 성분의 합을 구하시오.

6 삼차정사각행렬 A의 (i, j) 성분 a_{ij}가

$$a_{ij}=\begin{cases} pi+qj-2 & (i\neq j) \\ 1 & (i=j) \end{cases}$$

일 때, $A=\begin{pmatrix} 1 & 5 & 7 \\ x & y & z \\ 9 & 11 & 1 \end{pmatrix}$이다. 이때 실수 x, y, z에 대하여 $x+y+z$의 값을 구하시오.

(단, p, q는 상수)

유형 O2 행렬의 활용

유형 O2 행렬의 활용

주어진 조건에 따라 행렬의 각 성분을 차례대로 구한 후 직사각형 모양으로 배열하고 괄호로 묶어 행렬로 나타낸다.

7 두 도시 A_1, A_2 사이를 화살표 방향으로 관광하는 코스가 다음 그림과 같다. 도시 A_i에서 도시 A_j로 바로 가는 관광 코스의 수를 a_{ij}라 할 때, a_{ij}를 $(i,\ j)$ 성분으로 하는 행렬을 구하시오.

(단, $i=1,\ 2,\ j=1,\ 2$)

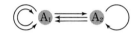

8 세 공원 P_1, P_2, P_3을 연결하는 산책로가 다음 그림과 같다. 행렬 A의 $(i,\ j)$ 성분 a_{ij}가

$$a_{ij}=\begin{cases} \text{공원 } P_i \text{에서 공원 } P_j \text{로 가는 경로의 수 } (i\neq j) \\ 0 \hspace{4.5cm} (i=j) \end{cases}$$

일 때, 행렬 A의 모든 성분의 합을 구하시오.

(단, $i=1,\ 2,\ 3,\ j=1,\ 2,\ 3$)

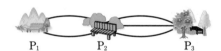

$P_1 \hspace{2cm} P_2 \hspace{2cm} P_3$

9 행렬 A의 $(i,\ j)$ 성분 a_{ij}가

$$a_{ij}=(i^2+j \text{의 양의 약수의 개수})$$

일 때, 행렬 A는? (단, $i=1,\ 2,\ j=1,\ 2,\ 3$)

① $\begin{pmatrix} 2 & 2 & 2 \\ 2 & 3 & 2 \end{pmatrix}$
② $\begin{pmatrix} 2 & 2 & 3 \\ 2 & 4 & 2 \end{pmatrix}$
③ $\begin{pmatrix} 2 & 3 & 3 \\ 3 & 4 & 2 \end{pmatrix}$

④ $\begin{pmatrix} 2 & 2 \\ 2 & 4 \\ 3 & 2 \end{pmatrix}$
⑤ $\begin{pmatrix} 2 & 2 \\ 3 & 2 \\ 4 & 2 \end{pmatrix}$

10 다음 그림과 같은 전기 회로가 있다. 삼차정사각행렬 A의 $(i,\ j)$ 성분 a_{ij}를 스위치 i, j가 닫혀 있을 때, 불이 켜지는 전구의 개수로 정의한다. 이때 행렬 A는?

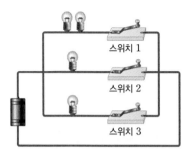

스위치 1
스위치 2
스위치 3

① $\begin{pmatrix} 2 & 1 & 1 \\ 1 & 2 & 3 \\ 1 & 3 & 2 \end{pmatrix}$
② $\begin{pmatrix} 2 & 1 & 1 \\ 1 & 3 & 2 \\ 1 & 2 & 3 \end{pmatrix}$

③ $\begin{pmatrix} 2 & 3 & 2 \\ 3 & 1 & 2 \\ 2 & 2 & 3 \end{pmatrix}$
④ $\begin{pmatrix} 2 & 3 & 3 \\ 2 & 1 & 3 \\ 1 & 2 & 3 \end{pmatrix}$

⑤ $\begin{pmatrix} 2 & 3 & 3 \\ 3 & 1 & 2 \\ 3 & 2 & 1 \end{pmatrix}$

교육청

11 이차정사각행렬 A의 $(i,\ j)$ 성분 a_{ij}를 이차함수 $y=x^2-2(i+j)x+9$의 그래프와 x축이 만나는 점의 개수로 정의할 때, 행렬 A는?

① $\begin{pmatrix} 0 & 1 \\ 1 & 1 \end{pmatrix}$
② $\begin{pmatrix} 0 & 1 \\ 1 & 2 \end{pmatrix}$
③ $\begin{pmatrix} 0 & 2 \\ 2 & 1 \end{pmatrix}$

④ $\begin{pmatrix} 1 & 0 \\ 0 & 2 \end{pmatrix}$
⑤ $\begin{pmatrix} 1 & 1 \\ 2 & 0 \end{pmatrix}$

유형 03 서로 같은 행렬

두 행렬 $A=\begin{pmatrix} a & b \\ c & d \end{pmatrix}$, $B=\begin{pmatrix} x & y \\ z & w \end{pmatrix}$에 대하여 $A=B$이면

$a=x,\ b=y,\ c=z,\ d=w$

12 등식 $\begin{pmatrix} 3a-1 & 5 \\ -1 & 2b \end{pmatrix}=\begin{pmatrix} 5 & c+3 \\ 3-d & -6 \end{pmatrix}$을 만족시키는 실수 a, b, c, d에 대하여 $a+b+c+d$의 값을 구하시오.

13 두 행렬

$$A=\begin{pmatrix} -7 & 2a-5b \\ c & -a+3b \end{pmatrix},\ B=\begin{pmatrix} ad-3b & -1 \\ 2ad+9b & 1 \end{pmatrix}$$

에 대하여 $A=B$일 때, 실수 a, b, c, d에 대하여 $ab+cd$의 값은?

① -2 ② -1 ③ 0
④ 1 ⑤ 2

14 두 행렬 $A=\begin{pmatrix} -1 & \alpha \\ \alpha+\beta & \beta \end{pmatrix}$, $B=\begin{pmatrix} \alpha\beta & \alpha \\ 3 & \beta \end{pmatrix}$에 대하여 $A=B$일 때, 실수 α, β에 대하여 $\alpha^3+\beta^3$의 값을 구하시오.

15 두 이차정사각행렬 A, B의 $(i,\ j)$ 성분 a_{ij}, b_{ij}가

$$a_{ij}=pi+qj,\ b_{ij}=\begin{cases} i+(-2)^j-1 & (i\neq j) \\ j & (i=j) \end{cases}$$

이고 $A=B$일 때, 상수 p, q에 대하여 pq의 값을 구하시오.

유형 04 행렬의 덧셈, 뺄셈과 실수배 (1)

두 행렬 $A=\begin{pmatrix} a_{11} & a_{12} \\ a_{21} & a_{22} \end{pmatrix}$, $B=\begin{pmatrix} b_{11} & b_{12} \\ b_{21} & b_{22} \end{pmatrix}$에 대하여

$$A+B=\begin{pmatrix} a_{11}+b_{11} & a_{12}+b_{12} \\ a_{21}+b_{21} & a_{22}+b_{22} \end{pmatrix}$$

$$A-B=\begin{pmatrix} a_{11}-b_{11} & a_{12}-b_{12} \\ a_{21}-b_{21} & a_{22}-b_{22} \end{pmatrix}$$

$$kA=\begin{pmatrix} ka_{11} & ka_{12} \\ ka_{21} & ka_{22} \end{pmatrix} \text{(단, } k\text{는 실수)}$$

16 두 행렬 $A=\begin{pmatrix} 1 & 1 \\ 1 & 5 \end{pmatrix}$, $B=\begin{pmatrix} 2 & -2 \\ 2 & -3 \end{pmatrix}$에 대하여 행렬 $A-B$는?

① $\begin{pmatrix} -1 & -1 \\ -1 & 2 \end{pmatrix}$ ② $\begin{pmatrix} -1 & 3 \\ -1 & 2 \end{pmatrix}$

③ $\begin{pmatrix} -1 & 3 \\ -1 & 8 \end{pmatrix}$ ④ $\begin{pmatrix} 1 & -3 \\ 1 & -8 \end{pmatrix}$

⑤ $\begin{pmatrix} 3 & -1 \\ 3 & 2 \end{pmatrix}$

평가원

17 행렬 $A=\begin{pmatrix} 1 & 0 \\ 2 & 1 \end{pmatrix}$에 대하여 행렬 $3A$의 모든 성분의 합은?

① 12 ② 15 ③ 18
④ 21 ⑤ 24

18 세 행렬

$$A=\begin{pmatrix} 1 & 2 \\ 3 & 4 \end{pmatrix},\ B=\begin{pmatrix} 5 & -1 \\ 2 & 1 \end{pmatrix},\ C=\begin{pmatrix} 3 & 2 \\ 1 & -1 \end{pmatrix}$$

에 대하여 $3(A+2B)-2(A+C)-3B$를 구하시오.

평가원

19 두 행렬 A, B에 대하여 $A = \begin{pmatrix} 2 & 1 \\ 1 & -1 \end{pmatrix}$이고

$A + B = \begin{pmatrix} 5 & 3 \\ 2 & 0 \end{pmatrix}$일 때, 행렬 B의 모든 성분의 합은?

① 7 　　　　② 8 　　　　③ 9
④ 10 　　　　⑤ 11

교육청

20 두 행렬 $A = \begin{pmatrix} 1 & 0 \\ 3 & -2 \end{pmatrix}$, $B = \begin{pmatrix} 2 & -1 \\ 4 & 3 \end{pmatrix}$에 대하여 $A + X = 3B + 2X$를 만족시키는 행렬 X는?

① $\begin{pmatrix} 5 & -3 \\ 9 & 11 \end{pmatrix}$ 　　　　② $\begin{pmatrix} -5 & 3 \\ -9 & -11 \end{pmatrix}$

③ $\begin{pmatrix} 5 & 3 \\ -9 & -11 \end{pmatrix}$ 　　　　④ $\begin{pmatrix} -5 & 3 \\ -9 & 11 \end{pmatrix}$

⑤ $\begin{pmatrix} -5 & -3 \\ 9 & -11 \end{pmatrix}$

21 이차정사각행렬 A, B에 대하여 행렬 A의 (i, j) 성분 a_{ij}는

$$a_{ij} = \begin{cases} i^2 - 1 & (i \geq j) \\ 2 - j & (i < j) \end{cases}$$

이다. 행렬 $3B - A$의 (i, j) 성분이 $2a_{ji}$일 때, 행렬 B의 $(2, 1)$ 성분은?

① -1 　　　　② 0 　　　　③ 1
④ 2 　　　　⑤ 3

유형 O5　행렬의 덧셈, 뺄셈과 실수배 (2) – 연립

두 행렬 A, B의 합, 차에 대한 두 등식이 주어진 경우에는 다항식에서의 연립일차방정식처럼 생각하여 푼다.

교육청

22 이차정사각행렬 A, B가

$$A + 2B = \begin{pmatrix} 5 & 13 \\ 2 & 10 \end{pmatrix},\ 2A + B = \begin{pmatrix} 4 & 11 \\ 1 & 11 \end{pmatrix}$$

을 만족시킬 때, 행렬 $A + B$의 모든 성분의 합을 구하시오.

23 두 행렬 $A = \begin{pmatrix} 1 & 0 \\ -3 & 1 \end{pmatrix}$, $B = \begin{pmatrix} 2 & 4 \\ -1 & 2 \end{pmatrix}$와 두 행렬 X, Y가

$$X + Y = A - 3B,\ X - Y = 3A + B$$

를 만족시킬 때, 행렬 $X - 2Y$는?

① $\begin{pmatrix} -2 & -12 \\ -9 & -2 \end{pmatrix}$ 　　　　② $\begin{pmatrix} 3 & 4 \\ -4 & 3 \end{pmatrix}$

③ $\begin{pmatrix} 6 & 12 \\ -3 & 6 \end{pmatrix}$ 　　　　④ $\begin{pmatrix} 10 & 12 \\ -15 & 10 \end{pmatrix}$

⑤ $\begin{pmatrix} 14 & 20 \\ -17 & 14 \end{pmatrix}$

24 두 이차정사각행렬 A, B에 대하여 $X = A - B$, $Y = 2A + B$를 만족시키는 두 행렬 X, Y의 (i, j) 성분을 각각 x_{ij}, y_{ij}라 하면

$$x_{ij} = i^2 - j,\ y_{ij} = i - j^2$$

일 때, 행렬 $A + 5B$의 모든 성분의 합을 구하시오.

유형 06 행렬의 덧셈, 뺄셈과 실수배 (3)
 – 행렬이 서로 같을 조건

행렬의 덧셈, 뺄셈과 실수배를 포함한 등식이 성립하면 각
변을 계산한 후 행렬이 서로 같을 조건을 이용하여 식을
세운다.

참고 세 행렬 $A=\begin{pmatrix} a_{11} & a_{12} \\ a_{21} & a_{22} \end{pmatrix}$, $B=\begin{pmatrix} b_{11} & b_{12} \\ b_{21} & b_{22} \end{pmatrix}$, $C=\begin{pmatrix} c_{11} & c_{12} \\ c_{21} & c_{22} \end{pmatrix}$

에 대하여 $xA+yB=C$를 만족시키는 실수 x, y의 값을
구하려면 행렬이 서로 같을 조건을 이용하여

$xa_{11}+yb_{11}=c_{11}$, $xa_{12}+yb_{12}=c_{12}$

$xa_{21}+yb_{21}=c_{21}$, $xa_{22}+yb_{22}=c_{22}$

와 같이 식을 세운 후 연립방정식을 푼다.

평가원

25 두 행렬 $A=\begin{pmatrix} 2 & 1 \\ 0 & 1 \end{pmatrix}$, $B=\begin{pmatrix} 1 & 0 \\ 4 & a \end{pmatrix}$에 대하여

$2A+B=\begin{pmatrix} 5 & 2 \\ 4 & 7 \end{pmatrix}$일 때, a의 값은?

① 1 　　② 2 　　③ 3

④ 4 　　⑤ 5

26 등식

$\begin{pmatrix} x & 4 \\ 2 & y \end{pmatrix}+\begin{pmatrix} -1 & z \\ 1 & -1 \end{pmatrix}=\begin{pmatrix} y & 2 \\ x & z \end{pmatrix}+\begin{pmatrix} 4 & x \\ y & -4 \end{pmatrix}$

를 만족시키는 실수 x, y, z에 대하여 xyz의 값을
구하시오.

27 두 행렬 $A=\begin{pmatrix} 2 & 3 \\ 0 & 1 \end{pmatrix}$, $B=\begin{pmatrix} 1 & -1 \\ 2 & 3 \end{pmatrix}$에 대하여

행렬 $\begin{pmatrix} 3 & 7 \\ -2 & -1 \end{pmatrix}$을 $xA+yB$ 꼴로 나타낼 때,

실수 x, y에 대하여 $x-y$의 값을 구하시오.

28 세 행렬 $A=\begin{pmatrix} 1 & 0 \\ 2 & -1 \end{pmatrix}$, $B=\begin{pmatrix} -1 & 0 \\ 1 & k \end{pmatrix}$,

$C=\begin{pmatrix} -1 & 0 \\ 7 & 1 \end{pmatrix}$에 대하여 $xA+yB=C$일 때, 실

수 k, x, y에 대하여 $k+x+y$의 값을 구하시오.

교육청

29 두 이차정사각행렬 A, B에 대하여 행렬 A의
(i, j) 성분 a_{ij}와 행렬 B의 (i, j) 성분 b_{ij}가 각각
$a_{ij}=a_{ji}$, $b_{ij}=-b_{ji}$를 만족시킨다.

$A+B=\begin{pmatrix} 8 & 15 \\ -1 & 7 \end{pmatrix}$일 때, $a_{21}+a_{22}$의 값을 구하

시오.

30 1학기 중간고사와 기말고
사에서 국어, 수학, 영어 과
목 성적의 평균을 오른쪽과
같은 행렬로 나타낼 때, 학
생이 각각 30명, 20명인 두

	중간	기말
국어	a_{11}	a_{12}
수학	a_{21}	a_{22}
영어	a_{31}	a_{32}

반 A, B의 각 과목 성적의 평균을 나타내는 행렬
A, B는

$$A=\begin{pmatrix} 63 & 65 \\ 70 & 64 \\ 70 & 80 \end{pmatrix}, B=\begin{pmatrix} 70 & 74 \\ 65 & 61 \\ 76 & 83 \end{pmatrix}$$

이다. 각 과목 성적에 대한 두 반 A, B의 전체 평
균을 나타내는 행렬을 $xA+yB$ 꼴로 나타낼 때,
실수 x, y의 값은?

① $x=\dfrac{1}{50}$, $y=\dfrac{1}{50}$ 　　② $x=\dfrac{1}{30}$, $y=\dfrac{1}{20}$

③ $x=\dfrac{3}{5}$, $y=\dfrac{2}{5}$ 　　④ $x=\dfrac{1}{2}$, $y=\dfrac{1}{2}$

⑤ $x=30$, $y=20$

02 행렬의 곱셈

두 이차정사각행렬의 곱셈은 다음과 같이 계산한다.

$$\begin{pmatrix} a & b \\ c & d \end{pmatrix}\begin{pmatrix} x & y \\ z & w \end{pmatrix}=\begin{pmatrix} ax+bz & ay+bw \\ cx+dz & cy+dw \end{pmatrix}$$

참고 행렬 A의 열의 개수와 행렬 B의 행의 개수가 같을 때만 행렬의 곱 AB가 정의된다.

교육청

1 두 행렬 $A=\begin{pmatrix} 1 & 0 \\ 2 & 0 \end{pmatrix}$, $B=\begin{pmatrix} 1 & 2 \\ 0 & 0 \end{pmatrix}$에 대하여 행렬 AB의 모든 성분의 합은?

① 7　　　　② 8　　　　③ 9
④ 10　　　⑤ 11

교육청

2 세 행렬 $A=\begin{pmatrix} 1 & 4 \\ 5 & 1 \end{pmatrix}$, $B=\begin{pmatrix} 0 & 2 \\ 2 & 0 \end{pmatrix}$, $C=\begin{pmatrix} 3 \\ 3 \end{pmatrix}$에 대하여 행렬 $(A-B)C$의 모든 성분의 합을 구하시오.

3 두 행렬 $A=\begin{pmatrix} 1 & 3 \\ 4 & 0 \end{pmatrix}$, $B=\begin{pmatrix} 2 \\ 1 \end{pmatrix}$에 대하여 보기에서 연산이 정의되는 것만을 있는 대로 고른 것은?

보기
ㄱ. AB　　　　　ㄴ. BA
ㄷ. $A+AB$　　　ㄹ. $AB-B$

① ㄱ　　　② ㄱ, ㄴ　　　③ ㄱ, ㄹ
④ ㄴ, ㄷ　　　⑤ ㄷ, ㄹ

4 두 이차정사각행렬 A, B에 대하여

$$A+2B=\begin{pmatrix} 5 & 3 \\ 4 & 2 \end{pmatrix},\ A-2B=\begin{pmatrix} 1 & 7 \\ 4 & -6 \end{pmatrix}$$

일 때, 행렬 AB는?

① $\begin{pmatrix} 1 & 4 \\ 4 & -8 \end{pmatrix}$　② $\begin{pmatrix} 2 & -2 \\ 4 & -8 \end{pmatrix}$　③ $\begin{pmatrix} 2 & 2 \\ 4 & -6 \end{pmatrix}$

④ $\begin{pmatrix} 3 & 7 \\ 2 & -6 \end{pmatrix}$　⑤ $\begin{pmatrix} 3 & 7 \\ 4 & -8 \end{pmatrix}$

5 두 행렬 $A=\begin{pmatrix} x & -2 \\ -3 & 1 \end{pmatrix}$, $B=\begin{pmatrix} 1 & 2 \\ 3 & y \end{pmatrix}$가 $BA=O$를 만족시킬 때, 실수 x, y에 대하여 xy의 값을 구하시오. (단, O는 영행렬)

6 등식

$$\begin{pmatrix} 1 & a \\ 0 & -1 \end{pmatrix}\begin{pmatrix} 2 & 3 \\ b & 1 \end{pmatrix}=\begin{pmatrix} 1 & 3 \\ x & 2 \end{pmatrix}-\begin{pmatrix} -2 & -1 \\ 1 & y \end{pmatrix}$$

를 만족시키는 실수 x, y에 대하여 $x+y$의 값을 구하시오. (단, a, b는 실수)

7 이차방정식 $x^2-4x-1=0$의 두 근을 α, β라 할 때, 두 행렬 $A=\begin{pmatrix} \alpha & \beta \\ 0 & \alpha \end{pmatrix}$, $B=\begin{pmatrix} \beta & \alpha \\ 0 & \beta \end{pmatrix}$에 대하여 행렬 AB의 모든 성분의 합을 구하시오.

유형 02 행렬의 거듭제곱

정사각행렬 A와 자연수 m, n에 대하여
(1) $AA=A^2$, $A^2A=A^3$, $A^3A=A^4$, $\cdots$
$\therefore A^{n-1}A=A^n$ (단, $n\geq 2$)
(2) $A^mA^n=A^{m+n}$, $(A^m)^n=A^{mn}$

8 행렬 $A=\begin{pmatrix} -3 & 0 \\ -3 & 0 \end{pmatrix}$에 대하여 $A^3=kA$일 때, 실수 k의 값은?

① -9 ② -3 ③ 3
④ 9 ⑤ 27

교육청

9 행렬 $A=\begin{pmatrix} a & 1 \\ -4 & -2 \end{pmatrix}$가 $A^3=O$를 만족시킨다. 정수 a의 값은? (단, O는 영행렬이다.)

① -4 ② -2 ③ 0
④ 2 ⑤ 4

10 행렬 $A=\begin{pmatrix} 1 & a \\ 0 & 1 \end{pmatrix}$에 대하여 $A^9=\begin{pmatrix} 1 & 36 \\ 0 & 1 \end{pmatrix}$을 만족시키는 실수 a의 값을 구하시오.

11 행렬 $A=\begin{pmatrix} 1 & 0 \\ 0 & 2 \end{pmatrix}$에 대하여 행렬 A^n의 모든 성분의 합이 129가 되도록 하는 자연수 n의 값은?

① 5 ② 6 ③ 7
④ 8 ⑤ 9

12 두 행렬 A, B에 대하여
$$A+B=\begin{pmatrix} 1 & 3 \\ -1 & 5 \end{pmatrix}, A-B=\begin{pmatrix} -1 & 1 \\ 3 & 1 \end{pmatrix}$$
일 때, 행렬 A^2-B^2은?

① $\begin{pmatrix} 1 & 1 \\ 3 & 1 \end{pmatrix}$ ② $\begin{pmatrix} 2 & 2 \\ 9 & 4 \end{pmatrix}$ ③ $\begin{pmatrix} 2 & 3 \\ 6 & 2 \end{pmatrix}$
④ $\begin{pmatrix} 3 & 3 \\ 6 & 4 \end{pmatrix}$ ⑤ $\begin{pmatrix} 3 & 3 \\ 9 & 9 \end{pmatrix}$

교육청

13 두 행렬 $A=\begin{pmatrix} a & -1 \\ 1 & b \end{pmatrix}$, $B=\begin{pmatrix} -1 & -1 \\ 0 & -2 \end{pmatrix}$에 대하여 $AB+A=O$를 만족시킬 때,
$$A+A^2+A^3+\cdots+A^{2010}=\begin{pmatrix} p & q \\ r & s \end{pmatrix}$$
이다.
$p^2+q^2+r^2+s^2$의 값을 구하시오.
(단, O는 영행렬이다.)

교육청

유형 03 행렬의 곱셈의 실생활에의 활용

주어진 조건을 행렬로 나타내고 행렬의 곱을 구하여 각 성분이 의미하는 것이 무엇인지 파악한다.

교육청

14 어느 고등학교 A와 B에서는 체육활동으로 테니스와 배드민턴을 배우고 있다. 두 학교 A, B의 1학년과 2학년의 학생 수는 [표 1]과 같다. 두 학교 모두 [표 2]와 같이 1학년 학생의 70 %는 테니스를, 30 %는 배드민턴을 배우고, 2학년 학생의 60 %는 테니스를, 40 %는 배드민턴을 배운다고 한다.

(단위: 명)

학교\학년	A	B
1학년	300	200
2학년	250	150

[표 1]

(단위: %)

학년\활동	1학년	2학년
테니스	70	60
배드민턴	30	40

[표 2]

[표 1]과 [표 2]를 각각 행렬 $P = \begin{pmatrix} 300 & 200 \\ 250 & 150 \end{pmatrix}$,

$Q = \begin{pmatrix} 0.7 & 0.6 \\ 0.3 & 0.4 \end{pmatrix}$로 나타낼 때, A학교에서 배드민턴을 배우는 학생 수를 나타낸 것은?

① PQ의 $(1, 2)$ 성분
② PQ의 $(2, 1)$ 성분
③ QP의 $(1, 2)$ 성분
④ QP의 $(2, 1)$ 성분
⑤ QP의 $(2, 2)$ 성분

교육청

15 표는 2013학년도 수시 모집에서 어느 대학 A학과와 B학과의 선발 인원수와 경쟁률을 나타낸 것이다.

〈선발 인원수〉

구분	A학과	B학과
일반 전형	30	40
특별 전형	10	20

〈경쟁률〉

구분	일반 전형	특별 전형
A학과	5.1	21.4
B학과	10.7	11.5

경쟁률은 $\dfrac{(지원자\ 수)}{(선발\ 인원수)}$의 값이고, 일반 전형과 특별 전형에 동시에 지원할 수 없으며, A학과와 B학과에 동시에 지원할 수 없다고 한다. 2013학년도 수시 모집에서 이 대학 A, B 두 학과의 일반 전형 지원자 수의 합을 m, B학과의 일반 전형과 특별 전형 지원자 수의 합을 n이라 하자. 두 행렬

$P = \begin{pmatrix} 30 & 40 \\ 10 & 20 \end{pmatrix}$, $Q = \begin{pmatrix} 5.1 & 21.4 \\ 10.7 & 11.5 \end{pmatrix}$에 대하여

$m + n$의 값과 같은 것은?

① 행렬 PQ의 $(1, 1)$ 성분과 $(2, 2)$ 성분의 합
② 행렬 PQ의 $(1, 1)$ 성분과 행렬 QP의 $(1, 1)$ 성분의 합
③ 행렬 PQ의 $(1, 1)$ 성분과 행렬 QP의 $(2, 2)$ 성분의 합
④ 행렬 PQ의 $(2, 2)$ 성분과 행렬 QP의 $(1, 1)$ 성분의 합
⑤ 행렬 PQ의 $(2, 2)$ 성분과 행렬 QP의 $(2, 2)$ 성분의 합

16 두 제품 A, B의 현재 생산원가를 각각 a원, b원이라 하고, 1년 후의 생산원가를 각각 a'원, b'원이라 하면 $\begin{pmatrix} a' \\ b' \end{pmatrix} = \begin{pmatrix} 0.8 & 0.3 \\ 0.2 & 0.8 \end{pmatrix}\begin{pmatrix} a \\ b \end{pmatrix}$인 관계가 성립한다. 이와 같은 추세로 두 제품 A, B의 생산원가가 변하고 현재 A, B의 생산원가의 비가 1 : 1일 때, 2년 후 A, B의 생산원가의 비를 구하시오.

유형 **04** 행렬의 곱셈에 대한 성질 (1)

합과 곱이 정의되는 세 행렬 A, B, C에 대하여

(1) $(AB)C = A(BC)$

(2) $A(B+C) = AB + AC$, $(A+B)C = AC + BC$

(3) $k(AB) = (kA)B = A(kB)$ (단, k는 실수)

교육청 ▶

17 두 행렬 A, B에 대하여
●○○
$$A = \begin{pmatrix} 1 & 3 \\ 2 & -1 \end{pmatrix}, \quad A - B = \begin{pmatrix} 3 & -1 \\ 2 & 1 \end{pmatrix}$$

일 때, $A^2 - AB$의 모든 성분의 합은?

① 12   ② 10   ③ 8

④ 6   ⑤ 4

18 두 행렬 $A = \begin{pmatrix} 1 & 0 \\ 0 & -1 \end{pmatrix}$, $B = \begin{pmatrix} 0 & -1 \\ 1 & 1 \end{pmatrix}$에 대하
●●○
여 $A^2 - 2AB + BA - 2B^2$은?

① $\begin{pmatrix} -1 & -1 \\ 1 & -2 \end{pmatrix}$ ② $\begin{pmatrix} 1 & -1 \\ -1 & 2 \end{pmatrix}$

③ $\begin{pmatrix} 1 & 2 \\ 2 & 3 \end{pmatrix}$ ④ $\begin{pmatrix} 2 & 1 \\ 1 & -2 \end{pmatrix}$

⑤ $\begin{pmatrix} 3 & 5 \\ 1 & 2 \end{pmatrix}$

19 두 이차정사각행렬 A, B에 대하여
●●○
$$(A+2B)(A-3B) = \begin{pmatrix} 1 & 2 \\ 2 & 4 \end{pmatrix},$$
$$A^2 - 6B^2 = \begin{pmatrix} 2 & -2 \\ 0 & 4 \end{pmatrix}$$

일 때, $(A-2B)(A+3B)$의 $(1, 2)$ 성분과
$(2, 2)$ 성분의 합을 구하시오.

유형 **05** 행렬의 곱셈에 대한 성질 (2)

주어진 조건에서 괄호가 있는 쪽을 전개한 후 행렬이 서로
같을 조건을 이용한다. 이때 두 행렬 A, B에 대하여 일반
적으로 $AB \neq BA$임에 유의한다.

참고 $(AB)^2 = A^2 B^2$, $(A+B)^2 = A^2 + 2AB + B^2$,
$(A-B)^2 = A^2 - 2AB + B^2$, $(A+B)(A-B) = A^2 - B^2$
을 각각 만족시키는 조건은 모두 $AB = BA$이다.

---

20 두 행렬 $A = \begin{pmatrix} 1 & 1 \\ 0 & 1 \end{pmatrix}$, $B = \begin{pmatrix} x & -3 \\ 0 & 2 \end{pmatrix}$가
●●○
$(A+B)^2 = A^2 + 2AB + B^2$을 만족시킬 때, 실수
x의 값은?

① -2 ② -1 ③ 0

④ 1 ⑤ 2

교육청 ▶

21 두 실수 x, y에 대하여 두 행렬 A, B를
●●○
$$A = \begin{pmatrix} -1 & x \\ 3 & 0 \end{pmatrix}, \quad B = \begin{pmatrix} -2 & 2 \\ y & -1 \end{pmatrix}$$
이라 하자. $(A+B)(A-B) = A^2 - B^2$일 때,
$x^2 + y^2$의 값을 구하시오.

22 두 행렬 $A = \begin{pmatrix} x^2 & 1 \\ 1 & 2x \end{pmatrix}$, $B = \begin{pmatrix} 3 & 1 \\ 1 & y^2 \end{pmatrix}$이
●●●
$(A+2B)^2 = A^2 + 4AB + 4B^2$을 만족시킬 때, 정
수 x, y의 순서쌍 (x, y)의 개수를 구하시오.

유형 06 $A\binom{a}{b}$ 꼴을 포함한 식의 변형

$A\binom{a}{b}$ 꼴의 행렬을 포함한 식을 이용하여 행렬을 구할 때는 다음과 같이 행렬의 곱셈에 대한 성질을 이용하여 주어진 식을 이용할 수 있도록 변형한다.

$$mA\binom{a}{b}+nA\binom{c}{d}=A\left\{m\binom{a}{b}+n\binom{c}{d}\right\}$$
$$=A\binom{ma+nc}{mb+nd}$$

23 이차정사각행렬 A가

$$A\binom{a}{b}=\binom{1}{2},\ A\binom{c}{d}=\binom{1}{-1}$$

을 만족시킬 때, $A\binom{2a+3c}{2b+3d}$와 같은 행렬은?

① $\binom{-1}{7}$　　② $\binom{2}{4}$　　③ $\binom{3}{-3}$

④ $\binom{4}{2}$　　⑤ $\binom{5}{1}$

교육청

24 이차정사각행렬 A에 대하여 $A\binom{1}{0}=\binom{2}{3}$, $A\binom{0}{1}=\binom{-1}{2}$이다. $A\binom{1}{2}=\binom{p}{q}$일 때, $p+q$의 값은?

① 6　　② 7　　③ 8

④ 9　　⑤ 10

25 이차정사각행렬 A에 대하여 $A\binom{1}{-2}=\binom{-2}{4}$, $A\binom{3}{2}=\binom{0}{0}$이다. $A^{100}\binom{4}{0}=\binom{x}{y}$를 만족시키는 실수 x, y에 대하여 $\dfrac{y}{x}$의 값을 구하시오.

유형 07 단위행렬

행렬 A와 단위행렬 E에 대하여 $AE=EA=A$가 성립함을 이용하여 주어진 식을 간단히 한 후 계산한다.

26 행렬 $A=\begin{pmatrix}-2 & 0\\ 1 & 3\end{pmatrix}$에 대하여

$(A-E)(A^2+A+E)$는? (단, E는 단위행렬)

① $\begin{pmatrix}-9 & 0\\ 7 & 26\end{pmatrix}$　② $\begin{pmatrix}-8 & 0\\ 7 & 27\end{pmatrix}$　③ $\begin{pmatrix}-2 & 0\\ 1 & 3\end{pmatrix}$

④ $\begin{pmatrix}1 & 0\\ 0 & 1\end{pmatrix}$　⑤ $\begin{pmatrix}4 & 0\\ 1 & 9\end{pmatrix}$

27 행렬 $A=\begin{pmatrix}a & -1\\ 1 & b\end{pmatrix}$가 $(A+E)(A-E)=E$를 만족시킬 때, 실수 a, b에 대하여 a^2+b^2의 값은?

(단, E는 단위행렬)

① 2　　② 3　　③ 4

④ 5　　⑤ 6

28 이차정사각행렬 A에 대하여 $A^2=\begin{pmatrix}3 & 1\\ -1 & a\end{pmatrix}$이고, $(A^2-A+E)(A^2+A+E)$의 모든 성분의 합이 14일 때, 양수 a의 값을 구하시오.

(단, E는 단위행렬)

단위행렬을 이용한 행렬의 거듭제곱

$A^2=AA$, $A^3=A^2A$, $\cdots$를 차례대로 구하여 단위행렬 E 꼴이 나오는 경우를 찾아 주어진 식을 간단히 한다.

참고 정사각행렬 A가 자연수 m, n과 실수 k에 대하여 $A^n=kE$ 이면 $(A^n)^m=k^mE$이다.

29 행렬 $A=\begin{pmatrix} -2 & 1 \\ -3 & 1 \end{pmatrix}$에 대하여 다음 중 $A^{10}+A^{30}$ 과 같은 행렬은? (단, E는 단위행렬)

① E ② $2E$ ③ $2A$

④ $A+E$ ⑤ $2A+E$

30 행렬 $A=\begin{pmatrix} 2 & -1 \\ 5 & -2 \end{pmatrix}$에 대하여 행렬 $A^{99}+A^{100}$의 모든 성분의 합을 구하시오.

31 두 이차정사각행렬 A, B가 $A+B=O$, $AB=E$ 를 만족시킬 때, 행렬 $A^{300}+B^{300}$의 $(2, 2)$ 성분을 구하시오. (단, O는 영행렬, E는 단위행렬)

32 두 이차정사각행렬 A, B가 $A+B=E$, $AB=O$ 를 만족시킬 때, 다음 중

$$A^{1000}+A^{999}B+A^{998}B^2+\cdots+AB^{999}+B^{1000}$$

과 같은 행렬은? (단, E는 단위행렬, O는 영행렬)

① O ② E ③ A

④ $2A$ ⑤ A^2

행렬의 곱셈의 여러 가지 성질

행렬의 곱셈에서 다음에 유의한다.

(1) 일반적으로 행렬의 연산에서 곱셈에 대한 교환법칙은 성립하지 않는다.

(2) 두 행렬 A, B에 대하여 $A \ne O$, $B \ne O$이지만 $AB=O$ 인 경우가 있다.

(3) 세 행렬 A, B, C에 대하여 $A \ne O$일 때, $AB=AC$이 지만 $B \ne C$인 경우가 있다.

33 두 이차정사각행렬 A, B에 대하여 $AB=-BA$ 일 때, 보기에서 옳은 것만을 있는 대로 고른 것은? (단, $AB \ne O$, O는 영행렬)

┌ 보기 ┐
ㄱ. $(A+B)^2=A^2+B^2$
ㄴ. $(A+B)(A-B)=A^2-B^2$
ㄷ. $(AB)^2=A^2B^2$
ㄹ. $A^4B=BA^4$

① ㄱ, ㄴ   ② ㄱ, ㄹ   ③ ㄴ, ㄷ

④ ㄴ, ㄹ   ⑤ ㄷ, ㄹ

34 두 이차정사각행렬 A, B에 대하여 보기에서 옳은 것만을 있는 대로 고른 것은? (단, O는 영행렬, E는 단위행렬)

┌ 보기 ┐
ㄱ. $A^2=O$이면 $A^3=O$이다.
ㄴ. $(A-E)^2=O$이면 $A=E$이다.
ㄷ. $A^3=A^5=E$이면 $A=E$이다.
ㄹ. $A+B=2E$이면 $AB=BA$이다.

① ㄱ, ㄴ   ② ㄱ, ㄷ   ③ ㄴ, ㄹ

④ ㄱ, ㄷ, ㄹ   ⑤ ㄴ, ㄷ, ㄹ

MEMO

MEMO

✛ 개념·플러스·유형·시리즈 개념과 유형이 하나로! 가장 효과적인 수학 공부 방법을 제시합니다.

대표전화 1544-0554
주소 경기도 과천시 과천대로2길 54(갈현동, 그라운드브이)

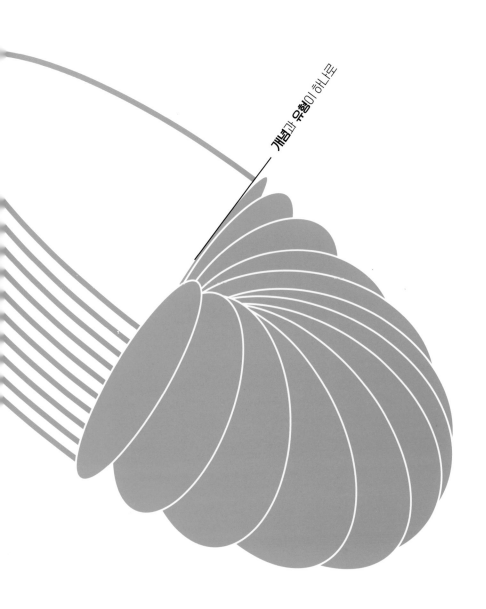

개념+유형

공통수학 1

정답과 해설

개념과 유형이 하나로

visang

ABOVE IMAGINATION

우리는 남다른 상상과 혁신으로
교육 문화의 새로운 전형을 만들어
모든 이의 행복한 경험과 성장에 기여한다

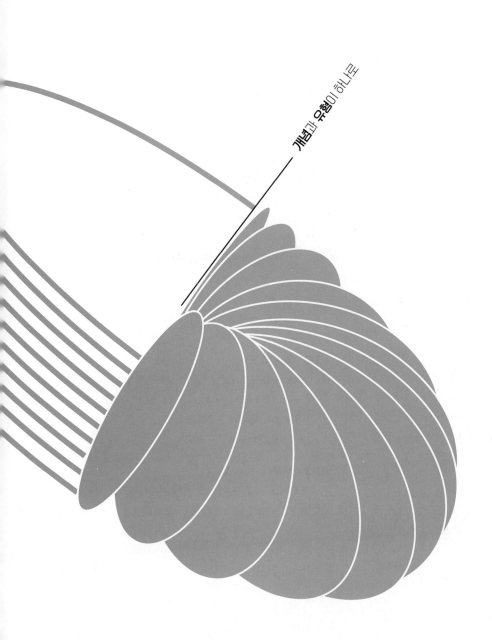

I-1 01 다항식의 연산

1 다항식의 덧셈과 뺄셈

개념 Check
8쪽

1 탑 내림차순: $-3y^2+(x+1)y+2x^2-5x-2$
오름차순: $2x^2-5x-2+(x+1)y-3y^2$

2 탑 (1) $3x^2-x+5$
(2) x^2-5x-3
(3) $x^2-12x-10$

문제
9쪽

01-1 탑 $12x^2-7x+3$
$2(A+B)-3(B-C)$
$=2A+2B-3B+3C$
$=2A-B+3C$
$=2(2x^2-x+1)-(x^2+2x-1)+3(3x^2-x)$
$=4x^2-2x+2-x^2-2x+1+9x^2-3x$
$=12x^2-7x+3$

01-2 탑 $x^2+3xy+y^2$
$A-2(X-B)=3A$에서
$A-2X+2B=3A$, $2X=-2A+2B$
$\therefore X=-A+B$
$\qquad =-(x^2-2xy-2y^2)+2x^2+xy-y^2$
$\qquad =-x^2+2xy+2y^2+2x^2+xy-y^2$
$\qquad =x^2+3xy+y^2$

01-3 탑 3
$A+B=3x^2-3xy$ $\qquad$ …… ㉠
$A-B=x^2-xy+2$ $\qquad$ …… ㉡
㉠+㉡을 하면
$2A=4x^2-4xy+2$
$\therefore A=2x^2-2xy+1$

㉠에서
$B=3x^2-3xy-A$
$\quad =3x^2-3xy-(2x^2-2xy+1)$
$\quad =3x^2-3xy-2x^2+2xy-1$
$\quad =x^2-xy-1$
$\therefore A-2B=2x^2-2xy+1-2(x^2-xy-1)$
$\qquad\qquad =2x^2-2xy+1-2x^2+2xy+2$
$\qquad\qquad =3$

2 다항식의 곱셈

개념 Check
11쪽

1 탑 (1) $32x^5$ $\qquad$ (2) $-2a^5b^6$

2 탑 (1) $2x^3-7x^2+10x-8$
(2) $3x^2+xy-x-2y^2+9y-10$

3 탑 (1) $x^2+4xy+4y^2$ (2) $a^2-ab+\dfrac{b^2}{4}$
(3) $4x^2-9y^2$ (4) $a^2-5a-14$
(5) $6x^2+23x+20$ (6) $2a^2-5ab+2b^2$

문제
12~14쪽

02-1 탑 11
$(x^4-2x^2+x-3)(x^3+4x^2-5x+1)$의 전개식에서 x^3
항은
$-2x^2\times(-5x)+x\times4x^2+(-3)\times x^3$
$=10x^3+4x^3-3x^3$
$=11x^3$
따라서 x^3의 계수는 11이다.

02-2 탑 -5
$(3x^2-4x-1)(x^2+kx+2)$의 전개식에서 x항은
$-4x\times2+(-1)\times kx=-8x-kx=-(8+k)x$
이때 x의 계수가 -3이므로
$-(8+k)=-3$ $\qquad \therefore k=-5$

02-3 탑 2
$(1+2x-3x^2+4x^3+x^4)^2$의 전개식에서 x^2항은
$1\times(-3x^2)+2x\times2x+(-3x^2)\times1$
$=-3x^2+4x^2-3x^2$
$=-2x^2$
x^2의 계수는 -2이므로 $a=-2$

또 x^3항은
$$1 \times 4x^3 + 2x \times (-3x^2) + (-3x^2) \times 2x + 4x^3 \times 1$$
$$= 4x^3 - 6x^3 - 6x^3 + 4x^3$$
$$= -4x^3$$
x^3의 계수는 -4이므로 $b = -4$
$$\therefore a - b = -2 - (-4) = 2$$

03-1 답 (1) $a^2 + b^2 + c^2 - 2ab + 2bc - 2ca$

(2) $4x^2 + 9y^2 + z^2 - 12xy - 6yz + 4zx$

(3) $a^3 + 6a^2b + 12ab^2 + 8b^3$

(4) $27x^3 - 54x^2 + 36x - 8$

(5) $64x^3 + 27y^3$

(6) $8x^3 - 1$

(7) $x^3 + 5x^2 + 2x - 8$

(8) $x^3 - 6x^2 + 3x + 10$

(1) $(a - b - c)^2$
$$= a^2 + (-b)^2 + (-c)^2$$
$$\quad + 2 \times a \times (-b) + 2 \times (-b) \times (-c) + 2 \times (-c) \times a$$
$$= a^2 + b^2 + c^2 - 2ab + 2bc - 2ca$$

(2) $(2x - 3y + z)^2$
$$= (2x)^2 + (-3y)^2 + z^2$$
$$\quad + 2 \times 2x \times (-3y) + 2 \times (-3y) \times z + 2 \times z \times 2x$$
$$= 4x^2 + 9y^2 + z^2 - 12xy - 6yz + 4zx$$

(3) $(a + 2b)^3 = a^3 + 3 \times a^2 \times 2b + 3 \times a \times (2b)^2 + (2b)^3$
$$= a^3 + 6a^2b + 12ab^2 + 8b^3$$

(4) $(3x - 2)^3 = (3x)^3 - 3 \times (3x)^2 \times 2 + 3 \times 3x \times 2^2 - 2^3$
$$= 27x^3 - 54x^2 + 36x - 8$$

(5) $(4x + 3y)(16x^2 - 12xy + 9y^2)$
$$= (4x + 3y)\{(4x)^2 - 4x \times 3y + (3y)^2\}$$
$$= (4x)^3 + (3y)^3$$
$$= 64x^3 + 27y^3$$

(6) $(2x - 1)(4x^2 + 2x + 1)$
$$= (2x - 1)\{(2x)^2 + 2x \times 1 + 1^2\}$$
$$= (2x)^3 - 1^3$$
$$= 8x^3 - 1$$

(7) $(x - 1)(x + 2)(x + 4)$
$$= x^3 + (-1 + 2 + 4)x^2$$
$$\quad + \{-1 \times 2 + 2 \times 4 + 4 \times (-1)\}x + (-1) \times 2 \times 4$$
$$= x^3 + 5x^2 + 2x - 8$$

(8) $(x + 1)(x - 2)(x - 5)$
$$= x^3 + \{1 + (-2) + (-5)\}x^2$$
$$\quad + \{1 \times (-2) + (-2) \times (-5) + (-5) \times 1\}x$$
$$\quad + 1 \times (-2) \times (-5)$$
$$= x^3 - 6x^2 + 3x + 10$$

03-2 답 (1) $x^3 + y^3 - z^3 + 3xyz$

(2) $a^4 + 4a^2b^2 + 16b^4$

(3) $a^8 - 1$

(4) $x^6 - 16x^3 + 64$

(1) $(x + y - z)(x^2 + y^2 + z^2 - xy + yz + zx)$
$$= \{x + y + (-z)\}$$
$$\quad \times \{x^2 + y^2 + (-z)^2 - xy - y \times (-z) - (-z) \times x\}$$
$$= x^3 + y^3 + (-z)^3 - 3 \times x \times y \times (-z)$$
$$= x^3 + y^3 - z^3 + 3xyz$$

(2) $(a^2 + 2ab + 4b^2)(a^2 - 2ab + 4b^2)$
$$= \{a^2 + a \times 2b + (2b)^2\}\{a^2 - a \times 2b + (2b)^2\}$$
$$= a^4 + a^2 \times (2b)^2 + (2b)^4$$
$$= a^4 + 4a^2b^2 + 16b^4$$

(3) $(a - 1)(a + 1)(a^2 + 1)(a^4 + 1)$
$$= (a^2 - 1)(a^2 + 1)(a^4 + 1)$$
$$= (a^4 - 1)(a^4 + 1)$$
$$= a^8 - 1$$

(4) $(x - 2)^2(x^2 + 2x + 4)^2 = \{(x - 2)(x^2 + x \times 2 + 2^2)\}^2$
$$= (x^3 - 2^3)^2 = (x^3 - 8)^2$$
$$= x^6 - 16x^3 + 64$$

04-1 답 (1) $x^4 - 2x^3 - 2x^2 + 3x - 4$

(2) $x^4 + 6x^3 + 13x^2 + 12x + 3$

(3) $x^4 + 3x^2 + 4$

(4) $a^2 - b^2 - c^2 + 2bc$

(1) $x^2 - x = X$로 놓으면
$$(x^2 - x + 1)(x^2 - x - 4)$$
$$= (X + 1)(X - 4) = X^2 - 3X - 4$$
$$= (x^2 - x)^2 - 3(x^2 - x) - 4 \qquad \blacktriangleleft X = x^2 - x$$
$$= x^4 - 2x^3 + x^2 - 3x^2 + 3x - 4$$
$$= x^4 - 2x^3 - 2x^2 + 3x - 4$$

(2) $x^2 + 3x = X$로 놓으면
$$(x^2 + 3x + 1)(x^2 + 3x + 3)$$
$$= (X + 1)(X + 3) = X^2 + 4X + 3$$
$$= (x^2 + 3x)^2 + 4(x^2 + 3x) + 3 \qquad \blacktriangleleft X = x^2 + 3x$$
$$= x^4 + 6x^3 + 9x^2 + 4x^2 + 12x + 3$$
$$= x^4 + 6x^3 + 13x^2 + 12x + 3$$

(3) $x^2 + 2 = X$로 놓으면
$$(x^2 - x + 2)(x^2 + x + 2)$$
$$= (x^2 + 2 - x)(x^2 + 2 + x)$$
$$= (X - x)(X + x) = X^2 - x^2$$
$$= (x^2 + 2)^2 - x^2 \qquad \blacktriangleleft X = x^2 + 2$$
$$= x^4 + 4x^2 + 4 - x^2$$
$$= x^4 + 3x^2 + 4$$

(4) $b-c=X$로 놓으면

$(a+b-c)(a-b+c)$

$=\{a+(b-c)\}\{a-(b-c)\}$

$=(a+X)(a-X)=a^2-X^2$

$=a^2-(b-c)^2$ ◀ $X=b-c$

$=a^2-(b^2-2bc+c^2)$

$=a^2-b^2-c^2+2bc$

04-2 답 (1) $x^4-2x^3-7x^2+8x+12$

(2) $x^4+14x^3+41x^2-56x-180$

(1) $(x+1)(x+2)(x-2)(x-3)$

$=\{(x+1)(x-2)\}\{(x+2)(x-3)\}$

$=(\underline{x^2-x}-2)(\underline{x^2-x}-6)$

$x^2-x=X$로 놓으면

$(x+1)(x+2)(x-2)(x-3)$

$=(X-2)(X-6)$

$=X^2-8X+12$

$=(x^2-x)^2-8(x^2-x)+12$ ◀ $X=x^2-x$

$=x^4-2x^3+x^2-8x^2+8x+12$

$=x^4-2x^3-7x^2+8x+12$

(2) $(x-2)(x+2)(x+5)(x+9)$

$=\{(x-2)(x+9)\}\{(x+2)(x+5)\}$

$=(\underline{x^2+7x}-18)(\underline{x^2+7x}+10)$

$x^2+7x=X$로 놓으면

$(x-2)(x+2)(x+5)(x+9)$

$=(X-18)(X+10)$

$=X^2-8X-180$

$=(x^2+7x)^2-8(x^2+7x)-180$ ◀ $X=x^2+7x$

$=x^4+14x^3+49x^2-8x^2-56x-180$

$=x^4+14x^3+41x^2-56x-180$

③ 곱셈 공식의 변형

개념 Check
15쪽

1 답 (1) **5** (2) **9**

(1) $x^2+y^2=(x+y)^2-2xy=3^2-2\times2=5$

(2) $x^3+y^3=(x+y)^3-3xy(x+y)$

$=3^3-3\times2\times3=9$

2 답 (1) **22** (2) **−100**

(1) $x^2+y^2=(x-y)^2+2xy=(-4)^2+2\times3=22$

(2) $x^3-y^3=(x-y)^3+3xy(x-y)$

$=(-4)^3+3\times3\times(-4)=-100$

3 답 (1) **7** (2) **18**

(1) $x^2+\dfrac{1}{x^2}=\left(x+\dfrac{1}{x}\right)^2-2=3^2-2=7$

(2) $x^3+\dfrac{1}{x^3}=\left(x+\dfrac{1}{x}\right)^3-3\left(x+\dfrac{1}{x}\right)$

$=3^3-3\times3=18$

문제
16~19쪽

05-1 답 (1) **25** (2) **52**

(1) $x^3+y^3=(x+y)^3-3xy(x+y)$이므로

$37=1^3-3xy\times1,\ 3xy=-36$

$\therefore xy=-12$

$\therefore x^2+y^2=(x+y)^2-2xy$

$=1^2-2\times(-12)=25$

(2) $\left(x+\dfrac{1}{x}\right)^2=\left(x-\dfrac{1}{x}\right)^2+4=(2\sqrt{3})^2+4=16$

그런데 $x>0$에서 $x+\dfrac{1}{x}>0$이므로

$x+\dfrac{1}{x}=4$

$\therefore x^3+\dfrac{1}{x^3}=\left(x+\dfrac{1}{x}\right)^3-3\left(x+\dfrac{1}{x}\right)$

$=4^3-3\times4=52$

05-2 답 $14\sqrt{2}$

$x-y=(2+\sqrt{2})-(2-\sqrt{2})=2\sqrt{2}$

$xy=(2+\sqrt{2})(2-\sqrt{2})=4-2=2$

$\therefore \dfrac{x^2}{y}-\dfrac{y^2}{x}=\dfrac{x^3-y^3}{xy}=\dfrac{(x-y)^3+3xy(x-y)}{xy}$

$=\dfrac{(2\sqrt{2})^3+3\times2\times2\sqrt{2}}{2}=14\sqrt{2}$

05-3 답 **36**

$x^2-3x-1=0$에서 $x\neq0$이므로 양변을 x로 나누면

$x-3-\dfrac{1}{x}=0$ $\therefore x-\dfrac{1}{x}=3$

$\therefore x^3-\dfrac{1}{x^3}=\left(x-\dfrac{1}{x}\right)^3+3\left(x-\dfrac{1}{x}\right)$

$=3^3+3\times3=36$

06-1 답 (1) **11** (2) **27**

(1) $a^2+b^2+c^2=(a+b+c)^2-2(ab+bc+ca)$

$=3^2-2\times(-1)=11$

(2) $a^3+b^3+c^3$

$=(a+b+c)(a^2+b^2+c^2-ab-bc-ca)+3abc$

$=3\times\{11-(-1)\}+3\times(-3)=27$

06-2 답 **64**

$$a^2b^2+b^2c^2+c^2a^2$$
$$=(ab)^2+(bc)^2+(ca)^2$$
$$=(ab+bc+ca)^2-2(ab^2c+abc^2+a^2bc)$$
$$=(ab+bc+ca)^2-2abc(a+b+c)$$
$$=0-2\times(-8)\times4=64$$

06-3 답 **2**

$a^2+b^2+c^2=(a+b+c)^2-2(ab+bc+ca)$이므로
$$9=1^2-2(ab+bc+ca)$$
$$\therefore ab+bc+ca=-4$$
$$\therefore \frac{1}{a}+\frac{1}{b}+\frac{1}{c}=\frac{ab+bc+ca}{abc}=\frac{-4}{-2}=2$$

07-1 답 **27**

$a-b=-6$, $c-b=-3$의 변끼리 빼면
$$a-c=-3 \quad \therefore c-a=3$$
$$\therefore a^2+b^2+c^2-ab-bc-ca$$
$$=\frac{1}{2}\{(a-b)^2+(b-c)^2+(c-a)^2\}$$
$$=\frac{1}{2}\{(-6)^2+3^2+3^2\}$$
$$=27$$

07-2 답 **19**

$a+b+c=1$에서
$$a+b=1-c, \ b+c=1-a, \ c+a=1-b$$
이를 $(a+b)(b+c)(c+a)=-12$에 대입하면
$$(1-c)(1-a)(1-b)=-12$$
$$1^3+(-c-a-b)\times1^2+(ca+ab+bc)\times1-abc=-12$$
$$1-(a+b+c)+(ab+bc+ca)-abc=-12$$
$a+b+c=1$, $abc=3$을 대입하면
$$1-1+(ab+bc+ca)-3=-12$$
$$\therefore ab+bc+ca=-9$$
$$\therefore a^2+b^2+c^2=(a+b+c)^2-2(ab+bc+ca)$$
$$=1^2-2\times(-9)=19$$

08-1 답 **48**

직사각형의 가로의 길이, 세로의 길이를 각각 a, b라 하면
직사각형의 둘레의 길이가 28이므로
$$2(a+b)=28 \quad \therefore a+b=14$$
직사각형의 대각선의 길이는 원의 지름의 길이와 같으므로
$$a^2+b^2=100$$
$a^2+b^2=(a+b)^2-2ab$에서
$$100=14^2-2ab \quad \therefore ab=48$$
따라서 구하는 직사각형의 넓이는
$$ab=48$$

08-2 답 **$5\sqrt{2}$**

직육면체의 가로의 길이, 세로의 길이, 높이를 각각 a, b, c라 하면 모든 모서리의 길이의 합이 48이므로
$$4(a+b+c)=48 \quad \therefore a+b+c=12$$
또 겉넓이가 94이므로
$$2(ab+bc+ca)=94 \quad \therefore ab+bc+ca=47$$
$$\therefore a^2+b^2+c^2=(a+b+c)^2-2(ab+bc+ca)$$
$$=12^2-2\times47=50$$
따라서 구하는 직육면체의 대각선의 길이는
$$\sqrt{a^2+b^2+c^2}=\sqrt{50}=5\sqrt{2}$$

08-3 답 **12**

$\overline{OA}=\overline{OD}=a$, $\overline{OB}=b$, $\overline{OC}=c$라 하자.
$\overline{OA}+\overline{OB}+\overline{OC}=12$에서 $a+b+c=12$
직각삼각형 OAB에서
$$\overline{AB}^2=\overline{OA}^2+\overline{OB}^2=a^2+b^2$$
직각삼각형 OBC에서
$$\overline{BC}^2=\overline{OB}^2+\overline{OC}^2=b^2+c^2$$
직각삼각형 OCD에서
$$\overline{CD}^2=\overline{OC}^2+\overline{OD}^2=c^2+a^2$$
$\overline{AB}^2+\overline{BC}^2+\overline{CD}^2=192$에서
$$(a^2+b^2)+(b^2+c^2)+(c^2+a^2)=192$$
$$\therefore a^2+b^2+c^2=96$$
$a^2+b^2+c^2=(a+b+c)^2-2(ab+bc+ca)$이므로
$$96=12^2-2(ab+bc+ca)$$
$$\therefore ab+bc+ca=24$$
따라서 세 삼각형 OAB, OBC, OCD의 넓이의 합은
$$\frac{1}{2}ab+\frac{1}{2}bc+\frac{1}{2}ca=\frac{1}{2}(ab+bc+ca)$$
$$=\frac{1}{2}\times24=12$$

4 다항식의 나눗셈

개념 **Check**   21쪽

1 답 (1) $2x$, $2x$, $9x$, 9, 3

몫: $2x+9$, 나머지: 3

(2) $3x$, $3x^2$, $6x$, x^2, $12x$, x, 2, $11x$, 3

몫: $3x-1$, 나머지: $-11x-3$

2 답 (1) -1, -3, 4, -1

몫: x^2-4x+2, 나머지: -1

(2) 7, 0, 6, -6, -3, -10

몫: $2x^3-3x^2-2x-6$, 나머지: -10

09-1 답 (1) 몫: x^2-x-2, 나머지: 5

　　　　(2) 몫: x^2+2x-4, 나머지: $-14x+6$

(1)
$$
\begin{array}{r}
x^2-\ x\ -2 \\
3x-1{\overline{\smash{\big)}\,3x^3-4x^2-5x+7}} \\
\underline{3x^3-\ x^2} \\
-3x^2-5x \\
\underline{-3x^2+\ x} \\
-6x+7 \\
\underline{-6x+2} \\
5
\end{array}
$$

따라서 몫은 x^2-x-2, 나머지는 5이다.

(2)
$$
\begin{array}{r}
x^2+2x\ -\ 4 \\
x^2-3x+1{\overline{\smash{\big)}\,x^4-\ x^3-\ 9x^2+2}} \\
\underline{x^4-3x^3+\ x^2} \\
2x^3-10x^2 \\
\underline{2x^3-\ 6x^2+\ 2x} \\
-\ 4x^2-\ 2x+2 \\
\underline{-\ 4x^2+12x-4} \\
-14x+6
\end{array}
$$

따라서 몫은 x^2+2x-4, 나머지는 $-14x+6$이다.

09-2 답 10

$$
\begin{array}{r}
4x^2-\ x\ -2 \\
x^2-x+1{\overline{\smash{\big)}\,4x^4-5x^3+3x^2-4x+1}} \\
\underline{4x^4-4x^3+4x^2} \\
-\ x^3-\ x^2-4x \\
\underline{-\ x^3+\ x^2-\ x} \\
-2x^2-3x+1 \\
\underline{-2x^2+2x-2} \\
-5x+3
\end{array}
$$

따라서 $Q(x)=4x^2-x-2$, $R(x)=-5x+3$이므로

$Q(2)+R(1)=(16-2-2)+(-5+3)=10$

10-1 답 $3x^2+1$

$3x^4-5x^2+4x-7=A(x^2-2)+4x-5$이므로

$A(x^2-2)=3x^4-5x^2-2$

$\therefore A=(3x^4-5x^2-2)\div(x^2-2)$

$$
\begin{array}{r}
3x^2+1 \\
x^2-2{\overline{\smash{\big)}\,3x^4-5x^2-2}} \\
\underline{3x^4-6x^2} \\
x^2-2 \\
\underline{x^2-2} \\
0
\end{array}
$$

$\therefore A=3x^2+1$

10-2 답 -1

$2x^4-5x^3+x^2+1=A(2x^2-3x-4)-x+5$이므로

$A(2x^2-3x-4)=2x^4-5x^3+x^2+x-4$

$\therefore A=(2x^4-5x^3+x^2+x-4)\div(2x^2-3x-4)$

$$
\begin{array}{r}
x^2-\ x+1 \\
2x^2-3x-4{\overline{\smash{\big)}\,2x^4-5x^3+\ x^2+\ x-4}} \\
\underline{2x^4-3x^3-4x^2} \\
-2x^3+5x^2+\ x \\
\underline{-2x^3+3x^2+4x} \\
2x^2-3x-4 \\
\underline{2x^2-3x-4} \\
0
\end{array}
$$

$\therefore A=x^2-x+1$

따라서 다항식 A의 x의 계수는 -1이다.

10-3 답 13

$f(x)=(x^2-2x+2)(2x+3)+5x-2$

　　　$=2x^3-x^2+3x+4$

다항식 $f(x)$를 x^2+x+3으로 나누면

$$
\begin{array}{r}
2x\ -3 \\
x^2+x+3{\overline{\smash{\big)}\,2x^3-\ x^2+3x+4}} \\
\underline{2x^3+2x^2+6x} \\
-3x^2-3x+4 \\
\underline{-3x^2-3x-9} \\
13
\end{array}
$$

따라서 구하는 나머지는 13이다.

11-1 답 몫: $\dfrac{1}{5}Q(x)$, 나머지: R

$f(x)$를 $x-\dfrac{1}{5}$로 나누었을 때의 몫이 $Q(x)$, 나머지가 R이므로

$f(x)=\left(x-\dfrac{1}{5}\right)Q(x)+R$

　　　$=\dfrac{1}{5}\times5\left(x-\dfrac{1}{5}\right)Q(x)+R$

　　　$=(5x-1)\times\dfrac{1}{5}Q(x)+R$

따라서 $f(x)$를 $5x-1$로 나누었을 때의 몫은 $\dfrac{1}{5}Q(x)$, 나머지는 R이다.

11-2 답 몫: $xQ(x)+R$, 나머지: $-R$

$f(x)$를 $x+1$로 나누었을 때의 몫이 $Q(x)$, 나머지가 R이므로

$f(x)=(x+1)Q(x)+R$

양변에 x를 곱하면

$$xf(x)=x(x+1)Q(x)+Rx$$
$$=x(x+1)Q(x)+R(x+1)-R$$
$$=(x+1)\{xQ(x)+R\}-R$$

따라서 $xf(x)$를 $x+1$로 나누었을 때의 몫은 $xQ(x)+R$, 나머지는 $-R$이다.

12-1 답 (1) 몫: x^2+3x+1, 나머지: 0
(2) 몫: $2x^2-4x+7$, 나머지: -4
(3) 몫: x^2-2x+1, 나머지: -7
(4) 몫: $2x^2-2x$, 나머지: 1

(1)
$$
\begin{array}{r|rrrr}
1 & 1 & 2 & -2 & -1 \\
  &   & 1 & 3 & 1 \\
\hline
  & 1 & 3 & 1 & \boxed{0}
\end{array}
$$

따라서 몫은 x^2+3x+1, 나머지는 0이다.

(2)
$$
\begin{array}{r|rrrr}
-2 & 2 & 0 & -1 & 10 \\
   &   & -4 & 8 & -14 \\
\hline
   & 2 & -4 & 7 & \boxed{-4}
\end{array}
$$

따라서 몫은 $2x^2-4x+7$, 나머지는 -4이다.

(3)
$$
\begin{array}{r|rrrr}
-\frac{3}{2} & 2 & -1 & -4 & -4 \\
   &   & -3 & 6 & -3 \\
\hline
   & 2 & -4 & 2 & \boxed{-7}
\end{array}
$$

$$\therefore 2x^3-x^2-4x-4=\left(x+\frac{3}{2}\right)(2x^2-4x+2)-7$$
$$=2\left(x+\frac{3}{2}\right)(x^2-2x+1)-7$$
$$=(2x+3)(x^2-2x+1)-7$$

따라서 몫은 x^2-2x+1, 나머지는 -7이다.

(4)
$$
\begin{array}{r|rrrr}
\frac{1}{2} & 4 & -6 & 2 & 1 \\
   &   & 2 & -2 & 0 \\
\hline
   & 4 & -4 & 0 & \boxed{1}
\end{array}
$$

$$\therefore 4x^3-6x^2+2x+1=\left(x-\frac{1}{2}\right)(4x^2-4x)+1$$
$$=2\left(x-\frac{1}{2}\right)(2x^2-2x)+1$$
$$=(2x-1)(2x^2-2x)+1$$

따라서 몫은 $2x^2-2x$, 나머지는 1이다.

12-2 답 21

$$
\begin{array}{r|rrrr}
3 & 2 & -3 & -5 & -6 \\
  &   & 6 & 9 & 12 \\
\hline
  & 2 & 3 & 4 & \boxed{6}
\end{array}
$$

따라서 $a=3$, $b=3$, $c=9$, $d=6$이므로
$a+b+c+d=21$

1 ③	**2** ②	**3** 19	**4** ④	**5** x^6-y^6
6 2	**7** ⑤	**8** ②	**9** 65	**10** ②
11 14	**12** 56	**13** ④	**14** 8	**15** ③
16 −54	**17** ⑤	**18** ①	**19** 4	**20** ④

1 $2(3A-4B)+3(-A+2B)$
$=6A-8B-3A+6B=3A-2B$
$=3(3x^2-4xy-y^2)-2(4x^2-3xy-2y^2)$
$=9x^2-12xy-3y^2-8x^2+6xy+4y^2$
$=x^2-6xy+y^2$

2 $A+B=2x^2+3x-7$ ······ ㉠
$A-B=5x^2-6x-1$ ······ ㉡
㉠−㉡을 하면 $3B=-3x^2+9x-6$
$\therefore B=-x^2+3x-2$
㉠에서
$A=2x^2+3x-7-B$
$=2x^2+3x-7-(-x^2+3x-2)$
$=2x^2+3x-7+x^2-3x+2=3x^2-5$
$3(X+B)=2(X-2A-B)$에서
$3X+3B=2X-4A-2B$
$\therefore X=-4A-5B$
$=-4(3x^2-5)-5(-x^2+3x-2)$
$=-12x^2+20+5x^2-15x+10$
$=-7x^2-15x+30$

3 $(x^2+ax+2)(x^2+bx-3)$의 전개식에서 x^3항은
$x^2\times bx+ax\times x^2=bx^3+ax^3=(a+b)x^3$
이때 x^3의 계수가 9이므로 $a+b=9$ ······ ㉠
주어진 다항식의 전개식에서 x항은
$ax\times(-3)+2\times bx=-3ax+2bx=(-3a+2b)x$
이때 x의 계수가 -2이므로 $-3a+2b=-2$ ······ ㉡
㉠, ㉡을 연립하여 풀면 $a=4$, $b=5$
따라서 주어진 다항식은 $(x^2+4x+2)(x^2+5x-3)$이므로 전개식에서 x^2항은
$x^2\times(-3)+4x\times 5x+2\times x^2=-3x^2+20x^2+2x^2$
$=19x^2$
따라서 x^2의 계수는 19이다.

4 ㄱ. $(a-2b-3c)^2$
$=a^2+(-2b)^2+(-3c)^2+2\times a\times(-2b)$
$\qquad +2\times(-2b)\times(-3c)+2\times(-3c)\times a$
$=a^2+4b^2+9c^2-4ab+12bc-6ca$

ㄴ. $(a-b)^2(a+b)^2(a^2+b^2)^2$
$\quad =\{(a-b)(a+b)(a^2+b^2)\}^2$
$\quad =\{(a^2-b^2)(a^2+b^2)\}^2$
$\quad =(a^4-b^4)^2$
$\quad =a^8-2a^4b^4+b^8$

ㄷ. $(2a-3b)^3$
$\quad =(2a)^3-3\times(2a)^2\times3b+3\times2a\times(3b)^2-(3b)^3$
$\quad =8a^3-36a^2b+54ab^2-27b^3$

ㄹ. $(a-b-1)(a^2+b^2+ab+a-b+1)$
$\quad =a^3+(-b)^3+(-1)^3-3a\times(-b)\times(-1)$
$\quad =a^3-b^3-3ab-1$

따라서 보기에서 옳은 것은 ㄱ, ㄴ, ㄹ이다.

5 $(x-y)(x+y)(x^2-xy+y^2)(x^2+xy+y^2)$
$\quad =\{(x-y)(x^2+xy+y^2)\}\{(x+y)(x^2-xy+y^2)\}$
$\quad =(x^3-y^3)(x^3+y^3)$
$\quad =x^6-y^6$

6 $(3x+ay)^3$
$\quad =(3x)^3+3\times(3x)^2\times ay+3\times3x\times(ay)^2+(ay)^3$
$\quad =27x^3+27ax^2y+9a^2xy^2+a^3y^3$
이때 x^2y의 계수가 54이므로
$27a=54$ $\qquad \therefore a=2$

7 $(x+3)(x+1)(x-2)(x-4)$
$\quad =\{(x+3)(x-4)\}\{(x+1)(x-2)\}$
$\quad =(\underline{x^2-x}-12)(\underline{x^2-x}-2)$
$x^2-x=X$로 놓으면
$(x+3)(x+1)(x-2)(x-4)$
$\quad =(X-12)(X-2)$
$\quad =X^2-14X+24$
$\quad =(x^2-x)^2-14(x^2-x)+24$ ◀ $X=x^2-x$
$\quad =x^4-2x^3+x^2-14x^2+14x+24$
$\quad =x^4-2x^3-13x^2+14x+24$
따라서 $a=-13$, $b=14$이므로
$b-a=27$

8 $\dfrac{x^2}{y}+\dfrac{y^2}{x}=\dfrac{x^3+y^3}{xy}=\dfrac{(x+y)^3-3xy(x+y)}{xy}$
$\qquad\qquad\qquad =\dfrac{(\sqrt{2})^3-3\times(-2)\times\sqrt{2}}{-2}=-4\sqrt{2}$

9 $a^2+b^2=(a+b)^2-2ab$이므로
$7=3^2-2ab$ $\qquad \therefore ab=1$
$a^3+b^3=(a+b)^3-3ab(a+b)=3^3-3\times1\times3=18$
$a^4+b^4=(a^2+b^2)^2-2a^2b^2=7^2-2\times1^2=47$
$\therefore a^3+b^3+a^4+b^4=18+47=65$

10 $\left(x-\dfrac{3}{x}\right)^2+\left(3x+\dfrac{1}{x}\right)^2=20$에서
$x^2-6+\dfrac{9}{x^2}+9x^2+6+\dfrac{1}{x^2}=20$
$10x^2+\dfrac{10}{x^2}=20$ $\qquad \therefore x^2+\dfrac{1}{x^2}=2$
$\left(x+\dfrac{1}{x}\right)^2=x^2+\dfrac{1}{x^2}+2=2+2=4$이므로
$x+\dfrac{1}{x}=2$ $(\because x>0)$
또 $x^4+\dfrac{1}{x^4}=\left(x^2+\dfrac{1}{x^2}\right)^2-2=2^2-2=2$이므로
$x^2+x^4+\dfrac{1}{x}+\dfrac{1}{x^4}=\left(x+\dfrac{1}{x}\right)+\left(x^4+\dfrac{1}{x^4}\right)$
$\qquad\qquad\qquad\qquad =2+2=4$

11 $(3+1)(3^2+1)(3^4+1)(3^8+1)$
$\quad =\dfrac{1}{2}(3-1)(3+1)(3^2+1)(3^4+1)(3^8+1)$
$\quad =\dfrac{1}{2}(3^2-1)(3^2+1)(3^4+1)(3^8+1)$
$\quad =\dfrac{1}{2}(3^4-1)(3^4+1)(3^8+1)$
$\quad =\dfrac{1}{2}(3^8-1)(3^8+1)$
$\quad =\dfrac{1}{2}(3^{16}-1)$
따라서 $a=2$, $b=16$이므로 $b-a=14$

12 $\overline{BC}=a$, $\overline{CD}=b$, $\overline{CG}=c$라 하면 겉넓이가 128이므로
$2(ab+bc+ca)=128$ $\qquad \therefore ab+bc+ca=64$
직각삼각형 BCG에서 $\overline{BG}^2=\overline{BC}^2+\overline{CG}^2=a^2+c^2$
직각삼각형 GCD에서 $\overline{GD}^2=\overline{CD}^2+\overline{CG}^2=b^2+c^2$
직각삼각형 BCD에서 $\overline{BD}^2=\overline{BC}^2+\overline{CD}^2=a^2+b^2$
이때 $\overline{BG}^2+\overline{GD}^2+\overline{BD}^2=136$이므로
$(a^2+c^2)+(b^2+c^2)+(a^2+b^2)=136$
$2(a^2+b^2+c^2)=136$ $\qquad \therefore a^2+b^2+c^2=68$
$\therefore (a+b+c)^2=a^2+b^2+c^2+2(ab+bc+ca)$
$\qquad\qquad\qquad =68+2\times64=196$
이때 $a>0$, $b>0$, $c>0$이므로 $a+b+c>0$
$\therefore a+b+c=14$
따라서 구하는 모든 모서리의 길이의 합은
$4(a+b+c)=4\times14=56$

13
$$\begin{array}{r}
2x+1 \\
x^2-x+2\overline{)\,2x^3-x^2+5x+1} \\
\underline{2x^3-2x^2+4x} \\
x^2+x+1 \\
\underline{x^2-x+2} \\
2x-1
\end{array}$$

따라서 $Q(x)=2x+1$, $R(x)=2x-1$이므로

$Q(x)+R(x)=4x$

따라서 $a=4$, $b=0$이므로 $a+b=4$

14 $12x^3+24x^2-15x+14=A(2x+5)-4x+4$이므로

$A(2x+5)=12x^3+24x^2-11x+10$

$\therefore A=(12x^3+24x^2-11x+10)\div(2x+5)$

$$
\begin{array}{r}
6x^2-\ 3x\ +\ 2 \\
2x+5\,\overline{)\,12x^3+24x^2-11x+10} \\
\underline{12x^3+30x^2} \\
-\ 6x^2-11x \\
\underline{-\ 6x^2-15x} \\
4x+10 \\
\underline{4x+10} \\
0
\end{array}
$$

즉, $A=6x^2-3x+2$이므로 A를 $2x+1$로 나누면

$$
\begin{array}{r}
3x\ -3 \\
2x+1\,\overline{)\,6x^2-3x+2} \\
\underline{6x^2+3x} \\
-6x+2 \\
\underline{-6x-3} \\
5
\end{array}
$$

따라서 $Q(x)=3x-3$, $R=5$이므로

$Q(2)+R=(6-3)+5=8$

15 주어진 조립제법에서

$a\times2=2$ $\therefore a=1$

조립제법을 이용하여 $(2x^3+3x+4)\div(x-1)$을 하면

$$
\begin{array}{r|rrrr}
1 & 2 & 0 & 3 & 4 \\
  &   & 2 & 2 & 5 \\
\hline
  & 2 & 2 & 5 & \boxed{9}
\end{array}
$$

$\therefore b=9$

$\therefore a+b=1+9=10$

16 $m+n=ax+by+bx+ay$

$\quad=(a+b)x+(a+b)y$

$\quad=-2x-2y=-2(x+y)$

$\quad=-2\times3=-6$

$mn=(ax+by)(bx+ay)$

$\quad=abx^2+a^2xy+b^2xy+aby^2$

$\quad=x^2-a^2-b^2+y^2$

$\quad=(x+y)^2-2xy-(a+b)^2+2ab$

$\quad=3^2-2\times(-1)-(-2)^2+2\times1=9$

$\therefore m^3+n^3=(m+n)^3-3mn(m+n)$

$\quad=(-6)^3-3\times9\times(-6)=-54$

17 $a^2+b^2+c^2=(a+b+c)^2-2(ab+bc+ca)$이므로

$3=0-2(ab+bc+ca)$ $\therefore ab+bc+ca=-\dfrac{3}{2}$

$\therefore a^2b^2+b^2c^2+c^2a^2$

$\quad=(ab+bc+ca)^2-2(ab^2c+abc^2+a^2bc)$

$\quad=(ab+bc+ca)^2-2abc(a+b+c)$

$\quad=\left(-\dfrac{3}{2}\right)^2-2abc\times0=\dfrac{9}{4}$

$\therefore a^4+b^4+c^4=(a^2+b^2+c^2)^2-2(a^2b^2+b^2c^2+c^2a^2)$

$\quad=3^2-2\times\dfrac{9}{4}=\dfrac{9}{2}$

18 $a^2+b^2+c^2=(a+b+c)^2-2(ab+bc+ca)$

$\quad=(-1)^2-2\times(-9)=19$

$a^3+b^3+c^3$

$=(a+b+c)(a^2+b^2+c^2-ab-bc-ca)+3abc$

이므로

$-1=-1\times\{19-(-9)\}+3abc$

$\therefore abc=9$

$a+b+c=-1$에서

$a+b=-1-c$, $b+c=-1-a$, $c+a=-1-b$

$\therefore ab(a+b)+bc(b+c)+ca(c+a)$

$\quad=ab(-1-c)+bc(-1-a)+ca(-1-b)$

$\quad=-(ab+bc+ca)-3abc$

$\quad=-(-9)-3\times9=-18$

19

$$
\begin{array}{r}
2x\ -1 \\
x^2+x-3\,\overline{)\,2x^3+\ x^2-7x+7} \\
\underline{2x^3+2x^2-6x} \\
-\ x^2-\ x+7 \\
\underline{-\ x^2-\ x+3} \\
4
\end{array}
$$

$\therefore 2x^3+x^2-7x+7=(x^2+x-3)(2x-1)+4$

이때 $x^2+x-3=0$이므로

$2x^3+x^2-7x+7=4$

20 $f(x)$를 $x-a$로 나누었을 때의 몫이 $Q(x)$, 나머지가 R

이므로

$f(x)=(x-a)Q(x)+R$

양변에 x^2을 곱하면

$x^2f(x)=x^2(x-a)Q(x)+x^2R$

$\quad=x^2(x-a)Q(x)+(x^2-a^2)R+a^2R$

$\quad=x^2(x-a)Q(x)+(x+a)(x-a)R+a^2R$

$\quad=(x-a)\{x^2Q(x)+(x+a)R\}+a^2R$

따라서 $x^2f(x)$를 $x-a$로 나누었을 때의 몫은

$x^2Q(x)+(x+a)R$

항등식

1 답 ㄴ, ㄹ

2 답 (1) $a=1$, $b=-2$, $c=4$ (2) $a=1$, $b=5$, $c=3$

3 답 (1) $a=-1$, $b=2$ (2) $a=-1$, $b=2$

(1) 주어진 등식의 좌변을 x에 대하여 정리하면
$(a+b)x-a+2b=x+5$
이 등식이 x에 대한 항등식이므로
$a+b=1$, $-a+2b=5$
두 식을 연립하여 풀면 $a=-1$, $b=2$

(2) 주어진 등식이 x에 대한 항등식이므로
양변에 $x=1$을 대입하면 $3b=6$ ∴ $b=2$
양변에 $x=-2$를 대입하면 $-3a=3$ ∴ $a=-1$

01-1 답 $x=-3$, $y=-1$

주어진 등식의 좌변을 k에 대하여 정리하면
$(x-y+2)k-2x+3y-3=0$
이 등식이 k에 대한 항등식이므로
$x-y+2=0$, $-2x+3y-3=0$
두 식을 연립하여 풀면 $x=-3$, $y=-1$

01-2 답 $a=4$, $b=7$

주어진 등식의 좌변을 x, y에 대하여 정리하면
$(2a-b-1)x+(-3a+2b-2)y=0$
이 등식이 x, y에 대한 항등식이므로
$2a-b-1=0$, $-3a+2b-2=0$
두 식을 연립하여 풀면 $a=4$, $b=7$

01-3 답 2

이차방정식 $x^2+(k+1)x-(k+3)m+n=0$이 1을 근으로 가지므로 $x=1$을 대입하면
$1+(k+1)-(k+3)m+n=0$
이 등식의 좌변을 k에 대하여 정리하면
$(1-m)k-3m+n+2=0$
이 등식이 k에 대한 항등식이므로
$1-m=0$, $-3m+n+2=0$
∴ $m=1$, $n=1$ ∴ $m+n=2$

02-1 답 (1) $a=1$, $b=2$, $c=1$
 (2) $a=2$, $b=-2$, $c=1$

(1) 주어진 등식의 좌변을 전개한 후 x에 대하여 내림차순으로 정리하면
$2x^3+(2a-3)x^2+(2b-3a)x-3b$
$=2x^3-x^2+cx-6$
이 등식이 x에 대한 항등식이므로
$2a-3=-1$, $2b-3a=c$, $-3b=-6$
∴ $a=1$, $b=2$, $c=1$

(2) 주어진 등식이 x에 대한 항등식이므로
양변에 $x=0$을 대입하면
$b\times1\times(-2)=4$
$-2b=4$ ∴ $b=-2$
양변에 $x=-1$을 대입하면
$c\times(-1)\times(-3)=1-2+4$
$3c=3$ ∴ $c=1$
양변에 $x=2$를 대입하면
$a\times2\times3=4+4+4$
$6a=12$ ∴ $a=2$

02-2 답 $a=-3$, $b=2$

주어진 등식이 x에 대한 항등식이므로
양변에 $x=-1$을 대입하면
$0=1+a+b$ ∴ $a+b=-1$ ····· ㉠
양변에 $x^2=2$를 대입하면
$0=4+2a+b$ ∴ $2a+b=-4$ ····· ㉡
㉠, ㉡을 연립하여 풀면
$a=-3$, $b=2$

02-3 답 64

주어진 등식이 x에 대한 항등식이므로 양변에 $x=1$을 대입하면
$(2-1+3)^3=a_0+a_1+a_2+\cdots+a_6$
∴ $a_0+a_1+a_2+\cdots+a_6=64$

03-1 답 $a=-1$, $b=3$

x^3+ax^2+b를 x^2-2x, 즉 $x(x-2)$로 나누었을 때의 몫을 $Q(x)$라 하면 나머지가 $2x+3$이므로
$x^3+ax^2+b=x(x-2)Q(x)+2x+3$
이 등식이 x에 대한 항등식이므로 양변에 $x=0$, $x=2$를 각각 대입하면
$b=3$, $8+4a+b=7$
∴ $a=-1$, $b=3$

03-2 답 14

$2x^3+ax^2+bx+5$를 x^2+x+5로 나누었을 때의 몫은 최고차항의 계수가 2인 일차식이다.

따라서 몫을 $2x+c$ (c는 상수)라 하면 나머지는 0이므로

$2x^3+ax^2+bx+5=(x^2+x+5)(2x+c)$

이 등식의 우변을 전개한 후 x에 대하여 내림차순으로 정리하면

$2x^3+ax^2+bx+5=2x^3+(c+2)x^2+(c+10)x+5c$

이 등식이 x에 대한 항등식이므로

$a=c+2$, $b=c+10$, $5=5c$

$\therefore a=3$, $b=11$, $c=1$

$\therefore a+b=14$

04-1 답 -30

x^3-3x^2-4x+1을 $x+1$로 나누는 조립제법을 몫에 대하여 연속으로 이용하면

$$
\begin{array}{r|rrrr}
-1 & 1 & -3 & -4 & 1 \\
   &   & -1 & 4 & 0 \\
\hline
-1 & 1 & -4 & 0 & 1 \blacktriangleleft d \\
   &   & -1 & 5 & \\
\hline
-1 & 1 & -5 & 5 \blacktriangleleft c \\
   &   & -1 & \\
\hline
a \blacktriangleright 1 & -6 \blacktriangleleft b \\
\end{array}
$$

$\therefore x^3-3x^2-4x+1$
$\quad =(x+1)^3-6(x+1)^2+5(x+1)+1$

따라서 $a=1$, $b=-6$, $c=5$, $d=1$이므로

$abcd=-30$

04-2 답 (1) $a=5$, $b=8$, $c=8$ (2) 8.851

(1) x^3-x^2+4를 $x-2$로 나누는 조립제법을 몫에 대하여 연속으로 이용하면

$$
\begin{array}{r|rrrr}
2 & 1 & -1 & 0 & 4 \\
  &   & 2 & 2 & 4 \\
\hline
2 & 1 & 1 & 2 & 8 \blacktriangleleft c \\
  &   & 2 & 6 & \\
\hline
2 & 1 & 3 & 8 \blacktriangleleft b \\
  &   & 2 & \\
\hline
  & 1 & 5 \blacktriangleleft a \\
\end{array}
$$

$\therefore f(x)=(x-2)^3+5(x-2)^2+8(x-2)+8$

$\therefore a=5$, $b=8$, $c=8$

(2) $f(2.1)=0.1^3+5\times0.1^2+8\times0.1+8$
$\qquad\qquad =8.851$

2 나머지 정리와 인수 정리

1 답 (1) -5 (2) -2

2 답 1

$f(x)=2x^2+3x+a$라 하면 인수 정리에 의하여

$f(-1)=0$이므로

$2-3+a=0$ $\therefore a=1$

05-1 답 (1) 5 (2) $a=4$, $b=2$

(1) 나머지 정리에 의하여 $f(2)=-1$이므로

$16-8a+12-4a-5=-1$

$-12a=-24$ $\therefore a=2$

따라서 $f(x)=x^4-2x^3+3x^2-4x-5$이므로 $f(x)$를 $x+1$로 나누었을 때의 나머지는

$f(-1)=1+2+3+4-5=5$

(2) $f(x)=-x^3+ax^2+bx-3$이라 하면 나머지 정리에 의하여

$f(1)=2$, $f(3)=12$

$f(1)=2$에서 $-1+a+b-3=2$

$\therefore a+b=6$ …… ㉠

$f(3)=12$에서 $-27+9a+3b-3=12$

$\therefore 3a+b=14$ …… ㉡

㉠, ㉡을 연립하여 풀면

$a=4$, $b=2$

05-2 답 32

$f(x)=x^3+2x^2-ax+2$라 하면 나머지 정리에 의하여

$f(-1)=f(2)$이므로

$-1+2+a+2=8+8-2a+2$

$3a=15$ $\therefore a=5$

따라서 $f(x)=x^3+2x^2-5x+2$이므로 $f(x)$를 $x-3$으로 나누었을 때의 나머지는

$f(3)=27+18-15+2=32$

05-3 답 11

나머지 정리에 의하여

$f(2)=5$, $g(2)=-1$

따라서 $3f(x)+4g(x)$를 $x-2$로 나누었을 때의 나머지는

$3f(2)+4g(2)=3\times5+4\times(-1)=11$

06-1 답 **1**

나머지 정리에 의하여

$f(-1)=4,\ f(1)=2$

$f(x)$를 x^2-1, 즉 $(x+1)(x-1)$로 나누었을 때의 몫을 $Q(x)$, 나머지 $R(x)$를 $ax+b\,(a,\ b$는 상수$)$라 하면

$f(x)=(x+1)(x-1)Q(x)+ax+b$

양변에 $x=-1,\ x=1$을 각각 대입하면

$f(-1)=-a+b,\ f(1)=a+b$

$\therefore\ -a+b=4,\ a+b=2$

두 식을 연립하여 풀면 $a=-1,\ b=3$

따라서 $R(x)=-x+3$이므로

$R(2)=-2+3=1$

06-2 답 $x+11$

나머지 정리에 의하여

$f(-3)=4,\ f(1)=2$

$(x^2+3x+2)f(x)$를 x^2+2x-3, 즉 $(x+3)(x-1)$로 나누었을 때의 몫을 $Q(x)$, 나머지를 $ax+b\,(a,\ b$는 상수$)$라 하면

$(x^2+3x+2)f(x)=(x+3)(x-1)Q(x)+ax+b$

양변에 $x=-3,\ x=1$을 각각 대입하면

$2f(-3)=-3a+b,\ 6f(1)=a+b$

$\therefore\ -3a+b=8,\ a+b=12$

두 식을 연립하여 풀면 $a=1,\ b=11$

따라서 구하는 나머지는 $x+11$이다.

06-3 답 $x+1$

$(x-2)f(x)$를 $x+2$로 나누었을 때의 나머지가 4이므로

$-4f(-2)=4$　$\therefore\ f(-2)=-1$

$(3x-1)f(x)$를 $x-2$로 나누었을 때의 나머지가 15이므로

$5f(2)=15$　$\therefore\ f(2)=3$

$f(x)$를 x^2-4, 즉 $(x+2)(x-2)$로 나누었을 때의 몫을 $Q(x)$, 나머지를 $ax+b\,(a,\ b$는 상수$)$라 하면

$f(x)=(x+2)(x-2)Q(x)+ax+b$

양변에 $x=-2,\ x=2$를 각각 대입하면

$f(-2)=-2a+b,\ f(2)=2a+b$

$\therefore\ -2a+b=-1,\ 2a+b=3$

두 식을 연립하여 풀면 $a=1,\ b=1$

따라서 구하는 나머지는 $x+1$이다.

07-1 답 $3x^2-5x-7$

$f(x)$를 $(x^2-1)(x-3)$, 즉 $(x+1)(x-1)(x-3)$으로 나누었을 때의 몫을 $Q(x)$, 나머지를 $ax^2+bx+c\,(a,\ b,\ c$는 상수$)$라 하면

$f(x)=\underset{(x+1)(x-3)\text{으로 나누어떨어진다.}}{\underline{(x+1)(x-1)(x-3)Q(x)}}+ax^2+bx+c$ …… ㉠

$f(x)$를 $(x+1)(x-3)$으로 나누었을 때의 나머지 $x+2$는 ax^2+bx+c를 $(x+1)(x-3)$으로 나누었을 때의 나머지와 같으므로

$ax^2+bx+c=a(x+1)(x-3)+x+2$ …… ㉡

㉡을 ㉠에 대입하면

$f(x)=(x+1)(x-1)(x-3)Q(x)$
$\qquad\qquad\qquad +a(x+1)(x-3)+x+2$

한편 $f(x)$를 $x-1$로 나누었을 때의 나머지가 -9이므로 나머지 정리에 의하여

$f(1)=-9$

$a\times2\times(-2)+1+2=-9$

$-4a+3=-9$　$\therefore\ a=3$

따라서 구하는 나머지는 ㉡에서

$3(x+1)(x-3)+x+2=3x^2-5x-7$

07-2 답 **1**

$f(x)$를 $(x^2-x+1)(x+1)$로 나누었을 때의 몫을 $Q(x)$, 나머지 $R(x)$를 $ax^2+bx+c\,(a,\ b,\ c$는 상수$)$라 하면

$f(x)=\underset{x^2-x+1\text{로 나누어떨어진다.}}{\underline{(x^2-x+1)(x+1)Q(x)}}+ax^2+bx+c$ …… ㉠

$f(x)$를 x^2-x+1로 나누었을 때의 나머지 $2x-3$은 ax^2+bx+c를 x^2-x+1로 나누었을 때의 나머지와 같으므로

$ax^2+bx+c=a(x^2-x+1)+2x-3$ …… ㉡

㉡을 ㉠에 대입하면

$f(x)$
$=(x^2-x+1)(x+1)Q(x)+a(x^2-x+1)+2x-3$

한편 $f(x)$를 $x+1$로 나누었을 때의 나머지가 1이므로 나머지 정리에 의하여

$f(-1)=1$

$a(1+1+1)-2-3=1$

$3a-5=1$　$\therefore\ a=2$

따라서 $R(x)=2(x^2-x+1)+2x-3=2x^2-1$이므로

$R(1)=2-1=1$

08-1 답 **15**

$(x^2+1)f(x^2+1)$을 $x+2$로 나누었을 때의 나머지는 나머지 정리에 의하여

$\{(-2)^2+1\}f((-2)^2+1)=5f(5)$

$f(x)$를 $x-5$로 나누었을 때의 나머지가 3이므로 나머지 정리에 의하여

$f(5)=3$

따라서 구하는 나머지는

$5f(5)=5\times3=15$

08-2 답 -4

$f(3-x)$를 $x+1$로 나누었을 때의 나머지는 나머지 정리에 의하여 $f(3-(-1))=f(4)$

$f(x)$를 $(x+1)(x-4)$로 나누었을 때의 몫을 $Q(x)$라 하면 나머지가 $-2x+4$이므로

$f(x)=(x+1)(x-4)Q(x)-2x+4$

양변에 $x=4$를 대입하면 $f(4)=-8+4=-4$

따라서 구하는 나머지는 -4이다.

08-3 답 -2

$xf(3x+4)$를 $3x+2$로 나누었을 때의 나머지는 나머지 정리에 의하여

$-\dfrac{2}{3}f\left(3\times\left(-\dfrac{2}{3}\right)+4\right)=-\dfrac{2}{3}f(2)$

$f(x)$를 x^2-3x+2로 나누었을 때의 몫을 $Q(x)$라 하면 나머지가 $2x-1$이므로

$f(x)=(x^2-3x+2)Q(x)+2x-1$

양변에 $x=2$를 대입하면 $f(2)=4-1=3$

따라서 구하는 나머지는

$-\dfrac{2}{3}f(2)=-\dfrac{2}{3}\times3=-2$

09-1 답 3

$f(x)$를 $x+3$으로 나누었을 때의 몫이 $Q(x)$, 나머지가 -2이므로

$f(x)=(x+3)Q(x)-2$ ······ ㉠

$Q(x)$를 $x-2$로 나누었을 때의 나머지가 1이므로 나머지 정리에 의하여 $Q(2)=1$

$f(x)$를 $x-2$로 나누었을 때의 나머지는 $f(2)$이므로 ㉠의 양변에 $x=2$를 대입하면

$f(2)=5Q(2)-2=5\times1-2=3$

09-2 답 1

$f(x)$를 $x+1$로 나누었을 때의 몫이 $Q(x)$, 나머지가 2이므로

$f(x)=(x+1)Q(x)+2$ ······ ㉠

$f(x)$를 $x-1$로 나누었을 때의 나머지가 4이므로 나머지 정리에 의하여 $f(1)=4$

$Q(x)$를 $x-1$로 나누었을 때의 나머지는 $Q(1)$이므로 ㉠의 양변에 $x=1$을 대입하면

$f(1)=2Q(1)+2$

$2Q(1)+2=4$ ∴ $Q(1)=1$

09-3 답 -1

$f(x)=x^{12}+x^4-3x^3+2x$라 하면 $f(x)$를 $x+1$로 나누었을 때의 나머지는 나머지 정리에 의하여

$f(-1)=1+1+3-2=3$

$x^{12}+x^4-3x^3+2x$를 $x+1$로 나누었을 때의 몫이 $Q(x)$, 나머지가 3이므로

$x^{12}+x^4-3x^3+2x=(x+1)Q(x)+3$ ······ ㉠

$Q(x)$를 $x-1$로 나누었을 때의 나머지는 $Q(1)$이므로 ㉠의 양변에 $x=1$을 대입하면

$1+1-3+2=2Q(1)+3$

∴ $Q(1)=-1$

10-1 답 (1) $a=-2,\ b=-3$ (2) $a=-6,\ b=8$

(1) $f(x)$가 $x+1$, $x-2$로 각각 나누어떨어지므로 인수 정리에 의하여 $f(-1)=0$, $f(2)=0$

$f(-1)=0$에서 $1+a-b-2=0$

∴ $a-b=1$ ······ ㉠

$f(2)=0$에서 $16+4a+2b-2=0$

∴ $2a+b=-7$ ······ ㉡

㉠, ㉡을 연립하여 풀면 $a=-2$, $b=-3$

(2) $f(x)$가 x^2+x-2, 즉 $(x+2)(x-1)$로 나누어떨어지므로 $f(x)$는 $x+2$, $x-1$로 각각 나누어떨어진다.

따라서 인수 정리에 의하여 $f(-2)=0$, $f(1)=0$

$f(-2)=0$에서 $-8-12-2a+b=0$

∴ $2a-b=-20$ ······ ㉠

$f(1)=0$에서 $1-3+a+b=0$

∴ $a+b=2$ ······ ㉡

㉠, ㉡을 연립하여 풀면 $a=-6$, $b=8$

10-2 답 40

$f(x)$가 $x-3$을 인수로 가지므로 $f(3)=0$

$27-36+3+a=0$ ∴ $a=6$

∴ $f(x)=x^3-4x^2+x+6$

$xf(x)$를 $x+2$로 나누었을 때의 나머지는 나머지 정리에 의하여

$-2f(-2)=-2\times(-8-16-2+6)=40$

10-3 답 1

$f(x)=x^{99}-ax^2+bx-1$이라 하면 $f(x)$는 x^2-1, 즉 $(x+1)(x-1)$로 나누어떨어지므로 $f(x)$는 $x+1$, $x-1$로 각각 나누어떨어진다.

따라서 인수 정리에 의하여 $f(-1)=0$, $f(1)=0$

$f(-1)=0$에서 $-1-a-b-1=0$

∴ $a+b=-2$ ······ ㉠

$f(1)=0$에서 $1-a+b-1=0$

∴ $a-b=0$ ······ ㉡

㉠, ㉡을 연립하여 풀면 $a=-1$, $b=-1$

∴ $ab=1$

1 ③	**2** ①	**3** 6	**4** 32	**5** ②
6 40	**7** ④	**8** ②	**9** ①	**10** 34
11 $a=-9,\ b=9$		**12** ②	**13** ③	**14** ④
15 14	**16** ⑤	**17** -10	**18** 118	**19** ④

1 주어진 등식의 좌변을 k에 대하여 정리하면
$(x+y-3)k+xy+1=0$
이 등식이 k에 대한 항등식이므로
$x+y-3=0,\ xy+1=0$
$\therefore\ x+y=3,\ xy=-1$
$\therefore\ x^3+y^3=(x+y)^3-3xy(x+y)$
$\qquad\qquad=3^3-3\times(-1)\times 3$
$\qquad\qquad=36$

2 주어진 등식의 좌변을 전개한 후 x에 대하여 내림차순으로 정리하면
$x^2+3x+2=x^2+ax+b$
이 등식이 x에 대한 항등식이므로
$a=3,\ b=2$
$\therefore\ a-b=1$

[다른 풀이]

주어진 등식이 x에 대한 항등식이므로
양변에 $x=0$을 대입하면 $2=b$
양변에 $x=-1$을 대입하면 $0=1-a+b$
$0=1-a+2\quad\therefore\ a=3$
$\therefore\ a-b=3-2=1$

3 등식 $x^3+ax^2+bx+2=(x^2-2x-1)f(x)+2x+5$가 x에 대한 항등식이므로 $f(x)$는 최고차항의 계수가 1인 일차식이어야 한다.
$f(x)=x+c\,(c$는 상수$)$라 하면
$x^3+ax^2+bx+2=(x^2-2x-1)(x+c)+2x+5$
$\therefore\ x^3+ax^2+bx+2$
$\quad=x^3+(c-2)x^2+(-2c+1)x-c+5$
이 등식이 x에 대한 항등식이므로
$a=c-2,\ b=-2c+1,\ 2=-c+5$
$\therefore\ a=1,\ b=-5,\ c=3$
$\therefore\ a-b=6$

4 주어진 등식이 x에 대한 항등식이므로 양변에 $x=-1$을 대입하면
$(4-5+3)^5=a_{10}-a_9+a_8-\cdots+a_0$
$\therefore\ a_0-a_1+a_2-\cdots+a_{10}=32$

5 ax^3+2x^2+bx+3을 $(x+3)(x-2)$로 나누었을 때의 몫을 $Q(x)$라 하면 나머지가 $4x+9$이므로
$ax^3+2x^2+bx+3=(x+3)(x-2)Q(x)+4x+9$
양변에 $x=-3,\ x=2$를 각각 대입하면
$-27a+18-3b+3=-3,\ 8a+8+2b+3=17$
$\therefore\ 9a+b=8,\ 4a+b=3$
두 식을 연립하여 풀면
$a=1,\ b=-1$
$\therefore\ ab=-1$

6 나머지 정리에 의하여 $P(k)+P(-k)=8$이므로
$(k^3+k^2+k+1)+(-k^3+k^2-k+1)=8$
$2k^2+2=8$
$\therefore\ k^2=3$
따라서 $P(x)$를 $x-k^2$으로 나누었을 때의 나머지는
$P(k^2)=P(3)=27+9+3+1=40$

7 나머지 정리에 의하여
$f(-1)=2,\ g(-1)=3,\ f(3)=1,\ g(3)=-2$
$f(x)g(x)$를 x^2-2x-3, 즉 $(x+1)(x-3)$으로 나누었을 때의 몫을 $Q(x)$, 나머지 $R(x)$를 $ax+b\,(a,\ b$는 상수$)$라 하면
$f(x)g(x)=(x+1)(x-3)Q(x)+ax+b$
양변에 $x=-1,\ x=3$을 각각 대입하면
$f(-1)g(-1)=-a+b,\ f(3)g(3)=3a+b$
$\therefore\ -a+b=6,\ 3a+b=-2$
두 식을 연립하여 풀면
$a=-2,\ b=4$
따라서 $R(x)=-2x+4$이므로
$R(-2)=4+4=8$

8 나머지 정리에 의하여
$f(0)=5,\ f(-1)=4,\ f(1)=8$
$f(x)$를 $x(x+1)(x-1)$로 나누었을 때의 몫을 $Q(x)$, 나머지를 $ax^2+bx+c\,(a,\ b,\ c$는 상수$)$라 하면
$f(x)=x(x+1)(x-1)Q(x)+ax^2+bx+c$
양변에 $x=0,\ x=-1,\ x=1$을 각각 대입하면
$f(0)=c,\ f(-1)=a-b+c,\ f(1)=a+b+c$
$c=5,\ a-b+c=4,\ a+b+c=8$
$\therefore\ a-b=-1,\ a+b=3$
두 식을 연립하여 풀면
$a=1,\ b=2$
따라서 구하는 나머지는 x^2+2x+5이다.

9 $f(x+3)$을 $(x+2)(x-1)$로 나누었을 때의 몫을 $Q(x)$
라 하면 나머지가 $3x+8$이므로
$$f(x+3)=(x+2)(x-1)Q(x)+3x+8 \quad \cdots\cdots \text{㉠}$$
$f(x^2)$을 $x+2$로 나누었을 때의 나머지는 나머지 정리에
의하여
$$f((-2)^2)=f(4)$$
㉠의 양변에 $x=1$을 대입하면
$$f(4)=3+8=11$$

10 $P(x)$를 $2x+3$으로 나누었을 때의 몫이 $Q(x)$, 나머지가
-2이므로
$$P(x)=(2x+3)Q(x)-2 \quad \cdots\cdots \text{㉠}$$
$Q(x)$를 $x-3$으로 나누었을 때의 나머지가 4이므로 나머
지 정리에 의하여
$$Q(3)=4$$
$P(x)$를 $x-3$으로 나누었을 때의 나머지는 $P(3)$이므로
㉠의 양변에 $x=3$을 대입하면
$$\begin{aligned}P(3)&=9Q(3)-2\\&=9\times4-2=34\end{aligned}$$

11 $f(x-1)$이 $x+2$로 나누어떨어지므로 인수 정리에 의하여
$$f(-2-1)=f(-3)=0$$
또 $f(x+1)$이 $x-2$로 나누어떨어지므로 인수 정리에 의
하여
$$f(2+1)=f(3)=0$$
$f(-3)=0$에서
$$-27-9-3a+b=0$$
$$\therefore 3a-b=-36 \quad \cdots\cdots \text{㉠}$$
$f(3)=0$에서
$$27-9+3a+b=0$$
$$\therefore 3a+b=-18 \quad \cdots\cdots \text{㉡}$$
㉠, ㉡을 연립하여 풀면
$$a=-9, \ b=9$$

12 ㈎, ㈏에서 $x-2$, x^2-2는 $f(x)$의 인수이므로 $f(x)$를
$(x-2)(x^2-2)$로 나누었을 때의 몫을 $Q(x)$라 하면
$$x^4+px^2+q=(x-2)(x^2-2)Q(x)$$
양변에 $x=2$, $x^2=2$를 각각 대입하면
$$16+4p+q=0, \ 4+2p+q=0$$
$$\therefore 4p+q=-16, \ 2p+q=-4$$
두 식을 연립하여 풀면
$$p=-6, \ q=8$$
$$\therefore p+q=2$$

13 $\dfrac{ax+2y+6}{x+by-3}=k \, (k는 \ 상수)$라 하면
$$ax+2y+6=kx+bky-3k$$
$$\therefore (a-k)x+(2-bk)y+6+3k=0$$
이 등식이 x, y에 대한 항등식이므로
$$a-k=0, \ 2-bk=0, \ 6+3k=0$$
$$\therefore k=-2, \ a=-2, \ b=-1$$
$$\therefore ab=2$$

14 주어진 등식이 x에 대한 항등식이므로
양변에 $x=1$을 대입하면
$$(1+1+1)^3=a_0+a_1+a_2+\cdots+a_6 \quad \cdots\cdots \text{㉠}$$
양변에 $x=-1$을 대입하면
$$(1-1+1)^3=a_0-a_1+a_2-\cdots+a_6 \quad \cdots\cdots \text{㉡}$$
㉠+㉡을 하면 $28=2(a_0+a_2+a_4+a_6)$
$$\therefore a_0+a_2+a_4+a_6=14$$

15 $27x^3+9x^2-9x-4$를 $x-\dfrac{1}{3}$로 나누는 조립제법을 몫에 대
하여 연속으로 이용하면

$$
\begin{array}{c|rrrr}
\frac{1}{3} & 27 & 9 & -9 & -4 \\
& & 9 & 6 & -1 \\
\hline
\frac{1}{3} & 27 & 18 & -3 & \boxed{-5} \\
& & 9 & 9 & \\
\hline
\frac{1}{3} & 27 & 27 & \boxed{6} & \\
& & 9 & & \\
\hline
& 27 & \boxed{36} & &
\end{array}
$$

$$\begin{aligned}\therefore \ &27x^3+9x^2-9x-4\\&=27\left(x-\frac{1}{3}\right)^3+36\left(x-\frac{1}{3}\right)^2+6\left(x-\frac{1}{3}\right)-5\\&=(3x-1)^3+4(3x-1)^2+2(3x-1)-5\end{aligned}$$
따라서 $a=1$, $b=4$, $c=2$, $d=-5$이므로
$$ab-cd=4-(-10)=14$$

16 ㈎의 $g(x)=x^2f(x)$를 ㈏에 대입하면
$$x^2f(x)+(3x^2+4x)f(x)=x^3+ax^2+2x+b$$
$$4x(x+1)f(x)=x^3+ax^2+2x+b \quad \cdots\cdots \text{㉠}$$
양변에 $x=0$, $x=-1$을 각각 대입하면
$$0=b, \ 0=-1+a-2+b$$
$$\therefore a=3, \ b=0$$
이를 ㉠에 대입하면
$$4x(x+1)f(x)=x^3+3x^2+2x \quad \cdots\cdots \text{㉡}$$
$g(x)$를 $x-4$로 나누었을 때의 나머지는 나머지 정리에 의
하여 $g(4)$이고 ㈎에서 $g(x)=x^2f(x)$이므로
$$g(4)=16f(4)$$

©의 양변에 $x=4$를 대입하면

$16 \times 5f(4) = 64 + 48 + 8$

$80f(4) = 120$　　∴ $f(4) = \dfrac{3}{2}$

따라서 구하는 나머지는

$g(4) = 16f(4) = 16 \times \dfrac{3}{2} = 24$

17 $f(x)$를 $(x^2-1)(x-2)$로 나누었을 때의 몫을 $Q(x)$라 하면 나머지가 ax^2+bx+c이므로

$f(x) = \underbrace{(x^2-1)(x-2)Q(x) + ax^2+bx+c}_{x^2-1로 \ 나누어떨어진다.}$　　…… ㉠

$f(x)$를 x^2-1로 나누었을 때의 나머지 $2x+4$는

ax^2+bx+c를 x^2-1로 나누었을 때의 나머지와 같으므로

$ax^2+bx+c = a(x^2-1)+2x+4$　　…… ㉡

㉡을 ㉠에 대입하면

$f(x) = (x^2-1)(x-2)Q(x) + a(x^2-1)+2x+4$

한편 $f(x)$를 $x-2$로 나누었을 때의 나머지가 5이므로

나머지 정리에 의하여 $f(2)=5$

$3a+4+4=5$　　∴ $a=-1$

㉡에서 $-(x^2-1)+2x+4 = -x^2+2x+5$

따라서 $b=2$, $c=5$이므로

$abc = -1 \times 2 \times 5 = -10$

18 $120=x$로 놓으면 $121=x+1$

$x^{25}+x^{15}+x^5$을 $x+1$로 나누었을 때의 몫을 $Q(x)$, 나머지를 R라 하면

$x^{25}+x^{15}+x^5 = (x+1)Q(x) + R$

양변에 $x=-1$을 대입하면 $R=-3$이므로

$x^{25}+x^{15}+x^5 = (x+1)Q(x) - 3$

$x=120$이므로

$120^{25}+120^{15}+120^5 = 121Q(120) - 3$

그런데 $0 \le (나머지) < 121$이어야 하므로

$120^{25}+120^{15}+120^5 = 121Q(120) - 121 + 121 - 3$
$\qquad\qquad\qquad\qquad = 121\{Q(120)-1\} + 118$

따라서 구하는 나머지는 118이다.

19 $P(a)=P(b)=P(c)=0$에서 $P(x)$는 $x-a$, $x-b$, $x-c$를 인수로 갖고, 최고차항의 계수가 1인 삼차다항식이므로

$P(x) = (x-a)(x-b)(x-c)$

$P(0)=-6$에서 $-abc=-6$　　∴ $abc=6$

이때 a, b, c는 서로 다른 세 자연수이므로 각각 1, 2, 3 중에서 하나의 값을 갖는다.

따라서 $P(x)$를 $x-6$으로 나누었을 때의 나머지는

$P(6) = (6-a)(6-b)(6-c) = 5 \times 4 \times 3 = 60$

1 인수분해

개념 Check　　47쪽

1 답 (1) $(a-b)(x-y)$　　(2) $(ax+1)(x-1)$

　　(3) $(m+1)(a+b-1)$　　(4) $(a-1)(x-1)y$

2 답 (1) $(3x+2)^2$　　(2) $(4y-1)^2$

　　(3) $(a+2)(a-2)$　　(4) $(2x+3y)(2x-3y)$

　　(5) $(a+6b)(a-b)$　　(6) $(ax+5)(x+a)$

3 답 $(3a+2b)(3a-2b)(x-y)$

$9a^2(x-y) + 4b^2(y-x) = 9a^2(x-y) - 4b^2(x-y)$
$\qquad\qquad\qquad\qquad = (9a^2 - 4b^2)(x-y)$
$\qquad\qquad\qquad\qquad = \{(3a)^2 - (2b)^2\}(x-y)$
$\qquad\qquad\qquad\qquad = (3a+2b)(3a-2b)(x-y)$

문제　　48~49쪽

01-1 답 (1) $(a-b-2c)^2$

　　(2) $(2x+3y-1)^2$

　　(3) $(x+2y)^3$

　　(4) $(-2a+3b)^3$

　　(5) $(3a+2b)(9a^2-6ab+4b^2)$

　　(6) $(4x-5y)(16x^2+20xy+25y^2)$

(1) $a^2+b^2+4c^2-2ab+4bc-4ca$
$\quad = a^2+(-b)^2+(-2c)^2+2 \times a \times (-b)$
$\qquad\qquad\qquad + 2 \times (-b) \times (-2c) + 2 \times (-2c) \times a$
$\quad = (a-b-2c)^2$

(2) $4x^2+9y^2+1+12xy-4x-6y$
$\quad = (2x)^2+(3y)^2+(-1)^2+2 \times 2x \times 3y$
$\qquad\qquad\qquad + 2 \times 3y \times (-1) + 2 \times (-1) \times 2x$
$\quad = (2x+3y-1)^2$

(3) $x^3+6x^2y+12xy^2+8y^3$
$\quad = x^3+3 \times x^2 \times 2y + 3 \times x \times (2y)^2 + (2y)^3$
$\quad = (x+2y)^3$

(4) $-8a^3+36a^2b-54ab^2+27b^3$
$\quad = (-2a)^3+3 \times (-2a)^2 \times 3b + 3 \times (-2a) \times (3b)^2$
$\qquad\qquad\qquad\qquad\qquad\qquad + (3b)^3$
$\quad = (-2a+3b)^3$

(5) $27a^3+8b^3=(3a)^3+(2b)^3$
$\quad\quad\quad\quad\quad\ =(3a+2b)\{(3a)^2-3a\times 2b+(2b)^2\}$
$\quad\quad\quad\quad\quad\ =(3a+2b)(9a^2-6ab+4b^2)$

(6) $64x^3-125y^3=(4x)^3-(5y)^3$
$\quad\quad\quad\quad\quad\quad\ =(4x-5y)\{(4x)^2+4x\times 5y+(5y)^2\}$
$\quad\quad\quad\quad\quad\quad\ =(4x-5y)(16x^2+20xy+25y^2)$

01-2 답 (1) $(a+b-1)(a^2+b^2-ab+a+b+1)$ 또는

$\quad\quad\quad\dfrac{1}{2}(a+b-1)\{(a-b)^2+(a+1)^2+(b+1)^2\}$

$\quad\quad$ (2) $(9x^2+3x+1)(9x^2-3x+1)$

(1) $a^3+b^3+3ab-1$
$\quad =a^3+b^3+(-1)^3-3\times a\times b\times(-1)$
$\quad =(a+b-1)$
$\quad\quad \times\{a^2+b^2+(-1)^2-a\times b-b\times(-1)-(-1)\times a\}$
$\quad =(a+b-1)(a^2+b^2-ab+a+b+1)$
$\quad$ 또는
$\quad a^3+b^3+3ab-1$
$\quad =a^3+b^3+(-1)^3-3\times a\times b\times(-1)$
$\quad =\dfrac{1}{2}(a+b-1)\{(a-b)^2+(b+1)^2+(-1-a)^2\}$
$\quad =\dfrac{1}{2}(a+b-1)\{(a-b)^2+(a+1)^2+(b+1)^2\}$

(2) $81x^4+9x^2+1$
$\quad =(3x)^4+(3x)^2\times 1^2+1^4$
$\quad =\{(3x)^2+3x\times 1+1^2\}\{(3x)^2-3x\times 1+1^2\}$
$\quad =(9x^2+3x+1)(9x^2-3x+1)$

02-1 답 (1) $(3x+y-1)(3x-y-1)$
$\quad\quad$ (2) $(z+x-y)(z-x+y)$
$\quad\quad$ (3) $(a+b)(a-b)(a^2+ab+b^2)(a^2-ab+b^2)$
$\quad\quad$ (4) $-8xy(x^2+y^2)$

(1) $9x^2-y^2-6x+1=(9x^2-6x+1)-y^2$
$\quad\quad\quad\quad\quad\quad\quad\ =(3x-1)^2-y^2$
$\quad\quad\quad\quad\quad\quad\quad\ =(3x-1+y)(3x-1-y)$
$\quad\quad\quad\quad\quad\quad\quad\ =(3x+y-1)(3x-y-1)$

(2) $2xy+z^2-x^2-y^2=z^2-(x^2-2xy+y^2)$
$\quad\quad\quad\quad\quad\quad\quad\ =z^2-(x-y)^2$
$\quad\quad\quad\quad\quad\quad\quad\ =(z+x-y)(z-x+y)$

(3) a^6-b^6
$\quad =(a^3)^2-(b^3)^2$
$\quad =(a^3+b^3)(a^3-b^3)$
$\quad =(a+b)(a^2-ab+b^2)(a-b)(a^2+ab+b^2)$
$\quad =(a+b)(a-b)(a^2+ab+b^2)(a^2-ab+b^2)$

(4) $(x-y)^4-(x+y)^4$
$\quad =\{(x-y)^2\}^2-\{(x+y)^2\}^2$
$\quad =\{(x-y)^2+(x+y)^2\}\{(x-y)^2-(x+y)^2\}$
$\quad =(x^2-2xy+y^2+x^2+2xy+y^2)$
$\quad\quad\quad\quad \times(x^2-2xy+y^2-x^2-2xy-y^2)$
$\quad =(2x^2+2y^2)\times(-4xy)$
$\quad =-8xy(x^2+y^2)$

02-2 답 (1) $(a+b)(a-b)^2$
$\quad\quad$ (2) $(x+y)(x-y)(x^2+y^2+z^2)$

(1) $a^3+b^3-ab(a+b)$
$\quad =(\underline{a+b})(a^2-ab+b^2)-ab(\underline{a+b})$
$\quad =(a+b)(a^2-2ab+b^2)$
$\quad =(a+b)(a-b)^2$

(2) $x^4-y^4+x^2z^2-y^2z^2=(x^2)^2-(y^2)^2+(x^2-y^2)z^2$
$\quad\quad\quad\quad\quad\quad\quad\quad\ =(x^2+y^2)(\underline{x^2-y^2})+(\underline{x^2-y^2})z^2$
$\quad\quad\quad\quad\quad\quad\quad\quad\ =(x^2-y^2)(x^2+y^2+z^2)$
$\quad\quad\quad\quad\quad\quad\quad\quad\ =(x+y)(x-y)(x^2+y^2+z^2)$

2 복잡한 식의 인수분해

개념 Check 51쪽

1 답 (1) $(x+2)(x-1)$ (2) $(x+y+1)(x+y-5)$

(1) $x+1=X$로 놓으면
$\quad (x+1)^2-(x+1)-2$
$\quad =X^2-X-2$
$\quad =(X+1)(X-2)$
$\quad =(x+1+1)(x+1-2)$ ◀ $X=x+1$
$\quad =(x+2)(x-1)$

(2) $x+y=X$로 놓으면
$\quad (x+y)^2-4(x+y)-5$
$\quad =X^2-4X-5$
$\quad =(X+1)(X-5)$
$\quad =(x+y+1)(x+y-5)$ ◀ $X=x+y$

2 답 $(x^2+z)(y-xz)$

$x^2y-x^3z+yz-xz^2=(x^2+z)y-x^3z-xz^2$
$\quad\quad\quad\quad\quad\quad\quad\ =(\underline{x^2+z})y-xz(\underline{x^2+z})$
$\quad\quad\quad\quad\quad\quad\quad\ =(x^2+z)(y-xz)$

3 답 0, $x-1$, x^2+x-6, $x-2$

03-1 답 (1) $(x-1)(x-3)(x^2-4x-4)$
        (2) $(x+1)^2(2x^2+4x+1)$
        (3) $(x+2)^2(x^2+4x-6)$

(1) $x^2-4x=X$로 놓으면
$(x^2-4x-5)(x^2-4x+4)+8$
$=(X-5)(X+4)+8$
$=X^2-X-12=(X+3)(X-4)$
$=(x^2-4x+3)(x^2-4x-4)$ ◀ $X=x^2-4x$
$=(x-1)(x-3)(x^2-4x-4)$

(2) $2x^2(x+2)^2+3x^2+6x+1$
$=2\{x(x+2)\}^2+3x(x+2)+1$
$x(x+2)=X$로 놓으면
$2x^2(x+2)^2+3x^2+6x+1$
$=2X^2+3X+1=(X+1)(2X+1)$
$=\{x(x+2)+1\}\{2x(x+2)+1\}$ ◀ $X=x(x+2)$
$=(x^2+2x+1)(2x^2+4x+1)$
$=(x+1)^2(2x^2+4x+1)$

(3) $(x-1)(x+1)(x+3)(x+5)-9$
$=\{(x-1)(x+5)\}\{(x+1)(x+3)\}-9$
$=(x^2+4x-5)(x^2+4x+3)-9$
$x^2+4x=X$로 놓으면
$(x-1)(x+1)(x+3)(x+5)-9$
$=(X-5)(X+3)-9$
$=X^2-2X-24=(X+4)(X-6)$
$=(x^2+4x+4)(x^2+4x-6)$ ◀ $X=x^2+4x$
$=(x+2)^2(x^2+4x-6)$

04-1 답 (1) $(x^2+5)(x+2)(x-2)$
        (2) $(2x^2+3)(x+1)(x-1)$
        (3) $(x^2+2x-1)(x^2-2x-1)$
        (4) $(x^2+x+2)(x^2-x+2)$

(1) $x^2=X$로 놓으면
$x^4+x^2-20=X^2+X-20=(X+5)(X-4)$
$=(x^2+5)(x^2-4)$ ◀ $X=x^2$
$=(x^2+5)(x+2)(x-2)$

(2) $x^2=X$로 놓으면
$2x^4+x^2-3=2X^2+X-3=(2X+3)(X-1)$
$=(2x^2+3)(x^2-1)$ ◀ $X=x^2$
$=(2x^2+3)(x+1)(x-1)$

(3) $x^4-6x^2+1=(x^4-2x^2+1)-4x^2$
$=(x^2-1)^2-(2x)^2$
$=(x^2+2x-1)(x^2-2x-1)$

(4) $x^4+3x^2+4=(x^4+4x^2+4)-x^2$
$=(x^2+2)^2-x^2$
$=(x^2+x+2)(x^2-x+2)$

04-2 답 2

$x^4+4=(x^4+4x^2+4)-4x^2$
$=(x^2+2)^2-(2x)^2$
$=(x^2+2x+2)(x^2-2x+2)$
따라서 $a=2$, $b=-2$, $c=2$이므로
$a+b+c=2$

05-1 답 (1) $(2y+1)(x+y-1)$
        (2) $(x+2y+1)(x+2y-5)$
        (3) $(a-b)(a^2+b^2+c^2)$
        (4) $(a+b)(a+c)(b+c)$

(1) 주어진 식을 x에 대하여 내림차순으로 정리하면
$2y^2+2xy+x-y-1=(2y+1)x+2y^2-y-1$
$=(2y+1)x+(2y+1)(y-1)$
$=(2y+1)(x+y-1)$

(2) 주어진 식을 x에 대하여 내림차순으로 정리하면
$x^2+4y^2+4xy-4x-8y-5$
$=x^2+(4y-4)x+4y^2-8y-5$
$=x^2+(4y-4)x+(2y+1)(2y-5)$
$=(x+2y+1)(x+2y-5)$

(3) 주어진 식을 c에 대하여 내림차순으로 정리하면
$a^3-a^2b+ab^2+ac^2-b^3-bc^2$
$=(a-b)c^2+a^3-a^2b+ab^2-b^3$
$=(a-b)c^2+a^2(a-b)+b^2(a-b)$
$=(a-b)(a^2+b^2+c^2)$

(4) 주어진 식을 a에 대하여 내림차순으로 정리하면
$a^2(b+c)+b^2(c+a)+c^2(a+b)+2abc$
$=a^2b+a^2c+b^2c+ab^2+ac^2+bc^2+2abc$
$=(b+c)a^2+(b^2+2bc+c^2)a+b^2c+bc^2$
$=(b+c)a^2+(b+c)^2a+bc(b+c)$
$=(b+c)\{a^2+(b+c)a+bc\}$
$=(b+c)(a+b)(a+c)$
$=(a+b)(a+c)(b+c)$

05-2 답 -6

주어진 식을 x에 대하여 내림차순으로 정리하면
$x^2+4xy+3y^2-3x-7y+2$
$=x^2+(4y-3)x+3y^2-7y+2$
$=x^2+(4y-3)x+(3y-1)(y-2)$
$=(x+3y-1)(x+y-2)$
따라서 $a=3$, $b=1$, $c=-2$이므로 $abc=-6$

06-1 답 (1) $(x+4)(x-1)^2$

(2) $(x-2)(x+4)(x+3)$

(3) $(x+2)(x+1)(x-1)^2$

(4) $(x-1)(x-2)(x+3)(2x-1)$

(1) $f(x)=x^3+2x^2-7x+4$라 하면 $f(1)=0$

조립제법을 이용하여 인수분해하면

```
1 │ 1   2   -7    4
  │     1    3   -4
  ────────────────────
    1   3   -4  │  0
```

$\therefore x^3+2x^2-7x+4=(x-1)(x^2+3x-4)$

$\qquad\qquad\qquad\qquad =(x-1)(x+4)(x-1)$

$\qquad\qquad\qquad\qquad =(x+4)(x-1)^2$

(2) $f(x)=x^3+5x^2-2x-24$라 하면 $f(2)=0$

조립제법을 이용하여 인수분해하면

```
2 │ 1    5    -2   -24
  │      2    14    24
  ────────────────────────
    1    7    12  │   0
```

$\therefore x^3+5x^2-2x-24=(x-2)(x^2+7x+12)$

$\qquad\qquad\qquad\qquad =(x-2)(x+4)(x+3)$

(3) $f(x)=x^4+x^3-3x^2-x+2$라 하면

$f(1)=0,\ f(-1)=0$

조립제법을 이용하여 인수분해하면

```
 1 │ 1    1   -3   -1    2
   │      1    2   -1   -2
   ──────────────────────────
-1 │ 1    2   -1   -2  │  0
   │     -1   -1    2
   ──────────────────────────
     1    1   -2  │  0
```

$\therefore x^4+x^3-3x^2-x+2$

$\qquad =(x-1)(x+1)(x^2+x-2)$

$\qquad =(x-1)(x+1)(x+2)(x-1)$

$\qquad =(x+2)(x+1)(x-1)^2$

(4) $f(x)=2x^4-x^3-14x^2+19x-6$이라 하면

$f(1)=0,\ f(2)=0$

조립제법을 이용하여 인수분해하면

```
 1 │ 2   -1   -14   19   -6
   │      2    1   -13    6
   ──────────────────────────
 2 │ 2    1   -13    6  │  0
   │      4   10    -6
   ──────────────────────────
     2    5   -3  │  0
```

$\therefore 2x^4-x^3-14x^2+19x-6$

$\qquad =(x-1)(x-2)(2x^2+5x-3)$

$\qquad =(x-1)(x-2)(x+3)(2x-1)$

06-2 답 $(x-1)(x+1)(x^2+2x+3)$

$f(x)$가 $x-1$, $x+1$을 인수로 가지므로

$f(1)=0,\ f(-1)=0$

$f(1)=0$에서

$1+a+b-2-3=0$

$\therefore a+b=4$ ······ ㉠

$f(-1)=0$에서

$1-a+b+2-3=0$

$\therefore a-b=0$ ······ ㉡

㉠, ㉡을 연립하여 풀면

$a=2,\ b=2$

따라서 $f(x)=x^4+2x^3+2x^2-2x-3$이므로 조립제법을 이용하여 인수분해하면

```
 1 │ 1    2    2   -2   -3
   │      1    3    5    3
   ──────────────────────────
-1 │ 1    3    5    3  │  0
   │     -1   -2   -3
   ──────────────────────────
     1    2    3  │  0
```

$\therefore f(x)=x^4+2x^3+2x^2-2x-3$

$\qquad\qquad =(x-1)(x+1)(x^2+2x+3)$

07-1 답 (1) $\dfrac{5}{4}$ (2) **106**

(1) $x^2+2xy+y^2-x^2y-xy^2$

$\qquad =(1-y)x^2+(2y-y^2)x+y^2$

$\qquad =(x+y)\{(1-y)x+y\}$

$\qquad =(x+y)(x+y-xy)$ ······ ㉠

$x+y,\ xy$의 값을 구하면

$x+y=\dfrac{1+\sqrt{2}}{2}+\dfrac{1-\sqrt{2}}{2}=1$

$xy=\dfrac{1+\sqrt{2}}{2}\times\dfrac{1-\sqrt{2}}{2}=-\dfrac{1}{4}$

이를 ㉠에 대입하면

$x^2+2xy+y^2-x^2y-xy^2=(x+y)(x+y-xy)$

$\qquad\qquad\qquad =1\times\left\{1-\left(-\dfrac{1}{4}\right)\right\}$

$\qquad\qquad\qquad =\dfrac{5}{4}$

(2) $107=x$로 놓으면

$\dfrac{107^3-3\times107^2+3\times107-1}{106^2}=\dfrac{x^3-3x^2+3x-1}{(x-1)^2}$

$\qquad\qquad\qquad =\dfrac{(x-1)^3}{(x-1)^2}$

$\qquad\qquad\qquad =x-1$

$\qquad\qquad\qquad =107-1$ ◀ $x=107$

$\qquad\qquad\qquad =106$

07-2 답 898

$30^2 = x$로 놓으면

$$\frac{30^8 - 1}{30^4 + 1} - \frac{30^8 + 30^4 + 1}{30^4 + 30^2 + 1}$$

$$= \frac{x^4 - 1}{x^2 + 1} - \frac{x^4 + x^2 + 1}{x^2 + x + 1}$$

$$= \frac{(x^2 + 1)(x^2 - 1)}{x^2 + 1} - \frac{(x^2 + x + 1)(x^2 - x + 1)}{x^2 + x + 1}$$

$$= x^2 - 1 - (x^2 - x + 1)$$

$$= x - 2$$

$$= 30^2 - 2 \quad \blacktriangleleft x = 30^2$$

$$= 898$$

08-1 답 빗변의 길이가 c인 직각삼각형

$$a(a^2 + ab - c^2) + b(b^2 + ab - c^2)$$

$$= a^3 + a^2 b - ac^2 + b^3 + ab^2 - bc^2$$

$$= -(a+b)c^2 + a^3 + a^2 b + ab^2 + b^3$$

$$= -(a+b)c^2 + a^2(a+b) + b^2(a+b)$$

$$= (a+b)(a^2 + b^2 - c^2) = 0$$

이때 a, b, c는 삼각형의 세 변의 길이이므로 $a + b > 0$

따라서 $a^2 + b^2 - c^2 = 0$이므로

$$a^2 + b^2 = c^2$$

따라서 주어진 조건을 만족시키는 삼각형은 빗변의 길이가 c인 직각삼각형이다.

08-2 답 정삼각형

$a^3 + b^3 + c^3 = 3abc$에서 $a^3 + b^3 + c^3 - 3abc = 0$

좌변을 인수분해하면

$$a^3 + b^3 + c^3 - 3abc$$

$$= (a+b+c)(a^2 + b^2 + c^2 - ab - bc - ca)$$

$$= \frac{1}{2}(a+b+c)\{(a-b)^2 + (b-c)^2 + (c-a)^2\} = 0$$

이때 a, b, c는 삼각형의 세 변의 길이이므로 $a + b + c > 0$

따라서 $(a-b)^2 + (b-c)^2 + (c-a)^2 = 0$이므로

$$a - b = 0,\ b - c = 0,\ c - a = 0 \qquad \therefore a = b,\ b = c,\ c = a$$

$$\therefore a = b = c$$

따라서 주어진 조건을 만족시키는 삼각형은 정삼각형이다.

연습문제
58~60쪽

1 ③	**2** ①	**3** $(x+2y-3z)(x-2y-3z)$		
4 ④	**5** -1	**6** ③	**7** -9	**8** 2
9 $(x+1)(x-3)(x^2+x+1)$		**10** ②	**11** ④	
12 ③	**13** 176	**14** -9	**15** ⑤	**16** ①
17 ⑤	**18** 13	**19** $a=16$, $b=10$, $c=10$		

1 ㄱ. $ax - ay + 2bx - 2by + cx - cy$

$$= a(\underline{x-y}) + 2b(\underline{x-y}) + c(\underline{x-y})$$

$$= (x-y)(a+2b+c)$$

ㄴ. $a^6 - a^4 + 2a^3 - 2a^2$

$$= a^2(a^4 - a^2 + 2a - 2)$$

$$= a^2\{a^2(a^2-1) + 2(a-1)\}$$

$$= a^2\{a^2(a+1)(\underline{a-1}) + 2(\underline{a-1})\}$$

$$= a^2(a-1)\{a^2(a+1) + 2\}$$

$$= a^2(a-1)(a^3 + a^2 + 2)$$

ㄷ. $27x^3 - y^3 = (3x)^3 - y^3$

$$= (3x - y)\{(3x)^2 + 3x \times y + y^2\}$$

$$= (3x - y)(9x^2 + 3xy + y^2)$$

ㄹ. $x^3 - 8y^3 + 6xy + 1$

$$= x^3 + (-2y)^3 + 1^3 - 3 \times x \times (-2y) \times 1$$

$$= (x - 2y + 1)\{x^2 + (-2y)^2 + 1^2 - x \times (-2y)$$
$$- (-2y) \times 1 - 1 \times x\}$$

$$= (x - 2y + 1)(x^2 + 4y^2 + 2xy - x + 2y + 1)$$

따라서 보기에서 옳은 것은 ㄱ, ㄹ이다.

2 $16x^4 + 36x^2 + 81$

$$= (2x)^4 + (2x)^2 \times 3^2 + 3^4$$

$$= \{(2x)^2 + 2x \times 3 + 3^2\}\{(2x)^2 - 2x \times 3 + 3^2\}$$

$$= (4x^2 + 6x + 9)(4x^2 - 6x + 9)$$

따라서 $a = 6$, $b = -6$ 또는 $a = -6$, $b = 6$이므로

$$ab = -36$$

3 $x^2 - 4y^2 + 9z^2 - 6xz = (x^2 - 6xz + 9z^2) - 4y^2$

$$= (x - 3z)^2 - (2y)^2$$

$$= (x + 2y - 3z)(x - 2y - 3z)$$

4 $x^2 + x = X$로 놓으면

$$(x^2 + x)(x^2 + x + 1) - 6$$

$$= X(X+1) - 6$$

$$= X^2 + X - 6$$

$$= (X+3)(X-2)$$

$$= (x^2 + x + 3)(x^2 + x - 2) \quad \blacktriangleleft X = x^2 + x$$

$$= (x+2)(x-1)(x^2 + x + 3)$$

따라서 $a = 1$, $b = 3$이므로

$$a + b = 4$$

5 $(x^2 + 3x + 2)(x^2 - 5x + 6) - 60$

$$= (x+2)(x+1)(x-2)(x-3) - 60$$

$$= \{(x+2)(x-3)\}\{(x+1)(x-2)\} - 60$$

$$= (\underline{x^2 - x} - 6)(\underline{x^2 - x} - 2) - 60$$

$x^2-x=X$로 놓으면

$(x^2+3x+2)(x^2-5x+6)-60$

$=(X-6)(X-2)-60$

$=X^2-8X-48=(X+4)(X-12)$

$=(x^2-x+4)(x^2-x-12)$　　◀ $X=x^2-x$

$=(x+3)(x-4)(x^2-x+4)$

따라서 $a=-4$, $b=-1$, $c=4$이므로

$a+b+c=-1$

6 $x^2=X$로 놓으면

$x^4-10x^2+9=X^2-10X+9$

$\qquad\qquad\quad=(X-1)(X-9)$

$\qquad\qquad\quad=(x^2-1)(x^2-9)$　　◀ $X=x^2$

$\qquad\qquad\quad=(x+1)(x-1)(x+3)(x-3)$

④ $x^2-4x+3=(x-1)(x-3)$

⑤ $x^2+2x-3=(x+3)(x-1)$

따라서 주어진 다항식의 인수가 아닌 것은 ③이다.

7 $x^4+5x^2+9=(x^4+6x^2+9)-x^2$

$\qquad\qquad\quad=(x^2+3)^2-x^2$

$\qquad\qquad\quad=(x^2+x+3)(x^2-x+3)$

따라서 $a=3$, $b=-1$, $c=3$이므로 $abc=-9$

8 주어진 식을 x에 대하여 내림차순으로 정리하면

$x^2+kxy-3y^2+x+11y-6$

$=x^2+(ky+1)x-(3y^2-11y+6)$

$=x^2+(ky+1)x-(3y-2)(y-3)$

이 식이 x, y에 대한 두 일차식의 곱으로 인수분해되므로

$ky+1=(3y-2)+\{-(y-3)\}$

$ky+1=2y+1$　　∴ $k=2$

9 $f(x)=x^4-x^3+ax^2+bx-3$이라 하면 $f(-1)=0$,

$f(1)=-12$이므로

$1+1+a-b-3=0$, $1-1+a+b-3=-12$

∴ $a-b=1$, $a+b=-9$

두 식을 연립하여 풀면

$a=-4$, $b=-5$

따라서 $f(x)=x^4-x^3-4x^2-5x-3$이고 $f(-1)=0$,

$f(3)=0$이므로 조립제법을 이용하여 인수분해하면

$$
\begin{array}{r|rrrrr}
-1 & 1 & -1 & -4 & -5 & -3 \\
   &   & -1 & 2 & 2 & 3 \\
\hline
 3 & 1 & -2 & -2 & -3 & \;0 \\
   &   & 3 & 3 & 3 &   \\
\hline
   & 1 & 1 & 1 & \;0 &
\end{array}
$$

∴ $x^4-x^3-4x^2-5x-3=(x+1)(x-3)(x^2+x+1)$

10 나무 블록의 부피를 $f(x)$라 하면

$f(x)=x^2(x+3)-2\times1^3=x^3+3x^2-2$

$f(-1)=0$이므로 조립제법을 이용하여 인수분해하면

$$
\begin{array}{r|rrrr}
-1 & 1 & 3 & 0 & -2 \\
   &   & -1 & -2 & 2 \\
\hline
   & 1 & 2 & -2 & \;0
\end{array}
$$

∴ $f(x)=(x+1)(x^2+2x-2)$

따라서 $a=1$, $b=2$, $c=-2$이므로

$a\times b\times c=-4$

11 $ab(a+b)-ac(a+c)+bc(b-c)$

$=a^2b+ab^2-a^2c-ac^2+b^2c-bc^2$

$=(b-c)a^2+(b^2-c^2)a+b^2c-bc^2$

$=\underline{(b-c)}a^2+(b+c)\underline{(b-c)}a+bc\underline{(b-c)}$

$=(b-c)\{a^2+(b+c)a+bc\}$

$=(b-c)(a+b)(a+c)$　　……㉠

$a+b=4$, $a+c=3$을 변끼리 빼면 $b-c=1$

따라서 ㉠에서

$(b-c)(a+b)(a+c)=1\times4\times3=12$

12 $14=x$로 놓으면

$(14^2+2\times14)^2-18\times(14^2+2\times14)+45$

$=\underline{(x^2+2x)}^2-18\underline{(x^2+2x)}+45$

$x^2+2x=X$로 놓으면

$(14^2+2\times14)^2-18\times(14^2+2\times14)+45$

$=X^2-18X+45=(X-3)(X-15)$

$=(x^2+2x-3)(x^2+2x-15)$　　◀ $X=x^2+2x$

$=(x+3)(x-1)(x+5)(x-3)$

$=17\times13\times19\times11$　　◀ $x=14$

∴ $a+b+c+d=17+13+19+11=60$

13 $10=x$로 놓으면

$10\times13\times14\times17+36$

$=x(x+3)(x+4)(x+7)+36$

$=\{x(x+7)\}\{(x+3)(x+4)\}+36$

$=\underline{(x^2+7x)}\underline{(x^2+7x+12)}+36$

$x^2+7x=X$로 놓으면

$10\times13\times14\times17+36$

$=X(X+12)+36$

$=X^2+12X+36=(X+6)^2$

$=(x^2+7x+6)^2$　　◀ $X=x^2+7x$

$=(10^2+7\times10+6)^2$　　◀ $x=10$

$=176^2$

∴ $\sqrt{10\times13\times14\times17+36}=\sqrt{176^2}=176$

14 $(x+1)(x-1)(x-2)(x-4)-a$

$=\{(x+1)(x-4)\}\{(x-1)(x-2)\}-a$

$=(\underline{x^2-3x}-4)(\underline{x^2-3x}+2)-a$

$x^2-3x=X$로 놓으면

$(x+1)(x-1)(x-2)(x-4)-a$

$=(X-4)(X+2)-a$

$=X^2-2X-8-a$

$=(X-1)^2-a-9$

이 식이 이차식의 완전제곱식으로 인수분해되려면

$-a-9=0$

$\therefore a=-9$

15 $x^4-5x^3+6x^2-5x+1$

$=x^2\left(x^2-5x+6-\dfrac{5}{x}+\dfrac{1}{x^2}\right)$

$=x^2\left\{x^2+\dfrac{1}{x^2}-5\left(x+\dfrac{1}{x}\right)+6\right\}$

$=x^2\left\{\left(x+\dfrac{1}{x}\right)^2-5\left(x+\dfrac{1}{x}\right)+4\right\}$

$=x^2\left(x+\dfrac{1}{x}-1\right)\left(x+\dfrac{1}{x}-4\right)$

$=\left\{x\left(x+\dfrac{1}{x}-1\right)\right\}\left\{x\left(x+\dfrac{1}{x}-4\right)\right\}$

$=(x^2-x+1)(x^2-4x+1)$

따라서 구하는 두 이차식의 합은

$(x^2-x+1)+(x^2-4x+1)=2x^2-5x+2$

16 $P(x)=x^4+ax^3+11x^2+11x+b$라 하면 $P(x)$가 $x+1$ 을 인수로 가지므로 $P(-1)=0$

$1-a+11-11+b=0$

$\therefore b=a-1$ ...... ㉠

$P(x)=x^4+ax^3+11x^2+11x+a-1$이고 $P(x)$는 $(x+1)^2$으로 나누어떨어지므로 조립제법을 이용하여 인수분해하면

$$
\begin{array}{r|rrrrr}
-1 & 1 & a & 11 & 11 & a-1 \\
& & -1 & -a+1 & a-12 & -a+1 \\
\hline
-1 & 1 & a-1 & -a+12 & a-1 & 0 \\
& & -1 & -a+2 & 2a-14 & \\
\hline
& 1 & a-2 & -2a+14 & 3a-15 &
\end{array}
$$

이때 $3a-15=0$이어야 하므로

$a=5$

따라서 $P(x)=(x+1)^2(x^2+3x+4)$이므로

$f(x)=x^2+3x+4$

한편 $a=5$를 ㉠에 대입하면

$b=4$

$\therefore a+b+f(1)=5+4+(1+3+4)=17$

17 $f(n)=n^3+7n^2+14n+8$이라 하면 $f(-1)=0$이므로 조립제법을 이용하여 인수분해하면

$$
\begin{array}{r|rrrr}
-1 & 1 & 7 & 14 & 8 \\
& & -1 & -6 & -8 \\
\hline
& 1 & 6 & 8 & 0
\end{array}
$$

$\therefore n^3+7n^2+14n+8=(n+1)(n^2+6n+8)$

$\qquad\qquad\qquad\qquad\quad =(n+1)(n+2)(n+4)$

따라서 가로의 길이는 $(n+1)(n+2)(n+4)$

한편 세로의 길이는 $n^2+4n+3=(n+1)(n+3)$이므로

한 변의 길이가 $n+1$인 정사각형 모양의 타일이 가로에 $(n+2)(n+4)$개, 세로에 $(n+3)$개씩 놓인다.

따라서 필요한 타일의 개수는

$(n+2)(n+3)(n+4)$

18 $7=x$로 놓으면

$7^6-1=x^6-1=(x^3)^2-1^2$

$\qquad\quad =(x^3+1)(x^3-1)$

$\qquad\quad =(x+1)(x^2-x+1)(x-1)(x^2+x+1)$

$\qquad\quad =(7+1)(7^2-7+1)(7-1)(7^2+7+1)$ ◀ $x=7$

$\qquad\quad =8\times 43\times 6\times 57$

$\qquad\quad =2^4\times 3^2\times 19\times 43$

두 자리의 자연수 n의 값은

$2^4=16$, $2^4\times 3=48$

$2^3\times 3=24$, $2^3\times 3^2=72$

$2^2\times 3=12$, $2^2\times 3^2=36$, $2^2\times 19=76$

$2\times 3^2=18$, $2\times 19=38$, $2\times 43=86$

$3\times 19=57$, 19, 43

따라서 구하는 자연수 n의 개수는 13이다.

19 ㈎에서

$b^2+ca-ba-c^2=-(b-c)a+b^2-c^2$

$\qquad\qquad\qquad\quad =-(\underline{b-c})a+(b+c)(\underline{b-c})$

$\qquad\qquad\qquad\quad =(b-c)(b+c-a)=0$

이때 a, b, c는 삼각형의 세 변의 길이이므로 $b+c>a$에서 $b+c-a>0$

따라서 $b-c=0$이므로 $b=c$

㈏에서 $3b+5c=5a$이므로

$3b+5b=5a$ $\qquad \therefore 5a-8b=0$ ...... ㉠

또 삼각형의 둘레의 길이가 36이므로

$a+b+c=36$, $a+b+b=36$

$\therefore a+2b=36$ ...... ㉡

㉠, ㉡을 연립하여 풀면

$a=16$, $b=10$

$b=c$이므로 $c=10$

복소수의 뜻과 사칙연산

개념 Check 64쪽

1 답 (1) 5, -2 (2) -1, 1 (3) $\sqrt{3}$, 0 (4) 0, -4

2 답 허수: ㄱ, ㄴ, ㄹ, 순허수: ㄴ

3 답 (1) $x=-5$, $y=2$ (2) $x=1$, $y=3$

4 답 (1) $4-2i$ (2) $-1-\sqrt{5}i$ (3) $3i$ (4) -7

문제 65~70쪽

01-1 답 (1) $-5-2i$ (2) $23+7i$ (3) $-16-7i$ (4) -2

(1) $(2-3i)-(7-i)=2-3i-7+i=-5-2i$

(2) $(5+3i)(4-i)=20-5i+12i-3i^2=23+7i$

(3) $(1-4i)^2+\dfrac{2+4i}{1-3i}=1-8i+16i^2+\dfrac{(2+4i)(1+3i)}{(1-3i)(1+3i)}$

$\qquad\qquad =-15-8i+\dfrac{2+6i+4i+12i^2}{1-9i^2}$

$\qquad\qquad =-15-8i+\dfrac{-10+10i}{10}$

$\qquad\qquad =-15-8i-1+i$

$\qquad\qquad =-16-7i$

(4) $\dfrac{2(1+\sqrt{3}i)}{1-\sqrt{3}i}+\dfrac{\sqrt{3}-i}{i}$

$\quad =\dfrac{2(1+\sqrt{3}i)^2}{(1-\sqrt{3}i)(1+\sqrt{3}i)}+\dfrac{(\sqrt{3}-i)i}{i^2}$

$\quad =\dfrac{2(1+2\sqrt{3}i+3i^2)}{1-3i^2}+\dfrac{\sqrt{3}i-i^2}{-1}$

$\quad =\dfrac{2(-2+2\sqrt{3}i)}{4}-(\sqrt{3}i+1)$

$\quad =-1+\sqrt{3}i-\sqrt{3}i-1=-2$

01-2 답 30

$(1+2i)(\overline{2i+3})+\dfrac{2i}{1-i}$

$=(1+2i)(3-2i)+\dfrac{2i(1+i)}{(1-i)(1+i)}$

$=3-2i+6i-4i^2+\dfrac{2i+2i^2}{1-i^2}$

$=7+4i+\dfrac{2i-2}{2}$

$=7+4i+i-1$

$=6+5i$

따라서 $a=6$, $b=5$이므로 $ab=30$

02-1 답 (1) $-\dfrac{1}{3}$ (2) 1

(1) $(1-3i)(x-i)=(x-3)+(-3x-1)i$

이 복소수가 실수이므로

$-3x-1=0$ $\therefore x=-\dfrac{1}{3}$

(2) $(1+i)x^2-(4+5i)x+3+6i$

$\quad =(x^2-4x+3)+(x^2-5x+6)i$

이 복소수가 순허수이므로

$x^2-4x+3=0$, $x^2-5x+6\ne0$

$x^2-4x+3=0$에서 $(x-1)(x-3)=0$

$\therefore x=1$ 또는 $x=3$ $\cdots\cdots$ ㉠

$x^2-5x+6\ne0$에서 $(x-2)(x-3)\ne0$

$\therefore x\ne2$, $x\ne3$ $\cdots\cdots$ ㉡

㉠, ㉡에서 $x=1$

02-2 답 10

$z=x(x+1-i)-2(1+i)$

$\ =x^2+x-xi-2-2i$

$\ =(x^2+x-2)+(-x-2)i$ $\cdots\cdots$ ㉠

z^2이 음수가 되려면 z가 순허수이어야 하므로

$x^2+x-2=0$, $-x-2\ne0$

$x^2+x-2=0$에서 $(x+2)(x-1)=0$

$\therefore x=-2$ 또는 $x=1$ $\cdots\cdots$ ㉡

$-x-2\ne0$에서 $x\ne-2$ $\cdots\cdots$ ㉢

㉡, ㉢에서 $x=1$이므로 $\alpha=1$

$x=1$을 ㉠에 대입하면

$z=-3i$ $\therefore \beta=-3i$

$\therefore \alpha^2-\beta^2=1-(-3i)^2=1-(-9)=10$

02-3 답 -3, 0

$z=6(x+i)-x(1-i)^2$

$\ =6x+6i-x(1-2i-1)$

$\ =6x+(2x+6)i$

z^2이 실수이면 z는 실수 또는 순허수이므로

$6x=0$ 또는 $2x+6=0$

$\therefore x=-3$ 또는 $x=0$

03-1 답 (1) $x=-2$, $y=4$ (2) $x=3$, $y=1$

(1) $(1+i)x+(1-i)y=2-6i$에서

$(x+y)+(x-y)i=2-6i$

복소수가 서로 같을 조건에 의하여

$x+y=2$, $x-y=-6$

두 식을 연립하여 풀면

$x=-2$, $y=4$

(2) $\dfrac{x}{1+i}+\dfrac{y}{1-i}=\dfrac{5}{2+i}$에서

$\dfrac{x(1-i)+y(1+i)}{(1+i)(1-i)}=\dfrac{5(2-i)}{(2+i)(2-i)}$

$\dfrac{(x+y)+(-x+y)i}{1+1}=\dfrac{5(2-i)}{4+1}$

$\dfrac{x+y}{2}+\dfrac{-x+y}{2}i=2-i$

복소수가 서로 같을 조건에 의하여

$\dfrac{x+y}{2}=2,\ \dfrac{-x+y}{2}=-1$

$\therefore\ x+y=4,\ x-y=2$

두 식을 연립하여 풀면 $x=3,\ y=1$

03-2 답 $x=-2,\ y=3$

$(x+i)(\overline{1+4i})=2+3yi$에서

$(x+i)(1-4i)=2+3yi,\ x-4xi+i+4=2+3yi$

$(x+4)+(-4x+1)i=2+3yi$

복소수가 서로 같을 조건에 의하여

$x+4=2,\ -4x+1=3y$ $\therefore\ x=-2,\ y=3$

04-1 답 (1) $-\dfrac{2}{3}$ (2) $2+i$

(1) $x+y=(1+\sqrt{2}i)+(1-\sqrt{2}i)=2$

$xy=(1+\sqrt{2}i)(1-\sqrt{2}i)=1+2=3$

$\therefore\ \dfrac{y}{x}+\dfrac{x}{y}=\dfrac{x^2+y^2}{xy}=\dfrac{(x+y)^2-2xy}{xy}$

$\qquad\qquad=\dfrac{2^2-2\times3}{3}=-\dfrac{2}{3}$

(2) $x=\dfrac{3-i}{2}$에서 $2x-3=-i$

양변을 제곱하면

$4x^2-12x+9=-1$ $\therefore\ 2x^2-6x+5=0$

$\therefore\ 2x^3-6x^2+3x+5=x(2x^2-6x+5)-2x+5$

$\qquad\qquad\qquad\qquad\quad=-2x+5$

$\qquad\qquad\qquad\qquad\quad=-2\times\dfrac{3-i}{2}+5$

$\qquad\qquad\qquad\qquad\quad=2+i$

04-2 답 2

$x=\dfrac{1+\sqrt{3}i}{1-\sqrt{3}i}=\dfrac{(1+\sqrt{3}i)^2}{(1-\sqrt{3}i)(1+\sqrt{3}i)}$

$\quad=\dfrac{1+2\sqrt{3}i-3}{1+3}=\dfrac{-1+\sqrt{3}i}{2}$

즉, $2x+1=\sqrt{3}i$이므로 양변을 제곱하면

$4x^2+4x+1=-3$ $\therefore\ x^2+x+1=0$

$\therefore\ x^4+x^3-x+1=x^2(x^2+x+1)-x^2-x+1$

$\qquad\qquad\qquad\quad=-x^2-x+1$

$\qquad\qquad\qquad\quad=-(x^2+x+1)+2=2$

05-1 답 13

$\alpha\bar{\alpha}-\alpha\bar{\beta}-\bar{\alpha}\beta+\beta\bar{\beta}=\alpha(\bar{\alpha}-\bar{\beta})-\beta(\bar{\alpha}-\bar{\beta})$

$\qquad\qquad\qquad\qquad=(\alpha-\beta)(\bar{\alpha}-\bar{\beta})$

$\qquad\qquad\qquad\qquad=(\alpha-\beta)(\overline{\alpha-\beta})$

이때 $\alpha-\beta=(3+5i)-(1+2i)=2+3i$이므로

$\alpha\bar{\alpha}-\alpha\bar{\beta}-\bar{\alpha}\beta+\beta\bar{\beta}=(\alpha-\beta)(\overline{\alpha-\beta})$

$\qquad\qquad\qquad\qquad=(2+3i)(2-3i)$

$\qquad\qquad\qquad\qquad=4+9=13$

05-2 답 $8+5i$

$\overline{z_1}+\overline{z_2}=\overline{z_1+z_2}=1+2i$이므로 $z_1+z_2=1-2i$

$\overline{z_1}\times\overline{z_2}=\overline{z_1z_2}=2+i$이므로 $z_1z_2=2-i$

$\therefore\ (z_1-3)(z_2-3)=z_1z_2-3(z_1+z_2)+9$

$\qquad\qquad\qquad\quad=(2-i)-3(1-2i)+9$

$\qquad\qquad\qquad\quad=8+5i$

06-1 답 i

$z=a+bi\,(a,\ b$는 실수$)$라 하면 $\bar{z}=a-bi$

이를 $(1+i)z+3i\bar{z}=2+i$에 대입하면

$(1+i)(a+bi)+3i(a-bi)=2+i$

$a+bi+ai-b+3ai+3b=2+i$

$(a+2b)+(4a+b)i=2+i$

복소수가 서로 같을 조건에 의하여

$a+2b=2,\ 4a+b=1$

두 식을 연립하여 풀면 $a=0,\ b=1$

따라서 구하는 복소수 z는 i이다.

06-2 답 $-2+i,\ 2+i$

$z=a+bi\,(a,\ b$는 실수$)$라 하면 $\bar{z}=a-bi$

$z-\bar{z}=2i$에서 $(a+bi)-(a-bi)=2i$

$2bi=2i$

복소수가 서로 같을 조건에 의하여

$2b=2$ $\therefore\ b=1$

$z\bar{z}=5$에서 $(a+bi)(a-bi)=5$

$a^2+b^2=5$

$b=1$을 대입하면 $a^2+1=5$

$a^2=4$ $\therefore\ a=-2$ 또는 $a=2$

따라서 구하는 복소수 z는 $-2+i,\ 2+i$이다.

06-3 답 $-1-2i,\ 3-2i$

$z=a+bi\,(a,\ b$는 실수$)$라 하면 $\bar{z}=a-bi$

주어진 등식의 좌변을 정리하면

$z(\bar{z}-2)=z\bar{z}-2z$

$\qquad\quad=(a+bi)(a-bi)-2(a+bi)$

$\qquad\quad=(a^2+b^2-2a)-2bi$

따라서 주어진 등식은 $(a^2+b^2-2a)-2bi=7+4i$이므로
복소수가 서로 같을 조건에 의하여
$a^2+b^2-2a=7$, $-2b=4$
$-2b=4$에서 $b=-2$
이를 $a^2+b^2-2a=7$에 대입하면 $a^2+4-2a=7$
$a^2-2a-3=0$, $(a+1)(a-3)=0$
$\therefore a=-1$ 또는 $a=3$
따라서 구하는 복소수 z는 $-1-2i$, $3-2i$이다.

2 i의 거듭제곱, 음수의 제곱근

개념 Check
71쪽

1 답 (1) i (2) 1 (3) i (4) -1

(3) $(-i)^{83}=-i^{83}=-(i^4)^{20}\times i^3=-1\times(-i)=i$

(4) $(-i)^{130}=i^{130}=(i^4)^{32}\times i^2=1\times(-1)=-1$

2 답 (1) $2i$ (2) $-3\sqrt{2}i$ (3) $\dfrac{1}{4}i$ (4) $-\dfrac{3}{5}i$

3 답 (1) $2\sqrt{10}i$ (2) -4 (3) $-\dfrac{6}{5}i$ (4) $2i$

(1) $\sqrt{5}\sqrt{-8}=\sqrt{5\times(-8)}=\sqrt{-40}=2\sqrt{10}i$

(2) $\sqrt{-2}\sqrt{-8}=-\sqrt{-2\times(-8)}=-\sqrt{16}=-4$

(3) $\dfrac{\sqrt{108}}{\sqrt{-75}}=-\sqrt{-\dfrac{108}{75}}=-\sqrt{-\dfrac{36}{25}}=-\dfrac{6}{5}i$

(4) $\dfrac{\sqrt{-72}}{\sqrt{18}}=\sqrt{-\dfrac{72}{18}}=\sqrt{-4}=2i$

문제
72~74쪽

07-1 답 (1) $1+i$ (2) $-1-i$ (3) i (4) 256

(1) $i+i^2+i^3+i^4=i-1-i+1=0$이므로
$1+i+i^2+i^3+i^4+\cdots+i^{81}$
$=1+(i+i^2+i^3+i^4)+i^4(i+i^2+i^3+i^4)$
$\qquad +\cdots+i^{76}(i+i^2+i^3+i^4)+i^{80}\times i$
$=1+0+0+\cdots+0+i=1+i$

(2) $\dfrac{1}{i}+\dfrac{1}{i^2}+\dfrac{1}{i^3}+\dfrac{1}{i^4}=\dfrac{1}{i}-1-\dfrac{1}{i}+1=0$이므로
$\dfrac{1}{i}+\dfrac{1}{i^2}+\dfrac{1}{i^3}+\dfrac{1}{i^4}+\cdots+\dfrac{1}{i^{102}}$
$=\left(\dfrac{1}{i}+\dfrac{1}{i^2}+\dfrac{1}{i^3}+\dfrac{1}{i^4}\right)+\dfrac{1}{i^4}\left(\dfrac{1}{i}+\dfrac{1}{i^2}+\dfrac{1}{i^3}+\dfrac{1}{i^4}\right)$
$\qquad +\cdots+\dfrac{1}{i^{96}}\left(\dfrac{1}{i}+\dfrac{1}{i^2}+\dfrac{1}{i^3}+\dfrac{1}{i^4}\right)+\dfrac{1}{i^{100}}\left(\dfrac{1}{i}+\dfrac{1}{i^2}\right)$
$=0+0+\cdots+0+\left(\dfrac{1}{i}-1\right)=-1-i$

(3) $\dfrac{1-i}{1+i}=\dfrac{(1-i)^2}{(1+i)(1-i)}=\dfrac{1-2i-1}{1+1}=-i$이므로
$\left(\dfrac{1-i}{1+i}\right)^{123}=(-i)^{123}=-i^{123}=-(i^4)^{30}\times i^3$
$\qquad =-1\times(-i)=i$

(4) $(1+i)^2=1+2i-1=2i$이므로
$(1+i)^{16}=\{(1+i)^2\}^8=(2i)^8=2^8\times i^8$
$\qquad =256\times(i^4)^2=256$

07-2 답 $51-50i$

$1+2i+3i^2+4i^3+\cdots+100i^{99}+101i^{100}$
$=1+(2i+3i^2+4i^3+5i^4)+i^4(6i+7i^2+8i^3+9i^4)$
$\qquad +\cdots+i^{96}(98i+99i^2+100i^3+101i^4)$
$=1+(2i-3-4i+5)+(6i-7-8i+9)$
$\qquad +\cdots+(98i-99-100i+101)$
$=1+(2-2i)+(2-2i)+\cdots+(2-2i)$
$=1+25(2-2i)=51-50i$

07-3 답 8

$z^2=\left(\dfrac{1+i}{\sqrt{2}}\right)^2=\dfrac{1+2i-1}{2}=i$이므로
$z^3=\dfrac{i-1}{\sqrt{2}}$, $z^4=-1$, $z^5=-z=-\dfrac{1+i}{\sqrt{2}}$, $\cdots$
$\therefore z^8=1$
따라서 $z^n=1$을 만족시키는 자연수 n의 최솟값은 8이다.

08-1 답 (1) -1 (2) $9+3i$

(1) $\sqrt{-3}\sqrt{-12}+\sqrt{-2}\sqrt{2}+\dfrac{\sqrt{12}}{\sqrt{-3}}+\dfrac{\sqrt{-50}}{\sqrt{-2}}$
$=-\sqrt{36}+\sqrt{-4}-\sqrt{-4}+\sqrt{25}$
$=-6+5=-1$

(2) $(\sqrt{5}+\sqrt{-5})(2\sqrt{5}-\sqrt{-5})+\sqrt{-6}\sqrt{-6}+\dfrac{\sqrt{28}}{\sqrt{-7}}$
$=2\sqrt{25}-\sqrt{-25}+2\sqrt{-25}+\sqrt{25}-\sqrt{36}-\sqrt{-4}$
$=10-5i+10i+5-6-2i$
$=9+3i$

다른 풀이

(1) $\sqrt{-3}\sqrt{-12}+\sqrt{-2}\sqrt{2}+\dfrac{\sqrt{12}}{\sqrt{-3}}+\dfrac{\sqrt{-50}}{\sqrt{-2}}$
$=\sqrt{3}i\times\sqrt{12}i+\sqrt{2}i\times\sqrt{2}+\dfrac{\sqrt{12}}{\sqrt{3}i}+\dfrac{\sqrt{50}i}{\sqrt{2}i}$
$=-6+2i-2i+5=-1$

(2) $(\sqrt{5}+\sqrt{-5})(2\sqrt{5}-\sqrt{-5})+\sqrt{-6}\sqrt{-6}+\dfrac{\sqrt{28}}{\sqrt{-7}}$
$=(\sqrt{5}+\sqrt{5}i)(2\sqrt{5}-\sqrt{5}i)+\sqrt{6}i\times\sqrt{6}i+\dfrac{\sqrt{28}}{\sqrt{7}i}$
$=10-5i+10i+5-6-2i$
$=9+3i$

08-2 답 **0**

$$\frac{\sqrt{2a}\sqrt{-2a}+\sqrt{-2a}\sqrt{-2a}}{2a}+\frac{\sqrt{a}}{\sqrt{-a}}+\frac{\sqrt{a^2}}{\sqrt{(-a)^2}}$$

$$=\frac{\sqrt{-4a^2}-\sqrt{4a^2}}{2a}-\sqrt{-1}+\frac{\sqrt{a^2}}{\sqrt{a^2}}=\frac{2ai-2a}{2a}-i+1$$

$$=i-1-i+1=0$$

09-1 답 $-b$

$\sqrt{a}\sqrt{b}=-\sqrt{ab}$에서 $a<0,\ b<0$ $\quad\therefore a+b<0$

$$\therefore \sqrt{(a+b)^2}-\sqrt{a^2}=|a+b|-|a|$$

$$=-(a+b)-(-a)$$

$$=-a-b+a=-b$$

09-2 답 $-a-c$

$\dfrac{\sqrt{b}}{\sqrt{a}}=-\sqrt{\dfrac{b}{a}}$에서 $a<0,\ b>0$

따라서 $ab<0$이므로 $abc>0$에서 $c<0$

$b>0,\ c<0$이므로 $b-c>0$

$$\therefore |a|-|b|+\sqrt{(b-c)^2}=-a-b+|b-c|$$

$$=-a-b+(b-c)$$

$$=-a-c$$

09-3 답 **3**

$\dfrac{\sqrt{4-a}}{\sqrt{1-a}}=-\sqrt{\dfrac{4-a}{1-a}}$에서

(i) $4-a>0,\ 1-a<0$인 경우

$\quad a-4<0,\ a-1>0$이므로

$\quad |a-1|+|a-4|=(a-1)-(a-4)=3$

(ii) $4-a=0$인 경우

$\quad a=4$이므로 $|a-1|+|a-4|=3+0=3$

(i), (ii)에서 $|a-1|+|a-4|=3$

연습문제   **75~77쪽**

1 ⑤	**2** ④	**3** ④	**4** -1	**5** $-\dfrac{1}{3}$
6 ⑤	**7** ①	**8** ②	**9** $-i$	**10** ⑤
11 ⑤	**12** $-2i$	**13** ④	**14** ③	**15** $-3\sqrt{5}i$
16 ③	**17** ①	**18** $\dfrac{1}{2}$	**19** 25	

1   ⑤ $a=i,\ b=-1$이면 $a+bi=i-i=0$

따라서 옳지 않은 것은 ⑤이다.

2   ① $3i-(2+5i)=3i-2-5i=-2-2i$

② $(1+3i)-(-2+i)=1+3i+2-i=3+2i$

③ $(4-i)(-2+3i)=-8+12i+2i+3=-5+14i$

---

④ $\dfrac{5i}{1+2i}=\dfrac{5i(1-2i)}{(1+2i)(1-2i)}=\dfrac{5i+10}{1+4}=2+i$

⑤ $\dfrac{1-2i}{1-i}=\dfrac{(1-2i)(1+i)}{(1-i)(1+i)}=\dfrac{1+i-2i+2}{1+1}=\dfrac{3-i}{2}$

따라서 옳은 것은 ④이다.

3 $\dfrac{a+3i}{2-i}=\dfrac{(a+3i)(2+i)}{(2-i)(2+i)}=\dfrac{2a+ai+6i-3}{4+1}$

$$=\dfrac{2a-3}{5}+\dfrac{a+6}{5}i$$

실수부분과 허수부분의 합이 3이므로

$$\dfrac{2a-3}{5}+\dfrac{a+6}{5}=3,\ \dfrac{3a+3}{5}=3$$

$3a+3=15$ $\quad\therefore a=4$

4 $z=(a+2i)(1+3i)+a(-4+ai)$

$$=a+3ai+2i-6-4a+a^2i$$

$$=(-3a-6)+(a^2+3a+2)i$$

z^2이 양수이면 z는 0이 아닌 실수이므로

$-3a-6\ne0,\ a^2+3a+2=0$

$-3a-6\ne0$에서 $a\ne-2$ …… ㉠

$a^2+3a+2=0$에서 $(a+2)(a+1)=0$

$\therefore a=-2$ 또는 $a=-1$ …… ㉡

㉠, ㉡에서 $a=-1$

5   0이 아닌 복소수 z에 대하여 $z=-\bar{z}$이면 z는 순허수이 므로

$3x^2-2x-1=0,\ x^2-1\ne0$

$3x^2-2x-1=0$에서 $(3x+1)(x-1)=0$

$\therefore x=-\dfrac{1}{3}$ 또는 $x=1$ …… ㉠

$x^2-1\ne0$에서 $x^2\ne1$

$\therefore x\ne-1,\ x\ne1$ …… ㉡

㉠, ㉡에서 $x=-\dfrac{1}{3}$

6 $\dfrac{x}{1-3i}+\dfrac{y}{1+3i}=-2+3i$에서

$$\dfrac{x(1+3i)+y(1-3i)}{(1-3i)(1+3i)}=-2+3i$$

$$\dfrac{(x+y)+(3x-3y)i}{1+9}=-2+3i$$

$$\therefore \dfrac{x+y}{10}+\dfrac{3x-3y}{10}i=-2+3i$$

복소수가 서로 같을 조건에 의하여

$$\dfrac{x+y}{10}=-2,\ \dfrac{3x-3y}{10}=3$$

$x+y=-20,\ x-y=10$

두 식을 연립하여 풀면

$x=-5,\ y=-15$ $\quad\therefore xy=75$

7 $x+y=(1-2i)+(1+2i)=2$

$xy=(1-2i)(1+2i)=1+4=5$

$\therefore x^3y+xy^3-x^2-y^2=xy(x^2+y^2)-(x^2+y^2)$
$=(xy-1)(x^2+y^2)$
$=(xy-1)\{(x+y)^2-2xy\}$
$=(5-1)(2^2-2\times5)$
$=-24$

8 $x=\dfrac{1+2i}{1-i}=\dfrac{(1+2i)(1+i)}{(1-i)(1+i)}$

$=\dfrac{1+i+2i-2}{1+1}=\dfrac{-1+3i}{2}$

즉, $2x+1=3i$이므로 양변을 제곱하면

$4x^2+4x+1=-9$ $\therefore 2x^2+2x+5=0$

$\therefore 2x^3+4x^2+7x+9=x(2x^2+2x+5)+2x^2+2x+9$
$=2x^2+2x+9$
$=(2x^2+2x+5)+4$
$=4$

9 $\dfrac{1}{\alpha}+\dfrac{1}{\beta}=\dfrac{\overline{\alpha}+\overline{\beta}}{\alpha\times\beta}=\dfrac{\overline{\alpha+\beta}}{\overline{\alpha\beta}}=\dfrac{\overline{3+2i}}{\overline{2-3i}}$

$=\dfrac{3-2i}{2+3i}=\dfrac{(3-2i)(2-3i)}{(2+3i)(2-3i)}$

$=\dfrac{6-9i-4i-6}{4+9}=-i$

10 $z=a+bi$ (a, b는 실수)라 하면 $\overline{z}=a-bi$

ㄱ. $z-\overline{z}=(a+bi)-(a-bi)=2bi$ ◀ 허수 또는 0

ㄴ. $z\overline{z}=(a+bi)(a-bi)=a^2+b^2$ ◀ 실수

ㄷ. $\dfrac{\overline{z}}{z}=\dfrac{a-bi}{a+bi}=\dfrac{(a-bi)^2}{(a+bi)(a-bi)}$

$=\dfrac{a^2-2abi-b^2}{a^2+b^2}$

$=\dfrac{a^2-b^2}{a^2+b^2}-\dfrac{2ab}{a^2+b^2}i$ ◀ 실수 또는 허수

ㄹ. $\dfrac{1}{z}+\dfrac{1}{\overline{z}}=\dfrac{1}{a+bi}+\dfrac{1}{a-bi}$

$=\dfrac{(a-bi)+(a+bi)}{(a+bi)(a-bi)}$

$=\dfrac{2a}{a^2+b^2}$ ◀ 실수

따라서 보기에서 항상 실수인 것은 ㄴ, ㄹ이다.

11 $z=a+bi$에서 $\overline{z}=a-bi$

이를 $iz=\overline{z}$에 대입하면

$i(a+bi)=a-bi$

$-b+ai=a-bi$

복소수가 서로 같을 조건에 의하여 $b=-a$

$\therefore z=a-ai$

ㄱ. $z+\overline{z}=(a-ai)+(a+ai)=2a=-2b$

ㄴ. $i\overline{z}=i(a+ai)=-a+ai$
$=-(a-ai)=-z$

ㄷ. $iz=\overline{z}$에서 $z\neq0$, $\overline{z}\neq0$이므로 $\dfrac{\overline{z}}{z}=i$, $\dfrac{z}{\overline{z}}=\dfrac{1}{i}$

$\therefore \dfrac{\overline{z}}{z}+\dfrac{z}{\overline{z}}=i+\dfrac{1}{i}=i-i=0$

따라서 보기에서 옳은 것은 ㄱ, ㄴ, ㄷ이다.

다른 풀이

ㄷ. $iz=\overline{z}$의 양변을 제곱하면

$-z^2=\overline{z}^2$ $\therefore z^2+\overline{z}^2=0$

이때 $z\overline{z}=(a-ai)(a+ai)=2a^2\neq0$이므로

$\dfrac{\overline{z}}{z}+\dfrac{z}{\overline{z}}=\dfrac{z^2+\overline{z}^2}{z\overline{z}}=0$

12 $z=a+bi$ (a, b는 실수)라 하면 $\overline{z}=a-bi$

이를 $z\overline{z}+3(z-\overline{z})=4-12i$에 대입하면

$(a+bi)(a-bi)+3\{(a+bi)-(a-bi)\}=4-12i$

$(a^2+b^2)+6bi=4-12i$

복소수가 서로 같을 조건에 의하여

$a^2+b^2=4$, $6b=-12$

$\therefore a=0$, $b=-2$

따라서 구하는 복소수 z는 $-2i$이다.

13 $\dfrac{1}{i}=-i$, $\dfrac{1}{i^2}=-1$, $\dfrac{1}{i^3}=i$, $\dfrac{1}{i^4}=1$이므로

$\dfrac{1}{i}+\dfrac{2}{i^2}+\dfrac{3}{i^3}+\dfrac{4}{i^4}+\cdots+\dfrac{20}{i^{20}}$

$=\left(\dfrac{1}{i}+\dfrac{2}{i^2}+\dfrac{3}{i^3}+\dfrac{4}{i^4}\right)+\dfrac{1}{i^4}\left(\dfrac{5}{i}+\dfrac{6}{i^2}+\dfrac{7}{i^3}+\dfrac{8}{i^4}\right)$

$\qquad+\cdots+\dfrac{1}{i^{16}}\left(\dfrac{17}{i}+\dfrac{18}{i^2}+\dfrac{19}{i^3}+\dfrac{20}{i^4}\right)$

$=(-i-2+3i+4)+(-5i-6+7i+8)$

$\qquad+\cdots+(-17i-18+19i+20)$

$=5(2+2i)=10+10i$

따라서 $a=10$, $b=10$이므로

$a+b=20$

14 $\left(\dfrac{\sqrt{2}}{1+i}\right)^2=\dfrac{2}{1+2i-1}=\dfrac{1}{i}=-i$,

$\dfrac{1+i}{1-i}=\dfrac{(1+i)^2}{(1-i)(1+i)}=\dfrac{1+2i-1}{1+1}=i$이므로

$f\left(\dfrac{\sqrt{2}}{1+i}\right)+f\left(\dfrac{1+i}{1-i}\right)=\left(\dfrac{\sqrt{2}}{1+i}\right)^{1520}-1+\left(\dfrac{1+i}{1-i}\right)^{1520}-1$

$=(-i)^{760}+i^{1520}-2$

$=i^{760}+i^{1520}-2$

$=(i^4)^{190}+(i^4)^{380}-2$

$=1+1-2=0$

15 $\sqrt{-1}\sqrt{-5}+\dfrac{\sqrt{10}}{\sqrt{-2}}\times\sqrt{(-3)^2}+\dfrac{\sqrt{-15}}{\sqrt{-3}}$

$=-\sqrt{5}-\sqrt{-5}\times 3+\sqrt{5}$

$=-3\sqrt{5}i$

16 $\sqrt{a}\sqrt{b}=-\sqrt{ab}$ 에서 $a<0$, $b<0$

$\dfrac{\sqrt{c}}{\sqrt{b}}=-\sqrt{\dfrac{c}{b}}$ 에서 $c>0$, $b<0$

$\therefore a+b<0$, $c-b>0$, $2a<0$

$\therefore \sqrt{(a+b)^2}-|c-b|-|2a|$

$=-(a+b)-(c-b)-(-2a)$

$=-a-b-c+b+2a$

$=a-c$

17 $a\bar{a}=\beta\bar{\beta}=4$ 에서 $\bar{a}=\dfrac{4}{a}$, $\bar{\beta}=\dfrac{4}{\beta}$

이를 $\bar{a}+\bar{\beta}=i$ 에 대입하면

$\dfrac{4}{a}+\dfrac{4}{\beta}=i$, $\dfrac{4(\bar{a}+\bar{\beta})}{\bar{a}\times\bar{\beta}}=i$

$\dfrac{4\overline{(a+\beta)}}{\overline{a\beta}}=i$

$\therefore \overline{a\beta}=\dfrac{4\overline{(a+\beta)}}{i}=\dfrac{4\times(-i)}{i}=-4$

$\therefore a\beta=-4$

18 $z=a+bi$ (a, b는 실수, $b\neq 0$)라 하면

$2z+\dfrac{1}{z}=2(a+bi)+\dfrac{1}{a+bi}$

$=2a+2bi+\dfrac{a-bi}{(a+bi)(a-bi)}$

$=\left(2a+\dfrac{a}{a^2+b^2}\right)+\left(2b-\dfrac{b}{a^2+b^2}\right)i$

$2z+\dfrac{1}{z}$ 이 실수이므로

$2b-\dfrac{b}{a^2+b^2}=0$, $2-\dfrac{1}{a^2+b^2}=0$ $(\because b\neq 0)$

$\dfrac{1}{a^2+b^2}=2$ $\therefore a^2+b^2=\dfrac{1}{2}$

$\therefore z\bar{z}=(a+bi)(a-bi)$

$=a^2+b^2=\dfrac{1}{2}$

19 $(1-i)^2=1-2i-1=-2i$ 이므로 $(1-i)^{2n}=2^n i$ 에서

$(-2i)^n=2^n i$, $2^n\times(-i)^n=2^n i$

$\therefore (-i)^n=i$ ...... ㉠

$(-i)^1=-i$, $(-i)^2=-1$, $(-i)^3=i$, $(-i)^4=1$, ⋯이

므로 ㉠을 만족시키는 자연수 n은

$n=4k+3$ (k는 음이 아닌 정수) 꼴이다.

따라서 100 이하의 자연수 n은 3, 7, 11, ⋯, 99의 25개

이다.

---

❶ 이차방정식

개념 Check 79쪽

1 답 (1) $x=3$ 또는 $x=5$ (2) $x=\dfrac{1}{3}$ (중근)

(3) $x=\dfrac{3\pm\sqrt{5}}{2}$ (4) $x=\dfrac{1\pm\sqrt{3}i}{4}$

(1) $x^2-8x+15=0$ 에서 $(x-3)(x-5)=0$

$\therefore x=3$ 또는 $x=5$

(2) $9x^2-6x+1=0$ 에서 $(3x-1)^2=0$

$\therefore x=\dfrac{1}{3}$ (중근)

(3) $x^2-3x+1=0$ 에서

$x=\dfrac{-(-3)\pm\sqrt{(-3)^2-4\times 1\times 1}}{2\times 1}=\dfrac{3\pm\sqrt{5}}{2}$

(4) $4x^2-2x+1=0$ 에서

$x=\dfrac{-(-1)\pm\sqrt{(-1)^2-4\times 1}}{4}=\dfrac{1\pm\sqrt{3}i}{4}$

문제 80~82쪽

01-1 답 (1) $x=\dfrac{-1\pm 3\sqrt{3}i}{2}$

(2) $x=-1$ 또는 $x=3+\sqrt{3}$

(1) $3(x+2)(x+3)=2x(x+7)+11$ 에서

$3x^2+15x+18=2x^2+14x+11$

$x^2+x+7=0$

$\therefore x=\dfrac{-1\pm\sqrt{1^2-4\times 1\times 7}}{2}=\dfrac{-1\pm 3\sqrt{3}i}{2}$

(2) 주어진 이차방정식의 양변에 $\sqrt{3}+2$를 곱하면

$(\sqrt{3}+2)(\sqrt{3}-2)x^2+(\sqrt{3}+2)x+(\sqrt{3}+2)(3-\sqrt{3})=0$

$x^2-(\sqrt{3}+2)x-(3+\sqrt{3})=0$

$(x+1)\{x-(3+\sqrt{3})\}=0$

$\therefore x=-1$ 또는 $x=3+\sqrt{3}$

01-2 답 5

$2x-7=(2-x)^2$ 에서

$2x-7=4-4x+x^2$

$x^2-6x+11=0$

$\therefore x=-(-3)\pm\sqrt{(-3)^2-1\times 11}=3\pm\sqrt{2}i$

따라서 $p=3$, $q=2$이므로

$p+q=5$

01-3 답 **1**

주어진 이차방정식의 양변에 $\sqrt{2}-1$을 곱하면

$(\sqrt{2}-1)(\sqrt{2}+1)x^2-(\sqrt{2}-1)(3+\sqrt{2})x+\sqrt{2}(\sqrt{2}-1)=0$

$x^2-(2\sqrt{2}-1)x+\sqrt{2}(\sqrt{2}-1)=0$

$\{x-(\sqrt{2}-1)\}(x-\sqrt{2})=0$

$\therefore x=\sqrt{2}-1$ 또는 $x=\sqrt{2}$

$\alpha>\beta$이므로 $\alpha=\sqrt{2}$, $\beta=\sqrt{2}-1$

$\therefore \alpha-\beta=1$

02-1 답 (1) $-\dfrac{4}{3}$ (2) $2, -\dfrac{3}{2}$

(1) 이차방정식 $3x^2-2x+k=0$의 한 근이 2이므로 $x=2$ 를 대입하면

$12-4+k=0$ $\therefore k=-8$

이를 주어진 이차방정식에 대입하면

$3x^2-2x-8=0$, $(3x+4)(x-2)=0$

$\therefore x=-\dfrac{4}{3}$ 또는 $x=2$

따라서 다른 한 근은 $-\dfrac{4}{3}$이다.

(2) 이차방정식 $mx^2-3x-4m-1=0$의 한 근이 3이므로 $x=3$을 대입하면

$9m-9-4m-1=0$ $\therefore m=2$

이를 주어진 이차방정식에 대입하면

$2x^2-3x-9=0$, $(2x+3)(x-3)=0$

$\therefore x=-\dfrac{3}{2}$ 또는 $x=3$

따라서 다른 한 근은 $-\dfrac{3}{2}$이다.

02-2 답 **-3**

$(m+2)x^2+x-(m^2-3)=0$이 이차방정식이므로

$m+2\neq0$ $\therefore m\neq-2$

이 이차방정식의 한 근이 1이므로 $x=1$을 대입하면

$m+2+1-(m^2-3)=0$

$m^2-m-6=0$, $(m+2)(m-3)=0$

$\therefore m=-2$ 또는 $m=3$

그런데 $m\neq-2$이므로

$m=3$

이를 주어진 이차방정식에 대입하면

$5x^2+x-6=0$, $(5x+6)(x-1)=0$

$\therefore x=-\dfrac{6}{5}$ 또는 $x=1$

따라서 $n=-\dfrac{6}{5}$이므로

$m+5n=3+5\times\left(-\dfrac{6}{5}\right)=-3$

03-1 답 (1) $x=-2$ 또는 $x=2$ (2) $x=-5$ 또는 $x=4$

(1) (i) $x<0$일 때

$x^2-x-6=0$, $(x+2)(x-3)=0$

$\therefore x=-2$ 또는 $x=3$

그런데 $x<0$이므로 $x=-2$

(ii) $x\geq0$일 때

$x^2+x-6=0$, $(x+3)(x-2)=0$

$\therefore x=-3$ 또는 $x=2$

그런데 $x\geq0$이므로 $x=2$

(i), (ii)에서 주어진 방정식의 해는

$x=-2$ 또는 $x=2$

(2) (i) $x<1$일 때

$x^2+3(x-1)-7=0$

$x^2+3x-10=0$, $(x+5)(x-2)=0$

$\therefore x=-5$ 또는 $x=2$

그런데 $x<1$이므로 $x=-5$

(ii) $x\geq1$일 때

$x^2-3(x-1)-7=0$

$x^2-3x-4=0$, $(x+1)(x-4)=0$

$\therefore x=-1$ 또는 $x=4$

그런데 $x\geq1$이므로 $x=4$

(i), (ii)에서 주어진 방정식의 해는

$x=-5$ 또는 $x=4$

03-2 답 **-2**

(i) $x<-1$일 때

$\{-(x+1)\}^2+3(x+1)-4=0$

$x^2+5x=0$, $x(x+5)=0$

$\therefore x=-5$ 또는 $x=0$

그런데 $x<-1$이므로 $x=-5$

(ii) $x\geq-1$일 때

$(x+1)^2-3(x+1)-4=0$

$x^2-x-6=0$, $(x+2)(x-3)=0$

$\therefore x=-2$ 또는 $x=3$

그런데 $x\geq-1$이므로 $x=3$

(i), (ii)에서 주어진 방정식의 해는

$x=-5$ 또는 $x=3$

따라서 모든 근의 합은 $-5+3=-2$

다른 풀이

$|x+1|=t\,(t\geq0)$로 놓으면 $t^2-3t-4=0$

$(t+1)(t-4)=0$ $\therefore t=4\,(\because t\geq0)$

$|x+1|=4$이므로 $x+1=-4$ 또는 $x+1=4$

$\therefore x=-5$ 또는 $x=3$

따라서 모든 근의 합은 $-5+3=-2$

2 이차방정식의 판별식

1 답 (1) 서로 다른 두 실근

    (2) 중근

    (3) 서로 다른 두 허근

04-1 답 (1) $a < 1$ (2) $a = 1$ (3) $a > 1$

이차방정식 $x^2 - 2ax + a^2 + a - 1 = 0$의 판별식을 D라 하면

$$\frac{D}{4} = (-a)^2 - (a^2 + a - 1) = -a + 1$$

(1) $D > 0$이어야 하므로 $-a + 1 > 0$ $\therefore a < 1$

(2) $D = 0$이어야 하므로 $-a + 1 = 0$ $\therefore a = 1$

(3) $D < 0$이어야 하므로 $-a + 1 < 0$ $\therefore a > 1$

04-2 답 $a \geq \dfrac{7}{4}$

이차방정식 $x^2 - (2a + 1)x + a^2 + 2 = 0$의 판별식을 D라 하면 $D \geq 0$이어야 하므로

$$D = \{-(2a + 1)\}^2 - 4(a^2 + 2) \geq 0$$

$$4a - 7 \geq 0,\ 4a \geq 7 \quad \therefore a \geq \frac{7}{4}$$

04-3 답 $-4 < k < -2$ 또는 $k > -2$

$(k + 2)x^2 + 2kx + k - 4 = 0$이 이차방정식이므로

$k + 2 \neq 0$ $\therefore k \neq -2$

이 이차방정식의 판별식을 D라 하면 $D > 0$이어야 하므로

$$\frac{D}{4} = k^2 - (k + 2)(k - 4) > 0$$

$$2k + 8 > 0,\ 2k > -8 \quad \therefore k > -4$$

그런데 $k \neq -2$이므로

$-4 < k < -2$ 또는 $k > -2$

05-1 답 (1) $-1, 3$ (2) $a = 1, b = -2$

(1) 주어진 이차식이 완전제곱식이면 이차방정식 $x^2 - (k + 3)x + 2k + 3 = 0$이 중근을 갖는다.

  이 이차방정식의 판별식을 D라 하면 $D = 0$이므로

$$D = \{-(k + 3)\}^2 - 4(2k + 3) = 0$$

$$k^2 - 2k - 3 = 0,\ (k + 1)(k - 3) = 0$$

$\therefore k = -1$ 또는 $k = 3$

(2) 이차방정식 $x^2 - 2(k + a)x + (k + 1)^2 + a^2 - b - 3 = 0$의 판별식을 D라 하면 $D = 0$이므로

$$\frac{D}{4} = \{-(k + a)\}^2 - \{(k + 1)^2 + a^2 - b - 3\} = 0$$

$\therefore 2(a - 1)k + b + 2 = 0$

이 등식이 k에 대한 항등식이므로

$a - 1 = 0,\ b + 2 = 0$ $\therefore a = 1,\ b = -2$

05-2 답 1

주어진 이차식이 $3(x - k)^2$으로 인수분해되면 이차방정식 $3x^2 - 2(a + 3)x + a^2 + 2a - 3 = 0$이 중근을 갖는다.

이 이차방정식의 판별식을 D라 하면 $D = 0$이므로

$$\frac{D}{4} = \{-(a + 3)\}^2 - 3(a^2 + 2a - 3) = 0$$

$$-2a^2 + 18 = 0,\ a^2 = 9 \quad \therefore a = -3 \text{ 또는 } a = 3$$

그런데 a는 양수이므로 $a = 3$

따라서 주어진 이차식은 $3x^2 - 12x + 12 = 3(x - 2)^2$이므로 $k = 2$

$\therefore a - k = 3 - 2 = 1$

1 ②	**2** 3	**3** ②	**4** $x = -1$ 또는 $x = 2$
5 ④	**6** 6	**7** ⑤	**8** 서로 다른 두 실근
9 ②	**10** ④	**11** 3	**12** ⑤ **13** 8

1 $2x^2 + 4x + 3 = 0$에서

$$x = \frac{-2 \pm \sqrt{2^2 - 2 \times 3}}{2} = \frac{-2 \pm \sqrt{2}i}{2} = -1 \pm \frac{\sqrt{2}}{2}i$$

따라서 $a = -1,\ b = \pm \dfrac{\sqrt{2}}{2}$이므로

$$a + b^2 = -1 + \frac{1}{2} = -\frac{1}{2}$$

2 $(a - 1)x^2 - (a^2 + 1)x + 2(a + 1) = 0$이 이차방정식이므로

$a - 1 \neq 0$ $\therefore a \neq 1$

이 이차방정식의 한 근이 2이므로 $x = 2$를 대입하면

$$4(a - 1) - 2(a^2 + 1) + 2(a + 1) = 0$$

$$a^2 - 3a + 2 = 0,\ (a - 1)(a - 2) = 0$$

$\therefore a = 1$ 또는 $a = 2$

그런데 $a \neq 1$이므로 $a = 2$

이를 주어진 이차방정식에 대입하면

$$x^2 - 5x + 6 = 0,\ (x - 2)(x - 3) = 0$$

$\therefore x = 2$ 또는 $x = 3$

따라서 다른 한 근은 3이다.

3 이차방정식 $x^2 + k(2p - 3)x - (p^2 - 2)k + q + 2 = 0$의 한 근이 1이므로 $x = 1$을 대입하면

$$1 + k(2p - 3) - (p^2 - 2)k + q + 2 = 0$$

$$-(p^2 - 2p + 1)k + q + 3 = 0$$

$\therefore -(p-1)^2 k+q+3=0$

이 등식이 k에 대한 항등식이므로

$(p-1)^2=0,\ q+3=0$

$\therefore p=1,\ q=-3$ $\qquad \therefore p+q=-2$

4 $x \odot x=|2 \odot x|$에서 $x^2-x-x=|2x-2-x|$

$x^2-2x-|x-2|=0$

(i) $x<2$일 때

$\quad x^2-2x+(x-2)=0,\ x^2-x-2=0$

$\quad (x+1)(x-2)=0 \qquad \therefore x=-1$ 또는 $x=2$

$\quad$ 그런데 $x<2$이므로 $x=-1$

(ii) $x \geq 2$일 때

$\quad x^2-2x-(x-2)=0,\ x^2-3x+2=0$

$\quad (x-1)(x-2)=0 \qquad \therefore x=1$ 또는 $x=2$

$\quad$ 그런데 $x \geq 2$이므로 $x=2$

(i), (ii)에서 주어진 방정식의 해는 $x=-1$ 또는 $x=2$

5 ㄱ. 이차방정식 $x^2-x+1=0$의 판별식을 D라 하면

$\quad D=(-1)^2-4 \times 1 \times 1=-3<0$

ㄴ. 이차방정식 $3x^2+5x+2=0$의 판별식을 D라 하면

$\quad D=5^2-4 \times 3 \times 2=1>0$

ㄷ. 이차방정식 $2x^2+6x+5=0$의 판별식을 D라 하면

$\quad \dfrac{D}{4}=3^2-2 \times 5=-1<0$

ㄹ. 이차방정식 $3x^2+2\sqrt{6}x+2=0$의 판별식을 D라 하면

$\quad \dfrac{D}{4}=(\sqrt{6})^2-3 \times 2=0$

따라서 보기에서 실근을 갖는 것은 ㄴ, ㄹ이다.

6 이차방정식 $x^2+2(k-2)x+k^2-24=0$의 판별식을 D라 하면 $D>0$이어야 하므로

$\dfrac{D}{4}=(k-2)^2-(k^2-24)>0$

$-4k+28>0,\ -4k>-28 \qquad \therefore k<7$

따라서 자연수 k는 1, 2, 3, 4, 5, 6의 6개이다.

7 이차방정식 $x^2+2kx+k^2+2k-6=0$의 판별식을 D_1이라 하면 $D_1<0$이어야 하므로

$\dfrac{D_1}{4}=k^2-(k^2+2k-6)<0$

$-2k+6<0,\ -2k<-6 \qquad \therefore k>3$ $\quad \cdots\cdots$ ㉠

이차방정식 $x^2-2kx+3k+10=0$의 판별식을 D_2라 하면 $D_2=0$이어야 하므로

$\dfrac{D_2}{4}=(-k)^2-(3k+10)=0,\ k^2-3k-10=0$

$(k+2)(k-5)=0 \qquad \therefore k=-2$ 또는 $k=5$

그런데 ㉠에서 $k>3$이므로 $k=5$

8 이차방정식 $x^2-2ax+b^2+1=0$의 판별식을 D_1이라 하면 $D_1=0$이므로

$\dfrac{D_1}{4}=(-a)^2-(b^2+1)=0$

$a^2-b^2-1=0 \qquad \therefore a^2=b^2+1$ $\quad \cdots\cdots$ ㉠

이차방정식 $x^2+4ax+2b+1=0$의 판별식을 D_2라 하면

$\dfrac{D_2}{4}=(2a)^2-(2b+1)$

$\quad =4a^2-2b-1=4(b^2+1)-2b-1\ (\because ㉠)$

$\quad =4b^2-2b+3=4\left(b-\dfrac{1}{4}\right)^2+\dfrac{11}{4}>0$

따라서 이차방정식 $x^2+4ax+2b+1=0$은 서로 다른 두 실근을 갖는다.

9 $\dfrac{\sqrt{b}}{\sqrt{a}}=-\sqrt{\dfrac{b}{a}}$에서 $a<0,\ b>0$

① 이차방정식 $x^2+ax+b=0$의 판별식을 D라 하면

$\quad D=a^2-4b$

$\quad a^2-4b$의 값의 부호는 알 수 없으므로 이 이차방정식의 근은 판별할 수 없다.

② 이차방정식 $x^2+ax-b=0$의 판별식을 D라 하면

$\quad D=a^2+4b>0$

$\quad$ 따라서 서로 다른 두 실근을 갖는다.

③ 이차방정식 $x^2+bx-a=0$의 판별식을 D라 하면

$\quad D=b^2+4a$

$\quad b^2+4a$의 값의 부호는 알 수 없으므로 이 이차방정식의 근은 판별할 수 없다.

④ 이차방정식 $ax^2+bx-1=0$의 판별식을 D라 하면

$\quad D=b^2+4a$

$\quad$ ③과 마찬가지로 이 이차방정식의 근은 판별할 수 없다.

⑤ 이차방정식 $bx^2+ax+1=0$의 판별식을 D라 하면

$\quad D=a^2-4b$

$\quad$ ①과 마찬가지로 이 이차방정식의 근은 판별할 수 없다.

따라서 항상 서로 다른 두 실근을 갖는 이차방정식은 ② 이다.

10 $x^2=\sqrt{x^2}+|x-1|+2$에서

$x^2-|x|-|x-1|-2=0$

(i) $x<0$일 때

$\quad x^2+x+(x-1)-2=0,\ x^2+2x-3=0$

$\quad (x+3)(x-1)=0 \qquad \therefore x=-3$ 또는 $x=1$

$\quad$ 그런데 $x<0$이므로 $x=-3$

(ii) $0 \leq x<1$일 때

$\quad x^2-x+(x-1)-2=0,\ x^2-3=0$

$\quad x^2=3 \qquad \therefore x=-\sqrt{3}$ 또는 $x=\sqrt{3}$

$\quad$ 그런데 $0 \leq x<1$이므로 해는 없다.

(iii) $x \geq 1$일 때

$$x^2 - x - (x-1) - 2 = 0$$
$$x^2 - 2x - 1 = 0 \qquad \therefore x = 1 \pm \sqrt{2}$$

그런데 $x \geq 1$이므로 $x = 1 + \sqrt{2}$

(i), (ii), (iii)에서 주어진 방정식의 해는

$x = -3$ 또는 $x = 1 + \sqrt{2}$

따라서 모든 근의 합은

$-3 + (1 + \sqrt{2}) = -2 + \sqrt{2}$

11 이차방정식 $ax^2 + 2(a+1)x - k(a-2) = 0$의 판별식을 D_1이라 하면 $D_1 = 0$이어야 하므로

$$\frac{D_1}{4} = (a+1)^2 + ak(a-2) = 0$$
$$\therefore (k+1)a^2 + 2(1-k)a + 1 = 0$$

이 방정식을 만족시키는 실수 a가 하나뿐이므로 a에 대한 이차방정식 $(k+1)a^2 + 2(1-k)a + 1 = 0$의 판별식을 D_2라 하면 $D_2 = 0$이어야 한다.

$$\frac{D_2}{4} = (1-k)^2 - (k+1) = 0$$
$$k^2 - 3k = 0, \ k(k-3) = 0$$
$$\therefore k = 0 \ 또는 \ k = 3$$

그런데 k는 양수이므로 $k = 3$

12 이차방정식 $x^2 + 2(2a+k)x - ak^2 + bk + c + k = 0$의 판별식을 D라 하면 $D = 0$이므로

$$\frac{D}{4} = (2a+k)^2 - (-ak^2 + bk + c + k) = 0$$
$$\therefore (a+1)k^2 + (4a-b-1)k + 4a^2 - c = 0$$

이 등식이 k에 대한 항등식이므로

$$a+1 = 0, \ 4a-b-1 = 0, \ 4a^2 - c = 0$$
$$\therefore a = -1, \ b = -5, \ c = 4 \qquad \therefore abc = 20$$

13 이차식 $(b+c)x^2 - 2ax + b - c$가 완전제곱식이면 이차방정식 $(b+c)x^2 - 2ax + b - c = 0$이 중근을 갖는다.

이 이차방정식의 판별식을 D_1이라 하면 $D_1 = 0$이므로

$$\frac{D_1}{4} = (-a)^2 - (b+c)(b-c) = 0$$
$$a^2 - b^2 + c^2 = 0 \qquad \therefore a^2 + c^2 = b^2$$

즉, 이 삼각형은 빗변의 길이가 b인 직각삼각형이다.

이차식 $ax^2 + 8x + c$가 완전제곱식이면 이차방정식 $ax^2 + 8x + c = 0$이 중근을 갖는다.

이 이차방정식의 판별식을 D_2라 하면 $D_2 = 0$이므로

$$\frac{D_2}{4} = 4^2 - ac = 0 \qquad \therefore ac = 16$$

직각삼각형에서 직각을 낀 두 변의 길이가 a, c이므로 이 삼각형의 넓이는

$$\frac{1}{2}ac = \frac{1}{2} \times 16 = 8$$

Ⅱ-1 03 이차방정식의 근과 계수의 관계

이차방정식의 근과 계수의 관계

1 답 (1) $2, \ -2$ (2) $-\dfrac{3}{2}, \ -\dfrac{1}{2}$

2 답 (1) $x^2 + x - 6 = 0$ (2) $x^2 - 4x + 5 = 0$

3 답 (1) $(x-1+i)(x-1-i)$
    (2) $(x+1+\sqrt{5}i)(x+1-\sqrt{5}i)$

(1) 이차방정식 $x^2 - 2x + 2 = 0$의 해는 $x = 1 \pm i$이므로
    $x^2 - 2x + 2 = (x-1+i)(x-1-i)$

(2) 이차방정식 $x^2 + 2x + 6 = 0$의 해는 $x = -1 \pm \sqrt{5}i$이므로
    $x^2 + 2x + 6 = (x+1+\sqrt{5}i)(x+1-\sqrt{5}i)$

01-1 답 (1) -3 (2) 12 (3) 20 (4) -4

이차방정식 $x^2 - 2x - 2 = 0$의 두 근이 α, β이므로 근과 계수의 관계에 의하여 $\alpha + \beta = 2$, $\alpha\beta = -2$

(1) $(\alpha - 1)(\beta - 1) = \alpha\beta - (\alpha + \beta) + 1$
$$= -2 - 2 + 1 = -3$$

(2) $(\alpha - \beta)^2 = (\alpha + \beta)^2 - 4\alpha\beta$
$$= 2^2 - 4 \times (-2) = 12$$

(3) $\alpha^3 + \beta^3 = (\alpha + \beta)^3 - 3\alpha\beta(\alpha + \beta)$
$$= 2^3 - 3 \times (-2) \times 2 = 20$$

(4) $\dfrac{\beta}{\alpha} + \dfrac{\alpha}{\beta} = \dfrac{\alpha^2 + \beta^2}{\alpha\beta} = \dfrac{(\alpha + \beta)^2 - 2\alpha\beta}{\alpha\beta}$
$$= \dfrac{2^2 - 2 \times (-2)}{-2} = -4$$

01-2 답 (1) $\sqrt{5}$ (2) $\sqrt{5}$

이차방정식 $x^2 - 3x + 1 = 0$의 두 근이 α, β이므로 근과 계수의 관계에 의하여 $\alpha + \beta = 3$, $\alpha\beta = 1$

(1) $(\alpha - \beta)^2 = (\alpha + \beta)^2 - 4\alpha\beta = 3^2 - 4 \times 1 = 5$
    $\alpha > \beta$에서 $\alpha - \beta > 0$이므로 $\alpha - \beta = \sqrt{5}$

(2) 주어진 이차방정식의 판별식을 D라 하면
    $D = (-3)^2 - 4 = 5 > 0$이므로 α, β는 모두 실수이다.
    또 $\alpha + \beta > 0$, $\alpha\beta > 0$이므로 $\alpha > 0$, $\beta > 0$ ······ ㉠
    $\therefore (\sqrt{\alpha} + \sqrt{\beta})^2 = \alpha + \beta + 2\sqrt{\alpha}\sqrt{\beta}$
    $$= \alpha + \beta + 2\sqrt{\alpha\beta} \ (\because ㉠)$$
    $$= 3 + 2 \times 1 = 5$$
    ㉠에서 $\sqrt{\alpha} + \sqrt{\beta} > 0$이므로 $\sqrt{\alpha} + \sqrt{\beta} = \sqrt{5}$

01-3 답 **15**

α, β가 이차방정식 $x^2-5x+1=0$의 두 근이므로
$\alpha^2-5\alpha+1=0$, $\beta^2-5\beta+1=0$
$\therefore \alpha^2=5\alpha-1$, $\beta^2=5\beta-1$
근과 계수의 관계에 의하여 $\alpha+\beta=5$, $\alpha\beta=1$이므로
$(\alpha^2-3\alpha+2)(\beta^2-3\beta+2)$
$=(5\alpha-1-3\alpha+2)(5\beta-1-3\beta+2)$
$=(2\alpha+1)(2\beta+1)$
$=4\alpha\beta+2(\alpha+\beta)+1$
$=4\times1+2\times5+1$
$=15$

02-1 답 $\dfrac{1}{2}$

이차방정식 $ax^2+x+b=0$의 두 근이 -1, 2이므로 근과 계수의 관계에 의하여
$-1+2=-\dfrac{1}{a}$, $-1\times2=\dfrac{b}{a}$
$\therefore a=-1$, $b=2$
따라서 이차방정식 $bx^2+ax+a+b=0$의 두 근의 곱은
$\dfrac{a+b}{b}=\dfrac{-1+2}{2}=\dfrac{1}{2}$

02-2 답 $a=-1$, $b=-3$

이차방정식 $x^2-ax+b=0$의 두 근이 α, β이므로 근과 계수의 관계에 의하여
$\alpha+\beta=a$, $\alpha\beta=b$ ...... ㉠
이차방정식 $x^2-(a-3)x+a+4=0$의 두 근이 $\alpha+\beta$, $\alpha\beta$이므로 근과 계수의 관계에 의하여
$(\alpha+\beta)+\alpha\beta=a-3$, $(\alpha+\beta)\alpha\beta=a+4$
이 두 식에 ㉠을 각각 대입하면
$a+b=a-3$, $ab=a+4$
$\therefore a=-1$, $b=-3$

02-3 답 **3**

이차방정식 $x^2+bx+a=0$의 두 근이 α, β이므로 근과 계수의 관계에 의하여
$\alpha+\beta=-b$, $\alpha\beta=a$ ...... ㉠
이차방정식 $x^2-bx-a+2=0$의 두 근이 $\alpha+2$, $\beta+2$이므로 근과 계수의 관계에 의하여
$(\alpha+2)+(\beta+2)=b$, $(\alpha+2)(\beta+2)=-a+2$
$\therefore \alpha+\beta+4=b$, $\alpha\beta+2(\alpha+\beta)+4=-a+2$
이 두 식에 ㉠을 각각 대입하면
$-b+4=b$, $a-2b+4=-a+2$
$\therefore a=1$, $b=2$
$\therefore a+b=3$

03-1 답 **2, 12**

이차방정식 $x^2-(a+5)x+6a=0$의 두 근이 연속인 정수이므로 두 근을 a, $a+1$이라 하면 근과 계수의 관계에 의하여 두 근의 합은
$a+(a+1)=a+5$ $\therefore a=\dfrac{a}{2}+2$ ...... ㉠
두 근의 곱은 $a(a+1)=6a$
㉠을 대입하면 $\left(\dfrac{a}{2}+2\right)\left(\dfrac{a}{2}+3\right)=6a$
$a^2-14a+24=0$, $(a-2)(a-12)=0$
$\therefore a=2$ 또는 $a=12$

다른 풀이

이차방정식 $x^2-(a+5)x+6a=0$의 두 근을 α, β라 하면 근과 계수의 관계에 의하여
$\alpha+\beta=a+5$, $\alpha\beta=6a$ ...... ㉠
두 근이 연속인 정수이면 두 근의 차는 1이므로
$|\alpha-\beta|=1$
양변을 제곱하면 $(\alpha-\beta)^2=1$
$(\alpha+\beta)^2-4\alpha\beta=1$
㉠을 대입하면 $(a+5)^2-4\times6a=1$
$a^2-14a+24=0$, $(a-2)(a-12)=0$
$\therefore a=2$ 또는 $a=12$

03-2 답 **24**

이차방정식 $x^2+mx+135=0$의 두 근의 비가 $5:3$이므로 두 근을 5α, $3\alpha(\alpha\neq0)$라 하면 근과 계수의 관계에 의하여 두 근의 합은
$5\alpha+3\alpha=-m$ $\therefore m=-8\alpha$ ...... ㉠
두 근의 곱은 $5\alpha\times3\alpha=135$
$\alpha^2=9$ $\therefore \alpha=-3$ 또는 $\alpha=3$
이를 ㉠에 대입하면
$\alpha=-3$일 때, $m=24$
$\alpha=3$일 때, $m=-24$
그런데 m은 자연수이므로 $m=24$

03-3 답 -3

이차방정식 $2x^2+3x+a=0$의 한 근이 다른 한 근의 2배이므로 두 근을 α, $2\alpha(\alpha\neq0)$라 하면 근과 계수의 관계에 의하여 두 근의 합은
$\alpha+2\alpha=-\dfrac{3}{2}$ $\therefore \alpha=-\dfrac{1}{2}$
두 근의 곱은 $\alpha\times2\alpha=\dfrac{a}{2}$ $\therefore a=4\alpha^2$
$\alpha=-\dfrac{1}{2}$을 대입하면 $a=4\times\left(-\dfrac{1}{2}\right)^2=1$
따라서 이차방정식 $x^2+3ax-2a+1=0$의 두 근의 합은
$-3a=-3$

04-1 답 두 근의 합: 3, 두 근의 곱: $\dfrac{3}{4}$

이차방정식 $f(x)=0$의 두 근을 α, β라 하면

$f(\alpha)=0$, $f(\beta)=0$, $\alpha+\beta=6$, $\alpha\beta=3$

이차방정식 $f(2x)=0$의 두 근을 구하면

$2x=\alpha$ 또는 $2x=\beta$

$\therefore x=\dfrac{\alpha}{2}$ 또는 $x=\dfrac{\beta}{2}$

이차방정식 $f(2x)=0$의 두 근의 합은

$\dfrac{\alpha}{2}+\dfrac{\beta}{2}=\dfrac{\alpha+\beta}{2}=\dfrac{6}{2}=3$

이차방정식 $f(2x)=0$의 두 근의 곱은

$\dfrac{\alpha}{2}\times\dfrac{\beta}{2}=\dfrac{\alpha\beta}{4}=\dfrac{3}{4}$

04-2 답 2

이차방정식 $f(x)=0$의 두 근을 α, β라 하면

$f(\alpha)=0$, $f(\beta)=0$, $\alpha+\beta=6$

이차방정식 $f(4x-1)=0$의 두 근을 구하면

$4x-1=\alpha$ 또는 $4x-1=\beta$

$\therefore x=\dfrac{\alpha+1}{4}$ 또는 $x=\dfrac{\beta+1}{4}$

따라서 이차방정식 $f(4x-1)=0$의 두 근의 합은

$\dfrac{\alpha+1}{4}+\dfrac{\beta+1}{4}=\dfrac{\alpha+\beta+2}{4}$

$=\dfrac{6+2}{4}=2$

04-3 답 $\dfrac{7}{9}$

이차방정식 $f(x)=0$의 두 근을 α, β라 하면

$f(\alpha)=0$, $f(\beta)=0$, $\alpha+\beta=4$, $\alpha\beta=2$

이차방정식 $f(3x-1)=0$의 두 근을 구하면

$3x-1=\alpha$ 또는 $3x-1=\beta$

$\therefore x=\dfrac{\alpha+1}{3}$ 또는 $x=\dfrac{\beta+1}{3}$

따라서 이차방정식 $f(3x-1)=0$의 두 근의 곱은

$\dfrac{\alpha+1}{3}\times\dfrac{\beta+1}{3}=\dfrac{\alpha\beta+\alpha+\beta+1}{9}$

$=\dfrac{2+4+1}{9}=\dfrac{7}{9}$

05-1 답 (1) $x^2-3x+2=0$ (2) $2x^2+3x+2=0$

이차방정식 $x^2-x+2=0$의 두 근이 α, β이므로 근과 계수의 관계에 의하여

$\alpha+\beta=1$, $\alpha\beta=2$

(1) 두 근 $\alpha+\beta$, $\alpha\beta$의 합과 곱은 각각

$(\alpha+\beta)+\alpha\beta=1+2=3$

$(\alpha+\beta)\alpha\beta=1\times2=2$

따라서 구하는 이차방정식은 $x^2-3x+2=0$

(2) 두 근 $\dfrac{\beta}{\alpha}$, $\dfrac{\alpha}{\beta}$의 합과 곱은 각각

$\dfrac{\beta}{\alpha}+\dfrac{\alpha}{\beta}=\dfrac{\alpha^2+\beta^2}{\alpha\beta}=\dfrac{(\alpha+\beta)^2-2\alpha\beta}{\alpha\beta}$

$=\dfrac{1^2-2\times2}{2}=-\dfrac{3}{2}$

$\dfrac{\beta}{\alpha}\times\dfrac{\alpha}{\beta}=1$

따라서 구하는 이차방정식은

$2\left(x^2+\dfrac{3}{2}x+1\right)=0$

$\therefore 2x^2+3x+2=0$

다른 풀이

(1) $\alpha+\beta$, $\alpha\beta$, 즉 1, 2를 두 근으로 하고 x^2의 계수가 1인 이차방정식은

$(x-1)(x-2)=0$

$\therefore x^2-3x+2=0$

05-2 답 -50

이차방정식 $x^2+2x+3=0$의 두 근이 α, β이므로 근과 계수의 관계에 의하여

$\alpha+\beta=-2$, $\alpha\beta=3$

두 근 α^3+1, β^3+1의 합과 곱은 각각

$(\alpha^3+1)+(\beta^3+1)=\alpha^3+\beta^3+2$

$=(\alpha+\beta)^3-3\alpha\beta(\alpha+\beta)+2$

$=(-2)^3-3\times3\times(-2)+2$

$=12$

$(\alpha^3+1)(\beta^3+1)=\alpha^3\beta^3+\alpha^3+\beta^3+1$

$=(\alpha\beta)^3+(\alpha+\beta)^3-3\alpha\beta(\alpha+\beta)+1$

$=3^3+(-2)^3-3\times3\times(-2)+1$

$=38$

α^3+1, β^3+1을 두 근으로 하고 x^2의 계수가 1인 이차방정식은

$x^2-12x+38=0$

따라서 $a=-12$, $b=38$이므로

$a-b=-50$

06-1 답 (1) $a=-6$, $b=-1$ (2) $a=-6$, $b=10$

(1) 계수가 유리수이므로 $3+2\sqrt{2}$가 근이면 다른 한 근은 $3-2\sqrt{2}$이다.

이차방정식 $x^2+ax-b=0$에서 근과 계수의 관계에 의하여

$(3+2\sqrt{2})+(3-2\sqrt{2})=-a$

$(3+2\sqrt{2})(3-2\sqrt{2})=-b$

$\therefore a=-6$, $b=-1$

(2) 계수가 실수이므로 $3+i$가 근이면 다른 한 근은 $3-i$
이다.

이차방정식 $x^2+ax+b=0$에서 근과 계수의 관계에
의하여

$(3+i)+(3-i)=-a$, $(3+i)(3-i)=b$

$\therefore a=-6$, $b=10$

06-2 답 $p=-4$, $q=2$

계수가 유리수이므로 $q-\sqrt{3}$이 근이면 다른 한 근은 $q+\sqrt{3}$
이다.

이차방정식 $x^2+px+1=0$에서 근과 계수의 관계에 의하여
두 근의 합은

$(q-\sqrt{3})+(q+\sqrt{3})=-p$

$\therefore p=-2q$ ...... ㉠

두 근의 곱은 $(q-\sqrt{3})(q+\sqrt{3})=1$

$q^2=4$ $\therefore q=-2$ 또는 $q=2$

그런데 $q>0$이므로 $q=2$

이를 ㉠에 대입하면 $p=-4$

06-3 답 $x=\dfrac{3\pm\sqrt{3}i}{2}$

$\dfrac{3}{1+\sqrt{2}i}=\dfrac{3(1-\sqrt{2}i)}{(1+\sqrt{2}i)(1-\sqrt{2}i)}=1-\sqrt{2}i$

계수가 실수이므로 $1-\sqrt{2}i$가 근이면 다른 한 근은 $1+\sqrt{2}i$
이다.

이차방정식 $x^2+ax+b=0$에서 근과 계수의 관계에 의하여

$(1-\sqrt{2}i)+(1+\sqrt{2}i)=-a$, $(1-\sqrt{2}i)(1+\sqrt{2}i)=b$

$\therefore a=-2$, $b=3$

이를 $x^2-bx-a+1=0$에 대입하면

$x^2-3x+3=0$ $\therefore x=\dfrac{3\pm\sqrt{3}i}{2}$

연습문제   98~100쪽

1 ⑤	2 9	3 ①	4 3	5 5
6 ②	7 ①	8 ⑤	9 $x=3\pm2\sqrt{2}i$	
10 ③	11 ⑤	12 ④	13 ②	14 ④
15 x^2-2x-1	16 ④	17 ④	18 ⑤	

1 이차방정식 $x^2-3x-2=0$의 두 근이 α, β이므로 근과
계수의 관계에 의하여

$\alpha+\beta=3$(①), $\alpha\beta=-2$

② $(\alpha-3)(\beta-3)=\alpha\beta-3(\alpha+\beta)+9$
$=-2-3\times3+9=-2$

③ $(\alpha-\beta)^2=(\alpha+\beta)^2-4\alpha\beta=3^2-4\times(-2)=17$

④ $\alpha^3+\beta^3+4\alpha\beta=(\alpha+\beta)^3-3\alpha\beta(\alpha+\beta)+4\alpha\beta$
$=3^3-3\times(-2)\times3+4\times(-2)=37$

⑤ $\dfrac{1}{1+\alpha}+\dfrac{1}{1+\beta}=\dfrac{1+\beta+1+\alpha}{(1+\alpha)(1+\beta)}=\dfrac{\alpha+\beta+2}{1+\alpha+\beta+\alpha\beta}$
$=\dfrac{3+2}{1+3+(-2)}=\dfrac{5}{2}$

따라서 옳지 않은 것은 ⑤이다.

2 이차방정식 $x^2-x-3=0$의 두 근이 α, β이므로 근과 계
수의 관계에 의하여

$\alpha+\beta=1$, $\alpha\beta=-3$

$\therefore \beta f(\alpha)+\alpha f(\beta)=\beta(\alpha^2-2\alpha)+\alpha(\beta^2-2\beta)$
$=\alpha^2\beta-2\alpha\beta+\alpha\beta^2-2\alpha\beta$
$=\alpha\beta(\alpha+\beta-4)$
$=-3\times(1-4)=9$

3 α, β가 이차방정식 $x^2+x-1=0$의 두 근이므로

$\alpha^2+\alpha-1=0$, $\beta^2+\beta-1=0$

$\therefore \alpha^2+\alpha=1$, $\beta^2+\beta=1$

근과 계수의 관계에 의하여 $\alpha+\beta=-1$, $\alpha\beta=-1$이므로

$(1+\alpha+\alpha^2+\alpha^3)(1+\beta+\beta^2+\beta^3)$
$=\{1+\alpha+\alpha(\alpha+\alpha^2)\}\{1+\beta+\beta(\beta+\beta^2)\}$
$=(1+\alpha+\alpha)(1+\beta+\beta)$
$=(1+2\alpha)(1+2\beta)$
$=1+2(\alpha+\beta)+4\alpha\beta$
$=1+2\times(-1)+4\times(-1)=-5$

4 이차방정식 $x^2-ax+b=0$의 두 근이 -6, 2이므로 근과
계수의 관계에 의하여

$-6+2=a$, $-6\times2=b$

$\therefore a=-4$, $b=-12$

따라서 이차방정식 $ax^2+2x+b=0$의 두 근의 곱은

$\dfrac{b}{a}=\dfrac{-12}{-4}=3$

5 이차방정식 $x^2+ax+b=0$의 두 근이 α, β이므로 근과
계수의 관계에 의하여

$\alpha+\beta=-a$, $\alpha\beta=b$ ...... ㉠

이차방정식 $x^2-(2a+1)x+2=0$의 두 근이 $\alpha-1$, $\beta-1$
이므로 근과 계수의 관계에 의하여

$(\alpha-1)+(\beta-1)=2a+1$, $(\alpha-1)(\beta-1)=2$

$\therefore \alpha+\beta-2=2a+1$, $\alpha\beta-(\alpha+\beta)+1=2$

이 두 식에 ㉠을 각각 대입하면

$-a-2=2a+1$, $b+a+1=2$

$\therefore a=-1$, $b=2$

$\therefore a^2+b^2=1+4=5$

6 이차방정식 $x^2-ax-4=0$의 두 근이 α, β이므로 근과 계수의 관계에 의하여

$\alpha+\beta=a$, $\alpha\beta=-4$ $\quad\cdots\cdots$ ㉠

$\dfrac{\alpha}{\beta}+\dfrac{\beta}{\alpha}=-6$에서 $\dfrac{\alpha^2+\beta^2}{\alpha\beta}=-6$

$\dfrac{(\alpha+\beta)^2-2\alpha\beta}{\alpha\beta}=-6$

㉠을 대입하면

$\dfrac{a^2-2\times(-4)}{-4}=-6$, $a^2+8=24$

$a^2=16$ $\quad\therefore a=-4$ 또는 $a=4$

그런데 a는 양수이므로 $a=4$

7 이차방정식 $x^2+(k^2-5k+4)x-k+2=0$의 두 실근을 α, $-\alpha\,(\alpha\neq0)$라 하면 근과 계수의 관계에 의하여 두 근의 합은

$\alpha+(-\alpha)=-(k^2-5k+4)$

$k^2-5k+4=0$, $(k-1)(k-4)=0$

$\therefore k=1$ 또는 $k=4$

그런데 두 근의 부호가 서로 다르면 두 근의 곱이 음수이므로 $-k+2<0$에서 $k>2$

$\therefore k=4$

따라서 이차방정식 $x^2+(k+3)x+3=0$의 두 근의 합은

$-(k+3)=-7$

8 이차방정식 $x^2-(k^2-4k)x+27=0$의 두 실근을 α, $\alpha^2\,(\alpha\neq0)$이라 하면 근과 계수의 관계에 의하여 두 근의 합은

$\alpha+\alpha^2=k^2-4k$ $\quad\cdots\cdots$ ㉠

두 근의 곱은 $\alpha\times\alpha^2=27$, $\alpha^3=3^3$ $\quad\therefore \alpha=3$

이를 ㉠에 대입하면

$12=k^2-4k$, $k^2-4k-12=0$

$(k+2)(k-6)=0$ $\quad\therefore k=-2$ 또는 $k=6$

그런데 k는 양수이므로 $k=6$

9 태윤이는 b를 잘못 보고 풀었지만 a는 바르게 보고 풀었으므로 두 근의 합은

$(3+2i)+(3-2i)=-a$

$\therefore a=-6$

혜영이는 a를 잘못 보고 풀었지만 b는 바르게 보고 풀었으므로 두 근의 곱은

$(4+i)(4-i)=b$

$\therefore b=17$

따라서 원래의 이차방정식은 $x^2-6x+17=0$이므로

$x=3\pm2\sqrt{2}i$

10 이차방정식 $x^2-6x-1=0$의 두 근이 α, β이므로 근과 계수의 관계에 의하여

$\alpha+\beta=6$, $\alpha\beta=-1$

두 근 $\alpha^2+\dfrac{1}{\beta}$, $\beta^2+\dfrac{1}{\alpha}$의 합과 곱은 각각

$\left(\alpha^2+\dfrac{1}{\beta}\right)+\left(\beta^2+\dfrac{1}{\alpha}\right)=\alpha^2+\beta^2+\dfrac{1}{\alpha}+\dfrac{1}{\beta}$

$\qquad\qquad=(\alpha+\beta)^2-2\alpha\beta+\dfrac{\alpha+\beta}{\alpha\beta}$

$\qquad\qquad=6^2-2\times(-1)+\dfrac{6}{-1}=32$

$\left(\alpha^2+\dfrac{1}{\beta}\right)\left(\beta^2+\dfrac{1}{\alpha}\right)=(\alpha\beta)^2+\alpha+\beta+\dfrac{1}{\alpha\beta}$

$\qquad\qquad=(-1)^2+6+\dfrac{1}{-1}=6$

따라서 구하는 이차방정식은

$x^2-32x+6=0$

11 이차방정식 $2x^2-x+2=0$의 두 근이 α, β이므로 근과 계수의 관계에 의하여

$\alpha+\beta=\dfrac{1}{2}$, $\alpha\beta=1$

두 근 $(\alpha-1)(\beta-1)$, $\dfrac{\beta}{\alpha}+\dfrac{\alpha}{\beta}$는

$(\alpha-1)(\beta-1)=\alpha\beta-(\alpha+\beta)+1=1-\dfrac{1}{2}+1=\dfrac{3}{2}$

$\dfrac{\beta}{\alpha}+\dfrac{\alpha}{\beta}=\dfrac{\alpha^2+\beta^2}{\alpha\beta}=\dfrac{(\alpha+\beta)^2-2\alpha\beta}{\alpha\beta}$

$\qquad\qquad=\dfrac{\left(\dfrac{1}{2}\right)^2-2\times1}{1}=-\dfrac{7}{4}$

$\dfrac{3}{2}$, $-\dfrac{7}{4}$을 두 근으로 하고 x^2의 계수가 8인 이차방정식은

$8\left[x^2-\left\{\dfrac{3}{2}+\left(-\dfrac{7}{4}\right)\right\}x+\dfrac{3}{2}\times\left(-\dfrac{7}{4}\right)\right]=0$

$\therefore 8x^2+2x-21=0$

따라서 $a=2$, $b=-21$이므로

$a-b=23$

12 이차방정식 $x^2-2x+5=0$의 해는

$x=1\pm2i$

$\therefore x^2-2x+5=(x-1+2i)(x-1-2i)$

13 $\dfrac{3+i}{1+i}=\dfrac{(3+i)(1-i)}{(1+i)(1-i)}=\dfrac{4-2i}{2}=2-i$

계수가 실수이므로 $2-i$가 근이면 다른 한 근은 $2+i$이다.

이차방정식 $x^2-ax+b=0$에서 근과 계수의 관계에 의하여

$(2-i)+(2+i)=a$, $(2-i)(2+i)=b$

$\therefore a=4$, $b=5$

$\therefore ab=20$

14 이차방정식 $x^2+mx+n=0$의 계수가 실수이므로
$-1+2i$가 근이면 다른 한 근은 $-1-2i$이다.
근과 계수의 관계에 의하여
$(-1+2i)+(-1-2i)=-m$
$(-1+2i)(-1-2i)=n$
$\therefore m=2,\ n=5$
$\dfrac{1}{m}$, $\dfrac{1}{n}$, 즉 $\dfrac{1}{2}$, $\dfrac{1}{5}$을 두 근으로 하고 x^2의 계수가 1인 이차방정식은
$x^2-\left(\dfrac{1}{2}+\dfrac{1}{5}\right)x+\dfrac{1}{2}\times\dfrac{1}{5}=0$ $\therefore x^2-\dfrac{7}{10}x+\dfrac{1}{10}=0$
따라서 $a=-\dfrac{7}{10}$, $b=\dfrac{1}{10}$이므로 $a+b=-\dfrac{3}{5}$

15 $f(x)=ax^2+bx+c\ (a,\ b,\ c$는 상수, $a\neq0)$라 하자.
이차방정식 $x^2-2x-4=0$의 두 근이 $\alpha,\ \beta$이므로 근과 계수의 관계에 의하여
$\alpha+\beta=2,\ \alpha\beta=-4$ …… ㉠
$f(\alpha)=f(\beta)=3$이므로 $f(\alpha)-3=0$, $f(\beta)-3=0$
따라서 이차방정식 $f(x)-3=0$, 즉 $ax^2+bx+c-3=0$의 두 근이 $\alpha,\ \beta$이므로 근과 계수의 관계에 의하여
$\alpha+\beta=-\dfrac{b}{a}$, $\alpha\beta=\dfrac{c-3}{a}$
이 두 식에 ㉠을 각각 대입하면
$2=-\dfrac{b}{a}$, $-4=\dfrac{c-3}{a}$
$\therefore b=-2a,\ c=-4a+3$
$\therefore f(x)=ax^2-2ax-4a+3$
이때 $f(1)=-2$에서
$a-2a-4a+3=-2$ $\therefore a=1$
$\therefore f(x)=x^2-2x-1$

16 이차방정식 $2x^2-4x+k=0$의 두 실근을 $\alpha,\ \beta$라 하면 근과 계수의 관계에 의하여
$\alpha+\beta=2,\ \alpha\beta=\dfrac{k}{2}$ …… ㉠
$|\alpha|+|\beta|=4$이므로 양변을 제곱하면
$\alpha^2+2|\alpha\beta|+\beta^2=16$
$(\alpha+\beta)^2-2\alpha\beta+2|\alpha\beta|=16$
㉠을 대입하면
$2^2-2\times\dfrac{k}{2}+2\left|\dfrac{k}{2}\right|=16$
$\therefore |k|-k=12$ …… ㉡
그런데 $k\geq0$이면 $k-k=12$이므로 이를 만족시키는 k의 값은 존재하지 않는다.
따라서 $k<0$이므로 ㉡에서
$-k-k=12$ $\therefore k=-6$

17 이차방정식 $f(x)=0$의 두 근을 $\alpha,\ \beta$라 하자.
㈎에서 이차방정식 $f(3x)=0$의 두 근을 구하면
$3x=\alpha$ 또는 $3x=\beta$
$\therefore x=\dfrac{\alpha}{3}$ 또는 $x=\dfrac{\beta}{3}$
이차방정식 $f(3x)=0$의 두 근의 합이 3이므로
$\dfrac{\alpha}{3}+\dfrac{\beta}{3}=3$ $\therefore \alpha+\beta=9$ …… ㉠
㈏에서 이차방정식 $f(2x-1)=0$의 두 근을 구하면
$2x-1=\alpha$ 또는 $2x-1=\beta$
$\therefore x=\dfrac{\alpha+1}{2}$ 또는 $x=\dfrac{\beta+1}{2}$
이차방정식 $f(2x-1)=0$의 두 근의 곱이 4이므로
$\dfrac{\alpha+1}{2}\times\dfrac{\beta+1}{2}=4$
$\dfrac{\alpha\beta+\alpha+\beta+1}{4}=4$
㉠을 대입하면 $\dfrac{\alpha\beta+10}{4}=4$ $\therefore \alpha\beta=6$
따라서 구하는 이차방정식은
$x^2-9x+6=0$

18 이차방정식 $x^2-4x+2=0$의 두 실근이 $\alpha,\ \beta$이므로 근과 계수의 관계에 의하여
$\alpha+\beta=4,\ \alpha\beta=2$ …… ㉠

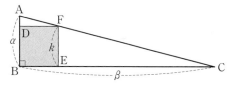

위의 그림과 같이 직각삼각형 ABC에 내접하는 정사각형 DBEF의 한 변의 길이를 k라 하면
$\triangle\text{ABC}\backsim\triangle\text{ADF}$ (AA 닮음)이므로
$\overline{\text{AB}}:\overline{\text{AD}}=\overline{\text{BC}}:\overline{\text{DF}}$
$\alpha:(\alpha-k)=\beta:k$
$\alpha k=\beta(\alpha-k)$, $\alpha k=\alpha\beta-\beta k$
$(\alpha+\beta)k=\alpha\beta$
$\therefore k=\dfrac{\alpha\beta}{\alpha+\beta}=\dfrac{2}{4}=\dfrac{1}{2}\ (\because ㉠)$
한 변의 길이가 $\dfrac{1}{2}$인 정사각형의 넓이는 $\dfrac{1}{4}$, 둘레의 길이는 2이므로 $\dfrac{1}{4}$, 2를 두 근으로 하고 x^2의 계수가 4인 이차방정식은
$4\left\{x^2-\left(\dfrac{1}{4}+2\right)x+\dfrac{1}{4}\times2\right\}=0$
$\therefore 4x^2-9x+2=0$
따라서 $m=-9$, $n=2$이므로
$m+n=-7$

이차방정식과 이차함수의 관계

개념 Check 102쪽

1 답 (1) 서로 다른 두 점에서 만난다.
　(2) 한 점에서 만난다(접한다).
　(3) 만나지 않는다.
　(1) 이차방정식 $x^2-4x+2=0$의 판별식을 D라 하면
　　$\dfrac{D}{4}=4-2=2>0$
　　따라서 x축과 서로 다른 두 점에서 만난다.
　(2) 이차방정식 $-x^2+4x-4=0$, 즉 $x^2-4x+4=0$의 판별식을 D라 하면
　　$\dfrac{D}{4}=4-4=0$
　　따라서 x축과 한 점에서 만난다(접한다).
　(3) 이차방정식 $x^2-3x+3=0$의 판별식을 D라 하면
　　$D=9-12=-3<0$
　　따라서 x축과 만나지 않는다.

2 답 (1) **2** (2) **1** (3) **0**
　(1) $-x^2+x-1=2x-3$에서 $x^2+x-2=0$
　　이 이차방정식의 판별식을 D라 하면
　　$D=1+8=9>0$
　　따라서 교점은 2개이다.
　(2) $-x^2+x-1=-5x+8$에서 $x^2-6x+9=0$
　　이 이차방정식의 판별식을 D라 하면
　　$\dfrac{D}{4}=9-9=0$
　　따라서 교점은 1개이다.
　(3) $-x^2+x-1=2x+4$에서 $x^2+x+5=0$
　　이 이차방정식의 판별식을 D라 하면
　　$D=1-20=-19<0$
　　따라서 교점은 0개이다.

문제 103~106쪽

01-1 답 **5**
　이차함수의 그래프와 x축의 교점의 x좌표가 -1, 2이므로 -1, 2는 이차방정식 $-x^2+ax+b=0$, 즉 $x^2-ax-b=0$의 두 근이다.
　근과 계수의 관계에 의하여
　$-1+2=a$, $-1\times2=-b$
　$\therefore a=1$, $b=2$ 　 $\therefore a+2b=1+4=5$

01-2 답 **7**
　이차함수의 그래프와 x축의 교점의 x좌표가 -2, b이므로 -2, b는 이차방정식 $3x^2+3x+a=0$의 두 근이다.
　근과 계수의 관계에 의하여
　$-2+b=-1$, $-2\times b=\dfrac{a}{3}$
　$\therefore a=-6$, $b=1$ 　 $\therefore b-a=7$

다른 풀이
　이차함수 $y=3x^2+3x+a$가 점 $(-2, 0)$을 지나므로
　$0=12-6+a$ 　 $\therefore a=-6$
　이차함수의 그래프와 x축의 교점의 x좌표는 이차방정식 $3x^2+3x-6=0$, 즉 $x^2+x-2=0$의 두 근이므로
　$(x+2)(x-1)=0$ 　 $\therefore x=-2$ 또는 $x=1$
　$\therefore b=1$
　$\therefore b-a=1-(-6)=7$

01-3 답 **2**
　이차함수의 그래프와 x축의 교점의 x좌표를 α, β라 하면 α, β는 이차방정식 $x^2+ax-3=0$의 두 근이므로 근과 계수의 관계에 의하여
　$\alpha+\beta=-a$, $\alpha\beta=-3$ 　　 …… ㉠
　두 교점 사이의 거리가 4이므로 $|\alpha-\beta|=4$
　양변을 제곱하면 $(\alpha-\beta)^2=16$
　$(\alpha+\beta)^2-4\alpha\beta=16$
　㉠을 대입하면
　$(-a)^2-4\times(-3)=16$, $a^2=4$
　$\therefore a=-2$ 또는 $a=2$
　그런데 a는 양수이므로 $a=2$

다른 풀이
　이차함수의 그래프와 x축의 교점의 x좌표를 α, $\alpha+4$라 하면 α, $\alpha+4$는 이차방정식 $x^2+ax-3=0$의 두 근이므로 근과 계수의 관계에 의하여 두 근의 합은
　$\alpha+(\alpha+4)=-a$ 　 $\therefore a=-2\alpha-4$ 　 …… ㉠
　두 근의 곱은 $\alpha(\alpha+4)=-3$, $\alpha^2+4\alpha+3=0$
　$(\alpha+3)(\alpha+1)=0$ 　 $\therefore \alpha=-3$ 또는 $\alpha=-1$
　이를 각각 ㉠에 대입하면 $a=2$ 또는 $a=-2$
　그런데 a는 양수이므로 $a=2$

02-1 답 (1) $k<1$ (2) $k=1$ (3) $k>1$
　이차방정식 $x^2-2x+k=0$의 판별식을 D라 하면
　$\dfrac{D}{4}=1-k$
　(1) $D>0$이어야 하므로 $1-k>0$ 　 $\therefore k<1$
　(2) $D=0$이어야 하므로 $1-k=0$ 　 $\therefore k=1$
　(3) $D<0$이어야 하므로 $1-k<0$ 　 $\therefore k>1$

02-2 답 4

이차방정식 $x^2-kx+k=0$의 판별식을 D_1이라 하면
$D_1=0$이므로
$D_1=k^2-4k=0$
$k(k-4)=0$ ∴ $k=0$ 또는 $k=4$ ······ ㉠
이차방정식 $-2x^2+3x-k=0$, 즉 $2x^2-3x+k=0$의 판별식을 D_2라 하면 $D_2<0$이므로
$D_2=9-8k<0$ ∴ $k>\dfrac{9}{8}$ ······ ㉡
㉠, ㉡에서 $k=4$

03-1 답 2

이차함수의 그래프와 직선의 교점의 x좌표는 이차방정식 $x^2+ax-5=x+b$, 즉 $x^2+(a-1)x-b-5=0$의 두 근과 같다.
즉, 두 근의 합이 3이고, 곱이 -4이므로 근과 계수의 관계에 의하여
$3=-(a-1)$, $-4=-b-5$
∴ $a=-2$, $b=-1$ ∴ $ab=2$

03-2 답 6

이차함수의 그래프와 직선의 교점의 x좌표가 $-\dfrac{1}{2}$, 1이므로 $-\dfrac{1}{2}$, 1은 이차방정식 $2x^2-ax+2=-2x+b$, 즉 $2x^2-(a-2)x-b+2=0$의 두 근이다.
근과 계수의 관계에 의하여
$-\dfrac{1}{2}+1=\dfrac{a-2}{2}$, $-\dfrac{1}{2}\times1=\dfrac{-b+2}{2}$
∴ $a=3$, $b=3$ ∴ $a+b=6$

03-3 답 (3, 2)

점 B의 x좌표를 a라 하면 -2, a는 이차방정식 $-2x^2+x+k=-x+5$, 즉 $2x^2-2x-k+5=0$의 두 근이므로 근과 계수의 관계에 의하여
$-2+a=1$ ∴ $a=3$
즉, 점 B의 x좌표는 3이고 점 B는 직선 $y=-x+5$ 위의 점이므로 점 B의 y좌표는 $y=-3+5=2$
따라서 점 B의 좌표는 (3, 2)이다.

다른 풀이

이차함수의 그래프와 직선의 교점의 x좌표는 이차방정식 $-2x^2+x+k=-x+5$, 즉 $2x^2-2x-k+5=0$의 두 근과 같다.
즉, 이차방정식 $2x^2-2x-k+5=0$의 한 근이 -2이므로 $x=-2$를 대입하면
$8+4-k+5=0$ ∴ $k=17$

$k=17$을 $2x^2-2x-k+5=0$에 대입하면
$2x^2-2x-12=0$, $x^2-x-6=0$
$(x+2)(x-3)=0$ ∴ $x=-2$ 또는 $x=3$
따라서 점 B의 x좌표는 3이고 점 B는 직선 $y=-x+5$ 위의 점이므로 점 B의 y좌표는 $y=-3+5=2$
따라서 점 B의 좌표는 (3, 2)이다.

04-1 답 (1) $k>-\dfrac{9}{4}$ (2) $k=\dfrac{1}{4}$ (3) $k<-\dfrac{3}{2}$

(1) 이차방정식 $-x^2+2x+k=3x-2$, 즉 $x^2+x-k-2=0$의 판별식을 D라 하면 $D>0$이어야 하므로
$D=1-4(-k-2)>0$
$4k+9>0$ ∴ $k>-\dfrac{9}{4}$

(2) 이차방정식 $-x^2+2x+k=x+2k$, 즉 $x^2-x+k=0$의 판별식을 D라 하면 $D=0$이어야 하므로
$D=1-4k=0$ ∴ $k=\dfrac{1}{4}$

(3) 이차방정식 $-x^2+2x+k=-2x-k+1$, 즉 $x^2-4x-2k+1=0$의 판별식을 D라 하면 $D<0$이어야 하므로
$\dfrac{D}{4}=4-(-2k+1)<0$
$2k+3<0$ ∴ $k<-\dfrac{3}{2}$

04-2 답 $a\geq-3$

이차방정식 $x^2+4x-a=2x+2$, 즉 $x^2+2x-a-2=0$의 판별식을 D라 하면 $D\geq0$이어야 하므로
$\dfrac{D}{4}=1-(-a-2)\geq0$
$a+3\geq0$ ∴ $a\geq-3$

연습문제 107~108쪽

1 ④	2 -4	3 ③	4 -1	5 ②
6 ④	7 1	8 ④	9 ①	10 ②
11 13	12 $\dfrac{25}{4}$ m			

1 이차함수의 그래프와 x축의 교점의 x좌표가 -3, b이므로 -3, b는 이차방정식 $2x^2+ax-3=0$의 두 근이다.
근과 계수의 관계에 의하여
$-3+b=-\dfrac{a}{2}$, $-3\times b=-\dfrac{3}{2}$
∴ $a=5$, $b=\dfrac{1}{2}$ ∴ $2ab=5$

2 이차함수 $y=f(x)$의 그래프와 x축의 교점의 x좌표가
-4, 2이므로 -4, 2는 이차방정식 $f(x)=0$의 두 근이다.
따라서 방정식 $f(x+1)=0$의 두 근을 구하면
$x+1=-4$ 또는 $x+1=2$
$\therefore x=-5$ 또는 $x=1$
따라서 방정식 $f(x+1)=0$의 모든 실근의 합은
$-5+1=-4$

3 이차함수 $y=x^2+ax+b$의 그래프가 점 $(1, 0)$에서 x축
과 접하므로 이차방정식 $x^2+ax+b=0$은 1을 중근으로
갖는다.
즉, $x^2+ax+b=(x-1)^2$이므로
$x^2+ax+b=x^2-2x+1$　　$\therefore a=-2$, $b=1$
이차함수 $y=x^2+bx+a$, 즉 $y=x^2+x-2$의 그래프가
x축과 만나는 두 점의 x좌표는 이차방정식 $x^2+x-2=0$
의 두 근이므로
$(x+2)(x-1)=0$　　$\therefore x=-2$ 또는 $x=1$
따라서 두 점 사이의 거리는
$|-2-1|=3$

4 이차방정식 $x^2-2(k+1)x+k^2=0$의 판별식을 D라 하면
$D<0$이어야 하므로
$\dfrac{D}{4}=(k+1)^2-k^2<0$
$2k+1<0$　　$\therefore k<-\dfrac{1}{2}$
따라서 정수 k의 최댓값은 -1이다.

5 이차방정식 $x^2+2ax+am+m+b=0$의 판별식을 D라
하면 $D=0$이므로
$\dfrac{D}{4}=a^2-(am+m+b)=0$
$\therefore -(a+1)m+a^2-b=0$
이 등식이 m에 대한 항등식이므로
$a+1=0$, $a^2-b=0$
$\therefore a=-1$, $b=1$　　$\therefore ab=-1$

6 이차함수의 그래프와 직선의 교점의 x좌표가 -2, 3이므
로 -2, 3은 이차방정식 $2x^2+3x+1=ax+b$, 즉
$2x^2-(a-3)x-b+1=0$의 두 근이다.
근과 계수의 관계에 의하여
$-2+3=\dfrac{a-3}{2}$, $-2\times3=\dfrac{-b+1}{2}$
$\therefore a=5$, $b=13$　　$\therefore a+b=18$

7 이차함수의 그래프와 직선의 한 교점의 x좌표가 $3+\sqrt{5}$이
므로 $3+\sqrt{5}$는 이차방정식 $x^2+px+q=2x+1$, 즉
$x^2+(p-2)x+q-1=0$의 한 근이다.

이때 p, q가 유리수이므로 다른 한 근은 $3-\sqrt{5}$이다.
근과 계수의 관계에 의하여
$(3+\sqrt{5})+(3-\sqrt{5})=-(p-2)$
$(3+\sqrt{5})(3-\sqrt{5})=q-1$
$\therefore p=-4$, $q=5$
$\therefore p+q=1$

8 이차방정식 $x^2+5x+9=x+k$, 즉 $x^2+4x-k+9=0$의
판별식을 D라 하면 $D<0$이어야 하므로
$\dfrac{D}{4}=4-(-k+9)<0$
$k-5<0$　　$\therefore k<5$
따라서 자연수 k는 1, 2, 3, 4의 4개이다.

9 이차방정식 $x^2+ax+a+2=-x+1$, 즉
$x^2+(a+1)x+a+1=0$의 판별식을 D_1이라 하면 $D_1=0$
이어야 하므로
$D_1=(a+1)^2-4(a+1)=0$
$(a+1)(a-3)=0$
$\therefore a=-1$ 또는 $a=3$　　$\cdots\cdots$ ㉠
이차방정식 $x^2+ax+a+2=5x+4$, 즉
$x^2+(a-5)x+a-2=0$의 판별식을 D_2라 하면 $D_2=0$
이어야 하므로
$D_2=(a-5)^2-4(a-2)=0$
$a^2-14a+33=0$
$(a-3)(a-11)=0$
$\therefore a=3$ 또는 $a=11$　　$\cdots\cdots$ ㉡
㉠, ㉡에서 $a=3$

10 방정식 $|x^2-4|=k$의 실근의 개수는 함수 $y=|x^2-4|$의
그래프와 직선 $y=k$의 교점의 개수와 같다.
$y=|x^2-4|$에서 $x=-2$, $x=2$를 기준으로 x의 값의 범
위를 나누어 함수의 식을 구하면
$$y=|x^2-4|=\begin{cases} x^2-4 & (x<-2 \text{ 또는 } x>2) \\ -(x^2-4) & (-2\leq x\leq 2) \end{cases}$$
이때 교점이 4개이려면 다음 그림과 같이 직선 $y=k$가 원
점을 지나는 직선 $y=0$과 점 $(0, 4)$를 지나는 직선 $y=4$
사이에 있어야 한다.

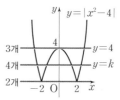

따라서 $0<k<4$이므로 정수 k는 1, 2, 3의 3개이다.

11 두 점 A, B의 x좌표를 각각 α, β $(\beta<0<\alpha)$라 하면
$A(\alpha, \alpha^2)$, $B(\beta, \beta^2)$

α, β는 이차방정식 $x^2=x+k$, 즉 $x^2-x-k=0$의 두 근
이므로 근과 계수의 관계에 의하여

$\alpha+\beta=1$, $\alpha\beta=-k$ ····· ㉠

$\overline{OC}=\alpha$, $\overline{AC}=\alpha^2$이므로 삼각형 AOC의 넓이는

$S_1=\dfrac{1}{2}\times\overline{OC}\times\overline{AC}=\dfrac{1}{2}\times\alpha\times\alpha^2=\dfrac{1}{2}\alpha^3$

$\overline{OD}=|\beta|=-\beta$, $\overline{BD}=\beta^2$이므로 삼각형 DOB의 넓이는

$S_2=\dfrac{1}{2}\times\overline{OD}\times\overline{BD}=\dfrac{1}{2}\times(-\beta)\times\beta^2=-\dfrac{1}{2}\beta^3$

$S_1-S_2=20$에서

$\dfrac{1}{2}\alpha^3+\dfrac{1}{2}\beta^3=20$, $\alpha^3+\beta^3=40$

$(\alpha+\beta)^3-3\alpha\beta(\alpha+\beta)=40$

㉠을 대입하면

$1^3-3\times(-k)\times1=40$

$\therefore k=13$

12 오른쪽 그림과 같이 좌표평면
위에 지면과 가로등을 각각 x축,
y축으로 놓으면 지점 A는 원
점이 된다.

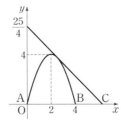

포물선의 꼭짓점의 좌표가
$(2, 4)$이므로 포물선의 방정식
을 $y=a(x-2)^2+4$ $(a\neq0)$로 놓을 수 있다.

포물선이 원점을 지나므로

$0=4a+4$ $\therefore a=-1$

$\therefore y=-(x-2)^2+4=-x^2+4x$

또 가로등의 불빛이 나타내는 직선의 기울기를 m $(m<0)$
이라 하면 직선의 방정식은

$y=mx+\dfrac{25}{4}$

포물선과 직선이 접하면 이차방정식

$-x^2+4x=mx+\dfrac{25}{4}$, 즉 $x^2+(m-4)x+\dfrac{25}{4}=0$의 판
별식을 D라 할 때, $D=0$이어야 하므로

$D=(m-4)^2-25=0$

$m^2-8m-9=0$

$(m+1)(m-9)=0$

$\therefore m=-1$ 또는 $m=9$

그런데 $m<0$이므로 $m=-1$

따라서 직선 $y=-x+\dfrac{25}{4}$가 x축과 만나는 점 C의 좌표는

$\left(\dfrac{25}{4}, 0\right)$

따라서 두 지점 A, C 사이의 거리는 $\dfrac{25}{4}$ m이다.

Ⅱ-2 **02 이차함수의 최대, 최소**

1 이차함수의 최대, 최소

개념 Check
109쪽

1 답 (1) 최댓값: 없다., 최솟값: -4
　　 (2) 최댓값: 3, 최솟값: 없다.
　　 (3) 최댓값: 없다., 최솟값: 1
　　 (4) 최댓값: 3, 최솟값: 없다.

(3) $y=3x^2+6x+4=3(x+1)^2+1$이므로 최댓값은 없고
$x=-1$일 때 최솟값 1을 갖는다.

(4) $y=-x^2+4x-1=-(x-2)^2+3$이므로 $x=2$일 때
최댓값 3을 갖고 최솟값은 없다.

문제
110~114쪽

01-1 답 (1) 최댓값: 5, 최솟값: -4
　　　 (2) 최댓값: 5, 최솟값: -11

(1) $y=x^2+4x=(x+2)^2-4$
따라서 꼭짓점의 x좌표 -2가
$-3\leq x\leq1$에 포함되므로
$x=1$일 때, 최댓값 5
$x=-2$일 때, 최솟값 -4

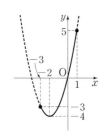

(2) $y=-2x^2+8x-1=-2(x-2)^2+7$
따라서 꼭짓점의 x좌표 2가
$-1\leq x\leq1$에 포함되지 않으므로
$x=1$일 때, 최댓값 5
$x=-1$일 때, 최솟값 -11

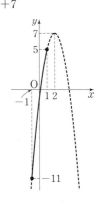

01-2 답 -8

$y=-2x^2+4x-5=-2(x-1)^2-3$
꼭짓점의 x좌표 1이 $-2\leq x\leq4$에 포함되므로
$x=1$일 때 최댓값 -3을 갖는다. $\therefore a=-3$
꼭짓점의 x좌표 1이 $-3\leq x\leq0$에 포함되지 않으므로
$x=0$일 때 최댓값 -5를 갖는다. $\therefore b=-5$
$\therefore a+b=-3+(-5)=-8$

01-3 답 **7**

$y=x^2+4x-a^2+4a+7=(x+2)^2-a^2+4a+3$

꼭짓점의 x좌표 -2가 $-4\leq x\leq0$에 포함되므로 $x=-2$

일 때 최솟값 $-a^2+4a+3$을 갖는다.

$\therefore f(a)=-a^2+4a+3=-(a-2)^2+7$

따라서 $f(a)$는 $a=2$일 때 최댓값 7을 갖는다.

02-1 답 **(1) -6 (2) -1**

(1) $y=x^2-4x+k=(x-2)^2+k-4$

꼭짓점의 x좌표 2가 $3\leq x\leq5$에 포함되지 않으므로

$x=5$일 때 최댓값 $k+5$를 갖는다.

이때 주어진 조건에서 최댓값이 2이므로

$k+5=2$ $\therefore k=-3$

따라서 $y=(x-2)^2-7$은 $x=3$일 때 최솟값 -6을

갖는다.

(2) $y=-3x^2-6x+k=-3(x+1)^2+k+3$

꼭짓점의 x좌표 -1이 $-3\leq x\leq0$에 포함되므로

$x=-1$일 때 최댓값 $k+3$을 갖는다.

이때 주어진 조건에서 최댓값이 11이므로

$k+3=11$ $\therefore k=8$

따라서 $y=-3(x+1)^2+11$은 $x=-3$일 때 최솟값

-1을 갖는다.

02-2 답 **11**

$f(x)=-3x^2+12x-5=-3(x-2)^2+7$이라 하자.

꼭짓점의 x좌표 2가 $1\leq x\leq a\,(a>2)$에 포함되므로

$x=2$일 때 최댓값 7을 갖는다. $\therefore b=7$

$f(1)=4$이고 최솟값은 -5이므로 $x=a$일 때 최솟값을

갖는다.

즉, $f(a)=-5$이므로 $-3a^2+12a-5=-5$

$a(a-4)=0$ $\therefore a=0$ 또는 $a=4$

그런데 $a>2$이므로 $a=4$

$\therefore a+b=4+7=11$

03-1 답 **(1) 최댓값: 없다., 최솟값: -2**
             (2) 최댓값: 10, 최솟값: -54

(1) $y=(x^2+4x+1)^2-2(x^2+4x+1)-1$에서

$x^2+4x+1=t$로 놓으면

$t=(x+2)^2-3$

$x=-2$일 때 최솟값 -3을 가지므로 t의 값의 범위는

$t\geq-3$

주어진 함수는

$y=t^2-2t-1=(t-1)^2-2$ …… ㉠

따라서 $t\geq-3$에서 ㉠의 최댓값은 없고, $t=1$일 때 최

솟값 -2를 갖는다.

(2) $y=-2(x^2-6x+12)^2+4(x^2-6x+12)+16$에서

$x^2-6x+12=t$로 놓으면

$t=(x-3)^2+3$

$1\leq x\leq3$에서 $x=1$일 때 최댓값 7, $x=3$일 때 최솟값

3을 가지므로 t의 값의 범위는

$3\leq t\leq7$

주어진 함수는

$y=-2t^2+4t+16=-2(t-1)^2+18$ …… ㉠

따라서 $3\leq t\leq7$에서 ㉠은 $t=3$일 때 최댓값 10, $t=7$

일 때 최솟값 -54를 갖는다.

03-2 답 **3**

$y=(x^2-2x)^2+6(x^2-2x+1)+2$에서

$x^2-2x=t$로 놓으면

$t=(x-1)^2-1$

$0\leq x\leq3$에서 $x=3$일 때 최댓값 3, $x=1$일 때 최솟값 -1

을 가지므로 t의 값의 범위는

$-1\leq t\leq3$

주어진 함수는

$y=t^2+6(t+1)+2=t^2+6t+8$

$=(t+3)^2-1$ …… ㉠

$-1\leq t\leq3$에서 ㉠은 $t=-1$일 때 최솟값 3을 갖는다.

$\therefore b=3$

이때 $t=-1$에서 $x^2-2x=-1$

$x^2-2x+1=0$, $(x-1)^2=0$

$\therefore x=1$ $\therefore a=1$

$\therefore ab=1\times3=3$

04-1 답 **최댓값: 10, 최솟값: 1**

$x+y=1$에서 $y=-x+1$이므로

$2x^2+2y^2=2x^2+2(-x+1)^2=4x^2-4x+2$

$\qquad\qquad=4\left(x-\dfrac{1}{2}\right)^2+1$

따라서 $-1\leq x\leq1$에서 $x=-1$일 때 최댓값 10,

$x=\dfrac{1}{2}$일 때 최솟값 1을 갖는다.

04-2 답 **75**

$x+2y=5$에서 $x=-2y+5$이므로

$x^2+y^2+1=(-2y+5)^2+y^2+1=5y^2-20y+26$

$\qquad\qquad\qquad=5(y-2)^2+6$

따라서 $3\leq y\leq6$에서 $y=6$일 때 최댓값 86, $y=3$일 때

최솟값 11을 가지므로

$M=86$, $m=11$

$\therefore M-m=75$

04-3 답 **최댓값: 6, 최솟값: −10**

점 (a, b)는 이차함수 $y=x^2-4x+3$의 그래프 위의 점이므로

$b=a^2-4a+3$

$\therefore 2a-b=2a-(a^2-4a+3)$
$=-a^2+6a-3$
$=-(a-3)^2+6$

따라서 $-1\leq a\leq 3$에서 $a=3$일 때 최댓값 6, $a=-1$일 때 최솟값 −10을 갖는다.

05-1 답 **9**

점 P는 직선 $y=-x+6$ 위의 점이므로 점 P의 좌표를 $(a, -a+6)$ $(0<a<6)$이라 하면

$\overline{OQ}=a, \ \overline{PQ}=-a+6$

직사각형 ROQP의 넓이를 S라 하면

$S=a(-a+6)$
$=-a^2+6a$
$=-(a-3)^2+9$

따라서 $0<a<6$에서 $a=3$일 때 최댓값 9를 가지므로 직사각형 ROQP의 넓이의 최댓값은 9이다.

05-2 답 **98 m²**

닭장의 세로의 길이를 x m $(0<x<14)$라 하면 철망 전체의 길이가 28 m이므로 가로의 길이는 $(28-2x)$ m

닭장의 넓이를 S m²라 하면

$S=x(28-2x)$
$=-2x^2+28x$
$=-2(x-7)^2+98$

따라서 $0<x<14$에서 $x=7$일 때 최댓값 98을 가지므로 닭장의 최대 넓이는 98 m²이다.

연습문제
115~116쪽

1 ②	**2** −1	**3** ②	**4** −60	**5** ③
6 ④	**7** 9	**8** ②	**9** ②	**10** 18
11 12				

1 이차함수의 그래프의 꼭짓점의 x좌표 −1이 $-2\leq x\leq 3$에 포함되므로 $x=3$일 때 최댓값 14, $x=-1$일 때 최솟값 −2를 갖는다.

따라서 $M=14, m=-2$이므로

$M+m=12$

2 $y=2x^2-4ax+3=2(x-a)^2-2a^2+3$은 $x=a$일 때 최솟값 $-2a^2+3$을 갖는다.

이때 주어진 조건에서 최솟값이 1이므로

$-2a^2+3=1, \ a^2=1$ $\therefore a=-1$ 또는 $a=1$

그런데 a는 양수이므로 $a=1$

$\therefore y=-x^2-2ax+1=-x^2-2x+1$
$=-(x+1)^2+2$

꼭짓점의 x좌표 −1이 $1\leq x\leq 3$에 포함되지 않으므로 $x=1$일 때 최댓값 −2를 갖는다.

$\therefore M=-2$

$\therefore a+M=1+(-2)=-1$

3 $y=3x^2-6x+k=3(x-1)^2+k-3$

꼭짓점의 x좌표 1이 $0\leq x\leq 3$에 포함되므로 $x=1$일 때 최솟값 $k-3$을 갖는다.

이때 주어진 조건에서 최솟값이 −8이므로

$k-3=-8$ $\therefore k=-5$

따라서 $y=3(x-1)^2-8$은 $x=3$일 때 최댓값 4를 갖는다.

4 $y=-2x^2+12x+k=-2(x-3)^2+k+18$

꼭짓점의 x좌표 3이 $4\leq x\leq 6$에 포함되지 않으므로 $x=4$일 때 최댓값 $k+16$, $x=6$일 때 최솟값 k를 갖는다.

이때 최댓값과 최솟값의 합이 −4이므로

$(k+16)+k=-4$ $\therefore k=-10$

따라서 최댓값은 6, 최솟값은 −10이므로 그 곱은

$6\times(-10)=-60$

5 $y=-(x^2-4x+1)^2-4(x^2-4x+1)+3$에서

$x^2-4x+1=t$로 놓으면

$t=(x-2)^2-3$

$1\leq x\leq 4$에서 $x=4$일 때 최댓값 1, $x=2$일 때 최솟값 −3을 가지므로 t의 값의 범위는

$-3\leq t\leq 1$

주어진 함수는

$y=-t^2-4t+3=-(t+2)^2+7$ ...... ㉠

따라서 $-3\leq t\leq 1$에서 ㉠은 $t=-2$일 때 최댓값 7, $t=1$일 때 최솟값 −2를 가지므로 그 합은

$7+(-2)=5$

6 $2x+y=3$에서 $y=-2x+3$이므로

$y^2-x^2=(-2x+3)^2-x^2=3x^2-12x+9$
$=3(x-2)^2-3$

따라서 $0\leq x\leq 5$에서 $x=5$일 때 최댓값 24, $x=2$일 때 최솟값 −3을 가지므로

$M=24, m=-3$ $\therefore M-m=27$

7 이차함수의 그래프가 y축과 만나는 점은

A$(0, 2)$

이차함수의 그래프가 x축과 만나는 점의 x좌표는

$x^2-3x+2=0$에서 $(x-1)(x-2)=0$

$\therefore x=1$ 또는 $x=2$

$\therefore$ B$(1, 0)$, C$(2, 0)$

점 P(a, b)가 점 A에서 점 B를 거쳐 점 C까지 움직이므로 $0 \le a \le 2$

점 P(a, b)는 이차함수 $y=x^2-3x+2$의 그래프 위의 점이므로

$b=a^2-3a+2$

$\therefore a+b+3=a+(a^2-3a+2)+3$

$\qquad\qquad\quad =a^2-2a+5$

$\qquad\qquad\quad =(a-1)^2+4$

따라서 $0 \le a \le 2$에서 $a=0$ 또는 $a=2$일 때 최댓값 5,

$a=1$일 때 최솟값 4를 가지므로 그 합은

$5+4=9$

8 현재 가격 100원에서 x원을 올리면 사탕 한 개의 가격은

$(100+x)$원

이때의 판매량은 $(400-2x)$개 (단, $0<x<200$)

하루 총 판매 금액을 y원이라 하면

$y=(100+x)(400-2x)$

$\quad =-2x^2+200x+40000$

$\quad =-2(x-50)^2+45000$

$0<x<200$에서 $x=50$일 때 최댓값 45000을 갖는다.

따라서 하루 총 판매 금액이 최대가 되도록 하는 사탕 한 개의 가격은

$100+50=150$(원)

9 (i) $-2 \le x<0$일 때

$\quad y=x^2-2|x|-1=x^2+2x-1$

$\qquad =(x+1)^2-2$

$\quad -2 \le x<0$에서 $x=-2$일 때 최댓값 -1, $x=-1$일 때 최솟값 -2를 갖는다.

(ii) $0 \le x \le 3$일 때

$\quad y=x^2-2|x|-1=x^2-2x-1$

$\qquad =(x-1)^2-2$

$\quad 0 \le x \le 3$에서 $x=3$일 때 최댓값 2, $x=1$일 때 최솟값 -2를 갖는다.

(i), (ii)에서 최댓값은 2, 최솟값은 -2이므로

$M=2$, $m=-2$

$\therefore Mm=-4$

10 $f(x)=x^2-2ax+2a^2$

$\qquad\quad =(x-a)^2+a^2$

(i) $0<a \le 2$일 때

꼭짓점의 x좌표 a가 $0 \le x \le 2$에 포함되므로 $x=a$에서 최솟값 a^2을 갖는다.

이때 주어진 조건에서 최솟값이 10이므로

$a^2=10$

$\therefore a=-\sqrt{10}$ 또는 $a=\sqrt{10}$

그런데 $0<a \le 2$이므로 이를 만족시키는 a의 값은 존재하지 않는다.

(ii) $a>2$일 때

꼭짓점의 x좌표 a가 $0 \le x \le 2$에 포함되지 않으므로 $x=2$에서 최솟값 $4-4a+2a^2$을 갖는다.

이때 주어진 조건에서 최솟값이 10이므로

$4-4a+2a^2=10$

$a^2-2a-3=0$

$(a+1)(a-3)=0$

$\therefore a=-1$ 또는 $a=3$

그런데 $a>2$이므로 $a=3$

(i), (ii)에서 $a=3$

$\therefore f(x)=(x-3)^2+9$

따라서 $0 \le x \le 2$에서 함수 $f(x)$는 $x=0$일 때 최댓값 18을 갖는다.

11 삼각형 ABC가 직각이등변삼각형이므로 삼각형 PBQ도 직각이등변삼각형이다.

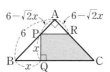

$\overline{BQ}=x\,(0<x<3\sqrt{2})$라 하면

$\overline{PQ}=x$, $\overline{BP}=\sqrt{2}x$

$\therefore \overline{AP}=\overline{AB}-\overline{BP}=6-\sqrt{2}x$

이때 삼각형 APR도 직각이등변삼각형이므로

$\overline{AR}=6-\sqrt{2}x$

사각형 PQCR의 넓이를 S라 하면

$S=\triangle ABC-\triangle PBQ-\triangle APR$

$\quad =\dfrac{1}{2}\times6\times6-\dfrac{1}{2}\times x\times x-\dfrac{1}{2}\times(6-\sqrt{2}x)(6-\sqrt{2}x)$

$\quad =-\dfrac{3}{2}x^2+6\sqrt{2}x$

$\quad =-\dfrac{3}{2}(x-2\sqrt{2})^2+12$

따라서 $0<x<3\sqrt{2}$에서 $x=2\sqrt{2}$일 때 최댓값 12를 가지므로 사각형 PQCR의 넓이의 최댓값은 12이다.

01 삼차방정식과 사차방정식

삼차방정식과 사차방정식

개념 Check 118쪽

1 [답] (1) $x=2$ 또는 $x=\dfrac{-1\pm\sqrt{13}}{2}$

(2) $x=-1$ 또는 $x=0$ 또는 $x=3$

(3) $x=-1$ 또는 $x=\dfrac{1\pm\sqrt{3}i}{2}$

(4) $x=\pm2$ 또는 $x=\pm2i$

문제 119~125쪽

01-1 [답] (1) $x=-1$ 또는 $x=-3\pm\sqrt{15}$

(2) $x=2$ 또는 $x=2\pm i$

(3) $x=-4$ 또는 $x=1$ 또는 $x=2$ 또는 $x=5$

(4) $x=-2$(중근) 또는 $x=1$ 또는 $x=3$

(1) $f(x)=x^3+7x^2-6$이라 하면

$f(-1)=-1+7-6=0$

$x+1$은 $f(x)$의 인수이므로 조립제법을 이용하여 $f(x)$를 인수분해하면

```
-1 | 1    7    0   -6
   |     -1   -6    6
   ----------------------
     1    6   -6 |  0
```

$\therefore f(x)=(x+1)(x^2+6x-6)$

주어진 방정식은

$(x+1)(x^2+6x-6)=0$

$\therefore x=-1$ 또는 $x=-3\pm\sqrt{15}$

(2) $f(x)=x^3-6x^2+13x-10$이라 하면

$f(2)=8-24+26-10=0$

$x-2$는 $f(x)$의 인수이므로 조립제법을 이용하여 $f(x)$를 인수분해하면

```
 2 | 1   -6   13  -10
   |      2   -8   10
   ----------------------
     1   -4    5 |  0
```

$\therefore f(x)=(x-2)(x^2-4x+5)$

주어진 방정식은

$(x-2)(x^2-4x+5)=0$

$\therefore x=2$ 또는 $x=2\pm i$

(3) $f(x)=x^4-4x^3-15x^2+58x-40$이라 하면

$f(1)=1-4-15+58-40=0$

$f(2)=16-32-60+116-40=0$

$x-1$, $x-2$는 $f(x)$의 인수이므로 조립제법을 이용하여 $f(x)$를 인수분해하면

```
 1 | 1   -4   -15    58   -40
   |      1    -3   -18    40
   ----------------------------
 2 | 1   -3   -18    40 |   0
   |      2    -2   -40
   -------------------------
     1   -1   -20 |   0
```

$\therefore f(x)=(x-1)(x-2)(x^2-x-20)$

$\qquad =(x+4)(x-1)(x-2)(x-5)$

주어진 방정식은

$(x+4)(x-1)(x-2)(x-5)=0$

$\therefore x=-4$ 또는 $x=1$ 또는 $x=2$ 또는 $x=5$

(4) $f(x)=x^4-9x^2-4x+12$라 하면

$f(1)=1-9-4+12=0$

$f(-2)=16-36+8+12=0$

$x-1$, $x+2$는 $f(x)$의 인수이므로 조립제법을 이용하여 $f(x)$를 인수분해하면

```
 1 | 1    0   -9    -4    12
   |      1    1    -8   -12
   ----------------------------
-2 | 1    1   -8   -12 |   0
   |     -2    2    12
   -------------------------
     1   -1   -6  |   0
```

$\therefore f(x)=(x-1)(x+2)(x^2-x-6)$

$\qquad =(x+2)^2(x-1)(x-3)$

주어진 방정식은

$(x+2)^2(x-1)(x-3)=0$

$\therefore x=-2$(중근) 또는 $x=1$ 또는 $x=3$

01-2 [답] 5

$f(x)=x^3+2x^2-5x-6$이라 하면

$f(-1)=-1+2+5-6=0$

$x+1$은 $f(x)$의 인수이므로 조립제법을 이용하여 $f(x)$를 인수분해하면

```
-1 | 1    2   -5   -6
   |     -1   -1    6
   ----------------------
     1    1   -6 |  0
```

$\therefore f(x)=(x+1)(x^2+x-6)$

$\qquad =(x+3)(x+1)(x-2)$

주어진 방정식은

$(x+3)(x+1)(x-2)=0$

$\therefore x=-3$ 또는 $x=-1$ 또는 $x=2$

따라서 $\alpha=2$, $\beta=-3$이므로

$\alpha-\beta=5$

02-1 답 (1) $x=-4$ 또는 $x=1$ 또는 $x=\dfrac{-3\pm\sqrt{11}i}{2}$

(2) $x=-1\pm\sqrt{2}$ 또는 $x=-1\pm\sqrt{2}i$

(3) $x=1$ 또는 $x=4$ 또는 $x=\dfrac{5\pm\sqrt{17}}{2}$

(4) $x=-4$ 또는 $x=3$ 또는 $x=\dfrac{-1\pm\sqrt{15}i}{2}$

(1) $(x^2+3x+4)(x^2+3x-3)=8$에서

$x^2+3x=t$로 놓으면

$(t+4)(t-3)=8$

$t^2+t-20=0,\ (t+5)(t-4)=0$

$\therefore\ t=-5$ 또는 $t=4$

(i) $t=-5$일 때

$x^2+3x+5=0$ $\therefore\ x=\dfrac{-3\pm\sqrt{11}i}{2}$

(ii) $t=4$일 때

$x^2+3x-4=0,\ (x+4)(x-1)=0$

$\therefore\ x=-4$ 또는 $x=1$

(i), (ii)에서 주어진 방정식의 해는

$x=-4$ 또는 $x=1$ 또는 $x=\dfrac{-3\pm\sqrt{11}i}{2}$

(2) $(x^2+2x)^2+2x^2+4x-3=0$에서

$(x^2+2x)^2+2(x^2+2x)-3=0$

$x^2+2x=t$로 놓으면

$t^2+2t-3=0,\ (t+3)(t-1)=0$

$\therefore\ t=-3$ 또는 $t=1$

(i) $t=-3$일 때

$x^2+2x+3=0$ $\therefore\ x=-1\pm\sqrt{2}i$

(ii) $t=1$일 때

$x^2+2x-1=0$ $\therefore\ x=-1\pm\sqrt{2}$

(i), (ii)에서 주어진 방정식의 해는

$x=-1\pm\sqrt{2}$ 또는 $x=-1\pm\sqrt{2}i$

(3) $x(x-2)(x-3)(x-5)+8=0$에서

$\{x(x-5)\}\{(x-2)(x-3)\}+8=0$

$(x^2-5x)(x^2-5x+6)+8=0$

$x^2-5x=t$로 놓으면

$t(t+6)+8=0,\ t^2+6t+8=0$

$(t+4)(t+2)=0$ $\therefore\ t=-4$ 또는 $t=-2$

(i) $t=-4$일 때

$x^2-5x+4=0,\ (x-1)(x-4)=0$

$\therefore\ x=1$ 또는 $x=4$

(ii) $t=-2$일 때

$x^2-5x+2=0$ $\therefore\ x=\dfrac{5\pm\sqrt{17}}{2}$

(i), (ii)에서 주어진 방정식의 해는

$x=1$ 또는 $x=4$ 또는 $x=\dfrac{5\pm\sqrt{17}}{2}$

(4) $(x-1)(x-2)(x+2)(x+3)=60$에서

$\{(x-1)(x+2)\}\{(x-2)(x+3)\}=60$

$(x^2+x-2)(x^2+x-6)=60$

$x^2+x=t$로 놓으면

$(t-2)(t-6)=60,\ t^2-8t-48=0$

$(t+4)(t-12)=0$ $\therefore\ t=-4$ 또는 $t=12$

(i) $t=-4$일 때

$x^2+x+4=0$ $\therefore\ x=\dfrac{-1\pm\sqrt{15}i}{2}$

(ii) $t=12$일 때

$x^2+x-12=0,\ (x+4)(x-3)=0$

$\therefore\ x=-4$ 또는 $x=3$

(i), (ii)에서 주어진 방정식의 해는

$x=-4$ 또는 $x=3$ 또는 $x=\dfrac{-1\pm\sqrt{15}i}{2}$

02-2 답 -6

$(x^2-x-1)^2-2(x^2-x)-13=0$에서 $x^2-x=t$로 놓으면

$(t-1)^2-2t-13=0,\ t^2-4t-12=0$

$(t+2)(t-6)=0$ $\therefore\ t=-2$ 또는 $t=6$

(i) $t=-2$일 때

$x^2-x+2=0$이므로 이 이차방정식의 판별식을 D_1이라 하면

$D_1=1-8=-7<0$

따라서 서로 다른 두 허근을 갖는다.

(ii) $t=6$일 때

$x^2-x-6=0$이므로 이 이차방정식의 판별식을 D_2라 하면

$D_2=1+24=25>0$

따라서 서로 다른 두 실근을 갖는다.

(i), (ii)에서 주어진 방정식의 두 실근은 이차방정식

$x^2-x-6=0$의 두 근이므로 근과 계수의 관계에 의하여

두 실근의 곱은 -6이다.

03-1 답 (1) $x=\pm i$ 또는 $x=\pm\sqrt{3}$

(2) $x=-1\pm\sqrt{2}$ 또는 $x=1\pm\sqrt{2}$

(1) $x^4-2x^2-3=0$에서 $x^2=t$로 놓으면

$t^2-2t-3=0,\ (t+1)(t-3)=0$

$\therefore\ t=-1$ 또는 $t=3$

즉, $x^2=-1$ 또는 $x^2=3$이므로

$x=\pm i$ 또는 $x=\pm\sqrt{3}$

(2) $x^4-6x^2+1=0$에서 $(x^4-2x^2+1)-4x^2=0$

$(x^2-1)^2-(2x)^2=0$

$(x^2+2x-1)(x^2-2x-1)=0$

$\therefore\ x=-1\pm\sqrt{2}$ 또는 $x=1\pm\sqrt{2}$

03-2 답 $2\sqrt{2}$

$x^4+5x^2-14=0$에서 $x^2=t$로 놓으면

$t^2+5t-14=0$, $(t+7)(t-2)=0$

$\therefore t=-7$ 또는 $t=2$

즉, $x^2=-7$ 또는 $x^2=2$이므로

$x=\pm\sqrt{7}i$ 또는 $x=\pm\sqrt{2}$

α, β는 실수이고, $\alpha>\beta$이므로

$\alpha=\sqrt{2}$, $\beta=-\sqrt{2}$

$\therefore \alpha-\beta=2\sqrt{2}$

03-3 답 $x=-1\pm i$ 또는 $x=1\pm i$

$x^4+4=0$에서 $(x^4+4x^2+4)-4x^2=0$

$(x^2+2)^2-(2x)^2=0$

$(x^2+2x+2)(x^2-2x+2)=0$

$\therefore x=-1\pm i$ 또는 $x=1\pm i$

04-1 답 $x=-2\pm\sqrt{3}$ 또는 $x=\dfrac{-3\pm\sqrt{5}}{2}$

$x\neq0$이므로 주어진 방정식의 양변을 x^2으로 나누면

$x^2+7x+14+\dfrac{7}{x}+\dfrac{1}{x^2}=0$

$x^2+\dfrac{1}{x^2}+7\left(x+\dfrac{1}{x}\right)+14=0$

$\left(x+\dfrac{1}{x}\right)^2+7\left(x+\dfrac{1}{x}\right)+12=0$

$x+\dfrac{1}{x}=t$로 놓으면

$t^2+7t+12=0$, $(t+4)(t+3)=0$

$\therefore t=-4$ 또는 $t=-3$

(i) $t=-4$일 때

$x+\dfrac{1}{x}+4=0$, $x^2+4x+1=0$

$\therefore x=-2\pm\sqrt{3}$

(ii) $t=-3$일 때

$x+\dfrac{1}{x}+3=0$, $x^2+3x+1=0$

$\therefore x=\dfrac{-3\pm\sqrt{5}}{2}$

(i), (ii)에서 주어진 방정식의 해는

$x=-2\pm\sqrt{3}$ 또는 $x=\dfrac{-3\pm\sqrt{5}}{2}$

04-2 답 $\dfrac{3}{2}$

$x\neq0$이므로 주어진 방정식의 양변을 x^2으로 나누면

$2x^2-7x+10-\dfrac{7}{x}+\dfrac{2}{x^2}=0$

$2\left(x^2+\dfrac{1}{x^2}\right)-7\left(x+\dfrac{1}{x}\right)+10=0$

$2\left(x+\dfrac{1}{x}\right)^2-7\left(x+\dfrac{1}{x}\right)+6=0$

$x+\dfrac{1}{x}=t$로 놓으면

$2t^2-7t+6=0$, $(2t-3)(t-2)=0$

$\therefore t=\dfrac{3}{2}$ 또는 $t=2$

(i) $t=\dfrac{3}{2}$일 때

$x+\dfrac{1}{x}-\dfrac{3}{2}=0$, $2x^2-3x+2=0$

이 이차방정식의 판별식을 D_1이라 하면

$D_1=9-16=-7<0$

따라서 서로 다른 두 허근을 갖는다.

(ii) $t=2$일 때

$x+\dfrac{1}{x}-2=0$, $x^2-2x+1=0$

이 이차방정식의 판별식을 D_2라 하면

$\dfrac{D_2}{4}=1-1=0$

따라서 중근을 갖는다.

(i), (ii)에서 주어진 방정식의 두 허근은 이차방정식

$2x^2-3x+2=0$의 두 근이므로 근과 계수의 관계에 의하

여 두 허근의 합은 $\dfrac{3}{2}$이다.

05-1 답 $1-2i$, $1+2i$

삼차방정식 $x^3+kx^2-(3k+2)x-5=0$의 한 근이 1이

므로 $x=1$을 대입하면

$1+k-(3k+2)-5=0$

$-2k-6=0$ $\therefore k=-3$

이를 주어진 방정식에 대입하면

$x^3-3x^2+7x-5=0$

이 방정식의 한 근이 1이므로 조립제법을 이용하여 좌변을

인수분해하면

```
1 | 1   -3    7   -5
  |      1   -2    5
  ----------------------
    1   -2    5  | 0
```

$\therefore (x-1)(x^2-2x+5)=0$

$\therefore x=1$ 또는 $x=1\pm2i$

따라서 나머지 두 근은 $1-2i$, $1+2i$이다.

05-2 답 -2

삼차방정식 $x^3+ax^2+(a+1)x+4a=0$의 한 근이 2이

므로 $x=2$를 대입하면

$8+4a+2(a+1)+4a=0$

$10a+10=0$ $\therefore a=-1$

이를 주어진 방정식에 대입하면

$x^3-x^2-4=0$

이 방정식의 한 근이 2이므로 조립제법을 이용하여 좌변을
인수분해하면

$$\begin{array}{r|rrrr} 2 & 1 & -1 & 0 & -4 \\ & & 2 & 2 & 4 \\ \hline & 1 & 1 & 2 & 0 \end{array}$$

$\therefore (x-2)(x^2+x+2)=0$

따라서 나머지 두 근 α, β는 이차방정식 $x^2+x+2=0$의
두 근이므로 근과 계수의 관계에 의하여

$\alpha+\beta=-1$

$\therefore a+\alpha+\beta=-1+(-1)=-2$

05-3 답 3

사차방정식 $x^4+ax^3+2x^2-5x-b=0$의 두 근이 -1, 1
이므로 $x=-1$, $x=1$을 각각 대입하면

$1-a+2+5-b=0$, $1+a+2-5-b=0$

$\therefore a+b=8$, $a-b=2$

두 식을 연립하여 풀면

$a=5$, $b=3$

이를 주어진 방정식에 대입하면

$x^4+5x^3+2x^2-5x-3=0$

이 방정식의 두 근이 -1, 1이므로 조립제법을 이용하여
좌변을 인수분해하면

$$\begin{array}{r|rrrrr} -1 & 1 & 5 & 2 & -5 & -3 \\ & & -1 & -4 & 2 & 3 \\ \hline 1 & 1 & 4 & -2 & -3 & 0 \\ & & 1 & 5 & 3 & \\ \hline & 1 & 5 & 3 & 0 \end{array}$$

$\therefore (x+1)(x-1)(x^2+5x+3)=0$

따라서 주어진 방정식의 나머지 두 근은 이차방정식
$x^2+5x+3=0$의 두 근이므로 근과 계수의 관계에 의하여
두 근의 곱은 3이다.

06-1 답 $a\le3$

$f(x)=x^3-8x^2+3(a+4)x-6a$라 하면

$f(2)=8-32+6a+24-6a=0$

$x-2$는 $f(x)$의 인수이므로 조립제법을 이용하여 $f(x)$를
인수분해하면

$$\begin{array}{r|rrrr} 2 & 1 & -8 & 3a+12 & -6a \\ & & 2 & -12 & 6a \\ \hline & 1 & -6 & 3a & 0 \end{array}$$

$\therefore f(x)=(x-2)(x^2-6x+3a)$

이때 주어진 방정식의 근이 모두 실수이려면 이차방정식
$x^2-6x+3a=0$이 실근을 가져야 한다.

이차방정식 $x^2-6x+3a=0$의 판별식을 D라 하면

$\dfrac{D}{4}=9-3a\ge0$　　$\therefore a\le3$

06-2 답 $k>\dfrac{1}{4}$

$f(x)=x^3+(1-k)x^2-k^2$이라 하면

$f(k)=k^3+(1-k)k^2-k^2=0$

$x-k$는 $f(x)$의 인수이므로 조립제법을 이용하여 $f(x)$를
인수분해하면

$$\begin{array}{r|rrrr} k & 1 & 1-k & 0 & -k^2 \\ & & k & k & k^2 \\ \hline & 1 & 1 & k & 0 \end{array}$$

$\therefore f(x)=(x-k)(x^2+x+k)$

이때 k는 실수이므로 주어진 방정식이 허근을 가지려면
이차방정식 $x^2+x+k=0$이 허근을 가져야 한다.

이차방정식 $x^2+x+k=0$의 판별식을 D라 하면

$D=1-4k<0$　　$\therefore k>\dfrac{1}{4}$

06-3 답 14

$f(x)=x^3+10x^2+2(m+8)x+4m$이라 하면

$f(-2)=-8+40-4m-32+4m=0$

$x+2$는 $f(x)$의 인수이므로 조립제법을 이용하여 $f(x)$를
인수분해하면

$$\begin{array}{r|rrrr} -2 & 1 & 10 & 2m+16 & 4m \\ & & -2 & -16 & -4m \\ \hline & 1 & 8 & 2m & 0 \end{array}$$

$\therefore f(x)=(x+2)(x^2+8x+2m)$

이때 주어진 방정식이 중근과 다른 한 실근을 가지려면
이차방정식 $x^2+8x+2m=0$이 -2와 다른 한 실근을 갖
거나 -2가 아닌 중근을 가져야 한다.

(i) $x^2+8x+2m=0$이 -2를 근으로 갖는 경우

　$x=-2$를 대입하면

　$4-16+2m=0$　　$\therefore m=6$

(ii) $x^2+8x+2m=0$이 -2가 아닌 중근을 갖는 경우

　이차방정식 $x^2+8x+2m=0$의 판별식을 D라 하면

　$\dfrac{D}{4}=16-2m=0$　　$\therefore m=8$

(i), (ii)에서

$m=6$ 또는 $m=8$

따라서 모든 m의 값의 합은

$6+8=14$

07-1 답 **3**

뚜껑 없는 직육면체 모양의 상자의 부피가 $420\,\text{cm}^3$이므로

$(20-2x)(16-2x)x=420$

$x^3-18x^2+80x-105=0$ ...... ㉠

$f(x)=x^3-18x^2+80x-105$라 하면

$f(3)=27-162+240-105=0$

$x-3$은 $f(x)$의 인수이므로 조립제법을 이용하여 $f(x)$를 인수분해하면

$$
\begin{array}{r|rrrr}
3 & 1 & -18 & 80 & -105 \\
  &   & 3   & -45 & 105 \\
\hline
  & 1 & -15 & 35 & 0
\end{array}
$$

$\therefore f(x)=(x-3)(x^2-15x+35)$

따라서 ㉠은 $(x-3)(x^2-15x+35)=0$

그런데 x는 자연수이므로 $x=3$

07-2 답 **8 m**

원기둥의 밑면의 반지름의 길이와 높이를 $x\,\text{m}$라 하자.

$320\pi\,\text{m}^3$의 물을 부었을 때 물의 높이가 $(x-3)\,\text{m}$이므로

$\pi x^2 \times (x-3)=320\pi$

$x^3-3x^2-320=0$ ...... ㉠

$f(x)=x^3-3x^2-320$이라 하면

$f(8)=512-192-320=0$

$x-8$은 $f(x)$의 인수이므로 조립제법을 이용하여 $f(x)$를 인수분해하면

$$
\begin{array}{r|rrrr}
8 & 1 & -3 & 0 & -320 \\
  &   & 8 & 40 & 320 \\
\hline
  & 1 & 5 & 40 & 0
\end{array}
$$

$\therefore f(x)=(x-8)(x^2+5x+40)$

따라서 ㉠은 $(x-8)(x^2+5x+40)=0$

그런데 $x>3$이므로 $x=8$

따라서 수족관의 높이는 $8\,\text{m}$이다.

2 삼차방정식의 근과 계수의 관계

문제 127~129쪽

08-1 답 **1**

삼차방정식 $2x^3-6x^2-5x+4=0$에서 근과 계수의 관계에 의하여 세 근의 합은

$m=-\dfrac{-6}{2}=3$

세 근의 곱은 $n=-\dfrac{4}{2}=-2$

$\therefore m+n=3+(-2)=1$

08-2 답 (1) **5** (2) **14** (3) $\dfrac{3}{2}$ (4) $-\dfrac{5}{2}$

삼차방정식 $x^3+x^2+3x-2=0$의 세 근이 α, β, γ이므로 근과 계수의 관계에 의하여

$\alpha+\beta+\gamma=-1$, $\alpha\beta+\beta\gamma+\gamma\alpha=3$, $\alpha\beta\gamma=2$

(1) $(\alpha+1)(\beta+1)(\gamma+1)$

$=\alpha\beta\gamma+(\alpha\beta+\beta\gamma+\gamma\alpha)+(\alpha+\beta+\gamma)+1$

$=2+3+(-1)+1=5$

(2) $\alpha^3+\beta^3+\gamma^3$

$=(\alpha+\beta+\gamma)(\alpha^2+\beta^2+\gamma^2-\alpha\beta-\beta\gamma-\gamma\alpha)+3\alpha\beta\gamma$

$=(\alpha+\beta+\gamma)\{(\alpha+\beta+\gamma)^2-3(\alpha\beta+\beta\gamma+\gamma\alpha)\}$
$\qquad\qquad\qquad\qquad\qquad +3\alpha\beta\gamma$

$=-1\times\{(-1)^2-3\times3\}+3\times2=14$

(3) $\dfrac{1}{\alpha}+\dfrac{1}{\beta}+\dfrac{1}{\gamma}=\dfrac{\alpha\beta+\beta\gamma+\gamma\alpha}{\alpha\beta\gamma}=\dfrac{3}{2}$

(4) $\dfrac{\gamma}{\alpha\beta}+\dfrac{\alpha}{\beta\gamma}+\dfrac{\beta}{\gamma\alpha}=\dfrac{\alpha^2+\beta^2+\gamma^2}{\alpha\beta\gamma}$

$\qquad\qquad =\dfrac{(\alpha+\beta+\gamma)^2-2(\alpha\beta+\beta\gamma+\gamma\alpha)}{\alpha\beta\gamma}$

$\qquad\qquad =\dfrac{(-1)^2-2\times3}{2}=-\dfrac{5}{2}$

08-3 답 $a=14$, $b=-8$

삼차방정식 $x^3-7x^2+ax+b=0$의 세 근을

α, 2α, $4\alpha\,(\alpha\neq0)$

라 하면 근과 계수의 관계에 의하여 세 근의 합은

$\alpha+2\alpha+4\alpha=7$ $\therefore \alpha=1$

따라서 세 근이 1, 2, 4이므로 두 근끼리의 곱의 합은

$1\times2+2\times4+4\times1=a$ $\therefore a=14$

세 근의 곱은

$1\times2\times4=-b$ $\therefore b=-8$

09-1 답 $3x^3-x^2+2x+1=0$

삼차방정식 $x^3+2x^2-x+3=0$의 세 근이 α, β, γ이므로 근과 계수의 관계에 의하여

$\alpha+\beta+\gamma=-2$, $\alpha\beta+\beta\gamma+\gamma\alpha=-1$, $\alpha\beta\gamma=-3$

세 근 $\dfrac{1}{\alpha}$, $\dfrac{1}{\beta}$, $\dfrac{1}{\gamma}$에 대하여

$\dfrac{1}{\alpha}+\dfrac{1}{\beta}+\dfrac{1}{\gamma}=\dfrac{\alpha\beta+\beta\gamma+\gamma\alpha}{\alpha\beta\gamma}=\dfrac{-1}{-3}=\dfrac{1}{3}$

$\dfrac{1}{\alpha}\times\dfrac{1}{\beta}+\dfrac{1}{\beta}\times\dfrac{1}{\gamma}+\dfrac{1}{\gamma}\times\dfrac{1}{\alpha}=\dfrac{\alpha+\beta+\gamma}{\alpha\beta\gamma}=\dfrac{-2}{-3}=\dfrac{2}{3}$

$\dfrac{1}{\alpha}\times\dfrac{1}{\beta}\times\dfrac{1}{\gamma}=\dfrac{1}{\alpha\beta\gamma}=-\dfrac{1}{3}$

따라서 구하는 삼차방정식은

$3\left(x^3-\dfrac{1}{3}x^2+\dfrac{2}{3}x+\dfrac{1}{3}\right)=0$

$\therefore 3x^3-x^2+2x+1=0$

09-2 답 $x^3+x+3=0$

삼차방정식 $x^3+x-3=0$의 세 근이 α, β, γ이므로 근과 계수의 관계에 의하여

$\alpha+\beta+\gamma=0$, $\alpha\beta+\beta\gamma+\gamma\alpha=1$, $\alpha\beta\gamma=3$

$\alpha+\beta+\gamma=0$에서

$\alpha+\beta=-\gamma$, $\beta+\gamma=-\alpha$, $\gamma+\alpha=-\beta$

즉, $\alpha+\beta$, $\beta+\gamma$, $\gamma+\alpha$를 세 근으로 하는 삼차방정식은

$-\gamma$, $-\alpha$, $-\beta$를 세 근으로 하는 삼차방정식과 같다.

세 근 $-\alpha$, $-\beta$, $-\gamma$에 대하여

$-\alpha+(-\beta)+(-\gamma)=-(\alpha+\beta+\gamma)=0$

$-\alpha\times(-\beta)+(-\beta)\times(-\gamma)+(-\gamma)\times(-\alpha)$

$=\alpha\beta+\beta\gamma+\gamma\alpha$

$=1$

$-\alpha\times(-\beta)\times(-\gamma)=-\alpha\beta\gamma=-3$

따라서 구하는 삼차방정식은

$x^3+x+3=0$

10-1 답 $a=5$, $b=-26$

계수가 실수이므로 $-2+3i$가 근이면 $-2-3i$도 근이다.
나머지 한 근을 α라 하면 삼차방정식 $x^3+2x^2+ax+b=0$에서 근과 계수의 관계에 의하여 세 근의 합은

$(-2+3i)+(-2-3i)+\alpha=-2$ ∴ $\alpha=2$

즉, 세 근이 $-2+3i$, $-2-3i$, 2이므로 두 근끼리의 곱의 합은

$(-2+3i)(-2-3i)+(-2-3i)\times2+2(-2+3i)=a$

∴ $a=5$

세 근의 곱은

$(-2+3i)(-2-3i)\times2=-b$

∴ $b=-26$

10-2 답 -14

계수가 유리수이므로 $2-\sqrt{2}$가 근이면 $2+\sqrt{2}$도 근이다.
나머지 한 근이 c이므로 삼차방정식 $x^3+ax^2+bx+6=0$에서 근과 계수의 관계에 의하여 세 근의 곱은

$(2-\sqrt{2})(2+\sqrt{2})c=-6$

∴ $c=-3$

즉, 세 근이 $2-\sqrt{2}$, $2+\sqrt{2}$, -3이므로 세 근의 합은

$(2-\sqrt{2})+(2+\sqrt{2})+(-3)=-a$

∴ $a=-1$

두 근끼리의 곱의 합은

$(2-\sqrt{2})(2+\sqrt{2})+(2+\sqrt{2})\times(-3)$
$\qquad\qquad\qquad+(-3)\times(2-\sqrt{2})=b$

∴ $b=-10$

∴ $a+b+c=-1+(-10)+(-3)=-14$

3 방정식 $x^3=1$의 허근의 성질

개념 Check　　　130쪽

1 답 (1) **1** (2) **0** (3) -1 (4) **1**

$x^3=1$에서 $x^3-1=0$, $(x-1)(x^2+x+1)=0$

ω는 $x^3=1$의 한 허근이므로

$\omega^3=1$, $\omega^2+\omega+1=0$

이차방정식 $x^2+x+1=0$의 한 허근이 ω이므로 다른 한 근은 $\overline{\omega}$이다.

∴ $\omega+\overline{\omega}=-1$, $\omega\overline{\omega}=1$

(1) $\omega^{12}=(\omega^3)^4=1$

(2) $\omega^5+\omega^4+\omega^3=\omega^3(\omega^2+\omega+1)=1\times0=0$

(3) $\dfrac{\omega\overline{\omega}}{\omega+\overline{\omega}}=\dfrac{1}{-1}=-1$

(4) $(\omega+1)(\overline{\omega}+1)=\omega\overline{\omega}+\omega+\overline{\omega}+1$
$\qquad\qquad\qquad=1+(-1)+1=1$

문제　　　131쪽

11-1 답 (1) -1 (2) **2** (3) -2 (4) -1

$x^3-1=0$에서 $(x-1)(x^2+x+1)=0$

ω는 방정식 $x^3-1=0$의 한 허근이므로

$\omega^3=1$, $\omega^2+\omega+1=0$

이차방정식 $x^2+x+1=0$의 한 허근이 ω이므로 다른 한 근은 $\overline{\omega}$이다.

∴ $\omega+\overline{\omega}=-1$, $\omega\overline{\omega}=1$

(1) $\omega+\omega^2+\omega^3+\omega^4+\cdots+\omega^{200}$
$\quad=\omega+\omega^2+\omega^3(1+\omega+\omega^2)+\omega^6(1+\omega+\omega^2)$
$\qquad\qquad\qquad\qquad\quad+\cdots+\omega^{198}(1+\omega+\omega^2)$
$\quad=\omega+\omega^2+1\times0+1\times0+\cdots+1\times0$
$\quad=\omega+\omega^2=-1$

(2) $(1+\omega^{1000})(1+\omega^{1001})(1+\omega^{1002})$
$\quad=\{1+(\omega^3)^{333}\times\omega\}\{1+(\omega^3)^{333}\times\omega^2\}\{1+(\omega^3)^{334}\}$
$\quad=(1+\omega)(1+\omega^2)(1+1)$
$\quad=-\omega^2\times(-\omega)\times2$
$\quad=2\omega^3=2$

(3) $\dfrac{2\omega\overline{\omega}}{\omega^2+\overline{\omega}^2}=\dfrac{2\omega\overline{\omega}}{(\omega+\overline{\omega})^2-2\omega\overline{\omega}}$
$\qquad\quad=\dfrac{2\times1}{(-1)^2-2\times1}=-2$

(4) $\dfrac{\omega}{1-\omega}+\dfrac{\overline{\omega}}{1-\overline{\omega}}=\dfrac{\omega(1-\overline{\omega})+\overline{\omega}(1-\omega)}{(1-\omega)(1-\overline{\omega})}$
$\qquad\qquad\quad=\dfrac{\omega+\overline{\omega}-2\omega\overline{\omega}}{1-(\omega+\overline{\omega})+\omega\overline{\omega}}$
$\qquad\qquad\quad=\dfrac{-1-2\times1}{1-(-1)+1}=-1$

11-2 답 2

$x^3=-1$에서 $x^3+1=0$, $(x+1)(x^2-x+1)=0$

ω는 방정식 $x^3+1=0$의 한 허근이므로

$\omega^3=-1$, $\omega^2-\omega+1=0$

$\therefore \dfrac{\omega^{17}}{1+\omega^{16}} - \dfrac{\omega^{16}}{1-\omega^{17}} = \dfrac{(\omega^3)^5 \times \omega^2}{1+(\omega^3)^5 \times \omega} - \dfrac{(\omega^3)^5 \times \omega}{1-(\omega^3)^5 \times \omega^2}$

$\qquad\qquad\qquad\qquad = \dfrac{-\omega^2}{1-\omega} - \dfrac{-\omega}{1+\omega^2}$

$\qquad\qquad\qquad\qquad = \dfrac{-\omega^2}{-\omega^2} - \dfrac{-\omega}{\omega}$

$\qquad\qquad\qquad\qquad = 1-(-1)=2$

연습문제

132~134쪽

1 ③	**2** $\dfrac{5}{2}$	**3** ①	**4** ⑤	**5** -4
6 $1+\sqrt{2}$	**7** ②	**8** 10	**9** ③	**10** 6
11 ④	**12** 36	**13** 3	**14** ②	**15** 200
16 ④	**17** ③	**18** 1	**19** ②	**20** -21
21 -10				

1 $f(x)=x^3-2x^2-5x+6$이라 하면 $f(1)=0$이므로

```
1 | 1  -2  -5   6
  |     1  -1  -6
  --------------------
    1  -1  -6 | 0
```

$\therefore f(x)=(x-1)(x^2-x-6)$

$\qquad\quad =(x+2)(x-1)(x-3)$

주어진 방정식은

$(x+2)(x-1)(x-3)=0$

$\therefore x=-2$ 또는 $x=1$ 또는 $x=3$

$\alpha<\beta<\gamma$이므로

$\alpha=-2$, $\beta=1$, $\gamma=3$

$\therefore \alpha+\beta+2\gamma=-2+1+6=5$

2 $f(x)=2x^4+x^3-9x^2-4x+4$라 하면 $f(-1)=0$, $f(2)=0$이므로

```
-1 | 2    1   -9   -4    4
   |     -2    1    8   -4
   ---------------------------
 2 | 2   -1   -8    4 |  0
   |      4    6   -4
   ---------------------------
     2    3   -2 |  0
```

$\therefore f(x)=(x+1)(x-2)(2x^2+3x-2)$

$\qquad\quad =(x+2)(x+1)(2x-1)(x-2)$

주어진 방정식은

$(x+2)(x+1)(2x-1)(x-2)=0$

$\therefore x=-2$ 또는 $x=-1$ 또는 $x=\dfrac{1}{2}$ 또는 $x=2$

따라서 모든 양의 근의 합은

$\dfrac{1}{2}+2=\dfrac{5}{2}$

3 $f(x)=2x^3+x^2+2x+3$이라 하면 $f(-1)=0$이므로

```
-1 | 2   1   2   3
   |    -2   1  -3
   -------------------
     2  -1   3 | 0
```

$\therefore f(x)=(x+1)(2x^2-x+3)$

주어진 방정식은

$(x+1)(2x^2-x+3)=0$

이 방정식의 한 허근 α는 이차방정식 $2x^2-x+3=0$의 근이므로

$2\alpha^2-\alpha+3=0$

$\therefore 4\alpha^2-2\alpha+7=2(2\alpha^2-\alpha+3)+1$

$\qquad\qquad\qquad\quad =2\times 0+1=1$

4 $(x+5)(x+3)(x+1)(x-1)+15=0$에서

$\{(x+5)(x-1)\}\{(x+3)(x+1)\}+15=0$

$(x^2+4x-5)(x^2+4x+3)+15=0$

$x^2+4x=t$로 놓으면

$(t-5)(t+3)+15=0$

$t^2-2t=0$, $t(t-2)=0$

$\therefore t=0$ 또는 $t=2$

(i) $t=0$일 때

$\quad x^2+4x=0$, $x(x+4)=0$

$\quad \therefore x=-4$ 또는 $x=0$

(ii) $t=2$일 때

$\quad x^2+4x-2=0$ $\quad \therefore x=-2\pm\sqrt{6}$

(i), (ii)에서 주어진 방정식의 근은

$x=-4$ 또는 $x=0$ 또는 $x=-2\pm\sqrt{6}$

따라서 근이 아닌 것은 ⑤이다.

5 $x^4-5x^2+4=0$에서 $x^2=t$로 놓으면

$t^2-5t+4=0$, $(t-1)(t-4)=0$

$\therefore t=1$ 또는 $t=4$

즉, $x^2=1$ 또는 $x^2=4$이므로

$x=-2$ 또는 $x=-1$ 또는 $x=1$ 또는 $x=2$

따라서 네 근 중 가장 큰 근은 2, 가장 작은 근은 -2이므로 그 곱은 -4이다.

6 삼차방정식 $x^3+ax^2-3x-1=0$의 한 근이 -1이므로
$x=-1$을 대입하면
$-1+a+3-1=0$ ∴ $a=-1$
주어진 방정식은 $x^3-x^2-3x-1=0$

$$\begin{array}{r|rrrr} -1 & 1 & -1 & -3 & -1 \\ & & -1 & 2 & 1 \\ \hline & 1 & -2 & -1 & \,0 \end{array}$$

∴ $(x+1)(x^2-2x-1)=0$
∴ $x=-1$ 또는 $x=1\pm\sqrt{2}$
따라서 나머지 두 근 중 큰 근은 $1+\sqrt{2}$이다.

7 $f(x)=x^3+(k-1)x^2-k$라 하면 $f(1)=0$이므로

$$\begin{array}{r|rrrr} 1 & 1 & k-1 & 0 & -k \\ & & 1 & k & k \\ \hline & 1 & k & k & \,0 \end{array}$$

∴ $f(x)=(x-1)(x^2+kx+k)$
주어진 방정식은
$(x-1)(x^2+kx+k)=0$
이 방정식의 한 허근 z는 이차방정식 $x^2+kx+k=0$의
한 근이다.
계수가 실수이므로 다른 한 허근은 $\bar{z}$이고, 이차방정식의
근과 계수의 관계에 의하여 두 근의 합은
$z+\bar{z}=-k$
이때 $z+\bar{z}=-2$에서
$-k=-2$ ∴ $k=2$

8 $f(x)=x^3-8x^2+(a+12)x-2a$라 하면 $f(2)=0$이므로

$$\begin{array}{r|rrrr} 2 & 1 & -8 & a+12 & -2a \\ & & 2 & -12 & 2a \\ \hline & 1 & -6 & a & \,0 \end{array}$$

∴ $f(x)=(x-2)(x^2-6x+a)$
주어진 방정식은
$(x-2)(x^2-6x+a)=0$
이 방정식의 서로 다른 실근이 한 개이려면 이차방정식
$x^2-6x+a=0$이 $x=2$를 중근으로 갖거나 허근을 가져야
한다.
(i) $x^2-6x+a=0$이 $x=2$를 중근으로 갖는 경우
  이를 만족시키는 a의 값이 존재하지 않는다.
(ii) $x^2-6x+a=0$이 허근을 갖는 경우
  이차방정식 $x^2-6x+a=0$의 판별식을 D라 하면
  $\dfrac{D}{4}=9-a<0$ ∴ $a>9$
(i), (ii)에서 $a>9$
따라서 정수 a의 최솟값은 10이다.

9 $f(x)=x^4+x^3+(k-1)x^2-x-k$라 하면 $f(1)=0$,
$f(-1)=0$이므로

$$\begin{array}{r|rrrrr} 1 & 1 & 1 & k-1 & -1 & -k \\ & & 1 & 2 & k+1 & k \\ \hline -1 & 1 & 2 & k+1 & k & \,0 \\ & & -1 & -1 & -k & \\ \hline & 1 & 1 & k & \,0 & \end{array}$$

∴ $f(x)=(x+1)(x-1)(x^2+x+k)$
이때 주어진 방정식이 서로 다른 네 실근을 가지려면 이차
방정식 $x^2+x+k=0$이 -1, 1이 아닌 서로 다른 두 실근
을 가져야 한다.
(i) $x^2+x+k=0$에서 $x\neq-1$이어야 하므로
  $1-1+k\neq0$
  ∴ $k\neq0$
(ii) $x^2+x+k=0$에서 $x\neq1$이어야 하므로
  $1+1+k\neq0$
  ∴ $k\neq-2$
(iii) 이차방정식 $x^2+x+k=0$의 판별식을 D라 하면
  $D=1-4k>0$
  ∴ $k<\dfrac{1}{4}$
(i), (ii), (iii)에서 k의 값의 범위는
$k<-2$ 또는 $-2<k<0$ 또는 $0<k<\dfrac{1}{4}$
따라서 정수 k의 최댓값은 -1이다.

10 구멍을 파내고 남은 부분의 부피가 처음 정육면체의 부피
의 $\dfrac{1}{2}$보다 12만큼 작으므로
$x^3-5\times4\times x=\dfrac{1}{2}x^3-12$
$x^3-40x+24=0$ ······ ㉠
$f(x)=x^3-40x+24$라 하면 $f(6)=0$이므로

$$\begin{array}{r|rrrr} 6 & 1 & 0 & -40 & 24 \\ & & 6 & 36 & -24 \\ \hline & 1 & 6 & -4 & \,0 \end{array}$$

∴ $f(x)=(x-6)(x^2+6x-4)$
따라서 ㉠은 $(x-6)(x^2+6x-4)=0$
그런데 $x>5$이므로 $x=6$

11 삼차방정식 $x^3+2x^2+5x+3=0$의 세 근이 α, β, γ이므로
근과 계수의 관계에 의하여
$\alpha+\beta+\gamma=-2$, $\alpha\beta+\beta\gamma+\gamma\alpha=5$, $\alpha\beta\gamma=-3$
$\alpha+\beta+\gamma=-2$에서
$\alpha+\beta=-2-\gamma$, $\beta+\gamma=-2-\alpha$, $\gamma+\alpha=-2-\beta$

$$\therefore \frac{\beta+\gamma}{\alpha}+\frac{\gamma+\alpha}{\beta}+\frac{\alpha+\beta}{\gamma}$$
$$=\frac{-2-\alpha}{\alpha}+\frac{-2-\beta}{\beta}+\frac{-2-\gamma}{\gamma}$$
$$=-\frac{2}{\alpha}-\frac{2}{\beta}-\frac{2}{\gamma}-3$$
$$=-2\left(\frac{1}{\alpha}+\frac{1}{\beta}+\frac{1}{\gamma}\right)-3$$
$$=-2\times\frac{\alpha\beta+\beta\gamma+\gamma\alpha}{\alpha\beta\gamma}-3$$
$$=-2\times\frac{5}{-3}-3$$
$$=\frac{1}{3}$$

12 $f(a)=f(b)=f(c)=-3$에서
$f(a)+3=f(b)+3=f(c)+3=0$
따라서 a, b, c는 삼차방정식 $f(x)+3=0$, 즉
$x^3-4x^2-10x+12=0$의 세 근이므로 근과 계수의 관계에 의하여
$a+b+c=4$, $ab+bc+ca=-10$
$$\therefore a^2+b^2+c^2=(a+b+c)^2-2(ab+bc+ca)$$
$$=4^2-2\times(-10)=36$$

13 삼차방정식 $x^3+ax^2+bx+6=0$의 한 근이 1이므로 나머지 두 근을 α, β라 하면 제곱의 합이 13이므로
$\alpha^2+\beta^2=13$
삼차방정식 $x^3+ax^2+bx+6=0$에서 근과 계수의 관계에 의하여 세 근의 합은
$1+\alpha+\beta=-a$
$\therefore \alpha+\beta=-a-1$ ······ ㉠
두 근끼리의 곱의 합은
$1\times\alpha+\alpha\beta+\beta\times1=b$
$\therefore \alpha+\beta+\alpha\beta=b$ ······ ㉡
세 근의 곱은
$1\times\alpha\times\beta=-6$ $\therefore \alpha\beta=-6$ ······ ㉢
이때 $\alpha^2+\beta^2=13$에서
$(\alpha+\beta)^2-2\alpha\beta=13$
㉠, ㉢을 대입하면
$(-a-1)^2-2\times(-6)=13$
$a^2+2a=0$, $a(a+2)=0$
$\therefore a=-2$ 또는 $a=0$
그런데 $a\neq0$이므로 $a=-2$
이를 ㉠에 대입하면 $\alpha+\beta=1$
따라서 ㉡에서
$b=\alpha+\beta+\alpha\beta=1+(-6)=-5$
$\therefore a-b=-2-(-5)=3$

14 삼차방정식 $x^3-2x^2+4x+3=0$의 세 근이 α, β, γ이므로 근과 계수의 관계에 의하여
$\alpha+\beta+\gamma=2$, $\alpha\beta+\beta\gamma+\gamma\alpha=4$, $\alpha\beta\gamma=-3$
세 근 $\alpha-2$, $\beta-2$, $\gamma-2$에 대하여
$(\alpha-2)+(\beta-2)+(\gamma-2)=(\alpha+\beta+\gamma)-6$
$$=2-6=-4$$
$(\alpha-2)(\beta-2)+(\beta-2)(\gamma-2)+(\gamma-2)(\alpha-2)$
$=(\alpha\beta+\beta\gamma+\gamma\alpha)-4(\alpha+\beta+\gamma)+12$
$=4-4\times2+12=8$
$(\alpha-2)(\beta-2)(\gamma-2)$
$=\alpha\beta\gamma-2(\alpha\beta+\beta\gamma+\gamma\alpha)+4(\alpha+\beta+\gamma)-8$
$=-3-2\times4+4\times2-8=-11$
따라서 구하는 삼차방정식은
$a(x^3+4x^2+8x+11)=0\,(a\neq0)$ 꼴이므로 ②이다.

15 계수가 유리수이므로 $3-2\sqrt{2}$가 근이면 $3+2\sqrt{2}$도 근이다.
삼차방정식 $ax^3+bx^2+cx+2=0$의 세 근이 -1, $3-2\sqrt{2}$, $3+2\sqrt{2}$이므로 근과 계수의 관계에 의하여 세 근의 곱은
$$-1\times(3-2\sqrt{2})(3+2\sqrt{2})=-\frac{2}{a}\qquad\therefore a=2$$
세 근의 합은
$$-1+(3-2\sqrt{2})+(3+2\sqrt{2})=-\frac{b}{a}$$
$$5=-\frac{b}{2}\qquad\therefore b=-10$$
두 근끼리의 곱의 합은
$$-1\times(3-2\sqrt{2})+(3-2\sqrt{2})(3+2\sqrt{2})$$
$$+(3+2\sqrt{2})\times(-1)=\frac{c}{a}$$
$$-5=\frac{c}{2}\qquad\therefore c=-10$$
$$\therefore abc=2\times(-10)\times(-10)=200$$

16 $\dfrac{3}{1+\sqrt{2}i}=\dfrac{3(1-\sqrt{2}i)}{(1+\sqrt{2}i)(1-\sqrt{2}i)}=1-\sqrt{2}i$
계수가 실수이므로 한 근이 $1-\sqrt{2}i$이면 $1+\sqrt{2}i$도 근이다.
나머지 한 근이 α이므로 삼차방정식 $x^3+ax^2+9x+b=0$에서 근과 계수의 관계에 의하여 두 근끼리의 곱의 합은
$(1-\sqrt{2}i)(1+\sqrt{2}i)+(1+\sqrt{2}i)\alpha+\alpha(1-\sqrt{2}i)=9$
$\therefore \alpha=3$
즉, 세 근이 $1-\sqrt{2}i$, $1+\sqrt{2}i$, 3이므로 세 근의 합은
$(1-\sqrt{2}i)+(1+\sqrt{2}i)+3=-a$ $\therefore a=-5$
세 근의 곱은
$(1-\sqrt{2}i)(1+\sqrt{2}i)\times3=-b$ $\therefore b=-9$
$\therefore ab+\alpha=-5\times(-9)+3=48$

17 $x^3=1$에서 $x^3-1=0$, $(x-1)(x^2+x+1)=0$

ω는 방정식 $x^3=1$의 한 허근이므로

$\omega^3=1$, $\omega^2+\omega+1=0$

이차방정식 $x^2+x+1=0$의 한 허근이 ω이므로 다른 한 근은 $\overline{\omega}$이다.

$\therefore \omega+\overline{\omega}=-1$, $\omega\overline{\omega}=1$

① $(1+\omega)^3=(-\omega^2)^3=-\omega^6$
$\qquad\quad =-(\omega^3)^2=-1$

② $\omega^2\overline{\omega}+\omega\overline{\omega}^2=\omega\overline{\omega}(\omega+\overline{\omega})$
$\qquad\qquad\quad =1\times(-1)=-1$

③ $\dfrac{1}{\omega}+\dfrac{1}{\omega^2}=\dfrac{\omega+1}{\omega^2}=\dfrac{-\omega^2}{\omega^2}=-1$

④ $\omega^{500}=(\omega^3)^{166}\times\omega^2=\omega^2$이므로

$\quad \omega^{500}+\dfrac{1}{\omega^{500}}=\omega^2+\dfrac{1}{\omega^2}=\omega^2+\dfrac{\omega^3}{\omega^2}$
$\qquad\qquad\qquad =\omega^2+\omega=-1$

⑤ $\omega+\omega^2+\omega^3+\omega^4+\omega^5+\cdots+\omega^{101}$
$\quad =\omega+\omega^2+\omega^3(1+\omega+\omega^2)+\cdots+\omega^{99}(1+\omega+\omega^2)$
$\quad =\omega+\omega^2=-1$

따라서 옳지 않은 것은 ③이다.

18 $x\neq0$이므로 주어진 방정식의 양변을 x^2으로 나누면

$x^2+2x-1+\dfrac{2}{x}+\dfrac{1}{x^2}=0$

$x^2+\dfrac{1}{x^2}+2\Big(x+\dfrac{1}{x}\Big)-1=0$

$\Big(x+\dfrac{1}{x}\Big)^2+2\Big(x+\dfrac{1}{x}\Big)-3=0$

$x+\dfrac{1}{x}=t$로 놓으면

$t^2+2t-3=0$, $(t+3)(t-1)=0$

$\therefore t=-3$ 또는 $t=1$

(i) $t=-3$일 때

$\quad x+\dfrac{1}{x}+3=0$, $x^2+3x+1=0$

$\quad$ 이 이차방정식의 판별식을 D_1이라 하면

$\quad D_1=9-4=5>0$

$\quad$ 따라서 서로 다른 두 실근을 갖는다.

(ii) $t=1$일 때

$\quad x+\dfrac{1}{x}-1=0$, $x^2-x+1=0$

$\quad$ 이 이차방정식의 판별식을 D_2라 하면

$\quad D_2=1-4=-3<0$

$\quad$ 따라서 서로 다른 두 허근을 갖는다.

(i), (ii)에서 주어진 방정식의 한 허근 α는 방정식

$x+\dfrac{1}{x}-1=0$의 근이므로

$\alpha+\dfrac{1}{\alpha}-1=0$ $\quad\therefore \alpha+\dfrac{1}{\alpha}=1$

19 $f(x)=x^3-3x^2+(k+2)x-k$라 하면 $f(1)=0$이므로

$$\begin{array}{r|rrrr} 1 & 1 & -3 & k+2 & -k \\ & & 1 & -2 & k \\ \hline & 1 & -2 & k & \big|\ 0 \end{array}$$

$\therefore f(x)=(x-1)(x^2-2x+k)$

주어진 방정식은 $(x-1)(x^2-2x+k)=0$

이차방정식 $x^2-2x+k=0$이 1이 아닌 서로 다른 두 실근을 가지므로 판별식을 D라 하면

$\dfrac{D}{4}=1-k>0$ $\quad\therefore k<1$ $\quad\cdots\cdots\ \ominus$

이차방정식 $x^2-2x+k=0$의 두 근을 α, $\beta\,(\alpha>\beta)$라 하면 근과 계수의 관계에 의하여

$\alpha+\beta=2$, $\alpha\beta=k$

1, α, β는 직각삼각형의 세 변의 길이이므로 빗변의 길이가 1, α인 경우로 나누어 생각하자.

(i) 빗변의 길이가 1인 경우

$\quad \alpha^2+\beta^2=1$이므로 $(\alpha+\beta)^2-2\alpha\beta=1$

$\quad 2^2-2k=1$ $\quad\therefore k=\dfrac{3}{2}$

$\quad$ 이는 $\ominus$을 만족시키지 않는다.

(ii) 빗변의 길이가 α인 경우

$\quad 1+\beta^2=\alpha^2$이므로 $\alpha^2-\beta^2=1$

$\quad (\alpha+\beta)(\alpha-\beta)=1$

$\quad 2(\alpha-\beta)=1$ $\quad\therefore \alpha-\beta=\dfrac{1}{2}$

$\quad$ 이를 $\alpha+\beta=2$와 연립하여 풀면

$\quad \alpha=\dfrac{5}{4}$, $\beta=\dfrac{3}{4}$ $\quad\therefore k=\alpha\beta=\dfrac{15}{16}$

(i), (ii)에서 $k=\dfrac{15}{16}$

다른 풀이

$f(x)=x^3-3x^2+(k+2)x-k$라 하면 $f(1)=0$이므로

$$\begin{array}{r|rrrr} 1 & 1 & -3 & k+2 & -k \\ & & 1 & -2 & k \\ \hline & 1 & -2 & k & \big|\ 0 \end{array}$$

$\therefore f(x)=(x-1)(x^2-2x+k)$

주어진 방정식은 $(x-1)(x^2-2x+k)=0$

$\therefore x=1$ 또는 $x=1\pm\sqrt{1-k}\,\,(k<1)$

세 실근 1, $1-\sqrt{1-k}$, $1+\sqrt{1-k}$가 직각삼각형의 세 변의 길이이고, 가장 큰 근이 빗변의 길이이므로

$(1+\sqrt{1-k})^2=1^2+(1-\sqrt{1-k})^2$

$1+2\sqrt{1-k}+1-k=1+1-2\sqrt{1-k}+1-k$

$4\sqrt{1-k}=1$, $\sqrt{1-k}=\dfrac{1}{4}$

양변을 제곱하면

$1-k=\dfrac{1}{16}$ $\quad\therefore k=\dfrac{15}{16}$

20 삼차방정식 $x^3-ax^2+bx-c=0$의 계수가 실수이고, ㈎에서 $1-i$가 근이므로 $1+i$도 근이다.

나머지 한 근을 α라 하면 삼차방정식의 근과 계수의 관계에 의하여 세 근의 합은

$(1-i)+(1+i)+\alpha=a$

$\therefore a=\alpha+2$ ...... ㉠

두 근끼리의 곱의 합은

$(1-i)(1+i)+(1+i)\alpha+\alpha(1-i)=b$

$\therefore b=2\alpha+2$ ...... ㉡

세 근의 곱은

$(1-i)(1+i)\alpha=c$

$\therefore c=2\alpha$ ...... ㉢

㈏에서 $f(1)=6$이므로

$1-a+b-c=6$ $\therefore a-b+c=-5$

㉠, ㉡, ㉢을 대입하면

$\alpha+2-(2\alpha+2)+2\alpha=-5$

$\therefore \alpha=-5$

이를 ㉠, ㉡, ㉢에 각각 대입하면

$a=-3$, $b=-8$, $c=-10$

$\therefore a+b+c=-21$

21 $x^3=1$에서 $x^3-1=0$, $(x-1)(x^2+x+1)=0$

ω는 방정식 $x^3=1$의 한 허근이므로

$\omega^3=1$, $\omega^2+\omega+1=0$

음이 아닌 정수 k에 대하여

(i) $n=3k+1$일 때

$\omega^n=\omega^{3k+1}=(\omega^3)^k\times\omega=\omega$

$\omega^{2n}=(\omega^n)^2=\omega^2$

$\therefore f(n)=\dfrac{\omega^n}{1+\omega^{2n}}=\dfrac{\omega}{1+\omega^2}=\dfrac{\omega}{-\omega}=-1$

(ii) $n=3k+2$일 때

$\omega^n=\omega^{3k+2}=(\omega^3)^k\times\omega^2=\omega^2$

$\omega^{2n}=(\omega^n)^2=\omega^4=\omega$

$\therefore f(n)=\dfrac{\omega^n}{1+\omega^{2n}}=\dfrac{\omega^2}{1+\omega}=\dfrac{\omega^2}{-\omega^2}=-1$

(iii) $n=3k+3$일 때

$\omega^n=\omega^{3k+3}=(\omega^3)^{k+1}=1$

$\omega^{2n}=(\omega^n)^2=1$

$\therefore f(n)=\dfrac{\omega^n}{1+\omega^{2n}}=\dfrac{1}{1+1}=\dfrac{1}{2}$

$\therefore f(1)+f(2)+f(3)+f(4)+\cdots+f(19)$

$=\{f(1)+f(2)+f(3)\}+\{f(4)+f(5)+f(6)\}$

$\quad+\cdots+\{f(16)+f(17)+f(18)\}+f(19)$

$=6\times\left\{-1+(-1)+\dfrac{1}{2}\right\}+(-1)$

$=-10$

Ⅱ-3 **02 연립이차방정식**

미지수가 2개인 연립이차방정식

137~141쪽

01-1 답 (1) $\begin{cases} x=1 \\ y=1 \end{cases}$ 또는 $\begin{cases} x=3 \\ y=5 \end{cases}$

(2) $\begin{cases} x=1 \\ y=-2 \end{cases}$ 또는 $\begin{cases} x=2 \\ y=-1 \end{cases}$

(1) $2x-y=1$에서 $y=2x-1$

이를 $3x^2-y^2=2$에 대입하면

$3x^2-(2x-1)^2=2$, $x^2-4x+3=0$

$(x-1)(x-3)=0$ $\therefore x=1$ 또는 $x=3$

이를 각각 $y=2x-1$에 대입하면

$x=1$일 때 $y=1$, $x=3$일 때 $y=5$

따라서 주어진 연립방정식의 해는

$\begin{cases} x=1 \\ y=1 \end{cases}$ 또는 $\begin{cases} x=3 \\ y=5 \end{cases}$

(2) $x-y=3$에서 $y=x-3$

이를 $x^2+2xy+y^2=1$에 대입하면

$x^2+2x(x-3)+(x-3)^2=1$

$x^2-3x+2=0$, $(x-1)(x-2)=0$

$\therefore x=1$ 또는 $x=2$

이를 각각 $y=x-3$에 대입하면

$x=1$일 때 $y=-2$, $x=2$일 때 $y=-1$

따라서 주어진 연립방정식의 해는

$\begin{cases} x=1 \\ y=-2 \end{cases}$ 또는 $\begin{cases} x=2 \\ y=-1 \end{cases}$

01-2 답 6

$x-2y=3$에서 $x=2y+3$

이를 $x^2+2y^2=99$에 대입하면

$(2y+3)^2+2y^2=99$, $y^2+2y-15=0$

$(y+5)(y-3)=0$ $\therefore y=-5$ 또는 $y=3$

그런데 y는 양수이므로 $y=3$

이를 $x=2y+3$에 대입하면 $x=9$

$\therefore x-y=9-3=6$

01-3 답 15

$3x-y-1=0$에서 $y=3x-1$

이를 $x^2-3xy+y^2=5$에 대입하면

$x^2-3x(3x-1)+(3x-1)^2=5$

$x^2-3x-4=0$, $(x+1)(x-4)=0$

$\therefore x=-1$ 또는 $x=4$

개념편

이를 각각 $y=3x-1$에 대입하면

$x=-1$일 때 $y=-4$, $x=4$일 때 $y=11$

$\therefore x+y=-5$ 또는 $x+y=15$

따라서 $x+y$의 최댓값은 15이다.

02-**1** 답 (1) $\begin{cases} x=-\sqrt{5} \\ y=\sqrt{5} \end{cases}$ 또는 $\begin{cases} x=\sqrt{5} \\ y=-\sqrt{5} \end{cases}$

또는 $\begin{cases} x=-3 \\ y=-1 \end{cases}$ 또는 $\begin{cases} x=3 \\ y=1 \end{cases}$

(2) $\begin{cases} x=-2\sqrt{3}i \\ y=\sqrt{3}i \end{cases}$ 또는 $\begin{cases} x=2\sqrt{3}i \\ y=-\sqrt{3}i \end{cases}$

또는 $\begin{cases} x=-2 \\ y=-1 \end{cases}$ 또는 $\begin{cases} x=2 \\ y=1 \end{cases}$

(1) $x^2-2xy-3y^2=0$에서 $(x+y)(x-3y)=0$

$\therefore x=-y$ 또는 $x=3y$

(i) $x=-y$일 때

이를 $x^2+y^2=10$에 대입하면

$y^2+y^2=10$, $y^2=5$ $\therefore y=-\sqrt{5}$ 또는 $y=\sqrt{5}$

이를 각각 $x=-y$에 대입하면

$y=-\sqrt{5}$일 때 $x=\sqrt{5}$, $y=\sqrt{5}$일 때 $x=-\sqrt{5}$

(ii) $x=3y$일 때

이를 $x^2+y^2=10$에 대입하면

$9y^2+y^2=10$, $y^2=1$ $\therefore y=-1$ 또는 $y=1$

이를 각각 $x=3y$에 대입하면

$y=-1$일 때 $x=-3$, $y=1$일 때 $x=3$

(i), (ii)에서 주어진 연립방정식의 해는

$\begin{cases} x=-\sqrt{5} \\ y=\sqrt{5} \end{cases}$ 또는 $\begin{cases} x=\sqrt{5} \\ y=-\sqrt{5} \end{cases}$

또는 $\begin{cases} x=-3 \\ y=-1 \end{cases}$ 또는 $\begin{cases} x=3 \\ y=1 \end{cases}$

(2) $x^2-4y^2=0$에서 $(x+2y)(x-2y)=0$

$\therefore x=-2y$ 또는 $x=2y$

(i) $x=-2y$일 때

이를 $x^2+xy-3y^2=3$에 대입하면

$4y^2-2y^2-3y^2=3$, $y^2=-3$

$\therefore y=-\sqrt{3}i$ 또는 $y=\sqrt{3}i$

이를 각각 $x=-2y$에 대입하면

$y=-\sqrt{3}i$일 때 $x=2\sqrt{3}i$, $y=\sqrt{3}i$일 때 $x=-2\sqrt{3}i$

(ii) $x=2y$일 때

이를 $x^2+xy-3y^2=3$에 대입하면

$4y^2+2y^2-3y^2=3$, $y^2=1$

$\therefore y=-1$ 또는 $y=1$

이를 각각 $x=2y$에 대입하면

$y=-1$일 때 $x=-2$, $y=1$일 때 $x=2$

(i), (ii)에서 주어진 연립방정식의 해는

$\begin{cases} x=-2\sqrt{3}i \\ y=\sqrt{3}i \end{cases}$ 또는 $\begin{cases} x=2\sqrt{3}i \\ y=-\sqrt{3}i \end{cases}$

또는 $\begin{cases} x=-2 \\ y=-1 \end{cases}$ 또는 $\begin{cases} x=2 \\ y=1 \end{cases}$

02-**2** 답 $(-2,\ -2)$, $(2,\ 2)$

$x^2+xy-2y^2=0$에서 $(x+2y)(x-y)=0$

$\therefore x=-2y$ 또는 $x=y$

(i) $x=-2y$일 때

이를 $x^2+2xy-y^2=8$에 대입하면

$4y^2-4y^2-y^2=8$, $y^2=-8$

$\therefore y=-2\sqrt{2}i$ 또는 $y=2\sqrt{2}i$

그런데 y는 실수이므로 해는 없다.

(ii) $x=y$일 때

이를 $x^2+2xy-y^2=8$에 대입하면

$y^2+2y^2-y^2=8$, $y^2=4$

$\therefore y=-2$ 또는 $y=2$

이를 각각 $x=y$에 대입하면

$y=-2$일 때 $x=-2$, $y=2$일 때 $x=2$

(i), (ii)에서 실수 x, y의 순서쌍 $(x,\ y)$는

$(-2,\ -2)$, $(2,\ 2)$

02-**3** 답 -3

$x^2-3xy+2y^2=0$에서 $(x-y)(x-2y)=0$

$\therefore x=y$ 또는 $x=2y$

(i) $x=y$일 때

이를 $x^2+y^2+3x+1=0$에 대입하면

$y^2+y^2+3y+1=0$, $2y^2+3y+1=0$

$(y+1)(2y+1)=0$ $\therefore y=-1$ 또는 $y=-\dfrac{1}{2}$

이를 각각 $x=y$에 대입하면

$y=-1$일 때 $x=-1$, $y=-\dfrac{1}{2}$일 때 $x=-\dfrac{1}{2}$

$\therefore x+y=-2$ 또는 $x+y=-1$

(ii) $x=2y$일 때

이를 $x^2+y^2+3x+1=0$에 대입하면

$4y^2+y^2+6y+1=0$, $5y^2+6y+1=0$

$(y+1)(5y+1)=0$ $\therefore y=-1$ 또는 $y=-\dfrac{1}{5}$

이를 각각 $x=2y$에 대입하면

$y=-1$일 때 $x=-2$, $y=-\dfrac{1}{5}$일 때 $x=-\dfrac{2}{5}$

$\therefore x+y=-3$ 또는 $x+y=-\dfrac{3}{5}$

(i), (ii)에서 $x+y$의 최솟값은 -3이다.

03-1 답 $\begin{cases} x=-3 \\ y=4 \end{cases}$ 또는 $\begin{cases} x=4 \\ y=-3 \end{cases}$

주어진 연립방정식에서 $x+y=u$, $xy=v$로 놓으면

$\begin{cases} u-v=13 \\ 3u+v=-9 \end{cases}$

이를 연립하여 풀면 $u=1$, $v=-12$

$\therefore x+y=1$, $xy=-12$

x, y는 이차방정식 $t^2-t-12=0$의 두 근이므로

$(t+3)(t-4)=0$　　$\therefore t=-3$ 또는 $t=4$

따라서 주어진 연립방정식의 해는

$\begin{cases} x=-3 \\ y=4 \end{cases}$ 또는 $\begin{cases} x=4 \\ y=-3 \end{cases}$

03-2 답 $\begin{cases} x=2 \\ y=3 \end{cases}$ 또는 $\begin{cases} x=3 \\ y=2 \end{cases}$

$x^2+y^2=(x+y)^2-2xy$이므로 주어진 연립방정식에서

$x+y=u$, $xy=v$로 놓으면

$\begin{cases} v+u=11 \\ u^2-2v=13 \end{cases}$

$v+u=11$에서 $v=-u+11$

이를 $u^2-2v=13$에 대입하면

$u^2-2(-u+11)=13$, $u^2+2u-35=0$

$(u+7)(u-5)=0$　　$\therefore u=-7$ 또는 $u=5$

이를 각각 $v=-u+11$에 대입하면

$u=-7$일 때 $v=18$, $u=5$일 때 $v=6$

(i) $u=-7$, $v=18$, 즉 $x+y=-7$, $xy=18$일 때

　x, y는 이차방정식 $t^2+7t+18=0$의 두 근이므로

　$t=\dfrac{-7\pm\sqrt{23}i}{2}$

(ii) $u=5$, $v=6$, 즉 $x+y=5$, $xy=6$일 때

　x, y는 이차방정식 $t^2-5t+6=0$의 두 근이므로

　$(t-2)(t-3)=0$　　$\therefore t=2$ 또는 $t=3$

(i), (ii)에서 주어진 연립방정식의 정수인 해는

$\begin{cases} x=2 \\ y=3 \end{cases}$ 또는 $\begin{cases} x=3 \\ y=2 \end{cases}$

04-1 답 2

$y=x+a$를 $x^2+y^2=a$에 대입하면

$x^2+(x+a)^2=a$

$2x^2+2ax+a^2-a=0$　　$\cdots\cdots$ ㉠

연립방정식이 오직 한 쌍의 해를 가지려면 이차방정식 ㉠

이 중근을 가져야 하므로 ㉠의 판별식을 D라 하면

$\dfrac{D}{4}=a^2-2(a^2-a)=0$

$a^2-2a=0$, $a(a-2)=0$　　$\therefore a=0$ 또는 $a=2$

그런데 a는 양수이므로 $a=2$

04-2 답 1

$x+y=1$에서 $y=-x+1$

이를 $x^2+2xy+a=2$에 대입하면

$x^2+2x(-x+1)+a=2$

$x^2-2x-a+2=0$　　$\cdots\cdots$ ㉠

연립방정식이 오직 한 쌍의 해를 가지면 이차방정식 ㉠이

중근을 가지므로 ㉠의 판별식을 D라 하면

$\dfrac{D}{4}=1-(-a+2)=0$

$a-1=0$　　$\therefore a=1$

이를 ㉠에 대입하면 $x^2-2x+1=0$

$(x-1)^2=0$　　$\therefore x=1$

이를 $y=-x+1$에 대입하면 $y=0$

따라서 $a=1$, $\beta=0$이므로

$a-\beta=1$

04-3 답 0

$x-y=2$에서 $y=x-2$

이를 $x^2+xy-a=0$에 대입하면

$x^2+x(x-2)-a=0$

$2x^2-2x-a=0$　　$\cdots\cdots$ ㉠

연립방정식이 실근을 가지려면 이차방정식 ㉠이 실근을

가져야 하므로 ㉠의 판별식을 D라 하면

$\dfrac{D}{4}=1+2a\geq0$　　$\therefore a\geq-\dfrac{1}{2}$

따라서 정수 a의 최솟값은 0이다.

05-1 답 7 m

밭의 가로의 길이를 x m, 세로의 길이를 y m라 하면 대각

선의 길이가 $\sqrt{65}$ m이므로

$x^2+y^2=65$　　$\cdots\cdots$ ㉠

밭의 넓이가 28 m²이므로

$xy=28$　　$\cdots\cdots$ ㉡

$x^2+y^2=(x+y)^2-2xy$이므로 ㉠, ㉡에서 $x+y=u$,

$xy=v$로 놓으면

$\begin{cases} u^2-2v=65 \\ v=28 \end{cases}$

$v=28$을 $u^2-2v=65$에 대입하면

$u^2-56=65$, $u^2=121$　　$\therefore u=-11$ 또는 $u=11$

그런데 $x>0$, $y>0$이므로 $x+y=u>0$

따라서 $u=11$이므로

$x+y=11$, $xy=28$

x, y는 이차방정식 $t^2-11t+28=0$의 두 근이므로

$(t-4)(t-7)=0$　　$\therefore t=4$ 또는 $t=7$

$\therefore x=4$, $y=7$ 또는 $x=7$, $y=4$

따라서 밭의 긴 변의 길이는 7 m이다.

05-2 답 3

두 원의 반지름의 길이를 각각 x, y라 하면 둘레의 길이의 합이 20π이므로

$2\pi x + 2\pi y = 20\pi$ $\therefore y = -x + 10$ …… ㉠

넓이의 합이 58π이므로

$\pi x^2 + \pi y^2 = 58\pi$ $\therefore x^2 + y^2 = 58$ …… ㉡

㉠을 ㉡에 대입하면

$x^2 + (-x+10)^2 = 58$, $x^2 - 10x + 21 = 0$

$(x-3)(x-7) = 0$ $\therefore x = 3$ 또는 $x = 7$

이를 각각 ㉠에 대입하면

$x = 3$일 때 $y = 7$, $x = 7$일 때 $y = 3$

따라서 작은 원의 반지름의 길이는 3이다.

05-3 답 **10 m**

긴 철사의 길이를 x m, 짧은 철사의 길이를 y m라 하면 두 철사의 길이의 차가 12 m이므로

$x - y = 12$ $\therefore x = y + 12$ …… ㉠

각 철사로 만든 두 정사각형의 넓이의 차가 24 m²이므로

$\left(\dfrac{x}{4}\right)^2 - \left(\dfrac{y}{4}\right)^2 = 24$ $\therefore x^2 - y^2 = 384$ …… ㉡

㉠을 ㉡에 대입하면

$(y+12)^2 - y^2 = 384$, $24y = 240$ $\therefore y = 10$

따라서 짧은 철사의 길이는 10 m이다.

2 부정방정식

1 답 $(4, 3)$

$3x + 4y = 24$에서 $x = \dfrac{-4y + 24}{3}$

x, y는 자연수이므로 $y = 3$일 때, $x = 4$

따라서 자연수 x, y의 순서쌍 (x, y)는 $(4, 3)$

2 답 $(-2, 0)$, $(0, 2)$, $(2, -4)$, $(4, -2)$

x, y는 정수이므로 $x - 1$, $y + 1$도 정수이다.

따라서 $(x-1)(y+1) = -3$인 경우는

(i) $x-1 = -3$, $y+1 = 1$일 때
  $x = -2$, $y = 0$

(ii) $x-1 = -1$, $y+1 = 3$일 때
  $x = 0$, $y = 2$

(iii) $x-1 = 1$, $y+1 = -3$일 때
  $x = 2$, $y = -4$

(iv) $x-1 = 3$, $y+1 = -1$일 때
  $x = 4$, $y = -2$

(i)~(iv)에서 정수 x, y의 순서쌍 (x, y)는
$(-2, 0)$, $(0, 2)$, $(2, -4)$, $(4, -2)$

3 답 $x = -2$, $y = 3$

$(x+2)^2 + (y-3)^2 = 0$에서 x, y는 실수이므로

$x + 2 = 0$, $y - 3 = 0$ $\therefore x = -2$, $y = 3$

06-1 답 (1) $(4, 6)$, $(6, 4)$ (2) $(3, 6)$, $(4, 4)$, $(6, 3)$

(1) $xy - 3x - 3y + 6 = 0$에서
  $x(y-3) - 3(y-3) - 3 = 0$
  $(x-3)(y-3) = 3$
  x, y가 양의 정수이므로 $x-3$, $y-3$은 $x-3 \geq -2$, $y-3 \geq -2$인 정수이다.
  따라서 $(x-3)(y-3) = 3$인 경우는
  (i) $x-3 = 1$, $y-3 = 3$일 때
    $x = 4$, $y = 6$
  (ii) $x-3 = 3$, $y-3 = 1$일 때
    $x = 6$, $y = 4$
  (i), (ii)에서 순서쌍 (x, y)는
    $(4, 6)$, $(6, 4)$

(2) $\dfrac{1}{x} + \dfrac{1}{y} = \dfrac{1}{2}$에서 $\dfrac{x+y}{xy} = \dfrac{1}{2}$
  $xy - 2x - 2y = 0$, $x(y-2) - 2(y-2) - 4 = 0$
  $(x-2)(y-2) = 4$
  x, y가 양의 정수이므로 $x-2$, $y-2$는 $x-2 \geq -1$, $y-2 \geq -1$인 정수이다.
  따라서 $(x-2)(y-2) = 4$인 경우는
  (i) $x-2 = 1$, $y-2 = 4$일 때
    $x = 3$, $y = 6$
  (ii) $x-2 = 2$, $y-2 = 2$일 때
    $x = 4$, $y = 4$
  (iii) $x-2 = 4$, $y-2 = 1$일 때
    $x = 6$, $y = 3$
  (i), (ii), (iii)에서 순서쌍 (x, y)는
    $(3, 6)$, $(4, 4)$, $(6, 3)$

06-2 답 -4, -2

정수인 두 근을 α, β $(\alpha \leq \beta)$라 하면 근과 계수의 관계에 의하여

$\alpha + \beta = m + 1$ $\therefore m = \alpha + \beta - 1$ …… ㉠

$\alpha\beta = -m - 4$ …… ㉡

㉠을 ㉡에 대입하면 $\alpha\beta = -(\alpha + \beta - 1) - 4$

$\alpha\beta + \alpha + \beta = -3$, $\alpha(\beta+1) + (\beta+1) - 1 = -3$

$(\alpha+1)(\beta+1)=-2$

α, β가 정수이므로 $\alpha+1$, $\beta+1$도 정수이고 $\alpha+1\leq\beta+1$

이다.

따라서 $(\alpha+1)(\beta+1)=-2$인 경우는

(i) $\alpha+1=-2$, $\beta+1=1$일 때

   $\alpha=-3$, $\beta=0$

   ㉠에서 $m=-3+0-1=-4$

(ii) $\alpha+1=-1$, $\beta+1=2$일 때

   $\alpha=-2$, $\beta=1$

   ㉠에서 $m=-2+1-1=-2$

(i), (ii)에서 $m=-4$ 또는 $m=-2$

07-1 답 (1) $x=6$, $y=3$ (2) $x=-1$, $y=-2$

(1) $x^2+5y^2-4xy-6y+9=0$에서

   $(x^2-4xy+4y^2)+(y^2-6y+9)=0$

   $(x-2y)^2+(y-3)^2=0$

   x, y가 실수이므로 $x-2y=0$, $y-3=0$

   ∴ $x=6$, $y=3$

(2) $x^2-2xy+2y^2-2x+6y+5=0$에서

   $\{x^2-2x(y+1)+y^2+2y+1\}+(y^2+4y+4)=0$

   $\{x^2-2x(y+1)+(y+1)^2\}+(y^2+4y+4)=0$

   $(x-y-1)^2+(y+2)^2=0$

   x, y가 실수이므로 $x-y-1=0$, $y+2=0$

   ∴ $x=-1$, $y=-2$

다른 풀이

(1) 좌변을 x에 대하여 내림차순으로 정리하면

   $x^2-4yx+5y^2-6y+9=0$ …… ㉠

   x가 실수이므로 x에 대한 이차방정식 ㉠의 판별식을

   D라 하면

   $\dfrac{D}{4}=4y^2-(5y^2-6y+9)\geq0$

   $y^2-6y+9\leq0$ ∴ $(y-3)^2\leq0$

   y는 실수이므로 $y=3$

   이를 ㉠에 대입하면 $x^2-12x+36=0$

   $(x-6)^2=0$ ∴ $x=6$

(2) 좌변을 x에 대하여 내림차순으로 정리하면

   $x^2-2(y+1)x+2y^2+6y+5=0$ …… ㉠

   x가 실수이므로 x에 대한 이차방정식 ㉠의 판별식을

   D라 하면

   $\dfrac{D}{4}=(y+1)^2-(2y^2+6y+5)\geq0$

   $y^2+4y+4\leq0$ ∴ $(y+2)^2\leq0$

   y는 실수이므로 $y=-2$

   이를 ㉠에 대입하면 $x^2+2x+1=0$

   $(x+1)^2=0$ ∴ $x=-1$

연습문제   146~148쪽

1 24	**2** ②	**3** $3\sqrt{2}$	**4** ⑤	**5** ②
6 24	**7** ①	**8** 5	**9** ①	**10** 3
11 ④	**12** ③	**13** ①	**14** ③	**15** 2
16 25	**17** ①	**18** 39		

1 $x-3y=1$에서 $x=3y+1$

   이를 $x^2-4xy+5y^2=13$에 대입하면

   $(3y+1)^2-4(3y+1)y+5y^2=13$

   $y^2+y-6=0$, $(y+3)(y-2)=0$

   ∴ $y=-3$ 또는 $y=2$

   이를 각각 $x=3y+1$에 대입하면

   $y=-3$일 때 $x=-8$, $y=2$일 때 $x=7$

   ∴ $xy=24$ 또는 $xy=14$

   따라서 xy의 최댓값은 24이다.

2 두 연립방정식의 해가 일치하므로 그 해는 연립방정식

   $\begin{cases} 2x+2y=1 \\ x^2-y^2=-1 \end{cases}$ 의 해와 같다.

   $2x+2y=1$에서 $y=-x+\dfrac{1}{2}$

   이를 $x^2-y^2=-1$에 대입하면

   $x^2-\left(-x+\dfrac{1}{2}\right)^2=-1$, $x-\dfrac{1}{4}=-1$ ∴ $x=-\dfrac{3}{4}$

   이를 $y=-x+\dfrac{1}{2}$에 대입하면 $y=\dfrac{5}{4}$

   $x=-\dfrac{3}{4}$, $y=\dfrac{5}{4}$를 $3x+y=a$, $x-y=b$에 각각 대입하면

   $-\dfrac{9}{4}+\dfrac{5}{4}=a$, $-\dfrac{3}{4}-\dfrac{5}{4}=b$

   ∴ $a=-1$, $b=-2$ ∴ $ab=2$

3 $2x^2-5xy+2y^2=0$에서 $(x-2y)(2x-y)=0$

   ∴ $x=2y$ 또는 $y=2x$

   (i) $x=2y$일 때

      이를 $x^2-3xy+2y^2=6$에 대입하면

      $4y^2-6y^2+2y^2=6$, $0\times y^2=6$

      이를 만족시키는 y의 값은 존재하지 않는다.

   (ii) $y=2x$일 때

      이를 $x^2-3xy+2y^2=6$에 대입하면

      $x^2-6x^2+8x^2=6$, $x^2=2$

      ∴ $x=-\sqrt{2}$ 또는 $x=\sqrt{2}$

      그런데 $x>0$이므로 $x=\sqrt{2}$

      이를 $y=2x$에 대입하면 $y=2\sqrt{2}$

   (i), (ii)에서 $x=\sqrt{2}$, $y=2\sqrt{2}$

   ∴ $x+y=3\sqrt{2}$

4 $x^2-5xy+4y^2=0$에서 $(x-y)(x-4y)=0$

$\therefore x=y$ 또는 $x=4y$

(i) $x=y$일 때

이를 $x^2+2y^2=18$에 대입하면

$y^2+2y^2=18,\ y^2=6$

$\therefore y=-\sqrt{6}$ 또는 $y=\sqrt{6}$

그런데 y는 정수이므로 해는 없다.

(ii) $x=4y$일 때

이를 $x^2+2y^2=18$에 대입하면

$16y^2+2y^2=18,\ y^2=1$

$\therefore y=-1$ 또는 $y=1$

이를 각각 $x=4y$에 대입하면

$y=-1$일 때 $x=-4$, $y=1$일 때 $x=4$

$\therefore xy=4$

(i), (ii)에서 xy의 값은 4이다.

5 $3x^2+8xy-3y^2=0$에서 $(x+3y)(3x-y)=0$

$\therefore x=-3y$ 또는 $y=3x$

(i) $x=-3y$일 때

이를 $x^2+y^2=10$에 대입하면

$9y^2+y^2=10,\ y^2=1$

$\therefore y=-1$ 또는 $y=1$

이를 각각 $x=-3y$에 대입하면

$y=-1$일 때 $x=3$, $y=1$일 때 $x=-3$

(ii) $y=3x$일 때

이를 $x^2+y^2=10$에 대입하면

$x^2+9x^2=10,\ x^2=1$

$\therefore x=-1$ 또는 $x=1$

이를 각각 $y=3x$에 대입하면

$x=-1$일 때 $y=-3$, $x=1$일 때 $y=3$

(i), (ii)에서 주어진 연립방정식을 만족시키는 x, y의 순서쌍 $(x,\ y)$는

$(-3,\ 1),\ (3,\ -1),\ (-1,\ -3),\ (1,\ 3)$

따라서 구하는 사각형의 넓이는

$36-4\times\left(\dfrac{1}{2}\times 2\times 4\right)=20$

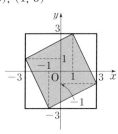

6 $x=2$를 $x^2+xy-2y^2=0$에 대입하면

$4+2y-2y^2=0,\ y^2-y-2=0$

$(y+1)(y-2)=0$

$\therefore y=-1$ 또는 $y=2$

(i) $y=-1$일 때

$x=2$, $y=-1$을 $2x^2-xy+2y^2=a$에 대입하면

$8-(-2)+2=a$ $\therefore a=12$

이때 $b=-1$이므로 $ab=12\times(-1)=-12$

(ii) $y=2$일 때

$x=2$, $y=2$를 $2x^2-xy+2y^2=a$에 대입하면

$8-4+8=a$ $\therefore a=12$

이때 $b=2$이므로 $ab=12\times 2=24$

(i), (ii)에서 ab의 최댓값은 24이다.

7 주어진 연립방정식에서 $x+y=u$, $xy=v$로 놓으면

$\begin{cases} u+v=8 \\ 2u-v=4 \end{cases}$

이를 연립하여 풀면 $u=4$, $v=4$

$\therefore x+y=4$, $xy=4$

x, y는 이차방정식 $t^2-4t+4=0$의 두 근이므로

$(t-2)^2=0$ $\therefore t=2$

따라서 $x=2$, $y=2$이므로

$\alpha=2$, $\beta=2$

$\therefore \alpha^2+\beta^2=4+4=8$

다른 풀이

주어진 연립방정식에서 $x+y=u$, $xy=v$로 놓으면

$\begin{cases} u+v=8 \\ 2u-v=4 \end{cases}$

이를 연립하여 풀면 $u=4$, $v=4$

$\therefore x+y=4$, $xy=4$

즉, $\alpha+\beta=4$, $\alpha\beta=4$이므로

$\alpha^2+\beta^2=(\alpha+\beta)^2-2\alpha\beta=4^2-2\times 4=8$

8 $x^2+y^2=(x+y)^2-2xy$이므로 주어진 연립방정식에서

$x+y=u$, $xy=v$로 놓으면

$\begin{cases} u+2v=-13 \\ u^2-2v-3u=16 \end{cases}$

$u+2v=-13$에서 $2v=-u-13$

이를 $u^2-2v-3u=16$에 대입하면

$u^2-(-u-13)-3u=16$

$u^2-2u-3=0,\ (u+1)(u-3)=0$

$\therefore u=-1$ 또는 $u=3$

이를 각각 $2v=-u-13$에 대입하여 풀면

$u=-1$일 때 $v=-6$, $u=3$일 때 $v=-8$

(i) $u=-1$, $v=-6$, 즉 $x+y=-1$, $xy=-6$일 때

x, y는 이차방정식 $t^2+t-6=0$의 두 근이므로

$(t+3)(t-2)=0$ $\therefore t=-3$ 또는 $t=2$

그런데 $x>y$이므로 $x=2$, $y=-3$

$\therefore x-y=5$

(ii) $u=3$, $v=-8$, 즉 $x+y=3$, $xy=-8$일 때

x, y는 이차방정식 $t^2-3t-8=0$의 두 근이므로

$$t=\frac{3\pm\sqrt{41}}{2}$$

그런데 x, y는 정수이므로 해는 없다.

(i), (ii)에서 $x-y$의 값은 5이다.

9 $x+y=k$에서 $y=-x+k$

이를 $x^2+2x+y=1$에 대입하면

$x^2+2x+(-x+k)=1$

$x^2+x+k-1=0$ ...... ㉠

연립방정식이 오직 한 쌍의 해를 가지면 이차방정식 ㉠이 중근을 가지므로 ㉠의 판별식을 D라 하면

$D=1-4(k-1)=0$ $\therefore k=\frac{5}{4}$

이를 ㉠에 대입하면 $x^2+x+\frac{1}{4}=0$

$\left(x+\frac{1}{2}\right)^2=0$ $\therefore x=-\frac{1}{2}$ $\therefore \alpha=-\frac{1}{2}$

$k=\frac{5}{4}$, $x=-\frac{1}{2}$을 $y=-x+k$에 대입하면

$y=-\left(-\frac{1}{2}\right)+\frac{5}{4}=\frac{7}{4}$ $\therefore \beta=\frac{7}{4}$

$\therefore k+\alpha-\beta=\frac{5}{4}+\left(-\frac{1}{2}\right)-\frac{7}{4}=-1$

10 밑면의 가로의 길이와 높이를 x, 밑면의 세로의 길이를 y라 하면 모든 모서리의 길이의 합이 20이므로

$8x+4y=20$ $\therefore y=-2x+5$ ...... ㉠

옆면의 넓이의 합이 12이므로

$2x^2+2xy=12$ $\therefore x^2+xy-6=0$ ...... ㉡

㉠을 ㉡에 대입하면

$x^2+x(-2x+5)-6=0$, $x^2-5x+6=0$

$(x-2)(x-3)=0$ $\therefore x=2$ 또는 $x=3$

이를 각각 ㉠에 대입하면

$x=2$일 때 $y=1$, $x=3$일 때 $y=-1$

그런데 $y>0$이므로 $x=2$, $y=1$

따라서 밑면의 가로의 길이와 세로의 길이의 합은

$x+y=3$

11 오른쪽 그림과 같이 마름모의 두 대각선의 길이를 각각 $2x$, $2y(x\geq y)$라 하면 한 변의 길이가 13이므로

$x^2+y^2=13^2$

$\therefore x^2+y^2=169$ ...... ㉠

마름모의 넓이가 120이므로

$\frac{1}{2}\times 2x\times 2y=120$ $\therefore xy=60$ ...... ㉡

$x^2+y^2=(x+y)^2-2xy$이므로 ㉠, ㉡에서 $x+y=u$,

$xy=v$로 놓으면

$\begin{cases} u^2-2v=169 \\ v=60 \end{cases}$

$v=60$을 $u^2-2v=169$에 대입하면

$u^2-120=169$, $u^2=289$

$\therefore u=-17$ 또는 $u=17$

그런데 $x>0$, $y>0$이므로 $x+y=u>0$

따라서 $u=17$이므로

$x+y=17$, $xy=60$

x, y는 이차방정식 $t^2-17t+60=0$의 두 근이므로

$(t-5)(t-12)=0$ $\therefore t=5$ 또는 $t=12$

이때 $x\geq y$이므로 $x=12$, $y=5$

따라서 긴 대각선의 길이는 $2\times 12=24$

12 $xy-2x-2y+3=0$에서

$x(y-2)-2(y-2)-1=0$

$(x-2)(y-2)=1$

x, y가 정수이므로 $x-2$, $y-2$도 정수이다.

따라서 $(x-2)(y-2)=1$인 경우는

(i) $x-2=-1$, $y-2=-1$일 때

$x=1$, $y=1$ $\therefore x-y=0$

(ii) $x-2=1$, $y-2=1$일 때

$x=3$, $y=3$ $\therefore x-y=0$

(i), (ii)에서 $x-y=0$

13 정수인 두 근을 α, $\beta(\alpha\leq\beta)$라 하면 근과 계수의 관계에 의하여

$\alpha+\beta=-m-3$ $\therefore m=-\alpha-\beta-3$ ...... ㉠

$\alpha\beta=2m+7$ ...... ㉡

㉠을 ㉡에 대입하면

$\alpha\beta=2(-\alpha-\beta-3)+7$, $\alpha(\beta+2)+2(\beta+2)=5$

$(\alpha+2)(\beta+2)=5$

α, β가 정수이므로 $\alpha+2$, $\beta+2$도 정수이고 $\alpha+2\leq\beta+2$이다.

따라서 $(\alpha+2)(\beta+2)=5$인 경우는

(i) $\alpha+2=-5$, $\beta+2=-1$일 때

$\alpha=-7$, $\beta=-3$

㉠에서 $m=-(-7)-(-3)-3=7$

(ii) $\alpha+2=1$, $\beta+2=5$일 때

$\alpha=-1$, $\beta=3$

㉠에서 $m=-(-1)-3-3=-5$

(i), (ii)에서 $m=7$ 또는 $m=-5$

따라서 모든 정수 m의 값의 합은 $7+(-5)=2$

14 $2x^2+9y^2+6xy-2x+1=0$에서
$(x^2-2x+1)+(x^2+6xy+9y^2)=0$
$(x-1)^2+(x+3y)^2=0$
x, y가 실수이므로 $x-1=0$, $x+3y=0$
$\therefore x=1$, $y=-\dfrac{1}{3}$
$\therefore 3xy=-1$

15 (i) $x \geq y$일 때
$[x, y]=2y$, $\langle x, y \rangle=x$이므로 주어진 연립방정식은
$\begin{cases} x+y=4y+2 \\ x^2+xy+y^2=2x+5 \end{cases}$
$x+y=4y+2$에서 $x=3y+2$
이를 $x^2+xy+y^2=2x+5$에 대입하면
$(3y+2)^2+(3y+2)y+y^2=2(3y+2)+5$
$13y^2+8y-5=0$, $(y+1)(13y-5)=0$
$\therefore y=-1$ 또는 $y=\dfrac{5}{13}$
그런데 y는 정수이므로 $y=-1$
이를 $x=3y+2$에 대입하면 $x=-1$
$x=-1$, $y=-1$은 $x \geq y$를 만족시키므로
$\alpha=-1$, $\beta=-1$ $\therefore |\alpha-\beta|=0$

(ii) $x<y$일 때
$[x, y]=x$, $\langle x, y \rangle=-2y$이므로 주어진 연립방정식은
$\begin{cases} x+y=2x+2 \\ x^2+xy+y^2=-4y+5 \end{cases}$
$x+y=2x+2$에서 $y=x+2$
이를 $x^2+xy+y^2=-4y+5$에 대입하면
$x^2+x(x+2)+(x+2)^2=-4(x+2)+5$
$3x^2+10x+7=0$, $(3x+7)(x+1)=0$
$\therefore x=-\dfrac{7}{3}$ 또는 $x=-1$
그런데 x는 정수이므로 $x=-1$
이를 $y=x+2$에 대입하면 $y=1$
$x=-1$, $y=1$은 $x<y$를 만족시키므로
$\alpha=-1$, $\beta=1$ $\therefore |\alpha-\beta|=2$

(i), (ii)에서 $|\alpha-\beta|$의 최댓값은 2이다.

16 $x^2-y^2=6$에서 $(x+y)(x-y)=6$ ······ ㉠
$(x+y)^2-2(x+y)=3$에서 $x+y=t$로 놓으면
$t^2-2t-3=0$, $(t+1)(t-3)=0$
$\therefore t=-1$ 또는 $t=3$
$\therefore x+y=-1$ 또는 $x+y=3$
(i) $x+y=-1$일 때
이를 ㉠에 대입하면
$-(x-y)=6$ $\therefore x-y=-6$

$x+y=-1$, $x-y=-6$을 연립하여 풀면
$x=-\dfrac{7}{2}$, $y=\dfrac{5}{2}$
그런데 x, y는 양수이므로 해는 없다.
(ii) $x+y=3$일 때
이를 ㉠에 대입하면
$3(x-y)=6$ $\therefore x-y=2$
$x+y=3$, $x-y=2$를 연립하여 풀면
$x=\dfrac{5}{2}$, $y=\dfrac{1}{2}$
(i), (ii)에서 $x=\dfrac{5}{2}$, $y=\dfrac{1}{2}$
$\therefore 20xy=20 \times \dfrac{5}{2} \times \dfrac{1}{2}=25$

17 $x^2+y^2=2a^2-16a+16$에서
$(x+y)^2-2xy=2a^2-16a+16$
이때 $xy=a^2$이므로
$(x+y)^2-2a^2=2a^2-16a+16$
$(x+y)^2=4(a-2)^2$
$\therefore x+y=-2(a-2)$ 또는 $x+y=2(a-2)$
x, y는 t에 대한 이차방정식 $t^2+2(a-2)t+a^2=0$ 또는
$t^2-2(a-2)t+a^2=0$의 두 실근이므로 두 이차방정식의
판별식을 각각 D_1, D_2라 하면
$\dfrac{D_1}{4}=\dfrac{D_2}{4}=(a-2)^2-a^2 \geq 0$
$-4a+4 \geq 0$ $\therefore a \leq 1$
그런데 a는 자연수이므로 $a=1$

18 $\overline{CD}=x$, $\overline{AB}=y$라 하면 $\overline{AC}=x-1$
두 삼각형 ABC, DBA에서
$\angle BCA=\angle BAD$, $\angle B$는 공통
이므로
$\triangle ABC \backsim \triangle DBA$

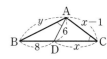

$\overline{AB} : \overline{AC}=\overline{DB} : \overline{DA}$이므로 $y : (x-1)=8 : 6$
$\therefore x=\dfrac{3}{4}y+1$ ······ ㉠
$\overline{AB} : \overline{BC}=\overline{DB} : \overline{BA}$이므로 $y : (8+x)=8 : y$
$\therefore y^2=8x+64$ ······ ㉡
㉠을 ㉡에 대입하면
$y^2=8\left(\dfrac{3}{4}y+1\right)+64$, $y^2-6y-72=0$
$(y+6)(y-12)=0$ $\therefore y=-6$ 또는 $y=12$
그런데 $y>0$이므로 $y=12$
이를 ㉠에 대입하면 $x=10$
$\therefore \overline{AB}=12$, $\overline{BC}=8+10=18$, $\overline{AC}=10-1=9$
따라서 삼각형 ABC의 둘레의 길이는
$12+18+9=39$

1 일차부등식

개념 Check

150쪽

1 답 ㄱ, ㄷ, ㄹ

ㄱ. $a>b$의 양변에 1을 더하면
$a+1>b+1$

ㄴ. $a>b$의 양변에서 3을 빼면
$a-3>b-3$

ㄷ. $a>0$이므로 $a>b$의 양변에 a를 곱하면
$a^2>ab$

ㄹ. $b<0$이므로 $a>b$의 양변을 b로 나누면
$\dfrac{a}{b}<1$

따라서 보기에서 옳은 것은 ㄱ, ㄷ, ㄹ이다.

문제

151쪽

01-1 답 $\begin{cases} a>4일 \ 때, \ x\le 2 \\ a=4일 \ 때, \ 모든 \ 실수 \\ a<4일 \ 때, \ x\ge 2 \end{cases}$

$ax-2a\le 4x-8$에서 $(a-4)x\le 2(a-4)$

(i) $a-4>0$, 즉 $a>4$일 때
$x\le 2$

(ii) $a-4=0$, 즉 $a=4$일 때
$0\times x\le 0$이므로 해는 모든 실수이다.

(iii) $a-4<0$, 즉 $a<4$일 때
$x\ge 2$

(i), (ii), (iii)에서 주어진 부등식의 해는
$\begin{cases} a>4일 \ 때, \ x\le 2 \\ a=4일 \ 때, \ 모든 \ 실수 \\ a<4일 \ 때, \ x\ge 2 \end{cases}$

01-2 답 -5

$ax+1>a^2-x$에서 $(a+1)x>a^2-1$

$\therefore (a+1)x>(a+1)(a-1)$ ...... ㉠

이 부등식의 해가 $x<-6$이므로 $a+1<0$

㉠의 양변을 $a+1$로 나누면 $x<a-1$

따라서 $a-1=-6$이므로 $a=-5$

01-3 답 $x\le -1$

$(a+2b)x+a-b\ge 0$에서 $(a+2b)x\ge b-a$ ...... ㉠

이 부등식의 해가 $x\le 2$이므로 $a+2b<0$ ...... ㉡

㉠의 양변을 $a+2b$로 나누면 $x\le \dfrac{b-a}{a+2b}$

따라서 $\dfrac{b-a}{a+2b}=2$이므로

$b-a=2a+4b$ $\therefore a=-b$ ...... ㉢

㉢을 ㉡에 대입하면
$-b+2b<0$ $\therefore b<0$

㉢을 $b(2x-1)\ge 3a$에 대입하면
$b(2x-1)\ge -3b$

양변을 b로 나누면 $2x-1\le -3$

$2x\le -2$ $\therefore x\le -1$

2 연립일차부등식

개념 Check

152쪽

1 답 (1) $x>6$ (2) $x<2$ (3) $-2<x\le 3$

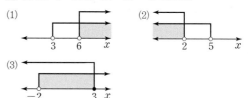

문제

153~158쪽

02-1 답 (1) $x<1$ (2) $-5\le x<-2$
(3) $x\ge -5$ (4) $7<x\le 9$

(1) $3x-1<5$를 풀면
$3x<6$ $\therefore x<2$ ...... ㉠
$4x-5<2x-3$을 풀면
$2x<2$ $\therefore x<1$ ...... ㉡
㉠, ㉡을 수직선 위에 나타내면
오른쪽 그림과 같으므로 주어진
연립부등식의 해는
$x<1$

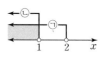

(2) $2(x+1)\ge x-3$을 풀면
$2x+2\ge x-3$ $\therefore x\ge -5$ ...... ㉠
$3x-2<-2(x+6)$을 풀면
$3x-2<-2x-12$
$5x<-10$ $\therefore x<-2$ ...... ㉡
㉠, ㉡을 수직선 위에 나타내면
오른쪽 그림과 같으므로 주어진
연립부등식의 해는
$-5\le x<-2$

(3) $5x-6(x-3)>3(1-x)-1$을 풀면

$5x-6x+18>3-3x-1$

$2x>-16$ $\therefore x>-8$ ...... ㉠

$0.2x\leq0.3x+\dfrac{1}{2}$을 풀면

$2x\leq3x+5$, $-x\leq5$

$\therefore x\geq-5$ ...... ㉡

㉠, ㉡을 수직선 위에 나타내면 오른쪽 그림과 같으므로 주어진 연립부등식의 해는

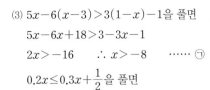

$x\geq-5$

(4) $\dfrac{x+2}{3}-\dfrac{x-3}{4}>2$를 풀면

$4(x+2)-3(x-3)>24$

$4x+8-3x+9>24$ $\therefore x>7$ ...... ㉠

$\dfrac{3x-2}{5}\leq5$를 풀면

$3x-2\leq25$, $3x\leq27$ $\therefore x\leq9$ ...... ㉡

㉠, ㉡을 수직선 위에 나타내면 오른쪽 그림과 같으므로 주어진 연립부등식의 해는

$7<x\leq9$

02-2 답 (1) $-2<x\leq2$ (2) $1\leq x<2$

(1) 주어진 부등식은 $\begin{cases}6x-3\leq4x+1\\4x+1<9x+11\end{cases}$ 로 나타낼 수 있다.

$6x-3\leq4x+1$을 풀면

$2x\leq4$ $\therefore x\leq2$ ...... ㉠

$4x+1<9x+11$을 풀면

$-5x<10$ $\therefore x>-2$ ...... ㉡

㉠, ㉡을 수직선 위에 나타내면 오른쪽 그림과 같으므로 주어진 부등식의 해는

$-2<x\leq2$

(2) 주어진 부등식은 $\begin{cases}2(x-4)+x<-x\\-x\leq x-2\end{cases}$ 로 나타낼 수 있다.

$2(x-4)+x<-x$를 풀면

$2x-8+x<-x$

$4x<8$ $\therefore x<2$ ...... ㉠

$-x\leq x-2$를 풀면

$-2x\leq-2$ $\therefore x\geq1$ ...... ㉡

㉠, ㉡을 수직선 위에 나타내면 오른쪽 그림과 같으므로 주어진 부등식의 해는

$1\leq x<2$

03-1 답 (1) $x=1$ (2) 해는 없다.

(3) $x=-1$ (4) 해는 없다.

(5) 해는 없다. (6) $x=2$

(1) $3x-2\leq1$을 풀면

$3x\leq3$ $\therefore x\leq1$ ...... ㉠

$2x+5\leq4x+3$을 풀면

$-2x\leq-2$ $\therefore x\geq1$ ...... ㉡

㉠, ㉡을 수직선 위에 나타내면 오른쪽 그림과 같으므로 주어진 연립부등식의 해는

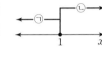

$x=1$

(2) $2x-3<5x+3$을 풀면

$-3x<6$ $\therefore x>-2$ ...... ㉠

$6x+7<x-3$을 풀면

$5x<-10$ $\therefore x<-2$ ...... ㉡

㉠, ㉡을 수직선 위에 나타내면 오른쪽 그림과 같으므로 주어진 연립부등식의 해는 없다.

(3) $5x-1\geq6x$를 풀면

$-x\geq1$ $\therefore x\leq-1$ ...... ㉠

$13x+1\geq2x-10$을 풀면

$11x\geq-11$ $\therefore x\geq-1$ ...... ㉡

㉠, ㉡을 수직선 위에 나타내면 오른쪽 그림과 같으므로 주어진 연립부등식의 해는

$x=-1$

(4) $8x+3\leq6x+1$을 풀면

$2x\leq-2$ $\therefore x\leq-1$ ...... ㉠

$2x-5\geq1-x$를 풀면

$3x\geq6$ $\therefore x\geq2$ ...... ㉡

㉠, ㉡을 수직선 위에 나타내면 오른쪽 그림과 같으므로 주어진 연립부등식의 해는 없다.

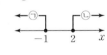

(5) $2(x+1)\geq5x-7$을 풀면

$2x+2\geq5x-7$, $-3x\geq-9$

$\therefore x\leq3$ ...... ㉠

$0.7x+1>3.1$을 풀면

$7x+10>31$, $7x>21$

$\therefore x>3$ ...... ㉡

㉠, ㉡을 수직선 위에 나타내면 오른쪽 그림과 같으므로 주어진 연립부등식의 해는 없다.

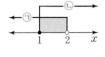

(6) 주어진 부등식은 $\begin{cases}x+5\leq4x-1\\4x-1\leq2x+3\end{cases}$ 으로 나타낼 수 있다.

$x+5 \leq 4x-1$을 풀면

$-3x \leq -6$ $\therefore x \geq 2$ ...... ㉠

$4x-1 \leq 2x+3$을 풀면

$2x \leq 4$ $\therefore x \leq 2$ ...... ㉡

㉠, ㉡을 수직선 위에 나타내면 오른쪽 그림과 같으므로 주어진 부등식의 해는

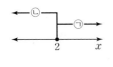

$x=2$

04-1 답 **7**

$5x+a > x-11$을 풀면

$4x > -a-11$ $\therefore x > -\dfrac{a+11}{4}$

$-2(x+2) \geq x+a$를 풀면

$-2x-4 \geq x+a$, $-3x \geq a+4$

$\therefore x \leq -\dfrac{a+4}{3}$

주어진 연립부등식의 해가 $b < x \leq 1$이므로

$-\dfrac{a+11}{4}=b$, $-\dfrac{a+4}{3}=1$

$\therefore a=-7$, $b=-1$

$\therefore ab=7$

04-2 답 **8**

주어진 부등식은 $\begin{cases} 3x-a < 2x-7 \\ 2x-7 \leq 4x-b \end{cases}$로 나타낼 수 있다.

$3x-a < 2x-7$을 풀면

$x < a-7$

$2x-7 \leq 4x-b$를 풀면

$-2x \leq -b+7$ $\therefore x \geq \dfrac{b-7}{2}$

주어진 부등식의 해가 $-3 \leq x < 2$이므로

$a-7=2$, $\dfrac{b-7}{2}=-3$

$\therefore a=9$, $b=1$

$\therefore a-b=8$

04-3 답 **4**

$6x-13 \geq 4x+a$를 풀면

$2x \geq a+13$ $\therefore x \geq \dfrac{a+13}{2}$

$2(x-2) \leq x+b$를 풀면

$2x-4 \leq x+b$ $\therefore x \leq b+4$

주어진 연립부등식의 해가 $x=5$이므로

$\dfrac{a+13}{2}=5$, $b+4=5$

$\therefore a=-3$, $b=1$

$\therefore b-a=4$

05-1 답 **$a > -14$**

$3(4-x) > -x$를 풀면

$12-3x > -x$, $-2x > -12$

$\therefore x < 6$ ...... ㉠

$2x+4 \leq 5x+a$를 풀면

$-3x \leq a-4$ $\therefore x \geq -\dfrac{a-4}{3}$ ...... ㉡

주어진 연립부등식이 해를 갖도록 ㉠, ㉡을 수직선 위에 나타내면 오른쪽 그림과 같으므로

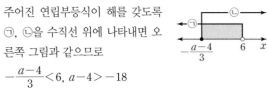

$-\dfrac{a-4}{3} < 6$, $a-4 > -18$

$\therefore a > -14$

05-2 답 **2**

$x+1 \geq \dfrac{2x+a}{3}$를 풀면

$3x+3 \geq 2x+a$ $\therefore x \geq a-3$ ...... ㉠

$5x-2 < 3x-4$를 풀면

$2x < -2$ $\therefore x < -1$ ...... ㉡

주어진 연립부등식이 해를 갖지 않도록 ㉠, ㉡을 수직선 위에 나타내면 오른쪽 그림과 같으므로

$a-3 \geq -1$ $\therefore a \geq 2$

따라서 상수 a의 최솟값은 2이다.

06-1 답 **$-4 \leq a < -3$**

주어진 부등식은 $\begin{cases} 3x-2 < x+4 \\ x+4 < 2x-a \end{cases}$로 나타낼 수 있다.

$3x-2 < x+4$를 풀면

$2x < 6$ $\therefore x < 3$ ...... ㉠

$x+4 < 2x-a$를 풀면

$-x < -a-4$ $\therefore x > a+4$ ...... ㉡

주어진 부등식을 만족시키는 정수 x가 2개가 되도록 ㉠, ㉡을 수직선 위에 나타내면 오른쪽 그림과 같으므로

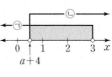

$0 \leq a+4 < 1$ $\therefore -4 \leq a < -3$

06-2 답 **$10 \leq a < 12$**

$2(x-3) < 3x-8$을 풀면

$2x-6 < 3x-8$

$-x < -2$ $\therefore x > 2$ ...... ㉠

$a-x \geq x$를 풀면

$-2x \geq -a$ $\therefore x \leq \dfrac{a}{2}$ ...... ㉡

주어진 연립부등식을 만족시키는 정수 x의 값의 합이 12가 되도록 ㉠, ㉡을 수직선 위에 나타내면 오른쪽 그림과 같으므로

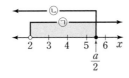

$5 \leq \dfrac{a}{2} < 6$ $\therefore 10 \leq a < 12$

07-1 답 **20 cm 이상 25 cm 이하**

세로의 길이를 x cm라 하면 가로의 길이는 $(2x-5)$ cm이므로

$110 \leq 2\{x+(2x-5)\} \leq 140$

$110 \leq 6x-10 \leq 140$

$120 \leq 6x \leq 150$ $\therefore 20 \leq x \leq 25$

따라서 세로의 길이는 20 cm 이상 25 cm 이하이다.

07-2 답 **7**

만들 수 있는 아이스크림 A의 개수를 x라 하면 아이스크림 B의 개수는 $10-x$이므로

$\begin{cases} 70x+50(10-x) \leq 640 & \cdots\cdots ㉠ \\ 10x+15(10-x) \leq 130 & \cdots\cdots ㉡ \end{cases}$

㉠을 풀면

$70x+500-50x \leq 640$

$20x \leq 140$ $\therefore x \leq 7$ $\cdots\cdots ㉢$

㉡을 풀면

$10x+150-15x \leq 130$

$-5x \leq -20$ $\therefore x \geq 4$ $\cdots\cdots ㉣$

㉢, ㉣을 수직선 위에 나타내면 오른쪽 그림과 같으므로

$4 \leq x \leq 7$

따라서 만들 수 있는 아이스크림 A의 최대 개수는 7이다.

07-3 답 **5**

방의 개수를 x라 하면 학생 수는 $7x+14$

한 방에 학생을 9명씩 배정하면 4명 이상 6명 미만의 학생이 남으므로

$9x+4 \leq 7x+14 < 9x+6$

$9x+4 \leq 7x+14$를 풀면

$2x \leq 10$ $\therefore x \leq 5$ $\cdots\cdots ㉠$

$7x+14 < 9x+6$을 풀면

$-2x < -8$ $\therefore x > 4$ $\cdots\cdots ㉡$

㉠, ㉡을 수직선 위에 나타내면 오른쪽 그림과 같으므로

$4 < x \leq 5$

이때 방의 개수는 자연수이므로 5이다.

③ 절댓값 기호를 포함한 일차부등식

개념 Check   159쪽

1 답 (1) $-5 < x < 5$

(2) $x \leq -5$ 또는 $x \geq 5$

(3) $-3 \leq x \leq 7$

(4) $x < -3$ 또는 $x > 7$

(3) $|x-2| \leq 5$에서

$-5 \leq x-2 \leq 5$ $\therefore -3 \leq x \leq 7$

(4) $|x-2| > 5$에서

$x-2 < -5$ 또는 $x-2 > 5$ $\therefore x < -3$ 또는 $x > 7$

문제   160쪽

08-1 답 (1) $x < 1$ 또는 $x > \dfrac{7}{5}$

(2) $-\dfrac{3}{2} < x < -\dfrac{1}{2}$ 또는 $2 < x < 3$

(3) $x > 2$

(4) $x < 6$

(1) $|6-5x| > 1$에서

$6-5x < -1$ 또는 $6-5x > 1$

(i) $6-5x < -1$에서

$-5x < -7$ $\therefore x > \dfrac{7}{5}$

(ii) $6-5x > 1$에서

$-5x > -5$ $\therefore x < 1$

(i), (ii)에서 주어진 부등식의 해는

$x < 1$ 또는 $x > \dfrac{7}{5}$

(2) $5 < |4x-3| < 9$에서

$-9 < 4x-3 < -5$ 또는 $5 < 4x-3 < 9$

(i) $-9 < 4x-3 < -5$에서

$-6 < 4x < -2$ $\therefore -\dfrac{3}{2} < x < -\dfrac{1}{2}$

(ii) $5 < 4x-3 < 9$에서

$8 < 4x < 12$ $\therefore 2 < x < 3$

(i), (ii)에서 주어진 부등식의 해는

$-\dfrac{3}{2} < x < -\dfrac{1}{2}$ 또는 $2 < x < 3$

(3) (i) $x < -\dfrac{2}{3}$일 때

$|3x+2| = -(3x+2)$이므로

$-(3x+2) < 4x, -7x < 2$ $\therefore x > -\dfrac{2}{7}$

그런데 $x < -\dfrac{2}{3}$이므로 해는 없다.

(ii) $x \geq -\dfrac{2}{3}$일 때

$|3x+2|=3x+2$이므로

$3x+2<4x$, $-x<-2$ $\quad \therefore x>2$

그런데 $x \geq -\dfrac{2}{3}$이므로

$x>2$

(i), (ii)에서 주어진 부등식의 해는

$x>2$

(4) (i) $x < -\dfrac{3}{2}$일 때

$|2x+3|=-(2x+3)$이므로

$4x-9<-(2x+3)$, $6x<6$ $\quad \therefore x<1$

그런데 $x<-\dfrac{3}{2}$이므로

$x<-\dfrac{3}{2}$

(ii) $x \geq -\dfrac{3}{2}$일 때

$|2x+3|=2x+3$이므로

$4x-9<2x+3$, $2x<12$ $\quad \therefore x<6$

그런데 $x \geq -\dfrac{3}{2}$이므로

$-\dfrac{3}{2} \leq x < 6$

(i), (ii)에서 주어진 부등식의 해는

$x<6$

08-2 답 (1) $-8<x<2$ (2) $-2<x<18$

(1) (i) $x<-1$일 때

$|x+1|=-(x+1)$, $|x-1|=-(x-1)$이므로

$-2(x+1)+(x-1)<5$

$-x<8$ $\quad \therefore x>-8$

그런데 $x<-1$이므로

$-8<x<-1$

(ii) $-1 \leq x < 1$일 때

$|x+1|=x+1$, $|x-1|=-(x-1)$이므로

$2(x+1)+(x-1)<5$, $3x<4$ $\quad \therefore x<\dfrac{4}{3}$

그런데 $-1 \leq x < 1$이므로

$-1 \leq x < 1$

(iii) $x \geq 1$일 때

$|x+1|=x+1$, $|x-1|=x-1$이므로

$2(x+1)-(x-1)<5$ $\quad \therefore x<2$

그런데 $x \geq 1$이므로

$1 \leq x < 2$

(i), (ii), (iii)에서 주어진 부등식의 해는

$-8<x<2$

(2) (i) $x<7$일 때

$|7-x|=7-x$, $|x-9|=-(x-9)$이므로

$(7-x)-(x-9)<20$

$-2x<4$ $\quad \therefore x>-2$

그런데 $x<7$이므로

$-2<x<7$

(ii) $7 \leq x < 9$일 때

$|7-x|=-(7-x)$, $|x-9|=-(x-9)$이므로

$-(7-x)-(x-9)<20$

$0 \times x < 18$이므로 해는 모든 실수이다.

그런데 $7 \leq x < 9$이므로

$7 \leq x < 9$

(iii) $x \geq 9$일 때

$|7-x|=-(7-x)$, $|x-9|=x-9$이므로

$-(7-x)+(x-9)<20$

$2x<36$ $\quad \therefore x<18$

그런데 $x \geq 9$이므로

$9 \leq x < 18$

(i), (ii), (iii)에서 주어진 부등식의 해는

$-2<x<18$

연습문제 161~163쪽

1 $x<-1$	**2** ④	**3** ①	**4** ②	**5** 21
6 12	**7** ③	**8** ③	**9** 9	**10** 3
11 ③	**12** ②	**13** ②	**14** ②	
15 $\dfrac{1}{4} \leq x \leq 2$		**16** $\dfrac{25}{2}$	**17** ⑤	**18** ①

1 $ax<2a+bx$에서 $(a-b)x<2a$ $\quad$ ……㉠

이 부등식의 해가 $x>1$이므로

$a-b<0$

㉠의 양변을 $a-b$로 나누면 $x>\dfrac{2a}{a-b}$

따라서 $\dfrac{2a}{a-b}=1$이므로

$2a=a-b$ $\quad \therefore a=-b$ $\quad$ ……㉡

$(a-b)x+3a+b>0$에서

$(a-b)x>-(3a+b)$

양변을 $a-b$로 나누면 $x<-\dfrac{3a+b}{a-b}$

㉡을 대입하면 $x<-\dfrac{-3b+b}{-b-b}$

$x<-\dfrac{-2b}{-2b}$ $\quad \therefore x<-1$

2 $a^2x-1>x+3a$에서 $(a^2-1)x>3a+1$

이 부등식이 해를 갖지 않으므로

$a^2-1=0, \ 3a+1\geq0$

(i) $a^2-1=0$에서

$\quad (a+1)(a-1)=0 \quad \therefore a=-1$ 또는 $a=1$

(ii) $3a+1\geq0$에서

$\quad 3a\geq-1 \quad \therefore a\geq-\dfrac{1}{3}$

(i), (ii)에서 $a=1$

3 $3(x-2)\geq-15$를 풀면

$3x-6\geq-15, \ 3x\geq-9 \quad \therefore x\geq-3 \quad \cdots\cdots \ \bigcirc$

$\dfrac{4-x}{2}\leq4-x$를 풀면

$4-x\leq8-2x \quad \therefore x\leq4 \quad \cdots\cdots \ \bigcirc$

$\bigcirc$, $\bigcirc$의 공통부분은 $-3\leq x\leq4$

따라서 $\alpha=-3$, $\beta=4$이므로 $\alpha\beta=-12$

4 $x-1\leq2(1-x)$를 풀면

$x-1\leq2-2x, \ 3x\leq3 \quad \therefore x\leq1 \quad \cdots\cdots \ \bigcirc$

$2(1-x)\leq\dfrac{5-5x}{3}$를 풀면

$6-6x\leq5-5x, \ -x\leq-1 \quad \therefore x\geq1 \quad \cdots\cdots \ \bigcirc$

$\bigcirc$, $\bigcirc$의 공통부분은 $x=1$

5 $x-1>8$을 풀면

$x>9$

$2x-16\leq x+a$를 풀면

$x\leq a+16$

주어진 연립부등식의 해가 $b<x\leq28$이므로

$b=9, \ a+16=28 \quad \therefore a=12, \ b=9$

$\therefore a+b=21$

6 $3x-4<\dfrac{x+a}{2}$를 풀면

$6x-8<x+a, \ 5x<a+8 \quad \therefore x<\dfrac{a+8}{5}$

$4x+b\leq3-2x$를 풀면

$6x\leq-b+3 \quad \therefore x\leq\dfrac{-b+3}{6}$

주어진 그림에서 $x<1$, $x\leq-1$이므로

$\dfrac{a+8}{5}=1, \ \dfrac{-b+3}{6}=-1 \quad \therefore a=-3, \ b=9$

$\therefore b-a=12$

7 $3(x-1)\leq a+4$를 풀면

$3x-3\leq a+4, \ 3x\leq a+7 \quad \therefore x\leq\dfrac{a+7}{3}$

$\dfrac{5x-b}{7}\geq1$을 풀면

$5x-b\geq7, \ 5x\geq b+7 \quad \therefore x\geq\dfrac{b+7}{5}$

주어진 연립부등식의 해가 $x=3$이므로

$\dfrac{a+7}{3}=3, \ \dfrac{b+7}{5}=3 \quad \therefore a=2, \ b=8$

$\therefore ab=16$

8 $x+3\leq3a$를 풀면

$x\leq3a-3 \quad\quad\quad\quad\quad\quad \cdots\cdots \ \bigcirc$

$-3x+1\leq2x+16$을 풀면

$-5x\leq15 \quad \therefore x\geq-3 \quad \cdots\cdots \ \bigcirc$

주어진 연립부등식이 해를 갖지 않

도록 $\bigcirc$, $\bigcirc$을 수직선 위에 나타내

면 오른쪽 그림과 같으므로

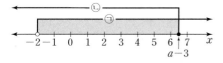

$3a-3<-3, \ 3a<0 \quad \therefore a<0$

따라서 정수 a의 최댓값은 -1이다.

9 $3x-1<5x+3$을 풀면

$-2x<4 \quad \therefore x>-2 \quad \cdots\cdots \ \bigcirc$

$5x+3\leq4x+a$를 풀면

$x\leq a-3 \quad\quad\quad\quad\quad\quad \cdots\cdots \ \bigcirc$

주어진 부등식을 만족시키는 정수 x가 8개가 되도록 $\bigcirc$,

$\bigcirc$을 수직선 위에 나타내면 다음 그림과 같다.

따라서 $6\leq a-3<7$이어야 하므로 $9\leq a<10$

따라서 조건을 만족시키는 자연수 a의 값은 9이다.

10 어떤 자연수를 x라 하면

$\begin{cases} 5(x-1)>5 \\ x-4<4-x \end{cases}$

$5(x-1)>5$를 풀면

$5x-5>5, \ 5x>10 \quad \therefore x>2 \quad \cdots\cdots \ \bigcirc$

$x-4<4-x$를 풀면

$2x<8 \quad \therefore x<4 \quad\quad\quad\quad \cdots\cdots \ \bigcirc$

$\bigcirc$, $\bigcirc$의 공통부분은 $2<x<4$

따라서 주어진 조건을 만족시키는 자연수는 3이다.

11 $|x-7|\leq a+1$에서 $-(a+1)\leq x-7\leq a+1$

$\therefore -a+6\leq x\leq a+8$

주어진 부등식을 만족시키는 정수 x가 9개가 되려면

$a+8-(-a+6)+1=9 \quad \therefore a=3$

12 (i) $x<-1$일 때

$|2x+2|=-(2x+2)$이므로

$-(2x+2)\leq x+10$, $-3x\leq 12$ $\qquad \therefore x\geq -4$

그런데 $x<-1$이므로 $-4\leq x<-1$

(ii) $x\geq -1$일 때

$|2x+2|=2x+2$이므로

$2x+2\leq x+10$ $\qquad \therefore x\leq 8$

그런데 $x\geq -1$이므로 $-1\leq x\leq 8$

(i), (ii)에서 주어진 부등식의 해는 $-4\leq x\leq 8$

따라서 $M=8$, $m=-4$이므로 $M+m=4$

13 (i) $x<-3$일 때

$|x+3|=-(x+3)$, $|x-5|=-(x-5)$이므로

$-(x+3)-2(x-5)<10$, $-3x<3$ $\qquad \therefore x>-1$

그런데 $x<-3$이므로 해는 없다.

(ii) $-3\leq x<5$일 때

$|x+3|=x+3$, $|x-5|=-(x-5)$이므로

$(x+3)-2(x-5)<10$, $-x<-3$ $\qquad \therefore x>3$

그런데 $-3\leq x<5$이므로 $3<x<5$

(iii) $x\geq 5$일 때

$|x+3|=x+3$, $|x-5|=x-5$이므로

$(x+3)+2(x-5)<10$, $3x<17$ $\qquad \therefore x<\dfrac{17}{3}$

그런데 $x\geq 5$이므로 $5\leq x<\dfrac{17}{3}$

(i), (ii), (iii)에서 주어진 부등식의 해는 $3<x<\dfrac{17}{3}$

따라서 정수 x는 4, 5의 2개이다.

14 $\sqrt{x^2-2x+1}=\sqrt{(x-1)^2}=|x-1|$이므로 주어진 부등식은

$2|x-1|+|x+1|\leq 6$

(i) $x<-1$일 때

$|x-1|=-(x-1)$, $|x+1|=-(x+1)$이므로

$-2(x-1)-(x+1)\leq 6$, $-3x\leq 5$ $\qquad \therefore x\geq -\dfrac{5}{3}$

그런데 $x<-1$이므로 $-\dfrac{5}{3}\leq x<-1$

(ii) $-1\leq x<1$일 때

$|x-1|=-(x-1)$, $|x+1|=x+1$이므로

$-2(x-1)+(x+1)\leq 6$, $-x\leq 3$ $\qquad \therefore x\geq -3$

그런데 $-1\leq x<1$이므로 $-1\leq x<1$

(iii) $x\geq 1$일 때

$|x-1|=x-1$, $|x+1|=x+1$이므로

$2(x-1)+(x+1)\leq 6$, $3x\leq 7$ $\qquad \therefore x\leq \dfrac{7}{3}$

그런데 $x\geq 1$이므로 $1\leq x\leq \dfrac{7}{3}$

(i), (ii), (iii)에서 주어진 부등식의 해는 $-\dfrac{5}{3}\leq x\leq \dfrac{7}{3}$

따라서 $\alpha=-\dfrac{5}{3}$, $\beta=\dfrac{7}{3}$이므로 $\beta-\alpha=4$

15 $4x-b\leq x+2a$를 풀면

$3x\leq 2a+b$ $\qquad \therefore x\leq \dfrac{2a+b}{3}$

$4x-b\leq 5x+a$를 풀면

$-x\leq a+b$ $\qquad \therefore x\geq -a-b$

연립부등식의 해가 $-5\leq x\leq 2$이므로

$\dfrac{2a+b}{3}=2$, $-a-b=-5$

두 식을 연립하여 풀면 $a=1$, $b=4$

따라서 처음 부등식은 $4x-4\leq x+2\leq 5x+1$이므로

$4x-4\leq x+2$를 풀면

$3x\leq 6$ $\qquad \therefore x\leq 2$ $\qquad \cdots\cdots$ ㉠

$x+2\leq 5x+1$을 풀면

$-4x\leq -1$ $\qquad \therefore x\geq \dfrac{1}{4}$ $\qquad \cdots\cdots$ ㉡

㉠, ㉡의 공통부분은 $\dfrac{1}{4}\leq x\leq 2$

16 삼각형의 세 변의 길이는

$3x\,\mathrm{cm}$, $3x\,\mathrm{cm}$, $(30-6x)\,\mathrm{cm}$

(i) 가장 긴 변의 길이가 $(30-6x)\,\mathrm{cm}$일 때

$3x<30-6x$이므로

$9x<30$ $\qquad \therefore x<\dfrac{10}{3}$ $\qquad \cdots\cdots$ ㉠

$30-6x<3x+3x$이므로

$-12x<-30$ $\qquad \therefore x>\dfrac{5}{2}$ $\qquad \cdots\cdots$ ㉡

㉠, ㉡의 공통부분은 $\dfrac{5}{2}<x<\dfrac{10}{3}$

(ii) 세 변의 길이가 같을 때

$3x=30-6x$이므로

$9x=30$ $\qquad \therefore x=\dfrac{10}{3}$

(iii) 가장 긴 변의 길이가 $3x\,\mathrm{cm}$일 때

$30-6x<3x$이므로

$-9x<-30$ $\qquad \therefore x>\dfrac{10}{3}$ $\qquad \cdots\cdots$ ㉢

$3x<(30-6x)+3x$이므로

$6x<30$ $\qquad \therefore x<5$ $\qquad \cdots\cdots$ ㉣

㉢, ㉣의 공통부분은 $\dfrac{10}{3}<x<5$

(i), (ii), (iii)에서 x의 값의 범위는 $\dfrac{5}{2}<x<5$

따라서 $\alpha=\dfrac{5}{2}$, $\beta=5$이므로 $\alpha\beta=\dfrac{25}{2}$

17 의자의 개수를 x라 하면 학생 수는 $7x+5$

한 의자에 8명씩 앉아서 의자 5개가 남으면 의자 $(x-6)$ 개에는 8명씩 앉고 마지막 의자에는 최소 1명, 최대 8명이 앉으므로

$8(x-6)+1 \leq 7x+5 \leq 8(x-6)+8$

$8(x-6)+1 \leq 7x+5$를 풀면

$8x-48+1 \leq 7x+5$ $\therefore x \leq 52$ …… ㉠

$7x+5 \leq 8(x-6)+8$을 풀면

$7x+5 \leq 8x-48+8$

$-x \leq -45$ $\therefore x \geq 45$ …… ㉡

㉠, ㉡의 공통부분은 $45 \leq x \leq 52$

따라서 의자의 개수가 될 수 없는 것은 ⑤이다.

18 $||x+2|+|x-1|| \leq 4$에서

$-4 \leq |x+2|+|x-1| \leq 4$

이때 $|x+2| \geq 0$, $|x-1| \geq 0$이므로

$|x+2|+|x-1| \geq 0$

$\therefore 0 \leq |x+2|+|x-1| \leq 4$

(i) $x < -2$일 때

  $|x+2| = -(x+2)$, $|x-1| = -(x-1)$이므로

  $0 \leq -(x+2)-(x-1) \leq 4$

  $0 \leq -2x-1 \leq 4$, $1 \leq -2x \leq 5$

  $\therefore -\dfrac{5}{2} \leq x \leq -\dfrac{1}{2}$

  그런데 $x < -2$이므로

  $-\dfrac{5}{2} \leq x < -2$

(ii) $-2 \leq x < 1$일 때

  $|x+2| = x+2$, $|x-1| = -(x-1)$이므로

  $0 \leq (x+2)-(x-1) \leq 4$

  $0 \leq 0 \times x+3 \leq 4$이므로 해는 모든 실수이다.

  그런데 $-2 \leq x < 1$이므로

  $-2 \leq x < 1$

(iii) $x \geq 1$일 때

  $|x+2| = x+2$, $|x-1| = x-1$이므로

  $0 \leq (x+2)+(x-1) \leq 4$

  $0 \leq 2x+1 \leq 4$, $-1 \leq 2x \leq 3$

  $\therefore -\dfrac{1}{2} \leq x \leq \dfrac{3}{2}$

  그런데 $x \geq 1$이므로

  $1 \leq x \leq \dfrac{3}{2}$

(i), (ii), (iii)에서 주어진 부등식의 해는 $-\dfrac{5}{2} \leq x \leq \dfrac{3}{2}$

따라서 정수 x는 -2, -1, 0, 1이므로 구하는 합은

$-2+(-1)+0+1 = -2$

¶ 이차부등식

개념 Check   165쪽

1 답 (1) $-1 < x < 2$ (2) $-1 \leq x \leq 2$

    (3) $x < -1$ 또는 $x > 2$ (4) $x \leq -1$ 또는 $x \geq 2$

2 답 (1) 해는 없다.   (2) $x=1$

    (3) $x \neq 1$인 모든 실수   (4) 모든 실수

3 답 (1) 해는 없다.   (2) 해는 없다.

    (3) 모든 실수   (4) 모든 실수

문제   166~168쪽

01-1 답 (1) $-1 \leq x \leq 5$

    (2) $-3 < x < 0$ 또는 $4 < x < 6$

(1) 부등식 $f(x) \leq g(x)$의 해는 이차함수 $y = f(x)$의 그래프가 이차함수 $y = g(x)$의 그래프보다 아래쪽에 있거나 만나는 부분의 x의 값의 범위이므로

  $-1 \leq x \leq 5$

(2) $f(x)g(x) > 0$이면

  $f(x) > 0$, $g(x) > 0$ 또는 $f(x) < 0$, $g(x) < 0$

  (i) $f(x) > 0$, $g(x) > 0$일 때

   $f(x) > 0$을 만족시키는 x의 값의 범위는

   $x < -3$ 또는 $x > 4$ …… ㉠

   $g(x) > 0$을 만족시키는 x의 값의 범위는

   $0 < x < 6$ …… ㉡

   ㉠, ㉡의 공통부분은 $4 < x < 6$

  (ii) $f(x) < 0$, $g(x) < 0$일 때

   $f(x) < 0$을 만족시키는 x의 값의 범위는

   $-3 < x < 4$ …… ㉢

   $g(x) < 0$을 만족시키는 x의 값의 범위는

   $x < 0$ 또는 $x > 6$ …… ㉣

   ㉢, ㉣의 공통부분은 $-3 < x < 0$

  (i), (ii)에서 부등식 $f(x)g(x) > 0$의 해는

  $-3 < x < 0$ 또는 $4 < x < 6$

01-2 답 $x < -2$ 또는 $x > 2$

$ax^2 + (b-m)x + c - n < 0$에서 $ax^2 + bx + c < mx + n$

따라서 이 부등식의 해는 이차함수 $y = ax^2 + bx + c$의 그래프가 직선 $y = mx + n$보다 아래쪽에 있는 부분의 x의 값의 범위이므로

$x < -2$ 또는 $x > 2$

02-1 답 (1) $x \leq 3$ 또는 $x \geq 4$ (2) $-1 < x < 7$

        (3) $x \neq -4$인 모든 실수   (4) $x = \dfrac{3}{2}$

        (5) 모든 실수   (6) 해는 없다.

(1) $x^2 - 7x + 12 \geq 0$에서

   $(x-3)(x-4) \geq 0$

   $\therefore x \leq 3$ 또는 $x \geq 4$

(2) $-x^2 + 7 > -6x$에서

   $x^2 - 6x - 7 < 0$

   $(x+1)(x-7) < 0$

   $\therefore -1 < x < 7$

(3) $x^2 + 8x + 16 > 0$에서 $(x+4)^2 > 0$

   따라서 주어진 부등식의 해는

   $x \neq -4$인 모든 실수이다.

(4) $4x^2 \leq 12x - 9$에서

   $4x^2 - 12x + 9 \leq 0$

   $(2x-3)^2 \leq 0$ $\therefore x = \dfrac{3}{2}$

(5) $x^2 + 4x + 6 > 0$에서

   $(x+2)^2 + 2 > 0$

   따라서 주어진 부등식의 해는 모든 실수

   이다.

(6) $-2x^2 + 8x \geq 9$에서

   $2x^2 - 8x + 9 \leq 0$

   $2(x-2)^2 + 1 \leq 0$

   따라서 주어진 부등식의 해는 없다.

02-2 답 (1) $x \leq -4$ 또는 $x \geq 4$ (2) $-3 < x < 5$

(1) (i) $x < 0$일 때

     $|x| = -x$이므로

     $x^2 + 3x - 4 \geq 0$, $(x+4)(x-1) \geq 0$

     $\therefore x \leq -4$ 또는 $x \geq 1$

     그런데 $x < 0$이므로

     $x \leq -4$

   (ii) $x \geq 0$일 때

     $|x| = x$이므로

     $x^2 - 3x - 4 \geq 0$, $(x+1)(x-4) \geq 0$

     $\therefore x \leq -1$ 또는 $x \geq 4$

     그런데 $x \geq 0$이므로

     $x \geq 4$

   (i), (ii)에서 주어진 부등식의 해는

   $x \leq -4$ 또는 $x \geq 4$

(2) (i) $x < 1$일 때

     $|x-1| = -(x-1)$이므로

     $x^2 - 2x - 3 < -3(x-1)$

$x^2 + x - 6 < 0$, $(x+3)(x-2) < 0$

   $\therefore -3 < x < 2$

   그런데 $x < 1$이므로

   $-3 < x < 1$

   (ii) $x \geq 1$일 때

     $|x-1| = x-1$이므로

     $x^2 - 2x - 3 < 3(x-1)$

     $x^2 - 5x < 0$, $x(x-5) < 0$

     $\therefore 0 < x < 5$

     그런데 $x \geq 1$이므로

     $1 \leq x < 5$

   (i), (ii)에서 주어진 부등식의 해는

   $-3 < x < 5$

03-1 답 4초

물체의 높이가 $60\,\mathrm{m}$ 이상이면

$40t - 5t^2 \geq 60$, $5t^2 - 40t + 60 \leq 0$

$t^2 - 8t + 12 \leq 0$

$(t-2)(t-6) \leq 0$

$\therefore 2 \leq t \leq 6$

따라서 물체의 높이가 $60\,\mathrm{m}$ 이상인 시간은 $6 - 2 = 4$(초)

동안이다.

03-2 답 4 이상 14 이하

직사각형의 가로의 길이를 x, 세로의 길이를 y라 하면 둘

레의 길이가 36이므로

$2x + 2y = 36$ $\therefore y = 18 - x$

이 직사각형의 넓이가 56 이상이므로

$x(18-x) \geq 56$, $-x^2 + 18x - 56 \geq 0$

$x^2 - 18x + 56 \leq 0$

$(x-4)(x-14) \leq 0$

$\therefore 4 \leq x \leq 14$

따라서 직사각형의 가로의 길이의 범위는 4 이상 14 이하

이다.

03-3 답 500원

빵 한 개의 가격을 $20x$원 내릴 때, 하루 판매액이 75000

원 이상이 되어야 하므로

$(600 - 20x)(100 + 10x) \geq 75000$

$-200x^2 + 4000x - 15000 \geq 0$

$x^2 - 20x + 75 \leq 0$

$(x-5)(x-15) \leq 0$

$\therefore 5 \leq x \leq 15$

따라서 빵 한 개의 최대 가격은

$600 - 20 \times 5 = 500$(원)

2 이차부등식의 해의 조건

1 답 (1) $x^2+x-6<0$ (2) $x^2-3x-4>0$

(1) 해가 $-3<x<2$이고 x^2의 계수가 1인 이차부등식은
$(x+3)(x-2)<0$ ∴ $x^2+x-6<0$

(2) 해가 $x<-1$ 또는 $x>4$이고 x^2의 계수가 1인 이차부등식은
$(x+1)(x-4)>0$ ∴ $x^2-3x-4>0$

04-1 답 -5

해가 $x\leq-1$ 또는 $x\geq6$이고 x^2의 계수가 1인 이차부등식은
$(x+1)(x-6)\geq0$ ∴ $x^2-5x-6\geq0$ ······ ㉠
㉠과 $ax^2+bx+6\leq0$의 부등호의 방향이 다르므로 $a<0$
㉠의 양변에 a를 곱하면 $ax^2-5ax-6a\leq0$이므로
$b=-5a$, $6=-6a$ ∴ $a=-1$, $b=5$
∴ $ab=-5$

04-2 답 $-\dfrac{1}{4}<x<1$

해가 $-1<x<3$이고 x^2의 계수가 1인 이차부등식은
$(x+1)(x-3)<0$ ∴ $x^2-2x-3<0$ ······ ㉠
㉠과 $ax^2+bx+c>0$의 부등호의 방향이 다르므로 $a<0$
㉠의 양변에 a를 곱하면 $ax^2-2ax-3a>0$이므로
$b=-2a$, $c=-3a$
이를 $2bx^2-cx+a<0$에 대입하면
$-4ax^2+3ax+a<0$
$-a>0$이므로 양변을 $-a$로 나누면
$4x^2-3x-1<0$, $(4x+1)(x-1)<0$
∴ $-\dfrac{1}{4}<x<1$

05-1 답 $a\leq-1$

모든 실수 x에 대하여 주어진 이차부등식이 성립하려면
$a<0$ ······ ㉠
또 이차방정식 $ax^2+6x+a-8=0$의 판별식을 D라 하면
$\dfrac{D}{4}=9-a(a-8)\leq0$
$-a^2+8a+9\leq0$, $a^2-8a-9\geq0$
$(a+1)(a-9)\geq0$
∴ $a\leq-1$ 또는 $a\geq9$ ······ ㉡
㉠, ㉡의 공통부분은 $a\leq-1$

05-2 답 $4\leq a\leq5$

(i) $a-4=0$, 즉 $a=4$일 때
$0\times x^2+0\times x+1\geq0$에서 $1\geq0$이므로 주어진 부등식은 모든 실수 x에 대하여 성립한다.

(ii) $a-4\neq0$, 즉 $a\neq4$일 때
모든 실수 x에 대하여 주어진 부등식이 성립하려면
$a-4>0$ ∴ $a>4$ ······ ㉠
또 이차방정식 $(a-4)x^2+2(a-4)x+1=0$의 판별식을 D라 하면
$\dfrac{D}{4}=(a-4)^2-(a-4)\leq0$
$(a-4)\{(a-4)-1\}\leq0$, $(a-4)(a-5)\leq0$
∴ $4<a\leq5$ ($\because a\neq4$)   ······ ㉡
㉠, ㉡의 공통부분은 $4<a\leq5$

(i), (ii)에서 $4\leq a\leq5$

05-3 답 $a<-1$ 또는 $a>4$

이차함수 $y=x^2-2ax+a$의 그래프가 직선 $y=4x-2a^2$보다 항상 위쪽에 있으려면 모든 실수 x에 대하여 이차부등식 $x^2-2ax+a>4x-2a^2$, 즉 $x^2-2(a+2)x+2a^2+a>0$이 성립해야 한다.

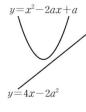

따라서 이차방정식 $x^2-2(a+2)x+2a^2+a=0$의 판별식을 D라 하면
$\dfrac{D}{4}=(a+2)^2-(2a^2+a)<0$
$-a^2+3a+4<0$, $a^2-3a-4>0$
$(a+1)(a-4)>0$
∴ $a<-1$ 또는 $a>4$

06-1 답 3

(i) $a>0$일 때
이차방정식 $ax^2+(a-3)x+a-3=0$의 판별식을 D라 하면
$D=(a-3)^2-4a(a-3)\geq0$
$(a-3)\{(a-3)-4a\}\geq0$
$-3(a+1)(a-3)\geq0$
$(a+1)(a-3)\leq0$
∴ $-1\leq a\leq3$
그런데 $a>0$이므로 $0<a\leq3$

(ii) $a<0$일 때
주어진 이차부등식은 항상 해를 갖는다.

(i), (ii)에서 $a<0$ 또는 $0<a\leq3$
따라서 a의 최댓값은 3이다.

06-2 답 $1<a<4$

주어진 이차부등식이 해를 갖지 않으려면 모든 실수 x에 대하여 $ax^2+2(a-2)x+1>0$이 성립해야 하므로

$a>0$ ...... ㉠

또 이차방정식 $ax^2+2(a-2)x+1=0$의 판별식을 D라 하면

$\dfrac{D}{4}=(a-2)^2-a<0,\ a^2-5a+4<0$

$(a-1)(a-4)<0$ ∴ $1<a<4$ ...... ㉡

㉠, ㉡의 공통부분은 $1<a<4$

07-1 답 $-2\leq a\leq2$

$f(x)=x^2-8x-a^2+20$이라 하면

$f(x)=(x-4)^2-a^2+4$

$-1\leq x\leq6$에서 이차부등식 $f(x)\geq0$이 항상 성립하려면 이차함수 $y=f(x)$의 그래프가 오른쪽 그림과 같아야 하므로

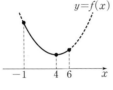

$f(4)\geq0$

$-a^2+4\geq0,\ a^2-4\leq0$

$(a+2)(a-2)\leq0$ ∴ $-2\leq a\leq2$

07-2 답 5

$a^2x^2+ax<-3x+4a^2+6$에서

$a^2x^2+(a+3)x-4a^2-6<0$

$f(x)=a^2x^2+(a+3)x-4a^2-6$이라 할 때, $-2\leq x\leq2$에서 이차부등식 $f(x)<0$이 항상 성립하려면 이차함수 $y=f(x)$의 그래프가 오른쪽 그림과 같아야 하므로

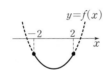

$f(-2)<0,\ f(2)<0$

$f(-2)<0$에서 $4a^2-2(a+3)-4a^2-6<0$

$-2a<12$ ∴ $a>-6$ ...... ㉠

$f(2)<0$에서 $4a^2+2(a+3)-4a^2-6<0$

$2a<0$ ∴ $a<0$ ...... ㉡

㉠, ㉡의 공통부분은 $-6<a<0$

따라서 정수 a는 $-5,\ -4,\ -3,\ -2,\ -1$의 5개이다.

1 부등식 $f(x)-g(x)>0$, 즉 $f(x)>g(x)$의 해는 이차함수 $y=f(x)$의 그래프가 이차함수 $y=g(x)$의 그래프보다 위쪽에 있는 부분의 x의 값의 범위이므로

$x<-2$ 또는 $x>3$

2 ① $x^2-2x-35<0$에서

$(x+5)(x-7)<0$ ∴ $-5<x<7$

② $x^2-6x+9>0$에서

$(x-3)^2>0$

따라서 주어진 부등식의 해는 $x\neq3$인 모든 실수이다.

③ $2x^2-2x>-5$에서

$2x^2-2x+5>0,\ 2\left(x-\dfrac{1}{2}\right)^2+\dfrac{9}{2}>0$

따라서 주어진 부등식의 해는 모든 실수이다.

④ $4x-1>4x^2$에서

$4x^2-4x+1<0,\ (2x-1)^2<0$

따라서 주어진 부등식의 해는 없다.

⑤ $-9x^2+4x-1\geq-2x$에서

$9x^2-6x+1\leq0,\ (3x-1)^2\leq0$

∴ $x=\dfrac{1}{3}$

따라서 해가 없는 것은 ④이다.

3 $(x+3)(x-5)\leq-7$에서

$x^2-2x-15\leq-7,\ x^2-2x-8\leq0$

$(x+2)(x-4)\leq0$

∴ $-2\leq x\leq4$ ...... ㉠

$|x-a|\leq b$에서 $-b\leq x-a\leq b\ (\because b>0)$

∴ $a-b\leq x\leq a+b$

이는 ㉠과 같으므로

$a-b=-2,\ a+b=4$

두 식을 연립하여 풀면 $a=1,\ b=3$

∴ $ab=3$

4 (i) $x<1$일 때

$|x-1|=-(x-1)$이므로

$x^2-2x-5<-(x-1),\ x^2-x-6<0$

$(x+2)(x-3)<0$ ∴ $-2<x<3$

그런데 $x<1$이므로 $-2<x<1$

(ii) $x\geq1$일 때

$|x-1|=x-1$이므로

$x^2-2x-5<x-1,\ x^2-3x-4<0$

$(x+1)(x-4)<0$ ∴ $-1<x<4$

그런데 $x\geq1$이므로 $1\leq x<4$

(i), (ii)에서 주어진 부등식의 해는 $-2<x<4$

따라서 정수 x는 $-1,\ 0,\ 1,\ 2,\ 3$의 5개이다.

5 도로의 폭을 x m라 하면 도로를 제외한 땅의 넓이는 가로의 길이와 세로의 길이가 각각 $(25-x)$ m, $(15-x)$ m인 직사각형의 넓이와 같고, 그 넓이가 $200\,\text{m}^2$ 이상이 되어야 하므로
$(25-x)(15-x)\geq200$, $x^2-40x+175\geq0$
$(x-5)(x-35)\geq0$ ∴ $x\leq5$ 또는 $x\geq35$
그런데 $0<x<15$이므로 $0<x\leq5$
따라서 도로의 최대 폭은 $5\,\text{m}$이다.

6 해가 $x\leq b$ 또는 $x\geq5$이고 x^2의 계수가 1인 이차부등식은
$(x-b)(x-5)\geq0$ ∴ $x^2-(b+5)x+5b\geq0$
따라서 $a=-(b+5)$, $-15=5b$이므로
$a=-2$, $b=-3$ ∴ $a-b=1$

7 해가 $2<x<3$이고 x^2의 계수가 1인 이차부등식은
$(x-2)(x-3)<0$ ∴ $x^2-5x+6<0$ ······ ㉠
㉠과 $ax^2+5x+b>0$의 부등호의 방향이 다르므로
$a<0$
㉠의 양변에 a를 곱하면 $ax^2-5ax+6a>0$이므로
$5=-5a$, $b=6a$ ∴ $a=-1$, $b=-6$
이를 $bx^2+ax+1<0$에 대입하면
$-6x^2-x+1<0$, $6x^2+x-1>0$
$(2x+1)(3x-1)>0$
∴ $x<-\dfrac{1}{2}$ 또는 $x>\dfrac{1}{3}$

8 이차함수 $y=x^2+ax+b$의 그래프가 직선 $y=-2x+1$보다 위쪽에 있는 부분의 x의 값의 범위는 이차부등식 $x^2+ax+b>-2x+1$, 즉 $x^2+(a+2)x+b-1>0$의 해와 같다.
해가 $x<-2$ 또는 $x>3$이고 x^2의 계수가 1인 이차부등식은
$(x+2)(x-3)>0$ ∴ $x^2-x-6>0$
따라서 $a+2=-1$, $b-1=-6$이므로
$a=-3$, $b=-5$ ∴ $a-b=2$

9 $f(x)<0$의 해가 $-3<x<6$이므로
$f(x)=a(x+3)(x-6)$ $(a>0)$이라 하면
$f(3-x)=a(3-x+3)(3-x-6)$
$\qquad\quad=a(6-x)(-3-x)$
$\qquad\quad=a(x-6)(x+3)$
따라서 $f(3-x)<0$, 즉 $a(x-6)(x+3)<0$에서
$(x+3)(x-6)<0$ $(∵ a>0)$
∴ $-3<x<6$
따라서 정수 x는 $-2, -1, 0, \cdots, 5$이므로 구하는 합은
$-2+(-1)+0+1+2+3+4+5=12$

다른 풀이

$f(3-x)<0$에서 $3-x=t$로 놓으면
$f(t)<0$의 해가 $-3<t<6$이므로
$-3<3-x<6$
$-6<-x<3$
∴ $-3<x<6$
따라서 정수 x는 $-2, -1, 0, \cdots, 5$이므로 구하는 합은
$-2+(-1)+0+1+2+3+4+5=12$

10 이차부등식 $x^2-(a+3)x+2a+6\leq0$의 해가 오직 한 개이므로 이차방정식 $x^2-(a+3)x+2a+6=0$의 판별식을 D라 하면
$D=(a+3)^2-4(2a+6)=0$
$(a+3)\{(a+3)-8\}=0$
$(a+3)(a-5)=0$
∴ $a=-3$ 또는 $a=5$
따라서 모든 a의 값의 합은
$-3+5=2$

11 (i) $a-1=0$, 즉 $a=1$일 때
  $0\times x^2-0\times x+5>0$에서 $5>0$이므로 주어진 부등식은 모든 실수 x에 대하여 성립한다.
(ii) $a-1\neq0$, 즉 $a\neq1$일 때
  모든 실수 x에 대하여 주어진 부등식이 성립하려면
  $a-1>0$ ∴ $a>1$ ······ ㉠
  또 이차방정식 $(a-1)x^2-2(a-1)x+5=0$의 판별식을 D라 하면
  $\dfrac{D}{4}=(a-1)^2-5(a-1)<0$
  $(a-1)\{(a-1)-5\}<0$
  $(a-1)(a-6)<0$
  ∴ $1<a<6$ ······ ㉡
  ㉠, ㉡의 공통부분은 $1<a<6$
(i), (ii)에서 $1\leq a<6$
따라서 정수 a는 1, 2, 3, 4, 5의 5개이다.

12 이차함수 $y=-x^2-x+2m$의 그래프가 직선 $y=x+m-3$보다 항상 아래쪽에 있으려면 모든 실수 x에 대하여 이차부등식 $-x^2-x+2m<x+m-3$, 즉 $x^2+2x-m-3>0$이 성립해야 한다.
따라서 이차방정식 $x^2+2x-m-3=0$의 판별식을 D라 하면
$\dfrac{D}{4}=1-(-m-3)<0$
∴ $m<-4$

13 $x^2-6x+5\leq k(x-a)$에서

$x^2-(k+6)x+ak+5\leq 0$

이 이차부등식이 항상 해를 가지므로 이차방정식

$x^2-(k+6)x+ak+5=0$의 판별식을 D_1이라 하면

$D_1=(k+6)^2-4(ak+5)\geq 0$

$k^2-4(a-3)k+16\geq 0$

k의 값에 관계없이 이 부등식이 항상 성립하므로 k에 대한 이차방정식 $k^2-4(a-3)k+16=0$의 판별식을 D_2라 하면

$\dfrac{D_2}{4}=4(a-3)^2-16\leq 0$

$4a^2-24a+20\leq 0$, $a^2-6a+5\leq 0$

$(a-1)(a-5)\leq 0$ $\therefore 1\leq a\leq 5$

따라서 $a=1$, $\beta=5$이므로 $a+\beta=6$

14 주어진 이차부등식이 해를 갖지 않으려면 모든 실수 x에 대하여 $ax^2-2(a-3)x+4\geq 0$이 성립해야 하므로

$a>0$ ……㉠

또 이차방정식 $ax^2-2(a-3)x+4=0$의 판별식을 D라 하면

$\dfrac{D}{4}=(a-3)^2-4a\leq 0$

$a^2-10a+9\leq 0$, $(a-1)(a-9)\leq 0$

$\therefore 1\leq a\leq 9$ ……㉡

㉠, ㉡의 공통부분은 $1\leq a\leq 9$

15 $f(x)=x^2-4x-4k+3$이라 하면

$f(x)=(x-2)^2-4k-1$

$3\leq x\leq 5$에서 이차부등식 $f(x)\leq 0$

이 항상 성립하려면 이차함수

$y=f(x)$의 그래프가 오른쪽 그림

과 같아야 하므로

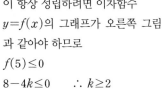

$f(5)\leq 0$

$8-4k\leq 0$ $\therefore k\geq 2$

따라서 k의 최솟값은 2이다.

16 원래의 수강료를 p원, 그때의 회원 수를 q라 하면 한 달 수입은 pq(원)

원래의 수강료보다 x % 인상한 가격은

$p\left(1+\dfrac{x}{100}\right)$(원)

원래의 회원 수보다 $0.5x$ % 감소한 회원 수는

$q\left(1-\dfrac{x}{200}\right)$

이때의 한 달 수입은

$pq\left(1+\dfrac{x}{100}\right)\left(1-\dfrac{x}{200}\right)$(원)

한 달 수입이 8 % 이상 증가하려면

$pq\left(1+\dfrac{x}{100}\right)\left(1-\dfrac{x}{200}\right)\geq pq\left(1+\dfrac{8}{100}\right)$

$x^2-100x+1600\leq 0$ $(\because pq>0)$

$(x-20)(x-80)\leq 0$ $\therefore 20\leq x\leq 80$

따라서 x의 최댓값과 최솟값의 합은

$80+20=100$

17 $P(x)=ax^2+bx+c$ (a, b, c는 상수, $a\neq 0$)라 하면

㉮의 $P(x)\geq -2x-3$에서 $ax^2+bx+c\geq -2x-3$

$ax^2+(b+2)x+c+3\geq 0$ ……㉠

해가 $0\leq x\leq 1$이고 x^2의 계수가 1인 이차부등식은

$x(x-1)\leq 0$ $\therefore x^2-x\leq 0$ ……㉡

㉠과 ㉡의 부등호의 방향이 다르므로 $a<0$

㉡의 양변에 a를 곱하면 $ax^2-ax\geq 0$이므로

$b+2=-a$, $c+3=0$ $\therefore b=-a-2$, $c=-3$

$\therefore P(x)=ax^2-(a+2)x-3$ ……㉢

㉯의 $P(x)=-3x-2$에서 $ax^2-(a+2)x-3=-3x-2$

$ax^2-(a-1)x-1=0$

이 이차방정식이 중근을 가지므로 판별식을 D라 하면

$D=(a-1)^2+4a=0$, $a^2+2a+1=0$

$(a+1)^2=0$ $\therefore a=-1$

이를 ㉢에 대입하면

$P(x)=-x^2-x-3$

$\therefore P(-1)=-1+1-3=-3$

다른 풀이

㉮에서 $P(x)\geq -2x-3$, 즉 $P(x)+2x+3\geq 0$의 해가

$0\leq x\leq 1$이므로 $P(x)+2x+3=ax(x-1)$ $(a<0)$로

놓으면

$P(x)=ax^2-(a+2)x-3$

㉯에서 $P(x)=-3x-2$, 즉 $ax^2-(a-1)x-1=0$이 중

근을 가지므로 이 이차방정식의 판별식을 D라 하면

$D=(a-1)^2+4a=0$, $(a+1)^2=0$ $\therefore a=-1$

따라서 $P(x)=-x^2-x-3$이므로

$P(-1)=-1+1-3=-3$

18 $x^2-(n+5)x+5n\leq 0$에서 $(x-n)(x-5)\leq 0$

(i) $n<5$일 때

$n\leq x\leq 5$

주어진 이차부등식을 만족

시키는 정수 x가 3개이려

면 오른쪽 그림과 같아야

하므로

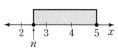

$2<n\leq 3$

n은 자연수이므로 $n=3$

(ii) $n=5$일 때

$x=5$이므로 조건을 만족시키지 않는다.

(iii) $n>5$일 때

$5 \leq x \leq n$

주어진 이차부등식을 만족
시키는 정수 x가 3개이려
면 오른쪽 그림과 같아야
하므로

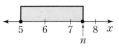

$7 \leq n < 8$

n은 자연수이므로 $n=7$

(i), (ii), (iii)에서 $n=3$ 또는 $n=7$

따라서 모든 n의 값의 합은 $3+7=10$

19 $f(x)=x^2-2kx+3=(x-k)^2-k^2+3$

$0<x<1$에서 이차부등식 $f(x)>0$이 항상 성립해야 하
므로 k의 값의 범위를 $0<x<1$을 기준으로 나누어 생각
하면

(i) $k \leq 0$일 때

$0<x<1$에서 이차부등식
$f(x)>0$이 항상 성립하려면 이
차함수 $y=f(x)$의 그래프가 오
른쪽 그림과 같아야 하므로

$f(0)=3 \geq 0$

즉, k의 값에 관계없이 $0<x<1$에서 $f(x)>0$이다.

그런데 $k \leq 0$이므로 $k \leq 0$

(ii) $0<k<1$일 때

$0<x<1$에서 이차부등식
$f(x)>0$이 항상 성립하려면 이
차함수 $y=f(x)$의 그래프가 오
른쪽 그림과 같아야 하므로

$f(k)>0$

$-k^2+3>0$, $k^2-3<0$

$(k+\sqrt{3})(k-\sqrt{3})<0$ $\therefore -\sqrt{3}<k<\sqrt{3}$

그런데 $0<k<1$이므로 $0<k<1$

(iii) $k \geq 1$일 때

$0<x<1$에서 이차부등식
$f(x)>0$이 항상 성립하려면 이
차함수 $y=f(x)$의 그래프가 오
른쪽 그림과 같아야 하므로

$f(1) \geq 0$

$1-2k+3 \geq 0$

$-2k+4 \geq 0$ $\therefore k \leq 2$

그런데 $k \geq 1$이므로 $1 \leq k \leq 2$

(i), (ii), (iii)에서 $k \leq 2$

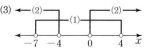

1 연립이차부등식

개념 Check   178쪽

1 **답** (1) $-7<x<4$

  (2) $x<-4$ 또는 $x>0$

  (3)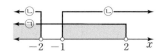

  (4) $-7<x<-4$ 또는 $0<x<4$

문제   179~181쪽

01-1 **답** (1) $x<-2$ 또는 $-1<x<2$ (2) $-1<x \leq \dfrac{1}{2}$

  (3) $-4 \leq x <-1$ (4) $-1<x \leq 2$

  (1) $2(x-1)<-x+4$를 풀면

  $3x<6$ $\therefore x<2$ ······ ㉠

  $-x^2<3x+2$를 풀면

  $x^2+3x+2>0$, $(x+2)(x+1)>0$

  $\therefore x<-2$ 또는 $x>-1$ ······ ㉡

  ㉠, ㉡을 수직선 위에 나타내면 다음 그림과 같다.

  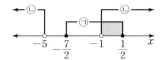

  따라서 주어진 연립부등식의 해는

  $x<-2$ 또는 $-1<x<2$

  (2) $|2x+3| \leq 4$를 풀면

  $-4 \leq 2x+3 \leq 4$, $-7 \leq 2x \leq 1$

  $\therefore -\dfrac{7}{2} \leq x \leq \dfrac{1}{2}$ ······ ㉠

  $x^2+6x+5>0$을 풀면

  $(x+5)(x+1)>0$

  $\therefore x<-5$ 또는 $x>-1$ ······ ㉡

  ㉠, ㉡을 수직선 위에 나타내면 다음 그림과 같다.

  ![수직선 그림: -5, $-\frac{7}{2}$, -1, $\frac{1}{2}$]

  따라서 주어진 연립부등식의 해는

  $-1<x \leq \dfrac{1}{2}$

  (3) $x^2>1$을 풀면

  $x^2-1>0$, $(x+1)(x-1)>0$

  $\therefore x<-1$ 또는 $x>1$ ······ ㉠

$x^2+3x\leq4$를 풀면

$x^2+3x-4\leq0$, $(x+4)(x-1)\leq0$

$\therefore -4\leq x\leq1$ ...... ㉡

㉠, ㉡을 수직선 위에 나타내면 다음 그림과 같다.

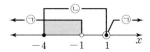

따라서 주어진 연립부등식의 해는

$-4\leq x<-1$

(4) $x^2+8x+7>0$을 풀면

$(x+7)(x+1)>0$

$\therefore x<-7$ 또는 $x>-1$ ...... ㉠

$x^2+|x|-6\leq0$을 풀면

(ⅰ) $x<0$일 때

$|x|=-x$이므로

$x^2-x-6\leq0$, $(x+2)(x-3)\leq0$

$\therefore -2\leq x\leq3$

그런데 $x<0$이므로 $-2\leq x<0$

(ⅱ) $x\geq0$일 때

$|x|=x$이므로

$x^2+x-6\leq0$, $(x+3)(x-2)\leq0$

$\therefore -3\leq x\leq2$

그런데 $x\geq0$이므로 $0\leq x\leq2$

(ⅰ), (ⅱ)에서 $-2\leq x\leq2$ ...... ㉡

㉠, ㉡을 수직선 위에 나타내면 다음 그림과 같다.

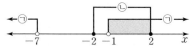

따라서 주어진 연립부등식의 해는 $-1<x\leq2$

02-1 답 $a\geq0$

$x^2-3x\leq0$을 풀면

$x(x-3)\leq0$ $\therefore 0\leq x\leq3$ ...... ㉠

$x^2+(a-1)x-a>0$을 풀면

$(x+a)(x-1)>0$

$\therefore \begin{cases} -a<1일 \ 때, \ x<-a \ 또는 \ x>1 \\ -a=1일 \ 때, \ x\neq1인 \ 모든 \ 실수 \quad ...... ㉡ \\ -a>1일 \ 때, \ x<1 \ 또는 \ x>-a \end{cases}$

㉠, ㉡의 공통부분이 $1<x\leq3$이 되도록 수직선 위에 나타내면 다음 그림과 같다.

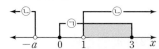

따라서 ㉡은 $x<-a$ 또는 $x>1$이고 a의 값의 범위는

$-a\leq0$ $\therefore a\geq0$

02-2 답 $-2<a\leq3$

$x^2+x-2>0$을 풀면

$(x+2)(x-1)>0$ $\therefore x<-2$ 또는 $x>1$ ...... ㉠

$2x^2+(2a+7)x+7a\leq0$을 풀면

$(x+a)(2x+7)\leq0$

$\therefore \begin{cases} -a<-\dfrac{7}{2}일 \ 때, \ -a\leq x\leq-\dfrac{7}{2} \\ -a=-\dfrac{7}{2}일 \ 때, \ x=-\dfrac{7}{2} \quad ...... ㉡ \\ -a>-\dfrac{7}{2}일 \ 때, \ -\dfrac{7}{2}\leq x\leq-a \end{cases}$

㉠, ㉡의 공통부분에 속하는 정수가 -3뿐이도록 수직선 위에 나타내면 다음 그림과 같다.

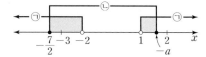

따라서 ㉡은 $-\dfrac{7}{2}\leq x\leq-a$이고 a의 값의 범위는

$-3\leq-a<2$ $\therefore -2<a\leq3$

02-3 답 $a\leq-\dfrac{2}{3}$

$x^2-9x+14<0$을 풀면

$(x-2)(x-7)<0$ $\therefore 2<x<7$ ...... ㉠

$3|x-a|<8$을 풀면

$-8<3(x-a)<8$

$-\dfrac{8}{3}<x-a<\dfrac{8}{3}$ $\therefore a-\dfrac{8}{3}<x<a+\dfrac{8}{3}$ ...... ㉡

이때 a가 음수이므로 $a-\dfrac{8}{3}<0$

㉠, ㉡의 공통부분이 존재하지 않도록 수직선 위에 나타내면 다음 그림과 같다.

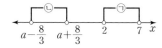

따라서 $a+\dfrac{8}{3}\leq2$이므로 $a\leq-\dfrac{2}{3}$

03-1 답 $2\,\text{m}$ 이상 $4\,\text{m}$ 이하

보행자 통로의 폭을 $x\,\text{m}$라 하면 보행자 통로의 넓이는

$(6+2x)(4+2x)-6\times4=4x^2+20x\,(\text{m}^2)$

보행자 통로의 넓이가 $56\,\text{m}^2$ 이상 $144\,\text{m}^2$ 이하이므로

$56\leq4x^2+20x\leq144$

$\therefore 14\leq x^2+5x\leq36$

$14\leq x^2+5x$를 풀면

$x^2+5x-14\geq0$, $(x+7)(x-2)\geq0$

$\therefore x\leq-7$ 또는 $x\geq2$

그런데 $x>0$이므로 $x\geq2$ ...... ㉠

$x^2+5x\leq36$을 풀면

$x^2+5x-36\leq0$, $(x+9)(x-4)\leq0$

$\therefore -9\leq x\leq4$

그런데 $x>0$이므로 $0<x\leq4$ ...... ⓛ

㉠, ㉡을 수직선 위에 나타내면 다음 그림과 같다.

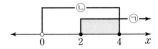

따라서 x의 값의 범위는 $2\leq x\leq4$이므로 보행자 통로의 폭의 범위는 2 m 이상 4 m 이하이다.

03-2 답 $x>3$

삼각형의 세 변의 길이는 양수이므로

$x>0$ ...... ㉠

삼각형의 가장 긴 변의 길이는 나머지 두 변의 길이의 합보다 작아야 하므로

$x+2<x+(x+1)$ $\therefore x>1$ ...... ㉡

예각삼각형이 되려면

$(x+2)^2<x^2+(x+1)^2$

$x^2-2x-3>0$, $(x+1)(x-3)>0$

$\therefore x<-1$ 또는 $x>3$ ...... ㉢

㉠, ㉡, ㉢을 수직선 위에 나타내면 다음 그림과 같다.

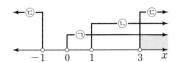

$\therefore x>3$

2 이차방정식의 실근의 조건

문제 183~184쪽

04-1 답 (1) $k\geq\dfrac{1}{4}$ (2) $-2<k\leq-1$ (3) $k<-2$

이차방정식 $x^2-2(2k+1)x+k+2=0$의 두 실근을 α, β, 판별식을 D라 하면

$\alpha+\beta=2(2k+1)$, $\alpha\beta=k+2$

$\dfrac{D}{4}=(2k+1)^2-(k+2)=4k^2+3k-1$

$=(k+1)(4k-1)$

(1) (i) $D\geq0$이어야 하므로

$(k+1)(4k-1)\geq0$

$\therefore k\leq-1$ 또는 $k\geq\dfrac{1}{4}$ ...... ㉠

(ii) $\alpha+\beta>0$이어야 하므로

$2(2k+1)>0$ $\therefore k>-\dfrac{1}{2}$ ...... ㉡

(iii) $\alpha\beta>0$이어야 하므로

$k+2>0$ $\therefore k>-2$ ...... ㉢

㉠, ㉡, ㉢을 수직선 위에 나타내면 다음 그림과 같다.

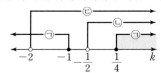

$\therefore k\geq\dfrac{1}{4}$

(2) (i) $D\geq0$이어야 하므로

$(k+1)(4k-1)\geq0$

$\therefore k\leq-1$ 또는 $k\geq\dfrac{1}{4}$ ...... ㉠

(ii) $\alpha+\beta<0$이어야 하므로

$2(2k+1)<0$ $\therefore k<-\dfrac{1}{2}$ ...... ㉡

(iii) $\alpha\beta>0$이어야 하므로

$k+2>0$ $\therefore k>-2$ ...... ㉢

㉠, ㉡, ㉢을 수직선 위에 나타내면 다음 그림과 같다.

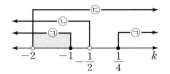

$\therefore -2<k\leq-1$

(3) $\alpha\beta<0$이어야 하므로

$k+2<0$ $\therefore k<-2$

04-2 답 2

이차방정식 $x^2+(a^2-4)x+a^2-2a-3=0$의 두 실근을 α, β라 하면 두 근의 부호가 서로 다르므로 $\alpha\beta<0$에서

$a^2-2a-3<0$, $(a+1)(a-3)<0$

$\therefore -1<a<3$ ...... ㉠

또 두 근의 절댓값이 같으므로 $\alpha+\beta=0$에서

$-(a^2-4)=0$, $a^2=4$

$\therefore a=-2$ 또는 $a=2$ ...... ㉡

㉠, ㉡에서 $a=2$

05-1 답 $-2<a<-1$

$f(x)=x^2-(a-2)x+a^2-1$이라 할 때, 이차방정식 $f(x)=0$의 두 근 사이에 -3이 있으려면 오른쪽 그림과 같아야 하므로

$f(-3)<0$

$9+3(a-2)+a^2-1<0$

$a^2+3a+2<0$, $(a+2)(a+1)<0$

$\therefore -2<a<-1$

05-2 답 $k \leq -1$

$f(x) = x^2 - 6kx - 4k + 5$라 할 때, 이차방정식 $f(x) = 0$의 두 근이 모두 1보다 작으므로 이차함수 $y = f(x)$의 그래프는 오른쪽 그림과 같아야 한다.

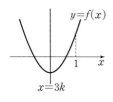

(i) 이차방정식 $f(x) = 0$의 판별식을 D라 하면
$$\frac{D}{4} = 9k^2 - (-4k + 5) \geq 0$$
$$9k^2 + 4k - 5 \geq 0, \ (k+1)(9k-5) \geq 0$$
$$\therefore k \leq -1 \ \text{또는} \ k \geq \frac{5}{9} \qquad \cdots\cdots \ \text{㉠}$$

(ii) $f(1) > 0$에서
$$1 - 6k - 4k + 5 > 0 \qquad \therefore k < \frac{3}{5} \qquad \cdots\cdots \ \text{㉡}$$

(iii) $3k < 1$에서 $k < \frac{1}{3} \qquad \cdots\cdots \ \text{㉢}$

㉠, ㉡, ㉢을 수직선 위에 나타내면 다음 그림과 같다.

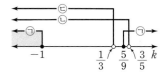

$$\therefore k \leq -1$$

05-3 답 $-3 < a \leq -2\sqrt{2}$ 또는 $2\sqrt{2} \leq a < 3$

$f(x) = x^2 - ax + 2$라 할 때, 이차방정식 $f(x) = 0$의 두 근이 모두 -2와 2 사이에 있으므로 이차함수 $y = f(x)$의 그래프는 오른쪽 그림과 같아야 한다.

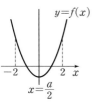

(i) 이차방정식 $f(x) = 0$의 판별식을 D라 하면
$$D = a^2 - 8 \geq 0$$
$$(a + 2\sqrt{2})(a - 2\sqrt{2}) \geq 0$$
$$\therefore a \leq -2\sqrt{2} \ \text{또는} \ a \geq 2\sqrt{2} \qquad \cdots\cdots \ \text{㉠}$$

(ii) $f(-2) > 0$에서
$$4 + 2a + 2 > 0 \qquad \therefore a > -3 \qquad \cdots\cdots \ \text{㉡}$$
$f(2) > 0$에서
$$4 - 2a + 2 > 0 \qquad \therefore a < 3 \qquad \cdots\cdots \ \text{㉢}$$
㉡, ㉢의 공통부분은 $-3 < a < 3 \qquad \cdots\cdots \ \text{㉣}$

(iii) $-2 < \frac{a}{2} < 2$에서 $-4 < a < 4 \qquad \cdots\cdots \ \text{㉤}$

㉠, ㉣, ㉤을 수직선 위에 나타내면 다음 그림과 같다.

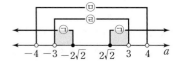

$$\therefore -3 < a \leq -2\sqrt{2} \ \text{또는} \ 2\sqrt{2} \leq a < 3$$

연습문제 185~186쪽

1 ⑤	**2** 5	**3** ④	**4** ④	**5** ④
6 4	**7** 6 m 초과 7 m 이하		**8** -1	
9 $2 < a < 6$		**10** 3		
11 $-1 \leq a < 0$ 또는 $a > 2$			**12** 18	**13** ②

1 $|x - 1| \leq 3$을 풀면
$$-3 \leq x - 1 \leq 3 \qquad \therefore -2 \leq x \leq 4 \qquad \cdots\cdots \ \text{㉠}$$
$x^2 - 8x + 15 > 0$을 풀면
$$(x - 3)(x - 5) > 0 \qquad \therefore x < 3 \ \text{또는} \ x > 5 \qquad \cdots\cdots \ \text{㉡}$$
㉠, ㉡을 수직선 위에 나타내면 다음 그림과 같다.

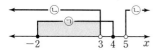

주어진 연립부등식의 해는 $-2 \leq x < 3$
따라서 정수 x는 $-2, -1, 0, 1, 2$의 5개이다.

2 $x^2 + 4x - 5 > 0$을 풀면
$$(x + 5)(x - 1) > 0 \qquad \therefore x < -5 \ \text{또는} \ x > 1 \qquad \cdots\cdots \ \text{㉠}$$
$2x^2 - 3x - 14 \leq 0$을 풀면
$$(x + 2)(2x - 7) \leq 0 \qquad \therefore -2 \leq x \leq \frac{7}{2} \qquad \cdots\cdots \ \text{㉡}$$
㉠, ㉡을 수직선 위에 나타내면 다음 그림과 같다.

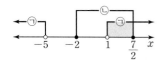

주어진 연립부등식의 해는 $1 < x \leq \frac{7}{2}$
따라서 정수 x는 2, 3이므로 구하는 합은 $2 + 3 = 5$

3 $x^2 + 3 \geq 4x$를 풀면
$$x^2 - 4x + 3 \geq 0, \ (x - 1)(x - 3) \geq 0$$
$$\therefore x \leq 1 \ \text{또는} \ x \geq 3 \qquad \cdots\cdots \ \text{㉠}$$
$x^2 - 7x \leq -10$을 풀면
$$x^2 - 7x + 10 \leq 0, \ (x - 2)(x - 5) \leq 0$$
$$\therefore 2 \leq x \leq 5 \qquad \cdots\cdots \ \text{㉡}$$

㉠, ㉡을 수직선 위에 나타내면 오른쪽 그림과 같으므로 주어진 연립부등식의 해는 $3 \leq x \leq 5$

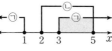

해가 $3 \leq x \leq 5$이고 x^2의 계수가 1인 이차부등식은
$$(x - 3)(x - 5) \leq 0 \qquad \therefore x^2 - 8x + 15 \leq 0$$
양변에 -1을 곱하면 $-x^2 + 8x - 15 \geq 0$
이 부등식이 $ax^2 + bx - 15 \geq 0$과 같으므로
$$a = -1, \ b = 8 \qquad \therefore a + b = 7$$

4 $x^2-10x+a>0$은 해가 $x<4$ 또는 $x>6$이고 x^2의 계수가 1인 이차부등식이므로

$(x-4)(x-6)>0$ ∴ $x^2-10x+24>0$

∴ $a=24$

$x^2-9x+b\leq0$은 해가 $2\leq x\leq7$이고 x^2의 계수가 1인 이차부등식이므로

$(x-2)(x-7)\leq0$ ∴ $x^2-9x+14\leq0$

∴ $b=14$

∴ $a-b=24-14=10$

5 $|x-k|\leq5$를 풀면

$-5\leq x-k\leq5$ ∴ $k-5\leq x\leq k+5$ …… ㉠

$x^2-x-12>0$을 풀면

$(x+3)(x-4)>0$

∴ $x<-3$ 또는 $x>4$ …… ㉡

㉠, ㉡의 공통부분에 속하는 정수 x의 값의 합이 7이 되도록 수직선 위에 나타내면 다음 그림과 같다.

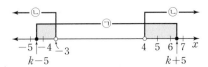

따라서 $-5<k-5\leq-4$, $6\leq k+5<7$이므로

$0<k\leq1$, $1\leq k<2$

∴ $k=1$

6 $x^2+x-20\leq0$을 풀면

$(x+5)(x-4)\leq0$ ∴ $-5\leq x\leq4$ …… ㉠

$x^2-6kx-7k^2>0$을 풀면

$(x+k)(x-7k)>0$

∴ $x<-k$ 또는 $x>7k$ $(∵ k>0)$ …… ㉡

㉠, ㉡의 공통부분이 존재하도록 수직선 위에 나타내면 다음 그림과 같다.

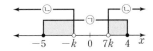

따라서 $-5<-k<0$ 또는 $0<7k<4$이므로

$0<k<5$ 또는 $0<k<\dfrac{4}{7}$

∴ $0<k<5$

따라서 양의 정수 k는 1, 2, 3, 4의 4개이다.

7 출입문의 가로의 길이를 x m, 세로의 길이를 y m라 하면

㈎에서 $2x+2y=18$ ∴ $y=9-x$

$y>0$이므로 $9-x>0$

∴ $0<x<9$ $(∵ x>0)$ …… ㉠

㈏에서 $x>2(9-x)$ ∴ $x>6$ …… ㉡

㈐에서 $x(9-x)\geq14$, $x^2-9x+14\leq0$

$(x-2)(x-7)\leq0$ ∴ $2\leq x\leq7$ …… ㉢

㉠, ㉡, ㉢을 수직선 위에 나타내면 다음 그림과 같다.

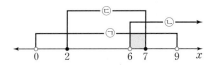

따라서 x의 값의 범위는 $6<x\leq7$이므로 가로의 길이의 범위는 6 m 초과 7 m 이하이다.

8 이차방정식 $x^2-kx-k(k-1)=0$의 판별식을 D_1이라 하면

$D_1=k^2+4k(k-1)>0$

$5k^2-4k>0$, $k(5k-4)>0$

∴ $k<0$ 또는 $k>\dfrac{4}{5}$ …… ㉠

한편 $(2-k)x^2+2kx+1=0$이 이차방정식이므로 $k\neq2$이고, 이 이차방정식의 판별식을 D_2라 하면

$\dfrac{D_2}{4}=k^2-(2-k)<0$

$k^2+k-2<0$, $(k+2)(k-1)<0$

∴ $-2<k<1$ …… ㉡

㉠, ㉡을 수직선 위에 나타내면 다음 그림과 같다.

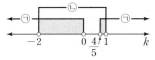

∴ $-2<k<0$ 또는 $\dfrac{4}{5}<k<1$

이때 k는 정수이므로 $k=-1$

9 이차방정식 $x^2-(a^2-5a-6)x-a+2=0$의 두 실근을 α, β라 하면 두 근의 부호가 서로 다르므로 $\alpha\beta<0$에서

$-a+2<0$ ∴ $a>2$ …… ㉠

음수인 근의 절댓값이 양수인 근보다 크므로 $\alpha+\beta<0$에서

$a^2-5a-6<0$, $(a+1)(a-6)<0$

∴ $-1<a<6$ …… ㉡

㉠, ㉡을 수직선 위에 나타내면 다음 그림과 같다.

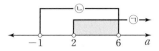

∴ $2<a<6$

10 $f(x)=x^2+2(k-2)x-k+2$라 할 때, 이차방정식 $f(x)=0$의 두 근이 모두 -1과 4 사이에 있으므로 이차함수 $y=f(x)$의 그래프는 오른쪽 그림과 같아야 한다.

(i) 이차방정식 $f(x)=0$의 판별식을 D라 하면

$$\frac{D}{4}=(k-2)^2-(-k+2)\geq0$$

$$k^2-3k+2\geq0,\ (k-1)(k-2)\geq0$$

$$\therefore\ k\leq1\ \text{또는}\ k\geq2 \qquad \cdots\cdots\ \bigcirc$$

(ii) $f(-1)>0$에서

$$1-2(k-2)-k+2>0$$

$$\therefore\ k<\frac{7}{3} \qquad \cdots\cdots\ \bigcirc$$

$f(4)>0$에서

$$16+8(k-2)-k+2>0$$

$$\therefore\ k>-\frac{2}{7} \qquad \cdots\cdots\ \bigcirc$$

$\bigcirc$, $\bigcirc$의 공통부분은 $-\dfrac{2}{7}<k<\dfrac{7}{3}$ $\quad\cdots\cdots\ \bigcirc$

(iii) $-1<-k+2<4$에서

$$-2<k<3 \qquad \cdots\cdots\ \bigcirc$$

$\bigcirc$, $\bigcirc$, $\bigcirc$을 수직선 위에 나타내면 다음 그림과 같다.

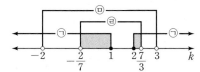

$$\therefore\ -\frac{2}{7}<k\leq1\ \text{또는}\ 2\leq k<\frac{7}{3}$$

이때 정수 k는 0, 1, 2의 3개이다.

11 $x^2-x-6<0$을 풀면

$$(x+2)(x-3)<0 \qquad \therefore\ -2<x<3 \quad\cdots\cdots\ \bigcirc$$

$x^2-(a+1)x+a<0$을 풀면

$$(x-a)(x-1)<0$$

$$\therefore\ \begin{cases} a<1\text{일 때, } a<x<1 \\ a=1\text{일 때, 해는 없다.} \\ a>1\text{일 때, } 1<x<a \end{cases} \quad\cdots\cdots\ \bigcirc$$

$\bigcirc$, $\bigcirc$의 공통부분에 속하는 정수 x가 단 하나 존재하도록 수직선 위에 나타내면 다음과 같다.

(i) $a<1$일 때

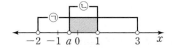

$$\therefore\ -1\leq a<0$$

(ii) $a>1$일 때

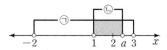

$$\therefore\ a>2$$

(i), (ii)에서

$$-1\leq a<0\ \text{또는}\ a>2$$

12 오른쪽 그림에서 세 삼각형 ABC, APR, PBQ는 모두 직각이등변삼각형이다.

$\overline{QC}=a$이므로

$$0<a<12$$

$\overline{PR}=a$, $\overline{BQ}=12-a$이므로

$$\overline{AR}=\overline{PR}=a,\ \overline{PQ}=\overline{BQ}=12-a$$

따라서 사각형 PQCR의 넓이는 $a(12-a)$, 삼각형 APR의 넓이는 $\dfrac{1}{2}a^2$, 삼각형 PBQ의 넓이는 $\dfrac{1}{2}(12-a)^2$이므로

$$\begin{cases} a(12-a)>\dfrac{1}{2}a^2 & \cdots\cdots\ \bigcirc \\ a(12-a)>\dfrac{1}{2}(12-a)^2 & \cdots\cdots\ \bigcirc \end{cases}$$

$\bigcirc$을 풀면

$$\frac{3}{2}a^2-12a<0,\ a(a-8)<0$$

$$\therefore\ 0<a<8 \qquad \cdots\cdots\ \bigcirc$$

$\bigcirc$을 풀면

$$\left\{a-\frac{1}{2}(12-a)\right\}(12-a)>0$$

$$\left(\frac{3}{2}a-6\right)(a-12)<0$$

$$\therefore\ 4<a<12 \qquad \cdots\cdots\ \bigcirc$$

$\bigcirc$, $\bigcirc$을 수직선 위에 나타내면 다음 그림과 같다.

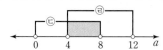

$$\therefore\ 4<a<8$$

이때 자연수 a는 5, 6, 7이므로 구하는 합은

$$5+6+7=18$$

13 $x^2-5x+6=0$을 풀면

$$(x-2)(x-3)=0 \qquad \therefore\ x=2\ \text{또는}\ x=3$$

이차방정식 $x^2-(a-1)x+a+8=0$의 한 근만이 2와 3 사이에 있어야 하므로 $f(x)=x^2-(a-1)x+a+8$이라 할 때, 이차함수 $y=f(x)$의 그래프는 다음 그림과 같아야 한다.

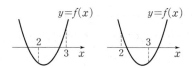

따라서 $f(2)f(3)<0$이므로

$$\{4-2(a-1)+a+8\}\{9-3(a-1)+a+8\}<0$$

$$(-a+14)(-2a+20)<0$$

$$(a-14)(a-10)<0$$

$$\therefore\ 10<a<14$$

따라서 정수 a는 11, 12, 13의 3개이다.

합의 법칙과 곱의 법칙

개념 Check 189쪽

1 **답** 9

2 **답** (1) 5   (2) 6

(1) (i) 3의 배수가 적힌 카드가 나오는 경우

3, 6, 9의 3가지

(ii) 4의 배수가 적힌 카드가 나오는 경우

4, 8의 2가지

(i), (ii)는 동시에 일어날 수 없으므로 구하는 경우의 수는

3+2=5

(2) (i) 5의 배수가 적힌 카드가 나오는 경우

5, 10의 2가지

(ii) 홀수가 적힌 카드가 나오는 경우

1, 3, 5, 7, 9의 5가지

(iii) 5의 배수이면서 홀수가 적힌 카드가 나오는 경우

5의 1가지

(i), (ii), (iii)에서 구하는 경우의 수는

2+5-1=6

3 **답** 15

4 **답** 12

문제 190~196쪽

01-1 **답** 12

나오는 두 눈의 수의 차가 3 이상인 경우는 두 눈의 수의 차가 3 또는 4 또는 5인 경우이다.

(i) 두 눈의 수의 차가 3인 경우

$(1, 4), (2, 5), (3, 6), (4, 1), (5, 2), (6, 3)$의 6가지

(ii) 두 눈의 수의 차가 4인 경우

$(1, 5), (2, 6), (5, 1), (6, 2)$의 4가지

(iii) 두 눈의 수의 차가 5인 경우

$(1, 6), (6, 1)$의 2가지

(i), (ii), (iii)에서 구하는 경우의 수는

6+4+2=12

01-2 **답** 10

꺼낸 공에 적힌 세 수의 합이 5 이하인 경우는 세 수의 합이 3 또는 4 또는 5인 경우이다.

(i) 세 수의 합이 3인 경우

$(1, 1, 1)$의 1가지

(ii) 세 수의 합이 4인 경우

$(1, 1, 2), (1, 2, 1), (2, 1, 1)$의 3가지

(iii) 세 수의 합이 5인 경우

$(1, 1, 3), (1, 3, 1), (3, 1, 1), (1, 2, 2), (2, 1, 2),$
$(2, 2, 1)$의 6가지

(i), (ii), (iii)에서 구하는 경우의 수는

1+3+6=10

01-3 **답** 32

1부터 100까지의 자연수 중에서

(i) 5로 나누어떨어지는 수

5의 배수이므로 5, 10, 15, …, 100의 20개

(ii) 7로 나누어떨어지는 수

7의 배수이므로 7, 14, 21, …, 98의 14개

(iii) 5와 7로 모두 나누어떨어지는 수

5와 7의 최소공배수인 35의 배수이므로 35, 70의 2개

(i), (ii), (iii)에서 구하는 자연수의 개수는

20+14-2=32

02-1 **답** 8

x, y, z가 자연수이므로 $x \geq 1, y \geq 1, z \geq 1$

$2x+3y+z=13$에서 $3y<13$

$\therefore y=1$ 또는 $y=2$ 또는 $y=3$ 또는 $y=4$

(i) $y=1$일 때

$2x+z=10$이므로 순서쌍 (x, z)는 $(1, 8), (2, 6),$
$(3, 4), (4, 2)$의 4개

(ii) $y=2$일 때

$2x+z=7$이므로 순서쌍 (x, z)는 $(1, 5), (2, 3),$
$(3, 1)$의 3개

(iii) $y=3$일 때

$2x+z=4$이므로 순서쌍 (x, z)는 $(1, 2)$의 1개

(iv) $y=4$일 때

$2x+z=1$이므로 순서쌍 (x, z)는 없다.

(i)~(iv)에서 구하는 순서쌍 (x, y, z)의 개수는

4+3+1=8

02-2 **답** 4

x, y가 자연수이므로 $x \geq 1, y \geq 1$

$2x+y \leq 5$에서 $2x<5$ $\therefore x=1$ 또는 $x=2$

(i) $x=1$일 때

$y \le 3$이므로 y는 1, 2, 3의 3개

(ii) $x=2$일 때

$y \le 1$이므로 y는 1의 1개

(i), (ii)에서 구하는 순서쌍 (x, y)의 개수는

$3+1=4$

02-3 답 **16**

한 개의 가격이 100원, 500원, 1000원인 학용품을 각각 x개, y개, z개 산다고 할 때, 그 금액의 합이 5000원이므로

$100x+500y+1000z=5000$

$\therefore x+5y+10z=50$ ...... ㉠

이때 3종류의 학용품을 적어도 하나씩 사야 하므로 x, y, z는 $x \ge 1$, $y \ge 1$, $z \ge 1$인 자연수이어야 한다.

즉, 구하는 경우의 수는 방정식 ㉠을 만족시키는 자연수 x, y, z의 순서쌍 (x, y, z)의 개수와 같다.

㉠에서 $10z < 50$

$\therefore z=1$ 또는 $z=2$ 또는 $z=3$ 또는 $z=4$

(i) $z=1$일 때

$x+5y=40$이므로 순서쌍 (x, y)는 $(35, 1)$, $(30, 2)$, $(25, 3)$, $\cdots$, $(5, 7)$의 7개

(ii) $z=2$일 때

$x+5y=30$이므로 순서쌍 (x, y)는 $(25, 1)$, $(20, 2)$, $(15, 3)$, $(10, 4)$, $(5, 5)$의 5개

(iii) $z=3$일 때

$x+5y=20$이므로 순서쌍 (x, y)는 $(15, 1)$, $(10, 2)$, $(5, 3)$의 3개

(iv) $z=4$일 때

$x+5y=10$이므로 순서쌍 (x, y)는 $(5, 1)$의 1개

(i)~(iv)에서 구하는 경우의 수는

$7+5+3+1=16$

03-1 답 **100**

백의 자리에 올 수 있는 숫자는 2, 3, 5, 7의 4가지

십의 자리에 올 수 있는 숫자는 1, 3, 5, 7, 9의 5가지

일의 자리에 올 수 있는 숫자는 0, 2, 4, 6, 8의 5가지

따라서 구하는 자연수의 개수는

$4 \times 5 \times 5 = 100$

03-2 답 (1) **12** (2) **8**

(1) $(a+b)(p+q)(x+y+z)$를 전개하면 a, b에 p, q를 각각 곱하여 항이 만들어지고, 그것에 다시 x, y, z를 각각 곱하여 항이 만들어지므로 구하는 항의 개수는

$2 \times 2 \times 3 = 12$

(2) $(a+b)(p+q)$를 전개하면 a, b에 p, q를 각각 곱하여 항이 만들어지므로 항의 개수는 $2 \times 2 = 4$

$(x+y)(m+n)$을 전개하면 x, y에 m, n을 각각 곱하여 항이 만들어지므로 항의 개수는 $2 \times 2 = 4$

이때 곱해지는 각 항이 모두 서로 다른 문자이므로 구하는 항의 개수는

$4+4=8$

04-1 답 **15**

400을 소인수분해하면

$400 = 2^4 \times 5^2$

2^4의 양의 약수는 1, 2, 2^2, 2^3, 2^4의 5개

5^2의 양의 약수는 1, 5, 5^2의 3개

2^4의 양의 약수와 5^2의 양의 약수에서 각각 하나씩 택하여 곱한 것이 400의 양의 약수이므로 구하는 약수의 개수는

$5 \times 3 = 15$

04-2 답 **12**

120과 420을 각각 소인수분해하면

$120 = 2^3 \times 3 \times 5$, $420 = 2^2 \times 3 \times 5 \times 7$

120과 420의 최대공약수는 $2^2 \times 3 \times 5$

2^2의 양의 약수는 1, 2, 2^2의 3개

3의 양의 약수는 1, 3의 2개

5의 양의 약수는 1, 5의 2개

2^2의 양의 약수, 3의 양의 약수, 5의 양의 약수에서 각각 하나씩 택하여 곱한 것이 120과 420의 양의 공약수이므로 구하는 공약수의 개수는

$3 \times 2 \times 2 = 12$

04-3 답 **12**

2250을 소인수분해하면

$2250 = 2 \times 3^2 \times 5^3$

이때 2250의 홀수인 양의 약수는 3^2의 양의 약수와 5^3의 양의 약수의 곱으로 이루어진다.

3^2의 양의 약수는 1, 3, 3^2의 3개

5^3의 양의 약수는 1, 5, 5^2, 5^3의 4개

3^2의 양의 약수와 5^3의 양의 약수에서 각각 하나씩 택하여 곱한 것이 2250의 홀수인 양의 약수이므로 구하는 약수의 개수는

$3 \times 4 = 12$

05-1 답 **7**

(i) A → C로 가는 경우의 수는 1

(ii) A → B → C로 가는 경우의 수는 $2 \times 3 = 6$

(i), (ii)에서 구하는 경우의 수는 $1+6=7$

05-2 답 22

(ⅰ) A → C로 가는 경우의 수는 2

(ⅱ) A → B → C로 가는 경우의 수는 $3 \times 2 = 6$

(ⅲ) A → D → C로 가는 경우의 수는 $1 \times 3 = 3$

(ⅳ) A → B → D → C로 가는 경우의 수는
$3 \times 1 \times 3 = 9$

(ⅴ) A → D → B → C로 가는 경우의 수는
$1 \times 1 \times 2 = 2$

(ⅰ)~(ⅴ)에서 구하는 경우의 수는
$2 + 6 + 3 + 9 + 2 = 22$

05-3 답 144

(ⅰ) 지원이가 A → P → B로 가는 경우의 수는
$2 \times 3 = 6$

민정이가 A → Q → B로 가는 경우의 수는
$3 \times 4 = 12$

따라서 지원이는 P 지점을 거쳐서 가고 민정이는 Q 지점을 거쳐서 가는 경우의 수는
$6 \times 12 = 72$

(ⅱ) 지원이가 A → Q → B로 가는 경우의 수는
$3 \times 4 = 12$

민정이가 A → P → B로 가는 경우의 수는
$2 \times 3 = 6$

따라서 지원이는 Q 지점을 거쳐서 가고 민정이는 P 지점을 거쳐서 가는 경우의 수는
$12 \times 6 = 72$

(ⅰ), (ⅱ)에서 구하는 경우의 수는
$72 + 72 = 144$

06-1 답 48

주어진 그림에서 B 또는 D가 가장 많은 영역과 인접하고 있으므로 D부터 칠한다.

D에 칠할 수 있는 색은 4가지

A에 칠할 수 있는 색은 D에 칠한 색을 제외한
$4 - 1 = 3$(가지)

B에 칠할 수 있는 색은 A와 D에 칠한 색을 제외한
$4 - 2 = 2$(가지)

C에 칠할 수 있는 색은 B와 D에 칠한 색을 제외한
$4 - 2 = 2$(가지)

따라서 구하는 경우의 수는
$4 \times 3 \times 2 \times 2 = 48$

06-2 답 84

같은 색을 중복하여 칠할 수 있으므로 칠하는 경우의 수는 다음과 같이 두 경우로 나누어 구할 수 있다.

(ⅰ) B와 D에 서로 다른 색을 칠하는 경우

B에 칠할 수 있는 색은 4가지

A에 칠할 수 있는 색은 B에 칠한 색을 제외한
$4 - 1 = 3$(가지)

D에 칠할 수 있는 색은 A와 B에 칠한 색을 제외한
$4 - 2 = 2$(가지)

C에 칠할 수 있는 색은 B와 D에 칠한 색을 제외한
$4 - 2 = 2$(가지)

따라서 B와 D에 서로 다른 색을 칠하는 경우의 수는
$4 \times 3 \times 2 \times 2 = 48$

(ⅱ) B와 D에 서로 같은 색을 칠하는 경우

B에 칠할 수 있는 색은 4가지

D에 칠할 수 있는 색은 B에 칠한 색과 같은 색인 1가지

A에 칠할 수 있는 색은 B와 D에 칠한 색을 제외한
$4 - 1 = 3$(가지)

C에 칠할 수 있는 색은 B와 D에 칠한 색을 제외한
$4 - 1 = 3$(가지)

따라서 B와 D에 서로 같은 색을 칠하는 경우의 수는
$4 \times 1 \times 3 \times 3 = 36$

(ⅰ), (ⅱ)에서 구하는 경우의 수는
$48 + 36 = 84$

07-1 답 (1) 47 (2) 31

(1) 10원짜리 동전 3개로 지불할 수 있는 방법은
0개, 1개, 2개, 3개의 4가지

50원짜리 동전 3개로 지불할 수 있는 방법은
0개, 1개, 2개, 3개의 4가지

100원짜리 동전 2개로 지불할 수 있는 방법은
0개, 1개, 2개의 3가지

이때 0원을 지불하는 1가지 경우를 빼주어야 하므로 지불할 수 있는 방법의 수는 $4 \times 4 \times 3 - 1 = 47$

(2) 50원짜리 동전 2개로 지불할 수 있는 금액과 100원짜리 동전 1개로 지불할 수 있는 금액이 중복된다.

따라서 100원짜리 동전 2개를 50원짜리 동전 4개로 바꾸어 생각하면 지불할 수 있는 금액의 수는 10원짜리 동전 3개와 50원짜리 동전 7개로 지불할 수 있는 금액의 수와 같다.

10원짜리 동전 3개로 지불할 수 있는 금액은
0원, 10원, 20원, 30원의 4가지

50원짜리 동전 7개로 지불할 수 있는 금액은
0원, 50원, 100원, …, 350원의 8가지

이때 0원을 지불하는 1가지 경우를 빼주어야 하므로 지불할 수 있는 금액의 수는 $4 \times 8 - 1 = 31$

1 ②	2 ②	3 ①	4 14	5 ②
6 19	7 ②	8 ②	9 45	10 189
11 ④	12 10000	13 ④	14 48	15 ③
16 40	17 20	18 81	19 ④	20 6

1 나오는 두 눈의 수의 합이 소수인 경우의 수는 두 눈의 수의 합이 2, 3, 5, 7, 11인 경우이다.

(ⅰ) 두 눈의 수의 합이 2인 경우
$(1, 1)$의 1가지

(ⅱ) 두 눈의 수의 합이 3인 경우
$(1, 2)$, $(2, 1)$의 2가지

(ⅲ) 두 눈의 수의 합이 5인 경우
$(1, 4)$, $(2, 3)$, $(3, 2)$, $(4, 1)$의 4가지

(ⅳ) 두 눈의 수의 합이 7인 경우
$(1, 6)$, $(2, 5)$, $(3, 4)$, $(4, 3)$, $(5, 2)$, $(6, 1)$의 6가지

(ⅴ) 두 눈의 수의 합이 11인 경우
$(5, 6)$, $(6, 5)$의 2가지

(ⅰ)~(ⅴ)에서 구하는 경우의 수는
$1+2+4+6+2=15$

2 일정한 간격의 길이를 a라 하면

(ⅰ) 네 변의 길이가 모두 a인 직사각형

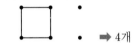
➡ 4개

(ⅱ) 두 변의 길이가 각각 a, $2a$인 직사각형

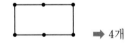
➡ 4개

(ⅲ) 네 변의 길이가 모두 $2a$인 직사각형

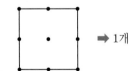
➡ 1개

(ⅳ) 네 변의 길이가 모두 $\sqrt{2}a$인 직사각형

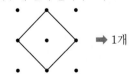
➡ 1개

(ⅰ)~(ⅳ)에서 구하는 직사각형의 개수는
$4+4+1+1=10$

3 x, y, z가 자연수이므로
$x \geq 1$, $y \geq 1$, $z \geq 1$
$x+5y+2z=17$에서 $5y<17$
∴ $y=1$ 또는 $y=2$ 또는 $y=3$

(ⅰ) $y=1$일 때
$x+2z=12$이므로 순서쌍 (x, z)는 $(10, 1)$, $(8, 2)$, $(6, 3)$, $(4, 4)$, $(2, 5)$의 5개

(ⅱ) $y=2$일 때
$x+2z=7$이므로 순서쌍 (x, z)는 $(5, 1)$, $(3, 2)$, $(1, 3)$의 3개

(ⅲ) $y=3$일 때
$x+2z=2$이므로 순서쌍 (x, z)는 없다.

(ⅰ), (ⅱ), (ⅲ)에서 구하는 순서쌍 (x, y, z)의 개수는
$5+3=8$

4 $3 \leq x+y \leq 6$을 만족시키는 자연수 x, y의 순서쌍 (x, y)는

(ⅰ) $x+y=3$일 때
$(1, 2)$, $(2, 1)$의 2개

(ⅱ) $x+y=4$일 때
$(1, 3)$, $(2, 2)$, $(3, 1)$의 3개

(ⅲ) $x+y=5$일 때
$(1, 4)$, $(2, 3)$, $(3, 2)$, $(4, 1)$의 4개

(ⅳ) $x+y=6$일 때
$(1, 5)$, $(2, 4)$, $(3, 3)$, $(4, 2)$, $(5, 1)$의 5개

(ⅰ)~(ⅳ)에서 구하는 순서쌍 (x, y)의 개수는
$2+3+4+5=14$

5 50원, 100원, 500원짜리 동전을 각각 x개, y개, z개 사용한다고 할 때, 그 금액의 합이 600원이므로
$50x+100y+500z=600$
∴ $x+2y+10z=12$ ……… ㉠
이때 각 동전은 사용하지 않는 경우도 있으므로 x, y, z는 $x \geq 0$, $y \geq 0$, $z \geq 0$인 정수이어야 한다.
즉, 구하는 경우의 수는 방정식 ㉠을 만족시키는 음이 아닌 정수 x, y, z의 순서쌍 (x, y, z)의 개수와 같다.
㉠에서 $10z \leq 12$ ∴ $z=0$ 또는 $z=1$

(ⅰ) $z=0$일 때
$x+2y=12$이므로 순서쌍 (x, y)는 $(12, 0)$, $(10, 1)$, $(8, 2)$, $(6, 3)$, $(4, 4)$, $(2, 5)$, $(0, 6)$의 7개

(ⅱ) $z=1$일 때
$x+2y=2$이므로 순서쌍 (x, y)는 $(2, 0)$, $(0, 1)$의 2개

(ⅰ), (ⅱ)에서 구하는 경우의 수는
$7+2=9$

6 이차방정식 $x^2+ax+b=0$이 실근을 가지므로 이 이차방정식의 판별식을 D라 하면

$D=a^2-4b \geq 0$

$\therefore a^2 \geq 4b$

(i) $b=1$일 때

$a^2 \geq 4$, 즉 $a \geq 2$이므로 a는 2, 3, 4, 5, 6의 5개

(ii) $b=2$일 때

$a^2 \geq 8$, 즉 $a \geq 2\sqrt{2}$이므로 a는 3, 4, 5, 6의 4개

(iii) $b=3$일 때

$a^2 \geq 12$, 즉 $a \geq 2\sqrt{3}$이므로 a는 4, 5, 6의 3개

(iv) $b=4$일 때

$a^2 \geq 16$, 즉 $a \geq 4$이므로 a는 4, 5, 6의 3개

(v) $b=5$일 때

$a^2 \geq 20$, 즉 $a \geq 2\sqrt{5}$이므로 a는 5, 6의 2개

(vi) $b=6$일 때

$a^2 \geq 24$, 즉 $a \geq 2\sqrt{6}$이므로 a는 5, 6의 2개

(i)~(vi)에서 구하는 순서쌍 (a, b)의 개수는

$5+4+3+3+2+2=19$

7 $(a+b+c)(x+y)^2=(a+b+c)(x^2+2xy+y^2)$이므로 전개하면 a, b, c에 x^2, $2xy$, y^2을 각각 곱하여 항이 만들어진다.

따라서 구하는 항의 개수는

$3 \times 3=9$

8 백의 자리에 올 수 있는 숫자는 2, 4, 6, 8의 4가지

십의 자리에 올 수 있는 숫자는 1, 3, 5, 7, 9의 5가지

일의 자리에 올 수 있는 숫자는 2, 3, 5, 7의 4가지

따라서 구하는 자연수의 개수는

$4 \times 5 \times 4=80$

9 십의 자리의 숫자를 a, 일의 자리의 숫자를 b라 할 때, $a+b$가 짝수인 경우는

(i) a가 짝수, b가 0 또는 짝수인 경우

a에 올 수 있는 숫자는 2, 4, 6, 8의 4가지

b에 올 수 있는 숫자는 0, 2, 4, 6, 8의 5가지

$\therefore 4 \times 5=20$

(ii) a가 홀수, b가 홀수인 경우

a에 올 수 있는 숫자는 1, 3, 5, 7, 9의 5가지

b에 올 수 있는 숫자는 1, 3, 5, 7, 9의 5가지

$\therefore 5 \times 5=25$

(i), (ii)에서 구하는 자연수의 개수는

$20+25=45$

10 나오는 세 눈의 수의 곱이 짝수인 경우의 수는 모든 경우의 수에서 세 눈의 수의 곱이 홀수인 경우의 수, 즉 세 눈의 수가 모두 홀수인 경우의 수를 빼면 된다.

(i) 서로 다른 세 개의 주사위를 던져서 나올 수 있는 모든 경우의 수는

$6 \times 6 \times 6=216$

(ii) 주사위에서 홀수인 눈의 수는 1, 3, 5의 3가지이므로 세 눈의 수가 모두 홀수인 경우의 수는

$3 \times 3 \times 3=27$

(i), (ii)에서 구하는 경우의 수는

$216-27=189$

11 150을 소인수분해하면

$150=2 \times 3 \times 5^2=3 \times (2 \times 5^2)$

2의 양의 약수는 1, 2의 2개

5^2의 양의 약수는 1, 5, 5^2의 3개

150의 양의 약수 중에서 3의 배수는 3을 소인수로 갖는 수이므로 2의 양의 약수와 5^2의 양의 약수에서 각각 하나씩 택하여 곱한 것에 3을 곱한 것과 같다.

따라서 구하는 3의 배수의 개수는

$2 \times 3=6$

12 10^n을 소인수분해하면

$10^n=2^n \times 5^n$

2^n의 양의 약수는 1, 2, 2^2, $\cdots$, 2^n의 $(n+1)$개

5^n의 양의 약수는 1, 5, 5^2, $\cdots$, 5^n의 $(n+1)$개

이때 2^n의 양의 약수와 5^n의 양의 약수에서 각각 하나씩 택하여 곱한 것이 10^n의 양의 약수이고, 10^n의 양의 약수가 25개이므로

$(n+1)^2=25$

$n+1=5$ ($\because$ n은 자연수)

$\therefore n=4$

따라서 구하는 수는

$10^4=10000$

13 (i) A → B → C → A로 가는 경우의 수는

$3 \times 2 \times 2=12$

(ii) A → C → B → A로 가는 경우의 수는

$2 \times 2 \times 3=12$

(i), (ii)에서 구하는 경우의 수는

$12+12=24$

14 주어진 그림에서 B 또는 D가 가장 많은 영역과 인접하고 있으므로 D부터 칠한다.

D에 칠할 수 있는 색은 4가지

A에 칠할 수 있는 색은 D에 칠한 색을 제외한

$4-1=3$(가지)

B에 칠할 수 있는 색은 A와 D에 칠한 색을 제외한

$4-2=2$(가지)

C에 칠할 수 있는 색은 B와 D에 칠한 색을 제외한

$4-2=2$(가지)

따라서 구하는 경우의 수는

$4 \times 3 \times 2 \times 2 = 48$

15 ㈎, ㈏에서 1, 6, 2, 3, 5, 4의 순서대로 색을 칠한다.

1이 적힌 정사각형에 칠할 수 있는 색은 4가지

6이 적힌 정사각형에 칠할 수 있는 색은 1이 적힌 정사각형에 칠한 색과 같은 색인 1가지

2가 적힌 정사각형에 칠할 수 있는 색은 1이 적힌 정사각형에 칠한 색을 제외한

$4-1=3$(가지)

3이 적힌 정사각형에 칠할 수 있는 색은 2와 6이 적힌 정사각형에 칠한 색을 제외한

$4-2=2$(가지)

5가 적힌 정사각형에 칠할 수 있는 색은 2와 6이 적힌 정사각형에 칠한 색을 제외한

$4-2=2$(가지)

4가 적힌 정사각형에 칠할 수 있는 색은 1과 5가 적힌 정사각형에 칠한 색을 제외한

$4-2=2$(가지)

따라서 구하는 경우의 수는

$4 \times 1 \times 3 \times 2 \times 2 \times 2 = 96$

16 (i) 지불할 수 있는 방법의 수

100원짜리 동전 1개로 지불할 수 있는 방법은

0개, 1개의 2가지

50원짜리 동전 3개로 지불할 수 있는 방법은

0개, 1개, 2개, 3개의 4가지

10원짜리 동전 2개로 지불할 수 있는 방법은

0개, 1개, 2개의 3가지

이때 0원을 지불하는 1가지 경우를 빼주어야 하므로 지불할 수 있는 방법의 수는

$a = 2 \times 4 \times 3 - 1 = 23$

(ii) 지불할 수 있는 금액의 수

50원짜리 동전 2개로 지불할 수 있는 금액과 100원짜리 동전 1개로 지불할 수 있는 금액이 중복된다.

따라서 100원짜리 동전 1개를 50원짜리 동전 2개로 바꾸어 생각하면 지불할 수 있는 금액의 수는 50원짜리 동전 5개와 10원짜리 동전 2개로 지불할 수 있는 금액의 수와 같다.

50원짜리 동전 5개로 지불할 수 있는 금액은

0원, 50원, 100원, 150원, 200원, 250원의 6가지

10원짜리 동전 2개로 지불할 수 있는 금액은

0원, 10원, 20원의 3가지

이때 0원을 지불하는 1가지 경우를 빼주어야 하므로 지불할 수 있는 금액의 수는

$b = 6 \times 3 - 1 = 17$

(i), (ii)에서

$a + b = 23 + 17 = 40$

17 (i) 꽃병 A에 장미를 꽂은 경우

꽃병 B에는 카네이션과 백합 중에서 9송이를 꽂아야 한다.

꽃병 B에 카네이션을 a송이, 백합을 b송이 꽂는다고 하면 $a+b=9$를 만족시키는 순서쌍 (a, b)는 $(1, 8)$, $(2, 7)$, $(3, 6)$, $(4, 5)$, $(5, 4)$, $(6, 3)$의 6개

(ii) 꽃병 A에 카네이션을 꽂은 경우

꽃병 B에는 장미와 백합 중에서 9송이를 꽂아야 한다.

꽃병 B에 장미를 a송이, 백합을 b송이 꽂는다고 하면 $a+b=9$를 만족시키는 순서쌍 (a, b)는 $(1, 8)$, $(2, 7)$, $(3, 6)$, $(4, 5)$, $(5, 4)$, $(6, 3)$, $(7, 2)$, $(8, 1)$의 8개

(iii) 꽃병 A에 백합을 꽂은 경우

꽃병 B에는 장미와 카네이션 중에서 9송이를 꽂아야 한다.

꽃병 B에 장미를 a송이, 카네이션을 b송이 꽂는다고 하면 $a+b=9$를 만족시키는 순서쌍 (a, b)는 $(3, 6)$, $(4, 5)$, $(5, 4)$, $(6, 3)$, $(7, 2)$, $(8, 1)$의 6개

(i), (ii), (iii)에서 구하는 경우의 수는

$6 + 8 + 6 = 20$

18 $a+b+c+abc$의 값이 홀수가 되려면 $a+b+c$의 값과 abc의 값의 합이 홀수이어야 한다.

(i) $a+b+c$의 값은 짝수, abc의 값은 홀수인 경우

abc의 값이 홀수이므로 a, b, c가 모두 홀수이다.

그런데 a, b, c가 모두 홀수이면 $a+b+c$의 값은 홀수이므로 조건을 만족시키지 않는다.

(ii) $a+b+c$의 값은 홀수, abc의 값은 짝수인 경우
abc의 값이 짝수이므로 a, b, c 중에서 1개 이상이 짝수이다.

이때 $a+b+c$의 값이 홀수이므로 a, b, c 중에서 1개만 홀수이어야 한다.

세 수 a, b, c가 각각

ⓘ 홀수, 짝수, 짝수인 경우의 수는

$3 \times 3 \times 3 = 27$

ⓘⓘ 짝수, 홀수, 짝수인 경우의 수는

$3 \times 3 \times 3 = 27$

ⓘⓘⓘ 짝수, 짝수, 홀수인 경우의 수는

$3 \times 3 \times 3 = 27$

ⓘ, ⓘⓘ, ⓘⓘⓘ에서 조건을 만족시키는 경우의 수는

$27 + 27 + 27 = 81$

(i), (ii)에서 구하는 경우의 수는 81이다.

19 꼭짓점 A에서 출발하여 꼭짓점 G까지 최단 거리로 가는 길을 수형도로 나타내면 다음과 같다.

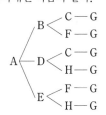

따라서 구하는 경우의 수는 6이다.

20 B 지점과 D 지점 사이에 x개의 도로를 추가한다고 하면

(i) A → B → C로 가는 경우의 수는

$3 \times 2 = 6$

(ii) A → D → C로 가는 경우의 수는

$2 \times 3 = 6$

(iii) A → B → D → C로 가는 경우의 수는

$3 \times x \times 3 = 9x$

(iv) A → D → B → C로 가는 경우의 수는

$2 \times x \times 2 = 4x$

(i)~(iv)에서 A 지점에서 출발하여 C 지점으로 가는 경우의 수는

$6 + 6 + 9x + 4x = 13x + 12$

이때 A 지점에서 출발하여 C 지점으로 가는 경우의 수가 90이려면

$13x + 12 = 90$

$\therefore x = 6$

따라서 추가해야 하는 도로의 개수는 6이다.

---

1 순열

1 답 (1) **3**   (2) **90**   (3) **360**   (4) **1**

2 답 (1) **1**   (2) **6**   (3) **120**   (4) **5040**

01-1 답 (1) **5**   (2) **3**   (3) **6**   (4) **6**

(1) $_n\mathrm{P}_3 = 12n$에서 $n(n-1)(n-2) = 12n$

이때 $n \geq 3$이므로 양변을 n으로 나누면

$(n-1)(n-2) = 12 = 4 \times 3$ $\therefore n = 5$

(2) $_7\mathrm{P}_r \times 3! = 1260$에서 $_7\mathrm{P}_r \times 6 = 1260$

$\therefore {}_7\mathrm{P}_r = 210$

이때 $210 = 7 \times 6 \times 5 = {}_7\mathrm{P}_3$이므로 $r = 3$

(3) $_n\mathrm{P}_3 : {}_n\mathrm{P}_2 = 4 : 1$에서 $_n\mathrm{P}_3 = 4 \times {}_n\mathrm{P}_2$

$n(n-1)(n-2) = 4n(n-1)$

이때 $n \geq 3$이므로 양변을 $n(n-1)$로 나누면

$n - 2 = 4$ $\therefore n = 6$

(4) $_n\mathrm{P}_3 + 3 \times {}_n\mathrm{P}_2 = 5 \times {}_{n+1}\mathrm{P}_2$에서

$n(n-1)(n-2) + 3n(n-1) = 5(n+1)n$

이때 $n \geq 3$이므로 양변을 n으로 나누면

$(n-1)(n-2) + 3(n-1) = 5(n+1)$

$n^2 - 5n - 6 = 0$, $(n+1)(n-6) = 0$

$\therefore n = 6 \; (\because n \geq 3)$

01-2 답 **6**

$_6\mathrm{P}_r \geq 4 \times {}_6\mathrm{P}_{r-1}$에서

$\dfrac{6!}{(6-r)!} \geq 4 \times \dfrac{6!}{\{6-(r-1)\}!}$

$\dfrac{(7-r)!}{(6-r)!} \geq 4$, $7 - r \geq 4$

$\therefore r \leq 3$

따라서 자연수 r는 1, 2, 3이므로 구하는 합은

$1 + 2 + 3 = 6$

01-3 답 (1) 풀이 참조   (2) 풀이 참조

(1) $n \times {}_{n-1}\mathrm{P}_{r-1} = n \times \dfrac{(n-1)!}{\{n-1-(r-1)\}!}$

$= \dfrac{n!}{(n-r)!} = {}_n\mathrm{P}_r$

$\therefore {}_n\mathrm{P}_r = n \times {}_{n-1}\mathrm{P}_{r-1}$ (단, $1 \leq r \leq n$)

(2) $_{n-1}P_r + r \times _{n-1}P_{r-1}$

$$= \frac{(n-1)!}{(n-1-r)!} + r \times \frac{(n-1)!}{\{n-1-(r-1)\}!}$$

$$= \frac{(n-1)!}{(n-r-1)!} + r \times \frac{(n-1)!}{(n-r)!}$$

$$= (n-r) \times \frac{(n-1)!}{(n-r)!} + r \times \frac{(n-1)!}{(n-r)!}$$

$$= (n-r+r) \times \frac{(n-1)!}{(n-r)!}$$

$$= \frac{n!}{(n-r)!} = _nP_r$$

$\therefore _nP_r = _{n-1}P_r + r \times _{n-1}P_{r-1}$ (단, $1 \le r < n$)

02-1 답 210

서로 다른 7개에서 3개를 택하는 순열의 수와 같으므로
$_7P_3 = 7 \times 6 \times 5 = 210$

02-2 답 720

서로 다른 10개에서 3개를 택하는 순열의 수와 같으므로
$_{10}P_3 = 10 \times 9 \times 8 = 720$

02-3 답 4

서로 다른 n개를 일렬로 나열하는 경우의 수가 24이므로
$_nP_n = 24$에서 $n! = 4 \times 3 \times 2 \times 1$ $\therefore n = 4$

03-1 답 240

모음 e와 i를 한 묶음으로 생각하여 나머지 4개의 문자와
함께 일렬로 나열하는 경우의 수는 $5! = 120$
e와 i가 자리를 바꾸는 경우의 수는 $2! = 2$
따라서 구하는 경우의 수는
$120 \times 2 = 240$

03-2 답 720

3권의 수학책을 한 묶음으로 생각하여 4권의 영어책과 함
께 책꽂이에 일렬로 꽂는 경우의 수는 $5! = 120$
수학책 3권의 자리를 바꾸는 경우의 수는 $3! = 6$
따라서 구하는 경우의 수는
$120 \times 6 = 720$

03-3 답 1728

1반 학생 3명을 한 묶음으로, 2반 학생 4명을 한 묶음으로,
3반 학생 2명을 한 묶음으로 생각하여 일렬로 세우는 경
우의 수는 $3! = 6$
1반 학생 3명이 자리를 바꾸는 경우의 수는 $3! = 6$
2반 학생 4명이 자리를 바꾸는 경우의 수는 $4! = 24$
3반 학생 2명이 자리를 바꾸는 경우의 수는 $2! = 2$
따라서 구하는 경우의 수는
$6 \times 6 \times 24 \times 2 = 1728$

03-4 답 4

여학생 2명을 한 묶음으로 생각하여 남학생 n명과 함께
일렬로 세우는 경우의 수는 $(n+1)!$
여학생 2명이 자리를 바꾸는 경우의 수는 $2! = 2$
이때 여학생 2명이 서로 이웃하도록 세우는 경우의 수가
240이므로
$(n+1)! \times 2 = 240$
$(n+1)! = 120 = 5 \times 4 \times 3 \times 2 \times 1$
$n+1 = 5$ $\therefore n = 4$

04-1 답 72

이웃해도 되는 배구 선수 3명을 일렬로 세우는 경우의 수
는 $3! = 6$
배구 선수 사이사이와 양 끝의 4개의 자리 중에서 2개의
자리에 농구 선수 2명을 세우는 경우의 수는 $_4P_2 = 12$
따라서 구하는 경우의 수는 $6 \times 12 = 72$

04-2 답 72

자음 r, n, g와 모음 o, a, e의 개수가 같으므로 자음과
모음을 교대로 나열하는 경우는 자음이 맨 앞에 오거나
모음이 맨 앞에 오는 2가지가 있다.
각각의 경우에 대하여 자음 3개를 일렬로 나열하는 경우
의 수는 $3! = 6$
모음 3개를 일렬로 나열하는 경우의 수는 $3! = 6$
따라서 구하는 경우의 수는 $2 \times 6 \times 6 = 72$

04-3 답 144

선생님과 학생을 교대로 세우려면 학생이 맨 앞에 와야
한다.
학생 4명을 일렬로 세우는 경우의 수는 $4! = 24$
선생님 3명을 일렬로 세우는 경우의 수는 $3! = 6$
따라서 구하는 경우의 수는 $24 \times 6 = 144$

05-1 답 (1) 120 (2) 720 (3) 4320

(1) s를 맨 처음에, l을 맨 마지막에 고정시키고 그 사이에
나머지 p, e, c, i, a의 5개의 문자를 일렬로 나열하는
경우의 수이므로
$5! = 120$

(2) p, e, c, i, a의 5개의 문자 중에서
3개를 택하여 s와 l 사이에 일렬로
나열하는 경우의 수는 $_5P_3 = 60$
s와 l의 자리를 바꾸는 경우의 수는
$2! = 2$
s★★★l을 한 묶음으로 생각하여 나머지 2개의 문자
와 함께 일렬로 나열하는 경우의 수는 $3! = 6$
따라서 구하는 경우의 수는 $60 \times 2 \times 6 = 720$

(3) 7개의 문자를 일렬로 나열하는 경우의 수에서 양 끝에
모음만 오도록 나열하는 경우의 수를 빼면 된다.

(i) 7개의 문자를 일렬로 나열하는 경우의 수는
$7!=5040$

(ii) 양 끝에 모음인 e, i, a의 3개의 문자 중에서 2개를
택하여 나열하는 경우의 수는 $_3P_2=6$

나머지 자리에 5개의 문자를 일렬로 나열하는 경우
의 수는 $5!=120$

따라서 양 끝에 모음만 오도록 나열하는 경우의 수는
$6\times120=720$

(i), (ii)에서 구하는 경우의 수는
$5040-720=4320$

06-1 답 (1) **96** (2) **36**

(1) 천의 자리에는 0이 올 수 없으므로 천의 자리에 올 수
있는 숫자는 1, 2, 3, 4의 4가지

나머지 자리에 천의 자리에 온 숫자를 제외한 4개의 숫
자 중에서 3개를 택하여 일렬로 나열하는 경우의 수는
$_4P_3=24$

따라서 구하는 자연수의 개수는
$4\times24=96$

(2) 홀수이려면 일의 자리에 올 수 있는 숫자는 1, 3이다.

각각의 경우에 대하여 천의 자리에는 0과 일의 자리에
온 숫자를 제외한 3개의 숫자가 올 수 있고, 백의 자리
와 십의 자리에는 천의 자리에 온 숫자와 일의 자리에 온
숫자를 제외한 3개의 숫자 중에서 2개를 택하여 일렬
로 나열하면 되므로 구하는 홀수의 개수는
$2\times(3\times{_3P_2})=2\times(3\times6)=36$

06-2 답 (1) **96** (2) **108**

(1) 4의 배수는 끝의 두 자리의 수가 4의 배수이므로
□□12, □□16, □□24, □□32, □□36,
□□52, □□56, □□64

각각의 경우에 대하여 천의 자리와 백의 자리에는 끝의
두 자리에 온 숫자를 제외한 4개의 숫자 중에서 2개를
택하여 일렬로 나열하면 되므로 구하는 4의 배수의 개
수는
$8\times{_4P_2}=8\times12=96$

(2) 5의 배수이려면 일의 자리에 올 수 있는 숫자는 0, 5이다.

(i) 일의 자리의 숫자가 0인 경우

나머지 자리에 0을 제외한 5개의 숫자 중에서 3개
를 택하여 일렬로 나열하는 경우의 수는
$_5P_3=60$

(ii) 일의 자리의 숫자가 5인 경우

천의 자리에는 0과 일의 자리에 온 숫자를 제외한
4개의 숫자가 올 수 있고, 백의 자리와 십의 자리
에는 천의 자리에 온 숫자와 일의 자리에 온 숫자
를 제외한 4개의 숫자 중에서 2개를 택하여 일렬로
나열하면 되므로 그 경우의 수는
$4\times{_4P_2}=4\times12=48$

(i), (ii)에서 구하는 5의 배수의 개수는
$60+48=108$

07-1 답 **54번째**

ㄱ□□□□, ㄴ□□□□ 꼴인 문자열의 개수는
$2\times4!=48$

ㄷㄱㄴ□□, ㄷㄱㄹ□□ 꼴인 문자열의 개수는
$2\times2!=4$

ㄷㄱㅁ으로 시작하는 문자열을 순서대로 나열하면
ㄷㄱㅁㄴㄹ, ㄷㄱㅁㄹㄴ

즉, ㄷㄱㅁ□□ 꼴인 문자열에서 ㄷㄱㅁㄹㄴ의 순서는
두 번째이다.

따라서 ㄷㄱㅁㄹㄴ이 나타나는 순서는
$48+4+2=54$(번째)

07-2 답 **51342**

1□□□□ 꼴인 자연수의 개수는 $4!=24$
2□□□□ 꼴인 자연수의 개수는 $4!=24$
3□□□□ 꼴인 자연수의 개수는 $4!=24$
4□□□□ 꼴인 자연수의 개수는 $4!=24$

이때 $24+24+24+24=96$이므로 100번째로 나타나는
수는 5□□□□ 꼴인 자연수 중에서 네 번째 수이다.

5로 시작하는 다섯 자리의 자연수를 순서대로 나열하면
51234, 51243, 51324, 51342, …

따라서 100번째 수는 51342이다.

연습문제 209~210쪽

1 ③	2 624	3 ③	4 28800	5 ⑤
6 ③	7 84	8 ③	9 20	10 84
11 ⑤	12 ⑤	13 ①	14 336	

1 $_nP_3+12\times{_{n-1}P_2}-{_nP_4}<0$에서
$n(n-1)(n-2)+12(n-1)(n-2)$
$$-n(n-1)(n-2)(n-3)<0$$

이때 $n \geq 4$이므로 양변을 $(n-1)(n-2)$로 나누면

$n+12-n(n-3) < 0$

$n^2-4n-12 > 0$, $(n+2)(n-6) > 0$

$\therefore n > 6$ ($\because n \geq 4$)

따라서 자연수 n의 최솟값은 7이다.

2 $a = {}_5P_4 = 120$, $b = {}_9P_3 = 504$

$\therefore a+b = 624$

3 여학생 2명을 한 묶음으로 생각하여 남학생 5명과 함께 일렬로 세우는 경우의 수는 $6! = 720$

여학생 2명이 순서를 바꾸는 경우의 수는 $2! = 2$

따라서 구하는 경우의 수는 $720 \times 2 = 1440$

4 한국 선수와 중국 선수의 수가 같으므로 한국 선수와 중국 선수를 교대로 세우는 경우는 한국 선수가 맨 앞에 오거나 중국 선수가 맨 앞에 오는 2가지가 있다.

각각의 경우에 대하여 한국 선수 5명을 일렬로 세우는 경우의 수는 $5! = 120$

중국 선수 5명을 일렬로 세우는 경우의 수는 $5! = 120$

따라서 구하는 경우의 수는

$2 \times 120 \times 120 = 28800$

5 이웃해도 되는 3개의 홀수 1, 3, 5가 적힌 카드를 일렬로 나열하는 경우의 수는 $3! = 6$

홀수가 적힌 카드 사이사이와 양 끝의 4개의 자리 중에서 2개의 자리에 짝수 2, 4가 적힌 카드를 나열하는 경우의 수는 ${}_4P_2 = 12$

따라서 구하는 경우의 수는 $6 \times 12 = 72$

6 2학년 학생 4명이 일렬로 앉는 경우의 수는 $4! = 24$

2학년 학생 사이사이의 3개의 자리 중에서 2개의 자리에 1학년 학생 2명이 앉는 경우의 수는 ${}_3P_2 = 6$

따라서 구하는 경우의 수는 $24 \times 6 = 144$

[다른 풀이]

양 끝에 있는 의자에 2학년 학생 4명 중에서 2명이 앉는 경우의 수는 ${}_4P_2 = 12$

나머지 4개의 의자에 1학년 학생끼리는 서로 이웃하지 않도록 앉는 경우는 3가지가 있다.

1	2	1	2
1	2	2	1
2	1	2	1

각각의 경우에 대하여 1학년 학생 2명이 앉는 경우의 수는 $2! = 2$

2학년 학생 2명이 앉는 경우의 수는 $2! = 2$

따라서 구하는 경우의 수는 $12 \times 3 \times 2 \times 2 = 144$

7 5개의 문자를 일렬로 나열하는 경우의 수에서 양 끝에 자음만 오도록 나열하는 경우의 수를 빼면 된다.

(i) 5개의 문자를 일렬로 나열하는 경우의 수는

$5! = 120$

(ii) 양 끝에 자음인 d, r, m의 3개의 문자 중에서 2개를 택하여 나열하는 경우의 수는 ${}_3P_2 = 6$

나머지 자리에 3개의 문자를 일렬로 나열하는 경우의 수는 $3! = 6$

따라서 양 끝에 자음만 오도록 나열하는 경우의 수는

$6 \times 6 = 36$

(i), (ii)에서 구하는 경우의 수는 $120 - 36 = 84$

8 6명을 일렬로 세우는 경우의 수에서 선생님 사이에 학생을 세우지 않거나 1명만 세우는 경우의 수를 빼면 된다.

(i) 6명을 일렬로 세우는 경우의 수는

$6! = 720$

(ii) 선생님 사이에 학생을 세우지 않는 경우

선생님끼리 이웃하도록 세우는 경우와 같으므로 선생님 2명을 한 묶음으로 생각하여 학생 4명과 함께 일렬로 세우는 경우의 수는 $5! = 120$

선생님 2명이 자리를 바꾸는 경우의 수는 $2! = 2$

따라서 선생님 사이에 학생을 세우지 않는 경우의 수는

$120 \times 2 = 240$

(iii) 선생님 사이에 학생 1명만 세우는 경우

학생 4명 중에서 1명을 택하여 선생님 사이에 세우는 경우의 수는 4

선생님 2명이 자리를 바꾸는 경우의 수는 $2! = 2$

선생님과 선생님 사이의 학생 1명을 한 묶음으로 생각하여 나머지 3명의 학생과 함께 일렬로 세우는 경우의 수는 $4! = 24$

따라서 선생님 사이에 학생 1명만 세우는 경우의 수는

$4 \times 2 \times 24 = 192$

(i), (ii), (iii)에서 구하는 경우의 수는

$720 - 240 - 192 = 288$

9 3의 배수는 모든 자리의 숫자의 합이 3의 배수이므로 5개의 숫자 0, 1, 2, 3, 4에서 서로 다른 3개를 택할 때, 그 합이 3의 배수가 되는 경우는

$(0, 1, 2), (0, 2, 4), (1, 2, 3), (2, 3, 4)$

각각의 경우에서 만들 수 있는 자연수의 개수를 구하면

(i) $(0, 1, 2)$의 경우

백의 자리에는 0이 올 수 없으므로 $2 \times 2! = 4$

(ii) $(0, 2, 4)$의 경우

백의 자리에는 0이 올 수 없으므로 $2 \times 2! = 4$

(iii) (1, 2, 3)의 경우

$3! = 6$

(iv) (2, 3, 4)의 경우

$3! = 6$

(i)~(iv)에서 구하는 3의 배수의 개수는

$4 + 4 + 6 + 6 = 20$

10 1□□ 꼴인 자연수의 개수는 $_5P_3 = 60$

20□□, 21□□ 꼴인 자연수의 개수는

$2 \times _4P_2 = 2 \times 12 = 24$

따라서 2300보다 작은 자연수의 개수는 $60 + 24 = 84$

11 a□□□□□ 꼴인 문자열의 개수는 $5! = 120$

b□□□□□ 꼴인 문자열의 개수는 $5! = 120$

c□□□□□ 꼴인 문자열의 개수는 $5! = 120$

이때 $120 + 120 + 120 = 360$이므로 363번째로 나타나는 문자열은 d□□□□□ 꼴인 문자열 중에서 세 번째 문자열이다.

d로 시작하는 문자열을 순서대로 나열하면

$dabcef$, $dabcfe$, $dabecf$, $\cdots$

따라서 363번째로 나타나는 문자열은 $dabecf$이다.

12 아이 3명을 한 묶음으로 생각하여 어른 3명과 함께 의자 $(8-2)$개에 앉는 경우의 수는 $_6P_4 = 360$

아이 3명이 자리를 바꾸는 경우의 수는 $3! = 6$

따라서 구하는 경우의 수는 $360 \times 6 = 2160$

다른 풀이

8개의 의자 중에서 아이 3명이 서로 이웃하도록 앉는 의자 3개를 고르는 경우의 수는 6

아이 3명이 자리를 바꾸는 경우의 수는 $3! = 6$

남은 5개의 의자에 어른 3명이 앉는 경우의 수는 $_5P_3 = 60$

따라서 구하는 경우의 수는 $6 \times 6 \times 60 = 2160$

13 각각의 부부를 한 묶음으로 생각하여 일렬로 나열하는 경우의 수는 $4! = 24$

남편 A, B, C, D의 아내를 각각 a, b, c, d라 할 때, 남편들을 먼저 앉히면 아내들은 모두 자기 남편의 오른쪽 또는 왼쪽에 앉으면 된다.

| A | a | B | b | C | c | D | d |
| a | A | b | B | c | C | d | D |

즉, 남녀가 교대로 앉는 경우의 수는 2이다.

따라서 구하는 경우의 수는 $24 \times 2 = 48$

14 9개의 숫자 중에서 3개를 택하여 만들 수 있는 세 자리의 자연수의 개수에서 각 자리의 수 중 두 수의 합이 9가 되는 자연수의 개수를 빼면 된다.

(i) 9개의 숫자 중에서 3개를 택하여 만들 수 있는 세 자리의 자연수의 개수는 $_9P_3 = 504$

(ii) 두 수의 합이 9가 되는 경우는 (1, 8), (2, 7), (3, 6), (4, 5)의 4가지

각각의 경우에 대하여 이미 택한 2개의 숫자를 제외한 나머지 7개의 숫자 중에서 1개를 택하여 일렬로 나열하여 만들 수 있는 세 자리의 자연수의 개수는

$4 \times _7P_1 \times 3! = 4 \times 7 \times 6 = 168$

(i), (ii)에서 구하는 자연수의 개수는

$504 - 168 = 336$

Ⅲ-1 03 조합

1 조합

개념 Check   211쪽

1 답 (1) **1** (2) **1** (3) **21** (4) **6**

문제   212~217쪽

01-1 답 (1) **5** (2) **9** (3) **7** (4) **5**

(1) $_nC_2 = 10$에서 $\dfrac{n(n-1)}{2 \times 1} = 10$

$n(n-1) = 20 = 5 \times 4$

$\therefore n = 5$

(2) $_nC_5 = _nC_{n-5}$이므로 $_nC_{n-5} = _nC_4$에서

$n - 5 = 4$ $\therefore n = 9$

(3) $_{n+3}C_n = _{n+3}C_{(n+3)-n}$이므로 $_{n+3}C_3 = 120$에서

$\dfrac{(n+3)(n+2)(n+1)}{3 \times 2 \times 1} = 120$

$(n+3)(n+2)(n+1) = 720 = 10 \times 9 \times 8$

$\therefore n = 7$

(4) $_{n+1}C_{n-1} = _{n+1}C_{(n+1)-(n-1)}$이므로

$_{n+2}C_3 = 2 \times _nC_2 + _{n+1}C_2$에서

$\dfrac{(n+2)(n+1)n}{3 \times 2 \times 1} = 2 \times \dfrac{n(n-1)}{2 \times 1} + \dfrac{(n+1)n}{2 \times 1}$

이때 $n \geq 2$이므로 양변을 n으로 나누면

$\dfrac{(n+2)(n+1)}{6} = n - 1 + \dfrac{n+1}{2}$

$$n^2-6n+5=0, \ (n-1)(n-5)=0$$
$$\therefore n=5 \ (\because n\geq2)$$

01-2 답 5

$_nP_2+4\times{}_nC_3={}_nP_3$에서

$$n(n-1)+4\times\frac{n(n-1)(n-2)}{3\times2\times1}=n(n-1)(n-2)$$

이때 $n\geq3$이므로 양변을 $n(n-1)$로 나누면

$$1+\frac{2}{3}(n-2)=n-2$$

$$\frac{1}{3}n=\frac{5}{3} \qquad \therefore n=5$$

01-3 답 (1) 풀이 참조 (2) 풀이 참조

(1) $n\times{}_{n-1}C_{r-1}=n\times\dfrac{(n-1)!}{(r-1)!\{n-1-(r-1)\}!}$

$$=\frac{n!}{(r-1)!(n-r)!}$$

$$=r\times\frac{n!}{r!(n-r)!}=r\times{}_nC_r$$

$\therefore r\times{}_nC_r=n\times{}_{n-1}C_{r-1}$ (단, $1\leq r\leq n$)

(2) $_{n-1}C_{r-1}+{}_{n-1}C_r$

$$=\frac{(n-1)!}{(r-1)!\{n-1-(r-1)\}!}+\frac{(n-1)!}{r!(n-1-r)!}$$

$$=\frac{(n-1)!}{(r-1)!(n-r)!}+\frac{(n-1)!}{r!(n-r-1)!}$$

$$=r\times\frac{(n-1)!}{r!(n-r)!}+(n-r)\times\frac{(n-1)!}{r!(n-r)!}$$

$$=(r+n-r)\times\frac{(n-1)!}{r!(n-r)!}$$

$$=\frac{n!}{r!(n-r)!}={}_nC_r$$

$\therefore {}_nC_r={}_{n-1}C_{r-1}+{}_{n-1}C_r$ (단, $1\leq r<n$)

02-1 답 45

꽃 10송이 중에서 8송이를 택하는 경우의 수는

$$_{10}C_8={}_{10}C_2=\frac{10\times9}{2\times1}=45$$

02-2 답 280

우유 5가지 중에서 2가지를 구매하는 경우의 수는

$$_5C_2=\frac{5\times4}{2\times1}=10$$

주스 8가지 중에서 2가지를 구매하는 경우의 수는

$$_8C_2=\frac{8\times7}{2\times1}=28$$

따라서 구하는 경우의 수는

$$10\times28=280$$

02-3 답 7

사탕과 초콜릿 $(n+2)$개 중에서 3개를 택하는 경우의 수가 84이므로 $_{n+2}C_3=84$에서

$$\frac{(n+2)(n+1)n}{3\times2\times1}=84$$

$$(n+2)(n+1)n=504=9\times8\times7$$

$$\therefore n=7$$

03-1 답 (1) 165 (2) 455

(1) 특정한 여학생 1명을 이미 뽑았다고 생각하고 나머지 학생 11명 중에서 3명을 뽑는 경우의 수이므로

$$_{11}C_3=\frac{11\times10\times9}{3\times2\times1}=165$$

(2) 모든 학생 12명 중에서 4명을 뽑는 경우의 수에서 4명을 모두 남학생만 뽑거나 모두 여학생만 뽑는 경우의 수를 빼면 된다.

(i) 12명 중에서 4명을 뽑는 경우의 수는

$$_{12}C_4=\frac{12\times11\times10\times9}{4\times3\times2\times1}=495$$

(ii) 4명을 모두 남학생만 뽑거나 모두 여학생만 뽑는 경우의 수는

$$_7C_4+{}_5C_4={}_7C_3+{}_5C_1=\frac{7\times6\times5}{3\times2\times1}+5=35+5=40$$

(i), (ii)에서 구하는 경우의 수는

$$495-40=455$$

03-2 답 112

A와 B 중에서 1명을 뽑고 A, B를 제외한 나머지 8명 중에서 3명을 뽑는 경우의 수는

$$_2C_1\times{}_8C_3=2\times\frac{8\times7\times6}{3\times2\times1}=112$$

03-3 답 81

9권의 책 중에서 4권을 고르는 경우의 수에서 소설책을 1권 이하로 고르는 경우의 수를 빼면 된다.

(i) 9권의 책 중에서 4권을 고르는 경우의 수는

$$_9C_4=\frac{9\times8\times7\times6}{4\times3\times2\times1}=126$$

(ii) 4권을 모두 만화책만 고르는 경우의 수는

$$_5C_4={}_5C_1=5$$

소설책 4권 중에서 1권, 만화책 5권 중에서 3권을 고르는 경우의 수는

$$_4C_1\times{}_5C_3={}_4C_1\times{}_5C_2=4\times\frac{5\times4}{2\times1}=40$$

따라서 소설책을 1권 이하로 고르는 경우의 수는

$$5+40=45$$

(i), (ii)에서 구하는 경우의 수는

$$126-45=81$$

04-1 답 (1) **7200** (2) **5760**

(1) 어른 4명 중에서 3명, 아이 6명 중에서 2명을 뽑는 경우의 수는

$$_4C_3 \times _6C_2 = _4C_1 \times _6C_2 = 4 \times \frac{6 \times 5}{2 \times 1} = 60$$

뽑은 5명을 일렬로 세우는 경우의 수는 $5! = 120$

따라서 구하는 경우의 수는

$$60 \times 120 = 7200$$

(2) 어른 4명 중에서 2명, 아이 6명 중에서 3명을 뽑는 경우의 수는

$$_4C_2 \times _6C_3 = \frac{4 \times 3}{2 \times 1} \times \frac{6 \times 5 \times 4}{3 \times 2 \times 1} = 120$$

어른 2명을 한 묶음으로 생각하여 아이 3명과 함께 일렬로 세우는 경우의 수는 $4! = 24$

어른 2명이 자리를 바꾸는 경우의 수는 $2! = 2$

따라서 구하는 경우의 수는

$$120 \times 24 \times 2 = 5760$$

04-2 답 **36**

숫자 1을 이미 택하였다고 생각하고 숫자 1, 2를 제외한 나머지 4개의 숫자 3, 4, 5, 6 중에서 2개를 택하는 경우의 수는

$$_4C_2 = \frac{4 \times 3}{2 \times 1} = 6$$

택한 2개의 숫자와 숫자 1을 일렬로 나열하는 경우의 수는 $3! = 6$

따라서 구하는 자연수의 개수는

$$6 \times 6 = 36$$

04-3 답 **180**

혜선이와 미림이를 이미 뽑았다고 생각하고 나머지 6명 중에서 2명을 뽑는 경우의 수는

$$_6C_2 = \frac{6 \times 5}{2 \times 1} = 15$$

혜선이와 미림이를 한 묶음으로 생각하여 다른 2명과 함께 일렬로 세우는 경우의 수는 $3! = 6$

혜선이와 미림이가 자리를 바꾸는 경우의 수는 $2! = 2$

따라서 구하는 경우의 수는

$$15 \times 6 \times 2 = 180$$

05-1 답 (1) **36** (2) **110**

(1) 10개의 점 중에서 2개를 택하는 경우의 수는

$$_{10}C_2 = \frac{10 \times 9}{2 \times 1} = 45$$

한 직선 위에 있는 5개의 점 중에서 2개를 택하는 경우의 수는

$$_5C_2 = \frac{5 \times 4}{2 \times 1} = 10$$

그런데 한 직선 위에 있는 점으로는 1개의 직선만 만들 수 있으므로 구하는 직선의 개수는

$$45 - 10 + 1 = 36$$

(2) 10개의 점 중에서 3개를 택하는 경우의 수는

$$_{10}C_3 = \frac{10 \times 9 \times 8}{3 \times 2 \times 1} = 120$$

한 직선 위에 있는 5개의 점 중에서 3개를 택하는 경우의 수는

$$_5C_3 = _5C_2 = \frac{5 \times 4}{2 \times 1} = 10$$

그런데 한 직선 위에 있는 점으로는 삼각형을 만들 수 없으므로 구하는 삼각형의 개수는

$$120 - 10 = 110$$

05-2 답 **190**

12개의 점 중에서 3개를 택하는 경우의 수는

$$_{12}C_3 = \frac{12 \times 11 \times 10}{3 \times 2 \times 1} = 220$$

한 직선 위에 있는 5개의 점 중에서 3개를 택하는 경우에는 삼각형을 만들 수 없고, 삼각형을 만들 수 없는 직선이 3개 있으므로

$$3 \times _5C_3 = 3 \times _5C_2 = 3 \times \frac{5 \times 4}{2 \times 1} = 30$$

따라서 구하는 삼각형의 개수는

$$220 - 30 = 190$$

05-3 답 **9**

육각형의 6개의 꼭짓점 중에서 2개를 택하여 이으면 변 또는 대각선이 그려진다.

6개의 꼭짓점 중에서 2개를 택하는 경우의 수는

$$_6C_2 = \frac{6 \times 5}{2 \times 1} = 15$$

육각형의 변의 개수는 6이므로 구하는 대각선의 개수는

$$15 - 6 = 9$$

06-1 답 **60**

두 직선에서 각각 2개의 점을 택하여 4개의 점을 이으면 사각형이 만들어진다.

위쪽 직선 위에 있는 4개의 점 중에서 2개를 택하는 경우의 수는

$$_4C_2 = \frac{4 \times 3}{2 \times 1} = 6$$

아래쪽 직선 위에 있는 5개의 점 중에서 2개를 택하는 경우의 수는

$$_5C_2 = \frac{5 \times 4}{2 \times 1} = 10$$

따라서 구하는 사각형의 개수는

$$6 \times 10 = 60$$

06-2 답 **210**

가로 방향의 5개의 직선 중에서 2개를 택하는 경우의 수는

$$_5C_2 = \frac{5 \times 4}{2 \times 1} = 10$$

세로 방향의 7개의 직선 중에서 2개를 택하는 경우의 수는

$$_7C_2 = \frac{7 \times 6}{2 \times 1} = 21$$

따라서 구하는 평행사변형의 개수는

$$10 \times 21 = 210$$

06-3 답 (1) **20** (2) **40**

(1) 간격 하나의 길이를 a라 하자.

한 변의 길이가 a인 정사각형의 개수는 $4 \times 3 = 12$

한 변의 길이가 $2a$인 정사각형의 개수는 $3 \times 2 = 6$

한 변의 길이가 $3a$인 정사각형의 개수는 $2 \times 1 = 2$

따라서 모든 정사각형의 개수는

$$12 + 6 + 2 = 20$$

(2) 4개의 가로줄 중에서 2개를, 5개의 세로줄 중에서 2개를 택하면 하나의 직사각형이 만들어지므로 직사각형의 개수는

$$_4C_2 \times _5C_2 = \frac{4 \times 3}{2 \times 1} \times \frac{5 \times 4}{2 \times 1} = 60$$

이 중 정사각형이 20개 있으므로 정사각형이 아닌 직사각형의 개수는

$$60 - 20 = 40$$

연습문제

219~220쪽

1 10	**2** 60	**3** ③	**4** ④	**5** ⑤
6 ③	**7** 665	**8** 144	**9** 122	**10** ③
11 ③	**12** ③	**13** 72	**14** 15	

1 $3 \times _nC_3 = 4 \times _nP_2$에서

$$3 \times \frac{n(n-1)(n-2)}{3 \times 2 \times 1} = 4n(n-1)$$

이때 $n \geq 3$이므로 양변을 $n(n-1)$로 나누면

$$\frac{n-2}{2} = 4, \ n - 2 = 8 \qquad \therefore \ n = 10$$

2 1학년 6명 중에서 4명을 뽑는 경우의 수는

$$_6C_4 = _6C_2 = \frac{6 \times 5}{2 \times 1} = 15$$

2학년 4명 중에서 3명을 뽑는 경우의 수는 $_4C_3 = _4C_1 = 4$

따라서 구하는 경우의 수는

$$15 \times 4 = 60$$

3 10명 중에서 2명을 뽑아 한 모둠을 만들고, 나머지 8명 중에서 3명을 뽑아 한 모둠을 만든 후 남은 5명이 한 모둠을 이루면 되므로 구하는 경우의 수는

$$_{10}C_2 \times _8C_3 \times _5C_5 = \frac{10 \times 9}{2 \times 1} \times \frac{8 \times 7 \times 6}{3 \times 2 \times 1} \times 1 = 2520$$

4 n개의 팀 중에서 2개의 팀을 뽑는 경우의 수가 120이므로

$$_nC_2 = 120 \text{에서} \ \frac{n(n-1)}{2 \times 1} = 120$$

$$n(n-1) = 240 = 16 \times 15 \qquad \therefore \ n = 16$$

5 아홉 자리의 자연수의 맨 앞 자리에는 0이 올 수 없으므로 1이어야 한다.

이웃해도 되는 1의 사이사이와 맨 끝의 6개의 자리 중에서 3개를 뽑아 0을 배열하면 되므로 구하는 자연수의 개수는

$$_6C_3 = \frac{6 \times 5 \times 4}{3 \times 2 \times 1} = 20$$

6 (i) $a = 5$일 때

$c < b < 5$이므로 1, 2, 3, 4 중에서 2개를 뽑아 큰 수를 b, 작은 수를 c라 하는 경우의 수는

$$_4C_2 = \frac{4 \times 3}{2 \times 1} = 6$$

(ii) $a = 6$일 때

$c < b < 6$이므로 1, 2, 3, 4, 5 중에서 2개를 뽑아 큰 수를 b, 작은 수를 c라 하는 경우의 수는

$$_5C_2 = \frac{5 \times 4}{2 \times 1} = 10$$

(i), (ii)에서 구하는 자연수의 개수는

$$6 + 10 = 16$$

7 (i) 13명 중에서 4명을 뽑는 경우의 수는

$$_{13}C_4 = \frac{13 \times 12 \times 11 \times 10}{4 \times 3 \times 2 \times 1} = 715$$

(ii) 4명을 모두 가수만 뽑거나 모두 모델만 뽑는 경우의 수는

$$_7C_4 + _6C_4 = _7C_3 + _6C_2 = \frac{7 \times 6 \times 5}{3 \times 2 \times 1} + \frac{6 \times 5}{2 \times 1}$$
$$= 35 + 15 = 50$$

(i), (ii)에서 구하는 경우의 수는

$$715 - 50 = 665$$

8 부모님 2명을 이미 뽑았다고 생각하고 나머지 4명 중에서 2명을 뽑는 경우의 수는

$$_4C_2 = \frac{4 \times 3}{2 \times 1} = 6$$

뽑은 4명을 일렬로 세우는 경우의 수는 $4! = 24$

따라서 구하는 경우의 수는

$$6 \times 24 = 144$$

9 (i) 서로 다른 직선의 개수

10개의 점 중에서 2개를 택하는 경우의 수는

$_{10}C_2=\dfrac{10\times9}{2\times1}=45$

위쪽 직선 위에 있는 4개의 점 중에서 2개를 택하는 경우의 수는 $_4C_2=\dfrac{4\times3}{2\times1}=6$

아래쪽 직선 위에 있는 6개의 점 중에서 2개를 택하는 경우의 수는 $_6C_2=\dfrac{6\times5}{2\times1}=15$

그런데 한 직선 위에 있는 점으로는 1개의 직선만 만들 수 있으므로 직선의 개수 m은

$m=45-6-15+2=26$

(ii) 삼각형의 개수

10개의 점 중에서 3개를 택하는 경우의 수는

$_{10}C_3=\dfrac{10\times9\times8}{3\times2\times1}=120$

위쪽 직선 위에 있는 4개의 점 중에서 3개를 택하는 경우의 수는 $_4C_3=_4C_1=4$

아래쪽 직선 위에 있는 6개의 점 중에서 3개를 택하는 경우의 수는 $_6C_3=\dfrac{6\times5\times4}{3\times2\times1}=20$

그런데 한 직선 위에 있는 점으로는 삼각형을 만들 수 없으므로 삼각형의 개수 n은

$n=120-4-20=96$

(i), (ii)에서

$m+n=26+96=122$

10 팔각형의 8개의 꼭짓점 중에서 2개를 택하여 이으면 변 또는 대각선이 그려진다.

8개의 꼭짓점 중에서 2개를 택하는 경우의 수는

$_8C_2=\dfrac{8\times7}{2\times1}=28$

팔각형의 변의 개수는 8이므로 구하는 대각선의 개수는

$28-8=20$

11 (i) 첫째 날 2팀, 둘째 날 3팀이 공연하는 경우

5개의 팀 중에서 첫째 날 공연하는 2팀을 택하고, 둘째 날 공연하는 3팀을 택하는 경우의 수는

$_5C_2\times_3C_3=\dfrac{5\times4}{2\times1}\times1=10$

첫째 날과 둘째 날의 공연 순서를 정하는 경우의 수는

$2!\times3!=2\times6=12$

따라서 첫째 날 2팀, 둘째 날 3팀이 공연하도록 순서를 정하는 경우의 수는

$10\times12=120$

(ii) 첫째 날 3팀, 둘째 날 2팀이 공연하는 경우

5개의 팀 중에서 첫째 날 공연하는 3팀을 택하고, 둘째 날 공연하는 2팀을 택하는 경우의 수는

$_5C_3\times_2C_2=_5C_2\times_2C_2=\dfrac{5\times4}{2\times1}\times1=10$

첫째 날과 둘째 날의 공연 순서를 정하는 경우의 수는

$3!\times2!=6\times2=12$

따라서 첫째 날 3팀, 둘째 날 2팀이 공연하도록 순서를 정하는 경우의 수는 $10\times12=120$

(i), (ii)에서 구하는 경우의 수는 $120+120=240$

12 계단을 두 단씩 올라가는 횟수는 0, 1, 2, 3의 4가지이고 그 각각에 대하여 나머지는 모두 한 단씩 올라가면 된다.

(i) 두 단씩 올라가는 횟수가 0인 경우

계단을 오르는 7번 중에서 두 단을 오르는 경우는 없으므로 경우의 수는 1

(ii) 두 단씩 올라가는 횟수가 1인 경우

계단을 오르는 6번 중에서 두 단을 오르는 1번을 고르는 경우의 수는 $_6C_1=6$

(iii) 두 단씩 올라가는 횟수가 2인 경우

계단을 오르는 5번 중에서 두 단을 오르는 2번을 고르는 경우의 수는 $_5C_2=\dfrac{5\times4}{2\times1}=10$

(iv) 두 단씩 올라가는 횟수가 3인 경우

계단을 오르는 4번 중에서 두 단을 오르는 3번을 고르는 경우의 수는 $_4C_3=_4C_1=4$

(i)~(iv)에서 구하는 경우의 수는 $1+6+10+4=21$

13 평행사변형이 아닌 사다리꼴은 서로 평행한 2개의 직선과 평행하지 않은 2개의 직선을 택하여 만들 수 있으므로 구하는 사다리꼴의 개수는

$_4C_2\times_3C_1\times_2C_1+_3C_2\times_4C_1\times_2C_1+_2C_2\times_4C_1\times_3C_1$

$=_4C_2\times_3C_1\times_2C_1+_3C_1\times_4C_1\times_2C_1+_2C_2\times_4C_1\times_3C_1$

$=\dfrac{4\times3}{2\times1}\times3\times2+3\times4\times2+1\times4\times3$

$=36+24+12=72$

14 오른쪽 그림과 같이 서로 다른 원의 지름 2개가 직사각형의 대각선이 되도록 하는 원 위의 4개의 점을 이으면 직사각형을 만들 수 있다.

따라서 원의 지름 6개 중에서 2개를 택하여 이를 두 대각선으로 하는 직사각형을 만들 수 있으므로 구하는 직사각형의 개수는

$_6C_2=\dfrac{6\times5}{2\times1}=15$

1 행렬

개념 Check

223쪽

1 답 (1) **1, 4, 5** (2) **1, 5, 0** (3) **1** (4) **1** (5) **4** (6) **6**

2 답 $a=2$, $b=1$, $c=-2$

두 행렬이 서로 같으면 대응하는 성분이 각각 같으므로

$3a=6$, $-2=c$, $b+1=2$

∴ $a=2$, $b=1$, $c=-2$

문제

224~226쪽

01-1 답 $\begin{pmatrix} -1 & 0 & 1 \\ 0 & 2 & 4 \end{pmatrix}$

행렬 A는 2×3 행렬이므로 $a_{ij}=ij-2$에 $i=1, 2$,

$j=1, 2, 3$을 각각 대입하면

$a_{11}=1\times 1-2=-1$, $a_{12}=1\times 2-2=0$

$a_{13}=1\times 3-2=1$, $a_{21}=2\times 1-2=0$

$a_{22}=2\times 2-2=2$, $a_{23}=2\times 3-2=4$

따라서 구하는 행렬은

$A=\begin{pmatrix} a_{11} & a_{12} & a_{13} \\ a_{21} & a_{22} & a_{23} \end{pmatrix}=\begin{pmatrix} -1 & 0 & 1 \\ 0 & 2 & 4 \end{pmatrix}$

01-2 답 $\begin{pmatrix} 1 & 2 \\ 4 & 2 \\ 6 & 6 \end{pmatrix}$

$i\neq j$이면 $a_{ij}=2i$이므로

$a_{12}=2\times 1=2$, $a_{21}=2\times 2=4$

$a_{31}=2\times 3=6$, $a_{32}=2\times 3=6$

$i=j$이면 $a_{ij}=j$이므로

$a_{11}=1$, $a_{22}=2$

따라서 구하는 행렬은

$A=\begin{pmatrix} a_{11} & a_{12} \\ a_{21} & a_{22} \\ a_{31} & a_{32} \end{pmatrix}=\begin{pmatrix} 1 & 2 \\ 4 & 2 \\ 6 & 6 \end{pmatrix}$

01-3 답 $\begin{pmatrix} 1 & 2 & 2 \\ -1 & 1 & 4 \\ 1 & -1 & 1 \end{pmatrix}$

$i\geq j$이면 $a_{ij}=(-1)^{i+j}$이므로

$a_{11}=(-1)^{1+1}=1$, $a_{21}=(-1)^{2+1}=-1$

$a_{22}=(-1)^{2+2}=1$, $a_{31}=(-1)^{3+1}=1$

$a_{32}=(-1)^{3+2}=-1$, $a_{33}=(-1)^{3+3}=1$

$i<j$이면 $a_{ij}=2^i$이므로

$a_{12}=2^1=2$, $a_{13}=2^1=2$, $a_{23}=2^2=4$

따라서 구하는 행렬은

$A=\begin{pmatrix} a_{11} & a_{12} & a_{13} \\ a_{21} & a_{22} & a_{23} \\ a_{31} & a_{32} & a_{33} \end{pmatrix}=\begin{pmatrix} 1 & 2 & 2 \\ -1 & 1 & 4 \\ 1 & -1 & 1 \end{pmatrix}$

02-1 답 $\begin{pmatrix} 1 & 1 & 2 \\ 0 & 0 & 1 \\ 1 & 1 & 0 \end{pmatrix}$

건물 A_1에서 A_1로 가는 도로의 수는 1이므로 $a_{11}=1$

건물 A_1에서 A_2로 가는 도로의 수는 1이므로 $a_{12}=1$

건물 A_1에서 A_3으로 가는 도로의 수는 2이므로

$a_{13}=2$

건물 A_2에서 A_1로 가는 도로는 없으므로 $a_{21}=0$

건물 A_2에서 A_2로 가는 도로는 없으므로 $a_{22}=0$

건물 A_2에서 A_3으로 가는 도로의 수는 1이므로

$a_{23}=1$

건물 A_3에서 A_1로 가는 도로의 수는 1이므로 $a_{31}=1$

건물 A_3에서 A_2로 가는 도로의 수는 1이므로 $a_{32}=1$

건물 A_3에서 A_3으로 가는 도로는 없으므로 $a_{33}=0$

따라서 구하는 행렬은

$\begin{pmatrix} a_{11} & a_{12} & a_{13} \\ a_{21} & a_{22} & a_{23} \\ a_{31} & a_{32} & a_{33} \end{pmatrix}=\begin{pmatrix} 1 & 1 & 2 \\ 0 & 0 & 1 \\ 1 & 1 & 0 \end{pmatrix}$

02-2 답 $\begin{pmatrix} 1 & 0 & 1 \\ 0 & 1 & 1 \\ 1 & 1 & 1 \end{pmatrix}$

1번 버스는 정류장 P_1에 정차하므로 $a_{11}=1$

1번 버스는 정류장 P_2에 정차하지 않으므로 $a_{12}=0$

1번 버스는 정류장 P_3에 정차하므로 $a_{13}=1$

2번 버스는 정류장 P_1에 정차하지 않으므로 $a_{21}=0$

2번 버스는 정류장 P_2에 정차하므로 $a_{22}=1$

2번 버스는 정류장 P_3에 정차하므로 $a_{23}=1$

3번 버스는 정류장 P_1에 정차하므로 $a_{31}=1$

3번 버스는 정류장 P_2에 정차하므로 $a_{32}=1$

3번 버스는 정류장 P_3에 정차하므로 $a_{33}=1$

따라서 구하는 행렬은

$A=\begin{pmatrix} a_{11} & a_{12} & a_{13} \\ a_{21} & a_{22} & a_{23} \\ a_{31} & a_{32} & a_{33} \end{pmatrix}=\begin{pmatrix} 1 & 0 & 1 \\ 0 & 1 & 1 \\ 1 & 1 & 1 \end{pmatrix}$

03-1 답 -8

두 행렬이 서로 같으면 대응하는 성분이 각각 같으므로

$a=2c+1$ ...... ㉠

$-b=2$ ...... ㉡

$3c=2a$ ...... ㉢

$bd-1=1$ ...... ㉣

㉠, ㉢을 연립하여 풀면

$a=-3$, $c=-2$

㉡에서 $b=-2$

이를 ㉣에 대입하면

$-2d-1=1$ $\therefore d=-1$

$\therefore a+b+c+d=-3+(-2)+(-2)+(-1)=-8$

03-2 답 4

두 행렬이 서로 같으면 대응하는 성분이 각각 같으므로

$x^2=1$ ...... ㉠

$xy=z$ ...... ㉡

$-2=x+y$ ...... ㉢

$y^2=9$ ...... ㉣

㉠에서 $x=-1$ 또는 $x=1$ ...... ㉤

㉣에서 $y=-3$ 또는 $y=3$ ...... ㉥

㉤, ㉥에서 ㉢을 만족시키는 x, y의 값은

$x=1$, $y=-3$

이를 ㉡에 대입하면 $z=-3$

$\therefore x-2y+z=1-2\times(-3)+(-3)=4$

2 행렬의 덧셈, 뺄셈과 실수배

개념 Check

228쪽

1 답 (1) $\begin{pmatrix} 3 \\ 8 \end{pmatrix}$ (2) $\begin{pmatrix} 4 & 1 \\ 2 & -1 \end{pmatrix}$

(3) $\begin{pmatrix} 5 & 3 & -5 \\ 1 & -4 & 3 \end{pmatrix}$ (4) $\begin{pmatrix} 3 & -2 \\ 3 & -6 \\ 5 & -1 \end{pmatrix}$

(1) $\begin{pmatrix} 1 \\ 3 \end{pmatrix} + \begin{pmatrix} 2 \\ 5 \end{pmatrix} = \begin{pmatrix} 1+2 \\ 3+5 \end{pmatrix} = \begin{pmatrix} 3 \\ 8 \end{pmatrix}$

(2) $\begin{pmatrix} 1 & -1 \\ 2 & 1 \end{pmatrix} + \begin{pmatrix} 3 & 2 \\ 0 & -2 \end{pmatrix} = \begin{pmatrix} 1+3 & -1+2 \\ 2+0 & 1+(-2) \end{pmatrix}$

$= \begin{pmatrix} 4 & 1 \\ 2 & -1 \end{pmatrix}$

(3) $\begin{pmatrix} 3 & 4 & -3 \\ 2 & 1 & 4 \end{pmatrix} - \begin{pmatrix} -2 & 1 & 2 \\ 1 & 5 & 1 \end{pmatrix}$

$= \begin{pmatrix} 3-(-2) & 4-1 & -3-2 \\ 2-1 & 1-5 & 4-1 \end{pmatrix}$

$= \begin{pmatrix} 5 & 3 & -5 \\ 1 & -4 & 3 \end{pmatrix}$

(4) $\begin{pmatrix} 4 & 1 \\ 2 & -2 \\ 3 & 0 \end{pmatrix} - \begin{pmatrix} 1 & 3 \\ -1 & 4 \\ -2 & 1 \end{pmatrix} = \begin{pmatrix} 4-1 & 1-3 \\ 2-(-1) & -2-4 \\ 3-(-2) & 0-1 \end{pmatrix}$

$= \begin{pmatrix} 3 & -2 \\ 3 & -6 \\ 5 & -1 \end{pmatrix}$

문제

229~231쪽

04-1 답 (1) $\begin{pmatrix} -3 & 3 \\ 2 & -1 \end{pmatrix}$ (2) $\begin{pmatrix} 10 & -8 \\ -2 & 6 \end{pmatrix}$

(1) $A-2B-(2A-3B)=A-2B-2A+3B$

$=-A+B$

$=-\begin{pmatrix} 2 & -1 \\ 1 & 2 \end{pmatrix} + \begin{pmatrix} -1 & 2 \\ 3 & 1 \end{pmatrix}$

$=\begin{pmatrix} -2 & 1 \\ -1 & -2 \end{pmatrix} + \begin{pmatrix} -1 & 2 \\ 3 & 1 \end{pmatrix}$

$=\begin{pmatrix} -3 & 3 \\ 2 & -1 \end{pmatrix}$

(2) $2(A-B)+3(A+2B)-(A+6B)$

$=2A-2B+3A+6B-A-6B$

$=4A-2B$

$=4\begin{pmatrix} 2 & -1 \\ 1 & 2 \end{pmatrix} - 2\begin{pmatrix} -1 & 2 \\ 3 & 1 \end{pmatrix}$

$=\begin{pmatrix} 8 & -4 \\ 4 & 8 \end{pmatrix} - \begin{pmatrix} -2 & 4 \\ 6 & 2 \end{pmatrix}$

$=\begin{pmatrix} 10 & -8 \\ -2 & 6 \end{pmatrix}$

04-2 답 $\begin{pmatrix} -9 & 4 \\ 9 & -2 \end{pmatrix}$

$5A+2X=2(3B-2A)-X$에서

$5A+2X=6B-4A-X$, $3X=-9A+6B$

$\therefore X=-3A+2B$

$=-3\begin{pmatrix} 1 & -2 \\ -3 & 2 \end{pmatrix} + 2\begin{pmatrix} -3 & -1 \\ 0 & 2 \end{pmatrix}$

$=\begin{pmatrix} -3 & 6 \\ 9 & -6 \end{pmatrix} + \begin{pmatrix} -6 & -2 \\ 0 & 4 \end{pmatrix}$

$=\begin{pmatrix} -9 & 4 \\ 9 & -2 \end{pmatrix}$

05-1 답 $A=\begin{pmatrix} -1 & 1 \\ 1 & 1 \end{pmatrix}$, $B=\begin{pmatrix} 4 & 0 \\ 1 & -2 \end{pmatrix}$

$A+B=\begin{pmatrix} 3 & 1 \\ 2 & -1 \end{pmatrix}$ ...... ㉠

$A-B=\begin{pmatrix} -5 & 1 \\ 0 & 3 \end{pmatrix}$ ...... ㉡

㉠+㉡을 하면

$(A+B)+(A-B)=\begin{pmatrix} 3 & 1 \\ 2 & -1 \end{pmatrix}+\begin{pmatrix} -5 & 1 \\ 0 & 3 \end{pmatrix}$

$2A=\begin{pmatrix} -2 & 2 \\ 2 & 2 \end{pmatrix}$

$\therefore A=\dfrac{1}{2}\begin{pmatrix} -2 & 2 \\ 2 & 2 \end{pmatrix}=\begin{pmatrix} -1 & 1 \\ 1 & 1 \end{pmatrix}$

이를 ㉠에 대입하면

$\begin{pmatrix} -1 & 1 \\ 1 & 1 \end{pmatrix}+B=\begin{pmatrix} 3 & 1 \\ 2 & -1 \end{pmatrix}$

$\therefore B=\begin{pmatrix} 3 & 1 \\ 2 & -1 \end{pmatrix}-\begin{pmatrix} -1 & 1 \\ 1 & 1 \end{pmatrix}$

$\quad =\begin{pmatrix} 4 & 0 \\ 1 & -2 \end{pmatrix}$

05-2 답 $\begin{pmatrix} 4 & 3 \\ 2 & 5 \end{pmatrix}$

$A-3B=\begin{pmatrix} 0 & 3 \\ 2 & 1 \end{pmatrix}$ ...... ㉠

$2A-B=\begin{pmatrix} 5 & 6 \\ 4 & 7 \end{pmatrix}$ ...... ㉡

$3\times$㉡$-$㉠을 하면

$3(2A-B)-(A-3B)=3\begin{pmatrix} 5 & 6 \\ 4 & 7 \end{pmatrix}-\begin{pmatrix} 0 & 3 \\ 2 & 1 \end{pmatrix}$

$6A-3B-A+3B=\begin{pmatrix} 15 & 18 \\ 12 & 21 \end{pmatrix}-\begin{pmatrix} 0 & 3 \\ 2 & 1 \end{pmatrix}$

$5A=\begin{pmatrix} 15 & 15 \\ 10 & 20 \end{pmatrix}$

$\therefore A=\dfrac{1}{5}\begin{pmatrix} 15 & 15 \\ 10 & 20 \end{pmatrix}=\begin{pmatrix} 3 & 3 \\ 2 & 4 \end{pmatrix}$

이를 ㉡에 대입하면

$2\begin{pmatrix} 3 & 3 \\ 2 & 4 \end{pmatrix}-B=\begin{pmatrix} 5 & 6 \\ 4 & 7 \end{pmatrix}$

$\therefore B=\begin{pmatrix} 6 & 6 \\ 4 & 8 \end{pmatrix}-\begin{pmatrix} 5 & 6 \\ 4 & 7 \end{pmatrix}$

$\quad =\begin{pmatrix} 1 & 0 \\ 0 & 1 \end{pmatrix}$

$\therefore A+B=\begin{pmatrix} 3 & 3 \\ 2 & 4 \end{pmatrix}+\begin{pmatrix} 1 & 0 \\ 0 & 1 \end{pmatrix}$

$\quad =\begin{pmatrix} 4 & 3 \\ 2 & 5 \end{pmatrix}$

06-1 답 16

$\begin{pmatrix} a & 3 \\ b & 4 \end{pmatrix}+\begin{pmatrix} -1 & 2 \\ c & 6 \end{pmatrix}=\begin{pmatrix} b & 3 \\ 2 & a \end{pmatrix}+\begin{pmatrix} -3 & c \\ 4 & 8 \end{pmatrix}$에서

$\begin{pmatrix} a-1 & 5 \\ b+c & 10 \end{pmatrix}=\begin{pmatrix} b-3 & 3+c \\ 6 & a+8 \end{pmatrix}$

행렬이 서로 같을 조건에 의하여

$a-1=b-3,\ 5=3+c,\ b+c=6,\ 10=a+8$

$\therefore a=2,\ b=4,\ c=2$

$\therefore abc=16$

06-2 답 5

$xA+yB=\begin{pmatrix} -2 & 3 \\ 5 & 13 \end{pmatrix}$을 만족시키므로

$x\begin{pmatrix} 2 & 3 \\ 3 & 5 \end{pmatrix}+y\begin{pmatrix} 4 & 3 \\ 2 & 1 \end{pmatrix}=\begin{pmatrix} -2 & 3 \\ 5 & 13 \end{pmatrix}$

$\begin{pmatrix} 2x & 3x \\ 3x & 5x \end{pmatrix}+\begin{pmatrix} 4y & 3y \\ 2y & y \end{pmatrix}=\begin{pmatrix} -2 & 3 \\ 5 & 13 \end{pmatrix}$

$\therefore \begin{pmatrix} 2x+4y & 3x+3y \\ 3x+2y & 5x+y \end{pmatrix}=\begin{pmatrix} -2 & 3 \\ 5 & 13 \end{pmatrix}$

행렬이 서로 같을 조건에 의하여

$2x+4y=-2,\ 3x+3y=3$

$\therefore x+2y=-1,\ x+y=1$

두 식을 연립하여 풀면

$x=3,\ y=-2$

$\therefore x-y=5$

06-3 답 4

$xA+yB=C$이므로

$x\begin{pmatrix} 3 & 1 \\ -1 & 2 \end{pmatrix}+y\begin{pmatrix} -2 & a \\ 2 & 1 \end{pmatrix}=\begin{pmatrix} 17 & -13 \\ -11 & 2 \end{pmatrix}$

$\begin{pmatrix} 3x & x \\ -x & 2x \end{pmatrix}+\begin{pmatrix} -2y & ay \\ 2y & y \end{pmatrix}=\begin{pmatrix} 17 & -13 \\ -11 & 2 \end{pmatrix}$

$\therefore \begin{pmatrix} 3x-2y & x+ay \\ -x+2y & 2x+y \end{pmatrix}=\begin{pmatrix} 17 & -13 \\ -11 & 2 \end{pmatrix}$

행렬이 서로 같을 조건에 의하여

$3x-2y=17$ ...... ㉠

$x+ay=-13$ ...... ㉡

$-x+2y=-11$ ...... ㉢

㉠, ㉢을 연립하여 풀면

$x=3,\ y=-4$

이를 ㉡에 대입하면

$3-4a=-13$

$4a=16$ $\quad \therefore a=4$

1 ⑤	**2** ③	**3** 1	**4** ②	**5** 3
6 0	**7** ①	**8** $\begin{pmatrix} 2 & -2 \\ 6 & -2 \end{pmatrix}$		**9** 19
10 ②	**11** ③	**12** 20		

1 ㄱ. 3×2 행렬이다.

ㄴ. 제2열의 성분은 -1, 4, 2이다.

ㄷ. $i=1$이면 제1행이고, 제1행의 성분은 5, -1이므로 그 합은

$5+(-1)=4$

ㄹ. $i=j$인 성분은 $a_{11}=5$, $a_{22}=4$이므로 그 곱은

$5 \times 4 = 20$

따라서 보기에서 옳은 것은 ㄷ, ㄹ이다.

2 i가 홀수이면 $a_{ij}=3i+j$이므로

$a_{11}=3 \times 1+1=4$

$a_{12}=3 \times 1+2=5$

i가 짝수이면 $a_{ij}=3i-j$이므로

$a_{21}=3 \times 2-1=5$

$a_{22}=3 \times 2-2=4$

따라서 행렬 A의 모든 성분의 합은

$4+5+5+4=18$

3 $a_{ij}=(i^2-1)(j+k)$에 $i=1$, 2, $j=1$, 2, 3을 각각 대입하면

$a_{11}=(1^2-1)(1+k)=0$

$a_{12}=(1^2-1)(2+k)=0$

$a_{13}=(1^2-1)(3+k)=0$

$a_{21}=(2^2-1)(1+k)=3+3k$

$a_{22}=(2^2-1)(2+k)=6+3k$

$a_{23}=(2^2-1)(3+k)=9+3k$

행렬 A의 모든 성분의 합이 27이므로

$0+0+0+(3+3k)+(6+3k)+(9+3k)=27$

$9k+18=27$, $9k=9$

$\therefore k=1$

4 (가)에서 $i=j$일 때, $a_{ij}=0$이므로

$a_{11}=0$, $a_{22}=0$, $a_{33}=0$

(나)에서 $i \neq j$일 때, a_{ij}는 도형 P_i와 P_j의 교점의 개수이므로

$a_{12}=a_{21}$, $a_{13}=a_{31}$, $a_{23}=a_{32}$

도형 P_1과 P_2의 교점의 개수는 6이므로

$a_{12}=6$, $a_{21}=6$

도형 P_1과 P_3의 교점의 개수는 2이므로

$a_{13}=2$, $a_{31}=2$

도형 P_2와 P_3의 교점의 개수는 2이므로

$a_{23}=2$, $a_{32}=2$

따라서 구하는 행렬은

$A=\begin{pmatrix} 0 & 6 & 2 \\ 6 & 0 & 2 \\ 2 & 2 & 0 \end{pmatrix}$

5 두 행렬이 서로 같으면 대응하는 성분이 각각 같으므로

$5x=x^2+6$ ...... ㉠

$xy=-2$ ...... ㉡

$2y+3=y^2$ ...... ㉢

㉠에서 $x^2-5x+6=0$

$(x-2)(x-3)=0$

$\therefore x=2$ 또는 $x=3$

㉢에서 $y^2-2y-3=0$

$(y+1)(y-3)=0$

$\therefore y=-1$ 또는 $y=3$

이때 ㉡을 만족시키는 x, y의 값은

$x=2$, $y=-1$

$\therefore x-y=3$

6 $3(A+2B)-2(2A+B)+5A-B$

$=3A+6B-4A-2B+5A-B$

$=4A+3B$

$=4\begin{pmatrix} 1 & -2 \\ -4 & 5 \end{pmatrix}+3\begin{pmatrix} 2 & 0 \\ 1 & -3 \end{pmatrix}$

$=\begin{pmatrix} 4 & -8 \\ -16 & 20 \end{pmatrix}+\begin{pmatrix} 6 & 0 \\ 3 & -9 \end{pmatrix}$

$=\begin{pmatrix} 10 & -8 \\ -13 & 11 \end{pmatrix}$

따라서 구하는 모든 성분의 합은

$10+(-8)+(-13)+11=0$

7 $A=2B-X$에서

$X=-A+2B$

$=-\begin{pmatrix} 1 & -2 \\ 3 & 0 \end{pmatrix}+2\begin{pmatrix} 2 & 0 \\ 1 & -1 \end{pmatrix}$

$=\begin{pmatrix} -1 & 2 \\ -3 & 0 \end{pmatrix}+\begin{pmatrix} 4 & 0 \\ 2 & -2 \end{pmatrix}$

$=\begin{pmatrix} 3 & 2 \\ -1 & -2 \end{pmatrix}$

8 $X-Y=2A$ ...... ㉠

$X+2Y=B$ ...... ㉡

⊙−ⓒ을 하면

$$(X-Y)-(X+2Y)=2A-B$$

$$-3Y=2A-B$$

$$\therefore Y=-\frac{2}{3}A+\frac{1}{3}B$$

이를 ⊙에 대입하면

$$X-\left(-\frac{2}{3}A+\frac{1}{3}B\right)=2A$$

$$\therefore X=2A+\left(-\frac{2}{3}A+\frac{1}{3}B\right)=\frac{4}{3}A+\frac{1}{3}B$$

$$\therefore X+Y=\frac{4}{3}A+\frac{1}{3}B+\left(-\frac{2}{3}A+\frac{1}{3}B\right)$$

$$=\frac{2}{3}A+\frac{2}{3}B=\frac{2}{3}(A+B)$$

$$=\frac{2}{3}\left\{\begin{pmatrix}5 & -3 \\ 2 & -4\end{pmatrix}+\begin{pmatrix}-2 & 0 \\ 7 & 1\end{pmatrix}\right\}$$

$$=\frac{2}{3}\begin{pmatrix}3 & -3 \\ 9 & -3\end{pmatrix}$$

$$=\begin{pmatrix}2 & -2 \\ 6 & -2\end{pmatrix}$$

9 이차방정식 $x^2-ax+b=0$의 두 근이 α, β이므로 근과 계수의 관계에 의하여

$$\alpha+\beta=a, \ \alpha\beta=b \quad \cdots\cdots \ ⊙$$

$$\alpha\begin{pmatrix}1 & \alpha \\ 0 & \beta\end{pmatrix}+\beta\begin{pmatrix}1 & \beta \\ 0 & \alpha\end{pmatrix}=\begin{pmatrix}3 & 29 \\ 0 & 2\alpha\beta\end{pmatrix}$$ 에서

$$\begin{pmatrix}\alpha & \alpha^2 \\ 0 & \alpha\beta\end{pmatrix}+\begin{pmatrix}\beta & \beta^2 \\ 0 & \alpha\beta\end{pmatrix}=\begin{pmatrix}3 & 29 \\ 0 & 2\alpha\beta\end{pmatrix}$$

$$\therefore \begin{pmatrix}\alpha+\beta & \alpha^2+\beta^2 \\ 0 & 2\alpha\beta\end{pmatrix}=\begin{pmatrix}3 & 29 \\ 0 & 2\alpha\beta\end{pmatrix}$$

행렬이 서로 같을 조건에 의하여

$$\alpha+\beta=3 \quad \cdots\cdots \ ⓒ$$

$$\alpha^2+\beta^2=29 \quad \cdots\cdots \ ⓒ$$

⊙, ⓒ에서 $a=3$

ⓒ에서 $(\alpha+\beta)^2-2\alpha\beta=29$

ⓒ을 대입하면 $3^2-2\alpha\beta=29$

$$\therefore \alpha\beta=-10 \quad \cdots\cdots \ ⓔ$$

⊙, ⓔ에서 $b=-10$

$$\therefore 3a-b=3\times3-(-10)=19$$

10 $xA+yC=B$이므로

$$x\begin{pmatrix}1 & a \\ 2 & b\end{pmatrix}+y\begin{pmatrix}-1 & b \\ 0 & a\end{pmatrix}=\begin{pmatrix}5 & 3 \\ 4 & -7\end{pmatrix}$$

$$\begin{pmatrix}x & ax \\ 2x & bx\end{pmatrix}+\begin{pmatrix}-y & by \\ 0 & ay\end{pmatrix}=\begin{pmatrix}5 & 3 \\ 4 & -7\end{pmatrix}$$

$$\therefore \begin{pmatrix}x-y & ax+by \\ 2x & bx+ay\end{pmatrix}=\begin{pmatrix}5 & 3 \\ 4 & -7\end{pmatrix}$$

행렬이 서로 같을 조건에 의하여

$$x-y=5 \quad \cdots\cdots \ ⊙$$

$$ax+by=3 \quad \cdots\cdots \ ⓒ$$

$$2x=4 \quad \cdots\cdots \ ⓒ$$

$$bx+ay=-7 \quad \cdots\cdots \ ⓔ$$

ⓒ에서 $x=2$

이를 ⊙에 대입하면

$$2-y=5 \quad \therefore \ y=-3$$

$x=2$, $y=-3$을 ⓒ, ⓔ에 각각 대입하면

$$2a-3b=3, \ 2b-3a=-7$$

두 식을 연립하여 풀면

$$a=3, \ b=1$$

$$\therefore a+b+x+y=3+1+2+(-3)=3$$

11 ⑺에서 $a_{ij}=-a_{ji}$이므로 $i=j$이면

$$a_{ii}=-a_{ii}, \ 2a_{ii}=0 \quad \therefore a_{ii}=0$$

$$\therefore a_{11}=0, \ a_{22}=0, \ a_{33}=0$$

또 $a_{12}=x$라 하면 $a_{21}=-a_{12}=-x$

$a_{13}=y$라 하면 $a_{31}=-a_{13}=-y$

$a_{23}=z$라 하면 $a_{32}=-a_{23}=-z$

$$\therefore A=\begin{pmatrix}0 & x & y \\ -x & 0 & z \\ -y & -z & 0\end{pmatrix}$$

⑻에서 행렬 A의 모든 성분의 제곱의 합이 6이므로

$$x^2+y^2+x^2+z^2+y^2+z^2=6$$

$$\therefore x^2+y^2+z^2=3$$

이때 x, y, z는 정수이므로 $x^2=1$, $y^2=1$, $z^2=1$

즉, x, y, z는 각각 -1 또는 1을 값으로 갖는다.

따라서 행렬 A의 개수는

$$2\times2\times2=8$$

12 (i) $P_1 \to P_2 \to P_3 \to P_1$로 가는 경우

도시 P_1에서 P_2로 가는 직항 노선의 수는 $a_{12}=4$

도시 P_2에서 P_3으로 가는 직항 노선의 수는 $a_{23}=1$

도시 P_3에서 P_1로 가는 직항 노선의 수는 $a_{31}=2$

따라서 $P_1 \to P_2 \to P_3 \to P_1$로 가는 경우의 수는

$$4\times1\times2=8$$

(ii) $P_1 \to P_3 \to P_2 \to P_1$로 가는 경우

도시 P_1에서 P_3으로 가는 직항 노선의 수는 $a_{13}=2$

도시 P_3에서 P_2로 가는 직항 노선의 수는 $a_{32}=2$

도시 P_2에서 P_1로 가는 직항 노선의 수는 $a_{21}=3$

따라서 $P_1 \to P_3 \to P_2 \to P_1$로 가는 경우의 수는

$$2\times2\times3=12$$

(i), (ii)에서 구하는 경우의 수는

$$8+12=20$$

1 행렬의 곱셈

개념 Check

235쪽

1 답 (1) **14**   (2) **−7**

(3) $\begin{pmatrix} 3 & 12 \\ 0 & 0 \end{pmatrix}$ (4) $\begin{pmatrix} -4 & 2 \\ 20 & -10 \end{pmatrix}$

(5) $\begin{pmatrix} 9 & -4 \end{pmatrix}$ (6) $\begin{pmatrix} 4 & -7 \end{pmatrix}$

(7) $\begin{pmatrix} 2 \\ 8 \end{pmatrix}$ (8) $\begin{pmatrix} 11 \\ 1 \end{pmatrix}$

(9) $\begin{pmatrix} 2 & 1 \\ 4 & 2 \end{pmatrix}$ (10) $\begin{pmatrix} 1 & 0 \\ -4 & 1 \end{pmatrix}$

(1) $\begin{pmatrix} 3 & 2 \end{pmatrix}\begin{pmatrix} 4 \\ 1 \end{pmatrix} = 3 \times 4 + 2 \times 1 = 14$

(2) $\begin{pmatrix} 2 & -1 \end{pmatrix}\begin{pmatrix} -3 \\ 1 \end{pmatrix} = 2 \times (-3) + (-1) \times 1$
$$= -7$$

(3) $\begin{pmatrix} 3 \\ 0 \end{pmatrix}\begin{pmatrix} 1 & 4 \end{pmatrix} = \begin{pmatrix} 3 \times 1 & 3 \times 4 \\ 0 \times 1 & 0 \times 4 \end{pmatrix} = \begin{pmatrix} 3 & 12 \\ 0 & 0 \end{pmatrix}$

(4) $\begin{pmatrix} -1 \\ 5 \end{pmatrix}\begin{pmatrix} 4 & -2 \end{pmatrix} = \begin{pmatrix} -1 \times 4 & -1 \times (-2) \\ 5 \times 4 & 5 \times (-2) \end{pmatrix}$
$$= \begin{pmatrix} -4 & 2 \\ 20 & -10 \end{pmatrix}$$

(5) $\begin{pmatrix} 1 & 2 \end{pmatrix}\begin{pmatrix} 1 & 0 \\ 4 & -2 \end{pmatrix}$
$$= \begin{pmatrix} 1 \times 1 + 2 \times 4 & 1 \times 0 + 2 \times (-2) \end{pmatrix}$$
$$= \begin{pmatrix} 9 & -4 \end{pmatrix}$$

(6) $\begin{pmatrix} 2 & -3 \end{pmatrix}\begin{pmatrix} -1 & 1 \\ -2 & 3 \end{pmatrix}$
$$= \begin{pmatrix} 2 \times (-1) + (-3) \times (-2) & 2 \times 1 + (-3) \times 3 \end{pmatrix}$$
$$= \begin{pmatrix} 4 & -7 \end{pmatrix}$$

(7) $\begin{pmatrix} 1 & 3 \\ 4 & -2 \end{pmatrix}\begin{pmatrix} 2 \\ 0 \end{pmatrix} = \begin{pmatrix} 1 \times 2 + 3 \times 0 \\ 4 \times 2 + (-2) \times 0 \end{pmatrix} = \begin{pmatrix} 2 \\ 8 \end{pmatrix}$

(8) $\begin{pmatrix} 3 & -2 \\ 0 & -1 \end{pmatrix}\begin{pmatrix} 3 \\ -1 \end{pmatrix} = \begin{pmatrix} 3 \times 3 + (-2) \times (-1) \\ 0 \times 3 + (-1) \times (-1) \end{pmatrix} = \begin{pmatrix} 11 \\ 1 \end{pmatrix}$

(9) $\begin{pmatrix} 1 & 2 \\ 2 & 4 \end{pmatrix}\begin{pmatrix} 2 & -1 \\ 0 & 1 \end{pmatrix}$
$$= \begin{pmatrix} 1 \times 2 + 2 \times 0 & 1 \times (-1) + 2 \times 1 \\ 2 \times 2 + 4 \times 0 & 2 \times (-1) + 4 \times 1 \end{pmatrix} = \begin{pmatrix} 2 & 1 \\ 4 & 2 \end{pmatrix}$$

(10) $\begin{pmatrix} 1 & -1 \\ -2 & 1 \end{pmatrix}\begin{pmatrix} 3 & -1 \\ 2 & -1 \end{pmatrix}$
$$= \begin{pmatrix} 1 \times 3 + (-1) \times 2 & 1 \times (-1) + (-1) \times (-1) \\ -2 \times 3 + 1 \times 2 & -2 \times (-1) + 1 \times (-1) \end{pmatrix}$$
$$= \begin{pmatrix} 1 & 0 \\ -4 & 1 \end{pmatrix}$$

문제

236~238쪽

01-1 답 (1) $\begin{pmatrix} -3 & -1 \\ 5 & 0 \end{pmatrix}$ (2) $\begin{pmatrix} 13 & 3 \\ 11 & 8 \end{pmatrix}$

(1) $2A - B = 2\begin{pmatrix} 1 & 0 \\ 2 & 1 \end{pmatrix} - \begin{pmatrix} 3 & 1 \\ -1 & 2 \end{pmatrix} = \begin{pmatrix} -1 & -1 \\ 5 & 0 \end{pmatrix}$

$\therefore (2A - B)A = \begin{pmatrix} -1 & -1 \\ 5 & 0 \end{pmatrix}\begin{pmatrix} 1 & 0 \\ 2 & 1 \end{pmatrix}$
$$= \begin{pmatrix} -3 & -1 \\ 5 & 0 \end{pmatrix}$$

(2) $AB = \begin{pmatrix} 1 & 0 \\ 2 & 1 \end{pmatrix}\begin{pmatrix} 3 & 1 \\ -1 & 2 \end{pmatrix} = \begin{pmatrix} 3 & 1 \\ 5 & 4 \end{pmatrix}$

$BA = \begin{pmatrix} 3 & 1 \\ -1 & 2 \end{pmatrix}\begin{pmatrix} 1 & 0 \\ 2 & 1 \end{pmatrix} = \begin{pmatrix} 5 & 1 \\ 3 & 2 \end{pmatrix}$

$\therefore AB + 2BA = \begin{pmatrix} 3 & 1 \\ 5 & 4 \end{pmatrix} + 2\begin{pmatrix} 5 & 1 \\ 3 & 2 \end{pmatrix} = \begin{pmatrix} 13 & 3 \\ 11 & 8 \end{pmatrix}$

01-2 답 **1**

$\begin{pmatrix} 2 & -1 \\ 2a & 3 \end{pmatrix}\begin{pmatrix} 1 & 0 \\ 4 & -1 \end{pmatrix} = \begin{pmatrix} -2 & b+5 \\ 10 & 3-c \end{pmatrix}$에서

$\begin{pmatrix} -2 & 1 \\ 2a+12 & -3 \end{pmatrix} = \begin{pmatrix} -2 & b+5 \\ 10 & 3-c \end{pmatrix}$

행렬이 서로 같을 조건에 의하여

$1 = b+5,\ 2a+12 = 10,\ -3 = 3-c$

$\therefore a = -1,\ b = -4,\ c = 6$

$\therefore a+b+c = 1$

02-1 답 **−28**

$A^2 = AA = \begin{pmatrix} 1 & -3 \\ 0 & 1 \end{pmatrix}\begin{pmatrix} 1 & -3 \\ 0 & 1 \end{pmatrix} = \begin{pmatrix} 1 & -6 \\ 0 & 1 \end{pmatrix}$

$A^3 = A^2 A = \begin{pmatrix} 1 & -6 \\ 0 & 1 \end{pmatrix}\begin{pmatrix} 1 & -3 \\ 0 & 1 \end{pmatrix} = \begin{pmatrix} 1 & -9 \\ 0 & 1 \end{pmatrix}$

$A^4 = A^3 A = \begin{pmatrix} 1 & -9 \\ 0 & 1 \end{pmatrix}\begin{pmatrix} 1 & -3 \\ 0 & 1 \end{pmatrix} = \begin{pmatrix} 1 & -12 \\ 0 & 1 \end{pmatrix}$

$\vdots$

$\therefore A^n = \begin{pmatrix} 1 & -3n \\ 0 & 1 \end{pmatrix}$ (단, n은 자연수)

따라서 $A^{10} = \begin{pmatrix} 1 & -30 \\ 0 & 1 \end{pmatrix}$이므로 A^{10}의 모든 성분의 합은

$1 + (-30) + 0 + 1 = -28$

02-2 답 **256**

$A^2 = AA = \begin{pmatrix} 1 & 3 \\ 1 & 3 \end{pmatrix}\begin{pmatrix} 1 & 3 \\ 1 & 3 \end{pmatrix}$

$= \begin{pmatrix} 4 & 12 \\ 4 & 12 \end{pmatrix} = 4\begin{pmatrix} 1 & 3 \\ 1 & 3 \end{pmatrix} = 4A$

$A^3 = A^2 A = (4A)A = 4A^2 = 4(4A) = 4^2 A$

$A^4 = A^3 A = (4^2 A)A = 4^2 A^2 = 4^2 (4A) = 4^3 A$

$A^5 = 4^4 A = 256A$

$\therefore k = 256$

03-1 답 ⑤

$AB = \begin{pmatrix} 400 & 500 \\ 350 & 600 \end{pmatrix}\begin{pmatrix} 6 & 4 \\ 3 & 5 \end{pmatrix}$

$= \begin{pmatrix} 400 \times 6 + 500 \times 3 & 400 \times 4 + 500 \times 5 \\ 350 \times 6 + 600 \times 3 & 350 \times 4 + 600 \times 5 \end{pmatrix}$

$AB = \begin{pmatrix} a & b \\ c & d \end{pmatrix}$이므로

a = (갑이 P에서 연필과 볼펜을 구입하고 지불한 금액)

b = (을이 P에서 연필과 볼펜을 구입하고 지불한 금액)

c = (갑이 Q에서 연필과 볼펜을 구입하고 지불한 금액)

d = (을이 Q에서 연필과 볼펜을 구입하고 지불한 금액)

따라서 갑과 을이 문구점 Q에서 연필과 볼펜을 구입하고 지불한 금액의 합은

$c + d$

2 행렬의 곱셈에 대한 성질

문제 240~241쪽

04-1 답 (1) $\begin{pmatrix} 7 & -7 \\ -22 & -4 \end{pmatrix}$ (2) $\begin{pmatrix} 15 & 19 \\ 6 & -9 \end{pmatrix}$

(1) $CAC - BAC = (C-B)AC$

$C - B = \begin{pmatrix} 1 & 1 \\ -2 & 0 \end{pmatrix} - \begin{pmatrix} 3 & 4 \\ 1 & -2 \end{pmatrix} = \begin{pmatrix} -2 & -3 \\ -3 & 2 \end{pmatrix}$

$AC = \begin{pmatrix} 2 & -1 \\ 1 & 3 \end{pmatrix}\begin{pmatrix} 1 & 1 \\ -2 & 0 \end{pmatrix} = \begin{pmatrix} 4 & 2 \\ -5 & 1 \end{pmatrix}$

$\therefore CAC - BAC = (C-B)AC$

$= \begin{pmatrix} -2 & -3 \\ -3 & 2 \end{pmatrix}\begin{pmatrix} 4 & 2 \\ -5 & 1 \end{pmatrix}$

$= \begin{pmatrix} 7 & -7 \\ -22 & -4 \end{pmatrix}$

(2) $A(B+C) + B(A+C) - (A+B)C$

$= AB + AC + BA + BC - AC - BC$

$= AB + BA$

$AB = \begin{pmatrix} 2 & -1 \\ 1 & 3 \end{pmatrix}\begin{pmatrix} 3 & 4 \\ 1 & -2 \end{pmatrix} = \begin{pmatrix} 5 & 10 \\ 6 & -2 \end{pmatrix}$

$BA = \begin{pmatrix} 3 & 4 \\ 1 & -2 \end{pmatrix}\begin{pmatrix} 2 & -1 \\ 1 & 3 \end{pmatrix} = \begin{pmatrix} 10 & 9 \\ 0 & -7 \end{pmatrix}$

$\therefore A(B+C) + B(A+C) - (A+B)C$

$= AB + BA$

$= \begin{pmatrix} 5 & 10 \\ 6 & -2 \end{pmatrix} + \begin{pmatrix} 10 & 9 \\ 0 & -7 \end{pmatrix} = \begin{pmatrix} 15 & 19 \\ 6 & -9 \end{pmatrix}$

04-2 답 $\begin{pmatrix} -3 & 2 \\ -1 & 0 \end{pmatrix}$

$X + AB^2 = ABA$에서

$X = ABA - AB^2 = ABA - ABB = AB(A-B)$

$AB = \begin{pmatrix} -2 & 1 \\ 1 & 0 \end{pmatrix}\begin{pmatrix} 1 & -1 \\ 3 & -2 \end{pmatrix} = \begin{pmatrix} 1 & 0 \\ 1 & -1 \end{pmatrix}$

$A - B = \begin{pmatrix} -2 & 1 \\ 1 & 0 \end{pmatrix} - \begin{pmatrix} 1 & -1 \\ 3 & -2 \end{pmatrix} = \begin{pmatrix} -3 & 2 \\ -2 & 2 \end{pmatrix}$

$\therefore X = AB(A-B)$

$= \begin{pmatrix} 1 & 0 \\ 1 & -1 \end{pmatrix}\begin{pmatrix} -3 & 2 \\ -2 & 2 \end{pmatrix} = \begin{pmatrix} -3 & 2 \\ -1 & 0 \end{pmatrix}$

05-1 답 $x=3$, $y=3$

$(A-B)^2 = A^2 - 2AB + B^2$에서

$(A-B)(A-B) = A^2 - 2AB + B^2$

$A^2 - AB - BA + B^2 = A^2 - 2AB + B^2$

$\therefore AB = BA$

$AB = \begin{pmatrix} 1 & 2 \\ 2 & x \end{pmatrix}\begin{pmatrix} 1 & 3 \\ y & 4 \end{pmatrix} = \begin{pmatrix} 1+2y & 11 \\ 2+xy & 6+4x \end{pmatrix}$

$BA = \begin{pmatrix} 1 & 3 \\ y & 4 \end{pmatrix}\begin{pmatrix} 1 & 2 \\ 2 & x \end{pmatrix} = \begin{pmatrix} 7 & 2+3x \\ y+8 & 2y+4x \end{pmatrix}$

$AB = BA$에서

$\begin{pmatrix} 1+2y & 11 \\ 2+xy & 6+4x \end{pmatrix} = \begin{pmatrix} 7 & 2+3x \\ y+8 & 2y+4x \end{pmatrix}$

행렬이 서로 같을 조건에 의하여

$1+2y=7$, $11=2+3x$ $\therefore x=3$, $y=3$

05-2 답 1

$(A+B)(A-B) = A^2 - B^2$에서

$A^2 - AB + BA - B^2 = A^2 - B^2$

$\therefore AB = BA$

$AB = \begin{pmatrix} 2 & 0 \\ 1 & 1 \end{pmatrix}\begin{pmatrix} x & y \\ 2 & -1 \end{pmatrix} = \begin{pmatrix} 2x & 2y \\ x+2 & y-1 \end{pmatrix}$

$BA = \begin{pmatrix} x & y \\ 2 & -1 \end{pmatrix}\begin{pmatrix} 2 & 0 \\ 1 & 1 \end{pmatrix} = \begin{pmatrix} 2x+y & y \\ 3 & -1 \end{pmatrix}$

$AB = BA$에서

$\begin{pmatrix} 2x & 2y \\ x+2 & y-1 \end{pmatrix} = \begin{pmatrix} 2x+y & y \\ 3 & -1 \end{pmatrix}$

행렬이 서로 같을 조건에 의하여

$2x=2x+y$, $x+2=3$

$\therefore x=1$, $y=0$ $\therefore x+y=1$

3 단위행렬

개념 Check

242쪽

1 답 (1) $\begin{pmatrix} 1 & 0 \\ 0 & 1 \end{pmatrix}$ (2) $\begin{pmatrix} 9 & 0 \\ 0 & 9 \end{pmatrix}$

(3) $\begin{pmatrix} 1 & 0 \\ 0 & 1 \end{pmatrix}$ (4) $\begin{pmatrix} -8 & 0 \\ 0 & -8 \end{pmatrix}$

문제

243~244쪽

06-1 답 $\begin{pmatrix} 65 & 0 \\ 0 & 9 \end{pmatrix}$

$(2A+E)(4A^2-2A+E)$
$=8A^3-4A^2+2AE+E(4A^2)-E(2A)+E^2$
$=8A^3-4A^2+2A+4A^2-2A+E=8A^3+E$

$A^2=AA=\begin{pmatrix} 2 & 0 \\ 0 & 1 \end{pmatrix}\begin{pmatrix} 2 & 0 \\ 0 & 1 \end{pmatrix}=\begin{pmatrix} 4 & 0 \\ 0 & 1 \end{pmatrix}$

$A^3=A^2A=\begin{pmatrix} 4 & 0 \\ 0 & 1 \end{pmatrix}\begin{pmatrix} 2 & 0 \\ 0 & 1 \end{pmatrix}=\begin{pmatrix} 8 & 0 \\ 0 & 1 \end{pmatrix}$

$\therefore (2A+E)(4A^2-2A+E)=8A^3+E$
$=8\begin{pmatrix} 8 & 0 \\ 0 & 1 \end{pmatrix}+\begin{pmatrix} 1 & 0 \\ 0 & 1 \end{pmatrix}$
$=\begin{pmatrix} 65 & 0 \\ 0 & 9 \end{pmatrix}$

06-2 답 $\begin{pmatrix} 6 & 18 \\ 12 & 0 \end{pmatrix}$

$(A-E)(A^2+A+E)-(A+E)(A-E)$
$=A^3+A^2+AE-EA^2-EA-E^2$
$\qquad\qquad\qquad -(A^2-AE+EA-E^2)$
$=A^3+A^2+A-A^2-A-E-(A^2-A+A-E)$
$=A^3-E-(A^2-E)=A^3-A^2$

$A^2=AA=\begin{pmatrix} 1 & 3 \\ 2 & 0 \end{pmatrix}\begin{pmatrix} 1 & 3 \\ 2 & 0 \end{pmatrix}=\begin{pmatrix} 7 & 3 \\ 2 & 6 \end{pmatrix}$

$A^3=A^2A=\begin{pmatrix} 7 & 3 \\ 2 & 6 \end{pmatrix}\begin{pmatrix} 1 & 3 \\ 2 & 0 \end{pmatrix}=\begin{pmatrix} 13 & 21 \\ 14 & 6 \end{pmatrix}$

$\therefore (A-E)(A^2+A+E)-(A+E)(A-E)$
$=A^3-A^2$
$=\begin{pmatrix} 13 & 21 \\ 14 & 6 \end{pmatrix}-\begin{pmatrix} 7 & 3 \\ 2 & 6 \end{pmatrix}=\begin{pmatrix} 6 & 18 \\ 12 & 0 \end{pmatrix}$

06-3 답 -2

$(A^2-A+E)(A^2+A+E)$
$=A^4+A^3+A^2E-A^3-A^2-AE+EA^2+EA+E^2$
$=A^4+A^3+A^2-A^3-A^2-A+A^2+A+E$
$=A^4+A^2+E$

$A^4=A^2A^2=\begin{pmatrix} 1 & -2 \\ 1 & 0 \end{pmatrix}\begin{pmatrix} 1 & -2 \\ 1 & 0 \end{pmatrix}=\begin{pmatrix} -1 & -2 \\ 1 & -2 \end{pmatrix}$

$\therefore (A^2-A+E)(A^2+A+E)$
$=A^4+A^2+E$
$=\begin{pmatrix} -1 & -2 \\ 1 & -2 \end{pmatrix}+\begin{pmatrix} 1 & -2 \\ 1 & 0 \end{pmatrix}+\begin{pmatrix} 1 & 0 \\ 0 & 1 \end{pmatrix}$
$=\begin{pmatrix} 1 & -4 \\ 2 & -1 \end{pmatrix}$

따라서 $(A^2-A+E)(A^2+A+E)$의 모든 성분의 합은
$1+(-4)+2+(-1)=-2$

07-1 답 3

$A^2=AA=\begin{pmatrix} -3 & 7 \\ -1 & 2 \end{pmatrix}\begin{pmatrix} -3 & 7 \\ -1 & 2 \end{pmatrix}=\begin{pmatrix} 2 & -7 \\ 1 & -3 \end{pmatrix}$

$A^3=A^2A=\begin{pmatrix} 2 & -7 \\ 1 & -3 \end{pmatrix}\begin{pmatrix} -3 & 7 \\ -1 & 2 \end{pmatrix}=\begin{pmatrix} 1 & 0 \\ 0 & 1 \end{pmatrix}=E$

따라서 $A^n=E$를 만족시키는 자연수 n의 최솟값은 3이다.

07-2 답 $\begin{pmatrix} 2 & 0 \\ 0 & 0 \end{pmatrix}$

$A^2=AA=\begin{pmatrix} 1 & 0 \\ 0 & -1 \end{pmatrix}\begin{pmatrix} 1 & 0 \\ 0 & -1 \end{pmatrix}=\begin{pmatrix} 1 & 0 \\ 0 & 1 \end{pmatrix}=E$

$\therefore A^{100}+A^{101}=(A^2)^{50}+(A^2)^{50}A=E+EA=E+A$
$=\begin{pmatrix} 1 & 0 \\ 0 & 1 \end{pmatrix}+\begin{pmatrix} 1 & 0 \\ 0 & -1 \end{pmatrix}=\begin{pmatrix} 2 & 0 \\ 0 & 0 \end{pmatrix}$

07-3 답 100

$A^2=AA=\begin{pmatrix} 3 & -7 \\ 1 & -3 \end{pmatrix}\begin{pmatrix} 3 & -7 \\ 1 & -3 \end{pmatrix}$
$=\begin{pmatrix} 2 & 0 \\ 0 & 2 \end{pmatrix}=2\begin{pmatrix} 1 & 0 \\ 0 & 1 \end{pmatrix}=2E$

$\therefore A^{200}=(A^2)^{100}=(2E)^{100}=2^{100}E$
$\therefore n=100$

연습문제

246~248쪽

1 ③	2 ③	3 13	4 ①	5 ②
6 34	7 ②	8 12	9 ①	10 16
11 ④	12 ②	13 ⑤	14 ③	15 ②
16 ③				

1 두 행렬 A, B의 곱 AB는 행렬 A의 열의 개수와 행렬 B의 행의 개수가 같을 때 정의된다.

① 1×2 행렬과 2×1 행렬의 곱이므로 1×1 행렬로 정의된다.

② 2×1 행렬과 1×2 행렬의 곱이므로 2×2 행렬로 정의된다.

③ 2×1 행렬과 2×2 행렬의 곱은 정의되지 않는다.

④ 2×2 행렬과 2×1 행렬의 곱이므로 2×1 행렬로 정의된다.

⑤ 2×2 행렬과 2×2 행렬의 곱이므로 2×2 행렬로 정의된다.

따라서 곱이 정의되지 않는 것은 ③이다.

2 $AB = \begin{pmatrix} 2 & 1 \\ 6 & 3 \end{pmatrix}\begin{pmatrix} 3 & -2 \\ -2 & 4 \end{pmatrix} = \begin{pmatrix} 4 & 0 \\ 12 & 0 \end{pmatrix}$

$BA = \begin{pmatrix} 3 & -2 \\ -2 & 4 \end{pmatrix}\begin{pmatrix} 2 & 1 \\ 6 & 3 \end{pmatrix} = \begin{pmatrix} -6 & -3 \\ 20 & 10 \end{pmatrix}$

$\therefore 3AB - 2BA = 3\begin{pmatrix} 4 & 0 \\ 12 & 0 \end{pmatrix} - 2\begin{pmatrix} -6 & -3 \\ 20 & 10 \end{pmatrix}$

$= \begin{pmatrix} 24 & 6 \\ -4 & -20 \end{pmatrix}$

따라서 행렬 $3AB - 2BA$의 모든 성분의 합은

$24 + 6 + (-4) + (-20) = 6$

3 $a_{ij} = i - j + 1$에서

$a_{11} = 1 - 1 + 1 = 1$, $a_{12} = 1 - 2 + 1 = 0$

$a_{21} = 2 - 1 + 1 = 2$, $a_{22} = 2 - 2 + 1 = 1$

$\therefore A = \begin{pmatrix} 1 & 0 \\ 2 & 1 \end{pmatrix}$

$b_{ij} = i + j + 1$에서

$b_{11} = 1 + 1 + 1 = 3$, $b_{12} = 1 + 2 + 1 = 4$

$b_{21} = 2 + 1 + 1 = 4$, $b_{22} = 2 + 2 + 1 = 5$

$\therefore B = \begin{pmatrix} 3 & 4 \\ 4 & 5 \end{pmatrix}$

$\therefore AB = \begin{pmatrix} 1 & 0 \\ 2 & 1 \end{pmatrix}\begin{pmatrix} 3 & 4 \\ 4 & 5 \end{pmatrix}$

$= \begin{pmatrix} 3 & 4 \\ 10 & 13 \end{pmatrix}$

따라서 행렬 AB의 $(2, 2)$ 성분은 13이다.

4 $AB = \begin{pmatrix} a & 2 \\ 3 & -1 \end{pmatrix}\begin{pmatrix} -1 & b \\ c & 1 \end{pmatrix} = \begin{pmatrix} -a+2c & ab+2 \\ -3-c & 3b-1 \end{pmatrix}$

$AB = O$에서

$\begin{pmatrix} -a+2c & ab+2 \\ -3-c & 3b-1 \end{pmatrix} = \begin{pmatrix} 0 & 0 \\ 0 & 0 \end{pmatrix}$

행렬이 서로 같을 조건에 의하여

$-a+2c = 0$, $-3-c = 0$, $3b-1 = 0$

$\therefore a = -6$, $b = \dfrac{1}{3}$, $c = -3$

$\therefore a - bc = -6 - (-1) = -5$

5 $A^2 = AA = \begin{pmatrix} 2 & -3 \\ 2 & -3 \end{pmatrix}\begin{pmatrix} 2 & -3 \\ 2 & -3 \end{pmatrix}$

$= \begin{pmatrix} -2 & 3 \\ -2 & 3 \end{pmatrix}$

$= -\begin{pmatrix} 2 & -3 \\ 2 & -3 \end{pmatrix}$

$= -A$

$A^3 = A^2 A = (-A)A = -A^2 = -(-A) = A$

$A^4 = A^3 A = AA = A^2 = -A$

$\vdots$

$\therefore A^{30} + A^{31} + A^{32} = -A + A + (-A)$

$= -A$

6 $A^2 = AA = \begin{pmatrix} 1 & 0 \\ 3 & 1 \end{pmatrix}\begin{pmatrix} 1 & 0 \\ 3 & 1 \end{pmatrix} = \begin{pmatrix} 1 & 0 \\ 6 & 1 \end{pmatrix}$

$A^3 = A^2 A = \begin{pmatrix} 1 & 0 \\ 6 & 1 \end{pmatrix}\begin{pmatrix} 1 & 0 \\ 3 & 1 \end{pmatrix} = \begin{pmatrix} 1 & 0 \\ 9 & 1 \end{pmatrix}$

$A^4 = A^3 A = \begin{pmatrix} 1 & 0 \\ 9 & 1 \end{pmatrix}\begin{pmatrix} 1 & 0 \\ 3 & 1 \end{pmatrix} = \begin{pmatrix} 1 & 0 \\ 12 & 1 \end{pmatrix}$

$\vdots$

$\therefore A^n = \begin{pmatrix} 1 & 0 \\ 3n & 1 \end{pmatrix}$

행렬 A^n의 $(2, 1)$ 성분은 $3n$이므로

$a_n = 3n$

$a_n > 100$에서

$3n > 100 \qquad \therefore n > \dfrac{100}{3}$

따라서 자연수 n의 최솟값은 34이다.

7 $YX = \begin{pmatrix} 37 & 46 \\ 89 & 92 \end{pmatrix}\begin{pmatrix} 17000 & 15000 \\ 14000 & 16000 \end{pmatrix}$

$= \begin{pmatrix} 37 \times 17000 + 46 \times 14000 & 37 \times 15000 + 46 \times 16000 \\ 89 \times 17000 + 92 \times 14000 & 89 \times 15000 + 92 \times 16000 \end{pmatrix}$

따라서 행렬 YX의 $(2, 1)$ 성분은

$89 \times 17000 + 92 \times 14000$

이므로 가게 A의 4월의 축구공과 농구공의 판매 총액이다.

8 $(A+B)^2 - (A-B)^2$

$= (A+B)(A+B) - (A-B)(A-B)$

$= A^2 + AB + BA + B^2 - (A^2 - AB - BA + B^2)$

$= 2AB + 2BA$

$AB = \begin{pmatrix} 1 & -2 \\ 3 & 1 \end{pmatrix}\begin{pmatrix} 1 & 2 \\ 2 & -3 \end{pmatrix} = \begin{pmatrix} -3 & 8 \\ 5 & 3 \end{pmatrix}$

$BA = \begin{pmatrix} 1 & 2 \\ 2 & -3 \end{pmatrix}\begin{pmatrix} 1 & -2 \\ 3 & 1 \end{pmatrix} = \begin{pmatrix} 7 & 0 \\ -7 & -7 \end{pmatrix}$

$$\therefore (A+B)^2-(A-B)^2=2AB+2BA$$
$$=2\begin{pmatrix} -3 & 8 \\ 5 & 3 \end{pmatrix}+2\begin{pmatrix} 7 & 0 \\ -7 & -7 \end{pmatrix}$$
$$=\begin{pmatrix} 8 & 16 \\ -4 & -8 \end{pmatrix}$$

따라서 $(A+B)^2-(A-B)^2$의 모든 성분의 합은
$$8+16+(-4)+(-8)=12$$

9 $(A-2B)^2=A^2-4AB+4B^2$에서
$$(A-2B)(A-2B)=A^2-4AB+4B^2$$
$$A^2-2AB-2BA+4B^2=A^2-4AB+4B^2$$
$$2AB=2BA$$
$$\therefore AB=BA$$
$$AB=\begin{pmatrix} a & -2 \\ 3 & -1 \end{pmatrix}\begin{pmatrix} 1 & 2 \\ b & 4 \end{pmatrix}=\begin{pmatrix} a-2b & 2a-8 \\ 3-b & 2 \end{pmatrix}$$
$$BA=\begin{pmatrix} 1 & 2 \\ b & 4 \end{pmatrix}\begin{pmatrix} a & -2 \\ 3 & -1 \end{pmatrix}=\begin{pmatrix} a+6 & -4 \\ ab+12 & -2b-4 \end{pmatrix}$$
$AB=BA$에서
$$\begin{pmatrix} a-2b & 2a-8 \\ 3-b & 2 \end{pmatrix}=\begin{pmatrix} a+6 & -4 \\ ab+12 & -2b-4 \end{pmatrix}$$
행렬이 서로 같을 조건에 의하여
$$2a-8=-4, \ 2=-2b-4$$
$$\therefore a=2, \ b=-3$$
$$\therefore a-b=5$$

10 $A^2=AA=\begin{pmatrix} 0 & 1 \\ 1 & 0 \end{pmatrix}\begin{pmatrix} 0 & 1 \\ 1 & 0 \end{pmatrix}=\begin{pmatrix} 1 & 0 \\ 0 & 1 \end{pmatrix}=E$

$$\therefore (3A+E)^2=(3A+E)(3A+E)$$
$$=9A^2+3AE+3EA+E^2$$
$$=9E+3A+3A+E$$
$$=6A+10E$$
따라서 $x=6, \ y=10$이므로
$$x+y=16$$

11 $A^2=AA=\begin{pmatrix} -2 & 3 \\ -1 & 2 \end{pmatrix}\begin{pmatrix} -2 & 3 \\ -1 & 2 \end{pmatrix}$
$$=\begin{pmatrix} 1 & 0 \\ 0 & 1 \end{pmatrix}=E$$
$$\therefore A^{2012}=(A^2)^{1006}=E$$
$A^{2012}\begin{pmatrix} p \\ q \end{pmatrix}=\begin{pmatrix} -2 \\ 3 \end{pmatrix}$에서
$$E\begin{pmatrix} p \\ q \end{pmatrix}=\begin{pmatrix} -2 \\ 3 \end{pmatrix}$$
$$\begin{pmatrix} p \\ q \end{pmatrix}=\begin{pmatrix} -2 \\ 3 \end{pmatrix}$$
따라서 $p=-2, \ q=3$이므로
$$p+q=1$$

12 a_{11}은 1 지점에서 1 지점으로 가는 코스의 수
a_{12}는 1 지점에서 2 지점으로 가는 코스의 수
a_{21}은 2 지점에서 1 지점으로 가는 코스의 수
a_{22}는 2 지점에서 2 지점으로 가는 코스의 수
i 지점을 출발하여 두 코스를 이어 관광하고 j 지점에서
관광을 마치는 경우의 수를 $(i, \ j)$ 성분으로 하는 행렬을
$B=(b_{ij})$라 하자.
(ⅰ) 1 지점을 출발하여 1 지점에서 관광을 마치는 경우
    1 지점 → 1 지점 → 1 지점인 경우의 수는
    $$a_{11}\times a_{11}$$
    1 지점 → 2 지점 → 1 지점인 경우의 수는
    $$a_{12}\times a_{21}$$
    $$\therefore b_{11}=a_{11}a_{11}+a_{12}a_{21}$$
(ⅱ) 1 지점을 출발하여 2 지점에서 관광을 마치는 경우
    1 지점 → 1 지점 → 2 지점인 경우의 수는
    $$a_{11}\times a_{12}$$
    1 지점 → 2 지점 → 2 지점인 경우의 수는
    $$a_{12}\times a_{22}$$
    $$\therefore b_{12}=a_{11}a_{12}+a_{12}a_{22}$$
(ⅲ) 2 지점을 출발하여 1 지점에서 관광을 마치는 경우
    2 지점 → 1 지점 → 1 지점인 경우의 수는
    $$a_{21}\times a_{11}$$
    2 지점 → 2 지점 → 1 지점인 경우의 수는
    $$a_{22}\times a_{21}$$
    $$\therefore b_{21}=a_{21}a_{11}+a_{22}a_{21}$$
(ⅳ) 2 지점을 출발하여 2 지점에서 관광을 마치는 경우
    2 지점 → 1 지점 → 2 지점인 경우의 수는
    $$a_{21}\times a_{12}$$
    2 지점 → 2 지점 → 2 지점인 경우의 수는
    $$a_{22}\times a_{22}$$
    $$\therefore b_{22}=a_{21}a_{12}+a_{22}a_{22}$$
(ⅰ)~(ⅳ)에서
$$B=\begin{pmatrix} a_{11}a_{11}+a_{12}a_{21} & a_{11}a_{12}+a_{12}a_{22} \\ a_{21}a_{11}+a_{22}a_{21} & a_{21}a_{12}+a_{22}a_{22} \end{pmatrix}$$
$$=\begin{pmatrix} a_{11} & a_{12} \\ a_{21} & a_{22} \end{pmatrix}\begin{pmatrix} a_{11} & a_{12} \\ a_{21} & a_{22} \end{pmatrix}$$
$$=AA=A^2$$

13 $A\begin{pmatrix} 4a-c \\ 2b+d \end{pmatrix}=\begin{pmatrix} -4 \\ 1 \end{pmatrix}$에서
$$A\left\{\begin{pmatrix} 4a \\ 2b \end{pmatrix}-\begin{pmatrix} c \\ -d \end{pmatrix}\right\}=\begin{pmatrix} -4 \\ 1 \end{pmatrix}$$
$$A\left\{2\begin{pmatrix} 2a \\ b \end{pmatrix}-\begin{pmatrix} c \\ -d \end{pmatrix}\right\}=\begin{pmatrix} -4 \\ 1 \end{pmatrix}$$

$$2A\begin{pmatrix} 2a \\ b \end{pmatrix} - A\begin{pmatrix} c \\ -d \end{pmatrix} = \begin{pmatrix} -4 \\ 1 \end{pmatrix}$$

$$\therefore A\begin{pmatrix} c \\ -d \end{pmatrix} = 2A\begin{pmatrix} 2a \\ b \end{pmatrix} - \begin{pmatrix} -4 \\ 1 \end{pmatrix}$$

$$= 2\begin{pmatrix} 2 \\ -1 \end{pmatrix} - \begin{pmatrix} -4 \\ 1 \end{pmatrix}$$

$$= \begin{pmatrix} 8 \\ -3 \end{pmatrix}$$

14 $A^2 = AA = \begin{pmatrix} -4 & -3 \\ 7 & 5 \end{pmatrix}\begin{pmatrix} -4 & -3 \\ 7 & 5 \end{pmatrix} = \begin{pmatrix} -5 & -3 \\ 7 & 4 \end{pmatrix}$

$A^3 = A^2 A = \begin{pmatrix} -5 & -3 \\ 7 & 4 \end{pmatrix}\begin{pmatrix} -4 & -3 \\ 7 & 5 \end{pmatrix}$

$\quad = \begin{pmatrix} -1 & 0 \\ 0 & -1 \end{pmatrix} = -\begin{pmatrix} 1 & 0 \\ 0 & 1 \end{pmatrix} = -E$

$A^4 = A^3 A = -EA = -A$

$A^6 = (A^3)^2 = (-E)^2 = E$

$\therefore E + A^2 + A^4 + A^6 + \cdots + A^{100}$

$\quad = E + A^2 + A^4 + A^6(E + A^2 + A^4)$

$\qquad + A^{12}(E + A^2 + A^4) + \cdots + A^{96}(E + A^2 + A^4)$

$\quad = 17(E + A^2 + A^4)$

$\quad = 17(E + A^2 - A)$

$E + A^2 - A = \begin{pmatrix} 1 & 0 \\ 0 & 1 \end{pmatrix} + \begin{pmatrix} -5 & -3 \\ 7 & 4 \end{pmatrix} - \begin{pmatrix} -4 & -3 \\ 7 & 5 \end{pmatrix}$

$\quad = \begin{pmatrix} 0 & 0 \\ 0 & 0 \end{pmatrix} = O$

$\therefore E + A^2 + A^4 + A^6 + \cdots + A^{100} = 17(E + A^2 - A)$

$\qquad\qquad\qquad\qquad\qquad\qquad = O$

15 $A + B = E$에서 $B = -A + E$

이를 $AB - E$에 대입하면

$A(-A + E) = E$, $-A^2 + A = E$

$\therefore A^2 - A + E = O$ ...... ㉠

양변에 $A + E$를 곱하면

$(A + E)(A^2 - A + E) = (A + E)O$

$A^3 + E = O$ $\quad \therefore A^3 = -E$

또 $A + B = E$에서 $A = -B + E$

이를 $AB = E$에 대입하면

$(-B + E)B = E$, $-B^2 + B = E$

$\therefore B^2 - B + E = O$ ...... ㉡

양변에 $B + E$를 곱하면

$(B + E)(B^2 - B + E) = (B + E)O$

$B^3 + E = O$ $\quad \therefore B^3 = -E$

$\therefore A^{2012} + B^{2012} = (A^3)^{670}A^2 + (B^3)^{670}B^2$

$\qquad\qquad\qquad = (-E)^{670}A^2 + (-E)^{670}B^2$

$\qquad\qquad\qquad = A^2 + B^2$

이때 ㉠, ㉡에서 $A^2 = A - E$, $B^2 = B - E$이므로

$A^{2012} + B^{2012} = A^2 + B^2 = A - E + (B - E)$

$\qquad\qquad\qquad = A + B - 2E = E - 2E$

$\qquad\qquad\qquad = -E$

다른 풀이

$A + B = E$에서 $B = -A + E$

이를 $AB = E$에 대입하면

$A(-A + E) = E$

$-A^2 + A = E$ $\quad \therefore A^2 = A - E$

$\therefore A^3 = A^2 A = (A - E)A = A^2 - A$

$\qquad = (A - E) - A = -E$

같은 방법으로 하면

$B^2 = B - E$, $B^3 = -E$

$\therefore A^{2012} + B^{2012} = (A^3)^{670}A^2 + (B^3)^{670}B^2$

$\qquad\qquad\qquad = (-E)^{670}A^2 + (-E)^{670}B^2$

$\qquad\qquad\qquad = A^2 + B^2$

$\qquad\qquad\qquad = A - E + (B - E)$

$\qquad\qquad\qquad = A + B - 2E$

$\qquad\qquad\qquad = E - 2E = -E$

16 ㄱ. $AB + BA = O$에서 $AB = -BA$

$\quad \therefore A^2 B = AAB = A(-BA)$

$\qquad\quad = -ABA = -(-BA)A$

$\qquad\quad = BAA = BA^2$

ㄴ. $A^2 = A$이면

$\quad A^3 = A^2 A = AA = A^2 = A$

$\quad (A + E)^3 = A^3 + 3A^2 + 3A + E$

$\qquad\qquad\quad = A + 3A + 3A + E$

$\qquad\qquad\quad = 7A + E$

$\quad -(A - E)^3 = -(A^3 - 3A^2 + 3A - E)$

$\qquad\qquad\qquad = -A + 3A - 3A + E$

$\qquad\qquad\qquad = -A + E$

이때 $A \neq O$이므로

$(A + E)^3 \neq -(A - E)^3$

ㄷ. $A + B = E$에서 $B = -A + E$

이를 $AB = O$에 대입하면

$A(-A + E) = O$

$-A^2 + A = O$ $\quad \therefore A^2 = A$

$A + B = E$에서 $A = -B + E$

이를 $AB = O$에 대입하면

$(-B + E)B = O$

$-B^2 + B = O$ $\quad \therefore B^2 = B$

$\therefore A^2 + B^2 = A + B = E$

따라서 보기에서 옳은 것은 ㄱ, ㄷ이다.

$$\therefore 2A-3B=2(x^2+xy-2y^2)-3(-x^2-3xy+5y^2)$$
$$=5x^2+11xy-19y^2$$

5 $(x+4)(2x^2-3x+1)$의 전개식에서 x^2항은
$$x\times(-3x)+4\times2x^2=-3x^2+8x^2=5x^2$$
따라서 x^2의 계수는 5이다.

6 $(1+x+2x^2+3x^3+\cdots+10x^{10})^2$의 전개식에서 x^4항은
$$1\times4x^4+x\times3x^3+2x^2\times2x^2+3x^3\times x+4x^4\times1$$
$$=4x^4+3x^4+4x^4+3x^4+4x^4=18x^4$$
따라서 x^4의 계수는 18이다.

7 $(x^3+2x^2+kx-1)^2$의 전개식에서 x^2항은
$$2x^2\times(-1)+kx\times kx+(-1)\times2x^2$$
$$=-2x^2+k^2x^2-2x^2=(k^2-4)x^2$$
이때 x^2의 계수가 5이므로
$$k^2-4=5,\ k^2=9 \qquad \therefore k=3\ (\because k>0)$$

8 $\langle x^2-3,\ x^2+x-1\rangle$
$$=(x^2-3)^2-(x^2-3)(x^2+x-1)+(x^2+x-1)^2$$
$(x^2-3)^2$의 전개식에서 x항은 존재하지 않는다.
$(x^2-3)(x^2+x-1)$의 전개식에서 x항은
$$(-3)\times x=-3x$$
$(x^2+x-1)^2$의 전개식에서 x항은
$$x\times(-1)+(-1)\times x=-x-x=-2x$$
즉, $\langle x^2-3,\ x^2+x-1\rangle$의 전개식에서 x항은
$$-(-3x)-2x=x$$이므로 x의 계수는 1이다.

9 ① $(x-1)(x^2+x+1)=x^3-1$
② $(x-1)(x+2)(x-3)$
$$=x^3+(-1+2-3)x^2+(-2-6+3)x+6$$
$$=x^3-2x^2-5x+6$$
③ $(x^2+x+1)(x^2-x+1)=x^4+x^2+1$
④ $(x-y-1)^2=x^2+(-y)^2+(-1)^2+2\times x\times(-y)$
$$+2\times(-y)\times(-1)+2\times(-1)\times x$$
$$=x^2+y^2-2xy-2x+2y+1$$
⑤ $(x-y+2)(x^2+y^2+xy-2x+2y+4)$
$$=x^3+(-y)^3+2^3-3\times x\times(-y)\times2$$
$$=x^3-y^3+6xy+8$$
따라서 옳지 않은 것은 ④이다.

10 $(3x-4)^3=27x^3-108x^2+144x-64$
따라서 $a=-108,\ b=144,\ c=-64$이므로
$$a+b-c=100$$

11 $(2x+y)(4x^2-2xy+y^2)-(x-3y)(x^2+3xy+9y^2)$
$$=8x^3+y^3-(x^3-27y^3)=7x^3+28y^3$$

유형편
정답과 해설

I-1. 다항식

01 다항식의 연산
4~10쪽

1 ②	**2** 17	**3** ③	**4** $5x^2+11xy-19y^2$
5 5	**6** 18	**7** 3	**8** ⑤	**9** ④
10 100	**11** $7x^3+28y^3$	**12** 3	**13** ②
14 ②	**15** -304	**16** ②	**17** 80	**18** ⑤
19 32	**20** 108	**21** 116	**22** ④	**23** ③
24 ④	**25** 2	**26** 7	**27** ④	**28** ①
29 ②	**30** ①	**31** 15	**32** 16	**33** 108
34 6	**35** 156	**36** -6	**37** ⑤	**38** ⑤
39 x^2+1	**40** $x+1$	**41** 몫: x^2+3x-1, 나머지: -21
42 ⑤	**43** 3	**44** ④	**45** ①	**46** ①

1 $A+B=x^2-2xy+y^2+(x^2+2xy+y^2)=2x^2+2y^2$

2 $A+B-2(B-2C)$
$$=A-B+4C$$
$$=-3x^3-x^2+7-(x^2-3x)+4(3x^3-2x)$$
$$=9x^3-2x^2-5x+7$$
따라서 $a=9,\ b=-2,\ c=-5,\ d=7$이므로
$$ab-cd=-18-(-35)=17$$

3 $2(X-2A)=X-3B$에서 $2X-4A=X-3B$
$$\therefore X=4A-3B$$
$$=4(2x^2+3xy+y^2)-3(x^2+4xy+y^2)$$
$$=5x^2+y^2$$

4 $2A+B=x^2-xy+y^2$ ······ ㉠
$A-B=2x^2+4xy-7y^2$ ······ ㉡
㉠+㉡을 하면 $3A=3x^2+3xy-6y^2$
$$\therefore A=x^2+xy-2y^2$$
㉡에서
$$B=A-(2x^2+4xy-7y^2)$$
$$=x^2+xy-2y^2-(2x^2+4xy-7y^2)$$
$$=-x^2-3xy+5y^2$$

12 $(x+a)^3+x(x-4)=x^3+3ax^2+3a^2x+a^3+x^2-4x$
$$=x^3+(3a+1)x^2+(3a^2-4)x+a^3$$
이때 x^2의 계수가 10이므로
$$3a+1=10 \quad \therefore a=3$$

13 $(2x-y)^3(2x+y)^3=\{(2x-y)(2x+y)\}^3=(4x^2-y^2)^3$
$$=64x^6-48x^4y^2+12x^2y^4-y^6$$
따라서 $a=4$, $b=-48$, $c=12$이므로
$$a+b+c=-32$$

14 $(x+1)(x-1)(x^2+x+1)(x^2-x+1)$
$$=\{(x+1)(x^2-x+1)\}\{(x-1)(x^2+x+1)\}$$
$$=(x^3+1)(x^3-1)=(x^3)^2-1$$
$$=2^2-1 \quad \blacktriangleleft x^3=2$$
$$=3$$

15 $(x+a)^2(4x-1)^3$
$$=(x^2+2ax+a^2)(64x^3-48x^2+12x-1)$$
이 다항식의 전개식에서 x항은
$$2ax\times(-1)+a^2\times12x=-2ax+12a^2x=(12a^2-2a)x$$
이때 x의 계수가 52이므로
$$12a^2-2a=52,\ 6a^2-a-26=0$$
$$(a+2)(6a-13)=0$$
$$\therefore a=-2 \text{ 또는 } a=\frac{13}{6} \quad \cdots\cdots \text{㉠}$$
x^2항은
$$x^2\times(-1)+2ax\times12x+a^2\times(-48x^2)$$
$$=-x^2+24ax^2-48a^2x^2=(-48a^2+24a-1)x^2$$
이때 x^2의 계수가 -241이므로
$$-48a^2+24a-1=-241,\ 2a^2-a-10=0$$
$$(a+2)(2a-5)=0$$
$$\therefore a=-2 \text{ 또는 } a=\frac{5}{2} \quad \cdots\cdots \text{㉡}$$
㉠, ㉡에서 $a=-2$
따라서 $(x^2-4x+4)(64x^3-48x^2+12x-1)$의 전개식에서 x^4항은
$$x^2\times(-48x^2)+(-4x)\times64x^3=-48x^4-256x^4$$
$$=-304x^4$$
따라서 x^4의 계수는 -304이다.

16 $(x-2y+z)(x+2y-z)$
$$=\{x-(\underline{2y-z})\}\{x+(\underline{2y-z})\}$$
$$=(x-X)(x+X) \quad \blacktriangleleft 2y-z=X$$
$$=x^2-X^2$$
$$=x^2-(2y-z)^2 \quad \blacktriangleleft X=2y-z$$
$$=x^2-4y^2-z^2+4yz$$

17 $(x^2-x+1)(x^2-3x+1)$
$$=\{(\underline{x^2+1})-x\}\{(\underline{x^2+1})-3x\}$$
$$=(X-x)(X-3x) \quad \blacktriangleleft x^2+1=X$$
$$=X^2-4xX+3x^2$$
$$=(x^2+1)^2-4x(x^2+1)+3x^2 \quad \blacktriangleleft X=x^2+1$$
$$=x^4-4x^3+5x^2-4x+1$$
따라서 $a=-4$, $b=5$, $c=-4$이므로
$$abc=80$$

18 $(x-1)(x+1)(x+3)(x+5)$
$$=\{(x-1)(x+5)\}\{(x+1)(x+3)\}$$
$$=(\underline{x^2+4x}-5)(\underline{x^2+4x}+3)$$
$$=(X-5)(X+3) \quad \blacktriangleleft x^2+4x=X$$
$$=X^2-2X-15$$
$$=(x^2+4x)^2-2(x^2+4x)-15 \quad \blacktriangleleft X=x^2+4x$$
$$=x^4+8x^3+14x^2-8x-15$$

19 $x=\sqrt{5}+1$, $y=\sqrt{5}-1$에서 $x-y=2$, $xy=4$
$$\therefore x^3-y^3=(x-y)^3+3xy(x-y)$$
$$=2^3+3\times4\times2=32$$

20 $8x^3+\dfrac{27}{x^3}=(2x)^3+\left(\dfrac{3}{x}\right)^3$
$$=\left(2x+\dfrac{3}{x}\right)^3-3\times2x\times\dfrac{3}{x}\left(2x+\dfrac{3}{x}\right)$$
$$=6^3-18\times6=108$$

21 $x^4-11x^2+1=0$에서 $x\neq0$이므로 양변을 x^2으로 나누면
$$x^2-11+\dfrac{1}{x^2}=0 \quad \therefore x^2+\dfrac{1}{x^2}=11$$
$$\therefore \left(x-\dfrac{1}{x}\right)^2=x^2+\dfrac{1}{x^2}-2=11-2=9$$
$0<x<1$에서 $\dfrac{1}{x}>1$이므로 $x-\dfrac{1}{x}<0$
$$\therefore x-\dfrac{1}{x}=-3$$
또 $x^4+\dfrac{1}{x^4}=\left(x^2+\dfrac{1}{x^2}\right)^2-2=11^2-2=119$이므로
$$x^4+x-\dfrac{1}{x}+\dfrac{1}{x^4}=\left(x-\dfrac{1}{x}\right)+\left(x^4+\dfrac{1}{x^4}\right)$$
$$=-3+119=116$$

22 $x^2+y^2=(x+y)^2-2xy$이므로
$$6=2^2-2xy \quad \therefore xy=-1$$
$x^7+y^7=(x^3+y^3)(x^4+y^4)-x^3y^3(x+y)$에서
$$x^3+y^3=(x+y)^3-3xy(x+y)$$
$$=2^3-3\times(-1)\times2=14$$

$$x^4+y^4=(x^2+y^2)^2-2x^2y^2$$
$$=6^2-2\times(-1)^2=34$$
$$\therefore\ x^7+y^7=(x^3+y^3)(x^4+y^4)-x^3y^3(x+y)$$
$$=14\times34-(-1)^3\times2=478$$

23 $\dfrac{1}{a}+\dfrac{1}{b}+\dfrac{1}{c}=-1$에서 $\dfrac{ab+bc+ca}{abc}=-1$

$\dfrac{ab+bc+ca}{4}=-1$　　$\therefore\ ab+bc+ca=-4$

$\therefore\ a^2+b^2+c^2=(a+b+c)^2-2(ab+bc+ca)$
$$=(-1)^2-2\times(-4)=9$$

24 $a^2+b^2+c^2=(a+b+c)^2-2(ab+bc+ca)$이므로
$14=2^2-2(ab+bc+ca)$　　$\therefore\ ab+bc+ca=-5$
$\therefore\ a^2b^2+b^2c^2+c^2a^2$
$$=(ab+bc+ca)^2-2abc(a+b+c)$$
$$=(-5)^2-2\times(-6)\times2=49$$

25 $a^2+b^2+c^2=(a+b+c)^2-2(ab+bc+ca)$이므로
$6=4^2-2(ab+bc+ca)$　　$\therefore\ ab+bc+ca=5$
$a^3+b^3+c^3$
$$=(a+b+c)(a^2+b^2+c^2-ab-bc-ca)+3abc$$
이므로
$10=4\times(6-5)+3abc$　　$\therefore\ abc=2$

26 $x+y=2$, $x+z=3$의 각 변끼리 빼면
$y-z=-1$
$\therefore\ x^2+y^2+z^2+xy-yz+zx$
$$=(-x)^2+y^2+z^2+xy-yz+zx$$
$$=\frac{1}{2}\{(-x-y)^2+(y-z)^2+(z+x)^2\}$$
$$=\frac{1}{2}\{(-2)^2+(-1)^2+3^2\}=7$$

27 $a^2+b^2+c^2=(a+b+c)^2-2(ab+bc+ca)$이므로
$7=3^2-2(ab+bc+ca)$　　$\therefore\ ab+bc+ca=1$
$a+b+c=3$에서 $a+b=3-c$, $b+c=3-a$,
$c+a=3-b$이므로
$(a+b)(b+c)(c+a)$
$$=(3-c)(3-a)(3-b)$$
$$=3^3+(-a-b-c)\times3^2+(ab+bc+ca)\times3-abc$$
$$=27-3\times9+1\times3-(-1)=4$$

28 $\dfrac{1}{x}+\dfrac{1}{y}+\dfrac{1}{z}=2$에서 $\dfrac{xy+yz+zx}{xyz}=2$

$\dfrac{xy+yz+zx}{8}=2$　　$\therefore\ xy+yz+zx=16$

$x+y+z=k$ (k는 상수)라 하면 $x+y=k-z$,
$y+z=k-x$, $z+x=k-y$이므로
$(x+y)(y+z)(z+x)$
$$=(k-z)(k-x)(k-y)$$
$$=k^3+(-x-y-z)\times k^2+(xy+yz+zx)\times k-xyz$$
$$=k^3-k\times k^2+16k-8=16k-8$$
즉, $16k-8=136$이므로 $k=9$
$\therefore\ x+y+z=9$
$\therefore\ x^2+y^2+z^2=(x+y+z)^2-2(xy+yz+zx)$
$$=9^2-2\times16=49$$

29 $2019=x$로 놓으면 주어진 등식은
$(x-3)\times x\times(x+3)=x^3-9a$
$x(x^2-9)=x^3-9a$, $x^3-9x=x^3-9a$
$9x=9a$　　$\therefore\ a=x=2019$

30 $511=x$로 놓으면
$$\frac{512(511^2-510)-1}{511^3}=\frac{(x+1)\{x^2-(x-1)\}-1}{x^3}$$
$$=\frac{x^3+1-1}{x^3}=\frac{x^3}{x^3}=1$$

31 $\left(1+\dfrac{1}{2}\right)\left(1+\dfrac{1}{2^2}\right)\left(1+\dfrac{1}{2^4}\right)\left(1+\dfrac{1}{2^8}\right)$

$=2\left(1-\dfrac{1}{2}\right)\left(1+\dfrac{1}{2}\right)\left(1+\dfrac{1}{2^2}\right)\left(1+\dfrac{1}{2^4}\right)\left(1+\dfrac{1}{2^8}\right)$

$=2\left(1-\dfrac{1}{2^2}\right)\left(1+\dfrac{1}{2^2}\right)\left(1+\dfrac{1}{2^4}\right)\left(1+\dfrac{1}{2^8}\right)$

$=2\left(1-\dfrac{1}{2^4}\right)\left(1+\dfrac{1}{2^4}\right)\left(1+\dfrac{1}{2^8}\right)$

$=2\left(1-\dfrac{1}{2^8}\right)\left(1+\dfrac{1}{2^8}\right)$

$=2\left(1-\dfrac{1}{2^{16}}\right)=2-\dfrac{1}{2^{15}}$

$\therefore\ n=15$

32 $3\times5\times17\times257+1$
$$=(2^2-1)(2^2+1)(2^4+1)(2^8+1)+1$$
$$=(2^4-1)(2^4+1)(2^8+1)+1$$
$$=(2^8-1)(2^8+1)+1$$
$$=(2^{16}-1)+1=2^{16}$$
$\therefore\ n=16$

33 $\overline{AC}=a$, $\overline{BC}=b$라 하면 직각삼각형 ABC에서
$a^2+b^2=(2\sqrt{6})^2=24$
삼각형 ABC의 넓이가 3이므로
$\dfrac{1}{2}ab=3$　　$\therefore\ ab=6$
$\therefore\ (a+b)^2=a^2+b^2+2ab=24+2\times6=36$
이때 $a>0$, $b>0$이므로 $a+b>0$　　$\therefore\ a+b=6$

$$\therefore \overline{\mathrm{AC}}^3 + \overline{\mathrm{BC}}^3 = a^3 + b^3$$
$$= (a+b)^3 - 3ab(a+b)$$
$$= 6^3 - 3 \times 6 \times 6 = 108$$

34 직육면체의 가로의 길이, 세로의 길이, 높이를 각각 a, b, c라 하면 모든 모서리의 길이의 합이 40이므로
$$4(a+b+c)=40 \qquad \therefore a+b+c=10$$
또 겉넓이가 64이므로
$$2(ab+bc+ca)=64 \qquad \therefore ab+bc+ca=32$$
$$\therefore a^2+b^2+c^2=(a+b+c)^2-2(ab+bc+ca)$$
$$=10^2-2\times 32=36$$
따라서 구하는 직육면체의 대각선의 길이는
$$\sqrt{a^2+b^2+c^2}=\sqrt{36}=6$$

35 두 정육면체의 한 모서리의 길이를 각각 a, b라 하면
$\overline{\mathrm{AB}}=5\sqrt{2}$에서 $a+b=5\sqrt{2}$
또 두 정육면체의 부피의 합이 $70\sqrt{2}$이므로
$$a^3+b^3=70\sqrt{2}$$
$a^3+b^3=(a+b)^3-3ab(a+b)$이므로
$$70\sqrt{2}=(5\sqrt{2})^3-3ab\times 5\sqrt{2} \qquad \therefore ab=12$$
$$\therefore a^2+b^2=(a+b)^2-2ab$$
$$=(5\sqrt{2})^2-2\times 12=26$$
따라서 구하는 두 정육면체의 겉넓이의 합은
$$6(a^2+b^2)=6\times 26=156$$

36

$$
\begin{array}{r}
x^2-2x+2 \\
x+1\overline{\smash{)}\,x^3-x^2-4} \\
\underline{x^3+x^2} \\
-2x^2 \\
\underline{-2x^2-2x} \\
2x-4 \\
\underline{2x+2} \\
-6
\end{array}
$$

따라서 $a=-2$, $b=-2$, $c=4$, $d=-6$이므로
$$a+b+c+d=-6$$

37

$$
\begin{array}{r}
x^2+x+5 \\
x^2-x-1\overline{\smash{)}\,x^4+3x^2-2x+1} \\
\underline{x^4-x^3-x^2} \\
x^3+4x^2-2x \\
\underline{x^3-x^2-x} \\
5x^2-x+1 \\
\underline{5x^2-5x-5} \\
4x+6
\end{array}
$$

따라서 $Q(x)=x^2+x+5$, $R(x)=4x+6$이므로
$$Q(-1)+R(1)=(1-1+5)+(4+6)=15$$

38

$$
\begin{array}{r}
x+1 \\
x^2+x+2\overline{\smash{)}\,x^3+2x^2+3x+a} \\
\underline{x^3+x^2+2x} \\
x^2+x+a \\
\underline{x^2+x+2} \\
a-2
\end{array}
$$

나누어떨어지면 나머지가 0이므로
$$a-2=0$$
$$\therefore a=2$$

39 $4x^3-3x^2+5x-2=A(4x-3)+x+1$이므로
$$A=(4x^3-3x^2+4x-3)\div(4x-3)$$

$$
\begin{array}{r}
x^2+1 \\
4x-3\overline{\smash{)}\,4x^3-3x^2+4x-3} \\
\underline{4x^3-3x^2} \\
4x-3 \\
\underline{4x-3} \\
0
\end{array}
$$

$$\therefore A=x^2+1$$

40 직사각형의 세로의 길이를 A라 하면
$$(x^2+x-6)A=x^3+2x^2-5x-6$$
$$\therefore A=(x^3+2x^2-5x-6)\div(x^2+x-6)$$

$$
\begin{array}{r}
x+1 \\
x^2+x-6\overline{\smash{)}\,x^3+2x^2-5x-6} \\
\underline{x^3+x^2-6x} \\
x^2+x-6 \\
\underline{x^2+x-6} \\
0
\end{array}
$$

$$\therefore A=x+1$$
따라서 구하는 세로의 길이는 $x+1$이다.

41 $f(x)=(x^2-x-2)(2x+6)+2x-7$
$$=2x^3+4x^2-8x-19$$

$$
\begin{array}{r}
x^2+3x-1 \\
2x-2\overline{\smash{)}\,2x^3+4x^2-8x-19} \\
\underline{2x^3-2x^2} \\
6x^2-8x \\
\underline{6x^2-6x} \\
-2x-19 \\
\underline{-2x+2} \\
-21
\end{array}
$$

따라서 $f(x)$를 $2x-2$로 나누었을 때의 몫은 x^2+3x-1, 나머지는 -21이다.

42

$$x^2-4x+2\,)\overline{\begin{array}{r}2x^2\qquad\quad -1\\2x^4-8x^3+3x^2+4x+1\end{array}}$$

$$\begin{array}{r}2x^4-8x^3+4x^2\\\hline -x^2+4x+1\\-x^2+4x-2\\\hline 3\end{array}$$

$\therefore 2x^4-8x^3+3x^2+4x+1=(x^2-4x+2)(2x^2-1)+3$

이때 $x^2-4x+2=0$이므로

$2x^4-8x^3+3x^2+4x+1=3$

43 $f(x)$를 $x-2$로 나누었을 때의 몫이 $Q(x)$, 나머지가 R 이므로

$f(x)=(x-2)Q(x)+R=\dfrac{1}{2}\times 2(x-2)Q(x)+R$

$\qquad =(2x-4)\times\dfrac{1}{2}Q(x)+R$

따라서 $Q'(x)=\dfrac{1}{2}Q(x)$, $R'=R$이므로

$\dfrac{Q(x)}{Q'(x)}+\dfrac{R}{R'}=\dfrac{Q(x)}{\frac{1}{2}Q(x)}+\dfrac{R}{R}=2+1=3$

44 $f(x)$를 $2x-1$로 나누었을 때의 몫이 $Q(x)$, 나머지가 R 이므로

$f(x)=(2x-1)Q(x)+R$

$\therefore xf(x)=x(2x-1)Q(x)+Rx$

$\qquad =2x\Big(x-\dfrac{1}{2}\Big)Q(x)+R\Big(x-\dfrac{1}{2}\Big)+\dfrac{1}{2}R$

$\qquad =\Big(x-\dfrac{1}{2}\Big)\{2xQ(x)+R\}+\dfrac{1}{2}R$

따라서 $xf(x)$를 $x-\dfrac{1}{2}$로 나누었을 때의 몫은

$2xQ(x)+R$, 나머지는 $\dfrac{1}{2}R$이다.

45
$$\begin{array}{r|rrrr}-1 & 1 & -2 & 0 & 5\\ & & -1 & 3 & -3\\\hline & 1 & -3 & 3 & 2\end{array}$$

따라서 $a=-1$, $b=0$, $c=-1$, $d=3$, $e=2$이므로

$a+b+c+d+e=3$

46 주어진 조립제법에서 $f(x)$를 $x+\dfrac{2}{3}$로 나누었을 때의 몫이

$3x^2-3x+6$, 나머지가 -6이므로

$f(x)=\Big(x+\dfrac{2}{3}\Big)(3x^2-3x+6)-6$

$\qquad =3\Big(x+\dfrac{2}{3}\Big)(x^2-x+2)-6$

$\qquad =(3x+2)(x^2-x+2)-6$

따라서 $f(x)$를 $3x+2$로 나누었을 때의 몫은 x^2-x+2,

나머지는 -6이다.

I-2. 나머지 정리와 인수분해

01 나머지 정리   12~18쪽

1 ③	2 ②	3 10	4 ②	5 31
6 19	7 ②	8 ③	9 5	10 128
11 120	12 −2	13 7	14 10	15 3
16 2	17 ①	18 ①	19 ④	20 ①
21 ②	22 ①	23 4	24 ①	25 ①
26 ④	27 9	28 ⑤	29 ④	30 ⑤
31 ②	32 2	33 ①	34 ①	35 28
36 ⑤	37 ②	38 −9	39 ②	40 13
41 ②	42 ②			

1 ③ $2(x+4)+3x=5(x+1)+3$에서

$\qquad 5x+8=5x+8$

④ $(x+1)(x-1)=x^2+1$에서

$\qquad x^2-1=x^2+1$

⑤ $(x-3)^2=x^2+6x+9$에서

$\qquad x^2-6x+9=x^2+6x+9$

따라서 항등식인 것은 ③이다.

2 $(2x+3y+5)k+3x-y-9=0$

이 등식이 k에 대한 항등식이므로

$2x+3y+5=0$, $3x-y-9=0$

두 식을 연립하여 풀면

$x=2$, $y=-3$

$\therefore x+y=-1$

3 $(a+b-6)x-4ab+16=0$

이 등식이 x에 대한 항등식이므로

$a+b-6=0$, $-4ab+16=0$

$\therefore a+b=6$, $ab=4$

$\therefore (\sqrt{a}+\sqrt{b})^2=a+b+2\sqrt{ab}$

$\qquad\qquad\qquad =6+2\times 2=10$

4 주어진 등식이 x에 대한 항등식이므로

$a-1=2$, $-1=b$

$\therefore a=3$, $b=-1$

$\therefore a+b=2$

5 $x^3-ax^2-bx+8=x^3-(c-2)x^2-(2c+1)x+c$

이 등식이 x에 대한 항등식이므로

$a=c-2$, $b=2c+1$, $8=c$

$\therefore a=6$, $b=17$, $c=8$

$\therefore a+b+c=31$

6 주어진 등식의 좌변에 $x=y+1$을 대입하면
$$(y+1)^3+3(y+1)-14=y^3+ay^2+by+c$$
$$\therefore y^3+3y^2+6y-10=y^3+ay^2+by+c$$
이 등식이 y에 대한 항등식이므로
$$a=3,\ b=6,\ c=-10$$
$$\therefore a+b-c=19$$

7 양변에 $x=-1$을 대입하면
$$4b=5+2+5,\ 4b=12 \qquad \therefore b=3$$
양변에 $x=1$을 대입하면
$$4a=5-2+5,\ 4a=8 \qquad \therefore a=2$$
$$\therefore ab=2\times3=6$$

8 양변에 $x=0$을 대입하면
$$4=2c \qquad \therefore c=2$$
양변에 $x=1$을 대입하면
$$3+a+4=0 \qquad \therefore a=-7$$
양변에 $x=2$를 대입하면
$$12+2a+4=2b,\ 2=2b \qquad \therefore b=1$$
$$\therefore a+b+c=-7+1+2=-4$$

9 양변에 $x=-1$을 대입하면
$$1-1+3=-a+b \qquad \therefore a-b=-3 \quad \cdots\cdots\ \bigcirc$$
양변에 $x=1$을 대입하면
$$1+1-3=a+b \qquad \therefore a+b=-1 \quad \cdots\cdots\ \bigcirc\!\!\!\bigcirc$$
$\bigcirc$, $\bigcirc\!\!\!\bigcirc$을 연립하여 풀면 $a=-2,\ b=1$
$$\therefore a^2+b^2=4+1=5$$

10 양변에 $x=-1$을 대입하면
$$(1+2-1)^7=a_0-a_1+a_2-a_3+\cdots+a_{14}$$
$$\therefore a_0-a_1+a_2-a_3+\cdots+a_{14}=128$$

11 양변에 $x=1$을 대입하면
$$(1-3-2)^4=a_0+a_1+a_2+\cdots+a_8 \quad \cdots\cdots\ \bigcirc$$
양변에 $x=-1$을 대입하면
$$(1+3-2)^4=a_0-a_1+a_2-\cdots+a_8 \quad \cdots\cdots\ \bigcirc\!\!\!\bigcirc$$
$\bigcirc-\bigcirc\!\!\!\bigcirc$을 하면 $240=2(a_1+a_3+a_5+a_7)$
$$\therefore a_1+a_3+a_5+a_7=120$$

12 양변에 $x=1$을 대입하면
$$(-2+4-1)^5=a_0 \qquad \therefore a_0=1$$
양변에 $x=2$를 대입하면
$$(-8+8-1)^5=a_0+a_1+a_2+\cdots+a_{10} \quad \cdots\cdots\ \bigcirc$$
양변에 $x=0$을 대입하면
$$(-1)^5=a_0-a_1+a_2-\cdots+a_{10} \quad \cdots\cdots\ \bigcirc\!\!\!\bigcirc$$

$\bigcirc+\bigcirc\!\!\!\bigcirc$을 하면
$$-2=2(a_0+a_2+a_4+a_6+a_8+a_{10})$$
$$\therefore a_0+a_2+a_4+a_6+a_8+a_{10}=-1$$
$$\therefore a_2+a_4+a_6+a_8+a_{10}=-1-a_0=-2$$

13 x^3+2를 $(x+1)(x-2)$로 나누었을 때의 몫을 $Q(x)$라 하면 나머지가 $ax+b$이므로
$$x^3+2=(x+1)(x-2)Q(x)+ax+b$$
양변에 $x=-1$, $x=2$를 각각 대입하면
$$-1+2=-a+b,\ 8+2=2a+b$$
$$\therefore -a+b=1,\ 2a+b=10$$
두 식을 연립하여 풀면 $a=3,\ b=4$
$$\therefore a+b=7$$

14 x^3+ax^2+bx-6을 x^2-3x-4, 즉 $(x+1)(x-4)$로 나누었을 때의 몫을 $Q(x)$라 하면 나머지가 2이므로
$$x^3+ax^2+bx-6=(x+1)(x-4)Q(x)+2$$
양변에 $x=-1$, $x=4$를 각각 대입하면
$$-1+a-b-6=2,\ 64+16a+4b-6=2$$
$$\therefore a-b=9,\ 4a+b=-14$$
두 식을 연립하여 풀면 $a=-1,\ b=-10$
$$\therefore ab=10$$

다른 풀이

x^3+ax^2+bx-6을 x^2-3x-4로 나누었을 때의 몫을 $x+c$(c는 상수)라 하면 나머지는 2이므로
$$x^3+ax^2+bx-6=(x^2-3x-4)(x+c)+2$$
$$=x^3+(c-3)x^2-(3c+4)x-4c+2$$
이 등식이 x에 대한 항등식이므로
$$a=c-3,\ b=-(3c+4),\ -6=-4c+2$$
따라서 $a=-1,\ b=-10,\ c=2$이므로 $ab=10$

15 $f(x)$를 x^2-4x+3, 즉 $(x-1)(x-3)$으로 나누었을 때의 몫을 $Q(x)$, 나머지 $R(x)$를 $ax+b$($a,\ b$는 상수)라 하면
$$f(x)=(x-1)(x-3)Q(x)+ax+b$$
양변에 $x=1$, $x=3$을 각각 대입하면
$$f(1)=a+b,\ f(3)=3a+b \quad \cdots\cdots\ \bigcirc$$
㈎에서 $f(1)=0$이므로 ㈏의 식의 양변에 $x=1$을 대입하면
$$f(3)=f(1)+2+4$$
$$\therefore f(3)=6 \quad \cdots\cdots\ \bigcirc\!\!\!\bigcirc$$
$\bigcirc$, $\bigcirc\!\!\!\bigcirc$에서 $a+b=0$, $3a+b=6$
두 식을 연립하여 풀면 $a=3,\ b=-3$
따라서 $R(x)=3x-3$이므로
$$R(2)=6-3=3$$

16 $f(x^2)=(x^2-3x+8)f(x)-12x-28$ ...... ㉠

㉠의 양변에 $x=1$을 대입하면

$f(1)=(1-3+8)f(1)-12-28$

$\therefore f(1)=8$

㉠의 양변에 $x=-1$을 대입하면

$f(1)=(1+3+8)f(-1)+12-28$

$8=12f(-1)-16$　$\therefore f(-1)=2$

17

```
  2 │ 1  -8    17   -5
    │      2  -12   10
  2 │ 1  -6     5  │ 5  ◄ d
    │      2    -8
  2 │ 1  -4  │ -3  ◄ c
    │      2
a ▶ │ 1  │ -2  ◄ b
```

$\therefore x^3-8x^2+17x-5$

$\quad=(x-2)^3-2(x-2)^2-3(x-2)+5$

따라서 $a=1$, $b=-2$, $c=-3$, $d=5$이므로

$ad+bc=5+6=11$

18

```
  -½ │ 16   28    22    11
     │      -8   -10    -6
  -½ │ 16   20    12  │  5
     │      -8    -6
  -½ │ 16   12  │  6
     │      -8
     │ 16  │  4
```

$\therefore 16x^3+28x^2+22x+11$

$\quad=16\left(x+\dfrac{1}{2}\right)^3+4\left(x+\dfrac{1}{2}\right)^2+6\left(x+\dfrac{1}{2}\right)+5$

$\quad=2(2x+1)^3+(2x+1)^2+3(2x+1)+5$

따라서 $a=2$, $b=1$, $c=3$, $d=5$이므로

$a-b-c+d=3$

19 $f(x)=x^3+x^2+x+1$이라 하면 구하는 나머지는 나머지 정리에 의하여

$f\left(\dfrac{1}{2}\right)=\dfrac{1}{8}+\dfrac{1}{4}+\dfrac{1}{2}+1=\dfrac{15}{8}$

20 나머지 정리에 의하여 $f(2)=3$이므로

$8+2a-3=3$　$\therefore a=-1$

따라서 $f(x)=x^3-x-3$이므로 $f(x)$를 $x+1$로 나누었을 때의 나머지는 나머지 정리에 의하여

$f(-1)=-1+1-3=-3$

21 ㈎에서 나머지 정리에 의하여 $P(1)=1$

또 ㈏에서 나머지 정리에 의하여

$2P(2)=2$　$\therefore P(2)=1$

$P(x)$는 최고차항의 계수가 1인 이차다항식이므로

$P(x)=x^2+ax+b$(a, b는 상수)라 하면

$P(1)=1$에서 $1+a+b=1$

$\therefore a+b=0$ ...... ㉠

$P(2)=1$에서 $4+2a+b=1$

$\therefore 2a+b=-3$ ...... ㉡

㉠, ㉡을 연립하여 풀면 $a=-3$, $b=3$

따라서 $P(x)=x^2-3x+3$이므로

$P(4)=16-12+3=7$

22 나머지 정리에 의하여

$f(-4)=8$, $f(2)=2$

$f(x)$를 x^2+2x-8, 즉 $(x+4)(x-2)$로 나누었을 때의 몫을 $Q(x)$, 나머지를 $ax+b$(a, b는 상수)라 하면

$f(x)=(x+4)(x-2)Q(x)+ax+b$

양변에 $x=-4$, $x=2$를 각각 대입하면

$f(-4)=-4a+b$, $f(2)=2a+b$

$\therefore -4a+b=8$, $2a+b=2$

두 식을 연립하여 풀면 $a=-1$, $b=4$

따라서 구하는 나머지는 $-x+4$이다.

23 나머지 정리에 의하여 $f(5)=4$

이때 $f(3+x)=f(3-x)$의 양변에 $x=2$를 대입하면

$f(5)=f(1)$

$\therefore f(1)=4$

$f(x)$를 $(x-1)(x-5)$로 나누었을 때의 몫을 $Q(x)$, 나머지를 $ax+b$(a, b는 상수)라 하면

$f(x)=(x-1)(x-5)Q(x)+ax+b$

양변에 $x=1$, $x=5$를 각각 대입하면

$f(1)=a+b$, $f(5)=5a+b$

$\therefore a+b=4$, $5a+b=4$

두 식을 연립하여 풀면

$a=0$, $b=4$

따라서 구하는 나머지는 4이다.

24 나머지 정리에 의하여 $f(-1)=8$

$f(x)$를 x^2-4, 즉 $(x+2)(x-2)$로 나누었을 때의 몫을 $Q_1(x)$라 하면 나머지가 $2x-5$이므로

$f(x)=(x+2)(x-2)Q_1(x)+2x-5$

양변에 $x=-2$, $x=2$를 각각 대입하면

$f(-2)=-9$, $f(2)=-1$

$f(x)$를 x^2-x-2, 즉 $(x+1)(x-2)$로 나누었을 때의 몫을 $Q_2(x)$, 나머지 $R(x)$를 $ax+b\,(a,\,b$는 상수$)$라 하면
$$f(x)=(x+1)(x-2)Q_2(x)+ax+b$$
양변에 $x=-1$, $x=2$를 각각 대입하면
$$f(-1)=-a+b,\ f(2)=2a+b$$
$$\therefore -a+b=8,\ 2a+b=-1$$
두 식을 연립하여 풀면 $a=-3$, $b=5$
따라서 $R(x)=-3x+5$이므로
$$R(1)=-3+5=2$$
$$\therefore f(-2)+R(1)=-9+2=-7$$

25 $f(x)$를 $x(x-3)$으로 나누었을 때의 몫을 $Q_1(x)$라 하면
나머지가 $-2x+2$이므로
$$f(x)=x(x-3)Q_1(x)-2x+2$$
양변에 $x=0$, $x=3$을 각각 대입하면
$$f(0)=2,\ f(3)=-4$$
$f(x)$를 $(x+2)(x-3)$으로 나누었을 때의 몫을 $Q_2(x)$라
하면 나머지가 $-4x+8$이므로
$$f(x)=(x+2)(x-3)Q_2(x)-4x+8$$
양변에 $x=-2$를 대입하면
$$f(-2)=16$$
한편 $f(x)$를 $x(x+2)(x-3)$으로 나누었을 때의 몫을
$Q_3(x)$, 나머지 $R(x)$를 $ax^2+bx+c\,(a,\,b,\,c$는 상수$)$라
하면
$$f(x)=x(x+2)(x-3)Q_3(x)+ax^2+bx+c \quad\cdots\cdots\ \bigcirc$$
㉠의 양변에 $x=0$을 대입하면
$$f(0)=c \quad \therefore c=2$$
㉠의 양변에 $x=-2$를 대입하면
$$f(-2)=4a-2b+c$$
$$4a-2b+c=16 \quad \therefore 2a-b=7 \quad\cdots\cdots\ \bigcirc$$
㉠의 양변에 $x=3$을 대입하면
$$f(3)=9a+3b+c$$
$$9a+3b+c=-4 \quad \therefore 3a+b=-2 \quad\cdots\cdots\ \bigcirc$$
㉡, ㉢을 연립하여 풀면 $a=1$, $b=-5$
따라서 $R(x)=x^2-5x+2$이므로 $R(x)$를 $x-1$로 나누
었을 때의 나머지는
$$R(1)=1-5+2=-2$$

26 $f(x)$를 $(x^2+1)(x-1)$로 나누었을 때의 몫을 $Q(x)$,
나머지 $R(x)$를 $ax^2+bx+c\,(a,\,b,\,c$는 상수$)$라 하면
$$f(x)=(x^2+1)(x-1)Q(x)+ax^2+bx+c \quad\cdots\cdots\ \bigcirc$$
$f(x)$를 x^2+1로 나누었을 때의 나머지 $x+1$은
ax^2+bx+c를 x^2+1로 나누었을 때의 나머지와 같으므로
$$ax^2+bx+c=a(x^2+1)+x+1 \quad\cdots\cdots\ \bigcirc$$

㉡을 ㉠에 대입하면
$$f(x)=(x^2+1)(x-1)Q(x)+a(x^2+1)+x+1$$
한편 $f(x)$를 $x-1$로 나누었을 때의 나머지가 4이므로
$$f(1)=4$$
$$2a+2=4 \quad \therefore a=1$$
따라서 ㉡에서 $R(x)=x^2+x+2$이므로
$$R(2)=4+2+2=8$$

27 $f(x)$를 $(x-2)^2$으로 나누었을 때의 몫을 $Q_1(x)$라 하면
나머지가 $3x-5$이므로
$$f(x)=(x-2)^2Q_1(x)+3x-5$$
양변에 $x=2$를 대입하면 $f(2)=1$
또 $f(x)$를 $(x+1)^3$으로 나누었을 때의 몫을 $Q_2(x)$라 하
면 나머지가 $(x-1)^2$이므로
$$\begin{aligned}f(x)&=(x+1)^3Q_2(x)+(x-1)^2\\&=(x+1)^3Q_2(x)+x^2-2x+1\\&=(x+1)^2(x+1)Q_2(x)+(x+1)^2-4x\\&=(x+1)^2\{(x+1)Q_2(x)+1\}-4x\end{aligned}$$
따라서 $f(x)$를 $(x+1)^2$으로 나누었을 때의 나머지는
$-4x$이다.
$f(x)$를 $(x+1)^2(x-2)$로 나누었을 때의 몫을 $Q_3(x)$,
나머지 $R(x)$를 $ax^2+bx+c\,(a,\,b,\,c$는 상수$)$라 하면
$$f(x)=(x+1)^2(x-2)Q_3(x)+ax^2+bx+c \quad\cdots\cdots\ \bigcirc$$
이때 $f(x)$를 $(x+1)^2$으로 나누었을 때의 나머지 $-4x$는
ax^2+bx+c를 $(x+1)^2$으로 나누었을 때의 나머지와 같
으므로
$$ax^2+bx+c=a(x+1)^2-4x \quad\cdots\cdots\ \bigcirc$$
㉡을 ㉠에 대입하면
$$f(x)=(x+1)^2(x-2)Q_3(x)+a(x+1)^2-4x$$
$f(2)=1$에서
$$9a-8=1 \quad \therefore a=1$$
따라서 ㉡에서 $R(x)=(x+1)^2-4x$이므로 $R(x)$를
$x+2$로 나누었을 때의 나머지는
$$R(-2)=1+8=9$$

28 나머지 정리에 의하여 $f(-1)=3$
따라서 $f(2x-7)$을 $x-3$으로 나누었을 때의 나머지는
$$f(2\times3-7)=f(-1)=3$$

29 나머지 정리에 의하여 $f(2)=2$
따라서 $(x^2+2)f(x^2-2)$를 $x+2$로 나누었을 때의 나머
지는
$$\{(-2)^2+2\}f((-2)^2-2)=6f(2)=6\times2=12$$

30 $xf(4x+5)$를 $2x+3$으로 나누었을 때의 나머지는

$$-\frac{3}{2}f\left(4\times\left(-\frac{3}{2}\right)+5\right)=-\frac{3}{2}f(-1)$$

$f(x)$를 x^2-2x-3으로 나누었을 때의 몫을 $Q(x)$라 하면 나머지가 $x-1$이므로

$$f(x)=(x^2-2x-3)Q(x)+x-1$$

양변에 $x=-1$을 대입하면 $f(-1)=-2$

따라서 구하는 나머지는

$$-\frac{3}{2}f(-1)=-\frac{3}{2}\times(-2)=3$$

31 $f(x)$를 $x-2$로 나누었을 때의 몫이 $Q(x)$, 나머지가 3이므로

$$f(x)=(x-2)Q(x)+3 \quad\cdots\cdots\ \text{㉠}$$

$f(x)$를 $x-3$으로 나누었을 때의 나머지가 2이므로

$$f(3)=2$$

$Q(x)$를 $x-3$으로 나누었을 때의 나머지는 $Q(3)$이므로 ㉠의 양변에 $x=3$을 대입하면

$$2=Q(3)+3 \quad \therefore\ Q(3)=-1$$

32 $f(x)=x^{16}+3x^7-x^3$이라 하면 $f(x)$를 $x+1$로 나누었을 때의 나머지는 $f(-1)=-1$

$x^{16}+3x^7-x^3$을 $x+1$로 나누었을 때의 몫이 $Q(x)$, 나머지가 -1이므로

$$x^{16}+3x^7-x^3=(x+1)Q(x)-1 \quad\cdots\cdots\ \text{㉠}$$

$Q(x)$를 $x-1$로 나누었을 때의 나머지는 $Q(1)$이므로 ㉠의 양변에 $x=1$을 대입하면

$$1+3-1=2Q(1)-1 \quad \therefore\ Q(1)=2$$

33 $P(x)$를 $x-2$로 나누었을 때의 몫이 $Q(x)$, 나머지가 3이므로

$$P(x)=(x-2)Q(x)+3 \quad\cdots\cdots\ \text{㉠}$$

$Q(x)$를 $x-1$로 나누었을 때의 나머지가 2이므로

$$Q(1)=2$$

㉠의 양변에 $x=1$을 대입하면

$$P(1)=-Q(1)+3 \quad \therefore\ P(1)=1$$

㉠의 양변에 $x=2$를 대입하면 $P(2)=3$

$P(x)$를 $(x-1)(x-2)$로 나누었을 때의 몫을 $Q'(x)$, 나머지 $R(x)$를 $ax+b\,(a,\ b$는 상수$)$라 하면

$$P(x)=(x-1)(x-2)Q'(x)+ax+b$$

양변에 $x=1$, $x=2$를 각각 대입하면

$$P(1)=a+b,\ P(2)=2a+b$$

$$\therefore\ a+b=1,\ 2a+b=3$$

두 식을 연립하여 풀면 $a=2$, $b=-1$

따라서 $R(x)=2x-1$이므로

$$R(3)=6-1=5$$

34 $99=x$로 놓고, x^{30}을 $x-1$로 나누었을 때의 몫을 $Q(x)$, 나머지를 R라 하면

$$x^{30}=(x-1)Q(x)+R$$

양변에 $x=1$을 대입하면 $R=1$이므로

$$x^{30}=(x-1)Q(x)+1$$

$x=99$이므로

$$99^{30}=98Q(99)+1$$

따라서 구하는 나머지는 1이다.

35 $123=x$로 놓고, x^9을 $x-2$로 나누었을 때의 몫을 $Q(x)$, 나머지를 R라 하면

$$x^9=(x-2)Q(x)+R$$

양변에 $x=2$를 대입하면 $R=2^9=512$이므로

$$x^9=(x-2)Q(x)+512$$

$x=123$이므로

$$123^9=121Q(123)+512$$
$$=121\{Q(123)+4\}+28$$

따라서 구하는 나머지는 28이다.

36 $8=x$로 놓고, $x^{79}+x^{80}+x^{81}$을 $x+1$로 나누었을 때의 몫을 $Q(x)$, 나머지를 R라 하면

$$x^{79}+x^{80}+x^{81}=(x+1)Q(x)+R$$

양변에 $x=-1$을 대입하면 $R=-1$이므로

$$x^{79}+x^{80}+x^{81}=(x+1)Q(x)-1$$

$x=8$이므로

$$8^{79}+8^{80}+8^{81}=9Q(8)-1$$
$$=9\{Q(8)-1\}+8$$

따라서 구하는 나머지는 8이다.

37 $f(x)=3x^3+2kx^2-kx-12$라 하면 인수 정리에 의하여

$$f(2)=0$$
$$24+8k-2k-12=0$$
$$\therefore\ k=-2$$

38 $f(x)=x^3+ax^2+bx-12$라 하면 인수 정리에 의하여

$$f(-1)=0,\ f(3)=0$$

$f(-1)=0$에서

$$-1+a-b-12=0$$
$$\therefore\ a-b=13 \quad\cdots\cdots\ \text{㉠}$$

$f(3)=0$에서

$$27+9a+3b-12=0$$
$$\therefore\ 3a+b=-5 \quad\cdots\cdots\ \text{㉡}$$

㉠, ㉡을 연립하여 풀면 $a=2$, $b=-11$

$$\therefore\ a+b=-9$$

39 $f(2x-1)$이 x^2-1, 즉 $(x+1)(x-1)$로 나누어떨어지므로

$f(2\times(-1)-1)=f(-3)=0$, $f(2\times1-1)=f(1)=0$

$f(-3)=0$에서 $-27+9a-3b+3=0$

$\therefore 3a-b=8$ $\cdots\cdots$ ㉠

$f(1)=0$에서 $1+a+b+3=0$

$\therefore a+b=-4$ $\cdots\cdots$ ㉡

㉠, ㉡을 연립하여 풀면 $a=1$, $b=-5$

$\therefore a-b=6$

40 ㈎에서 $(-2+1)f(-2)=-5$ $\therefore f(-2)=5$

㈏에서 $(3-2)f(3)=0$ $\therefore f(3)=0$

$f(-2)=5$에서 $4-2a+b=5$

$\therefore 2a-b=-1$ $\cdots\cdots$ ㉠

$f(3)=0$에서 $9+3a+b=0$

$\therefore 3a+b=-9$ $\cdots\cdots$ ㉡

㉠, ㉡을 연립하여 풀면 $a=-2$, $b=-3$

$\therefore a^2+b^2=4+9=13$

41 $P(x)$가 삼차식이므로 $P(x)+2x$도 삼차식이다.

$P(x)+2x$가 $(x-1)^2$으로 나누어떨어지므로 몫을 $ax+b(a, b$는 상수)라 하면

$P(x)+2x=(x-1)^2(ax+b)$

$\therefore P(x)=(x-1)^2(ax+b)-2x$ $\cdots\cdots$ ㉠

$4-P(x)$가 x^2-4, 즉 $(x+2)(x-2)$로 나누어떨어지므로 $4-P(-2)=0$, $4-P(2)=0$

$\therefore P(-2)=4$, $P(2)=4$

㉠의 양변에 $x=-2$를 대입하면

$P(-2)=9(-2a+b)+4$

$4=-18a+9b+4$ $\therefore 2a-b=0$ $\cdots\cdots$ ㉡

㉠의 양변에 $x=2$를 대입하면

$P(2)=2a+b-4$

$4=2a+b-4$ $\therefore 2a+b=8$ $\cdots\cdots$ ㉢

㉡, ㉢을 연립하여 풀면 $a=2$, $b=4$

따라서 $P(x)=(x-1)^2(2x+4)-2x$이므로 $P(x)$를 $x-3$으로 나누었을 때의 나머지는

$P(3)=4\times(6+4)-6=34$

42 $f(2)=f(4)=f(8)=3$에서

$f(2)-3=0$, $f(4)-3=0$, $f(8)-3=0$

즉, $f(x)-3$은 $x-2$, $x-4$, $x-8$을 인수로 갖고, 최고차항의 계수가 1인 삼차식이므로

$f(x)-3=(x-2)(x-4)(x-8)$

$\therefore f(x)=(x-2)(x-4)(x-8)+3$

$\therefore f(9)=7\times5\times1+3=38$

---

02 인수분해   19~24쪽

1 ⑤	**2** ④	**3** ①	**4** ⑤	**5** ④
6 ②	**7** ⑤	**8** -2	**9** -3	**10** 15
11 ②	**12** 6	**13** ①	**14** $2x^2+16$	
15 ⑤	**16** ③	**17** ⑤	**18** ②	**19** ④
20 ①	**21** ③	**22** ⑤	**23** 6	**24** ②
25 ⑤	**26** ②	**27** ③	**28** ⑤	**29** 2
30 ④	**31** ⑤	**32** 9	**33** ③	**34** 998
35 ②	**36** ③	**37** ①	**38** ⑤	

1 ⑤ $x^3-27=(x-3)(x^2+3x+9)$

2 $8x^3+y^3-27z^3+18xyz$

$=(2x)^3+y^3+(-3z)^3-3\times2x\times y\times(-3z)$

$=(2x+y-3z)(4x^2+y^2+9z^2-2xy+3yz+6zx)$

3 $x^4+4x^2+16=x^4+x^2\times2^2+2^4$

$=(x^2+2x+4)(x^2-2x+4)$

따라서 $a=2$, $b=4$, $c=2$, $d=4$이므로

$a+b+c+d=12$

4 $x(x+2y)-(x^2-1)y^2=x^2+2xy-x^2y^2+y^2$

$=(x+y)^2-(xy)^2$

$=(x+xy+y)(x-xy+y)$

5 $x^6-64=(x^3)^2-(2^3)^2$

$=(x^3+2^3)(x^3-2^3)$

$=(x+2)(x^2-2x+4)(x-2)(x^2+2x+4)$

따라서 주어진 다항식의 인수가 아닌 것은 ④이다.

6 $x^3+8y^3-3xy(x+2y)$

$=x^3+(2y)^3-3xy(x+2y)$

$=(x+2y)(x^2-2xy+4y^2)-3xy(x+2y)$

$=(x+2y)(x^2-5xy+4y^2)$

$=(x+2y)(x-y)(x-4y)$

따라서 주어진 다항식의 인수인 것은 ②이다.

7 $(x^2+1)^2+3(x^2+1)+2$

$=X^2+3X+2$ ◀ $x^2+1=X$

$=(X+2)(X+1)$

$=(x^2+3)(x^2+2)$ ◀ $X=x^2+1$

따라서 $a=3$, $b=2$ 또는 $a=2$, $b=3$이므로

$a+b=5$

8 $(x^2-4x+1)(x^2-4x+7)+8$
$=(X+1)(X+7)+8$ ◀ $x^2-4x=X$
$=X^2+8X+15=(X+5)(X+3)$
$=(x^2-4x+5)(x^2-4x+3)$ ◀ $X=x^2-4x$
$=(x-1)(x-3)(x^2-4x+5)$
따라서 $a=-3$, $b=-4$, $c=5$이므로
$a+b+c=-2$

9 $(x+1)(x+2)(x+4)(x-1)+9$
$=\{(x+1)(x+2)\}\{(x+4)(x-1)\}+9$
$=(x^2+3x+2)(x^2+3x-4)+9$
$=(X+2)(X-4)+9$ ◀ $x^2+3x=X$
$=X^2-2X+1=(X-1)^2$
$=(x^2+3x-1)^2$ ◀ $X=x^2+3x$
따라서 $a=3$, $b=-1$이므로 $ab=-3$

10 $(x^2+3x+2)(x^2+9x+20)-10$
$=(x+2)(x+1)(x+5)(x+4)-10$
$=\{(x+2)(x+4)\}\{(x+1)(x+5)\}-10$
$=(x^2+6x+8)(x^2+6x+5)-10$
$=(X+8)(X+5)-10$ ◀ $x^2+6x=X$
$=X^2+13X+30=(X+10)(X+3)$
$=(x^2+6x+10)(x^2+6x+3)$ ◀ $X=x^2+6x$
따라서 $a=6$, $b=6$, $c=3$이므로
$a+b+c=15$

11 $x^4-x^2-12=X^2-X-12$ ◀ $x^2=X$
$=(X+3)(X-4)$
$=(x^2+3)(x^2-4)$ ◀ $X=x^2$
$=(x^2+3)(x+2)(x-2)$
따라서 $a=2$, $b=3$이므로
$a+b=5$

12 $x^4-18x^2+81=X^2-18X+81$ ◀ $x^2=X$
$=(X-9)^2$
$=(x^2-9)^2$ ◀ $X=x^2$
$=(x+3)^2(x-3)^2$
$a>b$이므로 $a=3$, $b=-3$
$\therefore a-b=6$

13 $x^4+7x^2+16=(x^4+8x^2+16)-x^2$
$=(x^2+4)^2-x^2$
$=(x^2+x+4)(x^2-x+4)$
따라서 $a=1$, $b=4$이므로
$a+b=5$

14 $x^4+64=(x^4+16x^2+64)-16x^2$
$=(x^2+8)^2-(4x)^2$
$=(x^2+4x+8)(x^2-4x+8)$
따라서 구하는 두 이차식의 합은
$(x^2+4x+8)+(x^2-4x+8)=2x^2+16$

15 $2x^2-3xy-2y^2+7x+11y-15$
$=2x^2-(3y-7)x-(2y^2-11y+15)$
$=2x^2-(3y-7)x-(2y-5)(y-3)$
$=(2x+y-3)(x-2y+5)$
따라서 $a=-3$, $b=-2$, $c=5$이므로 $abc=30$

16 $x^2-y^2-z^2+2yz+x+y-z$
$=x^2+x-(y^2-2yz+z^2)+(y-z)$
$=x^2+x-(y-z)^2+(y-z)$
$=x^2+x-(y-z)(y-z-1)$
$=(x+y-z)(x-y+z+1)$

17 $(a+b)c^3-(a^2+ab+b^2)c^2+a^2b^2$
$=ac^3+bc^3-a^2c^2-abc^2-b^2c^2+a^2b^2$
$=(b^2-c^2)a^2+(c^3-bc^2)a+bc^3-b^2c^2$
$=(b+c)(b-c)a^2-c^2(b-c)a-bc^2(b-c)$
$=(b-c)\{(b+c)a^2-c^2a-bc^2\}$
$=(b-c)\{(a^2-c^2)b+ac(a-c)\}$
$=(b-c)\{(a+c)(a-c)b+ac(a-c)\}$
$=(b-c)(a-c)\{(a+c)b+ac\}$
$=(b-c)(a-c)(ab+bc+ca)$
따라서 주어진 다항식의 인수인 것은 ⑤이다.

18 $a(b^2-c^2)+b(c^2-a^2)+c(a^2-b^2)$
$=ab^2-ac^2+bc^2-a^2b+a^2c-b^2c$
$=-(b-c)a^2+(b^2-c^2)a+bc^2-b^2c$
$=-(b-c)a^2+(b+c)(b-c)a-bc(b-c)$
$=-(b-c)\{a^2-(b+c)a+bc\}$
$=-(b-c)(a-b)(a-c)$
따라서 주어진 다항식의 인수인 것은 ②이다.

19 $(a+b)(b+c)(c+a)+abc$
$=(b+c)\{(a+b)(c+a)\}+abc$
$=(b+c)(ac+a^2+bc+ab)+abc$
$=(b+c)a^2+(b+c)^2a+bc(b+c)+abc$
$=(b+c)a^2+\{(b+c)^2+bc\}a+bc(b+c)$
$=(a+b+c)\{(b+c)a+bc\}$
$=(a+b+c)(ab+bc+ca)$

20 $a^2(b-c)+b^2(c-a)+c^2(a-b)$
$=a^2b-a^2c+b^2c-ab^2+ac^2-bc^2$
$=(b-c)a^2-(b^2-c^2)a+b^2c-bc^2$
$=(b-c)a^2-(b+c)(b-c)a+bc(b-c)$
$=(b-c)\{a^2-(b+c)a+bc\}$
$=(b-c)(a-b)(a-c)$
$=-(a-b)(b-c)(c-a)$
$\therefore \dfrac{a^2(b-c)+b^2(c-a)+c^2(a-b)}{(a-b)(b-c)(c-a)}$
$=\dfrac{-(a-b)(b-c)(c-a)}{(a-b)(b-c)(c-a)}$
$=-1$

21 $f(x)=2x^3-3x^2-12x-7$이라 하면 $f(-1)=0$이므로
$2x^3-3x^2-12x-7$

-1	2	-3	-12	-7
		-2	5	7
	2	-5	-7	0

$=(x+1)(2x^2-5x-7)$
$=(x+1)^2(2x-7)$
따라서 $a=1$, $b=2$, $c=-7$
이므로
$a+b+c=-4$

22 $f(x)=x^4+2x^3+x^2-4$라 하면 $f(1)=0$, $f(-2)=0$이므로

1	1	2	1	0	-4
		1	3	4	4
-2	1	3	4	4	0
		-2	-2	-4	
	1	1	2	0	

$x^4+2x^3+x^2-4=(x-1)(x+2)(x^2+x+2)$
따라서 주어진 다항식의 인수가 아닌 것은 ⑤이다.

23 $f(x)=x^3-x^2-x+10$이라 하면 $f(-2)=0$이므로
x^3-x^2-x+10

-2	1	-1	-1	10
		-2	6	-10
	1	-3	5	0

$=(x+2)(x^2-3x+5)$
$\therefore b=2$
$g(x)=x^3-2x+a$라 하면
$g(x)$가 $x+2$를 인수로 가지므로 $g(-2)=0$
$-8+4+a=0$ $\therefore a=4$
$\therefore a+b=4+2=6$

24 직원기둥의 밑면의 반지름의 길이를 r, 높이를 h라 하면
부피가 $(x^3+x^2-5x+3)\pi$이므로
$\pi r^2h=(x^3+x^2-5x+3)\pi$
$\therefore r^2h=x^3+x^2-5x+3$ $\quad\cdots\cdots$ ㉠

$f(x)=x^3+x^2-5x+3$이라 하면 $f(1)=0$이므로
x^3+x^2-5x+3

1	1	1	-5	3
		1	2	-3
	1	2	-3	0

$=(x-1)(x^2+2x-3)$
$=(x-1)^2(x+3)$
㉠에서 $r^2h=(x-1)^2(x+3)$
이므로 $r=x-1$, $h=x+3$
따라서 구하는 직원기둥의 겉넓이는
$2\pi r^2+2\pi rh=2r(r+h)\pi=2(x-1)(2x+2)\pi$
$\qquad\qquad\qquad =4(x^2-1)\pi$

25 $f(x)=x^3-3ax^2-a^2x+3a^3$이라 하면 $f(a)=0$이므로

a	1	$-3a$	$-a^2$	$3a^3$
		a	$-2a^2$	$-3a^3$
	1	$-2a$	$-3a^2$	0

$x^3-3ax^2-a^2x+3a^3=(x-a)(x^2-2ax-3a^2)$
$\qquad\qquad\qquad\qquad =(x-a)(x+a)(x-3a)$
따라서 세 일차식의 합은
$(x-a)+(x+a)+(x-3a)=3x-3a$
즉, $3x-3a=3x-12$이므로
$-3a=-12$ $\therefore a=4$

26 $h(x)=x^4+3x^3-3x^2-11x-6$이라 하면 $h(-1)=0$,
$h(2)=0$이므로

-1	1	3	-3	-11	-6
		-1	-2	5	6
2	1	2	-5	-6	0
		2	8	6	
	1	4	3	0	

$x^4+3x^3-3x^2-11x-6=(x+1)(x-2)(x^2+4x+3)$
$\qquad\qquad\qquad\qquad =(x+1)^2(x+3)(x-2)$
$f(x)$, $g(x)$는 각각 x^2의 계수가 1인 이차식이고
$f(-3)\neq0$, $g(2)\neq0$이므로
$f(x)=(x+1)(x-2)$, $g(x)=(x+3)(x+1)$
$\therefore f(1)=2\times(-1)=-2$

27 $x^4+3x^3-2x^2+3x+1=x^2\left(x^2+3x-2+\dfrac{3}{x}+\dfrac{1}{x^2}\right)$
$\qquad\qquad\qquad =x^2\left\{\left(x+\dfrac{1}{x}\right)^2+3\left(x+\dfrac{1}{x}\right)-4\right\}$
$\qquad\qquad\qquad =x^2\left(x+\dfrac{1}{x}+4\right)\left(x+\dfrac{1}{x}-1\right)$
$\qquad\qquad\qquad =(x^2+4x+1)(x^2-x+1)$
따라서 $a=4$, $b=1$, $c=-1$ 또는 $a=-1$, $b=1$, $c=4$
이므로
$a^2+b^2+c^2=18$

28 $x^4+2x^3-x^2+2x+1=x^2\left(x^2+2x-1+\dfrac{2}{x}+\dfrac{1}{x^2}\right)$

$\qquad\qquad\qquad\qquad\quad =x^2\left\{\left(x+\dfrac{1}{x}\right)^2+2\left(x+\dfrac{1}{x}\right)-3\right\}$

$\qquad\qquad\qquad\qquad\quad =x^2\left(x+\dfrac{1}{x}+3\right)\left(x+\dfrac{1}{x}-1\right)$

$\qquad\qquad\qquad\qquad\quad =(x^2+3x+1)(x^2-x+1)$

따라서 주어진 다항식의 인수인 것은 ⑤이다.

29 $x^4-4x^3-3x^2-4x+1=x^2\left(x^2-4x-3-\dfrac{4}{x}+\dfrac{1}{x^2}\right)$

$\qquad\qquad\qquad\qquad\qquad =x^2\left\{\left(x+\dfrac{1}{x}\right)^2-4\left(x+\dfrac{1}{x}\right)-5\right\}$

$\qquad\qquad\qquad\qquad\qquad =x^2\left(x+\dfrac{1}{x}+1\right)\left(x+\dfrac{1}{x}-5\right)$

$\qquad\qquad\qquad\qquad\qquad =(x^2+x+1)(x^2-5x+1)$

$f(x)+g(x)=2x^2-4x+2$이므로

$f(2)+g(2)=8-8+2=2$

30 $x^3-x^2y-xy^2+y^3=x^2(x-y)-y^2(x-y)$

$\qquad\qquad\qquad\quad =(x-y)(x^2-y^2)$

$\qquad\qquad\qquad\quad =(x-y)^2(x+y)$ ...... ㉠

이때 $x+y=2$, $x-y=2\sqrt{3}$이므로 ㉠에서

$(x-y)^2(x+y)=(2\sqrt{3})^2\times2=24$

31 $ab(a-b)-ac(a-c)+bc(b-c)$

$=a^2b-ab^2-a^2c+ac^2+b^2c-bc^2$

$=(b-c)a^2-(b^2-c^2)a+b^2c-bc^2$

$=(b-c)a^2-(b+c)(b-c)a+bc(b-c)$

$=(b-c)\{a^2-(b+c)a+bc\}$

$=(b-c)(a-b)(a-c)$ ...... ㉠

$a-b=2-\sqrt{3}$, $b-c=2+\sqrt{3}$을 변끼리 더하면

$a-c=4$

따라서 ㉠에서

$(b-c)(a-b)(a-c)=(2+\sqrt{3})\times(2-\sqrt{3})\times4=4$

32 $a^3+b^3+c^3=3abc$에서 $a^3+b^3+c^3-3abc=0$

$\therefore\dfrac{1}{2}(a+b+c)\{(a-b)^2+(b-c)^2+(c-a)^2\}=0$

그런데 $a+b+c>0$이므로 $a=b=c$

$\therefore\dfrac{2b}{a}+\dfrac{3c}{b}+\dfrac{4a}{c}=\dfrac{2a}{a}+\dfrac{3a}{a}+\dfrac{4a}{a}=2+3+4=9$

33 $101=x$로 놓으면

$101^3-3\times101^2+3\times101-1=x^3-3x^2+3x-1$

$\qquad\qquad\qquad\qquad\qquad\qquad =(x-1)^3$

$\qquad\qquad\qquad\qquad\qquad\qquad =(101-1)^3$ ◀ $x=101$

$\qquad\qquad\qquad\qquad\qquad\qquad =100^3=10^6$

34 $999=x$로 놓으면

$\dfrac{999^3-1}{1000\times999+1}=\dfrac{x^3-1}{(x+1)x+1}$

$\qquad\qquad\qquad\quad =\dfrac{(x-1)(x^2+x+1)}{x^2+x+1}$

$\qquad\qquad\qquad\quad =x-1$

$\qquad\qquad\qquad\quad =999-1$ ◀ $x=999$

$\qquad\qquad\qquad\quad =998$

35 $11=x$, $6=y$로 놓으면

$11^4-6^4=x^4-y^4=(x^2+y^2)(x^2-y^2)$

$\qquad\qquad\quad =(x^2+y^2)(x+y)(x-y)$

$\qquad\qquad\quad =(11^2+6^2)(11+6)(11-6)$ ◀ $x=11$, $y=6$

$\qquad\qquad\quad =5\times17\times157$

$a<b$이므로 $a=5$, $b=17$ $\quad\therefore a+b=22$

36 $10=x$로 놓으면

$10\times11\times12\times13+1$

$=x(x+1)(x+2)(x+3)+1$

$=\{x(x+3)\}\{(x+1)(x+2)\}+1$

$=(x^2+3x)(x^2+3x+2)+1$

$=X(X+2)+1$ ◀ $x^2+3x=X$

$=X^2+2X+1=(X+1)^2$

$=(x^2+3x+1)^2$ ◀ $X=x^2+3x$

$=(100+30+1)^2=131^2$ ◀ $x=10$

$\therefore\sqrt{10\times11\times12\times13+1}=\sqrt{131^2}=131$

37 $(b+c)(a^2-bc)-a(b^2-c^2)$

$=(b+c)(a^2-bc)-a(b+c)(b-c)$

$=(b+c)\{(a^2-bc)-a(b-c)\}$

$=(b+c)\{a^2-(b-c)a-bc\}$

$=(b+c)(a+c)(a-b)=0$

이때 $b+c>0$, $a+c>0$이므로

$a-b=0$ $\quad\therefore a=b$

따라서 주어진 조건을 만족시키는 삼각형은 $a=b$인 이등변삼각형이다.

38 $f(x)=x^3-bx^2+(b^2-c^2)x-b^3+bc^2$이라 하면 $f(x)$가 $x-a$를 인수로 가지므로 $f(a)=0$에서

$a^3-a^2b+(b^2-c^2)a-b^3+bc^2=0$

좌변을 인수분해하면

$a^3-a^2b+(b^2-c^2)a-b^3+bc^2$

$=a^3-a^2b+ab^2-ac^2-b^3+bc^2$

$=-(a-b)c^2+a^2(a-b)+b^2(a-b)$

$=(a-b)(a^2+b^2-c^2)=0$

이때 $a\neq b$이므로 $a^2+b^2-c^2=0$ $\quad\therefore a^2+b^2=c^2$

따라서 주어진 조건을 만족시키는 삼각형은 빗변의 길이가 c인 직각삼각형이다.

Ⅱ-1. 복소수와 이차방정식

01 복소수의 뜻과 사칙연산 26~31쪽

1 ⑤	**2** ㄷ	**3** 4	**4** ⑤	**5** ①
6 1	**7** $7+2i$	**8** 3	**9** ②	**10** -2
11 ③	**12** ②	**13** 18	**14** -1	**15** ③
16 ①	**17** ①	**18** ⑤	**19** ③	**20** ②
21 20	**22** ③	**23** 2	**24** $4i$	**25** ⑤
26 ⑤	**27** -5	**28** $8i$	**29** 1	**30** ①
31 ⑤	**32** 13	**33** ④	**34** ①	**35** ③
36 8	**37** ④	**38** ⑤	**39** ③	**40** 64
41 35	**42** ②	**43** ④		

1 ① 실수부분은 0, 허수부분은 -3이므로 그 합은 -3이다.
② 실수부분은 -1, 허수부분은 -2이므로 그 합은 -3이다.
③ 실수부분은 1, 허수부분은 -2이므로 그 합은 -1이다.
④ 실수부분은 2, 허수부분은 -1이므로 그 합은 1이다.
⑤ 실수부분은 3, 허수부분은 0이므로 그 합은 3이다.
따라서 실수부분과 허수부분의 합이 3인 것은 ⑤이다.

2 ㄱ. 실수부분은 a, 허수부분은 b이다.
ㄴ. $a=0$이고 $b=0$이면 $a+bi=0$이므로 실수이다.
ㄷ. $b=0$이면 $a+bi=a$이므로 실수이다.
따라서 보기에서 옳은 것은 ㄷ이다.

3 실수는 $2-3\sqrt{5}$, 0, $\dfrac{\pi}{2}-1$의 3개이므로 $a=3$
순허수는 $-7i$, $\dfrac{1+\sqrt{2}}{3}i$의 2개이므로 $b=2$
순허수가 아닌 허수는 $\sqrt{3}-\dfrac{i}{2}$, $2-2i$, $-3+\sqrt{3}i$의 3개이므로 $c=3$
$\therefore a-b+c=3-2+3=4$

4 ① $(-1+4i)+(3i-1)=-2+7i$
② $(-2+3i)-(3+i)=-5+2i$
③ $(2i-3)^2=5-12i$
④ $(2-3i)(3+i)=9-7i$
⑤ $\dfrac{7-i}{i-1}=\dfrac{(7-i)(-1-i)}{(-1+i)(-1-i)}=-4-3i$
따라서 옳지 않은 것은 ⑤이다.

5 $(1+2i)\overline{z}=(1+2i)(2+3i)$
$\qquad\qquad =-4+7i$

6 $\dfrac{1}{z}+\dfrac{1}{w}=\dfrac{1}{3+i}+\dfrac{1}{2+i}$
$\qquad\quad =\dfrac{3-i}{(3+i)(3-i)}+\dfrac{2-i}{(2+i)(2-i)}$
$\qquad\quad =\dfrac{3-i}{10}+\dfrac{2-i}{5}$
$\qquad\quad =\dfrac{7}{10}-\dfrac{3}{10}i$
따라서 $a=\dfrac{7}{10}$, $b=-\dfrac{3}{10}$이므로
$a-b=1$

7 $(1+i)\circledcirc(2-3i)$
$=(1+i)(2-3i)+\{(1+i)+(2-3i)\}i$
$=5-i+(3-2i)i$
$=5-i+3i+2$
$=7+2i$

8 $i(a-i)^2-8i=2a+(a^2-9)i$
이 복소수가 실수이므로
$a^2-9=0$, $a^2=9$
$\therefore a=3$ ($\because a>0$)

9 $z=(1+i)a-2a+3-i=(-a+3)+(a-1)i$
z가 순허수이려면
$-a+3=0$, $a-1\neq 0$
$\therefore a=3$, $a\neq 1$　$\therefore a=3$
이때 $z=2i$이므로 $\beta=2i$
$\therefore a+\beta^2=3+(2i)^2=-1$

10 $z=6+5i+k(2-5i)=(2k+6)+(-5k+5)i$
z^2이 실수이면 z는 실수 또는 순허수이므로
$2k+6=0$ 또는 $-5k+5=0$
$\therefore k=-3$ 또는 $k=1$
따라서 모든 실수 k의 값의 합은 $-3+1=-2$

11 $z=(2-k-i)^2=4+k^2-1-4k+2ki-4i$
$\quad =(k^2-4k+3)+(2k-4)i$
z를 제곱하여 음수가 되려면 z가 순허수이어야 하므로
$k^2-4k+3=0$, $2k-4\neq 0$
$k^2-4k+3=0$에서 $(k-1)(k-3)=0$
$\therefore k=1$ 또는 $k=3$　$\cdots\cdots$ ㉠
$2k-4\neq 0$에서 $k\neq 2$　$\cdots\cdots$ ㉡
㉠, ㉡에서 $k=1$ 또는 $k=3$
$k=1$일 때, $z=-2i$이므로 $x=z^2=-4$
$k=3$일 때, $z=2i$이므로 $x=z^2=-4$
$\therefore x=-4$

야형편

12 주어진 등식에서

$(3x-y)+(-2x+y)i=7-5i$

복소수가 서로 같을 조건에 의하여

$3x-y=7, -2x+y=-5$

두 식을 연립하여 풀면 $x=2, y=-1$

$\therefore x^2+y^2=4+1=5$

13 주어진 등식에서

$(a+6)+(2a-3)i=13+bi$

복소수가 서로 같을 조건에 의하여

$a+6=13, 2a-3=b$

$\therefore a=7, b=11$

$\therefore a+b=18$

14 복소수가 서로 같을 조건에 의하여

$|x-y|-2=0, x+y=0$

$\therefore |x-y|=2, x+y=0$

(ⅰ) $x-y=-2$일 때

$x-y=-2, x+y=0$을 연립하여 풀면

$x=-1, y=1$ $\therefore xy=-1$

(ⅱ) $x-y=2$일 때

$x-y=2, x+y=0$을 연립하여 풀면

$x=1, y=-1$ $\therefore xy=-1$

(ⅰ), (ⅱ)에서 $xy=-1$

15 주어진 등식에서

$(x^2+2x-2)+(y^2-3y-2)i=1+2i$

복소수가 서로 같을 조건에 의하여

$x^2+2x-2=1, y^2-3y-2=2$

$x^2+2x-2=1$에서 $x^2+2x-3=0$

$(x+3)(x-1)=0$ $\therefore x=-3$ 또는 $x=1$

$y^2-3y-2=2$에서 $y^2-3y-4=0$

$(y+1)(y-4)=0$ $\therefore y=-1$ 또는 $y=4$

$x=-3, y=-1$일 때, $x^2+y^2=9+1=10$ ◀ ②

$x=-3, y=4$일 때, $x^2+y^2=9+16=25$ ◀ ⑤

$x=1, y=-1$일 때, $x^2+y^2=1+1=2$ ◀ ①

$x=1, y=4$일 때, $x^2+y^2=1+16=17$ ◀ ④

따라서 x^2+y^2의 값이 될 수 없는 것은 ③이다.

16 $x+y=6i, x-y=-4$

$\therefore x^3+x^2y-xy^2-y^3=x^2(x+y)-y^2(x+y)$

$=(x^2-y^2)(x+y)$

$=(x+y)^2(x-y)$

$=(6i)^2\times(-4)$

$=144$

17 $x+y=1, xy=2$

$\therefore \dfrac{y^2}{x}+\dfrac{x^2}{y}=\dfrac{x^3+y^3}{xy}$

$=\dfrac{(x+y)^3-3xy(x+y)}{xy}$

$=\dfrac{1^3-3\times2\times1}{2}$

$=-\dfrac{5}{2}$

18 $x=\dfrac{3-i}{1+i}=\dfrac{(3-i)(1-i)}{(1+i)(1-i)}=1-2i$

즉, $x-1=-2i$이므로 양변을 제곱하면

$x^2-2x+1=-4$ $\therefore x^2-2x+5=0$

$\therefore x^3-2x^2+6x+5=x(x^2-2x+5)+x+5$

$=x+5$

$=(1-2i)+5$

$=6-2i$

19 $z+\bar{z}, z\bar{z}$는 실수이다.

① $z^2+\bar{z}^2=(z+\bar{z})^2-2z\bar{z}$이므로 실수이다.

② $z^3+\bar{z}^3=(z+\bar{z})^3-3z\bar{z}(z+\bar{z})$이므로 실수이다.

③ $(z+1)^2-(\bar{z}+1)^2=(z+\bar{z}+2)(z-\bar{z})$

이때 $z+\bar{z}+2$는 실수이고 $z-\bar{z}$는 순허수 또는 0이므로 주어진 식은 순허수 또는 0이다.

④ $(2z+1)(\bar{z}+1)-z=2z\bar{z}+(z+\bar{z})+1$이므로 실수이다.

⑤ $(z^2+\bar{z}+1)+(\bar{z}^2+z+1)=(z^2+\bar{z}+1)+\overline{(z^2+\bar{z}+1)}$

이므로 실수이다.

따라서 항상 실수인 것이 아닌 것은 ③이다.

20 $z+\bar{w}=0$에서 $\bar{w}=-z$

$\therefore w=\overline{-z}=-\bar{z}$

ㄱ. $z+w=z-\bar{z}$이므로 순허수이다.

ㄴ. $zw=z\times(-\bar{z})=-z\bar{z}$이므로 실수이다.

ㄷ. $\dfrac{\bar{z}}{w}=\dfrac{\bar{z}}{-\bar{z}}=-1$이므로 실수이다.

ㄹ. $i(z-\bar{w})=i\{z-(-z)\}=2iz$이므로 실수가 아닌 경우가 있다.

따라서 보기에서 항상 실수인 것은 ㄴ, ㄷ이다.

21 $\alpha\bar{\alpha}+\bar{\alpha}\beta+\alpha\bar{\beta}+\beta\bar{\beta}=(\alpha+\beta)\bar{\alpha}+(\alpha+\beta)\bar{\beta}$

$=(\alpha+\beta)(\bar{\alpha}+\bar{\beta})$

$=(\alpha+\beta)(\overline{\alpha+\beta})$

$=(4-2i)(4+2i)$

$=20$

22 $\overline{z_1}-\overline{z_2}=\overline{z_1-z_2}=2+5i$이므로 $z_1-z_2=2-5i$

$\overline{z_1}\times\overline{z_2}=\overline{z_1z_2}=6-3i$이므로 $z_1z_2=6+3i$

$\therefore (z_1-2)(z_2+2)=z_1z_2+2(z_1-z_2)-4$
$$=(6+3i)+2(2-5i)-4$$
$$=6-7i$$

23 $z\overline{z}=\dfrac{a+1}{a-1}\times\overline{\left(\dfrac{a+1}{a-1}\right)}=\dfrac{a+1}{a-1}\times\dfrac{\overline{a}+1}{\overline{a}-1}$

$=\dfrac{a\overline{a}+(a+\overline{a})+1}{a\overline{a}-(a+\overline{a})+1}=\dfrac{2+1+1}{2-1+1}=2$

24 $\overline{a}\beta=3$에서 $\dfrac{3}{\overline{a}}=\beta$

또 $\overline{a}\beta=3$에서 $\overline{\overline{a}\beta}=\overline{3}$이므로

$a\overline{\beta}=3$ $\quad\therefore a=\dfrac{3}{\overline{\beta}}$

$\therefore \overline{a}+\dfrac{3}{a}=\overline{\left(a+\dfrac{3}{\overline{a}}\right)}=\overline{\left(\dfrac{3}{\overline{\beta}}+\beta\right)}$

$=\overline{-4i}=4i$

25 $z=a+bi$ (a, b는 실수)라 하면 $\overline{z}=a-bi$이므로

$4iz+(2-i)\overline{z}=4i-1$에서

$4i(a+bi)+(2-i)(a-bi)=4i-1$

$(2a-5b)+(3a-2b)i=-1+4i$

복소수가 서로 같을 조건에 의하여

$2a-5b=-1$, $3a-2b=4$

두 식을 연립하여 풀면 $a=2$, $b=1$

$\therefore z=2+i$

26 $z=a+bi$ (a, b는 실수)라 하면

$\overline{z+iz}=z+1+4i$에서

$\overline{(a+bi)+i(a+bi)}=(a+bi)+1+4i$

$(a-b)-(a+b)i=(a+1)+(b+4)i$

복소수가 서로 같을 조건에 의하여

$a-b=a+1$, $-a-b=b+4$

$\therefore a=-2$, $b=-1$

따라서 $z=-2-i$이므로

$z\overline{z}=(-2-i)(-2+i)=5$

27 $z=a+bi$ (a, b는 실수)라 하면 $\overline{z}=a-bi$이므로

$z+\overline{z}=4$에서 $(a+bi)+(a-bi)=4$

$2a=4$ $\quad\therefore a=2$

$z\overline{z}=5$에서 $(a+bi)(a-bi)=5$

$a^2+b^2=5$, $4+b^2=5$

$b^2=1$ $\quad\therefore b=-1$ 또는 $b=1$

따라서 $z=2\pm i$이므로 $z-2=\pm i$

양변을 제곱하면 $(z-2)^2=(\pm i)^2$

$z^2-4z+4=-1$ $\quad\therefore z^2-4z=-5$

28 $z=a+ai$ ($a\neq0$)라 하면 $\overline{z}=a-ai$

주어진 등식의 좌변을 정리하면

$\overline{(z+2)(\overline{z}-1)}+3\overline{z}+2$

$=(\overline{z}+2)(z-1)+3\overline{z}+2$

$=z\overline{z}+2(z+\overline{z})$

$=(a+ai)(a-ai)+2(a+ai+a-ai)$

$=2a^2+4a$

따라서 $2a^2+4a=0$이므로

$2a(a+2)=0$ $\quad\therefore a=-2$ ($\because a\neq0$)

따라서 $z=-2-2i$이므로

$z^2=(-2-2i)^2=8i$

29 $1-i+i^2-i^3+\cdots+i^{100}$

$=1+(-i-1+i+1)+(-i-1+i+1)$

$\qquad\qquad\qquad +\cdots+(-i-1+i+1)$

$=1$

30 $2i+4i^2+6i^3+8i^4+\cdots+100i^{50}$

$=(2i-4-6i+8)+(10i-12-14i+16)$

$\qquad\qquad +\cdots+(90i-92-94i+96)+98i-100$

$=12(4-4i)+98i-100$

$=-52+50i$

따라서 $a=-52$, $b=50$이므로

$a-b=-102$

31 $\dfrac{1}{i}+\dfrac{1}{i^2}+\dfrac{1}{i^3}+\dfrac{1}{i^4}=\dfrac{1}{i}-1-\dfrac{1}{i}+1=0$

음이 아닌 정수 k에 대하여

(ⅰ) $n=4k+1$일 때, 주어진 식은

$1+\left(\dfrac{1}{i}+\dfrac{1}{i^2}+\dfrac{1}{i^3}+\cdots+\dfrac{1}{i^{4k+1}}\right)=1+\dfrac{1}{i}$

$\qquad\qquad\qquad\qquad\qquad =1-i$ ◀ ④

(ⅱ) $n=4k+2$일 때, 주어진 식은

$1+\left(\dfrac{1}{i}+\dfrac{1}{i^2}+\dfrac{1}{i^3}+\cdots+\dfrac{1}{i^{4k+2}}\right)=1+\left(\dfrac{1}{i}-1\right)$

$\qquad\qquad\qquad\qquad\qquad =-i$ ◀ ①

(ⅲ) $n=4k+3$일 때, 주어진 식은

$1+\left(\dfrac{1}{i}+\dfrac{1}{i^2}+\dfrac{1}{i^3}+\cdots+\dfrac{1}{i^{4k+3}}\right)=1+\left(\dfrac{1}{i}-1-\dfrac{1}{i}\right)$

$\qquad\qquad\qquad\qquad\qquad =0$ ◀ ②

(ⅳ) $n=4k+4$일 때, 주어진 식은

$1+\left(\dfrac{1}{i}+\dfrac{1}{i^2}+\dfrac{1}{i^3}+\cdots+\dfrac{1}{i^{4k+4}}\right)=1+0=1$ ◀ ③

(ⅰ)~(ⅳ)에서 주어진 식의 값이 될 수 없는 것은 ⑤이다.

32 $f(1)=i+(-i)=0$

$f(2)=i^2+(-i)^2=-1-1=-2$

$f(3)=i^3+(-i)^3=-i+i=0$

$f(4)=i^4+(-i)^4=1+1=2$

$f(5)=i^5+(-i)^5=i-i=0$

$f(6)=i^6+(-i)^6=-1-1=-2$

$\quad\quad\vdots$

즉, $f(n)=-2$를 만족시키는 자연수 n은

$n=4k+2\,(k$는 음이 아닌 정수$)$ 꼴이다.

따라서 50 이하의 자연수 n은 2, 6, 10, $\cdots$, 50의 13개이다.

33 $\dfrac{1+i}{1-i}=\dfrac{(1+i)^2}{(1-i)(1+i)}=i$이므로 $f(n)=i^n$

$\therefore 1+f(1)+f(2)+f(3)+\cdots+f(96)$

$\quad=1+i+i^2+i^3+\cdots+i^{96}$

$\quad=1+(i-1-i+1)+\cdots+(i-1-i+1)$

$\quad=1$

34 $(1+i)^2=2i$, $(1-i)^2=-2i$이므로

$(1+i)^{30}+(1-i)^{30}=(2i)^{15}+(-2i)^{15}$

$\quad\quad\quad\quad\quad\quad\quad\quad=(2i)^{15}-(2i)^{15}=0$

35 $\left(\dfrac{1+i}{\sqrt{2}}\right)^2=i$, $\left(\dfrac{\sqrt{2}}{1-i}\right)^2=-\dfrac{1}{i}=i$이므로

$\left(\dfrac{1+i}{\sqrt{2}}\right)^{2n}-\left(\dfrac{\sqrt{2}}{1-i}\right)^{2n}=i^n-i^n=0$

36 $z=a+bi\,(a, b$는 실수$)$라 하면 $\bar{z}=a-bi$이므로

$(1+i)z+i\bar{z}=1+i$에서

$(1+i)(a+bi)+i(a-bi)=1+i$

$a+(2a+b)i=1+i$

복소수가 서로 같을 조건에 의하여

$a=1, 2a+b=1$

$\therefore a=1, b=-1$

따라서 $z=1-i$이므로

$z^2=(1-i)^2=-2i$

$z^4=(1-i)^4=(-2i)^2=-4$

$\therefore z^8=(-4)^2=16$

따라서 z^n이 양수가 되도록 하는 자연수 n의 최솟값은 8이다.

37 ① $\sqrt{-2}\sqrt{5}=\sqrt{-10}$

② $\sqrt{-2}\sqrt{-5}=-\sqrt{10}$

③ $\dfrac{\sqrt{5}}{\sqrt{-2}}=-\sqrt{-\dfrac{5}{2}}$

④ $\dfrac{\sqrt{-5}}{\sqrt{2}}=\sqrt{-\dfrac{5}{2}}$

⑤ $\dfrac{\sqrt{-5}}{\sqrt{-2}}=\sqrt{\dfrac{5}{2}}$

따라서 옳은 것은 ④이다.

38 $(\sqrt{2}+\sqrt{-2})^2=2+2\sqrt{-4}-\sqrt{4}$

$\quad\quad\quad\quad\quad\quad\quad=4i$

39 주어진 등식에서

$(x+y)+(-2x+y)i=-3$

복소수가 서로 같을 조건에 의하여

$x+y=-3, -2x+y=0$

두 식을 연립하여 풀면 $x=-1, y=-2$

$\therefore \sqrt{3x}\sqrt{y}+\dfrac{\sqrt{12x}}{\sqrt{y}}=\sqrt{-3}\sqrt{-2}+\dfrac{\sqrt{-12}}{\sqrt{-2}}$

$\quad\quad\quad\quad\quad\quad\quad\quad=-\sqrt{6}+\sqrt{6}=0$

40 $z=\sqrt{-10}\times\sqrt{\dfrac{1}{5}}-\dfrac{\sqrt{6}}{\sqrt{-3}}=\sqrt{-2}+\sqrt{-2}=2\sqrt{2}i$이므로

$z^2=(2\sqrt{2}i)^2=-8$

$\therefore z^4=(z^2)^2=(-8)^2=64$

41 ㈎에서 $m-7\leq0$이므로 $m\leq7$ $\quad\therefore M=7$

㈏에서 $n-6<0$이므로 $n<6$ $\quad\therefore N=5$

$\therefore MN=7\times5=35$

42 $\sqrt{a}\sqrt{b}=-\sqrt{ab}$에서 $a<0, b<0$

ㄱ. $a<0$이므로

$\sqrt{a^2b}=|a|\sqrt{b}=-a\sqrt{b}$

ㄴ. $-a>0, -b>0$이므로

$\sqrt{-a}\sqrt{-b}=\sqrt{-a\times(-b)}=\sqrt{ab}$

ㄷ. $a<0, b<0$이므로

$\dfrac{\sqrt{a}}{\sqrt{b}}=\sqrt{\dfrac{a}{b}}$

ㄹ. $-a>0, b<0$이므로

$\dfrac{\sqrt{-a}}{\sqrt{b}}=-\sqrt{-\dfrac{a}{b}}$

따라서 보기에서 옳은 것은 ㄱ, ㄷ이다.

43 $\sqrt{a}\sqrt{b}=-\sqrt{ab}$에서 $a<0, b<0$

$\dfrac{\sqrt{c}}{\sqrt{b}}=-\sqrt{\dfrac{c}{b}}$에서 $b<0, c>0$

$\therefore -a>0, -b>0, c-b>0, b-c<0$

$\therefore \dfrac{\sqrt{-a}}{\sqrt{a}}+\dfrac{\sqrt{b}}{\sqrt{-b}}-\dfrac{\sqrt{c-b}}{\sqrt{b-c}}=-\sqrt{-1}+\sqrt{-1}+\sqrt{-1}=i$

1 ②	2 -1	3 $x=\dfrac{1\pm\sqrt{7}i}{2}$	4 -2
5 ②	6 ①	7 ①	8 ④	9 0
10 ②	11 ③	12 ③	13 실근
14 서로 다른 두 실근	15 ③	16 1	17 ①
18 ⑤

1 $x^2-2x+4=0$에서 $x=1\pm\sqrt{3}i$
따라서 $a=1$, $b=3$이므로
$a+b=4$

2 양변에 $\sqrt{3}+1$을 곱하여 정리하면
$2x^2-(\sqrt{3}-1)x-\sqrt{3}(\sqrt{3}+1)=0$
$(2x+\sqrt{3}+1)(x-\sqrt{3})=0$
$\therefore x=-\dfrac{\sqrt{3}+1}{2}$ 또는 $x=\sqrt{3}$
$\alpha>\beta$이므로 $\alpha=\sqrt{3}$, $\beta=-\dfrac{\sqrt{3}+1}{2}$
$\therefore \alpha+2\beta=\sqrt{3}-(\sqrt{3}+1)=-1$

3 $(x\circ x)+(2\circ x)-4=0$에서
$(x+x-x^2)+(2+x-2x)-4=0$
$x^2-x+2=0$
$\therefore x=\dfrac{1\pm\sqrt{7}i}{2}$

4 이차방정식 $x^2+2ax-3a^2=0$의 한 근이 1이므로 $x=1$을 대입하면
$1+2a-3a^2=0$, $(3a+1)(a-1)=0$
$\therefore a=1$ $(\because a>0)$
주어진 이차방정식은 $x^2+2x-3=0$
$(x+3)(x-1)=0$ $\therefore x=-3$ 또는 $x=1$
$\therefore \alpha=-3$
$\therefore a+\alpha=1+(-3)=-2$

5 $(a-1)x^2+x+a^2-3=0$이 이차방정식이므로
$a-1\neq0$ $\therefore a\neq1$
이 이차방정식의 한 근이 2이므로 $x=2$를 대입하면
$4(a-1)+2+a^2-3=0$
$a^2+4a-5=0$, $(a+5)(a-1)=0$
$\therefore a=-5$ $(\because a\neq1)$
주어진 이차방정식은 $-6x^2+x+22=0$
$(6x+11)(x-2)=0$ $\therefore x=-\dfrac{11}{6}$ 또는 $x=2$
따라서 다른 한 근은 $-\dfrac{11}{6}$이다.

6 이차방정식 $ax^2+x+b=0$의 한 근이 1이므로 $x=1$을 대입하면
$a+1+b=0$ $\therefore a+b=-1$ ……㉠
이차방정식 $bx^2+x+a=0$의 한 근이 $-\dfrac{1}{2}$이므로
$x=-\dfrac{1}{2}$을 대입하면
$\dfrac{b}{4}-\dfrac{1}{2}+a=0$ $\therefore 4a+b=2$ ……㉡
㉠, ㉡을 연립하여 풀면 $a=1$, $b=-2$ ……㉢
㉢을 $ax^2+x+b=0$에 대입하면
$x^2+x-2=0$, $(x+2)(x-1)=0$
$\therefore x=-2$ 또는 $x=1$ $\therefore m=-2$
㉢을 $bx^2+x+a=0$에 대입하면
$-2x^2+x+1=0$, $(2x+1)(x-1)=0$
$\therefore x=-\dfrac{1}{2}$ 또는 $x=1$ $\therefore n=1$
$\therefore m-n=-2-1=-3$

7 (ⅰ) $x<1$일 때
　$x^2+2(x-1)-1=0$, $x^2+2x-3=0$
　$(x+3)(x-1)=0$ $\therefore x=-3$ 또는 $x=1$
　그런데 $x<1$이므로 $x=-3$
(ⅱ) $x\geq1$일 때
　$x^2-2(x-1)-1=0$, $x^2-2x+1=0$
　$(x-1)^2=0$ $\therefore x=1$
(ⅰ), (ⅱ)에서 주어진 방정식의 해는
$x=-3$ 또는 $x=1$
따라서 모든 근의 곱은 $-3\times1=-3$

8 (ⅰ) $x<-2$일 때
　$\{-(x+2)\}^2-(x+2)-20=0$, $x^2+3x-18=0$
　$(x+6)(x-3)=0$ $\therefore x=-6$ 또는 $x=3$
　그런데 $x<-2$이므로 $x=-6$
(ⅱ) $x\geq-2$일 때
　$(x+2)^2+(x+2)-20=0$, $x^2+5x-14=0$
　$(x+7)(x-2)=0$ $\therefore x=-7$ 또는 $x=2$
　그런데 $x\geq-2$이므로 $x=2$
(ⅰ), (ⅱ)에서 주어진 방정식의 해는
$x=-6$ 또는 $x=2$
$\alpha>\beta$이므로 $\alpha=2$, $\beta=-6$ $\therefore \alpha-\beta=8$

다른 풀이
$|x+2|=t\,(t\geq0)$로 놓으면 $t^2+t-20=0$
$(t+5)(t-4)=0$ $\therefore t=4$ $(\because t\geq0)$
$|x+2|=4$이므로 $x+2=-4$ 또는 $x+2=4$
$\therefore x=-6$ 또는 $x=2$
$\alpha>\beta$이므로 $\alpha=2$, $\beta=-6$ $\therefore \alpha-\beta=8$

9 $|x+1|+\sqrt{(x-1)^2}=4-2x^2$에서

$2x^2+|x+1|+|x-1|-4=0$

(i) $x<-1$일 때

$2x^2-(x+1)-(x-1)-4=0$, $x^2-x-2=0$

$(x+1)(x-2)=0$ ∴ $x=-1$ 또는 $x=2$

그런데 $x<-1$이므로 해는 없다.

(ii) $-1\leq x<1$일 때

$2x^2+(x+1)-(x-1)-4=0$, $x^2=1$

∴ $x=-1$ 또는 $x=1$

그런데 $-1\leq x<1$이므로 $x=-1$

(iii) $x\geq1$일 때

$2x^2+(x+1)+(x-1)-4=0$, $x^2+x-2=0$

$(x+2)(x-1)=0$ ∴ $x=-2$ 또는 $x=1$

그런데 $x\geq1$이므로 $x=1$

(i), (ii), (iii)에서 주어진 방정식의 해는

$x=-1$ 또는 $x=1$

따라서 모든 근의 합은 $-1+1=0$

10 이차방정식 $x^2+2(1-2m)x+4m^2=0$의 판별식을 D라 하면 $D>0$이어야 하므로

$\dfrac{D}{4}=(1-2m)^2-4m^2>0$

$-4m+1>0$ ∴ $m<\dfrac{1}{4}$

11 이차방정식 $x^2-kx+k-1=0$의 판별식을 D라 하면 $D=0$이므로

$D=(-k)^2-4(k-1)=0$

$k^2-4k+4=0$

$(k-2)^2=0$ ∴ $k=2$

이를 주어진 이차방정식에 대입하면

$x^2-2x+1=0$, $(x-1)^2=0$

∴ $x=1$ ∴ $\alpha=1$

∴ $k+\alpha=2+1=3$

12 이차방정식 $x^2-3x+a=0$의 판별식을 D_1이라 하면 $D_1>0$이어야 하므로

$D_1=(-3)^2-4a>0$

$9-4a>0$ ∴ $a<\dfrac{9}{4}$ ∴ $M=2$

이차방정식 $x^2-6x+3b+1=0$의 판별식을 D_2라 하면 $D_2<0$이어야 하므로

$\dfrac{D_2}{4}=(-3)^2-(3b+1)<0$

$8-3b<0$ ∴ $b>\dfrac{8}{3}$ ∴ $m=3$

∴ $M+m=2+3=5$

13 이차방정식 $4ax^2+2bx+c=0$의 판별식을 D라 하면

$\dfrac{D}{4}=b^2-4ac$

$\quad=(a+c)^2-4ac$ ($\because b=a+c$)

$\quad=(a-c)^2\geq0$

따라서 주어진 이차방정식은 실근을 갖는다.

14 이차방정식 $x^2-ax+\dfrac{b^2}{4}-1=0$의 판별식을 D_1이라 하면 $D_1=0$이므로

$D_1=(-a)^2-4\left(\dfrac{b^2}{4}-1\right)=0$

$a^2-b^2+4=0$ ∴ $a^2=b^2-4$ ……㉠

이차방정식 $x^2+2ax-2b-7=0$의 판별식을 D_2라 하면

$\dfrac{D_2}{4}=a^2-(-2b-7)$

$\quad=(b^2-4)+2b+7$ ($\because$ ㉠)

$\quad=b^2+2b+3$

$\quad=(b+1)^2+2>0$

따라서 이차방정식 $x^2+2ax-2b-7=0$은 서로 다른 두 실근을 갖는다.

15 이차방정식 $ax^2-2bx-a+2b-\dfrac{c}{a}=0$의 판별식을 D라 하면

$\dfrac{D}{4}=(-b)^2-a\left(-a+2b-\dfrac{c}{a}\right)$

$\quad=b^2+a^2-2ab+c=(a-b)^2+c$

ㄱ. $(a-b)^2\geq0$이므로 $c>0$이면 $\dfrac{D}{4}>0$

따라서 서로 다른 두 실근을 갖는다.

ㄴ. $c=0$이면 $\dfrac{D}{4}=(a-b)^2\geq0$

$a\neq b$이면 $\dfrac{D}{4}>0$이므로 서로 다른 두 실근을 갖는다.

ㄷ. $a=b$, $c<0$이면 $\dfrac{D}{4}=c<0$이므로 서로 다른 두 허근을 갖는다.

따라서 보기에서 옳은 것은 ㄱ, ㄷ이다.

16 주어진 이차식이 완전제곱식이면 이차방정식 $x^2-2(1-k)x+k^2-3k+2=0$이 중근을 갖는다.

이 이차방정식의 판별식을 D라 하면 $D=0$이므로

$\dfrac{D}{4}=\{-(1-k)\}^2-(k^2-3k+2)=0$

$k-1=0$ ∴ $k=1$

17 이차방정식 $x^2-2(m+a)x+m^2+m+b=0$의 판별식을 D라 하면 $D=0$이므로

$\dfrac{D}{4}=\{-(m+a)\}^2-(m^2+m+b)=0$

∴ $(2a-1)m+a^2-b=0$

이 등식이 m에 대한 항등식이므로

$2a-1=0$, $a^2-b=0$ $\therefore a=\dfrac{1}{2}$, $b=\dfrac{1}{4}$

$\therefore 12(a+b)=12\times\left(\dfrac{1}{2}+\dfrac{1}{4}\right)=9$

18 주어진 이차식이 완전제곱식이면 이차방정식
$(a+b)x^2+2cx+a-b=0$이 중근을 갖는다.
이 이차방정식의 판별식을 D라 하면 $D=0$이므로

$\dfrac{D}{4}=c^2-(a+b)(a-b)=0$

$c^2-a^2+b^2=0$ $\therefore a^2=b^2+c^2$

따라서 주어진 조건을 만족시키는 삼각형은 빗변의 길이가 a인 직각삼각형이다.

---

03 이차방정식의 근과 계수의 관계   35~40쪽

1 ⑤	**2** ③	**3** -14	**4** $\sqrt{10}$	**5** 48
6 ④	**7** -7	**8** ④	**9** ①	**10** ④
11 ①	**12** ①	**13** ②	**14** 6	**15** ⑤
16 7	**17** ②	**18** ①	**19** ①	**20** ②
21 $x^2-3x+1=0$	**22** ②	**23** 17	**24** ①	
25 503	**26** ①	**27** ②	**28** $x^2-6x+9=0$	
29 $x^2-10x+16=0$	**30** ④	**31** ③	**32** ④	
33 ④	**34** 10	**35** ⑤	**36** 25	**37** ②
38 ③				

1 근과 계수의 관계에 의하여 $\alpha+\beta=-6$, $\alpha\beta=7$

$\therefore \alpha^2+\beta^2=(\alpha+\beta)^2-2\alpha\beta=(-6)^2-2\times7=22$

2 근과 계수의 관계에 의하여 $\alpha+\beta=4$, $\alpha\beta=1$

$\therefore \dfrac{\alpha^2}{\beta}+\dfrac{\beta^2}{\alpha}=\dfrac{\alpha^3+\beta^3}{\alpha\beta}=\dfrac{(\alpha+\beta)^3-3\alpha\beta(\alpha+\beta)}{\alpha\beta}$

$=\dfrac{4^3-3\times1\times4}{1}=52$

3 근과 계수의 관계에 의하여 $\alpha+\beta=-2$, $\alpha\beta=-4$

$\therefore \dfrac{\beta}{\alpha-1}+\dfrac{\alpha}{\beta-1}=\dfrac{\beta(\beta-1)+\alpha(\alpha-1)}{(\alpha-1)(\beta-1)}$

$=\dfrac{\alpha^2+\beta^2-(\alpha+\beta)}{\alpha\beta-(\alpha+\beta)+1}$

$=\dfrac{(\alpha+\beta)^2-2\alpha\beta-(\alpha+\beta)}{\alpha\beta-(\alpha+\beta)+1}$

$=\dfrac{(-2)^2-2\times(-4)-(-2)}{-4-(-2)+1}$

$=-14$

4 주어진 이차방정식의 판별식을 D라 하면

$\dfrac{D}{4}=(-3)^2-4=5>0$이므로 α, β는 모두 실수이다.

근과 계수의 관계에 의하여 $\alpha+\beta=6>0$, $\alpha\beta=4>0$이므로 $\alpha>0$, $\beta>0$ ······ ㉠

$\therefore (\sqrt{\alpha}+\sqrt{\beta})^2=\alpha+\beta+2\sqrt{\alpha}\sqrt{\beta}$

$=\alpha+\beta+2\sqrt{\alpha\beta}\;(\because ㉠)$

$=6+2\times2=10$

㉠에서 $\sqrt{\alpha}+\sqrt{\beta}>0$이므로 $\sqrt{\alpha}+\sqrt{\beta}=\sqrt{10}$

5 α가 이차방정식 $x^2+7x+1=0$의 근이므로

$\alpha^2+7\alpha+1=0$ $\therefore \alpha^2=-7\alpha-1$

근과 계수의 관계에 의하여 $\alpha+\beta=-7$이므로

$\alpha^2-7\beta=-7\alpha-1-7\beta$

$=-7(\alpha+\beta)-1$

$=-7\times(-7)-1=48$

6 α, β가 이차방정식 $x^2-2x+5=0$의 두 근이므로

$\alpha^2-2\alpha+5=0$, $\beta^2-2\beta+5=0$

$\therefore \alpha^2=2\alpha-5$, $\beta^2=2\beta-5$

근과 계수의 관계에 의하여 $\alpha+\beta=2$, $\alpha\beta=5$이므로

$(\alpha^2-3\alpha+7)(\beta^2-\beta+3)$

$=(2\alpha-5-3\alpha+7)(2\beta-5-\beta+3)$

$=(-\alpha+2)(\beta-2)$

$=-\alpha\beta+2(\alpha+\beta)-4$

$=-5+2\times2-4=-5$

7 α, β가 이차방정식 $x^2+x-3=0$의 두 근이므로

$\alpha^2+\alpha-3=0$, $\beta^2+\beta-3=0$

$\therefore \alpha^2=-\alpha+3$, $\beta^2=-\beta+3$

근과 계수의 관계에 의하여 $\alpha+\beta=-1$이므로

$\dfrac{\alpha^2}{3+\beta-\alpha^2}+\dfrac{\beta^2}{3+\alpha-\beta^2}=\dfrac{-\alpha+3}{\alpha+\beta}+\dfrac{-\beta+3}{\alpha+\beta}$

$=\dfrac{-(\alpha+\beta)+6}{\alpha+\beta}$

$=\dfrac{-(-1)+6}{-1}=-7$

8 α, β가 이차방정식 $x^2-6x+1=0$의 두 근이므로

$\alpha^2-6\alpha+1=0$, $\beta^2-6\beta+1=0$

$\therefore \alpha^2+1=6\alpha$, $\beta^2+1=6\beta$

주어진 이차방정식의 판별식을 D라 하면

$\dfrac{D}{4}=(-3)^2-1=8>0$이므로 α, β는 모두 실수이다.

근과 계수의 관계에 의하여 $\alpha+\beta=6>0$, $\alpha\beta=1>0$이므로 $\alpha>0$, $\beta>0$ ······ ㉠

$$\therefore (\sqrt{\alpha^2+1}+\sqrt{\beta^2+1})^2=(\sqrt{6\alpha}+\sqrt{6\beta})^2$$
$$=6\alpha+6\beta+2\sqrt{6\alpha}\sqrt{6\beta}$$
$$=6(\alpha+\beta)+12\sqrt{\alpha\beta}\ (\because \ \bigcirc)$$
$$=6\times6+12\times1=48$$

$\bigcirc$에서 $\sqrt{\alpha^2+1}+\sqrt{\beta^2+1}>0$이므로
$$\sqrt{\alpha^2+1}+\sqrt{\beta^2+1}=\sqrt{48}=4\sqrt{3}$$

9 이차방정식 $ax^2+2x+b=0$의 두 근이 -1, $\dfrac{1}{3}$이므로 근
과 계수의 관계에 의하여
$$-1+\frac{1}{3}=-\frac{2}{a},\ -1\times\frac{1}{3}=\frac{b}{a}\qquad\therefore a=3,\ b=-1$$
따라서 이차방정식 $bx^2+ax+a-b=0$의 두 근의 곱은
$$\frac{a-b}{b}=\frac{3-(-1)}{-1}=-4$$

10 두 이차방정식에서 각각 근과 계수의 관계에 의하여
$$\alpha+\beta=\frac{1}{4},\ \alpha\beta=\frac{a}{8}\qquad\qquad\cdots\cdots\ \bigcirc$$
$$(\alpha+\beta)+\alpha\beta=\frac{b}{4},\ (\alpha+\beta)\alpha\beta=\frac{1}{2}\qquad\cdots\cdots\ \bigcirc\!\bigcirc$$
$\bigcirc$을 $\bigcirc\!\bigcirc$에 각각 대입하면
$$\frac{1}{4}+\frac{a}{8}=\frac{b}{4},\ \frac{1}{4}\times\frac{a}{8}=\frac{1}{2}\qquad\therefore a=16,\ b=9$$
$$\therefore a+b=25$$

11 두 이차방정식에서 각각 근과 계수의 관계에 의하여
$$\alpha+\beta=a,\ \alpha\beta=b$$
$$\frac{\beta}{\alpha}+\frac{\alpha}{\beta}=-b,\ \frac{\beta}{\alpha}\times\frac{\alpha}{\beta}=1=a$$
따라서 $\alpha+\beta=1$이므로 $\dfrac{\beta}{\alpha}+\dfrac{\alpha}{\beta}=-b$에서
$$\frac{\alpha^2+\beta^2}{\alpha\beta}=-b,\ \frac{(\alpha+\beta)^2-2\alpha\beta}{\alpha\beta}=-b$$
$$\frac{1^2-2b}{b}=-b,\ b^2-2b+1=0$$
$$(b-1)^2=0\qquad\therefore b=1$$
$$\therefore a^2+b^2=1+1=2$$

12 근과 계수의 관계에 의하여 $\alpha+\beta=-k,\ \alpha\beta=1-2k$
$\alpha^2+\beta^2=0$에서 $(\alpha+\beta)^2-2\alpha\beta=0$
$$(-k)^2-2(1-2k)=0,\ k^2+4k-2=0$$
따라서 모든 상수 k의 값의 합은 -4이다.

13 근과 계수의 관계에 의하여 $\alpha+\beta=a,\ \alpha\beta=b$
$(\alpha+1)(\beta+1)=1$에서 $\alpha\beta+(\alpha+\beta)+1=1$
$$b+a+1=1\qquad\therefore a+b=0\qquad\cdots\cdots\ \bigcirc$$
$(2\alpha+1)(2\beta+1)=-1$에서 $4\alpha\beta+2(\alpha+\beta)+1=-1$
$$4b+2a+1=-1\qquad\therefore a+2b=-1\qquad\cdots\cdots\ \bigcirc\!\bigcirc$$
$\bigcirc$, $\bigcirc\!\bigcirc$을 연립하여 풀면 $a=1,\ b=-1$
$$\therefore a^2+b^2=1+1=2$$

14 $\alpha,\ \beta$가 이차방정식 $x^2-3x+k=0$의 두 근이므로
$$\alpha^2-3\alpha+k=0,\ \beta^2-3\beta+k=0$$
$$\therefore \alpha^2=3\alpha-k,\ \beta^2=3\beta-k$$
근과 계수의 관계에 의하여 $\alpha+\beta=3,\ \alpha\beta=k$이므로
$$\frac{1}{\alpha^2-\alpha+k}+\frac{1}{\beta^2-\beta+k}=\frac{1}{4}\text{에서 } \frac{1}{2\alpha}+\frac{1}{2\beta}=\frac{1}{4}$$
$$\frac{\alpha+\beta}{2\alpha\beta}=\frac{1}{4},\ \frac{3}{2k}=\frac{1}{4}\qquad\therefore k=6$$

15 두 근을 $\alpha,\ 3\alpha\ (\alpha\neq0)$라 하면 근과 계수의 관계에 의하여
두 근의 합은 $\alpha+3\alpha=-m$
$$\therefore \alpha=-\frac{m}{4}\qquad\cdots\cdots\ \bigcirc$$
두 근의 곱은 $\alpha\times3\alpha=m-1$
$\bigcirc$을 대입하면 $3\times\left(-\dfrac{m}{4}\right)^2=m-1$
$$3m^2-16m+16=0,\ (3m-4)(m-4)=0$$
$$\therefore m=\frac{4}{3}\ \text{또는}\ m=4$$
그런데 m은 정수이므로 $m=4$

16 두 근을 $\alpha,\ \alpha+1$이라 하면 근과 계수의 관계에 의하여
두 근의 합은 $\alpha+(\alpha+1)=m$
$$\therefore \alpha=\frac{m-1}{2}\qquad\cdots\cdots\ \bigcirc$$
두 근의 곱은 $\alpha(\alpha+1)=m+5$
$\bigcirc$을 대입하면 $\dfrac{m-1}{2}\times\dfrac{m+1}{2}=m+5$
$$m^2-4m-21=0,\ (m+3)(m-7)=0$$
$$\therefore m=-3\ \text{또는}\ m=7$$
그런데 m은 양수이므로 $m=7$

17 두 근을 $2\alpha,\ 3\alpha\ (\alpha\neq0)$라 하면 근과 계수의 관계에 의하여
두 근의 합은 $2\alpha+3\alpha=k+1$
$$\therefore \alpha=\frac{k+1}{5}\qquad\cdots\cdots\ \bigcirc$$
두 근의 곱은 $2\alpha\times3\alpha=k$
$\bigcirc$을 대입하면 $6\times\left(\dfrac{k+1}{5}\right)^2=k$
$$6k^2-13k+6=0$$
따라서 모든 상수 k의 값의 곱은 $\dfrac{6}{6}=1$

18 두 근을 $\alpha,\ -\alpha\ (\alpha\neq0)$라 하면 근과 계수의 관계에 의하여
두 근의 합은
$$\alpha+(-\alpha)=-(m^2+m-2),\ m^2+m-2=0$$
$$(m+2)(m-1)=0\qquad\therefore m=-2\ \text{또는}\ m=1$$
그런데 두 근의 곱은 음수이므로 $m+1<0$에서 $m<-1$
$$\therefore m=-2$$

19 두 근을 α, $\alpha+3$이라 하면 근과 계수의 관계에 의하여

두 근의 합은 $\alpha+(\alpha+3)=-(1-2m)$

$\therefore \alpha=m-2$ ...... ㉠

두 근의 곱은 $\alpha(\alpha+3)=3m^2+8m-10$

㉠을 대입하면

$(m-2)(m+1)=3m^2+8m-10$

$2m^2+9m-8=0$

따라서 모든 상수 m의 값의 합은 $-\dfrac{9}{2}$이다.

20 근과 계수의 관계에 의하여 두 근의 곱은 $\dfrac{-3k}{k}=-3<0$

이므로 두 근의 부호가 서로 다르다.

두 근의 절댓값의 비가 $1:3$이므로 두 근을 α, $-3\alpha\,(\alpha\neq0)$

라 하면 두 근의 합은

$\alpha+(-3\alpha)=-\dfrac{-(k-1)}{k}$

$\therefore -2\alpha=\dfrac{k-1}{k}$ ...... ㉠

두 근의 곱은 $\alpha\times(-3\alpha)=-3$

$\alpha^2=1$ $\therefore \alpha=-1$ 또는 $\alpha=1$

(i) $\alpha=-1$일 때

㉠에서 $2=\dfrac{k-1}{k}$

$2k=k-1$ $\therefore k=-1$

(ii) $\alpha=1$일 때

㉠에서 $-2=\dfrac{k-1}{k}$

$-2k=k-1$ $\therefore k=\dfrac{1}{3}$

그런데 k는 정수이므로 $k=-1$

21 원래의 이차방정식을 $x^2+ax+b=0\,(a,\ b$는 상수$)$이라 하면 A는 상수항을 바르게 보고 풀었으므로 두 근의 곱은

$(2-\sqrt{3})(2+\sqrt{3})=b$ $\therefore b=1$

B는 x의 계수를 바르게 보고 풀었으므로 두 근의 합은

$-1+4=-a$ $\therefore a=-3$

따라서 원래의 이차방정식은

$x^2-3x+1=0$

22 민지는 b를 바르게 보고 풀었으므로 두 근의 곱은

$-2\times6=b$ $\therefore b=-12$

은주는 a를 바르게 보고 풀었으므로 두 근의 합은

$(-2-2\sqrt{3}i)+(-2+2\sqrt{3}i)=-a$ $\therefore a=4$

원래의 이차방정식은 $x^2+4x-12=0$이므로

$(x+6)(x-2)=0$ $\therefore x=-6$ 또는 $x=2$

따라서 양수인 근은 2이다.

23 잘못 적용한 근의 공식이 $x=\dfrac{-b\pm\sqrt{b^2-ac}}{a}$이고 두 근이

-4, 2이므로 두 근의 합은

$\dfrac{-b-\sqrt{b^2-ac}}{a}+\dfrac{-b+\sqrt{b^2-ac}}{a}=-4+2$

$-\dfrac{2b}{a}=-2$ $\therefore b=a$ ...... ㉠

두 근의 곱은

$\dfrac{-b-\sqrt{b^2-ac}}{a}\times\dfrac{-b+\sqrt{b^2-ac}}{a}=-4\times2$

$\dfrac{ac}{a^2}=-8$ $\therefore c=-8a$ ...... ㉡

㉠, ㉡을 $ax^2+bx+c=0$에 대입하면

$ax^2+ax-8a=0$

이 이차방정식의 두 근이 α, β이므로 근과 계수의 관계에 의하여

$\alpha+\beta=-1$, $\alpha\beta=-8$

$\therefore \alpha^2+\beta^2=(\alpha+\beta)^2-2\alpha\beta$

$=(-1)^2-2\times(-8)=17$

24 이차방정식 $f(3x+1)=0$의 두 근을 구하면

$3x+1=\alpha$ 또는 $3x+1=\beta$

$\therefore x=\dfrac{\alpha-1}{3}$ 또는 $x=\dfrac{\beta-1}{3}$

이때 $\alpha+\beta=7$, $\alpha\beta=-3$이므로 이차방정식

$f(3x+1)=0$의 두 근의 곱은

$\dfrac{\alpha-1}{3}\times\dfrac{\beta-1}{3}=\dfrac{\alpha\beta-(\alpha+\beta)+1}{9}$

$=\dfrac{-3-7+1}{9}=-1$

25 이차방정식 $f(x)=0$의 두 근을 α, β라 하면

$\alpha+\beta=16$

이차방정식 $f(2020-8x)=0$의 두 근을 구하면

$2020-8x=\alpha$ 또는 $2020-8x=\beta$

$\therefore x=\dfrac{2020-\alpha}{8}$ 또는 $x=\dfrac{2020-\beta}{8}$

따라서 이차방정식 $f(2020-8x)=0$의 두 근의 합은

$\dfrac{2020-\alpha}{8}+\dfrac{2020-\beta}{8}=\dfrac{4040-(\alpha+\beta)}{8}$

$=\dfrac{4040-16}{8}=503$

26 이차방정식 $f(2x-3)=0$의 두 근을 α, β라 하면

$\alpha+\beta=3$

이차방정식 $f(x)=0$의 두 근은

$x=2\alpha-3$ 또는 $x=2\beta-3$

따라서 이차방정식 $f(x)=0$의 두 근의 합은

$(2\alpha-3)+(2\beta-3)=2(\alpha+\beta)-6=2\times3-6=0$

27 근과 계수의 관계에 의하여 $\alpha+\beta=-4$, $\alpha\beta=5$이므로

$(\alpha+\beta)+\alpha\beta=-4+5=1$

$(\alpha+\beta)\alpha\beta=-4\times5=-20$

따라서 구하는 이차방정식은 $x^2-x-20=0$

28 근과 계수의 관계에 의하여 $\alpha+\beta=3$, $\alpha\beta=1$이므로

$$\left(\alpha+\frac{1}{\alpha}\right)+\left(\beta+\frac{1}{\beta}\right)=(\alpha+\beta)+\frac{\alpha+\beta}{\alpha\beta}$$
$$=3+\frac{3}{1}=6$$

$$\left(\alpha+\frac{1}{\alpha}\right)\left(\beta+\frac{1}{\beta}\right)=\alpha\beta+\frac{\alpha}{\beta}+\frac{\beta}{\alpha}+\frac{1}{\alpha\beta}$$
$$=\alpha\beta+\frac{\alpha^2+\beta^2+1}{\alpha\beta}$$
$$=\alpha\beta+\frac{(\alpha+\beta)^2-2\alpha\beta+1}{\alpha\beta}$$
$$=1+\frac{3^2-2\times1+1}{1}=9$$

따라서 구하는 이차방정식은 $x^2-6x+9=0$

29 지름에 대한 원주각의 크기는 $90°$이므로 $\angle\text{ACB}=90°$

직각삼각형 AHC에서 $\overline{\text{AC}}^2=\overline{\text{AH}}^2+\overline{\text{CH}}^2=a^2+16$

직각삼각형 CHB에서 $\overline{\text{BC}}^2=\overline{\text{BH}}^2+\overline{\text{CH}}^2=b^2+16$

직각삼각형 ABC에서 $\overline{\text{AB}}^2=\overline{\text{AC}}^2+\overline{\text{BC}}^2$이므로

$(a+b)^2=(a^2+16)+(b^2+16)$ $\therefore ab=16$

$\overline{\text{AB}}=10$이므로 $a+b=10$

따라서 구하는 이차방정식은 $x^2-10x+16=0$

30 이차방정식 $x^2+2x+9=0$의 해는 $x=-1\pm2\sqrt{2}i$이므로

$x^2+2x+9=(x+1+2\sqrt{2}i)(x+1-2\sqrt{2}i)$

31 이차방정식 $x^2+2x+2=0$의 해는 $x=-1\pm i$이므로

$x^2+2x+2=(x+1+i)(x+1-i)$

따라서 구하는 두 일차식의 합은

$(x+1+i)+(x+1-i)=2x+2$

32 이차방정식 $\frac{1}{2}x^2+3x+6=0$, 즉 $x^2+6x+12=0$의 해는

$x=-3\pm\sqrt{3}i$이므로

$$\frac{1}{2}x^2+3x+6=\frac{1}{2}(x^2+6x+12)$$
$$=\frac{1}{2}(x+3+\sqrt{3}i)(x+3-\sqrt{3}i)$$

$\therefore a=3$, $b=\sqrt{3}$ $(\because b>0)$

$\therefore a+b^2=3+3=6$

33 $2-i$가 근이면 다른 한 근은 $2+i$이므로

$(2-i)+(2+i)=-\frac{a}{2}$, $(2-i)(2+i)=\frac{b}{2}$

$\therefore a=-8$, $b=10$ $\therefore b-a=18$

34 $b-\sqrt{2}$가 근이면 다른 한 근은 $b+\sqrt{2}$이므로

$(b-\sqrt{2})+(b+\sqrt{2})=6$, $(b-\sqrt{2})(b+\sqrt{2})=a$

$\therefore a=7$, $b=3$ $\therefore a+b=10$

35 $\dfrac{2+4i}{1-i}=\dfrac{(2+4i)(1+i)}{(1-i)(1+i)}=-1+3i$

$-1+3i$가 근이면 다른 한 근은 $-1-3i$이므로

$(-1+3i)+(-1-3i)=a+b$

$(-1+3i)(-1-3i)=-ab$

$\therefore a+b=-2$, $ab=-10$

$\therefore a^2+b^2=(a+b)^2-2ab=(-2)^2-2\times(-10)=24$

36 $2-\sqrt{3}i$가 근이면 다른 한 근은 $2+\sqrt{3}i$이므로

$(2-\sqrt{3}i)+(2+\sqrt{3}i)=-a$, $(2-\sqrt{3}i)(2+\sqrt{3}i)=b$

$\therefore a=-4$, $b=7$

-4, 7을 두 근으로 하고 x^2의 계수가 1인 이차방정식은

$x^2-(-4+7)x+(-4)\times7=0$ $\therefore x^2-3x-28=0$

따라서 $m=-3$, $n=-28$이므로

$m-n=25$

37 b를 잘못 보고 풀었을 때의 한 근이 $4+2\sqrt{2}$이므로 다른 한 근은 $4-2\sqrt{2}$이고, a와 c는 바르게 보고 풀었으므로 두 근의 곱은

$(4+2\sqrt{2})(4-2\sqrt{2})=\dfrac{c}{a}$ $\therefore c=8a$ …… ㉠

c를 잘못 보고 풀었을 때의 한 근이 $-3+\sqrt{2}$이므로 다른 한 근은 $-3-\sqrt{2}$이고, a와 b는 바르게 보고 풀었으므로 두 근의 합은

$(-3+\sqrt{2})+(-3-\sqrt{2})=-\dfrac{b}{a}$ $\therefore b=6a$ …… ㉡

㉠, ㉡을 $ax^2+bx+c=0$에 대입하면

$ax^2+6ax+8a=0$, $x^2+6x+8=0$ $(\because a\neq0)$

$(x+4)(x+2)=0$ $\therefore x=-4$ 또는 $x=-2$

38 ㈎에서 $f(4)=4$이므로

$16+4p+q=4$ $\therefore q=-4p-12$ …… ㉠

㈏에서 $k-2i$가 근이면 다른 한 근은 $k+2i$이므로 두 근의 합은

$(k-2i)+(k+2i)=-p$ $\therefore k=-\dfrac{p}{2}$ …… ㉡

두 근의 곱은 $(k-2i)(k+2i)=q$, $k^2+4=q$

㉠, ㉡을 대입하면

$\left(-\dfrac{p}{2}\right)^2+4=-4p-12$, $p^2+16p+64=0$

$(p+8)^2=0$ $\therefore p=-8$

이를 ㉠에 대입하면 $q=20$

$\therefore p+q=12$

Ⅱ-2. 이차방정식과 이차함수

1 이차방정식 $2x^2+ax-1=0$의 두 근의 합이 -1이므로

$-1=-\dfrac{a}{2}$ ∴ $a=2$

2 이차방정식 $x^2+ax+b=0$의 두 근이 -1, $\dfrac{3}{2}$이므로

$-1+\dfrac{3}{2}=-a$, $-1 \times \dfrac{3}{2}=b$

∴ $a=-\dfrac{1}{2}$, $b=-\dfrac{3}{2}$

∴ $a-b=1$

3 이차방정식 $2x^2-ax-5=0$의 두 근이 -1, b이므로

$-1+b=\dfrac{a}{2}$, $-1 \times b=-\dfrac{5}{2}$

∴ $a=3$, $b=\dfrac{5}{2}$

∴ $a+2b=3+5=8$

4 이차방정식 $-x^2+ax+2a-1=0$의 두 근의 합이 3이므로

$a=3$

이를 $y=x^2-(a-1)x-a^2+1$에 대입하면

$y=x^2-2x-8$

$x^2-2x-8=0$에서

$(x+2)(x-4)=0$

∴ $x=-2$ 또는 $x=4$

따라서 두 교점 사이의 거리는

$|-2-4|=6$

5 이차방정식 $x^2+2kx+2k+1=0$의 두 근을 α, β라 하면

$\alpha+\beta=-2k$, $\alpha\beta=2k+1$ ······ ㉠

이때 $|\alpha-\beta|=2\sqrt{2}$이므로 양변을 제곱하면

$(\alpha-\beta)^2=8$, $(\alpha+\beta)^2-4\alpha\beta=8$

㉠을 대입하면

$(-2k)^2-4(2k+1)=8$

$k^2-2k-3=0$, $(k+1)(k-3)=0$

∴ $k=-1$ 또는 $k=3$

그런데 k는 양수이므로 $k=3$

6 이차함수 $y=ax^2+bx+c$의 그래프가 점 $(0, -4)$를 지나므로

$c=-4$

∴ $y=ax^2+bx-4$

이차방정식 $ax^2+bx-4=0$의 한 근이 $-1-\sqrt{5}$이고 다른 한 근은 $-1+\sqrt{5}$이므로

$(-1-\sqrt{5})+(-1+\sqrt{5})=-\dfrac{b}{a}$

$(-1-\sqrt{5})(-1+\sqrt{5})=-\dfrac{4}{a}$

∴ $a=1$, $b=2$

∴ $a+b+c=1+2+(-4)=-1$

7 방정식 $f(x)=0$의 두 근이 -1, 2이므로 방정식 $f(3x+2)=0$의 두 근을 구하면

$3x+2=-1$ 또는 $3x+2=2$

∴ $x=-1$ 또는 $x=0$

따라서 모든 실근의 합은

$-1+0=-1$

8 ① 이차방정식 $x^2-2x+1=0$의 판별식을 D라 하면

$\dfrac{D}{4}=1-1=0$

따라서 x축과 한 점에서 만난다.

② 이차방정식 $x^2-3x-6=0$의 판별식을 D라 하면

$D=9+24=33>0$

따라서 x축과 서로 다른 두 점에서 만난다.

③ 이차방정식 $2x^2-12x+16=0$, 즉 $x^2-6x+8=0$의 판별식을 D라 하면

$\dfrac{D}{4}=9-8=1>0$

따라서 x축과 서로 다른 두 점에서 만난다.

④ 이차방정식 $3x^2-3x+7=0$의 판별식을 D라 하면

$D=9-84=-75<0$

따라서 x축과 만나지 않는다.

⑤ 이차방정식 $3x^2-18x+27=0$, 즉 $x^2-6x+9=0$의 판별식을 D라 하면

$\dfrac{D}{4}=9-9=0$

따라서 x축과 한 점에서 만난다.

따라서 x축과 만나지 않는 것은 ④이다.

9 이차방정식 $x^2-5x+k=0$의 판별식을 D라 하면 $D>0$이어야 하므로

$D=25-4k>0$ ∴ $k<\dfrac{25}{4}$

따라서 자연수 k의 최댓값은 6이다.

10 이차방정식 $-x^2+3x-2k=0$, 즉 $x^2-3x+2k=0$의 판별식을 D_1이라 하면 $D_1>0$이므로

$D_1=9-8k>0$ $\therefore k<\dfrac{9}{8}$ $\cdots\cdots$ ㉠

이차방정식 $x^2+2kx+4k-3=0$의 판별식을 D_2라 하면 $D_2=0$이므로

$\dfrac{D_2}{4}=k^2-(4k-3)=0$

$k^2-4k+3=0$, $(k-1)(k-3)=0$

$\therefore k=1$ 또는 $k=3$ $\cdots\cdots$ ㉡

㉠, ㉡에서 $k=1$

11 $x^2-2x-7=2x+5$에서

$x^2-4x-12=0$, $(x+2)(x-6)=0$

$\therefore x=-2$ 또는 $x=6$

따라서 두 교점의 좌표는 $(-2,\ 1)$, $(6,\ 17)$이고 a, c는 두 교점의 x좌표, b, d는 두 교점의 y좌표이므로

$ac+bd=-2\times6+1\times17=5$

12 이차방정식 $2x^2-5x+a=x+12$, 즉

$2x^2-6x+a-12=0$의 두 근의 곱이 -4이므로

$\dfrac{a-12}{2}=-4$

$\therefore a=4$

13 이차방정식 $2x^2+ax-1=3x+b$, 즉

$2x^2+(a-3)x-b-1=0$의 두 근이 -1, 3이므로

$-1+3=-\dfrac{a-3}{2}$, $-1\times3=\dfrac{-b-1}{2}$

$\therefore a=-1$, $b=5$

$\therefore a+b=4$

14 이차방정식 $x^2-(a+1)x-2=-4x+1$, 즉

$x^2-(a-3)x-3=0$의 두 근을 α, β라 하면

$\alpha+\beta=a-3$, $\alpha\beta=-3$ $\cdots\cdots$ ㉠

$|\alpha-\beta|=4$이므로 양변을 제곱하면

$(\alpha-\beta)^2=16$

$(\alpha+\beta)^2-4\alpha\beta=16$

㉠을 대입하면

$(a-3)^2-4\times(-3)=16$

$a^2-6a+5=0$

따라서 모든 상수 a의 값의 합은 6이다.

15 이차방정식 $x^2-3x+2k=3x+k$, 즉 $x^2-6x+k=0$의 판별식을 D라 하면 $D>0$이어야 하므로

$\dfrac{D}{4}=9-k>0$ $\therefore k<9$

따라서 정수 k의 최댓값은 8이다.

16 이차방정식 $x^2+2(m+2)x+m^2=-2x-3$, 즉

$x^2+2(m+3)x+m^2+3=0$의 판별식을 D라 하면 $D\geq0$이어야 하므로

$\dfrac{D}{4}=(m+3)^2-(m^2+3)\geq0$

$6m+6\geq0$ $\therefore m\geq-1$

17 직선 $y=ax-6$이 직선 $y=2x+3$에 평행하므로

$a=2$

이차방정식 $2x-6=x^2-4x+b$, 즉 $x^2-6x+b+6=0$의 판별식을 D라 하면 $D=0$이므로

$\dfrac{D}{4}=9-(b+6)=0$

$3-b=0$ $\therefore b=3$

$\therefore a+b=2+3=5$

18 점 $(-1,\ 0)$을 지나고 기울기가 m인 직선의 방정식은

$y=m(x+1)$

$\therefore y=mx+m$

이차방정식 $x^2+x+4=mx+m$, 즉

$x^2+(-m+1)x-m+4=0$의 판별식을 D라 하면

$D=0$이므로

$D=(-m+1)^2-4(-m+4)=0$

$m^2+2m-15=0$

$(m+5)(m-3)=0$

$\therefore m=-5$ 또는 $m=3$

그런데 m은 양수이므로 $m=3$

19 이차방정식 $2x+k=x^2+x+3$, 즉 $x^2-x-k+3=0$의 판별식을 D_1이라 하면 $D_1<0$이므로

$D_1=1-4(-k+3)<0$

$4k-11<0$ $\therefore k<\dfrac{11}{4}$ $\cdots\cdots$ ㉠

이차방정식 $2x+k=x^2+kx-k+9$, 즉

$x^2+(k-2)x-2k+9=0$의 판별식을 D_2라 하면 $D_2=0$이므로

$D_2=(k-2)^2-4(-2k+9)=0$

$k^2+4k-32=0$

$(k+8)(k-4)=0$

$\therefore k=-8$ 또는 $k=4$ $\cdots\cdots$ ㉡

㉠, ㉡에서 $k=-8$

20 이차방정식 $x^2-4kx+4k^2+k=2ax+b$, 즉

$x^2-2(2k+a)x+4k^2+k-b=0$의 판별식을 D라 하면 $D=0$이므로

$\dfrac{D}{4}=(2k+a)^2-(4k^2+k-b)=0$

$\therefore (4a-1)k+a^2+b=0$

이 등식이 k에 대한 항등식이므로

$4a-1=0$, $a^2+b=0$

$\therefore a=\dfrac{1}{4}$, $b=-\dfrac{1}{16}$

$\therefore a+b=\dfrac{3}{16}$

21 방정식 $x^2-3|x|-x+k=0$, 즉 $x^2-3|x|-x=-k$의 실근의 개수는 함수 $y=x^2-3|x|-x$의 그래프와 직선 $y=-k$의 교점의 개수와 같다.

$y=x^2-3|x|-x$

$=\begin{cases} x^2+2x & (x<0) \\ x^2-4x & (x\geq0) \end{cases}$

$=\begin{cases} (x+1)^2-1 & (x<0) \\ (x-2)^2-4 & (x\geq0) \end{cases}$

교점이 3개이려면 오른쪽 그림과 같이 직선 $y=-k$가 원점을 지나거나 점 $(-1,-1)$을 지나야 하므로

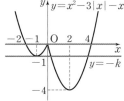

$-k=0$ 또는 $-k=-1$

$\therefore k=0$ 또는 $k=1$

따라서 모든 상수 k의 값의 합은

$0+1=1$

1 -19	**2** ④	**3** ③	**4** ②	**5** ⑤
6 -2	**7** 22	**8** 4	**9** ③	**10** 2
11 12	**12** 54	**13** ①	**14** ④	**15** ④
16 11	**17** ①	**18** ④	**19** 20 m	**20** ⑤
21 162π	**22** ③	**23** 100		

1 $y=-3x^2+12x-8=-3(x-2)^2+4$

$-1\leq x\leq3$에서 $x=2$일 때 최댓값 4, $x=-1$일 때 최솟값 -23을 가지므로

$M=4$, $m=-23$

$\therefore M+m=-19$

2 $y=\dfrac{1}{2}x^2-x+k=\dfrac{1}{2}(x-1)^2+k-\dfrac{1}{2}$

$2\leq x\leq4$에서 $x=4$일 때 최댓값 $k+4$, $x=2$일 때 최솟값 k를 가지므로 최댓값과 최솟값의 차는

$(k+4)-k=4$

3 (i) $p=-1$일 때

$f(x)=x^2+4x=(x+2)^2-4$

$0\leq x\leq2$에서 $x=0$일 때 최솟값 0을 가지므로

$g(-1)=0$

(ii) $p=\dfrac{1}{2}$일 때

$f(x)=x^2-2x=(x-1)^2-1$

$0\leq x\leq2$에서 $x=1$일 때 최솟값 -1을 가지므로

$g\left(\dfrac{1}{2}\right)=-1$

(i), (ii)에서

$g(-1)+g\left(\dfrac{1}{2}\right)=0+(-1)=-1$

4 $y=2x^2-4kx+k^2-12k+30$

$=2(x-k)^2-k^2-12k+30$

$x=k$일 때 최솟값 $-k^2-12k+30$을 가지므로

$f(k)=-k^2-12k+30=-(k+6)^2+66$

$-2\leq k\leq4$에서 $k=-2$일 때 최댓값 50을 가지므로

$a=-2$, $b=50$

$\therefore a+b=48$

5 $f(x)=ax^2+bx+c$ (a, b, c는 상수, $a\neq0$)라 하면

$f(0)=-1$에서 $c=-1$

$\therefore f(x)=ax^2+bx-1$

$f(x-1)-f(x)=-2x+3$에서

$\{a(x-1)^2+b(x-1)-1\}-(ax^2+bx-1)=-2x+3$

$\therefore -2ax+a-b=-2x+3$

이 등식이 x에 대한 항등식이므로

$-2a=-2$, $a-b=3$ $\therefore a=1$, $b=-2$

$\therefore f(x)=x^2-2x-1=(x-1)^2-2$

$0\leq x\leq4$에서 $x=4$일 때 최댓값 7, $x=1$일 때 최솟값 -2를 가지므로 그 합은

$7+(-2)=5$

6 ㈎에서 $f(0)=2$이므로

$f(x)=ax^2+bx+2$ (a, b는 유리수, $a\neq0$)라 하자.

㈏에서 이차방정식 $ax^2+bx+2=-2x+6$, 즉 $ax^2+(b+2)x-4=0$의 한 근이 $1-\sqrt{5}$이고 다른 한 근은 $1+\sqrt{5}$이므로

$(1-\sqrt{5})+(1+\sqrt{5})=-\dfrac{b+2}{a}$

$(1-\sqrt{5})(1+\sqrt{5})=-\dfrac{4}{a}$

$\therefore a=1$, $b=-4$

$\therefore f(x)=x^2-4x+2=(x-2)^2-2$

따라서 $-2\leq x\leq4$에서 $x=2$일 때 최솟값 -2를 갖는다.

유형편

7 $f(x)=2x^2-4x+k=2(x-1)^2+k-2$

$-2 \le x \le 3$에서 $x=1$일 때 최솟값 $k-2$를 가지므로

$k-2=1$ $\therefore k=3$

따라서 $f(x)=2(x-1)^2+1$은 $x=-2$일 때 최댓값 19를 가지므로

$M=19$

$\therefore k+M=3+19=22$

8 $y=x^2-4x+a=(x-2)^2+a-4$

$-1 \le x \le 1$에서 $x=-1$일 때 최댓값 $a+5$, $x=1$일 때 최솟값 $a-3$을 갖는다.

이때 최댓값과 최솟값의 곱이 9이므로

$(a+5)(a-3)=9$

$a^2+2a-24=0$

$(a+6)(a-4)=0$

$\therefore a=-6$ 또는 $a=4$

그런데 a는 양수이므로 $a=4$

9 $y=-ax^2+2ax+b=-a(x-1)^2+a+b$

$-a<0$이므로 $-1 \le x \le 2$에서 $x=1$일 때 최댓값 $a+b$, $x=-1$일 때 최솟값 $-3a+b$를 갖는다.

$\therefore a+b=8,\ -3a+b=-8$

두 식을 연립하여 풀면

$a=4,\ b=4$

$\therefore a-b=0$

10 $f(x)=3x^2-6x+2=3(x-1)^2-1$이라 하면

$f(0)=2,\ f(1)=-1$

$0 \le x \le a$에서 최댓값이 11이므로

$f(a)=11$

$3a^2-6a+2=11,\ a^2-2a-3=0$

$(a+1)(a-3)=0$

$\therefore a=-1$ 또는 $a=3$

그런데 $a>0$이므로 $a=3$

따라서 $0 \le x \le 3$에서 $x=1$일 때 최솟값 -1을 가지므로

$b=-1$

$\therefore a+b=3+(-1)=2$

11 ㈎에서 $f(-1)=f(3)$이므로

$1-a+b=9+3a+b$

$4a=-8$ $\therefore a=-2$

$\therefore f(x)=x^2-2x+b$

$\qquad =(x-1)^2+b-1$

$-2 \le x \le 5$에서 $x=1$일 때 최솟값 $b-1$을 가지므로 ㈏에서

$b-1=-4$ $\therefore b=-3$

따라서 $f(x)=(x-1)^2-4$는 $x=5$일 때 최댓값 12를 갖는다.

12 ㈎에서 $f(x)=a(x+2)(x-4)\ (a \ne 0)$라 하면

$f(x)=a(x+2)(x-4)=a(x^2-2x-8)$

$\qquad\quad =a(x-1)^2-9a$

(i) $a>0$일 때

$5 \le x \le 8$에서 $x=8$일 때 최댓값 $40a$를 가지므로 ㈏에서

$40a=80$ $\therefore a=2$

(ii) $a<0$일 때

$5 \le x \le 8$에서 $x=5$일 때 최댓값 $7a$를 가지므로 ㈏에서

$7a=80$ $\therefore a=\dfrac{80}{7}$

그런데 $a<0$이므로 조건을 만족시키는 a의 값은 존재하지 않는다.

(i), (ii)에서 $a=2$

따라서 $f(x)=2(x-1)^2-18$이므로

$f(-5)=2 \times 36-18=54$

13 $f(x)=x^2-8x+a+6=(x-4)^2+a-10$

(i) $0<a<4$일 때

$0 \le x \le a$에서 $x=a$일 때 최솟값 a^2-7a+6을 가지므로

$a^2-7a+6=0,\ (a-1)(a-6)=0$

$\therefore a=1$ 또는 $a=6$

그런데 $0<a<4$이므로 $a=1$

(ii) $a \ge 4$일 때

$0 \le x \le a$에서 $x=4$일 때 최솟값 $a-10$을 가지므로

$a-10=0$ $\therefore a=10$

(i), (ii)에서 모든 a의 값의 합은

$1+10=11$

14 $x^2+2x=t$로 놓으면 $t=(x+1)^2-1$

$x=-1$일 때 최솟값 -1을 가지므로

$t \ge -1$

주어진 함수는

$y=-t^2+2t+3=-(t-1)^2+4$

따라서 $t \ge -1$에서 $t=1$일 때 최댓값 4를 갖는다.

15 $x^2-2x+1=t$로 놓으면 $t=(x-1)^2$

$0 \le x \le 3$에서 $x=3$일 때 최댓값 4, $x=1$일 때 최솟값 0을 가지므로

$0 \le t \le 4$

주어진 함수는
$$y=2t^2-4(t+1)-1=2t^2-4t-5$$
$$=2(t-1)^2-7$$
$0\le t\le 4$에서 $t=4$일 때 최댓값 11, $t=1$일 때 최솟값
-7을 가지므로 그 합은
$$11+(-7)=4$$

16 $4x^2+4x=t$로 놓으면 $t=4\left(x+\dfrac{1}{2}\right)^2-1$

$-1\le x\le 1$에서 $x=1$일 때 최댓값 8, $x=-\dfrac{1}{2}$일 때 최솟
값 -1을 가지므로
$$-1\le t\le 8$$
주어진 함수는
$$y=t^2-6t+k=(t-3)^2+k-9$$
$-1\le t\le 8$에서 $t=3$일 때 최솟값 $k-9$를 가지므로
$$k-9=2 \qquad \therefore k=11$$

17 $x+y=4$에서 $y=-x+4$이므로
$$x^2+xy+y^2=x^2+x(-x+4)+(-x+4)^2$$
$$=x^2-4x+16$$
$$=(x-2)^2+12$$
$0\le x\le 4$에서 $x=0$ 또는 $x=4$일 때 최댓값 16, $x=2$일
때 최솟값 12를 가지므로 그 합은
$$16+12=28$$

18 A$(0, 1)$, B$(4, 0)$이고 점 P(a, b)가 점 A에서 직선을
따라 점 B까지 움직이므로
$$0\le a\le 4$$
점 P(a, b)는 직선 $y=-\dfrac{1}{4}x+1$ 위의 점이므로
$$b=-\frac{1}{4}a+1$$
$$\therefore a^2+8b=a^2+8\left(-\frac{1}{4}a+1\right)$$
$$=a^2-2a+8$$
$$=(a-1)^2+7$$
따라서 $0\le a\le 4$에서 $a=1$일 때 최솟값 7을 갖는다.

19 $h=-5t^2+30t+5$
$$=-5(t-3)^2+50$$
$2\le t\le 5$에서 $t=3$일 때 최댓값 50, $t=5$일 때 최솟값 30
을 가지므로 최고 높이와 최소 높이의 차는
$$50-30=20(\text{m})$$

20 $f(x)=x^2-2ax+5a=(x-a)^2-a^2+5a$
$$\therefore \text{A}(a, -a^2+5a), \text{B}(a, 0)$$

즉, $\overline{\text{OB}}=a$, $\overline{\text{AB}}=-a^2+5a$이므로
$$\overline{\text{OB}}+\overline{\text{AB}}=a+(-a^2+5a)$$
$$=-a^2+6a$$
$$=-(a-3)^2+9$$
따라서 $0<a<5$에서 $a=3$일 때 최댓값 9를 가지므로
$\overline{\text{OB}}+\overline{\text{AB}}$의 최댓값은 9이다.

21 t초 후의 원기둥의 밑면의 넓이는 $4\pi+2\pi t$이고 높이는
$16-t(0<t<16)$이므로 원기둥의 부피를 V라 하면
$$V=(4\pi+2\pi t)(16-t)$$
$$=-2\pi t^2+28\pi t+64\pi$$
$$=-2\pi(t-7)^2+162\pi$$
따라서 $0<t<16$에서 $t=7$일 때 최댓값 162π를 가지므로
원기둥의 부피의 최댓값은 162π이다.

22 세 우리의 넓이의 비가

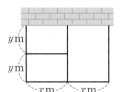

$1:1:2$이므로 오른쪽 그림과
같이 작은 우리의 가로, 세로의
길이를 각각 x m, y m라 하면
$$3x+6y=18$$
$$\therefore x=-2y+6 \text{ (단, } 0<y<3)$$
우리 전체의 넓이를 S라 하면
$$S=2x\times 2y$$
$$=4y(-2y+6)$$
$$=-8y^2+24y$$
$$=-8\left(y-\frac{3}{2}\right)^2+18$$
따라서 $0<y<3$에서 $y=\dfrac{3}{2}$일 때 최댓값 18을 가지므로
우리 전체의 넓이의 최댓값은 $18\,\text{m}^2$이다.

23 두 삼각형 ABC, ADE는 닮음

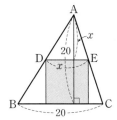

이고 삼각형 ABC에서 밑변의
길이와 높이가 같으므로 삼각
형 ADE도 밑변의 길이와 높
이가 같다.
삼각형 ADE의 밑변의 길이는
직사각형의 가로의 길이와 같으
므로 $\overline{\text{DE}}=x\,(0<x<20)$라 하면 직사각형의 세로의 길
이는 $20-x$이다.
직사각형의 넓이를 S라 하면
$$S=x(20-x)$$
$$=-x^2+20x$$
$$=-(x-10)^2+100$$
따라서 $0<x<20$에서 $x=10$일 때 최댓값 100을 가지므
로 직사각형의 넓이의 최댓값은 100이다.

Ⅱ-3. 여러 가지 방정식

1 $f(x)=x^3-9x^2+13x+23$이라 하면 $f(-1)=0$이므로

$$
\begin{array}{r|rrrr}
-1 & 1 & -9 & 13 & 23 \\
  &   & -1 & 10 & -23 \\
\hline
  & 1 & -10 & 23 & 0 \\
\end{array}
$$

주어진 방정식은 $(x+1)(x^2-10x+23)=0$

$\therefore x=-1$ 또는 $x=5\pm\sqrt{2}$

따라서 모든 양의 근의 곱은 $(5-\sqrt{2})(5+\sqrt{2})=23$

2 $f(x)=x^4+2x^3+x^2-2x-2$라 하면 $f(-1)=0$,

$f(1)=0$이므로

$$
\begin{array}{r|rrrrr}
-1 & 1 & 2 & 1 & -2 & -2 \\
  &   & -1 & -1 & 0 & 2 \\
\hline
1 & 1 & 1 & 0 & -2 & 0 \\
  &   & 1 & 2 & 2 & \\
\hline
  & 1 & 2 & 2 & 0 & \\
\end{array}
$$

주어진 방정식은 $(x+1)(x-1)(x^2+2x+2)=0$

$\therefore x=-1$ 또는 $x=1$ 또는 $x=-1\pm i$

따라서 모든 실근의 합은 $-1+1=0$

3 $f(x)=x^3+2x^2-3x-10$이라 하면 $f(2)=0$이므로

$$
\begin{array}{r|rrrr}
2 & 1 & 2 & -3 & -10 \\
  &   & 2 & 8 & 10 \\
\hline
  & 1 & 4 & 5 & 0 \\
\end{array}
$$

주어진 방정식은 $(x-2)(x^2+4x+5)=0$

두 허근 α, β는 이차방정식 $x^2+4x+5=0$의 근이므로

$\alpha+\beta=-4$, $\alpha\beta=5$

$\therefore \alpha^3+\beta^3=(\alpha+\beta)^3-3\alpha\beta(\alpha+\beta)$

$\qquad\qquad =(-4)^3-3\times5\times(-4)=-4$

4 $f(x)=x^4-3x^3+3x^2+x-6$이라 하면 $f(-1)=0$,

$f(2)=0$이므로

$$
\begin{array}{r|rrrrr}
-1 & 1 & -3 & 3 & 1 & -6 \\
  &   & -1 & 4 & -7 & 6 \\
\hline
2 & 1 & -4 & 7 & -6 & 0 \\
  &   & 2 & -4 & 6 & \\
\hline
  & 1 & -2 & 3 & 0 & \\
\end{array}
$$

주어진 방정식은 $(x+1)(x-2)(x^2-2x+3)=0$

$\therefore x=-1$ 또는 $x=2$ 또는 $x=1\pm\sqrt{2}i$

두 실근은 -1, 2이므로

$\alpha+\beta=1$

두 허근 γ, δ는 이차방정식 $x^2-2x+3=0$의 근이므로

$\gamma+\delta=2$, $\gamma\delta=3$

$\therefore \gamma^2+\delta^2=(\gamma+\delta)^2-2\gamma\delta$

$\qquad\qquad =2^2-2\times3=-2$

$\therefore \alpha+\beta+\gamma^2+\delta^2=1+(-2)=-1$

5 $x^2-x=t$로 놓으면 $t^2-5t+6=0$

$(t-2)(t-3)=0$　　$\therefore t=2$ 또는 $t=3$

(ⅰ) $t=2$일 때

$\quad x^2-x-2=0$, $(x+1)(x-2)=0$

$\quad \therefore x=-1$ 또는 $x=2$

(ⅱ) $t=3$일 때

$\quad x^2-x-3=0$　　$\therefore x=\dfrac{1\pm\sqrt{13}}{2}$

(ⅰ), (ⅱ)에서 모든 실근의 합은

$-1+2+\dfrac{1-\sqrt{13}}{2}+\dfrac{1+\sqrt{13}}{2}=2$

6 $x^2+2x=t$로 놓으면 $(t-2)(t-6)+3=0$

$t^2-8t+15=0$, $(t-3)(t-5)=0$

$\therefore t=3$ 또는 $t=5$

(ⅰ) $t=3$일 때

$\quad x^2+2x-3=0$, $(x+3)(x-1)=0$

$\quad \therefore x=-3$ 또는 $x=1$

(ⅱ) $t=5$일 때

$\quad x^2+2x-5=0$　　$\therefore x=-1\pm\sqrt{6}$

(ⅰ), (ⅱ)에서 모든 음의 근의 합은

$-3+(-1-\sqrt{6})=-4-\sqrt{6}$

7 $\{(x+1)(x+3)\}(x+2)^2=20$

$(x^2+4x+3)(x^2+4x+4)=20$

$x^2+4x=t$로 놓으면 $(t+3)(t+4)=20$

$t^2+7t-8=0$, $(t+8)(t-1)=0$

$\therefore t=-8$ 또는 $t=1$

(i) $t=-8$일 때

$x^2+4x+8=0$이므로 이 이차방정식의 판별식을 D_1이

라 하면

$\dfrac{D_1}{4}=4-8=-4<0$

따라서 두 허근의 곱은 8이므로 $b=8$

(ii) $t=1$일 때

$x^2+4x-1=0$이므로 이 이차방정식의 판별식을 D_2라

하면

$\dfrac{D_2}{4}=4+1=5>0$

따라서 두 실근의 곱은 -1이므로 $a=-1$

(i), (ii)에서 $b-a=8-(-1)=9$

8 $(x-1)(x-3)(x-2)(x-4)=120$

$\{(x-1)(x-4)\}\{(x-3)(x-2)\}=120$

$(x^2-5x+4)(x^2-5x+6)=120$

$x^2-5x=t$로 놓으면 $(t+4)(t+6)=120$

$t^2+10t-96=0,\ (t+16)(t-6)=0$

$\therefore\ t=-16$ 또는 $t=6$

(i) $t=-16$일 때

$x^2-5x+16=0$이므로 이 이차방정식의 판별식을 D_1

이라 하면

$D_1=25-64=-39<0$

(ii) $t=6$일 때

$x^2-5x-6=0$이므로 이 이차방정식의 판별식을 D_2라

하면

$D_2=25+24=49>0$

(i), (ii)에서 주어진 방정식의 한 허근 ω는 이차방정식

$x^2-5x+16=0$의 한 허근이므로

$\omega^2-5\omega+16=0$ $\therefore\ \omega^2-5\omega=-16$

9 $x^2=t$로 놓으면 $t^2+9t-36=0$

$(t+12)(t-3)=0$ $\therefore\ t=-12$ 또는 $t=3$

즉, $x^2=-12$ 또는 $x^2=3$이므로

$x=\pm2\sqrt{3}i$ 또는 $x=\pm\sqrt{3}$

따라서 모든 실근의 곱은 $-\sqrt{3}\times\sqrt{3}=-3$

10 $(x^4-4x^2+4)-4x^2=0,\ (x^2-2)^2-(2x)^2=0$

$(x^2+2x-2)(x^2-2x-2)=0$

$\therefore\ x=-1\pm\sqrt{3}$ 또는 $x=1\pm\sqrt{3}$

따라서 $\alpha=1+\sqrt{3},\ \beta=-1-\sqrt{3}$이므로 $\alpha+\beta=0$

11 $(x^4+8x^2+16)-4x^2=0,\ (x^2+4)^2-(2x)^2=0$

$(x^2+2x+4)(x^2-2x+4)=0$

$\therefore\ x^2+2x+4=0$ 또는 $x^2-2x+4=0$

이차방정식 $x^2+2x+4=0$의 두 근을 α, β, 이차방정식

$x^2-2x+4=0$의 두 근을 γ, δ로 생각하면

$\alpha+\beta=-2,\ \alpha\beta=4,\ \gamma+\delta=2,\ \gamma\delta=4$

$\therefore\ \dfrac{1}{\alpha}+\dfrac{1}{\beta}+\dfrac{1}{\gamma}+\dfrac{1}{\delta}=\dfrac{\alpha+\beta}{\alpha\beta}+\dfrac{\gamma+\delta}{\gamma\delta}=\dfrac{-2}{4}+\dfrac{2}{4}=0$

12 $x\neq0$이므로 주어진 방정식의 양변을 x^2으로 나누면

$x^2-3x+2-\dfrac{3}{x}+\dfrac{1}{x^2}=0,\ \left(x+\dfrac{1}{x}\right)^2-3\left(x+\dfrac{1}{x}\right)=0$

$x+\dfrac{1}{x}=t$로 놓으면 $t^2-3t=0$

$t(t-3)=0$ $\therefore\ t=0$ 또는 $t=3$

(i) $t=0$일 때

$x+\dfrac{1}{x}=0,\ x^2+1=0$ $\therefore\ x=\pm i$

(ii) $t=3$일 때

$x+\dfrac{1}{x}-3=0,\ x^2-3x+1=0$ $\therefore\ x=\dfrac{3\pm\sqrt{5}}{2}$

(i), (ii)에서 주어진 방정식의 실근은 $\dfrac{3\pm\sqrt{5}}{2}$이다.

13 $x\neq0$이므로 주어진 방정식의 양변을 x^2으로 나누면

$2x^2+3x-1+\dfrac{3}{x}+\dfrac{2}{x^2}=0$

$2\left(x+\dfrac{1}{x}\right)^2+3\left(x+\dfrac{1}{x}\right)-5=0$

$x+\dfrac{1}{x}=t$로 놓으면 $2t^2+3t-5=0$

$(2t+5)(t-1)=0$ $\therefore\ t=-\dfrac{5}{2}$ 또는 $t=1$

(i) $t=-\dfrac{5}{2}$일 때

$x+\dfrac{1}{x}+\dfrac{5}{2}=0,\ 2x^2+5x+2=0$

이 이차방정식의 판별식을 D_1이라 하면

$D_1=25-16=9>0$

(ii) $t=1$일 때

$x+\dfrac{1}{x}-1=0,\ x^2-x+1=0$

이 이차방정식의 판별식을 D_2라 하면

$D_2=1-4=-3<0$

(i), (ii)에서 주어진 방정식의 두 허근 α, β는 이차방정식

$x^2-x+1=0$의 두 근이므로

$\alpha+\beta=1,\ \alpha\beta=1$

$\therefore\ \dfrac{\beta}{\alpha}+\dfrac{\alpha}{\beta}=\dfrac{\alpha^2+\beta^2}{\alpha\beta}=\dfrac{(\alpha+\beta)^2-2\alpha\beta}{\alpha\beta}$

$=\dfrac{1^2-2\times1}{1}=-1$

14 $x\neq0$이므로 주어진 방정식의 양변을 x^2으로 나누면

$x^2+6x+11+\dfrac{6}{x}+\dfrac{1}{x^2}=0,\ \left(x+\dfrac{1}{x}\right)^2+6\left(x+\dfrac{1}{x}\right)+9=0$

$x+\dfrac{1}{x}=t$로 놓으면 $t^2+6t+9=0$

$(t+3)^2=0$ $\qquad \therefore t=-3$

따라서 $x+\dfrac{1}{x}=-3$이므로 $\alpha+\dfrac{1}{\alpha}=-3$

$\therefore \left(\alpha-\dfrac{1}{\alpha}\right)^2=\left(\alpha+\dfrac{1}{\alpha}\right)^2-4=(-3)^2-4=5$

$\therefore \left|\alpha-\dfrac{1}{\alpha}\right|=\sqrt{5}$

15 $x=1$을 주어진 방정식에 대입하면

$1-(a+1)+2a-1=0$ $\qquad \therefore a=1$

주어진 방정식은 $x^3-2x+1=0$

$$\begin{array}{r|rrr|r} 1 & 1 & 0 & -2 & 1 \\ & & 1 & 1 & -1 \\ \hline & 1 & 1 & -1 & 0 \end{array}$$

$\therefore (x-1)(x^2+x-1)=0$

따라서 α, β는 이차방정식 $x^2+x-1=0$의 두 근이므로

$\alpha+\beta=-1$

$\therefore a+\alpha+\beta=1+(-1)=0$

16 $x=-2$를 주어진 방정식에 대입하면

$16+8+4a-2+6=0$ $\qquad \therefore a=-7$

주어진 방정식은 $x^4-x^3-7x^2+x+6=0$

$f(x)=x^4-x^3-7x^2+x+6$이라 하면 $f(1)=0$이므로

$$\begin{array}{r|rrrr|r} -2 & 1 & -1 & -7 & 1 & 6 \\ & & -2 & 6 & 2 & -6 \\ \hline 1 & 1 & -3 & -1 & 3 & 0 \\ & & 1 & -2 & -3 & \\ \hline & 1 & -2 & -3 & 0 \end{array}$$

$(x+2)(x-1)(x^2-2x-3)=0$이므로

$(x+2)(x+1)(x-1)(x-3)=0$

$\therefore x=-2$ 또는 $x=-1$ 또는 $x=1$ 또는 $x=3$

따라서 가장 큰 실근은 3이므로 $b=3$

$\therefore a+b=-7+3=-4$

17 $x=-2$, $x=3$을 주어진 방정식에 각각 대입하면

$-8+4a-2a+6+b=0$, $27+9a+3a-9+b=0$

$\therefore 2a+b=2$, $12a+b=-18$

두 식을 연립하여 풀면 $a=-2$, $b=6$

주어진 방정식은 $x^3-2x^2-5x+6=0$

$$\begin{array}{r|rrr|r} -2 & 1 & -2 & -5 & 6 \\ & & -2 & 8 & -6 \\ \hline 3 & 1 & -4 & 3 & 0 \\ & & 3 & -3 & \\ \hline & 1 & -1 & 0 \end{array}$$

$\therefore (x+2)(x-1)(x-3)=0$

$\therefore x=-2$ 또는 $x=1$ 또는 $x=3$

따라서 나머지 한 근은 1이다.

18 $x=-1$, $x=2$를 주어진 방정식에 각각 대입하면

$1+6+a-b-2=0$, $16-48+4a+2b-2=0$

$\therefore a-b=-5$, $2a+b=17$

두 식을 연립하여 풀면 $a=4$, $b=9$

주어진 방정식은 $x^4-6x^3+4x^2+9x-2=0$

$$\begin{array}{r|rrrr|r} -1 & 1 & -6 & 4 & 9 & -2 \\ & & -1 & 7 & -11 & 2 \\ \hline 2 & 1 & -7 & 11 & -2 & 0 \\ & & 2 & -10 & 2 & \\ \hline & 1 & -5 & 1 & 0 \end{array}$$

$\therefore (x+1)(x-2)(x^2-5x+1)=0$

따라서 주어진 방정식의 나머지 두 근은 이차방정식 $x^2-5x+1=0$의 두 근이므로 그 곱은 1이다.

19 $f(x)=x^3+x^2+2(k-1)x-2k$라 하면 $f(1)=0$이므로

$$\begin{array}{r|rrr|r} 1 & 1 & 1 & 2k-2 & -2k \\ & & 1 & 2 & 2k \\ \hline & 1 & 2 & 2k & 0 \end{array}$$

주어진 방정식은 $(x-1)(x^2+2x+2k)=0$

이 방정식의 근이 모두 실수이려면 이차방정식 $x^2+2x+2k=0$의 판별식을 D라 할 때

$\dfrac{D}{4}=1-2k \geq 0$ $\qquad \therefore k \leq \dfrac{1}{2}$

20 $f(x)=x^3-4x^2+(3k-1)x-6k+10$이라 하면

$f(2)=0$이므로

$$\begin{array}{r|rrr|r} 2 & 1 & -4 & 3k-1 & -6k+10 \\ & & 2 & -4 & 6k-10 \\ \hline & 1 & -2 & 3k-5 & 0 \end{array}$$

주어진 방정식은 $(x-2)(x^2-2x+3k-5)=0$

이 방정식이 한 실근과 두 허근을 가지려면 이차방정식 $x^2-2x+3k-5=0$의 판별식을 D라 할 때

$\dfrac{D}{4}=1-(3k-5)<0$ $\qquad \therefore k>2$

따라서 정수 k의 최솟값은 3이다.

21 $f(x)=x^3-7x^2+(a+6)x-a$라 하면 $f(1)=0$이므로

$$\begin{array}{r|rrr|r} 1 & 1 & -7 & a+6 & -a \\ & & 1 & -6 & a \\ \hline & 1 & -6 & a & 0 \end{array}$$

주어진 방정식은 $(x-1)(x^2-6x+a)=0$

이 방정식이 서로 다른 세 실근을 가지려면 이차방정식 $x^2-6x+a=0$이 1이 아닌 서로 다른 두 실근을 가져야 한다.

이차방정식 $x^2-6x+a=0$의 판별식을 D라 하면

$\dfrac{D}{4}=9-a>0$　　$\therefore a<9$　……㉠

$x^2-6x+a=0$에서 $x\neq1$이어야 하므로

$1-6+a\neq0$　　$\therefore a\neq5$　……㉡

㉠, ㉡에서 $a<5$ 또는 $5<a<9$

따라서 자연수 a는 1, 2, 3, 4, 6, 7, 8의 7개이다.

22 $f(x)=x^3-5x^2+(a+4)x-a$라 하면 $f(1)=0$이므로

$$\begin{array}{r|rrrr} 1 & 1 & -5 & a+4 & -a \\ & & 1 & -4 & a \\ \hline & 1 & -4 & a & 0 \end{array}$$

주어진 방정식은 $(x-1)(x^2-4x+a)=0$

이 방정식이 중근을 가지려면 이차방정식 $x^2-4x+a=0$이 1과 다른 한 실근을 갖거나 1이 아닌 중근을 가져야 한다.

(ⅰ) $x^2-4x+a=0$이 1을 근으로 갖는 경우

　$x=1$을 대입하면

　$1-4+a=0$　　$\therefore a=3$　◀ $x^2-4x+3=0$의 근은 1, 3

(ⅱ) $x^2-4x+a=0$이 1이 아닌 중근을 갖는 경우

　판별식을 D라 하면

　$\dfrac{D}{4}=4-a=0$　　$\therefore a=4$　◀ $x^2-4x+4=0$의 근은 2(중근)

(ⅰ), (ⅱ)에서 모든 실수 a의 값의 합은 $3+4=7$

23 모서리의 길이를 x만큼 늘인다고 하면

$(3+x)(2+x)(1+x)=3\times2\times1\times20$

$x^3+6x^2+11x-114=0$

$(x-3)(x^2+9x+38)=0$

$\therefore x=3\ (\because x>0)$

$$\begin{array}{r|rrrr} 3 & 1 & 6 & 11 & -114 \\ & & 3 & 27 & 114 \\ \hline & 1 & 9 & 38 & 0 \end{array}$$

따라서 새로운 직육면체의 가로의 길이는 6이다.

24 그릇 A의 밑면의 반지름의 길이를 $x\,\text{cm}$라 하면 높이는 $2x\,\text{cm}$이므로

$\pi x^2\times2x+16\pi=\dfrac{1}{2}\times\pi(x+2)^2\times2x$

$x^3-4x^2-4x+16=0$

$x^2(x-4)-4(x-4)=0,\ (x^2-4)(x-4)=0$

$(x+2)(x-2)(x-4)=0$

$\therefore x=2$ 또는 $x=4\ (\because x>0)$

따라서 그릇 A의 높이는 4cm 또는 8cm이다.

25 쌓기나무 한 개의 한 모서리의 길이를 $x\,\text{cm}$라 하면

$a=3x^3,\ b=14x^2$

$b-a=45$에서 $14x^2-3x^3=45$

$3x^3-14x^2+45=0$

$(x-3)(3x^2-5x-15)$

$=0$

$$\begin{array}{r|rrrr} 3 & 3 & -14 & 0 & 45 \\ & & 9 & -15 & -45 \\ \hline & 3 & -5 & -15 & 0 \end{array}$$

$\therefore x=3\ (\because x$는 자연수$)$

따라서 쌓기나무 한 개의 한 모서리의 길이는 3cm이다.

26 $\alpha+\beta+\gamma=-1,\ \alpha\beta+\beta\gamma+\gamma\alpha=2,\ \alpha\beta\gamma=-3$

$\therefore \dfrac{\alpha+\beta}{\alpha\beta}+\dfrac{\beta+\gamma}{\beta\gamma}+\dfrac{\gamma+\alpha}{\gamma\alpha}=\dfrac{2(\alpha\beta+\beta\gamma+\gamma\alpha)}{\alpha\beta\gamma}$

$\qquad\qquad\qquad\qquad\ =\dfrac{2\times2}{-3}=-\dfrac{4}{3}$

27 $\alpha+\beta+\gamma=\dfrac{3}{2},\ \alpha\beta+\beta\gamma+\gamma\alpha=2,\ \alpha\beta\gamma=-1$

$\therefore \alpha^2\beta^2+\beta^2\gamma^2+\gamma^2\alpha^2$

$\quad=(\alpha\beta+\beta\gamma+\gamma\alpha)^2-2\alpha\beta\gamma(\alpha+\beta+\gamma)$

$\quad=2^2-2\times(-1)\times\dfrac{3}{2}$

$\quad=7$

28 $\alpha+\beta+\gamma=0,\ \alpha\beta+\beta\gamma+\gamma\alpha=-5,\ \alpha\beta\gamma=6$

$\therefore \alpha^3+\beta^3+\gamma^3$

$\quad=(\alpha+\beta+\gamma)(\alpha^2+\beta^2+\gamma^2-\alpha\beta-\beta\gamma-\gamma\alpha)+3\alpha\beta\gamma$

$\quad=0+3\times6$

$\quad=18$

29 $\alpha+\beta+\gamma=2,\ \alpha\beta+\beta\gamma+\gamma\alpha=3,\ \alpha\beta\gamma=4$

$\alpha+\beta+\gamma=2$에서 $\alpha+\beta=2-\gamma,\ \beta+\gamma=2-\alpha,$

$\gamma+\alpha=2-\beta$이므로

$(\alpha+\beta)(\beta+\gamma)(\gamma+\alpha)$

$=(2-\gamma)(2-\alpha)(2-\beta)$

$=8-4(\alpha+\beta+\gamma)+2(\alpha\beta+\beta\gamma+\gamma\alpha)-\alpha\beta\gamma$

$=8-4\times2+2\times3-4$

$=2$

30 $\alpha+\beta+\gamma=-a,\ \alpha\beta+\beta\gamma+\gamma\alpha=1,\ \alpha\beta\gamma=2$　……㉠

$(\alpha+1)(\beta+1)(\gamma+1)=1$에서

$\alpha\beta\gamma+(\alpha\beta+\beta\gamma+\gamma\alpha)+(\alpha+\beta+\gamma)+1=1$

㉠을 대입하면

$2+1+(-a)+1=1$　　$\therefore a=3$

따라서 $\alpha+\beta+\gamma=-3$이므로

$\alpha^2+\beta^2+\gamma^2=(\alpha+\beta+\gamma)^2-2(\alpha\beta+\beta\gamma+\gamma\alpha)$

$\qquad\qquad\quad=(-3)^2-2\times1$

$\qquad\qquad\quad=7$

31 정수인 세 근을 $\alpha-1$, α, $\alpha+1$(α는 정수)이라 하면

$\alpha(\alpha-1)(\alpha+1)=60$

$\alpha^3-\alpha-60=0$

$(\alpha-4)(\alpha^2+4\alpha+15)=0$

$\therefore \alpha=4$ ($\because \alpha$는 정수)

$$\begin{array}{r|rrrr} 4 & 1 & 0 & -1 & -60 \\ & & 4 & 16 & 60 \\ \hline & 1 & 4 & 15 & 0 \end{array}$$

따라서 주어진 삼차방정식의

세 근이 3, 4, 5이므로

$3+4+5=-a$ $\quad\therefore a=-12$

$3\times4+4\times5+5\times3=b$ $\quad\therefore b=47$

$\therefore a+b=-12+47=35$

32 이차방정식 $x^2-2x-2b=0$의 두 근을 α, β, 삼차방정식 $2x^3-5x^2-2ax+8=0$의 나머지 한 근을 γ라 하면

$\alpha+\beta=2$, $\alpha+\beta+\gamma=\dfrac{5}{2}$ $\quad\therefore \gamma=\dfrac{1}{2}$

$x=\dfrac{1}{2}$을 주어진 삼차방정식에 대입하면

$\dfrac{1}{4}-\dfrac{5}{4}-a+8=0$ $\quad\therefore a=7$

$\alpha\beta=-2b$, $\alpha\beta\gamma=-4$이므로

$-2b\times\dfrac{1}{2}=-4$ $\quad\therefore b=4$

$\therefore a-b=7-4=3$

33 $\alpha+\beta+\gamma=-1$, $\alpha\beta+\beta\gamma+\gamma\alpha=0$, $\alpha\beta\gamma=-2$이므로

세 근 $\alpha\beta$, $\beta\gamma$, $\gamma\alpha$에 대하여

$\alpha\beta\times\beta\gamma+\beta\gamma\times\gamma\alpha+\gamma\alpha\times\alpha\beta=\alpha\beta\gamma(\alpha+\beta+\gamma)$

$\qquad\qquad\qquad\qquad\qquad\qquad =-2\times(-1)=2$

$\alpha\beta\times\beta\gamma\times\gamma\alpha=(\alpha\beta\gamma)^2=(-2)^2=4$

따라서 구하는 삼차방정식은 $x^3+2x-4=0$

34 $\alpha+\beta+\gamma=3$, $\alpha\beta+\beta\gamma+\gamma\alpha=-2$, $\alpha\beta\gamma=-4$이므로

세 근 $\dfrac{1}{\alpha\beta}$, $\dfrac{1}{\beta\gamma}$, $\dfrac{1}{\gamma\alpha}$에 대하여

$\dfrac{1}{\alpha\beta}+\dfrac{1}{\beta\gamma}+\dfrac{1}{\gamma\alpha}=\dfrac{\alpha+\beta+\gamma}{\alpha\beta\gamma}=-\dfrac{3}{4}$

$\dfrac{1}{\alpha\beta}\times\dfrac{1}{\beta\gamma}+\dfrac{1}{\beta\gamma}\times\dfrac{1}{\gamma\alpha}+\dfrac{1}{\gamma\alpha}\times\dfrac{1}{\alpha\beta}=\dfrac{\alpha\beta+\beta\gamma+\gamma\alpha}{(\alpha\beta\gamma)^2}$

$\qquad\qquad\qquad\qquad\qquad\qquad =\dfrac{-2}{(-4)^2}=-\dfrac{1}{8}$

$\dfrac{1}{\alpha\beta}\times\dfrac{1}{\beta\gamma}\times\dfrac{1}{\gamma\alpha}=\dfrac{1}{(\alpha\beta\gamma)^2}=\dfrac{1}{(-4)^2}=\dfrac{1}{16}$

따라서 x^3의 계수가 a인 삼차방정식은

$a\left(x^3+\dfrac{3}{4}x^2-\dfrac{1}{8}x-\dfrac{1}{16}\right)=0$

$\therefore ax^3+\dfrac{3}{4}ax^2-\dfrac{a}{8}x-\dfrac{a}{16}=0$

따라서 $b=\dfrac{3}{4}a$, $c=-\dfrac{a}{8}$, $-1=-\dfrac{a}{16}$이므로

$a=16$, $b=12$, $c=-2$ $\quad\therefore a+b+c=26$

35 $\alpha+\beta+\gamma=0$, $\alpha\beta+\beta\gamma+\gamma\alpha=2$, $\alpha\beta\gamma=-1$

$\alpha+\beta+\gamma=0$에서 $\alpha+\beta=-\gamma$, $\beta+\gamma=-\alpha$,

$\gamma+\alpha=-\beta$이므로

$\dfrac{\beta+\gamma}{\alpha^2}=\dfrac{-\alpha}{\alpha^2}=-\dfrac{1}{\alpha}$, $\dfrac{\gamma+\alpha}{\beta^2}=\dfrac{-\beta}{\beta^2}=-\dfrac{1}{\beta}$,

$\dfrac{\alpha+\beta}{\gamma^2}=\dfrac{-\gamma}{\gamma^2}=-\dfrac{1}{\gamma}$

세 근 $-\dfrac{1}{\alpha}$, $-\dfrac{1}{\beta}$, $-\dfrac{1}{\gamma}$에 대하여

$-\dfrac{1}{\alpha}+\left(-\dfrac{1}{\beta}\right)+\left(-\dfrac{1}{\gamma}\right)=-\dfrac{\alpha\beta+\beta\gamma+\gamma\alpha}{\alpha\beta\gamma}$

$\qquad\qquad\qquad\qquad\qquad =-\dfrac{2}{-1}=2$

$-\dfrac{1}{\alpha}\times\left(-\dfrac{1}{\beta}\right)+\left(-\dfrac{1}{\beta}\right)\times\left(-\dfrac{1}{\gamma}\right)+\left(-\dfrac{1}{\gamma}\right)\times\left(-\dfrac{1}{\alpha}\right)$

$=\dfrac{1}{\alpha\beta}+\dfrac{1}{\beta\gamma}+\dfrac{1}{\gamma\alpha}=\dfrac{\alpha+\beta+\gamma}{\alpha\beta\gamma}=0$

$-\dfrac{1}{\alpha}\times\left(-\dfrac{1}{\beta}\right)\times\left(-\dfrac{1}{\gamma}\right)=-\dfrac{1}{\alpha\beta\gamma}=1$

따라서 구하는 삼차방정식은 $x^3-2x^2-1=0$

36 $1-\sqrt{2}$가 근이면 $1+\sqrt{2}$도 근이므로 세 근 $1-\sqrt{2}$, $1+\sqrt{2}$, 2에 대하여

$(1-\sqrt{2})(1+\sqrt{2})+(1+\sqrt{2})\times2+2(1-\sqrt{2})=\dfrac{b}{a}$

$\therefore \dfrac{b}{a}=3$

$(1-\sqrt{2})(1+\sqrt{2})\times2=-\dfrac{c}{a}$ $\quad\therefore \dfrac{c}{a}=2$

$\therefore \dfrac{b+c}{a}=\dfrac{b}{a}+\dfrac{c}{a}=3+2=5$

37 $2-\sqrt{3}$이 근이면 $2+\sqrt{3}$도 근이므로 나머지 한 근을 α라 하면

$(2-\sqrt{3})+(2+\sqrt{3})+\alpha=5$ $\quad\therefore \alpha=1$

따라서 나머지 두 근의 곱은 $(2+\sqrt{3})\times1=2+\sqrt{3}$

38 $\dfrac{1+\sqrt{7}i}{2}$가 근이면 $\dfrac{1-\sqrt{7}i}{2}$도 근이고 나머지 한 근은 α이므로

$\dfrac{1+\sqrt{7}i}{2}+\dfrac{1-\sqrt{7}i}{2}+\alpha=0$ $\quad\therefore \alpha=-1$

$\dfrac{1+\sqrt{7}i}{2}\times\dfrac{1-\sqrt{7}i}{2}\times(-1)=-k$ $\quad\therefore k=2$

$\therefore k+\alpha=2+(-1)=1$

39 $4-2\sqrt{2}$가 근이면 $4+2\sqrt{2}$도 근이므로 나머지 한 근을 α라 하면

$(4-2\sqrt{2})+(4+2\sqrt{2})+\alpha=m$

$\therefore \alpha=m-8$ $\qquad\cdots\cdots$ ㉠

$$(4-2\sqrt{2})(4+2\sqrt{2})a=2m-4$$
$$\therefore 4a=m-2 \quad \cdots\cdots ㉡$$
㉠, ㉡을 연립하여 풀면 $a=2$, $m=10$

40 $1-i$가 근이면 $1+i$도 근이고 나머지 한 근은 c이므로
$$(1-i)+(1+i)+c=4 \quad \therefore c=2$$
$$(1-i)(1+i)+(1+i)\times 2+2(1-i)=a \quad \therefore a=6$$
$$(1-i)(1+i)\times 2=-b \quad \therefore b=-4$$
세 근 6, -4, 2에 대하여
$$6+(-4)+2=4$$
$$6\times(-4)+(-4)\times 2+2\times 6=-20$$
$$6\times(-4)\times 2=-48$$
따라서 구하는 삼차방정식은 $x^3-4x^2-20x+48=0$

41 방정식 $x^3+ax^2+bx+c=0$에서 $1+\sqrt{3}i$가 근이면
$1-\sqrt{3}i$도 근이다.
이때 이차방정식 $x^2+ax+2=0$의 계수가 실수이므로 한
근이 $1+\sqrt{3}i$이면 $1-\sqrt{3}i$도 근이다.
그런데 $(1+\sqrt{3}i)(1-\sqrt{3}i)=4\neq 2$이므로 $1+\sqrt{3}i$, $1-\sqrt{3}i$
는 이차방정식 $x^2+ax+2=0$의 두 근이 될 수 없다.
이차방정식 $x^2+ax+2=0$의 한 근이 m이므로 다른 한
근을 n이라 하면
$$m+n=-a \quad \cdots\cdots ㉠$$
공통인 근이 m이므로 방정식 $x^3+ax^2+bx+c=0$의 세
근 $1+\sqrt{3}i$, $1-\sqrt{3}i$, m에 대하여
$$(1+\sqrt{3}i)+(1-\sqrt{3}i)+m=-a$$
$$\therefore 2+m=-a \quad \cdots\cdots ㉡$$
㉠, ㉡에서
$$m+n=2+m \quad \therefore n=2$$
따라서 이차방정식 $x^2+ax+2=0$의 두 근이 m, 2이므로
$$m\times 2=2 \quad \therefore m=1$$

42 $\omega^3=1$, $\omega^2+\omega+1=0$, $\omega+\overline{\omega}=-1$, $\omega\overline{\omega}=1$
① $\omega^2+\omega=-1$
② $\omega+\overline{\omega}=-1$
③ $\omega+\dfrac{1}{\omega}=\dfrac{\omega^2+1}{\omega}=\dfrac{-\omega}{\omega}=-1$
④ $\omega^2+\dfrac{1}{\omega}=\dfrac{\omega^3+1}{\omega}=\dfrac{2}{\omega}$
⑤ $\omega^2+\dfrac{1}{\omega^2}=\omega^2+\dfrac{\omega^3}{\omega^2}=\omega^2+\omega=-1$
따라서 그 값이 다른 하나는 ④이다.

43 $\omega^2-\omega+1=0$, $\overline{\omega}^2-\overline{\omega}+1=0$, $\omega+\overline{\omega}=1$이므로
$$\dfrac{\omega^2}{\omega^2+1}+\dfrac{\overline{\omega}^2}{\overline{\omega}^2+1}=\dfrac{\omega^2}{\omega}+\dfrac{\overline{\omega}^2}{\overline{\omega}}=\omega+\overline{\omega}=1$$

44 $\omega^3=1$, $\omega^2+\omega+1=0$이므로
$$(\omega^2-2\omega+1)^{60}+(\omega^2-\omega-1)^{60}=(-3\omega)^{60}+(2\omega^2)^{60}$$
$$=3^{60}(\omega^3)^{20}+2^{60}(\omega^3)^{40}$$
$$=3^{60}+2^{60}$$

45 $\omega^3=-1$, $\omega^2-\omega+1=0$이므로
$$\omega^4-2\omega^3+3\omega^2-4\omega+5$$
$$=\omega^3\times\omega-2\times(-1)+3(\omega-1)-4\omega+5$$
$$=-\omega+2+3\omega-3-4\omega+5=-2\omega+4$$
따라서 $a=-2$, $b=4$이므로 $b-a=6$

46 이차방정식 $x^2+x+1=0$의 한 허근이 ω이므로
$$\omega^2+\omega+1=0 \quad \cdots\cdots ㉠$$
$$\therefore \omega+\overline{\omega}=-1, \ \omega\overline{\omega}=1$$
㉠의 양변에 $\omega-1$을 곱하면
$$(\omega-1)(\omega^2+\omega+1)=0, \ \omega^3-1=0 \quad \therefore \omega^3=1$$
$$\therefore z=\dfrac{\omega^3+2\omega}{\omega^3+3\omega}=\dfrac{1+2\omega}{1+3\omega}$$
$$\therefore z\overline{z}=\dfrac{1+2\omega}{1+3\omega}\times\overline{\left(\dfrac{1+2\omega}{1+3\omega}\right)}=\dfrac{1+2\omega}{1+3\omega}\times\dfrac{1+2\overline{\omega}}{1+3\overline{\omega}}$$
$$=\dfrac{1+2(\omega+\overline{\omega})+4\omega\overline{\omega}}{1+3(\omega+\overline{\omega})+9\omega\overline{\omega}}$$
$$=\dfrac{1+2\times(-1)+4\times 1}{1+3\times(-1)+9\times 1}=\dfrac{3}{7}$$

47 $\omega^3=1$, $\omega^2+\omega+1=0$
ㄱ. $\dfrac{\omega}{\omega+1}-\dfrac{1}{\omega^2}=\dfrac{\omega}{\omega+1}-\dfrac{1}{-\omega-1}=\dfrac{\omega+1}{\omega+1}=1$
ㄴ. $(\omega^3+1)(\omega^2+1)(\omega+1)$
$$=(1+1)\times(-\omega)\times(-\omega^2)=2\omega^3=2$$
ㄷ. $\dfrac{1}{\omega+1}+\dfrac{1}{\omega^2+1}+\dfrac{1}{\omega^3+1}+\cdots+\dfrac{1}{\omega^{20}+1}$
$$=\left(\dfrac{1}{\omega+1}+\dfrac{1}{\omega^2+1}+\dfrac{1}{2}\right)+\left(\dfrac{1}{\omega+1}+\dfrac{1}{\omega^2+1}+\dfrac{1}{2}\right)$$
$$\qquad +\cdots+\dfrac{1}{\omega+1}+\dfrac{1}{\omega^2+1}$$
$$=6\left(\dfrac{1}{-\omega^2}+\dfrac{1}{-\omega}+\dfrac{1}{2}\right)+\dfrac{1}{-\omega^2}+\dfrac{1}{-\omega}$$
$$=6\left(\dfrac{1+\omega}{-\omega^2}+\dfrac{1}{2}\right)+\dfrac{1+\omega}{-\omega^2}$$
$$=6\left(\dfrac{\omega+1}{\omega+1}+\dfrac{1}{2}\right)+\dfrac{\omega+1}{\omega+1}=6\times\dfrac{3}{2}+1=10$$
따라서 보기에서 옳은 것은 ㄴ이다.

48 $\omega^3=1$, $\omega^2+\omega+1=0$이므로
$$\omega^{4n}+(\omega+1)^{4n}+1=(\omega^4)^n+(-\omega^2)^{4n}+1$$
$$=(\omega^3\times\omega)^n+(\omega^8)^n+1$$
$$=\omega^n+\omega^{2n}+1$$
$$=\omega^{2n}+\omega^n+1$$

음이 아닌 정수 k에 대하여

(i) $n=3k+1$일 때

$\omega^n=\omega^{3k+1}=(\omega^3)^k\times\omega=\omega$

$\omega^{2n}=(\omega^n)^2=\omega^2$

$\therefore \omega^{2n}+\omega^n+1=\omega^2+\omega+1=0$

(ii) $n=3k+2$일 때

$\omega^n=\omega^{3k+2}=(\omega^3)^k\times\omega^2=\omega^2$

$\omega^{2n}=(\omega^n)^2=(\omega^2)^2=\omega^4=\omega$

$\therefore \omega^{2n}+\omega^n+1=\omega+\omega^2+1=0$

(iii) $n=3k+3$일 때

$\omega^n=\omega^{3k+3}=(\omega^3)^{k+1}=1$

$\omega^{2n}=(\omega^n)^2=1^2=1$

$\therefore \omega^{2n}+\omega^n+1=1+1+1=3$

(i), (ii), (iii)에서 $\omega^{4n}+(\omega+1)^{4n}+1=0$을 만족시키는 자연수 n은 $n=3k+1$ 또는 $n=3k+2$ 꼴이다.

따라서 40 이하의 자연수 n의 개수는

$40-(40$ 이하의 3의 배수의 개수$)=40-13=27$

---

02 연립이차방정식   57~60쪽

1 ③	**2** 1	**3** ②	**4** $(-3, -1)$, $(3, 1)$	
5 ①	**6** 6	**7** ②	**8** ④	**9** -5
10 ③	**11** ⑤	**12** 24	**13** ②	**14** ①
15 ②	**16** ④	**17** 5	**18** 4	**19** ②
20 15	**21** ③	**22** 40	**23** ②	**24** 5
25 ②	**26** $x=-1$, $y=3$			

1 $x-y+1=0$에서 $y=x+1$

이를 $x^2-2y^2-2=0$에 대입하면

$x^2-2(x+1)^2-2=0$

$x^2+4x+4=0$, $(x+2)^2=0$ $\therefore x=-2$

이를 $y=x+1$에 대입하면 $y=-1$

$\therefore \alpha=-2$, $\beta=-1$

$\therefore \alpha+\beta=-3$

2 $2x-y=4$에서 $y=2x-4$

이를 $x^2+2xy-2y^2=13$에 대입하면

$x^2+2x(2x-4)-2(2x-4)^2=13$

$x^2-8x+15=0$, $(x-3)(x-5)=0$

$\therefore x=3$ 또는 $x=5$

이를 각각 $y=2x-4$에 대입하면

$x=3$일 때 $y=2$, $x=5$일 때 $y=6$

$\therefore x-y=1$ 또는 $x-y=-1$

따라서 $x-y$의 최댓값은 1이다.

3 두 연립방정식의 공통인 해는 $\begin{cases} x-y=4 \\ x^2+y^2=10 \end{cases}$ 의 해와 같다.

$x-y=4$에서 $y=x-4$

이를 $x^2+y^2=10$에 대입하면

$x^2+(x-4)^2=10$, $x^2-4x+3=0$

$(x-1)(x-3)=0$ $\therefore x=1$ 또는 $x=3$

이를 각각 $y=x-4$에 대입하면

$x=1$일 때 $y=-3$, $x=3$일 때 $y=-1$

이때 $ab=xy\left(\dfrac{1}{x}+\dfrac{1}{y}\right)=x+y$이므로

$ab=-2$ 또는 $ab=2$

따라서 모든 ab의 값의 합은 $-2+2=0$

4 $3x^2-8xy-3y^2=0$에서 $(3x+y)(x-3y)=0$

$\therefore y=-3x$ 또는 $x=3y$

(i) $y=-3x$일 때

이를 $x^2+3y^2=12$에 대입하면

$x^2+27x^2=12$, $x^2=\dfrac{3}{7}$

$\therefore x=-\dfrac{\sqrt{21}}{7}$ 또는 $x=\dfrac{\sqrt{21}}{7}$

그런데 x는 정수이므로 해는 없다.

(ii) $x=3y$일 때

이를 $x^2+3y^2=12$에 대입하면

$9y^2+3y^2=12$, $y^2=1$ $\therefore y=-1$ 또는 $y=1$

이를 각각 $x=3y$에 대입하면

$y=-1$일 때 $x=-3$, $y=1$일 때 $x=3$

(i), (ii)에서 정수 x, y의 순서쌍 (x, y)는

$(-3, -1)$, $(3, 1)$

5 $x^2-3xy+2y^2=0$에서 $(x-y)(x-2y)=0$

$\therefore x=y$ 또는 $x=2y$

(i) $x=y$일 때

이를 $x^2-y^2=9$에 대입하면

$y^2-y^2=9$, $0\times y^2=9$

이를 만족시키는 y의 값은 존재하지 않는다.

(ii) $x=2y$일 때

이를 $x^2-y^2=9$에 대입하면

$4y^2-y^2=9$, $y^2=3$ $\therefore y=-\sqrt{3}$ 또는 $y=\sqrt{3}$

이를 각각 $x=2y$에 대입하면

$y=-\sqrt{3}$일 때 $x=-2\sqrt{3}$, $y=\sqrt{3}$일 때 $x=2\sqrt{3}$

(i), (ii)에서 주어진 연립방정식의 해는

$\begin{cases} x=-2\sqrt{3} \\ y=-\sqrt{3} \end{cases}$ 또는 $\begin{cases} x=2\sqrt{3} \\ y=\sqrt{3} \end{cases}$

$\therefore \alpha_1=-2\sqrt{3}$, $\beta_1=-\sqrt{3}$, $\alpha_2=2\sqrt{3}$, $\beta_2=\sqrt{3}$ $(\because \alpha_1<\alpha_2)$

$\therefore \beta_1-\beta_2=-\sqrt{3}-\sqrt{3}=-2\sqrt{3}$

6 $2x^2+3xy-2y^2=0$에서 $(x+2y)(2x-y)=0$

$\therefore x=-2y$ 또는 $y=2x$

(i) $x=-2y$일 때

이를 $x^2+xy=12$에 대입하면

$4y^2-2y^2=12$, $y^2=6$ $\quad \therefore y=-\sqrt{6}$ 또는 $y=\sqrt{6}$

그런데 y는 자연수이므로 해는 없다.

(ii) $y=2x$일 때

이를 $x^2+xy=12$에 대입하면

$x^2+2x^2=12$, $x^2=4$ $\quad \therefore x=-2$ 또는 $x=2$

그런데 x는 자연수이므로 $x=2$

이를 $y=2x$에 대입하면 $y=4$

$\therefore x+y=6$

(i), (ii)에서 $x+y=6$

7 $x^2-xy-6y^2=0$에서 $(x+2y)(x-3y)=0$

$\therefore x=-2y$ 또는 $x=3y$

(i) $x=-2y$일 때

이를 $x^2+2xy-3y^2=24$에 대입하면

$4y^2-4y^2-3y^2=24$, $y^2=-8$

$\therefore y=-2\sqrt{2}i$ 또는 $y=2\sqrt{2}i$

그런데 y는 실수이므로 해는 없다.

(ii) $x=3y$일 때

이를 $x^2+2xy-3y^2=24$에 대입하면

$9y^2+6y^2-3y^2=24$, $y^2=2$

$\therefore y=-\sqrt{2}$ 또는 $y=\sqrt{2}$

이를 각각 $x=3y$에 대입하면

$y=-\sqrt{2}$일 때 $x=-3\sqrt{2}$, $y=\sqrt{2}$일 때 $x=3\sqrt{2}$

$\therefore xy=6$

(i), (ii)에서 $xy=6$

8 $12x^2+7xy-12y^2=0$에서 $(3x+4y)(4x-3y)=0$

$\therefore x=-\dfrac{4}{3}y$ 또는 $x=\dfrac{3}{4}y$

(i) $x=-\dfrac{4}{3}y$일 때

이를 $x^2+y^2=25$에 대입하면

$\dfrac{16}{9}y^2+y^2=25$, $y^2=9$ $\quad \therefore y=-3$ 또는 $y=3$

이를 각각 $x=-\dfrac{4}{3}y$에 대입하면

$y=-3$일 때 $x=4$, $y=3$일 때 $x=-4$

$\therefore x+y=1$ 또는 $x+y=-1$

(ii) $x=\dfrac{3}{4}y$일 때

이를 $x^2+y^2=25$에 대입하면

$\dfrac{9}{16}y^2+y^2=25$, $y^2=16$ $\quad \therefore y=-4$ 또는 $y=4$

이를 각각 $x=\dfrac{3}{4}y$에 대입하면

$y=-4$일 때 $x=-3$, $y=4$일 때 $x=3$

$\therefore x+y=-7$ 또는 $x+y=7$

(i), (ii)에서 $x+y$의 최댓값은 7이다.

9 두 연립방정식의 공통인 해는 $\begin{cases} 2x^2-xy+y^2=16 \\ 6x^2-5xy+y^2=0 \end{cases}$의 해와 같다.

$6x^2-5xy+y^2=0$에서 $(2x-y)(3x-y)=0$

$\therefore y=2x$ 또는 $y=3x$

(i) $y=2x$일 때

이를 $2x^2-xy+y^2=16$에 대입하면

$2x^2-2x^2+4x^2=16$, $x^2=4$

$y=2x$에서 $y^2=4x^2$이므로 $y^2=16$

$x^2=4$, $y^2=16$을 각각 $ax^2+by^2=-8$,

$ax^2-by^2=28$에 대입하면

$4a+16b=-8$, $4a-16b=28$

$\therefore a+4b=-2$, $a-4b=7$

두 식을 연립하여 풀면 $a=\dfrac{5}{2}$, $b=-\dfrac{9}{8}$

(ii) $y=3x$일 때

이를 $2x^2-xy+y^2=16$에 대입하면

$2x^2-3x^2+9x^2=16$, $x^2=2$

$y=3x$에서 $y^2=9x^2$이므로 $y^2=18$

$x^2=2$, $y^2=18$을 각각 $ax^2+by^2=-8$,

$ax^2-by^2=28$에 대입하면

$2a+18b=-8$, $2a-18b=28$

$\therefore a+9b=-4$, $a-9b=14$

두 식을 연립하여 풀면 $a=5$, $b=-1$

(i), (ii)에서 정수 a, b의 값은 $a=5$, $b=-1$

$\therefore ab=-5$

10 $x+y=u$, $xy=v$로 놓으면 $\begin{cases} u^2-2v=17 \\ v=4 \end{cases}$

$v=4$를 $u^2-2v=17$에 대입하면

$u^2-8=17$, $u^2=25$ $\quad \therefore u=-5$ 또는 $u=5$

그런데 x, y가 자연수이면 $x+y=u$이므로 $u>0$

$\therefore u=5$, $v=4$ $\quad \therefore x+y=5$, $xy=4$

x, y는 이차방정식 $t^2-5t+4=0$의 두 근이므로

$(t-1)(t-4)=0$ $\quad \therefore t=1$ 또는 $t=4$

따라서 순서쌍 (x,y)는 $(1,4)$, $(4,1)$의 2개이다.

11 $x+y=u$, $xy=v$로 놓으면 $\begin{cases} v+u=-1 \\ u^2+v=5 \end{cases}$

$v+u=-1$에서 $v=-u-1$

이를 $u^2+v=5$에 대입하면

$u^2+(-u-1)=5$, $u^2-u-6=0$

$(u+2)(u-3)=0$ ∴ $u=-2$ 또는 $u=3$

이를 각각 $v=-u-1$에 대입하면

$u=-2$일 때 $v=1$, $u=3$일 때 $v=-4$

(i) $u=-2$, $v=1$, 즉 $x+y=-2$, $xy=1$일 때

  x, y는 이차방정식 $t^2+2t+1=0$의 두 근이므로

  $(t+1)^2=0$ ∴ $t=-1$

  ∴ $x=-1$, $y=-1$ ∴ $x-y=0$

(ii) $u=3$, $v=-4$, 즉 $x+y=3$, $xy=-4$일 때

  x, y는 이차방정식 $t^2-3t-4=0$의 두 근이므로

  $(t+1)(t-4)=0$ ∴ $t=-1$ 또는 $t=4$

  ∴ $x=-1$, $y=4$ 또는 $x=4$, $y=-1$

  ∴ $x-y=-5$ 또는 $x-y=5$

(i), (ii)에서 $x-y$의 값은 -5, 0, 5이다.

따라서 $x-y$의 값이 될 수 있는 것은 ⑤이다.

12 $x+y=u$, $xy=v$로 놓으면 $\begin{cases} 2u+v=-7 \\ u^2-2v+u=20 \end{cases}$

$2u+v=-7$에서 $v=-2u-7$

이를 $u^2-2v+u=20$에 대입하면

$u^2-2(-2u-7)+u=20$, $u^2+5u-6=0$

$(u+6)(u-1)=0$ ∴ $u=-6$ 또는 $u=1$

이를 각각 $v=-2u-7$에 대입하면

$u=-6$일 때 $v=5$, $u=1$일 때 $v=-9$

(i) $u=-6$, $v=5$, 즉 $x+y=-6$, $xy=5$일 때

  x, y는 이차방정식 $t^2+6t+5=0$의 두 근이므로

  $(t+5)(t+1)=0$ ∴ $t=-5$ 또는 $t=-1$

  ∴ $x=-5$, $y=-1$ 또는 $x=-1$, $y=-5$

  ∴ $x^2-y^2=24$ 또는 $x^2-y^2=-24$

(ii) $u=1$, $v=-9$, 즉 $x+y=1$, $xy=-9$일 때,

  x, y는 이차방정식 $t^2-t-9=0$의 두 근이므로

  $t=\dfrac{1\pm\sqrt{37}}{2}$

  그런데 x, y는 정수이므로 해는 없다.

(i), (ii)에서 x^2-y^2의 최댓값은 24이다.

13 $2x+y=1$에서 $y=-2x+1$

이를 $x^2-ky=-6$에 대입하면

$x^2-k(-2x+1)=-6$, $x^2+2kx-k+6=0$

이 이차방정식의 판별식을 D라 하면

$\dfrac{D}{4}=k^2-(-k+6)=0$, $k^2+k-6=0$

$(k+3)(k-2)=0$ ∴ $k=-3$ 또는 $k=2$

그런데 k는 양수이므로 $k=2$

14 x, y는 t에 대한 이차방정식 $t^2+(2a-1)t+a^2+1=0$의 두 근이므로 이 이차방정식의 판별식을 D라 하면

$D=(2a-1)^2-4(a^2+1)\geq0$ ∴ $a\leq-\dfrac{3}{4}$

따라서 a의 값이 될 수 있는 것은 ①이다.

15 $x+y=2k-1$을 $xy+x+y=k^2-2k$에 대입하면

$xy+2k-1=k^2-2k$ ∴ $xy=k^2-4k+1$

x, y는 t에 대한 이차방정식

$t^2-(2k-1)t+k^2-4k+1=0$의 두 근이므로 이 이차방정식의 판별식을 D라 하면

$D=(2k-1)^2-4(k^2-4k+1)<0$ ∴ $k<\dfrac{1}{4}$

따라서 정수 k의 최댓값은 0이다.

16 오른쪽 그림과 같이 원에 내접하는 직사각형의 가로의 길이를 x, 세로의 길이를 y라 하면

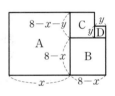

$\begin{cases} x+y=31 \\ x^2+y^2=625 \end{cases}$

$x+y=31$에서 $y=-x+31$

이를 $x^2+y^2=625$에 대입하면

$x^2+(-x+31)^2=625$, $x^2-31x+168=0$

$(x-7)(x-24)=0$ ∴ $x=7$ 또는 $x=24$

이를 각각 $y=-x+31$에 대입하면

$x=7$일 때 $y=24$, $x=24$일 때 $y=7$

그런데 $x>y$이므로 $x=24$, $y=7$

따라서 가로의 길이는 24이다.

17 오른쪽 그림과 같이 A의 한 변의 길이를 x, D의 한 변의 길이를 y라 하면 B의 한 변의 길이는 $8-x$, C의 한 변의 길이는 $8-x-y$이다.

B와 C의 한 변의 길이의 합이 A의 한 변의 길이와 같으므로

$(8-x)+(8-x-y)=x$

∴ $y=-3x+16$ …… ㉠

A, D의 넓이의 차가 24이므로

$x^2-y^2=24$

㉠을 대입하면

$x^2-(-3x+16)^2=24$, $x^2-12x+35=0$

$(x-5)(x-7)=0$ ∴ $x=5$ 또는 $x=7$

이를 각각 ㉠에 대입하면

$x=5$일 때 $y=1$, $x=7$일 때 $y=-5$

그런데 $y>0$이므로 $x=5$, $y=1$

따라서 정사각형 A의 한 변의 길이는 5이다.

18 두 원의 반지름의 길이를 각각 x, y라 하자.

정사각형의 대각선의 길이가

$12\sqrt{2}+12$이므로

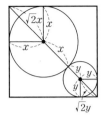

$\sqrt{2}x+x+y+\sqrt{2}y=12\sqrt{2}+12$

$(\sqrt{2}+1)(x+y)=12(\sqrt{2}+1)$

$\therefore x+y=12$ ····· ㉠

두 원의 넓이의 합이 80π이므로

$\pi x^2+\pi y^2=80\pi$ $\therefore x^2+y^2=80$ ····· ㉡

㉠, ㉡에서 $x+y=u$, $xy=v$로 놓으면

$u=12$, $u^2-2v=80$

$\therefore v=32$ $\therefore x+y=12$, $xy=32$

x, y는 이차방정식 $t^2-12t+32=0$의 두 근이므로

$(t-4)(t-8)=0$ $\therefore t=4$ 또는 $t=8$

$\therefore x=4$, $y=8$ 또는 $x=8$, $y=4$

따라서 작은 원의 반지름의 길이는 4이다.

19 $xy-2x-y+3=0$에서 $(x-1)(y-2)=-1$

$x-1$, $y-2$가 정수이므로

$x-1=-1$, $y-2=1$ 또는 $x-1=1$, $y-2=-1$

$\therefore x=0$, $y=3$ 또는 $x=2$, $y=1$

$\therefore x+y=3$

20 $\dfrac{4}{m}+\dfrac{2}{n}=1$에서 $\dfrac{4n+2m}{mn}=1$

$mn-2m-4n=0$, $(m-4)(n-2)=8$

m, n이 자연수이므로 $m-4$, $n-2$는 $m-4\geq-3$,

$n-2\geq-1$인 정수이다.

(i) $m-4=1$, $n-2=8$일 때

   $m=5$, $n=10$ $\therefore m+n=15$

(ii) $m-4=2$, $n-2=4$일 때

   $m=6$, $n=6$ $\therefore m+n=12$

(iii) $m-4=4$, $n-2=2$일 때

   $m=8$, $n=4$ $\therefore m+n=12$

(iv) $m-4=8$, $n-2=1$일 때

   $m=12$, $n=3$ $\therefore m+n=15$

(i)~(iv)에서 $m+n$의 최댓값은 15이다.

21 자연수인 두 근을 α, $\beta(\alpha\leq\beta)$라 하면

$\alpha+\beta=2p$, $\alpha\beta=5p$

$p=\dfrac{\alpha+\beta}{2}$를 $\alpha\beta=5p$에 대입하면

$\alpha\beta=\dfrac{5}{2}(\alpha+\beta)$, $2\alpha\beta-5\alpha-5\beta=0$

$(2\alpha-5)(2\beta-5)=25$

α, β가 자연수이므로 $2\alpha-5$, $2\beta-5$는 $2\alpha-5\geq-3$,

$2\beta-5\geq-3$인 정수이다.

(i) $2\alpha-5=1$, $2\beta-5=25$일 때

   $\alpha=3$, $\beta=15$ $\therefore p=\dfrac{3+15}{2}=9$

(ii) $2\alpha-5=5$, $2\beta-5=5$일 때

   $\alpha=5$, $\beta=5$ $\therefore p=\dfrac{5+5}{2}=5$

(i), (ii)에서 정수 p의 최솟값은 5이다.

22 두 직각삼각형 ABD, BCD에서

$\overline{AB}^2+\overline{AD}^2=\overline{BC}^2+\overline{CD}^2$이므로

$a^2+5^2=7^2+b^2$, $a^2-b^2=24$ $\therefore (a+b)(a-b)=24$

a, b는 자연수이므로 $a+b>0$이고 $a+b$가 자연수이므로

$a-b$도 자연수이다.

이때 $a+b>a-b$이므로

(i) $a+b=24$, $a-b=1$일 때

   두 식을 연립하여 풀면 $a=\dfrac{25}{2}$, $b=\dfrac{23}{2}$

(ii) $a+b=12$, $a-b=2$일 때

   두 식을 연립하여 풀면 $a=7$, $b=5$

(iii) $a+b=8$, $a-b=3$일 때

   두 식을 연립하여 풀면 $a=\dfrac{11}{2}$, $b=\dfrac{5}{2}$

(iv) $a+b=6$, $a-b=4$일 때

   두 식을 연립하여 풀면 $a=5$, $b=1$

(i)~(iv)에서 자연수 a, b의 값은

$a=7$, $b=5$ 또는 $a=5$, $b=1$

따라서 모든 ab의 값의 합은 $7\times5+5\times1=40$

23 x, y가 실수이므로 $x+2y-1=0$, $x-y+2=0$

두 식을 연립하여 풀면 $x=-1$, $y=1$ $\therefore xy=-1$

24 $(x+1)^2+(y-2)^2=0$

x, y가 실수이므로 $x+1=0$, $y-2=0$

$\therefore x=-1$, $y=2$ $\therefore x^2+y^2=1+4=5$

25 $(x+1)^2+(x+2y)^2=0$

x, y가 실수이므로 $x+1=0$, $x+2y=0$

$\therefore x=-1$, $y=\dfrac{1}{2}$ $\therefore x+y=-\dfrac{1}{2}$

26 x에 대하여 내림차순으로 정리하면

$x^2+2(y-2)x+2y^2-10y+13=0$ ····· ㉠

이차방정식 ㉠의 판별식을 D라 하면

$\dfrac{D}{4}=(y-2)^2-(2y^2-10y+13)\geq0$

$y^2-6y+9\leq0$, $(y-3)^2\leq0$

y는 실수이므로 $y=3$

이를 ㉠에 대입하면

$x^2+2x+1=0$, $(x+1)^2=0$ $\therefore x=-1$

II-4. 여러 가지 부등식

1 $ax-7b>bx-7a$에서 $(a-b)x>-7(a-b)$

$a<b$에서 $a-b<0$이므로 양변을 $a-b$로 나누면

$x<-7$

2 $a^2x-a\geq16x+3$에서 $(a^2-16)x\geq a+3$

이 부등식의 해가 모든 실수이므로

$a^2-16=0$, $a+3\leq0$

$\therefore a=-4$

3 $(a+b)x+a-b<0$에서 $(a+b)x<-a+b$

이 부등식의 해가 $x>\dfrac{1}{2}$이므로

$a+b<0$, $\dfrac{-a+b}{a+b}=\dfrac{1}{2}$

$\dfrac{-a+b}{a+b}=\dfrac{1}{2}$에서 $-2a+2b=a+b$ $\therefore b=3a$

이를 $a+b<0$에 대입하면

$a+3a<0$ $\therefore a<0$

$bx+3a+4b>0$에서

$3ax+3a+12a>0$, $3ax>-15a$

$\therefore x<-5$ ($\because a<0$)

4 $(a-b)x+2a-3b\leq0$에서 $(a-b)x\leq-2a+3b$

이 부등식이 해를 갖지 않으므로

$a-b=0$, $-2a+3b<0$

$a-b=0$에서 $b=a$이므로 $-2a+3b<0$에 대입하면

$-2a+3a<0$ $\therefore a<0$

$2ax-5b+a>0$에서

$2ax-5a+a>0$, $2ax>4a$

$\therefore x<2$ ($\because a<0$)

5 $x+3<3x$를 풀면

$-2x<-3$ $\therefore x>\dfrac{3}{2}$

$3x+4<2x+8$을 풀면

$x<4$

따라서 주어진 연립부등식의 해는

$\dfrac{3}{2}<x<4$

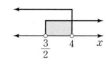

즉, $a=\dfrac{3}{2}$, $b=4$이므로

$ab=6$

6 $5x-4\leq3x-2$를 풀면

$2x\leq2$ $\therefore x\leq1$

$3x-2<10x+12$를 풀면

$-7x<14$ $\therefore x>-2$

따라서 주어진 부등식의 해는

$-2<x\leq1$

7 $3x+8>x-4$를 풀면

$2x>-12$ $\therefore x>-6$

$2(x-3)\leq x+3$을 풀면

$2x-6\leq x+3$ $\therefore x\leq9$

따라서 주어진 연립부등식의 해는

$-6<x\leq9$

따라서 정수 x의 개수는

$9-(-6)=15$

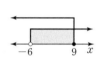

8 $4x-3<6(x-1)$을 풀면

$4x-3<6x-6$, $-2x<-3$ $\therefore x>\dfrac{3}{2}$

$6(x-1)<7x-2$를 풀면

$6x-6<7x-2$, $-x<4$ $\therefore x>-4$

따라서 주어진 부등식의 해는

$x>\dfrac{3}{2}$

따라서 정수 x의 최솟값은 2이다.

9 $x-1<1-\dfrac{2-x}{2}$를 풀면

$2x-2<2-2+x$ $\therefore x<2$

$\dfrac{2x+1}{3}\geq\dfrac{x}{2}$를 풀면

$4x+2\geq3x$ $\therefore x\geq-2$

따라서 주어진 연립부등식의 해는

$-2\leq x<2$

즉, $\alpha=-2$, $\beta=2$이므로

$\beta-\alpha=4$

10 $x-3<\dfrac{2}{3}x-1$을 풀면

$3x-9<2x-3$ $\therefore x<6$

$1-0.6x\geq0.1x+1.7$을 풀면

$10-6x\geq x+17$, $-7x\geq7$　$\therefore x\leq-1$

따라서 주어진 연립부등식의 해는

$x\leq-1$

따라서 x의 최댓값은 -1이다.

11 $\dfrac{2x+1}{3}-1\leq\dfrac{3x+2}{2}$를 풀면

$4x+2-6\leq9x+6$, $-5x\leq10$　$\therefore x\geq-2$

$0.4x+1>0.5(x+1)+0.2$를 풀면

$4x+10>5x+5+2$, $-x>-3$　$\therefore x<3$

따라서 주어진 연립부등식의 해는

$-2\leq x<3$

따라서 정수 x는 -2, -1, 0, 1,

2이므로 구하는 합은

$-2+(-1)+0+1+2=0$

12 $4x+8\leq3(x+3)$을 풀면

$4x+8\leq3x+9$　$\therefore x\leq1$

$x-4>-3x+8$을 풀면

$4x>12$　$\therefore x>3$

따라서 주어진 연립부등식의 해는

없다.

13 ㄱ. $2x\leq4$를 풀면 $x\leq2$

　$x+3>2$를 풀면 $x>-1$

　따라서 주어진 연립부등식의 해
　는 $-1<x\leq2$

ㄴ. $-2x+1<-5$를 풀면

　$-2x<-6$　$\therefore x>3$

　$x-1<2$를 풀면 $x<3$

　따라서 주어진 연립부등식의 해
　는 없다.

ㄷ. $\dfrac{1}{2}x+3\leq\dfrac{5}{2}$를 풀면

　$x+6\leq5$　$\therefore x\leq-1$

　$3+x\leq2x$를 풀면

　$-x\leq-3$　$\therefore x\geq3$

　따라서 주어진 연립부등식의 해
　는 없다.

ㄹ. $-4x+2\geq2$를 풀면

　$-4x\geq0$　$\therefore x\leq0$

　$2x-9\geq x-9$를 풀면 $x\geq0$

　따라서 주어진 연립부등식의 해
　는 $x=0$

따라서 보기에서 해가 없는 것은 ㄴ, ㄷ이다.

14 $\dfrac{x-9}{3}\leq x+1$을 풀면

$x-9\leq3x+3$, $-2x\leq12$　$\therefore x\geq-6$

$x+1\leq\dfrac{x}{2}-2$를 풀면

$2x+2\leq x-4$　$\therefore x\leq-6$

따라서 주어진 부등식의 해는

$x=-6$

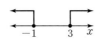

이를 $ax-4=2$에 대입하면

$-6a-4=2$　$\therefore a=-1$

15 $5x-3\leq2x+3$을 풀면

$3x\leq6$　$\therefore x\leq2$

$3(x+2)>2x+a$를 풀면

$3x+6>2x+a$　$\therefore x>a-6$

주어진 그림에서 연립부등식의 해가 $-1<x\leq2$이므로

$a-6=-1$　$\therefore a=5$

16 $6x-5\leq2x+7$을 풀면

$4x\leq12$　$\therefore x\leq3$

$x+7>-3x+a$를 풀면

$4x>a-7$　$\therefore x>\dfrac{a-7}{4}$

따라서 $3=b$, $\dfrac{a-7}{4}=-2$이므로

$a=-1$, $b=3$　$\therefore a+b=2$

17 $7x+a<5(x+2)$를 풀면

$7x+a<5x+10$

$2x<-a+10$　$\therefore x<\dfrac{-a+10}{2}$

$5(x+2)<6x+b$를 풀면

$5x+10<6x+b$

$-x<b-10$　$\therefore x>-b+10$

따라서 $\dfrac{-a+10}{2}=7$, $-b+10=4$이므로

$a=-4$, $b=6$　$\therefore ab=-24$

18 $\dfrac{2x+a}{3}\geq\dfrac{3}{2}x-\dfrac{5}{3}$를 풀면

$4x+2a\geq9x-10$

$-5x\geq-2a-10$　$\therefore x\leq\dfrac{2a+10}{5}$

$7x+14\leq9x+b$를 풀면

$-2x\leq b-14$　$\therefore x\geq-\dfrac{b-14}{2}$

따라서 $\dfrac{2a+10}{5}=6$, $-\dfrac{b-14}{2}=6$이므로

$a=10$, $b=2$　$\therefore a-b=8$

19 $2x+3<3x+a$를 풀면

$-x<a-3$ ∴ $x>-a+3$

$-x+2a+4<x+2$를 풀면

$-2x<-2a-2$ ∴ $x>a+1$

(i) $-a+3<a+1$, 즉 $a>1$일 때

$a+1=4$이므로 $a=3$

(ii) $-a+3≥a+1$, 즉 $a≤1$일 때

$-a+3=4$이므로 $a=-1$

(i), (ii)에서 모든 a의 값의 합은

$3+(-1)=2$

20 $ax+b≤0$에서 $ax≤-b$

주어진 그림에서 이 부등식의 해가 $x≤2$이므로

$a>0$, $-\dfrac{b}{a}=2$ ∴ $b=-2a$

$cx-d>0$에서 $cx>d$

주어진 그림에서 이 부등식의 해가 $x<-3$이므로

$c<0$, $\dfrac{d}{c}=-3$ ∴ $d=-3c$

$ax-b≥0$에 $b=-2a$를 대입하면

$ax+2a≥0$, $ax≥-2a$ ∴ $x≥-2$ $(∵ a>0)$

$-cx+d<-4c$에 $d=-3c$를 대입하면

$-cx-3c<-4c$

$-cx<-c$ ∴ $x<1$ $(∵ -c>0)$

따라서 구하는 연립부등식의 해는

$-2≤x<1$

21 $3x+5>2x+a$를 풀면

$x>a-5$

$4x≤2x-6$을 풀면

$2x≤-6$ ∴ $x≤-3$

주어진 연립부등식이 해를 갖지

않으려면

$a-5≥-3$ ∴ $a≥2$

22 $\dfrac{2-3x}{2}≥a$를 풀면

$2-3x≥2a$, $-3x≥2a-2$ ∴ $x≤-\dfrac{2a-2}{3}$

$4x-5≥x+7$을 풀면

$3x≥12$ ∴ $x≥4$

주어진 연립부등식이 해를 갖지 않

으려면

$-\dfrac{2a-2}{3}<4$, $2a-2>-12$

$2a>-10$ ∴ $a>-5$

따라서 정수 a의 최솟값은 -4이다.

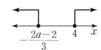

23 $5x+a≤3x-2$를 풀면

$2x≤-a-2$ ∴ $x≤-\dfrac{a+2}{2}$

$3x-2<10x+12$를 풀면

$-7x<14$ ∴ $x>-2$

주어진 부등식이 해를 가지려면

$-\dfrac{a+2}{2}>-2$, $a+2<4$

∴ $a<2$

따라서 정수 a의 최댓값은 1이다.

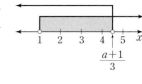

24 $x+2>3$을 풀면 $x>1$

$3x<a+1$을 풀면 $x<\dfrac{a+1}{3}$

주어진 연립부등식을 만족

시키는 정수 x의 값의 합

이 9이려면

$4<\dfrac{a+1}{3}≤5$

$12<a+1≤15$

∴ $11<a≤14$

따라서 자연수 a의 최댓값은 14이다.

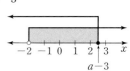

25 $2x-5<5x+1$을 풀면

$-3x<6$ ∴ $x>-2$

$3(x+1)≤2x+a$를 풀면

$3x+3≤2x+a$ ∴ $x≤a-3$

주어진 연립부등식을 만족

시키는 자연수 x가 1과 2

뿐이므로

$2≤a-3<3$

∴ $5≤a<6$

따라서 정수 a의 값은 5이다.

26 $8x-1<8+5x$를 풀면

$3x<9$ ∴ $x<3$

$\dfrac{a-3x}{2}≤4$를 풀면

$a-3x≤8$, $-3x≤-a+8$

∴ $x≥\dfrac{a-8}{3}$

주어진 연립부등식을 만족시

키는 정수 x가 1개뿐이므로

$1<\dfrac{a-8}{3}≤2$

$3<a-8≤6$

∴ $11<a≤14$

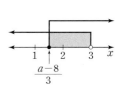

27 연속하는 세 정수를 $x-1$, x, $x+1$이라 하면

$$\begin{cases} (x-1)+x+(x+1)>30 \\ \{(x-1)+x\}-(x+1)\leq 9 \end{cases}$$

$(x-1)+x+(x+1)>30$을 풀면

$3x>30$ $\therefore x>10$ ······ ㉠

$\{(x-1)+x\}-(x+1)\leq 9$를 풀면

$x-2\leq 9$ $\therefore x\leq 11$ ······ ㉡

㉠, ㉡에서 $10<x\leq 11$

이때 x는 정수이므로 $x=11$

따라서 연속하는 세 정수는 10, 11, 12이므로 가장 작은 수는 10이다.

28 섞어야 하는 5%의 소금물의 양을 x g이라 하면

$$(200+x)\times\frac{10}{100}\leq 200\times\frac{20}{100}+x\times\frac{5}{100}$$
$$<(200+x)\times\frac{15}{100}$$

$2000+10x\leq 4000+5x<3000+15x$

$2000+10x\leq 4000+5x$를 풀면

$5x\leq 2000$ $\therefore x\leq 400$ ······ ㉠

$4000+5x<3000+15x$를 풀면

$-10x<-1000$ $\therefore x>100$ ······ ㉡

㉠, ㉡에서 $100<x\leq 400$

따라서 섞어야 하는 5%의 소금물의 양은 100 g 초과 400 g 이하이다.

29 학생 수를 x라 하면 초콜릿의 개수는

$5x+13$

학생 한 명에게 초콜릿을 7개씩 주면 받지 못한 학생 3명을 제외한 마지막 학생은 최소 1개, 최대 7개 받을 수 있으므로

$7(x-4)+1\leq 5x+13\leq 7(x-4)+7$

$7(x-4)+1\leq 5x+13$을 풀면

$7x-28+1\leq 5x+13$

$2x\leq 40$ $\therefore x\leq 20$ ······ ㉠

$5x+13\leq 7(x-4)+7$을 풀면

$5x+13\leq 7x-28+7$

$-2x\leq -34$ $\therefore x\geq 17$ ······ ㉡

㉠, ㉡에서 $17\leq x\leq 20$

따라서 학생은 최대 20명이다.

30 $|x+4|>3$에서

$x+4<-3$ 또는 $x+4>3$

$\therefore x<-7$ 또는 $x>-1$

따라서 $\alpha=-7$, $\beta=-1$이므로

$\alpha\beta=7$

31 $|2x-1|\leq 5$에서

$-5\leq 2x-1\leq 5$

$-4\leq 2x\leq 6$

$\therefore -2\leq x\leq 3$

따라서 정수 x의 개수는

$3-(-2)+1=6$

32 $2x+5\leq 9$를 풀면

$2x\leq 4$ $\therefore x\leq 2$ ······ ㉠

$|x-3|\leq 7$을 풀면

$-7\leq x-3\leq 7$

$\therefore -4\leq x\leq 10$ ······ ㉡

㉠, ㉡에서 $-4\leq x\leq 2$

따라서 정수 x의 개수는

$2-(-4)+1=7$

33 $|ax+3|<b$에서

$-b<ax+3<b$ $(\because b>0)$

$-b-3<ax<b-3$

$\therefore -\dfrac{b+3}{a}<x<\dfrac{b-3}{a}$ $(\because a>0)$

따라서 $-\dfrac{b+3}{a}=-2$, $\dfrac{b-3}{a}=1$이므로

$2a-b=3$, $a-b=-3$

두 식을 연립하여 풀면

$a=6$, $b=9$

$\therefore a+b=15$

34 (i) $x<1$일 때

$-(x-1)>3x-5$

$-4x>-6$ $\therefore x<\dfrac{3}{2}$

그런데 $x<1$이므로 $x<1$

(ii) $x\geq 1$일 때

$x-1>3x-5$

$-2x>-4$ $\therefore x<2$

그런데 $x\geq 1$이므로 $1\leq x<2$

(i), (ii)에서 $x<2$

35 (i) $x<-\dfrac{1}{3}$일 때

$x>-(3x+1)-7$

$4x>-8$ $\therefore x>-2$

그런데 $x<-\dfrac{1}{3}$이므로 $-2<x<-\dfrac{1}{3}$

(ii) $x \geq -\dfrac{1}{3}$일 때

$\quad x > (3x+1) - 7$

$\quad -2x > -6 \qquad \therefore x < 3$

그런데 $x \geq -\dfrac{1}{3}$이므로 $-\dfrac{1}{3} \leq x < 3$

(i), (ii)에서 $-2 < x < 3$

따라서 정수 x는 -1, 0, 1, 2이므로 구하는 합은

$-1 + 0 + 1 + 2 = 2$

36 (i) $x < \dfrac{1}{3}$일 때

$\quad -(3x-1) < x+a$

$\quad -4x < a-1 \qquad \therefore x > -\dfrac{a-1}{4}$

$\quad a > 0$에서 $-\dfrac{a-1}{4} < \dfrac{1}{4}$이고 $x < \dfrac{1}{3}$이므로

$\quad -\dfrac{a-1}{4} < x < \dfrac{1}{3}$

(ii) $x \geq \dfrac{1}{3}$일 때

$\quad 3x-1 < x+a$

$\quad 2x < a+1 \qquad \therefore x < \dfrac{a+1}{2}$

$\quad a > 0$에서 $\dfrac{a+1}{2} > \dfrac{1}{2}$이고 $x \geq \dfrac{1}{3}$이므로

$\quad \dfrac{1}{3} \leq x < \dfrac{a+1}{2}$

(i), (ii)에서 $-\dfrac{a-1}{4} < x < \dfrac{a+1}{2}$

따라서 $\dfrac{a+1}{2} = 3$이므로

$a = 5$

37 (i) $x < 0$일 때

$\quad -x - (x-2) < 6$

$\quad -2x < 4 \qquad \therefore x > -2$

그런데 $x < 0$이므로 $-2 < x < 0$

(ii) $0 \leq x < 2$일 때

$\quad x - (x-2) < 6$

$\quad 0 \times x < 4$이므로 해는 모든 실수이다.

그런데 $0 \leq x < 2$이므로 $0 \leq x < 2$

(iii) $x \geq 2$일 때

$\quad x + (x-2) < 6$

$\quad 2x < 8 \qquad \therefore x < 4$

그런데 $x \geq 2$이므로 $2 \leq x < 4$

(i), (ii), (iii)에서 $-2 < x < 4$

따라서 $\alpha = -2$, $\beta = 4$이므로

$\beta - \alpha = 6$

38 (i) $x < -\dfrac{1}{2}$일 때

$\quad -(2x-3) - 2(2x+1) \geq 5$

$\quad -6x \geq 4 \qquad \therefore x \leq -\dfrac{2}{3}$

그런데 $x < -\dfrac{1}{2}$이므로 $x \leq -\dfrac{2}{3}$

(ii) $-\dfrac{1}{2} \leq x < \dfrac{3}{2}$일 때

$\quad -(2x-3) + 2(2x+1) \geq 5$

$\quad 2x \geq 0 \qquad \therefore x \geq 0$

그런데 $-\dfrac{1}{2} \leq x < \dfrac{3}{2}$이므로 $0 \leq x < \dfrac{3}{2}$

(iii) $x \geq \dfrac{3}{2}$일 때

$\quad (2x-3) + 2(2x+1) \geq 5$

$\quad 6x \geq 6 \qquad \therefore x \geq 1$

그런데 $x \geq \dfrac{3}{2}$이므로 $x \geq \dfrac{3}{2}$

(i), (ii), (iii)에서 $x \leq -\dfrac{2}{3}$ 또는 $x \geq 0$

따라서 자연수 x의 최솟값은 1이다.

39 $\sqrt{x^2 - 4x + 4} = \sqrt{(x-2)^2} = |x-2|$이므로 주어진 부등식은

$|x+1| + |x-2| \leq x+3$

(i) $x < -1$일 때

$\quad -(x+1) - (x-2) \leq x+3$

$\quad -3x \leq 2 \qquad \therefore x \geq -\dfrac{2}{3}$

그런데 $x < -1$이므로 해는 없다.

(ii) $-1 \leq x < 2$일 때

$\quad (x+1) - (x-2) \leq x+3$

$\quad -x \leq 0 \qquad \therefore x \geq 0$

그런데 $-1 \leq x < 2$이므로 $0 \leq x < 2$

(iii) $x \geq 2$일 때

$\quad (x+1) + (x-2) \leq x+3$

$\quad \therefore x \leq 4$

그런데 $x \geq 2$이므로 $2 \leq x \leq 4$

(i), (ii), (iii)에서 $0 \leq x \leq 4$

40 (i) $x < -2$일 때

$\quad -3(x+2) - (x-2) \leq a$

$\quad -4x \leq a+4 \qquad \therefore x \geq -\dfrac{a+4}{4}$

그런데 $x < -2$이므로 해를 가지려면

$\quad -\dfrac{a+4}{4} < -2$

$\quad a+4 > 8 \qquad \therefore a > 4$

(ii) $-2 \leq x < 2$일 때
$$3(x+2)-(x-2) \leq a$$
$$2x \leq a-8 \quad \therefore x \leq \frac{a-8}{2}$$
그런데 $-2 \leq x < 2$이므로 해를 가지려면
$$\frac{a-8}{2} \geq -2$$
$$a-8 \geq -4 \quad \therefore a \geq 4$$
(iii) $x \geq 2$일 때
$$3(x+2)+(x-2) \leq a$$
$$4x \leq a-4 \quad \therefore x \leq \frac{a-4}{4}$$
그런데 $x \geq 2$이므로 해를 가지려면
$$\frac{a-4}{4} \geq 2$$
$$a-4 \geq 8 \quad \therefore a \geq 12$$
(i), (ii), (iii)에서 주어진 부등식이 해를 가지려면 어느 한 구간에서만 해를 가져도 되므로
$$a \geq 4$$

02 이차부등식

1 ②	**2** $x \leq -2$ 또는 $x \geq 3$	
3 $1 < x < 2$ 또는 $3 < x < 4$	**4** ③	**5** ③
6 8	**7** ③	**8** $x=1$	**9** $x < -3$ 또는 $x > 2$
10 ④	**11** 3초	**12** 8	**13** ③	**14** 16
15 14	**16** ②	**17** $-\frac{5}{3} < x < 1$	
18 $x \leq -4$ 또는 $x \geq 8$	**19** $-4 < x < 3$	**20** 2
21 ③	**22** ①	**23** 12	**24** ③	**25** ②
26 -3	**27** 1	**28** $-1 < m \leq 3$	**29** 22
30 $a \leq -6$ 또는 $a \geq -1$		
31 $-2 < a < 0$ 또는 $a > 0$	**32** ④	**33** ①
34 7	**35** ③	

1 부등식 $f(x) < g(x)$의 해는 $y=f(x)$의 그래프가 $y=g(x)$의 그래프보다 아래쪽에 있는 부분의 x의 값의 범위이므로
$$-1 < x < 3$$

2 $ax^2+(b-m)x+c-n \geq 0$에서
$$ax^2+bx+c \geq mx+n$$
따라서 이 부등식의 해는 $y=ax^2+bx+c$의 그래프가 직선 $y=mx+n$보다 위쪽에 있거나 만나는 부분의 x의 값의 범위이므로
$$x \leq -2 \text{ 또는 } x \geq 3$$

3 $f(x)g(x) > 0$이면
$$f(x) > 0, \, g(x) > 0 \text{ 또는 } f(x) < 0, \, g(x) < 0$$
(i) $f(x) > 0, \, g(x) > 0$일 때
$y=f(x), \, y=g(x)$의 그래프가 모두 x축보다 위쪽에 있는 부분의 x의 값의 범위이므로
$$1 < x < 2$$
(ii) $f(x) < 0, \, g(x) < 0$일 때
$y=f(x), \, y=g(x)$의 그래프가 모두 x축보다 아래쪽에 있는 부분의 x의 값의 범위이므로
$$3 < x < 4$$
(i), (ii)에서 부등식 $f(x)g(x) > 0$의 해는
$$1 < x < 2 \text{ 또는 } 3 < x < 4$$

4 $x^2+4x > x+10$에서
$$x^2+3x-10 > 0, \, (x+5)(x-2) > 0$$
$$\therefore x < -5 \text{ 또는 } x > 2$$
따라서 $\alpha = -5, \, \beta = 2$이므로
$$\alpha + \beta = -3$$

5 $-x^2+4x-2 \geq 0$에서
$$x^2-4x+2 \leq 0, \, \{x-(2-\sqrt{2})\}\{x-(2+\sqrt{2})\} \leq 0$$
$$\therefore 2-\sqrt{2} \leq x \leq 2+\sqrt{2}$$

6 $(x+2)(x-1) < 4x+16$에서
$$x^2-3x-18 < 0, \, (x+3)(x-6) < 0$$
$$\therefore -3 < x < 6$$
따라서 정수 x의 개수는
$$6-(-3)-1=8$$

7 ㄱ. $x^2+2x+1 < 0$에서
$$(x+1)^2 < 0$$
따라서 주어진 부등식의 해는 없다.
ㄴ. $x^2-4x+4 \geq 0$에서
$$(x-2)^2 \geq 0$$
따라서 주어진 부등식의 해는 모든 실수이다.
ㄷ. $x^2+16 > 8x$에서
$$x^2-8x+16 > 0, \, (x-4)^2 > 0$$
따라서 주어진 부등식의 해는 $x \neq 4$인 모든 실수이다.
ㄹ. $x^2-3x-5 > 3x^2$에서
$$2x^2+3x+5 < 0$$
$$2\left(x+\frac{3}{4}\right)^2+\frac{31}{8} < 0$$
따라서 주어진 부등식의 해는 없다.
따라서 보기에서 해가 없는 것은 ㄱ, ㄹ이다.

8 $ax-b<0$에서 $ax<b$

이 부등식의 해가 $x<\dfrac{1}{9}$이므로

$a>0,\ \dfrac{b}{a}=\dfrac{1}{9}$

$9b=a$이므로 이를 $ax^2-2ax+9b\leq0$에 대입하면

$ax^2-2ax+a\leq0$

$x^2-2x+1\leq0\ (\because\ a>0)$

$(x-1)^2\leq0$ $\qquad\therefore\ x=1$

9 $y=f(x)$의 그래프와 x축의 두 교점의 x좌표가 -2, 1이

므로 $f(x)=a(x+2)(x-1)(a>0)$이라 하자.

이때 $f(0)=-2$이므로

$-2a=-2$ $\qquad\therefore\ a=1$

$\therefore\ f(x)=(x+2)(x-1)$

$f(x)>4$에서 $(x+2)(x-1)>4$

$x^2+x-6>0,\ (x+3)(x-2)>0$

$\therefore\ x<-3$ 또는 $x>2$

10 (ⅰ) $x<0$일 때

　　　$x^2+4x-5<0$

　　　$(x+5)(x-1)<0$ $\qquad\therefore\ -5<x<1$

　　　그런데 $x<0$이므로 $-5<x<0$

　　(ⅱ) $x\geq0$일 때

　　　$x^2-4x-5<0$

　　　$(x+1)(x-5)<0$ $\qquad\therefore\ -1<x<5$

　　　그런데 $x\geq0$이므로 $0\leq x<5$

　　(ⅰ), (ⅱ)에서 $-5<x<5$

　　따라서 $a=-5,\ b=5$이므로

　　$b-a=10$

11 $20+25t-5t^2\geq40$에서

$t^2-5t+4\leq0,\ (t-1)(t-4)\leq0$

$\therefore\ 1\leq t\leq4$

따라서 물체의 높이가 $40\,\mathrm{m}$ 이상인 시간은 $4-1=3$(초)

동안이다.

12 새로 만든 직사각형의 가로의 길이와 세로의 길이는 각각

$(5+x)\,\mathrm{cm}$, $(9-x)\,\mathrm{cm}$이므로

$(5+x)(9-x)\geq13$

$x^2-4x-32\leq0,\ (x+4)(x-8)\leq0$

$\therefore\ -4\leq x\leq8$

그런데 $0<x<9$이므로 $0<x\leq8$

따라서 x의 최댓값은 8이다.

13 라면 한 그릇의 가격을 $100x$원 내릴 때마다 판매량은

$20x$그릇씩 늘어나므로

$(2000-100x)(200+20x)\geq442000$

$x^2-10x+21\leq0,\ (x-3)(x-7)\leq0$

$\therefore\ 3\leq x\leq7$

따라서 라면 한 그릇의 가격의 최댓값은 $x=3$일 때이므로

$2000-100\times3=1700$(원)

14 해가 $-2\leq x\leq4$이고 x^2의 계수가 1인 이차부등식은

$(x+2)(x-4)\leq0$

$\therefore\ x^2-2x-8\leq0$

따라서 $a=-2,\ b=-8$이므로

$ab=16$

15 해가 $x\leq-4$ 또는 $x\geq a$이고 x^2의 계수가 2인 이차부등

식은

$2(x+4)(x-a)\geq0$

$\therefore\ 2x^2+2(4-a)x-8a\geq0$

따라서 $2a=2(4-a),\ b=8a$이므로

$a=2,\ b=16$ $\qquad\therefore\ b-a=14$

16 해가 $x=-3$이고 x^2의 계수가 1인 이차부등식은

$(x+3)^2\leq0$ $\qquad\therefore\ x^2+6x+9\leq0$

$\therefore\ a=6,\ b=9$

이를 $bx^2-ax-24<0$에 대입하면

$9x^2-6x-24<0$

$3x^2-2x-8<0,\ (3x+4)(x-2)<0$

$\therefore\ -\dfrac{4}{3}<x<2$

따라서 정수 x는 $-1,\ 0,\ 1$이므로 구하는 합은

$-1+0+1=0$

17 해가 $2<x<3$이고 x^2의 계수가 1인 이차부등식은

$(x-2)(x-3)<0$

$\therefore\ x^2-5x+6<0$ $\qquad\cdots\cdots\ \unicode{x1D4F0}$

$ax^2+bx+c>0$과 부등호의 방향이 다르므로 $a<0$

$\unicode{x1D4F0}$의 양변에 a를 곱하면

$ax^2-5ax+6a>0$

$\therefore\ b=-5a,\ c=6a$

이를 $cx^2+4ax+2b>0$에 대입하면

$6ax^2+4ax-10a>0$

$3x^2+2x-5<0\ (\because\ a<0)$

$(3x+5)(x-1)<0$

$\therefore\ -\dfrac{5}{3}<x<1$

18 주어진 이차함수 $y=f(x)$의 그래프가 위로 볼록하고 x축과 두 점 $(-1, 0)$, $(3, 0)$에서 만나므로
$f(x)=a(x+1)(x-3)\ (a<0)$이라 하면
$f\left(\dfrac{x+1}{3}\right)\leq 0$에서 $a\left(\dfrac{x+1}{3}+1\right)\left(\dfrac{x+1}{3}-3\right)\leq 0$
$\dfrac{a}{9}(x+4)(x-8)\leq 0$, $(x+4)(x-8)\geq 0\ (\because a<0)$
$\therefore x\leq -4$ 또는 $x\geq 8$

[다른 풀이]
$f\left(\dfrac{x+1}{3}\right)\leq 0$에서 $\dfrac{x+1}{3}=t$로 놓으면 주어진 그래프에서 $f(t)\leq 0$을 만족시키는 t의 값의 범위는 $t\leq -1$ 또는 $t\geq 3$이므로
$\dfrac{x+1}{3}\leq -1$ 또는 $\dfrac{x+1}{3}\geq 3$
$\therefore x\leq -4$ 또는 $x\geq 8$

19 $f(x)>0$의 해가 $x<-3$ 또는 $x>4$이므로
$f(x)=a(x+3)(x-4)\ (a>0)$라 하면
$f(-x)<0$에서 $a(-x+3)(-x-4)<0$
$a(x-3)(x+4)<0$, $(x+4)(x-3)<0\ (\because a>0)$
$\therefore -4<x<3$

20 $f(x)<0$의 해가 $-2<x<6$이므로
$f(x)=a(x+2)(x-6)\ (a>0)$이라 하면
$f(3x+1)<0$에서 $a(3x+1+2)(3x+1-6)<0$
$3a(x+1)(3x-5)<0$
$(x+1)(3x-5)<0\ (\because a>0)$
$\therefore -1<x<\dfrac{5}{3}$
따라서 정수 x는 0, 1의 2개이다.

[다른 풀이]
$f(3x+1)<0$에서 $3x+1=t$로 놓으면 $f(t)<0$의 해가 $-2<t<6$이므로
$-2<3x+1<6$, $-3<3x<5$
$\therefore -1<x<\dfrac{5}{3}$
따라서 정수 x는 0, 1의 2개이다.

21 $f(x)\geq 0$의 해가 $1\leq x\leq 5$이므로
$f(x)=a(x-1)(x-5)\ (a<0)$라 하면
$f(1004-x)\leq 0$에서
$a(1004-x-1)(1004-x-5)\leq 0$
$a(x-1003)(x-999)\leq 0$
$(x-999)(x-1003)\geq 0\ (\because a<0)$
$\therefore x\leq 999$ 또는 $x\geq 1003$
따라서 x의 값이 될 수 없는 것은 ③이다.

22 $x^2-(2a+3)x+a(a+3)\leq 0$에서
$(x-a)\{x-(a+3)\}\leq 0$
$\therefore a\leq x\leq a+3$
이때 a는 양의 정수이므로 정수 x는 a, $a+1$, $a+2$, $a+3$이고 모든 x의 값의 합이 10이므로
$a+(a+1)+(a+2)+(a+3)=10$
$4a+6=10$ $\therefore a=1$

23 $x^2-ax+2a<6x-4a$에서
$x^2-(a+6)x+6a<0$
$(x-a)(x-6)<0$
(i) $a<6$일 때
$a<x<6$
주어진 이차부등식을 만족시키는 정수 x가 4개가 되려면 오른쪽 그림과 같아야 하므로
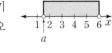
$1\leq a<2$
a는 자연수이므로 $a=1$
(ii) $a=6$일 때, 해는 없다.
(iii) $a>6$일 때
$6<x<a$
주어진 이차부등식을 만족시키는 정수 x가 4개가 되려면 오른쪽 그림과 같아야 하므로
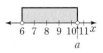
$10<a\leq 11$
a는 자연수이므로 $a=11$
(i), (ii), (iii)에서 $a=1$ 또는 $a=11$
따라서 모든 자연수 a의 값의 합은
$1+11=12$

24 $x^2-(4a-3)x-12a\leq 0$에서
$(x-4a)(x+3)\leq 0$
(i) $4a<-3$, 즉 $a<-\dfrac{3}{4}$일 때
$4a\leq x\leq -3$
주어진 이차부등식을 만족시키는 정수 x가 6개가 되려면 다음 그림과 같아야 한다.
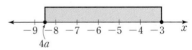
$-9<4a\leq -8$ $\therefore -\dfrac{9}{4}<a\leq -2$
a는 정수이므로 $a=-2$
(ii) $4a=-3$, 즉 $a=-\dfrac{3}{4}$일 때
$x=-3$이므로 조건을 만족시키지 않는다.

(iii) $4a>-3$, 즉 $a>-\dfrac{3}{4}$일 때

$-3\le x\le 4a$

주어진 이차부등식을 만족시키는 정수 x가 6개가 되려면 다음 그림과 같아야 한다.

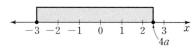

$2\le 4a<3$ $\therefore \dfrac{1}{2}\le a<\dfrac{3}{4}$

이때 정수 a의 값은 존재하지 않는다.

(i), (ii), (iii)에서 $a=-2$

25 이차방정식 $x^2-2kx+2k+15=0$의 판별식을 D라 하면

$\dfrac{D}{4}=k^2-(2k+15)\le 0$

$k^2-2k-15\le 0$, $(k+3)(k-5)\le 0$

$\therefore -3\le k\le 5$

따라서 정수 k의 개수는

$5-(-3)+1=9$

26 모든 실수 x에 대하여 이차부등식 $ax^2-3ax-6\le 0$이 성립해야 하므로

$a<0$ $\cdots\cdots$ ㉠

이차방정식 $ax^2-3ax-6=0$의 판별식을 D라 하면

$D=9a^2+24a\le 0$

$3a(3a+8)\le 0$ $\therefore -\dfrac{8}{3}\le a\le 0$ $\cdots\cdots$ ㉡

㉠, ㉡의 공통부분은 $-\dfrac{8}{3}\le a<0$

따라서 정수 a는 -2, -1이므로 구하는 합은

$-2+(-1)=-3$

27 모든 실수 x에 대하여 $\sqrt{x^2+2kx-k+2}$가 실수가 되려면 모든 실수 x에 대하여 이차부등식 $x^2+2kx-k+2\ge 0$이 성립해야 한다.

이차방정식 $x^2+2kx-k+2=0$의 판별식을 D라 하면

$\dfrac{D}{4}=k^2-(-k+2)\le 0$

$k^2+k-2\le 0$, $(k+2)(k-1)\le 0$

$\therefore -2\le k\le 1$

따라서 k의 최댓값은 1이다.

28 (i) $m=3$일 때

$0\times x^2+0\times x-4<0$이므로 모든 실수 x에 대하여 주어진 부등식이 성립한다.

(ii) $m\ne 3$일 때

$m-3<0$이어야 하므로 $m<3$

또 이차방정식 $(m-3)x^2+2(m-3)x-4=0$의 판별식을 D라 하면

$\dfrac{D}{4}=(m-3)^2+4(m-3)<0$

$(m-3)\{(m-3)+4\}<0$

$(m+1)(m-3)<0$

$\therefore -1<m<3$ ◀ $m<3$을 만족시킨다.

(i), (ii)에서 $-1<m\le 3$

29 주어진 이차부등식이 해를 갖지 않으려면 모든 실수 x에 대하여 $x^2+8x+(a-6)\ge 0$이 성립해야 하므로 이차방정식 $x^2+8x+(a-6)=0$의 판별식을 D라 하면

$\dfrac{D}{4}=16-(a-6)\le 0$

$-a+22\le 0$ $\therefore a\ge 22$

따라서 실수 a의 최솟값은 22이다.

30 $-x^2+2(a+3)x+a-3\ge 0$에서

$x^2-2(a+3)x-a+3\le 0$

이차방정식 $x^2-2(a+3)x-a+3=0$의 판별식을 D라 하면

$\dfrac{D}{4}=(a+3)^2-(-a+3)\ge 0$

$a^2+7a+6\ge 0$

$(a+6)(a+1)\ge 0$

$\therefore a\le -6$ 또는 $a\ge -1$

31 (i) $a>0$일 때

주어진 이차부등식은 항상 해를 갖는다.

(ii) $a<0$일 때

이차방정식 $ax^2+4x+a=0$의 판별식을 D라 하면

$\dfrac{D}{4}=4-a^2>0$

$a^2-4<0$, $(a+2)(a-2)<0$

$\therefore -2<a<2$

그런데 $a<0$이므로 $-2<a<0$

(i), (ii)에서

$-2<a<0$ 또는 $a>0$

32 $ax^2-2ax-3>0$이 해를 갖지 않으려면 모든 실수 x에 대하여

$ax^2-2ax-3\le 0$ $\cdots\cdots$ ㉠

이 성립해야 한다.

(i) $a=0$일 때

$0\times x^2-0\times x-3\le 0$이므로 모든 실수 x에 대하여 ㉠이 성립한다.

(ii) $a \neq 0$일 때

모든 실수 x에 대하여 ㉠이 성립하려면

$a < 0$ …… ㉡

또 이차방정식 $ax^2 - 2ax - 3 = 0$의 판별식을 D라 하면

$\dfrac{D}{4} = a^2 + 3a \leq 0$

$a(a+3) \leq 0$ $\therefore -3 \leq a \leq 0$ …… ㉢

㉡, ㉢의 공통부분은 $-3 \leq a < 0$

(i), (ii)에서 $-3 \leq a \leq 0$

따라서 정수 a의 개수는

$0 - (-3) + 1 = 4$

33 $f(x) = -x^2 + 3x + 2k = -\left(x - \dfrac{3}{2}\right)^2 + 2k + \dfrac{9}{4}$라 하자.

$1 \leq x \leq 2$에서 $f(x) \leq 0$이 항상 성립하려면 $y = f(x)$의 그래프가 오른쪽 그림과 같아야 하므로

$f\left(\dfrac{3}{2}\right) \leq 0$

$2k + \dfrac{9}{4} \leq 0$ $\therefore k \leq -\dfrac{9}{8}$

34 $x^2 - 10x + 24 \leq 0$에서

$(x-4)(x-6) \leq 0$ $\therefore 4 \leq x \leq 6$

$f(x) = x^2 - 6x - a^2 + 17 = (x-3)^2 - a^2 + 8$이라 하자.

$4 \leq x \leq 6$에서 $f(x) \geq 0$이 항상 성립하려면 $y = f(x)$의 그래프가 오른쪽 그림과 같아야 하므로

$f(4) \geq 0$

$-a^2 + 9 \geq 0$, $a^2 - 9 \leq 0$

$(a+3)(a-3) \leq 0$ $\therefore -3 \leq a \leq 3$

따라서 정수 a의 개수는

$3 - (-3) + 1 = 7$

35 $-1 < x < 3$에서 $-x^2 + kx + 2k > -x + 1$, 즉

$x^2 - (k+1)x - 2k + 1 < 0$이 항상 성립한다.

$f(x) = x^2 - (k+1)x - 2k + 1$이라 하자.

$-1 < x < 3$에서 $f(x) < 0$이 항상 성립하려면 $y = f(x)$의 그래프가 오른쪽 그림과 같아야 하므로

$f(-1) \leq 0$, $f(3) \leq 0$

$f(-1) \leq 0$에서 $-k + 3 \leq 0$

$\therefore k \geq 3$ …… ㉠

$f(3) \leq 0$에서 $-5k + 7 \leq 0$

$\therefore k \geq \dfrac{7}{5}$ …… ㉡

㉠, ㉡의 공통부분은 $k \geq 3$

따라서 k의 최솟값은 3이다.

03 연립이차부등식   73~76쪽

1 $-5 < x < -3$ 또는 $x > 2$		**2** 13	**3** ②
4 ③	**5** ①	**6** $\dfrac{1}{6}$	**7** ⑤ **8** 1
9 $-2 \leq a < -1$	**10** ④	**11** 6 이상 9 이하	
12 6	**13** ④	**14** ⑤	**15** ② **16** 6
17 ⑤	**18** ⑤	**19** 4	**20** 5
21 $-2 < a < 2$	**22** 2	**23** ④	**24** $-\dfrac{1}{4}$
25 1	**26** ④	**27** ②	

1 $3x + 2 < 5x + 12$를 풀면

$-2x < 10$ $\therefore x > -5$ …… ㉠

$2x^2 + 2x > 12$를 풀면

$x^2 + x - 6 > 0$, $(x+3)(x-2) > 0$

$\therefore x < -3$ 또는 $x > 2$ …… ㉡

㉠, ㉡의 공통부분은

$-5 < x < -3$ 또는 $x > 2$

2 $x^2 - x - 56 \leq 0$을 풀면

$(x+7)(x-8) \leq 0$ $\therefore -7 \leq x \leq 8$ …… ㉠

$2x^2 - 3x - 2 > 0$을 풀면

$(2x+1)(x-2) > 0$

$\therefore x < -\dfrac{1}{2}$ 또는 $x > 2$ …… ㉡

㉠, ㉡의 공통부분은

$-7 \leq x < -\dfrac{1}{2}$ 또는 $2 < x \leq 8$

따라서 정수 x는 $-7, -6, \cdots, -1, 3, 4, \cdots, 8$의 13개이다.

3 $2x + 1 < x^2 - 6x + 8$을 풀면

$x^2 - 8x + 7 > 0$, $(x-1)(x-7) > 0$

$\therefore x < 1$ 또는 $x > 7$ …… ㉠

$x^2 - 6x + 8 \leq 15$를 풀면

$x^2 - 6x - 7 \leq 0$, $(x+1)(x-7) \leq 0$

$\therefore -1 \leq x \leq 7$ …… ㉡

㉠, ㉡의 공통부분은

$-1 \leq x < 1$

따라서 $\alpha = -1$, $\beta = 1$이므로 $\alpha\beta = -1$

4 $x^2 + 2|x| - 35 \geq 0$을 풀면

(i) $x < 0$일 때

$x^2 - 2x - 35 \geq 0$, $(x+5)(x-7) \geq 0$

$\therefore x \leq -5$ 또는 $x \geq 7$

그런데 $x < 0$이므로 $x \leq -5$

(ii) $x \geq 0$일 때

$\quad x^2 + 2x - 35 \geq 0$

$\quad (x+7)(x-5) \geq 0$

$\quad \therefore x \leq -7$ 또는 $x \geq 5$

$\quad$그런데 $x \geq 0$이므로 $x \geq 5$

(i), (ii)에서 $x \leq -5$ 또는 $x \geq 5$ $\quad \cdots\cdots$ ㉠

$|x-2| < 6$을 풀면

$-6 < x-2 < 6$

$\therefore -4 < x < 8$ $\quad \cdots\cdots$ ㉡

㉠, ㉡의 공통부분은 $5 \leq x < 8$

따라서 정수 x는 5, 6, 7이므로 구하는 합은

$5 + 6 + 7 = 18$

5 $x^2 - 2x - 3 \geq 0$을 풀면

$(x+1)(x-3) \geq 0$

$\therefore x \leq -1$ 또는 $x \geq 3$ $\quad \cdots\cdots$ ㉠

$x^2 - (a+2)x + 2a < 0$을 풀면

$(x-a)(x-2) < 0$

$\therefore \begin{cases} a < 2일 때, a < x < 2 \\ a = 2일 때, 해는 없다. \\ a > 2일 때, 2 < x < a \end{cases}$ $\cdots\cdots$ ㉡

㉠, ㉡의 공통부분이

$-2 < x \leq -1$이므로

$a = -2$

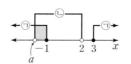

6 $3x^2 + 4x + 1 < 0$을 풀면

$(x+1)(3x+1) < 0$

$\therefore -1 < x < -\dfrac{1}{3}$ $\quad \cdots\cdots$ ㉠

주어진 연립부등식에서 $6x^2 - x - 1 > 0$을 풀면

$(3x+1)(2x-1) > 0$

$\therefore x < -\dfrac{1}{3}$ 또는 $x > \dfrac{1}{2}$ $\quad \cdots\cdots$ ㉡

$x^2 + (1-a)x - a < 0$을 풀면

$(x-a)(x+1) < 0$

$\therefore \begin{cases} a < -1일 때, a < x < -1 \\ a = -1일 때, 해는 없다. \\ a > -1일 때, -1 < x < a \end{cases}$ $\cdots\cdots$ ㉢

㉡, ㉢의 공통부분이 ㉠과 같

으므로

$-\dfrac{1}{3} \leq a \leq \dfrac{1}{2}$

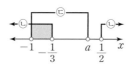

따라서 a의 최댓값은 $\dfrac{1}{2}$, 최솟값은 $-\dfrac{1}{3}$이므로 그 합은

$\dfrac{1}{2} + \left(-\dfrac{1}{3}\right) = \dfrac{1}{6}$

7 $x^2 + (a+b)x + ab > 0$을 풀면

$(x+b)(x+a) > 0$

$\therefore x < -b$ 또는 $x > -a$ ($\because -b < -a$)

이는 $x < 1$ 또는 $x > 2$와 같으므로

$-b = 1, -a = 2$ $\quad \therefore a = -2, b = -1$

$x^2 - (a+c)x + ac \leq 0$을 풀면

$(x-a)(x-c) \leq 0$

$\therefore a \leq x \leq c$ ($\because a < c$)

이는 $-2 \leq x \leq 3$과 같으므로 $c = 3$

$\therefore abc = -2 \times (-1) \times 3 = 6$

8 $x^2 - 5x - 14 > 0$을 풀면

$(x+2)(x-7) > 0$

$\therefore x < -2$ 또는 $x > 7$ $\quad \cdots\cdots$ ㉠

$x^2 - 2(a+3)x + a^2 + 6a \leq 0$을 풀면

$(x-a)\{x-(a+6)\} \leq 0$

$\therefore a \leq x \leq a+6$ $\quad \cdots\cdots$ ㉡

㉠, ㉡의 공통부분이 존재하지 않으려면 다음 그림과 같

아야 한다.

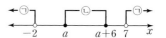

$a \geq -2$, $a+6 \leq 7$이어야 하므로 $-2 \leq a \leq 1$

따라서 정수 a의 최댓값은 1이다.

9 $x^2 + x - 6 < 0$을 풀면

$(x+3)(x-2) < 0$

$\therefore -3 < x < 2$ $\quad \cdots\cdots$ ㉠

$x^2 - (a+5)x + 5a \geq 0$을 풀면

$(x-a)(x-5) \geq 0$

$\therefore \begin{cases} a < 5일 때, x \leq a 또는 x \geq 5 \\ a = 5일 때, 해는 모든 실수이다. \\ a > 5일 때, x \leq 5 또는 x \geq a \end{cases}$ $\cdots\cdots$ ㉡

㉠, ㉡의 공통부분에 속하는 정수가 -2뿐이려면 다음 그

림과 같아야 한다.

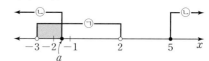

$\therefore -2 \leq a < -1$

10 $x^2 - 2x - 3 \geq 0$을 풀면

$(x+1)(x-3) \geq 0$

$\therefore x \leq -1$ 또는 $x \geq 3$ $\quad \cdots\cdots$ ㉠

$x^2 - (5+k)x + 5k \leq 0$을 풀면

$(x-k)(x-5) \leq 0$

$$\therefore \begin{cases} k<5\text{일 때, } k\le x\le 5 \\ k=5\text{일 때, } x=5 \qquad \cdots\cdots \text{ⓛ} \\ k>5\text{일 때, } 5\le x\le k \end{cases}$$

㉠, ㉡의 공통부분에 속하는 정수 x가 5개가 되려면 다음과 같아야 한다.

(i) $k<5$일 때

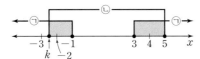

$\therefore -3<k\le-2$

k는 정수이므로 $k=-2$

(ii) $k>5$일 때

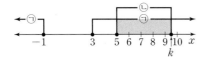

$\therefore 9\le k<10$

k는 정수이므로 $k=9$

(i), (ii)에서 $k=-2$ 또는 $k=9$

따라서 모든 정수 k의 값의 곱은 $-2\times9=-18$

11 직사각형의 가로의 길이를 x라 하면 세로의 길이는 $12-x$이다.

이때 $12-x>0$이므로 $x<12$ $\qquad\cdots\cdots$ ㉠

직사각형의 넓이가 27 이상이므로

$x(12-x)\ge27,\ x^2-12x+27\le0$

$(x-3)(x-9)\le0$ $\qquad\therefore 3\le x\le9$ $\qquad\cdots\cdots$ ㉡

가로의 길이가 세로의 길이보다 길거나 같으므로

$x\ge12-x$ $\qquad\therefore x\ge6$ $\qquad\cdots\cdots$ ㉢

㉠, ㉡, ㉢의 공통부분은 $6\le x\le9$

따라서 가로의 길이의 범위는 6 이상 9 이하이다.

12 $\overline{AE}=x$라 하면 색칠한 부분의 둘레의 길이가 42 이하이므로

$4x+2(x+3)\le42$

$6x\le36$ $\qquad\therefore x\le6$

그런데 $x>0$이므로 $0<x\le6$ $\qquad\cdots\cdots$ ㉠

넓이가 18 이상이므로

$x^2+3x\ge18,\ x^2+3x-18\ge0$

$(x+6)(x-3)\ge0$

$\therefore x\le-6$ 또는 $x\ge3$

그런데 $x>0$이므로 $x\ge3$ $\qquad\cdots\cdots$ ㉡

㉠, ㉡의 공통부분은 $3\le x\le6$

따라서 선분 AE의 길이의 최댓값은 6이다.

13 삼각형의 변의 길이는 양수이므로

$2x-1>0$ $\qquad\therefore x>\dfrac{1}{2}$ $\qquad\cdots\cdots$ ㉠

$2x+1$이 세 변 중 가장 긴 변의 길이이므로

$2x+1<(2x-1)+x$ $\qquad\therefore x>2$ $\qquad\cdots\cdots$ ㉡

둔각삼각형이 되려면

$(2x+1)^2>(2x-1)^2+x^2$

$x^2-8x<0,\ x(x-8)<0$

$\therefore 0<x<8$ $\qquad\cdots\cdots$ ㉢

㉠, ㉡, ㉢의 공통부분은

$2<x<8$

14 이차방정식 $x^2+ax+a=0$의 판별식을 D_1이라 하면

$D_1=a^2-4a<0$

$a(a-4)<0$

$\therefore 0<a<4$ $\qquad\cdots\cdots$ ㉠

이차방정식 $x^2+ax-a+3=0$의 판별식을 D_2라 하면

$D_2=a^2-4(-a+3)\ge0$

$a^2+4a-12\ge0,\ (a+6)(a-2)\ge0$

$\therefore a\le-6$ 또는 $a\ge2$ $\qquad\cdots\cdots$ ㉡

㉠, ㉡의 공통부분은

$2\le a<4$

15 이차함수 $y=x^2+ax+16$의 그래프가 x축과 만나지 않으려면 이차방정식 $x^2+ax+16=0$이 허근을 가져야 하므로 판별식을 D_1이라 할 때

$D_1=a^2-64<0$

$(a+8)(a-8)<0$

$\therefore -8<a<8$ $\qquad\cdots\cdots$ ㉠

이차함수 $y=x^2-2ax+16$의 그래프가 x축과 서로 다른 두 점에서 만나려면 이차방정식 $x^2-2ax+16=0$이 서로 다른 두 실근을 가져야 하므로 판별식을 D_2라 할 때

$\dfrac{D_2}{4}=a^2-16>0$

$(a+4)(a-4)>0$

$\therefore a<-4$ 또는 $a>4$ $\qquad\cdots\cdots$ ㉡

㉠, ㉡의 공통부분은

$-8<a<-4$ 또는 $4<a<8$

따라서 정수 a는 $-7,\ -6,\ -5,\ 5,\ 6,\ 7$의 6개이다.

16 이차방정식 $x^2+2ax+3a+4=0$의 판별식을 D_1이라 하면

$\dfrac{D_1}{4}=a^2-(3a+4)\ge0$

$a^2-3a-4\ge0,\ (a+1)(a-4)\ge0$

$\therefore a\le-1$ 또는 $a\ge4$ $\qquad\cdots\cdots$ ㉠

부등식 $(a+2)x^2-2(a+2)x+7\geq0$이 모든 실수 x에 대하여 성립해야 하므로

(i) $a=-2$일 때

$0\times x^2-0\times x+7\geq0$이므로 모든 실수 x에 대하여 주어진 부등식이 성립한다.

(ii) $a\neq-2$일 때

$a+2>0$이어야 하므로

$a>-2$ ...... ㉡

또 이차방정식 $(a+2)x^2-2(a+2)x+7=0$의 판별식을 D_2라 하면

$\dfrac{D_2}{4}=(a+2)^2-7(a+2)\leq0$

$(a+2)\{(a+2)-7\}\leq0,\ (a+2)(a-5)\leq0$

$\therefore\ -2\leq a\leq5$ ...... ㉢

㉡, ㉢의 공통부분은 $-2<a\leq5$

(i), (ii)에서 $-2\leq a\leq5$ ...... ㉣

㉠, ㉣의 공통부분은

$-2\leq a\leq-1$ 또는 $4\leq a\leq5$

따라서 정수 a는 $-2,\ -1,\ 4,\ 5$이므로 구하는 합은

$-2+(-1)+4+5=6$

17 이차방정식 $x^2-2(k+1)x+4=0$의 두 실근을 α, β, 판별식을 D라 하면

(i) $D>0$에서

$\dfrac{D}{4}=(k+1)^2-4>0$

$k^2+2k-3>0,\ (k+3)(k-1)>0$

$\therefore\ k<-3$ 또는 $k>1$ ...... ㉠

(ii) $\alpha+\beta>0$에서

$2(k+1)>0$ $\therefore\ k>-1$ ...... ㉡

(iii) $\alpha\beta=4>0$

㉠, ㉡의 공통부분은 $k>1$

18 이차방정식 $x^2+(k-1)x+k+2=0$의 두 실근을 α, β, 판별식을 D라 하면

(i) $D\geq0$에서

$(k-1)^2-4(k+2)\geq0$

$k^2-6k-7\geq0,\ (k+1)(k-7)\geq0$

$\therefore\ k\leq-1$ 또는 $k\geq7$ ...... ㉠

(ii) $\alpha+\beta<0$에서

$-k+1<0$ $\therefore\ k>1$ ...... ㉡

(iii) $\alpha\beta>0$에서

$k+2>0$ $\therefore\ k>-2$ ...... ㉢

㉠, ㉡, ㉢의 공통부분은 $k\geq7$

따라서 k의 최솟값은 7이다.

19 이차방정식 $x^2+4(m-1)x+m^2-m-6=0$의 두 실근을 α, β라 하면 $\alpha\beta<0$에서

$m^2-m-6<0$

$(m+2)(m-3)<0$ $\therefore\ -2<m<3$

따라서 정수 m은 $-1,\ 0,\ 1,\ 2$의 4개이다.

20 이차방정식 $x^2-(k^2-2k-8)x-k+3=0$의 두 실근을 α, β라 하면

(i) $\alpha\beta<0$에서

$-k+3<0$ $\therefore\ k>3$ ...... ㉠

(ii) $\alpha+\beta>0$에서

$k^2-2k-8>0,\ (k+2)(k-4)>0$

$\therefore\ k<-2$ 또는 $k>4$ ...... ㉡

㉠, ㉡의 공통부분은 $k>4$

따라서 정수 k의 최솟값은 5이다.

21 $f(x)=x^2-3x+a^2-2$라 하면

$f(2)<0$이어야 하므로

$4-6+a^2-2<0,\ a^2-4<0$

$(a+2)(a-2)<0$

$\therefore\ -2<a<2$

22 $f(x)=x^2-2ax+4a+5$라 하고 이차방정식 $f(x)=0$의 판별식을 D라 하면

(i) $D\geq0$에서

$\dfrac{D}{4}=a^2-(4a+5)\geq0$

$a^2-4a-5\geq0,\ (a+1)(a-5)\geq0$

$\therefore\ a\leq-1$ 또는 $a\geq5$ ...... ㉠

(ii) $f(1)>0$에서

$1-2a+4a+5>0$ $\therefore\ a>-3$ ...... ㉡

(iii) $a<1$ ...... ㉢

㉠, ㉡, ㉢의 공통부분은 $-3<a\leq-1$

따라서 정수 a는 $-2,\ -1$의 2개이다.

23 $f(x)=x^2+2(k+2)x-k-2$라 하고 이차방정식 $f(x)=0$의 판별식을 D라 하면

(i) $D>0$에서

$\dfrac{D}{4}=(k+2)^2-(-k-2)>0$

$(k+2)\{(k+2)+1\}>0$

$(k+2)(k+3)>0$

$\therefore\ k<-3$ 또는 $k>-2$ ...... ㉠

(ii) $f(-2)>0$에서

$4-4(k+2)-k-2>0$ $\quad \therefore k<-\dfrac{6}{5}$ $\quad\cdots\cdots$ ㉡

(iii) $-k-2>-2$에서 $k<0$ $\quad\cdots\cdots$ ㉢

㉠, ㉡, ㉢의 공통부분은

$k<-3$ 또는 $-2<k<-\dfrac{6}{5}$

24 $f(x)=x^2-4kx+3k+1$이라 하고 이차방정식 $f(x)=0$의 판별식을 D라 하면

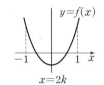

(i) $D\geq0$에서

$\dfrac{D}{4}=4k^2-(3k+1)\geq0$

$4k^2-3k-1\geq0$, $(4k+1)(k-1)\geq0$

$\therefore k\leq-\dfrac{1}{4}$ 또는 $k\geq1$ $\quad\cdots\cdots$ ㉠

(ii) $f(-1)>0$에서

$1+4k+3k+1>0$ $\quad\therefore k>-\dfrac{2}{7}$ $\quad\cdots\cdots$ ㉡

$f(1)>0$에서

$1-4k+3k+1>0$ $\quad\therefore k<2$ $\quad\cdots\cdots$ ㉢

㉡, ㉢의 공통부분은 $-\dfrac{2}{7}<k<2$ $\quad\cdots\cdots$ ㉣

(iii) $-1<2k<1$에서 $-\dfrac{1}{2}<k<\dfrac{1}{2}$ $\quad\cdots\cdots$ ㉤

㉠, ㉣, ㉤의 공통부분은 $-\dfrac{2}{7}<k\leq-\dfrac{1}{4}$

따라서 k의 최댓값은 $-\dfrac{1}{4}$이다.

25 $f(x)=x^2-(k+1)x-4k$라 할 때, 이차방정식 $f(x)=0$의 한 근이 -1과 0 사이에 있고 다른 한 근이 2와 3 사이에 있으려면

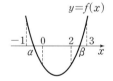

$f(-1)f(0)<0$, $f(2)f(3)<0$

$f(-1)f(0)<0$에서

$\{1+(k+1)-4k\}\times(-4k)<0$

$4k(3k-2)<0$ $\quad\therefore 0<k<\dfrac{2}{3}$ $\quad\cdots\cdots$ ㉠

$f(2)f(3)<0$에서

$\{4-2(k+1)-4k\}\{9-3(k+1)-4k\}<0$

$2(3k-1)(7k-6)<0$

$\therefore \dfrac{1}{3}<k<\dfrac{6}{7}$ $\quad\cdots\cdots$ ㉡

㉠, ㉡의 공통부분은 $\dfrac{1}{3}<k<\dfrac{2}{3}$

따라서 $p=\dfrac{1}{3}$, $q=\dfrac{2}{3}$이므로

$p+q=1$

26 $x^2-7x+12=0$에서

$(x-3)(x-4)=0$ $\quad\therefore x=3$ 또는 $x=4$

$f(x)=x^2-3x+a+2$라 할 때, 이차방정식 $f(x)=0$의 한 근만이 3과 4 사이에 있으려면

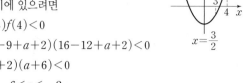

$f(3)f(4)<0$

$(9-9+a+2)(16-12+a+2)<0$

$(a+2)(a+6)<0$

$\therefore -6<a<-2$

27 $f(x)=x^2-2(a+2)x-a$라 하자.

(i) 이차방정식 $f(x)=0$의 두 근 중 한 근만 $-2\leq x\leq2$에 속하는 경우

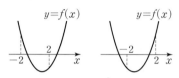

$f(-2)f(2)\leq0$이어야 하므로

$\{4+4(a+2)-a\}\{4-4(a+2)-a\}\leq0$

$(3a+12)(-5a-4)\leq0$

$3(a+4)(5a+4)\geq0$

$\therefore a\leq-4$ 또는 $a\geq-\dfrac{4}{5}$

(ii) 이차방정식 $f(x)=0$의 두 근이 모두 $-2\leq x\leq2$에 속하는 경우

이 이차방정식의 판별식을 D라 하면

ⓘ $D\geq0$에서

$\dfrac{D}{4}=(a+2)^2+a\geq0$

$a^2+5a+4\geq0$

$(a+4)(a+1)\geq0$

$\therefore a\leq-4$ 또는 $a\geq-1$ $\quad\cdots\cdots$ ㉠

ⓘ $f(-2)\geq0$에서

$4+4(a+2)-a\geq0$ $\quad\therefore a\geq-4$ $\quad\cdots\cdots$ ㉡

$f(2)\geq0$에서

$4-4(a+2)-a\geq0$ $\quad\therefore a\leq-\dfrac{4}{5}$ $\quad\cdots\cdots$ ㉢

㉡, ㉢의 공통부분은 $-4\leq a\leq-\dfrac{4}{5}$ $\quad\cdots\cdots$ ㉣

ⓘ $-2\leq a+2\leq2$에서 $-4\leq a\leq0$ $\quad\cdots\cdots$ ㉤

㉠, ㉣, ㉤의 공통부분은 $a=-4$ 또는 $-1\leq a\leq-\dfrac{4}{5}$

(i), (ii)에서 $a\leq-4$ 또는 $a\geq-1$

따라서 $\alpha=-4$, $\beta=-1$이므로

$\alpha\beta=4$

Ⅲ-1. 경우의 수

1 9	**2** ③	**3** 9	**4** ③	**5** ③
6 ①	**7** 19	**8** 40	**9** 18	**10** ②
11 ④	**12** ③	**13** ①	**14** ⑤	**15** 3
16 ③	**17** 9	**18** ②	**19** 24	**20** 18
21 50	**22** 540	**23** 96	**24** 36	**25** ④
26 35	**27** 66			

1 (i) 두 눈의 수의 합이 2인 경우

$(1, 1)$의 1가지

(ii) 두 눈의 수의 합이 4인 경우

$(1, 3)$, $(2, 2)$, $(3, 1)$의 3가지

(iii) 두 눈의 수의 합이 8인 경우

$(2, 6)$, $(3, 5)$, $(4, 4)$, $(5, 3)$, $(6, 2)$의 5가지

(i), (ii), (iii)에서 구하는 경우의 수는

$1+3+5=9$

2 (i) 두 눈의 수의 차가 0인 경우

$(1, 1)$, $(2, 2)$, $(3, 3)$, $(4, 4)$, $(5, 5)$, $(6, 6)$의 6가지

(ii) 두 눈의 수의 차가 1인 경우

$(1, 2)$, $(2, 1)$, $(2, 3)$, $(3, 2)$, $(3, 4)$, $(4, 3)$, $(4, 5)$, $(5, 4)$, $(5, 6)$, $(6, 5)$의 10가지

(i), (ii)에서 구하는 경우의 수는

$6+10=16$

3 (i) 세 수의 곱이 4인 경우

$(1, 1, 4)$, $(1, 4, 1)$, $(4, 1, 1)$, $(1, 2, 2)$, $(2, 1, 2)$, $(2, 2, 1)$의 6가지

(ii) 세 수의 곱이 5인 경우

$(1, 1, 5)$, $(1, 5, 1)$, $(5, 1, 1)$의 3가지

(i), (ii)에서 구하는 경우의 수는

$6+3=9$

4 1부터 100까지의 자연수 중에서

(i) 3으로 나누어떨어지는 수

3의 배수이므로 3, 6, 9, $\cdots$, 99의 33개

(ii) 5로 나누어떨어지는 수

5의 배수이므로 5, 10, 15, $\cdots$, 100의 20개

(iii) 3과 5로 모두 나누어떨어지는 수

3과 5의 최소공배수인 15의 배수이므로 15, 30, 45, 60, 75, 90의 6개

(i), (ii), (iii)에서 3 또는 5로 나누어떨어지는 수의 개수는

$33+20-6=47$

따라서 구하는 자연수의 개수는

$100-47=53$

5 x, y, z가 자연수이므로 $x \geq 1$, $y \geq 1$, $z \geq 1$

$2x+y+z=8$에서 $2x<8$

$\therefore$ $x=1$ 또는 $x=2$ 또는 $x=3$

(i) $x=1$일 때

$y+z=6$이므로 순서쌍 (y, z)는 $(1, 5)$, $(2, 4)$, $(3, 3)$, $(4, 2)$, $(5, 1)$의 5개

(ii) $x=2$일 때

$y+z=4$이므로 순서쌍 (y, z)는 $(1, 3)$, $(2, 2)$, $(3, 1)$의 3개

(iii) $x=3$일 때

$y+z=2$이므로 순서쌍 (y, z)는 $(1, 1)$의 1개

(i), (ii), (iii)에서 구하는 순서쌍 (x, y, z)의 개수는

$5+3+1=9$

6 x, y가 음이 아닌 정수이므로 $x \geq 0$, $y \geq 0$

$2x+5y \leq 15$에서 $5y \leq 15$

$\therefore$ $y=0$ 또는 $y=1$ 또는 $y=2$ 또는 $y=3$

(i) $y=0$일 때

$2x \leq 15$에서 $x \leq \dfrac{15}{2}$이므로 x는 0, 1, 2, 3, 4, 5, 6, 7의 8개

(ii) $y=1$일 때

$2x \leq 10$에서 $x \leq 5$이므로 x는 0, 1, 2, 3, 4, 5의 6개

(iii) $y=2$일 때

$2x \leq 5$에서 $x \leq \dfrac{5}{2}$이므로 x는 0, 1, 2의 3개

(iv) $y=3$일 때

$2x \leq 0$에서 $x \leq 0$이므로 x는 0의 1개

(i)~(iv)에서 구하는 순서쌍 (x, y)의 개수는

$8+6+3+1=18$

7 이차방정식 $2x^2-ax+b=0$의 판별식을 D라 하면

$D=a^2-8b<0$

$\therefore$ $a^2<8b$

(i) $b=1$일 때

$a^2<8$, 즉 $0<a<2\sqrt{2}$이므로 a는 1, 2의 2개

(ii) $b=2$일 때

$a^2<16$, 즉 $0<a<4$이므로 a는 1, 2, 3의 3개

(iii) $b=3$일 때

$a^2<24$, 즉 $0<a<2\sqrt{6}$이므로 a는 1, 2, 3, 4의 4개

(iv) $b=4$일 때

　$a^2<32$, 즉 $0<a<4\sqrt{2}$이므로 a는 1, 2, 3, 4, 5의 5개

(v) $b=5$일 때

　$a^2<40$, 즉 $0<a<2\sqrt{10}$이므로 a는 1, 2, 3, 4, 5의 5개

(i)~(v)에서 구하는 순서쌍 (a, b)의 개수는

$2+3+4+5+5=19$

8 모자, 바지, 신발을 각각 1개씩 구매하는 경우의 수는

$4\times5\times2=40$

9 a, b에 x, y, z를 각각 곱하여 항이 만들어지고, 그것에 다시 p, q, r를 각각 곱하여 항이 만들어지므로 구하는 항의 개수는

$2\times3\times3=18$

10 (가)에서 일의 자리에 올 수 있는 숫자는

0, 2, 4, 6, 8의 5가지

(나)에서 십의 자리에 올 수 있는 숫자는

1, 2, 3, 6의 4가지

따라서 구하는 자연수의 개수는

$5\times4=20$

11 모든 경우의 수는 $6\times6\times6=216$

서로 다른 세 개의 주사위에서 모두 3의 배수가 아닌 수의 눈이 나오는 경우의 수는 $4\times4\times4=64$

따라서 구하는 경우의 수는

$216-64=152$

12 $360=2^3\times3^2\times5$이므로 360의 양의 약수의 개수는

$(3+1)(2+1)(1+1)=24$

13 $120=2^3\times3\times5$, $320=2^6\times5$이므로 120과 320의 최대공약수는 $2^3\times5$

따라서 구하는 공약수의 개수는 $2^3\times5$의 양의 약수의 개수와 같으므로

$(3+1)(1+1)=8$

14 $180=2^2\times3^2\times5$

이때 짝수는 2를 소인수로 가지므로 180의 양의 약수 중에서 짝수의 개수는 $2\times3^2\times5$의 양의 약수의 개수와 같다.

$\therefore a=(1+1)(2+1)(1+1)=12$

또 3의 배수는 3을 소인수로 가지므로 180의 양의 약수 중에서 3의 배수의 개수는 $2^2\times3\times5$의 양의 약수의 개수와 같다.

$\therefore b=(2+1)(1+1)(1+1)=12$

$\therefore a+b=12+12=24$

15 $2^4\times3^3\times7^n$의 양의 약수의 개수가 80이므로

$(4+1)(3+1)(n+1)=80$

$n+1=4$　　$\therefore n=3$

16 4명의 학생을 각각 A, B, C, D라 하고, 4명의 학생이 쓴 보고서를 각각 a, b, c, d라 할 때, 4명의 학생이 보고서를 바꿔 보는 경우를 수형도로 나타내면 다음과 같다.

따라서 구하는 경우의 수는 9이다.

17 $a_2=2$, $a_k\neq k\,(k=1,\ 3,\ 4,\ 5)$를 만족시키는 경우를 수형도로 나타내면 다음과 같다.

따라서 구하는 자연수의 개수는 9이다.

18 5명의 학생 A, B, C, D, E의 가방을 각각 a, b, c, d, e라 할 때, A만 자신의 가방을 드는 경우를 수형도로 나타내면 다음과 같다.

이때 B만 자신의 가방을 드는 경우, …, E만 자신의 가방을 드는 경우도 각각 9가지이므로 구하는 경우의 수는

$9\times5=45$

19 집 → 도서관 → 편의점 → 집으로 가는 경우의 수는
$4 \times 2 \times 3 = 24$

20 (i) B → A → D로 가는 경우의 수는 $2 \times 2 = 4$
(ii) B → C → D로 가는 경우의 수는 $2 \times 1 = 2$
(iii) B → A → C → D로 가는 경우의 수는 $2 \times 2 \times 1 = 4$
(iv) B → C → A → D로 가는 경우의 수는 $2 \times 2 \times 2 = 8$
(i)~(iv)에서 구하는 경우의 수는
$4 + 2 + 4 + 8 = 18$

21 (i) A → C → A로 가는 경우의 수는 $2 \times 1 = 2$
(ii) A → B → C → A로 가는 경우의 수는
$3 \times 4 \times 2 = 24$
(iii) A → C → B → A로 가는 경우의 수는
$2 \times 4 \times 3 = 24$
(i), (ii), (iii)에서 구하는 경우의 수는
$2 + 24 + 24 = 50$

22 B에 칠할 수 있는 색은 5가지, A에 칠할 수 있는 색은 B에 칠한 색을 제외한 4가지, C에 칠할 수 있는 색은 A와 B에 칠한 색을 제외한 3가지, D에 칠할 수 있는 색은 B와 C에 칠한 색을 제외한 3가지, E에 칠할 수 있는 색은 B와 D에 칠한 색을 제외한 3가지이므로 구하는 경우의 수는
$5 \times 4 \times 3 \times 3 \times 3 = 540$

23 E에 칠할 수 있는 색은 4가지, A에 칠할 수 있는 색은 E에 칠한 색을 제외한 3가지, B에 칠할 수 있는 색은 A와 E에 칠한 색을 제외한 2가지, C에 칠할 수 있는 색은 B와 E에 칠한 색을 제외한 2가지, D에 칠할 수 있는 색은 C와 E에 칠한 색을 제외한 2가지이므로 구하는 경우의 수는
$4 \times 3 \times 2 \times 2 \times 2 = 96$

24 오른쪽 그림과 같이 5개의 영역을 A, B, C, D, E라 하자.
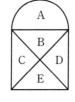
(i) C와 D에 서로 다른 색을 칠하는 경우
B에 칠할 수 있는 색은 3가지, A에 칠할 수 있는 색은 B에 칠한 색을 제외한 2가지, C에 칠할 수 있는 색은 B에 칠한 색을 제외한 2가지, D에 칠할 수 있는 색은 B와 C에 칠한 색을 제외한 1가지, E에 칠할 수 있는 색은 C와 D에 칠한 색을 제외한 1가지이므로 C와 D에 서로 다른 색을 칠하는 경우의 수는
$3 \times 2 \times 2 \times 1 \times 1 = 12$

(ii) C와 D에 서로 같은 색을 칠하는 경우
B에 칠할 수 있는 색은 3가지, A에 칠할 수 있는 색은 B에 칠한 색을 제외한 2가지, C와 D에 칠할 수 있는 색은 B에 칠한 색을 제외한 2가지, E에 칠할 수 있는 색은 C와 D에 칠한 색을 제외한 2가지이므로 C와 D에 서로 같은 색을 칠하는 경우의 수는
$3 \times 2 \times 2 \times 2 = 24$
(i), (ii)에서 구하는 경우의 수는
$12 + 24 = 36$

25 10원짜리 동전 4개로 지불할 수 있는 방법은
0개, 1개, 2개, 3개, 4개의 5가지
100원짜리 동전 3개로 지불할 수 있는 방법은
0개, 1개, 2개, 3개의 4가지
500원짜리 동전 2개로 지불할 수 있는 방법은
0개, 1개, 2개의 3가지
이때 0원을 지불하는 1가지 경우를 빼주어야 하므로 구하는 방법의 수는
$5 \times 4 \times 3 - 1 = 59$

26 5000원짜리 지폐 2장으로 지불할 수 있는 금액과 10000원짜리 지폐 1장으로 지불할 수 있는 금액이 중복된다.
따라서 10000원짜리 지폐 3장을 5000원짜리 지폐 6장으로 바꾸어 생각하면 지불할 수 있는 금액의 수는 1000원짜리 지폐 3장과 5000원짜리 지폐 8장으로 지불할 수 있는 금액의 수와 같다.
1000원짜리 지폐 3장으로 지불할 수 있는 금액은
0원, 1000원, 2000원, 3000원의 4가지
5000원짜리 지폐 8장으로 지불할 수 있는 금액은
0원, 5000원, 10000원, …, 40000원의 9가지
이때 0원을 지불하는 1가지 경우를 빼주어야 하므로 구하는 금액의 수는
$4 \times 9 - 1 = 35$

27 (i) 지불할 수 있는 방법의 수
1000원짜리 지폐 1장으로 지불할 수 있는 방법은
0장, 1장의 2가지
500원짜리 동전 4개로 지불할 수 있는 방법은
0개, 1개, 2개, 3개, 4개의 5가지
100원짜리 동전 3개로 지불할 수 있는 방법은
0개, 1개, 2개, 3개의 4가지
이때 0원을 지불하는 1가지 경우를 빼주어야 하므로 지불할 수 있는 방법의 수는
$a = 2 \times 5 \times 4 - 1 = 39$

(ii) 지불할 수 있는 금액의 수

500원짜리 동전 2개로 지불할 수 있는 금액과 1000원짜리 지폐 1장으로 지불할 수 있는 금액이 중복된다.

따라서 1000원짜리 지폐 1장을 500원짜리 동전 2개로 바꾸어 생각하면 지불할 수 있는 금액의 수는 500원짜리 동전 6개와 100원짜리 동전 3개로 지불할 수 있는 금액의 수와 같다.

500원짜리 동전 6개로 지불할 수 있는 금액은
0원, 500원, 1000원, $\cdots$, 3000원의 7가지

100원짜리 동전 3개로 지불할 수 있는 금액은
0원, 100원, 200원, 300원의 4가지

이때 0원을 지불하는 1가지 경우를 빼주어야 하므로 지불할 수 있는 금액의 수는

$b = 7 \times 4 - 1 = 27$

(i), (ii)에서

$a + b = 39 + 27 = 66$

---

02 순열 82~86쪽

1 3	2 ③	3 ④	4 3	5 24
6 ③	7 7	8 ②	9 ④	10 ⑤
11 ①	12 576	13 720	14 64	15 720
16 480	17 ③	18 960	19 ④	20 ④
21 2400	22 ④	23 ⑤	24 2160	25 12
26 288	27 150	28 ④	29 30	30 3
31 600	32 60	33 36	34 ③	35 40번째
36 ⑤	37 ①			

1 $_5P_r \times 4! = 1440$에서
$_5P_r = 60 = 5 \times 4 \times 3$
$\therefore r = 3$

2 $_{2n}P_3 = 52 \times {}_nP_2$에서
$2n(2n-1)(2n-2) = 52n(n-1)$
$2n-1 = 13 \ (\because n \geq 2)$
$\therefore n = 7$

3 $_{n+1}P_3 - 4 \times {}_nP_2 - 10 \times {}_{n-1}P_1 = 0$에서
$(n+1)n(n-1) - 4n(n-1) - 10(n-1) = 0$
$n(n+1) - 4n - 10 = 0 \ (\because n \geq 2)$
$n^2 - 3n - 10 = 0, \ (n+2)(n-5) = 0$
$\therefore n = 5 \ (\because n \geq 2)$

4 $_5P_r \leq 12 \times {}_5P_{r-2}$에서
$\dfrac{5!}{(5-r)!} \leq 12 \times \dfrac{5!}{\{5-(r-2)\}!}$
$\dfrac{(7-r)!}{(5-r)!} \leq 12$
$(7-r)(6-r) \leq 12, \ r^2 - 13r + 30 \leq 0$
$(r-3)(r-10) \leq 0 \qquad \therefore 3 \leq r \leq 10$
그런데 $0 \leq r \leq 5, \ 0 \leq r-2 \leq 5$에서 $2 \leq r \leq 5$이므로
$3 \leq r \leq 5$
따라서 자연수 r는 3, 4, 5의 3개이다.

5 $4! = 24$

6 $_5P_4 = 120$

7 $_nP_3 = 210$이므로
$n(n-1)(n-2) = 7 \times 6 \times 5$
$\therefore n = 7$

8 문학 영역의 책으로만 골라 순서대로 읽는 경우의 수는
$_5P_2 = 20$
과학 영역의 책으로만 골라 순서대로 읽는 경우의 수는
$_4P_2 = 12$
따라서 구하는 경우의 수는
$20 + 12 = 32$

9 A, B를 한 묶음으로 생각하여 나머지 선수와 함께 일렬로 세우는 경우의 수는 $4! = 24$
A와 B가 자리를 바꾸는 경우의 수는 $2! = 2$
따라서 구하는 경우의 수는
$24 \times 2 = 48$

10 2학년 학생 3명을 한 묶음으로 생각하여 나머지 학생과 함께 일렬로 세우는 경우의 수는 $6! = 720$
2학년 학생 3명이 자리를 바꾸는 경우의 수는 $3! = 6$
따라서 구하는 경우의 수는
$720 \times 6 = 4320$

11 축구 선수 5명을 한 묶음으로 생각하여 야구 선수 n명과 함께 일렬로 세우는 경우의 수는 $(n+1)!$
축구 선수 5명이 자리를 바꾸는 경우의 수는 $5! = 120$
이때 축구 선수끼리 서로 이웃하도록 세우는 경우의 수가 2880이므로
$(n+1)! \times 120 = 2880$
$(n+1)! = 24 = 4 \times 3 \times 2 \times 1$
$n+1 = 4 \qquad \therefore n = 3$

Ⅲ-1. 경우의 수 **163**

12 같은 영역의 교재를 한 묶음으로 생각하여 3묶음을 책꽂이에 일렬로 꽂는 경우의 수는 $3!=6$

수학 영역 교재 2권의 자리를 바꾸는 경우의 수는 $2!=2$

영어 영역 교재 4권의 자리를 바꾸는 경우의 수는 $4!=24$

국어 영역 교재 2권의 자리를 바꾸는 경우의 수는 $2!=2$

따라서 구하는 경우의 수는

$6 \times 2 \times 24 \times 2 = 576$

13 e, e를 한 묶음으로 생각하여 나머지 문자와 함께 일렬로 나열하는 경우의 수는 $6!=720$

이때 e, e는 같은 문자이므로 자리를 바꾸는 경우는 없다.

따라서 구하는 경우의 수는 720이다.

14 1학년 학생들과 2학년 학생들은 서로 다른 줄에 서게 되므로 한 줄에는 1학년 학생 2명과 3학년 학생 1명, 다른 한 줄에는 2학년 학생 2명과 3학년 학생 1명이 서게 된다.

1학년 학생들과 2학년 학생들을 세우는 줄을 정하는 경우의 수는 $2!=2$

1학년 학생과 세울 3학년 학생 1명을 택하는 경우의 수는 $_2P_1=2$

1학년 학생 2명을 한 묶음으로 생각하여 3학년 학생 1명과 함께 일렬로 세우는 경우의 수는 $2!=2$

1학년 학생 2명이 자리를 바꾸는 경우의 수는 $2!=2$

2학년 학생 2명을 한 묶음으로 생각하여 나머지 3학년 학생과 함께 일렬로 세우는 경우의 수는 $2!=2$

2학년 학생 2명이 자리를 바꾸는 경우의 수는 $2!=2$

따라서 구하는 경우의 수는

$2 \times 2 \times 2 \times 2 \times 2 \times 2 = 64$

15 남학생 2명을 한 묶음으로 생각하여 여학생 3명과 함께 의자 $(7-1)$개에 앉는 경우의 수는 $_6P_4=360$

남학생 2명이 자리를 바꾸는 경우의 수는 $2!=2$

따라서 구하는 경우의 수는

$360 \times 2 = 720$

16 이웃해도 되는 자음 f, r, n, d를 일렬로 나열하는 경우의 수는 $4!=24$

자음 사이사이와 양 끝의 5개의 자리 중에서 2개의 자리에 모음 i, e를 나열하는 경우의 수는 $_5P_2=20$

따라서 구하는 경우의 수는

$24 \times 20 = 480$

17 남학생과 여학생의 수가 같으므로 남학생과 여학생을 교대로 세우는 경우는 남학생이 맨 앞에 오거나 여학생이 맨 앞에 오는 2가지가 있다.

각각의 경우에 대하여 남학생 3명을 일렬로 세우는 경우의 수는 $3!=6$

여학생 3명을 일렬로 세우는 경우의 수는 $3!=6$

따라서 구하는 경우의 수는

$2 \times 6 \times 6 = 72$

18 축구 선수 2명을 한 묶음으로 생각하여 농구 선수 3명과 함께 일렬로 세우는 경우의 수는 $4!=24$

축구 선수 2명이 자리를 바꾸는 경우의 수는 $2!=2$

축구 선수 한 묶음 및 농구 선수 사이사이와 양 끝의 5개의 자리 중에서 2개의 자리에 야구 선수 2명을 세우는 경우의 수는 $_5P_2=20$

따라서 구하는 경우의 수는

$24 \times 2 \times 20 = 960$

19 접시 4개에 빵을 올려 놓으므로 빈 접시는 5개이다.

빈 접시 사이사이와 양 끝의 6개의 자리에 빵을 올려 놓을 접시 4개를 놓으면 되므로 구하는 경우의 수는

$_6P_4=360$

20 은혜가 4등을 하는 경우의 수는 은혜를 4등에 고정시키고 은혜를 제외한 5명의 학생을 1, 2, 3, 5, 6등에 일렬로 세우는 경우의 수와 같으므로 구하는 경우의 수는

$5!=120$

21 양 끝에 자음인 d, l, g, h, t의 5개의 문자 중에서 2개를 택하여 나열하는 경우의 수는 $_5P_2=20$

나머지 자리에 5개의 문자를 일렬로 나열하는 경우의 수는 $5!=120$

따라서 구하는 경우의 수는

$20 \times 120 = 2400$

22 양 끝에 남자 4명 중에서 2명을 택하여 세우는 경우의 수는 $_4P_2=12$

나머지 자리에 4명을 일렬로 세우는 경우의 수는 $4!=24$

따라서 구하는 경우의 수는

$12 \times 24 = 288$

23 홀수 번호가 적힌 3개의 의자 중에서 2개의 의자에 아버지, 어머니가 앉는 경우의 수는 $_3P_2=6$

나머지 3개의 의자에 할머니, 아들, 딸이 앉는 경우의 수는 $3!=6$

따라서 구하는 경우의 수는

$6 \times 6 = 36$

24 (i) 남학생을 양 끝에 세우는 경우

양 끝에 남학생 3명 중에서 2명을 택하여 세우는 경우의 수는 $_3P_2=6$

나머지 자리에 5명의 학생을 일렬로 세우는 경우의 수는 $5!=120$

따라서 남학생을 양 끝에 세우는 경우의 수는

$6 \times 120 = 720$

(ii) 여학생을 양 끝에 세우는 경우

양 끝에 여학생 4명 중에서 2명을 택하여 세우는 경우의 수는 $_4P_2=12$

나머지 자리에 5명의 학생을 일렬로 세우는 경우의 수는 $5!=120$

따라서 여학생을 양 끝에 세우는 경우의 수는

$12 \times 120 = 1440$

(i), (ii)에서 구하는 경우의 수는

$720 + 1440 = 2160$

25 t, i, s를 한 묶음으로 생각하여 나머지 2개의 문자와 함께 일렬로 나열하는 경우의 수는 $3!=6$

t와 s의 자리를 바꾸는 경우의 수는 $2!=2$

따라서 구하는 경우의 수는

$6 \times 2 = 12$

26 모음인 a, i, e의 3개 중에서 2개를 택하여 c와 t 사이에 일렬로 나열하는 경우의 수는 $_3P_2=6$

c와 t의 자리를 바꾸는 경우의 수는 $2!=2$

c★★t를 한 묶음으로 생각하여 나머지 3개의 문자와 함께 일렬로 나열하는 경우의 수는 $4!=24$

따라서 구하는 경우의 수는

$6 \times 2 \times 24 = 288$

27 (i) 7장의 카드 중에서 3장을 뽑아 일렬로 나열하는 경우의 수는 $_7P_3=210$

(ii) 자음인 B, C, D, F, G가 적힌 5장의 카드 중에서 3장을 뽑아 일렬로 나열하는 경우의 수는 $_5P_3=60$

(i), (ii)에서 구하는 경우의 수는

$210 - 60 = 150$

28 (i) 5장의 카드를 일렬로 나열하는 경우의 수는 $5!=120$

(ii) 짝수가 적힌 카드 2장을 일렬로 나열하는 경우의 수는 $2!=2$

짝수가 적힌 카드 사이와 양 끝의 3개의 자리에 홀수가 적힌 카드 3장을 나열하는 경우의 수는 $_3P_3=3!=6$

따라서 홀수가 적힌 카드가 서로 이웃하지 않도록 나열하는 경우의 수는

$2 \times 6 = 12$

(i), (ii)에서 구하는 경우의 수는

$120 - 12 = 108$

29 (i) 7개의 의자에 학생 2명이 앉는 경우의 수는 $_7P_2=42$

(ii) 학생 2명을 한 묶음으로 생각하여 $(7-1)$개의 의자에 앉는 경우의 수는 $_6P_1=6$

학생 2명이 자리를 바꾸는 경우의 수는 $2!=2$

따라서 학생 2명이 서로 이웃하도록 앉는 경우의 수는

$6 \times 2 = 12$

(i), (ii)에서 구하는 경우의 수는

$42 - 12 = 30$

다른 풀이

의자 2개에 학생이 앉으므로 빈 의자는 5개이다.

빈 의자 사이사이와 양 끝의 6개의 자리에 학생이 앉을 의자 2개를 놓으면 되므로 구하는 경우의 수는

$_6P_2=30$

30 모음의 개수를 n이라 하자.

(i) 6개의 알파벳을 일렬로 나열하는 경우의 수는

$6!=720$

(ii) 양 끝에 모음 n개 중에서 2개를 택하여 나열하는 경우의 수는 $_nP_2=n(n-1)$

나머지 자리에 4개의 문자를 일렬로 나열하는 경우의 수는 $4!=24$

따라서 양 끝에 모음만 오도록 나열하는 경우의 수는

$24n(n-1)$

이때 적어도 한쪽 끝에 자음이 오도록 나열하는 경우의 수가 576이므로

$720 - 24n(n-1) = 576$

$n(n-1) = 6 = 3 \times 2$　　$\therefore n=3$

따라서 모음의 개수가 3이므로 자음의 개수는 $6-3=3$

31 만의 자리에는 0이 올 수 없으므로 만의 자리에 올 수 있는 숫자는 1, 2, 3, 4, 5의 5가지

나머지 자리에 5개의 숫자 중에서 4개를 택하여 일렬로 나열하는 경우의 수는 $_5P_4=120$

따라서 구하는 자연수의 개수는

$5 \times 120 = 600$

32 (i) 일의 자리의 숫자가 0인 경우

나머지 4개의 자리에 4개의 숫자를 나열하면 되므로 그 경우의 수는 $4!=24$

(ii) 일의 자리의 숫자가 2 또는 4인 경우

각각의 경우에 대하여 만의 자리에는 3개의 숫자가 올 수 있고, 나머지 3개의 자리에 3개의 숫자를 나열하면 되므로 그 경우의 수는 $2 \times 3 \times 3! = 36$

(i), (ii)에서 구하는 짝수의 개수는

$24 + 36 = 60$

33 (i) 5개의 숫자 1, 2, 3, 4, 5에서 서로 다른 3개의 숫자를 택하여 만들 수 있는 세 자리의 자연수의 개수는

$$_5\text{P}_3=60$$

(ii) 3의 배수는 모든 자리의 숫자의 합이 3의 배수이므로 세 수의 합이 3의 배수가 되는 경우는

(1, 2, 3), (1, 3, 5), (2, 3, 4), (3, 4, 5)

각각의 경우에 대하여 일렬로 나열하는 경우의 수는

$$3!=6$$

따라서 3의 배수의 개수는

$$4\times6=24$$

(i), (ii)에서 구하는 3의 배수가 아닌 자연수의 개수는

$$60-24=36$$

34 (i) 일의 자리의 숫자가 0인 경우

나머지 자리에 4개의 숫자 중에서 2개의 숫자를 택하여 나열하면 되므로 그 경우의 수는 $_4\text{P}_2=12$

(ii) 일의 자리의 숫자가 1인 경우

백의 자리에 올 수 있는 숫자는 2, 3, 4의 3가지이고, 십의 자리에는 나머지 3개의 숫자가 올 수 있으므로 그 경우의 수는 $3\times3=9$

(iii) 일의 자리의 숫자가 2인 경우

백의 자리에 올 수 있는 숫자는 3, 4의 2가지이고, 십의 자리에는 나머지 3개의 숫자가 올 수 있으므로 그 경우의 수는 $2\times3=6$

(iv) 일의 자리의 숫자가 3인 경우

백의 자리에 올 수 있는 숫자는 4의 1가지이고, 십의 자리에는 나머지 3개의 숫자가 올 수 있으므로 그 경우의 수는 $1\times3=3$

(i)~(iv)에서 구하는 자연수의 개수는

$$12+9+6+3=30$$

35 1□□□□꼴인 자연수의 개수는 $4!=24$

21□□□, 23□□□꼴인 자연수의 개수는

$$2\times3!=12$$

241□□꼴인 자연수의 개수는 $2!=2$

243□□꼴인 자연수를 순서대로 나열하면

24315, 24351, …

즉, 243□□꼴인 자연수에서 24351의 순서는 두 번째이다.

따라서 24351이 나타나는 순서는

$$24+12+2+2=40(번째)$$

36 A□□□□□꼴인 문자열의 개수는 $5!=120$

B□□□□□꼴인 문자열의 개수는 $5!=120$

CA□□□□꼴인 문자열의 개수는 $4!=24$

이때 120+120+24=264이므로 267번째로 나타나는 문자열은 CB□□□□꼴인 문자열 중에서 세 번째 문자열이다.

따라서 CBADEF, CBADFE, CBAEDF, …에서 구하는 문자열은 CBAEDF이다.

37 4□□□□꼴인 자연수의 개수는 $4!=24$

3□□□□꼴인 자연수의 개수는 $4!=24$

24□□□꼴인 자연수의 개수는 $3!=6$

이때 24+24+6=54이므로 56번째로 큰 수는 23□□□꼴인 자연수 중에서 두 번째로 큰 수이다.

따라서 23410, 23401, …에서 구하는 수는 23401이다.

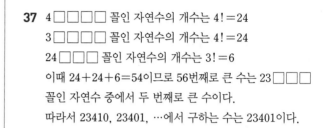

1 ④	**2** 10	**3** ④	**4** ⑤	**5** 94
6 31	**7** 224	**8** ③	**9** 6	**10** 7
11 ⑤	**12** ②	**13** ④	**14** ④	**15** ④
16 5	**17** 226	**18** ⑤	**19** ①	**20** ③
21 ⑤	**22** 24	**23** 412	**24** 150	**25** ①
26 22	**27** 178			

1 $_n\text{C}_2+_{n+1}\text{C}_3=2\times_n\text{P}_2$에서

$$\frac{n(n-1)}{2\times1}+\frac{(n+1)n(n-1)}{3\times2\times1}=2n(n-1)$$

$$3+n+1=12\ (\because n\geq2)$$

$$\therefore n=8$$

2 이차방정식의 근과 계수의 관계에 의하여

$$-4+2=-\frac{_n\text{C}_r}{5},\quad -4\times2=-\frac{2\times_n\text{P}_r}{5}$$

$$\therefore _n\text{C}_r=10,\ _n\text{P}_r=20$$

이때 $_n\text{C}_r=\dfrac{_n\text{P}_r}{r!}$이므로

$$10=\frac{20}{r!},\ r!=2\qquad\therefore r=2$$

$_n\text{P}_2=20$에서

$$n(n-1)=20=5\times4\qquad\therefore n=5$$

$$\therefore nr=5\times2=10$$

3 ㄱ. $_n\text{C}_r=\dfrac{_n\text{P}_r}{r!}$이므로 $_n\text{P}_r=r!\times_n\text{C}_r$

ㄴ. $n\times_{n-1}\text{C}_{r-1}=n\times\dfrac{(n-1)!}{(r-1)!\{n-1-(r-1)\}!}$

$$=\frac{n!}{(r-1)!(n-r)!}$$

$$=r\times\frac{n!}{r!(n-r)!}=r\times_n\text{C}_r$$

ㄷ. $_nC_k \times _{n-k}C_{r-k}$

$\quad = \dfrac{n!}{k!(n-k)!} \times \dfrac{(n-k)!}{(r-k)!\{n-k-(r-k)\}!}$

$\quad = \dfrac{n!}{k!(n-k)!} \times \dfrac{(n-k)!}{(r-k)!(n-r)!}$

$\quad = \dfrac{n!}{r!(n-r)!} \times \dfrac{r!}{k!(r-k)!}$

$\quad = _nC_r \times _rC_k$

따라서 보기에서 옳은 것은 ㄱ, ㄷ이다.

4 $_2C_1 \times _6C_3 \times _3C_1 = 2 \times 20 \times 3 = 120$

5 A 학교 학생으로만 뽑는 경우의 수는 $_5C_3 = _5C_2 = 10$
B 학교 학생으로만 뽑는 경우의 수는 $_9C_3 = 84$
따라서 구하는 경우의 수는
$10 + 84 = 94$

6 토핑을 1개, 2개, 3개, 4개, 5개 선택하는 경우의 수는 각각 $_5C_1$, $_5C_2$, $_5C_3$, $_5C_4$, $_5C_5$이므로 구하는 경우의 수는
$_5C_1 + _5C_2 + _5C_3 + _5C_4 + _5C_5 = _5C_1 + _5C_2 + _5C_2 + _5C_1 + _5C_5$
$\qquad\qquad\qquad\qquad\qquad = 5 + 10 + 10 + 5 + 1$
$\qquad\qquad\qquad\qquad\qquad = 31$

7 셔츠가 n종류라 하면 $_{2n}C_3 = 10 \times _nC_3$이므로
$\dfrac{2n(2n-1)(2n-2)}{3 \times 2 \times 1} = 10 \times \dfrac{n(n-1)(n-2)}{3 \times 2 \times 1}$
$2(2n-1) = 5(n-2)$ $(\because n \geq 3)$
$\therefore n = 8$
따라서 구하는 경우의 수는
$_8C_1 \times _8C_2 = 8 \times 28 = 224$

8 두 학생 A, B를 이미 뽑았다고 생각하고 나머지 7명의 학생 중에서 2명을 뽑는 경우의 수는 $_7C_2 = 21$

9 5가 적힌 공을 이미 꺼냈다고 생각하고 짝수가 적힌 공을 제외한 1, 3, 7, 9가 적힌 나머지 4개의 공 중에서 2개를 꺼내는 경우의 수는 $_4C_2 = 6$

10 노란색 색종이를 이미 뽑았다고 생각하고 나머지 $(n-1)$장의 색종이 중에서 2장을 뽑는 경우의 수가 15이므로 $_{n-1}C_2 = 15$에서
$\dfrac{(n-1)(n-2)}{2 \times 1} = 15$
$(n-1)(n-2) = 30 = 6 \times 5$
$\therefore n = 7$

11 7개의 숫자 1, 2, 3, 4, 5, 6, 7 중에서 3개를 뽑으면 a, b, c의 순서는 자동으로 정해지므로 구하는 순서쌍 (a, b, c)의 개수는 $_7C_3 = 35$

12 (i) 짝수가 적힌 카드 3장과 홀수가 적힌 카드 2장을 택하는 경우
$\quad _4C_3 \times _4C_2 = _4C_1 \times _4C_2 = 4 \times 6 = 24$
(ii) 짝수가 적힌 카드 1장과 홀수가 적힌 카드 4장을 택하는 경우
$\quad _4C_1 \times _4C_4 = 4 \times 1 = 4$
(i), (ii)에서 구하는 경우의 수는
$24 + 4 = 28$

13 3개의 가로줄 중에서 2개를 택하는 경우의 수는
$_3C_2 = _3C_1 = 3$
택한 2개의 가로줄 중 1개의 가로줄에서 숫자 1개를 택하는 경우의 수는 $_3C_1 = 3$
나머지 1개의 가로줄에서 이미 택한 숫자와 다른 세로줄에 있는 숫자 1개를 택하는 경우의 수는 $_2C_1 = 2$
따라서 구하는 경우의 수는
$3 \times 3 \times 2 = 18$

14 (i) 10명 중에서 4명을 뽑는 경우의 수는 $_{10}C_4 = 210$
(ii) 4명을 모두 남학생만 뽑는 경우의 수는 $_5C_4 = _5C_1 = 5$
(i), (ii)에서 구하는 경우의 수는
$210 - 5 = 205$

15 (i) 14명 중에서 3명을 뽑는 경우의 수는 $_{14}C_3 = 364$
(ii) 3명을 모두 1학년 학생만 뽑거나 모두 2학년 학생만 뽑는 경우의 수는 $_6C_3 + _8C_3 = 20 + 56 = 76$
(i), (ii)에서 구하는 경우의 수는
$364 - 76 = 288$

16 여자 회원 수를 n이라 하자.
(i) 10명 중에서 3명을 뽑는 경우의 수는 $_{10}C_3 = 120$
(ii) 3명을 모두 여자 회원만 뽑는 경우의 수는 $_nC_3$
이때 남자 회원을 적어도 1명은 포함하여 뽑는 경우의 수가 110이므로
$120 - _nC_3 = 110$
$_nC_3 = 10$, $\dfrac{n(n-1)(n-2)}{3 \times 2 \times 1} = 10$
$n(n-1)(n-2) = 60 = 5 \times 4 \times 3$ $\quad \therefore n = 5$
따라서 여자 회원 수가 5이므로 남자 회원 수는
$10 - 5 = 5$

17 (i) 10장 중에서 5장을 택하는 경우의 수는 $_{10}C_5=252$

(ii) 5장을 모두 홀수가 적힌 카드만 택하는 경우의 수는
$_5C_5=1$

(iii) 짝수가 적힌 카드 5장 중에서 1장을 택하고, 홀수가
적힌 카드 5장 중에서 4장을 택하는 경우의 수는
$_5C_1\times{}_5C_4={}_5C_1\times{}_5C_1=5\times5=25$

(i), (ii), (iii)에서 구하는 경우의 수는
$252-(1+25)=226$

18 6권의 국어책 중에서 2권을 택하는 경우의 수는 $_6C_2=15$
4권의 수학책 중에서 2권을 택하는 경우의 수는 $_4C_2=6$
4권의 책을 책꽂이에 일렬로 꽂는 경우의 수는 $4!=24$
따라서 구하는 경우의 수는
$15\times6\times24=2160$

19 a, b를 이미 택하였다고 생각하고 나머지 5개의 문자 중
에서 2개를 택하는 경우의 수는 $_5C_2=10$
4개의 문자를 일렬로 나열하는 경우의 수는 $4!=24$
따라서 구하는 경우의 수는 $10\times24=240$

20 A, B를 이미 뽑았다고 생각하고 나머지 6명 중에서 3명
을 뽑는 경우의 수는 $_6C_3=20$
A, B를 한 묶음으로 생각하여 나머지 3명과 함께 일렬로
세우는 경우의 수는 $4!=24$
A, B가 자리를 바꾸는 경우의 수는 $2!=2$
따라서 구하는 경우의 수는
$20\times24\times2=960$

21 $_nC_2=66$이므로 $\dfrac{n(n-1)}{2\times1}=66$
$n(n-1)=132=12\times11$　　$\therefore n=12$

22 원의 지름과 원 위의 점으로 이어진 삼각형이 직각삼각형
이므로 직각삼각형의 개수는 원의 지름 4개 중에서 1개를
택하고 지름을 이루는 2개의 점을 제외한 6개의 점 중에
서 1개를 택하는 경우의 수와 같다.
따라서 구하는 직각삼각형의 개수는
$_4C_1\times{}_6C_1=4\times6=24$

23 (i) 15개의 점 중에서 3개를 택하는 경우의 수는
$_{15}C_3=455$

(ii) 가로 방향의 직선은 3개이고 각각에 대하여 한 직선
위에 있는 5개의 점 중 3개를 택하는 경우의 수는
$_5C_3={}_5C_2=10$

(iii) 세로 방향의 직선은 5개이고 각각에 대하여 한 직선
위에 있는 3개의 점 중 3개를 택하는 경우의 수는
$_3C_3=1$

(iv) 3개의 점을 지나는 대각선 방향의 직선은 8개이고 각
각에 대하여 한 직선 위에 있는 3개의 점 중 3개를 택
하는 경우의 수는 $_3C_3=1$

(i)~(iv)에서 구하는 삼각형의 개수는
$455-3\times10-5\times1-8\times1=412$

24 가로 방향의 6개의 직선 중에서 2개, 세로 방향의 5개의
직선 중에서 2개를 택하여 평행사변형을 만들 수 있으므
로 평행사변형의 개수는
$_6C_2\times{}_5C_2=15\times10=150$

25 (i) 9개의 점 중에서 4개를 택하는 경우의 수는 $_9C_4=126$

(ii) 한 직선 위에 있는 5개의 점 중에서 4개를 택하는 경우
의 수는 $_5C_4={}_5C_1=5$

(iii) 한 직선 위에 있는 5개의 점 중에서 3개를 택하고 한 직
선 위에 있지 않은 4개의 점 중에서 1개를 택하는 경우
의 수는 $_5C_3\times{}_4C_1={}_5C_2\times{}_4C_1=10\times4=40$

(i), (ii), (iii)에서 구하는 사각형의 개수는
$126-5-40=81$

26 (i) 4개의 가로줄 중에서 2개, 4개의 세로줄 중에서 2개를
택하여 직사각형을 만들 수 있으므로 직사각형의 개수
는 $_4C_2\times{}_4C_2=6\times6=36$

(ii) 가장 작은 정사각형의 한 변의 길이를 a라 하면 한 변
의 길이가 a인 정사각형은 9개, 한 변의 길이가 $2a$인
정사각형은 4개, 한 변의 길이가 $3a$인 정사각형은 1개
이므로 정사각형의 개수는 $9+4+1=14$

(i), (ii)에서 정사각형이 아닌 직사각형의 개수는
$36-14=22$

27 오른쪽 그림과 같이 10개의 점
을 각각 A, B, C, D, E, F, G,
H, I, J라 하자.

(i) 10개의 점 중에서 4개를 택
하는 경우의 수는 $_{10}C_4=210$

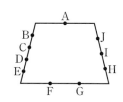

(ii) B, C, D, E를 택하는 경우의 수는 1

(iii) B, C, D, E의 4개의 점 중에서 3개를 택하고 나머지
6개의 점 중에서 1개를 택하는 경우의 수는
$_4C_3\times{}_6C_1={}_4C_1\times{}_6C_1=4\times6=24$

(iv) H, I, J를 택하고 나머지 7개의 점 중에서 1개를 택하
는 경우의 수는 $_7C_1=7$

(i)~(iv)에서 구하는 사각형의 개수는
$210-1-24-7=178$

Ⅳ-1. 행렬

92~96쪽

01 행렬의 덧셈, 뺄셈과 실수배

1 6	**2** ④	**3** ⑤	**4** ④	**5** -11
6 17	**7** $\begin{pmatrix} 2 & 1 \\ 2 & 1 \end{pmatrix}$	**8** 22	**9** ②	**10** ⑤
11 ②	**12** 5	**13** ③	**14** 36	**15** -6
16 ③	**17** ①	**18** $\begin{pmatrix} 10 & -5 \\ 7 & 9 \end{pmatrix}$		**19** ①
20 ②	**21** ③	**22** 19	**23** ④	**24** -20
25 ⑤	**26** -8	**27** 3	**28** 6	**29** 14
30 ③				

1 $a_{12}=1+2^2-1\times2=3$, $a_{22}=2+2^2-2\times2=2$
$a_{31}=3+1^2-3\times1=1$, $a_{42}=4+2^2-4\times2=0$
$\therefore a_{12}+a_{22}+a_{31}+a_{42}=3+2+1+0=6$

2 $a_{11}=1+1=2$, $a_{12}=1-2\times2=-3$
$a_{21}=2-1=1$, $a_{22}=2+2=4$
따라서 행렬 A의 모든 성분의 합은
$2+(-3)+1+4=4$

3 ① 2×3 행렬이다.
② $(2, 1)$ 성분은 3이다.
③ $a_{12}=4$, $a_{23}=4$이므로 $a_{12}+a_{23}=8$
④ $i=j$인 성분은 a_{11}, a_{22}이므로 모든 성분의 합은
$a_{11}+a_{22}=2+(-1)=1$
⑤ $i+j=3$을 만족시키는 성분은 a_{12}, a_{21}이므로 모든 성분의 곱은
$a_{12}a_{21}=4\times3=12$
따라서 옳은 것은 ⑤이다.

4 $a_{11}=2\times1-1+1=2$, $a_{12}=2\times1-2+1=1$
$a_{21}=2\times2-1+1=4$, $a_{22}=2\times2-2+1=3$
$b_{ij}=a_{ji}$이므로
$b_{11}=a_{11}=2$, $b_{12}=a_{21}=4$, $b_{21}=a_{12}=1$, $b_{22}=a_{22}=3$
$\therefore B=\begin{pmatrix} 2 & 4 \\ 1 & 3 \end{pmatrix}$

5 $a_{11}=1^2-1^2=0$
$a_{12}=-a_{21}=-(2^2-1^2)=-3$
$a_{13}=-a_{31}=-(3^2-1^2)=-8$
따라서 행렬 A의 제1행의 모든 성분의 합은
$a_{11}+a_{12}+a_{13}=0+(-3)+(-8)=-11$

6 $a_{12}=p+2q-2$, $a_{13}=p+3q-2$
이때 주어진 행렬 A에서 $a_{12}=5$, $a_{13}=7$이므로
$p+2q-2=5$, $p+3q-2=7$
$\therefore p+2q=7$, $p+3q=9$
두 식을 연립하여 풀면
$p=3$, $q=2$
따라서 $i\neq j$이면 $a_{ij}=3i+2j-2$이므로
$x=a_{21}=3\times2+2\times1-2=6$
$z=a_{23}=3\times2+2\times3-2=10$
$i=j$이면 $a_{ij}=1$이므로
$y=a_{22}=1$
$\therefore x+y+z=6+1+10=17$

7 $a_{11}=2$, $a_{12}=1$, $a_{21}=2$, $a_{22}=1$이므로 구하는 행렬은
$\begin{pmatrix} 2 & 1 \\ 2 & 1 \end{pmatrix}$

8 공원 P_1에서 P_2로 가는 경로의 수는 2이므로 $a_{12}=2$
공원 P_1에서 P_3으로 가는 경로의 수는 $2\times3=6$이므로
$a_{13}=6$
같은 방법으로 하면
$a_{21}=2$, $a_{23}=3$, $a_{31}=3\times2=6$, $a_{32}=3$
$i=j$이면 $a_{ij}=0$이므로
$a_{11}=0$, $a_{22}=0$, $a_{33}=0$
따라서 행렬 A의 모든 성분의 합은
$0+2+6+2+0+3+6+3+0=22$

9 $1^2+1=2$의 양의 약수의 개수는 $a_{11}=2$
$1^2+2=3$의 양의 약수의 개수는 $a_{12}=2$
$1^2+3=4=2^2$의 양의 약수의 개수는 $a_{13}=3$
$2^2+1=5$의 양의 약수의 개수는 $a_{21}=2$
$2^2+2=6=2\times3$의 양의 약수의 개수는 $a_{22}=2\times2=4$
$2^2+3=7$의 양의 약수의 개수는 $a_{23}=2$
$\therefore A=\begin{pmatrix} 2 & 2 & 3 \\ 2 & 4 & 2 \end{pmatrix}$

10 스위치 1이 닫혀 있을 때 불이 켜지는 전구의 개수는 2이므로 $a_{11}=2$
스위치 1, 2가 닫혀 있을 때 불이 켜지는 전구의 개수는
$2+1=3$이므로 $a_{12}=3$
같은 방법으로 하면
$a_{13}=3$, $a_{21}=3$, $a_{22}=1$, $a_{23}=2$, $a_{31}=3$, $a_{32}=2$, $a_{33}=1$
$\therefore A=\begin{pmatrix} 2 & 3 & 3 \\ 3 & 1 & 2 \\ 3 & 2 & 1 \end{pmatrix}$

11 이차함수 $y=x^2-2(i+j)x+9$의 그래프와 x축이 만나는 점의 개수는 이차방정식 $x^2-2(i+j)x+9=0$의 서로 다른 실근의 개수와 같다.

이차방정식 $x^2-2(i+j)x+9=0$의 판별식을 D라 하면

$\dfrac{D}{4}=(i+j)^2-9$

$i=1$, $j=1$이면 $\dfrac{D}{4}=(1+1)^2-9=-5<0$이므로 $a_{11}=0$

$i=1$, $j=2$이면 $\dfrac{D}{4}=(1+2)^2-9=0$이므로 $a_{12}=1$

$i=2$, $j=1$이면 $\dfrac{D}{4}=(2+1)^2-9=0$이므로 $a_{21}=1$

$i=2$, $j=2$이면 $\dfrac{D}{4}=(2+2)^2-9=7>0$이므로 $a_{22}=2$

$\therefore A=\begin{pmatrix} 0 & 1 \\ 1 & 2 \end{pmatrix}$

12 행렬이 서로 같을 조건에 의하여

$3a-1=5$, $5=c+3$, $-1=3-d$, $2b=-6$

$\therefore a=2$, $b=-3$, $c=2$, $d=4$

$\therefore a+b+c+d=5$

13 행렬이 서로 같을 조건에 의하여

$-7=ad-3b$ $\qquad$ …… ㉠

$2a-5b=-1$ $\qquad$ …… ㉡

$c=2ad+9b$ $\qquad$ …… ㉢

$-a+3b=1$ $\qquad$ …… ㉣

㉡, ㉣을 연립하여 풀면 $a=2$, $b=1$

이를 ㉠, ㉢에 각각 대입하면

$-7=2d-3$, $c=4d+9$ $\qquad \therefore c=1$, $d=-2$

$\therefore ab+cd=2\times1+1\times(-2)=0$

14 행렬이 서로 같을 조건에 의하여

$\alpha\beta=-1$, $\alpha+\beta=3$

$\therefore \alpha^3+\beta^3=(\alpha+\beta)^3-3\alpha\beta(\alpha+\beta)$

$\qquad\qquad =3^3-3\times(-1)\times3=36$

15 $a_{11}=p+q$, $a_{12}=p+2q$, $a_{21}=2p+q$, $a_{22}=2p+2q$이므로

$A=\begin{pmatrix} p+q & p+2q \\ 2p+q & 2p+2q \end{pmatrix}$

$b_{11}=1$, $b_{12}=1+(-2)^2-1=4$,

$b_{21}=2+(-2)-1=-1$, $b_{22}=2$이므로

$B=\begin{pmatrix} 1 & 4 \\ -1 & 2 \end{pmatrix}$

$A=B$에서 행렬이 서로 같을 조건에 의하여

$p+q=1$, $p+2q=4$

두 식을 연립하여 풀면 $p=-2$, $q=3$

$\therefore pq=-6$

16 $A-B=\begin{pmatrix} 1 & 1 \\ 1 & 5 \end{pmatrix}-\begin{pmatrix} 2 & -2 \\ 2 & -3 \end{pmatrix}=\begin{pmatrix} -1 & 3 \\ -1 & 8 \end{pmatrix}$

17 $3A=3\begin{pmatrix} 1 & 0 \\ 2 & 1 \end{pmatrix}=\begin{pmatrix} 3 & 0 \\ 6 & 3 \end{pmatrix}$

따라서 행렬 $3A$의 모든 성분의 합은

$3+0+6+3=12$

18 $3(A+2B)-2(A+C)-3B$

$=3A+6B-2A-2C-3B$

$=A+3B-2C$

$=\begin{pmatrix} 1 & 2 \\ 3 & 4 \end{pmatrix}+3\begin{pmatrix} 5 & -1 \\ 2 & 1 \end{pmatrix}-2\begin{pmatrix} 3 & 2 \\ 1 & -1 \end{pmatrix}$

$=\begin{pmatrix} 1 & 2 \\ 3 & 4 \end{pmatrix}+\begin{pmatrix} 15 & -3 \\ 6 & 3 \end{pmatrix}-\begin{pmatrix} 6 & 4 \\ 2 & -2 \end{pmatrix}$

$=\begin{pmatrix} 10 & -5 \\ 7 & 9 \end{pmatrix}$

19 $A+B=\begin{pmatrix} 5 & 3 \\ 2 & 0 \end{pmatrix}$에서

$\begin{pmatrix} 2 & 1 \\ 1 & -1 \end{pmatrix}+B=\begin{pmatrix} 5 & 3 \\ 2 & 0 \end{pmatrix}$

$\therefore B=\begin{pmatrix} 5 & 3 \\ 2 & 0 \end{pmatrix}-\begin{pmatrix} 2 & 1 \\ 1 & -1 \end{pmatrix}=\begin{pmatrix} 3 & 2 \\ 1 & 1 \end{pmatrix}$

따라서 행렬 B의 모든 성분의 합은

$3+2+1+1=7$

20 $A+X=3B+2X$에서

$X=A-3B=\begin{pmatrix} 1 & 0 \\ 3 & -2 \end{pmatrix}-3\begin{pmatrix} 2 & -1 \\ 4 & 3 \end{pmatrix}$

$=\begin{pmatrix} 1 & 0 \\ 3 & -2 \end{pmatrix}-\begin{pmatrix} 6 & -3 \\ 12 & 9 \end{pmatrix}=\begin{pmatrix} -5 & 3 \\ -9 & -11 \end{pmatrix}$

21 $a_{11}=1^2-1=0$, $a_{12}=2-2=0$, $a_{21}=2^2-1=3$,

$a_{22}=2^2-1=3$이므로

$A=\begin{pmatrix} 0 & 0 \\ 3 & 3 \end{pmatrix}$ $\qquad$ …… ㉠

행렬 $3B-A$의 (i, j) 성분을 c_{ij}라 하면 $c_{ij}=2a_{ji}$이므로

$c_{11}=2a_{11}=2\times0=0$, $c_{12}=2a_{21}=2\times3=6$

$c_{21}=2a_{12}=2\times0=0$, $c_{22}=2a_{22}=2\times3=6$

$\therefore 3B-A=\begin{pmatrix} 0 & 6 \\ 0 & 6 \end{pmatrix}$

㉠을 대입하면 $3B-\begin{pmatrix} 0 & 0 \\ 3 & 3 \end{pmatrix}=\begin{pmatrix} 0 & 6 \\ 0 & 6 \end{pmatrix}$

$3B=\begin{pmatrix} 0 & 6 \\ 0 & 6 \end{pmatrix}+\begin{pmatrix} 0 & 0 \\ 3 & 3 \end{pmatrix}=\begin{pmatrix} 0 & 6 \\ 3 & 9 \end{pmatrix}$

$\therefore B=\dfrac{1}{3}\begin{pmatrix} 0 & 6 \\ 3 & 9 \end{pmatrix}=\begin{pmatrix} 0 & 2 \\ 1 & 3 \end{pmatrix}$

따라서 행렬 B의 $(2, 1)$ 성분은 1이다.

22 $A+2B=\begin{pmatrix} 5 & 13 \\ 2 & 10 \end{pmatrix}$ ...... ㉠

$2A+B=\begin{pmatrix} 4 & 11 \\ 1 & 11 \end{pmatrix}$ ...... ㉡

$2\times$㉡$-$㉠을 하면

$2(2A+B)-(A+2B)=2\begin{pmatrix} 4 & 11 \\ 1 & 11 \end{pmatrix}-\begin{pmatrix} 5 & 13 \\ 2 & 10 \end{pmatrix}$

$4A+2B-A-2B=\begin{pmatrix} 8 & 22 \\ 2 & 22 \end{pmatrix}-\begin{pmatrix} 5 & 13 \\ 2 & 10 \end{pmatrix}$

$3A=\begin{pmatrix} 3 & 9 \\ 0 & 12 \end{pmatrix}$ $\therefore A=\dfrac{1}{3}\begin{pmatrix} 3 & 9 \\ 0 & 12 \end{pmatrix}=\begin{pmatrix} 1 & 3 \\ 0 & 4 \end{pmatrix}$

이를 ㉡에 대입하면

$2\begin{pmatrix} 1 & 3 \\ 0 & 4 \end{pmatrix}+B=\begin{pmatrix} 4 & 11 \\ 1 & 11 \end{pmatrix}$

$\therefore B=\begin{pmatrix} 4 & 11 \\ 1 & 11 \end{pmatrix}-\begin{pmatrix} 2 & 6 \\ 0 & 8 \end{pmatrix}=\begin{pmatrix} 2 & 5 \\ 1 & 3 \end{pmatrix}$

$\therefore A+B=\begin{pmatrix} 1 & 3 \\ 0 & 4 \end{pmatrix}+\begin{pmatrix} 2 & 5 \\ 1 & 3 \end{pmatrix}=\begin{pmatrix} 3 & 8 \\ 1 & 7 \end{pmatrix}$

따라서 행렬 $A+B$의 모든 성분의 합은

$3+8+1+7=19$

23 $X+Y=A-3B$ ...... ㉠, $X-Y=3A+B$ ...... ㉡

㉠$+$㉡을 하면 $X+Y+(X-Y)=A-3B+(3A+B)$

$2X=4A-2B$ $\therefore X=2A-B$

이를 ㉠에 대입하면

$(2A-B)+Y=A-3B$ $\therefore Y=-A-2B$

$\therefore X-2Y=2A-B-2(-A-2B)$

$=4A+3B=4\begin{pmatrix} 1 & 0 \\ -3 & 1 \end{pmatrix}+3\begin{pmatrix} 2 & 4 \\ -1 & 2 \end{pmatrix}$

$=\begin{pmatrix} 4 & 0 \\ -12 & 4 \end{pmatrix}+\begin{pmatrix} 6 & 12 \\ -3 & 6 \end{pmatrix}$

$=\begin{pmatrix} 10 & 12 \\ -15 & 10 \end{pmatrix}$

24 $x_{11}=1^2-1=0$, $x_{12}=1^2-2=-1$, $x_{21}=2^2-1=3$,

$x_{22}=2^2-2=2$이므로

$X=\begin{pmatrix} 0 & -1 \\ 3 & 2 \end{pmatrix}$

$y_{11}=1-1^2=0$, $y_{12}=1-2^2=-3$, $y_{21}=2-1^2=1$,

$y_{22}=2-2^2=-2$이므로

$Y=\begin{pmatrix} 0 & -3 \\ 1 & -2 \end{pmatrix}$

$X=A-B$ ...... ㉠, $Y=2A+B$ ...... ㉡

㉠$+$㉡을 하면 $X+Y=A-B+(2A+B)$

$X+Y=3A$ $\therefore A=\dfrac{1}{3}X+\dfrac{1}{3}Y$

이를 ㉠에 대입하면

$X=\left(\dfrac{1}{3}X+\dfrac{1}{3}Y\right)-B$ $\therefore B=-\dfrac{2}{3}X+\dfrac{1}{3}Y$

$\therefore A+5B=\dfrac{1}{3}X+\dfrac{1}{3}Y+5\left(-\dfrac{2}{3}X+\dfrac{1}{3}Y\right)$

$=-3X+2Y$

$=-3\begin{pmatrix} 0 & -1 \\ 3 & 2 \end{pmatrix}+2\begin{pmatrix} 0 & -3 \\ 1 & -2 \end{pmatrix}$

$=\begin{pmatrix} 0 & 3 \\ -9 & -6 \end{pmatrix}+\begin{pmatrix} 0 & -6 \\ 2 & -4 \end{pmatrix}$

$=\begin{pmatrix} 0 & -3 \\ -7 & -10 \end{pmatrix}$

따라서 행렬 $A+5B$의 모든 성분의 합은

$0+(-3)+(-7)+(-10)=-20$

25 $2A+B=\begin{pmatrix} 5 & 2 \\ 4 & 7 \end{pmatrix}$에서

$2\begin{pmatrix} 2 & 1 \\ 0 & 1 \end{pmatrix}+\begin{pmatrix} 1 & 0 \\ 4 & a \end{pmatrix}=\begin{pmatrix} 5 & 2 \\ 4 & 7 \end{pmatrix}$

$\therefore \begin{pmatrix} 5 & 2 \\ 4 & a+2 \end{pmatrix}=\begin{pmatrix} 5 & 2 \\ 4 & 7 \end{pmatrix}$

행렬이 서로 같을 조건에 의하여

$a+2=7$ $\therefore a=5$

26 $\begin{pmatrix} x & 4 \\ 2 & y \end{pmatrix}+\begin{pmatrix} -1 & z \\ 1 & -1 \end{pmatrix}=\begin{pmatrix} y & 2 \\ x & z \end{pmatrix}+\begin{pmatrix} 4 & x \\ y & -4 \end{pmatrix}$에서

$\begin{pmatrix} x-1 & z+4 \\ 3 & y-1 \end{pmatrix}=\begin{pmatrix} y+4 & x+2 \\ x+y & z-4 \end{pmatrix}$

행렬이 서로 같을 조건에 의하여

$x-1=y+4$ ...... ㉠

$z+4=x+2$ ...... ㉡

$3=x+y$ ...... ㉢

㉠, ㉢을 연립하여 풀면 $x=4$, $y=-1$

$x=4$를 ㉡에 대입하면

$z+4=4+2$ $\therefore z=2$

$\therefore xyz=4\times(-1)\times2=-8$

27 $xA+yB=\begin{pmatrix} 3 & 7 \\ -2 & -1 \end{pmatrix}$을 만족시키므로

$x\begin{pmatrix} 2 & 3 \\ 0 & 1 \end{pmatrix}+y\begin{pmatrix} 1 & -1 \\ 2 & 3 \end{pmatrix}=\begin{pmatrix} 3 & 7 \\ -2 & -1 \end{pmatrix}$

$\therefore \begin{pmatrix} 2x+y & 3x-y \\ 2y & x+3y \end{pmatrix}=\begin{pmatrix} 3 & 7 \\ -2 & -1 \end{pmatrix}$

행렬이 서로 같을 조건에 의하여

$2x+y=3$, $2y=-2$

$\therefore x=2$, $y=-1$

$\therefore x-y=3$

28 $xA+yB=C$이므로

$$x\begin{pmatrix} 1 & 0 \\ 2 & -1 \end{pmatrix}+y\begin{pmatrix} -1 & 0 \\ 1 & k \end{pmatrix}=\begin{pmatrix} -1 & 0 \\ 7 & 1 \end{pmatrix}$$

$$\therefore \begin{pmatrix} x-y & 0 \\ 2x+y & -x+ky \end{pmatrix}=\begin{pmatrix} -1 & 0 \\ 7 & 1 \end{pmatrix}$$

행렬이 서로 같을 조건에 의하여

$x-y=-1$ ······ ㉠

$2x+y=7$ ······ ㉡

$-x+ky=1$ ······ ㉢

㉠, ㉡을 연립하여 풀면 $x=2$, $y=3$

이를 ㉢에 대입하면

$-2+3k=1$ $\therefore k=1$

$\therefore k+x+y=1+2+3=6$

29 $a_{ij}=a_{ji}$에서 $a_{12}=a_{21}$

$a_{11}=x$, $a_{12}=a_{21}=y$, $a_{22}=z$라 하면

$$A=\begin{pmatrix} x & y \\ y & z \end{pmatrix}$$

$b_{ij}=-b_{ji}$에서 $b_{11}=-b_{11}$, $b_{22}=-b_{22}$이므로

$b_{11}=0$, $b_{22}=0$

$b_{12}=-b_{21}$이므로 $b_{12}=w$라 하면

$$B=\begin{pmatrix} 0 & w \\ -w & 0 \end{pmatrix}$$

$A+B=\begin{pmatrix} 8 & 15 \\ -1 & 7 \end{pmatrix}$에서

$$\begin{pmatrix} x & y \\ y & z \end{pmatrix}+\begin{pmatrix} 0 & w \\ -w & 0 \end{pmatrix}=\begin{pmatrix} 8 & 15 \\ -1 & 7 \end{pmatrix}$$

$$\therefore \begin{pmatrix} x & y+w \\ y-w & z \end{pmatrix}=\begin{pmatrix} 8 & 15 \\ -1 & 7 \end{pmatrix}$$

행렬이 서로 같을 조건에 의하여

$x=8$, $y+w=15$, $y-w=-1$, $z=7$

$y+w=15$, $y-w=-1$을 연립하여 풀면 $y=7$, $w=8$

$\therefore a_{21}+a_{22}=y+z=7+7=14$

30 행렬 A는 A반 학생 30명의 각 과목 성적의 평균을 나타내므로 A반의 각 과목 성적의 총점을 나타내는 행렬은 $30A$

행렬 B는 B반 학생 20명의 각 과목 성적의 평균을 나타내므로 B반의 각 과목 성적의 총점을 나타내는 행렬은 $20B$

두 반 A, B의 학생 전체의 총점을 나타내는 행렬은

$30A+20B$

두 반 A, B의 전체 학생 수는 50이므로 전체 평균을 나타내는 행렬은

$$\frac{1}{50}(30A+20B)=\frac{3}{5}A+\frac{2}{5}B$$

따라서 $xA+yB=\dfrac{3}{5}A+\dfrac{2}{5}B$이므로 $x=\dfrac{3}{5}$, $y=\dfrac{2}{5}$

1 ③	**2** 21	**3** ③	**4** ⑤	**5** 36
6 3	**7** 16	**8** ④	**9** ④	**10** 4
11 ③	**12** ⑤	**13** 4	**14** ④	**15** ③
16 59 : 51	**17** ①	**18** ⑤	**19** −2	**20** ⑤
21 13	**22** 4	**23** ⑤	**24** ②	**25** −2
26 ①	**27** ⑤	**28** 1	**29** ④	**30** −2
31 2	**32** ②	**33** ②	**34** ④	

1 $AB=\begin{pmatrix} 1 & 0 \\ 2 & 0 \end{pmatrix}\begin{pmatrix} 1 & 2 \\ 0 & 0 \end{pmatrix}=\begin{pmatrix} 1 & 2 \\ 2 & 4 \end{pmatrix}$

따라서 행렬 AB의 모든 성분의 합은

$1+2+2+4=9$

2 $A-B=\begin{pmatrix} 1 & 4 \\ 5 & 1 \end{pmatrix}-\begin{pmatrix} 0 & 2 \\ 2 & 0 \end{pmatrix}=\begin{pmatrix} 1 & 2 \\ 3 & 1 \end{pmatrix}$

$\therefore (A-B)C=\begin{pmatrix} 1 & 2 \\ 3 & 1 \end{pmatrix}\begin{pmatrix} 3 \\ 3 \end{pmatrix}=\begin{pmatrix} 9 \\ 12 \end{pmatrix}$

따라서 행렬 $(A-B)C$의 모든 성분의 합은

$9+12=21$

3 행렬 A는 2×2 행렬이고, 행렬 B는 2×1 행렬이다.

ㄱ. AB는 2×1 행렬로 정의된다.

ㄴ. BA는 정의되지 않는다.

ㄷ. AB는 2×1 행렬이지만 A는 2×2 행렬이므로 덧셈이 정의되지 않는다.

ㄹ. AB는 2×1 행렬이고 B도 2×1 행렬이므로 뺄셈이 정의된다.

따라서 보기에서 연산이 정의되는 것은 ㄱ, ㄹ이다.

4 $A+2B=\begin{pmatrix} 5 & 3 \\ 4 & 2 \end{pmatrix}$ ······ ㉠

$A-2B=\begin{pmatrix} 1 & 7 \\ 4 & -6 \end{pmatrix}$ ······ ㉡

㉠+㉡을 하면

$2A=\begin{pmatrix} 6 & 10 \\ 8 & -4 \end{pmatrix}$ $\therefore A=\begin{pmatrix} 3 & 5 \\ 4 & -2 \end{pmatrix}$

이를 ㉠에 대입하면

$\begin{pmatrix} 3 & 5 \\ 4 & -2 \end{pmatrix}+2B=\begin{pmatrix} 5 & 3 \\ 4 & 2 \end{pmatrix}$

$2B=\begin{pmatrix} 2 & -2 \\ 0 & 4 \end{pmatrix}$ $\therefore B=\begin{pmatrix} 1 & -1 \\ 0 & 2 \end{pmatrix}$

$\therefore AB=\begin{pmatrix} 3 & 5 \\ 4 & -2 \end{pmatrix}\begin{pmatrix} 1 & -1 \\ 0 & 2 \end{pmatrix}=\begin{pmatrix} 3 & 7 \\ 4 & -8 \end{pmatrix}$

5 $BA=\begin{pmatrix} 1 & 2 \\ 3 & y \end{pmatrix}\begin{pmatrix} x & -2 \\ -3 & 1 \end{pmatrix}=\begin{pmatrix} x-6 & 0 \\ 3x-3y & -6+y \end{pmatrix}$

$BA=O$에서 $\begin{pmatrix} x-6 & 0 \\ 3x-3y & -6+y \end{pmatrix}=\begin{pmatrix} 0 & 0 \\ 0 & 0 \end{pmatrix}$

행렬이 서로 같을 조건에 의하여

$x-6=0,\ -6+y=0$

$\therefore x=6,\ y=6$　　$\therefore xy=36$

6 $\begin{pmatrix} 1 & a \\ 0 & -1 \end{pmatrix}\begin{pmatrix} 2 & 3 \\ b & 1 \end{pmatrix}=\begin{pmatrix} 1 & 3 \\ x & 2 \end{pmatrix}-\begin{pmatrix} -2 & -1 \\ 1 & y \end{pmatrix}$에서

$\begin{pmatrix} 2+ab & 3+a \\ -b & -1 \end{pmatrix}=\begin{pmatrix} 3 & 4 \\ x-1 & 2-y \end{pmatrix}$

행렬이 서로 같을 조건에 의하여

$2+ab=3,\ 3+a=4,\ -b=x-1,\ -1=2-y$

$\therefore a=1,\ b=1,\ x=0,\ y=3$

$\therefore x+y=3$

7 이차방정식 $x^2-4x-1=0$의 두 근이 $\alpha,\ \beta$이므로 근과 계수의 관계에 의하여

$\alpha+\beta=4,\ \alpha\beta=-1$

$AB=\begin{pmatrix} \alpha & \beta \\ 0 & \alpha \end{pmatrix}\begin{pmatrix} \beta & \alpha \\ 0 & \beta \end{pmatrix}=\begin{pmatrix} \alpha\beta & \alpha^2+\beta^2 \\ 0 & \alpha\beta \end{pmatrix}$

따라서 행렬 AB의 모든 성분의 합은

$\alpha\beta+(\alpha^2+\beta^2)+0+\alpha\beta=\alpha^2+2\alpha\beta+\beta^2$

$\qquad\qquad\qquad\qquad\quad =(\alpha+\beta)^2=4^2=16$

8 $A^2=AA=\begin{pmatrix} -3 & 0 \\ -3 & 0 \end{pmatrix}\begin{pmatrix} -3 & 0 \\ -3 & 0 \end{pmatrix}=\begin{pmatrix} 9 & 0 \\ 9 & 0 \end{pmatrix}$

$A^3=A^2A=\begin{pmatrix} 9 & 0 \\ 9 & 0 \end{pmatrix}\begin{pmatrix} -3 & 0 \\ -3 & 0 \end{pmatrix}$

$\qquad =\begin{pmatrix} -27 & 0 \\ -27 & 0 \end{pmatrix}=9\begin{pmatrix} -3 & 0 \\ -3 & 0 \end{pmatrix}=9A$

$\therefore k=9$

9 $A^2=AA=\begin{pmatrix} a & 1 \\ -4 & -2 \end{pmatrix}\begin{pmatrix} a & 1 \\ -4 & -2 \end{pmatrix}$

$\qquad =\begin{pmatrix} a^2-4 & a-2 \\ -4a+8 & 0 \end{pmatrix}$

$A^3=A^2A=\begin{pmatrix} a^2-4 & a-2 \\ -4a+8 & 0 \end{pmatrix}\begin{pmatrix} a & 1 \\ -4 & -2 \end{pmatrix}$

$\qquad =\begin{pmatrix} a^3-8a+8 & a^2-2a \\ -4a^2+8a & -4a+8 \end{pmatrix}$

$A^3=O$에서 $\begin{pmatrix} a^3-8a+8 & a^2-2a \\ -4a^2+8a & -4a+8 \end{pmatrix}=\begin{pmatrix} 0 & 0 \\ 0 & 0 \end{pmatrix}$

행렬이 서로 같을 조건에 의하여

$-4a+8=0$　　$\therefore a=2$

10 $A^2=AA=\begin{pmatrix} 1 & a \\ 0 & 1 \end{pmatrix}\begin{pmatrix} 1 & a \\ 0 & 1 \end{pmatrix}=\begin{pmatrix} 1 & 2a \\ 0 & 1 \end{pmatrix}$

$A^3=A^2A=\begin{pmatrix} 1 & 2a \\ 0 & 1 \end{pmatrix}\begin{pmatrix} 1 & a \\ 0 & 1 \end{pmatrix}=\begin{pmatrix} 1 & 3a \\ 0 & 1 \end{pmatrix}$

$A^4=A^3A=\begin{pmatrix} 1 & 3a \\ 0 & 1 \end{pmatrix}\begin{pmatrix} 1 & a \\ 0 & 1 \end{pmatrix}=\begin{pmatrix} 1 & 4a \\ 0 & 1 \end{pmatrix}$

$\vdots$

$\therefore A^n=\begin{pmatrix} 1 & na \\ 0 & 1 \end{pmatrix}$ (단, n은 자연수)

따라서 $A^9=\begin{pmatrix} 1 & 9a \\ 0 & 1 \end{pmatrix}$이므로

$9a=36$　　$\therefore a=4$

11 $A^2=AA=\begin{pmatrix} 1 & 0 \\ 0 & 2 \end{pmatrix}\begin{pmatrix} 1 & 0 \\ 0 & 2 \end{pmatrix}=\begin{pmatrix} 1 & 0 \\ 0 & 4 \end{pmatrix}$

$A^3=A^2A=\begin{pmatrix} 1 & 0 \\ 0 & 4 \end{pmatrix}\begin{pmatrix} 1 & 0 \\ 0 & 2 \end{pmatrix}=\begin{pmatrix} 1 & 0 \\ 0 & 8 \end{pmatrix}$

$A^4=A^3A=\begin{pmatrix} 1 & 0 \\ 0 & 8 \end{pmatrix}\begin{pmatrix} 1 & 0 \\ 0 & 2 \end{pmatrix}=\begin{pmatrix} 1 & 0 \\ 0 & 16 \end{pmatrix}$

$\vdots$

$\therefore A^n=\begin{pmatrix} 1 & 0 \\ 0 & 2^n \end{pmatrix}$

이때 행렬 A^n의 모든 성분의 합이 129이므로

$1+0+0+2^n=129$

$2^n=128$　　$\therefore n=7$

12 $A+B=\begin{pmatrix} 1 & 3 \\ -1 & 5 \end{pmatrix}$　　……　㉠

$A-B=\begin{pmatrix} -1 & 1 \\ 3 & 1 \end{pmatrix}$　　……　㉡

㉠+㉡을 하면

$2A=\begin{pmatrix} 0 & 4 \\ 2 & 6 \end{pmatrix}$　　$\therefore A=\begin{pmatrix} 0 & 2 \\ 1 & 3 \end{pmatrix}$

이를 ㉠에 대입하면

$\begin{pmatrix} 0 & 2 \\ 1 & 3 \end{pmatrix}+B=\begin{pmatrix} 1 & 3 \\ -1 & 5 \end{pmatrix}$　　$\therefore B=\begin{pmatrix} 1 & 1 \\ -2 & 2 \end{pmatrix}$

$\therefore A^2-B^2=AA-BB$

$\qquad =\begin{pmatrix} 0 & 2 \\ 1 & 3 \end{pmatrix}\begin{pmatrix} 0 & 2 \\ 1 & 3 \end{pmatrix}-\begin{pmatrix} 1 & 1 \\ -2 & 2 \end{pmatrix}\begin{pmatrix} 1 & 1 \\ -2 & 2 \end{pmatrix}$

$\qquad =\begin{pmatrix} 2 & 6 \\ 3 & 11 \end{pmatrix}-\begin{pmatrix} -1 & 3 \\ -6 & 2 \end{pmatrix}=\begin{pmatrix} 3 & 3 \\ 9 & 9 \end{pmatrix}$

13 $AB+A=\begin{pmatrix} a & -1 \\ 1 & b \end{pmatrix}\begin{pmatrix} -1 & -1 \\ 0 & -2 \end{pmatrix}+\begin{pmatrix} a & -1 \\ 1 & b \end{pmatrix}$

$\qquad =\begin{pmatrix} -a & -a+2 \\ -1 & -1-2b \end{pmatrix}+\begin{pmatrix} a & -1 \\ 1 & b \end{pmatrix}$

$\qquad =\begin{pmatrix} 0 & -a+1 \\ 0 & -b-1 \end{pmatrix}$

$AB+A=O$에서 $\begin{pmatrix} 0 & -a+1 \\ 0 & -b-1 \end{pmatrix} = \begin{pmatrix} 0 & 0 \\ 0 & 0 \end{pmatrix}$

행렬이 서로 같을 조건에 의하여

$-a+1=0,\ -b-1=0$

$\therefore a=1,\ b=-1$

따라서 $A=\begin{pmatrix} 1 & -1 \\ 1 & -1 \end{pmatrix}$이므로

$A^2=AA=\begin{pmatrix} 1 & -1 \\ 1 & -1 \end{pmatrix}\begin{pmatrix} 1 & -1 \\ 1 & -1 \end{pmatrix}=\begin{pmatrix} 0 & 0 \\ 0 & 0 \end{pmatrix}=O$

$A^3=A^4=A^5=\cdots=A^{2010}=O$이므로

$A+A^2+A^3+\cdots+A^{2010}=A=\begin{pmatrix} 1 & -1 \\ 1 & -1 \end{pmatrix}$

따라서 $p=1,\ q=-1,\ r=1,\ s=-1$이므로

$p^2+q^2+r^2+s^2=1+1+1+1=4$

14 $PQ=\begin{pmatrix} 300 & 200 \\ 250 & 150 \end{pmatrix}\begin{pmatrix} 0.7 & 0.6 \\ 0.3 & 0.4 \end{pmatrix}$

$=\begin{pmatrix} 300\times0.7+200\times0.3 & 300\times0.6+200\times0.4 \\ 250\times0.7+150\times0.3 & 250\times0.6+150\times0.4 \end{pmatrix}$

$QP=\begin{pmatrix} 0.7 & 0.6 \\ 0.3 & 0.4 \end{pmatrix}\begin{pmatrix} 300 & 200 \\ 250 & 150 \end{pmatrix}$

$=\begin{pmatrix} 0.7\times300+0.6\times250 & 0.7\times200+0.6\times150 \\ 0.3\times300+0.4\times250 & 0.3\times200+0.4\times150 \end{pmatrix}$

A학교에서 배드민턴을 배우는 학생 수는

$300\times0.3+250\times0.4$

따라서 이를 나타내는 행렬의 성분은 QP의 $(2,\ 1)$ 성분이다.

15 $PQ=\begin{pmatrix} 30 & 40 \\ 10 & 20 \end{pmatrix}\begin{pmatrix} 5.1 & 21.4 \\ 10.7 & 11.5 \end{pmatrix}$

$=\begin{pmatrix} 30\times5.1+40\times10.7 & 30\times21.4+40\times11.5 \\ 10\times5.1+20\times10.7 & 10\times21.4+20\times11.5 \end{pmatrix}$

$QP=\begin{pmatrix} 5.1 & 21.4 \\ 10.7 & 11.5 \end{pmatrix}\begin{pmatrix} 30 & 40 \\ 10 & 20 \end{pmatrix}$

$=\begin{pmatrix} 5.1\times30+21.4\times10 & 5.1\times40+21.4\times20 \\ 10.7\times30+11.5\times10 & 10.7\times40+11.5\times20 \end{pmatrix}$

(지원자 수)=(선발 인원수)×(경쟁률)이므로

A, B 두 학과의 일반 전형 지원자 수의 합은

$m=30\times5.1+40\times10.7$

즉, m의 값은 행렬 PQ의 $(1,\ 1)$ 성분과 같다.

B학과의 일반 전형과 특별 전형 지원자 수의 합은

$n=40\times10.7+20\times11.5$

즉, n의 값은 행렬 QP의 $(2,\ 2)$ 성분과 같다.

따라서 $m+n$의 값은 행렬 PQ의 $(1,\ 1)$ 성분과 행렬 QP의 $(2,\ 2)$ 성분의 합과 같다.

16 두 제품 A, B의 2년 후의 생산원가를 각각 a''원, b''원이라 하면

$\begin{pmatrix} a'' \\ b'' \end{pmatrix}=\begin{pmatrix} 0.8 & 0.3 \\ 0.2 & 0.8 \end{pmatrix}\begin{pmatrix} a' \\ b' \end{pmatrix}$

$=\begin{pmatrix} 0.8 & 0.3 \\ 0.2 & 0.8 \end{pmatrix}\begin{pmatrix} 0.8 & 0.3 \\ 0.2 & 0.8 \end{pmatrix}\begin{pmatrix} a \\ b \end{pmatrix}$

$=\begin{pmatrix} 0.7 & 0.48 \\ 0.32 & 0.7 \end{pmatrix}\begin{pmatrix} a \\ b \end{pmatrix}$

$=\begin{pmatrix} 0.7a+0.48b \\ 0.32a+0.7b \end{pmatrix}$

$\therefore a''=0.7a+0.48b,\ b''=0.32a+0.7b$

이때 $a:b=1:1$이므로 $a=b=k$(k는 상수)라 하면

$a''=0.7k+0.48k=1.18k$

$b''=0.32k+0.7k=1.02k$

$\therefore a'':b''=1.18k:1.02k=59:51$

17 $A^2-AB=A(A-B)$

$=\begin{pmatrix} 1 & 3 \\ 2 & -1 \end{pmatrix}\begin{pmatrix} 3 & -1 \\ 2 & 1 \end{pmatrix}=\begin{pmatrix} 9 & 2 \\ 4 & -3 \end{pmatrix}$

따라서 A^2-AB의 모든 성분의 합은

$9+2+4+(-3)=12$

18 $A^2-2AB+BA-2B^2=A(A-2B)+B(A-2B)$

$=(A+B)(A-2B)$

$A+B=\begin{pmatrix} 1 & 0 \\ 0 & -1 \end{pmatrix}+\begin{pmatrix} 0 & -1 \\ 1 & 1 \end{pmatrix}=\begin{pmatrix} 1 & -1 \\ 1 & 0 \end{pmatrix}$

$A-2B=\begin{pmatrix} 1 & 0 \\ 0 & -1 \end{pmatrix}-2\begin{pmatrix} 0 & -1 \\ 1 & 1 \end{pmatrix}=\begin{pmatrix} 1 & 2 \\ -2 & -3 \end{pmatrix}$

$\therefore A^2-2AB+BA-2B^2=(A+B)(A-2B)$

$=\begin{pmatrix} 1 & -1 \\ 1 & 0 \end{pmatrix}\begin{pmatrix} 1 & 2 \\ -2 & -3 \end{pmatrix}$

$=\begin{pmatrix} 3 & 5 \\ 1 & 2 \end{pmatrix}$

19 $(A+2B)(A-3B)=\begin{pmatrix} 1 & 2 \\ 2 & 4 \end{pmatrix}$에서

$A^2-3AB+2BA-6B^2=\begin{pmatrix} 1 & 2 \\ 2 & 4 \end{pmatrix}$

이때 $A^2-6B^2=\begin{pmatrix} 2 & -2 \\ 0 & 4 \end{pmatrix}$이므로

$\begin{pmatrix} 2 & -2 \\ 0 & 4 \end{pmatrix}-3AB+2BA=\begin{pmatrix} 1 & 2 \\ 2 & 4 \end{pmatrix}$

$\therefore 3AB-2BA=\begin{pmatrix} 2 & -2 \\ 0 & 4 \end{pmatrix}-\begin{pmatrix} 1 & 2 \\ 2 & 4 \end{pmatrix}$

$=\begin{pmatrix} 1 & -4 \\ -2 & 0 \end{pmatrix}$

$$\therefore (A-2B)(A+3B)=A^2+3AB-2BA-6B^2$$
$$=A^2-6B^2+(3AB-2BA)$$
$$=\begin{pmatrix} 2 & -2 \\ 0 & 4 \end{pmatrix}+\begin{pmatrix} 1 & -4 \\ -2 & 0 \end{pmatrix}$$
$$=\begin{pmatrix} 3 & -6 \\ -2 & 4 \end{pmatrix}$$

따라서 $(A-2B)(A+3B)$의 $(1, 2)$ 성분은 -6이고, $(2, 2)$ 성분은 4이므로 그 합은

$$-6+4=-2$$

20 주어진 등식을 만족시키려면 $AB=BA$이어야 하므로

$$\begin{pmatrix} 1 & 1 \\ 0 & 1 \end{pmatrix}\begin{pmatrix} x & -3 \\ 0 & 2 \end{pmatrix}=\begin{pmatrix} x & -3 \\ 0 & 2 \end{pmatrix}\begin{pmatrix} 1 & 1 \\ 0 & 1 \end{pmatrix}$$
$$\therefore \begin{pmatrix} x & -1 \\ 0 & 2 \end{pmatrix}=\begin{pmatrix} x & x-3 \\ 0 & 2 \end{pmatrix}$$

행렬이 서로 같을 조건에 의하여

$$-1=x-3 \qquad \therefore x=2$$

21 주어진 등식을 만족시키려면 $AB=BA$이어야 하므로

$$\begin{pmatrix} -1 & x \\ 3 & 0 \end{pmatrix}\begin{pmatrix} -2 & 2 \\ y & -1 \end{pmatrix}=\begin{pmatrix} -2 & 2 \\ y & -1 \end{pmatrix}\begin{pmatrix} -1 & x \\ 3 & 0 \end{pmatrix}$$
$$\therefore \begin{pmatrix} 2+xy & -2-x \\ -6 & 6 \end{pmatrix}=\begin{pmatrix} 8 & -2x \\ -y-3 & xy \end{pmatrix}$$

행렬이 서로 같을 조건에 의하여

$$-2-x=-2x, \quad -6=-y-3$$
$$\therefore x=2, y=3$$
$$\therefore x^2+y^2=4+9=13$$

22 주어진 등식을 만족시키려면 $AB=BA$이어야 하므로

$$\begin{pmatrix} x^2 & 1 \\ 1 & 2x \end{pmatrix}\begin{pmatrix} 3 & 1 \\ 1 & y^2 \end{pmatrix}=\begin{pmatrix} 3 & 1 \\ 1 & y^2 \end{pmatrix}\begin{pmatrix} x^2 & 1 \\ 1 & 2x \end{pmatrix}$$
$$\therefore \begin{pmatrix} 3x^2+1 & x^2+y^2 \\ 3+2x & 1+2xy^2 \end{pmatrix}=\begin{pmatrix} 3x^2+1 & 3+2x \\ x^2+y^2 & 1+2xy^2 \end{pmatrix}$$

행렬이 서로 같을 조건에 의하여

$$x^2+y^2=3+2x \qquad \therefore (x-1)^2+y^2=4$$

이때 x, y는 정수이므로

$$(x-1)^2=4, y^2=0 \text{ 또는 } (x-1)^2=0, y^2=4$$
$$\therefore x-1=\pm 2, y=0 \text{ 또는 } x-1=0, y=\pm 2$$

따라서 순서쌍 (x, y)는 $(-1, 0)$, $(3, 0)$, $(1, -2)$, $(1, 2)$의 4개이다.

23 $A\begin{pmatrix} 2a+3c \\ 2b+3d \end{pmatrix}=2A\begin{pmatrix} a \\ b \end{pmatrix}+3A\begin{pmatrix} c \\ d \end{pmatrix}$
$$=2\begin{pmatrix} 1 \\ 2 \end{pmatrix}+3\begin{pmatrix} 1 \\ -1 \end{pmatrix}=\begin{pmatrix} 5 \\ 1 \end{pmatrix}$$

24 $A\begin{pmatrix} 1 \\ 2 \end{pmatrix}=A\begin{pmatrix} 1 \\ 0 \end{pmatrix}+A\begin{pmatrix} 0 \\ 2 \end{pmatrix}$
$$=A\begin{pmatrix} 1 \\ 0 \end{pmatrix}+2A\begin{pmatrix} 0 \\ 1 \end{pmatrix}$$
$$=\begin{pmatrix} 2 \\ 3 \end{pmatrix}+2\begin{pmatrix} -1 \\ 2 \end{pmatrix}=\begin{pmatrix} 0 \\ 7 \end{pmatrix}$$

따라서 $p=0$, $q=7$이므로 $p+q=7$

25 $A\begin{pmatrix} 4 \\ 0 \end{pmatrix}=A\begin{pmatrix} 1 \\ -2 \end{pmatrix}+A\begin{pmatrix} 3 \\ 2 \end{pmatrix}=\begin{pmatrix} -2 \\ 4 \end{pmatrix}+\begin{pmatrix} 0 \\ 0 \end{pmatrix}$
$$=\begin{pmatrix} -2 \\ 4 \end{pmatrix}=-2\begin{pmatrix} 1 \\ -2 \end{pmatrix}$$
$$A^2\begin{pmatrix} 4 \\ 0 \end{pmatrix}=-2A\begin{pmatrix} 1 \\ -2 \end{pmatrix}=-2\begin{pmatrix} -2 \\ 4 \end{pmatrix}=2^2\begin{pmatrix} 1 \\ -2 \end{pmatrix}$$
$$A^3\begin{pmatrix} 4 \\ 0 \end{pmatrix}=2^2A\begin{pmatrix} 1 \\ -2 \end{pmatrix}=2^2\begin{pmatrix} -2 \\ 4 \end{pmatrix}=-2^3\begin{pmatrix} 1 \\ -2 \end{pmatrix}$$
$$A^4\begin{pmatrix} 4 \\ 0 \end{pmatrix}=-2^3A\begin{pmatrix} 1 \\ -2 \end{pmatrix}=-2^3\begin{pmatrix} -2 \\ 4 \end{pmatrix}=2^4\begin{pmatrix} 1 \\ -2 \end{pmatrix}$$
$$\vdots$$
$$\therefore A^n\begin{pmatrix} 4 \\ 0 \end{pmatrix}=(-2)^n\begin{pmatrix} 1 \\ -2 \end{pmatrix} \text{ (단, } n\text{은 자연수)}$$
$$\therefore A^{100}\begin{pmatrix} 4 \\ 0 \end{pmatrix}=2^{100}\begin{pmatrix} 1 \\ -2 \end{pmatrix}=\begin{pmatrix} 2^{100} \\ -2^{101} \end{pmatrix}$$

따라서 $x=2^{100}$, $y=-2^{101}$이므로

$$\frac{y}{x}=-\frac{2^{101}}{2^{100}}=-2$$

26 $A^2=AA=\begin{pmatrix} -2 & 0 \\ 1 & 3 \end{pmatrix}\begin{pmatrix} -2 & 0 \\ 1 & 3 \end{pmatrix}=\begin{pmatrix} 4 & 0 \\ 1 & 9 \end{pmatrix}$
$$A^3=A^2A=\begin{pmatrix} 4 & 0 \\ 1 & 9 \end{pmatrix}\begin{pmatrix} -2 & 0 \\ 1 & 3 \end{pmatrix}=\begin{pmatrix} -8 & 0 \\ 7 & 27 \end{pmatrix}$$
$$\therefore (A-E)(A^2+A+E)=A^3-E$$
$$=\begin{pmatrix} -8 & 0 \\ 7 & 27 \end{pmatrix}-\begin{pmatrix} 1 & 0 \\ 0 & 1 \end{pmatrix}$$
$$=\begin{pmatrix} -9 & 0 \\ 7 & 26 \end{pmatrix}$$

27 $(A+E)(A-E)=E$에서
$$A^2-E=E \qquad \therefore A^2=2E$$
$$\begin{pmatrix} a & -1 \\ 1 & b \end{pmatrix}\begin{pmatrix} a & -1 \\ 1 & b \end{pmatrix}=2\begin{pmatrix} 1 & 0 \\ 0 & 1 \end{pmatrix}$$
$$\therefore \begin{pmatrix} a^2-1 & -a-b \\ a+b & -1+b^2 \end{pmatrix}=\begin{pmatrix} 2 & 0 \\ 0 & 2 \end{pmatrix}$$

행렬이 서로 같을 조건에 의하여

$$a^2-1=2, \quad -1+b^2=2$$
$$\therefore a^2=3, b^2=3$$
$$\therefore a^2+b^2=6$$

28 $(A^2-A+E)(A^2+A+E)$

$\qquad = A^4+A^2+E$

$\qquad = A^2A^2+A^2+E$

$\qquad = \begin{pmatrix} 3 & 1 \\ -1 & a \end{pmatrix}\begin{pmatrix} 3 & 1 \\ -1 & a \end{pmatrix} + \begin{pmatrix} 3 & 1 \\ -1 & a \end{pmatrix} + \begin{pmatrix} 1 & 0 \\ 0 & 1 \end{pmatrix}$

$\qquad = \begin{pmatrix} 8 & 3+a \\ -3-a & -1+a^2 \end{pmatrix} + \begin{pmatrix} 3 & 1 \\ -1 & a \end{pmatrix} + \begin{pmatrix} 1 & 0 \\ 0 & 1 \end{pmatrix}$

$\qquad = \begin{pmatrix} 12 & a+4 \\ -a-4 & a^2+a \end{pmatrix}$

이때 $(A^2-A+E)(A^2+A+E)$의 모든 성분의 합이

14이므로

$12+(a+4)+(-a-4)+(a^2+a)=14$

$a^2+a-2=0$

$(a+2)(a-1)=0$

$\therefore a=1$ $(\because a>0)$

29 $A^2=AA=\begin{pmatrix} -2 & 1 \\ -3 & 1 \end{pmatrix}\begin{pmatrix} -2 & 1 \\ -3 & 1 \end{pmatrix}=\begin{pmatrix} 1 & -1 \\ 3 & -2 \end{pmatrix}$

$\qquad A^3=A^2A=\begin{pmatrix} 1 & -1 \\ 3 & -2 \end{pmatrix}\begin{pmatrix} -2 & 1 \\ -3 & 1 \end{pmatrix}=\begin{pmatrix} 1 & 0 \\ 0 & 1 \end{pmatrix}=E$

$\qquad \therefore A^{10}+A^{30}=(A^3)^3A+(A^3)^{10}$

$\qquad\qquad\qquad\qquad = EA+E$

$\qquad\qquad\qquad\qquad = A+E$

30 $A^2=AA=\begin{pmatrix} 2 & -1 \\ 5 & -2 \end{pmatrix}\begin{pmatrix} 2 & -1 \\ 5 & -2 \end{pmatrix}$

$\qquad\quad = \begin{pmatrix} -1 & 0 \\ 0 & -1 \end{pmatrix}=-E$

$\qquad \therefore A^{99}+A^{100}=(A^2)^{49}A+(A^2)^{50}$

$\qquad\qquad\qquad\qquad = (-E)^{49}A+(-E)^{50}$

$\qquad\qquad\qquad\qquad = -EA+E=-A+E$

$\qquad\qquad\qquad\qquad = -\begin{pmatrix} 2 & -1 \\ 5 & -2 \end{pmatrix} + \begin{pmatrix} 1 & 0 \\ 0 & 1 \end{pmatrix}$

$\qquad\qquad\qquad\qquad = \begin{pmatrix} -1 & 1 \\ -5 & 3 \end{pmatrix}$

따라서 행렬 $A^{99}+A^{100}$의 모든 성분의 합은

$-1+1+(-5)+3=-2$

31 $A+B=O$에서 $B=-A$

이를 $AB=E$에 대입하면

$-AA=E$ $\qquad \therefore A^2=-E$

$\therefore A^{300}+B^{300}=A^{300}+(-A)^{300}=2A^{300}$

$\qquad\qquad\qquad\quad = 2(A^2)^{150}=2(-E)^{150}$

$\qquad\qquad\qquad\quad = 2E=\begin{pmatrix} 2 & 0 \\ 0 & 2 \end{pmatrix}$

따라서 행렬 $A^{300}+B^{300}$의 $(2, 2)$ 성분은 2이다.

32 $A+B=E$에서 $B=-A+E$

이를 $AB=O$에 대입하면

$A(-A+E)=O$, $-A^2+A=O$

$\therefore A^2=A$

$A^3=A^2A=AA=A^2=A$, $A^4=A^3A=AA=A^2=A$, $\cdots$

이므로 자연수 n에 대하여

$A^n=A$

같은 방법으로 하면 $B^n=B$

$\therefore A^{1000}+A^{999}B+A^{998}B^2+\cdots+AB^{999}+B^{1000}$

$\qquad = A+AB+AB+\cdots+AB+B$

$\qquad = A+O+O+\cdots+O+B$

$\qquad = A+B=E$

33 ㄱ. $(A+B)^2=A^2+AB+BA+B^2$

$\qquad\qquad\qquad = A^2+(-BA)+BA+B^2$

$\qquad\qquad\qquad = A^2+B^2$

ㄴ. $(A+B)(A-B)=A^2-AB+BA-B^2$

$\qquad\qquad\qquad\quad = A^2-(-BA)+BA-B^2$

$\qquad\qquad\qquad\quad = A^2+2BA-B^2$

ㄷ. $(AB)^2=ABAB=A(-AB)B=-A^2B^2$

ㄹ. $A^4B=AAAAB=AAA(-BA)$

$\qquad = -AAABA=-AA(-BA)A$

$\qquad = AABAA=A(-BA)AA$

$\qquad = -ABAAA=-(-BA)AAA$

$\qquad = BAAAA=BA^4$

따라서 보기에서 옳은 것은 ㄱ, ㄹ이다.

34 ㄱ. $A^3=A^2A=OA=O$

ㄴ. $A=\begin{pmatrix} 1 & 1 \\ 0 & 1 \end{pmatrix}$이면

$\qquad A-E=\begin{pmatrix} 1 & 1 \\ 0 & 1 \end{pmatrix}-\begin{pmatrix} 1 & 0 \\ 0 & 1 \end{pmatrix}=\begin{pmatrix} 0 & 1 \\ 0 & 0 \end{pmatrix}$

$\qquad (A-E)^2=\begin{pmatrix} 0 & 1 \\ 0 & 0 \end{pmatrix}\begin{pmatrix} 0 & 1 \\ 0 & 0 \end{pmatrix}=\begin{pmatrix} 0 & 0 \\ 0 & 0 \end{pmatrix}=O$

즉, $(A-E)^2=O$이지만 $A\neq E$인 경우가 있다.

ㄷ. $A^5=E$에서 $A^3A^2=E$

$\qquad A^3=E$를 대입하면 $EA^2=E$ $\qquad \therefore A^2=E$

$\qquad A^3=E$에서 $A^2A=E$

$\qquad A^2=E$를 대입하면 $EA=E$ $\qquad \therefore A=E$

ㄹ. $A+B=2E$에서 $B=-A+2E$이므로

$\qquad AB=A(-A+2E)=-A^2+2A$

$\qquad BA=(-A+2E)A=-A^2+2A$

$\qquad \therefore AB=BA$

따라서 보기에서 옳은 것은 ㄱ, ㄷ, ㄹ이다.

LITE

수학 고민 해결 키트

개념과 유형을 한 번에

PLUS

POWER

개념+유형 공통수학1

개념╋유형

개념부터 유형별 문제까지 한 번에!
가장 효율적인 수학 공부!

4,100만권 돌파

- 자세한 개념 설명과 핵심 문제로 구성된 '**개념편**'으로 체계적인 개념 학습 가능
- 다양한 실전 문제로 구성된 '**유형편**'으로 효과적인 유형 학습

공통수학1, 공통수학2, 대수, 미적분Ⅰ, 미적분Ⅱ, 확률과 통계, 기하

visang

✛ 개념·플러스·유형·시리즈 개념과 유형이 하나로! 가장 효과적인 수학 공부 방법을 제시합니다.

대표전화 1544-0554
주소 경기도 과천시 과천대로2길 54(갈현동, 그라운드브이)